全国测绘科技信息网中南分网
第二十八次学术信息交流会论文集

河 南 省 测 绘 学 会
河南省测绘科技信息站 编写

禄丰年 主编

黄 河 水 利 出 版 社
· 郑州 ·

图书在版编目(CIP)数据

全国测绘科技信息网中南分网第二十八次学术信息交流会论文集/禄丰年主编;河南省测绘学会,河南省测绘科技信息站编写.—郑州:黄河水利出版社,2014.10
ISBN 978-7-5509-0952-6

Ⅰ.①全… Ⅱ.①禄… ②河… ③河… Ⅲ.①测绘学-学术会议-文集 Ⅳ.①P2-53

中国版本图书馆 CIP 数据核字(2014)第237045号

出 版 社:黄河水利出版社
地址:河南省郑州市顺河路黄委会综合楼14层　　邮政编码:450003
发行单位:黄河水利出版社
发行部电话:0371-66026940、66020550、66028024、66022620(传真)
E-mail:hhslcbs@126.com
承印单位:河南省瑞光印务股份有限公司
开本:890 mm×1 240 mm　1/16
印张:41.5
字数:129 万字　　印数:1—1 000
版次:2014年10月第1版　　印次:2014年10月第1次印刷

定价:125.00元

本书编委会

主　编　禄丰年

副主编　孙新生　周　强

编　委　王卫民　王龙波　刘　惠　刘　静

李　敏　何保国　张新民　陈均尧

郭云开　黄　慧　蔺　赞

目 录

海 南 篇

AutoCAD 与 ArcGIS 数据转换应用技术研究 …… 黄道学 何敦儒(3)
GIS 在海南省矿产资源潜力评价项目中的应用 …… 张固成 张宗槐 杨志勇 李瑞华(7)
MATLAB 在岩土工程沉降监测中的应用 …… 刘 琼 符 阳 符永好(11)
共用宗地权利人土地面积计算方法研究 …… 冯学忠 黄滨海(16)
海口市土地登记发证宗地交叉重叠问题研究 …… 冯学忠 黄滨海(19)
海南省基础测绘发展方向思路 …… 麦照秋 李 伟(23)
基于中等分辨率遥感影像的沙漠化评价探讨 …… 梁文琼 陈 奋(28)
近海域水下地形测量方法探析 …… 杨新发 贾克宁(33)
利用 GIS 技术建立防洪抢险应急预案数据库的实践 …… 周 俊 姚叶萍 王雪娣 谭 建(36)
利用不同方法进行坡度统计与分析的对比研究 …… 唐久清 柳学权(40)
利用格网法进行 CGCS2000 坐标到海南地方坐标系转换的实现 …… 薛广南 杨新发 李致雅(43)
浅谈 Geoway 在矢量数据检查中的应用 …… 潘重阳 苏洁武 潘胜男(47)
天线相位中心偏差对高精度基线处理的影响 …… 余加学(51)

广 东 篇

RTK 数据采集有关问题探讨 …… 杨国创 符 彦(59)
城市三维建模方法研究与试验 …… 黄利燕(64)
大比例尺地形图自动接边检查的实现 …… 费小睿 陈玉娜(69)
带状三等水准测量在长距离地铁控制测量中的应用 …… 黎 进 王 斌 黄惠涛 孙 龙(73)
地质雷达 SIR 在管线探测中的应用 …… 李 勇(76)
关于竖向井道的面积计算 …… 程会超(81)
广州市地方技术规范《房屋面积测算规范》部分重点内容解读 …… 何 红(86)
基于 ArcGIS 平台的遥感影像的快速分幅方法 …… 侯辉娇子(90)
基于 EPS 平台的房地产规划面积计算研究与开发 …… 刘 鑫(94)
基于 GIS 的供水企业管理新模式的研究与实践 …… 陈圣鹏 钟焕良 谢君亮 周 扬(99)
基于 LiDAR 数据制作大比例尺 DOM 的探索与实践 …… 义成园(107)
基于 RIEGL VZ-400 及 Ladybug3 全景相机的移动激光测量系统的研制及应用 …… 宋 杨(111)
基于不规则三角网的遥感影像配准 …… 郭海京(117)
基于高光谱遥感的目标识别技术研究现状及展望 …… 王涛涛 陆子龙(122)
基于模糊聚类法 DEM 确定耕地坡度的应用分析 …… 张腾腾(125)
基于全景移动测量系统的城市三维实景影像作业流程 …… 赵智辉(130)
利用卫星遥感影像信息提取技术更新地理底图的实践 …… 周惠红(136)
论商品房面积差异问题及对策 …… 何 红(139)
梅州客家小镇边坡地质灾害自动化监测预警系统设计 …… 黄鸿伟 魏平新(142)
南方 CASS 到 MapGIS 的数据转换 …… 赵清华 张慧婷(146)

浅谈清远市新城综合地下管线探测技术 …… 赖文滨(150)
山区等级控制测量提高 GPS 高程精度方法研究 …… 王 斌 丁进选 赵文峰 余 兵(155)
手持 GPS 测量仪在矿山储量测量中的应用 …… 吴媛媛(159)
无人机数字正射影像图生产过程经验与优化 …… 郑史芳 黎治坤(162)
一种矢栅数据一体化的变比例尺投影方法研究 …… 杨 婷(168)
湛江市城市规划三维电子报批实施的分析与探讨 …… 马学峰(174)

广 西 篇

ArcGIS 在地理国情普查外业控制测量成果整理中的应用 …… 黄友菊(181)
城市测绘单位与客户的良性互动发展 …… 谭 波 刘 锟 方 辉(186)
基于 3DSMax 的城镇三维地籍建筑物建模方法…… 张玉姣(190)
第二次土地调查行政界线与地类图斑套合方案研究分析 … 莫文通 魏金占 蒋联余 岳朝瑞(195)
基于 ArcSDE 的国情普查数据生产流程探讨…… 吴君峰(198)
基于 GIS 的南宁市地下综合管线数据库建设与更新 …… 漆小英 晏明星(202)
基于 LandsatTM5 的两种地表温度反演算法比较分析 …… 黄美青(208)
基于 PixelGrid 的自动空中三角测量方法 …… 张玉姣(215)
基于三维激光扫描技术的土方测量研究 …… 黎 胜(219)
基于无控制点的 A3 影像在地理国情普查中的应用实践…… 吕华权 付 堃 郭小玉(224)
基于云 GIS 的基础地理信息共享应用构想 …… 张 彭 余 波(229)
喀斯特地区轻型飞机低空数字航拍生产大比例尺地形图实验 …… 谭 波 方 辉(235)
利用 DEM 自动提取地貌实体单元的方法研究 …… 凌子燕 韦金丽 黄 进(240)
南宁市智慧公园建设初探 …… 龙慧萍(244)
基于三维辅助规划审批系统设计高压输电线路 …… 刘 锟 谭 波 方 辉(249)
三维数字社区 GIS 系统及应用 …… 何丽丽 晏明星 黄智华(253)
无人机航拍影像快速拼接的项目实践 …… 方 辉(258)
智慧城市:地理信息的美好时代 …… 方 辉 谭 波(263)

湖 南 篇

益阳市 GPS E 级基础控制测量的布设和数据分析 …… 鲁英俊(269)
数字城市地理框架 DLG 数据整合及数据库建设探讨——以数字湘乡为例 …… 王玲玲 唐国礼(271)
人防指挥地理信息系统的框架设计与实现 …… 黄 平(276)
浅析测绘与土地开发整理 …… 向莺燕 李建荣 龚伯云(281)
浅谈航空摄影像片控制测量的几点技术革新 …… 王长虹(285)
浅谈 GNSS RTK 技术在公路勘测中的应用 …… 杨新乾(289)
基于物联网技术的柏加镇智慧型城镇研究 …… 曾玉龙(292)
数字湘西州地理空间框架推广应用探析 …… 李生岩 莫秀玉 张 奎(299)
电力配网地理信息系统的设计与开发 …… 黄 平(302)
关于地理信息分类知识的探讨 …… 张龙其 丁美青(308)
城镇基础设施建设项目道路管道工程施工测量浅析 …… 龚彦宇(313)

湖 北 篇

地理国情普查综合统计分析流程和预期成果初探 …… 史晓明 汪 洋(319)
监测地理国情普查文化遗址考古调查 …… 王少华 史晓明(322)
坐标反算在地理国情普查遥感解译样本采集中的应用 …… 苏勤龙 黄国清 孙海燕(326)

新一代1:5万出版名称注记方法探讨 …… 王永秋　李　江(329)
武汉市农村宅基地使用权确权登记发证工作的实施及物权意义 …… 余　磊　张　鹏　张巧利(333)
有关城市独立坐标系的思考 …… 陈智尧　李　楠(336)
竖版《世界地势图》与竖版《中国地势图》的适配关系 …… 张寒梅　佘世建　徐汉卿　薛怀平(340)
三维一体化展示系统的设计与实现 …… 张　丹　何碧波　黄冠宇　陈慧萍(345)
省级控制点影像库建设技术初探 …… 王海涛　张露林　向　浩　石婷婷(350)
全站仪自由设站测设精密轴线的应用探讨 …… 王　军　何红玲(355)
浅议地理国情监测与基础测绘 …… 张田凤　毕　凯(360)
三维规划辅助决策系统设计与实现 …… 陈金文　张　丹　聂小波　徐　锋(365)
浅析地理国情普查成果与其他普查(或调查)成果的对比分析
…… 方　艳　刘文斌　熊　涛　高淑芬(368)
浅谈现行世界地图上比例尺的变化 …… 徐汉卿　徐之俊　邱香平　张寒梅(372)
浅析地理国情普查监测与测绘 …… 孙婷婷　李　卫　刘俊峰(376)
浅谈湖北省第一次全国地理国情普查水域采集 …… 徐之俊　何丽华　廖广宇　张寒梅(379)
浅谈地理信息系统在城市管理中的应用 …… 刘恩海(382)
浅谈如何做好GIS软件研发中的测试工作 …… 洪　亮　聂小波　齐　昊　张　丹(384)
浅谈测绘在新农村建设中的作用 …… 焦　健(387)
浅谈ADS80在农村集体土地确权登记工作中的处理 …… 任　杨　答　星　文　琳(391)
浅谈地理国情普查外业核查 …… 熊　涛　史晓明(396)
跨区域地图集设计意义与内容的探讨——《三峡库区地图集》 …… 李　晶　曹定基　曾　真(400)
基于商用GIS软件实现数字线划图的多需求坐标变换 …… 陈智尧　李　楠　孙续锦(404)
浅论信息革命对地缘政治的影响 …… 刘润涛　邓锦春(407)
基于改进贝叶斯判别分析的地图修改检测 …… 包贺先　李莎莎(411)
基于Skyline的三维GIS演示系统 …… 程　蕾　闵梦然　梅懿芳　黄冠宇(416)
基于均值漂移算法的高分辨率遥感图像分割方法研究 …… 沈佳洁　容　茜(421)
基于ADS80数据无控制点空三测量的大面积1:2 000 DOM生产方法与精度分析
…… 闵　天　厉芳婷(426)
基于3G的武汉市国土资源远程视频监控系统 …… 朱　波　童秋英　余　健　汪如民(430)
基于AutoCAD的智能分摊技术的研究 …… 尹　磊　郭阿兰(435)
湖北省测绘数字成果档案整理组卷的实施 …… 李　楠　陈智尧(438)
基于集群环境下的地理国情普查DOM生产 …… 厉芳婷(444)
基础地理数据库更新研究初探 …… 李松平　丁海燕(448)
高精度北斗终端校车监管方案探讨 …… 方　芳　王海涛(451)
对完善测绘导航保障机制的一点思考 …… 阚世家　李松平(454)
房产测量中的面积计算问题的研究 …… 丁　亮(456)
东南亚地名译写与查询方法探索 …… 李松平　阚世家(459)
地理信息数据坐标系统转换软件测试策略 …… 王雪艳　邱儒琼　陈金文　胡　挺(463)
对DXF进行坐标转换的分析与设计 …… 闵梦然　程　蕾　沈凤娇　王雪艳(467)
省级地理国情普查正射影像制作 …… 陈晓茜　张露林　刘　惠　郑　妍(471)
基于历史文化保护的房屋资源调查测绘及三维建模——以原汉口英租界为例
…… 田　伟　张巧利　陈久锐(475)
城市管理服务平台的建设 …… 阚晓云(478)
MapStar系统在数据融合处理中的应用 …… 裴国英　王永秋(484)
MapMatrix系统下的武汉市1:2 000 DEM制作 …… 文　琳　朱传勇　沈　莹　答　星(487)
测绘成果数据的可视化管理 …… 徐少坤　郭　敏　丁海燕　王海葳(491)

Excel 函数进行测量坐标批量计算的编程应用 …… 陈　兵　何红玲(494)
DOM 快速更新方法 …… 李勇超　丁　宁　肖　聪　彭　昀(499)
FreeScan k9 制作专题图方法研究 …… 吴　希　包贺先(503)
现代化的 GPS 新民用信号 L2C 对测码伪距绝对单点定位精度的影响
…… 邱儒琼　刘　哲　聂小波　张露林(508)

河　南　篇

“一张图”基础地理数据库在国土资源系统中的应用 …… 张国峰　毛莉莉　常会娟(515)
SSW 移动测量系统在集体土地地籍测量中的应用 …… 邓　格　楚　田(519)
巧用 LGO 软件解决长线型工程独立坐标系的建立问题 …… 许永朋(522)
数字化测绘技术在工程测量中的应用 …… 刘靖晔　郑显鹏　王军霞(527)
遥感影像解译样本采集关键技术分析 …… 张丽娜　周　强(530)
三维激光扫描技术在古建筑文物保护中的应用研究 …… 袁　慧　宋晓红(533)
浅析 GIS 在土地管理中的应用 …… 巴　勇　袁　慧　张丽娜(537)
试论测绘新技术在工程测量中的实施要点 …… 李江斌　王进怀(540)
浅谈集体所有权确权内外业一体化应用技术 …… 张　冬　孙玉华(543)
浅谈城市地下管线测量工作方法 …… 杨富民　肖天豪(546)
浅析集体土地所有权中地籍区与地籍子区的划分 …… 魏浩林　程难难(550)
简析测绘技术在建筑施工实施中的关键问题 …… 王进怀　李江斌(553)
基于 Google Earth 的制图应用研究 …… 鲍燕辉　谭晨辉　李淑彬(556)
基于 GIS 的河南省公益林分布图研制 …… 刘一凡　宋晓红　郭秀丽(562)
基于 HTML5 及 WebService 的综合市情平台的设计与实现 …… 李　峰　周雪飞(564)
方格网法计算土方量原理及其精度与格网大小关系 …… 将　达　田祥红　吕明威(569)
断面法计算冲淤量的数学基础及实际应用中的局限性 …… 姜　朝(573)
关于地理国情普查外业调查若干问题的探讨 …… 李　伟　吕宝奇(577)
地图晒版中 PS 版不上墨原因分析处理 …… 张留记　张向民(580)
测量技术在水源工程中的应用 …… 马　腾　王　辉(583)
地下管线信息系统中空间数据库的建立 …… 赵亚蓓　李培君　时建新(587)
Visual Basic 和 Visual Lisp 在勘探线剖面测量内业处理中的应用 …… 齐磊刚　常怡然(595)
LiDAR 地貌曲线与 DLG 融合技术的研究 …… 吕宝奇　李　晓(600)
博爱县抵偿坐标系的建立 …… 鲍燕辉　齐磊刚　李修闯(603)
HeNCORS 技术在工程放样中的应用 …… 李存文　张留民　李　峰(606)
GPS 在工程测绘中的应用效果研究 …… 陶永志　马　鹏　张保峰(609)
GPS 高程拟合方法对比分析 …… 王石岩　李　旭(612)
简述 GIS 在土地整治项目中的应用 …… 李志斌　巴　勇(616)
AutoCAD Map 在 GIS 数据库建设中的应用 …… 吕宝奇　张留民　周　强(619)
“数字城市”地方坐标系的建立 …… 李存文　朱国领(623)
GPS RTK 技术在像片控制测量中的应用 …… 程安娜　魏庆峰(628)
基于 LiDAR 的 1:1万地貌更新技术探讨 …… 张留民　李　伟(632)
濮阳地理市情分析系统设计与实现 …… 李　旭　段晓玲(636)
无人机在 1:500 测图中的实践与分析 …… 张　东　常会娟　毛莉莉(640)
GNSS 技术在农村集体土地确权测量中的应用 …… 张排伟　王　燕(647)
测绘技术在土地开发整理中的应用 …… 辛文静　李永威(650)
关于城镇地籍调查数据入库的探讨 …… 王　燕　张排伟(652)

海　南　篇

AutoCAD 与 ArcGIS 数据转换应用技术研究

黄道学[1] 何敦儒[2]

(1. 五指山宏图测绘队,海南五指山 572200;
2. 海口市规划勘察测绘服务中心,海南海口 570311)

【摘 要】AutoCAD 具有强大的绘图功能和处理矢量图形的能力,在以往数字地形图的生产中,大部分成果为 AutoCAD 的格式。目前很多地区都在建立地理信息系统数据库来进行数据管理,为此,需要将以 AutoCAD 格式的数据转换成 ArcGIS 格式的数据。本文主要介绍 AutoCAD 数据到 ArcGIS 数据的转换。

【关键词】AutoCAD;ArcGIS;数据转换

1 引 言

目前 GIS 行业处于蓬勃发展的时期,许多以前在 CAD 系统上的工作已经由 GIS 替代,也有些 GIS 图形数据需要在 CAD 系统中另存为他用。随着 ESRI 公司的地理信息系统软件 ArcGIS 在各行业中应用的不断深入,AutoCAD 与 ArcGIS 直接的图形信息转换也越来越多。虽然 ArcGIS 系统带有读入和导出 DWG 文件的功能,但限于两种系统的区别,通过 DWG 转换往往不尽如人意,丢失很多宝贵信息。怎样最广泛、最有效地实现这两种系统之间的数据共享是当前共同关注的问题。本文从 CAD 数据与 GIS 数据的区别出发,利用 ArcGIS 的数据模型,探讨了基础地形图数据在转入 GIS 数据库中的逻辑组织,总结了基于 ArcGIS 的 CAD 到 GIS 数据的转换方法。

2 AutoCAD 数据简介

AutoCAD 数据在图形编辑处理上具有它的长处,ArcGIS 在拓扑处理和属性编辑上具备强大优势。我们可以通过程序将 AutoCAD 实体扩展属性写入几何体:SetXdata 和 GetXdata 方法是用来写入、获取几何实体的扩展属性(Xdata)的方法[1]。在 AutoCAD 下开发的测量软件已经给我们提供调用这些方法的简单方式,只需在外业测量成图的过程中,将这些扩展属性数据按照软件提供的方法写入 AutoCAD 图形数据即可[2]。

AutoCAD 的图形文件是以图元为单位记录数据的,一个图形通常只存储图元的几何数据和几何特性(如线形、图层、颜色等)。同时,AutoCAD 还为用户提供了扩展对象数据(Xdata)。Xdata 是用户在 AutoCAD 几何实体中添加的一种自定义的扩展数据。在 AutoCAD 下开发的测量软件中,这些几何实体的编码、权利人、地类编号等信息都是 AutoCAD 图形实体的扩展属性。实现 AutoCAD 数据完整转换到 GIS 数据中,不仅要实现图形数据的完全转换,还要实现这些扩展属性数据的完整转换[3]。

3 AutoCAD 与 ArcGIS 图形数据转换

ArcGIS 提供了对 AutoCAD 的 DXF 文件双向转换的功能,但限于 DXF 文件在结构描述上的限制以及两种系统底层结构的区别,多数情况下都不能很好地转换。

3.1 图元分析

ArcGIS 中基本的图元分为点、线、面、注记四种类型[4]。ArcGIS 中点的类型很丰富,只要在表示方式上以一个点确定其位置的要素都可以认为是点。线是多点组成的线类实体,包括两点线、多段线、曲线等很多种类。面在 ArcGIS 中就是指严格封闭的区域,包括“洞”或者“岛”的区域。注记则是文字组成的点的图元,包含文字的空间位置、字体、旋转角度等注记信息。

AutoCAD 中基本的图元要素有块、线、文本。块是一组 AutoCAD 图元构成的集合体。线是多点组成的线类实体,包括两点线、多段线、曲线等很多种类[1]。AutoCAD 和 ArcGIS 图元分类的对应情况见表 1。

表 1 AutoCAD 和 ArcGIS 图元分类的对应情况

AutoCAD 图元	ArcGIS 图元
块	点/线
单行文本	点
多行文本	多点
直线	线
多段线	多段线/面
圆	点圆
弧	三点弧

利用 FME 读出的南方 cass 宗地层数据的扩展属性:

Extended_data{0}. application_name	SOUTH
Extended_data{0}. string{0}	300000
Extended_data{0}. string{1}	HBTSLT20090085
Extended_data{0}. string{2}	金岭
Extended_data{0}. string{3}	118

AutoCAD 不带属性信息,并且相互之间不存在空间实体关系。而 ArcGIS 以空间实体来组织数据,每个实体对应着属性数据库的一条记录。两者对地物的表达形式如表 2 所示,可见 GIS 表示的数据要丰富些[5]。

表 2 CAD 数据与 GIS 数据表达方式的比较

所表示的对象	AutoCAD	ArcGIS
地名、设施(井、杆)、设备(光节点、放大器)等	点	点
建筑物、行政区域、河流等	多段线	面
道路、楼栋附属物(裙楼)、轨道交通线等	线、多段线	多段线
光缆、电缆等	线、多段线	多段线
各类名称、数值等	文本	注记
属性	注记	标注

3.2 AutoCAD 到 ArcGIS 的转换实现

AutoCAD 到 ArcGIS 的转换实现分为三部分,即 CAD 转换前的预处理、CAD 转入 ArcGIS 和 CAD 转换后的数据调整。其中,CAD 转换前的预处理使用 AutoCAD 软件完成;CAD 转入 ArcGIS 使用 ArcGIS 桌面产品(如 ArcMap)来完成;CAD 转换后的数据调整使用 ArcEngine 来完成。

ArcEngine 是 ArcGIS 提供的一个软件开发包,该开发包是一个组件化的产品,它提供了若干组件和一个庞大的类库。利用 ArcEngine 可以开发定制的 GIS 业务以及地图应用服务。

3.2.1 CAD 转换前的预处理

(1)转换要素类型。

CAD 图形经常使用多种要素类型来表示一个图层,有的类型转入 ArcGIS 后不可见或者显示不正确,一般要把它转为表 1 所列类型(例如样条曲线转为多段线,线转为多段线);如果使用了文本和块,则要把它们分开，使用不同层来表示，即文本设为一层，块设为一层。

(2)图元要素与属性关联。

为了在转换后预处理时使它们关联，把属性值放在图元要素的某个位置，使它们存在某种空间关系(例如包含、相交、相邻等)。

3.2.2 CAD 转入 ArcGIS

AutoCAD 到 ArcGIS 的转换分为块图元、线图元和文本图元三种。

(1)CAD 块图元的转换。

块图元转入 ArcGIS，分为点和线两种要素类型(例如地名通过点转入，设备、设施等通过线转入)。在 ArcGIS 建立点/线图层，根据需求，选择(ArcGIS 读取 CAD 自动生成的)属性字段。

(2)CAD 线图元的转换。

线图元转入 ArcGIS，分为线和面两种要素类型(例如道路通过线转入，楼栋通过面转入)。在 ArcGIS建立线/面的图层，根据需求，选择(ArcGIS 读取 CAD 自动生成的)属性字段，因为线图元没有与其属性关联，所以转入完成后，应手工加入所需属性字段。

(3)CAD 文本图元的转换。

文本图元转入 ArcGIS，分为点和注记两种要素类型(例如地名通过点转入，各类名称、数值通过注记转入)。在 ArcGIS 建立注记层，根据需求，选择(ArcGIS 读取 CAD 自动生成的)属性字段。

3.3 CAD 转换后的数据调整

3.3.1 图元要素与属性关联

在 ArcEngine 中通过它们之间的空间关系(例如包含、相交、相邻等)来关联(例如楼栋名放在楼栋要素内，通过包含关系关联)。

3.3.2 删除重复线条

通过生成缓冲区的方法删除完全位于缓冲区中的重复线条，如果是面(例如楼栋、维修片区、楼栋等)对象，那么要把多段线闭合成区。

3.3.3 闭合其余线条

本方法主要针对面对象。在删除重复线条的前提下，将没有闭合的线段提取出来建立新表，查找表中线段，通过指定线段一端点为中心，搜索指定半径范围内可能与之相连的线段端点，若找到了线段则通过修改新建的线段表中的坐标，将两条线段连接起来，再以线段另一端点为中心搜索下去，直到找到起点坐标，再修改起点坐标至两点重合，则完成闭合工作。利用 FME 来完成的宗地层向海籍实体的转换模型见图 1。

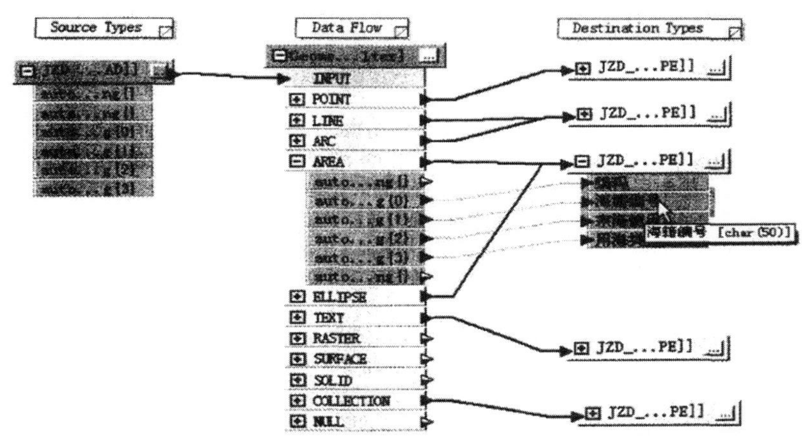

图 1 利用 FME 来完成的宗地层向海籍实体的转换模型

4 结 语

本文通过对 CAD 与 GIS 两种数据特点的分析和比较，研究了当前数据转换常用的方法，但只是以

AutoCAD 和 ArcGIS 的数据格式为例,研究了两种软件之间的数据转换,而对于其他 CAD 和 GIS 软件的数据转换需要进一步研究。

参考文献

[1] 任东风, 徐立军,才艺. CAD 到 ArcGIS 数据转换问题[J]. 辽宁工程技术大学学报:自然科学版, 2010, 29(增刊): 25-27.

[2] 张怡, 何政伟, 吴柏清. MapInfo 到 AutoCAD 的数据转换研究[J]. 地理空间信息, 2008,6(5): 48-50.

[3] 张雪松, 张友安, 邓敏. AutoCAD 环境中组织 GIS 数据的方法[J]. 测绘通报, 2003(11): 45-48.

[4] 任志远. MapGIS 到 ArcGIS 数据转换方法的分析研究[J]. 苏州科技学院学报:自然科学版,2009(3): 77-80.

[5] 李娇娇, 王崇倡. 基于 ArcGIS 的 CAD 到 GIS 的数据转换[J]. 交通科技与经济, 2009, 11(1): 42-44.

GIS 在海南省矿产资源潜力评价项目中的应用

张固成 张宗槐 杨志勇 李瑞华

(海南省地质调查院,海南海口 570206)

【摘 要】回顾了 GIS 在海南省矿产资源潜力评价项目实施过程中的应用过程,总结了应用成果:建立地学基础数据库 4 个,更新地学基础数据库 104 个,制作地学专题图 1 915 张,建立专题图属性库 1 677 个,为海南省矿产资源潜力评价项目的顺利结题奠定了坚实的基础。

【关键词】GIS;矿产资源潜力评价;基础数据库;专题图;专题图属性库

1 引 言

矿产资源潜力评价是对一个较大地区,如一个省或一个国家的某种或某些矿产可能蕴藏的资源数量进行估计,并对其近、中、长期供应保证程度做出评价的工作[1]。矿产资源潜力评价以评价区的地质、地球物理、地球化学、自然重砂、遥感地质和矿产资料为依据[2-3]。有总合式和非总合式两种评价方法[4]。矿产资源总量预测属于总合式,而非总合式则在一定概率范围内估计矿产资源的个数、位置、质量和数量。

简言之,矿产资源潜力评价就是由地学专业技术人员基于 GIS[5-8],通过人机交互操作,达成地学基础数据库、地学专题图、专题图属性库等成果的实现。

2007 年,按照全国矿产资源潜力评价项目办统一部署,以省(直辖市、自治区)为单位在全国统一开展矿产资源潜力评价工作,海南省矿产资源潜力评价项目(以下简称项目)也就此拉开帷幕[9-19]。

2 GIS 在项目中的应用过程

海南省矿产资源潜力评价项目办将项目按照不同专业划分为地质背景、重力、磁法、化探、自然重砂、遥感、矿产预测、成矿规律、信息综合等课题组,笔者作为 GIS 技术人员参与了项目中化探与自然重砂两个课题研究工作。以下从基础数据库、地学专题图、专题图属性库几方面对 GIS 在海南省矿产资源潜力评价项目中的应用过程作简单总结。

2.1 基础数据库

主要软件平台:Excel 2007、Access 2007、Photoshop cs 3 、MapGIS 6.7、ZSAPS 2.0(自然重砂数据库系统)。

基础数据库建设就是将项目相关的各类原始资料整理入库,各类资料最终都要形成电子文件,按照规定路径存放于基础数据库中。基础数据库按照数据精度分为小比例尺数据库与中大比例尺数据库。

纸质文档数据表要数字化,按规定格式录入 Access 存放。

纸质文档一般直接扫描成 JPG 格式栅格文件,在 Photoshop 中简单校正后存放于规定路径。

原始数据点位图、原始数据图需要通过扫描成分辨率大于 300 的 TIFF 格式栅格文件后,在 MapGIS 6.7 完成校正、矢量化等工作,最终形成保存有点号、点位坐标、分析数据的 Excel 表,按规定格式录入 Access 存放。

原始成果图根据实际需要,以栅格文件或矢量文件入库。以矢量文件入库的要严格校正坐标;在 MapGIS 6.7 中矢量化时,要分好图层文件,图框、地理底图、专业图层等最好都能划分开,便于后续资料集成利用。

自然重砂数据要在 ZSAPS 中实现定量标准化。

2.2　地学专题图

主要 GIS 平台：ZSAPS 2.0、GeoExpl（多元地学空间数据管理与分析系统）、MapGIS 6.7、Section（增强辅助制图系统）。

地学专题图制作就是基于基础数据库资料，利用 GIS，实现各类专题要素的成果表达。

在 ZSAPS 中可通过计算机自动实现有无图、分级图、八卦图、汇水盆地异常图等专题图制作（图 1）。制作有无图、分级图时要人工选定子图大小，以免太小看不清，或者太大叠合在一起；八卦图矿物选择 2 ~6 个为宜，且要选择出现频率、分布规律较为一致的矿物，才有比较意义。

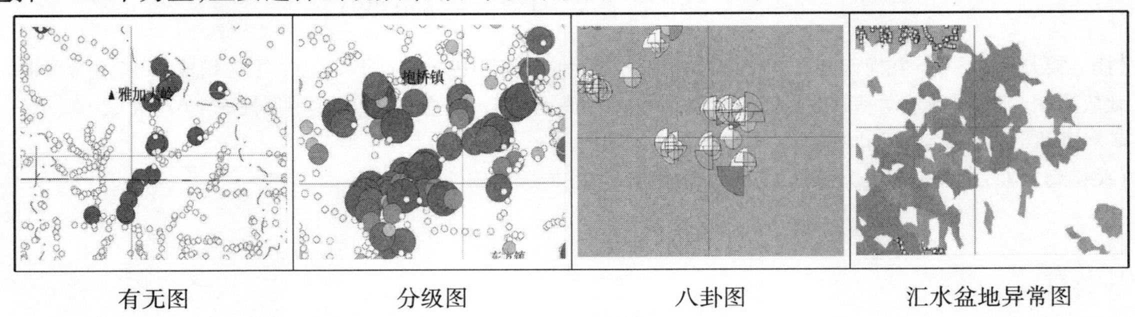

图 1　基于 ZSAPS 制作的地学专题图示意图

在 GeoExpl 中可实现图斑图、直方图等专题图制作（图 2）。制作等值线图要注意选择适合的数据网格化方法、网格间距及搜索半径，避免图形出现“漏洞”，也要避免过度网格化造成的数据“失真”。制作直方图要注意起始点、分组数、组距及纵轴最大值的选择，尽量保证图形的客观与美观。

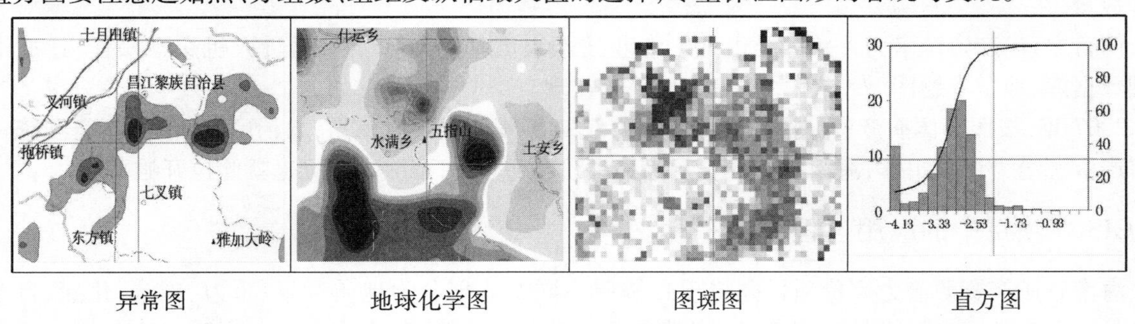

图 2　基于 GeoExpl 制作的地学专题图示意图

在 Section 中实现剖面图、柱状图等专题图制作。有一些快捷的小工具，实现参数统改比 MapGIS 更方便。

在 MapGIS 中也可以实现点位数据图、等值线图等制作，但不很方便，一般只在 MapGIS 中实现图形工程文件建立、投影变化、参数修改等编辑工作。计算机自动成图固然省时省力，然而很多专业性图件是需要人机交互的，如综合异常图、找矿预测图、找矿靶区图等，这些图件一般还是在 MapGIS 中完成。

2.3　专题图属性库

主要 GIS 平台：GeoMAG、GeoTOK、GeoPEX、GeoExpl、ZSAPS 2.0、MapGIS 6.7、Section。

全国矿产资源潜力评价项目办建立了规范的矿产资源潜力评价数据模型系列[20-21]，其设计思路、方法及数据模型本身，也将代表该领域数据模型研究与应用的发展方向。矿产资源潜力评价数据模型涵盖成矿地质背景、成矿规律、物（重、磁）化遥及自然重砂综合信息、成矿预测及煤炭、铀矿、化工矿产潜力评价，以上专业的专业术语、专业谱系、代码体系、特征分类及属性描述、图件分层及定义、编图表示、空间参数及比例尺、元数据规定，以及成果汇总与集成技术要求。具体体现在 GeoMAG、GeoTOK、GeoPEX 等 3 个 GIS 产品上。

GeoMAG 规范了各层次、各省市、各专业、各类专题图的图层投影参数、比例尺、组成结构、名称、属性项以及各属性项的下属词。其主要用于各专业课题建库、质量检查以及复核验收。

GeoTOK 主要用于全国各专业图件的空间拓扑质量检查与复核验收。

GeoPEX 主要用于省级矿产资源潜力评价资料性成果图件汇总与建库工作。

GeoExpl 主要用于化探专业图件部分属性的计算机自动统计。

ZSAPS 2.0 主要用于自然重砂专题图部分属性的计算机自动统计。

MapGIS 6.7 主要利用其空间分析模块进行一些点、面之间的叠加分析、属性统计等。

Section 主要用于属性表导入导出,以及图元与 Excel 表之间的转换等。

3 GIS 在项目中的应用成果

项目历经 7 年,在各专业 50 余名技术骨干的不懈努力下,取得了丰硕的成果。以下从基础数据库、专题图及其属性库两方面对 GIS 在海南省矿产资源潜力评价项目中的应用成果作简单总结。

3.1 基础数据库

新增 1∶5万重力数据库、1∶5万化探数据库、1∶5万自然重砂数据库、典型矿床数据库共 4 个基础数据库。

更新维护地质工作程度数据库、矿产地质数据库、1∶50 万地质图数据库、1∶5万地质图数据库、1∶50 万重力数据库、1∶20 万航磁数据库、1∶20 万化探数据库、1∶20 万自然重砂数据库、1∶25 万遥感数据库等共 104 个基础数据库。

3.2 专题图及其属性库

项目要求重要的专题图都要建立属性库、编写说明书与元数据。各课题组完成工作量见表 1。

表 1 海南省矿产资源潜力评价项目各课题组完成专题图及其属性库工作量一览表

课题组	专题图(张)	专题图属性库(个)	说明书与元数据(套)
地质构造背景	54	48	48
成矿规律与矿产预测	372	372	372
重力	189	170	88
磁法	254	233	151
化探	592	520	592
遥感	172	126	171
自然重砂	204	130	173
煤炭预测	78	78	78
汇总	1 915	1 677	1 673

从数量上来讲,化探、成矿规律与矿产预测、磁法以及自然重砂课题组专题图较多,重力、遥感、煤炭课题组数量较少。然而实际专题图制作及属性库建立过程中,不同课题组、不同类别图件有着不同的难度系数,不能简单以数量论工作量。总计完成专题图 1 915 张,建立专题图属性库 1 677 个,编写专题图说明书、元数据 1 673 套。

4 结 语

综上所述,GIS 在海南省矿产资源潜力评价项目中得到了广泛的应用,尤其体现在基础数据库建设与维护、地学专题图制作、专题图属性库建设三个方面,取得了丰硕的成果:建立地学基础数据库 4 个,更新地学基础数据库 104 个,制作地学专题图 1 915 张,建立专题图属性库 1 677 个,编写专题图说明书、元数据 1 673 套,为海南省矿产资源潜力评价项目的顺利结题奠定了坚实的基础。

参考文献

[1] 朱裕生. 矿产资源潜力评价在我国的发展[J]. 中国地质,1999(11):23,31-33.

[2] 宋国耀,张晓华,肖克炎,等. 矿产资源潜力评价的理论和 GIS 技术[J]. 物探化探计算技术,1999(3):199-205.

[3] 黄文斌,肖克炎,丁建华,等. 基于 GIS 的固体矿产资源潜力评价[J]. 地质学报,2011(11):1834-1843.

[4] 浦路平,赵鹏大,胡光道,等. 基于网格单元的总合式和非总合式结合的区域矿产资源潜力评价方法[J]. 地球科学(中国地质大学学报),2011,36(4):740-746.

[5] 陈永良,刘大有. 一种基于 GIS 的矿产资源潜力评价的自动制图模型[J]. 地质论评,2002(3):324-329.

[6] 孙元. GIS 在矿产资源潜力评价中的应用[J]. 地理空间信息,2012(3):4,57-60.

[7] 尹建忠. 多源信息综合分析在矿产资源潜力评价中的应用[D]. 成都:成都理工大学,2004.

[8] 赵增玉,潘懋,郭艳军,等. 三维矿产资源潜力评价中 GIS 空间分析的应用研究[J]. 地质学刊,2012(4):366-372.

[9] 倪忠云,何政伟,吴华,等. 西藏矿产资源潜力评价遥感专题中典型问题初探[J]. 国土资源遥感,2011(1):97-101.

[10] 陈启飞,陈华. MRAS 软件在贵州省铝土矿资源潜力评价中的应用[J]. 贵州地质,2011(4):246,282-285.

[11] 池顺都,赵鹏大,刘粤湘. 应用 GIS 研究矿产资源潜力——以云南澜沧江流域为例[J]. 地球科学,1999(5):493-497.

[12] 李嵩,李海鹰. 遥感在矿产资源潜力评价中的综合应用研究——以山西省为例[J]. 国土资源遥感,2012(1):111-119.

[13] 李京丽,高云,谢铭英. 湖北省矿产资源潜力评价图形属性库建立及部分技术处理方法[J]. 资源环境与工程,2013(3):318-321.

[14] 薛顺荣. 云南三江地区西北部优势矿产资源潜力评价研究[D]. 北京:中国地质科学院,2008.

[15] 朱东晖. 河南省铝土矿资源潜力评价与勘查开发战略研究[D]. 北京:中国地质大学,2010.

[16] 高延光. 闽中地区铅锌铜多金属矿成矿规律及资源潜力评价[D]. 北京:中国地质大学,2007.

[17] 王来明,王桂松,田京祥,等. 开展山东省矿产资源潜力评价,科学评估全省矿产资源潜力[J]. 山东国土资源,2008(9):1-3.

[18] 李宝强,张晶,孟广路,等. 西北地区矿产资源潜力地球化学评价中成矿元素异常的圈定方法[J]. 地质通报,2010(11):1685-1695.

[19] 王为. 重磁资料在西藏铁矿潜力评价中的应用研究[D]. 成都:成都理工大学,2012.

[20] 左群超,杨东来,宋越,等. 中国矿产资源潜力评价成果数据质量控制及方法技术[J]. 中国地质,2013(4):1314-1328.

[21] 左群超,杨东来,叶天竺. 中国矿产资源潜力评价数据模型研制流程及方法技术[J]. 中国地质,2012(4):1049-1061.

MATLAB 在岩土工程沉降监测中的应用

刘 琼[1] 符 阳[2] 符永好[2]

(1. 海南水文地质工程地质勘察院,海南海口 571100;
2. 海口市土地测绘院,海南海口 570125)

【摘 要】MATLAB 是一种功能强大的数学软件。水准手簿与曲线图生成在岩土工程沉降监测中十分重要。本文以此为例,介绍了 MATLAB 在岩土工程沉降监测中的应用。实践表明,MATLAB 能够十分便捷地处理数据及生成曲线图,在岩土工程监测领域有着广泛的应用空间。

【关键词】MATLAB;岩土工程;沉降监测;应用

1 引 言

MATLAB(矩阵实验室)全称为 MATrix LABoratory,是美国 The MathWorks 公司出品的商业数学软件。MATLAB 是一种功能强大的高级语言,可用于算法开发、对文件和数据进行管理、二维和三维图形函数可视化、数据分析以及数值计算,还可用于构建自定义的图形及用户界面的各种工具。除此以外,它还可以用来创建用户界面及调用其他语言(包括 C、C++ 和 FORTRAN)编写的程序。

MATLAB 具有以下显著优势和特点:①工作平台和编程环境友好。MATLAB 界面简洁精致,包括桌面和命令窗口、历史命令窗口、编辑器和调试器、路径搜索和用于用户浏览帮助、工作空间、文件的浏览器。同时,它的程序不必编译就可直接运行,而且能够及时报错并分析原因。②程序语言简单易用。MATLAB 具有包含控制语句、函数、数据结构、输入和输出以及面向对象编程的特点。用户可以边编写边执行,也可以将一个较大的复杂的应用程序编写完成后再一起运行。③数据处理能力强大。MATLAB 包含大量计算算法,拥有数百个工程中要用到的数学运算函数,可以方便地实现各种计算功能。在计算要求相同的情况下,使用 MATLAB 编程可以大幅减少工作量。④图形处理功能出色。MATLAB 可以用图形表现向量和矩阵,也可以标注和打印图形。同时还可以进行二维和三维图形函数可视化、图像处理、动画和表达式作图等高层次的作图。⑤模块集合工具箱应用广泛。MATLAB 针对许多领域都开发了模块集和工具箱,用户不需要自己编写代码而可直接使用不同工具箱。

提交水准记录手簿及曲线图是岩土工程沉降监测中必需的重要工作。本文利用 MATLAB 编制岩土工程沉降监测工作需要的小软件,实现将原始仪器观测数据转换生成符合规范要求的水准记录手簿和将监测网平差后的各期高程数据生成沉降监测成果表及曲线图。

2 水准记录手簿生成程序编制

主要技术流程是:打开原始观测数据文件,以每条观测线路的每一行数据为处理单元,以字符的形式读到构架数组(Structure Array)中。测站名为构架名,前后尺读数、视距读数、高差等为域名。按照测站点名合并计算各测站数据,得到各测段的高差、距离平均值,并按规范格式输出计算结果。

(1)打开观测数据文件,部分代码如下:

```
[filename1,pathname1] = uigetfile('*.dat; *.gsi','打开观测文件');    %打开观测数据文件,其中 DNA 03 数据文件后缀为 gsi,DiNi 03 数据文件后缀为 dat
fid = fopen(strcat(pathname1,filename1),'rt');
if fid = = -1
```

```
    msgbox('The filename or pathname is not correct','warning','warn');
    return;
end
```

(2)分类存储测段信息,部分代码如下:

```
Mp(jj).No = Pn(ii).No
Mp(jj).Rb1 = str2num(Pn(ii).Rb)
Mp(jj).Rb2 = str2num(Pn(ii+3).Rb)
Mp(jj).Hb1 = str2num(Pn(ii).HD)
Mp(jj).Hb2 = str2num(Pn(ii+3).HD)     % Mp(jj)为测站名称,Rb1 和 Rb2 分别为前后视距读数,Hb1 和 Hb2 分别为前后尺读数
```

(3)创立 Excel 对象,部分代码如下:

```
Excel = actxserver('Excel.Application');     % 创建一个 Microsoft Excel 服务器,返回句柄
Workbooks = Excel.Workbooks;     % 创建一个空白的工作簿
Workbook = invoke(Workbooks, 'Add');     % 创建一个空白的工作表
```

(4)输出规范格式的水准手簿,部分代码如下:

```
set(ActivesheetRange(1,:),'Value','电子水准测量记录手簿');     % 在 Excel 表格第一行添加名称
set(ActivesheetRange(m+7,1),'HorizontalAlignment',1);
set(ActivesheetRange(m+7,1),'Value','监测单位:海南水文地质工程地质勘察院');     % 在水准手簿表格的最后一行添加监测单位名称
```

3 曲线图生成程序编制

主要技术流程是:按顺序读入经科傻软件平差处理后的各期监测高程成果文件,将点名、高程值、中误差等数据以字符的形式读到构架数组(Structure Array)中。其中,点号为构架名,各监测点的各次高程值、中误差、各次变化量、各次变化速率等为域名。首先判定精度是否符合规范及方案要求,然后计算各期成果,并输出成果表和曲线图。如果建筑沉降情况异常,还应输出报警文件。

(1)读入各期监测高程数据文件,部分代码如下:

```
[filename1,pathname1] = uigetfile('*.ou1','打开平差成果文件');     % 打开科傻平差成果文件
fid = fopen(strcat(pathname1,filename1),'rt');
if fid == -1
    msgbox('The filename or pathname is not correct','warning','warn');
    return;
end
```

(2)生成 Excel 格式的成果表,部分代码如下:

```
Excel = actxserver('Excel.Application');     % 创建一个 Microsoft Excel 服务器并返回句柄
Workbooks = Excel.Workbooks;     % 创建一个空白的工作簿
Workbook = invoke(Workbooks, 'Add');     % 创建一个空白的工作表
set(ActivesheetRange(1,:),'Value','建筑沉降监测成果表');     % 在成果表第一行添加名称
set(ActivesheetRange(m+7,1),'Value','监测单位:海南水文地质工程地质勘察院');     % 在成果表最后一行添加监测单位名称
```

(3)生成时间—荷载—沉降量曲线。部分代码如下:

```
plot(x,y1,'b-*'),xlabel('观测时间'),title('时间—荷载—沉降量曲线图')     % 设置曲线图标题
hold on     % 保持当前坐标轴及图形不被覆盖
```

```
grid on      % 显示格网
```

4 工程应用实例分析

以某建筑项目沉降监测为例,选择了 10 期的监测数据文件进行水准记录手簿、沉降曲线图的生成。启动程序后,可选择并打开水准测量仪器观测数据文件,然后在 MATLAB 下利用编制的软件生成规定格式的水准记录手簿及沉降曲线图等成果,如图 1 和图 2 所示。

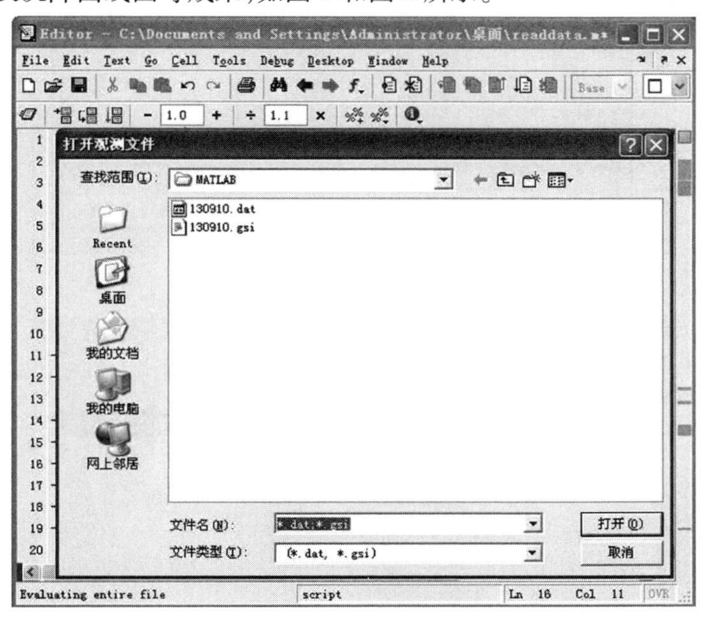

图 1 打开水准观测数据文件

Microsoft Excel - 130910BM.xls

F26 =C25+C26

电子水准测量记录手簿									
测自:	BM1	至:	BM1	日期:	2013-9-10		观测顺序:	后前前后,前后后前	
天气:	晴	呈像:	清晰	土质:	坚硬		仪器:	Trimble DINI03	
测站	视准点	视距读数		标尺读数		读数差/mm	测站高差/m	累积高差/m	备注
	后视	后距1	后距2	后尺读数1	后尺读数2				
	前视	前距1	前距2	前尺读数1	前尺读数2				
		视距差/m	累积差/m	高差1/m	高差2/m				
1	BM1	25.140	25.129	1.73928	1.73929	-0.01			
	1	24.844	24.850	1.91457	1.91459	-0.02	-0.17530	-0.17530	
		0.287	0.287	-0.17529	-0.17530	0.01			
2	1	33.145	33.124	1.89972	1.89971	0.01			
	2	32.635	32.655	1.48718	1.48718	0.00	0.41254	0.23724	
		0.490	0.777	0.41254	0.41253	0.01			
3	2	32.857	32.849	2.24032	2.24030	0.02			
	3	32.355	32.358	2.38539	2.38539	0.00	-0.14508	0.09216	
		0.497	1.274	-0.14507	-0.14509	0.02			
4	3	36.639	36.615	1.20283	1.20285	-0.02			
	4	36.236	36.239	1.56743	1.56742	0.01	-0.36459	-0.27242	
		0.390	1.663	-0.36460	-0.36457	-0.03			
5	4	14.676	14.658	1.73664	1.73663	0.01			
	BM1	15.583	15.586	1.46453	1.46454	-0.01	0.27210	-0.00032	
		-0.918	0.745	0.27211	0.27209	0.02			
测段计算	测段起点	BM1							
	测段终点	BM1		累计视距差	0.745	m			
	累计前距	0.14167	Km	累计高差	-0.00032	m			
	累计后距	0.14242	Km	测段距离	0.28409	Km			
	测量:			计算:			检核:		
				监测单位:		海南水文地质工程地质勘察院			

Sheet1 Sheet2 Sheet3

就绪 数字

图 2 水准记录成果输出

利用后缀名为 oul 的平差成果可以生成沉降监测成果表及曲线图,如图 3 ~ 图 5 所示。

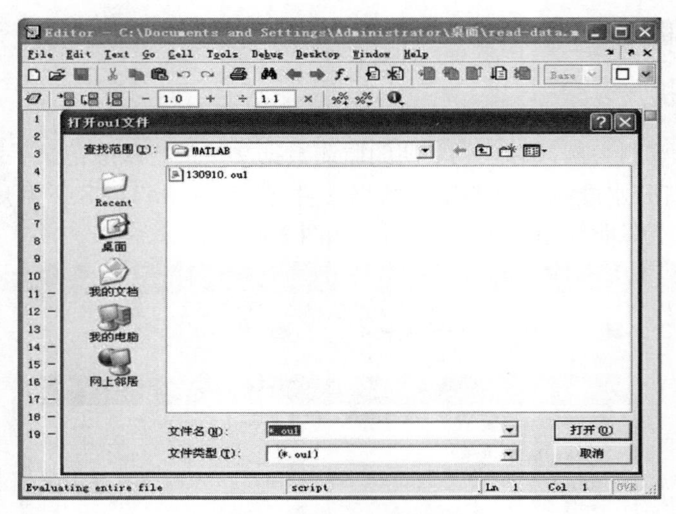

图3　打开平差数据文件

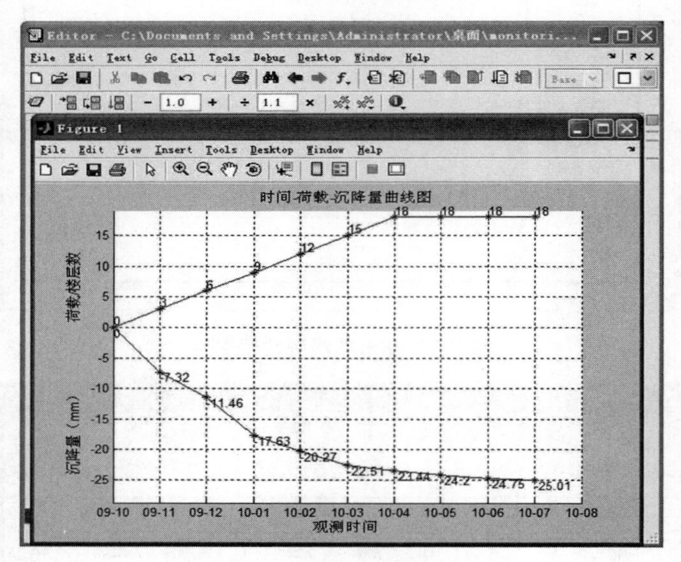

图4　沉降曲线图输出

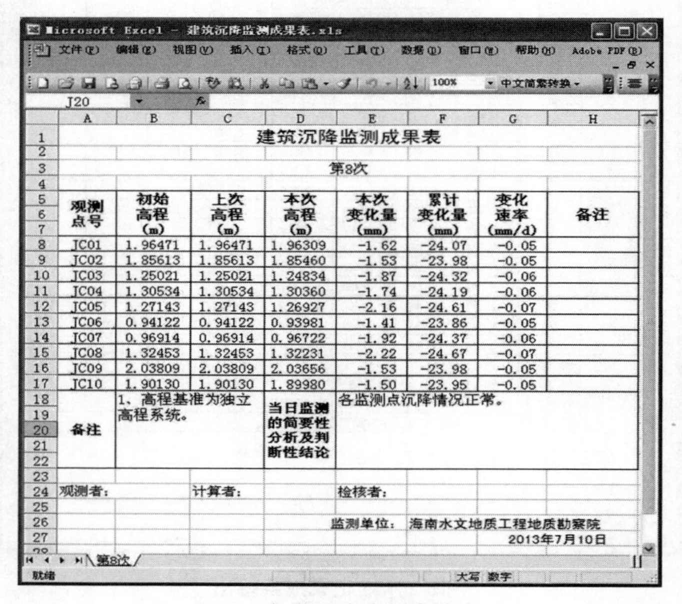

建筑沉降监测成果表

第8次

观测点号	初始高程(m)	上次高程(m)	本次高程(m)	本次变化量(mm)	累计变化量(mm)	变化速率(mm/d)	备注
JC01	1.96471	1.96471	1.96309	-1.62	-24.07	-0.05	
JC02	1.85613	1.85613	1.85460	-1.53	-23.98	-0.05	
JC03	1.25021	1.25021	1.24834	-1.87	-24.32	-0.06	
JC04	1.30534	1.30534	1.30360	-1.74	-24.19	-0.06	
JC05	1.27143	1.27143	1.26927	-2.16	-24.61	-0.07	
JC06	0.94122	0.94122	0.93981	-1.41	-23.86	-0.05	
JC07	0.96914	0.96914	0.96722	-1.92	-24.37	-0.06	
JC08	1.32453	1.32453	1.32231	-2.22	-24.67	-0.07	
JC09	2.03809	2.03809	2.03656	-1.53	-23.98	-0.05	
JC10	1.90130	1.90130	1.89980	-1.50	-23.95	-0.05	
备注	1、高程基准为独立高程系统。		当日监测的简要性分析及判断性结论	各监测点沉降情况正常。			

观测者：　　计算者：　　检核者：

监测单位：海南水文地质工程地质勘察院

2013年7月10日

图5　各期沉降成果表输出

利用 MATLAB 编制程序自动生成水准手簿和沉降曲线图成果,记录手簿格式与规范规定一致,曲线图简洁美观。该方法相对于传统方法(如 Excel 或 AutoCAD 来实现)效率更高,能够及时向委托方做出信息反馈,在变形情况异常时更具优势。

5 结 语

岩土工程沉降监测越来越受到人们的重视,在工程项目设计、施工、运行各阶段发挥着十分重要的作用,目前已成为必不可少的工作。本文利用 MATLAB 编制程序自动生成水准手簿和沉降曲线图成果,提高了成果图表的制作效率,取得了较好的效果,拓展了 MATLAB 在岩土工程监测领域的应用空间。

参 考 文 献

[1] 中华人民共和国建设部. JGJ 8—2007 建筑变形测量规范[S]. 北京:中国建筑工业出版社,2007.
[2] 张志涌,徐彦琴. MATLAB 教程[M]. 北京:北京航空航天大学出版社,2006.
[3] 许波,刘征. MATLAB 工程数学应用[M]. 北京:清华大学出版社, 2000.
[4] 姚连璧,周小平. 基于 MATLAB 的控制网平差程序设计[M]. 上海:同济大学出版社, 2006.
[5] 吴子安. 工程建筑物变形观测数据处理[M]. 北京:测绘出版社,1989.
[6] 黄声享,尹晖,蒋征. 变形监测数据处理[M]. 武汉: 武汉大学出版社, 2003 .

共用宗地权利人土地面积计算方法研究

冯学忠　黄滨海

(海口市土地测绘院,海南海口 570125)

【摘　要】以按份共用宗地为例,提出按单一和混合两种使用类型进行计算,并根据算例对不同计算方法的结果进行了分析,指出工作应用中应注意的问题。

【关键词】共用宗地;面积;计算方法

1　引　言

共用宗地地籍调查及其使用权登记是地籍调查和土地登记中的一项常态性工作,但由于《城镇地籍调查规程》(TD 1001—93)、《土地登记办法》和《地籍调查规程》(TD/T 1001—2012)等规程对共用宗地权利人土地面积的确定问题均没有具体的操作规定,因此在实践中各地操作方法往往不尽统一,甚至同一部门不同的人因理解不一致也会做出不同的结果,由此会引起一些争议和法律纠纷,给工作带来了不利影响。对共用宗地权利人土地面积计算方法进行研究,在规范土地管理相关工作中具有现实作用。

2　共用宗地含义

共用宗地是指两个或两个以上权利人共同使用,且土地使用权界线难以从实地分割的宗地。这类宗地经常为城镇中的商品房(公寓楼、别墅小区)、保障性住房、经济适用房、单位住宅楼等类型用地,其特点是多个权利人共同使用,土地使用权界线无法划清,宗地使用权不可分割。共用宗地分为共同共用宗地和按份共用宗地。共同共用宗地是指使用权界线无法划清,面积无法分摊的共用宗地。按份共用宗地是指使用权界线无法划清,但面积可以分摊的共用宗地。以下主要针对按份共用宗地进行探讨研究。

3　共用宗地使用类型

根据宗地建筑类型和实际使用情况,为便于土地登记操作,一般可将按份共用宗地划分为单一型和混合型两种。单一型共用宗地一般指权利人均没有独用土地仅有共用土地的宗地,如公寓楼、保障性住房、经济适用房、单位办公住宅楼等情形的宗地。混合型共用宗地一般指全部或部分权利人既有独用土地又有共用土地的宗地,如别墅小区或公寓楼+别墅混合型小区等情形的宗地。

4　共用宗地面积计算方法

(1)单一型共用宗地权利人土地面积计算。权利人土地面积一般按宗地容积率计算或按权利人建筑面积占有的比例计算。

设宗地使用权面积为 P,宗地建筑面积为 Z,容积率为 V,权利人建筑面积为 J_i,权利人土地面积为 S_i,则权利人土地面积计算公式如下:

$$S_i = J_i \div V \tag{1}$$

式中,$V = Z \div P$。

$$S_i = J_i \times C \tag{2}$$

式中,$C = P \div Z$,C 为土地面积分摊系数。

(2)混合型共用宗地权利人土地面积计算。此类宗地应先摸清各栋建筑物的基底面积(d_i)、权利人独用土地面积(D_i),分别计算各栋建筑物基底面积分摊系数(k_i)、共用土地面积分摊系数(q)、分摊基底面积(S_{di})、分摊共用面积(G_i)后才能计算权利人土地面积。计算公式如下:

$$S_i = S_{di} + D_i + G_i \tag{3}$$

式中,$S_{di} = J_i \times k_i$,$k_i = d_i \div Z_i$,Z_i 为某栋建筑面积,$G_i = J_i \times q$,$q = (P - \sum d_i - \sum D_i) \div Z$。

5 算例及分析

5.1 算例1

某宗地面积1 000 m^2,规划建筑容积率2.0,规划建设A型和B型公寓楼各一座,其中A型基底面积400 m^2,框架四层,建筑面积1 600 m^2;B型基底面积200 m^2,框架二层,建筑面积400 m^2;其余土地为绿地。A型公寓楼为张三购买拥有,B型公寓楼为李四购买拥有,则张三、李四的土地面积计算结果如下:

该宗地使用权面积1 000 m^2,没有规划独用土地的花园等设施,宗地建筑面积2 000 m^2;则按照公式(1)、公式(2)计算结果如下:

(1)$V=2$,$C=P \div Z=1\ 000 \div (1\ 600+400)=0.5$;

(2)张三土地面积$=1\ 600 \div 2=800$ m^2 或 $=1\ 600 \times 0.5=800$ m^2;

(3)李四土地面积$=400 \div 2=200$ m^2 或 $=400 \times 0.5=200$ m^2;

(4)检核:张三土地面积+李四土地面积$=800+200=1\ 000$ m^2,与宗地使用权面积相等,说明面积计算准确无遗漏。

5.2 算例2

例1宗地中,B型建筑规划为别墅,规划别墅独用花园用地50 m^2,则按公式(3),张三、李四的分摊土地面积计算结果如下:

(1)张三分摊基底面积为400 m^2,李四分摊基底面积为200 m^2,宗地总基底面积为600 m^2,张三独用土地面积为0,李四独用土地面积为50 m^2,宗地总独用土地面积为50 m^2,则

共用土地面积分摊系数 $q=(P-\sum d_i-\sum D_i) \div Z=(1\ 000-600-50) \div 2\ 000=0.175$;

(2)张三分摊共用面积$=J_i \times q=1\ 600 \times 0.175=280$ m^2,李四分摊共用面积$=400 \times 0.175=70$ m^2;

(3)张三土地面积=分摊基底面积+独用土地面积+分摊共用面积$=400+0+280=680$ m^2,李四土地面积$=200+50+70=320$ m^2;

(4)检核:张三土地面积+李四土地面积$=680+320=1\ 000$ m^2,与宗地使用权面积相等,说明面积计算准确无遗漏。

5.3 结果分析

对算例1和算例2的计算要素与结果进行分析,可以发现,以上两种类型共用宗地的权利人拥有同一建筑面积、基底面积房产,但依据公式(1)、公式(2)和公式(3)两种计算方法计算得出两种宗地的该房产权利人土地面积却不相同,存在差异。

(1)单一型共用宗地没有规划建设独用土地,规划转变为混合型共用宗地后,没有独用土地的权利人在其建筑面积不变的情形下,其分摊土地面积存在减少情况;具有独用土地的权利人在其建筑面积不变的情形下,其分摊土地面积存在增加情况。

(2)差异原因。因规划等原因,不同宗地其利用类型、功能不一定相同,如单一型共用宗地的建筑物一般没有规划独用土地,整宗地利用情况均为共用;而混合型共用宗地却不一样,所有的建筑物除拥有共用土地外,有的建筑物还规划拥有独用土地情况。特别是发展商为追求最大利益,往往将房产与花园等配套独用土地捆绑销售。因此,对不同宗地选择不同的计算方法是合理的,但也必然导致权利人分摊土地面积结果存在差异。

6 应用注意问题

(1)选择不同的计算方法,必然导致不同的计算结果。因此,在共用宗地地籍调查工作中,调查员必须实地全面勘查宗地建筑情况,认真分析宗地的规划、房产相关批准资料,摸清宗地类型,找准方法,正确计算权利人分摊土地面积。切忌纸上作业,不到实地了解实情,简单套用计算方法,与实际情况不吻合而出现计算错误问题,从而损害权利人合法权益,引起争议或法律纠纷,造成工作被动。

(2)采用合法面积计算。计算权利人分摊土地面积时,基底面积、建筑面积应以规划报建(含竣工验收)或房产证登记的为准,切忌采用权利人单方面提供未经政府有关部门审核确认的建筑规划、房产资料进行确权计算而造成错误。

(3)慎用容积率参加计算。在实际工作中,经常发现容积率不等于宗地建筑面积与宗地使用权面积之比值,其原因:一是宗地报建的建筑面积与实际竣工验收的建筑面积不相符;二是宗地面积因道路规划或实施建设占用导致发生变化;三是因人防、消防等公共设施建筑不纳入容积率核算。因此,工作中应认真分析宗地报建材料,慎用容积率参加计算,不能简单套用公式而不加以分析进行计算,以免造成计算错误。

(4)了解相关法律规定。《中华人民共和国物权法》第七十三条规定,属于城镇公共道路、城镇公共绿地的道路和绿地不属于业主(权利人)共有(共用)。在工作中应了解和把握该条款规定,根据规划要求,正确划分道路和绿地的归属,属于城镇公共范畴的,在计算权利人分摊土地面积时应予扣除。

7 结 语

本文对共用宗地进行了研究,结合实践将按份共用宗地划分为两种使用类型,并针对提出相应的计算方法,同时指出应用时应注意的一些问题,避免在工作中出现错漏。在海口市地籍调查和土地登记实践中,本文提出的计算方法得到了大量应用,基本上得到了土地权利人的认可,没有出现恶意的法律纠纷问题,对规范共用宗地地籍调查和土地登记工作起到了积极作用。但城市发展迅速,建筑物千姿百态,形状各异,土地利用类型复杂多样,本文对复杂的宗地研究还不够深入,共用宗地权利人土地面积计算方法尚需进一步深入研究完善。

海口市土地登记发证宗地交叉重叠问题研究

冯学忠　黄滨海

（海口市土地测绘院，海南海口 570125）

【摘　要】对1989年以来海口市土地登记发证宗地交叉重叠问题的原因进行分析研究，根据工作实践经验，提出对应的解决对策、建议。

【关键词】土地登记；宗地；交叉重叠；对策建议

1　引　言

1988年海南省建省后，海口市于1989年开始了土地登记，经过二十几年的工作积累，目前全市土地登记的数量为20多万宗，数量比较庞大。但在实际工作中，海口市土地登记这项工作也存在一些问题，比如不少宗地存在交叉重叠问题，具体数量未作统计。宗地交叉重叠面积少的有几平方米，多的达到上百、上千甚至上万平方米。这个问题长期困扰土地部门，对土地登记工作带来了很大的负面影响。本文尝试对其进行研究，提出一些解决问题的对策建议，供工作参考借鉴。

2　交叉重叠类型

实践中，我们对存在交叉重叠问题的宗地进行了认真的梳理和分析，海口市土地登记宗地交叉重叠问题归纳起来主要存在以下几种类型：

（1）个人宗地之间交叉重叠类型；

（2）个人与单位宗地交叉重叠类型；

（3）国有使用权宗地之间交叉重叠类型；

（4）国有使用权与集体建设用地宗地交叉重叠类型；

（5）国有使用权与集体所有权宗地交叉重叠类型；

（6）集体建设用地宗地之间交叉重叠类型；

（7）集体所有权宗地之间交叉重叠类型；

（8）其他交叉重叠类型。

3　交叉重叠原因

3.1　技术手段不一致，不同时期采取不同的技术手段

一是受经济、技术手段发展限制。由于受历史的局限和经济、技术发展程度束缚，20世纪90年代，海口市因受宏观调控影响，经济发展缓慢，地籍测绘技术手段不先进，个人宗地大量采用皮尺勘丈方法进行测量发证，单位宗地主要采用图解、经纬仪或加测距仪的方法测量发证，价格和测量精度较高的进口全站仪和GPS仪器在国内极少得到应用，因此造成很多宗地没有勘测坐标或是坐标定位精度较低，很难满足《城镇地籍调查规程》（TD 1001—93）规定的城镇宗地界址点精度要求（一类界址点精度 ±5 cm，二类界址点精度 ±7.5 cm）。二是坐标系统不统一。海口市平面坐标系统长期不统一，从20世纪50年代至2006年，原海口市建设部门（含土地部门）主要采用海口市独立坐标系开展基本地图（含地籍图）和城市建设等工作，但2003年并入海口市的原琼山市地区采用的平面坐标系统却比较复杂，北京

54坐标、海口市独立坐标、海南平面坐标、海南海口独立坐标、自由坐标等多种坐标系同时采用。府城镇以外地区的宗地发证大量采用自由坐标,少部分宗地采用符合规定的北京54坐标、海口市独立坐标、海南平面坐标、海南海口独立坐标,每宗地均采取手工检查、独立发证,很难发现发证宗地存在交叉重叠问题。三是GIS技术应用滞后。20世纪90年代我国地理信息技术应用刚起步,技术发展不够成熟,土地部门大多没有建设具有功能强和信息相对丰富齐全的土地登记发证信息管理系统。有的虽然建设了信息管理系统,但其作用和目的主要是查询发证宗地的属性信息,没有建立宗地空间数据库,无法对宗地空间数据进行查询、分析。很多情况都是采用地籍簿(册)、纸图的人工方式对发证宗地进行管理,检查管理手段落后,很难发现发证宗地存在交叉重叠问题。虽然20世纪90年代后期利用CAD技术手段实现对发证宗地坐标信息进行计算机检查、管理,对发现和减少交叉重叠问题起到了积极有利的作用,但CAD技术手段也存在一定局限性,宗地属性信息和空间信息用CAD关联不够严密,其空间拓扑叠加分析功能也不够完善,完全依靠它也很难避免交叉重叠问题。另外,由于各种原因限制,很多土地部门建立的地籍宗地GIS数据库及其信息系统,本身也存在不完善的问题。如海口市,对很多没有坐标和自由坐标的宗地还没有系统地进行研究、分析及重新勘测确定其发证系统采用的统一坐标(海南海口独立坐标),造成这类宗地发证数据库中仅有属性信息可以查询,其空间数据信息无法入库,不能进行叠加分析查询,出现交叉重叠问题也就再所难免。

3.2 部分执行技术标准偏低

海口市执行的土地调查、登记发证的技术规定主要有《地籍地查规程》、《土地登记办法》、《土地现状分类》(GB/T 21010—2007)、《海南省土地确权登记发证工作技术细则(农村部分)》(简称《细则》)、《海南省农村宅基地确权登记发证工作技术细则》、《地籍调查规程》(TD/T 1001—2012)等规程。其中,《细则》适用于海南省农村范围内集体土地所有权的确权登记发证,其规定的界址点测量精度为±(0.1~3 m),特别困难情况下可以放宽到±8 m,这与城镇地籍宗地界址点测量精度要求相比明显偏低,而且这项工作中采用的GPS动态后差分定位技术很不成熟,受外界观测环境因素影响较大(树荫遮蔽处、低洼地等),测量定位误差普遍偏大,最大可达到20 m左右,因此造成海口市2004~2005年期间确权登记发证的农村集体土地所有权界线与国有土地使用权界线普遍存在交叉重叠问题。

3.3 指界存在指错、漏问题

主要是申请发证宗地的权利人(或委托人)和其相邻人及调查经办人未认真指界和核实确认。一方虽指错界线或漏指个别界址点,但相邻人无异议,经办人也未认真核实就依程序进行了登记发证;另一方权利人后申请发证,重新正确指界并经核实确认测量上图,这时才发现前后两次指界的共用界线存在交叉重叠问题。

3.4 变更宗地坐标信息未及时更新

因城市道路改建、扩建、新建、旧改、土地储备等原因征收的集体所有权、国有使用权发证宗地,被完全或部分征收后,土地征收承办部门未将被征收宗地土地证书收回作注销登记,未及时通知地籍发证信息系统维护单位——信息中心作对应的发证数据更新,造成新划拨、出让、转让的宗地界线又与已被征收宗地的界线发生交叉重叠。

4 对策建议

土地登记发证的目的是保护土地权利人的合法权益,涉及千家万户的切身利益。由于宗地交叉重叠这些问题存在时间比较久,情况复杂,涉及面广,工作稍微不到位或者出点偏差,就会引发矛盾纠纷,造成不良影响,因此对宗地交叉重叠问题,土地部门必须高度重视,本着认真负责、尊重历史和现实、实事求是的原则,依据法律、法规和规章,综合采用法律、技术、政策、制度等手段加以解决。对策建议如下。

4.1 建立协调处理机制

建议建立协调处理宗地交叉重叠问题机制，成立局处理宗地交叉重叠问题领导小组专门机构，将地籍处、用地处、市场处、征收处、法规处、分局、储备中心、信息中心、测绘院等涉及业务处室、单位纳为领导小组成员单位，明确各处室单位的责任，制定处理宗地交叉重叠问题受理程序、办理流程、权属调处规定、测绘成果判定与处理规则等制度，发挥机制的功能作用。

4.2 提高测绘技术手段及技术标准

淘汰、舍弃与现代测绘技术、地籍管理发展不相适应的勘丈、图解等精度不高的传统模拟测绘技术方法，普遍采用全站仪极坐标法、GPS RTK 或网络 RTK 法等解析法对宗地界址线、界址点坐标进行测定，切实提高测量精度。同时，执行最新《地籍调查规程》(TD/T 1001—2012)，农村集体土地(含农村宅基地)界址线、界址点测量精度全部采用该规程的规定，即一、二、三级界址点测量中误差分别为 ±5 cm、±7.5 cm、±10 cm，提高技术标准，降低交叉重叠问题。

4.3 理清数据，完善发证登记数据库(GIS 数据库)

对尚未矢量化(坐标化)和自由坐标的发证宗地，特别是属原琼山市地区的要全面进行分类清理，根据实际情况采用对症方法确定宗地的实际发证坐标(海南海口独立坐标)。主要根据二调、农宅调查成果、大比例正射影像图和地形图、年度变更调查成果等资料，利用现代测绘技术手段，同时发挥分局、土地管理所人员了解、熟悉当地实情的优势，实地逐宗核对这类发证宗地的权属界线、坐标、面积。发证界线与实地一致，但实际面积与发证面积不一致的，以实地测量的面积为准；发证界线与实地不一致，但面积准确的，按照《海南省土地权属确定与争议处理条例》，组织宗地权利人、相邻人实地指界确定；属无坐标或自由坐标的，按核定界线实测的坐标为准。将经检查无交叉重叠问题的发证宗地界址点坐标、面积、权属等信息重新录入发证登记数据库，完善相关信息，避免数据库中部分宗地空间信息遗漏、不齐全等原因导致出现交叉重叠问题。

4.4 及时处理，化解矛盾

对土地划拨、出让、转让、确权工作中发现的宗地交叉重叠问题，做到发现一宗处理一宗，及时化解矛盾。依照相关法律规定和处理程序，认真查阅用地相关批准文件和历史调查成果资料，结合实地核查情况，根据工作实践经验，对不同类型交叉重叠宗地，按以下原则进行处理：

(1)国有使用权与集体所有权宗地(2004 年以来发证)交叉重叠的，若国有使用权发证在前、集体所有权在后，以国有使用权发证界线为准，调整集体所有权发证界线；实地不存在使用重叠、争议情况的，原则上以测量精度较高的国有使用权宗地发证界线成果为准，调整集体所有权宗地界线。

(2)集体所有权宗地之间交叉重叠的，纳入海口市农村土地共有宗地分割确权登记发证专项工作中按统一的技术规定处理；属维稳需要处理的，按个案情况及时处理。

(3)其他各种类型宗地交叉重叠的，由调查技术单位实地核查交叉宗地的权属界线。如用地现状双方没有使用矛盾，但出现坐标界线交叉，则由用地双方按现状重新指界签章并测量坐标进行调整。

4.5 严格管理，提高质量

(1)持证上岗。每年土地部门应对从事土地登记、地籍调查的工作人员进行不少于 1 次的业务培训，培训内容为最新的土地调查、确权、登记法律法规和测绘技术方法。严格管理，对取得土地登记上岗证或土地登记代理人资格证的人员准予上岗从事土地登记和地籍调查工作，杜绝无证人员上岗造成工作差错。

(2)严把质量关。要求从事土地登记和地籍调查的工作人员切实提高责任，正确履行职责，认真按照检查规定严把调查和发证质量关。地籍调查成果实行两级检查一级审批制度，即调查员自查(过程检查)，质检部门最终检查(成果质量检查和宗地图入库)，院级审批制度。制证环节实行一级检查制度，即由制证部门——信息中心专人将宗地界址点坐标导入发证数据库，利用 GIS 叠加拓扑功能叠加发证层数据(国有使用权发证层、集体使用权发证层界线、集体所有权发证层、宅基地使用权发证层等)进行分析,发现交叉重叠问题,反馈给调查技术单位核查整改。通过层层严把质量关大幅降低或避免交叉重叠问题。

5 结 语

海口市发证宗地交叉重叠问题的原因很复杂,本文所提出的大部分对策建议虽已在实际工作中得到应用,并起到了一些积极作用。但要全面彻底解决好这个问题,还需政府和土地部门高度重视,持之以恒加大工作力度,同时各部门和有关当事人都要积极配合方能取得较好效果。

海南省基础测绘发展方向思路

麦照秋　李　伟

（海南测绘地理信息局国土处，海南海口 570203）

【摘　要】基础测绘是一项基础性、公益性和前期性工作。基础测绘规划的制定和基础测绘工作的实施，基本反映测绘地理信息行政主管部门提供测绘地理信息服务的方向、内容和主要对象，也是测绘地理信息工作的重点。本文从海南省近年来基础测绘发展成就、基础测绘需求新特点出发，提出了海南省基础测绘今后的发展思路和近期的工作目标：高质量全面完成海南岛地形地貌数据更新、提高高分辨率影像高效获取与处理能力、增强位置服务能力和处理好地理国情监测与基础测绘的关系，期望为海南省从事测绘地理信息工作的人员提供参考。

【关键词】基础测绘；高分辨率影像；数字高程模型；无人机航摄系统

1　近年海南基础测绘发展成就

近年来，在国家测绘地理信息局和海南省政府的大力支持下，海南省基础测绘工作取得了长足发展，通过“927”一期工程、国家现代测绘基准体系基础设施建设一期工程等国家重大测绘专项工程在海南的实施，以及海南国际旅游岛数字地理空间框架建设、数字城市地理空间框架建设、海南连续运行卫星定位综合服务系统（HiCORS）和1∶10 000基础地理信息数据更新等项目的组织实施，初步建立了海南省高精度定位服务体系，获取了覆盖全省的高分辨率航空航天遥感影像，测制及更新了各级基本比例尺基础地理信息数据，搭建了省级基础地理信息数据库与地理信息公共平台，形成了较为完备的海南省省级空间信息基础设施，为海南省“十二五”期间国民经济和社会发展、民生建设、应急处置等提供了有力保障。

1.1　海南省高精度定位服务体系

《海南省基础测绘“十二五”规划》将构建海南省现代测绘基准体系作为“十二五”期间海南省基础测绘的主要任务之一。“十二五”期间，利用国家测绘地理信息局和海南省基础测绘与重大测绘专项工程建设成果，整合海南省其他有关部门已有定位服务基础设施，海南省测绘地理信息局已建设完成海南连续运行卫星定位综合服务系统（HiCORS）规划22个CORS站中的19个、A/B级GNSS大地控制点91个（点间距平均40 km）和一等水准点266个，初步建立完成与国家现代测绘基准一致的、高精度、动态、三维、地心大地测绘基准。另外，通过融入海南省似大地水准面精化成果，借助在线坐标转换方法，HiCORS还可向用户提供动态、实时、高精度的区域独立平面坐标和正常高值等服务，基本能满足测绘、国土、建设、林业、水利等部门日常对测绘基础控制测量方面的要求。

1.2　高分辨率航空航天遥感影像获取

通过海南国际旅游岛数字地理空间框架建设项目的实施，统筹获取卫星遥感影像、航空遥感影像和无人机航摄影像，获取了时相在2010年后覆盖海南岛的高分辨率航空航天遥感影像，共计获取0.2 m分辨率影像29 889 km^2，0.1 m分辨率影像910 km^2，0.5 m分辨率影像6 400 km^2。这些高分辨率影像为基础地理信息数据生产和测绘地理信息服务保障奠定了良好基础，为旅游、国土、海洋、公安、武警、交通、建设、林业、水利等部门提供了现势性强和精度高的数字正射影像，并在其专业系统中发挥了测绘地理信息应有的支撑作用。

1.3　基本比例尺基础地理信息数据更新

近年来，通过1∶10 000基础地理信息数据更新、海南国际旅游岛数字地理空间框架建设、1∶50 000

基础地理信息数据库动态更新工程等项目实施,对海南省1∶10 000比例尺基础地理信息数据进行了适时更新,根据国家测绘地理信息局统一部署,对覆盖海南省的1∶50 000比例尺基础地理信息数据进行了统一更新,为国土、海洋、交通、建设、林业、水利等部门提供了较好的测绘地理信息系统保障。

1.4　海南省基础地理信息数据库与地理信息公共平台

作为海南国际旅游岛数字地理空间框架的重要建设内容,海南省基础地理信息数据库依据建库标准规范,将覆盖全岛的各级比例尺基础地理信息数据以及相应元数据,纳入统一的数据库体系中进行数据管理和分发。

海南省地理信息公共平台是海南省基础测绘成果集中展示、管理、发布与应用的通道。根据政府和公众不同的需求特点,完成了政务地理信息公共平台和公众地理信息公共平台(天地图·海南)的建设,基于这两个平台开展的示范应用,在旅游、公安、发改、海洋、交通等领域发挥了很好的应用效果,促进了地理信息的深层次应用。

2　基础测绘发展需求的新特点

海南省基础测绘近年来取得的成就为海南省各项事业的发展提供了有力的测绘地理信息保障,但也应该看到,随着海南省经济社会的高速发展,对基础测绘的发展需求也具有以下几个鲜明的特点。

2.1　对高分辨率影像数据的需求更加旺盛

影像数据具有直观、易读和客观全面等特点,随着分辨率、获取效率的提高,高分辨率航空航天遥感影像在国土、海洋、规划、农业、林业等部门中的应用越来越广泛和深入,由以前的单纯提供背景数据、辅助宏观决策、支撑专业领域普查向直接应用于工程项目建设、专题信息详查等方向发展。国家测绘地理信息局主抓的三大工程——数字城市、天地图、地理国情监测均以高分辨率影像获取、处理和分发作为项目实施的前提基础,对各省开展的数字城市地理空间框架建设,也以提供高分辨率影像数据作为重要支持,足以说明国家测绘地理信息局对高分辨率影像数据的重视。

在国土部门,高分辨率卫星遥感数据已广泛应用于国土资源管理中,技术上也比较成熟,以高分辨率影像为底图资料叠加土地利用现状图、土地利用规划图、矿产资源规划图进行国土资源定位、定量定位管理的管理模式基本形成。随着影像更新频率的加快和分辨率的提升,国土、海洋、林业等部门利用影像数据能实时发现违法事件,现场处理违法案件也成为趋势。

海南省农业部门正在开展的农村土地承包经营权确权登记工作,依托海南国际旅游岛数字地理空间框架建设项目获取的高分辨率影像数据,极大地提高了工作效率和准确性,得到了农业部的高度肯定,成为高分辨率影像应用于农业部门业务工作的成功案例。

高分辨率影像数据还为海南省城市规划和“数字城市”、“智慧城市”的建设提供了丰富的数据源,并为海南岛内正在建设的西环高速铁路、中线高速公路等重大工程项目设计、实施提供基础数据。

当前,各行业部门对高分辨率影像数据的旺盛需求对影像的多平台获取实时化、处理自动化、服务网络化提出了更高的要求。

2.2　对高精度数字高程模型数据的需要更大

数字高程模型(DEM)在测绘、水文、地质、气象、军事等领域有着广泛的应用。随着激光雷达测量等测绘地理信息高新技术、装备的发展,大面积快速获取高精度DEM成为可能,同时也扩展了DEM的应用领域。

高精度DEM目前越来越多地应用于水文分析、线路勘测设计等需要定量分析的领域,也成为各种三维场景构建中模型与地表实际无缝贴合的关键。例如,海南省三防部门、水利部门和海洋部门为预防水灾和海洋风暴潮等自然灾害而进行的模拟淹没分析,对高精度DEM的生产和更新需求就非常强烈。由高精度DEM生产的特定区域坡度、坡向等信息还成为地质调查、地理国情普查不可或缺的数据源,达到一定精度指标的DEM甚至可以直接应用于各种工程设计与建设。

2.3　对基础地理信息数据的共享要求更高

通过海南国际旅游岛数字地理空间框架建设项目的实施,海南省虽然建立起了省级基础地理信息数据库和地理信息公共平台，实现了全省基础地理信息数据的统一管理、展示、分发和服务，但是还没有完全建立起信息化测绘时代所要求的国家、省、市（县）三级互联互通的基础地理信息数据网络，缺乏网络环境下基础地理信息数据的分布式管理体系。

就基础地理信息成果应用而言，基于海南省地理信息公共平台，海南省已具备了基础地理信息数据的网络化共享和服务条件。但受限于传统应用模式的思维惯性和测绘地理信息分发服务技术手段的不完善，网络化共享和服务水平还比较低，基础地理信息数据在海南省各厅局业务系统中的应用，无论是在广度还是在深度上都还比较欠缺，需要进一步强化快捷便利的基础地理信息网络化服务能力，并保证基础地理信息数据的安全保密。

2.4 科技创新在基础测绘发展中的作用日益加大

回顾近几十年测绘地理信息发展历程，可以发现，从传统测绘到数字化测绘，再到信息化测绘，每一次测绘生产效率的飞跃和生产组织形式的革新都是由科技创新驱动的。特别是近几年从数字化测绘到信息化测绘的转变，高新技术换代和先进装备升级的周期越来越短，而新技术、新装备的应用又对专业技术人才提出了迫切需求。正如国家测绘地理信息局原局长徐德明同志强调的，技术决定水平，装备决定能力，人才决定未来，科技创新的这三大因素在未来基础测绘发展中的作用日益加大。

以上需求特点，决定了海南省基础测绘发展的方向与任务。

3 海南省基础测绘发展思路

3.1 提高高分辨率影像高效获取和处理能力

高分辨率影像的获取目前主要有卫星影像获取、国家和省级基础航空摄影和低空无人机航摄三大途径。

随着我国高分辨率对地观测卫星的陆续发射和投入使用，可供选择的卫星影像来源进一步丰富，但由于卫星影像受卫星运行轨道、云层覆盖、重访周期等限制，单一影像来源难以满足影像获取需求。因此，应该鼓励海南省测绘地理行业单位加强与国内商业遥感卫星运行企业的合作，拓宽国内外多种高分辨率卫星影像的综合获取渠道。

国家和省级基础航空摄影，当前仍然是大面积获取高分辨率影像的主要途径，但受飞行平台、空域管制、天气条件等因素的影响，在更新频率和及时性方面时常受到制约。

中低空无人机航摄是近年发展比较快的一项技术，无人机起降灵活，受空域管制、天气条件限制较小，在重点地区、小范围测绘方面有较大优势。

提高海南省高分辨率航空航天遥感影像数据的高效实时化获取能力，需要统筹上述三大获取途径，制订切实可行的高分辨率影像数据获取计划，保障数据获取的精度和时效性。就海南省而言，重点是建立比较完备的无人机航测体系（图1），配置长、中、短航程无人机、无人飞艇等飞行平台，搭载航摄相机（含倾斜相机）、激光雷达、多光谱等传感器设备，以覆盖不同成像区域、不同航高，具备光学、雷达和激光影像数据获取能力。在建立无人机航测体系的过程中，要重点发展城市以外区域的小型无人机遥感、城市区域无人飞艇航测和远距离海岛长航时无人机测绘，提高海南省高分辨率影像数据获取效率，以及对地理国情监测和应急测绘的保障能力。

就高分辨率影像更新频率而言，笔者认为在一个五年计划中应获取1～2次完整覆盖0.5 m分辨率卫星影像、每年一次海南重点区域0.2 m航空影像以及重点城市的0.1 m无人机航摄影像等，以满足省级基础测绘中的重点内容，如1∶10 000基础数据更新、省级基础地理数据库更新、天地图·海南更新以及各厅局和城市管理等对基础测绘的需求。

高分辨率航空航天遥感影像数据的自动化处理需要构建运行于高速网络环境下的多源影像数据一体化处理平台，应用遥感数据集群处理的并行处理技术、网络环境下高性能遥感数据协同处理等高新技术、装备，提高影像数据处理的自动化水平，突破数据处理效率瓶颈，尽可能缩短从数据获取到正式成果提供之间的时间，满足当前各领域对影像时效的高要求。

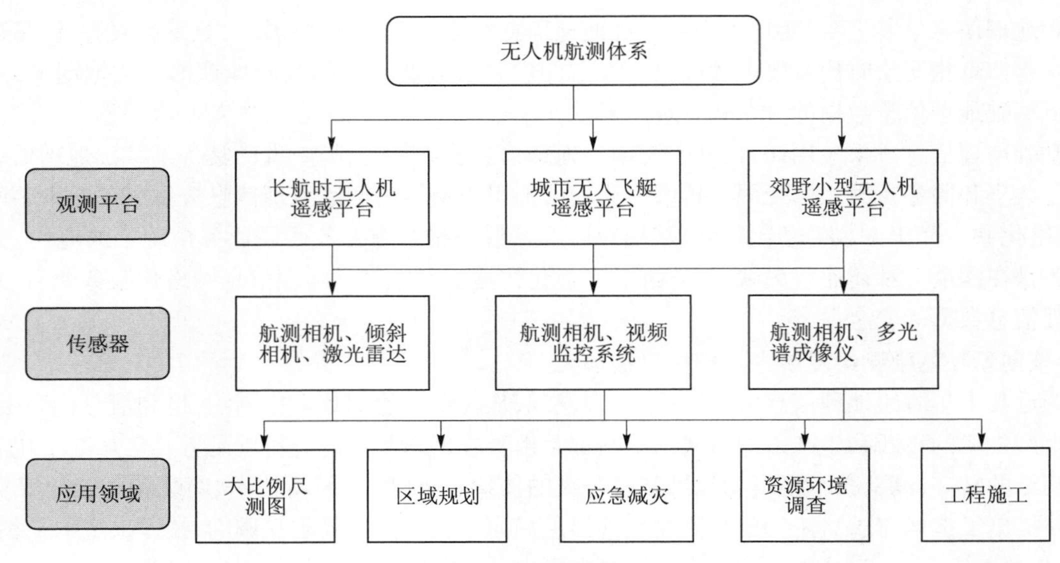

图1 无人机航测体系

3.2 提升数字高程模型数据精度水平

当前,技术、装备的革新使大范围快速生产高精度 DEM 成为现实,DEM 应用领域的延伸也受到了各专业部门极大的关注,对 DEM 的分辨率、精度水平和更新频率提出了更高的要求。

海南省现有的 DEM 数据受生产时技术手段的限制,数据精度和现势性已无法满足目前高分辨率影像数据处理和三维场景构建的要求,急需对其进行更新。根据当前技术发展趋势和海南省地形地貌特点,笔者认为采用激光雷达测量技术对海南省 DEM 数据进行更新是比较合适的选择。激光雷达测量技术具有自动化程度高、受天气影响小、数据生产周期短、精度高、数据采集成本低等特点,能快速获取海南省高精度三维地形数据,生成高精度、高分辨率 DEM。

3.3 增强位置服务能力

高精度、网络化位置服务能力是测绘地理信息服务保障的重要基础,要增强海南省位置服务能力,应在现有 HiCORS 的基础上,高质量地完成以下工作:HiCORS 规划中余下 3 个 CORS 站点的建设与数据接入;海榆东、海榆中和海榆西三条一等水准观测;全岛一、二等水准重新平差计算及成果发布;A/B 级 GPS 网点在海南的观测处理;海南高精度高分辨率似大地水准面模型(一般地区 2 ~ 3 cm,丘陵地区 3 ~ 5 cm,中部山区在 8 cm 以内)的建立与应用;HiCORS 与三亚市 CORS 间的共享、互联互通;完善 HiCORS站点日常维护机制和网站建设。通过开展这些工作,使依托 HiCORS 进行的地理信息数据采集精度更高、可靠性更强,从而满足测绘、国土、规划、建设和工程实施等部门首级控制测量实时化要求和精度要求。

3.4 提高基础测绘成果的网络化服务能力

基础测绘成果的网络化服务能力是转变测绘服务方式的关键,也是基础测绘成果向广泛、深度应用的根本途径。通过建设高效的基础测绘成果管理与服务系统、运行支撑系统及配套基础设施,增强向社会公众、政府部门提供网络公共地理信息服务的能力。在海南省现有基础地理信息数据库和地理信息公共平台的基础上,配置基础地理信息成果检索和分发功能,完善定位、导航、地图、影像、地理要素等多种信息及二次开发服务,提高基于基础测绘成果的综合分析能力,提取政府部门、社会公众需要的综合信息。

基础测绘成果的网络化服务除了需要解决技术瓶颈,还需要有力的体制和机制保障。为此,笔者认为,应当适时向省政府建议建设海南省省级地理空间数据交换和共享平台,整合政府各部门分散掌握的地理空间数据,服务政府信息化建设,提升测绘地理信息网络化服务效能。

3.5 处理好基础测绘与地理国情监测的关系

2010 年年底,时任国务院副总理李克强批示国家测绘局加强基础测绘和地理国情监测,着力开发利用地理信息资源,丰富测绘产品和服务。从批示可以看出,基础测绘和地理国情监测是国家测绘地理信息局在一段时间内需要重点加强的两项基础工作,要做好这两项工作,必须首先处理好两者的关系。

笔者认为,基础测绘是支持地理国情监测的基础,是地理国情监测顺利开展的重要前提;而地理国情监测是基础测绘的外延,是基础测绘成果深度应用的最佳载体。基础测绘提供现状的、静态的、直接的自然地理信息数据获取与管理;地理国情监测提供自然地理数据、人文地理数据、社会经济数据的综合分析利用,并强调动态变化信息的描述。因此,要做好地理国情监测,同时更好地发挥基础测绘成果的作用,必须在研究地理国情监测技术要求和规范的基础上,探索基础测绘成果直接应用于地理国情监测的技术途径,建立基础测绘成果与地理国情监测数据之间的转换关系,并以此为依据指导今后基础测绘工作的开展。同时,还要加强现有专业技术人员的继续教育,结合地理国情监测的目标与任务、基础测绘与地理国情监测的关系等热点问题更新知识体系。另外,还应加大高层次人才引进力度,特别是引进掌握地理国情监测关键技术的高端人才。

参考文献

[1] 陈俊勇. 中国测绘地理信息发展目标与任务的探讨[J]. 测绘地理信息,2013,38(5):1-5.
[2] 陈俊勇,党亚民,张鹏. 建设我国现代化测绘基准体系的思考[J]. 测绘通报,2009(7):1-5.
[3] 李德仁,童庆禧,李荣兴,等. 高分辨率对地观测的若干前沿科学问题[J]. 中国科学:地球科学,2012(6):805-813.
[4] 李德仁. 高分辨率对地观测技术在智慧城市中的应用[J]. 测绘地理信息,2013,38(6):1-5.
[5] 李德仁,王艳军,邵振峰. 新地理信息时代的信息化测绘[J]. 武汉大学学报:信息科学版,2012(1):1-6,134.
[6] 宁津生,王正涛. 面向信息化时代的测绘科学技术新进展[J]. 测绘科学,2010(5):5-10.
[7] 李志林,朱庆. 数字高程模型[M]. 2 版. 武汉:武汉大学出版社,2003.
[8] 张小红. 机载激光雷达测量技术理论与方法[M]. 武汉:武汉大学出版社,2007.

基于中等分辨率遥感影像的沙漠化评价探讨

梁文琼[1] 陈 奋[2]

(1. 海南天琦测绘信息工程有限公司,海南海口 570203;
2. 海南省水利水电勘测设计研究院,海南海口 570203)

【摘 要】在对各种环境评价因子赋权方法对比分析的基础上,采用中尺度分辨率遥感影像,选择典型沙漠化区域对基于主成分分析因子赋权方法进行探讨。通过对沙漠化评价结果的精度分析,认为该方法具有可行性。

【关键词】中等分辨率;因子赋权;主成分;沙漠化评价

1 引 言

我国是沙漠化最为严重的国家,甚至在以大片热带雨林和四季鲜花盛开名闻天下的海南岛也出现沙漠化问题。近50年以来,在区域气候变异和人为不合理经济活动的影响下,沙漠化土地不断扩展、蔓延,在海南岛西北—岛西南的海岸平原、河流三角洲平原及部分沙质台地上,形成一个长170 km、宽3~20 km,呈狭长带状的现代沙漠化土地分布区[1]。

海南国际旅游岛建设上升为国家战略,是海南的重大历史发展机遇。近20年来,遥感技术已在荒漠化研究中得到推广和应用。开展基于遥感的沙漠化评价研究将会给海南省的国际旅游岛建设提供及时高效的数据支撑和技术支持。

2 数据源的选择

目前来看,用于区域尺度沙漠化研究的遥感影像主要有 MODIS 数据、Landsat TM 、ETM + 数据、ASTER数据、CBERS - 1 等中等空间分辨率数据。其中,MODIS 数据空间分辨率为 250 m,光谱范围从 0.4 μm(可见光)到 14.4 μm(热红外)全光谱覆盖;Landsat TM 数据空间分辨率为 30 m,包括可见光到短波红外的 7 个波段,波谱信息丰富;ETM + 与 TM 的最主要差别在于增加了分辨率为 15 m 的全色波段,波段 6 的数据分低增益和高增益两种,分辨率也从 120 m 提高到 60 m,波段 1~5 和 7 增益随季节变化可调整。

综合考虑研究区面积、影像覆盖面积、目视解译所需影像清晰度以及波谱信息等因素,笔者选择最具代表性的 Landsat7 ETM + 影像数据开展研究。该数据具有丰富的波谱信息和空间信息,记录了土壤、植被等地物的波谱特性,色调鲜明,同时影像纹理清晰,形状、亮度信息丰富,对于沙丘、裸地、植被等地物的识别都非常有利。

3 评价方法的选择

目前,沙漠化等环境评价的方法较多,主要分为单因子法和多因子法,而多因子法考虑问题更全面,评价结果更客观。在沙漠化多因子综合评价中,确定各个因子的权重是问题的关键。根据已有的研究,评价因子赋权方法主要有专家经验法、层次分析法、模糊综合评价法以及主成分分析法等。

高尚武等[2]提出的多因子指标分级数量化法,其评价标准来自对专家经验的总结。通过线性回归方法筛选出评价指标,并由德尔斐法确定各指标的权重。量化指标规范,简单易行,可操作性强。

层次分析法是把沙漠化评价问题转化成一个多层次的分析结构模型,依最低层(供决策的方案、措施等)对于最高层(总目标)的相对重要性确定权值。该方法是一种定性和定量相结合的分析方法,将沙漠化问题分解并系统化,思路简单,比较实用。

模糊综合评价法根据模糊数学的隶属度理论把沙漠化程度多因素多层级的模糊概念转化为定量评价,即用模糊数学对受到多种相互关联的因素制约的沙漠化这一环境问题做出一个总体的评价。

以上三种定权方法在环境评价中的应用相对成熟。主成分分析法是利用多元统计分析法,以少数几个主成分对应特征向量的特征值为权重。本研究以主成分分析法作为定权方法,选取某典型沙漠化区域作为试验区验证该方法的可行性。选取的沙漠化评价指标有归一化植被指数(NDVI)、土壤湿度、土壤亮度、地表温度。

4 数据处理与分析

4.1 数据预处理

首先对 ETM + 进行辐射定标和大气校正。大气校正是遥感影像预处理的重要环节,是遥感定量反演的前提和保障。其目的是消除大气和光照等因素对地物反射的影响,将卫星遥感数据转换为地物真实表观反射率,在此基础上才能进一步获得土壤亮度、地表温度等物理参数。

在大气校正的基础上依次进行影像的裁剪拼接、水体去除、743 假彩色合成以及 GS 融合处理。最终生成试验区影像如图 1 所示。

图 1 试验区影像

4.2 指标数据与分析

4.2.1 归一化植被指数

在沙漠化和生态环境评价研究中植被指数的应用很广泛。归一化植被指数经过加减运算和比值处理,可以消除一部分由观测角度、地形起伏和大气辐射等带来的噪声影响,可以说是植被长势及覆盖度的最佳指示因子[3]。表达式如公式(1)所示:

$$NDVI = \frac{\rho_n - \rho_r}{\rho_n + \rho_r} \tag{1}$$

式中,ρ_n 和 ρ_r 分别是近红外波段和红光波段的反射率。

4.2.2 土壤湿度和亮度

土壤湿度指示土壤中含水量的多少,是沙漠化土地的最重要的限制性因子之一。$K-T$ 变换[4]在多维光谱空间中,通过线性变换、多维空间的旋转,将植被、土壤信息投影到多维空间的一个平面上,在这个平面上使植被生长状况的光谱图形和土壤亮度轴互相垂直。其中，亮度 B 和湿度 W 两分量的算法如公式(2)和公式(3)所示：

$$B = 0.3037\rho_1 + 0.2793\rho_2 + 0.4743\rho_3 + 0.5585\rho_4 + 0.5082\rho_5 + 0.1863\rho_7 \tag{2}$$

$$W = 0.1509\rho_1 + 0.1973\rho_2 + 0.3279\rho_3 + 0.3406\rho_4 - 0.7112\rho_5 - 0.4572\rho_7 \tag{3}$$

式中，ρ_1，ρ_2，ρ_3，ρ_4，ρ_5，ρ_7 分别为波段 1，2，3，4，5，7 的反射率。

4.2.3　地表温度

地表温度综合了地－气相互作用过程中物质和能量交换的结果，是地表能量平衡中的一个非常重要的参数。地表温度基于影像的反演算法首先在辐射定标的基础上计算地面亮温 T：

$$T = K_2/\ln(K_1/L_w + 1) \tag{4}$$

式中，L_w 为经过标定的有效光谱平均辐射亮度，$K_1 = 666.09$ K，$K_2 = 1\,282.71$ mW · cm^2/(sr · μm)。

其次，根据地物的比辐射率对其作进一步校正，从而按照公式(5)计算地表温度 T_s：

$$T_s = T/1 + (\lambda \cdot T/\rho)\ln\varepsilon \tag{5}$$

式中，热红外波段的中心波长 $\lambda = 11.45$ μm；$\rho = h \times c/\sigma(1.438 \times 10^{-2}$ mK)，其中，光速 $c = 2.998 \times 10^8$ m/s，普朗克常数 $h = 6.626 \times 10^{-34}$ J/s，玻尔兹曼常数 $\sigma = 1.38 \times 10^{-23}$ J/K；ε 为地表比辐射率（本文采用基于某些假设获得的比辐射率的相对值）。

4.2.4　主成分分析

按照上述几个指标算法计算得到整个试验区的指标值，布设并筛选出 100 块样地的指标值进行主成分分析，指标值经标准化处理作为先验数据（如表 1 所示），标准化处理结果如表 1 所示。

表 1　标准化先验数据

样地编号	地表温度	土壤湿度	植被指数	土壤亮度
1	0.988	0.969	0.855	0.973
2	1.025	1.174	0.904	1.077
3	1.071	0.997	0.859	1.050
4	0.997	1.238	1.130	1.079
5	0.979	0.908	1.163	0.955
6	0.969	1.006	0.772	1.032
7	0.979	0.944	0.934	0.972
8	1.007	1.118	0.941	1.036
9	0.988	0.980	0.900	0.979
10	0.988	1.027	0.986	1.009
…	…	…	…	…

对表 1 数据进行主成分分析，分析结果：四个主成分特征值分别为 2.217、1.088、0.467 和 0.227。由于特征值在某种程度上可以被看成是表示主成分影响力度大小的指标，如果特征值小于 1，说明该主成分的解释力度还不如直接引入一个原变量的平均解释力度大，因此一般可以用特征值大于 1 作为纳入标准，故提取前两个主成分。而这两个主成分的累计贡献率达到 82.63%，基本可以反映原来全部指标的信息。

因子载荷矩阵中每一个载荷量表示主成分与对应变量的相关系数。由前两个主成分的初始因子载荷矩阵计算主成分特征向量，如表 2 所示。

表2　因子载荷矩阵与特征向量

指标	因子载荷矩阵		计算主成分表达式中每个指标所对应的系数	特征向量	
	1	2		1	2
地表温度(X_1)	0.716	0.474	特征向量 = $\frac{因子载荷矩阵}{\sqrt{特征值}}$	0.481	0.454
土壤湿度(X_5)	0.898	0.072		0.603	0.069
植被指数(X_3)	-0.287	0.913		-0.193	0.875
土壤亮度(X_4)	0.904	-0.157		0.607	-0.151

从而得到前两个主成分表达式 Y_1 和 Y_2：

$$Y_1 = 0.481X_1 + 0.603X_2 - 0.193X_3 + 0.607X_4 \tag{6}$$

$$Y_2 = 0.454X_1 + 0.069X_2 + 0.875X_3 - 0.151X_4 \tag{7}$$

以每个主成分所对应的特征值占所提取主成分总的特征值之和的比例作为权重计算主成分综合模型 Y：

$$\begin{aligned} Y &= \frac{\lambda_1}{\lambda_1 + \lambda_2}Y_1 + \frac{\lambda_2}{\lambda_1 + \lambda_2}Y_2 = 0.671Y_1 + 0.329Y_2 \\ &= 0.472X_1 + 0.427X_2 + 0.159X_3 + 0.358X_4 \end{aligned} \tag{8}$$

按照上述模型计算试验区每一个像元的综合主成分，经三级密度分割和平滑处理后的分级结果如图2所示。

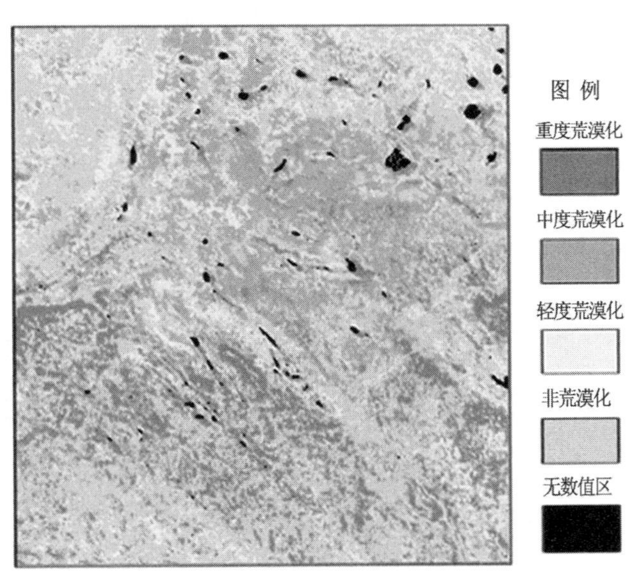

图2　沙漠化程度分级

4.2.5　分级精度分析

选择总体精度、Kappa 系数、生产者精度和用户精度作为精度指标。本文中，总体精度等于被正确分级的像元总和除以总像元数；Kappa 系数是通过把所有地表正确分级的像元总数乘以混淆矩阵对角线的和，再减去某一级中地表真实像元总数与该级中被分级像元总数之积对所有级别求和的结果，然后除以总像元数的平方差减去某一级中地表真实像元总数与该类中被分级像元总数之积对所有级别求和的结果所得到的；生产者精度是假定地表沙漠化真实为 A 级，一幅图像的像元归为 A 的概率；用户精度指假像元归到 A 级时，相应的地表沙漠化真实级别是 A 的概率。

另布设样地，作为已知数据进行沙漠化程度分级的精度检验。精度检验结果为：总体精度为 91.56%，Kappa 系数为 0.89。生产者精度和用户精度见表3。

表3 沙漠化分级精度

荒漠化等级	生产者精度	用户精度
重度荒漠化	97.17	85.99
中度荒漠化	83.65	89.27
轻度荒漠化	85.29	96.92
非荒漠化	98.02	95.7

从以上分析结果可以看出,各个指标值均在80%以上,该试验区沙漠化评价结果精度较高。

5 结 语

从统计学角度来讲,主成分分析是利用多元统计分析法去除多指标间的冗余信息,把大量的指标转化为少数综合指标(满足一定提取原则的少数几个主成分)以简化问题的过程。而综合主成分模型是以特征值为权重对主成分加权求和而建立起来的,这种赋权方法建立在对先验数据的统计分析基础之上,因此具有明显沙漠化特征的先验数据直接影响整个试验区的沙漠化评价精度。对于ETM+等中等分辨率遥感影像,其空间分辨率和波谱分辨率能够满足目视判读重度荒漠化区域的需求,所以这种基于主成分分析的沙漠化评价方法具有可操作性。

参考文献

[1] 郑影华,李森,等. RS与GIS支持下近50 a海南岛西部土地沙漠化时空演变过程研究[J].中国沙漠,2009,29(1).
[2] 高尚武,王葆芳,等.中国沙质荒漠化土地监测评价指标体系[J].林业科学,1998,34(2).
[3] 赵英时,等.遥感应用分析原理与方法[M].北京:科学出版社,2003.
[4] 梅安新.遥感导论[M].北京:高等教育出版社,2010.

近海域水下地形测量方法探析

杨新发[1] 贾克宁[2]

(1. 海南有色工程勘察设计院,海南海口 570206;
2. 中国水电顾问集团西北勘测设计研究院,陕西西安 710065)

【摘 要】近海域水下地形测量已不再适应采用常规测量方法,随着 CORS 定位技术的发展,GPS 配合数字化测深仪已成为当前主流的测量模式,本文结合近海域水下地形测量的具体应用和水下测量工作原理,给出一种切实可靠、高效的水下测量方法。

【关键词】水下地形;测深仪;高程基准

1 引 言

水下地形测量在河道疏浚及水库、港口、码头、桥梁等工程建设中发挥着重要作用,尤其在防洪减灾的应用中彰显出了巨大的经济效益和社会效益,是现代水利工程中一项重要的工程技术。但在近海域水下地形测量时,由于受到风浪、潮汐、水深等因素的影响,常规的测量手段已不能完全适应。我们采用 CORS 技术,结合 RKT 配合数字测深仪这种全新的测量模式,取得了非常好的效果。

2 常规测量方法

常规的水下地形测量方法有:

(1)交会法:采用六分仪或经纬仪进行前方交会和侧方交会。

(2)极坐标法:适合于水面不宽、流速较小、无风浪的水域。

(3)断面索定位法:在进行大比例尺水下地形测量时,由于水面窄、测深浅、测点密度大、测设精度要求高,多采用此法进行。

(4)地面无线电定位法:适合于水域广阔的湖泊、港口、河口和海洋上进行的测深定位,此方法定位精度高,操作方便,不受通视及气候的影响。

3 GPS 测量定位方法

利用海南连续运行卫星定位综合服务系统(简称 HiCORS),采用实时动态测量(RTK)对测深点进行定位,它能够实时地提供测站点在指定坐标系中的三维定位成果,并达到厘米级精度。

此次作业采用了广州科力达测绘仪器公司生产的 K9T 双频 GPS RTK。精度指标为水平精度 ±1 cm+1 ppm,垂直精度 ±2 cm+1 ppm。

4 测深点的水深测量

水深测量采用回声测深仪进行施测。施测时采用科力达测绘仪器公司所生产的 SDE-28S 型数字化回声测深仪。该仪器测深范围:0.39~300 m,测深精度:0.01±0.1%。此仪器抗干扰能力强,回波信号数字化算法确保在复杂水下环境下跟踪河底,输出连续的可靠的水深数据。

对于浅水区域的水深测量,因为太大的船开不过去,可采用小船(或人工划)的方式配合 GPS+测深仪进行。如水域太浅(≤0.4 m),可采用测深杆测量水深(或直接用 GPS 的对中杆进行量测)。

航道间距宜在 20~30 m,航点间距宜在 20 m 左右。

5　潮汐改正

利用 GPS RTK 定位技术可实现无水位观测的水下地形测量。其原理如图 1 所示。

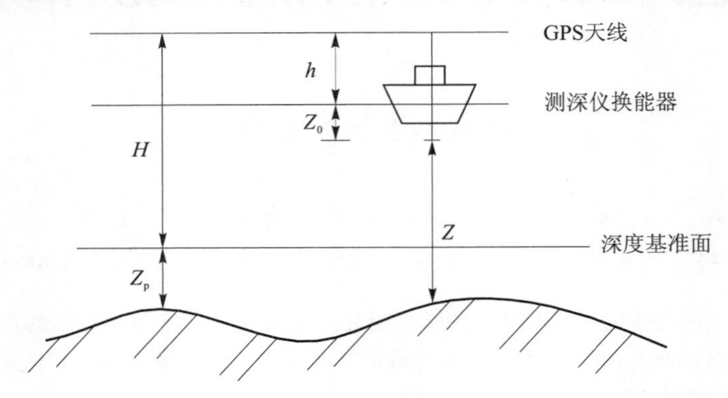

图 1　水下地形测量原理

图 1 中，h 为 GPS 天线到吃水线的高度；Z_0 为测深仪换能器设定吃水值；Z 为测量的水深值；Z_p 为绘图水深；H 为 RTK 测得的相对深度基准面的高程。

$$Z_p = Z + Z_0 - (H - h)$$

其中，$H-h$ 是瞬时水面至深度基准面的高度即水位值。当水面由于潮水或者波浪升高时，H 增大，相应地，Z 也增加相同的值。根据上式，Z_p 将不变。因此，从理论上讲，GPS RTK 无验潮测深，将消除波浪和潮位的影响，是一种较好的水深测量方法。

6　水深数据处理及成图

6.1　数据预处理

数据预处理是对水深数据编辑与清理前做的必要改正，包括水位改正，吃水改正、声速改正、时间延迟改正等。数据预处理软件中的各项改正都有格式要求，把测量好的改正数按照软件格式要求输入，进行自动或人工改正。

6.2　定位数据的编辑与处理

影响定位数据精度的因素很多，如卫星信号质量、信号盲区等，甚至天气、海况也有影响，使定位资料不可避免地出现错误。其中，主要是偏离真实位置的“飞点”，应对这些可疑的数据进行剔除。

6.3　水深数据的处理

水深数据处理的主要任务是利用自动清理和人机互动的方式清理错误水深，剔除虚假信息，保留真实信息，剔除一些不可能的孤立点、跃点和噪声点。

6.4　编辑成图

编辑成图采用南方公司的数字化专用软件 CASS 成图，可完成海岸地形和水下地形一体化成图，可实现多用途数字化地形测绘与 GIS 管理功能。把数据处理后的 DWG 格式文件，在系统中进行数据属性转换，建模生成等深线或水下等高线，再进行地形图编辑，得到符合要求的 1∶1 000 水下地形图。

此外，测量成图的具体要求按《水运工程测量规范》执行，但在表达方式上需符合以下要求：

（1）测量单位应具备形成三维图纸的条件，即可以以水深点赋以 Z 轴信息，请用图 2 所示的表达方式。

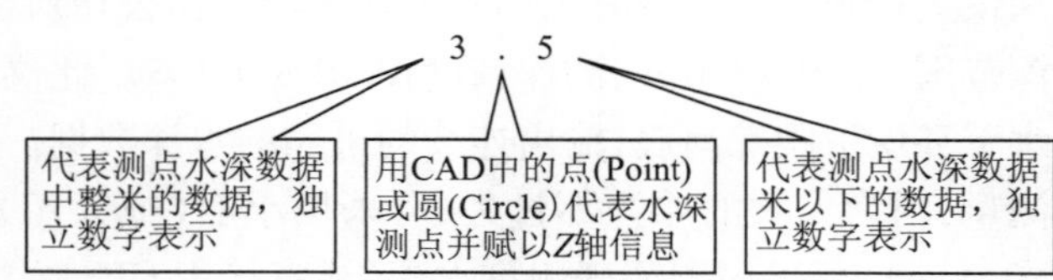

图 2　水深点表达方式

图2中一个水深点用三个独立图元表示。其中的定位点应放在一个单独的图层上。

(2)不要用海图的表达方式标注测点水深数据。

(3)正负关系的表达应参照规范执行,给定位点所赋的 Z 值应为实际数值。

7 质量保证措施

(1)为了保证测深成果的可靠性,我们应分时段校正时差,在测前测后选择底质较硬、水深为2 m左右的地方,用测深仪与测杆分别测量水深,来比较测深仪的技术性能是否正常。

(2)水深测量作业前和结束后,应将流动站安置在控制点上进行定位检查。若作业中发现问题,应及时进行检验和比对。

(3)定位数据与测深应保证同步,否则应进行延时改正。

(4)测深结束后,应对测深断面进行检查,检查断面与测深断面宜垂直相交,检查点数不应少于5%,检查断面与测深断面相交处,图上1 mm范围内水深点的深度较差不应超过表1的规定。

表1 深度检查较差的限差

水深 H(m)	$H \leq 20$	$H > 20$
限差(m)	0.2	0.01 H

注:H 为水深值(m)。

(5)船台的流动天线应牢固地安置在船侧较高处并与金属物体绝缘,天线位置宜与测深仪换能器处于同一垂线上。

(6)在作业过程中,始终要注意保证作业人员及施测仪器的安全,做到以防为主,消除一切不安全隐患。

8 结 语

通过实践,我们形成了一套成熟的水下地形测量的数据采集、处理和成图技术,其要点为:

(1)采用HiCORS(或基站RTK GPS)技术,在相应的软件支持下,指挥测量船按要求行驶,由计算机自动同步采集坐标数据和测深值。

(2)利用软件对水深值的系统误差,特别是对粗差进行处理,得到相对可靠的观测值。

(3)在相应软件的支持下,形成等高线,进行水下地形图的绘制,并按要求输出不同比例尺的水下地形图。

利用HiCORS(或RTK GPS)技术+数字测深仪进行水下地形测量,是目前较为先进的、高效的测量方法,虽然其有一定的局限性,如在陡峭的峡谷、河道还不能取代常规的测量方法,但随着GPS技术的不断发展,利用HiCORS(或RTK GPS)配合数字测深仪进行水下地形测量将有更广阔的前景。

参考文献

[1] 周立. GPS测量技术[M]. 郑州:黄河水利出版社,2006.

[2] 吴子安,吴栋材. 水利工程测量[M]. 北京:测绘出版社,1993.

[3] 广东科力达仪器有限公司. SDE-28X测深仪使用手册(V3.1).

利用GIS技术建立防洪抢险应急预案数据库的实践

周 俊 姚叶萍 王雪娣 谭 建

(海南图语地理信息技术有限公司,海南海口 570203)

【摘 要】本文以海南省水库防洪抢险应急预案数据库建设为例,介绍了利用GIS技术建立防洪抢险应急预案数据库,实现防洪抢险应急预案地理信息集成和融合的过程。重点阐述应急预案的地理空间化特征,并展示防洪抢险应急预案预演流程。

【关键词】GIS;预案;数据库

1 引 言

地理信息系统(Geographic Information System,简称GIS)泛指用于获取、存储、查询、综合、处理、分析、显示和应用地理空间数据及与之相关信息的计算机系统[1],广泛应用于几乎所有与地理、资源和环境相关的领域和行业。GIS把地理位置和相关属性有机结合起来,以其独有空间分析功能和可视化表达,供政府部门和企业进行基于空间数据的分析查询和辅助决策。

海南省气候多变,经常会遭遇特大暴雨、超强台风等灾害性气候的侵袭,导致海南省的抗洪救灾工作极为繁重。为此,海南省针对全岛千余宗水库编制了防洪抢险应急预案,但由于编制单位不同,资料来源多样,预案数据错综复杂,不够规范全面,而且预案信息停留在文本模式上,查阅统计很不方便。2010年10月,在历史罕见的强降雨和抗洪抢险中,由于信息不全、指挥系统不完善,给抗洪抢险决策带来极大不便,罗保铭书记在省"三防办"指挥防汛工作时,做出重要指示,尽快完善省"三防"指挥系统。

海南省"三防"电子沙盘指挥系统的建立,利用三维GIS、遥感技术、海量数据管理技术、网络GIS等现代高新信息技术集成管理基础地理信息和防洪抗旱专题信息,直观地展现水系分布、河流形态、防洪工程分布及应急预案信息等,为政府部门做出正确的预报、警报、决策提供直观的数据支持,实现"三防"调度指挥决策的准确、及时、科学和可视化。

2 预案空间信息化

水库防洪抢险应急预案是根据《中华人民共和国防洪法》《中华人民共和国防汛条例》《水库防汛抢险应急预案编制大纲》等有关法律、法规及规范等编制的经批准的水库汛期调度运用计划。主要包含8大内容如下[2]:

(1)总则,包括编制目的、依据,工作原则、适用范围等。

(2)工程概况,包括水库工程所处流域概况,暴雨、洪水特征及工程基本情况等。

(3)突发事件危害性分析,包括大坝溃决分析、下游影响情况等。

(4)险情监测与报告。

(5)险情抢护,包括制订抢险调度方案、抢险措施及应急转移方案等。

(6)应急保障,包括水库应急抢险组织保障、抢险队伍保障、物质及通信保障等。

(7)应急预案启动与结束,包括启动与结束应急预案的条件、决策机构与程序。

(8)附件,包括水库及其下游要保护目标位置图、水库洪水风险图等。

不难发现,以上内容(除总则外)所体现的信息均与地理位置、环境资源等相关,如水库工程、流域分布情况、下游重要保护目标位置图等。经过对海南省千余宗水库防洪抢险应急预案的分析,将其统一为地理信息空间数据,采用分层的方法进行组织管理,如表 1 所示。

表 1　防洪抢险应急预案空间数据

数据层名称	层要素	几何特性	防洪抢险作用
防洪工程信息	测站	点	整个防洪抢险应急预案空间数据直观反映了水库等防洪工程、下游保护目标及应急保障信息的位置关系。 首先通过测站及时了解雨量及实时水位信息,一旦有汛情便可快速定位水库或河流等具体位置。借助地图化可视化的下游保护目标和应急保障信息确定应急转移及抢险调度方案
	水库	面	
	河流	线、面	
	防洪楼	点	
下游影响信息	下游影响村庄	点	
	下游影响范围	面	
	安全转移地点	点	
	安全转移路线	线	
应急保障信息	抢险队伍	点	
	防汛物资	点	
	名片信息	—	

3　数据库模型设计

根据需求分析,进行“实体 – 联系(E – R,即 Entity – Relationship)模型”分析,具体分析各数据表应包含的变量属性,建立各类详细信息的实体 – 联系图并确定各表的主键(见图 1)。

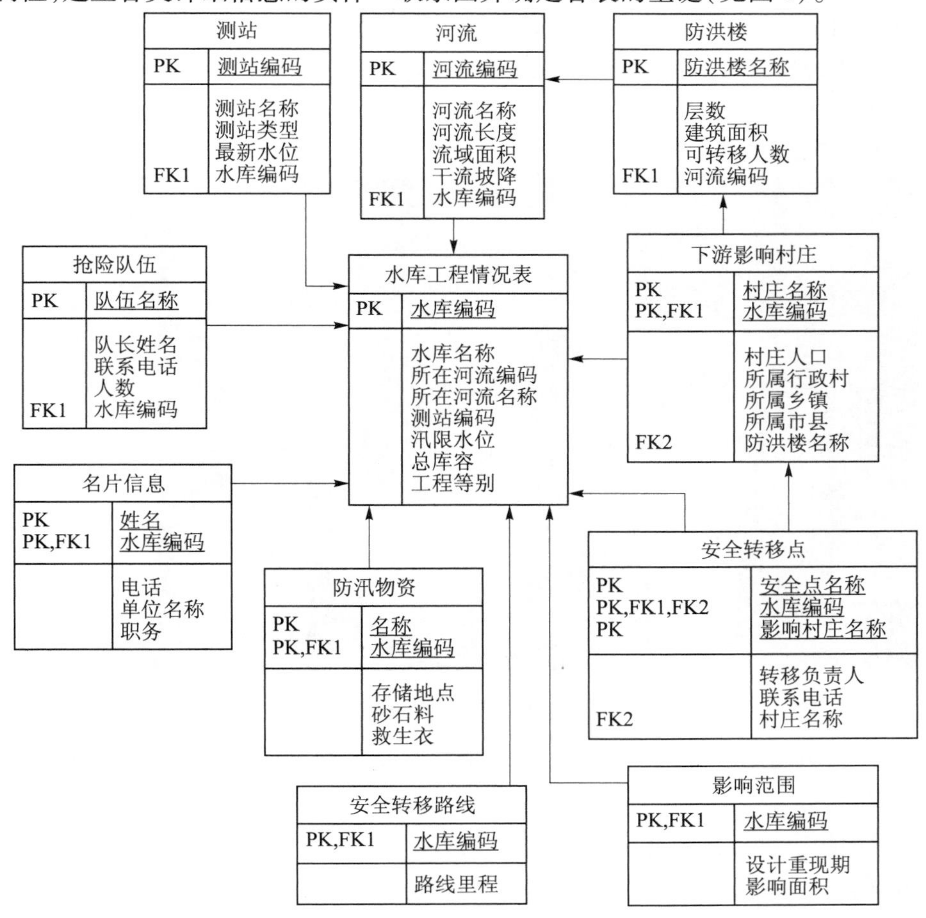

图 1　防洪抢险应急预案数据库 E – R 图

4　数据库建设

数据库建设本身是一项复杂的系统工程，防洪抢险应急预案数据库由于涉及面广、条件复杂、影响深远，更需要严格遵循数据库建设的基本程序。

4.1　数据收集分析

应急预案数据库建设的最大困难是资料的收集整理。许多工程的资料按管理权限保存于各级工程管理部门，有的已经非常陈旧，而且不够统一规范，难于直接作为建库资料使用。而且，入库数据必须是由权威部门批准的数据，并且要有正式的批准文件。所以，数据的分析整理非常重要。必须对数据资料的完整性、正确性、实时性及权威性认真进行甄别、校核，方能展开录入工作[3]。

4.2　数据生产

应急预案数据库涉及海南省近千宗水库和几十条河流的基本情况及应急信息等，数据录入工作量庞大，原始的单纯的录入方式效率低下，完全不能满足要求。为了提高数据录入的效率和准确性，开发了一些数据录入检查小工具进行批量录入检查，从而保证了进度和质量。

4.3　数据集成与入库

按照数据库整体结构的设计，将生产数据按照存储要求入库到相应的数据层。

4.4　质量检查

数据生产过程中严格执行“两级检查一级验收”制度，即过程检查、最终检查和验收。检查项目为数据的空间参考系、完整性、逻辑一致性、位置精度及属性精度等。

5　效果展示

防洪抢险应急预案数据库是海南省“三防”电子沙盘指挥系统的信息基础和重要组成部分。防洪抢险应急预案数据库的建立，为对防洪相关信息进行及时、有效的综合分析提供了全新的手段。下面为防洪抢险应急预案预演流程。

(1)测站反映汛情信息，并定位险情水库(见图2)。

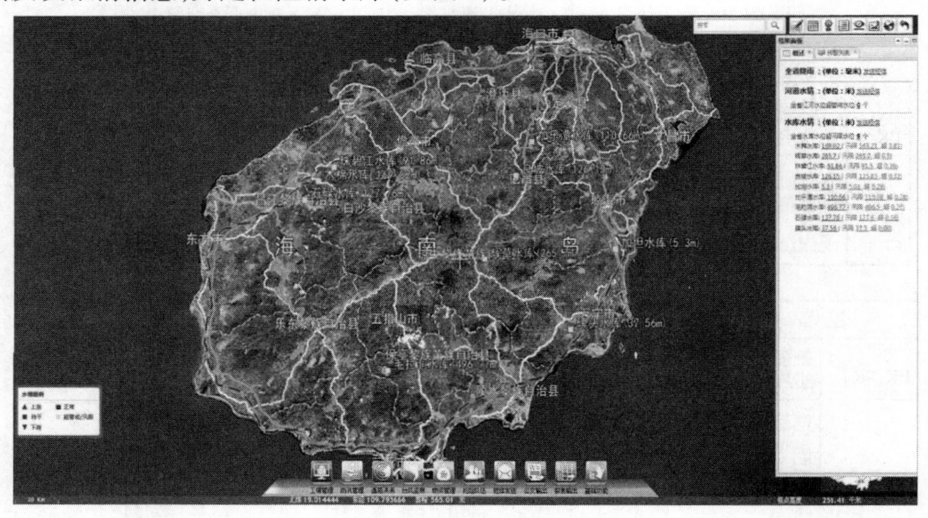

图2　水库汛情信息分布图

(2)溃坝分析，利用3DGIS技术将洪水淹没数值计算结果转换成空间数据，模拟出洪水淹没范围，展示水库下游影响情况(见图3)。

(3)展示预案中的应急转移及抢险调度方案(见图4)。

除根据防洪抢险应急预案中的方案进行应急转移抢险外，指挥部门还可综合实时险情通过可视化的指挥系统做出实时指挥，提出更加优化的方案。

图 3　水库下游影响情况

图 4　水库应急转移及抢险调度方案

6　结　语

利用 GIS 技术建立的海南省防洪抢险应急预案数据库，使防洪相关信息在统一的地理空间基础上高度集成，为海南省汛期防洪工作提供了重要的空间信息辅助决策的支持手段，实现了“三防”调度指挥决策的准确、及时、科学和可视化。

防洪抢险应急预案数据库集成了全省千余宗水库的防洪信息，与人民群众的生命财产安全息息相关，且预案信息具有非常强的时效性，所以数据库的更新维护非常重要。只有保证数据库信息的正确性、及时性，才能保证防汛指挥工作的准确性和科学性。

参 考 文 献

[1] 张成才，许志辉，孟令奎，等. 水利地理信息系统[M]. 武汉：武汉大学出版社，2005.
[2] 国家防汛抗旱总指挥部办公室. 水库防汛抢险应急预案编制大纲. 2006.
[3] 董依生. 防洪工程数据库的设计与建设[J]. 水利水电技术，2002(7)：41-44.

利用不同方法进行坡度统计与分析的对比研究

唐久清　柳学权

（海南华诚测绘科技有限公司，海南三亚 572022）

【摘　要】坡度是土地利用中非常重要的因子，如何快速准确地进行坡度的统计和分析？本文结合实例，对传统方法、基于南方 CASS 和 ArcGIS10.0 的坡度分析及面积统计的方法，分别作了介绍和对比，从而显示出 ArcGIS10.0 的强大统计分析优势。

【关键词】坡度；统计分析；ArcGIS10.0

1　引　言

不同坡度的土地，其利用价值亦有很大的差异。坡度是土地利用中非常重要的因子，是土地利用规划和城市规划中首先要考虑的因素，对于科学有效地进行土地规划、节约利用土地具有非常积极的意义。

用传统的人工方法对坡度进行统计和分析，耗时长、工作量大、精度低。为解决这些问题，我们利用地理信息系统软件，通过建立 DEM 数字高程模型进行坡度统计和分析，可得到任意精度下的相关数据，并且方法简便。

2　基础资料收集和基本工作流程

基础资料收集：收集范围包括研究区边界、地形图等。

基本工作流程：利用地形图得到矢量化的等高线数据；然后用 ArcGIS 的 3D 分析功能生成坡度；再导出属性数据，在 Excel 下处理得到坡度分类和面积。

3　坡度统计和分析

3.1　传统方法

选择几个典型坡向线（或地形剖面），分别量测该线上的每段的高程差和水平距离，利用三角函数计算出每个位置的坡度。由此可以看出，传统方法存在以下几个弊端：①分析结果精度低。典型坡向线的确定存在着很大的人为主观因素，即操作结果随操作人员素质、经验的不同而异，具有随机性和多样性，从而导致操作结果的精确度较低。②工作效率低。细化测量单元面积、提高测量精度虽然可减小操作结果的误差，但同时也带来大量的计算工作，这项工作如果用人工的方法来完成，所要消耗的工作时间非常多。

3.2　基于南方 CASS 的 DTM

南方 CASS 目前是我国运用很广泛的一个矢量测绘软件，可以利用一定密度的高程点建立 DTM（Digital Terrain Model，数字地形模型），然后进行坡度分类设置和效果显示，如图 1、图 2 所示。

南方 CASS 软件虽然可以把坡度等表现出来，但是不可直接统计出各个坡度范围内的面积。如果要统计分析，需利用 CASS 的矢量制图工具，挑选出各个坡度范围的界限，再利用矢量面积计算方法进行统计分析。

若区域范围大、地形复杂，就会有大量的制图和计算工作，所要消耗的工作时间也会非常多，并且容易出现错误。因此，利用 CASS 软件的统计和分析方法，仅适合于坡度结构简单且区域面积小的情况。

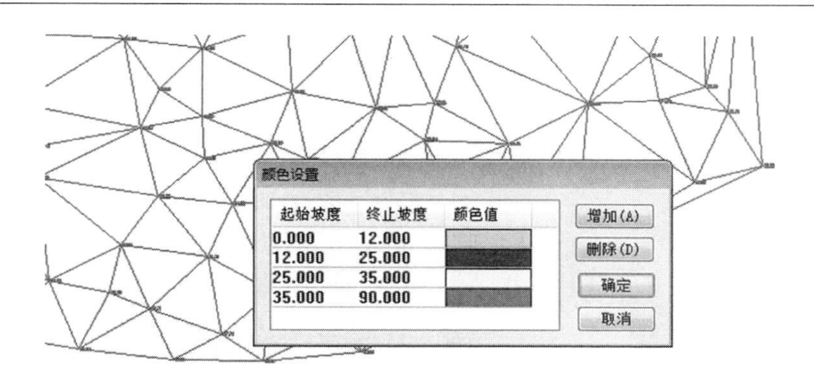

图1 坡度分类设置

图2 效果显示

3.3 ArcGIS10.0 简介

ArcGIS 是美国环境系统研究所 ESRI(Environment System Research Institute)开发的 GIS 软件,是世界上应用广泛的 GIS 软件之一,也是我国 GIS 领域常用的商业软件。ArcGIS 软件包括 ArcMap、ArcScene、ArcGlobe 等模块,是信息存储、管理、显示和分析的一种强有力的工具。目前推出的新版本是 ArcGIS10.0。

3.4 DEM 的制作

DEM(Digital Elevation Model,数字高程模型),是通过对等高线或相似立体模型进行数据采集(包括采样和量测),然后进行数据内插而形成的。DEM 制作的基本思路是:首先从地形图中得到等高线;然后把等高线导入 ArcGIS 中,建立不规则三角网,将正确的不规则三角网转化为栅格图像;最后对栅格结构的 DEM 进行坡度分析统计。

4 工作流程

利用 ArcGIS 软件的 3D Analyst(3D 分析)功能模块,先由矢量等高线数据生成 DEM 数据 TIN,再由 TIN 转化为栅格,由 Slope 函数提取出坡度,对坡度进行重分类,然后对该数据层的属性数据进行统计和分析。操作流程如下:①加载等高线数据。②加载 3D Analyst(3D 分析)功能模块,运行 3D Analyst/TIN 管理/创建 TIN 命令,生成 DEM。③运行转换/由 TIN 转出/TIN 转栅格命令,把 TIN 数据转换为栅格图像。④图形裁减。利用 ArcToolbox/Spatial Analyst Tools/Extraction/Extract by Mask 工具,对栅格图像进行裁剪,依据研究区轮廓图将研究区的图像范围裁剪出来,结果见图 3。⑤提取坡度。运行 S3D Analyst/栅格表面/Slope(坡度分析),生成研究区的坡度图,栅格图形中每一个点的像素单元值(Pixel Value)即为该点的坡度值。⑥坡度重分类。运行 Spatial Analyst/Reclassify(重分类)工具,将坡度按 0°~5°、5°~25°、25°~90°分为三类,结果见图 4,颜色分为三类;颜色越浅,坡度越小,颜色越深,坡度越大。⑦坡度分类统计。将重分类后生成的栅格图形转化为面,再用面要素的属性表,统计出需求坡度范围内的面积,见表 1。

图 3　裁剪结果

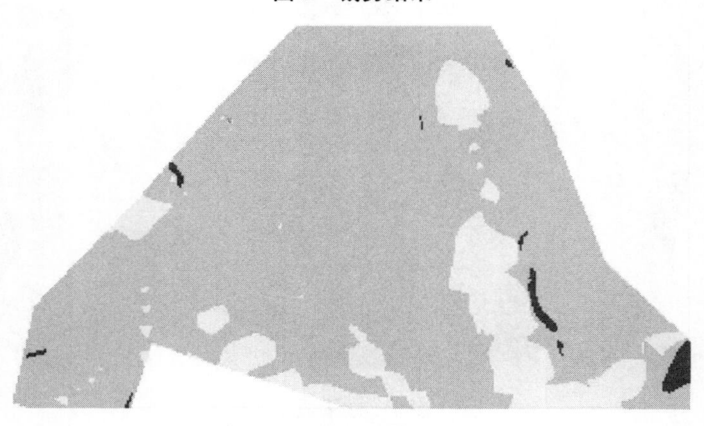

图 4　分类结果

表 1　坡度面积统计表

序号	坡度范围	面积(m^2)	面积(亩)
1	0° ~5°	33 213.03	49.819 5
2	5° ~25°	140 991.53	211.487 3
3	25° ~90°	2 128.95	3.193 4
总计		176 333.51	264.500 3

5　结　语

由此可见,与传统和南方 CASS 等方法相比,基于 ArcGIS 的 3D 分析功能分析研究区的坡度组成和统计各坡度范围的优点为:①误差较小。统计分析结果可满足用户对精度、尺度的要求,减小了分析结果的随机性、多样性所产生的误差,减少了人为主观因素的影响。②工作效率较高。计算和分析的整个过程都由计算机来处理,效率高、速度快。

参 考 文 献

[1] 王永信, 张成才, 刘丹丹,等. 基于 ArcGIS 9. 0 的 DEM 的生成及坡度分析[J]. 气象与环境科学,2007(2):48-51.
[2] 王勇,鄢铁平,刘岩松. GIS 在水土保持规划设计中的应用[J]. 中国水土保持,2005(10):35-36.
[3] 滕利强,王亮. ArcGIS 空间分析功能在流域坡度分析中的应用[J]. 中国水土保持,2008(4):40-41.
[4] 马瑞尧,卢刚,赵小祥. 数字高程模型的生产及更新[J]. 现代测绘, 2004, 27(4):35-36.
[5] 陈杰,刘松林,张强,等. 基于 AutoCAD 数据构建 DEM 的应用研究[J]. 遥感信息, 2006(1):53-55.
[6] 张瑞军. 数字高程模型(DEM)的构建及其应用[J]. 工程勘察,2005, 7(5):62.

利用格网法进行 CGCS2000 坐标到海南地方坐标系转换的实现

薛广南　杨新发　李致雅

（海南有色工程勘察设计院，海南海口 570206）

【摘　要】在工程勘察测量中，通常使用的坐标系统是地方坐标系。寻求一种将 HiCORS 对外发布的 CGCS2000 坐标转换为地方坐标系的平面坐标办法，以解决在地质勘察测量中无控制点情况下的定位技术是一种十分紧迫的工作。

【关键词】控制点；坐标转换；格网

1　引　言

随着 GPS 和数字网络传输技术的快速发展，常规的测量手段已不能满足在工程勘察中测量的技术要求。RTK 测量手段以其定位快速准确、全天候作业、工作效率高等优点已逐步成为工程勘察中各类工程测量的主要测量手段，尤其作为覆盖海南全岛的 HiCORS 系统正日渐改变着海南测绘行业传统测量作业模式。

2　目前工程勘察的特点

（1）测区范围小，一般只有几平方千米，甚至只有几百平方米。

（2）勘察孔位的放样要求工期短、质量高。

（3）海南地方坐标系较多，坐标系统不一致，给工程勘察测量放样工作带来一定的难度。

（4）很多勘察区域位置比较偏远，附近没有国家控制点，无法给出勘察孔位的精确定位。

3　HiCORS 系统的建设

海南连续运行卫星定位综合服务系统（简称 HiCORS）于 2011 年 7 月建成并开始试运行，该系统将由 22 个参考站组成，均匀分布在全岛，目前已有 19 个参考站正式运行。该系统自运行以来，在各参考站覆盖范围内，运行效果良好，信号可靠稳定，使用用户非常满意。它的建成运行，给我们工程勘察单位提供了快速、精确、高效的网络 RTK 服务，使得工程勘察测量真正实现了单人作业模式。但是根据目前工程勘察的特点，如何利用 HiCORS 的这些优势解决 RTK 快速测量定位的要求，是我们必须解决的关键问题。

4　格网法转换的实现

HiCORS 对外提供的是 CGCS2000 的经纬度，而我们通常需要的是高斯平面直角坐标，这样就存在一个坐标转换的问题。现在的 GPS 手簿一般都带有转换软件，在测区有控制点的情况下，通过在控制点上采集数据后容易实现 CGCS2000 到测区目标坐标系统的转换。然而现实工程勘察测量中，很多测区位置比较偏远，附近没有相应控制点，或者虽有控制点，但因损坏而不能使用，这样就为测量放样带来了一定的困难。

常规的解决办法是将外业采集的 CGCS2000 经纬度数据传输至电脑，在电脑上利用“海南在线坐标转换”软件转换成海南平面坐标，若目标坐标系统不是海南平面坐标系统，还需用“海南测量坐标转换专家”继续转换成所需的地方独立坐标系统下的坐标。由于转换软件要求的数据格式与 GPS 手簿传输到电脑的数据格式不尽相同,这样又需增加一个数据格式转换的步骤,费时费力,无法满足高效率的作业要求。

为了解决这一问题,我们可以利用坐标转换软件事先转换好特定区域的点,然后直接利用这些转换后的点来计算该区域的转换参数,从而提高作业效率。具体的做法介绍如下。

首先,以一定的经纬度对选定区域划分格网,每个格网上的四个角点作为该格网区域内计算转换参数的点。计算平面转换参数的数学模型采用四参数法。

以经度差与纬度差各 5′划分区域,得出格网角点在 CGCS2000 下的经纬度数据。以海口为例,其划分结果如图 1 所示。

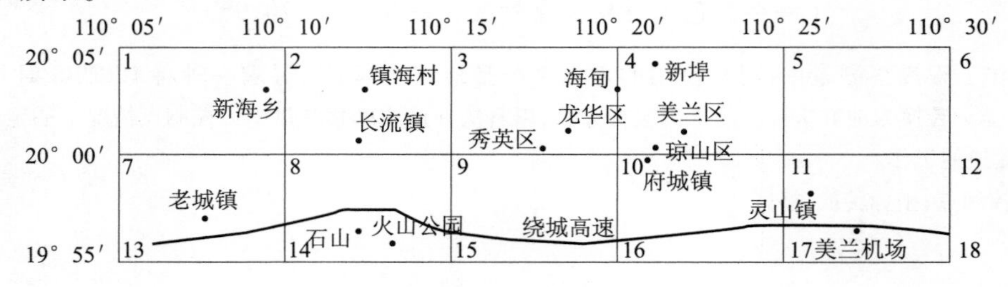

图 1　划分结果

然后,我们利用“在线坐标转换软件”的功能分别求取每个格网角点的海南平面坐标,软件的转换界面如图 2 所示。

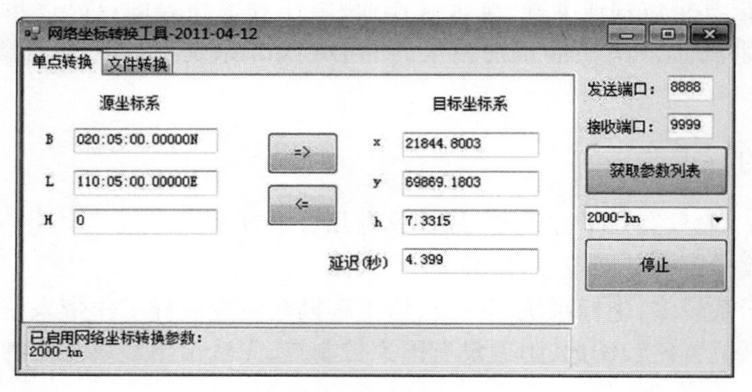

图 2　转换界面

最后,我们把转换好的数据编制成表(见表 1),这样在出外业时,只要测区在我们所划分的格网区域内,均可将此表中的数据直接输入到手簿中来完成该区域转换参数的计算。

表 1　已转换的数据

点号	纬度	经度	海南平面坐标系		海南海口独立坐标系	
			X	Y	X	Y
1	20.05	110.05	21 844.800 3	69 869.180 3	121 305.336	70 627.678
2	20.05	110.10	21 864.242 9	78 585.093 0	121 294.307	79 343.492
3	20.05	110.15	21 888.205 6	87 301.271 8	121 287.797	88 059.474
4	20.05	110.20	21 916.448 0	96 017.533 5	121 285.566	96 775.439
5	20.05	110.25	21 949.087 6	104 733.865 9	121 287.732	105 491.376
6	20.05	110.30	21 986.091 6	113 450.377 8	121 294.26	114 207.393
7	20.00	110.05	12 619.137 6	69 887.345 3	112 079.725	70 613.654
8	20.00	110.10	12 638.610 3	78 607.971 0	112 068.831	79 334.181

续表 1

点号	纬度	经度	海南平面坐标系		海南海口独立坐标系	
			X	Y	X	Y
9	20.00	110.15	12 662.490 5	87 328.748 7	112 062.344	88 054.761
10	20.00	110.20	12 690.689 3	96 049.634 2	112 060.174	96 775.349
11	20.00	110.25	12 723.230 0	104 770.623 5	112 062.346	105 495.942
12	20.00	110.30	12 760.109 3	113 491.731 1	112 068.855	114 216.553
13	19.55	110.05	3 393.646 6	69 905.576 7	102 854.285	70 599.824
14	19.55	110.10	3 413.110 0	78 630.860 5	102 843.487	79 325.01
15	19.55	110.15	3 436.923 8	87 356.245 8	102 837.039	88 050.197
16	19.55	110.20	3 465.023 5	96 081.685 9	102 834.876	96 775.339
17	19.55	110.25	3 497.456 8	104 807.233 7	102 837.046	105 500.489
18	19.55	110.30	3 534.211 4	113 532.929 5	102 843.536	114 225.687

下面我们假设测区所在的格网为图 1 中的第一行第三列，对应的格网角点为 3、4、9、10。若目标坐标系统为海南平面坐标系统，高程系统为 1985 国家高程基准。那么即可利用表 1 中点号为 3、4、9、10 的数据来完成该区域中转换参数的计算。以南方 S730 手簿为例，其具体操作如下：

点击“求转换参数”，然后点击“增加”，第一步输入控制点已知平面坐标，以输入 3 号点为例，其输入数据为：点名：3；北坐标：21 888.205 6；东坐标：87 301.271 8。第二步输入控制点大地坐标，其输入数据为：纬度：20.05，经度：110.15。如此将 4、9、10 号点数据依次输入完毕后，保存转换参数，应用此转换参数后，即可实现该区域内的测量放样工作。

5 精度验证

为了验证此种方法的精度，我们在利用表 1 中的数据完成转换参数的计算后，到该区域内已知的控制点上进行采集对比，误差统计如表 2 所示。

表 2 误差统计

序号	ΔX(cm)	ΔY(cm)	点位误差(cm)
1	-1.9	1.7	2.5
2	0.6	-4.3	4.3
3	2.6	3.6	4.4
4	-1.3	2.7	3
5	1.6	-2.8	3.2
6	1.7	1.8	2.5
7	-4.1	-0.8	4.2
8	1.7	1.6	2.3
9	-2.1	2.3	3.1
10	1.9	-3.4	3.9

由表 2 中数据可知，平面点位误差基本控制在误差允许范围以内，可以满足一般工程地形测量及勘察孔位放样的要求。

6 结 语

由于计算平面转换参数的点并非实际意义上的控制点，而是直接利用转换软件计算的数据，这样转换参数的精度就与坐标转换软件的转换精度息息相关。从实际应用来看，我们计算的平面转换参数精度完全满足需求。

在工程勘察测量中，没有控制点或者有控制点因为缺少点之记而无法找到的情况还是比较常见的。通过本文介绍的方法，我们可以直接求得作业区内 CGCS2000 坐标到地方坐标的转换参数，从而提高了作业效率。

参 考 文 献

[1] 姜卫平，马强，刘鸿飞. CORS 系统中坐标移动转换方法及应用[J]. 武汉大学学报：信息科学版，2008，33(8)：775-778.

[2] 孔祥元，郭际明，刘宗泉. 大地测量学基础[M]. 2 版. 武汉：武汉大学出版社，2010.

浅谈 Geoway 在矢量数据检查中的应用

潘重阳　苏洁武　潘胜男

（国家测绘地理信息局第四航测遥感院，海南海口 570203）

【摘　要】在日常检查矢量数据的工作中，学习和探讨了 Geoway3.6 对 DWG、DXF 数据和建库数据的检查，发现 Geoway3.6 适用于点线矛盾、拓扑关系、专题数据属性、符号表现等具体检查时。我们利用 Geoway3.6 软件对数据容易出现错漏的地方进行逐项质检，从而可快捷地处理错误数据，提高工作效率。Geoway3.6 是提高质检效率的一大利器。

【关键词】Geoway3.6 软件；质量检查；DWG、DXF 数据；建库数据

1 引　言

当前，数字化采集效率越来越高，与传统的“回放套图”检查手段形成了鲜明对比，使得数据质检成为数字化生产的瓶颈。同时，图形属性一体化的 GIS 数据的质量已不是人工检查所能胜任的。Geoway3.6 则是众多检查软件中应用较广泛的。Geoway3.6 运用各种分析模型对数据精度、图形拓扑关系、属性逻辑关系以及图属一致性进行自动批量检查，用软件手段保证了测绘产品合格率，减轻了劳动强度，降低了质检成本，提高了数字化生产效率。笔者在许多生产项目中，利用 Geoway3.6 对矢量数据进行质检，例如在 1∶50 000 数字地形要素数据综合判调更新、国家西部 1∶50 000 地形图空白区测图、“927”工程海岛（礁）测图等项目中均予以应用。现根据实际工作经验，对怎样应用 Geoway3.6 做好测绘产品的质量检查作些初步探讨。

2 Geoway3.6 支持的矢量格式

随着目前数字化生产的普及，矢量数据的生产正处于一个“重要的关口”。市场对矢量数据格式要求较多，Geoway3.6 提供了强大的数据交换模块，很好地解决了数据兼容问题，方便用户实际生产过程中在多个软件间进行数据转换，并且保证转换后数据的完整性与精确性。Geoway3.6 支持格式一览表见表 1。

表 1　Geoway3.6 支持格式一览表

数据类型	格式	数据交换		
		导入	导出	参考引用
AutoCAD R12、14、R2000	DXF	√	√	√
MapInfo 300、450、650	MIF/MID	√	√	√
国家空间数据交换格式	VCT	√	√	√
ArcInfo	E00	√	√	√
ArcView	SHP	√	√	√
JX4	VTR	√		√
VirtuoZo	XYZ	√		√

续表 1

数据类型	格式	数据交换		
		导入	导出	参考引用
GeoScan	VEC/TAB、MAP	√	√	√
MGE ASCII 文件	TXT		√	
SVCAD	ORG、CON		√	
MapGIS 点、线、面交换格式	WAL	√	√	√
ArcView	MDB	√	√	
ArcSDE	SDE	√	√	

3 Geoway3.6 对 DWG、DXF 数据和建库数据的检查

对于矢量数据的检查，Geoway3.6 中的"质量检查"模块提供了很好的解决方案。AutoCAD 软件没有专门的检查模块，对于要素较多的、复杂的矢量数据，仅靠移屏、目测等的人工检查方法，很难检查出数据的错漏，例如点线矛盾、高程值错误等，对属性的检查，只能通过打开数据属性表，逐一核实数据的正确性。上述检查方法操作烦琐、效率低下，给质检员带来了繁重的工作量。通过数据转换把 DXF 格式的数据导入到 Geoway3.6 中，利用其"质量检查"模块能够较高效地完成质检工作。

Geoway3.6 的"质量检查"模块包括图形检测、拓扑检测、属性检测、接边检查以及其他检测功能，能够对数据图形的几何现象、地物的属性信息、拓扑构建结果以及各种矛盾数据进行检查和控制，其检查结果用列表的方式来表达，通过查询快速定位到数据的错误位置并将错误信息反映出来，提高了质检员检查和作业人员修改的效率。

3.1 图形检测

图形检测主要是对数据采集和编辑过程中出现的线相交、重点、重线、悬挂点、伪节点、悬挂点、公共边缝隙、自相交及打折等现象进行检测。在具体生产中，这些现象主要有水系与房屋相交、等高线相交、由于捕捉产生悬挂、数据的重复采集等。可通过"自检工具栏"点击所要检查的内容，并将其逐一改正，以清除同属性伪节点为例，可通过"清除伪节点"一键清除(如图 1 所示)。

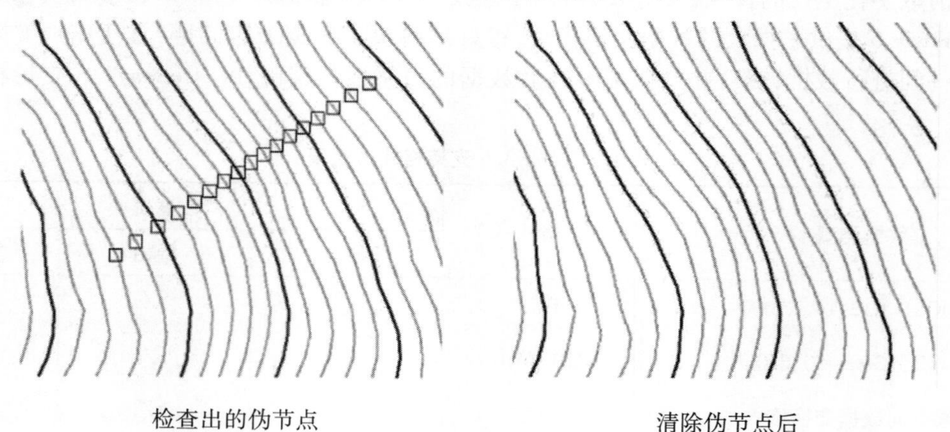

检查出的伪节点　　清除伪节点后

图 1　清除伪节点

3.2 拓扑检测

拓扑检查主要是对拓扑构建的结果进行检测，以防止由于数据质量问题或用户设置不当而产生的不合适的结果。在拓扑构建的过程中，由于数据质量的问题或者用户设置的原因，会出现各种错误，如标识点未关联、构成了不合法的面等。Geoway3.6 通过标识点检测、拓扑面检测和悬挂线检测达到拓扑

检测目的。

以“拓扑面检查”模块检查矢量数据为例，拓扑面检查主要是检查拓扑面错误、拓扑面的关联错误、拓扑面不闭合、点不在拓扑面内或拓扑面内有多余点等多种拓扑面结构性错误类型。选择专业工具栏菜单项“专业功能 > 拓扑 > 拓扑检查 > 拓扑面检查”命令，检查结果以列表的形式弹出(如图 2 所示)。把检查列表中的错误逐一改正，即可得到正确的矢量数据。

!		序号	名 称	所在图层	错误原因
×		1	多边形 4282	地类图斑	标识点不在拓扑面
×		2	多边形 3469	地类图斑	拓扑面错误
×		3	多边形 3212	地类图斑	拓扑面错误
×		4	多边形 3210	地类图斑	无关联点
×		5	多边形 3209	地类图斑	标识点不在拓扑面
✓		6	多边形 3165	地类图斑	标识点不在拓扑面
✓		7	多边形 3148	地类图斑	拓扑面错误

图 2 检查结果

3.3 属性检测

属性检测是为了检查在属性录入过程中由于不慎而出现的错误。按作业的要求来对层、地物类和对象的属性信息进行检测和控制，以查找和改正错误。属性检测包括对矢量数据的长度、面积、高程、属性内容、空值、未定义地物、唯一性、属性完整性等进行检测。

以面积作为依据对填充和非填充的多边形进行检查为例，选择专业工具栏“质量检查 > 属性检测 > 面积”命令，在弹出的对话框(如图 3 所示)中，对不符合规定面积的矢量数据进行改正。

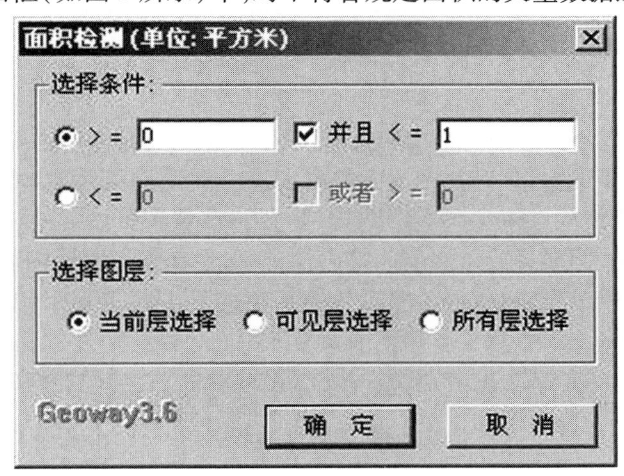

图 3 面积检测对话框

3.4 接边检查

在作业过程中，由于数据采集错漏等原因，两个独立采集的相邻图幅地图在结合处可能出现属性裂隙(同一个物体在两个工程中具有不同的属性信息)和几何裂隙(由两个工程边界分开的一个地物的两部分不能精确的衔接)，因此在 GIS 和机助制图中，需要把相邻的图幅之间的空间数据在属性和几何上融成一个连续一致的数据体，在 Geoway3.6“接边工程管理器”中对接边工程进行设置，进入接边工程后，可通过“接边设置 > 接边参数”设置(如图 4 所示)，对相邻图幅进行接边检查，检查出的错误接边矢量数据会以红或粉色框显示(如图 5 所示)，把错误的接边矢量数据逐一改正即可得到正确的矢量数据。

3.5 其他检测

Geoway3.6 其他检测包含等高线、凹地高程点、同高点检测，等高线高程正确性检测，编码检测，重叠点检测，点线矛盾检测，邻近街区检测。

以等高线高程值正确性检测为例，通过等高距自动检查，可以将不是等高距整数倍的等高线、高程为 0 m 以及首曲线和计曲线归类错误的等高线检查出来。在系统环境设置对话框中，选择“编码设

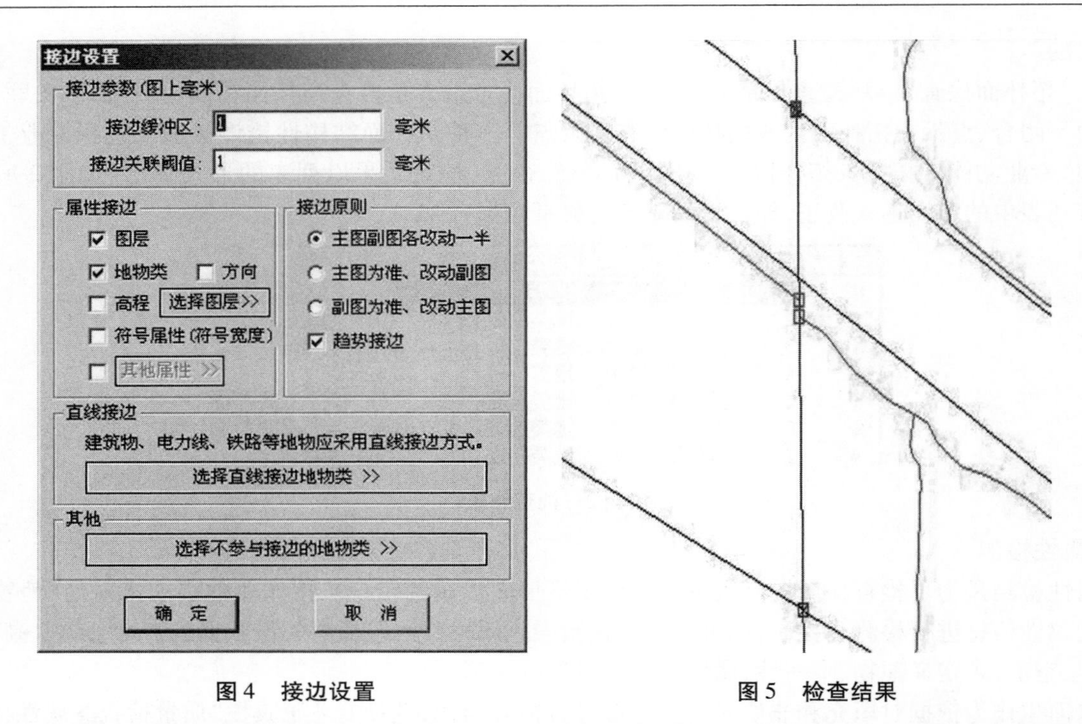

图4 接边设置 图5 检查结果

置 > 等高线编码”,设置首曲线和计曲线的编码;选择“质量检测 > 其他检测 > 等高线高程正确性检测”,在弹出的对话框中输入等高距,即可检测出等高线高程值的正确性。

4 结 语

随着测绘市场经济的发展,地图产品品种越来越多,质量要求也越来越高,地图产品成为社会可持续发展的有效辅助决策支持工具,把好地图质量关愈发显得重要。为了更方便、更准确地完成各成果数据,我们在各个项目中严格使用 Geoway3.6 对数据进行检查,实践证明,Geoway3.6 提供的多种直观的检测手段,可消除错误隐患,明显提升了数据的准确性,同时也提高了测绘内业人员的成果质量,并大幅减少了项目过程中的重复修改次数,减轻了质检员的工作负荷,大大提高了工作效率。因此,希望越来越多的同行了解和学习 Geoway3.6 软件。笔者在此抛砖引玉,目的是使同行们在今后使用 Geoway3.6 检查矢量数据中提高效率,尽量减少或者避免误操作,采用更好、更合理的操作路线。

参 考 文 献

[1] 杜静,杨旭,哈达. Geoway 数据加工套件在地图制图中的应用[J]. 西部资源,2013(1).
[2] 吴茹娟. 浅谈 Geoway 在航测数据加工中的应用[J]. 甘肃科技,2012(16).
[3] 唐旭辉,郭亚仁. Geoway 在土地利用调查中的应用[J]. 现代测绘,2006(2).

天线相位中心偏差对高精度基线处理的影响

余加学

（海南水文地质工程地质勘察院，海南海口 570100）

【摘　要】主要介绍了天线相位中心偏差及 GAMIT 中接收机天线相位中心改正的数学模型，并结合 GAMIT 提供的模型对 GPS 观测数据进行了处理，分析对比了采用相对相位中心改正模型与绝对相位中心改正模型对 GPS 基线解算产生的不同影响。解算结果表明：天线相位中心对 GPS 基线解算结果有较大的影响，甚至可以达到厘米级，各种不同的改正方法对结果的影响不一，各有优点和缺点。在高精度工程数据处理时应当采用天线相位中心改正。

【关键字】天线相位中心；GAMIT；高精度基线处理

1　引　言

在 GPS 测量中，观测值主要是伪距和相位，观测值反映的是卫星天线相位与接收机天线相位中心的距离，而在实际的测量操作过程中，接收机天线的相位中心以其天线参考点即天线的几何中心来代替。天线的相位中心与其几何中心在理论上应该保持一致，而实际上天线的相位中心随着卫星信号输入的强度和方向不同而发生变化，即观测相位中心的瞬时位置与理论上的相位中心将有所不同，这种差别叫天线相位中心的位置偏差。这种偏差对基线可达数毫米至数厘米，而如何减小 GPS 接收机天线相位中心偏差是天线设计和 GPS 数据处理中的一个重要问题。

本文主要结合 GAMIT 软件所提供的不同的相位中心偏差的改正方法，分别对 GPS 数据进行分析处理，并对高精度的基线处理提供建议。

2　接收机天线相位中心偏差

天线相位中心是远区辐射场的等相位面与通过天线轴线的平面相交的曲线的曲率中心。从物理现象上解释就是天线辐射电磁波等效的辐射源中心，从远区场向天线看去，所有的电磁波看上去好像是从相位中心发出的。对于大多数的天线来说，在不同的方位角的平面内，天线的相位中心位于不同的点上，不同的仰角范围对应的相位中心也不在同一点上。

在外业 GPS 测量中，我们可以直接量测地面标石到天线参考点（ARP）或是某些可以量测的标志之间的垂高或是斜高，可在利用软件进行数据处理时直接进行改正。在进行 GPS 数据处理时，应该首先将量测的高度转化为瞬时的相位中心到地面标石的距离。地面标石到瞬时相位中心的高度改化 $\vec{H}$ 分为三部分：

$$\vec{H} = \vec{h}_1 + \vec{h}_2 + \vec{h}_3 \tag{1}$$

式中，$\vec{h}_1$ 是地面标石到天线参考点 ARP 的高度；$\vec{h}_2$ 是天线参考点到平均相位中心的偏移，即天线相位中心偏移 PCO；$\vec{h}_3$ 是瞬时相位中心相对于平均相位中心的相位中心变化 PCV。

3　天线相位中心偏差改正算法

GPS 接收机天线相位中心偏差改化主要的改正部分即天线相位中心偏移（PCO）与天线相位中心变化（PCV），天线相位中心偏移可以很好的通过模型来进行改正，但是接收机天线相位中心的变化相对比较复杂,主要的改正方法有相对相位中心改正和绝对相位中心改正。本文主要结合 GAMIT 中提供的接收机相位中心改正的方法进行分析。

3.1　GAMIT 对天线相位中心偏移 PCO 改正

GAMIT 的子程序 HISUB,用于改正天线相位中心偏移 PCO,它将水平方向偏移和垂直方向偏移分开处理。其中,对水平方向偏移的算法是:

$$Offset_{L_1}(n) = O_{L_1}(n) + R_n \tag{2}$$

$$Offset_{L_1}(e) = O_{L_1}(e) + R_e \tag{3}$$

$$Offset_{L_2}(n) = O_{L_2}(n) + R_n \tag{4}$$

$$Offset_{L_2}(e) = O_{L_2}(e) + R_e \tag{5}$$

对垂直方向偏移的算法是:

$$Offset_{L_1}(h) = \sqrt{{R_u}^2 - r^2} + O_{L_1}(h) \tag{6}$$

$$Offset_{L_2}(h) = \sqrt{{R_u}^2 - r^2} + O_{L_2}(h) \tag{7}$$

式中,R_n和 R_e 分别对应外业实际测量时的北、东方向的偏移量,如果没有出现偏心测量的情况,这两项均为0; R_u 为外业量测的斜高;r 为天线盘半径; $O_{L_i}(h)$、$O_{L_i}(n)$和 $O_{L_i}(e)$ $(i=1,2)$分别对应信号天线的平均相位中心对于天线参考点的高、北、东方向偏移量。

3.2　GAMIT 对天线相位中心变化 PCV 的改正

在 GAMIT 中,主要的天线相位中心偏差改正文件为 antmod. dat,最新的 antmod. dat 中包含了卫星天线和接收机天线相位中心偏差改正数据。接收机天线相位中心的改正数据,除了相位中心随高度角的改正数据,还有接收机天线相位中心随高度角和方位角同时变化的数据,高度角和方位角的变化都是以 5° 进行变化列举相应的修正值,对于给定具体的角度,EVEL 与 AZEL 分别采用线性插值和双线性插值计算出相应的修正值。如图 1 是 LEIAT504 – LEIS 天线随高度和方位角变化的关系图。

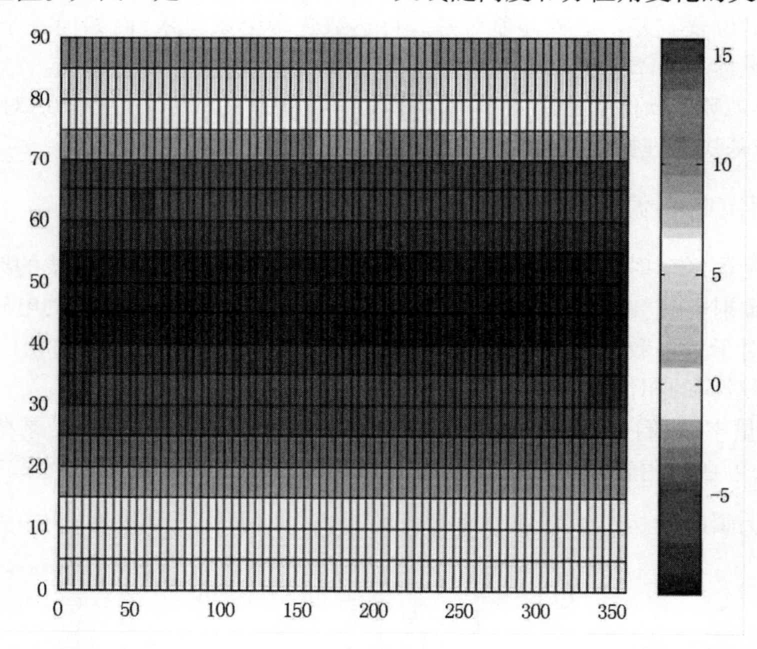

图 1　LEIAT504 – LEIS 天线随高度和方位角变化的关系图

Get_antpcv 是 GAMIT 对天线相位中心变化 PCV 改正的子程序,有 3 种模型可供选择。

3.2.1　NOME

该模型对天线相位中心变化不进行改正,即 $\Delta X_{L_1} = \Delta X_{L_2} = 0$。

3.2.2　ELEV

该模型是 GAMIT 软件中提供的 GPS 接收机天线相对相位中心改正模型,即对 L_1、L_2 进行独立的改

正,将天线相位中心变化看成是卫星高度角的函数,采用线性插值算法计算:

$$I_{ind} = \mathrm{int}(x_1/\Delta I) + 1 \tag{8}$$

$$I_{fract} = double(x_1/\Delta I) + 1 \tag{9}$$

$$\Delta X = \Delta X(I_{ind}) + [\Delta X(I_{ind}+1) - \Delta X(I_{ind})] \times (I_{fract} - I_{ind}) \tag{10}$$

式中,x_1 为插值点的高度角;ΔI 为高度角间隔;$\Delta X(I_{ind})$ 为对应于每隔 5°的采样点改正值。

3.2.3 AZEL

该模型将天线相位中心变化看成是卫星高度角和方位角的函数,采用双线性插值算法计算,并将 PCV 改正到伪距和相位观测值中,是 GAMIT 提供的绝对相位中心改正模型,具体的算法为:

$$\mathrm{d}y = (y - y_0)/y_{step} \tag{11}$$

$$\mathrm{d}y_1 = (y_{step} - \mathrm{d}y \cdot y_{step})/y_{step} \tag{12}$$

$$\mathrm{d}x = (x - x_0)/x_{step} \tag{13}$$

$$\mathrm{d}x_1 = (x_{step} - \mathrm{d}x \cdot x_{step})/x_{step} \tag{14}$$

$$val = \mathrm{d}x_1 \cdot \mathrm{d}y_1 \cdot u_1 + \mathrm{d}x \cdot \mathrm{d}y_1 \cdot u_2 + \mathrm{d}y \cdot \mathrm{d}x_1 \cdot u_4 + \mathrm{d}x \cdot \mathrm{d}y \cdot u_3 \tag{15}$$

式中,(x,y)是插值点的坐标;(x_0,y_0) 是插值点所在格网左下角点的坐标;x_{step},y_{step}分别为 x 方向和 y 方向的格网的步长;$u_i(i=1,2,3,4)$ 是插值点所在格网四个角点的天线相位中心变化的改正值。

4 算例分析

为验证 GPS 接收机天线相位中心偏差对高精度基线处理的影响,选取了某地 CORS 站数据,采用 GAMIT 软件分别利用不同的相位中心改正模型加以解算。

在利用 GAMIT 进行解算前,首先对 rinex 数据进行各种必要的预处理,在数据的处理过程中,除对相位中心改正模型的设置外,其他的参数基本保持不变,基本的设置为:解算的模式采用基线解 BASELINE;数据处理采用的数据类型为 LC_AUTCLN ;卫星截止高度角为 15° ;采用测站固体潮与海潮改正。

某地 CORS 站所采用的天线类型为 LEIAT504 - LEIS,IGS 站的天线类型为 AOAD/M_T、ASHTECH UZ - 12、ASH701945C_M 等,为了使设置的各种改正模型精确地执行,检查 antmod. dat 是否存在 rinex 数据中各种接收机天线相位中心随高度角改正数据以及随高度角和方位角同时变化的数据,如果没有可以在 NGS 网站下载。

为了验证接收机天线相位中心偏差的改正对高精度基线处理的影响,以及各种改正模型对 GPS 接收机天线相位中心偏差改正的优点与不足,设置了如下三种方案:

方案一:对所有接收机天线相位中心不加任何改正,Antenna Model 设置为 NONE。

方案二:对所有接收机天线相位中心添加相对相位中心改正,Antenna Model 设置为 ELEV。

方案三:对所有接收机天线相位中心添加绝对相位中心改正,Antenna Model 设置为 AZEL。

按照三种方案分别进行处理,得到的基线结果比较如表 1 和表 2 所示。

表 1 方案一与方案二基线结果分析

基线		ΔN(m)	ΔE(m)	ΔU(m)	L(m)
BSMW_BSSS	方案一	19 431.075 7	27 395.971 2	-244.810 5	33 588.180 5
	方案二	19 431.075 8	27 395.971 4	-244.810 4	33 588.180 8
	差值	-0.000 1	-0.000 2	-0.000 1	-0.000 3
BSOH_BSSS	方案一	20 307.300 6	4 194.224 2	-161.572 4	20 736.539 8
	方案二	20 307.300 7	4 194.224 4	-161.572 1	20 736.539 8
	差值	-0.000 1	-0.000 2	-0.000 3	0

续表 1

基线		ΔN(m)	ΔE(m)	ΔU(m)	L(m)
BSNP_KUNM	方案一	348 869.753 3	−1 113 301.109	−105 932.701 5	1 171 482.48
	方案二	348 869.755 1	−1 113 301.114	−105 932.703 6	1 171 482.486
	差值	−0.001 8	0.005	0.002 1	−0.006
KUNM_SHAO	方案一	789 716.546 8	1 725 730.218	−290 874.238 4	1 920 001.258
	方案二	789 716.553	1 725 730.226	−290 874.237 2	1 920 001.268
	差值	−0.006 2	−0.008 6	−0.001 2	−0.010 1
BSPC_TWTF	方案一	312 411.756 9	717 875.261 3	−48 063.582	784 382.626 4
	方案二	312 411.759 5	717 875.266 2	−48 063.579 7	784 382.631 7
	差值	−0.002 6	−0.004 9	−0.002 3	−0.005 3

由表 1 可知，天线相位中心偏差在没有进行改正的情况下，在 N、E、U 方向都存在较大的误差，最大的达到 10.1 mm，说明相位中心的偏差对 GPS 基线处理的影响是很大的。另外，如基线 BSMW_BSSS、BSOH_BSSS 等基线相对较短，方案一和方案二差值不是很大，但在后面的长基线中差值却很大，甚至达到厘米级，说明相位中心的偏差对长基线的影响比较大，对短基线的影响较小，甚至可以忽略。

表 2　方案二与方案三基线结果分析

基线		ΔN(m)	ΔE(m)	ΔU(m)	L(m)
BSMW_BSSS	方案二	19 431.075 8	27 395.971 4	−244.810 4	33 588.180 8
	方案三	19 431.075 8	27 395.971 5	−244.810 4	33 588.180 8
	差值	0	−0.000 1	0	0
BSOH_BSSS	方案二	20 307.300 7	4 194.224 4	−161.572 1	20 736.539 8
	方案三	20 307.300 7	4 194.224 4	−161.572 1	20 736.539 9
	差值	0	0	0	−0.000 1
BSNP_KUNM	方案二	348 869.755 1	−1 113 301.114	−105 932.703 6	1 171 482.486
	方案三	348 869.754 5	−1 113 301.114	−105 932.701 3	1 171 482.485
	差值	0.000 6	0	−0.002 3	0.000 1
KUNM_SHAO	方案二	789 716.553	1 725 730.226	−290 874.236 2	1 920 001.268
	方案三	789 716.553 4	1 725 730.227	−290 874.237 3	1 920 001.269
	差值	−0.000 4	−0.000 1	0.001 1	−0.000 1
BSPC_TWTF	方案二	312 411.759 5	717 875.266 2	−48 063.579 9	784 382.631 7
	方案三	312 411.760 1	717 875.266 2	−48 063.578 7	784 382.632
	差值	−0.000 6	0	−0.001 2	−0.000 3

表 3　方案二与方案三基线各分量精度对比

基线		σ_N(mm)	σ_E(mm)	σ_U(mm)	σ_L(mm)
BSMW_BSSS	方案二	2.2	5.4	10.3	4.6
	方案三	1.8	5.3	10.2	4.5
BSOH_BSSS	方案二	2.3	5.5	10.6	2.5
	方案三	1.9	5	10.4	2.4

续表 3

基线		σ_N(mm)	σ_E(mm)	σ_U(mm)	σ_L(mm)
BSNP_KUNM	方案二	4.8	11.4	24.2	10.8
	方案三	4.9	11.5	24.4	10.9
KUNM_SHAO	方案二	5.5	12.1	26	11.7
	方案三	5.5	12.3	26.2	11.8
BSPC_TWTF	方案二	2.9	6.6	13.3	6.1
	方案三	2.9	6.7	13.4	6.2

由表 2 和表 3 可知,相对相位中心改正模型与绝对相位中心改正模型的基线结果没有很大的差异,尤其是中短基线,如 BSMW_BSSS 等,基线向量基本是一致的,精度达到毫米级。对于中短基线向量,绝对相位中心改正模型比相对相位中心改正模型的改正效果好,精度高;对于长基线,绝对相位中心的改正在水平位置上和相对相位中心的改正差值很小,精度也基本一致,但是在 U 方向,绝对相位中心的改正与相对相位中心差值较大,精度也相对较低,所以在长基线处理时,相对相位中心改正效果较好。另外,基线 BSMW_BSSS 与 BSOH_BSSS 两端的接收机天线的型号都是 LEIAT504 - LEIS,在进行绝对相位中心双线性插值改正时,模型的误差较小,对改正效果有一定的提高。

5 结 语

通过对 GPS 接收机天线相位中心偏差改正的原理及各种改正模型的介绍,并结合 GAMIT 的模型进行计算,得出了如下的结论:

(1)GPS 接收机天线相位中心偏差对基线处理影响比较大,甚至可以达到厘米级,因此在进行高精度基线处理时,必须添加接收机天线相位中心改正。

(2)处理中短基线时,绝对相位中心改正模型与相对相位中心改正模型的改正效果基本一致,但是前者相对于后者精度略高。处理长基线时,相对相位中心改正模型比绝对相位中心改正模型的改正效果较好,精度较高。

(3)绝对相位中心改正模型对 N、E 方向的改正效果较好,对 U 方向的改正不是很理想。

(4)在同一时段进行 GPS 静态测量时,接收机最好使用相同型号,并且在使用时严格对指北的标志进行指北,这样利用绝对相位中心改正模型能较好地对天线相位中心偏差进行改正,精度较高。

参 考 文 献

[1] 丁晓光, 张勤, 黄观文. GPS 天线相位模型变化对高精度 GPS 测量解算的影响研究 [J]. 测绘科学, 2010, 35(3): 18-20.

[2] 郭际明, 史俊波, 汪伟. 天线相位中心偏移和变化对高精度 GPS 数据处理的影响 [J]. 武汉大学学报:信息科学版, 2007, 32(12): 1143-1146.

[3] 陈兴权. GPS 天线绝对相位中心偏移和变化对基线解算的影响 [J]. 科技研究, 2013(4): 213-216.

[4] 吴正, 胡友健, 敖敏思, 等. GPS 天线相位中心改正方法研究 [J]. 地理空间信息, 2012, 10(6): 56-58.

[5] 刘慧娟, 党亚民, 王潜心. GPS 天线相位中心改正及其影响分析 [J]. 导航定位学报, 2013, 1(6): 29-33.

[6] 曹玉明, 王坚, 张济勇. 顾及天线相位中心改正基线解算技术的应用研究 [J]. 测绘通报, 2012 (S1): 36-37.

[7] 刘云云, 楼立志, 于松松. 天线相位中心改正模型对基线解算的影响 [J]. 测绘地理信息, 2013, 38(2): 23-25.

[8] Robert King. GAMIT Reference Manual GPS Analysis at MIT Release 10.4[M/OL]. http://www - gpsg. mit. edu/ - simon/gtgk/GAMIT_Ref. pdf.

广　东　篇

RTK 数据采集有关问题探讨

杨国创　符　彦

（广东省地质测绘院，广东广州 510800）

【摘　要】GPS 网络 RKT 技术是当前测量数据采集的主要方法之一，它具有作业范围广、精度高、稳定性好等优点，但在周围有遮挡的隐蔽点测量时，数据采集困难，甚至无法进行，影响作业进度，解决这些隐蔽点测量问题很有必要。本文研究了利用手持测距仪配合 RTK 测量解决隐蔽点测量的问题，通过对外业测量数据进行检验，说明该方法采集的数据能满足相关规范规定的精度要求，在测量数据采集及进行地形图修补测中有一定的实用价值。

【关键词】CORS；RTK；Leica DISTO；距离交会；探讨

1　概　述

载波相位动态实时差分（Real Time Kinematic，简称 RTK）技术是当前数据采集的主要方法。RTK 能够在野外实时得到厘米级定位的测量精度，常规的 GPS 测量方法，如静态、快速静态、动态测量都需要事后进行解算才能获得厘米级的精度。因此，RTK 在工程放样、地形测图及各种控制测量项目测量中能极大地提高作业效率。

RTK 按其工作原理可分为传统模式和网络 RTK 技术（连续运行参考站系统 CORS），传统 RTK 技术有着一定的局限性，使其在应用中受到限制，主要表现为如下 5 点：

（1）用户需要架设本地的参考站；

（2）误差随距离增长受到影响；

（3）误差增长使流动站和参考站距离受到限制；

（4）距离越远，初始化时间越长；

（5）可靠性和可行性随距离增长反而降低。

与传统 GPS 作业相比，网络 RTK 技术具有作用范围广、精度高、野外可单机作业等众多优点，其主要优势在如下 4 点：

（1）无需架设参考站，不需要在四处找控制点，降低了作业成本及提高了生产效率；

（2）精度有保证，扩大了作业半径，在 CORS 覆盖区域内，能够实现测绘系统和定位精度的统一；

（3）便于测量成果的系统转换和多用途处理；

（4）兼容性更好，应用范围更加广泛。

无论何种模式的 RTK，其最大的缺点是受观测点周围地理位置限制。为了有效地解决这类问题，本文讨论了手持测距仪配合网络 RTK 测量隐蔽点的方法，并对典型图形的精度进行了分析，提出了可行的方法，提高了工作效率。

2　试验方案

2.1　数据采集方法

本次试验采用 Leica DISTO D3 手持测距仪配合中海达 V60 GNSS RTK 接收机对遮挡严重或无法到达的地方采集数据。

Leica DISTO D3 是一款多功能仪器，测量方法简单、快速、可靠，其测程为 0.05～100 m；典型精度

为 ±1.0 mm(显示精度至 0.1 mm),具有斜距改平功能。

中海达 V60 GNSS RTK 接收机技术指标如表 1 所示。

表 1　中海达 V60 GNSS RTK 技术指标

定位精度	静态	平面	$\pm(2.5\ \mathrm{mm}+1\times10^{-6}D)$
		高程	$\pm(5\ \mathrm{mm}+1\times10^{-6}D)$
	快速静态	平面	$\pm(2.5\ \mathrm{mm}+1\times10^{-6}D)$
		高程	$\pm(5\ \mathrm{mm}+1\times10^{-6}D)$
	RTK	平面	$\pm(10\ \mathrm{mm}+1\times10^{-6}D)$
		高程	$\pm(20\ \mathrm{mm}+1\times10^{-6}D)$

中海达 HI－RTK 手簿中的“间接测量”功能模块可以方便地解决这类问题,其界面如图 1 所示。

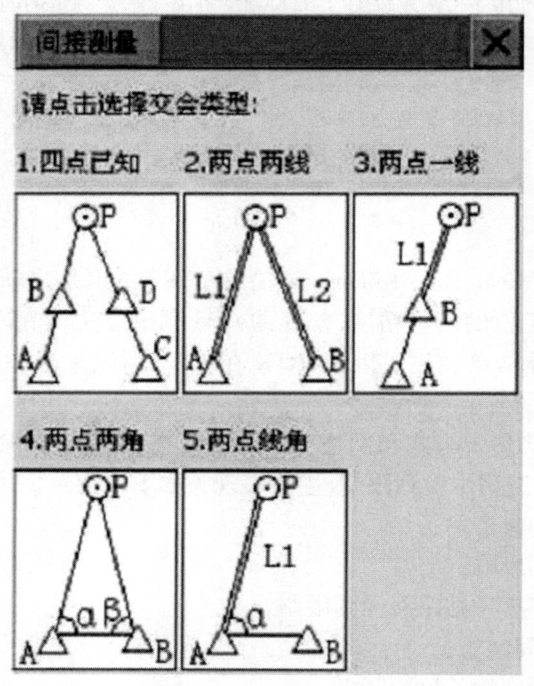

图 1　间接测量功能

实际测量中,四点已知(方向线交会法)、两点两线(距离交会法)、两点一线(直线延伸法)三种功能应用较多,它们的定位原理如下。

2.1.1　方向线交会法

如图 2 所示,先在卫星状况较好的地方测定辅助点 A、B、C、D,并使 ABP、CDP 分别位于一条直线上,构成方向交会图形,然后利用模块计算出 P 点坐标。

该方法主要用于无法到达、无反射目标的情况。

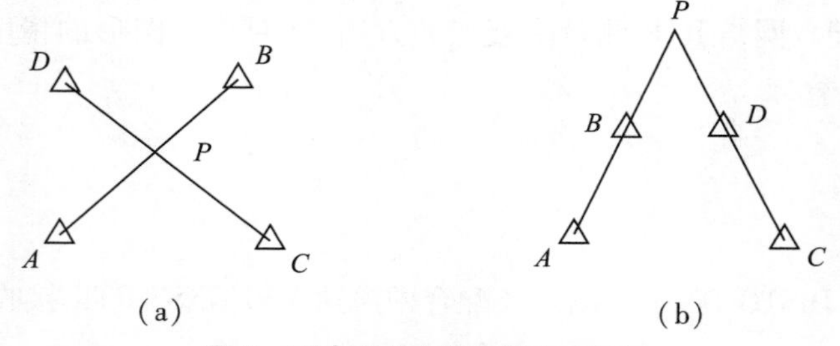

图 2　四点已知(方向线交会)法

2.1.2　距离交会法

如图 3 所示,先在卫星状况较好的地方测定辅助点 A、B,并用测距仪测定它们至待定点 P 的距离 L_1、L_2,构成距离交会图形,然后利用模块计算出 P 点坐标。

该方法主要用于有明显反射目标点的情况,如房角点等。

2.1.3　直线延伸(内插)法

如图 4 所示,先在卫星状况较好的地方测定辅助点 A、B,并用测距仪测定它们至待定点 P 的距离 L_1,构成直线延伸图形,然后利用模块功能计算出 P 点坐标。

该方法也同样应用于有明显反射目标点的情况,如房角点等。

图 3　　　　图 4　直线延伸法

2.2　测量方法与平面精度分析

对这几种方法的定位精度作如下分析。

2.2.1　四点已知(方向线交会)法

四点已知(方向线交会)法实际应用时,主要有以下两种情况:

在图 2 中,若 A、B、C、D 四点的精度相同,一般情况下,图 2(b)所示的误差要大于图 2(a)。对于图 2(b)所示情况,可以近似将四个已知点误差引起的方向误差看成 B、D 点角度交会 P 点时的角度误差,即按下式计算点位误差:

$$m_P = \frac{m_\alpha}{\rho} S_{BD} \sqrt{\frac{\sin^2\beta_B + \sin^2\beta_D}{\sin\gamma^2}} \tag{1}$$

式中,m_P 为 P 点的点位误差;m_α 为角度中误差;S_{BD}为 BD 点间距离。

当交会角 γ 为 90°,$\beta_B = \beta_D = 45°$时,公式可以简化为:

$$m_P = \frac{m_\alpha}{\rho} S_{BD} \tag{2}$$

若取 A、B、C、D 四点的点位误差为 ±5 cm,S_{BD}、AB、CD 的边长取 30 m,则 $m_\alpha = \pm 8.1'$;代入式(2)可得 $m_P = \pm 0.071$ m。

2.2.2　距离交会法

对于图 3 所示的距离交会图形,P 点的点位误差可以按式(3)计算:

$$m_P = \pm \frac{L_1 \times L_2}{2F} \sqrt{m_{L_1}^2 + m_{L_2}^2} \tag{3}$$

$$F = \sqrt{S(S - L_1)(S - L_2)(S - L_{AB})}$$

$$s = \frac{1}{2}(L_1 + L_2 + L_{AB})$$

式中,m_P 为 P 点的点位误差;m_L 为测距中误差。

设 A、B 间距为 30 m,A、B 两点的点位误差为 ±0.05 m,L_1、L_2 长度皆为 30 m,$m_l = \pm 0.03$ m,代入相应数据,可求得 $m_P = \pm 0.05$ m。

2.2.3　两点一线(直线延伸)法

对于图 4 所示的两点一线(直线延伸)法图形,因为 A、B、P 三点在一条直线上,所以 P 点的坐标可以按下式求得:

$$x_P = L_1 \times \cos\alpha_{AB}$$

$$y_P = L_1 \times \sin\alpha_{AB}$$

点位误差可以按下式求算：

$$m_P = \sqrt{m_l^2 + \frac{m_{\alpha AB}^2}{\rho^2} \times L_1^2} \tag{4}$$

式中，α_{AB}是A、B两点误差引起的方向误差。

设A、B间距为30 m，A、B两点的点位误差为±0.05 m，L_1 =30 m，m_l = ±0.03 m，代入相应数据，可求得m_P = ±0.073 m。

3　试验数据分析

为评价手持测距仪配合RTK进行数据采集方法的平面精度，结合罗定测区的数字地形测量项目进行了相关试验，该测区约2.8 km^2，地势较为平坦，绝大部分地面坡度在2°以下；建成区地物密集，多层房屋较多，植被茂盛，给RTK直接测量带来不便。

试验一共采集了118个地物点数据进行检测，其中67个为直线延伸观测点，51个为距离交会法观测点。为了比较该方法的实际精度，用全站仪和测算方法重新确定了这些点的坐标(x_q，y_q)，将其与手持测距仪配GPS RTK试验点坐标(x_g，y_g)进行比较，按下式计算坐标中误差：

$$m_x = \pm\sqrt{\frac{\sum_{i=1}^{n}(x_q - x_g)^2}{n-1}} \tag{5}$$

$$m_y = \pm\sqrt{\frac{\sum_{i=1}^{n}(y_q - y_g)^2}{n-1}} \tag{6}$$

表2中描述了试验点坐标差计算情况，按式(5)、式(6)分别计算坐标中误差为m_x = ±0.168 m、m_y = ±0.147 m。则对应的点位中误差为：

$$m_P = \sqrt{m_x^2 + m_y^2} = \sqrt{0.168^2 + 0.147^2} = \pm 0.223(\text{m})$$

表2　试验点坐标差统计　(单位：m)

编号	x_g	y_g	x_q	y_q	Δx	Δy	Δx^2	Δy^2
1	2 517 730.833	3 755 119.088	2 517 730.678	3 755 119.343	-0.155	0.255	0.024	0.065
2	2 517 772.338	3 755 112.112	2 517 772.461	3 755 112.109	0.123	-0.003	0.015	0.000
3	2 517 776.327	3 755 112.335	2 517 776.202	3 755 112.190	-0.125	-0.145	0.015	0.021
4	2 517 939.319	3 755 122.770	2 517 939.172	3 755 122.879	-0.147	0.109	0.021	0.012
5	2 517 807.132	3 755 114.068	2 517 806.927	3 755 114.066	-0.205	-0.002	0.042	0.000
6	2 517 811.540	3 755 114.305	2 517 811.655	3 755 114.438	0.115	0.133	0.013	0.018
7	2 517 882.653	3 755 118.799	2 517 882.598	3 755 118.724	-0.055	-0.075	0.003	0.005
8	2 517 883.211	3 755 112.116	2 517 882.966	3 755 112.294	-0.245	0.178	0.060	0.032
…	…	…	…	…	…	…	…	…
118	2 517 742.464	3 755 103.399	2 517 742.356	3 755 103.277	-0.108	-0.122	0.012	0.015
Σ							3.302	2.528

4　结论及建议

《1∶500　1∶1 000　1∶2 000外业数字测图技术规程》(GB/T 14912—2005)规范对地物点平面位置精度要求如表3所示。

表 3 地物点平面位置精度要求 （单位:m）

地区分类	比例尺	点位中误差	邻近地物点间距中误差
城镇工业建筑区 平地 丘陵地	1:500	±0.15	±0.12
	1:1 000	±0.30	±0.24
	1:2 000	±0.60	±0.48
困难地区 隐蔽地区	1:500	±0.23	±0.18
	1:1 000	±0.45	±0.36
	1:2 000	±0.90	±0.72

由试验数据可知，采用 Leica DISTO D3 手持测距仪配合中海达 V60 GNSS RTK 接收机来进行隐蔽点的数据采集时，点位中误差为 ±0.223 m，可以满足城镇、工业建筑区、平地、丘陵地 1:1 000 测图要求（±0.30 m），也可以满足困难地区 1:500 测图要求（±0.23 m）。同时也可以满足《工程测量规范》（GB 50026—2007）地形图修测与编绘精度要求（新测地物与原有地物的间距中误差不得超过图上 0.6 mm）。由试验数据分析可知，手持测距仪配合 RTK 接收机来进行隐蔽点的数据采集时，距离交会法和两点一线（直线延伸）法在大比例尺测图中是可行的，完全满足 1:1 000 大比例尺数字测图野外数据采集的精度要求。

通过本次试验总结，作业时若能在如下几点多加注意，可以提高测量精度，达到更加满意的效果：

（1）在测定辅助点（*A*、*B*、*C*、*D*）时，RTK 流动站测杆圆气包一定要居中，最好摆脚架或利用辅助杆稳定支撑，像精密水准测量的水准尺立一样，以保证精度；

（2）测距时，RTK 流动站测杆圆气包同样要严格居中；

（3）建筑物角点低处被树林或植被遮挡，测距仪水平无法测距时，应采用斜改平功能；

（4）注意辅助点位置的选择，要便于测距；

（5）数据采集能与隐蔽点构成有利的交会图形，四点已知（方向线交会）法时，尽量构成直角交会图形，距离交会尽量构成直角或等边交会图形，两点一线（直线延伸）法尽量缩短测距的边长。

参 考 文 献

[1] 刘延伯. 工程测量 [D]. 北京：冶金工业出版社，1984.
[2] 景维立，孙仁锋，王占龙，等. GPS 网络 RTK 技术及应用[J]. 四川测绘，2005，28(4)：184-187.
[3] 刘业光，欧海平. GPS 网络 RTK 虚拟参考站技术在广州的应用前景初探[J]. 城市勘测，2002(2)：5-8.
[4] 米鸿燕，蒋兴华. GPS－RTK 技术在测绘大比例尺地形图的应用探讨[J]. 昆明冶金高等专科学校学报，2005(21)：3.
[5] 李建豪. 距离交会的误差估算及应用[J]. 城市勘测，2011(3)：44.

城市三维建模方法研究与试验

黄利燕

(广东省国土资源测绘院,广东广州 510500)

【摘　要】本文在分析常规建模、航测建模和机载激光雷达建模的方法的基础上,研究如何在现有的数据资源下快速建立三维模型的制作方法,以广东省的顺德区部分数据为试验依据,讨论了快速经济建立三维数字城市模型的方法和技术流程。

【关键词】三维;快速建模;数字摄影测量

1　引　言

三维可视化是城市基础建设、规划、环境保护、交通和通信等方面的一个重要环节,是当今"数字城市"(Digital City)的一个重要表现手段。综合运用地理信息系统、遥感、航测、网络、多媒体及虚拟仿真等技术,对城市的景观和基础设施功能机制进行自动采集、动态监测管理,并通过对城市资源、基础设施、人文经济信息等基础城市信息以数字的形式进行快速漫游、查询、分析、存储、管理和再现,为公众提供综合城市信息,为城市管理者提供城市管理和发展的重要决策支持。因此,研究快速建立三维城市模型是构建数字城市的一个重要手段,而当今先进的遥感技术和数字摄影测量技术是三维城市景观模型重建的一个重要手段。特别是多种获取高分辨影像卫星的发射成功,给三维城市景观模型重建提供了一种新的建模手段。因此,城市三维建模的技术和方法研究是基础地理信息行业的热点并且逐步成熟。

由于设备和技术原因,存在多种获取空间信息的手段,并且存在不同表现形式的空间数据,不同的应用对数据模型也有不同的要求,采用统一的数据模型进行各类数据建模,在理论上和实践上都存在很大的难度,本文在给出一般性原则的基础上,对三维数字城市建模的方法进行详细的研究和论述,提出了一种快速建立三维地形景观的制作方法。

2　建模方法

目前,3D - GIS 进展比较缓慢,阻碍其发展的一个重要原因是三维数据模型及其建模问题,因此如何进行3D 空间建模、如何进行三维空间对象的几何表示成为3D - GIS 亟待解决的问题。本文对各种建模方法进行分析和比较,从空间数据特征和应用角度出发,总结出各种模型和建模方法的应用特点,尝试针对现有的多种空间数据特征和综合应用,寻求相适应的空间数据的表达、管理和计算处理等方面的技术,以满足空间数据的可视化、空间信息的查询和分析等方面的需求。

2.1　常规建模

基于空间信息技术的城市三维常规建模方法,这种方法的总体思路是基于测绘行业形成的数字地形图数据(DLG)、遥感影像数据(DOM)、数字高程模型数据(DEM)。利用 DOM 和 DEM 数据建立真实高程起伏的地表模型和地表影像,利用 DLG 数据的建筑物平面位置和层数建立建筑物立体模型,最终形成反映区域空间形态的三维城市模型。

其优点是:

(1)能有效利用城市测绘的 DEM 和 DOM 数据,能够准确地反映地形起伏特征;

(2)能有效利用城市测绘的建筑物数据,能够快速地建立建筑物三维模型;

(3)建筑物三维模型的纹理数据组织简单;

(4)经济快速,成本低廉。

其缺点是:

(1)所生成的地表模型只能反映地形起伏的大概特征,不仅无法表达局部地形起伏的细节,还会导致平坦地区的几何数据冗余;

(2)所生成的建筑物三维模型几何数据过于简单,无法表达建筑物的特征结构;

(3)所生成的城市三维场景不够逼真,用户视觉感受不佳。

2.2 航测建模

城市真实三维景观模型是根据建筑物的实际三维地理坐标,构建真实的城市三维景观模型。城市真实三维景观模型可根据大比例尺航摄影像通过数字摄影测量方法,精确测得建筑物的空间三维坐标,利用影像和 DEM 进行提取与确定建筑物的高度,再采集建筑物的轮廓,通过这种建筑物二维轮廓信息和三维高度信息的融合可得到城市航空影像中建筑物的三维信息。通过软件工具的自动处理得到建筑物真实位置的三维立体模型。

全数字摄影测量三维建模这种方法基本能准确地重构建筑物的三维轮廓。场景真实,自动化程度高,建模速度快,易于实时更新,但过程较为烦琐,需面对建模工作量巨大的问题。

2.3 机载激光雷达建模

使用 LIDAR 数据商业处理软件,可以快速地将地面数据与非地面数据分离,得到纯地表数据,生成 DEM;初始的影像外方位元素一般达不到精度要求,利用纯地表数据对影像外方位元素通过寻找同名像点的方式进行校正,可以快速生成 DOM 。DEM 和 DOM 叠加在一起的三维地形模型,能够清晰地表达地形的高程信息及纹理信息,从而反映真实三维地形信息。利用激光点云数据和 DOM 进行三维建筑模型建模,建立的三维建筑模型精度较高,特别是对一些比较复杂的建筑更为有效,能够快速地还原城市建筑原貌。

激光点云数据能真实地反映建筑物的位置、高度信息,DOM 能清晰地表达建筑物的轮廓,二者相结合就能建立具有高精度的建筑模型。利用一些商业软件,使能同时加载激光点云数据和 DOM 并进行综合分析,进行建筑模型建模。在激光点云数据和影像质量比较高的情况下进行建筑物的三维建模,能获得较高的模型精度和建模效率。

对快速获取三维空间数据,模拟和再现现实生活提出了更高的要求。利用激光雷达技术能够快速采集三维空间数据和影像,建筑物建模速度快,高程精度高,纹理映射自动化程度高,能够满足分析与量测需求,适合大规模数字城市建设。目前存在的缺点是成本昂贵,根据机载激光扫描的特性,对复杂的建筑物难以正确重构的三维模型,可以采用其他方法进行弥补。

3 快速建模方法

城市三维建模需要充分尊重和利用现有城市测绘信息资源,通过研究各种模型要素的特点、研究各种人机交互辅助工具和制定相应的技术流程来实现既精确又逼真的城市三维快速建模技术方法。该方法不仅提高了城市三维人工建模的效率,而且保证了城市三维模型的逼真效果,以顺德区部分数据为试验依据,证明该方法方便、稳定、高效,在数字城市三维建模行业具有推广价值。

3.1 数据源与软件配置

3.1.1 数据源

(1)2011 年覆盖顺德全区的 1∶2 000 数字正射影像图。

(2)2011 年获取覆盖顺德全区的 0.15 m 分辨率航片。

(3)2013 年顺德变化区域约 100 km^2 的 0.15 m 分辨率航片。

(4)基于 2011 年 0.15 m 分辨率航片生产的满足三维建模要求的 2.5 m 网格 DEM 数据。

(5)正射影像数据生产中制作的成果。

(6)2011 年覆盖顺德全区的 1∶500 地形图数据。

3.1.2 软件配置

(1)数据采集平台:VirtuoZo 全数字摄影测量系统;

(2)数码像片加工与处理:Photoshop;

(3)贴图处理:3DMax;

(4)建立三维地形模型:Skyline TerraBuilder;

(5)浏览、编辑三维场景:Skyline TerraExplorer Pro。

3.2 技术流程

3.2.1 地形建模

地形建模的方法主要是:在该地区的 DEM 数据的基础上叠加正射影像来完成三维地形的显示。将 DEM 和 DOM 加载到 Skyline 系列的 TerraBuilder 软件中,生成 mpt 格式的文件,该格式的文件即为反映地形起伏和表达真实地面纹理的地形数据集。

3.2.2 建筑物建模

三维城市模型中建筑物模型数量庞大、形态多样。建筑物建模方法的确定既要有效控制建筑物模型的数据量,又要达到较好的视觉效果。

针对作业区的实际情况,将建筑物三维景观模型分为航测建模模型与常规建模模型,其中航测建模建筑物主要为可以立体采集的建筑物等;对其他建筑物进行常规建模。

航测建模部分,利用航摄资料采集建筑物顶部轮廓,结合该区域已生产的 1∶2 000 DEM 和航空影像得到带有建筑物顶部纹理信息的真实三维模型。利用普通数码相机获取建筑物侧立面纹理信息,在 Photoshop 中将建筑物对应侧立面的纹理进行纠正、裁切、去污等处理,获得模型的景观信息。将具有三维定位信息的三维模型导入 3DMax 中,同时将经过 Photoshop 处理后的建筑物景观纹理信息粘贴至相应的三维模型侧立面。

航测建模总体流程如图 1 所示。

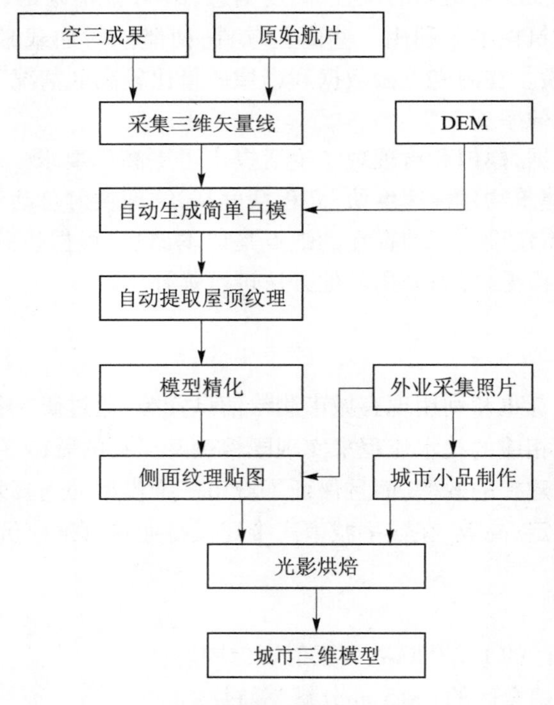

图 1 航测建模总体流程图

3.2.2.1 采集三维矢量线

利用空三加密后的数据在全数字摄影测量系统中创建立体模型,并检查相对定向、绝对定向精度,生成模型的核线,对建筑物房顶及桥梁等进行对应的平面几何及高程数据的采集,采集成果为三维矢量线，自动生成简单白模，在软件平台 DiBuild 中，以采集的矢量线数据为基础，结合 DEM 数据，快速有效地提取三维模型，实现三维模型底部与地形无缝结合。同时，将提取的模型转换为 3DMax 软件格式。

3.2.2.2 模型精化

使用 Autodesk 专业三维建模软件 3DMax，利用外业采集照片，对照照片在 3DMax 中按照各模型级别要求进行模型精细化。

3.2.2.3 侧面纹理贴图

使用专业图片处理软件，从外业采集照片提取纹理贴图，将纹理贴图中的阴影反射、人、树影、杂物等尽量去除处理干净，统一纹理贴图的色调、对比度，加强层次感。在 3DMax 软件中，对建筑侧面进行纹理贴图。

3.2.2.4 常规建模贴图

基于 1∶500 地形图的基础模型生成按照一层（底层）高度 4 m，标准层高度 3 m 的标准尺寸，基于地形图提供的建筑物轮廓线数据拉伸得到基础模型，利用贴图模板完成模型的纹理贴图，最后人工调整部分贴图，制作部分建筑物屋顶结构，提升建筑物模型视觉效果。具体的流程如图 2 所示。

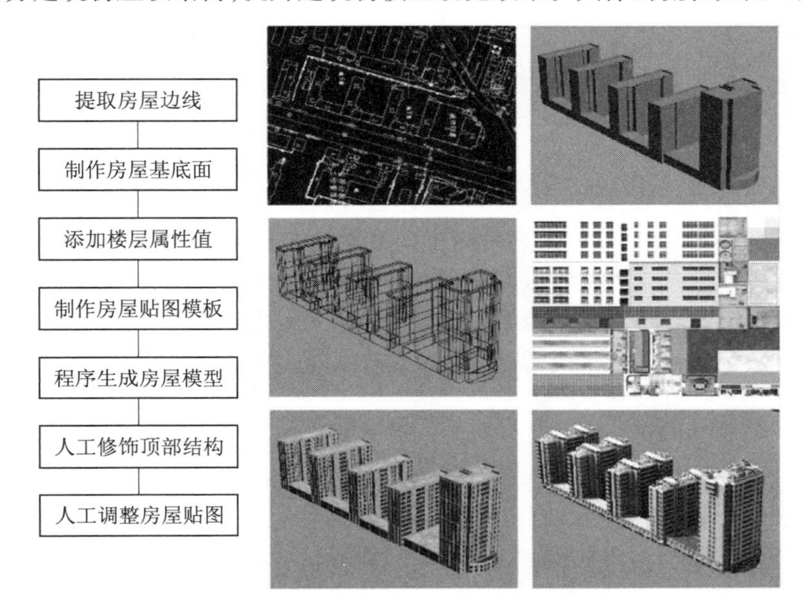

图 2 常规建模流程及效果

3.2.2.5 三维场景展示

三维场景图见图 3，局部场景效果图见图 4。

图 3 顺德区市区三维场景图

3.3 小 结

本文首先介绍了快速三维建模的技术思路，然后以 CAD 地形图和遥感影像为数据源，完成了顺德

图4　顺德区局部场景效果图

区城区部分数据的三维建模，最后展示了城区三维模型。结果表明，这种三维建模方式是切实可行的，能够高效快速地建立大场景的城市三维景观，直观快速地显示和浏览三维信息，能满足城市三维建模的需求。目前基础测绘部门的地形数据大部分仍然是DWG格式的数据，采用此方式来进行城市三维景观的构建能节省大量的人力和物力，既适合我国国情，又能满足多种需要，对于提高三维数字城市的建设速度具有重要的示范意义。

4　结　语

本文介绍了常规建模、航测建模和机载激光雷达建模的技术特性、优缺点，得出每种建模方式的结论。通过研究各种模型要素的特点、开发各种人机交互辅助工具和制定相应的技术手段来实现既精确又逼真的城市三维快速建模技术方法。以广东省的顺德区部分数据为试验依据，详细地讨论了快速经济建立三维数字城市模型的方法和技术流程。通过研究顺德区数字城市三维建模技术路线分析指出，这种大面积建立三维数字城市适宜采用常规建模+城市标志性建筑航测建模的方式，既满足了政府各个部门的需要，又能大大地降低经济成本。

参 考 文 献

[1] 阎凤霞，张明灯. 三维数字城市构建技术[J]. 测绘，2009(2).
[2] 徐祖舰，王滋政，阳锋. 机载激光雷达测量技术及工程应用实践[M]. 武汉：武汉大学出版社，2009.
[3] 张祖勋，张剑清. 数字摄影测量学[M]. 武汉：武汉测绘科技大学出版社，1997.
[4] 陈爱军，等. 基于城市航空立体像对的全自动三维建模[J]. 测绘学报，2002(1).
[5] 吴军. 三维城市建模中的建筑墙面纹理快速重建研究[J]. 测绘学报，2005(4).

大比例尺地形图自动接边检查的实现

费小睿　陈玉娜

(汕头市测绘研究院,广东汕头 515000)

【摘　要】接边检查是大比例尺地形图生产的重要一环。使用程序实现大比例尺地形图的自动检查,提高检查效率,拒绝接边问题遗漏。本文阐述了大比例尺地形图自动接边检查的实现思路与实现流程。

【关键词】地形图;图形接边;属性接边

1　引　言

大比例尺地形图的生产需要经过内业数字化,面状地物构面、地物属性添加等作业步骤。在这一作业过程中,由于数字化误差、属性录入错误等原因,相邻地形图图幅间内图廓线上地物要素会出现结点位置不符、属性不符等现象。因此,地形图的接边检查是非常重要的工作,接边检查的工作如果采用手工完成,效率非常低,且容易出现漏查的情况。

目前有一些软件能提供自动或半自动接边检查功能,但是都不是很完善。有的软件需要用户手动选择接边边界与接边地物;有的则只能检查图形接边而无法检查属性接边。所以,为了使作业人员与质检人员能快速定位接边错误的位置,减轻工作量,提高工作效率。我们开发了大比例尺地形图接边检查程序,实现了地形图自动接边检查。

2　自动接边检查程序实现

2.1　自动接边检查程序实现思路

地形图中只有线要素与面要素存在跨图幅的问题。相邻地形图在接边时,主要是检查参与接边的线和面要素在内图廓线上端点的几何位置。在 GIS 的空间位置关系中,相比其他要素间的空间位置关系,点与线要素、面要素的空间位置关系是最简单的。把复杂的线面要素检查转化为线面端点的检查,可以降低程序实现的难度。

因此,自动接边检查的实现思路是获取所有参与接边的地物,提取地物在内图廓线上的端点,将这些端点连同所属地物的属性信息存储在临时数据集中,对临时数据集中的点进行逐一互相比较,如果检查点可以找到与之坐标相同或距离在限差范围内的被检查点,且两点对应的地物属性一致,则说明此处接边完好;如果检查点找不到符合要求的点,则将点移到接边错误数据集中。当检查完毕后,接边错误数据集存储的点就是接边有误的地方。

2.2　自动接边检查程序关键技术

2.2.1　接边检查限差确定

接边检查需要确定两个限差。一个限差是接边检查的最小限差,如果以内图廓线按最小限差生成缓冲区,所有参与接边的地物端点如果在缓冲区范围内,则可以认为地物端点已捕捉到内图廓线上;如果两个地物的端点之间的距离小于等于最小限差,则可以认为两个端点重合。

另一个限差是接边检查的最大限差,由于在地图数字化的过程中,存在地物端点未捕捉到内图廓线或超出内图廓线,但地物端点与内图廓线距离大于最小限差的情况,因此需要设置一个更大的限差,以帮助保证程序可以选中上述情况的地物。

2.2.2　内图廓处理

地形图是按照内图廓来接边的。当一幅地形图与上下、左右四幅相邻图幅进行比较时,假设内图廓的四个边，每边分别与相邻图幅有 50 个地物要进行接边检查，使用内图廓整体来与每幅相邻地形图接边检查，就需要检查 200 个地物，而这 200 个地物中有 150 个地物是可以不参与检查的，实际需要判断的地物只有 50 个。由此可以看出，使用内图廓整体来进行接边检查，每次的检查冗余过多。

因此，我们使用的拓扑处理函数将内图廓面数据集中的每个内图廓面分离为四条线，并另存为线数据集。这样做使得相邻的两幅图接边检查时，只需要对一条图廓边两边的地物进行接边检查，大大地减少了检查的冗余度，避免地物多次检查。

2.2.3　配置文件设计

检查人员在属性接边检查时可能根据不同需求，需要检查的属性亦有所不同。为了满足这一需求，我们使用 XML 语言编写了接边检查的配置文件。检查人员编辑配置文件，可以设定每一地物类型需要检查的属性信息。配置文件如图 1 所示。配置文件中，标签 < map > 表示以下定义的是某一数据集的接边检查内容，标签 < conditon > 的内容表示接边检查的条件，标签 < Bechecklayer > 的内容表示被接边检查的数据集名，标签 < CompareLayer > 的内容表示内图廓线数据集名，标签 < field > 的内容表示地物参与属性接边的字段名。

```
<?xml version="1.0" encoding="utf-8" ?>
- <checkMap>
  - <map name="房屋面接边检查">
    - <condition disp="房屋面接边检查">
        <Becheecklayer>RESRGNR</Becheecklayer>
        <CompareLayer>INDEXL</CompareLayer>
        <function>ucdissolvecheck</function>
        <field>CODE;STRUCT;FLOOR;CADTHICK</field>
      </condition>
    </map>
  - <map name="水系面接边检查">
    - <condition disp="水系面接边检查">
        <Becheecklayer>HYDRGNR</Becheecklayer>
        <CompareLayer>INDEXL</CompareLayer>
        <function>ucdissolvecheck</function>
        <field>CODE;CADTHICK;WNAME</field>
      </condition>
    </map>
  - <map name="道路中线接边检查">
    - <condition disp="道路中线接边检查">
        <Becheecklayer>TRACNLL</Becheecklayer>
        <CompareLayer>INDEXL</CompareLayer>
        <function>ucdissolvecheck</function>
        <field>CODE;CADTHICK;RNAME;RLEVEL</field>
      </condition>
    </map>
```

图 1

2.2.4　接边检查数据表设计

在接边检查过程中，对于每一个参与检查的数据集，程序会生成待判定点数据集与接边错误点数据集，待判定点数据集用来在程序运行过程中存储需要判断接边情况的结点，接边错误点数据集用来在存储确认接边有误的地物结点，待判定点与接边错误点数据集字段设计如图 2、图 3 所示。

序号	名称	别名	字段类型
1	*SmID	SmID	长整型
2	SmUserID	SmUserID	长整型
3	errID	错误编号	长整型
4	belongMap	所属图幅	文本型
5	bechkdatasets	所属数据集	文本型

图 2　待判点数据集字段设计

其中，errID 存储结点所属接边地物的唯一标识；bechkDatasets 存储结点所属地物的数据集名；belongMap存储结点所属图幅名；errcontent 存储对接边错误的描述信息，包含有“端点为捕捉到内图廓线上”、“端点接边错误”、“属性接边错误”三种接边错误描述。

序号	名称	别名	字段类型
1	*SmID	SmID	长整型
2	SmUserID	SmUserID	长整型
3	bechkDatasets	被检查的数据集	文本型
4	errID	错误编号	短整型
5	errcontent	错误描述	文本型
6	belongMap	所属图幅	文本型

图3 接边错误点数据集字段设计

2.3 程序实现流程

程序使用 SuperMap Object + Vb. net 进行开发,采用 SuperMap SDB 格式来作为接边检查的数据源。每个 SDB 格式数据存储一张地形图数据,每个 SDB 格式可以包含多个数据集,每个数据集对应一种地物类型。

为了更好地说明接边检查的实现流程,我们假设有相邻图幅 a 与 b 需要接边检查。其实现流程包含以下步骤。

(1)对地形图 a 与 b 进行合并,合并过程中对地形图 a 和 b 的每个线数据集与面数据集添加“所属图幅”字段,用以标明地物属于哪个图幅。

(2)对合并后的内图廓面数据集进行弧段求交,将内图廓面转换成单条线组成的内图廓线层Index1。

(3)在内图廓线数据集 Index1 中逐条选择内图廓线,选择 a 与 b 的接边处相重合的内图廓线 line1。

(4)对 line1,按设置的最小限差与最大限差分别生成 buffer1 与 buffer2。

(5)对每个数据集,使用 buffer2 选择所属图幅为 a 的地物,将所选地物落在 buffer2 缓冲区内的端点存储为图幅 a 的待判点数据集 chkpt1。

(6)对每个数据集,使用 buffer2 选择所属图幅为 b 的地物,将所选地物落在 buffer2 缓冲区内的端点存储为图幅 b 的待判点数据集 chkpt2。

(7)对 chkpt1 点数据集选取点,循环比较 chkpt2 中的点。

(8)对于 chkpt1 中选取的每个待判点 p1,首先判断点 p1 是否处于 buffer1 缓冲区内。如果有,则判断在 chkpt2 点数据集中能否找到与 p1 之间距离小于或等于最小限差的点。如果找到符合点 p2,则依据配置文件定义的属性接边字段,判断 p1 和 p2 的属性是否一致;如果一致,则说明当前待判点 p1 所对应的地物找到了图形位置一致、属性一致的接边地物。如果以上条件有任一不符合,则将当前点与相关信息存储到接边错误结点集 chkerr 中,并继续判断下一个点。

(9)接着按步骤(8),选取 chkpt2 点,循环比较 chkpt1 中的点。

(10)当 chkpt1 与 chkpt2 所有的点都检查完毕,错误点数据集 chkerr 里存储的就是有接边问题的位置点。将接边错误点数据集 chkerr 的 errId 字段与对应数据集的 SmId 字段进行左连接关联操作,自动符号化生成专题图,突出显示有接边问题的地物。接边检查的效果图如图 4、图 5 所示。

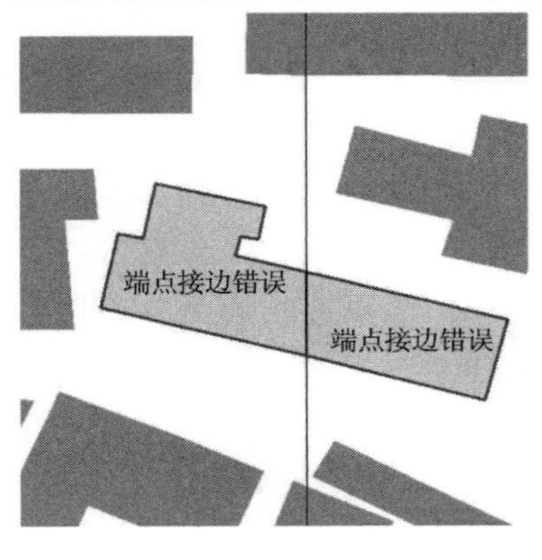

图4

图5

3 结　语

本文实现的接边检查程序目前已经应用到汕头市测绘研究院地形图生产流程中,减轻了工作量,提高了工作效率。其特点主要有以下几点:

(1)接边检查全自动操作,无需手动指定接边线与接边地物,既可实现图形接边检查,也可实现属性接边检查。

(2)利用配置文件技术,允许质检人员灵活定义需要接边的数据集与数据集字段。使得程序应用范围更加广泛。

(3)利用专题图技术,明确标识接边问题所在,十分直观,拒绝接边问题遗漏。

参 考 文 献

[1] 廖振环,左志进,魏德照. DLG 数据接边检查的设计与实现[J]. 地理空间信息, 2009, 7(4):60-62.
[2] 鲍立尚. 基于索引图的 DLG 批量接边检查算法设计与实现[J]. 矿山测量,2010(4):21-24.

带状三等水准测量在长距离地铁控制测量中的应用

黎 进[1] 王 斌[2] 黄惠涛[1] 孙 龙[1]

(1. 中国有色金属工业长沙勘察设计研究院深圳分院,广东深圳 518003;
2. 广东省国土资源测绘院,广东广州 510800)

【摘 要】针对深圳地铁2号线竣工测绘大规模具有带状特征的三等水准测量采用统一顶层设计、多组协调同步作业模式能够在计划结点内很好地完成外业观测和内业处理工作,具有分组分工明确、协调统一、保证精度和进度的诸多优点,可为相关测量工作提供一定的参考。

【关键词】三等水准;结点网;偶然中误差;全中误差

1 引 言

城市高程控制测量网一般采用水准测量方法施测,可布设为附合路线、结点网或闭合环。深圳地铁2号线竣工测绘是本次二期轨道交通竣工测绘重要组成部分之一,具有规模大、高程控制点数多(点数多达近200个)、带状分布、跨度大(高程点跨布深圳罗湖区、福田区、南山区)、线路长(单程长度不小于115.4 km)、工程进度紧张等特点,为了满足环线或附合于高级点间路线最大长度小于45 km等规范指标及项目进度安排的基本要求,采用统一顶层设计、多组协调同步作业模式进行,本文主要从工程本身指标要求出发,论述带状结点水准网设计、施测、处理、重测等一系列作业工序,为相关测量工作提供一定的参考。

深圳轨道交通二期蛇口线(2号线)工程包括初期段工程和东延段工程,是连接深圳市罗湖区、福田区与南山区的重要通道,全长约40 km,共建设有29座车站、1个停车场、1个车辆段、1个变电站,已于2011年全线竣工,并投入使用。

按照来文要求,地面控制测量阶段是项目整体进度的重要环节,作业时间45天,采用GPS平面控制与高程控制共点的方式,并通过实地踏勘,确定本次水准起算数据如表1所示。

表1 三等水准网起算数据

点名	等级	高程(m)	说明
I××支5	一等	3.979	1956年黄海高程
I××60	一等	15.350	1956年黄海高程
I××73	一等	19.059	1956年黄海高程
I××支2	一等	6.202	1956年黄海高程

2 带状结点网设计与施测

实地踏勘确定的水准起算数据主要分布于测区四周,其中,I××73分布于罗湖区东湖公园内,I××60分布于福田区华强北附近,作为与I××73检测已测测段,以确定起算基准的稳定性和可靠性;I××支2与I××支5均分布于南山区,并检测其高差之差,以满足起算可靠性要求。

考虑带状水准网跨度大,本次工程采用结点水准网网型布设,一方面,可以使附合于高级点间的路线最大长度小于45 km的要求;另一方面,增加网型结构强度,增加检核条件,以满足每千米观测高差偶然中误差小于3 mm、每千米观测高差全中误差小于6 mm的指标要求。同时,布设成结点网有利于重测测段的探查和补测，有利于及时发现问题并予以处理。

本次工程以《城市测量规范》（CJJ/T 8—2011）三等水准测量相应要求依次联接本次新增 179 个高程控制点及上述 4 个起算点进行水准测量。对全线的水准测量数据形成全线结点网，组成多结点附合水准网，水准路线合计总长度约 230.9 km。水准网网型如图 1 所示。

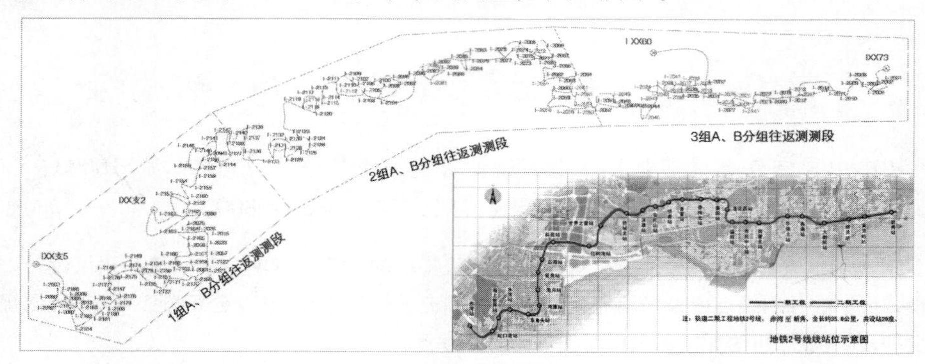

图 1　深圳地铁 2 号线带状多结点水准网网型

根据设计出的网型，采用分组同步协调作业模式，即采用 6 组/台 Trimble Dini03 精密数字水准仪（标称精度 0.3 mm/km）及配套铟瓦水准尺分别施测设计给定测段，首先联测检测已测测段高差之差，即 I××73～I××60 及 I××支 2～I××支 5，以确定起算基准的稳定性；其次分组分三段分别为赤湾起至科苑，科苑起至华强北，华强北起至新秀，各分段由 2 组（A 组与 B 组）完成，A 组往测则 B 组进行返测；最后对外业施测的数据进行整理，构建全线水准网平差数据，施测示意图如图 1 所示。

3　重测测段探查

在水准测量中，水准补测或重测是常见的事情，主要表现为测段、区段路线的往返测高差不符值超限，附合路线或环线闭合差超限，及每公里高差中数中误差超限。主要原因在于施测过程中各种偶然误差累计所致，具有一定的不确定性。对重测测段的准确及时的探查在实际工程中特别是进度紧张的情况下具有重要的意义。

重测测段大致可以划分为起算基准检测测段，附合路线或环线，测段、区段往返测测段。测段重测主要有超限的指标入手，依次分析，由构成环线的往返测测段再到附合路线或环线，最后分析相邻结点网，并分析其超限原因，并进行针对性外业或内业处理。

对于检测已测测段高差之差超限，一方面检查数据的准确性，另一方面可判定起算数据的沉降等原因导致的不稳定。由于数字水准仪采用全数字记录方式，避免人工手抄误差，因此检查的方向主要为仪器 i 角大小，测站观测数据的正确性，如视线长度、视距差及累计差、视线高度等。

对于某一附合路线或环线闭合差超限，主要表现为结点处高程不一致，可采用破结点法进行分析，即将结点当作相邻附合路线或环线独立的公共点，并进行简单平差分析，推测某一边附合路线或环线出现错误的最大可能性，并进行外业补测以作相应核查。当每公里高差中数偶然中误差，每公里高差中数全中误差超限，则对路线上可靠性较小的测段进行重测。如果重测结果与原测两个单线结果均超限时，则再重测一个单线。

4　水准网平差、精度分析

水准网平差主要为观测高差改正数计算及观测精度计算两部分，其中观测高差改正数主要考虑水准标尺长度误差改正、正常水准面不平行改正数计算。在本项目中，测区内测段高差的正常水准面不平行改正采用改正数 ε，按式(1)计算：

$$\varepsilon = -A \times H \times \Delta\varphi \tag{1}$$

式中　A——常系数，根据项目的纬度平均值，取 $A = 0.000\,001\,090$；

H——测段始、末点近似高程平均值，取 $H = 5$ m；

$\Delta\varphi$——测段末点纬度减去始点纬度差值，取 $\Delta\varphi = 5'$。

计算得 $\varepsilon = 0.25$ mm，此项改正都小于 0.3 mm，因此此项改正在实际计算中可以忽略不计。每千米水准测量偶然中误差根据往返高差不符值，按式(2)计算：

$$m_{\Delta} = \pm\sqrt{[\Delta\Delta/L]/4n} \tag{2}$$

式中 Δ——水准往返测高差闭合差，mm；

L——水准环线(附合路线)长度，km；

n——测段个数。

每千米水准测量全中误差根据闭合(附合)路线闭合差按式(3)计算：

$$m_{w} = \pm\sqrt{[ww/L]/N} \tag{3}$$

式中 w——经过改正后的水准环线(附合路线)闭合差，mm；

L——水准环线(附合路线)长度，km；

N——水准环线(附合路线)个数。

本工程平差成果精度最弱点高程中误差 $M_h = \pm 7$ mm，小于允许中误差 ±20 mm；水准路线闭合(附合)环线闭合差最大值为 −18 mm，限差 ±26 mm；水准路线往返测高差闭合差计算水准测量的每千米观测高差偶然中误差：$m_{\Delta} = \pm 1.0$ mm，水准路线闭合差计算水准测量的每千米观测高差全中误差：$m_{w} = \pm 2.2$ mm，均符合规范的要求。

5 结 语

大规模带状高精度水准高程测量是集工程项目管理、工程测量等技术学科交叉融合的理论应用之一，需要站在工程项目管理的角度运用工程测量的技术方法获取待定点高程信息。在紧扣工程进度和质量的前提下，灵活应用结点水准网的诸多优点，将整条水准化整为零，由结点挂接相邻附合路线或环线，具有管理方便、分工明确、偏于检查等优点，可为相关测量工作提供一定的参考。

参考文献

[1] CJJ/T 8—2011 城市测量规范[S]. 北京：中国建筑工业出版社，2012.

[2] 国家测绘地理信息局职业技能鉴定指导中心. 注册测绘师资格考试辅导教材：测绘综合能力[M]. 北京：测绘出版社，2012.

[3] 程效军，顾孝烈，鲍峰. 测量学[M]. 上海：同济大学出版社，2010.

地质雷达 SIR 在管线探测中的应用

李　勇

（江门市勘测院，广东江门 529000）

【摘　要】随着城市的建设和发展，地下管线在市政建设中得到越来越多的应用。由于工程和建设的需要，管线探测越来越得到重视，然而，一些非金属管线如混凝土、瓷、PVC、PE 类以及复杂管线如管线交错、管线密集也逐渐成为管线探测中的难题之一。本文首先简述了地质雷达探测的前提条件和基本原理，结合实例分析，说明了地质雷达在地下管线探测中的独特优势。

【关键词】地质雷达；管线探测；应用实例

1　引　言

在信息高速发展的当今世界，地下管线已与人民的生活密切相关，发挥着越来越重要的作用，已成为城市基础设施不可或缺的重要组成部分。现代的大都市，地下管线无论从数量上还是从种类上，都在逐步增多，类型主要有以下六种：给水管、排水管（雨水、污水管）、电力管（含路灯）、通信电缆（含光缆）、燃气管、工业管道（如石油、化工管道）[11]。

城市管线的特点是管线类型多，属性各不相同，但彼此相距很近。尤其是在道路各方向交汇路口，各种地下管线更是纵横交错，十分复杂（见图 1），加上路边大幅铁制广告牌、变压器的干扰，电磁干扰更加严重，采用金属管线探测仪，对于一些非金属材质的管类，如混凝土、瓷、无铜光纤、PVC、PE 等，在上下叠加、多管并排等电磁干扰复杂的背景条件下，现场定位定深难度很大。地质雷达探测方法从其原理上讲，可以用于探测金属与非金属管线，而且具有较高的灵敏度和分辨率，获取的图像直观易懂，结合金属管线探测仪成果，更有助于提高管线探测的精确度[1]。其缺点在于成本高，设备较笨重，移动性不强，但随着科技水平的发展，设备逐步改进，相信未来，地质雷达方法作为上述疑难问题比较理想的解决手段之一[3]，将会在地下管线探测中的应用越来越广泛[7]。

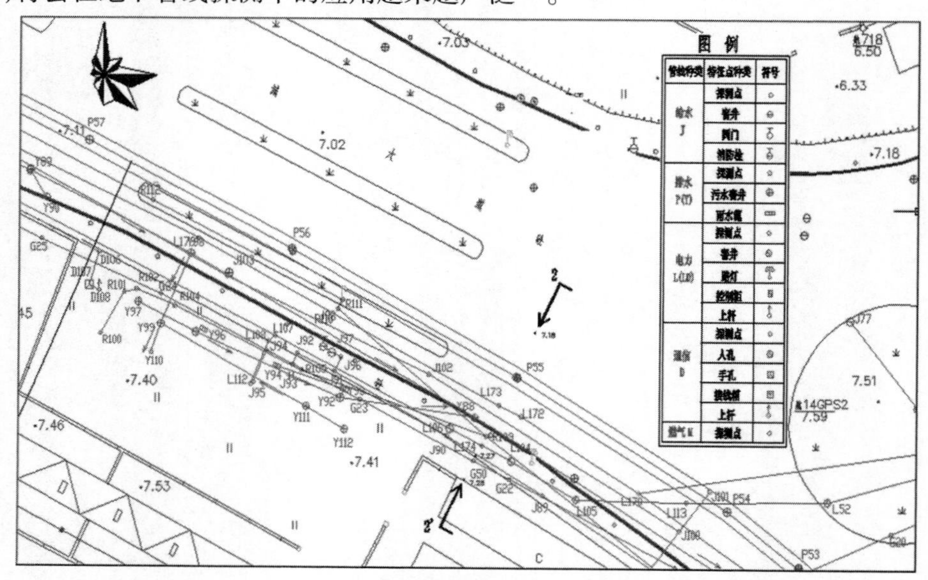

图 1　城市综合管线平面图

2 场地地质特征与地球物理条件

地下管线多为采用开挖和机械顶管方式进行敷设,直埋管线埋深较浅,为 0.5 ~ 3 m,顶管埋深多位于 3 ~ 5 m,或更深。管线周围介质主要为杂填土、砂质土和黏土等,其上方可能存在人工填筑物,如杂填土、沙质土、黏土、混凝土、沥青等,管道内的介质主要为水、空气、金属线等。待探测目标体埋深一般位于 5 m 内,管线材质为钢、铸铁、混凝土、塑料、光缆等,管径分圆管和方沟两种。

地质雷达在管线探测中的场地条件是,待测管线与周围物质的介电常数和电磁波的传播波速存在明显差异[2]。由表 1 中数据可知,金属管线(如钢、铸铁等)由于电磁波的传播波速接近零,与周边介质的电磁波的传播速度相比为无穷小,由此可见差异性非常明显;非金属管线除管线本身材质(如混凝土、瓷、PVC、PE)与周围介质存在一定差异外,管道内介质如水、气体等与周围介质电磁性存在差异。总之,无论是金属管线还是非金属管线,均与周边物质存在介电常数差异及电磁波的传播速度差异,而且探测深度位于可探测范围内,因此在管线探测场地中应用地质雷达具有可行性。

表 1 常见介质的介电常数及波速

介质	介电常数	波速(m/ns)
混凝土	6.4	0.12
沥青	3 ~ 5	0.13 ~ 0.17
杂填土、沙质土、黏土	7 ~ 18	0.07 ~ 0.11
水	81	0.03
空气	1	0.3

3 地质雷达的工作原理

地质雷达工作原理[4]如图 2 所示。它首先通过发射天线向地下发射电磁脉冲[5],而后此脉冲在地下传播过程中遇到管线及其他物质的变化界面时会产生反射,反射波传播回地面后由接收天线所接收,并将其传至主机进行记录和显示,经过一系列的资料处理过程,最后结合反演理论便可作定性定量解释,推断出管线及其他埋藏物的分布范围、埋深等参数。

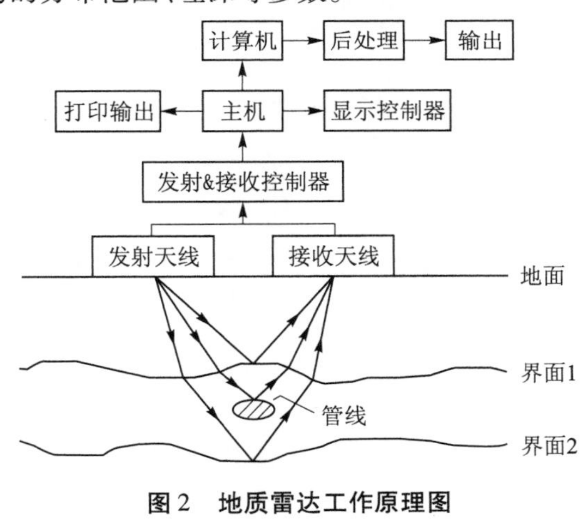

图 2 地质雷达工作原理图

4 应用实例

4.1 在大直径混凝土管探测中的应用

在东莞长安 107 国道旁,待测目标为一条管径为 1 200 mm 圆形给水管,管材为混凝土和玻璃钢相结合,直埋,埋设深度估计为 3 m 左右,管线周边可能有保护墙。根据调查资料,工作时所选的地质雷达技术参数为[6]：天线中心频率为 100 MHz，天线距为 0.6 m，采样点距为 0.1 m，时窗为 100 ns。在排除其他管线存在的区域布设测线，其中一条雷达剖面如图 3 所示。

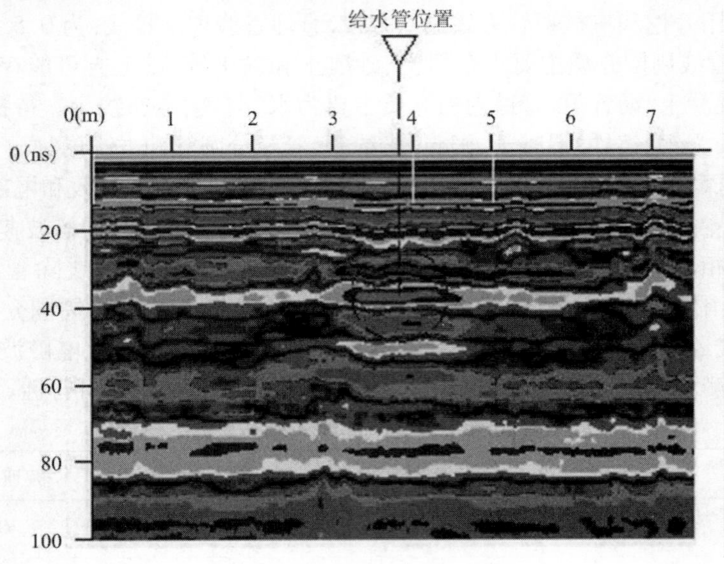

图 3　东莞长安雷达实测剖面图

在雷达剖面上反射同相轴明显异于其他地方，而且具有一定的延续性，延续长度大约为 1.5 m，与实际管径 1.2 m 相近，由此可推测该处即为给水管引起的异常，异常中心即为给水管中心，该管道中心的地面投影在测线上 3.7 m 处，反射回程时间为 38 ns，若假定给水管上覆地层的介电常数为 12，则其波速约为 0.1 m/ns，根据公式 $h = v \cdot t/2$ 计算得，其中心埋深约为 2.3 m。该图另外一个特征就是该给水管上界面反射并非为弧状反射，根据电磁波反射定律，从反射同相轴形态上推测，管线可能存在一方形箱涵中，然而其下未出现明显圆形管反射弧形态，说明管线材质与箱涵材质接近或者一致，箱涵材质一般为混凝土，由此可推定该管材质为混凝土。后期管线迁移开挖验证，中心位置、管径、管材与推测结论一致，仅埋深推测偏浅，误差约为 0.5 m，其可能原因为计算过程中未考虑沥青路面对电磁波速度的影响。推断解释图如图 4 所示。

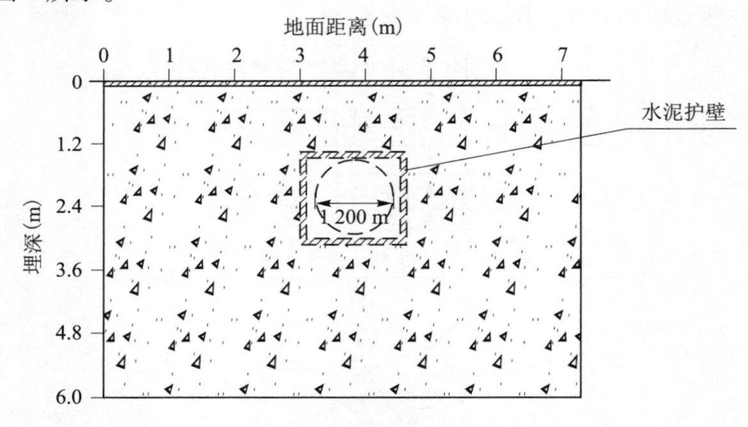

图 4　东莞长安雷达推断解释图

4.2　多条管并排区分

根据市政管线铺设的相关规定，管线一般铺设于慢车道和人行道上，埋深区域有限，管线分布往往较密集，多数为平行布置。应用管线仪探测时，由于管线间隔小，电磁场极值很难从即时数据上分辨，时常造成遗漏或者极值与管线中心偏差较大[6]。图 5 为地质雷达在广州番禺某道路上探测管线的剖面图。图 6 为地质雷达在中山某道路上查找污水管时的剖面图。图 7 为广州番禺雷达推测解释图。图 8 为中山雷达推测解释图。

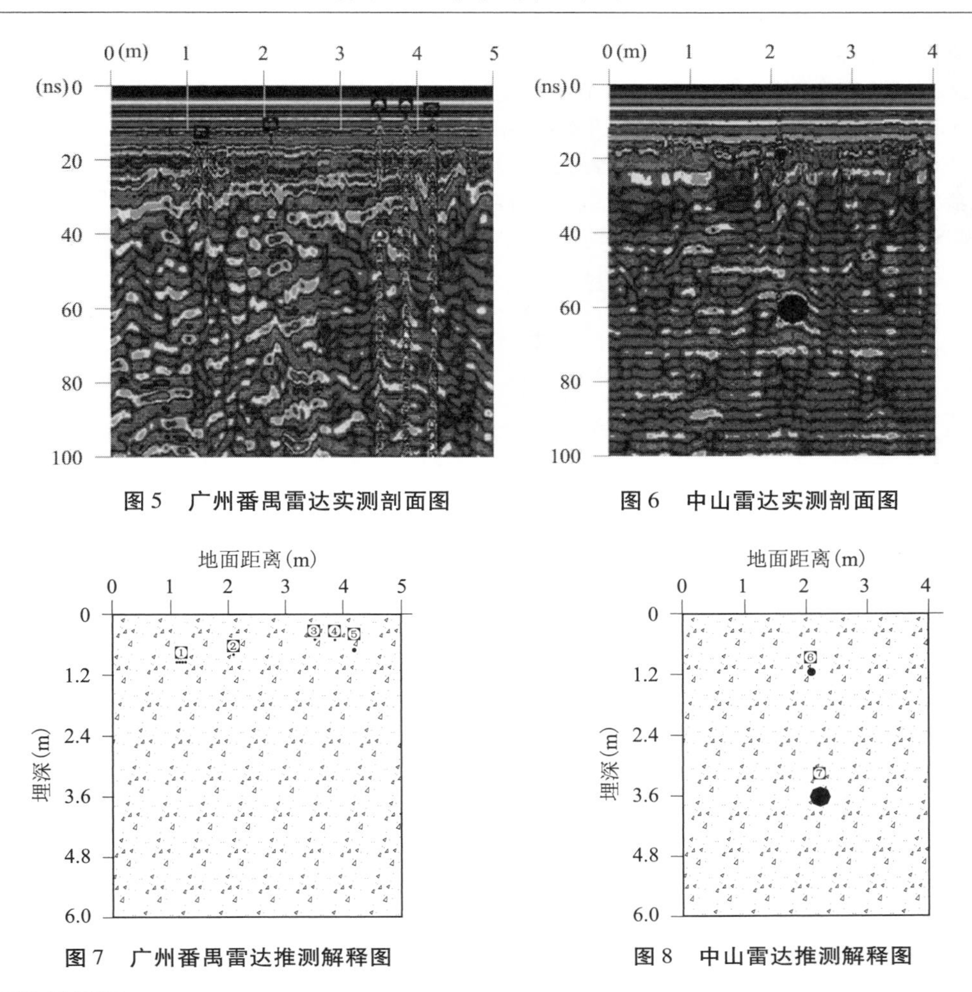

图 5　广州番禺雷达实测剖面图

图 6　中山雷达实测剖面图

图 7　广州番禺雷达推测解释图

图 8　中山雷达推测解释图

4.3　上、下重叠情况

管线上、下重叠，一般情况下，上部若为大直径金属管线，由于其完全屏蔽电磁波信号，则下部的管线无法分辨，然而对于上部为小直径金属管线，下面为大直径管线，由于小直径金属管线影响范围小，在其下部依然可以识别出同向轴反射弧形态。

从图 6 上可以见到水平 2.2 m 纵向 20 ns 处存在震荡比较明显的反射弧形态，而其下部 60 ns 处则存在另外一条反射弧，形态则比较平缓，反射弧扩展范围宽，与上部特征有本质区别，因此可以推测该处存在两条管，而且管径不相同，管材也不一样。后结合相关管线施工资料反映，上方⑥为一条给水管，管径为 50 mm，材质为铸铁，埋深为 1.2 m，下面⑦为一条污水管，管径为 400 mm，材质为混凝土，埋深为 3.6 m。

5　结　语

以上结果可以看出：地质雷达在管线探测中有着其独特的优势，分辨率较高，金属管线与非金属管线均能探测，管线定位很准确，其缺点在于效率低、无法从图像上直接对管线定深、推测管径、管材等。因此，在复杂地区进行管线探测时，应结合实地调查和金属管线探测仪探测成果，尽量选取无其他管线的区域开展地质雷达，推断隐敷管线存在位置，如此才能高效完成区域管线探测。

参考文献

[1] 李光洪，陈金国，陈勇. 城市地下管线探测技术探讨[J]. 测绘，2010(6)：41-43.

[2] 李大心. 探地雷达方法与应用[M]. 北京：地质出版社，1994.

[3] 陈义群，肖柏勋. 论探地雷达现状与发展[J]. 工程地球物理学报，2005，2(2)：149-155.

[4] 曾昭发，刘四新，等. 探地雷达的方法原理及应用[M]. 北京：科学出版社，2006.

[5] 刘劲,戴奉周,刘宏伟. 宽带雷达探测性能分析[J]. 雷达科学与技术,2008(2):15-18,30.
[6] 邓世坤. 探地雷达野外工作参数选择的基本原则[J]. 工程地球物理学报,2005,2(5):323-329.
[7] 魏显峰. SIR－20 地质雷达在工程中的应用及图谱解释[J]. 国防交通工程与技术, 2007(3):82-84.
[8] 黄南晖. 地质雷达探测的波场分析[J]. 地球科学,1993,18(3):294-302.
[9] 张胜业,潘玉玲. 应用地球物理学原理[M]. 北京:中国地质大学出版社,2004.
[10] CJJ 7—2007 城市工程地球物理探测规范[S].
[11] CJJ 61—2003 城市地下管线探测技术规程[S].

关于竖向井道的面积计算

程会超

(珠海市测绘院,广东珠海 519000)

【摘 要】在房产测量的建筑面积计算过程中,竖向井道的建筑面积计算在《规范》中没有细致的文字性表述,各地迥异的处理方法已带来不少社会问题。本文通过对现存各种做法的综合分析,对竖向井道的建筑面积计算进行了探讨,对于统一房产测量中竖向井道建筑面积的计算规则,推动房产测量规范化、标准化方面起到了积极的促进作用。

【关键词】建筑面积;室外楼梯;管道井

1 引 言

《房产测量规范》(GB/T 17986—2000)(以下简称《规范》)发布实施以来,全国各地的房地产主管部门和测绘机构对房屋面积的测算基本得到了统一,经过不断实践和对《规范》的研究理解,各地均积累了许多有益的经验。由于《规范》的规定比较原则,有的条文不够明确,不少地方制定了测算细则或补充规定,旨在进一步规范一些具体做法,但对照来看,这些细则间存在很大的差异,笔者认为有的甚至与《规范》相悖。

随着社会的进步,今时今日的商业活动非常频繁,开发商在各地开发了不同的项目,老百姓购买了不同的物业,法律意识和维权意识也越来越强,以前不懂得专业规定现在有了比较,不同的执行标准给这些维权事件造成了什么样的影响,这些是我们测绘人值得思考的事情。现提出我在日常测绘工作中遇到的关于竖向井道面积计算的一些认识,供大家探讨。

2 《规范》中关于竖向井建筑面积计算的相关规定

竖向井道是建筑物中解决垂直交通、设备电气垂直管线、服务其他建筑空间的结构体系。包括楼梯(室内楼梯、室外楼梯)、管道井(提物井、垃圾道、烟井等)。

2.1 相关定义

(1)房屋建筑面积是指房屋外墙(柱)勒脚以上各层的外围水平投影面积,包括阳台、挑廊、地下室、室外楼梯等,且具备有上盖,结构牢固,层高 2.2 m 以上(含 2.2 m)的永久性建筑。

(2)房屋层数是指房屋的自然层数,一般按室内地坪 ±0 m 以上计算;采光窗在室外地坪以上的半地下室,其室内层高在 2.2 m 以上的,计算自然层数。房屋总层数为房屋地上层数与地下层数之和。

(3)假层、附层(夹层)、插层、阁楼(暗楼)、装饰性塔楼,以及突出屋面的楼梯间、水箱间不计层数。

2.2 计算规则

2.2.1 计算全部建筑面积的范围

楼梯间、电梯(观光梯)井、提物井、垃圾道、管道井等均按房屋自然层计算面积。

属永久性结构有上盖的室外楼梯,按各层水平投影面积计算。

2.2.2 计算一半建筑面积的范围

无顶盖的室外楼梯按各层水平投影面积的一半计算。

2.2.3 不计算建筑面积的范围

突出房屋墙面的构件、配件、装饰柱、装饰性的玻璃幕墙、垛、勒脚、台阶、无柱雨篷等。

独立烟囱、亭、塔、罐、池、地下人防干、支线。

3 关于楼梯建筑面积计算的探讨

3.1 相关定义

3.1.1 室内楼梯

(1)设置于建筑物外墙之内的楼梯、电梯(无论其有几面围护墙体)均视为室内楼梯。

(2)设置于建筑物外墙之外但与建筑物主体相通的有两面以上围护墙体的非专用楼梯视为室内楼梯,如图1所示。

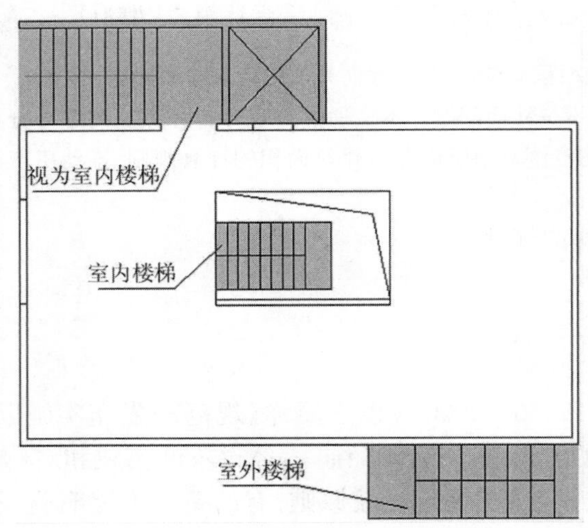

图1 室内楼梯与室外楼梯图示

(3)各层使用兼向外观光的电梯,视为室内楼梯。

3.1.2 室外楼梯

(1)设置于建筑物外墙之外、仅有扶手栏杆、围护墙体少于一面或没有墙体的楼梯视为室外楼梯。

(2)设置于建筑物外墙之外的有墙体封闭的专用楼梯视为室外楼梯。

(3)直通顶层的观光电梯视为室外专用电梯。

3.1.3 室外楼梯与台阶的区别

一般楼梯的下方为空间,台阶的下方为实体。起点(地面)到终点(入口或入口平台)的高差不小于一个自然层,视为室外楼梯;高差小于一个自然层,视为室外台阶;建筑物第一层大门前设置的高低踏步,当其宽度大于正门宽度时,不论踏步是否架空,也不论踏步高度是否大于一个自然层,均视为台阶。

3.2 室内楼梯的面积计算

3.2.1 统一的理解

(1)室内楼梯无论向各层开门与否,均按其所在自然层的水平投影计算建筑面积;无盖时,最上一层室内楼梯(不视为室外楼梯)不计算建筑面积。室内楼梯上方层高 <2.2 m 的部分不计算建筑面积,如图2所示。

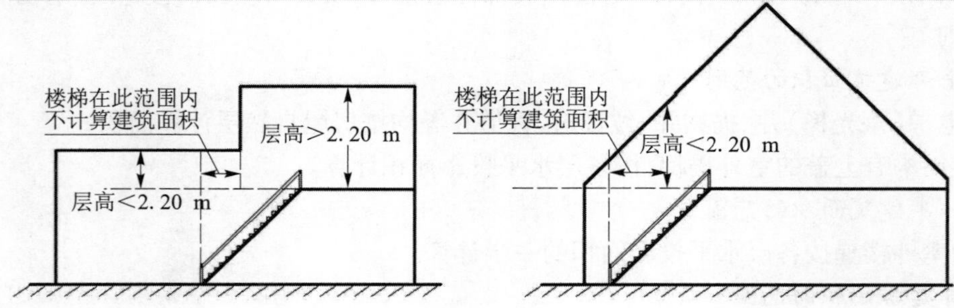

图2 室内楼梯上方部分层高 <2.2 m 时面积计算图示

(2)用于检修、消防的室外钢梯或爬梯不计算建筑面积。

(3)楼梯已计算建筑面积的,其下方空间无论是否利用,均不计算建筑面积(同一层只能计算一次面积,计算了楼梯则其下方形成的架空或房子等不应再算)。

3.2.2 存在的处理差异及探讨

3.2.2.1 穿越夹层的梯间

(1)夹层计不计算建筑面积,则位于夹层的梯间也相应处理。

(2)不论夹层计算与否,均不计算建筑面积。夹层使用的,梯间建筑面积分摊给夹层;夹层不使用的,梯间建筑面积不分摊给夹层。

探讨:《规范》规定,竖向井按自然层计算,夹层不算自然层。所以,笔者认为,按(2)执行才符合《规范》规定。

3.2.2.2 楼梯形成的中空

(1)室内楼梯上下行之间间隔大于×× m(不同地方有不同的规定)时,计算上一层梯间面积时,梯间的间隔空间按上空处理;当间隔小于×× m时,梯间的间隔空间计算全部建筑面积。

(2)无盖的室外梯、大堂或门厅中设置旋转梯所形成的中空大于×× m^2 的,不计算建筑面积;否则,计入楼梯建筑面积。

(3)楼梯的中空部分计入梯间建筑面积。

探讨:笔者认为,楼梯的中空部位,当其不为楼梯踏步和平台所围合且有其他使用功能时,不计算建筑面积;否则,中空应属于楼梯的建筑空间,计入梯间建筑面积。

3.2.2.3 现状未建设的室内二次装修楼梯

(1)不计算建筑面积。

(2)参考设计图纸计算建筑面积。

探讨:笔者认为,该空间为设计使用的建筑空间,楼梯虽未建设,但其建筑空间已经形成(楼梯可视为该建筑空间中的设施),所以按(2)执行更具有合理性。

3.2.2.4 开敞式梯间前室

(1)无论是否直接对外开敞,均计算全部建筑面积。

(2)直接对外开敞的部分,计算一半建筑面积。

(3)与走廊相连的梯间前室,当前室占走廊的比例较少时,前室计入走廊一并计算(见图3a);当前室占走廊的比例较大时,走廊计入前室一并计算(见图3b)。

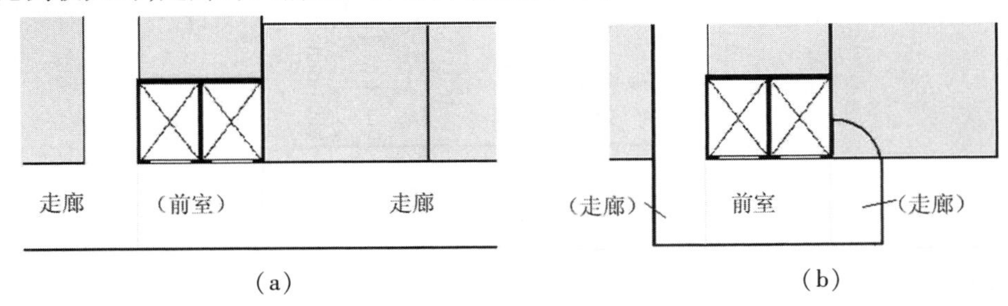

图3 梯间前室与走廊图示

探讨:笔者认为,梯间前室应作为梯间的整体进行面积计算。前室与走廊相连的情况,设计图纸没有相应的名称,现状也没有明显的界限,笔者认为,可由设计单位出具说明,明确设计意图后再进行相应处理。

3.3 室外楼梯的面积计算

3.3.1 统一的理解

有永久性上盖的室外楼梯,按各层水平投影面积计算。

3.3.2 存在的处理差异及探讨

3.3.2.1 室外楼梯的顶盖

(1)顶层有盖,视为有上盖的室外楼梯,按各层水平投影面积计算;顶层无盖或不能完全遮盖的,视为无上盖的室外楼梯,各层按一半计算建筑面积。

(2)上层楼梯设计为下层楼梯的顶盖,且可以完全遮盖的,可视为该层室外楼梯有顶盖,若最上层楼梯无顶盖或不能完全遮盖的,最上一层室外楼梯视为无顶盖。

探讨:《规范》主要起草人吕永江所著《房产测量规范与房地产测绘技术——房产测量规范有关技术说明》(中国标准出版社)的相关内容同(2)所述,所以笔者认为,按(2)执行与《规范》一致。况且按(1)方法,有盖无盖整个楼梯将相差一倍的面积,笔者认为,这种理解比较片面。

3.3.2.2　室外楼梯的层数

(1)按建设依附的层数计算层数,有的说按楼梯到达层数减1计算,即室外梯的到达层不计算建筑面积。

(2)按出入口到达的层数计算层数。

探讨:《规范》条文"室外楼梯按各层水平投影……"各层肯定是指自然层无疑,所以笔者不认同(2)不开门则不计层数的做法。

笔者认为,楼梯到达的最后一层也是楼梯踏步的终点,对于有盖室外梯,其上方为雨篷;对于无盖室外梯,其上方为空,这两者都不计算面积。

图4所示有盖室外楼梯应按各层水平投影面积共计算4层全面积(架空层<2.2 m不计算自然层数,图示类型顶盖可以视为无柱雨篷,《规范》规定无柱雨篷不计算面积);如果屋面层楼梯顶盖有柱支撑时,顶层参考柱廊处理;如果楼梯无顶盖时,下面3层计算全面积,第4层计算一半面积。

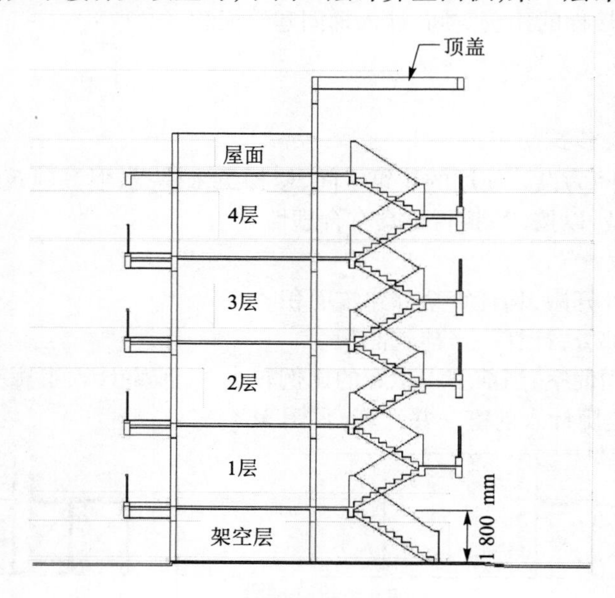

图4　有盖室外楼梯图示

4　关于管道井面积计算的探讨

4.1　统一的理解

(1)管道井位于建筑物主体之内的,按照其通过的自然层计算建筑面积。

(2)供本户使用的内置管道井计入该户的套内。

4.2　存在的处理差异及探讨

4.2.1　依附于建筑物外墙外侧的管道井

(1)属于构件类,不计算面积。

(2)按1层或自然层计算全面积。

探讨:按1层计算缺乏依据;按自然层计算,则某些依附于高层住宅外墙上的商业专用烟道,分摊面积甚至超过了使用面积,考虑商业售价更是无法接受的事情。所以笔者认为,视为构件不计算面积更合理。

4.2.2 位于阳台的管道井

(1)按全面积计算,不计入阳台面积。

(2)视为阳台的一部分,计入阳台建筑面积。

探讨:笔者认为,位于阳台供本户使用的管道井计入阳台(阳台是特殊的套内);供多户使用的管道井作为公摊项按自然层计算全面积(视其位于特殊的建筑物主体内)。

《规范》施行了13年,也进入了其内容调整与修改期。成熟的条件,需要我们测量人在执行规范过程中,结合工程实践总结经验,积累资料,发现《规范》需要修改和补充之处。以上对竖向井道建筑面积计算规则的讨论,结合《规范》规定与笔者的工作实践,给出了较为明确、合理的处理方法,对推动房产测量规范化、标准化,补充、完善新的建设技术的面积计算,起到了积极的促进作用。

参考文献

[1] GB/T 17986—2000 房产测量规范[S].
[2] GB 50096—2011 住宅设计规范[S].
[3] GB/T 50353—2005 建筑工程建筑面积计算规范[S].
[4] 张红英,杨斌,胡友健.关于房屋建筑面积计算中几个问题的探讨[J].测绘科学,2007(1).
[5] 程会超,谢伟成,张之友.关于几种特殊建筑面积计算的探讨[J].城市勘测,2013(1).
[6] 金纯.关于楼梯建筑面积测绘计算相关问题的探讨[J].测绘通报,2013(2).

广州市地方技术规范《房屋面积测算规范》部分重点内容解读

何　红

（广州市房地产测绘院，广东广州 510030）

【摘　要】广州市地方技术规范《房屋面积测算规范》（DBJ 440100/T 204—2014）（以下简称“地标”）于2014年3月1日起实施，地标全面补充细化了国家推荐标准《房产测量规范》（GB/T 17986.1—2000）（以下简称“国标”），填补了广州市房屋面积测算标准领域的空白，提高了广州市房地产测绘规范化、标准化、科学化管理水平，对保障市民利益、促进房地产市场健康发展具有重要意义。为加强规范的宣传贯彻力度，便于有关人员学习地标的主要技术内容，把握房屋面积测算的核心标准，本文对地标的部分重点内容进行了解读。

【关键词】地方标准；房屋面积；测算

1　地标主要解决的关键技术问题

地标共九个章节、两个资料性附录，主要解决的关键性技术问题有以下六方面。

（1）解决国标原则性规定难以满足各地实操需求的问题。

广州市地方标准更加具体、明确、细化，涵盖更全面，吸纳补充了最新建筑形式的面积测算条文，增强了可操作性。

（2）充分反映广州地区岭南特色建筑的面积测算问题。

能较好地满足地方需求和体现广州地方特色。如门斗、骑楼、不规则形状的建筑、立体停车库等。

（3）解决房屋面积测算中容易产生歧义的问题。

测量中建筑面积计算存在的差异，主要对大量建筑形式、部位的术语进行专业定义，统一测算标准，如楼层净高，阳台上盖有效高度，墙、柱体面积测算，公共通道判定和类型划分等。

（4）通过规范数据采集减少测量误差。

包括仪器设备的选用，边长、墙体、非平顶建筑空间高度等如何测量、取值、精度要求等方面。

（5）解决共有建筑面积分摊唯一性问题。

包括明晰共有建筑面积的范围、划分功能区等，统一分摊原则、分摊模式，避免产生多个分摊结果。

（6）统一制定符合广州市产权登记要求的房产测绘成果标准格式。

2　部分重点内容解读

2.1　术语和定义

2.1.1　编制条文的简要情况

地标涉及的术语和定义共64条，其中对术语和定义根据有关引用标准进行改写的有10条，直接引用的有17条，重新进行综合定义的有37条。

2.1.2　几个重要术语和定义的解读

（1）房屋建筑面积。改写自国标8.1.2“房屋外墙（柱）勒脚以上各层的外围水平投影面积，包括阳台、挑廊、地下室、室外楼梯等，且具备有上盖，结构牢固，层高2.20 m以上（含2.20 m）的永久性建筑”。国标此条的表述出现矛盾的地方，勒脚以上各层并不包括地下室，因此改写后地标的表述更符合实际，也更加严谨，具体为“房屋层高在2.20 m（含2.20 m，以下同）以上，有上盖，有围护，结构牢固的永久性建筑的外围水平投影面积,包括阳台、挑廊、地下室、室外楼梯等”。

(2)房屋面积与房屋建筑面积概念取用的区别。定性为房屋建筑面积,是基于房屋建筑面积通过测算最终可作为房产测绘成果被广泛用于房屋权属登记,但其作用不仅限于房屋权属登记。制定广州市房地产测绘技术规范应以适应市场经济需求而作为重要课题之一,目标不仅为房屋权属登记服务,还应服务于房地产项目建设的整个环节及其衍生领域,包括规划、预售审批和销售、交易、抵押、评估、征地拆迁、补偿、法院裁决、拍卖、房屋出租等,因此房屋面积的含义比房屋建筑面积的适用范围更广,实用性更强,能更好地体现制定地标的意义。

(3)房屋套内建筑面积。改写自国标 B1.1“套内房屋使用面积,套内墙体面积、套内阳台建筑面积三部分组成”。国标此条的表述内容缺失了房屋套内的柱体面积,因此改写后地标的表述更全面,具体为“由套内房屋使用面积、套内墙、柱体面积、套内阳台建筑面积组成”。

(4)总建筑面积。国标关于总建筑面积的表述较散,地标予以综合表述,具体为:“房屋地上和地下各层建筑面积的总和,包括不足计算自然层但又符合计算面积要求的阁楼、夹层、插层、技术层的建筑面积、按规定折算的建筑面积如阳台等以及所有符合计算面积要求的建筑面积的总和。”

(5)房屋的自然层数。国标关于房屋的自然层数从室内地坪 ±0 m 以上起算的规定,在实际工作中不便于房屋自然层数的确定。室内地坪 ±0 m 由建筑设计单位设定,首层的起算部位不一定满足用于权属登记的房地产测绘要求,特别是对于在高低级差地形建造的房屋,其自然层数的确定较难把握。因此,地标予以综合表述,具体为:“按楼板、地板结构分层的楼层数,一般从高出室外地平面的第一层室内地面起算;室内层高在 2.20 m 以上的半地下室计算地上自然层数。假层、夹层、插层、阁楼(暗楼)、装饰性塔楼,以及突出屋面的楼梯间、水箱间不计层数。”

(6)阳台。国标没有关于阳台的定义,实际操作中阳台衍生不少建筑形式,如入户花园、空中花园、平台花园等,面积计算的比例各有规定。因此,地标需要给出阳台的恰当描述“有永久性上盖、有围护结构、有底板、与房屋相连、供活动和利用的房屋附属设施,供居住者进行室外活动、晾晒衣物等的空间。分为封闭和不封闭阳台,其中封闭阳台的实体围护结构以上全部围闭”。

(7)公共通道。国标没有关于公共通道的定义,实际操作中公共通道的建筑形式多样,因此地标需要给出阳台的恰当描述“为满足公共通行需要而设置的与市政或小区道路连通的穿越建筑的通道,包括骑楼或骑街楼底层、底层楼房临街有柱或无柱走廊”。

2.2 地标渗透的几个重要概念

2.2.1 阳台有效上盖

不封闭阳台的上盖,位于不封闭阳台所在层起两层以外的视为无上盖;上盖镂空的视为无上盖;飘窗、空调位、花池等底板不视为有效上盖。未完全被有效上盖遮盖的不封闭阳台,按其围护结构内上盖水平投影面积的一半计算。

2.2.2 虚拟墙体

地标有 7 处条文涉及虚拟墙体的应用,主要涉及相邻建筑部位的界址线的确定。

2.2.3 净高 2.10 m

地标有 9 处条文涉及净高 2.10 m 的面积测算应用,国标规定,房屋层高 2.20 m 是符合计算建筑面积的条件之一,实际操作中,房屋楼层间的楼板厚度难以测量取值,尤其在层高处于计算建筑面积的 2.20 m 临界值,以及坡屋顶楼层的层高测量,层高测量数据获取的便利与准确性显得尤为重要。地标根据楼板厚度设计值与抹灰等找平层厚度,采用净高 2.10 m 的测量与计算标准,符合实际应用的需要。

2.2.4 墙中线

地标有 19 处条文涉及墙中线的处理,实际操作中首先需要判别墙体类型,然后再确定该种类型的墙体厚度,最后准确划分墙体中线,确定房屋基本单元的界址。

2.3　建筑面积测算计算通则

地标与国标在建筑面积计算通则条文数目的取舍对比见表1。

表1　地标与国标在建筑面积计算通则条文数目的取舍对比

计算通则条文数目	保留	修改	新增	删除
计算全部建筑面积	5条	7条	7条	1条
计算一半建筑面积	0条	5条	1条	0条
不计算建筑面积	5条	4条	3条	1条

2.4　地标部分图例解读

图1中圈内的三角形部位为房屋内的封闭空间。除与房屋室内不相通的变形缝外的所有位于建筑内的封闭空间，以《建设工程规划许可证》或《建设工程规划验收合格证》附图等规划审批资料为依据进行确认，当其层高在2.20 m以上时，无论其是否有具体用途，均计入房屋总建筑面积，但不计入房屋套内建筑面积或共有建筑面积，不分摊所在幢的共有建筑面积，计入单独编号并作相应注记和说明。

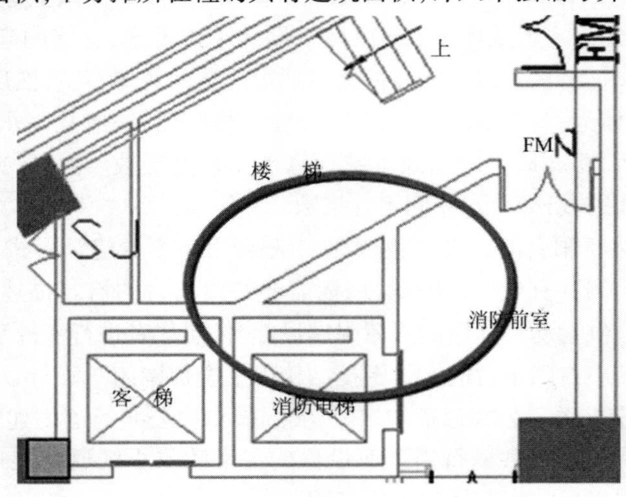

图1　地标部分图例解读

关于墙体面积计算，地标明确剪力墙与柱(见图2)按单向划分，单向尺寸小于等于1.50 m的按柱计算，大于1.50 m的按墙计算，参照了《混凝土结构设计规范》(GB 50010—2002)墙与柱的设计规定以及《广东省建筑工程综合定额》的工程量计算规则。当图示T型位位于相邻单元交界处，T型位不可拆分为图示转角位按转角位剪力墙与柱的区分处理。

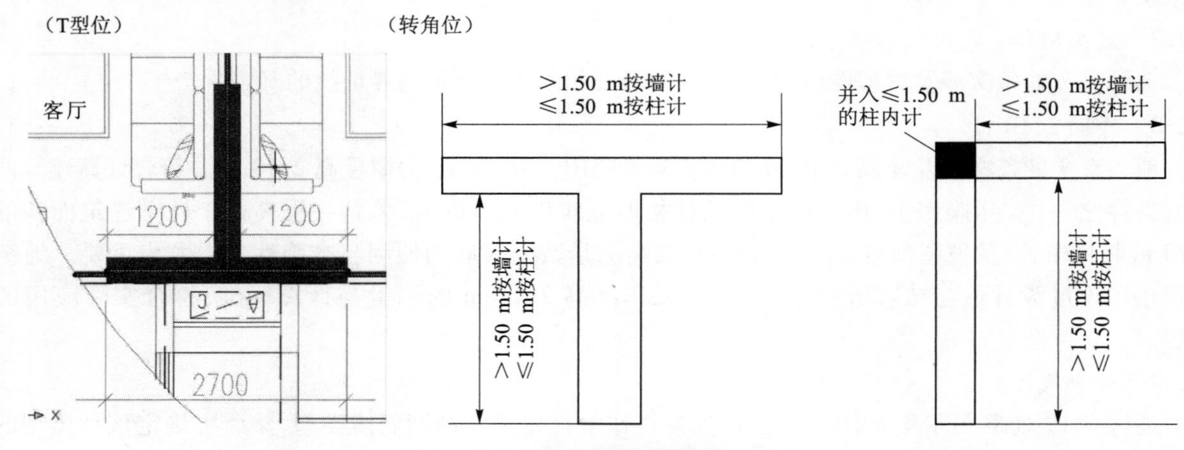

图2　剪力墙与柱面积计算的区分图示

3 结 语

地标发布后，需要做好与现行房地产测绘执行标准的衔接工作，以上对地标部分重点内容的解读将有助于使用者理解和应用。

参 考 文 献

[1] 国家质量技术监督局. GB/T 17986.1—2000 房产测量规范[S]. 北京：中国标准出版社，2000：4.
[2] 广州市质量技术监督局. DBJ 440100/T 204—2014 房屋面积测算规范[S]. 2014.
[3] GB 50010—2002 混凝土结构设计规范[S].

基于 ArcGIS 平台的遥感影像的快速分幅方法

侯辉娇子

(增城市城乡规划测绘院,广东广州 511300)

【摘　要】在实际地图加工生产过程中经常需要对遥感影像图进行分幅,以满足实际需求,如何对影像进行快速的自动化的分幅处理,使之适应使用需求是一个关键的技术问题。本文以广州增城市为例,介绍如何在 ArcGIS10.0 平台下实现遥感影像数据的快速分幅。

【关键词】遥感影像;ArcGIS;分幅;增城

1　引　言

遥感影像在诸多领域,如地形图更新、地籍调查、城市规划、交通及道路设施、环境评价、精细农业林业测量、军事目标识别和灾害评估中都得以广泛的应用[1]。遥感影像的应用广泛,但是现今遥感影像的分辨率越来越高,影像的数据越来越大,在实际应用过程中并不需要加载大面积的遥感影像。这就需要进行遥感影像的分幅。

遥感影像的分幅,是指按一定方式将广大地图的遥感影像按照一定的规则划分成尺寸适宜的若干单幅影像[2]。在实际应用中,如何对大批量的遥感影像数据进行快速、自动的分幅是地图生成环节中一个重要的环节。

现在在遥感影像分幅操作时,常用代码编写或者 ERDAS IMAGINE、PCI 等软件进行。本文结合一个具体任务,介绍如何在 ArcGIS10.0 平台下实现遥感影像数据的准确分幅。

2　分幅数据及软件介绍

ArcGIS 是 ESRI 公司研发的一个功能强大的专业地理信息系统软件,具有强大的地图制图、空间数据管理、空间分析、空间信息整合、发布与共享的能力,在遥感影像等地理信息矢量数据的处理方面也有许多应用。

本案采用的数据是由国家下发的 2013 年增城市遥感监测正射影像。增城市位于广东省广州市东部,地处珠江三角洲都市圈内,全市总面积 1 616.47 km^2。空间分辨率为 0.5 m。影像总面积为 1 867 km^2,格式为 img,数据约为 44 G。

使用 ArcGIS10.0 平台进行分幅处理,使用 Global Mapper 软件进行结果验证。

3　分幅处理流程及方法

3.1　分幅处理流程

基于 ArcGIS 平台实现分幅的流程如图 1 所示。下面按步骤具体说明。

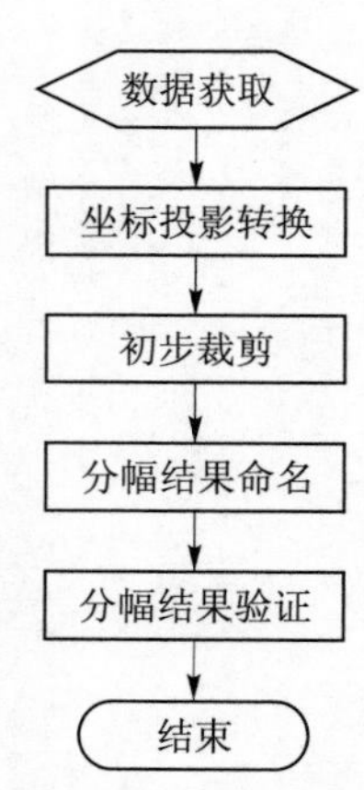

图 1　分幅处理流程

3.2　坐标投影转换

地图投影是假定有一个投影面,将投影面与投影原面——地球椭球面相切、相割或多面切,再用某种条件将投影原面上的大地坐标点一一投影到平面坐标系内,就成了某种投影[3]。但是,随着地图制图理论及科学技术的不断发展,不同城市、不同地区会使用不同的坐标投影方式。这就需要将不同的坐标投影转换成符合增城市实际需求的坐标投影。

现有的 img 影像不带有任何坐标和投影的信息,需要重新设置坐标系和投影。

在 ArcMap10.0 下启动 Arctoolbox,使用数据管理工具 - > 投影和变换 - > 栅格下的投影栅格工具。这里使用西安 80 坐标,高斯克吕格投影。

坐标和投影变换工具设置见图 2。空间坐标系选择见图 3。

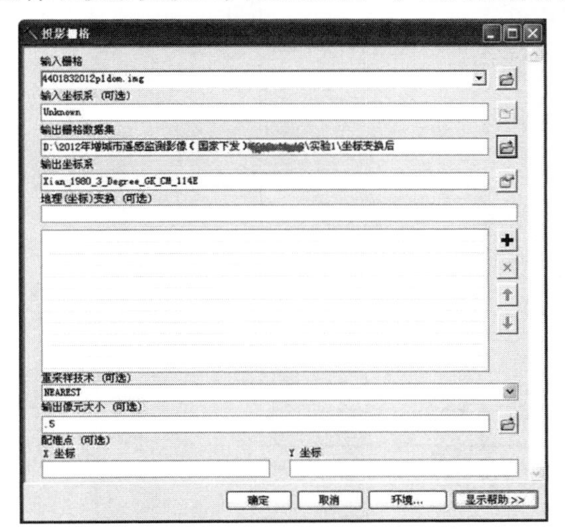

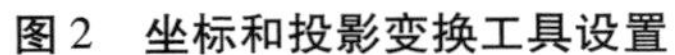
图 2 坐标和投影变换工具设置

图 3 空间坐标系选择

3.3 影像分幅裁剪

前面的操作都是分幅裁剪的准备工作。这一步是影像分幅的核心步骤。

启动 Arctoolbox,使用数据管理工具 - > 栅格 - > 栅格数据处理 - > 分割栅格工具进行影像的分幅。这个工具的特点是:以定点作为左下角的坐标为起始点,以等面积进行裁剪。有两种分割方式:一种是 SIZE_OF_TILE 方式,这种方式是指定输出影像的大小进行分割;一种是 NUMBER_OF_TILES,这种方式是指定 X 方向和 Y 方向分别分割成多少幅,然后平均分割。此案例中使用 SIZE_OF_TILE 的方式,输出栅格的长宽都为 1 000 m,因为分辨率为 0.5 m,所以输出栅格大小栏填 2 000。输出的分割后的影像名称从左向右、从下向上依次为“输出基本名称” + “0”,“输出基本名称” + “1”,“输出基本名称” + “2”,…,“输出基本名称” + “n - 1”。

输出格式可以选择,有遥感影像最常用的 TIFF 格式,还有其他图片格式,比如 BMP、JPG、PNG、GIF 等。这里以最常见的 TIFF 格式输出。

展开其他选项,在左下角原点处填入影像裁切的左小角点坐标,注意,如果此处不填,则默认以影像的左下角点为起始点进行影像的裁切。

裁切的结果会包括背景色,裁切后一共生成 2 989 幅 1 000 m × 1 000 m 的 tif 成果。其中 1 977 幅成果有效。

分割栅格工具设置见图 4。

3.4 分幅结果的命名

对影像分幅的结果进行命名。可以使用更名工具进行更名,也可以编个更名的小程序进行更名,读取生成的 twf 坐标定位文件里的图幅位置信息,对此信息进行取整,将结果赋值为名称。具体程序在此文中不做详述。

本案使用每幅影像的左下角的坐标值进行命名。

3.5 分幅结果的验证

完成上面的步骤,影像分幅就算完成了。但是影像分幅是非常严谨的,必须要求得到的分幅影像坐标精确,图幅完整,多幅影像间能无缝拼接等。

分幅的影像图较多,采用随机抽样检查的方式进行验证。

验证分幅结果和原始影像是否完全重合。先在 ArcMap10.0 中加载转换坐标后的影像,再随机加

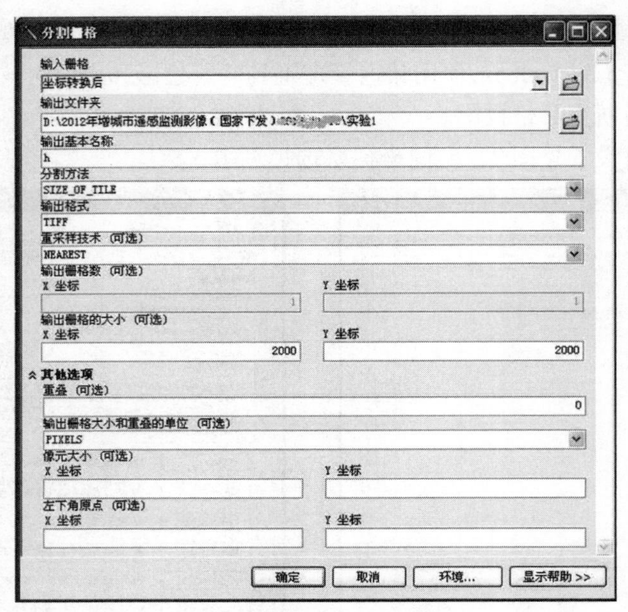

图4　分割栅格工具设置

载分幅后的多幅影像，仔细观察分幅影像和原始影像是否完全重合。

验证分幅坐标是否正确。打开一幅分幅影像的 twf 坐标文件，并加载这幅影像图到 ArcMap10.0 和 Global Mapper 软件中，查看该影像的坐标是否一致，是否符合要求。再随机打开一些分幅影像进行验证，需要注意 twf 文件里的坐标为影像左上角的坐标值。

验证输入的影像是否都有分幅。根据原始影像的大小，计算能分出多少幅图像，与实际分幅数量进行对比，数量一致；用 ArcMap10.0 打开第一幅和最后一幅影像，以及随机的几幅分幅影像，验证分幅结果是否完整。

验证分幅后的影像是否能无缝拼接。使用 Global Mapper 对部分连续分幅影像拼接。查看结果来验证此项。影像分幅结果见图5。

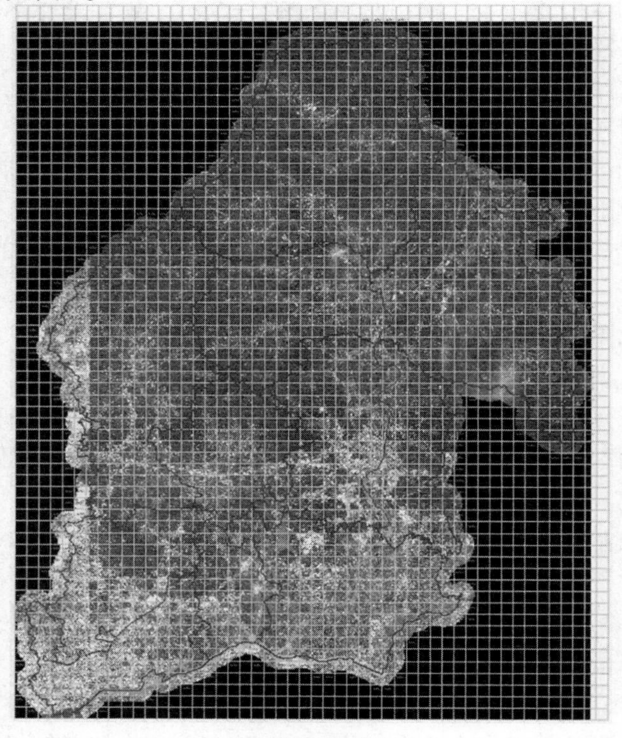

图5　影像分幅结果

经过上面的验证,以确保分幅结果的准确无误。

4 结 语

本文针对实际生产工作中常遇到的遥感影像分幅问题,使用 ArcGIS10.0 软件平台的分割栅格功能,进行了自动化的遥感影像分割处理的讨论。具体的应用实例表明,该方法能方便、快速、准确地完成增城遥感影像的分幅及命名的处理。本文介绍的自动分幅方法,有较好的操作性和实用性,使用价值较高。

参考文献

[1] 宫鹏,黎夏,徐冰. 高分辨率影像解译理论与应用方法中的一些研究问题[J]. 遥感学报,2006,10(1):1-5.
[2] 宋杨. 基于 ERDAS IMAGINE 9.1 平台的遥感影像标准地图分幅的快速处理[J]. 测绘, 2010,33(3):116-119.
[3] 诸云强,宫辉力,许惠平. GIS 中的地图投影变换[J]. 首都师范大学学报:自然科学版,2001,22(3):88-94.

基于 EPS 平台的房地产规划面积计算研究与开发

刘 鑫

（广州市南沙区房地产测绘及估价管理所，广东广州 511455）

【摘 要】论文提出了基于 EPS 平台进行面向房地产测绘规划管理的自动面积计算目标，分析了实现这一目标的核心技术，给出了实现目标的技术流程，并利用 EPS 脚本与 SDL 开发了程序，实现了面积自动化计算，大大提高了房地产规划面积管理工作效率。

【关键词】EPS 平台 ；EPS 脚本；SDL；面积计算；房地产测绘

1 引 言

建设工程规划管理的核心任务之一是控制建筑物计算容积率面积以及各功能总面积，因而建筑物面积计算在规划管理中处于极其重要的地位。如何准确、高效地计算报建、验收环节的建筑物面积，值得从事规划管理技术人员研究。

房产规划管理领域的建筑面积计算是按功能分层分块计算建筑物的面积，并汇总统计各功能的总面积以及建筑总面积。常见的面积计算实现方法是利用 AutoCAD 绘制建筑物分层轮廓图形与内部分隔线，通过“面域”命令实现计算分层内各分块的面积，利用 OLE 技术在 AutoCAD 嵌入 Microsoft Office Excel 表格展示分层面积计算结果，最后手动在 Microsoft Office Word 表格中汇总建筑物面积。

这种方式实现了在计算机中正确计算建筑物面积，但计算自动化程度不高，容易误操作，总体效率不高。

EPS 平台是清华山维公司研发的测绘信息化平台，具有信息化程度高、系统开放等特点，带有自动拓扑构面功能与数据库技术。利用 EPS 平台进行开发可以实现高效自动化的建筑面积计算。

2 EPS 平台面积计算核心技术

2.1 自动拓扑构面功能

EPS 平台中的自动拓扑构面功能是系统根据图上指定编码的地物围成的所有独立封闭区域绘制一个面域对象，并给出面域对象的周长、面积等几何参数。这个功能是实现自动化计算面积的核心。

2.2 数据库技术

EPS 平台操作的以“edb”为扩展名的数据文件本质上是一个 Microsoft Office Access 数据库文件，通过 DAO 技术实现文件存取操作。以数据库方式建立文件可以赋予图形丰富的扩展属性，便于各类统计应用。

2.3 符号化表格

符号化表格是在 EPS 平台中以线、注记绘制的整体表格，支持填写表格、合并表格、添加删除行列等功能。符号化表格便于各分层面积计算结果的展示。

2.4 二次开发脚本

EPS 平台提供了二次开发脚本程序，采用 VBScript 语言，可以方便、自动化地实施某些数据处理过程。

2.5 SDL 开发

SDL 本质上是运用 Viusal C + + 开发的动态链接库，是在 EPS 平台上运行的具有某种扩充功能的命令集,特别是扩充功能需要界面复杂的对话框以及良好的人机交互环境。

3　面积计算流程及实现

3.1　绘制图形,进行拓扑构面

在 EPS 平台中绘制分层轮廓线与内部功能分隔线,在各内部区域添加功能标示点,并填写功能标示点属性(属性表见图 1),如使用功能、层数、面积系数等,然后进行自动拓扑构面,将各封闭面域的几何面积填写至功能标示点的“勘丈面积”属性,然后根据面积系数计算建筑面积,并填写至功能标示点的“建筑面积”属性。

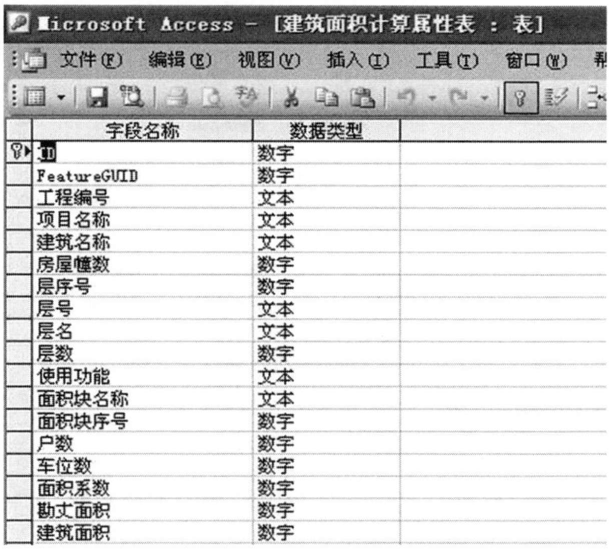

Microsoft Access - [建筑面积计算属性表 : 表]

字段名称	数据类型
ID	数字
FeatureGUID	数字
工程编号	文本
项目名称	文本
建筑名称	文本
房屋幢数	数字
层序号	数字
层号	文本
层名	文本
层数	数字
使用功能	文本
面积块名称	文本
面积块序号	数字
户数	数字
车位数	数字
面积系数	数字
勘丈面积	数字
建筑面积	数字

图 1　功能标示点属性表字段

录入功能标示点通过 SDL 开发界面交互录入(见图 2),自动拓扑构面通过脚本语言实现,先设置自动拓扑构面参数,然后运行“面积面构面”命令,具体代码如下:

```
SSProcess. ClearFunctionParameter
SSProcess. AddFunctionParameter limitdist =0.001"    '悬挂点处理限距
SSProcess. AddFunctionParameter
"SrcArcCodes =271110,271220,271320"    '拓扑弧段编码
SSProcess. AddFunctionParameter "DelSrcArc =0"    '保留源弧段
SSProcess. AddFunctionParameter "DelNewArc =0"    '保留上次生成的重叠弧段
SSProcess. AddFunctionParameter "DelOldTopArea =1"    '删除上次生成的原拓扑面
SSProcess. AddFunctionParameter "SaveDB =1"    '数据处理后是否存盘
SSProcess. AddFunctionParameter "CreateTopArea =1"    '是否生成拓扑面
SSProcess. AddFunctionParameter "NewObject = -1,2,竣工面积"    '拓扑面编码设置　属性点编码,面编码,图层名称。
SSProcess. AddFunctionParameter "CreateTopArc =0"
SSProcess. TopProcess "面积面构面"
```

构面后,通过. SearchInnerObjIDs 命令搜索面内功能标示属性点,然后通过 SetObjectAttr 命令将面积赋值到“勘丈面积”。最后通过以下代码计算赋值“建筑面积”:

```
area = SSProcess. GetObjectAttr (CLng(GeoID), "[勘丈面积]")
mjxs = SSProcess. GetObjectAttr (CLng(GeoID), "[面积系数]")
mj = CStr(CDbl(mjxs) * CDbl(area))
```

```
SSProcess. SetObjectAttr CLng( GeoID) ,"[建筑面积]", mj
```

图2　SDL 开发界面录入功能标示点

3.2　生成分层表格图框

构面及属性标示点属性数据获取后,通过 SDL 开发生成图框功能(见图3),包含边长自动标注以及分层结果汇总。在 SDL 中,逐一判断选中的所有图形对象是否线对象,然后标注其边长,代码如下:

```
if( m_geolist[ k] - > GetObjecType( ) = = e_Line_Obj)
CreateDistNote( m_geolist[ k], distRule, m_pMap) ;
```

标注边长后,计算图形范围,在范围外创建编码为 999955 的图廓,然后在图廓右下角创建符号化表格,汇总各类功能分层总面积,主要代码如下:

```
CSSGeoTable * pGeoTable = new CSSGeoTable( m_pMap ) ;  //定义符号化表格
pGeoTable - > Create( "", nColCount, fRowHeight_cm , rectSpace )  //创建符号化表格
pGeoTable - > SetColumnWidth(0,1.6) ;  //设置表格宽度
pGeoTable - > MergeCell(0,0,1,3) ;  //合并表格单元
SetTBCellText (m_pMap, pGeoTable, 3,0,"功能名称" ,250,250,e_Centre) ;  //填写表格单元
CDaoRecordset * prt = newCDaoRecordset( ( CDaoDatabase * ) m_pMap - > GetDatabase( ) ) ;
strQuery. Format( _T( "SELECT sum(勘丈面积) FROM 建筑面积计算属性表 WHERE 工程编号 = '% s' and 建筑名称 = '% s' and 层名 = '% s' and 使用功能 = '% s' and 面积块名称 = '% s' and ID < >0;") ,
m_prj, m_build, m_layer,sygn,mjkmc) ;  //汇总勘丈面积的 sql 语句
prt - > Open( dbOpenDynaset, strQuery) ;  //执行查询
```

分层成果图见图4。

3.3　输出汇总表

最后,需将各分层计算结果汇总至“面积汇总表”,其实现通过 Microsoft Office Word 组件创建 Word 文档,通过 SDL 程序将各项数据填写至 Word 文档,汇总成果见图5,其实现概要代码如下:

```
Documents sDocs;  //定义 doc 文件
sDocs = m_App. GetDocuments( ) ;
m_Doc = sDocs. Add ( COleVariant ( strTemplateName) , covOptional, COleVariant ( ( short) 0) , varTrue) ;  //新建 doc 文件
```

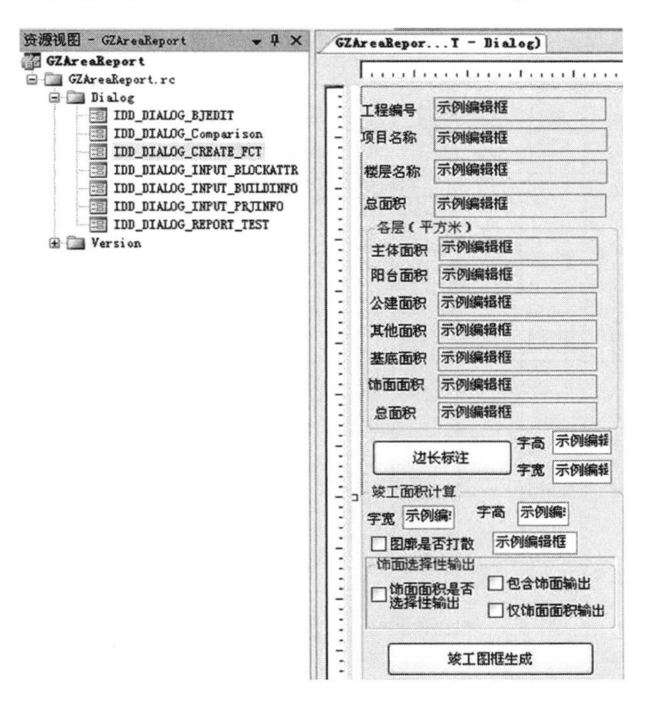

图 3 SDL 开发界面生成分层图框

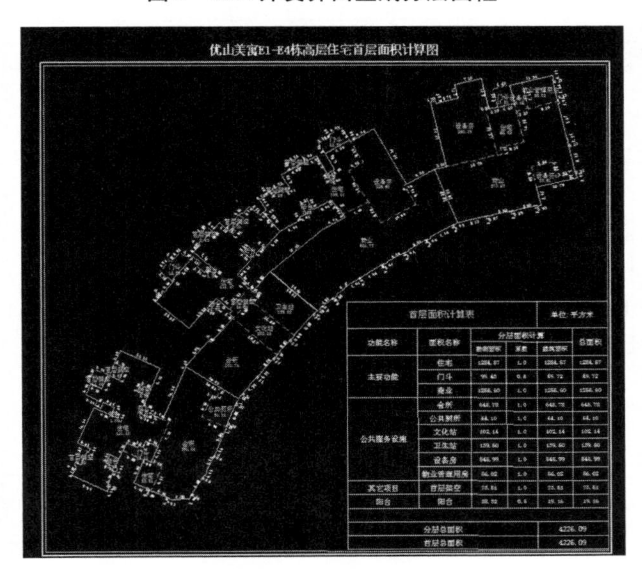

图 4 南沙区某楼盘分层计算成果图

```
m_nTableCount = m_tabs. GetCount( ) ;
m_CurrentTable  =  m_tabs. Item( m_nTableCount) ;   //获取当前文档中最后一个表格
m_CurrentTable. Select( ) ;
m_Select  =  m_App. GetSelection( ) ;
cell  = m_CurrentTable. Cell( nCurRow +4,  1) ; rng  =  cell. GetRange( ) ;
rng. SetText(  strLayer  ) ;   //将内容填写至表格单元格
```

4 结　语

文章通过脚本语言与 SDL 扩展 EPS 平台实现自动化的建筑物面积计算、成果汇总功能，计算准确，效果良好。通过数十个房地产测绘规划面积计算案件应用证明其结果正确，人工干预少，过程可靠高效。

建设工程竣工规划验收测量面积汇总表

（续表）

层数	面积(m2)	分项面积								户数
		饰面(m2)	阳台(m2)	主要功能		公共服务设施		其他项目		
				名称	面积(m2)	名称	面积(m2)	名称	面积(m2)	
优山美寓 E1-E4 栋高层住宅										
地下一层	9841.77							地下汽车库	8192.97	
								地下设备用房	1131.49	
								地下非机动车库	517.31	
天面层	246.21	3.90						天面梯屋及机房	246.21	
首层	4226.09	25.31	19.16	住宅	1284.57					9
				商业	1255.60					
				门斗	49.72					
						会所	645.78			
						公共厕所	54.10			
						卫生站	139.50			
						文化站	102.14			
						物业管理用房	56.02			
						设备房	545.99			
								首层架空	73.51	
二至一十八层	54746.80	554.88	1358.30	住宅	50952.57					544
				花园	2435.93					
地上Σ	59219.10									
地下Σ	9841.77									
总面积Σ	69060.87	584.09	1377.46		55978.39		1543.53		10161.49	553
基底面积	4479.92			计算容积率面积		58899.38				

图 5　测量面积汇总表

参 考 文 献

[1] 徐中华,刘万华,余成江. 清华山维一体化软件脚本语言的应用[J]. 城市勘测,2007(6):88-90.

[2] EPS 脚本语言参考.

[3] 李奇,吴杰松,王磊. 基于 EPS 平台的大比例尺缩编研究及实现[J]. 城市勘测,2011(4):57-59.

[4] 王磊. 广州地铁竣工验收测量系统研究与实现[J]. 地理空间信息,2008(4):15-18.

基于GIS的供水企业管理新模式的研究与实践

陈圣鹏[1] 钟焕良[2] 谢君亮[1] 周 扬[1]

(1.广州京维智能科技有限公司,广东广州510650;
2.广东省国土资源测绘院,广东广州510500)

【摘 要】供水管网在城市发展中发挥着举足轻重的作用。科技水平的进步、城市化进程的加快使传统的供水管理模式已无法满足居民对用水的需求。基于GIS的供水企业管理模式是以地理信息系统为基础,通过地理空间技术、物联网、GPS定位、数据远传等技术建立起来的集"动态物联感知、智能信息管理、智慧决策应用"于一体的供水企业管理新型模式。本文介绍了以清溪镇自来水公司及下属单位为例进行的研究。建设与业务应用融为一体的供水管网信息管理平台,提高城市供水管网信息化水平,对城市供水设施的规划设计、工程管理、养护巡查、在线监测、应急抢险、模型优化、信息发布等全生命周期的数字化管理,可有效解决突发事故预警和供水资源管理监控等难题,实现高效的供水管网设施管理与维护,提高城市供水业务的工作效率和工作水平。

【关键词】地理信息系统;供水企业;物联网;水力模型

1 引 言

供水管网作为重要工程,对整个城市的生存和发展有着不可忽视的重要意义。随着科技水平的不断进步,城市化进程也随之不断加快,居民对饮用水的要求越来越高,传统的供水管理模式已无法满足城市发展的需要。对供水企业来说,地下管网的资产占整个企业总资产的50%以上,对这一笔巨大的地下资产进行管理难度是非常大的。长期以来供水企业的管理手段都是借助纸质图纸或原始的CAD档案,因此保管不易,查阅更难,更遑论资料的更新。甚至有些企业仅凭大脑的记忆,使大量珍贵的资料难以汇集和应用。

随着GIS技术的日趋成熟、平台的日趋完善,供水行业建设一套管网GIS系统已不是什么难事,所需要的只是决心、策略与时间。过去以生产管理、管网管理、营业管理、无纸化办公为主要核心的管理信息系统,得到长期的应用实践,已经成为城市供水企业工作中不可缺少的工具。与此同时,国际上供水企业的信息化大都采用以传感器物联技术为基础的数据系统,它很好地解决了设备实时运行状态监测的数据采集、分析等支持功能,对设备的运行、维护实施全面的在线实时管理,并以GIS为基础系统,与SCADA系统整合,形成实时在线的一体化企业供水数据管理平台,全面提高城市供水管理水平。

基于GIS的供水企业管理模式是以地理信息系统为基础,通过地理空间技术、物联网、GPS定位、数据远传等技术,建立起来的集"动态物联感知、智能信息管理、智慧决策应用"于一体的供水企业管理新型模式,建设与业务应用融为一体的供水管网信息管理平台,提高城市供水管网信息化水平,对城市供水设施的规划设计、工程管理、养护巡查、在线监测、应急抢险、模型优化、信息发布等全生命周期的数字化管理,有效解决突发事故预警和供水资源管理监控等难题,实现高效的供水管网设施管理与维护,提高城市供水业务的工作效率和工作水平。

2 建设目标

通过地理空间技术、物联网、GPS定位、数据远传等技术,建立起来的集"动态物联感知、智能信息管理、智慧决策应用"于一体的供水企业管理新型模式(见图1),建设与业务应用融为一体的供水管网信息管理平台,提高城市供水管网信息化水平,实现对城市供水设施的规划设计、工程管理、养护巡查、在线监测、应急抢险、模型优化、信息发布等全生命周期的数字化管理，有效解决突发事故预警和供水资源管理监控等难题，实现高效的供水管网设施管理与维护，提高城市供水企业的工作效率和工作水平，从而真正实现"物联网前端感知、应用时态分析、管理虚拟仿真、多维 GIS 空间分析"一体化的 GIS 智慧供水可视化应用创新模式。

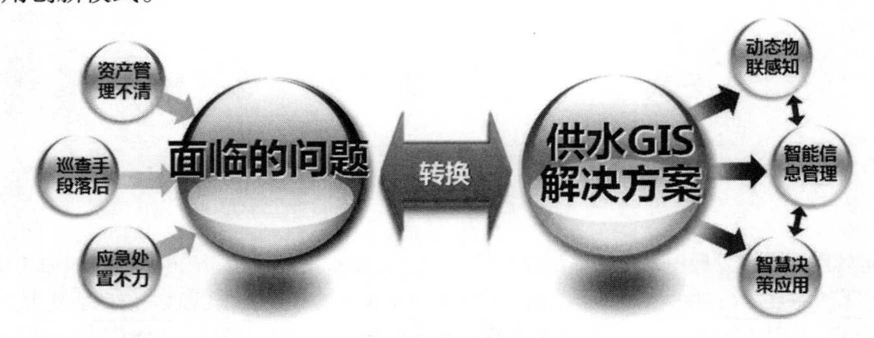

图 1　建设智慧供水解决方案

3　系统架构及特点

3.1　系统架构

系统的结构设计采用"五横两纵"的架构，如图 2 所示。其中，"五横"包括网络层、数据层、服务层、应用层和用户层；"两纵"包括安全保障体系与标准规范体系。具体说明如下：

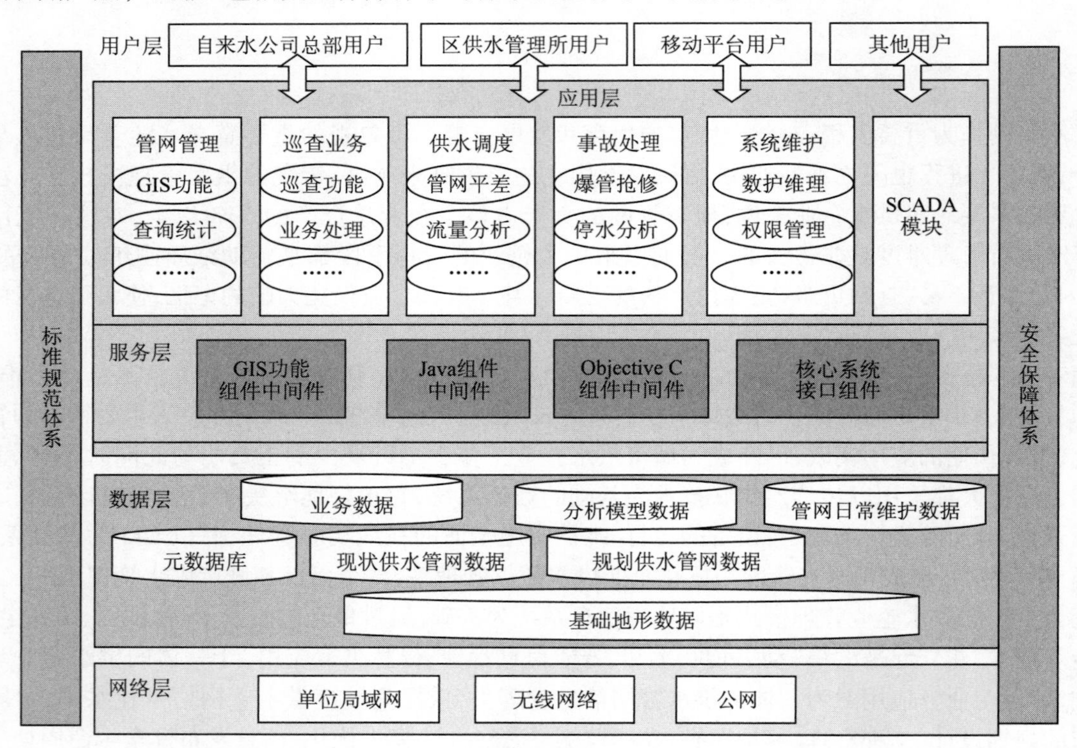

图 2　系统总体架构图

3.1.1　网络层

包括已有的网络硬件和部署的服务器，以及操作系统、数据库平台等资源。网络层覆盖供水企业局域网，支撑各系统内部运行；依托各种应用服务器和数据库服务器，提供数据和访问支持。

3.1.2　数据层

包括本项目系统要存储的各种数据，如基础地形数据库、供水业务数据、分析模型数据、管网日常维护数据、现状供水管网数据、规划供水管网数据、正射影像图数据库等，数据按照统一的标准，建立集数据管理、数据处理、数据交换等功能为一体的数据体系,提供管线系统运行所需的基础数据、管理数据支撑。

3.1.3 服务层

包括业务组件服务、GIS COM组件服务、中间件、GIS组件。它为各应用系统提供底层的自定义功能和运行环境。

3.1.4 应用层

包括地形图库管理、管网基本操作、管网图形管理、图档管理、管网资产管理、事故处理、网络分析、供水调度与决策支持、辅助设计、系统管理及网络信息发布等管理模块。模块之间不是相互独立的,而是互相集成、协同运作的。

3.1.5 用户层

采用C/S、B/S与移动端相结合的方式,用户可通过C/S客户端进行数据管理,经B/S进行展示分析,再通过移动端完成任务的下发、执行与上报。

3.1.6 安全保障体系

安全保障体系涉及以上各层次的安全,同时需要建立安全支撑环境和安全管理制度。

3.1.7 标准规范体系

标准规范体系主要是指要建设和遵循的数据标准规范与技术标准规范。

3.2 系统特点

3.2.1 动态物联感知,实时预警通知

传统的供水管网运维检查是通过人工记录、定时汇报的方式,手段落后,效率低下,且容易滋生问题。而通过安装专业的传感器、监测与监控设备,利用无线传输信号,把供水管网的各个关键节点物联互通。传感器把供水管网的流量值、压力值、pH值、浊度、余氯、水位等数据远传到中控室,当水压过低或者水质出现异常等问题时,系统马上报警并短信发送到调度员的手机上,提醒调度员及时采取解决措施,以保证居民的用水安全。实时终端数据显示如图3所示。

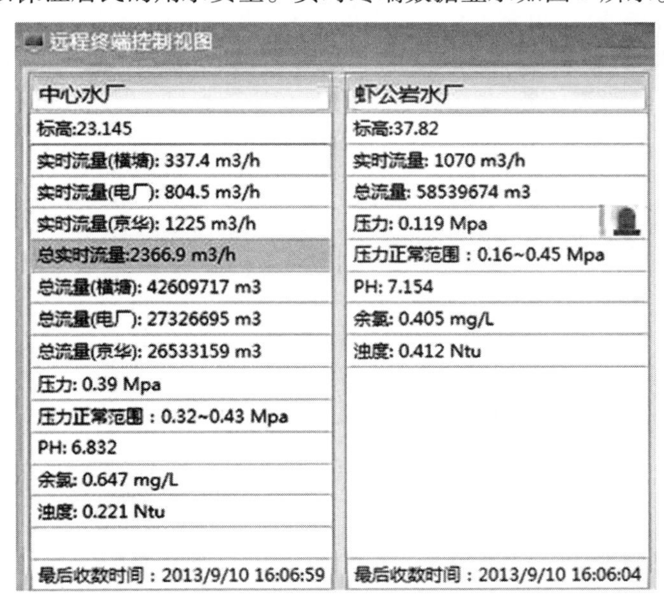

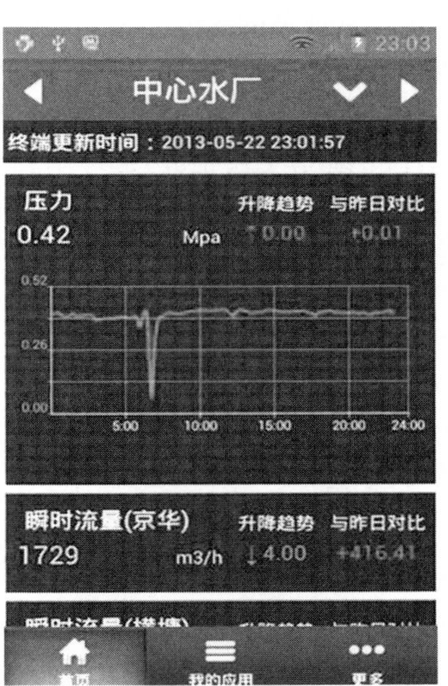

图3 实时终端数据、预警

3.2.2 信息共享,智能管理

供水平台提供完善的数据集成管理功能模板,拥有多元化异构数据的集成能力,并对用户数据、养护记录、财务数据、工程资料等数据进行统一的管理。被用于集成管理的数据可以是供水企业自身管理系统中的数据,也可以是从外部系统的数据,如营业收费系统的数据、SCADA在线监测与调度系统的数据、多媒体信息数据、管网建模数据等,多种集成方式可供系统管理员根据实际情况进行配置管理。用户通过调用系统功能,可对管网的突发事故进行处理,如管网发生爆管时,系统能够根据水源分布情况以及连接阀门的状态,结合实地情况制订出合理的处理方案。若发现阀门损坏失效,系统能进行二次甚至多次的关阀分析,并列出停水用户和需要关闭的阀门,输出用户停水通知单、阀门启闭通知单、维修施工现场图等,如图4所示,有效提高了供水企业的事故应急处理效率。

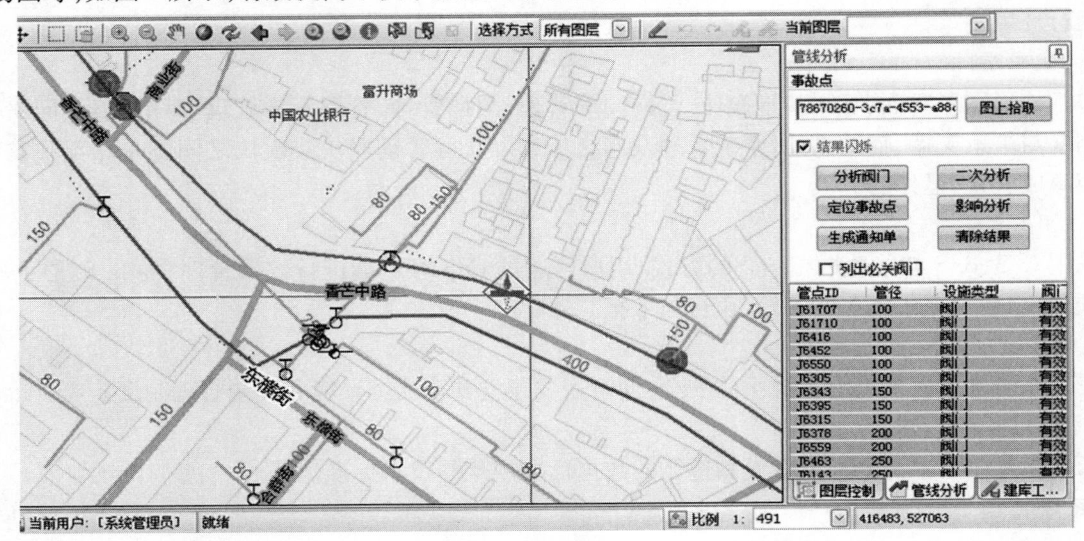

图4 抢修事故分析

3.2.3 应用集成,智慧决策

供水平台基于SOA的设计架构,能把供水企业相关系统的服务应用进行有机集成,比如集成决策支持系统(Decision Support System,简称DSS),系统间不再是彼此独立的信息孤岛,而是能相互调用、信息互通的整体。移动端的应用数据与PC机端的数据实现云同步,这样,业务人员可以随时随地地进行办公,实现日常业务的无缝办理。如图5所示,终端负责人(指管线负责人)接到来自系统的预警信息时,发现供水信息异常,通知PC终端操作人员,通过C/S系统进行事故分析,确定事故地点,然后生成停水通知单,同时通过移动管理应用系统派发巡查任务,命令巡查员到现在巡查取证,巡查人员利用安卓巡查系统拍照并上报情况;调度中心收到事故情况后委派抢修人员到现场维修,修复后巡查人员再到现场检查,并上报修复情况,直至事故处理完毕,恢复正常供水。

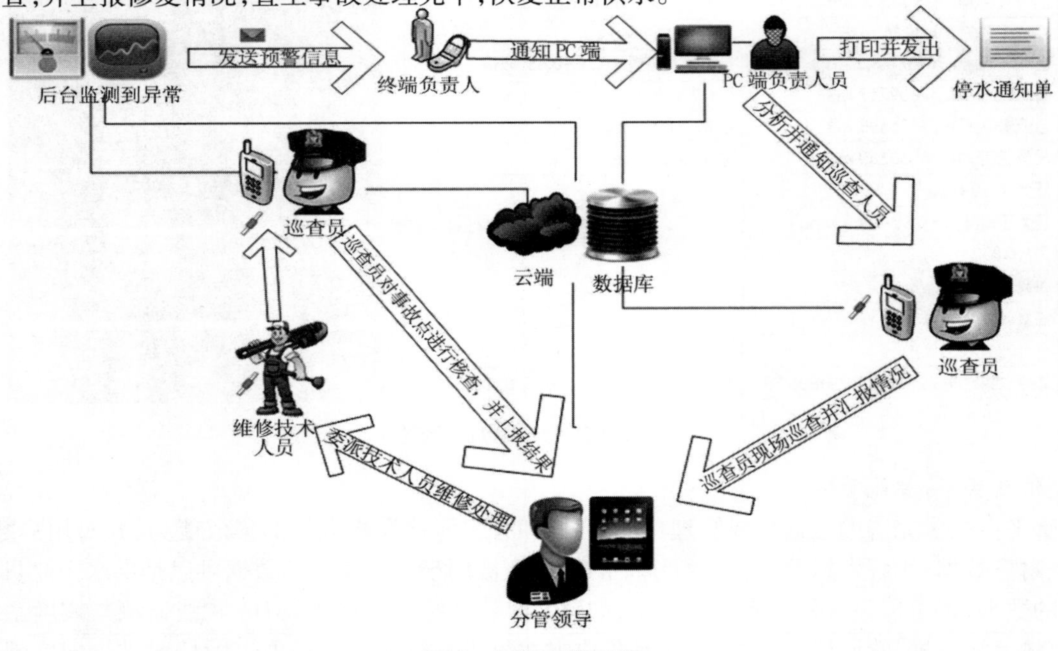

图5 智慧决策系统

4 系统模块

4.1 供水管网 GIS 功能

供水管网 GIS 功能包括供水管网查询统计、空间分析、横断面分析、管网交叉口分析、管网运行分析、设施管理等。

管网 GIS 系统见图 6。管网交叉口分析见图 7。

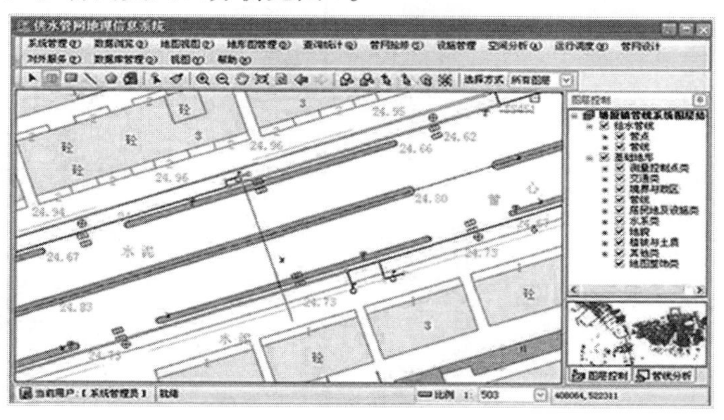

图 6 管网 GIS 系统

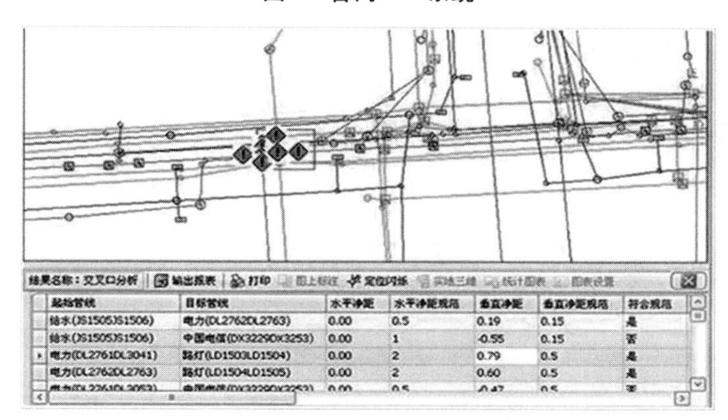

图 7 管网交叉口分析

4.2 移动巡查管理功能

移动巡查管理功能包括巡查轨迹在线显示与回放、空间数据（包括地形地貌与管网信息）查询与统计、管网安全巡查、漏水巡查、违章用水巡查、爆管分析等。

IPAD 版移动巡查管理见图 8。安卓版巡查上报系统见图 9。

图 8 IPAD 版移动巡查管理

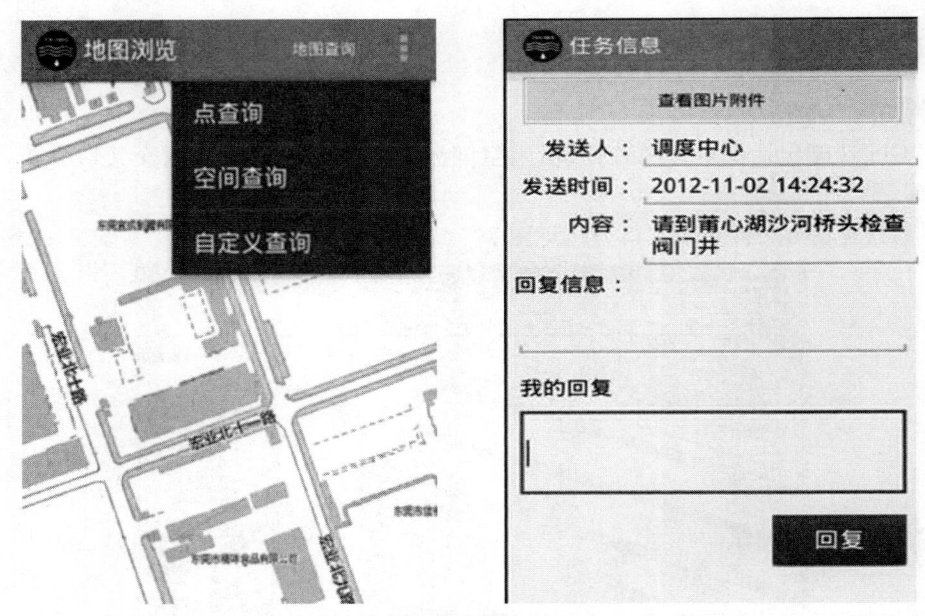

图 9　安卓版巡查上报系统

4.3　智能调度功能

智能调度功能包括大表监控水量分析、DMA 区域水量平衡分析、责任区水量平衡分析、漏水检测区域、动态数据展示、多表格输出等。

事故抢险分析见图 10。监测节点运行警报情况见图 11。

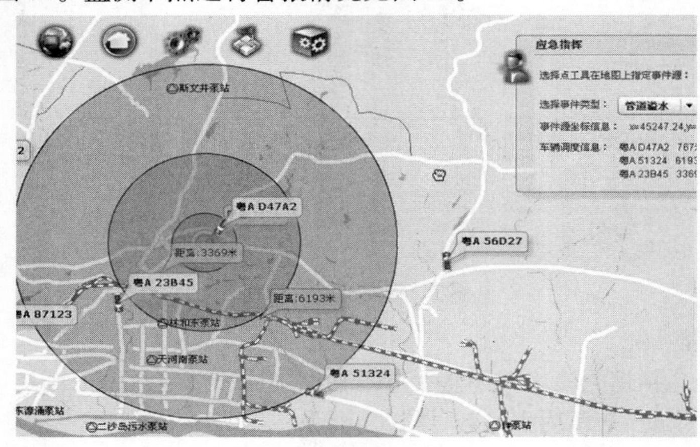

图 10　事故抢险分析

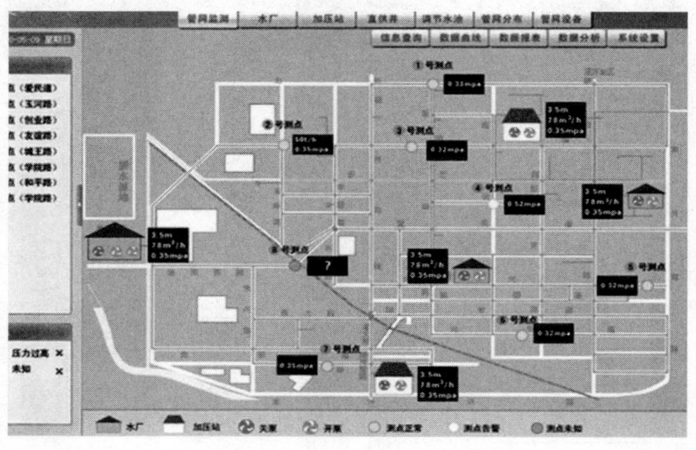

图 11　监测节点运行警报情况

4.4 水力模型动态分析功能

水力模型动态分析功能包括分析事故或工程对用水的影响程度、辅助选定管网中测点位置布置、在线实时动态仿真模拟功能、制订供水调度方案、管网摩阻系数和水泵特性曲线自动校核、供水管网系统动态模拟、动态节点流量的计算、专家评估系统、供水动力成本计算与分析、需水量与预测模块、给水管网的规划、设计和改扩建、诊断管网中的异常情况等。

供水范围分析见图12。模型水锤分析见图13。污染物扩散分析见图14。

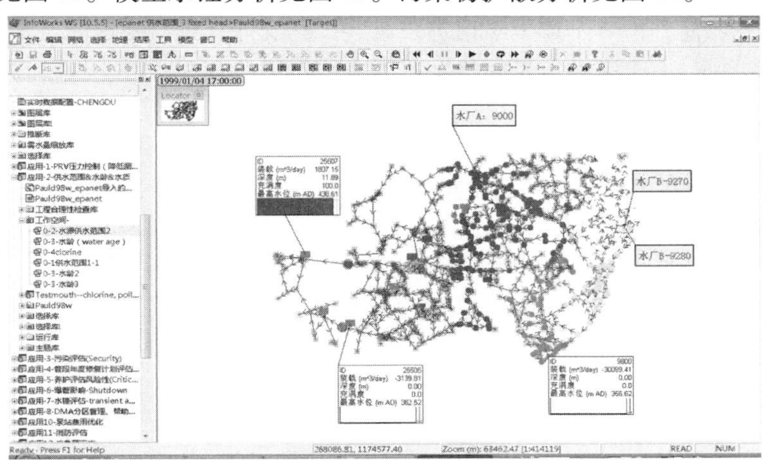

图12 供水范围分析

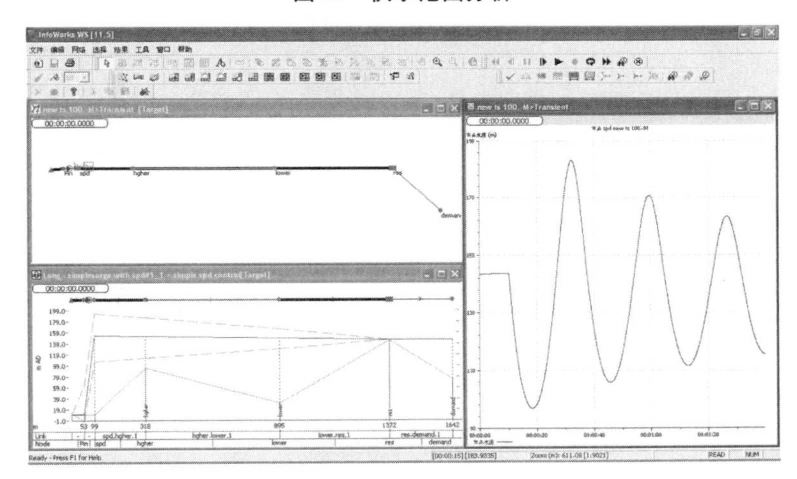

图13 模型水锤分析

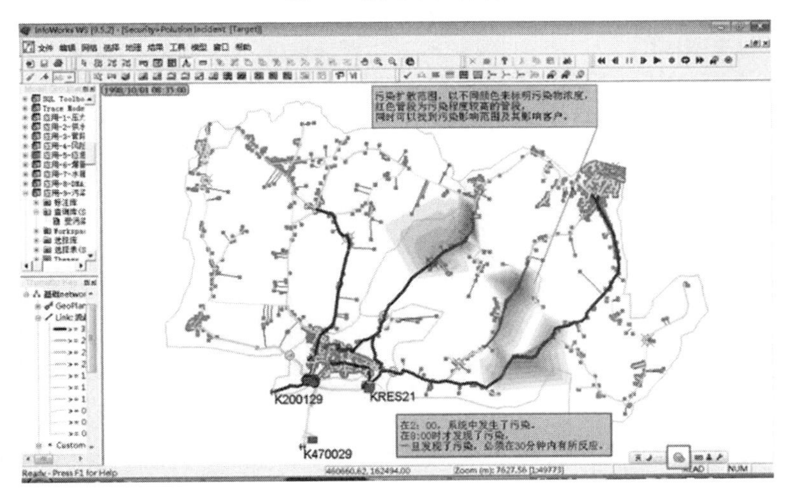

图14 污染物扩散分析

5 结 语

当前供水企业往往遇到应急机制薄弱、能耗过高、效率低下、水损严重、供水质量安全等问题，再加上城镇化进程和人口的增长，使得供水企业的管理压力日益增大，传统的管理模式显然已经走到尽头，如何进行改革创新，找到管理出路，是当今供水企业的头等难题。GIS 技术在供水系统中的应用，不仅是作为一个图形库和数据库，辅助供水企业对管网的日常管理，还应充分利用 GIS 在管网分析、模拟与预测等方面的强大功能，使其由一个偏重于信息采集、管理、统计分析与处理的技术系统，逐渐发展成为功能强大的决策支持系统，在未来的信息时代发挥更大的作用。

参 考 文 献

[1] 汤国安，杨昕. ArcGIS 地理信息系统空间分析实验教程[M]. 北京：科学出版社，2006.
[2] 李岩，迟国彬，廖其芳，等. GIS 软件集成方法与实践[J]. 地球科学进展，1999：130-131.
[3] 周建华，赵洪宾. 城市给水管网系统所面临的问题与对策[J]. 中国给水排水，2002.
[4] 田一梅，赵新华，黎荣. GIS 技术在供水系统中的应用与发展[J]. 中国给水排水，2000.
[5] 俞良协. 武汉市水务集团供水管网地理信息系统(GIS)建设项目总结[J]. 城镇供水，2009.

基于 LiDAR 数据制作大比例尺 DOM 的探索与实践

义成园

(广东省国土资源测绘院,广东广州 510500)

【摘　要】机载 LiDAR 系统作为新技术用于获取高精度、高密度的三维坐标及与其匹配的影像数据,可快速生成高精度的 DOM。以东莞市水乡片区机载激光测量数据为例,介绍应用 POSPac 软件、Terra 软件和 EasyDomer 软件进行 1:1 000 DOM 制作的过程和方法,通过精度检测验证了该方法的有效性。

【关键词】DOM;DEMLiDAR;Terra;EasyDomer

1　引　言

传统的 DOM 制作过程包括航空摄影、外业控制点的测量、内业的空中三角测量加密、DEM 生成和编辑、DOM 正射纠正和镶嵌。在这些生产环节中,外业控制点的测量和 DEM 编辑耗时大、成本高、工期长等因素阻碍了现代测绘发展。因此,如何快速获取高精度、高效率和低成本的航空摄影数据和正射影像图对国防建设和国民经济建设的发展有着重要的现实意义。

机载激光雷达(Light Detection And Ranging,LiDAR)技术发展迅猛,逐渐走向实用。它集激光扫描、光学成像系统和惯性导航系统(POS)于一体,可快速获取地表三维信息,无需(或少量)地面控制即可获取像片的外方位元素,直接用于高精度的 DOM 制作,可以简化复杂工序,减少外业测量工作,降低成本,缩短成图周期。本文基于东莞市水乡片区机载激光测量及 1:1 000 DOM 制作实践,介绍了一种结合机载 LiDAR 和光学影像制作正射影像的方法。

2　数据来源

测区位于广东省东莞市,面积约 700 km^2、成图比例尺 1:1 000,测区使用机载激光设备为 Trimble 公司的 Harrier68i 系统,数据获取时间为 2012 年 12 月至 2013 年 1 月。航摄仪型号为 Rollei Metric AIC Pro65 +,焦距为 50 mm。相对航高为 750 m,像幅为 53.904 mm × 40.392 mm,重叠度航向 43% ~69%,旁向 24% ~39%,地面分辨率 10 cm,像片分辨率 6 um。航线数 64 条,像片数 5 874 张。激光扫描仪的型号为 Riegl LMS – Q680,最大脉冲频率 400 kHz,扫描角度 45°/60°,点云密度≥4 点/m^2。测区范围内布设 6 对(12 个)地面 GPS 基站点,如图 1 所示。测区共有 64 条飞行航线,长度总计约 1 347 km,如图 2 所示。

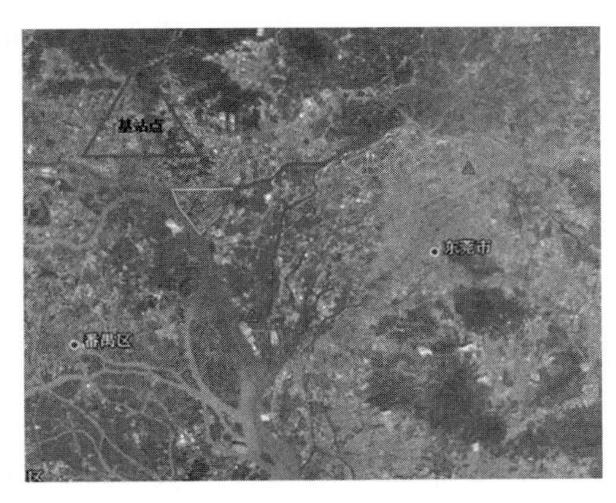

图 1　地面 GPS 基站点示意图

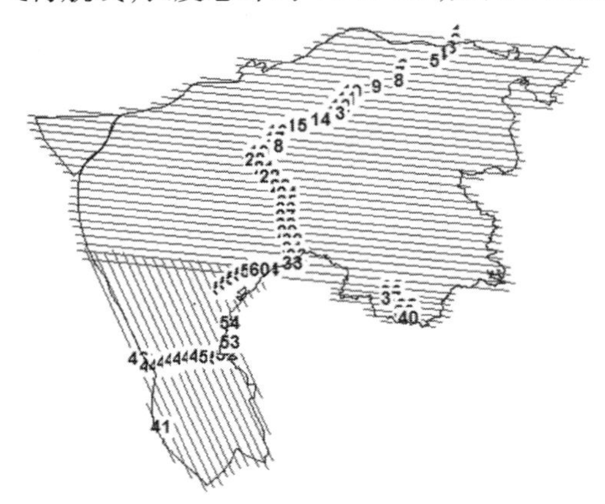
图 2　航线示意图

3　DOM 制作流程

本测区采用 POS 辅助航空摄影且搭载机载激光(LiDAR),在航空摄影同时获取地面激光点云数据,生成高精度的地面高程模型,因此作业中省去像控测量,以参考面测量来作为飞行的检校方法,以保证数据处理精度及消除系统误差,并通过外业采集特征点对成果精度进行检核。生产过程流程如图 3 所示。

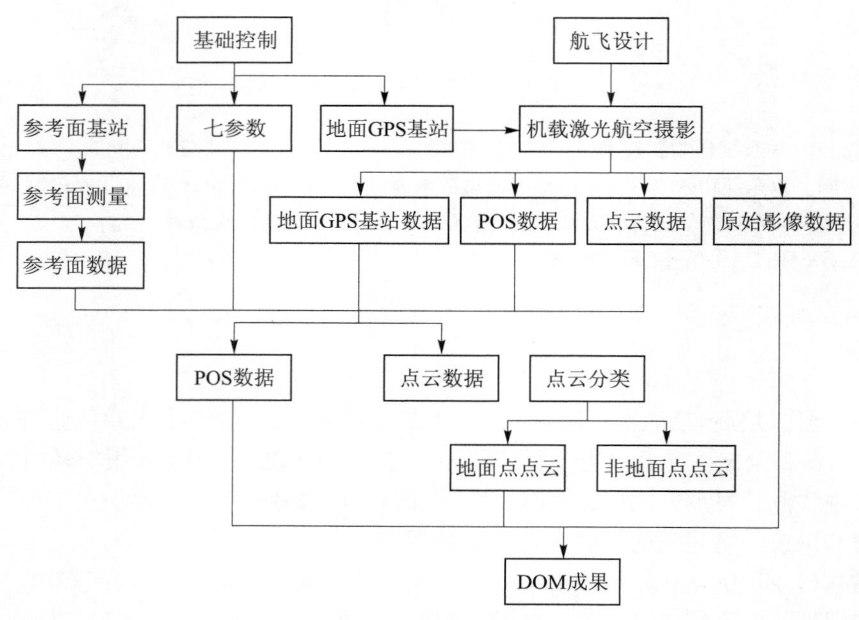

图 3　生产流程略图

3.1　POS 数据处理

POS 技术是采用动态差分(即 D GPS)和惯性测量装置 IMU 获取高精度的传感器外方位元素。在 POSPac 中,从原始的 POS 数据中提取出 GPS 数据、IMU 数据和辅助传感器数据;然后和地面基站数据进行差分拟合,得到曝光瞬间摄影机中心精确的 GPS 定位坐标;最后对 IMU 数据、辅助传感器数据和精确的 GPS 定位数据进行解算,得到精确的 6 个外方位元素,从而大大减少乃至无需地面控制点即可直接进行航空影像的空间地理定位,是航空影像应用快速、便捷的先进技术手段。

3.2　七参数计算

用于计算七参数的基础控制点采用静态 GPS 联测,高程采用广东省似大地水准面精化成果,平面位置中误差不超过图上 0.1 m,高程中误差不超过 0.1 m。平面坐标转换应采用布尔莎七参数法。用控制点的 WGS－84 坐标和 GDCORS 系统解算的 80 坐标系坐标,采用天宝软件的点校正的方法进行计算。高程坐标转换应采用多项式曲面拟合法,数据采用控制点的 WGS－84 高程和广东省似大地水准面精化成果,内符合精度不低于 0.1 m。

3.3　点云分类

3.3.1　噪声点滤除

将明显低于地面的点或点群和明显高于地表目标的点或点群,以及移动地物点定义为噪声点。在进行分类前,应首先将这类点分离出来。

3.3.2　分类算法

利用基于反射强度、回波次数、地物形状等的算法或算法组合,对点云数据进行自动分类。

3.3.3　提取地面点云

裸露地表处有且只有一次回波,此次回波对应的反射点即为地面点。植被覆盖区域可能对应多次回波,正常的地面点是最后一次回波对应的反射点。相对于地物点,地面点的高程是最低的。从较低的激光点中提取初始地表面;基于初始地表面,设置地面坡度 - 值进行迭代运算,直到找到合理的地面。

3.3.4 非地面点分类

根据点的高度及点云分布的形状、密度、坡度等特征,对非地面点云进行分类。对于形状规则、空间特征明显的地物,可通过参数设置,利用软件自动提取。

3.3.5 分类结果人工编辑

对高程突变的区域,调整参数或算法,重新进行小面积自动分类;采用人工编辑的方式,对分类错误的点重新进行分类;通过将点云分类显示、按高程显示等方法,目视检查分类后点云;对有疑问处用断面图进行查询分析;地面点检查一般采用建立地面模型的方法进行检查。对模型上下不连接、不光滑处,绘制断面图进行查看。同时,可应用影像辅助检查分类可靠性。

3.4 DEM 生成

地面高程数据 DEM 仅需地表裸露点,由完整的地块的地表裸露点三维数据构成地面高程模型 DEM。经过分类处理剔除非地表点并归类后,所有剩下的 LiDAR 数据都是地面点数据,即可生成高精度的 DEM。

3.5 正射影像数据处理

利用原始影像数据、POS 数据、转换参数以及参考面数据,在 MicroStation 平台下利用 Terrasolid 系列软件完成各航片间的同名点提取,进行整体平差改正各航片外方位元素。利用 GeoDodging 对原始影像匀色,结合改正后的各航片外方位元素和分类后的地面点云数据进行数字影像微分纠正生成数字正射影像,使用 EasyDomer 软件镶嵌成图,最后采用 Photoshop 对色彩进行微调,形成 1:1000 DOM 成果。处理过程如图 4 所示。

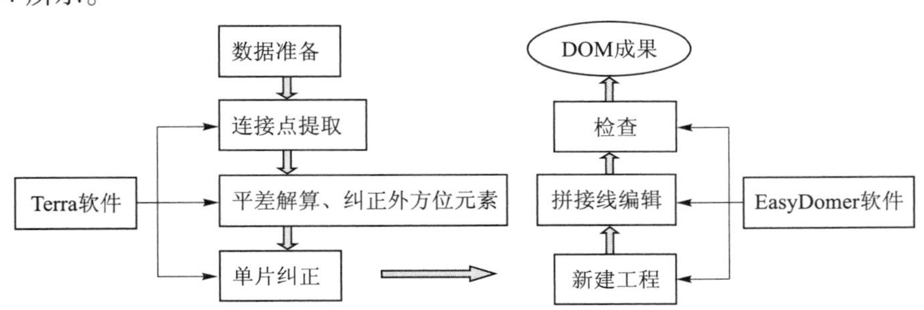

图 4 正射影像数据处理流程图

3.5.1 连接点选取要求

使用 Terrasolid 系列软件提取连接点时,连接点选取应满足以下要求:

(1)匹配点的误差不能超过平均误差的 2 倍;

(2)每张像片上至少要 4 个点,向 4 个角分布,可靠值最好在 80% 以上;

(3)连接点应选刺在本片和相邻片影像都清晰、明显、易转刺和量测的目标点上;

(4)林区应尽量选在林间空地的明显点上,若选不出时,可选在相邻航线、左右立体像对都清晰的,且较低树顶上。

3.5.2 数据前期处理

将原始航片数据转换成软件能够识别的 TIF 格式。然后再使用 GeoDodging 对所有航片进行匀色处理,使其色调均匀、反差统一。

3.5.3 DOM 的拼接、裁切

为了减少相邻图幅、像对之间的接边误差、色彩差异,要求采用匀色软件进行像对的匀色、DOM 的拼接、裁切和接边。影像拼接要注意以下几点:

(1)拼接线尽量选在道路边线、田埂、阴影等无纹理区域,避开房屋特别是高层建筑区、立交桥等投影差较大的区域,以免造成影像模糊、错位、不接边等。高层建筑密集区域接边,无法保留地物的完整性和特征(即因摄影角度、时间、投影差的原因引起的地物相互压盖和两边倒的情况)时,要尽量采用投影差小的中心影像，保留高层建筑和主要道路完整性为原则。

(2)裁切要求：图幅裁切按内图廓外扩 10 mm 裁切，最终格式为 tif + tfw，要求带坐标信息。

3.5.4 DOM 成果质量检查

采用外业方式进行 DOM 成果精度检查，检查点应均匀分布于整个测区。DOM 成果检查主要包括平面精度检查、影像质量检查、数据质量检查和附件质量检查。其中，平面精度检查、影像质量检查分别包括以下内容。

(1)平面精度检查：首先进行内业检查，检查镶嵌是否合理，接边差是否符合技术要求，平面位置中误差是否符合技术要求；最后采集特征点，检查成果平面精度，在影像上均匀分布，选取特征点位，进行外业采集，检核影像成果的平面精度。

(2)影像质量检查：检查影像是否存在模糊、错位、扭曲、重影、变形、拉花、脏点、接边痕、黑洞等问题，测区内影像是否清晰，色调是否均衡一致。

3.5.5 精度评价

测区共 2 956 幅图，外业共量测 230 个野外检查点，检查点均匀分布于整个测区。检查点平面最大误差 1.0 m，最小误差 0.003 m，平面整体点位中误差为 ±0.293 m。符合 1:1 000 成图的要求。由此表明，利用 LiDAR 技术获取的数据处理结果满足 1:1 000 成图精度要求。

4 结 语

(1)LiDAR 技术作为一种无需地面控制的地表三维信息快速获取手段，与普通航空摄影测量相比，在精度、效率和产品丰富程度等方面具有优势，能极大地提高 DEM 及 DOM 数据生产效率，缩短生产周期，提高作业精度。

(2)EasyDomer 正射影像制作软件从海量数据制作思路出发，与 Terra、LPS 等软件相比，在镶嵌拼接方面具有反应敏捷、操作方便等优势。同时，EasyDomer 与 Photoshop 的结合使用也大大提高了镶嵌拼接在细微处理方面的效率。

(3)本文通过在东莞市水乡片区进行的大范围机载 LiDAR 1:1 000 DOM 制作生产实践，尝试了一种基于机载 LiDAR 和光学影像制作正射影像的制作方法，并通过严格的精度检测，验证了技术线路的可行性，为推动机载 LiDAR 在各类测绘应用领域提供了借鉴。可以预见，随着我国在 LiDAR 技术的软硬件应用研究的不断深入，该项技术必能更好地为我国的国防建设和国民经济建设服务。

参 考 文 献

[1] 郑金水. LiDAR 技术及其应用[J]. 科技信息，2007(6).
[2] 余洁，张国宁，秦昆. LiDAR 数据的过滤方法探讨[J]. 地理空间信息，2006(8).
[3] 张娟，张小叶，曹海春. 基于 Terrasolid 系列软件的机载 LiDAR 数据后处理[J]. 科技情报开发与经济，2009(26).
[4] 吕良寿. 基于 LiDAR 数据的 3D 产品生产新技术[J]. 福建地质，2009(28).
[5] 张玉方，欧阳平，程新文，等. 基于 LiDAR 数据的正射影像图制作方法[J]. 测绘通报，2008(8).
[6] 段颖. EasyDomer 制作 1:10 000 正射影像图(DOM)的实践与探索[J]. 价值工程，2011(5).

基于 RIEGL VZ－400 及 Ladybug3 全景相机的移动激光测量系统的研制及应用

宋　杨

（广州市城市规划勘测设计研究院，广东广州 510500）

【摘　要】广州市城市规划勘测设计研究院研制了“基于 RIEGL VZ－400 及 Ladybug3 全景相机的移动激光道路测量系统”，系统各项技术指标与国外高端测量型的车载激光系统相当，总成本仅相当于国外高端产品的三分之一，并形成了一系列自主知识产权成果。依托该套移动激光道路测量系统，广州市规划院并开展了诸多生产实践，总结出了移动测量系统外业数据采集和内业数据处理的工作机制，形成了包括全景影像与激光点云的精确配准与专题信息提取、全自动快速三维建模及纹理贴附、具备探面快速定位功能的可量测网络版街景展示等一系列示范性成果应用。

【关键词】移动测量系统；激光扫描；RIEGL VZ－400 扫描仪；Ladybug3 全景相机；三维空间信息

1　引　言

移动激光道路测量系统（MMS）代表着当今世界最前沿的测绘科技，它是一种基于飞机、飞艇、火车、汽车等移动载体的快速新型激光扫描测量系统。该技术通常以车辆为移动载体，将激光设备安置在车顶、在垂直于车辆行驶方向作二维扫描，通过汽车行驶方向形成的运动维，构成三维扫描系统。

目前市场上常见的移动激光测量产品都是使用二维激光扫描传感器进行系统集成的，如加拿大 Optech 公司的 LYNX 移动激光测量车、美国 Applanix 公司的 LandMark、奥地利 Riegl 公司的 VMAX－250、日本 TOPCON 公司的 IP－S2r 以及 Google 使用的街景采集车。这些产品主要分为高端测量型和低端街景型两大类，高端测量型产品成本昂贵；低端街景型产品测量距离近，测量精度低，对于某些领域存在的高精度测量及高精细、高效率、有限成本的工程任务需求，上述两类产品往往很难同时满足。

针对移动激光道路测量系统产品研制与应用的现状，广州市城市规划勘测设计研究院于 2012 年联合首都师范大学在国内率先提出，并实现了集成了 RIEGL VZ－400 激光扫描仪及 Ladybug3 全景相机的“多传感器城市实景移动测量系统”。系统总体创新思路是把广州市城市规划勘测设计研究院于 2010 年采购引进的、原本仅用于三维定点激光扫描的世界一线品牌奥地利 RIEGL VZ－400 激光扫描仪加工、改造成可用于移动扫描模式，与 Ladybug3 全景相机、惯性导航装置、GPS 集成，并开发出多源信息复合处理的软件，使之构成综合、完善、灵活适用于不同载体平台一体化激光测量与可量测城市实景的工程实用系统，实现应用需求的各项基本功能。

2　系统性能指标

“基于 RIEGL VZ－400 及 Ladybug3 全景相机的移动激光道路测量系统”主要由惯性导航装置 IMU＋POS、GPS、RIEGL VZ－400 激光扫描仪、Ladybug3 全景相机、里程计、工控机（笔记本）及相关后处理软件组成，为空间数据获取提供一个移动三维信息获取与处理平台，达到机动、灵活、高效率、高精度等特点，系统整体外观如图 1 所示。系统搭载的主要传感器的性能指标如下。

2.1　激光机械光学系统技术指标

激光机械光学系统技术指标如下：

（1）扫描视场：100°；

图 1　基于 RIEGL VZ－400 及 Ladybug3 全景相机的移动激光道路测量系统

(2)激光发射频率:300 kHz;

(3)激光扫描频率:3～120 scan/s;

(4)光束发散角:0.3 mrad;

(5)激光等级: 1 级安全;

(6)工作距离:2～600 m;

(7)回波采样方式:多回波探测(4 回波);

(8)行车方向扫描点间距:20 cm(60 km/h);

(9)100 m 外光斑大小为:3 cm;

(10)回波灰度等级:10 bits;

(11)测距精度:8 mm;

(12)重复测量精度:5 mm;

(13)测角精度:0.1 mrad;

(14)扫描方向扫描点间距:15 cm。

2.2　POS 组合导航系统技术指标

GPS 信号良好情况下,事后差分处理达到,水平:1 cm + 1 ppm,垂直:2 cm + 1 ppm,航向角优于 0.1°,水平姿态角优于 0.05°。输出频率大于等于 100 Hz,时间同步精度低于 1 ms,初始对准时间 15 min 以内,里程计分辨率 10 cm。

2.3　系统整体测量指标及精度

系统总体定位精度:GPS 信号良好情况下,点云的绝对精度优于 0.5 m,可达到国家地面移动测量专业标准甲级精度要求。制定了移动道路测量系统检校场,建立了精度测试的标准化工作机制,在广州市番禺区生物岛建立了永久性的系统检校场,并通过了由广东省测绘产品质量监督检验中心组织开展的精度测试。

2.4　其他

系统整体为刚性连接,每次安装无需重新检校,使用导轨抽拉式安装,简单、方便、高效,安装时间可控制在 2～3 min 内,全景相机的支架可伸缩,整体可不拆卸,直接安置于普通 SUV 车体后备箱,如图 2 所示,外观采用流线型金属不锈钢壳体包装,简单大方,实现美观、紧凑、可靠的结构集成。

图 2　系统可整体直接安置于普通 SUV 车体后备箱

3 系统功能及特色

3.1 系统功能

系统是多传感器的集成的综合系统，其主要功能包括：

（1）以正常车速沿着道路获取目标侧面 100°的空间信息；

（2）提供激光点云的快速解算，完成惯导数据与激光数据的融合，得到高精度点云数据，量测的绝对精度优于 0.5 m；

（3）提供 360°全景影像的拼接、配准，提供带有地理参考系的可量测全景影像。

3.2 系统特色

（1）充分利用广州市城市规划勘测设计研究院已有的 RIEGL VZ－400 激光扫描仪，将定点激光和车载激光互换使用，节省成本将近 150 万元；

（2）将水平方向可 360°旋转的激光用于二维扫描，在车行时可自由设置扫描旋转角，有利于深入扫描胡同内侧，减少树木遮挡，实现国外 2 台激光才能达到的效果；

（3）常用车载激光相对精度为 1～2 cm，RIEGL VZ－400 相对精度可达毫米级，适合于对相对测量精度要求较高的项目，比如道路平整度、车辙等的测量；

（4）作业距离远，在长距离模式下可达 600 m，高速模式下可达 350 m，远远超过现有车载激光，在高速公路改扩建的项目中，在精度上可高于机载激光，在作用范围上，可替代机载激光的作用；

（5）全套设备总体重量小于 25 kg，方便搬运及装载在其他轻便载体上。

4 系统作业流程

近年来，广州市城市规划勘测设计研究院成功地利用 MMS 技术完成了多个数字城市管理、实景影像采集、市政部件调查、街区立面整治等方面的项目，取得了良好的社会效应，积累了丰富的实践经验，在华南地区产生了积极的示范效应。在不断的实践与探索中，广州市城市规划勘测设计研究院总结了一套切实可行的移动道路测量系统外业数据采集、内业数据处理的工作流程（见图 3、图 4）。

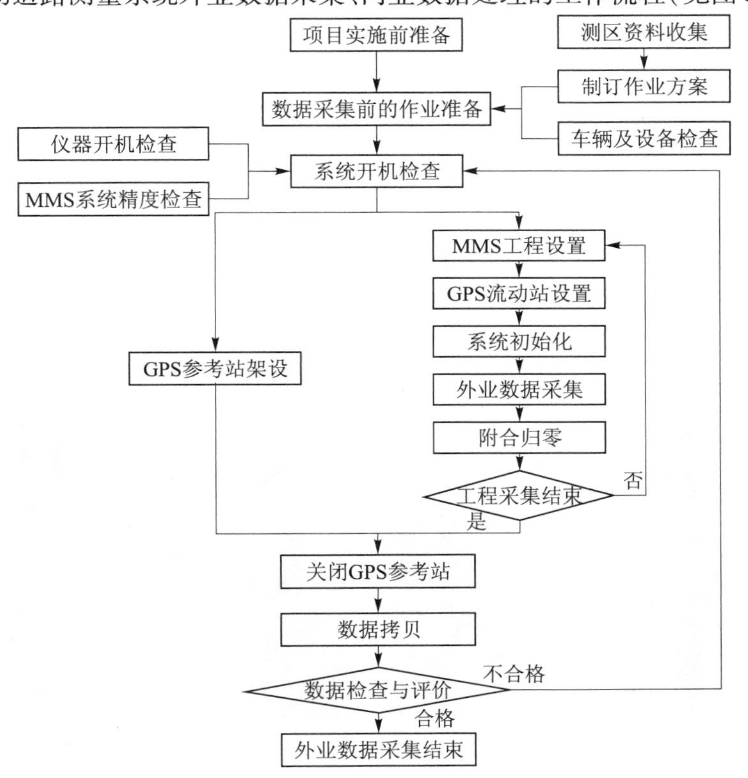

图 3 MMS 系统外业数据采集工作流程

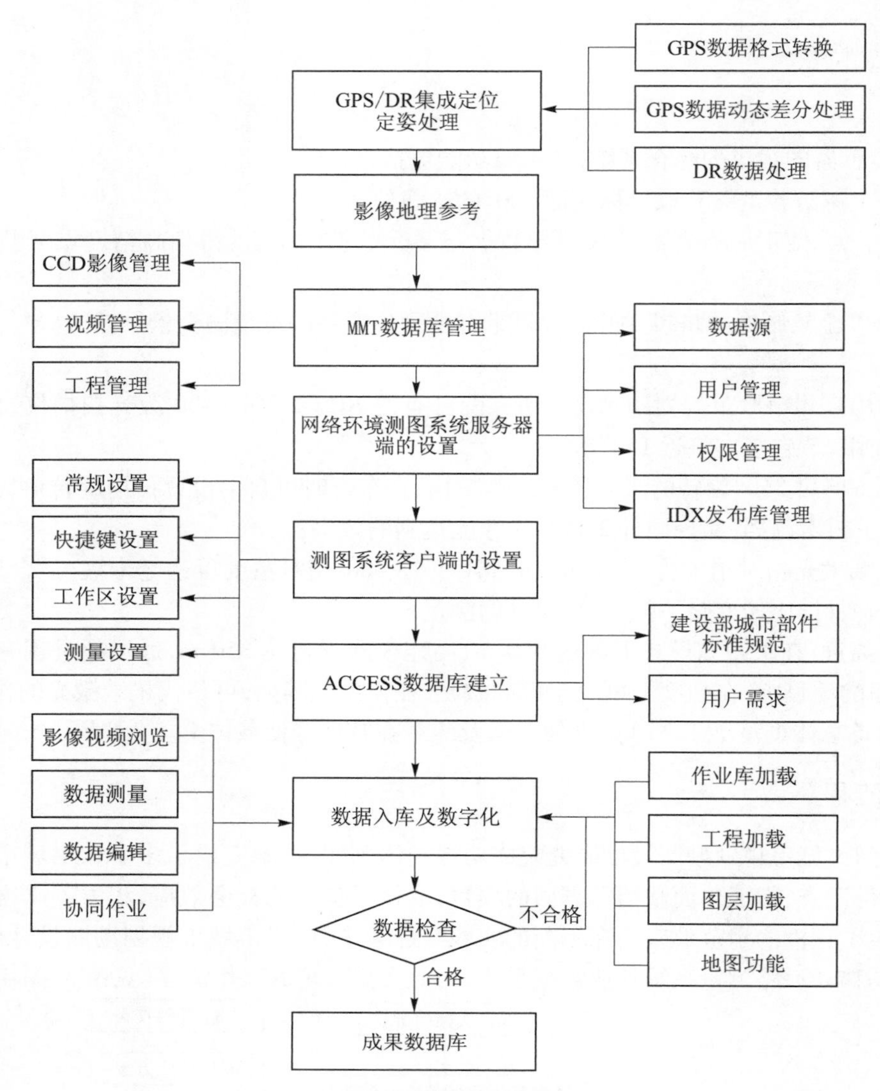

图4 MMS系统内业数据处理集工作流程

5 应用实例

高度自动化的全景影像与密集点云的精确匹配,实现基于点云的高精度可量测全景影像,如图5所示。二、三维数据联动,基于可量测全景影像的市政要素提取,绝对精度优于0.5 m,如图6所示。

图5 高度自动化的全景影像与密集点云的精确匹配,实现基于点云的高精度可量测全景影像

图6 二、三维数据联动，基于可量测全景影像的市政要素提取，绝对精度优于 0.5 m

基于原始点云和全景影像实现全自动三维建模和纹理贴附，如图 7 所示。具备探面快速定位功能的可量测网络版街景展示，如图 8 所示。

(a) (b)

图7 基于原始点云和全景影像实现全自动三维建模和纹理贴附

图8 具备探面快速定位功能的可量测网络版街景展示

6 结 语

广州市城市规划勘测设计研究院研制的“基于 RIEGL VZ-400 及 Ladybug3 全景相机的移动激光道路测量系统”在保持高精度、远距离的测量精度之外，兼顾城市实景测量车的特点，获取适合人眼视觉的全景影像，可同时使用于地面定点激光扫描、车载移动激光扫描、船载移动激光扫描等不同载体平台和应用环境。系统各项技术指标与国外引进的高端测量型的车载激光系统相当，总成本仅相当于国外引进的 1/3，为国内企事业用户在高端测量型和低端街景型移动测量系统间提供了第三种选择方案，高性价比的成本优势将有效地牵引和带动了我国移动激光测量与可量测城市实景系统在空间信息领域的发展。系统以及相关的处理软件自投入运行以来，已经在广州市城市管理委员会三维实景影像采集和城市管理部件普查(二期)、数字营区建设，带状地形图测绘、道路改扩建项目，移动道路测量与航空倾斜摄影测量整合等项目中进行了实际的应用，与传统测量手段形成了很好的互补，丰富了测绘地理信息产品的形式，延伸了测绘地理信息服务的产业链，为“数字广州”、“智慧广州”进一步的发展提供强有力的支撑。

参 考 文 献

[1] 李德仁. 移动测量技术及其应用[J]. 地理空间信息,2006,4(4):1-5.
[2] 李德仁. 论可量测实景影像的概念与应用——从4D产品到5D产品[J]. 测绘科学,2007,32(4):5-7.
[3] 李德仁,关泽群. 空间信息系统的集成与实现[M]. 武汉:武汉测绘科技大学出版社,2000.
[4] 韩友美,王留召,钟若飞. 基于激光扫描仪的线阵相机高精度标定[J]. 测绘学报,2010,39(6):631-635.
[5] 王留召,韩友美,钟若飞. 360度激光扫描仪锥扫角标定[J]. 测绘通报,2010(9):5-8.
[6] 李德仁,胡庆武. 基于可量测实景影像的空间信息服务[J]. 武汉大学学报:信息科学版,2007,32(5):377-418.
[7] 袁晓宏,刘红军,于洪伟,等. 导航地理数据更新与实景影像获取集成系统研究[J]. 测绘科学,2008(33):57-60.
[8] 殷福忠,刘红军,张延波. 基于移动测量技术的城市三维实景影像信息服务研究[J]. 测绘与空间地理信息,2008,31(6):17-23.
[9] 姚正明,郑灿辉,曲林. 浅谈移动道路系统外业采集[J]. 测绘与空间地理信息,2009,32(4):154-156.
[10] 杨沾吉. 可量测实景影像在数字城管中的应用[J]. 测绘通报,2012(8):36-38.
[11] 国家测绘局. CH/Z 1002—2009 可量测实景影像[S]. 北京:测绘出版社,2009.

基于不规则三角网的遥感影像配准

郭海京

(广东省国土资源测绘院,广东广州 510500)

【摘 要】本文系统地介绍了图像配准的基本原理、方法和步骤,概括了影像配准领域的研究现状。基于不规则三角网(TIN)的图像配准方法的核心是利用TIN将影像分割成若干个小面元,采用二维几何变换方法,实现图像之间的相对几何校正。这种方法集中了灰度匹配和特征匹配的优点,整个过程可以自动进行,不需要事先给出地面控制点,而且影像配准的精度较高,本文最后通过实验验证了该方法的可行性和优越性。

【关键词】多源影像;影像配准;不规则三角网

1 引 言

影像配准技术经过多年的发展,已经取得了许多的研究成果,无论是在国内还是在国外,影像配准技术都发展得非常迅速。近20年来,在模式识别和运动分析等领域里,配准技术发挥着越来越重要的作用。目前,像素级影像配准算法已基本成熟,亚像素级正在快速的发展,也正得到越来越广泛的应用。由于图像配准的输入数据的多样性,寻找一种在遥感、医学、计算机视觉等诸多领域通用的、有效的影像配准技术也是目前正在积极研究和探索的课题。

2 基于TIN的影像配准

基于TIN的影像配准方法将基于灰度信息和基于特征信息的匹配方法结合起来,提高了匹配的精度和可靠性。不规则三角网(Triangular Irregular Network,简称TIN)已被广泛应用于数字高程模型(Digital Elevation Model,简称DEM)中。它以地面特征点为顶点,构成三角网,然后利用三角网内插等高线,来达到以点控制面的目的。TIN的优点是:在地形变化较大的区域,三角网比较密集,能很好地反映地形变化;在平坦区域,特征点少,三角网稀疏,不会造成大量冗余数据,不会增加计算量。基于TIN的配准方法通过在两张影像上快速匹配出密集、均匀分布的同名特征点对,以这些特征点来构造TIN,TIN中每个小三角形都是一个小面元,以每个小三角形为单位进行局部校正,达到较好的配准效果。

基于TIN的影像配准原理可用流程图(见图1)表示。

首先需要对待配准影像进行预处理,包括两个方面:一是辐射校正,如灰度拉伸,亮度、直方图调整,对比度调整,平滑等,因为特征点的匹配主要是依据某点的峰值及其周围点的灰度分布,在对应影像上找到一个峰值及其周围点的灰度分布与前者相一致的点,认为该点就是前者的同名点,因此影像辐射特性的差异会导致同名点之间灰度特性的差异,会导致误匹配。二是几何校正,如图像的旋转、平移,比例尺的缩放等。两点之间的相关度是以窗口为单位进行的,而保证同样大小的两个窗口内包含的目标区域相同是非常必要的,否则就失去了可比性,相关也就无从谈起。预处理过程中,一般情况下只需要选择3~4个同名点对,利用仿射变换对待配准影像进行粗配准即可。

在提取特征点之前,首先进行影像分块,采用固定边长的分块方式;其次在参考影像中利用Moravec算子自动提取特征点集 P_a,$P_a=\{P_{a_i}(x_i,y_i)\mid i=0,1,\cdots,N\}$,其中 N 为提取的特征点数目。P_{a_i}代表第 i 个点,(x_i,y_i)代表第 i 个点的坐标。在提取特征点的过程中,如果两个点过于靠近,如小于5个像素,则删除其中一个,以便在构网中保持良好的三角形形状。然后在待配准影像中搜索 P_a 的同名点集 P_b。

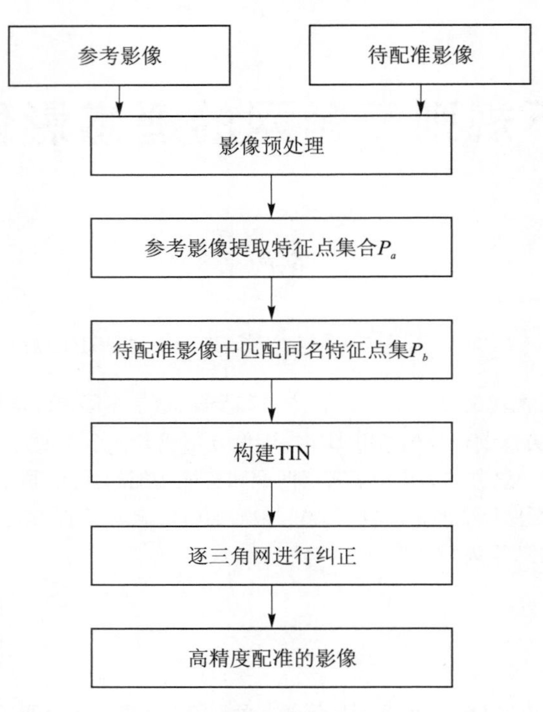

图1　基于TIN的配准流程图

即在待配准影像中利用特征点引导的金字塔影像逐层匹配 P_a 中的同名点。$P_b = \{P_{b_i}(x'_i, y'_i) \mid i = 0, 1, \cdots, N\}$。如果无法匹配，则删除该特征点。

接着对特征点集构造TIN，鉴于Delaunay三角网的一系列特性，构建TIN使用逐点插入的Lawson算法。利用TIN把图像分成很多个三角形小面元，对于每个三角形小面元，因为它们的点位很接近，所以变形相关性很大，并在一个很小的范围内，可以认为这种变形是线性的。图2为Delaunay三角网构造效果图。

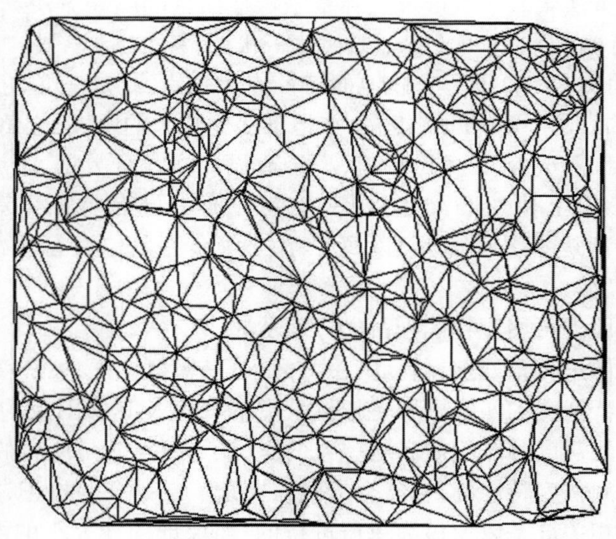

图2　Delaunay三角网构造效果图

假设图3分别是参考图像上的△abc和待配准图像上的△ABC，其中点a、b、c和点A、B、C是三对同名点，因为小三角形是个小面元，所以可以认为ABC内的点服从相同的变形规律，而且这种变形规律是线性的。

以下以待配准影像任一三角形为例说明校正原理：

待配准影像三角形T中三个角点为a、b、c和它们在参考影像中的同名点为A、B、C，它们的坐标分

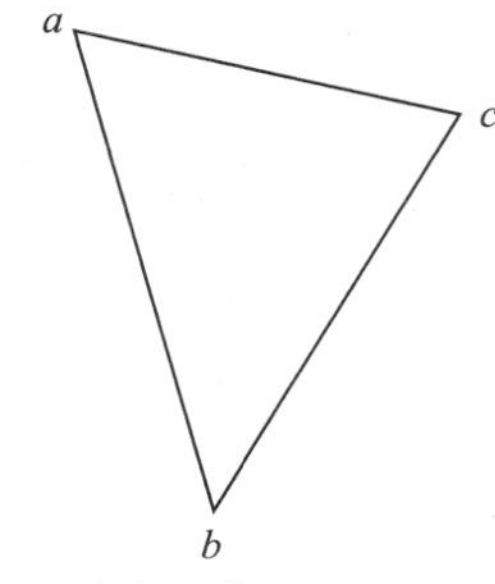

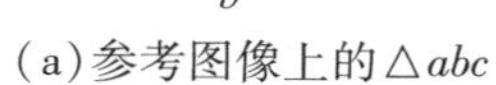
(a)参考图像上的△abc

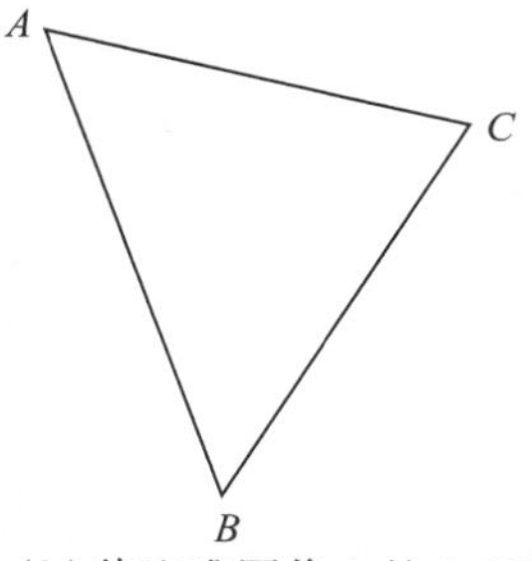

(b)待配准图像上的△ABC

图3　同名三角形

别为(x_a,y_a),(x_b,y_b),(x_c,y_c),(x_A,y_A),(x_B,y_B),(x_C,y_C),将T看作一个小面元,依据仿射变换:

$$\begin{aligned} a_0 + a_1x + a_2y &= x' \\ b_0 + b_1x + b_2y &= y' \end{aligned} \tag{1}$$

其中a_0,a_1,a_2,b_0,b_1,b_2是仿射变换参数。

将(x_a,y_a),(x_b,y_b),(x_c,y_c),(x_A,y_A),(x_B,y_B),(x_C,y_C)代入式(1),得方程组:

$$\begin{cases} a_0 + a_1x_a + a_2y_a = x_A \\ b_0 + b_1x_a + b_2y_a = y_A \\ a_0 + a_1x_b + a_2y_b = x_B \\ b_0 + b_1x_b + b_2y_b = y_B \\ a_0 + a_1x_c + a_2y_c = x_C \\ b_0 + b_1x_c + b_2y_c = y_C \end{cases} \tag{2}$$

解算出参数a_0,a_1,a_2,b_0,b_1,b_2,则对于待配准影像中三角形T内任何一个像素(x,y)都可以按照方程组(2)解算出它在参考影像中对应的同名点(x',y')。

在区域模型建成后,逐三角形纠正的关键是判断待纠正点所在的三角形。为加快判定速度,可首先判断待纠正点是否位于三角形的外接矩形内,如落入某一三角形的外接矩形,则进一步判断是否位于三角形内。

3　实验结果与分析

以2002年某地区的QuickBird(2.44 m),SPOT5(2.5 m)为数据源进行实验。输入影像为SPOT5 PAN影像,分辨率为2.5 m,大小为1 209×635像素,如图4所示。参考影像为QuickBird Band2,分辨率为2.44 m,大小为1 219×629像素,如图5所示。实验中,首先要进行预处理,主要是人机交互选取4对同名点,利用仿射变换进行粗纠正,并裁取重叠区域,图6为经过预处理的待配准影像。接着利用Moravec算子自动提取特征点6 451个;然后进行特征点引导的金字塔匹配,剔除粗差后,得到成功匹配的点为1 787个。对两幅影像提取的特征点构建三角网,图7、图8为构网效果图;最后对输入影像进行分片纠正得到结果影像,如图9所示,为了更好地显示配准效果,对参考影像与配准结果影像进行叠加,如图10所示。

图4　参考影像(SPOT5 PAN)

图5　待配准影像(QuickBird band2)

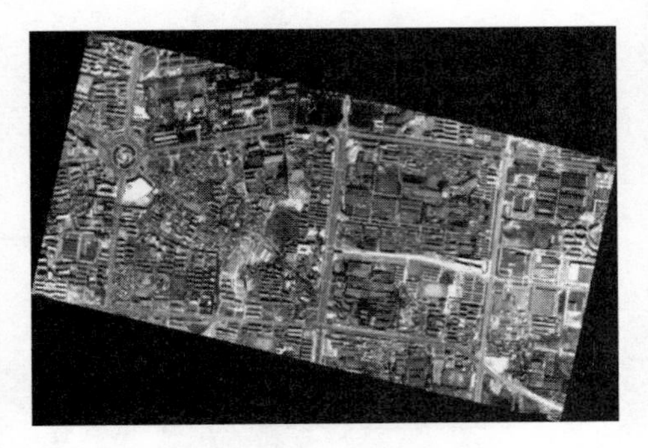

图 6 经过预处理的待配准影像

图 7 参考影像构建 TIN

图 8 待配准影像构建 TIN

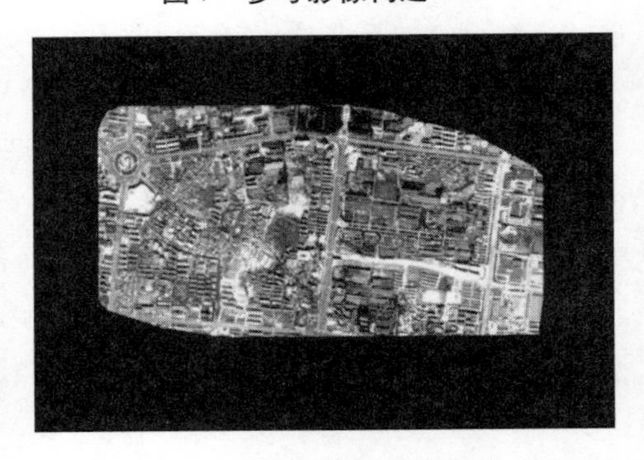

图 9 纠正后的待配准影像

图 10 参考影像与配准后的影像叠加效果

从参考影像中随机选取一些点作为检查点，找出它们在待配准影像中的同名点，并计算出它们经过配准后的坐标。对两组坐标的比较结果如表 1 所示。所选取的检查点分布如图 11、图 12 所示。为了检查配准影像的精度，通常采用根均方差（Root Mean Square Error，RMSE）来评价。其定义如下：

$$RMSE = \left\{\frac{1}{m}\sum\left[(x_i - x_r)^2 + (y_i - y_r)^2\right]\right\}^{1/2} \tag{3}$$

式中 m——点数；

x_i、y_i——配准影像上点的坐标；

x_r、y_r——对应点的参考影像坐标。

表 1 精度评定表 （单位：pixel）

点号	参考影像坐标		配准后影像坐标		配准误差	
	x_1	y_1	x_2	y_2	x_2-x_1	y_2-y_1
1	113.10	155.34	113.32	154.54	0.22	-0.80
2	467.23	175.25	466.40	174.43	-0.83	-0.82
3	870.19	226.38	869.40	225.57	-0.79	-0.81

续表 1

点号	参考影像坐标		配准后影像坐标		配准误差	
	x_1	y_1	x_2	y_2	x_2-x_1	y_2-y_1
4	327.46	252.71	327.71	252.21	0.25	-0.50
5	735.58	245.21	735.58	244.96	0	-0.25
6	295.14	404.37	294.31	403.55	-0.83	-0.82
7	549.62	372.53	548.89	371.78	-0.73	-0.78
8	997.17	350.26	996.43	349.47	-0.74	-0.79
9	520.32	580.25	519.59	579.50	-0.73	-0.75
10	1 017.83	521.72	1 017.83	521.84	0	0.12
RMSE = 0.921 3						

由表 1 可以看出，*RMSE* = 0.921 3，配准精度基本控制在一个像素之内，取得了良好的配准效果。

图 11　参考影像检查点

图 12　待配准影像检查点

4　结　语

基于 TIN 的配准方法将灰度匹配和特征匹配结合了起来，具有高可靠性、高精度及强适应性。本文利用点特征提取算子对参考影像提取大量特征点，其间需要进行影像分块及邻近点剔除。随后进行基于特征点引导的金字塔分层匹配，得到同名特征点对，然后利用平均绝对差和多项式迭代拟合的方式剔除粗差点。最后构建 TIN，在此基础上对待配准影像进行小面元内的分片纠正，得到最终的配准影像，实验效果理想。

参 考 文 献

[1] A. Arcese et al. Image Detect through Bipolar correlation[J]. IEEE Trans. Inform. Thepr – y. Sept. 1970:531-541.

[2] Barnea D I, Silverman H f. A class of algorithms for fast digital image registrat – ion[J]. IEEE Trans. on Computers, 1972, Vo. C – 21, 179-186.

[3] M Svelow, C D MacGillen, Paul E. Anuta. Image registration: Two new techniques for image matching[J]. Proc 5th Joint Conf. On Artificial Intelligence. Cambridg – e. Mess, 659-663.

[4] W K Pratt. 数字图像处理学[M]. 高荣坤，等译. 北京：科学出版社，1983.

[5] C D MacGillen et al. Image Registration on Variance as a Measure of Overlay Quality [J]. IEEE Trans. Geosci. Electron, Jan. 1976, vol. GE – 14, 44-19.

[6] Barrow H G et al. Paramrtric Correspondence and Chamfer Matching: Two New Techniques for Image Matching[C]. Proc 5th Joint Conf. OnArtificial Intelligence. Cambridge. Mess. ,659-663.

[7] 朱述龙，朱宝山，王红卫. 遥感图像处理原理与应用[M]. 北京：科学出版社，2006.

[8] 张朝晖. 多传感器卫星图像的配准技术研究[D]. 北京：中国科学院自动化研究所，2003.

基于高光谱遥感的目标识别技术研究现状及展望

王涛涛 陆子龙

（广东省国土资源测绘院，广东广州 510500）

【摘 要】在概括介绍高光谱遥感技术的基础上，通过与多光谱遥感比较，分析了高光谱遥感技术在目标识别应用上的优势。重点介绍了当今采用高光谱遥感的进行目标识别的三种方法，并对其各自存在的缺陷进行了分析，同时对未来的发展趋势进行展望。

【关键词】高光谱遥感；目标识别；研究现状；发展趋势

高光谱遥感是当前遥感技术发展的前沿领域。从1983年第一台高光谱成像光谱仪问世以来，各发达国家如美国、加拿大、法国、德国等竞相研究这一技术，使得其在短短的20多年时间里取得了突飞猛进的发展。很多在多光谱遥感中不可探测的物质，在高光谱遥感中都能被识别[1]。

1 高光谱遥感概述

高光谱遥感是在电磁波谱的可见光、近红外、中红外和热红外波段范围内，获取许多非常窄的光谱连续的影像数据的技术[2]。国际遥感界普遍认为，光谱分辨率在λ/10数量级范围的遥感信息称为多光谱遥感，这样的遥感器在可见光和近红外光谱区只有几个波段；而光谱分辨率在λ/100数量级范围的遥感信息称为高光谱遥感，覆盖了可见光、近红外、中红外和热红外波段。

高光谱遥感在对地物的空间特征成像的同时，成像光谱仪对每个空间像元通过色散或干涉形成几十个乃至几百个波段，实现连续的光谱覆盖。高光谱影像数据是一个光谱影像的立方体，其空间维描述二维空间特征，其光谱维揭示图像每一像元的地物光谱特征，由此实现遥感数据空间维与光谱维的有机结合，包含着丰富的空间、辐射和光谱信息。

2 高光谱遥感与目标识别

与传统的全色遥感和多光谱遥感相比，高光谱遥感具有更精细的光谱分辨率、更宽广的覆盖范围，在目标识别上具有先天的优势。正因如此，高光谱遥感在目标识别上备受青睐。

2.1 遥感定量化，实现精细识别

传统的多光谱遥感技术主要受传感器的光谱分辨率限制，光谱分辨率在λ/10数量级，主要用于地物的定性化分析；而高光谱遥感精细的光谱分辨率，对地表地物实现连续的光谱覆盖，可更好地反映地物光谱的细微差异，从影像中提取目标的辐射特性参量，大大减少了“异物同谱”和“同谱异物”现象的发生，为地物的精细识别奠定基础。

美国海军设计的高光谱成像仪可在0.4~2.5 μm光谱范围内提供210个波段的光谱数据，可获得近海环境目标的动态特性，例如海水的透明度、海洋深度、海流、海底特征、水下危险物、油泄漏等成像数据，为海军近海作战提供参考[3]。

在识别伪装方面，高光谱遥感更具有价值。绿色伪装材料检测的一个重要手段就是利用植被的“红边”效应（在680~720 nm反射率急剧升高），现有绿色伪装材料的光谱曲线大体上可以与植被相吻合，在多光谱侦察条件下能够满足伪装要求。但是在高光谱细微的分辨能力下，经过伪装的目标便无所遁形[4]。

2.2 覆盖范围广，成像波段多

高光谱遥感具有从可见光、近红外、中红外和热红外的覆盖能力，具有成百上千个窄波段，提供了丰

富的地物光谱信息,可通过灵活的组合或变换生成不同的特征。在可见光、近红外波段,地物以反射太阳能量为主,可以通过其反射特征光谱的分析来识别目标;在热红外波段,地物辐射能量以自身的热辐射为主,则通过目标的发射率和辐射率来进行识别。高光谱遥感更可提供全天候的侦察检测,无论在何种气候条件下,其总可获取相当数目的波谱信息,从而为信息分析人员提供情报。

3 目标识别的主要方法

基于高光谱遥感的目标识别算法,大致可分为光谱匹配和异常检测两大类。

光谱匹配算法一般都是假定数据服从某种统计或几何模型,构造目标检测算子,根据先验信息反算出算子中的参量,建立起光谱特征库。通过与特征库比对,从而识别出目标。例如,基于自适应一致估计的 ACE 算法、基于正交子空间投影的 OSP 方法、利用非监督方法对波段维数进行扩展的推广正交子空间投影 GOSP 算法、利用光谱后验信息的 POSP 算法的 OBP 算法等等[5]。这类算法的关键在于有足够的数据去建立一个光谱特征库,特征库质量的高低将决定识别的效果。然而,在目标识别中,不可能充分得到敌方的目标数据来建立一个可靠的光谱特征库。因而,在目标识别中主要采用异常检测算法。

异常检测算法将图像分为背景和目标两类,其中背景的所占比例远大于目标。首先建立起背景的模型,再按照模型对像素进行甄别,将不符合全局或局部背景模型的像素点判定为目标点。在这一过程中,无需先验信息,也无需进行光谱定标、辐射处理等,非常适合于目标的识别。下面对当前目标识别中广泛使用的 RX 算法、基于投影寻踪的算法、基于端元提取的算法予以介绍和分析。

3.1 RX 算法

RX 算法是从 Kelly、Reed、Yu 提出的广义似然比(GLRT)推导而来,是一种基于目标替代模型的异常检测算子,也是经典的检测算子。广义似然比针对背景的统计参数而设计,假定在目标替代模型下,设 x 为观测数据,$\{V_j \in C^k | 1 < j < N\}$ 是一组样本。在真实数据中,N 趋近于无穷,则广义似然比($GLRT$)的公式为:

$$D_{RX}(x) = (x-\mu)^{\mathrm{T}} R^{-1} (x-\mu)$$

其中,μ 是图像的均值,R 为数据的互协方差矩阵。RX 算子实际上是计算图像波谱与均值波谱的 Mahalanobis 距离,是一种能量检测算子。根据公式,只需要数据的相关矩阵 R,而不需要任何其他信息。从理论上讲,RX 算法是基于多元正态分布模型。由于原始数据通常表现为多个正态分布的组合,因此 RX 更适合于局部范围的异常检测,而对全局范围内的异常则效果较差。另外,算子是能量检测算子,没有使用光谱维数据,对于相对背景差异不大的异常,其检测效果不理想[6]。

3.2 基于投影寻踪的算法

投影寻踪(Projection Pursuit)由美国斯坦福大学的 Friedman 和 Tukey 教授正式提出,是处理和分析高维数据的一类新兴的统计方法,其基本思想是将高维数据投影到低维子空间上,寻找出反映原高维数据的结构或特征的投影,以达到研究和分析高维数据的目的。其算法的基本思想如下:

(1)任意确定一投影方向;

(2)选定投影指标;

(3)寻找使投影指标最优的投影方向;

(4)将这部分结构从原数据中剔除,得到改进的结构,然后重复寻优过程,寻找新的投影方向,直到数据的投影中不再显著含有感兴趣的结构为止[7]。

高光谱遥感数据的光谱维,不仅维数多、冗余大,而且非线性、非正态,采用传统的形式化、数学化的数据分析方法无法找到数据的内在规律和特征。因而,很多学者采用投影寻踪的算法进行高光谱数据处理。在这一算法中,投影指标和寻优方式的选择是关键问题。然而,由于实际的目标识别中,客观世界千变万化,难以采用统一的投影指标。在先前的研究中,学者们采用各种指标(Bhattacharyya 距离、离散度指标、熵准则)处理数据,并未发现一种通用型的指标。而且,由于高光谱数据的数据量常常过于庞大,现有的寻优算法(遗传算法、进化算法、序贯投影寻踪)的处理速度较慢,难以适应实时性要求。

3.3 基于端元提取的算法

与经典的RX算法及统计中运用的投影寻踪算法相比,该方法的提出较晚,其基本思想是:采用某种方法来抑制背景信息,就可以削弱大概率地物的表现,从而突出小概率目标[8];在采用某种方法进行端元的提取,如寻丽娜等[9]采用迭代误差分析(IEA)的方法来提取端元,刘建平等[10]采用最小噪声分离变换(MNF)来提取;最后,对处理图像进行目标检测,多采用光谱角度匹配方法(SAM)。

该方法在抑制背景信息的基础上进行端元提取,由于绝大多数背景端元都得到了有效的抑制,从而大大减少了待提取的端元数目,算法的整体计算量小,适合于目标的快速识别。

4 目标识别技术发展趋势

高光谱遥感的应用,给目标识别技术带来了革命性发展,但远未达到完美的地步,在如下方面仍具有巨大的发展空间。

(1)光谱分辨率的进一步提升。高光谱遥感提供了λ/100数量级的光谱分辨率,随着硬件技术的提高,更高光谱分辨率的成像仪必将进一步提升目标的识别技术。

(2)光谱维信息与空间维信息的融合。高光谱图像既有光谱维又有空间维,但当今的算法大多只利用其中的一种,未能充分发挥数据的效能。如有一种有效的算法,能充分将二者的优势融合,将会使得目标的识别更为可靠。

(3)目标的实时识别方法。高光谱遥感数据的一个显著特点就是数据量大,实际运用中需要耗费大量的时间。对于领域,实时算法具有特别的意义。从发现目标到识别目标,花费时间越短越好。采用更合适的数值处理方法,或采用当前流行的并行运算技术或是DSP技术,对于提高处理速度,将会有很大帮助。

5 结 语

高光谱遥感是遥感技术的热门领域,在目标识别上具有重要的实用价值。本文介绍了高光谱遥感技术的特点与优势,在参阅相关文献基础上,总结了基于高光谱遥感的目标识别算法,对其中广泛运用的RX算法、基于投影寻踪的算法、基于端元提取的算法予以重点介绍,并分析了各自的特点与缺陷。同时,对未来基于高光谱遥感的目标识别技术的发展趋势进行了展望。

参 考 文 献

[1] 浦瑞良,宫鹏.高光谱遥感及其应用[M].北京:高等教育出版社,2000.

[2] Thomas M. Lillesand, Ralph W. Kiefer. 遥感与图像解译[M].北京:电子工业出版社,2003.

[3] 杨哲海,韩建峰.高光谱遥感技术的发展与应用[J].海洋测绘,2003(6):55-58.

[4] 张朝阳,程海峰,陈朝辉,等.高光谱遥感的发展及其对装备的威胁[J].光电技术应用,2008,23(1):10-12.

[5] D Manolakis. Overview of Algorithms for Hyperspectral Target Detection: Theory and practice[C]. Proc. SPIE, 2002, 4725: 202-215.

[6] Matteoli S, Diani M, Corsini G. A Tutorial Overview of Anomaly Detection in Hyperspectral Images[J]. IEEE Aerospace and Electronic Systems Magazine, 2010, 25(7): 5-27.

[7] I S Reed, X Yu. Adaptive Multiple - band CFAR Detection of an Optical Pattern with Unknown Spectral Distribution [J]. IEEE Transactions Acoustics, Speech and Signal Processing, 1990, 38(10): 1760-1766.

[8] 寻丽娜,方勇华.基于投影寻踪的高光谱图像目标检测算法[J].光子学报,2006,35(10):1585-1588.

[9] 寻丽娜,方勇华,李新.高光谱图像中基于端元提取的小目标检测算法[J].光学学报,2007,27(7):1178-1182.

[10] 刘建平,高永光,李胜利,等.基于端元提取的高光谱影像特定对象识别方法研究[J].江西测绘,2010(2):2-4.

基于模糊聚类法 DEM 确定耕地坡度的应用分析

张腾腾

（广东省国土资源测绘院，广东广州 510500）

【摘　要】针对实际应用的坡度计算中没有考虑 DEM 高程精度的影响，本文提出采用模糊聚类法进行坡度分级，给出了具体的精度评定方法。用该方法对我国南方某地区某镇的第二次土地调查耕地成果数据进行了分析，并与传统的直接计算方法进行了比较。结果表明，两种方法得到的图斑坡度级基本相同；从总体分类精度与 Kappa 系数计算来看，两者基本接近，模糊聚类法略微优于直接计算法，而且由于其顾及了 DEM 高程精度的影响，得到的分级结果可靠性更高。

【关键词】模糊聚类；DEM 高程精度；耕地坡度

1 引　言

地面的坡度，从微观上反映了该地地貌微观地表单元的形态、起伏或扭曲特征，不同的地表空间位置具有不同的地面坡度，如果采用一个连续的坡度面表示地表的坡度，不方便实际应用，因此有必要将地面坡度进行一定的等级划分，不同的应用具有不同的划分标准，如在进行第二次土地调查时，将耕地坡度划分为五个等级：Ⅰ级（≤2°）、Ⅱ级（2°～6°）、Ⅲ级（6°～15°）、Ⅳ级（15°～25°）及Ⅴ级（>25°），以方便利用 DEM 生成坡度图，根据不同坡度分级测算的田坎系数扣除耕地中的田坎面积，计算不同坡度的耕地面积[1]，省略了实地丈量每条田坎的宽度，并制定了具体的利用 DEM 确定耕地坡度分级技术规定[2]。

由于同一图斑内不同格网点计算出来的坡度并不完全一致，如何确定耕地图斑的坡度级就有了不同的处理方法，如采用面积比例最大的坡度等级[3]、采用平均坡度的坡度级[4]、最大（小）值坡度、概率坡度、中值坡度、中心点坡度[5]等，这些方法简单易行，很方便实际应用，但是有一个不足之处就是：没有考虑到 DEM 格网点高程误差对坡度计算的影响，致使 DEM 提取坡度结果的不确定性，文献[6]分析了 DEM 误差与计算模型对坡度计算的影响。顾及 DEM 误差进行耕地图斑坡度的计算，作者综合利用模糊聚类法来确定耕地坡度，以便合理地确定耕地的坡度级。

2 模糊聚类法确定耕地坡度的原理

2.1 基本原理

在传统的分类方法中，假定每个像元只能被归入一个类型中，像元与类型只能是一对一的关系。如果根据每个 DEM 格网点计算所得到的坡度值所在坡度等级作为该点的坡度值，就完全没有 DEM 高程的误差，模糊聚类统计就是允许 DEM 格网点的坡度将以一定百分比的概率分布在不同的坡度等级内。

设有 n 个待分类的样本（图斑内包含的 DEM 格网点的坡度）分别为 x_1、x_2、…、x_n，每个样本有 5 种特性（不同的坡度级），$x_{i,j}$表示第 i 个样本对应第 j 个特性的隶属度。模糊聚类法即认为各样本并非硬划分为某一坡度级，而是以一定的概率隶属于某一坡度级，概率越大，说明属于某一坡度级的可能性越大，综合统计图斑内所有格网点对应的坡度概率，概率和最大的认为该图斑隶属于对应的坡度级。即样本隶属度矩阵[7]。

$$X = \begin{pmatrix} x_{1,1} & x_{1,2} & \cdots & x_{1,5} \\ x_{2,1} & x_{2,2} & \cdots & x_{2,5} \\ \vdots & \vdots & & \vdots \\ x_{n,1} & x_{n,2} & \cdots & x_{n,5} \end{pmatrix} \tag{1}$$

其中：$0 \leqslant x_{i,j} \leqslant 1$，$\sum_{j=1}^{5} x_{i,j} = 1$。计算不同坡度级的隶属度均值 $s_j = \sum_{i=1}^{n} x_{i,j}$，取 $\max(s_j)$ 作为对应图斑的坡度级。

接下来的问题是如何确定样本的隶属度，由于 DEM 的误差分为偶然误差与系统误差，而系统误差是尽量要消除的，因此可以认为 DEM 的误差仅为偶然误差，由于偶然误差服从正态分布，为此可以根据求得每一个格网点的坡度值 P_j 及其中误差 m_{P_j} 来进行计算，坡度值落在每一坡度级区间的概率（见图 1），作为隶属度 $x_{i,j}$，即[8]

$$x_{i,j} = \int_{P_{\min}}^{P_{\max}} (1/\sqrt{2\pi} m_{P_j}) \cdot \exp[-(P-P_j)^2/2m_{P_j}^2) \cdot \mathrm{d}P + \int_{-P_{\max}}^{-P_{\min}} (1/\sqrt{2\pi} m_{P_j}) \cdot \exp[-(P-P_j)^2/2m_{P_j}^2) \cdot \mathrm{d}P \tag{2}$$

其中：$P_{\min}$、$P_{\max}$ 分别为不同坡度级坡度区间的最小坡度值与最大坡度值，由于利用式(2)计算只能得到（-90°～90°）的概率，而正态分布区间为（-∞～+∞），因此需要对利用式(2)计算得到每一样本的隶属度进行归一化处理。

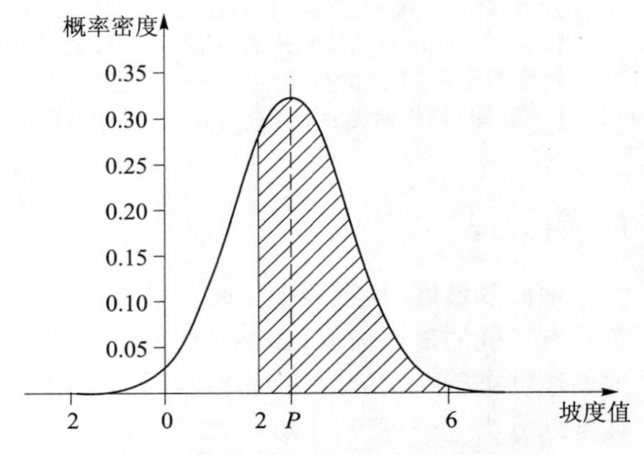

图 1 坡度值落在每一坡度级区间的概率

而坡度值 P_j 及其中误差 m_{P_j} 可以利用坡度值计算公式[2]：

$$P = \arctan\sqrt{(\partial z/\partial x)^2 + (\partial z/\partial y)^2} \tag{3}$$

$$m_P^2 = \sum_{i=1}^{9} (\partial P/\partial h_i)^2 \cdot m_{h_i}^2 \tag{4}$$

式中，$\partial z/\partial x$、$\partial z/\partial y$ 分别表示 x、y 方向的偏导数。

图 2 中 $P_{i,j}$ 表示格网点 (i,j) 处的高程。计算坡度值时采用 3×3 窗口（见图 2），利用式(5)中选择一式计算坡度值。

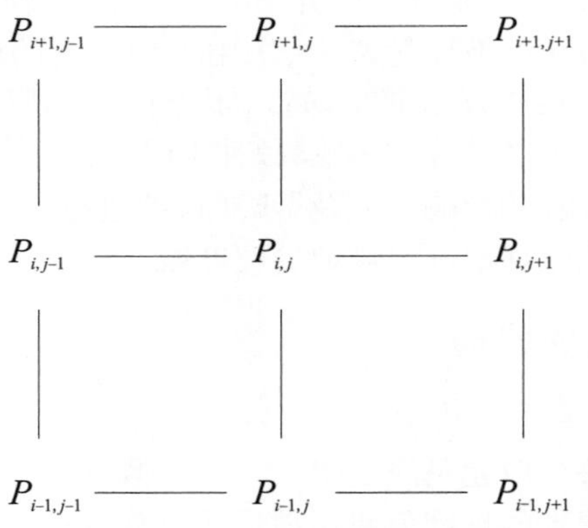

图 2 DEM 3×3 局部移动窗口

$$\begin{cases} \partial z/\partial x = (P_{i+1,j} - P_{i-1,j})/2\Delta x \\ \partial z/\partial y = (P_{i,j+1} - P_{i,j-1})/2\Delta y \end{cases} \tag{5(a)}$$

$$\begin{cases} \partial z/\partial x = [P_{i+1,j-1} - P_{i-1,j-1} + 2(P_{i+1,j} - P_{i-1,j}) + P_{i+1,j+1} - P_{i-1,j+1}]/2\Delta x \\ \partial z/\partial y = [P_{i-1,j+1} - P_{i-1,j-1} + 2(P_{i,j+1} - P_{i,j-1}) + P_{i+1,j+1} - P_{i+1,j-1}]/2\Delta y \end{cases} \tag{5(b)}$$

$$\begin{cases} \partial z/\partial x = [P_{i+1,j-1} - P_{i-1,j-1} + P_{i+1,j} - P_{i-1,j} + P_{i+1,j+1} - P_{i-1,j+1}]/2\Delta x \\ \partial z/\partial y = [P_{i-1,j+1} - P_{i-1,j-1} + P_{i,j+1} - P_{i,j-1} + P_{i+1,j+1} - P_{i+1,j-1}]/2\Delta y \end{cases} \tag{5(c)}$$

其中：Δx、Δy 分别为 DEM x、y 方向的格网间距。由于数学模型不同，得到的坡度值也不同，每一地区需要具体分析，采用哪种数学模型更合适[2]。在具体的计算过程中，$\partial P/\partial h_i$ 表示坡度值对第 i 点高程的偏导数，可以采用数值微分的方法进行求解，m_{h_i}为其对应的高程中误差，通常可以假定每一地形类别内的高程中误差一定，为 DEM 数据生产中格网点高程中误差限差。

2.2 精度评定

由于 DEM 数据本身存在一定的不确定性，从整体来看，DEM 格网点的高程可以认为是 DEM 格网点高程的最值或然值。为合理地进行所确定的坡度精度评定，采用图斑内各格网点对应的计算坡度值 P 所在的坡度级与模糊聚类所确定的坡度级进行比较，得到分级混淆矩阵[8]

$$U = \begin{pmatrix} u_{1,1} & u_{1,2} & u_{1,3} & u_{1,4} & u_{1,5} \\ u_{2,1} & u_{2,2} & u_{2,3} & u_{2,4} & u_{2,5} \\ u_{3,1} & u_{3,2} & u_{3,3} & u_{3,4} & u_{3,5} \\ u_{4,1} & u_{4,2} & u_{4,3} & u_{4,4} & u_{4,5} \\ u_{5,1} & u_{5,2} & u_{5,3} & u_{5,4} & u_{5,5} \end{pmatrix} \tag{6}$$

式中 $u_{i,j}$——模糊聚类得到分级为 i 级而直接采用 DEM 计算得到分级为 j 级的格网点数；

$u_{i+} = \sum_{j=1}^{5} u_{i,j}$——模糊聚类得到分级为 i 级的格网点数；

$u_{+j} = \sum_{i=1}^{5} u_{i,j}$——采用 DEM 计算得到分级为 j 级的格网点数；

$u = \sum_{i=1}^{5} u_{i+} = \sum_{j=1}^{5} u_{+j}$——格网点总数。

则总体分级精度[8]：

$$u_c = \sum_{i=1}^{5} u_{i,i}/u \tag{7}$$

总体精度是具有概率意义的一个统计量，表述的是对每一个随机样本所分类的结果与对应实际类型的相一致性。

Kappa 系数[8]：

$$K = \frac{u \cdot \sum_{i=1}^{5} u_{i,i} - \sum_{i=1}^{5} (u_{i+} \cdot u_{+i})}{u^2 - \sum_{i=1}^{5} (u_{i+} \cdot u_{+i})} \tag{8}$$

Kappa 系数表征分类结果与实际的吻合度。

总体分级精度与 Kappa 系数从不同侧面反映了分级精度。总体分级精度只用到了位于对角线上的正确分级的格网点，而 Kappa 系数不仅包括了正确的格网点，同时也包括了错分的格网点。

2.3 模糊聚类法确定耕地坡度的过程

模糊聚类法确定耕地坡度的具体计算过程如下：

(1)确定图斑范围内的格网点，并计算各格网点对应的坡度值 P 及中误差 m_P；

(2)利用求得的坡度值 P 与中误差 m_P 计算格网点对应的不同坡度隶属度 $x_{i,j}$，并进行归一化处理；

(3)求解图斑范围内所有格网点不同坡度级隶属度均值 s_j，取最大值所在的坡度级作为图斑对应的坡度级。

(4)计算总体分级精度与 Kappa 系数。

与传统的计算方法相比，模糊聚类法需要计算坡度值的中误差以及格网点对应不同坡度的隶属度，特别是隶属度计算过程中涉及数值积分，计算工作量相比增加了不少，这也是本方法的一个缺陷。

3 应用实例

为具体分析本文所介绍的方法的有效性，选取了我国南方某地区某镇的第二次土地调查耕地成果数据进行分析。试验区以丘陵地为主，约 120 km²，共有耕地图斑 1 271 个。采用文献[2]中的第二种坡度计算模型，分别按模糊聚类法与直接计算法计算了耕地图斑的坡度级，得到各图斑的坡度级见表 1 与图 3 所示。

表 1　两种方法得到的不同坡度级图斑数

方法	1 级	2 级	3 级	4 级	5 级
模糊聚类法	177	1 093	1	0	0
直接计算法	185	1 084	2	0	0

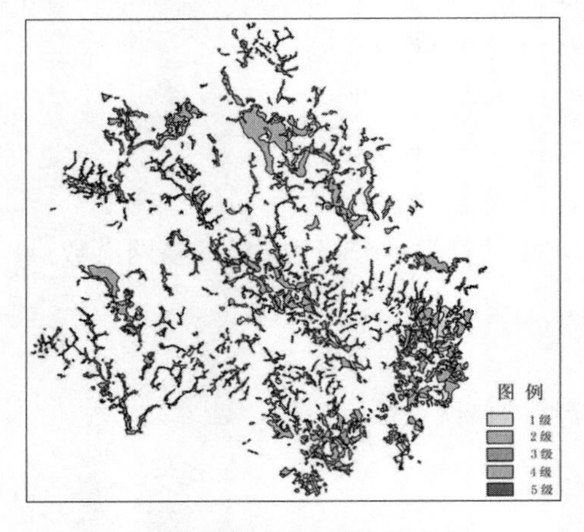

（a）模糊聚类法的耕地坡度图

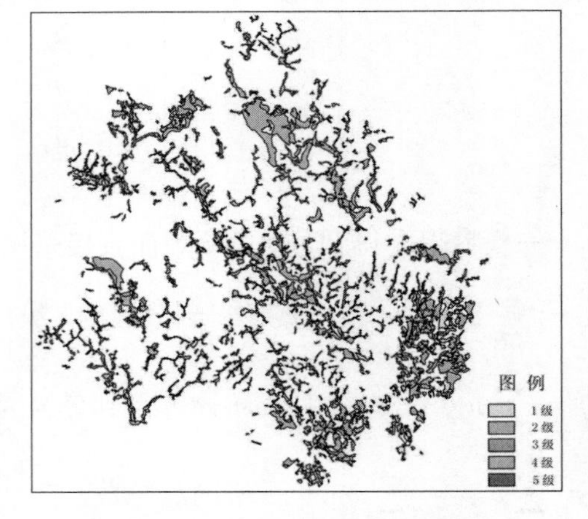

（b）直接计算法的耕地坡度图

图 3　两种方法得到的耕地坡度图

同时计算各格网点的坡度级，与图斑的坡度级比较，得到混淆矩阵，如表 2 所示。

表 2　两种方法的混淆矩阵

方法		1 级	2 级	3 级	4 级	5 级
模糊聚类法	1 级	45 989	11 716	235	0	0
	2 级	123 096	565 103	15 437	4	0
	3 级	0	17	26	0	0
	4 级	0	0	0	0	0
	5 级	0	0	0	0	0
直接计算法	1 级	45 800	19 165	244	0	0
	2 级	123 885	564 030	15 401	4	0
	3 级	0	41	53	0	0
	4 级	0	0	0	0	0
	5 级	0	0	0	0	0

由混淆矩阵得到两种方法各自的总体分级精度与 Kappa 系数：

模糊聚类法：

$$总体分类精度:u_c = 80.23\%$$

$$\text{Kappa 系数}:K = 0.302\,7$$

直接计算法：

$$总体分类精度:u_c = 79.35\%$$

$$\text{Kappa 系数}:K = 0.279\,5$$

从各图斑的分级来看。两种方法得到的坡度及基本相同，仅有 21 个图斑不同，约占总图斑数的 1.65%，而且从总体分类精度与 Kappa 系数计算来看，模糊聚类法的精度略微高一点，而且直接计算法并未考虑 DEM 高程精度的影响,因此得到的分级结果可靠性不如模糊聚类法结果。在模糊聚类法中,若在进行坡度计算时,能得到 DEM 生产时的实际高程精度中误差,比采用 DEM 高程中误差限差作为 DEM 高程精度将更加理想。

同时,为了比较两种方法的计算效率,分别统计了两种方法计算这 1 271 个图斑的所耗时间:模糊聚类法 731 min,直接计算法 38 min,模糊聚类法所用时间是直接计算法所用时间的 19 倍,由此可见,正如上所述,由于需要进行数值积分,积分的时间将大大延长,对于批量的计算,虽然理论上模糊聚类法更严密,但是计算时间大大增加。

4 结　语

利用本文提出的模糊聚类法对我国南方某地区某镇的第二次土地调查耕地成果数据的坡度分级精度进行了分析,并与传统的直接计算法进行了比较。结果表明,试验区共有耕地图斑 1 271 个,两种方法得到的图斑坡度级基本相同,仅有 21 个图斑不同,约占总图斑的 1.65%,从实地情况来看,这 21 个图斑坡度类型更接近模糊聚类法确定的坡度类型;从总体分类精度与 Kappa 系数计算来看,两者基本接近,模糊聚类法略微优于直接计算法,而且由于其顾及了 DEM 高程精度的影响,得到的分级结果可靠性将高于直接计算法。

但是,从计算时间上来说,模糊聚类法的计算时间远远长于直接计算法,从这一点上来说,损失 1.65% 的数据精度换取计算效率的 19 倍,也是可以考虑的。因此,虽然理论上模糊聚类法更严密,但是计算时间大大增加,为保证计算精度与效率,下一步需要进一步对该算法进行优化。

参 考 文 献

[1] TD/T 1014—2007 第二次全国土地调查技术规程[S].
[2] 国务院第二次全国土地调查领导小组办公室. 利用 DEM 确定耕地坡度分级技术规定(试行). 2008.
[3] 广东省国土资源厅. 广东省第二次土地调查技术实施细则. 2007.
[4] 张伟,王建弟,朱宁. 土地利用调查中图斑平均坡度的获取方法[J]. 地理与地理信息科学,2005,21(6):37-40.
[5] 周奎,陈楚,倪冬兰. 基于 DEM 量算耕地坡度的方法研究[J]. 城市勘测,2007(2):95-96.
[6] 刘学军,龚键雅,周启鸣,等. 基于 DEM 坡度坡向算法精度的分析研究[J]. 测绘学报,2004,33(3):258-263.
[7] 李士勇. 工程模糊数学及应用[M]. 哈尔滨:哈尔滨工业大学出版社,2004.
[8] 汪仁宫. 概率论引论[M]. 北京:北京大学出版社,1994.
[9] 赵英时. 遥感应用分析原理与方法[M]. 北京:科学出版社,2003.
[10] 汤国安,刘学军,阎国年. 数字高程模型及地学分析的原理与方法[M]. 北京:科学出版社,2005.

基于全景移动测量系统的城市三维实景影像作业流程

赵智辉

（广东省国土资源测绘院，广东广州 510500）

【摘　要】本文介绍了全景移动测量系统的基本原理及其在城市三维实景数据建设中的优势和作业流程。通过实例说明全景移动测量系统在城市三维数据获取及处理领域具有重要作用与广阔前景，可以为城市三维实景影像数据建设提供新的解决方案。

【关键词】全景移动测量系统；MMS；城市三维

1　引　言

随着经济和社会的不断发展，城市人口不断增多，城市规模不断扩大，城市管理范围越来越广，城市公共部件越来越多。由于管理手段跟不上，使得当今的城市综合管理工作中普遍存在以下问题：一是各相关部门管理范围不清楚，管理责任不明确，无法监管到位，使得辖区内各类城市管理问题频繁发生；二是城市基础设施档案资料不全，各相关部门管理对象不清楚，各类城市公共部件的运行状况无从掌握，使得各类城市公共部件管理问题时有发生，有的甚至会威胁到人民群众生命财产安全；三是城市定位标志不细致，在接到市民有关城市管理问题投诉时，往往又很难确定具体事发位置，使得所发生的各类城市管理问题难以及时得到妥善处理。彻底解决上述城市综合管理工作中存在的问题，强化对城市的监管，有效提高对所接报的各类城市管理问题的处置速度和效率，就需要大力推进广州市数字化城市管理工作，实现城市管理的数字化和网络化，全面开展城市公共部件普查、城市实景三维影像数据采集和管理网格数据建设。

全景移动测量系统作为一项测绘领域的前沿技术，集多种传感器于一身，可以快速地提供精确的多元数据流，为城市三维数据建设提供了新的方法和新的思路。

1.1　全景移动测量系统介绍

全景移动测量系统是具备国际先进水平的高科技测绘技术，是 CCD 传感技术、360°连续全景影像采集技术、惯性导航技术、全球定位技术、计算机高速运算技术、海量存储技术的高度集成。在数据采集设备的高速行进之中，快速获取城市 360°连续全景影像，采集道路及两旁地物目标的空间和属性信息，连同汽车的轨迹坐标数据和姿态数据一起，同步存储在车载计算机之中。经后编辑处理，可获取立体影像中的目标地物的空间坐标（如：道路中心线坐标、地形特征点坐标等）和几何尺寸（如：路宽、桥高、坡度和转弯半径等），同时也可提取相应的地物属性数据，生成相应的道路专题图。

全景移动测量系统数据不仅包含可供深度挖掘的空间和属性数据，而且还包含丰富的社会、人文、经济环境信息，其主要作业方式如图 1 所示。

1.2　全景移动测量系统对传统测绘方式的改进

传统测绘采用外业图纸调绘的方式，内业在计算机根据外业调绘图纸信息进行上图，极大地限制了内业数据处理进度。而基于全景移动测量系统的方式采用移动道路测量系统快速采集城市道路两侧影像数据，并通过相关数据处理技术，提取城市管理部件数据，建立部件数据库；配以传统测绘技术，对隐蔽区域、隐蔽部件进行补充，实现“地毯式”数据采集，确保数据的完整性。优化后的流程如图 2 所示。

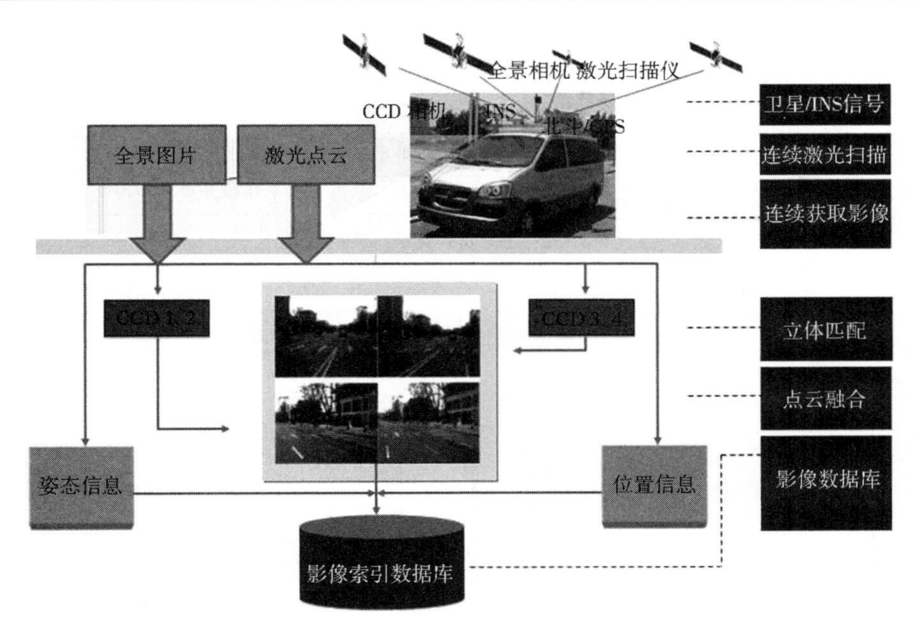

图 1　工作原理示意图

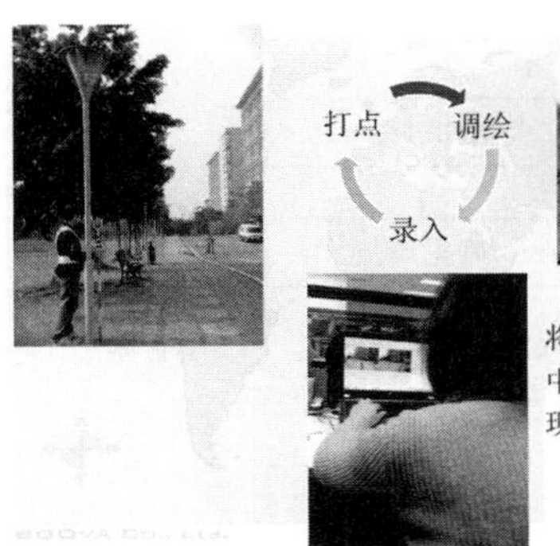

图 2　基于全景移动测量系统的工艺流程

优化后的工艺采用“打点—调绘—录入”循环工艺，相比于传统方式，其具有以下优势：

(1)所有信息自动化生产和传输，减少了人工输入的耗时成本；

(2)后续工艺是前序的质检，提高了产品的质量；

(3)提高 30% 以上的工作效率。

2　全景移动测量系统作业流程

2.1　外业作业流程

2.1.1　外业作业流程图

全景移动测量系统外业作业流程见图 3。

2.1.2　采集要求

(1)车辆的行驶速度控制在表 1 范围以内；在道路拐弯处应减缓速度，车速的选择参照表 1 进行。

表 1　采集车车速要求

道路情况	平均车速(km/h)
高速公路	<80
主干道	<60
次干道	<40
小路、胡同、巷道	20 ~ 30

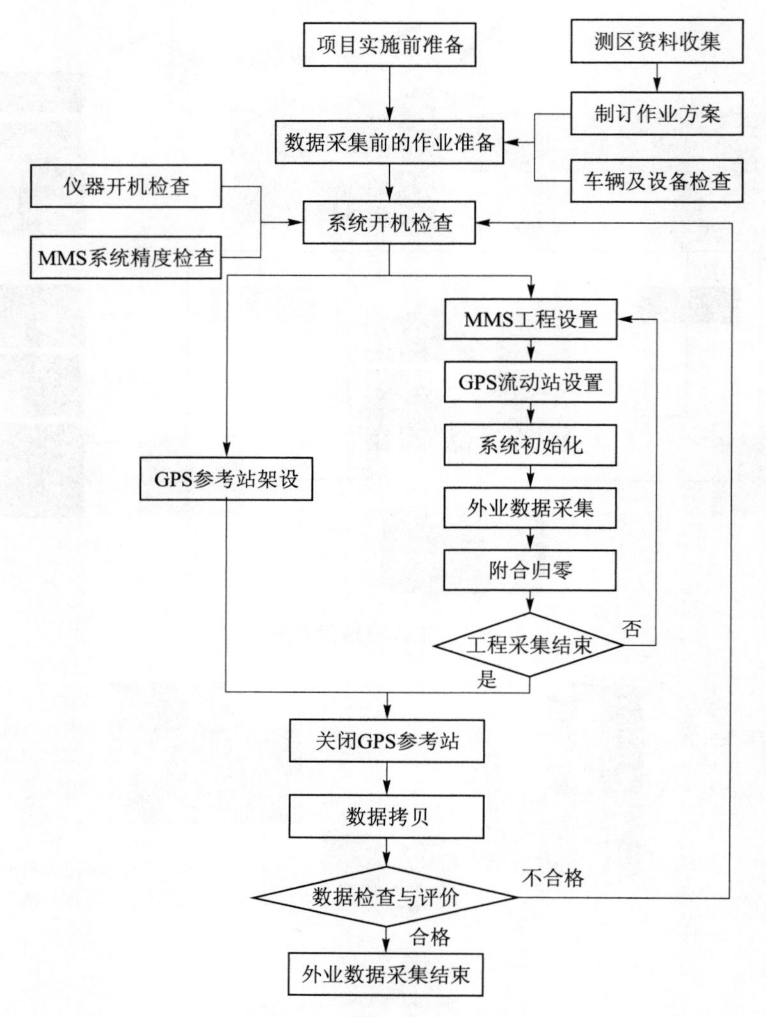

图 3　全景移动测量系统外业作业流程图

(2)车辆尽量在慢车道行驶,若车道遮挡较大,可适当沿中线行驶。

(3)采集时司机应注意控制车辆与旁边车身比较大的车辆错开,以避免被其遮挡住 CCD 相机,遗漏掉需要采集的要素。

(4)倒车时司机应挂倒车挡,使车上速度传感器能接收到速度信号。

(5)按交通规则行驶:对双向行驶的道路进行双向采集,当单向行驶可完全采集道路及道路两侧的地物信息时可单向采集。

(6)与作业员密切配合,如果车辆所在车道不能完全拍摄道路所有的标志、标线等信息和在 GPS 信号弱的路段有 GPS 信号好的地点需要靠边停车时,应及时更换车道,如果前方 CCD 相机逆光严重,应及时更改行车计划。

(7)在进入隧道、高架桥下前应减速行驶,等待相机自动调整曝光度。

(8)一般按照先主后次的原则采集。道路采集的内容依次为:城市环路、主干道、立交桥、次干道、一般干道、其他街道,数据采集按直线行驶采集的数据质量最佳。

(9)采集路段有辅路、立交桥、地下隧道时,应遵循“主路、桥上、隧道”一起采集或“辅路、桥下、隧道外”一起采集的原则。

(10)一个工程文件内,避免反复不规则的拐弯抹角行驶。

(11)城区按照被主干道或次干道分割的网块逐块采集,或者分行政区域按上述方法采集。

(12)双向 6 车道(含)以上每个行驶方向进行双向以上采集,当地物要素少时,每个行驶方向可只进行单向采集,确保所采集地物图片主题突出、要素齐全。

2.1.3 外业采集资料收集

组织有作业经验的技术人员通过各种合法途径对测区的资料、信息进行收集。

(1)地理资料:包括测区内社会、自然地理情况,地物的特点及地形变化程度,典型地物地貌及分布,测区交通规制及通行规律、影响采集的主要因素等。

(2)大地控制点资料:收集作业区内由广东省国土资源测绘院施测的高精度 GPS 网点(GPS - C 级)的广州坐标系和 1980 西安坐标系成果资料,用于求取坐标转换参数。

(3)地图资料:用于制作工作计划和导航的地形图资料。

(4)测区影像资料:测区最近影像(航片、卫片)资料。数字影像要求具有地理参考信息,格式为 Bitmap 或 GeoTiff。

(5)道路资料:收集城市行政区划图、街道图、交通旅游图。

2.1.4 制订采集方案

用交通图册和地形图制订好工作计划,同时将行车线路和新增的线路标注在图上。将收集到的道路属性资料标注在相关比例尺的地形图上,待数据采集完后进行处理时作为背景底图层,便于属性数据的编辑、修改、更新与检查。将地形图与影像资料(矢量)进行配置叠加,用于外业数据采集的工作底图。利用交通部门每年统计的最新资料,对道路按等级进行分类,将新增的道路分类统计出来,用于外业数据采集方案制订。每天晚上根据现有资料,制订好第二天外业采集方案。

2.1.5 数据采集

将基站架设在空旷、安全、有一定高度的地方(如果有控制点,则架设在控制点上)。将采集车行驶到采集区域的起点附近,将电池电源调至"放电"挡。分别打开两台工控机、GPS 惯导设备开关和同步器开关,选取一处卫星数不少于 6 颗以上的区域开始进行 IMU 的初始校准,初始化完成之后沿道路开始采集。

(1)开启基站,记录基站信息。

(2)开启硬件系统:按照系统硬件操作流程依次开启硬件设备,并设置好硬件的状态参数。

(3)GPS 接收机:打开 GPS 接收机和连接的计算机,检查设置参数是否正确。

(4)视频:开启视频设备。

(5)属性记录:确认属性面板/音频正常工作状态。

(6)CCD 相机和全景相机:开启 CCD 相机和全景相机,确定正常工作状态。

(7)对 CCD 相机和全景相机进行检查,确认相机内符合精度和相机没有松动,并根据实际的天气情况和湿度调整相机曝光参数。

(8)填写系统开机前的作业基本信息。

(9)系统软件启动:在硬件系统全部正常启动后,启动系统软件并对相关的参数进行设置,触发方式一般设置为每隔 5 m 触发一次。

(10)每个工程应设定起点和终点,一般情况下,一个工程的终点与下一个工程的起点应该重合。

(11)数据采集:测量车进入测区,司机按照计划路线和作业组长要求行驶,作业人员按照规定项目内容对其进行数据采集并对影像进行保存。

(12)在采集作业中,对出现影响数据质量、数据的完整性等问题及时给予记录,并填写《外业补测记录表》。

(13)采集作业完成后,将采集数据拷贝至外挂数据专用移动硬盘,依次关闭各硬件设备,最后关闭系统电源。

2.2 内业作业流程

2.2.1 内业作业流程图

激光影像数据处理流程见图 4。

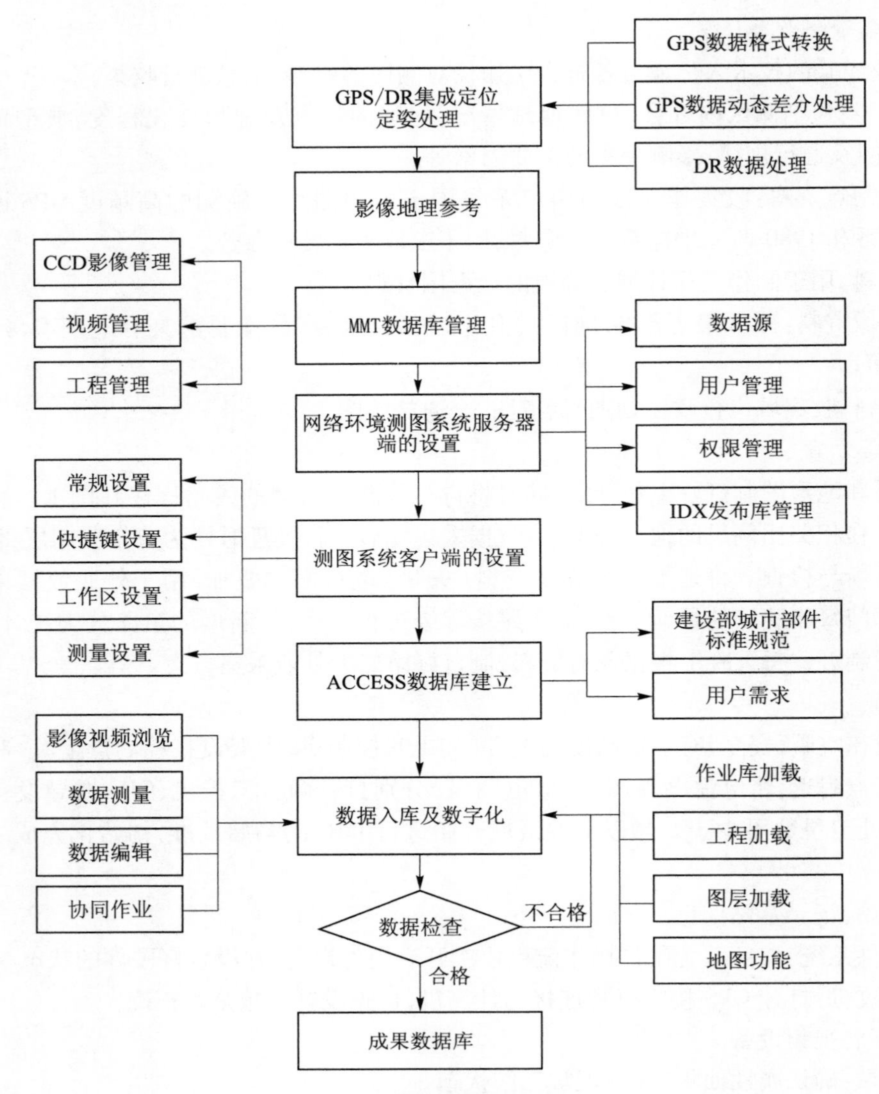

图 4　激光影像数据处理流程

2.2.2　内业处理

数据处理包括 GPS/IMU 集成处理、影像地理参考、立体测图、属性采集、矢量编辑及标准空间数据转换。

2.2.2.1　GPS 数据的差分后处理

将移动站的 GPS/IMU 融合的数据与基站采集的 GPS 数据进行差分后处理,消去系统和环境误差,提高移动站 GPS 测量数据的精度。

2.2.2.2　影像数据后处理

影像数据后处理是指将采集的 CCD 影像数据、360°全景相机影像数据经过和 GPS 数据进行关联、处理、优化,生成入库文件。

2.2.3　部件关联

全景移动测量系统采集设备一次作业采集的原始图片仅能建立坐标点与实景图片的对应关系,但不能突出表达出部件所对应的实景图片,故需要二次处理。二次处理过程实现部件与实景照片的关联,首先根据部件坐标获取当前位置上对应的实景图,并可进行上一张、下一张、暂停、播放等浏览控制,播放过程中通过人工判读的方式选择有关联的实景图,按照固定目录格式存储,并可进一步在数据表中建立对应关系,便于快速查询部件实景图。

3 应用实例

2011年12月15日至2012年8月30日,广东省国土资源测绘院、北京数字政通科技股份有限公司、广东省国土资源技术中心三家单位联合,进行了广州市城市三维实景影像数据建设工作,测区实际覆盖面积500 km^2 以上,实景影像采集总里程数5 316.13 km,其中实景轨迹历程3 700.22 km,胡同车1 615.91 km。与传统测量方式相比,此次项目具有以下特点:

(1)首创CCD影像+全景影像+激光点云的数据融合方法。之前的街景影像只使用CCD影像或者全景影像,这些影像本质上是二维平面数据,只有加入了激光点云数据才能称为真正的"三维实景"。

(2)使用激光点云实现直接量测功能,比以往在多张影像上选择同名点测量的方式更加友好,精度更高。系统实测的绝对测量精度在GPS信号好的地方优于10 cm,相对测量精度为1 cm。

(3)利用激光点云辅助影像匹配实现广告牌匾的自动构建,提高了数据生产效率。

(4)在城市实景采集方面,通过高端车载移动测量系统获取高精度的三维点云数据和实景影像数据,目前在精度上达到国内领先水平,100 m范围内,绝对定位精度优于10 cm。

在城市实景影像应用方面,我们与国内、外主流产品进行了对比,如表2所示。

表2 项目成果与国内、外产品的对比

技术指标	谷歌(google)	搜搜(soso)	eGovaMMS
渲染显示性能	高	较好	高
是否包含面侦测	是	只侦测地面	是
矢量道路显示	支持	非实际道路	支持
兴趣点显示	显示	显示	显示
应用可扩展性	一般	一般	好
二次开发接口	提供	未公开	提供
数据动态更新	未提供	未提供	提供

2012年12月1日,广州市城市管理委员会组织专家和用户代表对"广州市城市管理委员会数字化城市管理三维实景影像数据采集和城市管理部件普查项目"进行终验,验收组一致同意项目通过终验。

4 结 语

通过实际应用全景移动测量系统,解决了建筑物立面、街道街景、路面状况、市政元素等空间综合信息的快速获取及众多工程建设所需的高速度、高精度三维测量问题。证明了为促进测绘发展方式转型,实现"办公室测绘"目标,为智慧城市、数字城市建设提供了三维空间快速测量手段。

参 考 文 献

[1] 韩友美,车载移动测量系统激光扫描仪和线阵相机的检校技术研究[D].济南:山东科技大学,2011.
[2] 李德仁.移动测量技术及其应用[J].地理空间信息,2006(4).
[3] 侯艳芳,车载多传感器系统中面阵CCD图像的智能采集及应用[D].北京:中国测绘科学研究院,2010.
[4] 陈芳.移动测量系统在城镇大比例尺地图快速测量和更新中的应用[D].河南理工大学,2011.
[5] 石亮亮.车载GPS/INS组合导航系统位置与姿态精度初步分析与检验研究[D].北京:首都师范大学,2011.
[6] 李德仁,朱欣焰,龚健雅.从数字地图到空间信息网格——空间信息多级网格理论思考[J].武汉大学学报:信息科学版,2003(6).
[7] 李德仁,胡庆武.基于可量测实景影像的空间信息服务[J].武汉大学学报:信息科学版,2007(5).
[8] 李德仁.21世纪测绘发展趋势与我们的任务[J].中国测绘,2005(2).
[9] 仇巍巍,白玉江,周海滨,等.数字区域三维空间信息支撑平台建设[C]//测绘科学前沿技术论坛摘要集.测绘通报,2008.

利用卫星遥感影像信息提取技术更新地理底图的实践

周惠红

（广东省地质测绘院，广东广州 510800）

【摘　要】遥感已形成了一个从地面到空间，从信息数据收集、处理到判读和理解应用的多层次、多视角、多领域的立体观测体系，遥感具备的特性和优势使得遥感技术成为人类获取地球资源和环境信息的重要手段。随着卫星遥感影像获取的便利和分辨率越来越高，影像处理技术不断成熟，在地图制图领域得到了较好的应用。本文通过作者多年的地图编绘及更新的实践经验，具体分析了影像图中各种地物要素的解译技巧，结合地形图的资料，实现对地理底图编绘中地物要素的现势更新，取得了较好的效果。

【关键词】卫星遥感；影像信息；地理底图

1　引　言

由于受多种因素影响，目前我国的基础地理数据更新远远满足不了经济社会发展的需求，其更新也往往是局部的，或经济较发达地区。而对于地质找矿和基础地质调查来说却往往是在边远的山区。为了满足地质调查的需要，我们尝试利用卫星遥感影像图资料，实现对地物信息的解译，结合旧版1∶10 000地形图资料，对已发生变化的建筑物、民居、工业设施、道路、水系、管线等要素进行更新，从而探索出了一条利用遥感卫星影像图更新编绘地理底图的新途径，取得了较好的经济效益和社会效益。

2　遥感卫星影像图地物信息的挖掘

图像解译的主要对象是卫星像片，解译的内容主要是地表物体、地形地貌、植被等要素的信息。其中包括黑白像片、彩色像片和红外像片。几种像片的特点是：黑白像片成本低、立体感比较强，通过影像片灰度的深浅程度以及地表物体的成像规律进行解译；彩色像片成本高、直感性比较强，地物解译相对容易，但在无专门设备的情况下，其立体感差，高低判读不容易；红外像片是一种合成像片，其成像规律与地表热辐射有关，这种像片一般不用在上述两种工作上，用在水灾、火灾等灾难性情况解译时比较多。卫星像片目前用得比较多的是数字影像图，其特点是现势性好、分辨率高，而且便于在计算机上进行相应的数据处理，操作简单、直观，使用起来十分方便。地形图航测法测图、土地资源像片调查等工作，其百分之八十以上的工作量都可以在计算机上完成，大大减轻了外业工作的劳动强度，同时也加快了上述两项工作的更新周期，特别是利用卫星影像监管土地使用情况以及地表物体动态变化情况更有优势。遥感卫星影像图为地图制图带来了福音，它可以为地图数据库建设提供最准确的地理信息，是一种成本更低的新的地理信息采集方式。为了更多地应用遥感卫星影像图，使其创造更大的价值，下面结合实际应用情况就遥感卫星影像图辅助地理底图编制进行研究和分析。

2.1　水域的解译

河流是组成地图的骨架地物之一，准确解译河流之后，其他地物要素也就相对容易解译了。河流一般为带状地物，主河流连着无数支流，大支流连着小支流，成树型枝干状。主流所流经的地方，肯定为该集雨面积最低洼地带，每条支流所流过的地方，必然代表一条山槽或一条合水线。水域的成像随太阳的高度角不同，有所变化，因为其太阳光的光线折射方向不同，但在一般情况下河流水面在黑白像片中的成像为带状浅灰色，在彩色像片中为带状蓝色，河滩或海滩在黑白、彩色像片中均为白色，水塘、水库、湖泊的色调与河流一样,海域水面色调相对于河流水面来说要显得深黑一些;在隐蔽地区的水沟、水渠、水塘解译起来比较困难。解译的方法主要有两种:首先用已有地图来对比解译,所谓对比解译,就是用像片对照旧地形图,看看原来的水沟、水渠、水塘表示在什么位置,再对照目前的像片,从中解译原有的和现在的区别地方、相同的地方;其次是利用影像内的植被变化情况进行解译,一般情况是有水沟的地方,植被生长得都比较茂盛,影像上形成一长条带状的黑影,有些水塘只是部分落在阴影中,其他显露出来,根据其显露部分以及阴影的情况就可以解译出水塘的大小、位置来。但在这里必须强调的是,冬天水塘无水时,其影像与水田色调相近,特别是落在有水之中的田的水塘,容易误解译为水田;有林带的水沟、水渠容易错解译成公路。

2.2 道路的解译

道路是组成地图的脉络,是联结居民地之间的纽带。道路在影像中为白色线状,有些铁路、公路因为树木较多,形成了一条明显的林带。道路具有连通性,一般与居民地相连,主要铁路、公路与城市相连,大车路、乡村路、小路与农村居民地相连通,或与某些人类活动场所相连。铁路、公路判读起来比较容易,大车路、乡村路、小路如果从林区中经过,一般是不容易看出从什么地方通过的,我们只能从其断断续续显露出来的部分,或是树林有规律变化中解译道路经过的地方,加以连线,使道路相通。一些上山的道路,山坡较陡峭时,为了减缓坡度,道路会人为地修筑成“之”字形,如果道路被树木遮盖,从影像解译其位置较为困难,最好用立体图像或旧地形图分析、对照解译。

2.3 居民地的解译

居民地一般指人类居住活动的房子及相关的建筑物。房子的成像规律在彩色像片、黑白像片中均为黑灰色和白色,成方块状,在旧式的瓦房中有明显的分隔线(屋脊线),受光面影像较白,背光面影像较黑,新式的楼房影像为白色的多,立体感强,房屋与晒谷场的影像区别就在于立体感不一样。落在林地中,阴影处的房子的解译,一般用相对关系法或旧图对照法进行解译,所谓的关系法,就是根据其他有关的地物,判断出另外一种地物,如有一条大车路通向被高山的阴影遮掩住山脚处,旧地图上阴影处有村庄,从中判断出阴影处有房子;街道线一般有明显的影像,中间为带状白影,两侧有房子。在土地调查中,有些小白块菜地,图像与房子差不多,曾有人把其误解译成农村居民点,其实两者是有区别的,房子有立体感,有阴影,菜地是没有的。

2.4 植被的解译

彩色像片对解译植被来说相对容易,根据各种植物的颜色、形状一般可以解译出各种植物的品种。在黑白像片上解译植被就不那么容易了,因为华南地区黑白像片大多数是秋冬季摄影的,颜色的深浅受植被的反光度及植被的密度的影响。同一种类,相同树龄的林木本身的影像区别不大,如林地,要分出成材林、未成材林、竹林、疏林、经济林、灌木林、果园等,成材林又分针叶林和阔叶林,针叶林一般树冠较小,杉树的影像具有细腻银灰色,松树的影像比较黑,松林越密越黑;阔叶林树冠较大,而且是一棵棵的,色调比较深黑;灌木林的影像呈现出一些地方较黑,一些地方却相对较浅,主要原因是实地灌木林分布不匀,灌木浓密的地方影像黑,稀疏的地方影像相对要浅些;竹林的图像呈发散形,荒草地、小灌木丛影像为浅白色。耕地的影像有其成像规律,一般成为块状,水田的颜色较白,旱地呈黑白不匀的块状,农作物长得高的地块颜色较黑,农作物长得矮小的地块为白色。山坡上的白色方块地,影像上看与旱地差不多,但实地却是新种的幼林地,主要区别在于:林区内的山坡大多数用来种植树木,旱地地块面积较小,而且很多地方有地埂线,幼林地是没有的。

2.5 地貌的解译

地貌的解译主要是根据其立体模型和图像进行解译。地貌的高低均显示在立体图像上,因为地貌的高低不平,最能反映其特征的地方是影像的投影差,正射影像图虽然投影差已得到纠正,但太阳光给高出地面的物体留下的阴影却是无法纠正的,这也是影像解译的一大特征,物体越高,阴影越长,物体越大,阴影越大,反之也就越短、越小;向阳的陡崖,其影像呈白色的带状,分布在山坡上,背光的陡崖、陡坎一般有阴影;山脊线上的植被相对于山坡、山下要稀小一些,其影像也白一些,合水线上的植被生长茂密,影像也就深些。在现实中,有些人看立体图,正好相反,把高的地方看成低的,低的地方却看成高的,如果用其相反意义,进行反义解译也可以分辨出地形的高低来。

3　更新编绘实例

为了满足地质调查的需要,广东省地质测绘院承担了1∶2.5万地理底图编绘工作,本次地理底图现势性更新采用的资料主要有:0.5 m分辨率彩色正射影像及国土、规划、公路、民政等部门收集的补充资料。所有依据和更新资料均采用扫描、正射、误差校正等先进的制图技术手段,统一整合到1∶10 000比例尺图幅上进行作业,完成1∶10 000中间成果后,再进行编绘作业,形成1∶25 000地理底图。

为了保证地形图基本精度要求,提高地形图的现势性和实用性,以满足野外地质填图使用,本次地理底图现势更新采用局部修测方法。利用高分辨率影像提取变化信息,套合到地形图上,根据地物、地貌相关位置关系,处理好地理底图因现状变化而产生个别地图要素之间的矛盾,新资料表示地物与原基本资料表示地物矛盾时,原则以新资料成果为准,并在作业过程中记录了需外业调绘和修测的内容。

作业完成后对编绘成果进行了全面检查。采用外业检查方法,主要针对1∶2.5万地理底图成果的数学精度、更新情况进行检查。外业精度检查采用南方单点定位手持GPS(S75)进行,设备精度为亚米级。共实地测量89个地物点,检查结果最小较差0.21 m,最大较差10.39 m,限差为15.0 m,计算得平面点位中误差为5.5 m,满足12.5 m的限差要求,精度优良。通过外业实地检查,除个别影像被云层或树木遮挡无法判读外,各类地物的更新基本齐全,相关位置关系正确。由此证明,该作业方法可行,完全达到预期目标。

4　结　语

利用遥感影像更新地理底图方法可行,技术成熟,便捷、容易识别,能够提取其动态变化信息。使地理底图的现势性更准、更新、更快,大大缩短更新作业周期,满足急需用图的需要,而且可以节约成本,提高经济效益。但受影像数据的局限,只能获取地物的平面位置和几何形状,而不能提取高程数据,要素的属性也需通过其他资料或外业实地调查确认。因此,作业时如果配合GPS外业测量和调查其效果更好,弥补内业无法提取有关信息的缺陷,使地理底图更新内容更全面,提高其地理精度。

参 考 文 献

[1] 梅安心,彭望录,等. 遥感导论[M]. 北京:高等教育出版社,2001.

[2] 钟仕全,石剑龙. 高分辨率卫星图像数据处理方法及其应用[C]// 2004年全区遥感协会论文集.

[3] http://www.spotimage.com.cn/. 北京视宝卫星图像有限公司

[4] 冯纪武. 遥感制图[M]. 武汉: 武汉测绘科技大学出版社,1991.

论商品房面积差异问题及对策

何　红

（广州市房地产测绘院，广东广州 510030）

【摘　要】商品房预售面积与产权面积在现实生活中时常存在差异，即人们生活中的“缩水房”、“膨胀房”，讲的就是这种差异。针对这一问题，本文尝试剖析问题产生的深层次原因，并提出解决建议。

【关键词】商品房；预售面积；产权面积；差异

1　商品房面积差异产生原因分析

商品房预售面积与产权面积不符称为商品房面积差异。商品房预售面积小于产权面积时俗称“膨胀房”；反之，就是“缩水房”。

为何会造成商品房面积差异，笔者从二者面积计算的标准与适应性，面积计算涵盖的具体问题、使用术语、数据采集、施工过程、新旧标准等几个方面分析该问题产生的深层次原因。

1.1　面积计算依据的标准与适用性不同

房屋面积的计算依据包括《房产测量规范》（GB/T 17986.2—2000）、《关于房屋建筑面积计算与房屋权属登记有关问题的通知》（建住房〔2002〕74 号）、《建筑工程建筑面积计算规范》（GB/T 50353—2005）等。

《房产测量规范》（GB/T 17986.2—2000）及其补充规定《关于房屋建筑面积计算与房屋权属登记有关问题的通知》（建住房〔2002〕74 号）适用于城市、建制镇的建成区和建成区以外的工矿企事业单位及其毗连居民点的房产测量。目前，用于房地产权属登记的测量和建筑面积的计算严格执行此规范。

《建筑工程建筑面积计算规范》（GB/T 50353—2005）是为满足工程造价计价工作的需要制定的。目前广州市建筑工程规划报建和验收涉及的建筑面积计算，使用 2007 年 5 月 1 日发布的《广州市实施〈建筑工程建筑面积计算规范〉办法及广州市建筑工程容积率计算办法》，该办法由规划部门在《建筑工程建筑面积计算规范》（GB/T 50353—2005）基础上细化而来。

由于依据的标准及适用性不同，导致商品房预售面积与产权面积时常存在差异。

1.2　面积计算标准未涵盖和细化面积测算的问题

国标《房产测量规范》（GB/T 17986—2000）自 2000 年颁布实施至今已有 14 年，对指导各地的房产测量工作发挥了重要作用。但国标宏观层面构建的房产测量原则性、粗条指导性总体技术框架，还未能很好地反映各地的特色与差异，尤其是经济发达地方，新型建筑式样层出不穷，国标《房产测量规范》（GB/T 17986—2000）显得越来越滞后，难以满足地方房产测量工作需要，以致房屋面积测算工作中产生的新问题找不到依据，如对关键术语的理解、面积如何测算、面积计算标准、具体分摊细节等，自由量裁空间较大，容易因测算标准操作的不确定性或理解不同而测算出不同结果。

1.3　与面积计算相关的术语不统一

建筑面积中所包含的结构、部位、使用功能等未建立统一的名称标准，规划报建和规划验收的文件、图件中使用的注记名称在《房产测量规范》（GB/T 17986—2000）中未有具体表述或表述不一致，增加了房产测量人员的判别难度，影响了建筑面积的计算结果。如“架空层”与“入户花园”、“空中花园”、“平台花园”的区别，“骑楼”与“风雨廊”、“走廊”、“通道”的区别等。

1.4　预测与实测数据采集的对象与标准不一致

对未竣工的房屋，预售面积依据广州市城市规划行政主管部门核准的《建设工程规划许可证》附图进行房屋面积测量与计算,产权面积一般在房屋竣工后经实地测量。《建设工程规划许可证》附图的外墙体平面尺寸一般未包含结构找平层和饰面层厚度,房屋竣工后的实地测量,房屋勒脚以上部位外围总边长包含了结构找平层和饰面层厚度,该部分的实测数据比预测数据大,这也是产生面积差异的原因之一。

1.5 实际施工中随意改变规划设计,改变使用功能

房屋设计与施工过程中采用不同的图纸,或施工过程中出现修改规划设计的现象,在原有报建审批图件基础上找出各种实际施工原因,边修改边施工,没有及时进行规划变更,更没有依规划变更审批图件及时向测绘部门申请变更预售面积数据,也有在施工过程中未严格按审批设计尺寸进行施工,这必然造成预售面积与实测面积的差异。

1.6 新旧房产测量规范欠缺合理有效的衔接

《房产测量规范》(GB/T 17986.1—2000)实施后,对个别结构的面积计算有新的规定,如阳台,依据是否封闭来界定按100%或50%计算建筑面积,而不再有内、外阳台之分。在2000年申领预售证的发展商是按旧规范计算预售面积的,而在2000年后办理房产测绘时,测绘部门执行的是新规范,由于新旧规范执行的时点问题,也曾导致预售面积与最终产权面积产生差异。

2 商品房面积差异问题的行政对策

2.1 建立异议纠纷调处机制并加强监管

房地产市场因预售商品房面积变化而产生纠纷的案例屡见不鲜,涉及解决纠纷的法律法规寥寥无几。因此,规范商品房买卖合同示范文本、履行房地产行政主管部门对房屋预售面积的监管职能、增强房地产开发过程中各种审批文件及法律法规的透明度、加强对测绘成果的审核工作,加大房地产行政主管部门和测绘行政主管部门的技术指导和业务监督力度,同时赋予购房人对有争议的房地产测绘问题的查询权利、复核权利和重新测绘的权利也显得尤为重要。房地产行政主管部门应当在行政职权范围内承担起政府管理者的角色,用调解等多种方式排解矛盾,增强房地产管理的透明度。

2.2 加大测绘成果审核力度

房地产测量涉及测绘技术知识、建筑知识、房地产政策与相关法律法规,测绘成果报房地产行政主管部门审核后用于房屋权属登记,用于权属登记的房地产测绘成果的准确性涉及千家万户的利益。因此,应严格执行两级检查一级验收的测绘成果检验制度,加大加强对测绘成果的审核力度。

2.3 实行按套内面积售价

商品房预售面积基本由套内建筑面积与分摊的共有共用建筑面积之和组成,房屋售价以预售面积乘以每平方米的单价计算。套内建筑面积看得见、摸得着,容易量算,按套内建筑面积计价可有效遏制"缩水房"或"膨胀房",房屋共有共用建筑面积不与房价挂钩,可规避共有共用建筑面积分摊方法和程序复杂性可能带来的问题,对减少纠纷将有明显的作用。

2.4 委托房地产测绘资质单位测绘

房地产登记申请人、房地产权利人或者利害关系人应当委托房地产测绘资质单位进行房地产测绘;房地产管理中需要的房地产测绘,由房地产行政主管部门委托房地产测绘单位进行。预测面积经法定权威部门审核后直接在官方网站挂网销售,避免商品房面积销售方因合同面积差异处理原则,在差异值范围内对预测面积数据刻意调整。

3 解决商品房面积差异问题的技术支持

3.1 统一技术标准

各地应制定和细化适合本地区的技术规范,以适应本地区房地产测绘和面积测算方面的要求。现行《房产测量规范》(GB/T 17986—2000)和《建筑工程建筑面积计算规范》(GB/T 50353—2005)都是国家技术标准,两者之间具有同等效力,相关实施部门应加强沟通,细化建筑面积计算规定,求同存异,通过缩短建筑面积计算标准的差异,减少房地产项目在开发过程中涉及建筑面积计算的差异。

3.2 规范房屋面积数据采集

用于预售的房屋建筑面积预测算，应根据经规划部门审批的《建设工程规划许可证》附图及对应的电子数据(.dwg 格式)进行各类建筑面积的计算，如规划报建审批资料已有外结构墙体的外贴面厚度数据，预测时应将外贴面厚度计入外墙体厚度尺寸内。房屋实地测量，根据房屋状况实地采集房屋数据，以规划部门《建设工程规划许可证》附图、《建设工程规划验收合格证》附图作为工作底图，或现场绘制平面草图。实地应有永久性固定界标，房屋的界址应具备永久性围护结构界线。房屋各类面积测算必须独立测算两次，其差值应在规定的限差内，取中数作为最后结果。

3.3 控制测量技术相关的误差

房屋平面控制测量的基本精度要求末级相邻基本控制点的相对点位中误差不超过 ±0.025 m，广州地区采用二级精度等级标准，按二级(含二级)以下面积精度施测时，重复测量的房屋边长较差的限值应不大于边长测量设备标称精度中误差的 2 倍。房屋面积的限差应不超过 $0.04\sqrt{S}+0.002S$；中误差应不超过 $0.02\sqrt{S}+0.001S$。例如：100 m^2 的房屋，面积测量误差不得超过 ±0.60 m^2。

3.4 规范和统一专业用语

从建筑工程设计环节起，规范使用统一的各类房屋建筑面积中所包含的结构、部位、使用功能等指标的标准名称，并正确套用与其相应的面积计算标准，避免产生歧义。

4 结 语

房屋面积缩水或膨胀的原因多种多样，只要找准对应的解决方式，减少商品房预售面积与产权面积的差异，甚至两者面积取得一致完全有可能。

参考文献

[1] 国家质量技术监督局. GB/T 17986.1—2000 房产测量规范[S]. 北京：中国标准出版社，2000.
[2] 中华人民共和国建设部与国家测绘局联合发布. 房产测绘管理办法. 2000.
[3] 中华人民共和国建设部. 商品房预售管理办法. 2001.
[4] 广东省建设厅与广东省物价局. 广东省房屋交易价格计算暂行规定. 2001.
[5] 广州市政府第 24 号令. 广州市测绘管理办法. 2010.
[6] DBJ 440100/T 204—2014 房屋面积测算规范[S].

梅州客家小镇边坡地质灾害自动化监测预警系统设计

黄鸿伟[1]　魏平新[2]

（1. 广州南方测绘仪器有限公司，广东广州 510030；
2. 广东省地质环境监测总站，广东广州 510510）

【摘　要】梅州客家小镇景区是利用关闭多年的废弃采石场兴建而成的。采石场原为山间峡谷，以开挖修整和填方的方式建设为现在规模的“人工谷地”。“人工谷地”东、西两侧为高陡边坡。通过对雨量、空隙水压力、地表位移、深部位移监测及视频巡视，实现 24 小时全天候自动化监测，对可能发生的地质灾害进行提前预判，及时采取补救措施。

【关键词】客家小镇；边坡自动化监测；地灾监测；监测预警

1　引　言

梅州客天下景区是利用关闭多年的废弃采石场兴建而成的。采石场原为山间峡谷，以开挖修整和填方的方式建设为现在规模的“人工谷地”。“人工谷地”东、西两侧为高陡边坡。东、西两坡相向，两坡之间原为山间峡谷，东坡下部成为主采区被挖掘。“人工谷地”，规模：总长 236.70 m，入口处谷宽 62.40 m、路面高程 122.10 m，谷地前部和中部为斜坡道路，后部为平地，宽度 60.30 m、高程 135.10 m，末端为露天水池，池底高程 137.50 m。景区建设时，对东、西两坡又进行了挖掘、清理，对坡谷进行填方、修整。历经开挖、建设后，东、西两坡均出现人工边坡区段和自然边坡区段并存的地貌特征，人工边坡已作喷锚处理，自然边坡植被仍然在发育。狭长的“人工谷地”与两侧边坡仍保持了原有的峡谷景观，见图 1。

图 1　“客家小镇”景区峡谷景观

依据广东省建筑科学研究院《梅州市客天下旅游产业园客家小镇景区边坡稳定性勘察及评估报告》评估现状：边坡岩体由坡残积土、极破碎强风化岩、较破碎中风化岩组成，岩体内部结合程度极差—差；F_1 断层从左侧与坡面斜交通过，降雨后，在断层带附近常出现渗水现象；临空面与断层组合呈“√”形。岩体稳定性等级为 I_a，危险性等级为 I，可能产生分散、局部性的小型滑坡。

客家小镇为4A级旅游景区,为了保障游客安全,在客家小镇建设边坡地质灾害自动化监测预警系统,对可能发生的地质灾害进行提前预判,及时采取补救措施。

2 边坡监测系统设计原则

依据广东省建筑科学研究院《梅州市客天下旅游产业园客家小镇景区边坡稳定性勘察及评估报告》结论:边坡安全等级为一级。本监测预警系统设计应遵循以下原则:

(1)监测运营期边坡的安全。通过对边坡地质灾害发生主要诱导因素,结构关键部位变形实时监测,评估边坡稳定性,为客家小镇景区运营提供安全保障。

(2)验证设计,客家小镇边坡2007~2009年已完成了人工边坡“钢筋锚杆+喷射混凝土护面”的喷锚支护工程,通过边坡稳定性监测,验证支护效果。

(3)监测设备的选取要满足先进性、实用性、稳定性、精确性、耐久性、简便性等要求。

(4)充分发挥监测软件的功能,实现边坡安全监测和安全预警的实时化、网络化、现代化。

3 监测点布设

本系统采用表面位移、深部位移、雨量、空隙水压力等进行多要素监测,各要素监测成果相互验证,有效避免单个要素数据异常引起错误结论。监测点应布置在岩体稳定性等级为Ⅰ、Ⅱ的软弱岩体临空面坡上。根据软弱岩体的分布情况确定布点如下:

(1)在客家小镇景区西侧监测区安装GPS位移监测点4个,固定式钻孔测斜仪自动监测点4个,一体化雨量监测站1套,孔隙水压力监测点1个。

(2)在客家小镇景区东侧监测区安装GPS变型位移监测4套,固定式钻孔测斜仪自动监测点4个,一体化雨量监测站1套,孔隙水压力监测点1个。

(3)在景区北部建GPS基准站1个。

(4)在景区南部安装夜视摄像机1台。

客家小镇景区监测点分区图见图2。

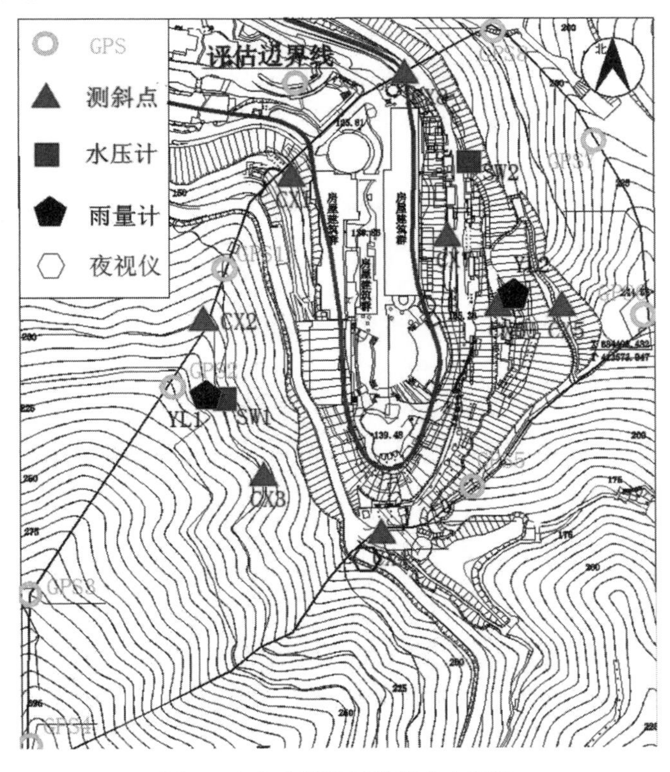

图2 客家小镇景区监测点布置图

4 边坡地质灾害自动化监测系统方案

地质灾害预警的物理学基础是地质环境的变化,主要依据降雨前、降雨过程中和降雨后降水入渗在斜坡体内的动力转化机制,具体描述整个过程斜坡体内地下水动力作用变化与斜坡体状态及其稳定性的对应关系。通过监测降雨量、孔隙水压力和位移等,揭示降雨前、降雨过程中和降雨后斜坡体内地下水的实时动态响应变化规律、整个坡体物理性状变化及其变形破坏过程的关系。在充分考虑降雨量、降雨强度、有效降雨量、坡顶位移、深部位移直接关系。选用数学物理方程研究解析斜坡体内地下水变化规律与斜坡稳定性的关系,边坡位移趋势,确定多参数的预警阈值,从而实现边坡地质灾害的实时监测和超前预警。

4.1 雨量监测

滑坡的发生在过程降雨量和降雨强度两项参数中,存在着一个临界值,当一次降雨的过程降雨量或降雨强度达到或超过此临界值时,导致泥石流和滑坡等地质灾害出现;降雨作为诱发高边坡滑坡、坍塌的一个重要因子,它的变化直接影响了边坡体的稳定性,根据现场情况,在景区东、西两侧各布设一个雨量监测站实时监控监测区内的雨量情况,两套雨量监测站数据相互验证,确保这一重要监测量数据的准确有效。

4.2 空隙水压力监测

降水渗入边坡体内,引起边坡体内含水率增加或水位上升,当滑带处土壤的含水率饱和时,土壤黏聚力和摩擦阻力减小,从而降低了滑带土的抗剪强度,导致滑坡发生。空隙水的正压力值正是反映测量探头到饱和层上界限的水柱高度,负压力值反映了土体内水分含量变化规律,因而监测边坡体空隙水压力结合降雨量和边坡位移,可提前预测变形发展趋势,采取措施,防灾减灾。

4.3 坡顶位移监测

《梅州市客天下旅游产业园客家小镇景区边坡稳定性勘察及评估报告》指出本边坡发生破坏模式类型主要以平面滑动,所以,坡顶主滑方向位移是边坡形变的最直观反映,本系统对边坡坡顶位移采用 GPS 技术进行监测,在主滑面布设监测点,可以为边坡可能出现的失稳破坏和变形破坏的时间提供必要的监测信息,及时对边坡可能出现的险情进行预警。

通过 SMOS 软件来解算边坡坡顶观测点在主滑方向上的位移值、累计位移值,并进一步解算出观测点位移速率,分析地表变形情况,判断边坡的安全程度。

4.4 深部位移监测

采用固定测斜仪安装断面布设,部位移监测能够监测到边坡内部的蠕变,了解边坡深部位移的情况。通过 SMOS 软件,结合坡顶位移数据判断边坡稳定性。

4.5 视频巡视

利用远程视频监控系统代替人工巡视,监控中心值班人员可以直接对高边坡情况进行实时监控,不仅能直观地监视和记录高边坡在运营过程中的安全情况,而且能及时地发现事故苗子,防患于未然,也能为事后分析事故提供有关的第一手图像资料。另外,监管部门可以从管理中心远程监看高边坡现场状况,提出整改方法,减少事故隐患,因此远程视频监控系统将是保障高边坡场区安全运行的重要组成部分。

4.6 系统集成

监测自动化预警系统由数据采集、数据通信、计算机网络、应用软件、避雷及供电等 5 个子系统组成。

边坡监测数据采集部分为 GPS、固定式测斜仪、雨量监测站、孔隙水压力计的数据采集。

考虑到现场环境复杂,难以布设光纤,监测系统采用 GPRS 无线传输方式将采集到的原始监测数据通过无线网络传输到控制中心服务器。

南方 SMOS 监测系统软件包含了监测数据解算、分析、整理及成果输出、灾害预警为一体的滑坡安全监测专业软件。控制中心服务器通过南方 SMOS 监测系统软件对接收到的监测数据进行解算分析和灾害预警。

避雷及供电系统根据为系统整体运行和安全提供保障。采用太阳能市电互补供电系统,确保系统运行可靠性;采用立体防雷系统,全方位保障系统安全。

5 系统工作流程

系统工作流程见图 3。

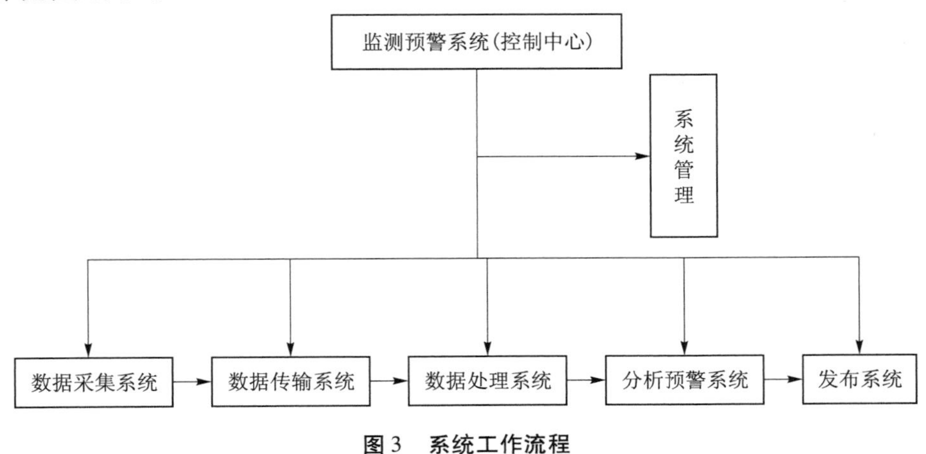

图 3 系统工作流程

本系统实时采集各监测要素数据,通过 GPRS 无线传输至控制中心,经过数据分析处理,当监测量变化量或变化速率达到预警值时,系统自动通过短信方式通知相关负责人。

6 结 语

目前,边坡地质灾害预警模型还处于研究阶段,常规预警系统采用降雨量和降雨强度进行预警。一般以定性分析为主,难以定量分析预警。本系统主要监测边坡地质灾害主要指标:雨量、空隙水压力、坡顶位移、深部位移。本项目结合实际地质勘察资料,考虑到东、西两坡的破坏模式类型主要是平面滑动,因此选择坡顶位移和深部位移作为主预警量。降雨作为诱发高边坡滑坡、坍塌的一个重要因子,它的变化直接诱导边坡体的失稳,当边坡体区域发生暴雨天气时,很容易导致滑坡的发生,降雨入渗对边坡的形成水压力,还将造成岩土体的力学性质发生弱化。雨量和空隙水压力监测有利于后期对边坡稳定性综合分析,逐步建立降雨、空隙水压力和边坡位移的关系模型,实现超前预警。本系统针对各监测项目监测预警以累积变化和变化速率两个控制量进行综合预警。

参 考 文 献

[1] 广东省建筑科学研究院. 梅州市客天下旅游产业园客家小镇景区边坡稳定性勘察及评估报[R]. 2012.

[2] 张永兴,胡居义,文海家. 滑坡预测预报研究现状述评[J]. 地下空间,2003,23(2).

[3] 杜宇飞,郑明新,张柏根,等. 监测技术在边坡稳定性评价中的应用[J]. 华东交通大学学报,2006,23(1).

[4] 吴继敏. 工程地质学[M]. 北京:高等教育出版社,2006.

南方 CASS 到 MapGIS 的数据转换

赵清华[1]　张慧婷[2]

（1. 惠州圣山测绘有限公司，广东惠州 516000；
2. 浙江大学海洋学院，浙江杭州 310000）

【摘　要】当前，多源数据格式之间的无损转换是不同 GIS 系统间数据共享的一个重要问题。随着南方 CASS 和 MapGIS 在土地管理中的应用越来越广，它们之间的数据转换也变得越来越重要。直接采用软件自身提供的转换功能，极易造成数据的丢失和混乱。因此，研究南方 CASS 到 MapGIS 的无损数据转换具有重要意义。本文较为系统地介绍了南方 CASS 到 MapGIS 转换的步骤与注意事项，最终达到无损数据转换目的。

【关键词】南方 CASS；MapGIS；数据转换

1　引　言

南方 CASS 是南方公司在 AutoCAD 平台下开发的测图软件，主要应用于地形成图、地籍成图、工程测量三大领域。具有操作性强、编辑功能强大、用途广、易学习掌握等优点，被绝大多数测绘部门使用。

MapGIS 是一个集数字制图、数据库管理及空间分析为一体的软件系统，凭借其先进的空间数据管理技术和强大的地图制图功能，已成为国内主流的 GIS 软件之一。

目前，在我国各级土地管理部门中，很多都采用基于 MapGIS 二次开发的软件作为各种土地数据库建设的平台。而这些数据库中的地图数据大多来源于测绘部门。因此，如何将 CASS 生成的底图数据无缝转换成 MapGIS 的数据，就成了一个日益突出的问题。

2　直接数据转换存在的问题

MapGIS 提供的数据转换功能，如果不加处理的直接导入 DXF 文件进行转换，会发现转换后的图形与原始图形的线型、颜色等有较大差别，导致 MapGIS 里面根本无法直接使用，必须对图形进行重新编辑。

图 1 为 CASS 中的原始数据。

图 2 为转换后的 MapGIS 数据。

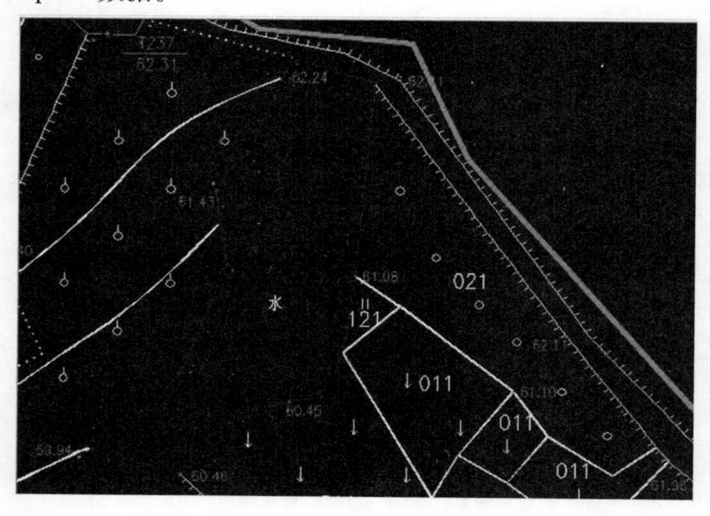

图 1

可以看出,转换后的数据与原始数据相比,主要有以下几个问题:

(1)颜色混乱,没有转换成相应的颜色,如图 2 所示,全部转成了黄色;

(2)块文件丢失,或者转换成了线和面,而没有转换成子图或注记;

(3)所有线型都转成了折线,圆弧也转成了折线。

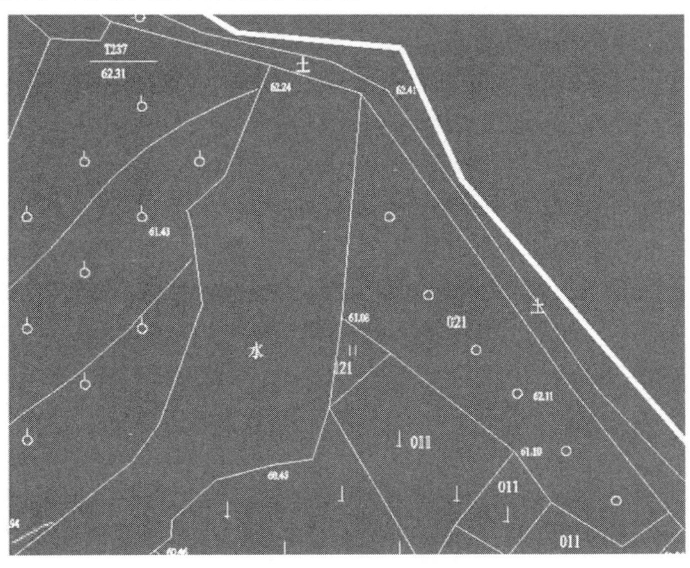

图 2

3 转换方法

在输出 DXF 文件前,要对数据认真检查。包括哪些是构面所需的线,不能有遗漏,应补全;哪些是构面不要的线,应删除。另外,不要对 CASS 原图的块做爆破处理;同时注意原图是否有样条曲线,如果有,最好做爆破处理。做这些工作的目的,是为了转换工作能够一次完成,尽量提高工作效率。

3.1 对照表文件编辑

在 MapGIS 安装目录下的 SLIB 文件夹中,包含几个 AutoCAD 转换到 MapGIS 数据的对应表文件,即符号对照表文件:arc_map. pnt_cass;线型对照表文件:arc_map. lin_cass;图层对照表文件:cad_map. tab_cass;颜色对照表文件:Cad_map. clr_cass。数据转换时,将这些文件复制到 SuvSlib 目录下,并将_cass 去掉,这时如果出现文件重名,删除原来的文件。

为了使要转换图形的符号、线型、图层和颜色在转换前后相一致,需要对这四个对照表文件进行相关的编辑。而相关参数的查询方式如下:

(1)CASS 中的参数查询:在 CASS 中,选中一个地物,单击鼠标右键—“特性”;或者用记事本打开 CASS\SYSTEM 目录下的 WORK. DEF 文件,第四列即为所需参数;

(2)MapGIS 中的参数查询:把系统库路径指向 SuvSlib,然后启动数字测图模块,新建一个工程文件,点击“工具”—“编码表输出”即可获得相关参数。

具体编写方法如下:

3.1.1 符号对照表文件 arc_map. pnt

用记事本打开文件,见图 3。

第一列 GC113、GC014、GC114 表示为 CASS 中地物符号的块名,第二列 1110、1120、1130 表示为 MapGIS 中对应子图的编码。

例如:三角点在 CASS 中的块名为 GC113,在 MapGIS 中的编码为 1110,则对照表为:GC113　1110。

3.1.2 线型对照表文件 arc_map. lin

用记事本打开文件,见图 4。

arc_map.pnt - 记事本

文件(F) 编辑(E) 格式(O) 查看(V) 帮助(H)

GC113	1110
GC014	1120
GC114	1130
GC015	1140
GC115	1150
GC167	1160
GC116	1170
GC117	1180
GC118	1210
GC168	1310
GC112	1410
GC139	2211
GC140	2230
GC004	2240
GC169	2340

Ln 1, Col 1

图 3　符号对照表文件

arc_map.lin - 记事本

文件(F) 编辑(E) 格式(O) 查看(V) 帮助(H)

CONTINUOUS	2110
JDFW	2120
X5	2140
PF	2150
YANGTAI	2314
XKTL	2316
QIAO	2317
LT	2320
XP	2330
X14	2380
441	2410
4412A	2411
X13	2411
442	2420
WALL	2430

Ln 1, Col 1

图 4　线型对照表文件

第一列 CONTINUOUS、JDFW 表示为 CASS 中线型名，第二列 2110、2120 表示为 MapGIS 中对应线型的编码。

例如：简单房屋在 CASS 中的块名为 JDFW，在 MapGIS 中的编码为 2120，则对照表为：JDFW 2120。

3.1.3　图层对照表文件 cad_map.tab

用记事本打开文件，见图 5。

cad_map.tab - 记事本

文件(F) 编辑(E) 格式(O) 查看(V) 帮助(H)

1	KZD
2	JMD
3	DLDW
4	DLSS
5	GXYZ
6	SXSS
7	DSX
8	GCD
9	JJ
10	DGX
11	DMTZ
12	ZBTZ
13	JZD
14	OTHER-LAYER

Ln 1, Col 1

图 5　图层对照表文件

第一列 1、2、3 表示为 MapGIS 中的图层号,第二列 KZD、JMD、DLDW 表示为 CASS 中对应的图层名。

3.1.4 *颜色对照表文件 cad_map.clr*

用记事本打开文件,见图 6。

图 6 颜色对照表文件

第一列 1、2、3 表示为 MapGIS 系统的颜色编码,第二列 10、4、6 表示为 CASS 中对应颜色的编码。

3.2 转换步骤

(1)CASS 下进行图形改名存盘,输出 DXF。

(2)将编辑好的对照表复制到 SuvSlib 目录下,将系统路径指向 SuvSlib。

(3)启动 MapGIS—“图形处理”—“文件转换”—“输入”—“装入 DXF”,弹出文件转换对话框,选择需转换 DXF 文件,在系统提示下选择不转换的图层。

(4)转换完毕,换名保存转换后的点、线文件。

(5)新建工程文件,添加转换后的文件,查看是否转换成功。

4 注意事项

(1)在输出 DXF 文件时,尽量转换成低版本 AutoCAD 的 DXF,比如 R12 版本。

(2)数据转换时一定要一层一层地转,否则就会把所有图层都转换到一个点、线文件里,造成数据混乱。因此,图层对照表文件 cad_map.tab 也可以不用编辑。

5 结 语

研究 CASS 文件转换为 MapGIS 文件的方法,主要是解决数据间无损转换。作者在生产实践中总结采用编写程序方法来实现,简单易行,具有较好的实用性及灵活性。可以克服大部分从事数据建库的作业人员并不具备编程能力的缺点,而且经过检查和验证,能够达到无损数据转换目的,可供广大测绘工作者参考采用。

参 考 文 献

[1] 武汉中地数码科技有限公司. MapGIS 地理信息系统实用教程[M]. 武汉:武汉中地数码科技有限公司,2003.
[2] 武汉中地数码科技有限公司. MapSUV 数字测图系统使用手册[M]. 武汉:武汉中地数码科技有限公司,2003.
[3] 吴信才. MapGIS 地理信息系统[M]. 北京:电子工业出版社,2005.
[4] 侯平,王峰. CASS7.0 数据与 MapGIS 数据之间的格式转换[J]. 测绘与空间地理信息,2012,35(9):126-128.

浅谈清远市新城综合地下管线探测技术

赖文滨

（清远市勘察测绘院，广东清远 511500）

【摘　要】随着社会、经济的迅猛发展，城市规划建设的日新月异，城市地下管线是维持城市正常运转的大动脉，是城市规划、建设和管理的一项重要基础性工作。建立统一的地下管线信息管理系统和准确的地下管线档案资料，为城市规划、城市建设、城市管理提供保障服务。

【关键词】地下管线；探测；精度

1　概　况

北江明珠、清香溢远，清远市是一座年轻而充满魅力的现代化滨江新城，位于广东省中北部、北江中游、南岭山脉南侧与珠江三角洲的结合部，与湖南、广西相接，毗邻广州、佛山、韶关、肇庆，距广州仅 60 km，是珠江三角洲的后花园，它以优越的地理条件和舒适的气候环境、便利的交通，给清远带来了无限的活力和发展契机。

城市地下管线是维持城市正常运转的大动脉，城市地下管线普查是城市规划、建设和管理的一项重要基础性工作。清远市城市建设日新月异，地下管线愈趋复杂，迫切需要建立统一的地下管线信息管理系统和准确的地下管线档案资料。为满足清远市规划、建设与基础管理工作需要，提高城市基础设施的规划、建设和管理水平，清远市对新城地下管线进行普查。

2　目的及要求

查明市区综合地下管线的平面位置、高程、埋深、走向（流向）、规格、材质、管线性质、权属单位以及管线附属构筑物等属性信息，并建立统一的地下管线信息管理系统。

平面坐标系统和高程基准：采用清远市统一坐标系，高程系统为 1956 年黄海高程系。采用数字化测绘技术绘制 1∶500 比例尺地下管线图，对地下管线探测的数据、资料进行整理，满足了清远市建立地下管线管理数据信息的要求。

探测范围主要是新城中心区域。探测面积约为 52 km^2，管线总长度 737.11 km。采用电磁法探测各类地下管线。混凝土管和 PE 管，管线仪无法探测，用地雷达探测，个别地方由权属单位指认和辅以钎探全部解决。

平面坐标系统采用清远市统一坐标系，高程系统为 1956 年黄海高程系。

本测区管线探测的主要参考资料，是清远市勘察测绘院已有的地下管线竣工调绘资料，现有清远市新城数字地形图，作为地下管线调绘和探测草图的标注以及最终成果底图使用。

作业依据：《城市地下管线探测技术规程》（CJJ 61—2003）（以下简称《规程》），《城市测量规范》（CJJ 8—99）（以下简称《规范》），《清远市地下管线探测计算机成果技术规定》（以下简称《技术规定》），《清远市地下管线探测及信息化技术规定》（以下简称《规定》）。

3　探测技术的实施

使用仪器设备：管线仪、地质雷达、GPS 接收机、全站仪、计算机。

探测工程的工作内容：已有资料的收集和现场踏勘；仪器校验、物探方法试验及管线探测仪校验、编写设计书;地下管线调查与探查;地下管线测量;建立地下管线数据库、地下管线图编绘、成果输出以及检查和归档等。

探测方法:遵循从已知到未知、从简单到复杂的原则。首先对排水管道进行调查,再对电力、通信类管线进行探查,最后对给水、燃气管线进行探查。对明显管线点开井盖、下井量测,将各种管线属性数据绘制探测草图;隐蔽管线点采用地下管线探测仪进行探测,非金属管线利用权属单位的调绘资料、竣工资料结合三通、四通点进行探查,对特殊地段通过使用探地雷达,辅以钎探、开挖等手段,保证探测的精度。

本测区主要采用英国雷迪公司生产的RD433、RD8000型等管线探测仪。金属管道类管线探测有条件的采用直接法,效果明显,精度高;线缆类管线在多根条件下以夹钳法效果最好,感应法效果差;在单一线缆情况下,夹钳法和感应法均有良好效果。RD433、RD8000、LD6000、PL960工作频率选用33 kHz为主,8 kHz、65 kHz为辅。平面定位以极大值法为主,同时辅以极小值法或通过钎探、开挖等方式来提高探测精度;深度测定以70%衰减法为主、直读法为辅。收发距的选择应根据管线的埋设方式、材质、周围介质等实际情况确定,一般以10~25 m为宜,或改变接收机的增益达到要求。RD433、RD8000等仪器除可以利用自身产生的主动源信号探测地下管线外,还可以利用地下管线中传导的P波(电力电缆自身携带的50 Hz信号及邻近电缆、电力游散电场等在金属管线中感应的电流所产生的二次场)、R波(各种无线电台发射的电磁场及周围分布的电缆产生的电磁场等在金属管线中感应的电流所产生的二次场)等被动源法在盲区内进行地下管线扫描探测。该仪器施加主动源信号的方式有直接法、夹钳法、感应法,有多种频率(8 kHz、33 kHz、65 kHz等)可供选择。采用直接法时目标管线上方的电磁场信号强度高、传播距离远、抗干扰能力强;夹钳法主要用来探测线、缆类管线,信号较强、传播距离远、抗干扰效果较好,同时也适用口径较小的给水、燃气管线等;感应法是使目标管线处于电磁场场强最大处,可以获得较为明显的信号,从而达到探测地下管线的目的,探测时保持接收机与发射机的距离处于最佳收发距。该类仪器性能稳定、抗干扰能力强、效率快、精度高、性能校验良好、轻便、易操作,既用于电力、通信电缆探查,也用于金属给水管道及燃气管道的探查,满足地下管线探查工作的需要。

3.1 明显管线点调查

明显管线点是指各类地下管线专用的检修井、出露于地表的管线点、与管线相连的附属物及建(构)筑物等。本次对探查范围内各管类所有明显点都进行了调查。

对明显管线点主要调查了管线的点属性数据、线属性数据。用经检验过的钢卷尺通过开井、下井量取断面尺寸、管顶(底)深度,读数至厘米;至于排水暗渠,用莱卡手持测距仪,通过延时测距方法测量出宽度,调查时填写材质、电压、流向、规格、埋设方式、道路名、电缆条数、总孔数、已用孔数、附属物、特征等数据,记录在探测草图中。

排水管道量测沟道底或管内底至地面的垂直距离,电力及其他管道(沟)埋深量测管顶(沟顶)至地面的垂直距离。

不规则的供电、通信管线的管块断面尺寸量取最大断面,断面包括所有的管孔。

若特征点地面投影和附属设施中心点偏距大于0.2 m时,在特征栏里加"偏心点",点表中偏心井为独立井,在偏心井字段里填偏心点点号。对于较大井室则在管线进出井有转折的位置设立管线点作为转折点,附属物按实际位置标注,点属性和其他相关属性据实填写。对易丢失的部分管线点在其附近建(构)筑物上做了栓点标记。

3.2 隐蔽管线点探测

通过开工前仪器校验,验证了RD433、RD8000、LD6000、PL960型地下管线探测仪在本地区开展地下管线探查的有效性。管线探测激发方式以选择对邻近管线感应小、突出目标管线异常的方式为主,探查过程中随时通过相邻已知点对隐蔽探测点的平面位置和中心埋深进行校验,并将深度换算到管(块)顶埋深,记录在探测手簿"管顶(沟底)埋深"栏中。每天作业前后检查仪器工作状态,保证了每天正常施工及工程质量。本区电力、通信等大多为金属管线,在探测过程中根据不同管线种类、材质和周边环境等因素,选用不同的探测方法。

3.2.1　给水管线探测

探测金属材质的给水管线时，频率以 33 kHz 为主；有出露点（或者阀门井）的（除燃气外）采用直接法探测，加大输出功率，提高目标管线上的信号强度，确保探测数据的可靠。长距离无出露点的时候，采用感应法探测，极大值法确定平面位置，深度根据 70% 衰减法确定，部分点采用雷达探测、钎探、开挖、参考调绘竣工资料方式来确定埋深和平面位置。

3.2.2　对电力和通信等线缆类管线的探测

对电力和通信线缆类管线探测时，采用夹钳法。探测时分别施加信号于管块左右两侧电缆上，分别定位、定深，并根据两端线缆所处位置进行定位、定深修正，取修正后的中间位置为定位点，取埋深中值为埋深值。对分支直埋线缆采用夹钳法或感应法追踪探测，分支去向不同进行分别追踪探测，部分地段采用了开挖的方式进行验证。

3.2.3　探测技术措施

在作业过程中，对金属管道探查时我们优先采用直接法，其次是感应法；探测线、缆等管线时采用夹钳法。在实际作业过程中依据探测目标，我们灵活采用多种发射频率和激发方式，使目标管线上有足够高的信噪比，提高了探查精度。同一条管线直线段相邻管线点间距大于 75 m 时，在管线中间加点，控制管线走向；管线弯曲时，在圆弧起讫点和中点上设置管线点，圆弧较大时，增加管线点密度，正确表达了管线的弯曲特征；遇到管线转折时，首先在管线延伸线上找出信号消失位置，然后在管线两侧追踪信号并确定其准确位置，用两个方向的相交点定为转折点，经验证后准确定点。

3.2.3.1　水平定位

探测时沿管线走向方向连续追踪，采用极大值法确定平面位置，正反向测定较差小于 3 cm 时，取其中心作为管线点的平面位置。两次测定较差大于 3 cm 时，重复探测，直到小于 3 cm 为止，用夹钳法探测集束（如管块）线、缆时的改正量，根据探测时所夹取的线、缆的位置确定，我们采用夹取两边最上方的管线分别进行探测的方法，取两边位置的中心作为管线中心位置。对于有疑问的地方，同时辅以极小值法、钎探开挖等机械法验证手段，确保了定位的准确性。

3.2.3.2　深度探测

确立管线点的平面位置后，在沿管线方向远离管线特征点 4 倍埋深处的位置分别测定管线中心埋深，采用 70% 衰减法正、反向测定，取测定的平均值经修正后得到管线的中心埋深，然后换算到管（块）顶深度并记录在探测手簿中，同时辅以直读、开挖等方法验证来保证探测深度的准确性。用夹钳法探测集束（如管块）线、缆时的改正量，根据探测时所夹取的线、缆的位置确定，我们采用夹取两边最上方的管线分别进行探测，取改正后最浅的深度作为管线顶深。

3.2.3.3　非金属管道的探查

测区内非金属管线主要是雨水、污水管道、PE 材质燃气管道以及部分给水管道。对于 PE 材质燃气管道，主要根据实地明显点以及指示桩利用探地雷达、钎探、开挖和附近两侧明显点进行定位定深。最后参照现有调绘资料，结合权属单位的审核意见进行完善，保证了探测质量。对仪器无法探查也无法进行开挖的地段，主要根据实地走向和调绘资料进行定位定深，同时请权属单位人员指正，确定该部分地下管线的平面位置和埋深。

3.2.3.4　疑难管线探测

测区内部分地段由于地电条件复杂，地下管线交叉无序，空中高压电线形成干扰电磁场等，使得探测信号不确定，异常值不明显，从而形成疑难管线点。对于疑难管线点的探查方法有以下几种：

一是采用认真分析、查阅资料、研究调绘图，摸清其分布再进行探测；

二是采用多台仪器、多种方式、方法（差异性激发、旁侧感应、水平压线、电流大小比较等）交叉探测，从中找出较可靠的异常值；

三是向竣工人员和权属单位直接参与敷设管线的人员了解管线的分布情况，在部分有条件的地段进行开挖或者钎探验证，最大限度地确保疑难点的探测精度。

3.2.3.5 管线点编号及标注

按《规程》要求管线点编号采用“管线代码+顺序号”的方式编写，全测区点号唯一。明显点在其构筑物几何中心用红油漆标记并按规则编号。隐蔽管线点平面位置确定后，沥青路面用水泥钉打在其中心点上，用红油漆标出“⊕”，水泥路面在管线点位置刻“+”用红油漆标出“⊕”，并按管线编号规则标注管线点号。

在实地标注的同时将管线点号、连向、材质、规格及深度等属性填入探测手簿，走向、连接关系、点位编号等在探测草图上按要求标注，作为建立数据库和测量工序使用。对易丢失的管线点，实地还以栓点形式进行标记。

3.3 **管线点测量**

对探查管线点的坐标采集，使用掌上电脑连接全站仪进行野外测量，直接编辑管线点属性，确保数据准确。

3.4 **管线数据处理**

此次数据处理按《技术规范》的有关要求进行。

3.5 **数据库查错**

数据库建立之后用《地下管线数据处理系统 ZySpps》软件查错子程序进行数据库查错，根据预设条件，查找数据库中逻辑、拓扑、遗漏等数据错误，同时查找类似管线编码、格式等数据错误。

3.6 **管线图编绘**

在建立了管线资料数据库的基础上，用《地下管线数据处理系统 ZySpps》软件的管线成图功能生成管线草图，返回各作业组对管线的分布和相互关系进行了核实检查。经现场确认对管线草图检查修改同时修改数据库。外业检查和数据核对均无误后，即提交监理检查、权属单位审查。各级检查通过后，生成正式地下管线图。

地下管线图中管线代号、层和颜色依据《规定》设置。

地下管线图中各类管线点符号按《规定》绘制。

3.6.1 综合地下管线图的编绘

利用《地下管线数据处理系统 ZySpps》软件的管线分幅功能，把测区正式管线总图分幅成 1∶500 管线图，综合管线图是专业管线图的叠加，并进行适当编辑。图上点号注记、综合管线图注记、管线扯旗然后叠加基本数字地形图，即形成综合地下管线图。图上点号注记、综合管线图注记根据《规定》的有关规定执行，管线扯旗的有关内容、格式按《规定》执行。

3.6.2 专业地下管线图的编绘

专业地下管线图是将综合地下管线图中的部分信息进行分离得到的。专业管线图注记根据《规定》的有关规定执行。

利用《地下管线数据处理系统 ZySpps》软件的注记图上点号功能以图幅为单位由北向南，并保持道路上点号的相对连续性为原则进行编排图点号，图上点号在单一图幅内唯一。

4 需要说明的问题及处理措施

(1)连江路与人民路交叉口及连江路与锦霞路交叉口的燃气管道，因为管线种类较多、较复杂和顶管等因素，雷达未能判断其具体位置，由权属单位现场指证进行了确定。

(2)银泉路与清远大道交口污水因为管道埋设很深，管径较小，雷达未能实施操作，无法判断其走向及连接关系，最终参照了施工设计的图样进行处理。

(3)由于各种原因，本测区内有的排水井盖未打开，通过相邻明显点的属性确定其深度及属性。

(4)由于各种因素造成的未能解决的个别问题，最后当作遗留问题处理。

(5)本次提交数据成果为普查成果，施工前请详查，以免破坏管线。

5 结论与建议

经过对清远市新城地下管线的探查、调查、开挖、验证，地下管线大部分在两侧的慢车道和人行道上。排水主管道埋设在慢车道上，部分主管道穿越施工区，本次探测区域内有多条给水主管和燃气管道的地上所钉标志与实际位置相差太大。本测区管线数量较多，分布比较集中。探测中严格按《规程》的要求工作，并实行三级检查，并由甲方和权属单位认证，完成了规定任务，探测数据准确符合要求。本测区实际探测管线工作量为737.113 km。

探测区域内有多条给水、通信管线穿越建筑施工区内，建议权属单位适当做些标志，便于管理和维修，以免由于建筑施工破坏造成损失。随着社会、经济的飞速发展，城市规划建设的日新月异，地下管线施工方法的不断改进，顶管施工技术日趋成熟，新型管线管材的使用，地下管线不断地增加和变更，为确保地下管线资料的实用性、有效性、现势性，建议应在各类管线施工过程中及时跟踪测量，在管线信息系统管理的基础上实现动态更新管理。地下管线信息系统建立后，积极探索地下管线信息资源共享机制，为城市规划、城市建设、城市管理提供保障服务，发挥地下管线信息系统的社会性和经济效益。

山区等级控制测量提高 GPS 高程精度方法研究

王　斌　丁进选　赵文峰　余　兵

（深圳市长勘勘察设计有限公司，广东深圳 518003）

【摘　要】在山区等级控制测量作业中，通常采用电磁波测距三角测量获取埋设点的高程信息，而三角高程测量由于观测条件严苛，作业难度大而通常难以达到规范的相应指标要求。本文结合凌阳科技园城市大型综合体一级控制测量的实施，同时采用静态 GPS 相对观测和三角高程测量方法，由获取的高精度大地高信息并利用测区经地形修正后的精密大地水准面模型获取的点位高程与三角高程比较，证明该方法的有效性和可靠性，从而有利于简化作业流程，减轻工作强度，提高测量效率。

【关键词】GPS 高程；电磁波测距三角高程；精密大地水准面；大地高

1　引　言

电磁波测距三角高程测量方法在山区等级控制测量中是获取埋设点高程的主要方法，工作量大、作业烦琐、观测精度受球气差、测角测距、量取镜高和仪器高等多种误差综合影响，观测条件较为严苛。GPS 全球定位系统是随着现代化科学与技术的发展而建立的新一代精密卫星定位系统，它具有定位精度高、可实现实时定位、导航、授时等多种功能，是传统测量理论与技术的一次飞跃，在测量作业中也已被广泛应用。

采用 GPS 静态相对定位模式即将多台（不少于 2 台）接收机分别安置在基线的两个端点，在观测过程中，位置静止不动，并同步观测相同的 4 颗以上 GPS 卫星，从而确定基线两端点在协议地球坐标系（WGS84）中的相对位置。实际作业中，接收机的数目会控制在 3 台以上，以增加检核条件，提高控制成果的可靠性和精度。由 GPS 相对定位获取的基线向量，经平差处理后可以得到高精度的大地高，而我国目前采用的高程系统是正常高系统。因此，利用 GPS 重力场地形修正法模型求取高程异常，并利用多项式拟合模型进行转换最终获取埋设点高程，与传统三角高程测量结果进行比较，得到一些有益的结论。

2　GPS 重力场地形修正法模型

大地高系统是以参考椭球面为基准面的高程系统，地面某点的大地高 H 定义为由该点沿通过该点的椭球面法线到椭球面对距离，实际工程中解算得到 WGS84 椭球大地坐标系中的成果，很显然，它是一个几何量，不具有物理意义。而正常高系统是正高系统的一种解决方案。由于正高实际无法精确求定，因此用地面点沿垂线至似大地水准面的平均正常重力值代替至大地水准面的平均重力值，得到式（1）。

$$H_r = \frac{1}{r_m}\int^{H_r} g\mathrm{d}H \tag{1}$$

其中：

$$r_m = r - 0.3086\left(\frac{H_r}{2}\right) \quad r = r_e(1 + \beta_1\sin^2\varphi - \beta_2\sin^2 2\varphi)$$

r_e 取椭球面正常重力值 978.030；β_1、β_2 为与椭球定义有关的系数，分别为 0.005 302、0.000 007；φ 为地面点的天文纬度。

由式（1）可知，正常高不但可以精确确定，而且具有明显的物理含义。任意点的大地水准面与似大地水准面的差值如式（2）所示：

$$H_r - H_g = \frac{g_m - r_m}{g_m} H_r \tag{2}$$

而似大地水准面与椭球面的差值即为高程异常 ξ,式(3)所示:

$$\xi = H - H_r \tag{3}$$

高程异常 ξ 是由高程异常中的长波项和短波项构成,即式(4)所示:

$$\xi = \xi_0 + \xi_T \tag{4}$$

ξ_T 是由地形起伏对高程异常的影响,在山区测量中不容忽视。按照莫洛金斯基原理,

$$\xi_T = \frac{T}{r}$$

$$T = G \cdot \rho \iint_x [(h - h_r)/\gamma_0] \mathrm{d}\pi - G \cdot \rho/6 \iint_x [(h - h_r)^3/\gamma_0^3] \mathrm{d}\pi \tag{5}$$

其中,T 为地面扰动位;G 为万有引力常数;γ_0 为积分主体到地面点的距离;ρ 为质量密度;h_r 为参考面(平均高程面);γ 为积分元到地面点的距离。

在计算时,采用测区地形图用 1 km × 1 km 的格网化得到测区数字地面模型,再用式(5)计算 T。

GPS 重力场地形修正法模型求高程异常时,采用除去 - 恢复法进行,即首先由式(5)求出 GPS 公共点上的高程异常,再代入式(4)求出长波项,然后以这些公共点上的长波项数据,采用拟合方法推算测区内所有 GPS 点上的 ξ_0,最后再由式(4)求出各点的高程异常值,得到该点的正常高。

3　GPS 静态相对观测获取埋设点高程

凌阳科技园城市大型综合体位于广东省海丰县鹅埠镇西湖村,测区面积 1.05 km²,测区内主要为山地和荒废的旱地,山上树木高度 5 m 左右,灌木深厚,其间有厦深铁路从东往西穿过,东北侧为深汕高速公路,但通行通视较为困难,要求新增 6 个一级控制点,高程控制等级不低于四等。经过收集,主要的测绘资料为测区外围的国家 E 级 GPS 控制成果,该成果采用 1980 西安坐标系(中央子午线 115°15′),1985 国家高程基准。

利用测区周边已有的海丰县鹅埠镇 3 个国家 E 级 GPS 控制点:鹅埠镇人民政府、西湖油站、水美村,经现场踏勘,点位标志为螺杆刻框且点位保存完好,点号清晰可见,并利用 TS06 - 2″全站仪对控制点边长进行检查,边长较差详见表 1。

表 1　边长较差表

边长	反算边长(m)	测量边长(m)	边长较差(mm)	边长较差限差(mm)	ΔS/S	边长较差相对中误差
鹅埠镇人民政府—西湖油站	2 603.921	2 603.929	8	75.5	1/325 000	1/14 000
鹅埠镇人民政府—水美村	1 472.539	1 472.549	10	44.4	1/147 000	1/14 000

根据《卫星定位城市测量技术规范》(CJJ/T 73—2010)的要求,均在限差范围内,说明起算控制点无误,精度可靠,可作为本工程的起算数据。

利用上述 3 个已有等级控制点和本次新布设的施工控制点 S1 ~ S6 组成一级 GPS 控制网。本 GPS 控制网由基本三角形构成,使用混连式图形联接方式,利用 3 台天宝 GPS 接收机进行观测,共施测了 5 个时段。点位平均重复设站数为 1.67,大于规范要求的 1.6,满足规范的要求。

使用 Trimble Business Center2.5 进行基线的解算和数据平差,共观测有 2 条重复基线,如表 2;由独立基线构成的独立环(异步环)共解算 9 个,所有异步环闭合差均满足上述的限差规定。其中最优和最差坐标闭合差如表 3。

表 2　重复基线表

起点	终点	差值(mm)	S 限差(mm)
S5	S6	3.08	±12.03
S6	S3	5.75	±15.85

表 3　异步环闭合差统计表

异步环	Δx(mm)	Δy(mm)	限差(mm)	长度(m)	ppm
最优	0.0	1.0	±210.7	8 987.9	0.15
最差	0.0	-13.0	±65.8	2 527.0	6.05

利用已采集的原有 E 级控制点，并进行三维约束平差，成果如表 4。最弱点 S2 点位中误差为 0.023 m，高程中误差 0.046 m，最弱边(S3 ~ S5)边长相对中误差为 1/83 772，满足规范的要求，其成果如表 4 所示。

表 4　三维约束平差成果

点号	X(m)	X 误差(m)	Y(m)	Y 误差(m)	Z(m)	Z 误差(m)
S1	2 526 157.135	0.012	597 976.354	0.013	34.816	0.037
S2	2 526 239.060	0.016	597 230.813	0.017	17.854	0.046
S3	2 525 582.007	0.013	598 618.836	0.013	10.286	0.039
S4	2 525 497.865	0.014	597 747.111	0.015	42.968	0.044
S5	2 524 996.198	0.014	598 392.335	0.014	20.036	0.044
S6	2 524 642.327	0.015	597 827.456	0.016	75.967	0.042

4　电磁波测距三角高程

为检查 GPS 高程成果的可靠性和精度，本项目高程点的布设另采用与一级 GPS 控制点共点，使用电磁波测距三角高程进行测量，分别由：西湖油站—T2—T1—S1—S2—T4—S4—T3—S3—西湖油站、西湖油站—T2—T1—S1—S2—T4—S4—T3—S3—西湖油站、西湖油站—T2—S1—S2—T4—S4—S5—S6—T3—S3—西湖油站三条高程导线组成结点高程导线网，采用 TCA2003(仪器编号:440212，±0.5″，1 +1 ppm)进行往返 1 测回边长和垂直角对向观测，并将数据记录于仪器中。

将外业采集的边长、角度数据输入计算机，利用数据平常软件进行简易平差，其高程导线闭合差如表 5 及其成果如表 6。

表 5　高程导线闭合差统计表

高程导线	闭合差(mm)	线路长度(km)	限差(mm)
西湖油站—T2—T1—S1—S2—T4—S4—T3—S3—西湖油站	58	6.23	±100
西湖油站—T2—T1—S1—S2—T4—S4—T3—S3—西湖油站	7	5.12	±91
西湖油站—T2—S1—S2—T4—S4—S5—S6—T3—S3—西湖油站	72	7.99	±113

表 6　三角高程导线网平差成果

点号	Z(m)	Z 误差(m)
S1	34.771	0.022
S2	17.821	0.025
S3	10.266	0.021

续表 6

点号	Z(m)	Z 误差(m)
S4	42.927	0.022
S5	19.995	0.026
S6	75.930	0.021

5 分析与总结

利用 GPS 高程与三角高程成果进行比较,如表 7、图 1 所示。GPS 高程成果可以达到四等三角高程测量的精度要求,说明利用 GPS 重力场地形修正模型求解得出的高程异常具有较好的精度,可以达到四等高程控制测量的要求。

表 7 GPS 高程与三角高程比较表

点号	GPS 高程(m)	三角高程(m)	高程较差(m)	较差限差(m)
S1	34.816	34.771	-0.045	0.06
S2	17.854	17.821	-0.033	0.06
S3	10.286	10.266	-0.020	0.06
S4	42.968	42.927	-0.041	0.06
S5	20.036	19.995	-0.041	0.06
S6	75.967	75.930	-0.037	0.06

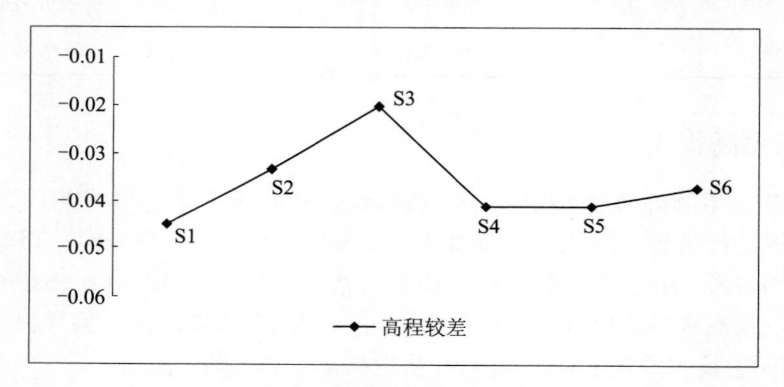

图 1 GPS 高程与三角高程比较

在以往的工程测量中,由于采用的重力场模型阶数较低,大地水准面模型分辨率及精度较低,应用较少,本文通过在山区控制测量中利用经地形修正后的精密重力场模型可以较好地完成四等高程控制测量的应用需求,极大地减轻了野外观测的作业量,显著地提高作业效率。

参考文献

[1] GB 50026—2007 工程测量规范[S].
[2] CJJ/T 73—2010 卫星定位城市测量技术规范[S].
[3] GB/T 20257.1—2007 1:500 1:1 000 1:2 000 地形图图式[S].
[4] GB/T 24356—2009 测绘成果质量检查与验收[S].
[5] 王惠南. GPS 导航原理与应用[M]. 北京:科学出版社,2005.

手持 GPS 测量仪在矿山储量测量中的应用

吴媛媛

（广东省国土资源测绘院，广东广州 510500）

【摘　要】手持 GPS 是以移动互联网为支撑、以 GPS 智能手机为终端的 GIS 系统，是继桌面 GIS、WebGIS 之后又一新的技术热点，本文以 S750 手持 GPS 测量仪的使用操作及在矿产储量测量中的应用例子，说明利用手持 GPS 测量技术可以大大提高矿山储量测量工作效能。

【关键词】手持 GPS；网络 CORS；矿山储量测量

1　引　言

由于矿山一般地形复杂，矿料分布广散（几平方公里到几十平方公里），给矿产资源储量评估工作带来很大难度。国内外测算体积主要用航空摄影测量、地面立体测量以及门式装置的激光扫描等，但由于这些方法，或者设备昂贵、测量条件要求高，或者精度不能满足要求，测量周期长等条件限制，使得这些方法的推广应用受到一定限制。虽然电子全站仪同计算机相结合的空间三维快速测算方法具有准确、快速、灵活等特点，但需要投入的人力、物力较多，所需时间较长。而手持式 GPS 测量仪设计精巧，体积小，重量轻，方便携带到野外作业，特别是在矿区地形条件复杂的情况下作业，具有观测时间短、精度高、无需通视等特点，在这类矿产储量评估工程测量中具有明显优越性。

2　S750 手持 GPS 测量仪简介

手持 GPS 是以移动互联网为支撑、以 GPS 智能手机为终端的 GIS 系统，是继桌面 GIS、WebGIS 之后又一新的技术热点，S750 是一款由广州南方测绘仪器有限公司研发的手持 GPS 测量仪，采用国际专业品牌测量型 GPS 天线及定位主板、最新的 ASIC 芯片和 COAST 专利算法，比导航型主板搜星更迅速稳定，定位更精确可靠，结合 EVEREST 多路径抑制技术，在树荫、房角等恶劣条件下依然具备卓越性能。可以自主跟踪 SBAS（MSAS/EGNOS/WAAS）卫星信号，无需依靠自建或付费基准站，能够实时差分动态测量，实现亚米级精度。内置高品质 GPRS 模块，可无缝接入 CORS 系统或者具有网络功能的基准站作为流动站使用，也可以在没有提供任何地面基准站的情况下，通过启用星站差分功能，实施亚米级精度实时差分测量。还能够进行静态测量，达到毫米级精度。

该测量仪在宜昌 CORS 网络测试时，其实时差分测量精度与该网的参考值比较的偏差均在 1 m 之内。测试统计情况见图 1。

平均误差统计表

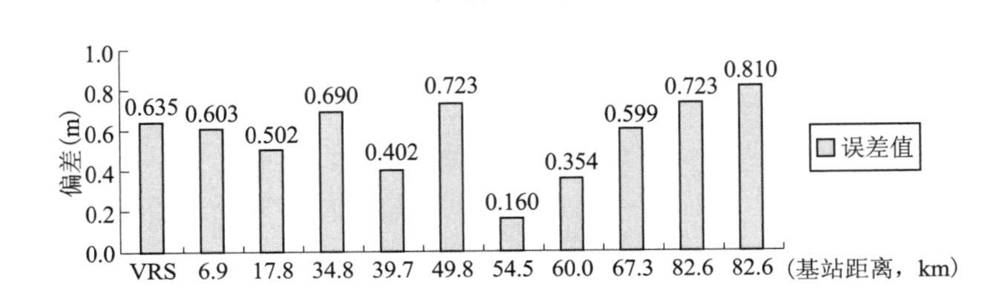

图 1　测量仪测试统计

3　矿山储量测量案例

广东省肇庆市某铁矿的储量评估测量是S750手持测量仪在矿山储量测量工作中的一个成功应用案例。它基于广东省国土资源厅建立的GDCORS网络,通过实时差分定位来采集特征点坐标,进行数据处理,从而获得该矿山的准确储量测量信息,并经验证,质量可靠,精度优良。

3.1　基本作业流程

3.1.1　新建工程项目

首先对S750测量仪进行参数设置,输入椭球、投影、七参数、四参数等坐标系统设置项目。其次进行网络模块设置,输入IP地址、端口等信息,在获取源列表中会显示连接服务,能获取到在该服务器上的所有的机子的ID号和发射的差分格式,在接入点中选择自己的基站,然后调试,连接网络。

3.1.2　数据采集

新建工程后,可以开始采集数据。根据下拉菜单及对话窗口输入测量目标的描述内容(采集要素),选取测量键,实时测量了测量目标的坐标,并与该目标的属性关联起来。采集要素若设置为点,可实时看到坐标;若设置为线,可实时看到坐标及距离;若设置为面,还可实时看到面积。采集要素界面见图2。

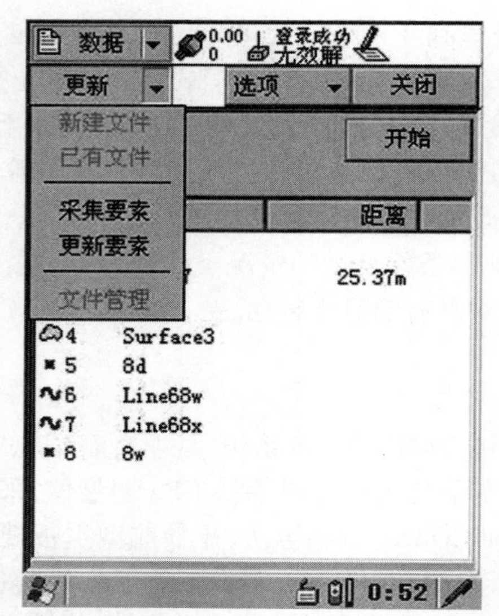

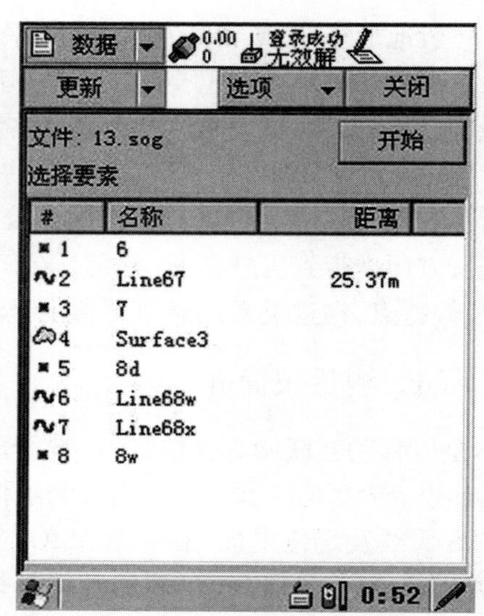

图2　采集要素界面

3.1.3　数据应用

采集数据后,可现场查看有关坐标、距离、面积,也可事后查询、编辑有关点,计算所需要的距离、面积,还能导出文件,支持CASS、CAD、ArcGIS、EXCEL等多种常用软件文件格式的输出,更好地与其他应用软件进行兼容性操作,同时支持国际标准定位数据NMEA格式输出,可为第三方导航、GIS采集软件提供实时定位数据。

3.2　精度及可靠性检验情况

为了验证这次S750测量数据的精确度,先在该矿区均匀布设控制测量网,计算出各控制点的平面坐标,作为参考坐标,该网共10个控制点,每个控制点的误差均不超过1 cm。然后使用S750测量仪对这些控制点进行测量,在不对仪器作平滑处理、软件内插等特殊设置情况下,对每个控制点分别采集十次,采集时间间隔为10 min以上。在对同一点进行重复采集之前,S750先初始化,再采集数据。总共采集坐标数据100组,每一控制点采集坐标10组。将采集成果与控制点参考坐标一一对比,偏差全部在1 m之内。比较结果见表1。

表 1 采集成果与控制点参考坐标偏差比较结果

点位/编号	ΔX	ΔY	点位偏移(m)
A1	-0.163	0.403	0.435
A2	-0.141	0.483	0.504
A3	-0.076	0.536	0.542
A4	-0.067	0.509	0.514
A5	-0.179	0.377	0.417
A01	-0.324	0.191	0.376
A02	-0.424	0.058	0.428
A03	-0.532	0.032	0.533
A04	-0.594	-0.048	0.596
A05	-0.668	-0.074	0.672

4 结 语

根据 S750 的测量数据和检验数据分析,可以得出结论:S750 在这次矿山储量测量中的测量精度达到了亚米级,质量可靠,完全满足相关测量规范的要求。

目前手持 GPS 测量仪功能相对比较单一,但随着手持 GPS 测量仪的不断更新发展,其测量精度高、稳定可靠、携带轻便、操作简单、工作效率高的特点,能在土地规划设计、土地利用调查、矿山测量、国土资源执法监察现场勘测及地理信息系统数据采集等勘察测量中发挥更大作用,提高国土资源管理的工作效能。

参 考 文 献

[1] 徐绍铨,张华海,等. GPS 测量原理及应用[M]. 武汉:武汉大学出版社,2003.
[2] 邬伦,刘瑜,等. 地理信息系统——原理、方法和应用[M]. 北京:科学出版社,2001.
[3] 张清浦,刘纪平,等. 政府地理信息系统[M]. 北京:科学出版社,2003.
[4] 广州南方测绘仪器有限公司. S750 使用手册. 2008.

无人机数字正射影像图生产过程经验与优化

郑史芳　黎治坤

（广东省国土资源测绘院，广东广州 510500）

【摘　要】本文在无人机技术蓬勃发展和尚未完全成熟的背景下，通过生产实践过程中经验的总结和一些必要的试验提升了无人机数字正射影像图生产过程的效率以及最终产品的精度，具体体现在航线设计过程中参数设置经验和构架航线的使用，像控点布设方案的优化，空三加密过程中加密区的划分以及基本定向点权值的分配，多余控制点的采用。

【关键词】无人机；正射影像；空三加密

1　引　言

无人机（Unmanned Aerial Vehicle，UAV）指的是使用无线电遥控及本身自带的飞行控制程序控制飞行的不载人飞机。无人机航空摄影测量系统是低空大比例尺影像获取和处理的新技术。它以无人机为飞行平台，负载数码航摄仪获取遥感影像。无人机航摄系统以获取高分辨率航片为目标，经过 GPS、GIS、RS 技术的集成应用，达到无人机数据快速处理的效果。

相比于传统航摄仪，用无人机进行航摄具有低成本、高灵活性、高时效性等明显优点。在满足精度要求的情况下，无人机技术已经被越来越多的测绘单位所重视和采用，但是无人机也存在姿态稳定性差、影像排列不整齐、旋偏角大、影像畸变大、像幅小、影像数量多等缺点。

本文旨在通过实践探讨提升无人机数字正射影像图生产过程效率以及最终产品精度的方法。

2　无人机数字航空摄影过程经验和优化

2.1　重叠度设置

按照传统航摄的理论，航向重叠度一般应为 60% ~80%，最小不应小于 53%；旁向重叠度一般应为 15% ~60%，最小不应小于 8%。上述的要求是专门针对大型航摄仪设计的，目的是在保证不出现航摄漏洞的情况下尽可能地降低重叠度，以便减少航片数量，进而减少后续整体工作量。

考虑到无人机质量相对传统大型飞机较轻，测区地形复杂，飞机本身受上升气流和侧风的影响严重的事实，侧风使得航片旋角偏大，造成旁向重叠度不稳定，同时受到上升气流的影响（在山区进行作业尤其明显），飞机的俯仰角很容易突变，此种情况使得航带内重叠度不稳定。

基于以上考虑，无人机进行航摄时重叠度往往很大，但是重叠度大的同时，一方面像片增多，使得工作量增大；另一方面重叠度的增大，使得基高比变小，影响高程精度，空间前方交会得到的空间点高程精度会更高一些。

空间前方交会的高程精度取决于三个因素：一是基高比，基高比越大，则高程精度越好；二是像点坐标的量测精度，像点坐标的量测精度越好，即 k 值越大，那么高程精度越好；三是 GSD 越小，高程精度越高。

以 1∶2 000 DOM 生产要求的地面分辨率为 0.2 m，采用焦距为 24.410 9 mm 的 Canon EOS 5D Mark Ⅱ相机进行航摄，航向重叠度 53%（最小航向重叠度，也是基线最长的情况，即基线 $b = 24.4109\ \text{mm} \times (1-53\%) = 11.47(\text{mm})$，计算的高程精度 $m_z = 0.43/k$ m（k 为像点坐标的量测精度）。

理想情况下，数码航摄影像（DMC、UCD、UCX 等）的像点坐标量测精度为 1/3.2 个像元（$k = 3.2$）；

无人机影像像点坐标的量测精度由影像中心往边缘逐渐下降，总体上认为可以保证在 1/2 个像元（$k=2$）；那么高程精度 $m_z=0.215$ m，这个精度已经非常逼近绝对定向后基本定向点残差在平地、丘陵地的高程限差 0.26 m。

实际生产中，考虑到无人机航摄中姿态不稳定等因素，为保证航摄区域不出现航摄漏洞，旁向重叠和航向重叠应尽量加大，航向重叠度加大意味着基线缩短，基高比的影响的直接表现就是交会角很小，高程方面的精度就会降低，设置重叠度时还应考虑高程精度不超限的问题。

针对避免航摄漏洞与提高高程精度这一矛盾，我们在大量实际测试中得到经验，无人机航摄航带重叠度设置为 80%，旁向重叠度依据地形要素，从平地、丘陵地、山地、高山地，依次设计为 40%、45%、50%、60% 为最佳效果。以某测绘项目为例，重叠度统计结果见表 1，航片姿态角统计结果详见表 2。

表 1 重叠度统计结果表

测区名	航带内重叠度			航带间重叠度		
	小于 53% 个数	小于 53% 比例（%）	平均值（%）	小于 8% 个数	小于 8% 比例（%）	平均值（%）
测区 1	0	0.00	80.71	0	0.00	48.27
测区 2	0	0.00	79.64	0	0.00	54.85
测区 3	0	0.00	80.83	0	0.00	52.15
测区 4	0	0.00	80.82	0	0.00	41.50
测区 5	0	0.00	89.39	0	0.00	40.95
测区 6	0	0.00	82.50	0	0.00	58.79
测区 7	1	0.03	78.11	5	0.14	41.23
测区 8	1	0.01	76.95	1	0.02	53.11
测区 9	0	0.00	83.18	0	0.00	46.82
测区 10	0	0.00	84.43	0	0.00	52.48
测区 11	0	0.00	83.61	0	0.00	60.76
测区 12	0	0.00	82.47	0	0.00	47.58
测区 13	2	0.03	81.94	27	0.59	51.62
测区 14	0	0.00	80.43	0	0.00	37.54
测区 15	0	0.00	84.12	0	0.00	41.93
测区 16	0	0.00	84.21	0	0.00	45.02
测区 17	0	0.00	85.16	0	0.00	53.18
测区 18	1	0.05	81.47	0	0.00	35.43
测区 19	1	0.03	81.59	0	0.00	56.95
测区 20	0	0.00	74.00	0	0.00	36.96

表 2 像片姿态角统计结果表

测区名	旋角			倾角			弯曲度（%）	
	>15°个数	>15°比例（%）	平均值（°）	>8°个数	>8°比例（%）	平均值（°）	最大值	平均值
测区 1	1	0.04	1.99	10	0.43	2.33	0.29	0.03
测区 2	10	0.01	1.83	7	0.56	3.11	2.32	0.15
测区 3	2	0.05	1.74	18	0.75	2.37	0.17	0.02
测区 4	11	0.57	2.40	55	2.86	3.63	0.56	0.05

续表 2

测区名	旋角			倾角			弯曲度(%)	
	>15°个数	>15°比例(%)	平均值(°)	>8°个数	>8°比例(%)	平均值(°)	最大值	平均值
测区 5	0	0.00	1.72	18	0.75	2.55	0.17	0.02
测区 6	28	0.81	1.21	1	0.03	1.46	0.29	0.02
测区 7	0	0.00	1.36	11	0.27	2.47	0.25	0.03
测区 8	22	0.35	1.57	502	6.97	3.80	0.69	0.04
测区 9	4	0.17	1.72	21	0.88	2.83	0.88	0.04
测区 10	0	0.00	1.84	72	3.79	3.66	0.20	0.03
测区 11	3	0.14	1.85	3	0.14	1.85	0.67	0.02
测区 12	0	0.00	1.06	0	0.00	1.40	0.24	0.02
测区 13	1	0.02	1.06	27	0.46	3.47	0.40	0.03
测区 14	9	0.37	1.65	23	0.95	2.85	0.43	0.04
测区 15	0	0.00	1.59	16	0.69	2.91	0.14	0.03
测区 16	9	0.43	1.12	1	0.05	2.19	0.28	0.03
测区 17	23	0.95	1.99	3	0.12	2.19	0.15	0.02
测区 18	0	0.00	0.86	1	0.05	1.88	0.21	0.02
测区 19	2	0.05	0.82	196	5.35	4.98	0.80	0.02
测区 20	1	0.04	1.08	1	0.03	2.53	0.09	0.04

通过上表可知，在按照经验值进行重叠度设置时，重叠度基本满足要求，偶尔出现的航向和旁向重叠度很小的情况，可以通过抽片和重新划分加密区的方式解决，由于重叠度的设置并不影响飞机的航程、安全系数和航摄的成本，重叠度过高影响工作量和高程精度的问题同样可以通过抽片的方式解决，其中航片姿态角的突变现象广泛存在，加大重叠度到适当的程度可以剔除这些具有突变姿态角的航片，结果同样满足航摄作业的要求。

2.2 构架航线的采用

构架航线即与航带排列不一致的航线，主要是用来提升自由网强度的一种航线设计方式，相对于大型飞机搭载的量测相机所拍摄的航片，无人机航片构建的自由网强度较弱，直接导致构网的困难和平差过程中粗差的显示和剔除不可靠，针对此种情况，除加密控制点的方式外，通过使用构架航线来加强自由网强度，可以使得空三加密过程更加严密，结果精度更加可靠。

图 1 为进行构架航线试验的航片结合表示意图。

可以看出，在第四个架次中，除原本的航线外，另在与航带垂直的方向布设了 4 条构架航线，该测区像控点布设采用区域网布点方案，其中航向跨度为 6 条基线，旁向不跨航带，通过添加构架航线，空三过程中基本定向点精度明显提高，详见表 3。

表 3 基本定向点残差比较表

添加构架航线前				添加构架航线后			
ID	dx	dy	dz	ID	dx	dy	dz
99176	-1.125	0.846	0.072	99176	-0.325	0.325	0.115
99177	0.44	-0.231	0.149	99177	0.197	-0.173	0.102
99178	-0.652	-0.088	0.043	99178	-0.296	-0.09	0.067

续表 3

添加构架航线前				添加构架航线后			
ID	dx	dy	dz	ID	dx	dy	dz
99179	-0.434	-0.17	-0.197	99179	-0.395	-0.069	-0.234
99180	-0.057	-0.581	0.037	99180	-0.076	-0.204	0.029
99181	0.44	-1.006	0.058	99181	0.242	-0.539	0.046
99182	0.029	0.203	-0.006	99182	-0.025	-0.01	-0.011
99183	0.054	-0.16	-0.052	99183	0.007	-0.081	-0.049
99184	0.314	0.132	-0.154	99184	0.272	0.238	-0.139
99185	0.433	0.274	0.058	99185	0.202	0.117	0.067
99186	-0.405	0.569	-0.271	99186	-0.291	0.422	-0.27
99187	-0.269	-0.21	0.124	99187	-0.09	-0.057	0.137
99188	0.071	0.408	0.135	99188	-0.036	0.174	0.13
99189	0.107	0.292	-0.169	99189	0.09	0.168	-0.168
99190	-0.049	-0.054	0.02	99190	0.058	-0.048	0.04
99193	-0.507	-0.129	0.196	99193	-0.302	-0.156	0.151
99194	0.303	0.124	-0.143	99194	0.275	0.06	-0.166
99195	0.744	-0.139	0.076	99195	0.252	-0.037	0.102
99197	0.564	-0.08	0.025	99197	0.24	-0.04	0.052

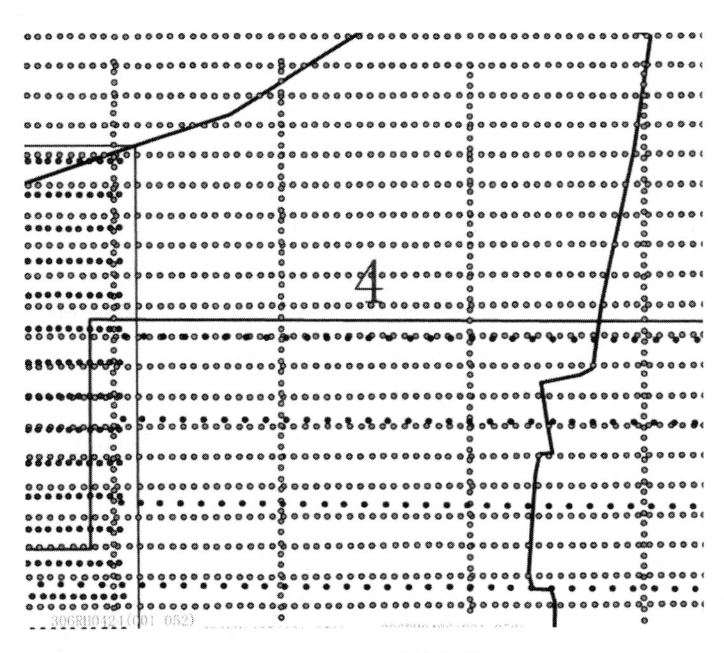

图 1　构架航线结合表

可以看出，添加构架航线后，在同样控制点布设和刺入的情况下，基本定向点的平面残差和高程残差都有了明显的改善，这说明构架航线可以显著地提高空三加密的精度。

3 影像控制点/检查点布设经验和优化

3.1 影像控制点的布设

现阶段无人机进行数字正射影像图的制作过程中,像控点的布设主要采用区域网的布点方式。

区域网方式的布点要求有以下4条:

(1)区域网的划分一般按图廓线整齐划分,亦可根据航摄分区、地形条件等情况划分,力求网的图形呈正方形或者矩形。区域网的大小和像片控制点间的跨度主要依据成图精度、航摄资料条件以及对系统误差的处理等因素确定。

(2)区域网布点,其控制点在像片上和航线内的具体点位要求应与航带网布点的要求相同。

(3)采用不规则区域网布点。一般在凸出处布设平高点,凹进处布置高程点。当凹进点和凸出点之间距离一条基线时布高程点,超过两条基线时(含两条基线时),在凹进处也应布设平高点。

(4)航线两端的控制点左右偏离不大于一条基线(18 cm×18 cm像幅)或半条基线(23 cm×23 cm)。

以1∶2 000成图精度要求,像控点在航线方向的跨度一般为1 000 m,个别困难地区可适当放宽到1 200 m;旁向跨度一般为2条航线,个别困难地区可适当放宽到3条航线。

但是考虑到所有航摄像片航带内相关性远远优于航带间的特点,并且无人机质量相对传统大型飞机较轻,测区地形复杂,飞机本身受上升气流和侧风的影响严重,上升气流使得航片的旁向重叠度不稳定,俯仰角及旋角偏大,此种情形下像片的航带内重叠度会造成突变的情况,严重影响相对定向的精度和模型连接的成功率,同时侧风会造成旁向相关性极弱,航带之间转点变得十分困难,严重影响自由网的建立;同时自动匹配生成的航带间连接点精度非常不可靠,进而影响区域网平差过程中粗差判定,极大地增加了人工干预调节粗差的工作量和难度,严重影响空三加密工序的工作量和质量。

基于以上实际情况,对1∶2 000成图要求的区域网像控点布点方案进行了改变,减小旁向跨度,每条航带间都布设控制点;增加航线方向跨度,将航线方向跨度定位10基线,算至地面平均跨度为1 500 m。

此布点方案相对于原布点方案总点数增多20%左右,但是解决了无人机俯仰角和旋偏角偏大导致空三质量偏低的特点,通过控制点的基本定向提升航带之间的相关性,一方面使得航带间转点之后进行的平差以及剔除粗差过程的精度更高,另一方面由于旁向大量控制点的存在,对于山区、落水、部分入云等现象,非常方便加密区的拆分,大大提升空三加密的精度和作业效率。

3.2 检查点的布设

多余控制点精度是衡量空三加密精度的一项重要指标,以1∶2 000成图要求为例,要求每10 km^2至少有一个多余控制点,在无人机航片姿态突变发生随机的背景下,加上无人机搭载的相机像幅小,遇到地形复杂的区域(如山区、河流、沼泽等),转点困难直接导致加密区划分复杂,此种情况需要更多的控制点参与定向,故以保证空三加密区的精度优先,余下的控制点当作多余控制点用。

在空三过程中,自动匹配的加密点,存在很多误匹配的情况,进行粗差探测是测量平差的目标之一。通过平差,可以找出错误匹配的加密点,并进行修正。但是在影像质量差的情况下,特征的判读存在不确定性;大量不确定特征点就会造成区域性的不确定性,粗差探测也变得很困难了。

通过密集匹配技术,进行空三相对定向后,自由网结构已经足够强壮,但是若存在区域性的不确定性的情况,自由网实际会出现扭曲、沉降等变形,而现有平差及粗差探测软件无法发现这种变形。在使用像片控制点进行绝对定向时,就会有部分控制点位精度指标不优甚至超限的情况,此时一般应采用强制平差的方法,使其强制符合,实际上是用高精度的像片控制点来修正邻近区域的累积误差。在外业控制点足够多时,已经可以保证绝对定向结果的精度和可靠性,也可以将粗差点剔除,从而保证高强度的自由网精度不至于受到太大的损失。

在未使用强制平差之前,基本定向点平面精度如表4所示。

表 4　未做强制平差的基本定向点平面精度统计表

序号	测区名	点数	中误差(限差以内点)	最大值	限差(m)	限差内点数	限差内点数比例(%)	超限点数	超限点数比例(%)
1	测区 1	219	0.156	1.46	0.26	82	37.4	137	62.6
2	测区 2	91	0.095	0.27	0.26	90	98.9	1	1.1
3	测区 3	389	0.086	0.47	0.26	385	99.0	4	1.0
4	测区 4	203	0.070	0.25	0.26	203	100.0	0	0.0
5	测区 5	274	0.074	0.33	0.26	272	99.3	2	0.7

由表 4 可以看出,基本定向点平面精度超限比较严重。

使用强制平差之后,基本定向点平面精度如表 5 所示。

表 5　强制平差之后的基本定向点平面精度统计表

序号	测区名	点数	中误差(限差以内点)	最大值	限差(m)	限差内点数	限差内点数比例(%)	超限点数	超限点数比例(%)
1	测区 1	218	0.28	0.64	0.6	215	98.62	3	1.38
2	测区 2	87	0.26	0.67	0.6	85	97.70	2	2.30
3	测区 3	389	0.25	0.72	0.6	386	99.23	3	0.77
4	测区 4	203	0.31	0.63	0.6	200	98.52	3	1.48
5	测区 5	268	0.19	0.67	0.6	267	99.63	1	0.37

使用强制平差之后,可以看出,基本定向点精度明显提高了。

利用保密点对 DOM 产品的平面位置精度进行检测,检测结果中平面位置中误差最大值为 ±0.69 m,平均值为 ±0.50 m;采用强制平差的方法处理后,平面位置中误差最大值为 ±0.54 m,平均值为 ±0.41 m。说明空三处理中,绝对定向后个别基本定向点等残差超限时是否强制平差,DOM 产品的平面位置精度受到影响非常小,故空三加密过程中可采用强制平差的方法。

4　结论和展望

无人机技术的兴起和发展时间并不长久,在高分辨率卫星遥感影像分辨率尚未成熟和广泛到民间应用的今天,无人机技术必将还在测绘事业中占据着重要的一席之地,无人机轻便、灵活、低成本的特点使得在测绘工作中被广泛的使用,但是一方面采用无人机飞行平台进行航空摄影测量,目前还是一种尚在发展中的技术方法,其中不少核心技术问题尚在研究之中,并未得到完善的解决。另外一方面,目前与无人航空摄影相关的规范也未成熟,不少精度指标仍然从传统摄影测量的要求直接照搬过来,没有很好顾及无人机、飞艇这类轻小、姿态不稳定的平台和搭载的非量测相机的特点。

通过这些年的生产,作者认为无人机影像数据获取和生产技术有一种"生产先行,技术和规范滞后"感觉,本文也只是在生产过程中结合所学知识和一些经验,对生产进行浅层的优化,作者作为测绘的一员,衷心希望广大测绘界的专家和教授对无人机及其相应的技术进行更深层次的改进,造福广大的测绘从业者。

参 考 文 献

[1] GB/T 23236—2009 数字航空摄影测量 空中三角测量规范[S].
[2] GB/T 14950—2009 摄影测量与遥感术语[S].
[3] GB/T 3002—2010 无人机航摄系统技术要求[S].
[4] GB/T 3003—2010 低空数字航空摄影测量内业规范[S].
[5] 舒嘉,张林海.航摄像片像点位移的精度分析[J].测绘与空间地理信息,2008,31(3):155-156.
[6] 张祖勋,张剑清.数字摄影测量的发展、思考与对策[J].测绘软科学研究,1999(2):15-20.

一种矢栅数据一体化的变比例尺投影方法研究

杨　婷

（广东省国土资源测绘院，广东广州 510500）

【摘　要】在分析目前已有的变比例尺投影方法的基础上，提出一种基于矢栅数据一体化的变比例尺投影方法，该方法采用 focus + glue + context 技术、影像数据分块处理等核心技术，利用矢量数据变比例尺变换产生自定义及规则格网控制点，通过样条配准的方式对相应的栅格数据进行变换，在尽可能放大显示核心区域的同时，较好地保持外部区域轮廓，并实现变换前后矢栅数据匹配显示。经试验论证，该方法在变形可控性及模型灵活性上具有优势，可用于大范围地区矢栅数据变比例尺处理。

【关键词】变比例尺；矢栅数据一体化；focus + glue + context 技术；地图投影

1　引　言

地图投影效果的优劣在于它的实际应用价值。变比例尺地图作为地图投影中的一种特殊投影，在实际的生产生活中发挥着独特的作用。早在 20 世纪七八十年代，国外学者 N. Kadmon[1,2] 和 W. Lichtner[3] 提出了变比例尺地图投影的理论与方法。所谓变比例尺地图投影，就是利用数学手段和投影变形，将地图上的重点区域用较大的比例尺表示出来，从而提高地图的信息负载量和功能。为更好地服务于实际应用，如何设计投影方式已成为变比例尺研究[4-8]的热门话题，近年来，国内外学者也尝试得到了一些研究成果，如文献[9]中建立了在保持地图拓扑关系正确的同时，能满足某些美学标准的变比例尺示意图算法，该算法适应于交通网络线的变比例尺设计。文献[10]中设计了可移动“放大镜”方式的地图投影，放大镜内的数据可以非线性放大的方式显示在另一个窗口中。文献[11]中提出一种基于位置服务的自适应变比例尺路网显示方法，该方法能依据地理视角、路网复杂度及相隔距离等自动设定具有一定弹性的比例尺，并最终显示于小屏幕显示器上。文献[12]将变比例尺可视化技术应用于电子地图导航，并实现了圆形、矩形两种形式的“近大远小”变比例尺显示效果。文献[13]采用 focus + context 方法，处理美国亚特兰大市的复杂地铁图，处理后的地铁线路图能准确且清晰地显示于小屏幕上，为移动设备用户提供极大的便利。文献[14]中提出一种能量优化模型保持变比例尺放大区域的细节，并将放大所产生的变形光滑扩散，较好地改善了变比例尺可视化效果。尽管国内外学者已提出众多变比例尺投影方法，但是，大多研究都致力于对矢量数据、小范围数据进行处理，有关大范围影像数据或矢栅数据同时处理的变比例尺方法研究投入产出尚不足，难以推广应用于实践生产。

笔者尝试针对较大范围数据的变比例尺处理，提出一种基于矢栅数据一体化变比例尺投影方法。该方法基于 focus + glue + context 技术、影像数据分块等核心技术思想，分别处理矢量数据和栅格数据，利用矢量数据变换产生的控制点样条配准栅格数据，放大显示地图核心区域，兼顾保持外部轮廓，并最终实现变换后矢栅数据匹配显示。

2　矢栅数据一体化变比例尺投影方法

2.1　矢量数据焦点放大变比例尺处理

采用 focus + glue + context 技术对矢量数据实施焦点放大变比例尺处理，所产生的地图形变能完全控制在某一范围内，避免出现边缘区地物过于密集，边界轮廓变形厉害甚至完全扭曲等情况。该技术的核心思想是:focus 区域为用户自定义需放大显示区域,context 区域为图幅中比例尺完全不变区域,在 focus 与 context 区域间拟定 glue 区域,吸收因 focus 区域放大所产生的变形。

本文实现方法中,focus 区域由用户按需绘制圆形、矩形甚至任意多边形等来指定,其范围即为用户所作边界线 E_F 所包含的范围,且将该区域的重心点指定为放大的焦点,即图 1 的 P_0 点。对于任意多边形,假定其各顶点(x_i, y_i)按顺时针编码,则重心的计算公式如式(1)所示。

$$\begin{cases} X_G = \sum \overline{X_i}A_i / \sum A_i \\ Y_G = \sum \overline{Y_i}A_i / \sum A_i \end{cases} \quad \begin{cases} A_i = (y_{i+1} + y_i)(x_i + x_{i+1})/2 \\ \overline{X_i}A_i = (x_i^2 + x_{i+1}^2 + x_{i+1}x_i)(y_{i+1} - y_i)/6 \\ \overline{Y_i}A_i = (y_i^2 + y_{i+1}^2 + y_{i+1}y_i)(x_i - x_{i+1})/6 \end{cases} \tag{1}$$

其中,$\overline{X_i}$、$\overline{Y_i}$、A_i 分别为第 i 个梯形重心的 x 坐标、y 坐标和梯形面积。放大后 focus 区域边界为图中虚线 E'_F 包围范围,glue 区域的大小实际也由用户指定,假定 glue 区域的边界线为 E_G,为程序实现方便,本文中 glue 区域范围设定方法如图 1 所示。

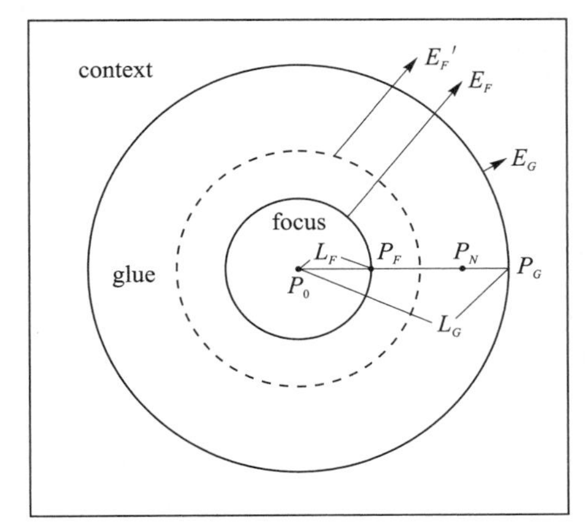

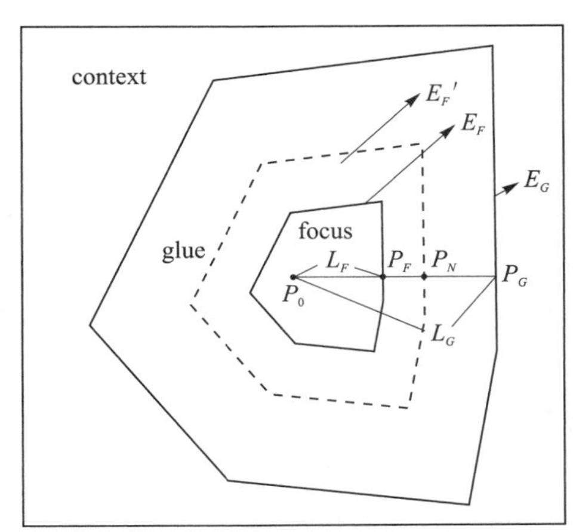

图 1　圆形、任意多边形 focus 范围设定示意图

图中,P_N 为 glue 区域内任意一点,P_F 为 P_N 与 P_0 点的连线与 focus 边界线 E_F 的交点,P_G 为 P_N 与 P_0 连线的反向延长线与 glue 边界线 E_G 的交点,P_G 与 P_0 点间的长度为 L_G,P_F 与 P_0 点间的长度为 L_F。若 S_F、S_C 分别为 focus 区域与 context 区域的比例尺大小,M 为 focus 区域比例尺放大因子,则有 $S_F = MS_C (M>1)$,确保 focus 区域的处理方式为等比例放大。同时,L_F、L_G 应满足等式 $L_G = NL_F$,其中,N 为 glue 区域内任意点距焦点距离放大倍数,且 $N>M$,glue 范围即为虚线 E_F 与 E_G 之间的区域。

由上述对三个区域范围的定义可知,假定 L'_G 为变比例尺处理后 P_G 与 P_0 点间的长度,L'_F 为变比例尺处理后 P_F 与 P_0 点间的长度,那么 L_G、L_F、L'_G、L'_F 应满足 $L'_F = ML_F$,$L'_G = L_G$。图幅范围内每一点的变形方式即为变比例尺投影映射函数,focus + glue + context 技术中定义为任意点到焦点的距离函数。假定焦点 P_0、任意点 P_N 在原比例尺坐标系统中的坐标分别为 W、V,P_N 在变比例尺坐标系统中的坐标为 V',r 为 W、V 间的距离,r'为 W、V'间的距离,则映射函数应满足下列关系式:

$$V' = T(r)\frac{V - W}{|v - w|} + W \qquad r' = T(r) \tag{2}$$

其中,$T(r)$为连续函数,$T(0) = 0$ 且 $\mathrm{d}(T)/\mathrm{d}r > 0$。

由 focus 及 context 区域的定义可知,在 focus 范围$(0<r<L_F)$内,位移函数 $T(r) = Mr(M>1)$,图幅按比例放大;在 context 范围$(L_G<r)$内, 位移函数 $T(r) = r$,图幅不发生任何形变,完全保持原状;事实上,为避免 glue 区域边缘的某些要素(如道路线)出现明显的拐角等非用户期望的变形,设定在 glue 范围$(L_F<r<L_G)$内, 位移函数 $T(r)$应为能平滑连接 focus 与 context 区域的曲线(如二次曲线、贝塞尔曲线等),文中拟选择三次贝塞尔曲线拟合,如图 2 所示。

三次贝塞尔曲线由特征点 P_1、P_2、P_3 和 P_4 来控制,其中 P_2、P_3 分别为 focus 区域、context 区域内映

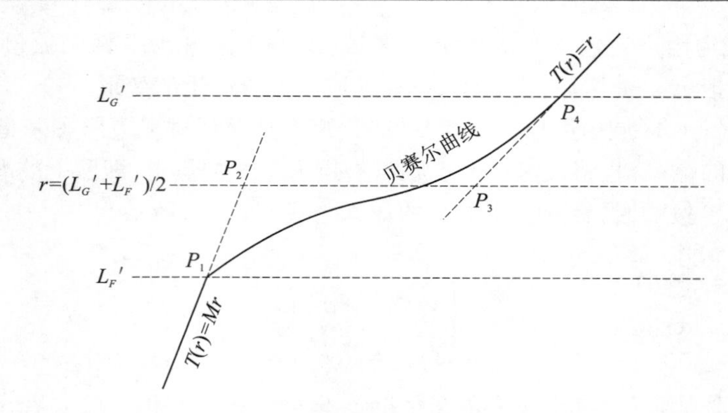

图2　贝塞尔曲线拟合示意图

射函数线与直线 $r = (L_F' + L_G')/2$ 的交点。P_1、P_2、P_3 和 P_4 点的坐标定义如式(3)所示。

$$
\begin{aligned}
P_1 &= (L_F, ML_F) \\
P_2 &= (\frac{ML_F + L_G}{2M}, \frac{ML_F + L_G}{M}) \\
P_3 &= (\frac{ML_F + L_G}{2}, \frac{ML_F + L_G}{2}) \\
P_4 &= (L_G, L_G)
\end{aligned}
\tag{3}
$$

那么,三次贝塞尔曲线可由以上四个特征点及参数 t 定义,即:

$$
B(t) = (1-t)^3 P_1 + 3t(1-t)^2 P_2 + 3t^2(1-t)^2 P_3 + t^3 P_4 \quad (0 < t < 1) \tag{4}
$$

2.2　影像数据分块及控制点选取

对影像数据进行分块处理,将整幅影像数据分成大小相同且具有一定重叠率的矩形分块影像(见图3),重叠率设置的目的在于最后将经过变比例尺处理以及重采样的影像数据进行镶嵌时,分块的影像数据能够完全整合,避免了边界镶嵌时可能出现的不可控制性。

为提高影像数据变比例尺处理速度,数据分块处理后,分三部分分别进行处理,如图4所示,其中focus区域内影像等比例放大,与glue区域相交的矩形分块影像则进行压缩变形及重采样处理,完全包含于context区域内的矩形分块不进行任何处理[15]。

图3　重叠矩形分块影像数据

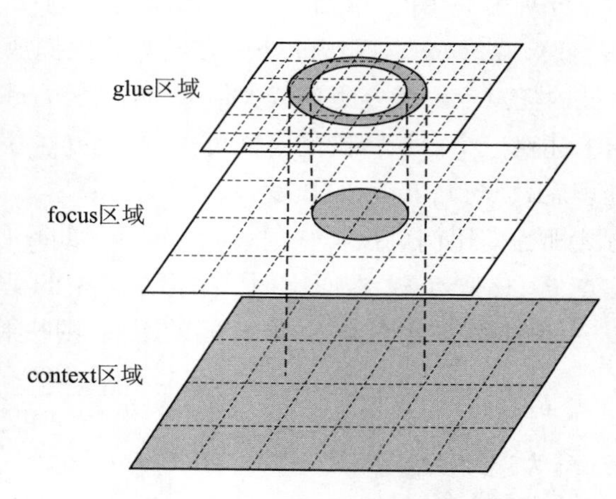

图4　focus、glue及context区域处理示意

在focus + glue + context变换中,影像数据通过变换矢量数据生成的控制点进行地理配准实施变换,对每幅具有一定重叠率的矩形分块影像,根据对应的矢量数据变换参数文件,设定控制点行数和列数以产生规则的格网控制点;此外,用户还可按需对每一幅分块影像自定义控制点,如在道路拐角处、水系面边缘处等能反映地物布局特征的关键点,用户都可追加自定义控制点,创建控制点程序界面如图5所示。

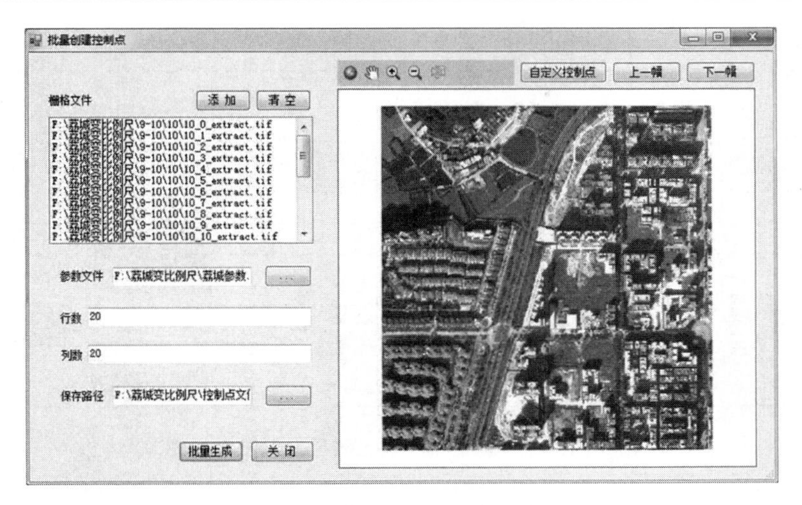

图 5 自定义及格网控制点生成界面

2.3 样条配准及矢栅数据匹配显示

生成规则格网及自定义控制点后，便涉及影像数据配准方法的选取。经过多次尝试试验，本文拟采用三次样条函数拟合变换曲面配准影像数据。$S(x)$称为三次样条函数，当它满足：

$$S(X) \in C^2[m,n] \tag{5}$$

其中，$m = x_0 < x_1 < \cdots < x_n = n$ 为预先设置节点，函数 $S(X)$ 在任意区间范围$[x_i, x_{i+1}]$内为三次多项式，多项式形式上文中提到的三次贝塞尔曲线，此处不再赘述。事实上，分块后的每一幅矩形影像数据所选取的控制点的位置和个数都不一样，不同的控制点使每一幅影像具有不同的配准效果，而样条函数配准方法的优势就在于所拟合的变换曲面能通过每一个生成的规则格网控制点及自定义控制点，且分块时设置的重叠率可保证相邻分块影像间有一定重复的控制点，这在最大程度上保证了矢量栅格数据的匹配显示及变比例尺处理后的所有分块影像数据间的无缝镶嵌。

3 试验案例

为验证文中所提出的矢栅数据一体化变比例尺投影方法的有效性，本文在 Windows 环境下，以 Visual Studio 2010 为开发工具，集成 ArcEngine 开发包研制了变比例投影原型系统，并以广州增城“数字沙盘”变比例尺底图制作为例进行试验，试验数据为增城 1∶2 000 影像数据及各类地形数据、专题矢量数据，需要用较大比例尺显示的区域为包含增城规划中的城市副中心核心区、东江新区、山水田园科教生活区及北部生态区 “一核三区”区域。

事实上，针对具体的沙盘底图制作应用，仅采用 focus 变比例尺变换难以达到用户要求，因而本试验中设计了三次变换（见图 6）。第一次 X、Y 方向整体变换是对数据在 X、Y 方向上分别划定分带线，在保持增城整体轮廓及图幅长宽比的前提下，设置最佳的各分带线间缩放系数，并确保等比例放大城市副中心、东江新区、山水田园科教生活区等核心区域，其他地方相应压缩，完成初步缩放处理；第二次局部焦点放大变换将第一次变换后未考虑到的及尚未达到放大要求的核心区域继续放大，这里，划定 focus、glue 范围后，首先对矢量数据直接进行焦点放大处理，然后对影像数据实施重叠矩形分块处理，利用矢量数据变换参数生成规则格网控制点及自定义控制点，样条配准每一分块影像数据，并重采样发生形变的分块影像，最后将所有分块影像进行镶嵌融合处理。经过两次处理后（见图 7），“一核三区”基本达到变比例尺放大要求（见表 1），但仍有某些位于 glue 区域的地物压缩变形过大，因而，试验拟对整幅图像进行第三次整体微调，整体微调采用的方法与第一次整体变换相同，此处不再赘述，但此次微调仅针对经过两次变换后变形较严重且相对重要的区域，因而涉及的范围小，变换的幅度也小。至此，增城影像数据及相关矢量数据经过第一次整体变换、局部焦点变换及整体微调后，核心区域已基本达到“数字沙盘”变比例尺效果图要求。图 8 为增城局部、整体矢量栅格数据经过三次变比例尺处理前后在同一比例尺下叠加展示的效果图。

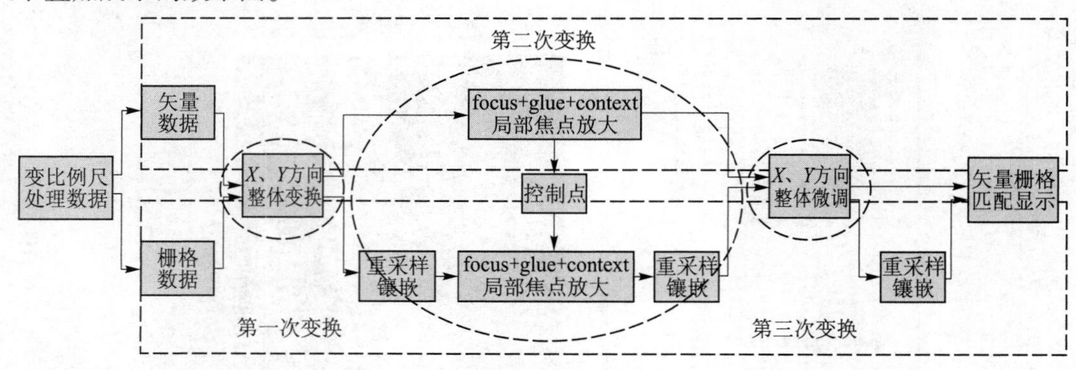

图6　增城"数字沙盘"变比例尺工作流示意图

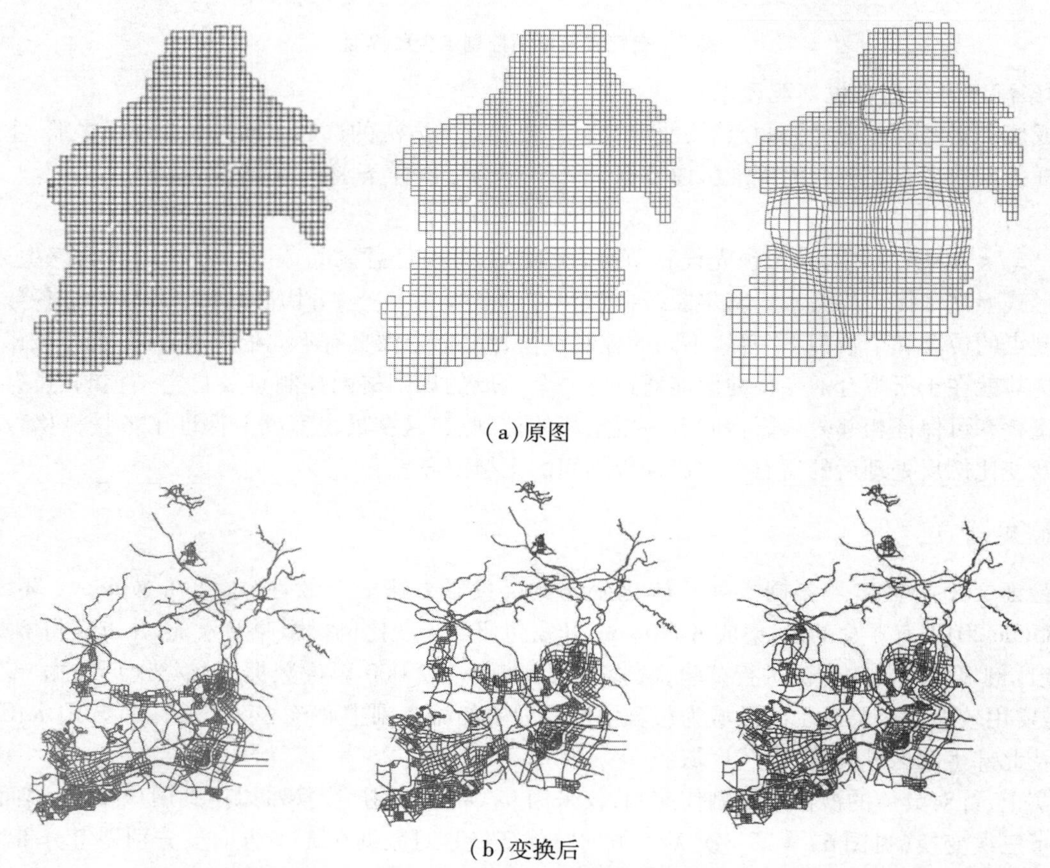

(a)原图

(b)变换后

图7　增城格网、道路数据经整体及焦点变换后与原图对比图

表1　增城"一核三区"比例尺及面积变化情况

核心区域	比例尺放大系数	面积放大倍数
城市副中心核心区	1.4×1.2=1.68	约2.83倍
东江新区	1.3×1.1=1.43	约2倍
山水田园科教生活区	1.3×1.3=1.69	约2.86倍
北部生态区	1.4	约1.96倍

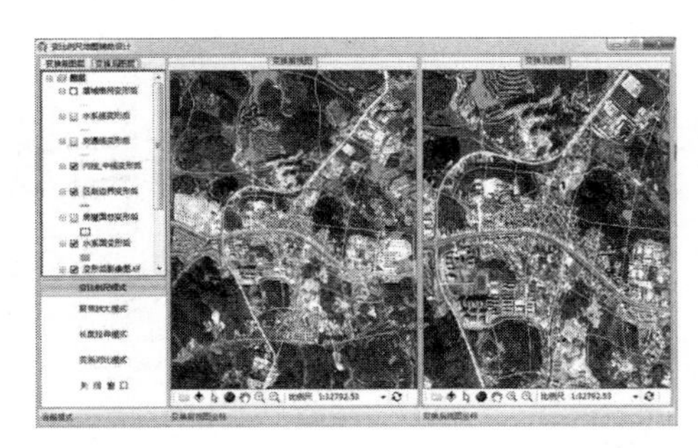
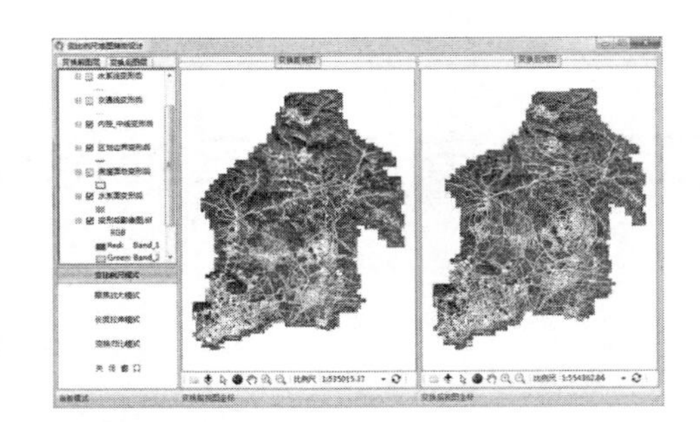

图 8 矢栅数据局部及整体变比例尺前后对比图

4 结 语

本文在分析国内外已有的变比例尺投影研究成果基础之上，提出一种基于矢栅数据一体化变比例尺投影基本模型，并实际应用于增城“数字沙盘”变比例尺效果底图制作。针对特定的城市“数字沙盘”应用，设计了具体的“数字沙盘”变比例尺地图投影工作流，对相关的矢量栅格数据进行三次变换处理，包括 X、Y 方向整体变换、focus 局部焦点放大及整体微调，其中的 focus 变换采用矢量数据变换产生的自定义及规则格网控制点样条配准相应的分块影像数据。试验结果表明：该模型实现过程简单易操作，模型灵活性及可控性强，适应于大区域范围变比例尺处理，且数据经变比例尺处理后效果较佳。

本文对矢量栅格数据同时实施变比例尺处理，事实上，变换后各部分具有不同比例尺，而不同比例尺等级下地物显示的详尽程度应有所不同，在整幅变比例尺地图中，如何设置不同比例尺区域各类专题要素显示的详尽程度有待思考；文中对影像数据的处理，过程较复杂，放大区域的划定存在一定的人工参与度，计算机完全自动化程度有待提高，后续研究中将致力于设计可供用户参考的各类变比例尺模板，在方便用户迅速查看变比例尺效果的同时，也在一定程度上提高变比例尺计算机自动化处理程度。

参 考 文 献

[1] Naftali Kadmon. Cartograms and topology. Cartographica: The International Journal for Geographic Information and Geovisualization, 1982, 19(3): 1-17.

[2] N. Kadmon. Data - bank derived hyperbolic - scale equitemporal town maps. International Yearbook of Cartography, 1975, 15: 47-54.

[3] W. Lichtner. Kartennetztransformationen bei der Herstellung thematischer Karten. Nachrichten aus dem Karten - und Vermessungswesen, 1979, 1(79): 109-119.

[4] Lars Harrie, L. Tiina Sarjakoski, Lassi Lehto. A variable - scale map for small - display cartography. International Archives of Photogrammetry Remote Sensing and Spatial Information Sciences, 2002, 34(4): 237-242.

[5] Naohisa Takahashi. An elastic map system with cognitive map - based operations: Springer, 2008.

[6] 黄国寿. 变比例尺城市平面地图的地图投影[J]. 测绘学报, 1985(3): 188-195.

[7] 王桥, 胡毓钜. 一类可调放大镜式地图投影[J]. 测绘学报, 1993(4): 270-278.

[8] 李连营, 司若辰, 许小兰, 等. 基于地图投影思想的地图变比例尺可视化[J]. 地理空间信息, 2012(5): 161-163.

[9] Silvania Avelar Matthias Müller, Mattbias Mfiller. Generating topologically correct schematic maps: Citeseer, 2000.

[10] Francesco Guerra, Chryssoula Boutoura. An electronic lens on digital tourist city - maps, 2001.

[11] Qingquan Li. Variable - scale representation of road networks on small mobile devices. Computers & Geosciences, 2009, 35(11): 2185-2190.

[12] 艾廷华, 梁蕊. 导航电子地图的变比例尺可视化[J]. 武汉大学学报(信息科学版), 2007(2): 127-130.

[13] J - H Haunert, Leon Sering. Drawing road networks with focus regions. Visualization and Computer Graphics, IEEE Transactions on, 2011, 17(12): 2555-2562.

[14] 吴金亮, 刘利刚. 基于内容的 Focus + Context 可视化技术[J]. 计算机应用, 2011(1): 6-10.

[15] Focus Glue Context An Improved Fisheye Approach for Web Map Services.

湛江市城市规划三维电子报批实施的分析与探讨

马学峰

(湛江市规划勘测设计院,广东湛江 524000)

【摘 要】城市规划是城市管理的重要组成部分,是一种政府行为和社会实践活动,其意义在于指导和控制城市的发展[1],规划部门采用的电子报批技术是实施信息化办公的一个重要方向和趋势,它的应用在规划管理部门对办案的规范性、科学性、严密性和高效性上具有明显的提高。本文讨论了城市规划电子报批的基本实施模式,结合湛江市的实施情况,重点阐述了湛江市城市规划电子报批系统的设计思路与总体框架、基本实施模式、成果管理及实施案例,最后指出了城市规划电子报批的实施对湛江市规划管理的重要意义。

【关键词】城市规划;电子报批;GIS;湛江

1 引 言

近几年,随着湛江市城市化进程提速,重大项目和基础设施建设提速,湛江市建设项目数量急剧增加;同时,随着广东省建设厅逐步开展的各项网上申请和审批工作,当前城市规划报批方式存在着以下三个问题:

(1)城市建设的快速发展与规划审批的手工操作方式之间的矛盾日益加剧,现有审查工作手工操作周期长,工作复杂,主要时间花在指标计算上,对规划方案宏观的研究和把握没有进行足够的重视。

(2)对于虚报指标现象缺乏有效的技术手段加以监督。在规划审批的过程中,对规范术语名称上没有明确的标准,造成了对其认识的混乱及指标方法的模糊。开发商就利用这种漏洞,追求最大经济利益,对经济指标进行虚报。传统的人工检查方式缺乏公开性和透明性,原因是受到人为因素的影响和干扰较多,明显地降低了监督力度。

(3)报建提供的设计成果不能满足规划管理的要求,设计与管理脱节。建设单位在利用CAD技术制图的过程中,采用的制图标准不统一,属性信息填写不全,需要审查后作许多后期处理后才能入库,这样就使得设计部门和管理部门之间产生了数据脱节现象,规划一张图系统中的数据得不到及时更新,因此这种现象导致规划管理水平难以提高。

湛江市规划审批部门极有必要采取新的技术手段来解决这三方面的问题。

针对上述问题最佳的解决方法是采用建设项目电子报批技术。规划电子报批不单单是一个独立的软件系统,开发过程只是一个很小的工作部分,我们往往将其认为一个完整的工程项目,内容较为复杂,其中包含标准、制度、工作流程等问题,其难度都不小于技术开发的难度。标准是系统开发的基石,它的规定不仅梳理了国家有关标准及规范,并且进一步理清了电子报批到底起到一个什么作用,如何实现辅助审批的目标。电子报批技术标准的制定需要结合规划管理的目标,考虑地方管理特色,结合当地规范标准进行系统开发。技术规范包括:①指标计算体系国家标准;②指标计算标准;③制图技术标准;④属性要素标准。建设单位在报建项目时,必须提交按照上述电子报批标准规范制作的电子图纸,规划局就可以利用电子报批审核系统进行项目指标核对;不仅如此,规划局还可以利用这些电子文件在“一张图”管理系统中对现状数据进行更新,为规划实施后期管理的检查工作提供及时准确的数据来源,从而提高规划部门对建设项目审查的公开性与透明度,加大了规划监督力度。

近年来,全国很多城市规划管理部门都开展了电子报批工作,如武汉、广州、天津、上海、厦门、东莞、珠海等城市都采用了数字报建和规划方案的数字审核,电子报批技术已经取得了很大的成效。为此,湛江市有必要跟上社会发展趋势，积极利用新的信息技术手段，推进电子报批工作，提高规划设计和规划管理水平。

2 电子报批总体框架

依据国家标准规范和《湛江市城市规划管理技术规定》，开发湛江市城市规划三维电子报批系统。湛江市规划局制定《湛江市电子报批收图规定》，建筑设计单位的设计成果依据该规定做好准备工作后，交由市规划院信息中心，对其进行规整和定义，使电子报批审核软件能够识别并生成各种规划指标。

综观电子报批工程项目，其总体框架可以分为四个阶段，即设计阶段、报件阶段、审核阶段、建库阶段，具体如图1所示。

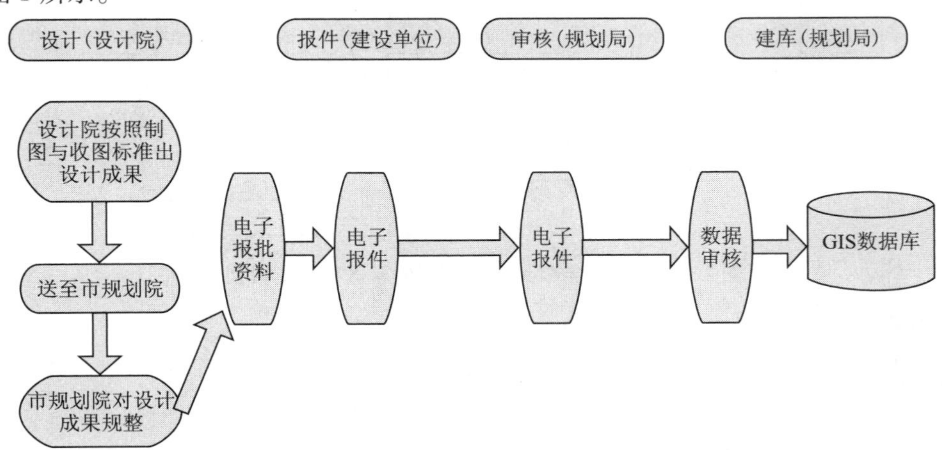

图1 湛江市电子报批总体框架

2.1 设计阶段

建设项目报建的每个阶段提交资料中，电子报批规整与校核资料是必须提交的材料之一。因此，建设单位先将设计成果送至市规划院，市规划院通过规划三维电子报批软件进行规整与校核，生成电子报批资料。在规整的过程中不改变建设单位原来的设计图纸，规整的结果放在CAD新生成的图层中，指标计算只需用到这些图层中的信息，原来的图层仅作为底图参照。

2.2 报件阶段

建筑设计单位依据湛江市规划局的要求提交报建资料至规划局窗口。

2.3 审核阶段

电子设计图报件至规划局后，需要进行审核，审核过程是将前期阶段数据(用地平衡、设计条件等指标)调出，进行各项指标计算、建筑高度、间距检测等审核。

报件来的电子图，连同该项目的前阶段审批数据(设计条件、用地平衡、建筑面积等经济技术指标)调出，进行指标计算、间距检测、建筑高度、建筑退让等审核。

(1)指标计算涉及用地平衡、建筑面积、绿化指标、容积率等经济技术指标。

(2)指标对比是指本阶段的计算指标与前一阶段的指标进行对比，比如修建性详细规划的计算指标与设计条件对比，建筑方案中的建筑面积与总平阶段面积进行对比，竣工的建筑面积与建筑方案中的建筑面积进行对比等。

(3)空间分析涉及间距检测、建筑退让、高度检测、三维显示、日照分析以及与GIS系统相结合的空间分析。

2.4 建库阶段

审核阶段结束后，就可以构建数据库了，主要是依据项目或图纸的类型进行构建的，构建形式包括项目建库、图档项目建库及GIS建库。

3　城市规划电子报批的基本实施模式

依据规划项目的发证顺序，城市规划三维电子报批可分为四个阶段，即用地审批电子报批、修建性详细规划电子报批、建筑工程电子报批和规划竣工验收电子报批，如图2所示[2]。

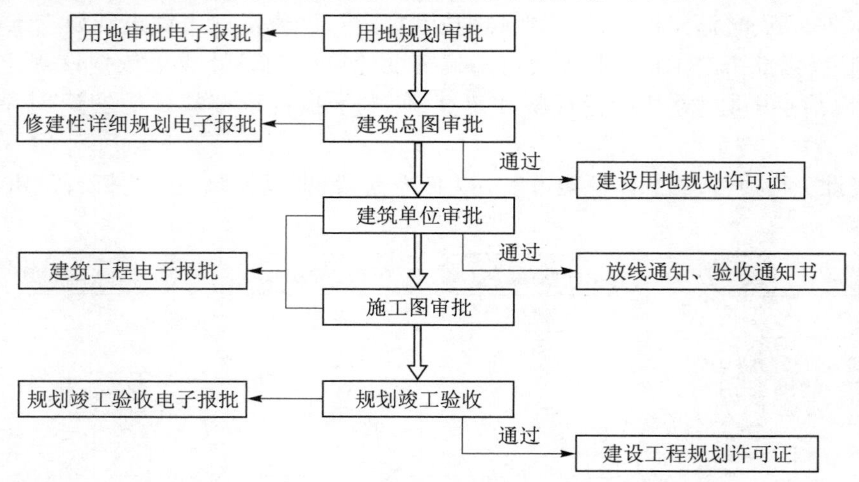

图2　湛江市城市规划电子报批的基本实施阶段划分

3.1　用地审批电子报批

首先建设单位向规划局提交规划用地申请图，审批人员对用地申请进行审核和修改，其依据是规划控制要求和周边建筑实际情况。

3.2　修建性详细规划电子报批

该阶段主要审核各地块用地红线、建筑红线及各种规划控制指标，主要指标包括建筑面积、建筑密度、容积率、绿地率、中小户型比例、停车率等。用地红线的审核时调出用地审批成果形成的红线库中的存档红线，检查报建用地红线各点的坐标是否一致。

3.3　建筑工程电子报批[3]

该阶段主要审查单体每层的功能分区面积，主要信息包括各种公建面积、户型的数量、套型面积、户型面积及中小户型比例等。该阶段的成果需导入到修建性详细规划阶段的建筑总图中，替换对应的数据，重新计算各种经济技术指标，检查是否与上一阶段中的通过报建的指标一致。如超出指标，将退回到建设单位调整设计方案。

3.4　规划竣工验收电子报批

该阶段通过竣工图与总图、单体图的叠加对比，判断是否严格按照报建施工，如建筑高度、层数、建筑间距、是否超出建筑红线等。在指标计算方面，规划竣工验收电子报批与建筑工程电子报批的需求基本一致，只是增加了施工前后指标对比功能。

首先在修建性详细规划和建筑工程两个阶段实施电子报批，湛江市城市规划电子报批软件在图形规整过程不改变设计院原来的设计图纸，规整的结果放在新生成的图层中，指标计算只需要用到这些图层中的信息，原来的图层仅作底图参照用，新生成图层包括修建性详细规划电子报批最终输出5个表格：用地平衡表、综合经济技术指标表、配套公共服务设施一览表、建筑物统计表及户型分析表。

用地平衡表列出总用地面积及住宅公建用地、道路用地、公共绿地所占比例。

综合经济技术指标表列出规划审批所需详细指标，包括用地面积、建筑面积、容积率、建筑密度、户数、停车率、绿地率等。

配套公共服务设施一览表列出用地红线内的公共服务设施，包括教育设施、医疗卫生、文化设施、体育设施、商业设施、垃圾回收站、小区管理服务中心等。

建筑物统计表按栋列出每栋建筑的基本信息，包括高度、基底面积、建筑面积及计容建筑面积。

户型分析表针对国六条要求，列出中小户型所占比例。

建筑工程电子报批最终输出6个表格：单体户型统计表、单体户型分析表、单体户型分解表、国六条分析表、单体信息一览表及单体面积统计表。单体户型统计表列出每个户型的面积及数量。单体户型分析表列出小户型、中户型、大户型、特大户型的面积及中小户型所占的比例。单体户型分解表详细按层列出各个户型的套内、阳台及公摊面积。国六条分析表详细列出90 m^{2}内和90 m^{2}外各户型的数量、面积及所占比例。单体信息一览表列出单体的基本属性，如建筑名称、高度、基底面积、建筑面积等。单体面积统计表区分开单体中住宅和公建的面积。

4 电子报批的成果管理

将各阶段的电子报批文件上传到服务器 Oracle 数据库中，通过 ArcSDE 进行组织和管理，数据库为逻辑树状结构组织，依次为片区、项目和单体。主要表格为：系统用户表、建设项目电子报批存储表、项目 CAD 源文件备份表和数据库要素类一览表。

5 电子报批实施实例

湛江某项目电子报批总平图见图3。

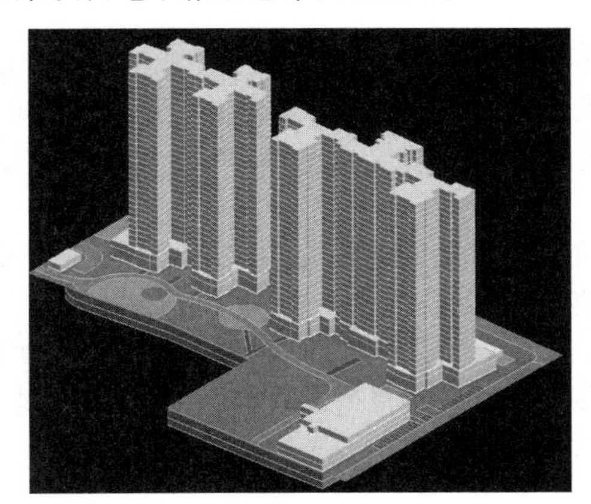

总平指标

用地平衡表 | 经济指标表 | 绿地统计表 | 公建统计表 | 建筑统计表 | 车位统计表

项目		面积(m²)	比例(%)	人均(m²)
规划总用地			--	
其他用地			--	--
规划净用地		27526.01	100.00	
其中	住宅用地	16443.20	59.74	
	公建用地	6581.49	23.91	
	道路用地	4501.32	16.35	
	公共绿地			

图3

该项目1栋图见图4。

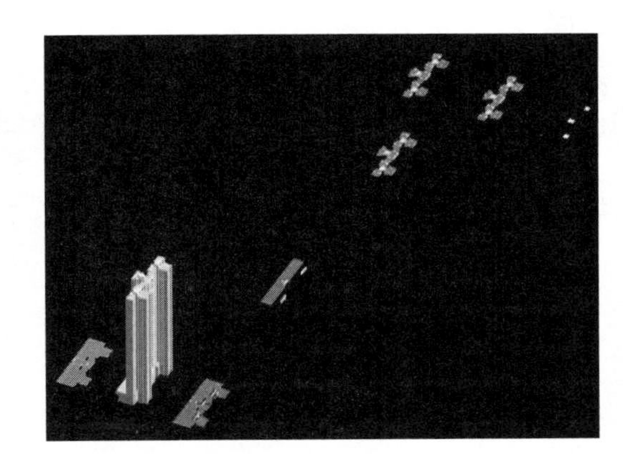

总平 | 总平面图20110222（方案）_t3 | 1# | 2# | 3# | 4#

首期1栋平面图20110222

名称	单位	总图计算值	单体校核值	差值
建筑性质	--	住宅	混合	
基底面积	m²	3469.10	3313.67	155.43
建筑面积	m²	58984.50	56127.53	2856.97
住宅面积	m²	58984.50	51450.00	7534.50
公建面积	m²		4677.53	-4677.53
地上面积	m²	58984.50	56127.53	2856.97
地下面积	m²			
计容面积	m²	58984.50	56197.44	2787.07
非计容面积	m²		1812.42	-1812.42
地上层数	层	32	32	
地下层数	层			
住宅户数	户		480	-480
90内套数	套		292	-292
建筑高度	m	99.15	97.65	1.50

图4

总平图与单体图的对比分析图见图5。

图 5

6　电子报批实施的意义

(1)参照国标,湛江市结合自身实际情况制定了《湛江市城市规划管理技术规定》,其中的术语含义、指标计算方法不尽相同。当前设计院的业务范围很大,不可能对每个城市规定的理解都准确无误。城市规划电子报批软件严格遵照各地规定,计算方法也在软件中设定,有效地消除了因对术语、指标计算方法理解偏差而导致的错误。

(2)城市规划电子报批的实施是指标的计算自动化,不仅将审批人员从繁杂的手工量算中解脱出来,并且提高了计算的精度,提高了审批效率,更加提高了审批的透明度。

(3)将规划电子报批方案入库,解决了历史保健资料的存储管理问题,同时可与办公自动化系统连接,实现网上报建、无纸化办公,将来甚至可以建立用规划竣工电子报批方案进行地图更新机制。

7　结　语

如前文所述,城市规划电子报批的第一种实施思路具有标准化,不增加工作量的优点,是今后城市规划电子报批的发展方向,通过制定标准、设计软件,真正实现城市规划辅助设计,审批、入库一体化,才能从根本上解决目前城市规划管理中遇到的问题。

参 考 文 献

[1] 李德华. 城市规划原理[M]. 2 版. 北京:中国建筑工业出版社,1991.

[2] 丁建伟,唐浩宇,朱路. 基于电子报批的规划图形系统发展新思路——规划设计、辅助审批与规划图形建库一体化的解决方案[J]. 城市规划汇刊,2001,31(1):35-38.

[3] 邓才华,曾和凡. 城市规划电子报批系统的数据标准化与规范化初探[J]. 湖南有色金属,2004,20(5):39-42.

广　西　篇

ArcGIS 在地理国情普查外业控制测量成果整理中的应用

黄友菊

（广西壮族自治区遥感信息测绘院，广西南宁 530023）

【摘　要】以广西崇左测区为例，根据测区控制点成果整理要求，介绍 ArcGIS 在测区结合表和行政区制作、控制点成果展点、控制点信息检查、控制点成果展点、控制点成果信息检查、控制点点位矢量文件制作、控制点点位信息表制作等方面的应用。

【关键词】ArcGIS；外业控制测量成果；控制点展点；像控点编号

1　引　言

地理国情普查是一项重大的国情国力调查，是全面获取地理国情信息的重要手段，是掌握地表自然、生态以及人类活动基本情况的基础性工作。普查的目的是查清我国自然和人文地理要素的现状和空间分布情况，为开展常态化地理国情监测奠定基础，满足经济社会发展和生态文明建设的需要，提高地理国情信息对政府、企业和公众的服务能力。

外业控制测量主要的工作内容是通过航测外业控制测量获取像控点，为地理国情普查数字高程模型（DEM）及数字正射影像图（DOM）制作提供外业控制成果，它包括野外控制测量和成果资料整理两个工作阶段。外业控制测量成果是否按时、按质提交，直接影响到数字正射影像图（DOM）的生产。然而，外业资料内业整理包括控制点解算、坐标转换、控制点成果表整理、控制点点位信息表制作、观测手簿整理等，工作量大，花费的时间长，甚至比野外控制测量的时间还要长。因此，要保证按时、按质汇交成果，需要借助于一些 GIS 内业软件的分析功能来提高工作效率。

本次应用研究以广西崇左测区的控制点成果整理为例。控制点成果整理是成果资料整理阶段的主要工作之一，崇左测区控制点成果包含控制点点位矢量文件、控制点地面照片、控制点点位信息表、控制点点位索引影像、控制点信息文件等。ArcGIS 软件在其中的应用主要是测区结合表及政区图制作、控制点成果展点、控制点成果信息检查、控制点点位矢量文件制作及控制点点位信息表制作等方面。

2　控制点成果整理要求

（1）控制点成果表。野外控制测量得到的初步控制点成果是以经纬度（WGS－84）坐标记录的，为方便后期正射影像数据生产，测区控制点成果要求采用 2000 国家大地坐标系（CGCS2000），提交三种成果：一是采用高斯－克吕格投影，按 3°分带和 6°分带分别提供成果，Y 坐标加 500 km，单位为“m”，保留 2 位小数；高程基准采用 1985 国家高程基准，高程系统为正常高；高程值单位为“m”；二是用地理坐标，经纬度坐标值以“°”为单位，用双精度浮点数表示，保留 6 位小数。

（2）像控点编号。测区控制点成果整理要求以 1:50 000 图幅为单位，每个 50 000 图幅内的像控点编号按照 1:50 000 图幅号＋CP＋P ＋点序号（3 位）进行编号，点序号从 001 开始流水编号至 N，且不能重复编号。

（3）控制点成果文件。崇左测区控制点成果包含控制点点位矢量文件、控制点地面照片、控制点点位信息表、控制点点位索引影像、控制点信息文件等。其中，控制点点位矢量文件为＊.shp 格式。控制点点位矢量文件结构和控制点点位信息表分别见表 1 和表 2。

表1 控制点点位矢量文件

字段名	别名	数据类型	说明
GPSCode	基础控制点号	文本	与实测点或等级点的点号相同
ImgCode	像控点编号	文本	1:50 000 图幅号 + CP + P/G + 点序号(3 位)
Pttype	像控点类型	文本	基础控制点——“D”、像控点——“CP”
PtLevel	控制点等级	文本	对应的国家控制点等级
Mapcode	图幅号	文本	点位所在图幅号
NSpc2000	北坐标(CGCS2000)	数字(double)	大地平面坐标(m)
ESpc2000	东坐标	数字(double)	大地平面坐标(m) + 带号
ElvNati85	正常高	数字(double)	1985 国家高程基准高程(m)
NLat2000	北坐标(CGCS2000)	数字(double)	纬度(°)
ELong2000	东坐标	数字(double)	经度(°)
ElvGeo2000	大地高	数字(double)	大地高(m)
Regional	所在辖区	文本	以县为单位
Producer	测量单位	文本	某某单位
GPSTime	测量日期	文本	yyyymm(年月)
Note	备注	文本	

表2 控制点点位信息表

<table>
<tr><td>工作区</td><td></td><td>所在辖区</td><td></td><td>像控点号</td><td></td></tr>
<tr><td>图幅号</td><td></td><td>控制点类型</td><td></td><td>北坐标</td><td></td></tr>
<tr><td>东坐标</td><td></td><td>高程</td><td></td><td>高程坐标系类型</td><td></td></tr>
<tr><td>平面坐标系类型</td><td></td><td>影像类别</td><td></td><td>影像时间</td><td></td></tr>
<tr><td>控制点等级</td><td></td><td>控制点精度</td><td></td><td>坐落</td><td></td></tr>
<tr><td>测量单位</td><td></td><td></td><td></td><td></td><td></td></tr>
<tr><td colspan="2">交通情况和点位描述</td><td>实地照片</td><td colspan="3"></td></tr>
<tr><td>制表日期</td><td colspan="5"></td></tr>
</table>

3 ArcGIS 在外业控制测量成果整理中的应用

3.1 测区结合表和行政区制作

主要用于控制点编号、点位落图、辖区等信息的赋值及检查。利用 ArcGIS 的拓扑构面工具，制作测区 1:50 000 分幅结合表和行政区面。测区结合表和行政区的属性表中分别添加图幅号和行政区名的属性字段,并赋值。对创建好的两个面图层采用 Overlay 空间分析工具将连个数据图层联合起来。结果如图 1 所示。

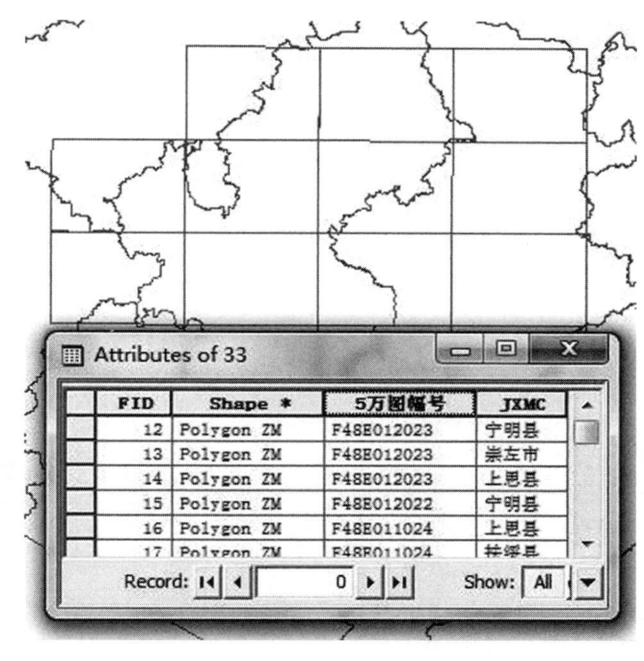

图 1 测区结合表和行政区面

3.2 控制点成果展点

与以往测量控制采用 CAD 展点,ArcGIS 展点的优势在于它可以带属性,每个点的坐标、点号信息完整,方便于对控制点信息的查询、检查。具体方法就是利用 ArcGIS 的坐标生成点工具 Add XY Data,选择正确的坐标投影文件生成 *.shp 格式的控制点点位文件。控制点成果展点结果如图 2 所示。

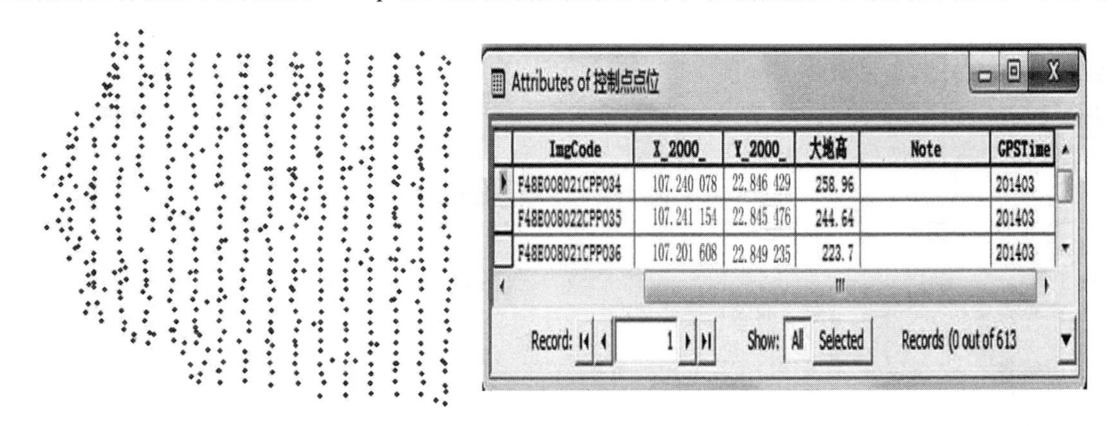

图 2 控制点成果展点图

3.3 控制点成果信息检查

通常一个测区的控制点数量都比较多,几百甚至上千个。而成果表分 3°、6°和经纬度三种,控制点成果整理工作比较繁琐,加上外业作业员对内业软件应用不太熟悉,通常通过手工整理数据,工作效率低,且往往会存在有例如拷贝错误、计算错误等致使出现一些如点号与其坐标信息不一致、点号与所在图幅号不一致、重点、飞点等的错误,而这些错误通过表格不易发现。为避免后期出现返工现象耽误进度,尽量在数据整理的初期对控制点的信息进行检查,确保其正确性。利用 ArcGIS 可以对控制点的总数、控制点的分幅、编号正确性、落图、是否重点和飞点、坐标等进行检查。控制点检查项及应用 ArcGIS 的检查方法见表 3,点号与坐标信息匹配检查结果和控制点编号唯一性检查结果见图 3、图 4。

表 3　控制点检查项及检查方法

检查项	检查方法
控制点编号唯一性检查	通过字段统计功能计算
控制点分幅检查	通过属性查询和字段运算功能实现
重点检测	通过坐标计算功能实现
点号与坐标信息匹配检查	通过坐标计算和字段运算功能实现
飞点检查	在 ArcGIS 图形显示窗口人工查看

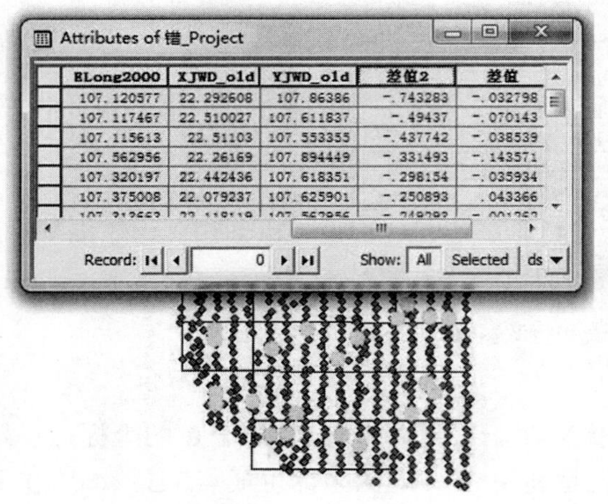
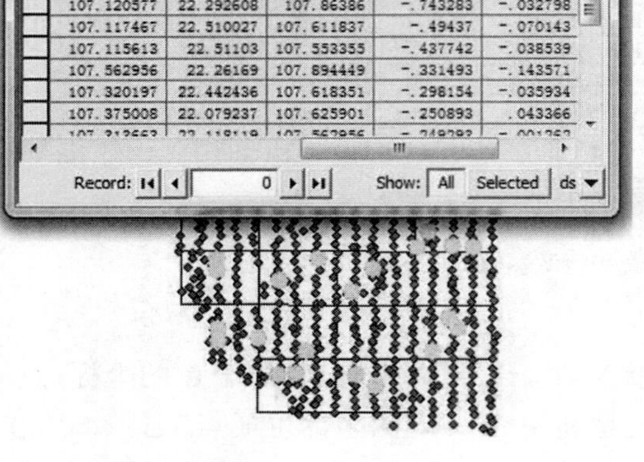

图 3　点号与坐标信息匹配检查结果

图 4　控制点编号唯一性检查结果

3.4　控制点点位矢量文件制作

对控制点信息检查无误后，依据设计书规定的属性结构表利用 ArcGIS 对控制点点位矢量文件进行批量增加属性字段，并按照要求赋值（见表 4）。

表 4　控制点检查项及检查方法

属性项	赋值方法
控制点类型	通过字段统计功能获取
图幅号	通过字段运算或者利用空间分析功能从测区结合表的属性中获取
所在辖区	利用空间分析功能和字段运算功能从测区结合表的属性字段中获取行政区名
测量单位	通过字段运算功能赋值

3.5　控制点点位信息表自动生成

外业测量控制点成果整理中每一个控制点都需要制作一个控制点点位信息表，如果依靠人工去制作填写，工作量大而且容易填写错误。通过 ArcGIS 9.3 自带的 VBA 二次开发可以实现控制点点位信息表的自动生成。解决的思路是通过 VBA 调用 Word 二次开发的接口，创建控制点点位信息表模板，然后以像控点编号作为唯一标识，读取控制点点位矢量文件中像控点编号、像控点类型、控制点等级、控制点的坐标等属性信息，通过 Word 的写入接口将对应的信息填入模板中某行某列，并打印生成控制点点位信息表见表 5，保存 Word 文档。

表 5 控制点点位信息表

<table>
<tr><td>工作区</td><td>崇左测区</td><td colspan="2">所在辖区</td><td>大新县</td><td>像控点号</td><td>F48E008021CPP011</td></tr>
<tr><td>图幅号</td><td>F48E008021</td><td colspan="2">控制点类型</td><td>像控点(CP)</td><td>北坐标</td><td>2 520 104.73</td></tr>
<tr><td>东坐标</td><td>18 760 204.33</td><td colspan="2">高程</td><td>282.52</td><td>高程坐标系类型</td><td>1985 国家高程基准</td></tr>
<tr><td>平面坐标系类型</td><td>2000 国家大地坐标系</td><td colspan="2">影像类别</td><td>航空影像</td><td>影像时间</td><td>2013 年 10 月</td></tr>
<tr><td>控制点等级</td><td></td><td colspan="2">控制点精度</td><td></td><td>坐标</td><td>大新县</td></tr>
<tr><td>测量单位</td><td>广西壮族自治区
遥感信息测绘院</td><td colspan="2"></td><td></td><td></td><td></td></tr>
<tr><td colspan="3">交通情况和点位描述</td><td>实地照片</td><td colspan="3"></td></tr>
<tr><td>制表日期</td><td colspan="6">2014 年 4 月 23 日</td></tr>
</table>

4 结 语

经过笔者实践证明,在地理国情普查外业控制测量成果整理中应用 ArcGIS 软件,确实可以提高工作效率。同时,也可为相应的生产单位提供技术借鉴。

参 考 文 献

[1] 广西壮族自治区测绘地理信息局. 广西第一次全国地理国情普查技术设计书(航测外业控制测量). 2013.
[2] 国家测绘地理信息局. GDPJ 08—2013 多尺度数字高程模型生产技术规定. 2013.
[3] 国家测绘地理信息局. GDPJ 05—2013 数字正射影像生产技术规定. 2013.
[4] 广西壮族自治区测绘地理信息局. 广西第一次全国地理国情普查技术设计书(数字正射影像及数字高程模型生产). 2013.

城市测绘单位与客户的良性互动发展

谭 波 刘 锟 方 辉

（桂林市测绘研究院，广西桂林 541002）

【摘 要】本文首先分析了城市测绘部门现在的市场环境、客户种类以及与接受测绘服务的对象的关系；然后从行业以及社会经济环境的发展趋势分析为什么要与客户进行良性互动；最后试图寻找一种途径或方法实现城市测绘单位与客户的良性互动发展。

【关键词】城市测绘；ISO9001；良性互动；互动营销；客户满意度

1 引 言

测绘是国民经济建设和社会发展的一项十分重要的前期性、基础性工作，是推动经济社会发展的一种重要保障手段。城市测绘是城市规划、建设、管理和城市文化、经济、社会发展的先行和基础，它主要服务于城市的规划建设，由城市规划建设部门管理。由于我国测绘行业存在多头管理，测绘标准各异，作为行业主管部门的测绘地理信息局，只能提供行业内指导，各个测绘单位各自为政，并且由于各测绘单位的主管部门不同，垄断了各领域的测绘业务。城市测绘院作为城市测绘的主体，属事业单位，通常隶属于城市规划局，垄断了城市规划建设方面的测绘业务。这对于城市测绘部门来说既是好事也是坏事，在城市测绘的起步阶段，测绘技术标准未统一，城市测绘部门技术力量薄弱，这样的经营环境保护了城市测绘部门的发展，使得各地城市测绘院发展成为当地技术力量最为雄厚的测绘单位。在城市测绘这块未充分竞争的市场，城市测绘院的发展必然有其局限性，其内生式增长明显不足，经营策略呆板，定价机制没有弹性；缺乏创新意识，技术进步落后；面向的客户也较单一，生产方式被动，测绘业务多停留在传统工程测量方面。

随着测绘信息科学技术的进步和城市经济建设的发展，城市测绘已不仅仅满足于城市规划建设的需要，特别是以“3S”为代表的测绘信息技术的发展，大大地改变了测绘市场，形成了不仅面向经济建设、国防建设、科学研究、环境保护、能源、交通、通信等领域，也面向大众百姓生活的地理信息产业。原国家测绘局也更名为国家测绘地理信息局。地理信息产业这块大蛋糕，不仅测绘单位，包括 IT 企业在内的众多民间资本，都想瓜分。城市测绘院作为城市地理信息生产的主体，在这一新形势下，必须居安思危，勇于面对竞争，大胆创新，加快新技术的消化吸收；面对类型各异的客户采取灵活的经营策略；转变为主动的生产方式，提供更好的测绘产品和服务，最大限度地满足客户的需求。这就要求城市测绘部门必须按照数字化、信息化、标准化、可视化、高精度等高标准来提供城市发展建设所需，涉及各个行业以及人民生活的测绘服务。

2 城市测绘部门为什么要与客户进行良性互动

国家在几年前已启动了事业单位改革，城市测绘部门作为经营性的事业单位，按照国务院相关文件的要求，必然要逐步完成向企业的改制。所以，城市测绘院要早作准备，转变思路，走出垄断，作为一个企业，进入到一个充分竞争的市场，必须按市场经济的规律和思路指导自己的行为。

20 世纪 90 年代以来，市场竞争的焦点日益集中在是否能满足顾客要求和达到顾客满意上，管理科学的发展也日益将能否达到顾客满意作为企业生存发展的决定性因素。在中国加入 WTO 以后，各行业的市场越来越开放，在供给大于需求的环境下，市场竞争也越来越激烈。另外，随着电子商务互联网技术的发展,供求之间更容易建立联系,客户的类型和选择空间增大,客户对产品和服务的要求也越严格和理性。因此,达到客户满意和要求的重要性日显突出,所需的成本也更多。据有关研究显示,开发新客户的成本相当于维护老客户的5~10倍,而企业80%的利润是由占客户群20%的老客户贡献的。所以,提升已有客户的满意度,维持老客户的品牌忠诚度,对于企业的市场经营非常重要。

客户满意度是指向客户提供的产品和服务于客户期望值的比较程度。通过多种形式的连续或非连续的客户满意调查,可以获取客户对产品和服务的满意度、未满足要求、客户回购率以及企业在市场中的地位等指标的评估。客户满意度调查能够对企业当前提供的产品和服务的质量进行量化的评估,市场中的供需双方在这样的良性互动中,客户更加明确自己的需求,调整其期望值;企业通过一定的方法来判断急需改进的因素,供需双方最终达到一个平衡——既满足了客户的需求,又让企业有利可图。

作为初入市场的城市测绘部门急需通过与客户的良性互动,调查掌握客户潜在的需求,以便企业对未来的经营生产进行科学决策,以提供满足客户需要的测绘服务,并及时地进行量化评估客户的满意度,适时地调整生产经营,更利于测绘企业的持续改进和提高。

企业质量认证引入中国至今,测绘企业也像其他行业一样,进行了质量体系认证。ISO9001族标准经历了1994版到2008版,有关顾客内容的规定和要求得到加强,充分体现了顾客满意、顾客需求在企业管理中的重要性。在所列出的质量管理所依据和遵循的八项质量原则中,首要原则就是"以顾客为关注焦点",提出"组织依存于顾客"。因此城市测绘院要积极与客户进行良性互动,理解顾客当前和未来需求,达到满足客户要求,并争取超越客户期望。当前城市测绘行业还未完全进入市场,测绘市场的市场化程度相对落后,所以即使城市测绘企业获得了2008版ISO9001标准认证,由于企业本身对客户满意度管理意义认识不足,以及企事业单位享有政策所赋予的绝对市场地位,或多或少会导致一些企业轻视与客户的互动。实质上,重视与客户的良性互动具有以下益处:

(1)有利于测定企业过去与目前经营质量水平,并有利于分析竞争对手与本企业之间的差距;

(2)了解客户的想法,发现客户的潜在要求,明确客户需求、期望;

(3)检查企业的期望,已达到客户满意和提高客户满意度,有利于制定新的质量改进和经营发展战略与目标;

(4)增强企业的盈利能力;

(5)通过与客户良性互动,把握商机、未来的需求或期望。

3 如何做到与客户良性互动,助力城市测绘部门发展

所谓的互动,就是双方互相的动起来。在互动营销中。互动的双方一方是消费者,一方是企业。只有抓住共同利益点,找到巧妙的沟通时机和方法才能将双方紧密的结合起来。互动营销尤其强调,双方都采取一种共同的行为。实现和客户互动的主要手段之一,即互动营销。什么是互动营销?互动营销是指企业在营销过程中充分利用消费者的意见和建议,用于产品的规划和设计,为企业的市场运作服务。企业的目的就是尽可能生产消费者需求的产品或服务,但企业只有与消费者进行充分的沟通和理解,才会生产出真正适销对路的商品。互动营销的实质就是充分考虑消费者的实际需求,切实实现商品的实用性。互动营销能够促进相互学习、相互启发、彼此改进,尤其是通过"换位思考"会带来全新的观察问题的视角。互动营销强调和客户良性互动,采取各种有效互动形式,紧紧抓住消费者心灵,在顾客心中建立鲜活的品牌形象。精准的互动营销通过营销测试系统及大型个性数据库对消费者的消费行为进行精准衡量和分析,实施精准定位。目的是更好地满足客户的个性化需求、为客户提供个性化服务的同时,树立起企业产品和服务在顾客心目中的良好形象,强化顾客的品牌意识,为企业培养和建立稳定的忠实顾客群,从而达到一对一传播沟通的终极目标,即由企业与消费者之间的沟通转化为消费者之间的沟通,从而实现消费者的口碑传播和无限客户增殖;"一传十,十传百"形成裂变式客户增殖效果,使企业低成本扩张成为可能。

完整的互动营销需要具备以下几个组成部分:

(1)目标客户的精准定位。能够有效的通过对客户信息的分析,根据客户的消费需求与消费倾向,应用客户分群与客户分析技术,识别业务营销的目标客户,并且能够为合理的匹配客户以适合的产品提供支撑。

(2)完备的客户信息数据。在强大数据库基础上能够把与客户接触信息历史进行有效的整合,并且基于客户反馈与客户接触的特征,为增强和完善客户接触记录提供建议,为新产品开发和新产品营销提供准确的信息。

(3)促进客户的重复购买。通过客户的消费行为,结合预测模型技术,有效的识别出潜在的营销机会,为促进客户重复购买的营销业务推广提供有价值的建议。

(4)有效的支撑关联销售。通过客户消费特征分析与消费倾向分析,产品组合分析,有效的为进行关联产品或服务销售和客户价值提升提供主动营销建议。

(5)建立长期的忠诚客户。结合客户价值管理,整合客户接触策略与计划,为建立长期的忠诚客户提供信息支撑,同时能够有效的支撑客户维系营销活动的执行与管理。

(6)能实现顾客利益的最大化。具体到城市测绘行业,对于客户的信息,首先要建立客户关系数据库,加强 CRM(Customer Relationship Management——客户关系管理),CRM 就是要通过不断地进行与客户的良性互动,针对不同的客户特点,提供个性化的测绘服务,留住客户,获取利益。对于城市测绘客户,按客户性质分为企业、个人和政府机构(包括机关、事业单位、社会团体等)。不同性质的客户对产品或服务的关注重点不同,主要有测绘工程质量、测绘工程进度、服务和测绘价格。

企业客户以盈利为目的,对测绘项目费用特别关注,对此我们应有灵活的价格机制,制定出让企业客户可接受的价格。测绘市场的竞争越来越激烈,是不争的事实。一方面不同性质的市场竞争主体具有不平等的市场单位和条件的现状依然存在;另一方面测绘资质管理由过去的审批制向核准制过渡,市场准入门槛越来越低。因此,未完全开放的市场(如城市规划建设、土地勘界)进一步开放是必然趋势;已开放的市场(如地形图测绘)竞争进一步加剧。整个测绘市场的平均价格有走低的市场压力。在测绘市场供过于求的情况下,定价的主动权在客户方,测绘合同能签订下来,意味着客户就能够接受这个价格。城市测绘部门在力图维护政府指导价的同时,采取灵活的定价机制,遵循市场价格规律,在一定的价格区间来回波动正是与客户良性互动,达到平衡发展的结果。

政府机构代表社会公众履行公共职能,代表公共利益,对公共安全、工程质量、工程进度最为关注。20 世纪 90 年代以来推广 ISO9000 族质量标准认证,旨在加强企业的质量管理。目前,城市测绘企业在申办资质和市场的双重压力下也已完成认证,但认证不是目的,也不是终点,如何建立有效使用的制度环境,创建创新、激励进步的企业环境始终是管理者需要思考的问题。对工程进度的关注,一如企业客户对工期的关注,上层领导要实现任期内的承诺,下级要按期完成上级领导交办的工作,这都要求客我之间加强互动,完善沟通机制,加强内部管理,保证测绘项目按期完成。经实践发现,政府机构是城市测绘单位的忠诚客户,是企业利润的主要贡献客户群,所以必须加强与此类客户的良性互动。

实现顾客利益最大化,需要稳定可靠、性价比高的产品或服务、便捷快速的物流系统支持、长期稳定的服务实现对顾客心灵的感化和关怀。顾客权益的最大化是互动营销设计的核心理念,欺骗、虚假等手段只能使企业的互动营销走向灭亡。

一个企业要想发展,需要互动营销。将互动营销作为企业的营销战略重要组成部分来考虑,将是未来许多企业所要发展的的方向。

4　结　语

城市测绘单位要想在激烈的市场竞争中立于不败之地,除学习引进先进的测绘地理信息专业技术、工艺、方法外,也需要重视科学的管理理论和方法的学习、实践。基于这一目的,我们希望通过对与客户的良性互动探讨和学习,来共同促进城市测绘行业的科学管理。

参考文献

[1] 王广宇.客户关系管理[M].北京:清华大学出版社,2010.

[2] 齐克蒙德,等.客户关系管理——营销战略与信息技术的整合[M].北京:中国人民大学出版社,2010.

[3] 陈英毅.企业间营销关系:关系、互动、价值[M].上海:上海财经大学出版社,2006.

[4] 桂林市测绘研究院.ISO9001:2008 质量管理体系文件.2010.

基于3DSMax的城镇三维地籍建筑物建模方法

张玉姣

（广西地理信息测绘院，广西南宁 545006）

【摘　要】本文的主要目的在于探讨城镇三维地籍建筑物建模方法，结合实际生产过程阐述了利用城镇地籍数据进行三维建筑物建模的工艺流程及工作方法。

【关键词】城镇地籍；三维建模；建筑物；3DSMax

1　引　言

随着空间数据获取手段的不断提升和三维地理信息系统软件的深入应用，利用自动或手工方式构建三维模型来表达现实世界的对象、对城市景观进行三维的模拟与仿真成为可能。城镇三维地籍建筑物建模就是将传统的二维平面图形转换为三维立体图像，构建城镇三维地理数据库，为城市提供权威、准确、直观的三维可视化地理信息服务。因此，研究如何充分利用城市现有的基础地理数据和三维建模技术等条件提高三维建模的效率和模型质量，这对城市三维建模项目的开展意义重大。本文以广西城市城镇三维地籍数据库建筑物建模项目为基础，阐述利用3DSMax软件进行建筑三维建模的工艺流程及工作方法。

2　资料准备

三维地籍建筑物建模所需原始数据包括：卫星影像数据，主要是GE/WV卫星影像，0.5 m分辨率，1980西安坐标系，高斯－克吕格投影，6°分带；航空摄影数据，主要是1∶1 000 DOM，地面分辨率为0.1 m，格网间距为1 m，1980西安坐标系；地籍图矢量数据，主要是1∶500城镇地籍数据，1980西安坐标系，高斯－克吕格投影、1.5°分带。

3　技术流程

三维地籍建筑物建模是通过已有资料对所需建模的建筑物作底图分析，然后对建筑物进行外观拍摄，获取其纹理信息；对相片用图像处理软件Photoshop进行处理，使获得的材质清晰，便于后期的模型贴图工作；用3DSMax软件进行建筑物模型制作，并赋予相应的材质。具体技术流程如图1所示。

3.1　底图处理方法

根据建模区域的1∶500地籍图或更大比例尺矢量电子地图获取需建模建筑物的大致平面图。由于实地地籍测量时，建筑物局部区域会做近似或忽略处理，所测得的地籍图不能反映建筑物所需建模的每一个细节，因此根据基本底图和拍摄回来的相片需对建筑物平面图做局部调整，以能更真实、详细地反映建筑物的实际情况（见图2～图5）。在此基础上，也可结合高分辨率DOM影像或在E都市地图中对该建筑物进行更直观、更详细地分析和浏览，以确定所更改的建筑物平面图符合建模要求。选取平面图的某个点，将其坐标值置为零，作为坐标系原点，导入3DSMax时，平面图坐标置零的点与Max坐标系原点重合，方便以后处理。另外，如果建筑物底图较复杂，可以分解为多个单独的DWG文件，然后逐个导入3DSMax软件，直接挤出，这样可以节省时间，提高作业效率。

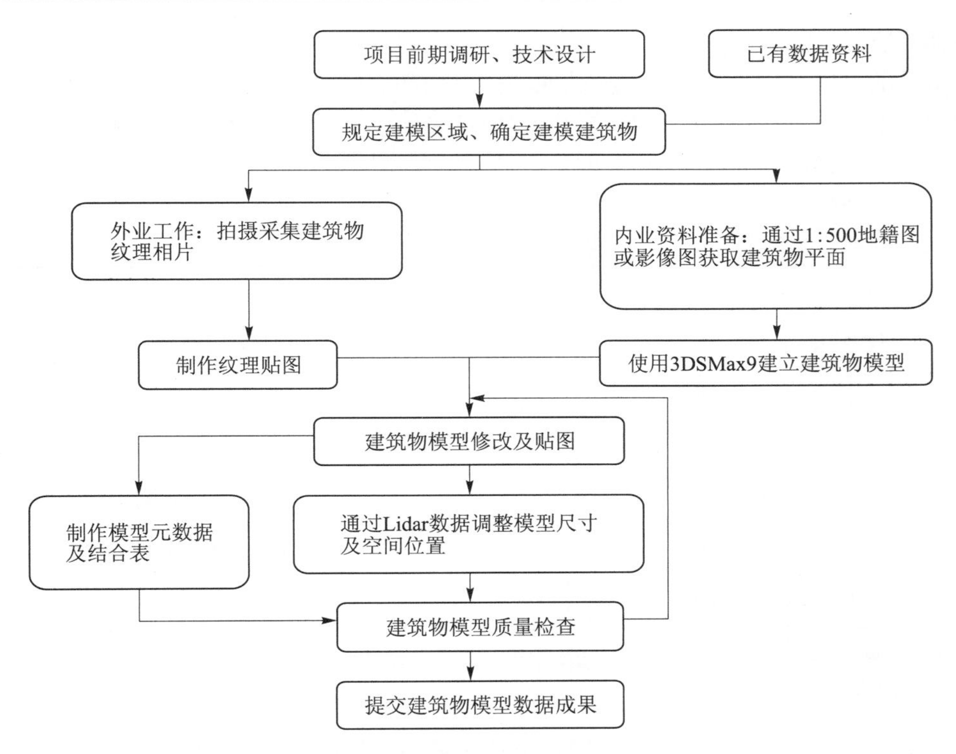

图1　三维地籍建筑物建模流程图

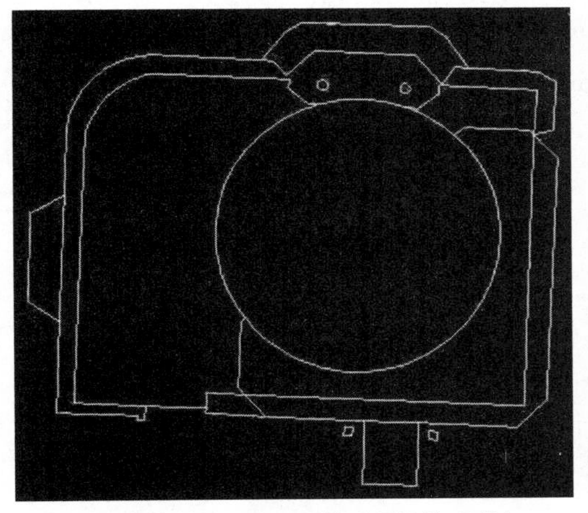

图2　建筑物CAD原始底图(处理前)

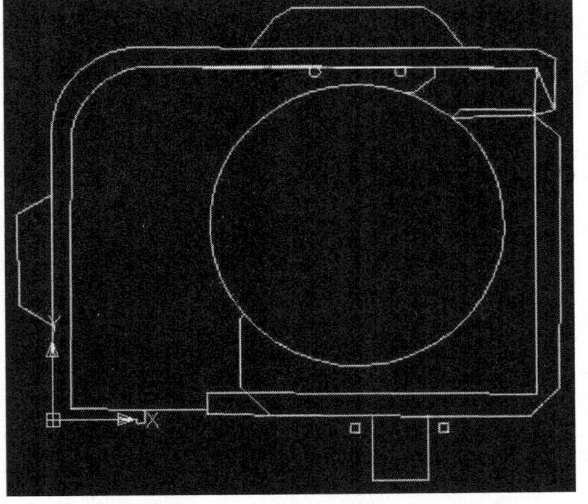

图3　建筑物CAD原始底图(处理后)

图4　建筑物实际照片

图5　建筑物参考图片

3.2　材质贴图处理方法

在处理材质的时候，基于实拍照片，遵从先整体后局部的原则，首先在 Photoshop 软件中将简单的材料开始处理为基本材质，如遇到建筑物较复杂，材质球可能不够用的情况下，可以将多个材质拼接成一个材质，然后在贴图时分开贴图。经验告诉我们，处理材质时哪些应保留，哪些应去除，处理后材质应符合怎样的标准，可参照表 1。

表 1　纹理贴面精度要求

类型		要求
纹理描述		修饰真实纹理
纹理内容	纹理来源	现状照片
	遮挡物	处理人、车、树、空调外机等遮挡
	透视变形	制作透明纹理，变形纠正
	纹理接缝	消除接缝，处理连接处纹理色差
	纹理眩光	消除眩光，还原正常状态

注：保持建筑物原有外观的完整性、美观性、统一性（建筑物不考虑因个人原因改装，随意搭建，阳台封闭造成的不统一），建筑物模型观感与原物体保持一致。

建筑物材质处理完成后，由于门、窗、栏杆、商店招牌（如建设银行）等材质可以重复利用，所以最好能够建立一个小的材质库，将平时处理的材质积累起来，方便以后遇到相似的材质可以直接使用。另外材质中有一些可以使用透明材质作为贴图，如建筑物外挂的五角星、红旗、单位碑铭、阳台、栏杆等，使用透明材质贴图既可以起到美观的效果，也可以节约建筑物面数（见图 6 ~ 图 12）。

图 6　建筑物照片

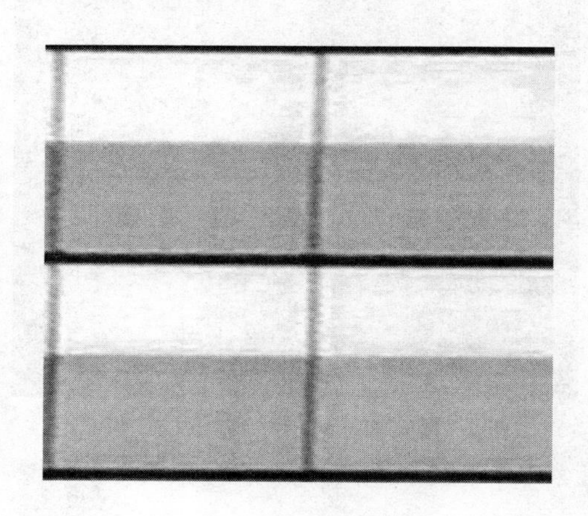

图 7　建筑物贴图材质

图 8　建筑物照片

图 9　建筑物贴图材质

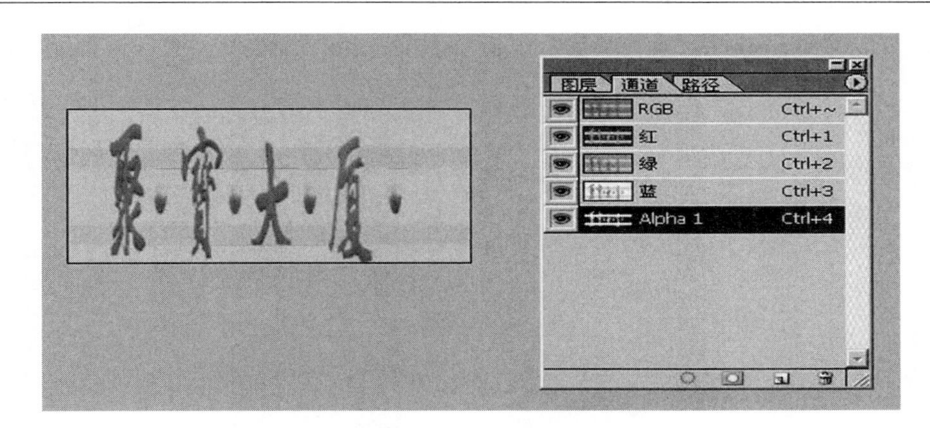

图10 透明贴图材质

图11 建筑物实际照片

图12 建筑物三维立体模型透明贴图效果

3.3 建筑物建模方法

用于创建模型的软件为由 Autodesk 公司开发的基于 PC 系统的三维动画渲染和制作软件 3DSMax，将经过旋转归零处理后的建筑物底图 DWG 文件导入 3DSMax 中，此时，将模型的系统单位和显示单位均设为“m”。之后，根据建筑物的平面图和实地外业拍摄照片，构建建筑物的三维模型。

3.3.1 构建模型方法

首先将 DWG 线转换为可编辑样条线，然后点击“挤出”工具并设置挤出的数量，数量为楼层高或者厚度。由于每栋建筑的一些特点和风格有所不同，所以不可能都是方方正正的矩形，因此要根据 CAD 的图形框架以及外业采集的素材进行思考整理从而对挤出的图形进行各种微调。微调方法是首先点选目标，单击右键选择转换为可编辑多边形，然后点击顶点、线、面等按钮，选择移动或者切割再移动等方式来调整模型的形状。

3.3.2 模型纹理贴图处理方法

模型贴图方法是右键单击模型，选取转换为可编辑多边形然后在模型中左键单击要编辑的面（按住 Ctrl 键可同时点选几个面一起贴图，打开材质编辑器，贴图球个数一般为 24 个（6 ×4）），按顺序依次选取贴图球，点击位图后加入处理好的图像素材最后点击按钮 UVW 贴图（此按钮可以在修改器列表中加载）。注意每次加完一个面后要重新转换可编辑多边形，如果不反复操作这步则无法正常继续贴图。

3.3.3 模型后期处理方法

对建好的模型要把被完全遮挡的面删除以便减少总数据量，也就是点选目标模型转化为可编辑多边形，选择面直接删除。对于图形效果的渲染查看可直接按 F9，以便检查模型是否规整，贴图是否准确（见图 13）。

3.4 模型检查方法

为了确保所构建的三维模型的质量，需按照技术标准对构建的三维模型进行检查，检查内容主要包

图13　建筑物模型渲染效果

括:模型整体是否干净美观与实地相符合;模型是否存在多余线、面结构;纹理贴图的尺寸是否符合标准;模型是否能够正常打开和显示;模型元数据文件中的参数是否正确。

4　结　语

城市是各地区的政治、经济和文化中心,在国民经济和社会发展进程中发挥着重要作用。随着"数字中国"战略的提出,"数字城市"便应运而生,它具有城市地理、资源、生态环境、人口、经济、社会等复杂系统的数字化、网络化、虚拟仿真、优化决策支持和可视化表现等强大功能。城镇三维空间数据库建设是城市地理空间框架建设的核心,也是"数字城市"空间框架建设的核心。本文着重讨论了城市三维地籍数据库建筑物建模的方法和技术流程,同时也意味着地理信息技术将从传统的二维平面图形技术转换为三维立体图形技术,新技术方法的实施也给我们带来了新的机遇与挑战。

参 考 文 献

[1] 王丹. 城市地理空间基础框架建设[C]//陈军,邬伦. 数字中国地理空间基础框架. 北京:科学出版社,2003.

[2] 数字城市理论与实践. 世界图书出版公司,2001.

[3] 中国地理信息系统协会城市信息系统专业委员会. 数字城市与城市系统建设. 2003.

第二次土地调查行政界线与地类图斑套合方案研究分析

莫文通 魏金占 蒋联余 岳朝瑞

(南宁市勘察测绘地理信息院,广西南宁 530022)

【摘 要】第二次土地调查因工期紧要求高,在行政界线还未下发的情况下,很多单位已经独立地开展地类图斑调查工作,因此获得的行政界线与上级部门下发的行政界线就出现不吻合情况,基于此本文提出以最底层地类图斑为基准,参考各级行政界线进行调整,在保证各级界线不变的情况下,兼顾数据整理效率,实现了各级行政区与地类图斑边界的套合。

【关键词】行政界线;套合;地类图斑

1 引 言

地类图斑调查是第二次全国土地调查的主要内容,由于当时行政界线还没有下发,很多地区采用分包模式,由不同的作业单位根据自身理解自己完成。因此,根据地类图斑调查所形成的行政边界,不一定与民政部门下发的界线吻合。在获得民政部门的行政界线后,为了保证地类图斑数据与行政界线的拓扑一致性,就必须采取措施保证两种数据的拓扑完整性与一致性。

2 数据处理原则及要求

各级行政界线调整因其级别不同,调整要求各异,经分析行政界线有以下两个特点:①村级及乡镇界线可以调整;②县级及以上界线不可调整。

当低级界线与高级界线重叠时,以高级界线代替低级界线,当完成各类行政界线的调整后,依据村级界线调整图斑,即可由包含行政区域信息的图斑逐级融合生成各类行政界线。其特点是行政界线核查后的村界已经满足各级行政界线的拓扑关系,工作人员仅考虑村级界线与图斑边界的处理即可。因此数据处理时,可将数据处理的重点放在图斑界线与行政界线重叠部分,保证图斑数据、村界、乡界及县界的拓扑一致性。

为了保证图斑数据的质量,在数据的属性、几何关系及拓扑关系等方面,必须满足以下几个约束:①土地利用现状图斑不存在重叠和缝隙;②土地利用现状图斑必须与所有权权属边界完全重合,不存在缝隙;③土地利用图斑与各类行政区界线完全重合,不存在缝隙;④各类行政区界线完全重合不存在缝隙。

为便于对待处理的几类数据进行分析:

(1)县区域数据:采用的是上级核发的县级行政区范围,作为最高级别行政界线,约束乡镇、村、所有权和各类图斑、基本农田图斑等,不能调整。

(2)乡镇区域数据:受县级行政界线约束,可由乡级行政界线融合生成。当乡镇界线与所有权界线基本吻合时,以所有权界线为主约束乡镇界线,若偏差较大,以乡镇界线为主,约束所有权界线。

(3)行政村区域数据:可由地类图斑数据融合生成。村级界线作为最低级别行政界线,可逐级融合生成各类行政界线,由所有权和乡镇两类数据约束。

(4)国有和集体所有权属数据:受县界约束,县界范围内,不作调整,亦可由地类图斑数据融合生成。

(5)地类图斑数据:作为最基本的上图单位,可以逐级生成各类行政界线和权属界线。

数据处理后的各类数据必须满足以下关系:

(1)地类图斑是最基础的单元,地类图斑全区域覆盖;

(2)一个完整的县区域由多个完整的乡镇区域构成;

(3)一个完整的乡镇区域由多个完整的行政村区域构成;

(4)一个完整的行政村区域由多个完整的所有权宗地构成;

(5)一个所有权宗地由多个完整的地类图斑构成。

各层数据逐级约束,上级数据约束下级数据,下级数据融合结果必须与上级数据拓扑一致,达到数据的一致性。

3　数据处理流程及要求

3.1　各类行政界线的调整原则

县界采用国土厅提供界线,不能调整,其作为最高行政界线,约束各类行政界线、权属界线及地类图斑界线。

村级界线作为最低级行政界线,当村界与更高一级的界线重合时,以高级别界线代替村界。

3.2　行政界线的判定调整

行政界线的判定调整可采用两种方案:一种是先调整行政界线,之后强制所有图斑与行政界线吻合。这种方法需要将图斑数据与各类行政界线做各类空间分析及运算。其优点在于可采用类似控制网模式,逐级控制强制套合,计算机协助处理可行性高。但此方法处理算法复杂,容易出现计算失误,数据处理时容易出现奇异图形,在软件稳定性和人员素质方面要求很高(见图1)。另一种是调整行政界线之后直接调整地类图斑,再由地类图斑逐级生成各类行政界线信息。

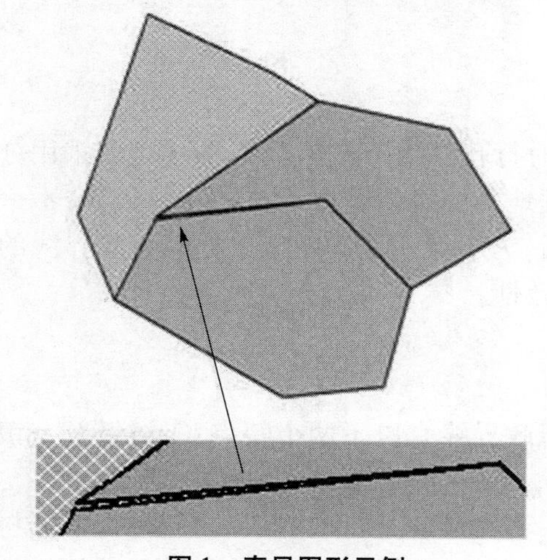

图1　奇异图形示例

前者工作总体工作量小,但强制图斑吻合技术难度大,综合考虑因素多;后者直接调整各类边界处的图斑,调整工作量稍大,但技术难度低。综合来说,后者需要考虑的因素较少,难度和工作量适中,是最为可行的办法。具体的工作流程如下:先打开村级行政界线,检查边界处的图斑,若基本吻合,不作调整;若偏差较大,以村级行政界线切割图斑,变更对应图斑属性。因村级界线是界线强制调整后的最低级界线,当图斑与村级界线吻合后,则必与更高级的行政界线拓扑吻合,最后获得的各类界线即为满足以上约束的成果数据(见图2)。

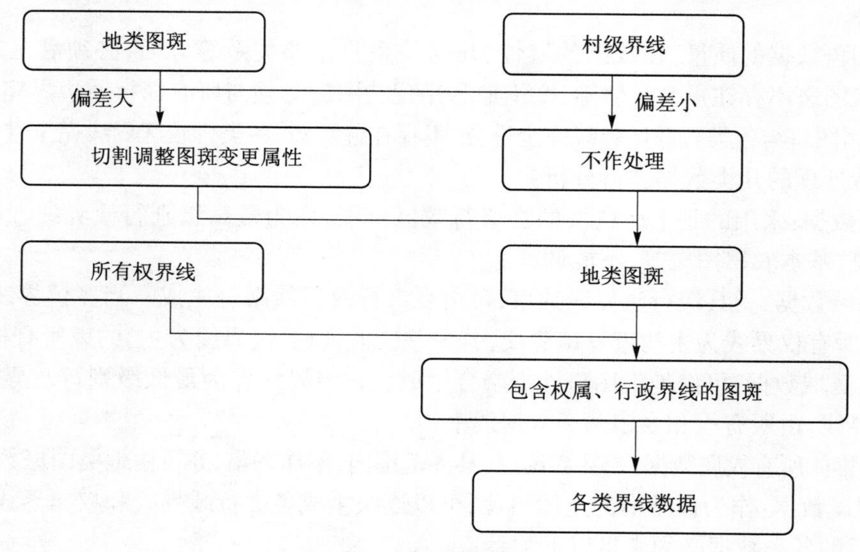

图2　套合流程图

经过处理的数据，将满足以下约束条件：

（1）一个完整的县区域由多个完整的乡镇区域构成，乡镇区域合并可得到县界行政界线；

（2）一个完整的乡镇区域由多个完整的行政村区域构成，行政村区域合并可得到乡镇界线；

（3）一个完整的行政村区域由多个完整的地类图斑构成，图斑合并可得到行政村级界线线；

（4）一个所有权宗地由多个完整的地类图斑构成。

4 实例分析

以某市二次调查数据为例，地类图斑数据的采集不以各级行政界线为准，因此其采集的地类图斑数据在各级行政界线边界上不可能完全吻合，必须采取各类措施处理。若采用强制符合的方法，极易出现细碎图斑等怪异图形，造成数据的后期处理更加复杂。对于拓扑、面积、数据关系等具有严格要求的二次调查数据建库要求而言，这些怪异复杂图像在后期处理、数据分析等方面造成不可预知的错误。如图 3 所示，融合后出现一“小尾巴”。再加上采用的 GIS 平台分析功能对复杂图形及海量数据处理支持欠佳，因此本文提及的方案是最为可行的处理方法。通过它，可以很好地处理数据处理中各类数据关系，扬长避短，圆满完成各类界线套合。

图 3 小尾巴示例

5 结 语

本文采用的二次调查数据处理方法涉及土地利用、权属分布、行政界线等多方面的问题。如若考虑将多级行政界线与地类图斑逐级进行各类处理，则将面临多次海量数据处理，无论是时间上还是技术上都很难实现。只有将所遇到问题按照实际情况进行分解，综合考虑人员、设备及软件等各类因素，才能在保证基本原则的情况下将各方面数据处理环节衔接得当，在大幅度节约人力、物力的同时，又能保证数据处理结果的正确性。

参 考 文 献

[1] 国土资源部信息中心. 第二次土地调查数据建库要求. 2009.

[2] 北京超图软件股份有限公司. Supermap Deskpro2008 帮助文件. 2008.

[3] Bentely Systems. Microstaion V8 帮助文件. 2004.

基于 ArcSDE 的国情普查数据生产流程探讨

吴君峰

(广西遥感信息测绘院,广西南宁 530023)

【摘　要】针对传统单机文件式测绘数据生产模式的不足,本文探讨利用 ArcSDE 技术的分布式存储、版本管理和同步操作等功能进行国情普查地表覆盖和国情要素数据的采集。从理论上为实现分布式作业和无缝接边提供了思路,但该方法如何更好地应用于生产还需要进一步摸索和实践。

【关键词】国情普查;ArcSDE;版本管理;分布式作业

1　引　言

地理国情普查是测绘地理信息技术的转型升级,不再局限于比例尺和图幅,而按地理单元和需求进行生产[1],其主要任务是运用实地调查、遥感和 GIS 等测绘信息技术和测绘成果对地表覆盖和国情要素进行普查和数据采集入库,利用空间统计等方法对国情现状和变化趋势进行分析,形成综合反映自然资源、经济社会发展和生态环境等要素的空间分布和变化规律的信息成果[2]。

地表覆盖和国情要素是国情普查的主要成果数据,要求以矢量格式提交,具有空间图形和属性信息,其生产主要以 DOM 为底图,采取人工解译为主、自动解译为辅的方式进行。国情普查需要广泛收集交通、水利、行政区划、城镇地籍等基础数据成果,其数据来源、数据格式和坐标参考等具有多样性。当前地表覆盖和国情要素的生产主要以图幅为单位,作业人员拷贝所有的基础成果数据、资料等,建立单机文件工程进行地表覆盖和国情要素的采集,该作业模式会产生很大的数据冗余,对已有成果资料未统一利用,且不利于数据的接边。

ArcSDE 空间数据库引擎技术是高性能的 GIS 数据管理接口,具有丰富的 GIS 数据模型,实现了在传统 DBMS(关系型数据库,如 SQL Server 和 Oracle 等)平台上进行矢量、栅格、元数据和地图等空间数据库的存储和管理,并允许多用户在网络环境下同步操作空间数据库。本文主要探讨利用 ArcSDE 的版本管理、同步编辑等技术,实现地表覆盖和国情要素采集的分布式无缝作业。

2　关键技术

2.1　ArcSDE 版本管理和同步操作

随着 GIS 数据生产规模和作业范围的迅速增长,如何允许多用户同时编辑同一个数据是解决分布式数据采集的关键,常规的单机文件和关系数据库系统,因其“锁定 - 修改 - 释放”策略而不适于 GIS 数据的并发操作[3-4]。

版本管理为实现多用户同步操作提供了思路,GIS 数据版本可分为两个类型:一是不同时期的数据状态,二是同一时期多用户编辑下的数据状态[3]。ArcSDE 作为较成熟的空间数据库引擎,具有历史数据管理、数据回溯等功能,对用户编辑冲突有系统的解决方案,运用 ArcSDE 的版本管理功能,能够在网络环境下实现在 SQL Server、Oracle 等关系数据库中对空间数据进行版本管理,实现多用户对空间数据库的并发操作,允许不同用户同时编辑同一个图形和要素,进而实现真正意义上的分布式无缝作业。国情普查数据需要多作业人员共同协作生产完成,且要求各接边数据图形和属性内容的一致,基于 ArcSDE的生产方式将较适合国情普查数据的生产。

2.2　用户权限管理

对用户权限的控制是分布式空间数据库管理的重要特征,其直接影响到数据的安全性和系统性能。

ArcSDE 具有较为成熟的用户权限控制机制，用户可以分为空间数据库管理员、数据拥有者和普通用户三类。管理员主要负责服务管理、参数管理和版本压缩等；数据拥有者和普通用户主要是业务层上存在区别，为规范数据编辑流程，普通用户需要获得数据拥有者赋予的权限，才能对数据进行编辑、修改等操作。

在国情普查数据生产中，每个作业人员都拥有自己的作业范围和职责，一般应只对自己的作业范围内和接边区域的数据拥有查看、编辑、修改等操作权限，而对其他范围内的数据仅具有浏览功能。在实践中，应根据生产要求和作业人员的作业范围，对用户权限进行细分，提高数据的安全性，优化系统的访问性能[5]。

2.3 软件系统结构设计

ArcSDE 能够对海量空间数据进行有效的管理和存储[6-7]，这比较符合国情普查大数据量的特点。测绘数据具有保密特点，本文从国情普查地表覆盖和要素采集的实际出发，进行局域网环境下的软件系统结构设计（见图 1）。数据采集所需要的基础数据主要有 DOM、DLG 和其他部门的专题数据等。根据数据的使用特点，将数据分为基础数据和国情普查生产成果数据两种类型，将基础数据存储在公用的服务器上，便于所有作业人员访问使用；对地表覆盖和国情要素成果数据则采用 ArcSDE 技术分布式存储在各个作业电脑上，允许授权用户在作业范围内和接边处进行同步编辑，并定期对成果数据汇总备份。

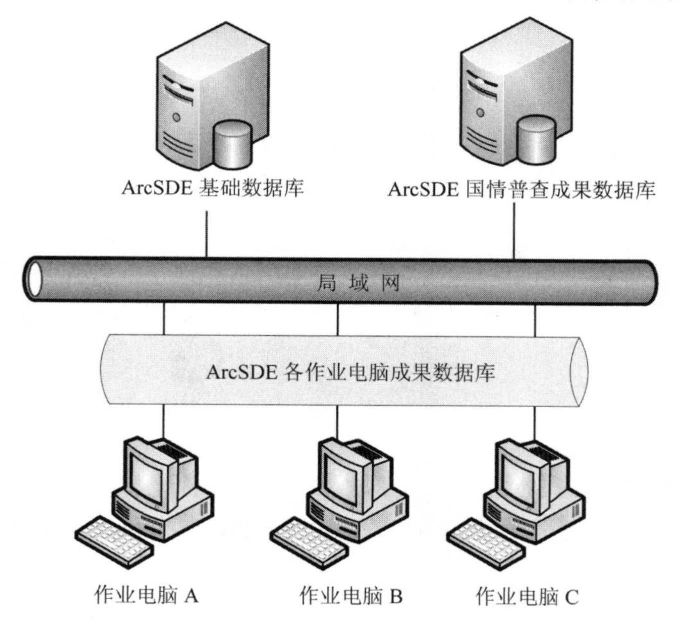

图 1 ArcSDE 分布式软件体系结构图

3 基于 ArcSDE 的国情数据生产流程

在实际生产中，我们会发现道路、河流、行政区划等数据具有一定的整体特点，如果对数据进行规范统一处理，并建立 ArcSDE 版本数据库，让所需生产和编辑的数据在数据层面上是一个整体（一个图层），而在业务逻辑层上由各作业人员编辑修改所负责区域内的数据，这将能够提高作业的效率，有利于确保数据的正确性和一致性。

3.1 数据格式规范和统一

国情普查涉及面较广，需收集的各行业数据资料在数据格式、坐标系统、属性字段表达等方面存在多样性，因此需对收集的水利普查数据、土地权属数据、交通数据、旅游资料、林业调查等专题数据[8-9]进行规范化处理，统一空间坐标系统、规范属性字段和内容，将有利于提高作业人员的生产效率和质量。

3.2 基于 ArcSDE 的数据生产

常规的作业生产是基于图幅单机文件式的，每个作业人员根据图幅范围建立生产工程，并将 DOM、

DLG 和专题数据导入工程进行数据采集,这样的作业模式不太适合国情普查数据的采集,试想对于行政区划、村镇点、流域等数据,其原数据是以行政区划(如县级)为单位,在常规的单文件图幅式的生产中,每个作业人员都需要对这些数据进行裁切、编辑,最后接边、合并,这样的作业方式存在很大的重复性,且因每个作业人员的理解不同,在编辑、接边等操作中,容易产生错误。

基于 ArcSDE 技术使得多用户能够同时编辑同一个数据层,甚至同一个要素对象,对于专题要素、国情要素等在数据层面是一个整体,逻辑上分为若干个作业区,由各作业人员负责,进行无缝式数据生产;对于地表覆盖数据,采取接边处允许作业人员同时编辑的方式,实现数据生产与接边同步进行。本文认为可采取对专题数据进行规范统一处理,作业人员对所负责范围内数据进行检查和修改的作业方式,这能够大大减少工作量,保证数据的规范和质量。

图 2 为两种国情普查数据生产流程对比图。

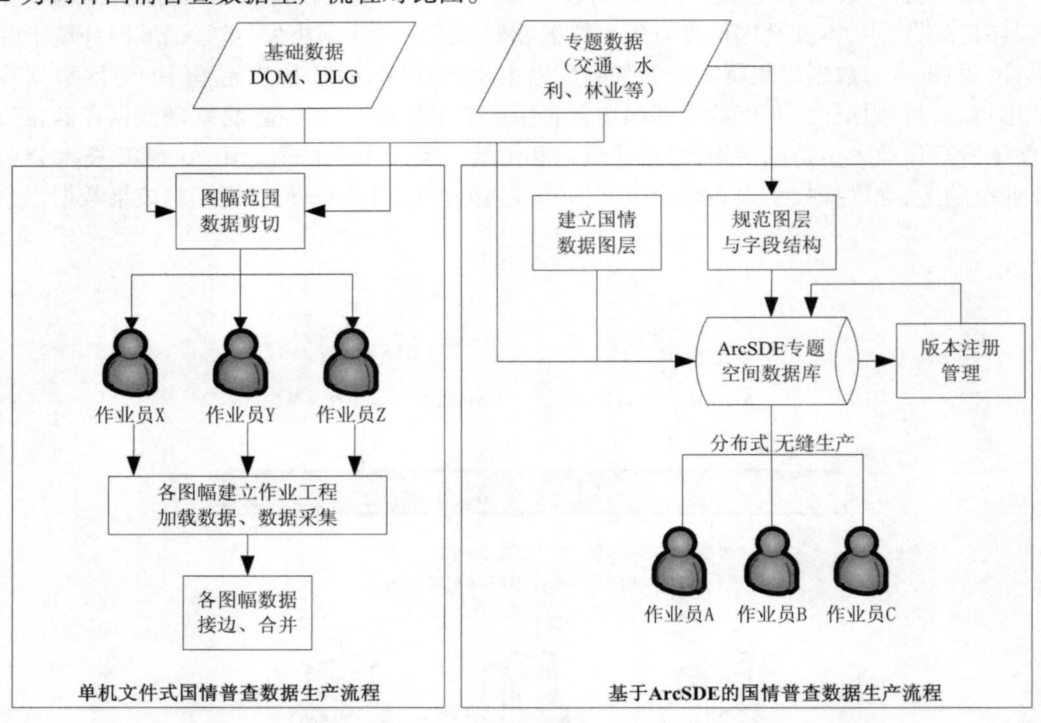

图 2　单机文件式与基于 ArcSDE 的国情普查数据生产流程对比图

3.3　案例探讨

本文采用 ArcGIS 为采集软件,以广西忻城为例探讨基于 ArcSDE 的地表覆盖和国情要素的试生产。首先建立标准的国情普查图层,并在 ArcSDE 空间数据库中进行版本注册和用户授权,以便多用户可以同步编辑该图层,相邻图幅的作业人员可以同时修改接边处;其次建立 ArcGIS 编辑方式的作业方案,划分作业范围;最后建立作业工程,采取线构面、直接画面两种可选方式进行地表覆盖的采集,对国情要素进行检查和编辑(见图 3)。

4　结论与展望

地表覆盖和国情要素不但要求图形上接边一致,而且要求属性字段值要正确一致,传统的曲线接边模式,不太适合国情普查数据的接边。针对常规单机文件式作业的不足,基于 ArcSDE 的分布式无缝数据生产方法较适合国情普查数据采集,在数据接边和保证属性一致等方面具有绝对的优势,能够在一定程度上提高作业效率和质量。

同时,笔者发现在地表覆盖采集中,因人工编辑步骤较多,相对于 GeoWay 等专业编辑软件,ArcGIS 编辑工具不丰富或操作不习惯,会对作业速度产生一定的影响,如何运用二次开发新工具条等方式丰富编辑功能还有待探讨。笔者认为也可采用前期编辑用 GeoWay 等软件采集地表覆盖,后期在 ArcSDE 版

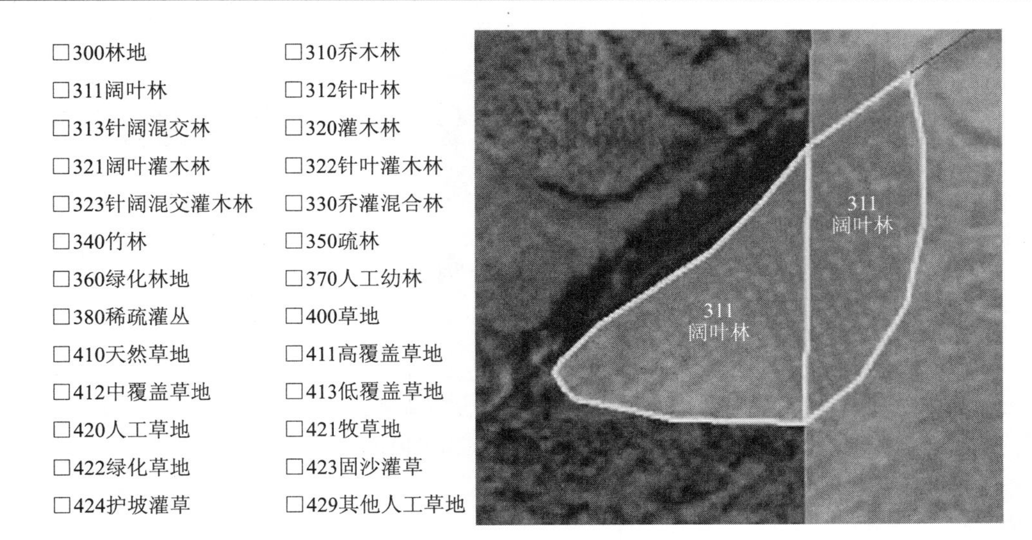

图 3 ArcGIS 作业方案与同步编辑示意图

本数据库中完成地表覆盖和国情要素的接边和编辑工作,也是很好的作业方式。

参 考 文 献

[1] 李维森. 地理国情监测与测绘地理信息事业的转型升级[J]. 地理信息世界,2013,20(5):11-14.
[2] 罗名海. 武汉市地理国情普查的基本思路[J]. 地理空间信息,2013,11(6):1-2.
[3] 张冲,吴健平,钱大君. 基于 ArcSDE 的 GIS 版本管理应用研究[J]. 甘肃联合大学学报:自然科学版,2007,21(2):66-70.
[4] 夏宇,朱欣焰,呙维. 基于 ArcSDE 的空间数据版本管理问题研究[J]. 计算机工程与应用,2007,43(14):14-16.
[5] 万宝林. ArcSDE 空间数据库的用户权限管理[J]. 测绘与空间地理信息,2011,34(6):129-131.
[6] 黄明,边馥苓. 基于 ArcSDE 的地理数据入库技术研究[J]. 测绘信息与工程,2009,34(6):40-41.
[7] 王昀昀,朱勤东. 基于 ArcSDE 的影像数据入库研究[J]. 测绘通报,2013(1):84-86.
[8] 董冬,龚伟. 浅谈地理国情普查基本要素内容[J]. 测绘与空间地理信息,2013,36(8):199-201.
[9] 国务院第一次全国地理国情普查领导小组办公室. 地理国情普查内容与指标[M]. 北京:测绘出版社,2013.

基于 GIS 的南宁市地下综合管线数据库建设与更新

漆小英　晏明星

(南宁市勘察测绘地理信息院,广西南宁 530022)

【摘　要】以南宁市地下综合管线数据库的建设为例,重点阐述了基于地理信息系统(GIS)技术的地下管线数据库的设计与建设以及管线库建成后的更新维护,并由此提出了城市综合地下管线数据库建设和更新过程中应注意的问题和遵循的原则。

【关键词】城市地下管线;数据库;GIS

1　引　言

城市地下管线是城市的重要基础设施,对城市的正常运转具有重要意义。随着城市建设的发展,地下管线的分布日趋密集且错综复杂。许多部门都迫切需要完整、可靠、准确的地下管线现状数据来指导其规划设计与施工管理,但现实情况却是地下管线资料陈旧不全、误差偏大,常与实地管线情况不符,致使施工盲目,造成地下管线破损毁坏而招致重大损失的事件时有发生。而且传统的文档式城市地下管线管理模式无法做到管线的图形信息和属性信息一体化,在表达管线图形的同时无法有效地表示管线的特性[1]。因此,在这种情况下,对南宁市全市范围的地下管线实行全面普查建库,建立以数据库为核心的采集建库、动态更新、管理分发一体化的技术体系,初步实现数据获取实时化、数据生产标准化、数据存储信息化。

2　地下管线数据库设计原则

2.1　实用性

数据库以实用性为第一目标,保证系统建成后能立即投入运行,完整地管理南宁市的各种管线、管点的空间和属性信息,有效的服务于管线的管理且能促进城市地下管线管理水平的提高。

2.2　规范化与标准化

城市地下管线隶属于城市各专业权属部门,是城市信息系统的组成部分,管线信息必须标准,管理必须规范,才能满足信息共享的要求。

2.3　稳定性和安全性

随时满足管理的需要,解决各种管线工程的需要,运行稳定可靠,保证管线数据安全(城市地下管线信息具有很高的保密性)。

2.4　完备性和可扩展性

管线数据要求完备,良好的数据库结构设计有效的支持了数据的维护更新和将来系统的内容和功能的扩充。

3　地下管线数据库组织结构和内容

3.1　地下管线数据库组织结构

基础地理信息数据库由基础地理信息数据、管理系统和支撑环境三部分组成,包括现势数据库和历史数据库,历史数据的组织与其同源现势数据组织方式相同。城市地下管线数据按要素分层组织,根据管线类型分成若干图层,同一类数据放在同一层,每层通过拓扑处理确保空间关系正确性,要素数据间建立正确拓扑关系，图形数据和属性数据放在同一个关系型数据库中进行存储。如图1所示是地下管线数据库结构图。

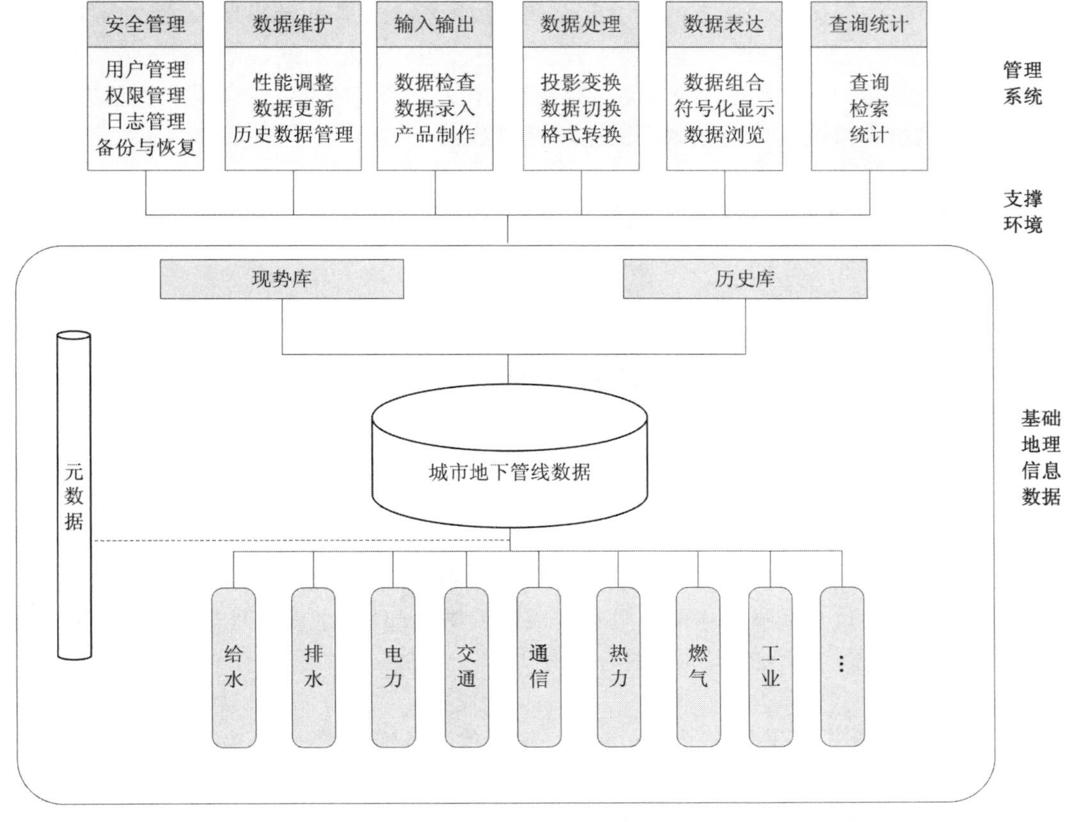

图1 数据库结构

3.2 地下管线数据库内容

城市地下管线数据库面向城市规划与建设管理目标，为了满足各单位对管线信息的需求，经过长时间的用户需求调研和试验，由我院联合北京清华山维新技术开发有限公司的专家评审，制定了《南宁市城市地下管线探测与建库规范》作为建库的技术依据，规定了本次南宁建库管线的七个大类，分别是：给水、排水、电力、通信、燃气、热力、工业，其中有些大类根据实际需要再细分成各小类，如排水分为雨水、污水、雨污合流；电力分为供电、路灯、交通信号灯；通信类管线分为铁通、电信、联通、移动、有线电视、保密电缆等。每个管点具备点号、X\Y坐标、地面高程、管线类型、特征、附属物等信息；每条管线具有相应的起点号、终点号、起始埋深、起始标高、终止埋深、终止标高、材质、管径、断面尺寸、埋设年代、权属单位等信息。其中每个管点的点号在数据库中是唯一的，在所在图幅中也是唯一的，且管线中的起、终点号与管点中的点号是相对应的。

4 南宁市城市地下管线数据库的建设

EPS地理信息工作站基础平台是北京清华山维新技术开发有限公司研发的一款专业面向测绘生产及基础地理信息行业的软件。该软件从测绘与地理信息角度构建数据模型，综合CAD技术与GIS技术，以数据库为核心将图形和属性融为一体。

本项目所采用的EPS2008平台支持各种测量成果数据，在外业采集时，测绘成果可随手入库，需要编辑更新时可随时下载，不需要转换，只是迁移，用户可方便地实现测量外业、内业、入库一体化。平台系统采用全新架构，进而实现信息化测绘、管理与更新一体化，建库GIS与出图一体化，用一个平台解决测绘各种问题。

4.1 管线数据整理

经作业部门外业探测和内业处理后提交的管线数据是以Access数据库的点成果表和线成果表的

方式来记录管线的空间位置和属性信息，入库前需要将其转换成能统一管理空间特性和属性信息的GIS数据格式。

为了保证数据的无损转换，使所有的管线节点和管线段都能完整的转换导入，首先需对采集回来的文本管线资料按照我院与北京清华山维新技术开发有限公司联合编制的《城市地下管线数据分类、代码、属性与符号定位规定》中规定的管线分类、管线代码定义及管点和管线的各类属性项进行整理。

4.2 将文本管线数据转换成面向对象地理数据库模型数据

4.2.1 编制南宁管线模板

编制符合我院数据标准《城市地下管线数据分类、代码、属性与符号定位规定》的南宁管线模板.mdt，并在该模板中定义以下几项内容：

（1）要素图层：图层名、图层空间类型、属性表结构。

（2）数据分类与编码。根据编码确定数据的图层、空间类型、线宽、颜色等属性。

（3）编码对照表和字段对照表。管线数据转换时导入和导出所对应的原符号编码与新符号编码的编码对照表及文档数据属性字段与数据库属性字段之间的字段对照表。

（4）符号库。要求符合国家基本比例尺地图图式的规定。

4.2.2 数据转换

将Access文本型管线数据利用EPS平台的数据转换模块根据前面定义好的编码对照表和字段对照转换成图形与属性一体化存储的EDB数据。转换过程中，管点通过点成果表中X、Y坐标进行空间定位，管点与管线之间通过点成果表中的点号和线成果表中的起始、终止点号进行关联，在此转换过程可以检查过滤出孤立的管线即无端点的管线。

4.3 管线数据监理

由于南宁市的管线数据几乎覆盖了南宁市中心城区的各条道路，管线长度近6 000 km，如此庞大的管线数据如果不能进行自动化的查错工作，可以想象其可靠性和工作效率都难以保证。因此，考虑到系统的衔接及数据的共享，我们在EPS平台下根据南宁市地下管线数据的实际情况定制了一系列管线数据监理查错的脚本，将转换后的管线数据在EPS平台下进行数据合法性检查。

4.3.1 通用管线检查

孤立管点检查、孤立管线检查、管线变径点检查、管线类型一致性检查、管线材质检查及管线过长过短检查等。

4.3.2 压力管线监理

压力管埋深（管高）不一致检查、材质不一致以及压力管细流向粗检查、燃气管线压力值不一致检查。

4.3.3 无压管线监理

材质一致性以及排水粗流向细检查、污水流向雨水检查、排水无出口检查等。

4.3.4 其他检查

重复对象检查、高程异常点线检查、管线高程异常突变检查等。

经过上述各项检查后，如发现错误则给出提示信息，指明出现错误的管类以及对应的要素ID号以便于进行错误信息定位，经外业调查核实后进行修改编辑，经检查合格后方可进行数据入库。

5 数据入库流程

入库流程如图2所示。

对准备建库的管线数据，为了保证数据库质量，需要对入库前的数据进行一系列整理，严格控制管线数据质量。因此在管线数据正式入库前，我们需要建立一个本地临时数据库，对于数据合法性检查无误后的管线数据进行预入库即导入本地临时库中，在入库的过程中系统会自动检查一些错误，这些错误将自动进行标记后保存并以文本.log文件反馈回来，便于工作人员进行定位、修改。

通过了上面所有的工序后，数据才能导入正式的管线数据库中。

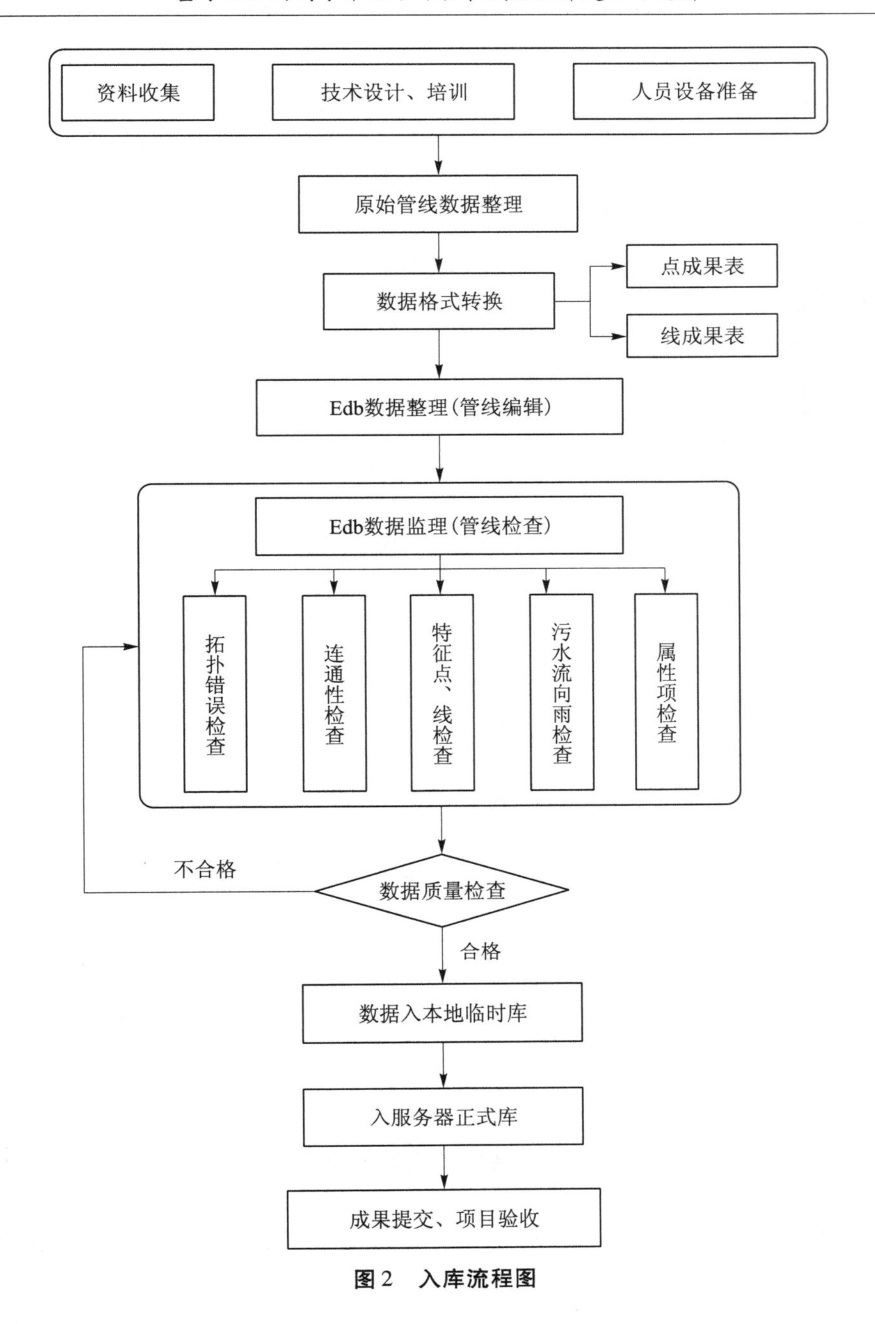

图2 入库流程图

6 地下管线数据库的更新维护

地下管线数据库的建设不是一劳永逸的,它需要不断的更新维护,以保持其现势性和利用价值,这就要建立完善的数据更新机制。

一方面,不断获取现势数据,对数据库进行同步更新维护;另一方面,能够保存历史数据,以便在将来必要时能恢复到过去任一时刻的数据状态,并实现历史状态查询以及现状数据与历史数据的对比等。

6.1 数据库更新设计

本次城市地下管线数据库的更新维护满足以下要求。

6.1.1 记录更新内容

对于现势库的每次更新,历史库都会把被更新的数据及相应信息记录下来,包括更新的时间、位置、范围以及添加、删除和修改的要素数量等。

6.1.2 查询更新状态

根据给定的条件能方便的查询更新状态,如该片更新区域是否已下载数据、是否已更新入库以及下载数据和更新入库的时间、人员。

6.1.3 更新前后的数据对比

能方便的定位到任一次更新,并将其更新前后的历史数据情况和现状数据情况进行对比,方便管理人员对更新变化情况一目了然。

6.1.4 历史回放

能够进行数据状态回放,即随时将指定范围的数据恢复到指定时间的数据状态。

6.2 数据库更新流程

管线数据库更新流程如图3所示。

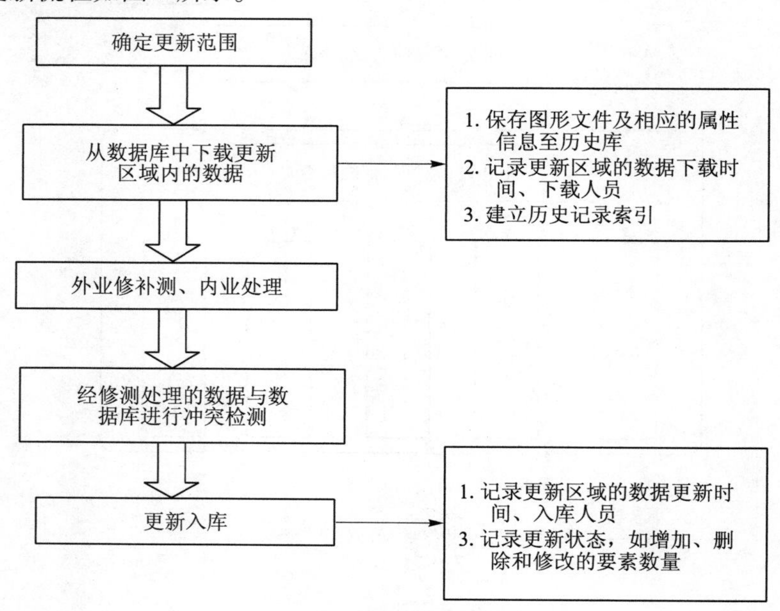

图3 管线数据库更新流程

7 结 语

(1)城市地下管线是一个综合复杂的网路系统,要理顺它们之间的关系并建立相应的系统是一个庞大的工程,因此在管线数据建库的时候需要具有管线相关专业知识的人员按照标准、规范对各类管线数据逐一进行整理。

(2)在管线修测的时候,建议以道路为单位进行修测,如果因实际情况无法以道路为单位进行,就尽量以图幅为单位进行修测。

(3)对已建成的管线库进行更新的时候,需要逐层进行修测编辑、接边处理,接边处要注意管线的连接关系的维护。

(4)对于邻近的更新区域,建议严格按下载、修测、更新接边、上传入库的顺序进行,即上一个工程更新入库完毕后下一个邻近工程才能执行下载、更新和入库的工作。否则如果邻近工程同时进行修测更新的时候,在内业更新过程中需要相互接边以保证邻近管线的连接关系正确。

(5)建立南宁市城市地下管线数据库及更新,顺应了南宁市城市信息化的发展趋势,为数字南宁建设打下坚实基础。实现了管线信息的数字化与信息化管理,促进了地下管线管理的科学化、规范化。将有力促进南宁市城市规划、建设、管理和服务的水平,使城市规划更趋科学、合理,同时将减少、甚至避免建筑施工对地下管网的破坏,其社会效益和经济效益是十分明显的。

参考文献

[1] 陈吉宁,赵冬泉,等.城市排水管网数字化管理理论与应用[M].北京:中国建筑工业出版社,2010.
[2] 程立鼎.基于GIS的昆明市地下排水管线数据库的建设[J].科学技术与工程,2011(9).

[3] 边馥苓. 地理信息系统原理和方法[M]. 北京：测绘出版社,1996.
[4] 殷丽丽. GIS 时空数据模型在城市地下管线数据库中的应用[J]. 测绘科学,2006(9).
[5] 孙劲松. 南京市地下管线数据库的建立[J]. 江苏测绘,2000(3).
[6] 王树东. 面向 GIS 的城市综合管网数据结构模式探讨[J]. 测绘通报,2001(12).
[7] 孙鹏. 城市地下管线信息管理系统建设[J]. 计算机时代,2009(8).
[8] 李学军. 我国城市地下管线信息化发展与展望[J]. 城市勘测,2009(6).

基于 LandsatTM5 的两种地表温度反演算法比较分析

黄美青

（广西壮族自治区地图院，广西南宁 530023）

【摘　要】以南宁市为研究区域，使用 Landsat TM5 影像的第六波段数据，通过基于影像的反演算法（IB 算法）和单窗算法对研究区进行地表温度反演，计算出南宁市的地表温度，并将这两种算法的反演结果进行对比分析，结果表明，对于南宁市，单窗算法计算出来的地表温度是比较接近地表真实温度的。

【关键词】Landsat TM；地表亮温；地表温度反演；IB 算法；单窗算法

1　引　言

地表温度反演是以地表热辐射传输方程为基础计算地表温度的方法。很多研究中热红外遥感数据被用来进行地表温度反演，反演结果即地表温度可以为城市热岛监测、林火监测、旱灾监测、计算土壤湿度指数等提供参考数据。因此，地表温度反演方法的研究具有深远的意义。Landsat TM 的第 6 波段，即 TM6 属于热红外波段，可以用来进行地面温度的反演[1]。本研究以广西壮族自治区南宁市市区为研究区域，使用陆地卫星 5 号的 TM6 数据，采用基于影像的反演算法和单窗算法[2]分别对研究区进行了地表温度反演，并对反演结果进行了比较和分析。

2　算法分析

2.1　基于影像的反演算法

基于影像的反演算法[3]，即 IB 算法，首先将 TM6 的 DN 值转换成辐射值，然后再将辐射值进一步反演成地面亮温，地表亮温是没有经过校正的地表温度的粗略值。IB 算法对研究区进行地表比辐射率校正得出地表真实温度，即地表下垫面的温度。

2.1.1　IB 算法的求算过程

IB 算法的求算过程如下。

首先计算地面亮温[5]，对于 LandsatTM6 的地面亮温 $T_{\mathrm{rad\_TM6}}$，可用下列公式求算：

$$T_{\mathrm{rad\_TM6}} = 1\,260.56/\ln[1+607.76/(1.237\,8+0.055\,158\times DN_{\mathrm{TM6}})] \tag{1}$$

式中，DN_{TM6} 为 TM6 的像元 DN 值，$0 \leqslant DN_{\mathrm{TM6}} \leqslant 255$。

由式(1)计算出来的只是地物的绝对亮温（地面亮温），还需根据地物的比辐射率对其作进一步校正，从而计算出地表温度 T_s：

$$T_s = T_{\mathrm{rad}}/[1+(\lambda \cdot T_{\mathrm{rad}}/P)\ln\varepsilon] \tag{2}$$

式中，T_{rad} 为绝对亮温，K；热红外波段的中心波长 $\lambda = 11.5\ \mu\mathrm{m}$；$P = h\times c/\eth = (1.438\times10^{-2}\ \mathrm{mK})$，其中，光速 $c = 2.998\times10^{8}\ \mathrm{m/s}$；普朗克常数 $h = 6.626\times10^{-34}\ \mathrm{J\cdot s}$；波耳兹曼常数 $\eth = 1.38\times10^{-23}\ \mathrm{J/K}$；$\varepsilon$ 为地表比辐射率。

2.1.2　基于影像反演算法参数的确定

地表比辐射率 ε。地表辐射率计算中，Vande Griend&Owe & Sobrino 根据 NDVI 值给出了经验公式，Synder 根据文献资料给分类后的不同地类赋予不同的比辐射率 。地表覆盖类型的分类有很多种方法，本研究采用覃志豪[4]的分类方法，即将地表覆盖分为水体、建筑、自然表面三类，并分别求出地表比辐射率 。

$$\varepsilon_{\text{water}} = 0.995 \tag{3}$$

$$\varepsilon_{\text{surface}} = 0.9625 + 0.0614P_v - 0.0461P_v^2 \tag{4}$$

$$\varepsilon_{\text{built\_up}} = 0.9589 + 0.086P_v - 0.0671P_v^2 \tag{5}$$

式(3)、(4)和(5)中,$\varepsilon_{\text{wate}}$、$\varepsilon_{\text{surface}}$和 $\varepsilon_{\text{built_up}}$分别代表水体像元、自然表面像元和建筑像元的比辐射率,P_v 为植被覆盖度,计算方法如下:

$$P_v = [(\text{NDVI} - \text{NDVI}_s)/(\text{NDVI}_v - \text{NDVI}_s)]^2 \tag{6}$$

其中,NDVI 为归一化差异植被指数,在大多数情况下,叶冠茂密健康植被的 NDVI 值都在 0.7 以上,有时达 0.8。裸土的 NDVI 值一般只有 0.03 ~0.08。因此,虽然不同地区的不同植被和不同土壤都有各自的光谱特征,从而使其 NDVI_v和 NDVI_s值表现出一定的区域差异。但若没有详细的区域植被和土壤光谱或图幅上没有明显的完全植被或裸土像元,则用 $\text{NDVI}_v = 0.70$ 和 $\text{NDVI}_s = 0.05$ 来进行植被覆盖度的近似估计[6]。这一取值表明,如果像元的 NDVI 值超过 0.7,则这一像元将被看作是完全的植被覆盖,即 $P_v = 100\%$。相反,若 NDVI <0.05,则为完全裸土,即 $P_v = 0$。

NDVI 的计算公式为

$$\text{NDVI} = (\text{TM3} - \text{TM4})/(\text{TM3} + \text{TM4}) \tag{7}$$

TM3、TM4 分别是 TM 影像的第三和第四波段。

2.2 单窗算法

2.2.1 单窗算法的概念

单窗算法是一种考虑了大气和地表状态因素对地表热传导影响的一种演算方法。该方法需要三个参数进行地表温度的演算,即地表比辐射率、大气等效温度和大气透过率。

单窗算法可以根据地表热辐射传导方程[7],计算出地表比辐射率 ε、大气等效温度 T_a和大气透射率 τ 三个参数,然后通过下面的公式来推算地表实际温度[8]。

$$T_s = \{a(1 - C - D) + [(b - 1)(1 - C - D) + 1]T_6 - DT_a\}/C \tag{8}$$

式中,T_s 是地表实际温度;T_6 为行星亮度温度;T_a 为大气等效温度;a 和 b 是参考系数(当地表温度为 0 ~70 ℃时,$a = -67.355351$,$b = 0.458606$),C 和 D 是中间变量,可用下面两式求得:

$$C = \varepsilon\tau \tag{9}$$

$$D = (1 - \tau)[1 + (1 - \varepsilon)\tau] \tag{10}$$

式中,ε 为地表比辐射率;τ 为大气透射率。

2.2.2 单窗算法参数的确定

2.2.2.1 单窗算法的地表比辐射率

单窗算法的地表比辐射率和基于影像反演算法的地表比辐射率是相同的。

2.2.2.2 行星亮度温度 T_6 的反演

陆地卫星遥感器 TM 在设计制造时已考虑到把所接收到的辐射强度转化为相对应的 DN 值问题。因此,对于 TM 数据,所接收到的辐射强度与其 DN 值有如下关系[9]:

$$L(\lambda) = L_{\min}(\lambda) + [L_{\max}(\lambda) - L_{\min}(\lambda)]Q_{dn}/Q_{\max} \tag{11}$$

式中,$L(\lambda)$为 TM 遥感器所接收到的辐射强度(W/(m · sr · μm)),$Q_{\max}$为最大的 DN 值,即 $Q_{\max} = 255$,Q_{dn}为 TM 数据的像元灰度值,$L_{\max}(\lambda)$和 $L_{\min}(\lambda)$为 TM 遥感器所接收到的最大和最小辐射强度,即相对应于 $Q_{\max} = 255$ 和 $Q_{\text{dn}} = 0$ 时的最大和最小辐射强度。TM 传感器的热波段 TM6 的中心波长为 11.5 μm。发射前已预设 TM6 的常量为,当 $L_{\min}(\lambda) = 0.1238$ W/(m · sr · μm)时 $Q_{\text{dn}} = 0$;当 $L_{\max}(\lambda) = 1.56$ W/(m · sr · μm)时 $Q_{\text{dn}} = 255$。因此,公式(11)的热辐射与灰度值之间的关系可进一步简化为

$$L(\lambda) = 0.1238 + 0.005632156Q_{\text{dn}} \tag{12}$$

在 TM6 数据中,灰度值 Q_{dn}已知,因此用式(12)可很容易地求算出相应的热辐射强度 $L(\lambda)$。

一旦 $L(\lambda)$求得,用如下近似式求算:

$$T_6 = K_2/\ln(1 + K_1/L(\lambda)) \tag{13}$$

式中，T_6 为TM6的像元亮度温度，K；K_1 和 K_2 为发射前预设的常量，Landsat的TM数据，K_1 = 60.776 W/(m · sr · μm)，K_2 = 1 260.56 K。

2.2.2.3 大气平均作用温度 T_a

在标准大气状态下，大气平均作用温度（T_a）与地面附近气温（T_0）存在如下线性关系（T_a 与 T_0 的单位为K）[10]：

$$热带平均大气（15°N，年平均），T_a = 17.976\,9 + 0.917\,15\,T_0 \tag{14}$$

$$中纬度夏季平均大气（45°N，7月），T_a = 16.011\,0 + 0.926\,21\,T_0 \tag{15}$$

$$中纬度冬季平均大气（45°N，1月），T_a = 19.270\,4 + 0.911\,18\,T_0 \tag{16}$$

2.2.2.4 大气透射率 τ

当大气水分含量在0.4 ~ 3.0 g/cm³时，可以用下列公式估算。

水分含量0.4 ~ 1.6 g/cm³：

$$\tau = 0.974\,290 - 0.080\,07w \quad 高气温(35\ ℃) \tag{17}$$

$$\tau = 0.982\,007 - 0.096\,11w \quad 低气温(18\ ℃) \tag{18}$$

水分含量1.6 ~ 3.0 g/cm³：

$$\tau = 1.031\,412 - 0.115\,35w \quad 高气温(35\ ℃) \tag{19}$$

$$\tau = 1.053\,710 - 0.141\,41w \quad 低气温(18\ ℃) \tag{20}$$

式(17) ~ 式(20)中，w 是大气水汽含量。根据杨景梅[11]等的研究，大气水汽含量可以通过与地面水汽压之间的关系确定，计算公式如下：

$$w = 0.098\,1e + 0.169\,7 \tag{21}$$

式中，e 是绝对水汽压，hPa，可表示为：

$$e = 0.610\,83 \times \exp[17.27\ (T_0 - 273.15)/(237.3 + T_0 - 273.15)] \times R_H \tag{22}$$

式中，R_H 为相对湿度，T_0 是气温，e 的单位是kPa，R_H 和 T_0 可以从气象观测数据获得。

3 研究区域概况

南宁市位于广西的南部，地处东经107°45′ ~ 108°51′，北纬22°13′ ~ 23°32′之间。全市总面积22 112 km²，市区面积6 479 km²。建成区面积190 km²。南宁属于亚热带海洋性气候，阳光充足，雨量充沛，霜少无雪，气候温和。全年气温在21 ℃，年均降水量为1 241 ~ 1 753 mm[12]。

4 研究技术方法

研究所用的数据是从马里兰大学网站下载的2006年南宁市的陆地卫星5号的七个波段数据，其中只有第6波段是热红外波段，可以用来进行地表温度反演。第6波段的空间分辨率为120 m[13]。

4.1 技术路线

从马里兰大学网站下载Landsat TM5的影像数据，整理分析后进行波段组合、裁剪等预处理；对预处理后的影像进行监督分类并剔除水体分别求出水体、建筑、自然表面3种地类的地表比辐射率值。此外对影像进行建模，分别计算出基于影像反演算法的地表亮温 T_{rad_TM6} 值，单窗算法的地表亮温 T_6、大气透过率 τ 和大气平均作用温度 T_a；根据公式进行建模求出地表温度 T_c。

基于影像的反演算法和单窗算法的研究技术流程分别如图1和图2所示。

4.2 数据处理

4.2.1 波段组合

在ERDAS图标面板菜单条中单击Main | Image Interpreter | Utilities | Layer Stack命令，打开Layer Selection and Stacking对话框，在对话框中依次选择并加载（Add）单波段图像。单击OK按钮，关闭Layer

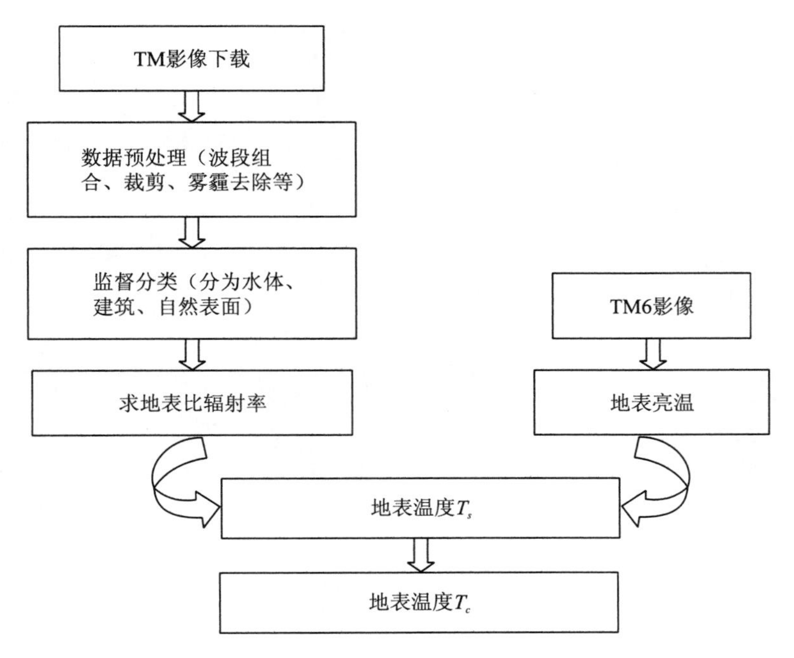

图 1　基于影像的反演算法技术流程

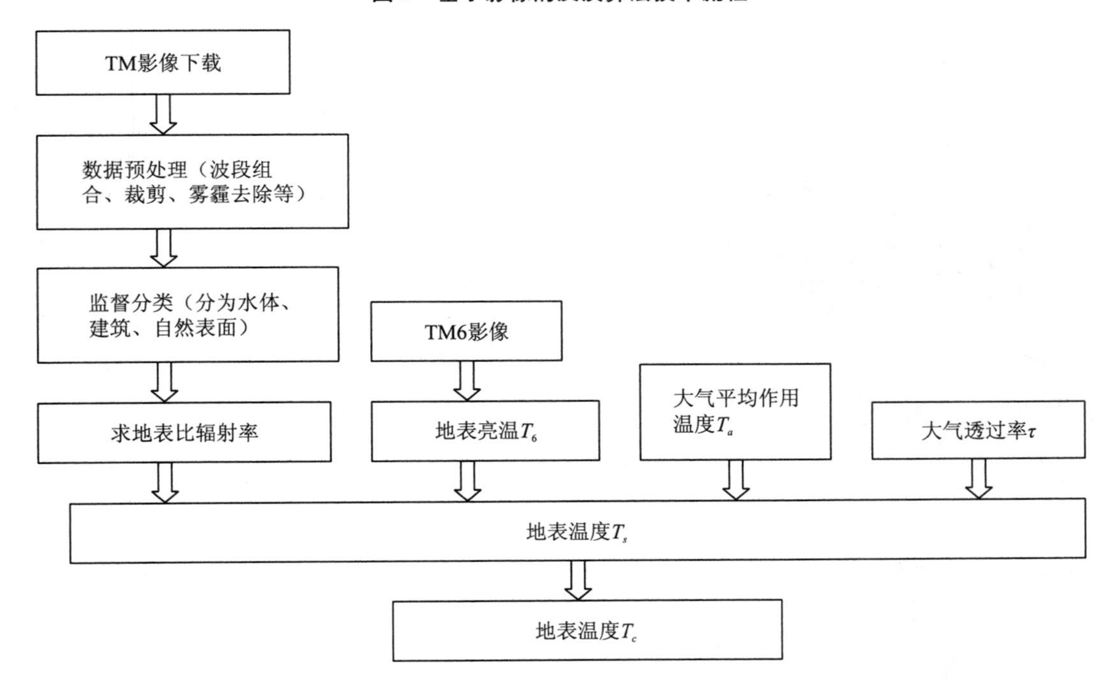

图 2　单窗算法技术流程

Selection and Stacking 对话框，执行波段组合把 7 个波段组合起来。

4.2.2　影像裁剪

用 ERDAS 裁剪组合后的影像，裁剪得出研究区域如图 3 所示。

4.2.3　监督分类

(1)定义分类模板。用分类模板编辑器编辑生成分类模板 AOI。

(2)评价分类模板。对分类模板 AOI 进行评价并编辑修改得出一个合理的分类部门 AOI。

(3)执行监督分类。用分类模板和选择最大似然法执行监督分类。

(4)评价分类结果。对分类效果进行评价，得出结果。分类结果如图 4 所示，结果分为水体、建筑和自然表面 3 类。

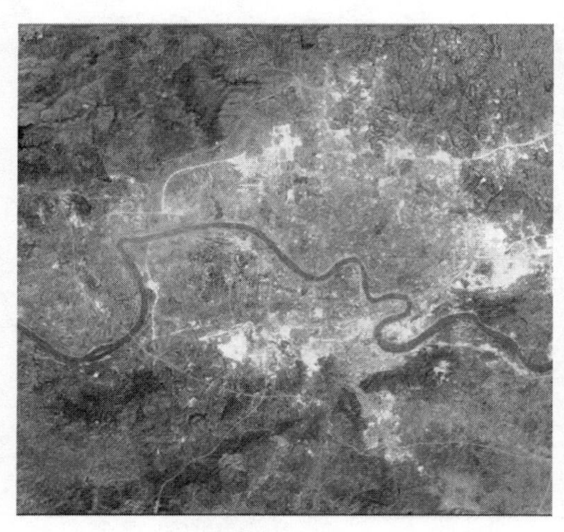
图 3

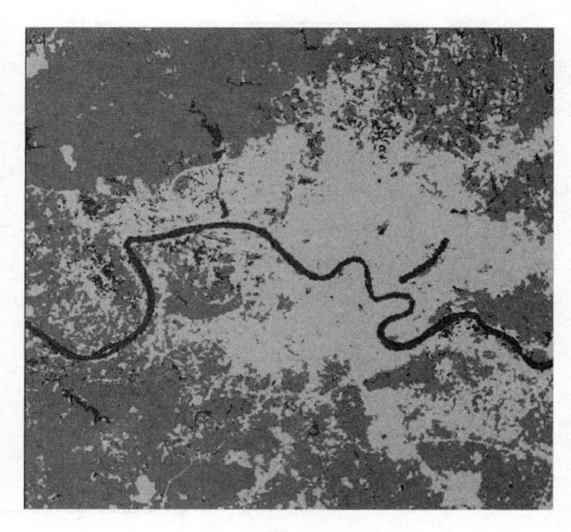
图 4

4.2.4 求地表比辐射率

利用分类重编码的方法对监督分类的水体赋 0 值,建筑和自然表面赋 1 值,再把预处理后的影像和重编码的影像进行相乘得出剔除水体的影像。

用 ERDAS 的 Interpreter 模块对剔除水体的影像进行归一化植被指数处理,经过归一化植被指数处理后的影像见图 5,相应的植被指数值见表 1。

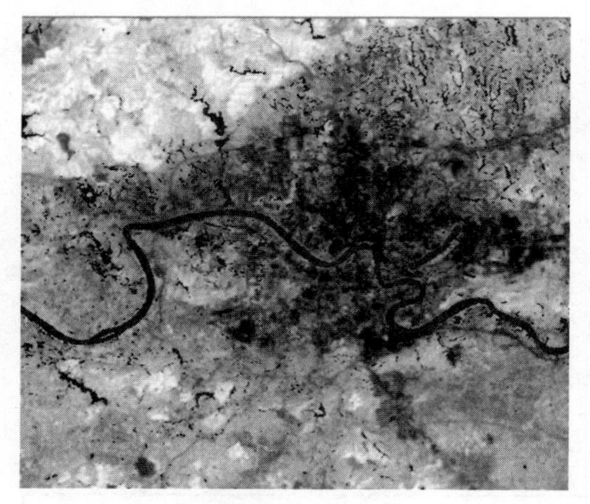
图 5 NDVI

表 1 NDVI

Row	257	258	259	260	261	262
488	000.094	000.113	000.131	000.150	000.162	000.18
489	000.102	000.122	000.140	000.160	000.179	000.20
490	000.101	000.138	000.150	000.169	000.190	000.20
491	000.098	000.143	000.183	000.197	000.200	000.21
492	000.080	000.121	000.197	000.231	000.207	000.21
493	000.078	000.118	000.156	000.217	000.224	000.21
494	000.070	000.103	000.147	000.187	000.220	000.22
495	000.070	000.103	000.138	000.187	000.210	000.22
496	000.079	000.113	000.177	000.197	000.217	000.21
497	000.098	000.141	000.161	000.190	000.217	000.21
498	000.127	000.164	000.183	000.200	000.217	000.21
499	000.148	000.176	000.203	000.217	000.227	000.22
500	000.176	000.186	000.220	000.227	000.233	000.22
501	000.186	000.214	000.220	000.233	000.233	000.23
502	000.186	000.214	000.220	000.223	000.223	000.22
503	000.174	000.203	000.210	000.213	000.213	000.21
504	000.164	000.183	000.200	000.197	000.197	000.19
505	000.154	000.186	000.193	000.190	000.180	000.17
506	000.154	000.186	000.186	000.193	000.180	000.16
507	000.145	000.169	000.186	000.193	000.183	000.16
508	000.145	000.160	000.169	000.186	000.183	000.17
509	000.134	000.150	000.160	000.169	000.160	000.16
510	000.116	000.131	000.143	000.153	000.153	000.15

利用 ERDAS 的建模功能把 NDVI 代入公式(6)求出 P_v,再把 P_v 代入式(3)和式(4)求出建筑和自然表面的地表比辐射率,如图 6 和表 2 所示。

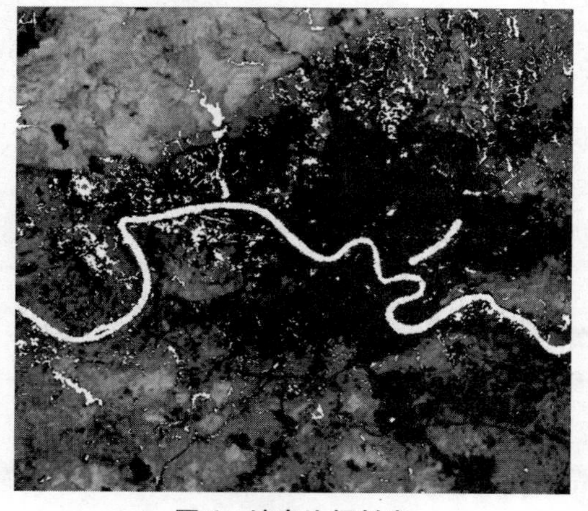
图 6 地表比辐射率

表 2 地表比辐射率

Row	0	1	2	3	4	5	6	7
0	000.969	000.970	000.970	000.970	000.970	000.970	000.970	000.970
1	000.969	000.970	000.970	000.970	000.970	000.970	000.970	000.970
2	000.969	000.970	000.970	000.970	000.971	000.971	000.971	000.970
3	000.969	000.970	000.970	000.971	000.970	000.971	000.971	000.971
4	000.970	000.970	000.970	000.971	000.971	000.971	000.971	000.971
5	000.970	000.970	000.970	000.970	000.970	000.970	000.970	000.970
6	000.970	000.970	000.970	000.970	000.970	000.970	000.970	000.969
7	000.970	000.970	000.969	000.970	000.969	000.969	000.969	000.969
8	000.970	000.970	000.969	000.968	000.968	000.968	000.968	000.967
9	000.970	000.969	000.968	000.968	000.967	000.967	000.966	000.966
10	000.969	000.969	000.968	000.967	000.967	000.967	000.966	000.966
11	000.968	000.968	000.967	000.967	000.966	000.966	000.966	000.967
12	000.967	000.967	000.966	000.963	000.963	000.966	000.966	000.967
13	000.966	000.966	000.966	000.965	000.963	000.966	000.967	000.967
14	000.963	000.966	000.966	000.964	000.966	000.967	000.967	000.967
15	000.963	000.963	000.966	000.966	000.966	000.966	000.966	000.967
16	000.966	000.966	000.967	000.964	000.966	000.966	000.966	000.966
17	000.966	000.967	000.967	000.967	000.967	000.966	000.966	000.965
18	000.967	000.967	000.967	000.967	000.967	000.967	000.966	000.965
19	000.967	000.967	000.967	000.967	000.967	000.966	000.965	000.964
20	000.967	000.967	000.967	000.967	000.967	000.967	000.966	000.964
21	000.967	000.967	000.967	000.967	000.967	000.966	000.965	000.964
22	000.966	000.966	000.967	000.966	000.967	000.965	000.964	000.995

5 反演结果和分析

5.1 反演结果

用 ERDAS 的建模功能计算出地表亮温,进而求出地表温度,再经 ArcGIS 软件修饰得出结果。图 7 是应用式(1)计算出的地表亮温图;图 8 为应用式(1)和式(2)计算出的 IB 算法地表温度图;图 9 为单窗算法计算的地表温度图。图 10 是单窗算法和 IB 算法的地表温度之差。

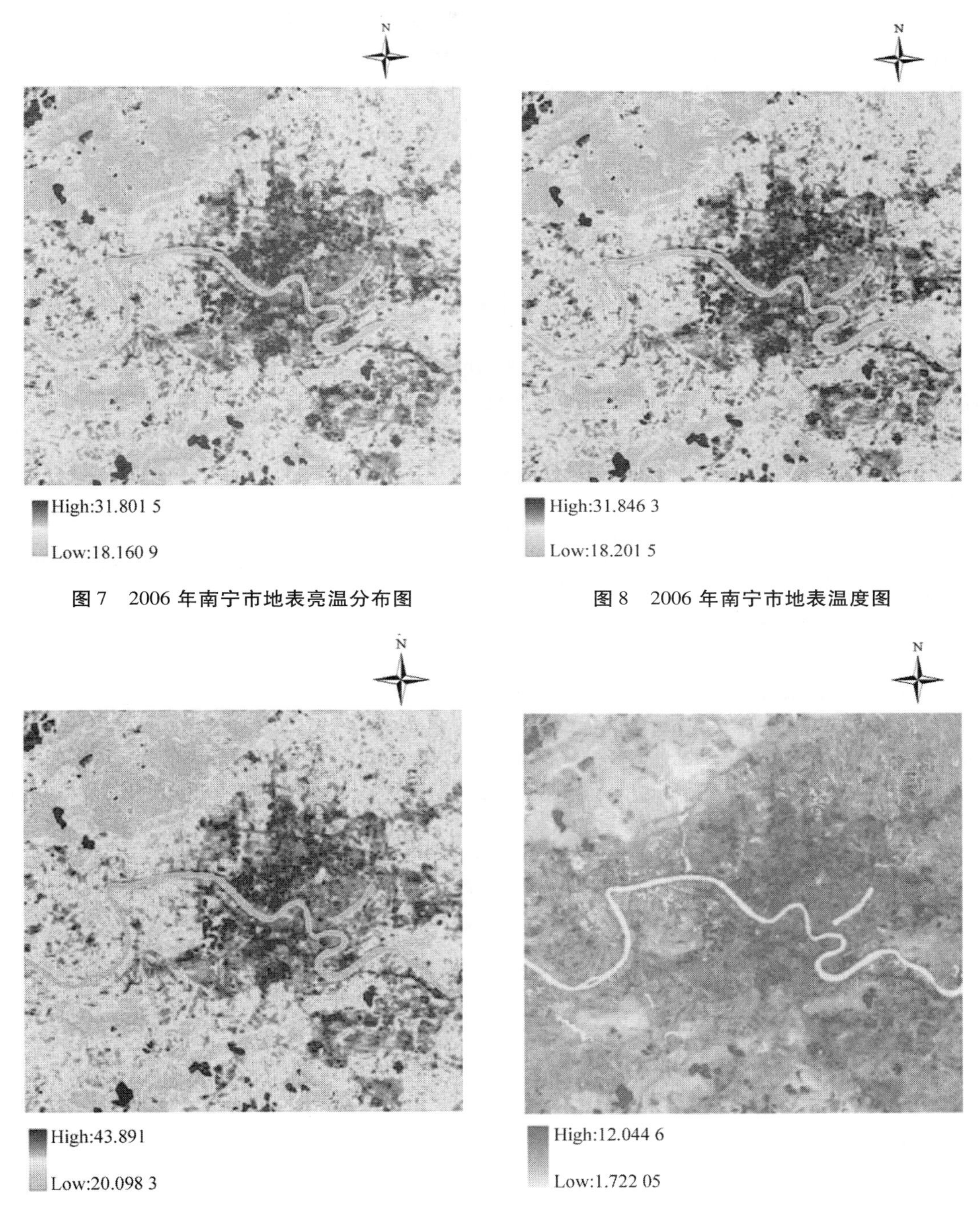

图 7 2006 年南宁市地表亮温分布图

图 8 2006 年南宁市地表温度图

图 9 2006 年南宁市地表温度分布图

图 10 单窗算法和 IB 算法的地表温度之差

5.2 结果说明

研究所使用的南宁市 Landsat TM 卫星影像摄于 2006 年 10 月 30 日,为历史数据,运用单窗算法所需要的相关参数无法实测获得,因此论文采用的是一系列估计值,估计的依据主要是参考研究区当地气象站的历史观测数据。

6 结 语

综合图 7 ~ 图 10 分析反演的地表温度,可以得出:①就研究区整体而言,两种方法计算出来的地表温度都出现了同一规律,即市区的地表温度明显高于郊区的地表温度。②从计算结果可以看出,IB 算法计算出来的地表平均温度是 22 ℃左右,而单窗算法计算出来的地表平均温度为 27 ℃左右,两者相差接近 5 ℃,造成这种差异的原因有以下两种可能:第一种是影像存在噪声点,第二种是两种方法的参数不一样,计算出来的结果有一个比较接近真实的地表温度。③经过查找统计年鉴、气象资料、报纸等方式查找摄取影像当天的气温、湿度等参数,发现当天的平均气温在 26. 8 ℃左右,在晴朗的白天地表吸收存储热量的能力比空气强,所以一般地表温度会比气温高一些,而单窗算法计算出来的地表平均温度正好略比气温高一些。照此推理,单窗算法计算出来的地表温度是比较准确的。

参 考 文 献

[1] 陈云浩,王洁,李晓兵. 夏季城市热场的卫星遥感分析[J]. 土地资源遥感,2002,54(4):55-59.

[2] 丁凤,徐涵秋. 基于 Landsat TM 的 3 种地表温度反演算法比较分析[J]. 福建师范大学学报:自然科学版, 2008,24(1):92-96.

[3] 丁凤, 徐涵秋. 基于 Landsat TM 的 3 种地表温度反演算法比较分析[J]. 福建师范大学学报, 2008, 24(1): 91-96.

[4] 覃志豪,李文娟,徐斌. 陆地卫星 TM6 波段范围内地表比辐射率的估计[J]. 国土资源遥感,2004,61(3):28-32.

[5] 徐永明, 覃志豪,朱焱. 基于遥感数据的苏州市热岛效应时空变化特征分析[J]. 地理科学, 2009, 29(4): 529-533.

[6] 罗志勇, 刘汉湖, 杨武年. 单窗算法在成都市地面温度反演中的应用研究[J]. 热带气象学报, 2007, 23(4): 409-412.

[7] 黄初冬,邵芸,李静. 北京城市地表温度的遥感时空分析[J]. 国土资源遥感,2008,77(3):65-68.

[8] 覃志豪,Zhang Minghua,ARNON Karnieli. 用陆地卫星 TM6 数据演算地表温度的单窗算法[J]. 地理学报,2001,56(4):458-459.

[9] 覃志豪. 单窗算法的大气参数估计方法[J]. 国土资源遥感,2003,56(2):37-43.

[10] 傅碧宏,史基安,张中宁. Landsat TM 热红外遥感数据定量反演地下水富集带的温度信息——以甘肃河西地区石羊河流域为例[J]. 遥感技术与应用,1999,14(2):34-39.

[11] 杨景梅, 邱金恒. 我国可降水量同地面水汽压关系的经验表达式[J]. 大气科学, 1996, 20(5): 620-626.

[12]《南宁年鉴》编纂委员会. 南宁年鉴(2012)[M]. 南宁:广西人民出版社, 2013.

[13] 李成范, 刘岚, 周延刚. 基于定量遥感技术的重庆市热岛效应[J]. 长江流域资源与环境, 2009,18(1):61-64.

基于 PixelGrid 的自动空中三角测量方法

张玉姣

（广西地理信息测绘院，广西南宁 545006）

【摘　要】高分辨率遥感影像一体化测图系统 PixelGrid 是以全数字化摄影测量和遥感技术理论为基础，采用基于 RFM 通用成像模型的先进算法，实现对稀少或无地面控制点区域的遥感影像区域网平差。本文结合工作实践，主要目的在于探讨 PixGrid 软件实现自动化空中三角测量的工作方法。

【关键词】遥感影像；光束法平差；自动空中三角测量；PATB

1　引　言

空中三角测量是立体摄影测量中，根据少量的野外控制点，在室内进行控制点加密，求得加密点的高程和平面位置的测量方法，其主要目的是为缺少野外控制点的地区测图提供绝对定向的控制点。空中三角测量一般分为两种，模拟空中三角测量即光学机械法空中三角测量和解析空中三角测量即俗称的电算加密。

PixelGrid 全数字摄影测量系统的 AAT（自动空三）模块除半自动量测控制点之外，其他所有作业（包括内定向、相对定向、模型连接和 POS 辅助转点）都可以自动完成。PATB 光束法区域网平差程序具有高性能的粗差检测功能和高精度的平差计算功能。所以，将上述两个软件的优点结合在一起，即 PixelGrid的 AAT 和 PATB 集成后就成为功能强大的自动空三软件。本文以广西某测区的空中三角测量为例，阐述了利用 PixelGrid 全数字摄影测量系统的 AAT（自动空三）模块，根据已有的 POS 数据辅助全自动连接点量测，快速完成整个测区的空三加密的工作方法。

2　作业方法

2.1　准备工作

在做空三加密前需要检查已有资料是否齐全，然后进行分析。首先检查影像是否需要旋转、影像亮度对比度是否需要调整；外业控制点坐标与成果要求坐标系是否一致；GPS 数据是否齐全；测区是否要分成小区分别进行加密等。然后制作符合软件要求的控制点坐标文件、相机文件、POS 数据文件、航线索引图。

2.2　影像预处理

空三作业前的影像处理是由于影像扫描时没有对像片单独设置亮度、对比度，对于高差较大的测区，一条航线间经常出现平坦地区影像过白或山地过暗的情况，这大大影响了空三及后续的作业。因此，建议在空三转换影像前，对整个测区的影像在 Photoshop 中查看，并相应的调整亮度和对比度，这样有助于影像匹配工作，然后生成影像金字塔文件及索引影像。

2.3　自动空三连接点量测

进入 PixelGrid 航空空三模块，主要流程见图 1。

2.3.1　航摄区参数设置

航摄区参数包括摄影比例尺，相机检校参数，内定向限差，相对定向限差，模型连续限差，控制点数据设置，POS 数据设置等。最后对航空影像数据划分航带，设置影像扫描分辨率。

2.3.2　连接点编辑及量测

整个空三加密的核心就是连接点编辑及量测，主要内容是选择、转刺加密点，量测加密点的像片坐

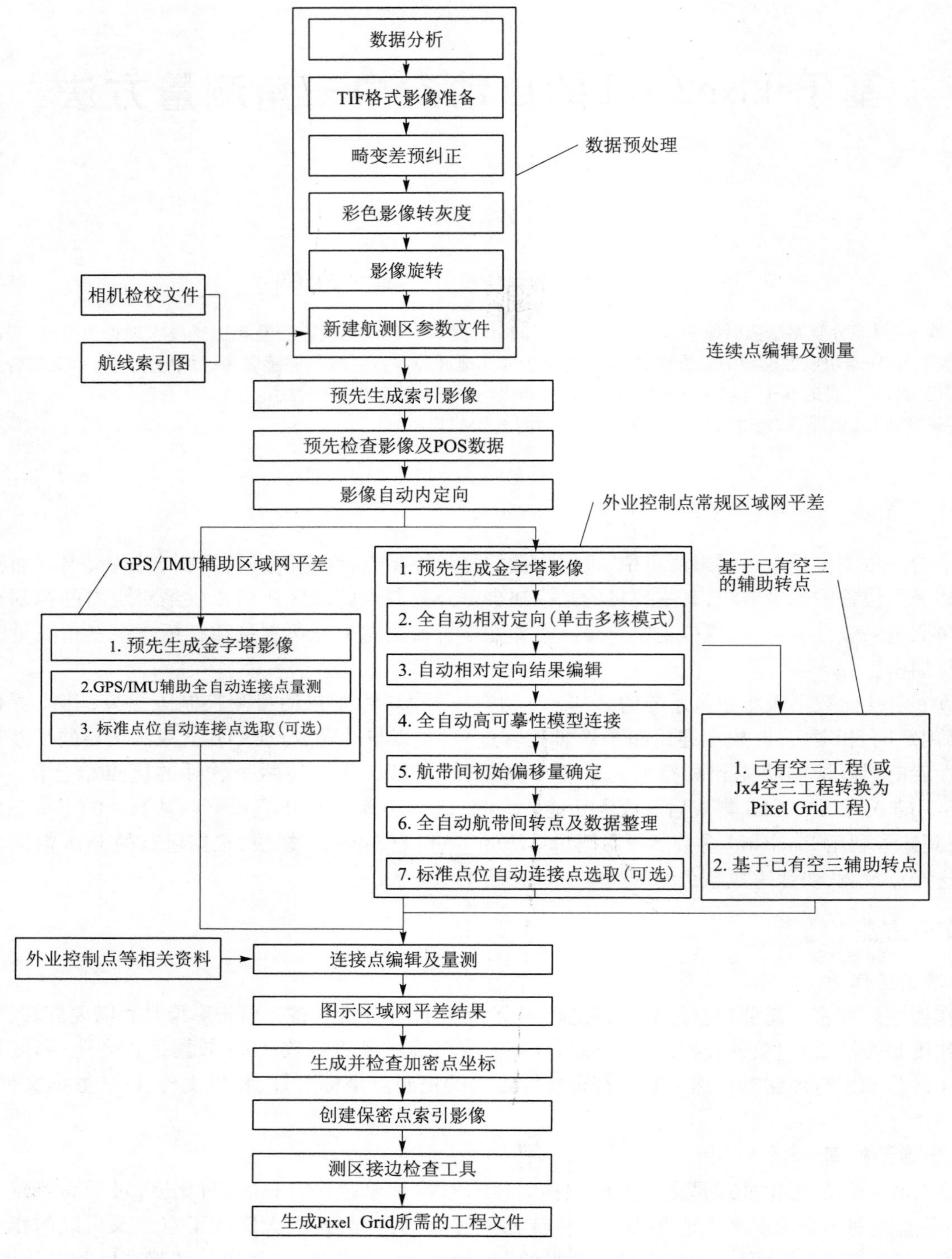

图1 自动空三加密总流程

标,最后检测并剔除粗差,直到达到精度要求。主要工作包括像片的内定向,像片相对定向,模型连接,POS 辅助全自动转点。

2.3.2.1 影像自动内定向

内定向的目的是利用框标检校坐标与定位坐标确定像片的扫描坐标系和像片坐标系的变换关系,同时检查像片是否变形。因此,内定向的原则是将十字丝放到框标的中心,而不要根据残差值。

2.3.2.2 全自动相对定向

相对定向目的是恢复构成立体像对的两张像片的相对方位建立被摄物体的立体模型,全自动相对定向主要包括相片的相对定向，模型连接，航带内连接点提取。由于像片的悬偏角大或者像片的亮度、对比度相差大，往往会有相对定向失败的模型，这时需要手动相对定向，在左右像片加同名点，进行自动匹配，相对定向。

2.3.2.3 航带间模型连接

航带间模型连接首先添加航带连接点。要在航带间首尾和中间三张片子各加一对连接点，也就是上下两个航带对应相片上面需要加三对航带连接点，目的是确定航带间相对位置关系，为航带间转点服务。然后进行全自动航带间转点，提取航带间连接点。

2.3.2.4 GPS/IMU 辅助全自动连接点量测

利用测区 POS 数据辅助进行特征点的选取及量测，然后调用 PATB 进行解算，反复进行自由网平差，删除残差大的连接点，最后保留匹配质量较好的连接点构成像点网。

2.3.2.5 标准点位自动连接点选取

自动选点的主要目的是调用 PATB 平差软件进行挑点，按照一定的布局，将精度最好的点保留，将精度较差的点删掉。一般一张片子在标准点位上中下按照 5×3 布局保留点，也就是将三个标准点位平均分配为五个点位，每个点位保留三个点，这样每张片子的中间位置最多保留 15 个点，其他的点都会被 PATB 删掉。PATB 设置像点权重值为 12。

2.3.2.6 连接点编辑及量测

连接点编辑及量测，是指在立体观测下编辑连接点，使各个像片的点位都是同名点位。进入 PixelGrid 的连接点编辑及量测界面后，首先检查标准点位连接点是否均匀分布，是否缺点。然后调用 PATB 进行连接点挑粗差，编辑连接点，直到粗差在精度范围内。像点粗差一般在一个像素左右。

对于像点网的编辑，粗差大或是错误的点经常会影响到其自身周围的像点精度，在调像点网时应先将这些点挑出进行调整修改，再调其他像点。实际操作如下：第一次执行过 PATB 平差之后，打开平差报告，先将粗差很大的像点挑出，一般是点位点错，将其调整至正确点位；然后再平差，并根据平差报告调像点网。需要注意的是：调节粗差超限的点，首先应调节差值最大的点。若该点调得很好后，计算后仍然超限，则看周边的几个点。由于目前粗差探测的功能并不很强，因此超限点不一定就是错误点，应以点位为准。此外相对定向报告中的 dq 值（模型中的上下视差）、连接点残差都是必不可少的参照值，即连接差大的主片上的所有连接点都得检查，反复调节，直至结果符合精度要求。

3 区域网平差

区域网平差是空三的技术核心部分。区域网平差过程就是像片的绝对定向，绝对定向由人工立体观测在左右影像上定位控制点，建立起相片平面坐标系和大地坐标系的对应关系。

当连接点分布均匀，符合精度要求后，需要添加控制点，根据外业放大片位置刺控制点。

加测区控制点，一般先加测区四角控制点，然后调用 PATB 计算，预测点位，量测其他控制点，这样可以提高作业效率。将测区所有控制点添加完，调用 PATB 计算，找出粗差点，进行编辑。第一次计算完后记录像点的观测精度值，然后在 PATB 的 Accuracy 中赋予像点的权重值，一般控制点的权重值由低到高设置。为防止控制点对像点网产生较大的变形影响，可先将控制点的权重设置低一点，例如，可设为平面 10 m，高程 10 m。这样做有两个原因，一是由于控制点的权比较小，就可以避免由控制点强制符合而导致的像点网变形，这样得到的像点精度是可靠的；二是由于对控制点的精度要求低，绝大多数的控制点不会被当作粗差挑出，从而避免了控制点分布的畸形。当像点网稳定后，可以分别取平面精度要求和高程精度要求的一半输入这两个编辑框，然后反复调用 PATB 进行平差计算，直至所有控制点的平面精度和高程精度都在要求的精度范围内，此时解算通过。

解算完毕后有很多像点不是同名点，需要进行编辑，先编辑像点，然后编辑控制点。调整点位的一般方法是立体观测下调整点位，也可以根据程序提供数值调整点位即根据程序提供粗差值，右键点击 non base windows 查看比例，比如：1∶5，那么使用键盘移动一下就是像素大小的 1/5，本测区的像素大小是6.8 μm，就是移动一下大概 1.2 μm。然后查看影像下面的残差值，比如 $R_X=10$ ，$R_Y=-2$，调整的时

候程序认为就是向 X 的反方向移动 10 μm,向 Y 正方向移动 2 μm,即点击键盘向左 10 次,向上 2 次,调整好后上立体确认一下,此方法仅供参考。

调整完所有点后再度赋予像点的观测值,同时加大控制点的权值,当给一个合适值后查看相对定向的上下视差是否超限,由于 PATB 报告中无法查看每个立体模型的上下视差,PixelGrid AAT 提供了一个模型相对定向的检查模块。生成定向报告后打开查看,对于相对定向超限的模型,应进入主程序的人工相对定向界面中进行检查,删除粗差大的点,重新进行相对定向。最后再进行平差解算,直至通过。

当模型上下视差符合要求后反复计算直到像点的观测值稳定为止。当像点的观测值稳定后将挑粗差状态关掉,输出验后方差,生成加密点坐标,此时测区的空三加密过程结束。

4　结　语

传统作业的空三是一项非常乏味且耗时的工作:选择、转刺加密点,量测加密点和控制点的像片坐标,进行区域网平差,检测并剔除粗差等。而利用 PixelGrid AAT 全数字摄影测量系统的 AAT 自动空三模块开展作业省略了传统作业中大量的人工作业,大大提高了工作效率。

参 考 文 献

[1] 张剑清. 数字摄影测量学[M]. 武汉:武汉科技大学出版社,1996.
[2] 北京四维空间数码科技有限公司. PixelGrid AAT 航空空三数据处理用户手册. 2014.

基于三维激光扫描技术的土方测量研究

黎 胜

（广西壮族自治区地理信息测绘院，广西南宁 545006）

【摘 要】越来越多先进的测绘工艺技术被投入到测绘生产之中，其中就有受广泛关注的三维激光扫描技术。本文通过讨论利用三维激光扫描技术进行土方计算，与传统 GPS、RTK 方法相比有一定优势和特点。使用三维激光扫描仪采集的点云密度大，数据丰富，精度高，更吻合实际地形，能极大地提高工作效率，有利于后期的数据深加工。

【关键词】三维激光扫描仪；点云数据处理；GPS RTK；土方测量

1 引 言

日益完善和更加先进的测绘技术层出不穷，传统的大地测量和三角法已经不能够满足行业的发展需求。随着高新技术的飞速发展，三维激光扫描技术的出现，使得获取数据的方法、服务能力与水平开始迈入新的阶段。从过去一维单点数据采集方式转变成如今三维多点云状采集，能够极大程度减少几何和影像信息的丢失，提高人们对三维客观世界的认知。放眼未来，可以肯定的是未来测绘技术必然朝着高精度、高速度、高分辨率的方向发展。本文以柳州市某开发区土方计算为例，讨论利用三维激光扫描技术进行土方计算以及与 GPS RTK 测量土方方法相比较的一些特点和优势。

2 三维激光扫描技术

普通的一台三维激光扫描仪是由扫描系统、传感系统、图形处理系统和惯导系统等组成。它最大的特点是采用激光测距技术获取原始扫描数据，能够在一次测量过程中采集到成千上万个点云坐标，进而实现高精度的逆向数据获取及模型重构。根据激光测距的原理可以将扫描仪分为脉冲和相位两大类，还有其他诸如三角测距法等少数在研究实验中使用到。

可以根据不同的使用情况，把各种类型的扫描仪进行归类。按照承载平台划分，有机载、车载和地面式扫描仪；也可以按照扫描距离分为远、中、近和超短距离扫描仪；以扫描精度来区分，有低、中、高三档，更有甚者能达到微米级的超高精度扫描仪。

3 三维激光扫描技术在土方测量上的应用

使用三维激光扫描仪开展项目，主要分为两个步骤：一是外业的信息采集，二是内业的数据处理。前者需要根据不同的作业环境和对象，进行详细的方案设计，实地踏勘，收集相关资料，选取合适的设备和人员，安排清晰的作业路线。需要注意的是外业采集的数据质量直接决定了后期加工处理的繁琐度和准确度。内业则包括常见的数据预处理、三维建模、图件制作等。每道工序里面还包括其他众多的子操作，例如坐标转换、点云拼接、降噪除杂、数据优化等，这些操作步骤费时又费力。项目相关工作人员还要求掌握若干专业三维软件，如 Geomagic、Polyworks、Imageware、Cyclone 等，具备一定程度的软件开发能力。

3.1 基于柳州某开发区实施的数据采集作业流程和方法

本次实验使用的是 TOPCON GLS－1500 脉冲式激光扫描仪，以柳州市某开发区进行作业。通过三维激光扫描仪采集的点云数据进行土方计算，并与 RTK 方法采集的数据进行计算比较。整个方案的具体流程如图 1 所示。

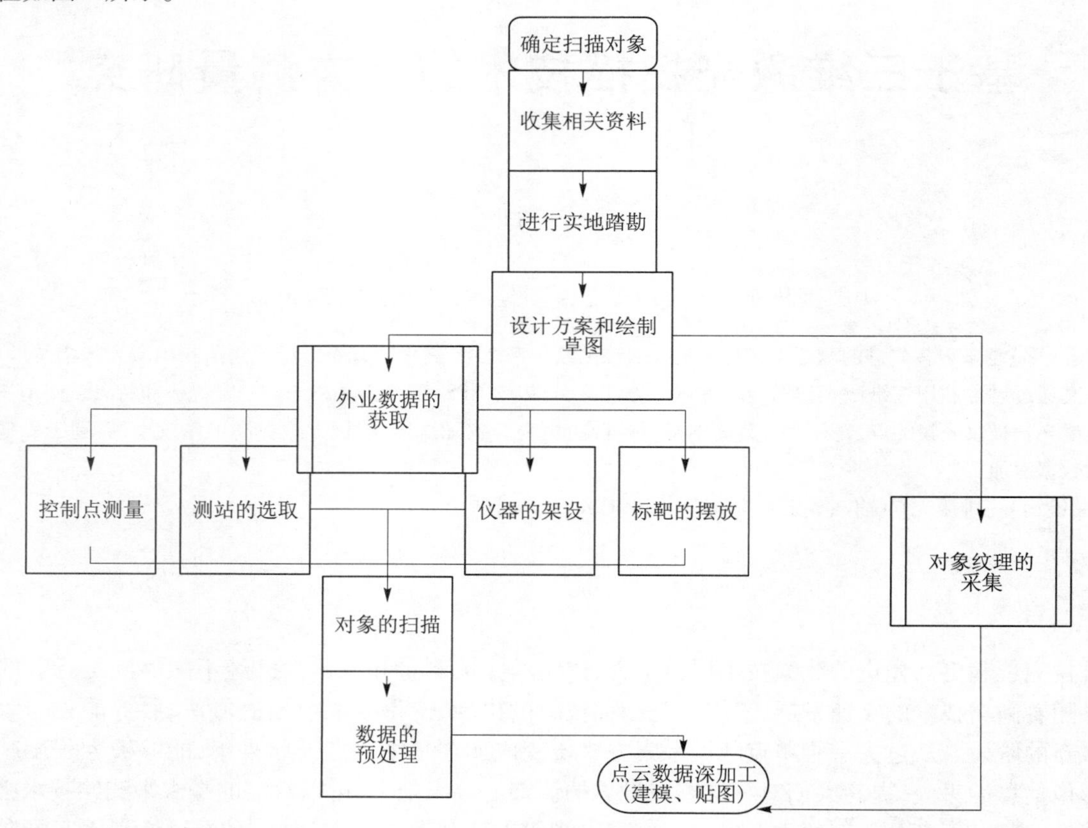

图 1　外业数据采集流程图

控制点布设：根据测区地形的通视情况，布设 3 个控制点，后期还可以进行坐标转换，能够满足作业的各项需求，如图 2 所示。

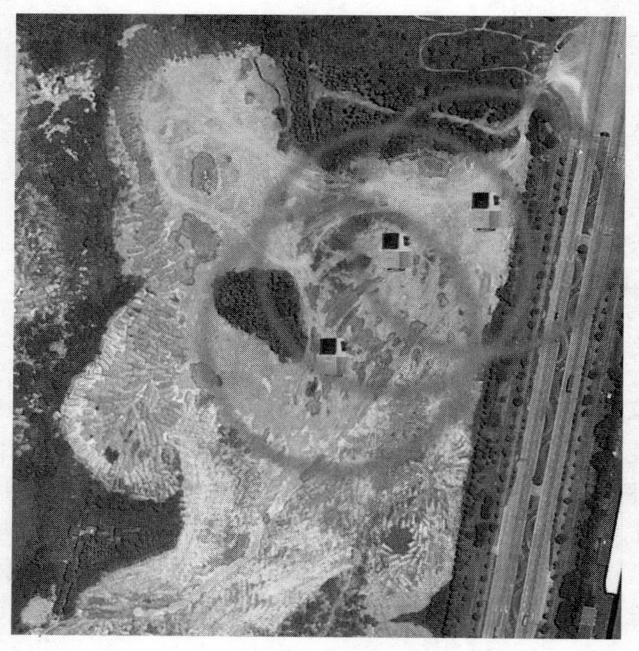

图 2　控制点分布图

仪器的架设：必须严格依据规范，确保项目开展顺利。

标靶的摆放：标靶在进行独立坐标系扫描作业中起到至关重要的作用，担当着点云拼接中连接点和坐标转换中控制点的角色。因为一个测站的扫描范围受到扫描距离和视角的限制,通常情况下很难将对象完全记录下来,这时就需要将多个测站的扫描数据通过标靶拼接构成一个完整的模型。本次作业我们使用到了仪器配套的 3 个标靶,将其均匀分布在四周,以利于后期点云数据的合并。

对象的扫描:由于是大范围地形扫描,为保证数据的精确、完整和无误,同时也要考虑各测站在扫描时角度、方向和距离影响,我们将仪器进行如下设置,扫描距离设为 50 m;扫描间隔设为 100 mm。合理的设置不仅可以提高数据的精细程度,也能够极大的提高项目的工作效率。

数据的处理:扫描完毕后,将外业采集的数据导入配套软件 ScanMaster 中,进行必要的预处理操作。

3.2 内业数据处理

将外业数据导入内业软件后,使用相关功能加以处理,具体流程如图 3 所示,最后构网进行土方计算。

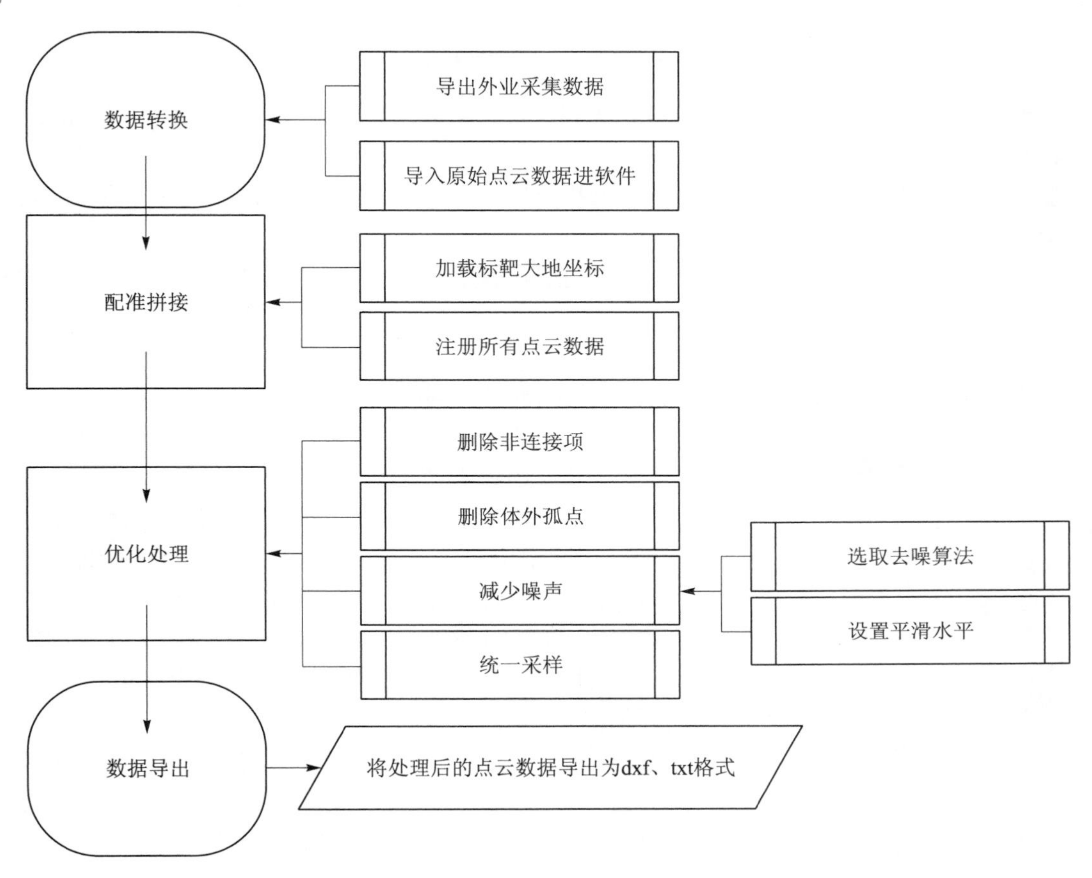

图 3 内业数据处理流程图

数据的格式转换:经过扫描测量得到的数据只是一些简单的 clr 和标靶坐标文件,还需要经过转换处理。首先建立一个新的项目文件,再将整个扫描工程的内容通过 prj 导入进去,需要加载的有 3 次测站的点云数据,以及每站测量所得的标靶坐标。因为 GLS – 1500 同时还具备拍照功能,为了有利于对所处位置的地形作出准确判断,还可以将拍摄照片一同导入项目中辅助内业成图。

点云的配准和拼接:利用标靶的配准功能,将这 3 次测站的标靶坐标依次“生成联结点”,再用这些联结点所对应的坐标位置各自配对进行“联结点约束”操作,最后根据这些配对好后的联结点进行“注册”,将 3 个测站的数据全部拼接成一个整体。这样能够将原始自定义的独立坐标向实际大地坐标进行转换,实现了配准功能,既保证了坐标位置的客观正确性,也保证了点云数据的完整无错漏(见图 4)。

点云的初步优化:由于扫描仪进行扫描作业时,是对整块区域进行扫描的,并非传统单点测量。会把仪器有效范围内的杂草、树木、石块等无关的数据采集回来,所以需要删掉这些无意义的点云数据。首先可以通过删除非连接项,将那些偏离了主体点云的数据给删除掉,程度设置一般即可,太高则有可

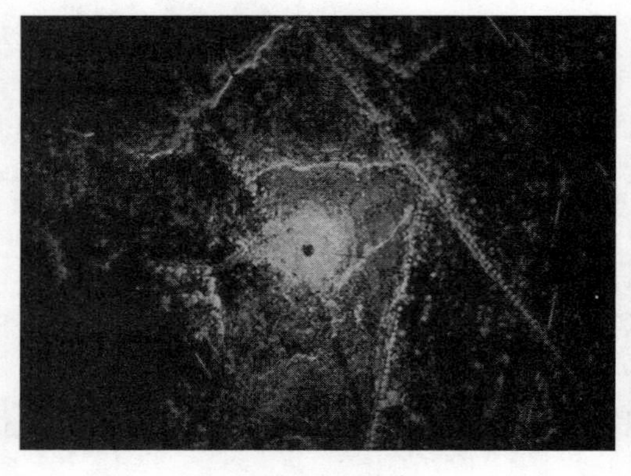

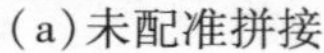

(a)未配准拼接

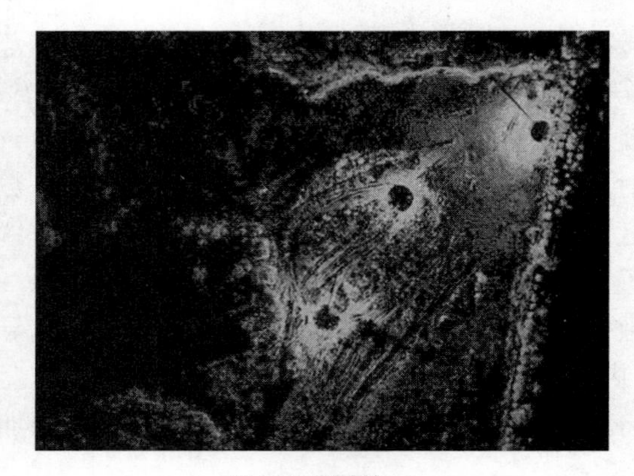

(b)配准拼接后

图 4　点云坐标的配准和拼接

能会把主要数据给误删；接着把不可避免被扫描到的背景物体点云这些离主体数据距离远的体外孤点给删除掉；由于仪器震动或者目标对象本身表面不均匀所产生的噪声，同样需要处理掉，有利于整体数据的平滑，降低模型的偏差。最后还要对点云数据进行统一采样，能够有效减少点云数据量，提高数据的运算程度。

点云数据的输出：处理过后的点云数据，可以根据后期加工的需要，导成相应的格式，此处我们导为 dxf 和 txt 的通用格式。

3.3　采集数据的土方计算

将处理过的三维激光扫描仪和 RTK 高程点数据都导入到南方 CASS 中。使用 CASS 是因为这是测绘行业中最熟悉和常用的软件，而且其自带的“DTM 法土方计算”功能有三种方式可以快速有效的计算土方，能够处理大多数格式的数据。先把点云数据导入 CASS，利用“_pline”的画多段线功能将所要计算土方量的范围给画出来，完成时用“c”键将此复合线闭合起来，记得不要进行拟合操作。因为拟合过的曲线在进行土方计算时会用折线迭代，影响计算结果的精度。最后“根据图上高程点”功能来进行“DTM 法土方计算”，按照提示选择刚才所圈画出来的区域边界线进行计算，详细参数见图 5。

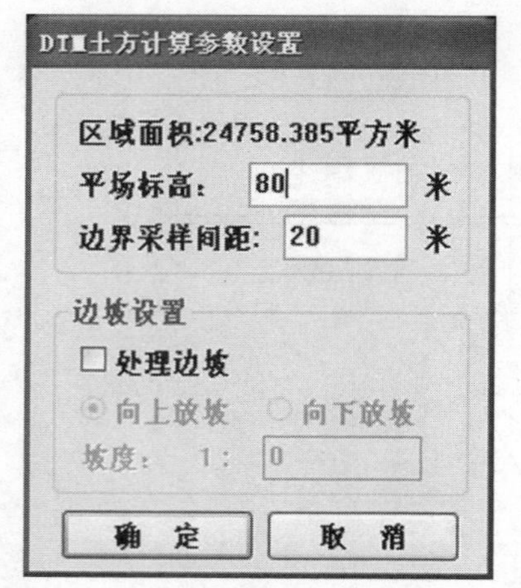

图 5　DTM 土方计算的详细参数设置

其中区域面积，表示为该复合线围成的多边形的水平投影面积；平场标高，指的是整个土方设计所期望达到的目标高程，我们填入的是 80 m；边界采样间隔，表示边界插值间隔的设定，即以某个数据的方格网来计算，数值越小，方格也就越小，相应的计算精度也会越高。但实际所给的值太小的话，超出我们在实地采集数据的点密度，也是没有任何意义的，所以我们保留默认的 20 m 即可。

4　试验结果的分析比较

分别计算扫描仪和 RTK 的土方，利用 CASS 处理得到基于高程点的三角网模型，结果如图 6 所示。这两份数据的详细数值可以通过表 1 来比较。

表 1　三维激光扫描仪和 RTK 土方数据

名称	平场面积 (m^2)	最小高程 (m)	最大高程 (m)	平场标高 (m)	挖方量 (m^3)	高程点数目 (点)	测站数 (站)
扫描仪数据	24 758.4	85.308	88.581	80.000	162 212.5	11 563	3
RTK 数据	24 758.4	85.604	87.913	80.000	157 302.4	77	77

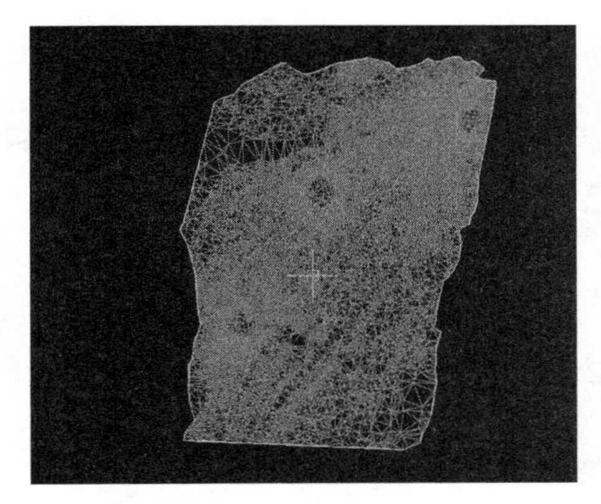

(a)扫描仪数据计算的三角网

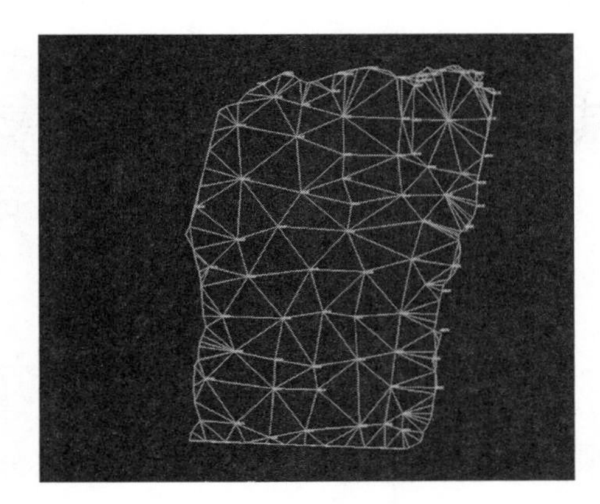

(b)RTK 数据计算的三角网

图 6　扫描仪和 RTK 的三角网模型

由表中我们可以看出，利用三维激光扫描仪进行土方测量，与传统 RTK 法得到的体积相差 4 910.1 m^3，仅占 RTK 法的 3.12%，两者差别很小；最小高程相差 0.296 m，最大高程相差 0.668 m。从三角网图可以看出，使用扫描仪采集的高程点密度大，数据丰富，表达的地形与实际更加吻合，三角构网更合理，成果精度更高。

5　结　语

通过本次实验，我们了解到三维激光扫描仪技术较传统 RTK 法在土方测量方面是有一定优势的。在精度和效率上会相对提高不少，而且所采集回来的点云数据后期还可以进行更多的深加工，如地形图、等值线、三维建模等。使用三维激光扫描技术必然会成为未来测绘行业的一个发展趋势，这也是我们需要加强学习和研究的方向。

基于无控制点的A3影像在地理国情普查中的应用实践

吕华权　付　堃　郭小玉

（广西壮族自治区遥感信息测绘院，广西南宁 530023）

【摘　要】本文概述了A3数字航摄仪的特点，结合A3影像的优点，着重论述了如何利用最新的A3影像在地理国情普查中的应用，并根据实践经验总结出了较多实践方法。

【关键字】控制点；A3；影像；地理国情；普查

1　引　言

地理国情普查是一项重大的国情国力调查，是全面获取地理国情信息的重要手段，是掌握地表自然、生态以及人类活动基本情况的基础性工作。开展全国地理国情普查，系统掌握权威、客观、准确的地理国情信息，是制定和实施国家发展战略与规划、优化国土空间开发格局和各类资源配置的重要依据，是推进生态环境保护、建设资源节约型和环境友好型社会的重要支撑，是做好防灾减灾工作和应急保障服务的重要保障，也是相关行业开展调查统计工作的重要数据基础。

航空航天影像遥感数据是地理国情普查的基础数据源，如何迅速、高效、高精度的获取影像数据是地理国情普查工作中的重点。本次地理国情普查中使用了以色列新一代航空测绘和测图系统 VisionMap A3，此系统的数据采集能力和处理效率是同类系统的2～3倍，显著提高了工作效率，降低了运营和处理成本。

本文介绍了A3数码航空摄影测量系统的原理和技术，结合地理国情普查工作的实践，分析了A3系统的特点，并对A3产品的精度进行了检验。

2　A3数码航空摄影测量系统概况

VisionMap A3 数字航空测图系统产自世界著名的以色列数字测绘公司，是目前最新的步进分幅成像数码航摄仪，它使用双量测数码相机刚性固定组合，垂直于飞行方向摆动扫视拍摄。单个量测数码相机焦距300 mm。目前最新型号A3相机中单相机获取的影像幅面4 006×2 666像素，像素大小0.012 mm，摆动最大扫摄视场角109°。A3系统工作流程见图1。

2.1　A3系统构成

A3数字航空测图系统是一整套不可分割航空数码系统，主要包括空中和地面两大部分。空中设备主要有航摄仪、控制存储设备和飞行导航管理系统。

地面数据后处理系统由后处理软件和硬件组成，主要功能包括飞行设计、数据下载、数据准备和数据处理。其可自动完成空中三角测量并生成DSM、DOM、倾斜影像、拼合后常规大幅面立体模型等产品。

2.2　A3数字航空系统的特点

（1）影像覆盖度最大，影像获取高效。

A3最大可获取80 500×10 200像素超大幅面影像图，覆盖度是同类系统的2～4倍。A3数码航测仪是当今航测仪上最大幅面摄影仪。A3采用300 mm的镜头，拥有超高的数据获取能力和影像分辨率。

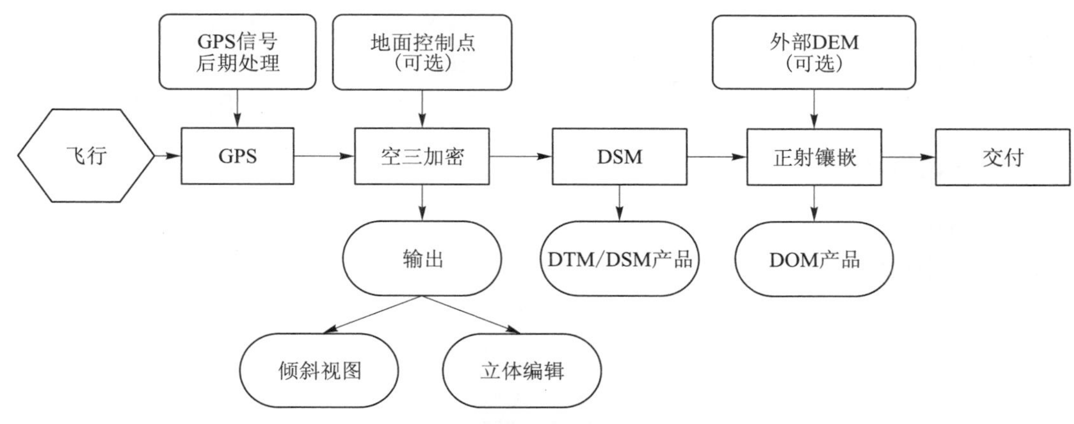

图1 A3系统工作流程图

（2）一次飞行可获取多种产品 。

一次飞行可获取多种高分辨率垂直和斜拍测图产品。经自动化数据处理系统处理可得到一系列产品:高精度斜拍影像、超大幅立体像对（SLF）、数字地形模型（DSM）、正射影像。

（3）无需控制点和IMU设备就可获取高精度结果。

（4）全自动的空中三角测量、DTM、大面积正射影像成图及镶嵌。

（5）数据处理能力非常强大,可在2～5天时间内处理5 000 km^2 的影像数据。

2.3 无控制点获取高精度结果的原理和方法

A3数字航空系统携带有双频GPS,可实时记录每张子影像的位置信息。理论上,通过地面基站或事后精密单点定位技术（PPP）解算获取每张子影像的精确位置精度可达2～20 cm。

A3拍摄同一周期内获取的相邻子影像重叠度大于15%,航向方向上重叠度大于56%,相邻航带旁向重叠度在60%以上,所以同一地物可出现大量的影像上,这些地物各自对应一组独立的子影像位置信息。通过大量重叠子影像,充分利用多目视觉、多基线匹配技术,对同一地物可获取大量匹配数据（见图2）,可同时获取大量的冗余结果,这些结果通过平差解算足以以一个较高的精度趋近真实值。在航向方向上相邻影像由于基线非常短,投影差很小,有助于提高匹配数量、匹配精度、定向精度进而提高平面精度。而相邻航带之间视场角很大,可充分利用基高比大的优点获得很好的高程精度和人工量测精度。正射影像和倾斜影像均参与匹配和平差,同一地物不同角度的数据均参与计算,可以有效验证精度的可靠性。

综上,通过光束法区域网平差和其自创的验证算法,A3数字航空系统理论上可以在无控制点的情况下获取较高的精度。

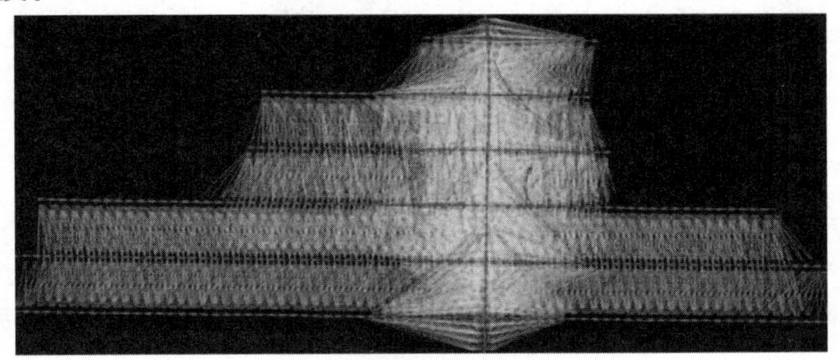

图2 大量匹配数据示意图

3 试验区概况

试验区地貌有平原、丘陵、山地,复杂具有代表性,涵盖市区、郊区、山区等多种地形,属于较为理想的试验区。本次摄区航摄数据采用A3航摄仪进行航摄,摄区面积共10万多 km^2,第一批航摄数据完成

1 万 km^2,航摄高度为 7 800 m,地面分辨率为 23.5 cm。测区采用采用 PPP(GPS 精密单点定位)和无地面控制点方式完成航摄区域的空中三角测量,进行 SLF 立体像对拼接处理,基于影像匹配生产 DSM 数据,采用 30 m SRTM 数据完成 DOM 制作,平面坐标系统为 WGS84,高程系统为椭球高。

4 试验区数据精度检测

4.1 检测技术流程

检测技术流程图如图 3 所示。

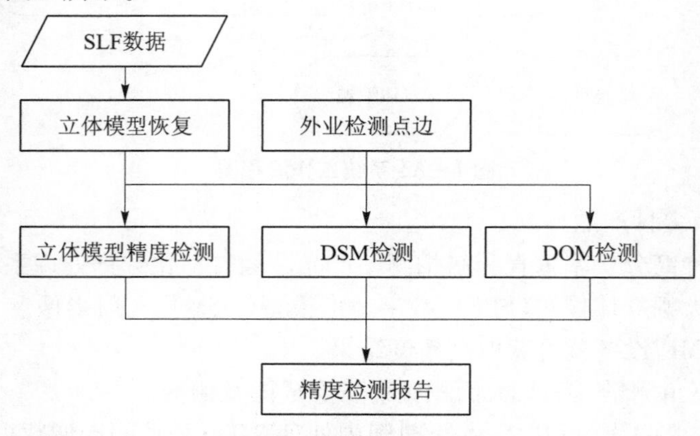

图 3 检测技术流程

4.2 外业检测点测量

试验区主要以丘陵地为主,利用高等级控制点,以其为基准站,采用拓扑康双频 GPS 接收机,利用 RTK 技术或 GPS 静态观测技术进行检测点数据采集,点位分布如图 4 所示。

图 4 检测点点位分布示意图

4.3 SLF 立体模型精度检测

通过在检测图幅 80 处明显检测点(边),通过外业测量得到其平面和高程数据,与初始坐标系统下的立体模型进行平面和高程误差对比、统计,形成精度检测报告,精度检测结果统计见表 1。

从成果精度检测情况来看,A3 立体模型精度的平均中误差能满足国家规范对 1∶5 000 丘陵要求,在平面精度上可以达到 1∶5 000 平地要求,而高程精度控制较差。

4.4 DOM 精度检测

DOM 检测图幅,通过外业测量的每幅各 20 个以上检测点得到的平面值,与 DOM 平面值差值进行对比、统计,精度检测结果统计见表 2。

从成果精度检测情况来看,A3 DOM 精度的平均中误差能满足国家规范对 1∶10 000 平地、丘陵地要求，接近国家规范对 1∶5 000 平地、丘陵地要求。由于目前 DOM 数据为基于 30 m SRTM 正射纠正，如果使用 DSM 处理后的 DEM 数据进行 DOM 制作，理论上可以达到满足更高一级精度要求。

表 1　实验测区立体模型精度检测报告

（单位：m）

图幅号	平面误差	高程误差
限差要求（1∶5 000 平地）	1.75	0.3
限差要求（1∶5 000 丘陵）	1.75	1.0
图幅一（丘陵地）	0.830	0.749
图幅二（平地）	0.793	0.912
图幅三（山地）	1.207	0.904
总平均中误差	0.943	0.855

表 2　实验测区 DOM 精度检测报告

（单位：m）

图幅号	平面误差
限差要求（1∶5 000 平地、丘陵）	2.5
限差要求（1∶10 000 平地、丘陵）	5
图幅一（丘陵地）	2.384
图幅二（平地）	3.049
图幅三（山地）	3.152
总平均中误差	2.862

5　A3 数据在国情普查中的应用实践

在实验地区国情普查中主要使用了 A3 数字正射影像，以 A3 数字正射影像为基础，利用已有基础地理信息和其他专业专题资料，采用自动分类提取与人工解译相结合的方式，开展地表覆盖类型内业解译与判绘，同时，采集水域、道路、构筑物以及地理单元等重要地理国情要素实体，提取要素属性，形成相应的数据集，供外业调绘核查使用。

试验区采用 0.4 m 分辨率 DOM 成果，A3 DOM 产品影像清晰、色调均匀、反差适中、层次分明，色彩自然，无因太亮或太暗失去细节的区域，明显地物点能够准确识别和定位，符合国情普查要求（见图 5）。

图 5　A3 数据解译示例

6　A3 数据存在的问题

在本次试验过程中，发现 A3 原始数据及成果存在一些问题，不同程度的影响测图及成果使用。现将这些问题分类整理如下，

（1）原始影像局部存在异常，且问题集中出现在云层较多的影像：如图 6 所示，一幅影像存在断裂，如图 7 所示，原始影像拼接错位。

（2）DOM 影像整体效果如图 8 所示，横向中有条带部分影像信息丢失，局部有水体信息丢失、反光严重。DOM 局部效果如图 9 所示。

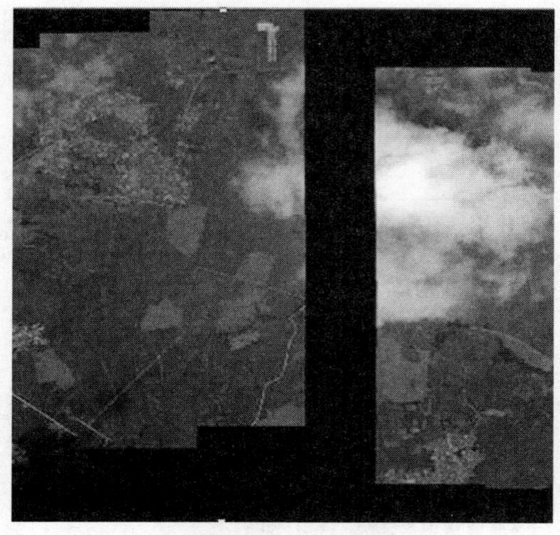

图 6　原始影像断裂

图 7　原始影像拼接错位

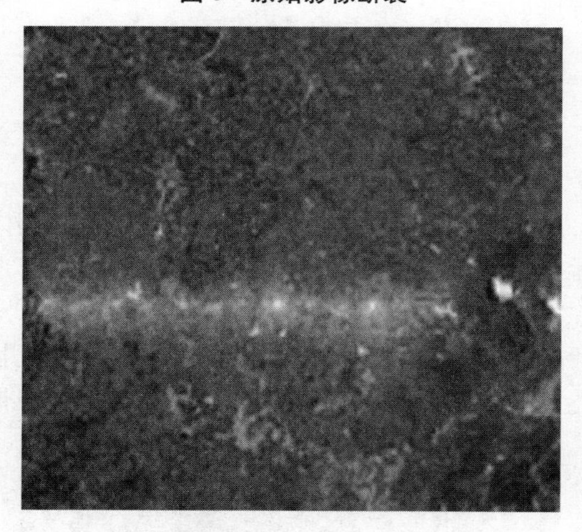

图 8　DOM 整体效果

图 9　DOM 局部效果图(条带影像处)

7　结　语

通过本次试验,证明 A3 航摄仪通过 PPP 和无地面控制点方式完成的空中三角测量,其精度基本能满足国家规范对 1∶5 000 丘陵要求。基于 30 m SRTM 正射纠正生成的 DOM 基本能满足国家规范对 1∶10 000平地、丘陵地要求,符合地理国情普查的要求。

VisionMap A3 以其卓越数据采集能力和处理效率,成为全球最具市场占有潜力的数字测图系统。该系统的应用,将开辟国内航空摄影技术的新时代,为地理国情监测和数字城市建设提供新的先进技术保障,促进国家测绘与地理空间信息产业的快速发展。由于 A3 航摄仪作为目前最新型的数码航摄仪,其加密主要靠自身携带的 LightSpeed 空三系统进行处理,国内外主流的空三加密软件尚未支持。本次试验使用的航天远景公司的数字摄影测量系统的 MapMatrix,也仅能实现对 A3 SLF 数据处理的部分支持。未来随着试验研究深入及 A3 航摄仪支持商业软件的业务拓展,需要对 A3 航摄仪数据的空三加密技术流程和方法进行进一步的试验和研究。

参 考 文 献

[1] 张小红,刘经南,Rene Forsberg. 基于精密单点定位技术的航空测量应用实践[J]. 武汉大学学报:信息科学版,2006(1).

[2] 周黎,杨世洪,高晓东. 一种简易结构步进分幅式航空相机摆扫控制系统[J]. 光电工程,2010(12).

[3] 严明,李燕燕. A3 数码航空摄影测量系统概述[J]. 测绘工程,2013(6).

基于云 GIS 的基础地理信息共享应用构想

张　彭　余　波

（南宁市勘察测绘地理信息院，广西南宁 530022）

【摘　要】随着社会经济的快速发展，基础地理信息在社会管理与服务中的作用日益增强，基础地理信息共享成为了社会发展的必然趋势。本文在介绍基础地理信息共享的应用现状和架构设计的基础上，提出了基于云 GIS 的交通查询系统建设构想，拓宽了地理信息的应用面，将进一步加快地理信息产业的发展。

【关键词】云 GIS；基础地理信息；智能交通

1　引　言

基础地理信息是指通过测绘形成的基础性数据、信息、图件以及相关的技术资料。云计算是一种新兴的商业计算模型，将计算任务分布在大量计算机构成的资源池上，使各种应用系统能够根据需要获取计算力、存储空间和各种软件服务[1]。将云技术应用于基础地理信息的管理中，必将有力地提升城市公共管理和公共服务的能力，有效促进社会经济的平稳快速运行。

2　云计算技术与云 GIS 技术概述

2.1　云计算技术

云计算是由规模经济驱动的大规模分布式计算范例，通过因特网向外部用户分发按需的、抽象的、虚拟化的、动态扩展的、被管理的计算能力、存储、平台和服务[2]。这就像是从传统的单台发电机模式转向了由发电厂统一集中供电的模式，它意味着计算、存储能力和信息服务可以像煤气、水、电一样作为一种商品流通，取用方便，费用低廉，不同之处在于这种服务是通过互联网进行传输的。云计算平台与传统应用模式相比，具有虚拟化、动态可扩展性、按需服务、即用即付等特点，最终实现计算资源、存储资源、应用服务等资源的大范围、大规模共享。

2.2　云 GIS 技术

云 GIS 是云计算和 GIS 的结合，是在云计算范例中加入了地理空间要素，提供动态可伸缩的空间数据存取与交换、空间分析、地理应用等 Web 服务，能实现分布式跨平台的空间数据集成。

云 GIS 技术最大的特点就是将 GIS 平台的各项功能都被包装成可调用、可访问的开放性服务，将平台架构变为松耦合、可移动、可伸缩和自适应的。云 GIS 平台可以动态的、弹性的申请或移除硬件基础设施，也可按需增加或减少 GIS 服务器进程数，快速满足尖峰访问需求，给没有实力专门搭建专业 GIS 应用平台的中小企业带来新的机遇，极大地扩张了 GIS 的市场规模，将会促进 GIS 产业更快的发展。

3　基础地理信息共享服务应用现状

目前，天地图的建设吹响了中国测绘地理信息公共服务平台建设的号角，各城市都在建设本地的地理信息公共服务平台以满足社会各界对地理信息的需求，上海市、重庆市、长沙市等地区的地理信息公共服务平台已陆续上线运行。

下面以“天地图 · 长沙”为例简要介绍地理信息公共服务平台的基本情况。“天地图 · 长沙”地理信息公共服务平台是以长沙市基础地理空间信息资源为基础，以长沙市公共地理空间框架数据为核心，利用现代信息服务技术，建立一个面向政府和用户的、开放式的信息服务平台(见图1)，对各种分布式的、异构的地理信息资源进行一体化组织与管理，在多重网络环境下实现各种信息资源的整合与共享，实现各类信息(空间或非空间)网络化服务。平台系统以面向服务的思想为基础，具有开放性、可扩展性、分布性、共享性、灵活性的特点。

“天地图・长沙”是一项网络地图服务，覆盖了以长沙为中心的整个湖南省城市和区县。通过使用“天地图”，可以查询详细地址、寻找周边信息、商户信息等，也可以找到最近的所有餐馆、学校、银行、公园等。同时，还为用户提供了完备的地图功能(如视野内检索、全屏、测距等)，让用户便捷使用地图。

图1　“天地图・长沙”地理信息公共服务平台

4　基础地理信息共享服务平台设计

近年来，我国GIS建设进入了高速发展时期，政府行政部门和各企业都在建设自己的GIS系统，这些系统的基础地理空间数据和基本功能不尽相同，这样就造成了硬件基础设施重复采购、利用率低，GIS软件和空间数据采集和处理成本过高的问题。基础地理信息数据共享服务平台设计的目的就是利用云GIS技术实现海量的基础地理信息数据共享，既方便用户对资源池中的数据信息灵活取用，又可以保证服务的可靠性和安全性，还大大降低了用户的生产管理维护成本。

4.1　架构设计

基础地理信息数据共享服务平台的逻辑架构如图2所示，分为基础设施层、数据层、中间层和服务层四层。

4.1.1　基础设施层

基础设施层由服务器、网络、存储等资源共同组成，可分为物理层和虚拟层两层。物理层是由均质化的服务器、网络、存储等硬件资源组成的。虚拟化层通过虚拟化技术将多台物理服务器、分布的存储资源、物理网络节点等资源动态整合为一个共享资源池，实现虚拟计算机服务、数据备份等功能[3]。

4.1.2　数据层

数据层是基础地理信息数据共享服务平台的关键部分，主要包括各种比例尺的基础地理信息空间数据库、遥感影像数据库、用户角色信息数据库、元数据库等。

4.1.3　管理中间层

管理中间层主要通过对基础设施层和数据层的动态管理，主要包括虚拟机管理、集成管理、资源的动态调度等,实现动态分配系统的虚拟化资源,保证资源有效利用,保障服务负载均衡 24 h 不间断,满足尖峰访问的要求。

4.1.4 服务层

服务层是基础地理信息数据共享服务平台架构的最上层,直接面向用户,提供数据共享服务和空间数据分析等服务。各个授权的用户都能在云中浏览和贡献地理空间数据,享受云地图等服务。空间数据分析服务提供基于基础地理数据的数据分析服务,用户可以通过该服务对云中存储的数据进行空间位置分析,空间统计分析等操作。

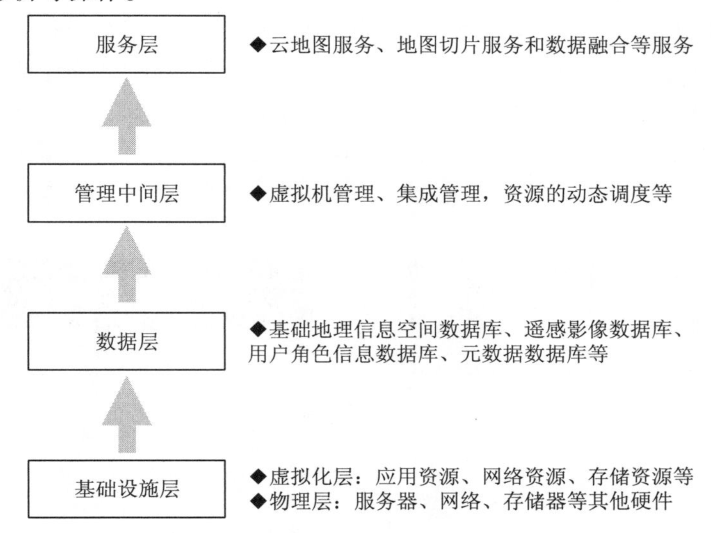

图 2 基础地理信息共享服务平台的逻辑架构

4.2 功能设计

基础地理信息数据共享平台的功能主要包括云地图服务、数据融合服务、地图切片服务、地图保密服务等。

4.2.1 云地图服务

基础地理信息数据生产单位将地理信息数据发布到云资源池中,储存在空间数据库中,可将其制作成专题地图并发布成服务。各部门用户联网后可以通过浏览器访问地图服务,也可将云中的地图服务嵌入到用户的应用系统中,省去自己采集和处理空间数据的工作,简化业务部门应用系统的建设。通过浏览并查看云中已发布的地图信息,并了解感兴趣的地图服务的详细信息。

4.2.2 数据融合服务

数据融合服务的对象主要是用户的数据和专题地图,保密与共享是其主要目的。用户通过在浏览器端叠加本地的保密数据,方便利用云资源池中的基础底图结合本地的保密数据进行空间分析,还可以将自己发布的地图服务于云中地图服务叠加显示,实现数据共享。

4.2.3 地图切片服务

基础地理信息资源的数据量非常巨大,即使在云计算环境中,也对网络带宽和服务器计算能力、存储能力带来了极大的挑战。地图切片服务的原理是将一幅地图设定为多个比例尺,针对每个比例尺,将地图分成若干小图片预先存储在服务器上,所有的地图切片文件均存储在云中,并通过 CDN(内容分发系统)分发到位于不同地理位置的节点。客户端访问地图服务时,可以直接从离自己较近的节点中获取需要的小图片,拼接成地图,极大程度地提高了响应速度。

4.2.4 地理信息动态访问控制服务

按照保密程度不同,基础地理信息数据可分为公众公开、部门间共享、用户专用三类。根据用户不同的访问权限,采用角色访问控制模型的密钥管理机制来控制用户对地理数据信息的访问,在保护地理信息资源安全性的前提下,最大限度地实现地理信息资源的共享。

5 基于云 GIS 的智能交通系统

随着各城市地理信息公共服务平台的建设,逐渐形成了以云计算数据中心为核心的多个应用系统的专有云,如市政云、交通云、社区云等,通过各类云为上层应用服务提供支持。本节在介绍智能公交查询系统和智能出租车查询系统的现状基础上提出未来它们的建设构想。

5.1 智能公交查询系统

5.1.1 智能公交查询系统的现状

目前市场上已经出现了智能公交查询系统,城市交通智能公交查询系统是一个集电子地图和视频监控于一体,并能够通过手机、电脑等电子设备查询城市公交信息的监管系统(见图 3)。公交车在移动无线网络传输技术和 GPS 卫星定位系统的双重“保护”下,实时与调度监控中心保持着联系,公交智能调度监控中心的大屏幕上就出现了一幅动态的公交车运营路线图,画面上不断闪动的小点就是正在营运的公交车辆。用户能够使用手机随时随地查看即将搭乘的公交车的位置,这样足不出户就能够了解到公交车的当前位置。

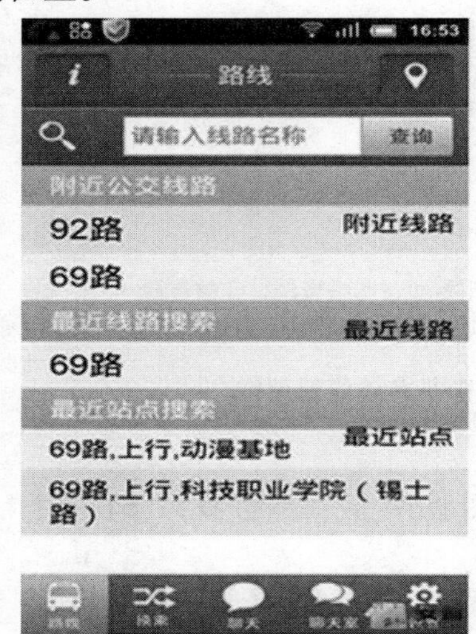

图 3 南宁市智能公交系统界面

5.1.2 智能公交查询系统的建设构想

随着物联网、云计算等新一轮信息技术迅速发展和深入应用,信息化发展向更高阶段的智慧化发展已成为必然趋势。“智慧城市”是目前最热门的话题,引起了社会各界的极大关注。“智慧城市”通过互联网把无处不在的被植入城市物体的智能传感器连接起来(物联网),实现对现实城市的全面感知,利用云计算等智能处理技术对海量感知信息进行处理和分析,实现网上城市数字空间与物联网的融合,并发出指令,对包括政务、民生、环境、公共安全等在内的各种需求做出智能化响应和智能化决策支持[4]。

“智慧城市”的应用涉及方方面面,十分广泛,其中一个应用就是智慧交通,它是以城市交通监管信息中心为核心,通过智能红绿灯系统、电子收费系统、车辆动态监控系统、流量阻塞监控与车辆疏导系统、智能驾驶系统等的综合集成,对城市的各种交通系统进行监控与调度,使道路、出行者与交通系统之间紧密、实时和稳定的相互信息传递与处理成为可能,从而为出行者和其他道路使用者提供实时、适当的交通信息,使其能对交通路、交通方式和交通时间做出充分、及时的判断。

本文提出的智能公交查询系统的建设构想就是智慧交通的一个具体体现。第一,未来的智能公交查询系统是在现有查询系统的基础上,利用智慧交通系统提供的公交车的动态运行数据、流量阻塞数据等信息,进行统计学分析,得到任何两站点之间所需运行时间的概略值,使出行者对交通时间做出充分、及时的判断。第二,未来的智能公交查询系统是以城市交通监管信息中心为核心,可以及时获取公交车改线、停运等信息,方便出行者因为道路施工等原因导致的公交车改线后,利用该系统可以看到公交车改线前后的地图线路数据,对前后线路进行对比分析,给出行者更加直观的感觉,使其能对交通交通路线做出充分、及时的判断。此外,未来的智能公交查询系统是支持乘客通过建立个人账户系统、充值,乘车时只需持个人身份证刷卡,无需购买公交卡。

5.2 智能出租车查询系统

5.2.1 智能出租车查询系统的现状

城市交通智能出租车查询系统是一种基于云服务平台的智能手机查询、预订出租车系统,包含用户智能手机上的客户端和安装于出租车上的信息处理车载终端(见图4)。用户可以在智能手机上安装智能出租车查询软件,并通过3G/2G移动网络登录到智能出租车查询系统,系统利用GPS卫星定位技术及时加载城市基础地理信息交通云数据,用户界面上会显示所在地区的交通地图,当用户在基于交通地图的平台上发布出发地和目的地等信息时,空闲出租车司机通过安装于出租车上的信息处理车载终端接收到附近用户的需求信息,并可以通过平台给予回复,一对一的沟通。

与智能公交查询系统需要公交智能调度监控中心及时发布公交运行情况相比,智能出租车查询系统可以实现用户和出租车司机的一对一互动,可实现用户快速定位周边地区的空闲出租车,由用户选择预订出租车,并把其地理位置、联系方式、等车信息传递给出租车司机,增加了出租车与打车人之间的互动,提高了出租车定位的精度运营效率,减少了打车用户等待时间,提高了打车效率,方便出行。

图4 智能出租车查询系统界面

例如,时下覆盖最广、用户最多、最受用户喜爱的嘀嘀打车 APP 应用软件(见图5),是一款免费打车软件,其原理非常简单,与电话叫车服务性质类似,与微信用法大同小异,即乘客启动嘀嘀打车软件客户端,点击“现在用车”,按住说话,发送一段语音说明现在所在具体的位置和要去的地方,松开叫车按钮,叫车信息会以该乘客为原点,在90 s内自动推送给直径3 km以内的出租车司机,司机可以在嘀嘀打车司机端一键抢应,并和乘客保持联系。在乘客到达目的地下车需要支付车费时,即可使用嘀嘀打车合作伙伴微信支付和QQ钱包进行线上支付,既可享受免找零烦恼,也避免了假币,丢钱包等现象发生,完成了从打车到支付的一个完美闭环服务,让用户的出行尽在自己掌握。嘀嘀打车 APP 应用软件改变了传统打车方式,建立培养出大移动互联网时代下引领的用户现代化出行方式。

5.2.2 智能出租车查询系统的建设构想

随着社会经济的快速发展,家用汽车的数量大幅提高,但是很多家庭使用汽车仅限于平时上下班时间和周末,所以家用汽车的闲置率还是很高的。

未来的智能出租车查询系统不仅仅局限于出租车,而是将闲置的家用汽车也纳入其中,使其得到有

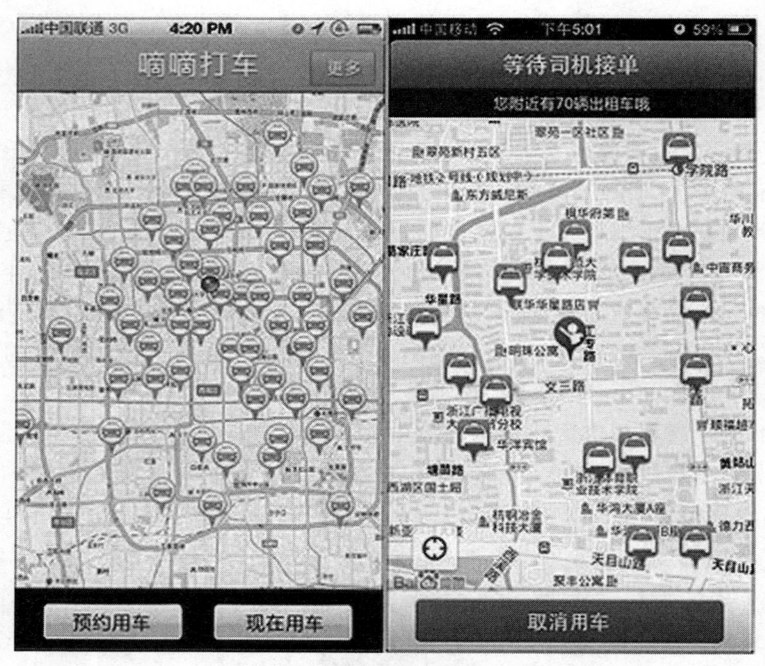

图 5　嘀嘀打车系统界面

效利用。家用汽车车主可以登录查询系统，输入闲置车辆信息，在查询系统所搭载的地图上就会显示闲置车辆所在的具体位置，出行者在查询系统上看到闲置车辆的具体信息后，可以预约自己需要的汽车，出行者和车主可以通过微信平台对交车时间、地点、租金等事项进行交流。与现有的汽车租赁公司相比，未来的智能出租车查询系统既省去了中介租赁公司的流程，又将闲置的家用汽车纳入其中，扩大了租赁对象的范围，方便快捷。

6　结　语

本文结合云 GIS 技术，对地理信息共享服务的应用现状和平台设计进行分析和探究，云 GIS 技术不仅降低了地理信息服务提供者的成本，还为用户节约 GIS 系统构建成本，极大地降低了开发难度，拓宽了地理信息的应用面，将进一步促进中国的地理信息产业的快速发展。基于云 GIS 的智能交通查询系统基于用户出行需求，实现了基础地理信息的有效共享，具有广阔的应用前景。本文对智能公交查询系统和智能出租车查询系统的现状进行分析，在此基础上提出未来智能交通查询系统的建设构想。

参 考 文 献

[1] 刘鹏. 云计算[M]. 北京：电子工业出版社，2010.

[2] I. Foster, Y. Zhao, I. Raicu, et al. Cloud Computing and Grid Computing 360 - degreecompared [C]. Grid Computing Environments Workshop Conference Proceedings, Austin, TX, United states, 2008.

[3] 贾晨微. 政务地理空间私有云技术研究[D]. 成都：电子科技大学，2012.

[4] 王家耀，刘嵘，成毅，等. 让城市更智慧[J]. 测绘科学技术学报，2011，28(2)：80-83.

喀斯特地区轻型飞机低空数字航拍生产大比例尺地形图实验

谭 波 方 辉

（桂林市测绘研究院，广西桂林 541002）

【摘 要】结合实际工程项目综述了GPS辅助低空数码航摄系统航拍生产大比例尺数字地形图的技术关键点及工艺流程，并对案例进行了精度分析。辅助低空航摄系统在获取大比例尺的影像数据、地形图的制作和修改以及快速获取局部或全景鸟瞰像片方面具有较好的应用与推广价值。

【关键词】低空数码；航摄；GPS辅助；地形图

1 引 言

随着轻型飞行器、无人飞行器等低空飞行平台搭载2 000万像素以上的小像幅数码相机的航空摄影研究和应用不断深入，低空航空摄影技术作为一种新的测绘手段以灵活机动、快速反应等优势越来越受到重视并广泛应用。

轻小型低空航空摄影遥感平台的发展历史较短，但由于具有机动灵活、经济便捷等优势，在近年来受到摄影测量与遥感等领域的广泛关注，并得到了飞速发展。轻小型低空航空遥感平台能够方便地实现低空数码影像获取，可以满足大比例尺测图、高精度的城市三维建模以及各种工程应用的需要。由于其作业成本较低，机动灵活、不受云层影响，而且受空中管制影响较小，有望成为现有常规的航天、航空遥感手段的有效补充。

当前可采用的轻小型低空遥感平台可具体分为无人驾驶固定翼型飞机、有人驾驶小型飞机、无人直升机和无人飞艇等。

为研究轻型飞行器低空数字航拍在喀斯特地区生产大比例尺数字地形图的实用性，桂林市测绘研究院于2013年8月中旬，利用轻型机和低空数码航摄系统设备获取影像源，并进行了大比例尺地形图生产试验。

2 项目概述

2013年8月20日13时，由具有丰富经验的资深的现役歼6飞行员驾驶轻型单人飞机在桂林市信息产业园起飞，对桂林市某区域约40 km^{2}范围进行了低空数码航摄。起飞场地在一条已竣工尚未正式通行的园区干道上，滑行不到200 m即升空作业，历时3 h30 min完成航飞任务。

2.1 运载平台

本航摄系统选用国产A2C轻型飞机（见图1）作为运载平台，采用双座、推进式单发动机、上单翼、单垂尾、双浮筒的总体布局，具有结构简单、性能优良、安全可靠、拆装方便、普适性强的特点，其主要技术参数见表1。

图1 A2C轻型飞机

表1　A2C 轻型飞机性能指标

参数	指标	参数	指标
最大平飞速度（km/h）	120	实用升限（m）	3 000
巡航速度（km/h）	80	最大航程（km）	260
爬升率（m/min）	109.6	正常巡航速度下的耗油率(kg/h)	11.3

2.2　航摄仪

选用 Leica 公司生产的 RCD30 数码相机作为航摄仪(见图2),其主要技术参数见表2。

图2　RCD30 航摄仪

表2　RCD30 航摄仪技术参数

参数	指标
CCD 像幅尺寸（pixels）	9 000×6 732
相机主距（mm）	53
CCD 像元大小(μm)	6
CCD 动态范围（dB）	70
CCD 模数转换分解率（bits）	14
最大曝光间隔（s）	>1
像移补偿装置	有

2.3　航摄仪姿态控制系统

2.3.1　相机稳定座架

飞机飞行过程中,由于受到气流、风向、风速变化等因素的影响,飞机姿态会随时发生变化,引起航摄仪姿态的变化。相机稳定座架(见图3)可以实时校正航摄仪的姿态:俯仰和侧滚校正量最大可达±22°,偏航校正量最大可达±22°。

2.3.2　姿态测量系统

航摄仪姿态测量系统(见图4)由垂直陀螺、惯性方位和双天线单频 GPS 接收机构成。垂直陀螺测定飞机的俯仰和侧滚,惯性方位提供角度变换量,双天线 GPS 提供飞机空中位置,对惯性方位进行初始化,进而获得飞机的偏航。

图3　相机稳定座架

图4　姿态测量系统

系统姿态纠正采用开环控制,可以实时、无误差累积地获取飞机姿态,依次对与飞机固联的相机稳定座架进行三轴姿态校准,具有仰俯、侧滚和偏航三轴校正平台,以保证曝光时刻相机处于理想的姿态,三轴的校正补偿极限可达到±22°。

2.4　机载 GPS 接收机

能够将航摄仪发出的曝光脉冲标记在 GPS 时标上，GPS 接收机在航摄过程中所获取的 GPS 载波相位观测值可用于动态 GPS 精密单点定位，为摄影测量加密提供摄站三维坐标(X_s,Y_s,Z_s)，以用于取代地面控制点。

3 低空数码航摄系统的工作原理

航摄飞行前，将航摄设计的每条航线信息以及每张像片曝光点位置导入主控计算机；航空摄影时，姿态测量系统的 GPS 接收机以 2 Hz 的频率对双 GPS 天线进行实时 GPS 定位，并由双 GPS 天线位置计算飞机的偏航。垂直陀螺以 100 Hz 的频率测定飞机的侧滚和俯仰。由此获得的飞机空中姿态实时置平航摄仪。同时，机载 GPS 接收机以 1 ~2 Hz 的数据更新率对 GPS 星座进行观测。当姿态测量系统测定的飞机位置到达设计的曝光点时，飞行控制系统将发出开启相机快门指令，控制航摄仪曝光，并将相机的曝光脉冲信号记录在机载 GPS 接收机时标上，以便精确确定每张像片曝光的 GPS 时刻，供离线 GPS 精密单点定位(PPP)时内插出每张像片的投影中心三维坐标。

4 技术路线及工艺流程

利用低空数码航摄系统航摄的数码像片进行像控点布设，采用 GPS RTK 进行像片控制点的联测。利用全数字摄影测量系统进行空中三角测量，室内地形、地物要素判绘采集，内业转外业补测、调绘，地形图高程注记点实地检测，最终进行内业编辑处理成图，工艺流程如图 5 所示。

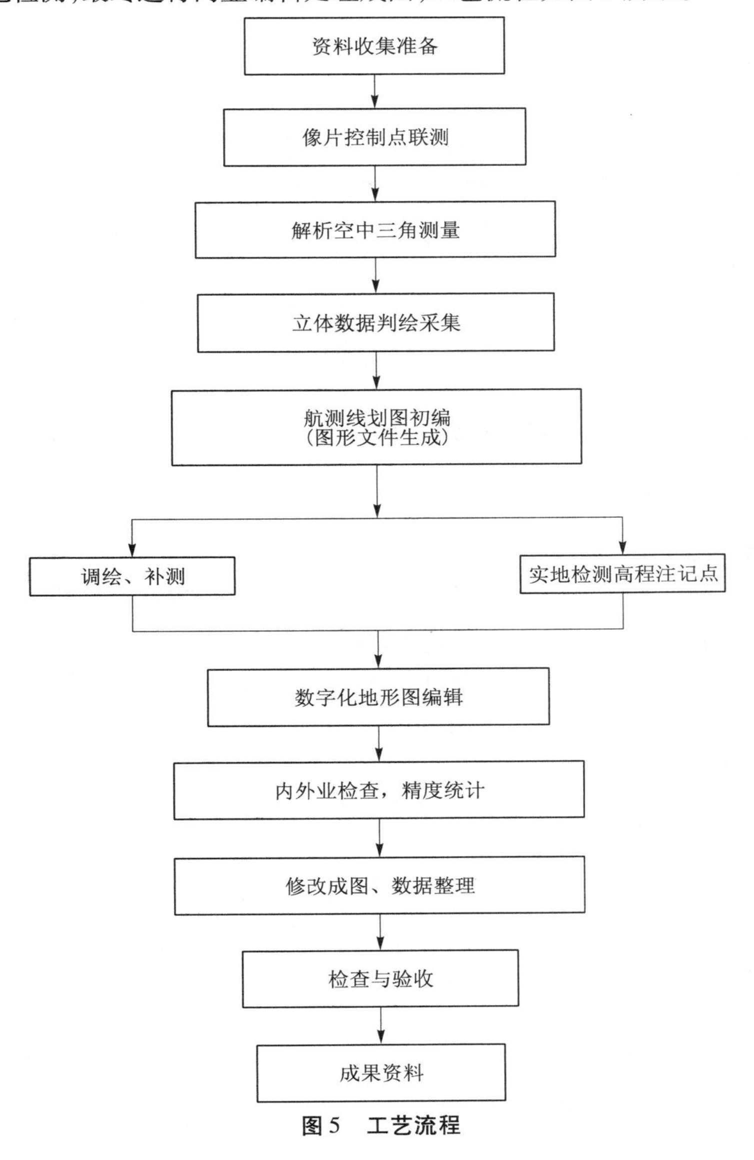

图 5 工艺流程

5　实验区数据成果质量检查

本次研究实验采用 GPS 辅助轻型机低空数码摄影系统进行航摄，实施 1∶500 比例尺地形图成图工作，飞行拍摄 40 km^2 的区域，航线为东西方向，在东、西面各布设了 2 条构架航线。

5.1　飞行质量的检查

飞行质量主要检测飞机飞行的稳定性、相机稳定座架的姿态平衡性、相机在空中作业连续性以及系统硬件协调工作的能力，是否能够按照设计的目标，获得满足有关低空航空摄影规范的技术要求。

5.2　航高控制检查

实验航高统计表见表 3。

表 3　实验航高统计表　（单位：m）

	航点	航高	最大值		平均值	
			高度差	差异率	航高差	差异率
构架航线	281 个	746	35.155	4.8%	2.55	0.3%
成图航线	1 443 个	513	24.153	4.7%	6.84	1.3%

该区域平均海拔为 160 m，飞行高度与设计航高最大差异小于 5%，满足航空摄影规范的要求。

5.3　航片重叠度

航向重叠度：65% ~75%；旁向重叠度：35% ~45%。

5.4　碎部点检测

首先对测区的西区进行试验，成图约 8 km^2，布设 4 个像控点，为检测像控精度布设了 12 个像控检查点，为检测成图精度布设了 106 个碎部检查点。像控点和检查点的平面和高程的获取均采用动态 GPS RTK 测量的方法获取，GPS 的起算数据为测区周边的三座高等级控制点。

5.4.1　检测点的选择

（1）类型：平面和高程均以铺装路面的道路边线、斑马线、花圃拐角、路灯、明显井盖、阀门、里程碑、高度不同的房屋顶、围墙、加固坎拐角、加固水沟拐角为主；高程以铺装路面为主，房屋拐点均以房顶影像为准，未进行扣减屋檐的房角检查。

（2）分布：选取测区均匀分布的点位，相对于像对中央少部分点位，约占总数的 15%，选取像对边缘部分点位，约占总数的 85%。

5.4.2　检测方法

全野外 GPS RTK 方法。

5.5　精度统计

平面共检测 106 个点，假定外业碎部测量值为最或然值的情况下，除 1 个点判别错误外，平面无粗差点，平面精度 m_0 = ±0.107 m，依据《城市测量规范》（CJJ/T 8—2011）6.1.6 条规定，地物点相对于邻近平面控制点的点位中误差图上≤0.5 mm，对于 1∶500 即点位中误差为 ±0.25 m。因此，平面精度符合城市测量规范的要求。平面误差分布见表 4。

表 4　平面误差分布表

精度范围	Δ ~2/3Δ	2/3Δ ~1/3Δ	1/3Δ ~0	说明
数字	0.25 ~0.167	0.167 ~0.083	0.083 ~0	最大值 0.243，最小值 0.012
个数	11	40	53	
比例	10.6%	38.4%	51.0%	

高程检测 105 个点，4 个粗差点，其中 1 个为建筑中房屋基础建设升高，剔除 4 个粗差后以 101 个高程点计算中误差，m_0 =0.091 m，依据《城市测量规范》6.1.7 条规定，城市建筑区和基本等高距为 0.5 m

的平坦地区,其高程注记点相对于邻近图根点的高程中误差不得超过 ±0.15 m。因此,高程精度符合城市测量规范的要求。高程误差分布见表5。

表5 高程误差分布表

精度范围	2Δ ~ Δ	Δ ~ 2/3Δ	2/3Δ ~ 1/3Δ	1/3Δ ~ 0
数字	0.30 ~ 0.15	0.15 ~ 0.10	0.10 ~ 0.05	0.05 ~ 0
个数	0	28	25	48
比例	0%	12.9%	25.8%	45.2%

6 项目实验结论

(1)GPS 辅助轻型机低空摄影系统可以弥补传统航空摄影测量的不足。该系统从技术、工艺与成果精度来说,已能满足航空摄影测量有关规范要求。

(2)效率高、周期短,摄影高度比较低,不需要机场,200 m 左右的硬地即可起飞,受云层、雾霾影响及空中管制影响较小,接到允许起飞指令后的响应速度快,基本可以满足实时起飞工作。

(3)成本低,可操作性强,地面控制点布设数目与传统航空摄影相比,可大为减少。

(4)在低空飞行方面,与现在大部分航摄无人机采用非量测相机不同,该系统搭载轻型飞机,采用量测相机,获取航测数据更准确,建筑物的细致结构也可以得到较好的体现,十分有利于三维建模和大比例尺地形图的测制。

(5)GPS 辅助低空航摄系统在获取大比例尺的影像数据、地形图的制作和修改以及快速获取局部或全景鸟瞰像片方面具有较好的应用与推广价值。

参 考 文 献

[1] 国家测绘局. CH/Z 3005—2010 低空数字航空摄影规范[S]. 北京:测绘出版社,2010.
[2] 国家测绘局. CH/Z 3003—2010 低空数字航空摄影测量内业规范[S]. 北京:测绘出版社,2010.
[3] 国家测绘局. CH/Z 3004—2010 低空数字航空摄影测量外业规范[S]. 北京:测绘出版社,2010.

利用 DEM 自动提取地貌实体单元的方法研究

凌子燕[1,2] 韦金丽[1,2] 黄 进[3]

（1. 广西基础地理信息中心，广西南宁 530023；
2. 广西地球空间信息应用联合实验室，广西南宁 530023；
3. 广西大学行健文理学院，广西南宁 530005）

【摘 要】地貌是第一次全国地理国情普查的主要内容之一，地貌实体单元是地貌研究的基本单元，传统利用规则的图形窗口提取地貌实体单元的方法会损坏地貌实体的完整性，而且不符合制图美学要求。本研究根据水文学与地貌学中流域与地貌景观骨架的关系，利用 30 m×30 m 分辨率的数字高程模型（DEM）数据模拟了水流方向、进行了流域分析，并依据分析所得的自然子流域范围提取得到地貌实体单元。结果显示该方法可准确提取不同地貌类型的基本实体单元，而且该方法自动化程度高、结果客观性强，适用于不同地貌区域的实体单元提取，可为地貌分类和地貌区划等提供技术基础与资料参考。

【关键词】地理学；地貌实体单元；DEM；自动

1 前 言

地貌是第一次全国地理国情普查的主要内容之一[1]，是自然地理环境要素的重要组成部分，在一定程度上影响甚至决定着其他生态与环境要素的分布与变化特征，其与国民经济建设关系十分密切。

对于地貌类型的分类，传统上是利用地形图或者遥感影像进行人工勾绘，这种方法劳动量大、历时长，而且由于制图人员认识与经验的不同，分类结果受主观影响大、具有差异性。随着数字高程模型（DEM）技术的发展，使得地貌类型的自动与半自动划分成为了可能，国内外利用 DEM 划分地貌类型的最基本形态指标是起伏度[2-7]。

我国国土大地貌研究和 1:400 万地貌图工作中，将地势起伏度定义为：一个山体山脊最高点与顺水流方向最近河流的第一个汇流处为基准面的最大高差。在实际操作中，刘振东又将地势起伏度定义为：一个特定的区域内，最高点海拔高度与最低点海拔高度的差值[8]。

可见，要反映某一区域的起伏度，首先必须确定度量的区域范围。以往的研究中，为方便计算机的自动计算，区域范围通常为规则的图形，如矩形、圆形、环形和扇形[9]。国际地理学会地貌调查制图委员会编制的欧洲 1:250 万地貌图规定地势起伏度的统计面积为 16 km^2；涂汉明、刘振东结合中国地貌类型的基本特征，提出地势起伏度最佳统计单元应满足山体完整性与区域普适性两条原则，并通过对全国 600 个样点和两个小区域的详细研究，运用模糊数学方法，论证了对应不同比例尺的地形图，中国存在 2 km^2、10 km^2、16 km^2、20 km^2、22 km^2 五种地势起伏度最佳统计单元，得出具有全国普适性的最佳统计单元为 21 km^2[8,10]；刘新华基于我国 1:100 万 DEM，在全国采集六个样区，运用 GIS 窗口分析法，经过统计、分析得出基于该数据的我国地形起伏度最佳统计窗口大小为 5 km×5 km。不少学者应用规则窗口递增法对窗口大小的判断方法进行了改进，首先对研究区内以 2×2 为起始窗口，到 60×60 终止窗口，计算窗口内最大高差，然后，基于数理统计对窗口大小与最大高差值做曲线拟合，将其拐点作为最佳统计窗口[11-12]。

然而，按照起伏度定义，利用规则图形窗口自动提取的起伏度分级往往不能满足要求。首先，若窗口过小，只能统计地貌实体单元（如山体）的一部分，损坏地貌实体单元的完整性，若窗口过大，则不能准确划分不同的地貌实体单元;其次,不同区域的地貌形态各异,很难用最佳窗口来计算不同地区的起伏度,规则统一的窗口不具有普适性;最后,地貌形态的分布与组合格局是自然过渡的、不规则的,规则统计窗口既不能准确体现地貌的实际形态,也不符合制图美学要求。因此,在利用 DEM 实现地貌类型自动划分时,将不规则的地貌实体单元提取为起伏度的统计窗口是解决问题的有效途径。

地貌实体单元是地球表面上形态特征相对一致的、离散的空间单元,是地貌的基本单元[13]。本研究拟基于水文学原理,利用 DEM 进行流域分析,然后由流域自动提取地貌实体单元,为地貌类型的客观准确划分提供技术参考。

2 研究方法

2.1 研究思路

流域就是将水和其他物质排放到公共出水口的区域,该区域通常定义为通向给定出水口或倾泻点的总区域。在水文学研究中,地形是影响水文特征空间不均匀性的第一位主导因素,其拓扑关系和几何形状直接影响着流域的性质。反过来,水文学和地貌学意义上的沟壑网络、河谷网络和山脊网络等则形成了地貌景观的地形骨架,因此,由流域可反演地貌实体单元的分布情况。

2.2 主要数据源

(1)数字高程模型(DEM):ASTER GDEM,格网大小 30 m×30 m。DEM 用于流域分析和计算高程、起伏度等地形地貌参数,为进行定量提取地貌信息提供科学依据。

(2)卫星遥感影像图:2012 年获取的环境一号卫星遥感影像,空间分辨率为 30 m×30 m。卫星遥感影像包含有丰富的地表覆盖信息,用于人工判读和对界线划分结果进行定性检验。

2.3 技术流程

2.3.1 计算流向

分析水文特征的关键之一就是能够确定栅格数据中每个像元的水流方向,即水流离开此网格的指向,因此需创建从每个像元到其最陡下坡相邻点的流向的栅格。流向计算公式如下:

$$D = h/s \times 100\% \tag{1}$$

式(1)中,D 为流向,即水流最陡下降方向,h 为垂直方向高程差,S 为像元中心距离。计算像元中心之间的距离计算方法为:如果像元大小为 1,则两个正交像元之间的距离为 1,两个对角线像元之间的距离为 1.414(2 的平方根)。如果多个像元的最大下降方向都相同,则会扩大相邻像元范围,直到找到最陡下降方向为止。

32	64	128
16	分析像元	1
8	4	2

图 1 流向编码

找到最陡下降方向后,使用表示该方向的值对输出像元进行编码,流向编码如图 1 所示。

图 1 中,方向值以 2 的幂值指定是因为存在格网水流方向不能确定的情况,此时需将数个方向值相加,2 的幂值使得任何方向的相加值都是唯一的,在后续处理中从相加结果便可以确定相加时中心像元的邻域格网情况。

2.3.2 流域分析

流域分析是利用水流方向确定出所有相互连接并处于同一汇水区的栅格区域。首先,确定分析窗口边缘出水口的位置,即倾斜点或凹陷点,所有流域的出水口均处于分析窗口的边缘;其次,识别所有流入出水口的上游栅格的位置,即为流域范围,图 2 为流域分析示意图。

3 结果分析

本研究选取南宁局部地区作为地貌实体单元提取的研究案例,为了使研究结果便于展示,本文将利用流域范围提取的地貌实体单元按其起伏度赋予渐变色。

研究区的地貌类型具有一定的代表性,涵盖了山地、盆地和平原等,如图 3 中的遥感影像图所示,中

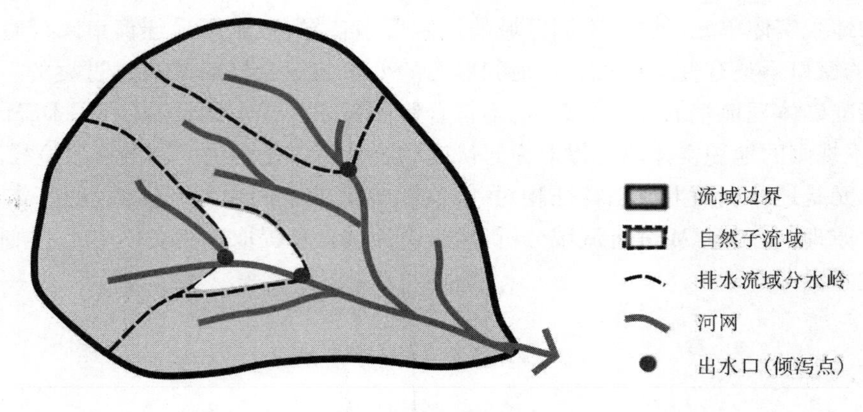

图 2　流域分析示意图

间为武鸣盆地、右上角为大明山、右下角为高峰岭,左下角为坛洛平原地带;图 4 提取的地貌实体单元与图 3 遥感影像图中的实地情况相符,分别将大明山和高峰岭的山体单元按真实的形状提取出来,同时也将盆地实体单元和反映平原区域的实体单元的界线区分开来,并将武鸣盆地和坛洛平原之间横条节状的小山岭逐条提取出来,提取结果与实地地貌单元吻合度较高,而且均较好地保持了各地貌实体单元的完整性。

图 3　研究区遥感影像图

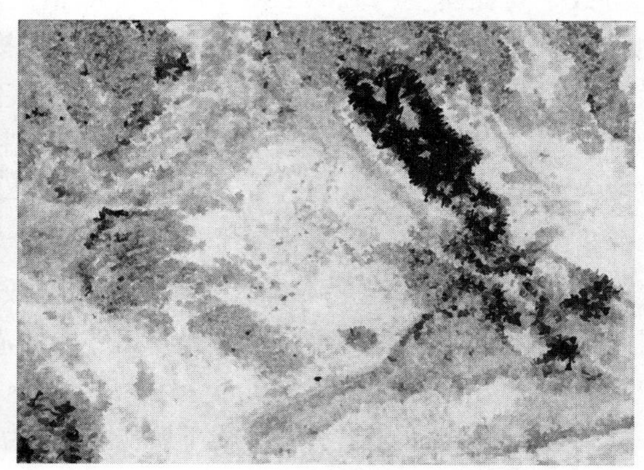

图 4　研究区地貌实体单元

4　结论与展望

本研究运用水文学原理,利用 DEM 数据进行流域分析,根据流域范围提取了地貌实体单元,该方法自动化程度高、结果客观性强,适用于不同地貌区域的实体单元提取。在未来的工作中,还存在以下一些问题需要进一步深入研究:

(1)研究尺度的选择。提取的地貌实体单元的大小与数据源的像元大小相关,本试验采用的是 30 m 像元的 DEM,理论上面积大于 30 m × 30 m 的地貌实体单元都会被提取出来。这样,在未来的研究中就需要根据应用目的,选择合适的数据源尺度来提取地貌实体单元。

(2)地貌实体单元的应用。地貌实体单元的提取为地貌分类和地貌区划等提供了技术准备和资料参考,如何基于地貌实体单元,综合分析其高程、起伏度或者坡度等其他指标,进行地貌分类和区划是今后的研究重点。

参 考 文 献

[1] 国务院第一次全国地理国情普查领导小组办公室. GDPJ 01—2013 地理国情普查内容与指标. 2013.
[2] 中国科学院地理研究所. 中国 1∶100 万地貌制图规范[M]. 北京:科学出版社,1987.
[3] 陈志明. 中国及其毗邻地区地貌图(1∶100 万)[M]. 北京:科学出版社,1993.

[4] 李炳元. 中国地貌图(1:400 万)[M]. 北京:科学出版社,1994.

[5] Philip T Giles, Steven E Franklin. An Automated Approach to the Classification of the Slop Units Using Digital Data [J]. Geomorphology, 1998(21):251-264.

[6] 苏时雨,李钜章. 地貌制图[M]. 北京:测绘出版社,1999,35-45.

[7] 李炳元,潘保田,等. 中国陆地基本地貌类型及其划分指标探讨[J]. 第四纪研究,2008,28(4):535-543.

[8] 涂汉明,刘振东. 中国地势起伏度最佳统计单元的求证[J]. 湖北大学学报:自然科学版,1990,12(3):266-271.

[9] 汤国安,杨昕. ArcGIS 地理信息系统空间分析实验教程[M]. 北京:科学出版社,2006.

[10] 涂汉明,刘振东. 中国地势起伏度研究[J]. 测绘学报,1991,20(4):311-318.

[11] 程维明. 中国 1:100 万地貌—地表覆被—景观生态制图方法研究[R]. 北京:中国科学院地理科学与资源研究所,2005.

[12] 龙恩,程维明,周成虎,等. 基于 Srtm – DEM 与遥感的长白山基本地貌类型提取方法[J]. 山地学报,2007,25(5):557-565.

[13] 周成虎,程维明,钱金凯. 数字地貌遥感解析与制图[M]. 北京:科学出版社,2009.

南宁市智慧公园建设初探

龙慧萍

（南宁市勘察测绘地理信息院，广西南宁 530023）

【摘　要】随着物联网、云计算等新兴信息技术的兴起，智慧化成为城市发展的新潮流，建设南宁市“智慧公园”是将公园的管理与对外的互动集中建设，实现公园信息化建设，综合应用地理信息系统（GIS）、遥感（RS）、全球定位系统（GPS）、无线射频识别（RFID）、电子商务（EB）、虚拟现实等现代科学技术和方法，整合各类公园、旅游信息资源，搭建信息基础设施、数据基础设施、信息管理平台和决策支持平台，达到公园服务、管理和营销的智慧化。

【关键词】智慧公园；地理信息系统；信息技术；物联网

1　引　言

随着物联网、云计算等新兴信息技术的兴起，智慧化成为城市发展的新潮流，“智慧城市”在全球范围内迅速兴起。一方面为把南宁市建设成为区域性国际城市和广西“首善之区”，另一方面为实现首府现代化建设提供重要的支撑和服务，自治区党委常委、南宁市委书记陈武在中国共产党南宁市第十一次代表大会上提出“加速发展信息产业，推动信息技术与城市发展全面融合，构建‘智慧城市’，建设区域性信息交流中心”的目标。

南宁因它适宜的气候和地处的优越位置，每年都会接纳国内众多游客及东盟各国游客，旅游业逐渐成为南宁市重要的收入产业，南宁市向来以绿树成荫为特色享誉“绿城”称号，同时作为国家“宜居城市”，需要打造“宜居南宁”的品牌。综观市内，遍布大大小小著名的公园，如南湖公园、人民公园、金花茶公园等，可以通过为每个公园进行相关改造，实现将各个公园定位于红色文化、热带园林、特色花木、健身娱乐和水体景观等相融合的角色。就此，南宁市可以尝试建设“智慧公园”，以此来促进智慧旅游的发展，提升城市档次。

2　“智慧公园”建设依托技术

2.1　信息技术

信息技术主要是指应用计算机科学和通信技术来设计、开发、安装和实施信息系统及应用软件。信息技术正不断突破时间、空间的限制以及终端设备的束缚，从计算、传输到处理，从感知、传感到智能，对企业、组织、机构的运营效率和业务模式造成了深刻的影响。信息技术的快速发展为“智慧公园”的建设提供了技术支持。公园可以运用信息技术建智能化管理平台，实现公园智能化管理。它主要包括以下技术：

（1）数据库：建立内容全面、丰富、更新及时且能够实现共享的信息数据库是景区信息化建设的基础；

（2）地理信息系统：地理信息系统是以数据库为基础，在计算机硬、软件支持下，运用系统工程和信息科学的理论和方法，综合地、动态地获取、存储、管理、分析和应用地理信息的多媒体信息系统。通过地理信息系统，旅游景区可以分析景区人与自然之间，自然与自然之间的关系，预测其发展演变方向，从而实现对人和自然的最透彻感知；

（3）三维虚拟场景与动画：高精度制作室内室外景区的三维虚拟仿真模型，将公园重点景点进行三

维仿真场景与动画制作,实现三维虚拟仿真展示,带给用户身临其境的感受,同时也能更直观更精确对公园进行科学化管理;

(4)移动终端技术:安装摄像头、安防摄像头、智能侦测、RFID 射频装置、PAD 终端等移动终端设备,并将移动终端接入物联网,一方面实现管理者对公园景区的实时监控,另一方面可以使用户对公园景点有实时了解。

2.2 物联网

物联网是通过射频识别(RFID)、红外感应器、全球定位系统、激光扫描器、二维码识别终端等信息传感设备,按约定的协议把各类物品和互联网连接起来,进行信息交换和通信,以实现智能化识别、定位、跟踪、监控和管理的一种网络。物联网实现了人与人、人与机器、机器与机器的互联互通。通过RFID、传感器、二维码等信息传感设备植入植物、设施、路径、建筑等公园的各种物体中,可以实现对公园更透彻的感知;通过与互联网的融合,能将公园事物信息实时准确地传递出去,从而实现更为广泛的互联互通;通过利用云计算、模糊识别等各种智能计算技术,对海量的数据和信息进行分析和处理,能够帮助对公园内各类人、动植物实施智能化的控制。

3 “智慧公园”建设的主要内容

“智慧公园”是一个复杂的系统工程,既需要利用现代信息技术,又需要将信息技术同科学的管理理论集成。其建设路经主要由信息化建设,学习型组织创建,业务流程优化,战略联盟和危机管理构成。通过抓住南宁市各公园特点,对内打造公园一体化管理,对外加强与游客的智能互动、公园的商业宣传,同时可以作为一个分支连入“智慧南宁”。“智慧公园”需要对公园进行统筹的规划,建立统一的软硬件综合运行平台,可以将公园办公管理系统、公园规划管理、安防联网系统、视频监控系统、音频系统、电子票务与门禁、数字化广播、数字导览、网络营销、虚拟旅游与虚拟现实模块、LED/DLP 电子显示屏等集合在一个平台实现。“智慧公园”的建设能在信息共享中变多级管理为扁平化管理,变粗放管理为精细化管理;促进定性管理向定量管理转变、经验管理向科学管理转变、静态管理向动态管理转变、事后管理向超前控制转变,能有效提升景区的旅游服务质量和游客满意度。

“智慧公园”的实现需要建立一个信息综合平台。信息综合平台的建设采取一个中心、多个公园分支的方式,其中心将是“智慧公园”总的运营管理中心,通过整合所有公园的资源,来实时调取各个公园的视频信息,访问各个公园的相关属性信息,为“智慧公园”项目的运行起到总指挥作用。各个公园作为分支,搭建自己的监控设备,网络布设,获取并更新自己的属性信息库,同时还可以在自己公园的视频监控平台上进行具体的监控管理。为实现上述目标,将所有公园的资源集中整合到一个平台上,需要对公园集中统一基础性部署,主要体现在网络配置,硬件配置,软件配置等方面,为实现“智慧公园”打造基础,总体工作目标包括以下各方面:

(1)提高公园科学化管理水平。通过搭建联网监控、大型电子显示屏、音频广播等系统,以公园的视频探头、无线网络、信息数据库为基础,实现视频监控、信息发布、无线上网、智能服务等功能,并通过信息平台统一进行管理。

(2)增强对外宣传能力。通过构建公园网站、安装 LED 显示屏、建设公园广播系统,增加公园对外的信息发布渠道。为民众提供现代化的信息查询和导游服务,可以通过上网查看入园人流量情况、进行园林绿化管理和环境卫生监管、查询园内树木品种数量、各景点介绍,通过广播系统随时处理各种问题、帮助寻找失散小孩、发布公园信息。同时进行虚拟旅游与虚拟现实场景制作,对外能起到生动直观的宣传作用。

(3)提供智能化服务。搭建公园内部的无线上网环境,为游客提供轻松舒适的上网体验,增加公园吸引力。开发基于移动终端的公园导游程序,通过无线网络为游客提供公园智能导游服务以及各种便利指南服务。安装触摸屏,将公园地图、公园信息和科普知识集成到触摸屏中,为游客提供互动平台,增加游玩乐趣和普及金花茶知识。

(4)实现广告运营。在搭建的 LED 显示屏和移动终端导游程序上提供广告业务,通过广告为公园实现创收。①随时观看新闻、商家打折广告；②为游客提供在线导航与路线查询的服务，带领游客身临其境地走一番路线；③观看配有配音讲解景点和图文广告信息等内容的公园二、三维动画场景展示。

(5)辅助智能系统。比如提供公园停车场车位查询，提供空位数量查询，与网页互联，方便游客出行查询是否有停车位；公园晚上也开业，所以可以采用智能灯光照明，通过红外探头来观测当前路径是否有游客以此打开照明来进行节能式光控，路灯采用太阳能蓄电，白天充电，晚上照明，节约电能。

总之，通过建设“智慧公园”，实现为公园改善各类服务环境，提高管理水平，提供快速、便捷、安全、有序的全方位服务。

4　“智慧公园”初步解决方案

南宁市“智慧公园”综合信息服务平台的技术架构图如图 1 所示。

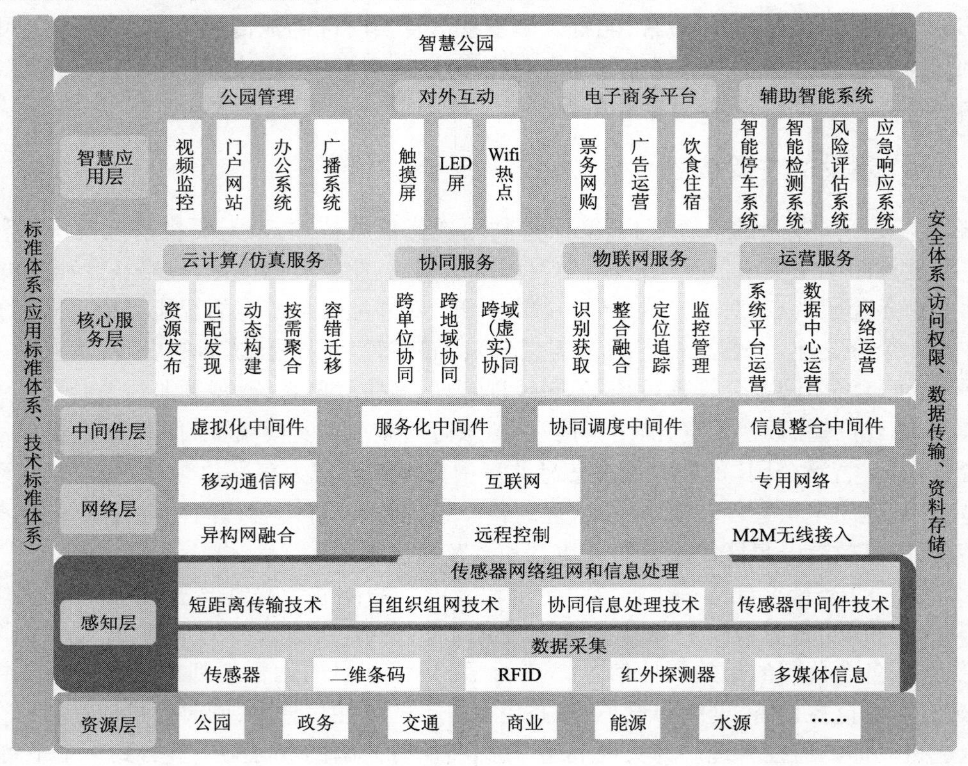

图 1　“智慧公园”技术架构图

根据南宁市“智慧公园”信息化建设的总体目标，设计原则为：资源保护数字化、运营管理智能化、旅游服务信息化、产业整合网络化。如图 1 所示，整个设计分为三大系统，资源层和感知层属于感知系统：充分运用感知技术及时感知各类资源的静/动态属性信息；网络层与中间件层属于互联互通系统：基于互联网、物联网、电信网、无线宽带网及通信传输技术，进行信息/知识交换和通信；核心服务层与智慧应用处理层合为智能处理系统：利用智能信息/知识处理技术实现一人一机一物智能化管理与控制，实现智慧公园。

南宁市“智慧公园”的建设核心应该是“一站式的智慧公园综合信息服务平台”的建立，将各个公园的视频监控、公园数据资源、办公系统可以通过云计算 + 物联网接入到统一的管理平台。各个公园进行各自信息资源的获取、存储、处理，即所谓的云计算，而管理中心可以随时通过泛在网络来调入所需信息进行智能化决策分析，并做出相应反馈，这就将整个南宁市公园相关信息整合到一个整体。这样一个信息中心就能实现对内，能够做到足不出户就能对公园进行实时管理与监控；对外，公园能提供各类信息发布、智能型公众信息服务。

因此，为实现“智慧公园”，对整个公园系统进行统一规划，如图 2 所示，首先是进行信息感知层的硬件配备与数据资源获取，其次是对后台管理层进行开发建设。

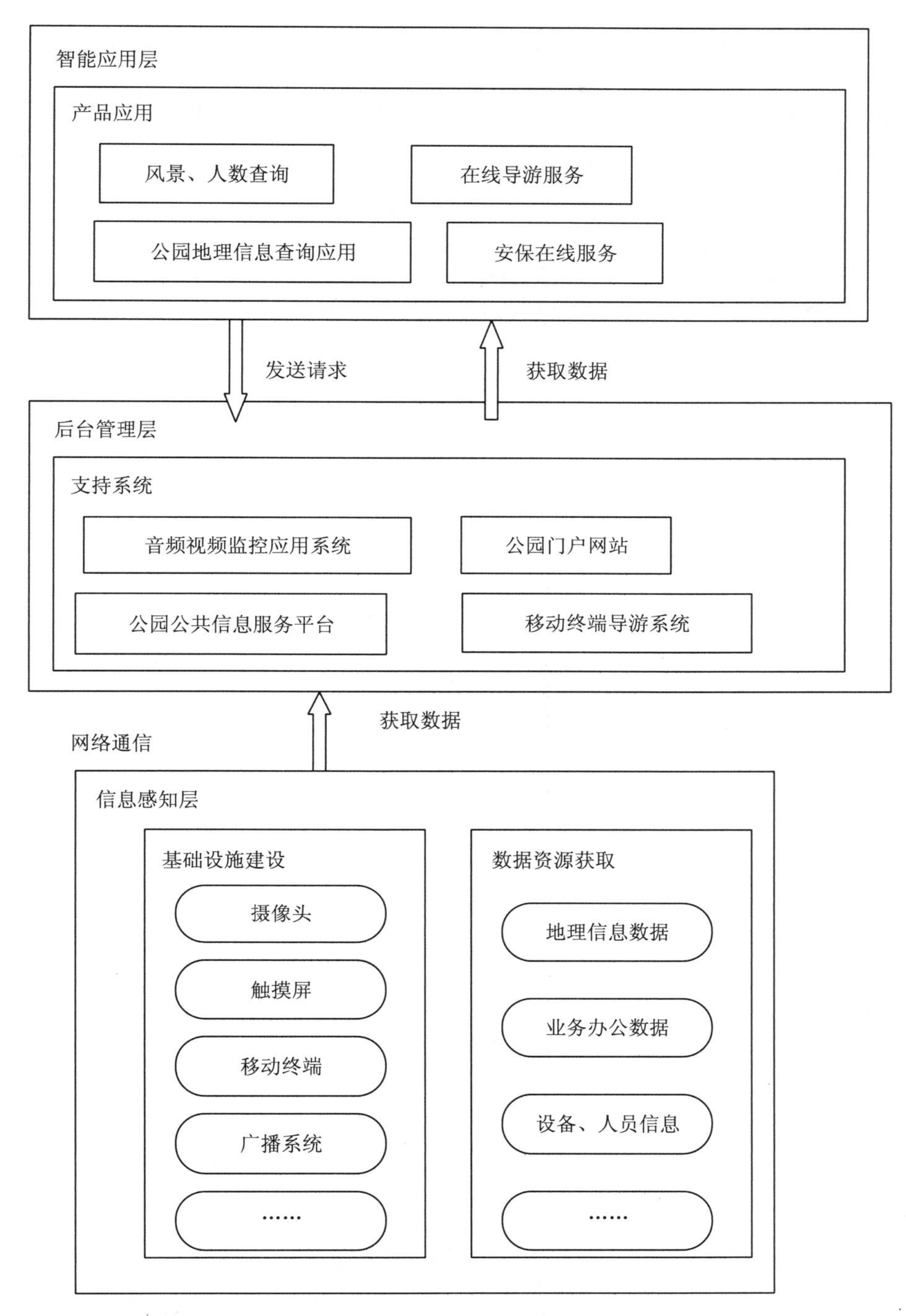

图2 “智慧公园”结构图

5 结论和建议

“智慧公园”内涵丰富，是数字公园的升级。所谓的智慧型公园，它与普通的智能型公园是有所不同的，“智能只有收集信息的功能，而智慧则是采用网络云技术，可对收集到的结果进行整合，得出结论”。结合南宁市各个公园特性，运用最新文明成果，构建智慧网络，实现公园智能化发展；将最新管理理念同最新技术成果（尤其是物联网）高度集成，全面应用于公园管理，从而更有效地保护旅游资源，为游客提供更优质的服务，实现公园环境、社会和经济全面、协调、可持续发展。换言之，“智慧公园”是能对环境、社会、经济三大方面进行最透彻的感知、更广泛的互联互通和更科学的可视化管理的创新型园区管理系统。

建议由政府统一对南宁市各个公园进行规划建设，以政府为导向，按照需求导向或者应用导向的原则，突出重点，运用组织、协调、宣传、动员、试点示范和普及等各种手段，大力促进信息化在各个领域的广泛应用，推动信息化的全面发展。

时值住房和城乡建设部公布消息，南宁市成为2013年度国家智慧城市试点城市，我们应牢牢把握此次契机，积极促进发展。

参考文献

[1] 智慧景区建设与新型城镇信息化. 巅峰智业官网. 2013.
[2] 党安荣，张丹明，陈杨. 智慧景区的内涵和总体框架研究[J]. 中国园林，2011(9).

基于三维辅助规划审批系统设计高压输电线路

刘 锟 谭 波 方 辉

（桂林市测绘研究院，广西桂林 541002）

【摘 要】传统的规划多在平面载体上完成，建立三维辅助规划决策系统，能为城市规划提供新型的信息平台，为各级管理人员和技术人员创建良好的数据环境、分析环境、评价环境和管理环境，能极大地提高行政办事效率，使规划管理工作标准化、公开化、高效化。本文基于此，结合桂林市供电局骆驼变线路芦笛岩景区三维辅助规划项目，说明三维辅助规划决策系统的科学性和高效性。

【关键词】CityMaker Builder；三维建模；虚拟场景；三维辅助规划

1 项目背景

城市规划是对城市未来发展的预见和安排，要科学地预见城市的未来，就要求城市规划尊重客观规律，以适应未来的形势变化。从另一方面看，城市规划的正确、合理与否，需要在建设实践中得到检验，但建设有一个过程，有的过程还相当漫长，必然滞后于规划方案的编制和确定，因此，我们同样应该用前瞻的眼光来认识城市规划。

建设基于规划应用的三维辅助审批管理系统，将规划局目前建筑方案的二维审批模式转变到三维审批并辅助规划决策，如实表现三维信息，实现对规划方案、建筑方案的多屏比较，城市景观设计的直观比选。针对城市规划设计和审查的技术特点和城市规划管理的业务特点，实现辅助城市设计方案的比选和审批，成为现状调查、方案设计、方案分析、方案审批以及政府决策等的重要辅助手段。

本次项目即受桂林市供电局委托，制作关于骆驼变线路芦笛岩景区设计方案虚拟现实场景，该设计方案限于电力线路走向上的技术规范和执行漓江风景保护区规划两方面的矛盾。本次项目线路的路线较长，经过漓江风景保护区和大面积的水域；线路的节点较多，而且节点都是高 40 ~ 60 m 不等的猫型铁塔，体量较大，对周围的景观影响较大。如何将线路建设对周边环境的影响尽可能地降到最低，尽可能做到与环境协调是本项目实施模拟高压线路设计方案的重点。利用桂林市测绘研究院的三维辅助规划审批系统模拟该设计方案，还原方案实施后的场景，以便桂林市规划局对该项目做出科学的决策。

2 项目采用的应用软件

项目采用的应用软件有 AutoCAD 2006、Autodesk 3DSMax 9、CityMakerBuilder、Adobe Photoshop CS2、Adobe Premiere Pro CS4 等。

3 项目制作的技术流程

项目现状的三维场景在设计方案制作之前已由桂林市测绘研究院制作完成，这里所说的制作是指将电力线路及其节点铁塔建模一并导入现状的三维场景。

3.1 建模前预处理

对于电力线平面设计图，首先将数据清理干净，将多余的数据删除，比如多余的点、线、面、注记、填充符号等；接着是统一图形数据的数学基础，进行坐标转换，将设计图的 1954 北京坐标转为三维场景的桂林独立坐标；通过设计线路的断面图获取每个塔的最小垂距，通过设计的其他资料计算得出的离地面最小距离（见图 1）。

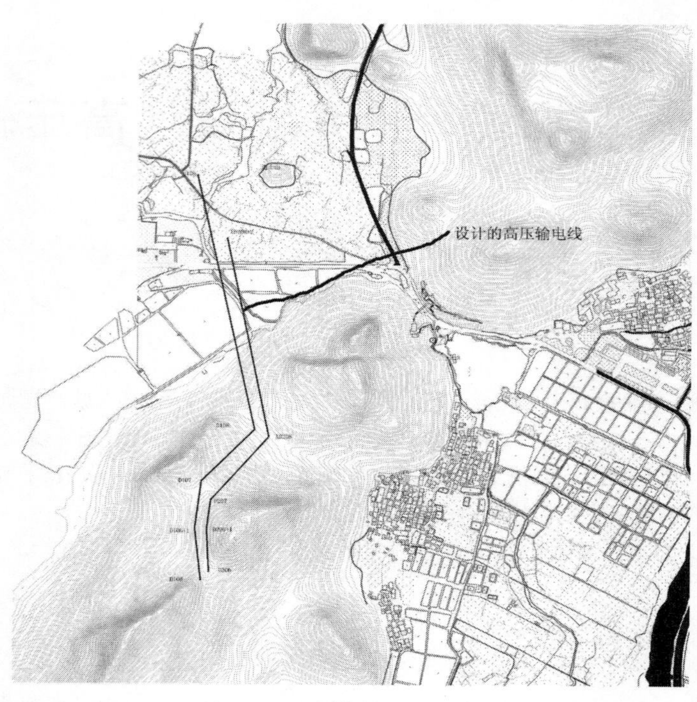

图 1

3.2　三维模型建立

首先制作电力铁塔，将清理好的 CAD 地形数据，即塔的位置导入到 max 场景中，将其做成组，记录好其中心坐标，然后进行归零操作，再将模型对应放到正确的坐标位置中，并对模型根据甲方提供的数据进行比例缩放，统一尺寸。其次制作电力线路，在 max 场景中，将视图切换到顶视图中，根据挂线的大概位置绘制一条曲线，通过在左视图、前视图调节至合适位置后，再切换到点层级下，选择所有的点将其转为 Bezier 角点，参照前面计算出来的垂距进行调节，调节完成后，切换到线层级下，将其在场景中渲染，在属性窗口中，勾选在渲染中启用及在视口中启用，其直径根据甲方提供的数据进行录入，然后将此线进行复制调节即可。最终分别将塔与线分别进行输出为 CityMaker Builder 所能识别的 OSG 格式。

3.3　序列帧图片处理

此软件主要用于修改序列帧图片（见图 2），修改内容主要是图片大小和色彩亮度。批量修改这些内容的方法是用 Adobe Photoshop CS2 软件中的批处理工具（文件菜单下面）。使用此方法前必须先创建一个动作记录（默认在右侧历史记录菜单旁边），即可开始要处理图片的动作。如首先打开一张图片进行操作，此时在右侧的动作记录中将会记录相应的操作，当操作完成后点击方形按键停止记录即可。此时将通过文件菜单→自动→批处理，选择相应的动作记录，以及所要处理的图片所在的文件夹，点击确定，即可开始批量处理。

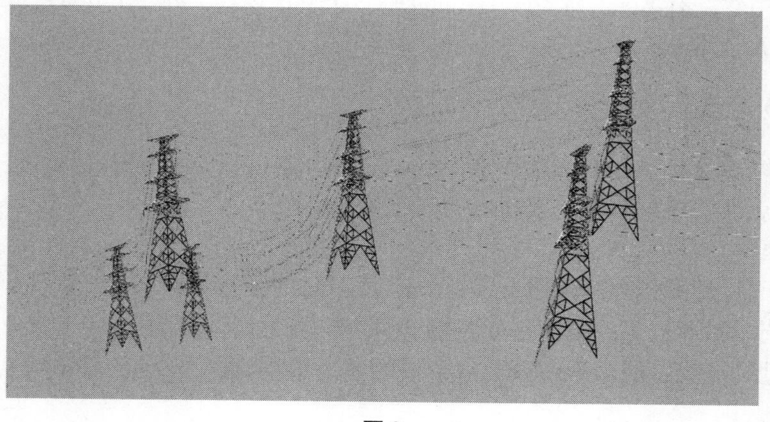

图 2

3.4 模型导入及视频输出

模型导入部分：首先将 OSG 模型进行导入（按先前记录的坐标进行指定），然后分别将模型、线路、塔基进行归属到相应的图层中，然后选择塔模型层，对其执行高度跟随命令，让塔模型落到地形上，再将塔基相应拖动到塔模型底部即可，用同样的方法将线也拖动到适当的位置和高度。

视频输出部分：切换到特殊场景菜单下新建一个场景组，然后逐一创建视图窗口，此窗口创建的原则是尽可能将要表现部分居中（只有这样在后面的视频编辑中才会进一步的突出重点），创建完成后，在组名上右键选择存储为动画路径，输入自己的名称。存储完后，再进入到动画导航菜单中，在其下拉菜单中找到刚才所存储的动画场景，右键菜单选择其动画路径，将其转为序列帧图或直接输出成 AVI 视频，但是要输出序列帧图片，因为在后期视频处理中要方便编辑。另外，在输出时在视口中尽可能将场景显示完，让其停留一段时间（具体时间视项目场景大小而定），否则将会在输出成果时发现部分内容缺失。

在将模型导入场景后，可以利用 CityMaker Builder 平台提供的城市场景的浏览、信息查询、场景编辑等功能进行设计方案的展示、比选（见图 3）。

图 3

3.4.1 利用多种漫游工具

可以利用键盘、鼠标和软键盘等方式进行前进、后退、左转、右转、抬头、低头、上升、下降等基本漫游操作；另外还提供了缩放、窗口缩放、最佳视角、选择集最佳视角、平移、盘旋、选择集盘旋等多种便于进行交流的漫游工具。

3.4.2 支持鼠标定位

利用鼠标定位功能，可以快速的将相机移动到鼠标指定的位置。例如，可以快速到达铁塔的中央或山体的顶部。

3.4.3 支持特定场景、动画及动画输出成 AVI

利用特定场景功能，可以将重要的或视觉效果好的观察位置保存下来，以便能够在方案审定时快速切换；通过切换特定场景，可以在透视图窗口中快速显示特定场景对应的内容；可以基于已有的特定场景组生成动画，也可以将漫游的过程录制成动画，动画可以被输出成 AVI 格式文件，方便连续播放，达到流畅介绍方案的目的。

3.4.4 设定视觉走廊并沿视觉走廊漫游

利用视觉走廊功能可以模拟人或驾车沿景观大道欣赏两侧景观的过程，用户可以基于场景中已经存在的任意线条快速生成视觉走廊，沿视觉走廊漫游的过程中，可以通过移动鼠标随意改变观察的方向，模拟观察到的视角，评估铁塔和电力线对环境和景观的影响。

3.4.5 提供布局管理器,用户可预定义演示汇报的流程

利用布局管理器功能,设计师可以预定义演示汇报的流程,在交流时只需顺序播放布局页即可,类似于播放幻灯片。与幻灯片不同的是,布局页中的每个窗口都是可激活的,播放布局页的过程中也可以进行动态漫游等操作。创建布局页的过程也就是将当前的布局窗口保存下来的过程。调用布局页,则可以快速改变布局窗口的内容。

3.5 辅助审批系统演示视频制作合成

此软件主要用于后期视频编辑。首先准备相应的素材,如片头部分、配音素材、项目名称素材、序列帧图片;然后将这些素材全部进行导入,将这些素材分别添加到相应的时间轴上,对其进行按顺序排放,可按其属性对其进行调节,如视频淡化、声音渐退等;当这些调节完成后,预览没问题时,可通过文件菜单下面的导出,选择导出 Meida,选择起始点和结束点后,在格式中选择. MPEG2 格式,视频大小框中输入视频大小,一般设为 1 280 ×720,调整完后输出即可。

4 结 语

依据规划局业务会意见,多次跟进设计单位修改方案。经多次修改最终设计方案既符合电力行业技术规范,又尽最大可能地保护了漓江风景保护区,充分体现了三维辅助规划审批系统能为城市规划提供新型的信息平台,为各级管理人员和技术人员创建良好的数据环境、分析环境、评价环境和管理环境的优点。方案是数字城市建设的最现实性的应用,是对城市规划管理工作的创新,可以有力地提升城市设计的科学性、规划的合理性、管理的严密性及决策的正确性。

由于软件 CityMaker Builder 本身问题,电力线路采用了设计直径,在整个场景中显得非常细,三维场景中表现不明显无法充分展现线路对环境的真实影响。场景中的地形模型范围太小,显得整个项目太突兀、生硬。视频制作输出时,播放不够流畅,画面切换过快,视频时长较短,缺少制作单位和编辑制作时间等。希望在今后的制作中逐步完善、改进,充分发挥出三维辅助规划审批系统为城市规划管理服务的科学作用。

建立三维辅助规划决策系统,能为城市规划提供新型的信息平台,极大地提高行政办事效率,使规划管理工作标准化、公开化、高效化。具体体现在以下四个方面:

(1)有利于提高规划审批的质量;

(2)有利于提高规划行政管理效率;

(3)有利于提高公众参与规划的程度;

(4)有利于提高规划决策的科学性。

目前,面向城市规划、建设与管理的三维数字城市仿真系统在国内已经得到了广泛应用,尤其是在城市规划辅助决策方面已经全面铺开,有许多成功的案例,解决了规划局在设计方案展示、业务审批、政府决策、阳光公示等方面的许多问题,已成为城市规划部门综合业务管理的重要承载平台。

参 考 文 献

[1] 中华人民共和国住房和城市建设部. CJJ/T 157—2010 城市三维建模技术规范[S]. 北京:中国建筑工业出版社,2011.

三维数字社区 GIS 系统及应用

何丽丽　晏明星　黄智华

（南宁市勘察测绘地理信息院，广西南宁 530023）

【摘　要】传统的手工管理社区各种服务信息的方式不仅效率低下，而且不能很好地实现社区服务部门和社区居民间的信息共享和服务公开、透明，因而越来越不能满足社区服务工作的需要。三维数字社区 GIS 系统以三维 GIS 平台为基础，为各核心业务应用模块提供在三维地图上应用的支撑，实现社区网格化业务基于三维图形化、可视化、精细化和标准地址化状态下的信息管理和业务办公，为社区服务工作提供一种方便和易于共享的信息管理方式。

【关键字】三维数字 GIS；社区管理

1　引　言

随着南宁市经济水平突飞猛进的发展，人民逐渐进入小康社会，街道办的职能日益增多，社区数量和规模都在不断扩大，这使社区服务系统的发展成为了不可忽略的环节。同时，街道数据和人口数据的不断增加使得传统的以手工操作和技术经验为主的方法已经不能再胜任社区服务的数据管理。三维数字城市是指利用数字城市理论，基于 3S（地理信息系统 GIS、全球定位系统 GPS、遥感系统 RS）等关键技术，深入开发和应用空间信息资源，建设服务于城市规划、城市建设和管理，服务于政府、企业、公众，服务于人口、资源环境、经济社会的可持续发展的信息基础设施和信息系统[1]。将三维数字城市运用于社区服务管理，将 3S 的应用结合到社区服务中，将是一项新的管理理念。

三维数字社区 GIS 系统基于城市 GIS 地图（平面、卫星、三维）的可视化、网络化、数字化管理及服务，提供 GPS、视频监控、空巢老人、残疾人等专题数据的统计和管理的社区服务系统。社会管理网络化系统可以将社区的每一个角落的信息都收集、整理、归纳，并按照地理坐标简历完整的信息模型，再用网络连接起来，从而能够快速、完整、形象地管理社区服务数据，并充分发挥这些数据的作用，实现跨区域综合基础数据的共享，从而使得社区服务管理具有更高的效率，更丰富的表现手法，更多的信息量，数据更新更快，并实现数据的共享，避免重复劳动、各部门工作项分离的情况。

2　开发平台

本系统的开发平台是建立在 Microsoft Visual Studio2012 上，主要分为服务端的开发和客户端的开发。服务端开发主要用到 API、C#和 JavaScript 等技术，客户端开发主要有 HTML、JavaScript 等纯脚本语言相关技术。考虑到数据库系统的通用性及数据库技术，本系统采用 MySQL 数据库。

3　基础数据准备

3.1　三维仿真地图的准备

三维数字社区的目的是三维模型的可视化和控件查询分析，而进行三维数字可视化空间查询分析的基础是各种控件数据的准备和地物模型的建设，所以三维数据的获取和建设是关键。三维仿真地图是将三维模型按照一定投影规则映射到平面上，以展示三维模型的效果[2]。在制作的过程中，由于范围较大，采用了分幅渲染与自动拼接的技术。首先，为了在 3D Max 和 Photoshop 中方便制作和渲染，根据渲染范围在 AutoCAD 制作分幅网格，利用分幅网格在将 3D Max 中将南宁市 140 km^2 分为 60 幅二维地图;然后根据不同方向时的物体坐标旋转公式,将二维分幅图在54坐标系下转换成2.5维地图;最后根据分幅图进行2.5维地图的自动拼接。

3.2　地图服务的发布

将地图以服务的形式进行发布,地图可以在客户端之间进行资源共享。通过服务可以保证所有的客户端访问到同样的资源,而不用在他们的机器上单独进行安装。服务器存储资源,管理服务,进行GIS相关工作,将结果通过图片或者文字的形式返回给客户端。要进行地图服务的发布,首先要在ArcGIS Desktop中对地图进行矢量化、符号化等处理,制作地图资源并生成map document(.mxd)。制作完以后可直接将.mxd进行发布,发布后的数据可供客户端进行使用。用户要使用服务,并不需要安装单独的GIS软件,用普通的Web浏览器或者自定义的应用程序即可通过服务的地址URL访问服务。

3.3　数据库的设计

本系统的数据库包含的数据类别有人口管理信息、区域管理信息、重点人群信息、民政信息和组织管理信息。人口信息包括户籍人口、流动人口、常住人口、境外人口和户籍管理等类型人口的基本信息;区域管理信息包括辖区信息、楼栋信息、单元信息和房间信息等区域信息;重点人群信息包括刑释解救人员和吸毒人员信息;民政信息包括低保户、空巢老人、残疾人、社会救助、留守儿童等信息;组织管理信息主要是组织信息,包括组织名称以及组织负责人等信息。

辖区管理信息中的楼栋信息通过Regions_Id字段与辖区的Id字段进行关联,单元信息通过Building_Id字段与楼栋Id进行关联,房间信息通过Unit_Id字段与单元的Id进行关联。人口信息通过Room_Id字段与房间信息表的RoomNo进行关联,因此可以实现人口和地理信息坐标进行相关联,如图1所示。

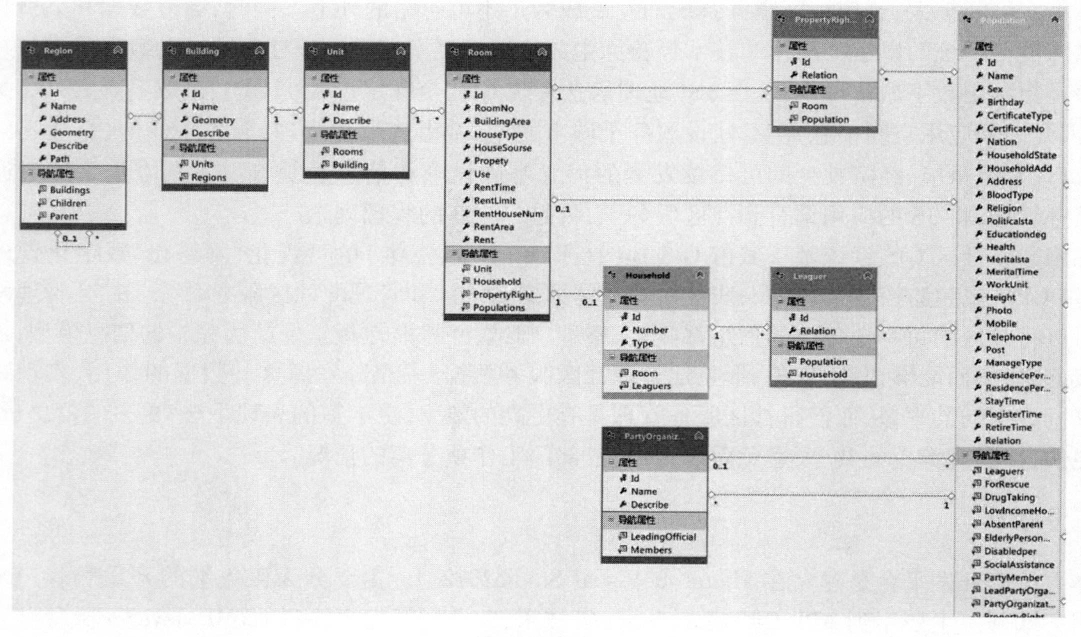

图1　数据库表格关联图

4　系统主要功能模块

本系统通过信息存储交换,实现三维数字社区一系列功能,根据实际工作需求,本系统设计街道概况、网格化管理、基础数据管理、应急管理、安全检查、法律法规、考核评估、系统管理等模块功能。

4.1　街道概况

展示社区基本情况及近几年来工作成就及工作特色等。

4.2　网格化管理

网格化管理模块以二维底图或三维栅格图层为基础,将社区所有建筑、公共设施、道路用三维城市仿真地图体现出来;同时具有搜索、标注、测量等功能。

(1)搜索功能。搜索功能有楼栋搜索和人口搜索两个功能。点击楼栋功能,地图可以定位到搜索结果并高亮显示楼栋范围,点击楼栋出现楼栋详细信息框,包括楼栋基本信息,所包含的房间和人口等详细信息,如图 2 所示,图 2(a)是搜索的楼栋所包含的房间信息,图 2(b)是人员信息。点击人口搜索,人口出现在所属楼栋的中心点位置,点击搜索结果显示人口的详细信息。

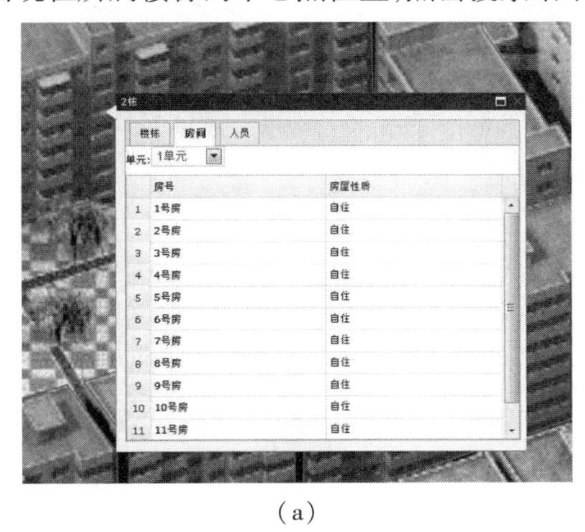

(a)

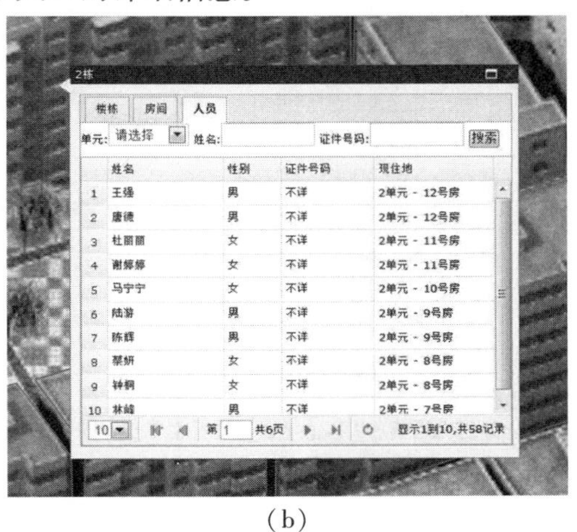

(b)

图 2 楼栋搜索功能结果显示

(2)标注功能。标注功能包括单点标注、多点标注、直线标注、折线标注、多边形标注、自由线段标注、面标注、牵头标注、三角形标注、椭圆标注和圆标注,右键标注结果可以进行编辑、移动、旋转/缩放、样式、删除菜单,选择相应的菜单执行对应的功能。

(3)测量功能。测量功能包括测距离和测面积的功能,点击测距离按钮,可以在地图上进行量测距离,点击测面积按钮,可以在地图上进行面积量测。

4.3 基础数据管理

基础数据管理模块包括人口管理、区域管理、重点人群、民政和组织管理五个模块。主要是进行数据的录入、整理、编辑、查询、删除等数据操作,使数据操作更加便捷和方便。

4.3.1 人口管理

人口管理中有流动人口、户籍人口、常住人口、境外人口和户籍管理,可以新建一个人口数据(见图 3)、编辑人口数据或删除人口数据。

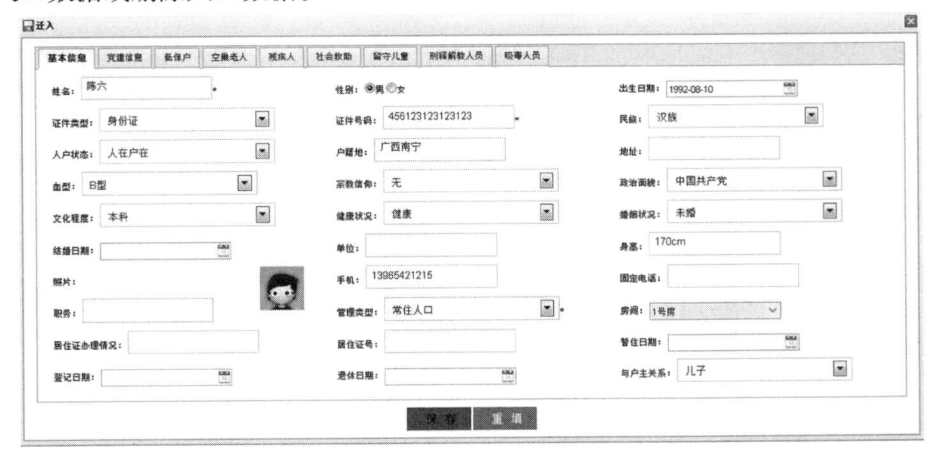

图 3 新建一个人口记录界面

4.3.2 辖区管理

进入辖区管理界面,系统会自动读取数据库中的辖区信息,以及辖区所包含的楼栋数据、单元数据和房间数据等,右键辖区数据可以对辖区进行编辑和删除等操作,如图 4(a)所示,在编辑对话框中,会出现辖区的名称、地址和范围，点击范围选择按钮，会弹出地图操作框，通过在地图上进行放大、缩小或移动来找到所需要的位置，然后在地图上直接画出辖区范围，点击确定就可以获取到该辖区的范围数据（见图4（b））。

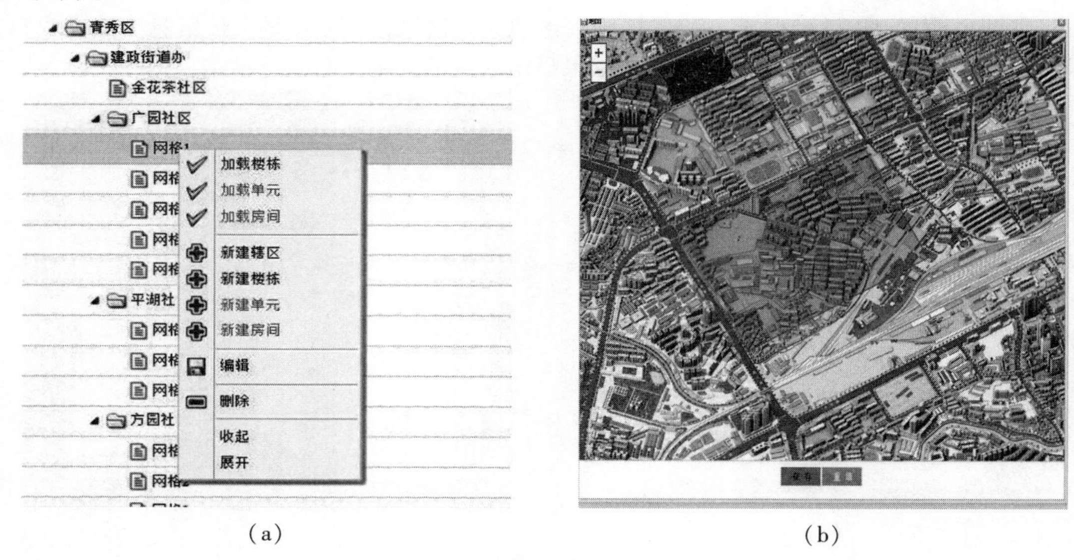

（a）　　　　（b）

图4　辖区管理操作界面

右键辖区数据还可以新建楼栋信息和加载辖区所包含的楼栋信息，右键楼栋数据，也可以对楼栋进行编辑和删除，以及新建或加载单元信息；同样，右键单元信息，也可以对其进行编辑和删除，可以新建或加载房间信息；右键房间信息可以对房间进行编辑和删除。

4.3.3　重点人口和民政信息

重点人口包括刑释解救人员和吸毒人员，民政数据包括低保户、空巢老人、残疾人、社会救助和留守儿童，这些数据包括基本信息和特有信息，基本信息都一样，包括姓名、年龄、证件号码、文化程度、户籍地等基本信息，特有信息是每类数据所特有的信息。

4.3.4　组织管理

组织管理是对党组织数据的管理，也可以新建一个党组织、编辑党组织或删除党组织。点击新建按钮时，会弹出一个党组织对话框，包括基本信息和党组织成员，在基本信息框中输入党组织名称、负责人等基本信息，在党组织成员框中可以加载数据库中的已有人口，将其添加或删除党组织成员表中。

4.4　应急管理

具备应急援救组织、应急救援预案、应急援救设施设备、志愿者的查询、分页、选择、查看、编辑（含添加）、删除、导出功能（见图5）。

应急援救组织　应急救援预案　应急援救设施设备　志愿者

组织名称：　　查 询

	组织名称	负责人姓名	负责人手机	负责人电话	工作内容	区域名称
1	网格安全管理机构	黎桂芳				网格4
2	网格安全管理机构	黎凤红				网格3
3	网格安全管理机构	陆梅青				网格2
4	网格安全管理机构	沈洋				网格1

10　第1　共1页

图5　应急管理

此外,系统还有安全检查功能,具备重大节假日检查、专项检查、安全隐患、三级重大安全隐患、整改信息反馈、安全检查统计分析、工作总结的查询、分页、选择、查看、编辑(含添加)、删除、导出功能;法律法规制度功能,具备法律法规制度的查询、分页、选择、查看、编辑(含添加)、删除、导出功能;考核评估功能,对社区工作人员的日常工作考核;系统管理功能,包括用户登录、主界面提示近期工作、用户管理、权限管理等。

5 社区需求调研

社区工作人员在管理和服务中对三维数字社区有广泛需求。例如利用三维数字社区平台了解社区需要帮扶人员的具体情况、了解社区安防设施的使用情况、实时掌握社区居民的资料。三维数字社区还可以为企事业单位的投资、经营提供各类统计、分析服务,人员基本信息、个性信息审核、引用需求。

6 结 语

社区管理网络化系统通过可视化、图形化的方式,实现"以人管房、以房管人",通过简单操作即能完成对管理目标的标准地址、详细信息等的查询、编辑,在日常管理中能够方便进行数据的更新和维护,实现社区工作精细化、可视化、标准化管理目标,解决了过去社区服务普遍存在的与过去传统的手工和单纯的 Excel 操作方式相比,底数不清、数据不实、重复劳动、重复耗资、各部门工作相互分离等问题,提高工作效率,降低管理成本,为社区服务管理提供了一种更加便捷、方便和便于共享、交流数据的平台。同时,通过 Web 服务端和 APP 智能手机移动客户端,将网格化管理、动态信息采集、远程指挥与视频监控有机结合起来,实现三维社区网格化管理系统。系统主要有以下特点:

(1)标准地址管理。三维数字社区网格化 GIS 系统依据各社区网格化固定区域的地址地名分布,将全辖区的标准地址段按行政区划、街路巷、门牌号幢、单元、房间等5级划分基础上关联、拆封原则,实现精细、有效管理的社区标准地址库。

(2)多业务统一处理。系统将人口管理、标准地址管理、户籍管理、搜集信息等各项功能融为一体,掌控管理、检查、服务等综合业务,实现"一系统多能,一系统多用,一系统多责",全方位负责综治治安。

(3)多源信息无缝集成。系统耦合人口信息、楼宇建筑物、标准地址和社会面动态监控信息等多种信息数据,并实现有机集成,保障社区人员在其整个任务的实施过程中,全面掌握辖区内所有的管理信息。

(4)可视化精细化管理。系统通过可视化、图形化的方式,实现"以人管房、以房管人",通过简单操作即能完成对管理目标的标准地址、详细信息等的查询,在日常管理中能够方便进行数据的更新和维护,实现社区工作精细化、可视化、标准化管理目标。

参 考 文 献

[1] 顾朝林,段学军,于涛方,等. 论"数字城市"及其三维再现关键技术[J]. 地理研究,2002,21(1):14-24.
[2] 阮明,谭庆涛,王文瑞. 2.5 维地图坐标转换的算法及实现[J]. 城市勘测,2012(11):78-80.
[3] 任海军,文俊浩,徐玲. 一种三维数字城市的构建和实现方法[J]. 重庆大学学报,2006,29(4):101-104.
[4] 张治中,陈鹏宵. 数字城市三维地理信息系统在武汉江岸地区的实现[J]. 长江科学院院报,2008,25(4).
[5] 王双美,张滇等. 三维仿真与 GIS 集成在构建数字城市中的应用[J]. 科技信息,2010(5):431-432.

无人机航拍影像快速拼接的项目实践

方　辉

（桂林市测绘研究院，广西桂林 541002）

【摘　要】结合实际工程项目综述了无人机航拍影像快速拼接的思路，并提出了一种可行的方法。随着无人机的广泛应用，各种航空影像和视频图像的获取更加方便和及时，影像的及时处理和初步定位显得越来越重要。

【关键词】无人机；SIFT；影像拼接

1　引　言

无人机越来越多的运用于军事、规划、测绘、环境监测、灾害应急、国土整治、旅游开发等领域，但是由于航拍数据的数据量大、数据处理时间长及作业强度高等问题的存在，航拍图像的自动处理技术越来越多的受到人们的关注。同时，随着无人机的广泛应用，各种航空影像和视频图像的获取更加方便和及时，影像的及时处理和初步定位显得越来越重要。

无人机影像特点不同于专业化标准化航空影像，其重叠度较高，倾角大、像幅小，目前现有的影像处理软件处理不了这种大倾角影像，只有通过地面具有足够的控制点加以纠正，通过航摄处理方法变为正射影像图，再进行拼接。但无人机在短时间内具有相对稳定的航向、飞行速度、飞行高度等特点，这些特点决定了相同时间间隔的航拍序列图像的重合区域相对稳定。

2　项目情况概述

受某市城市信息中心委托，桂林市测绘研究院于2012年6月对该市中心区域约230 km^2 进行了航空摄影。2012年6月18日进行了第一个架次的飞行，完成了某市主城区A区的拍摄任务，总共用时2 h41 min。拍摄面积约110 km^2。起飞、飞行、降落均正常，在航拍期间天空晴朗、能见度高，风稍大，所拍图片清晰、色彩明亮（见图1）。

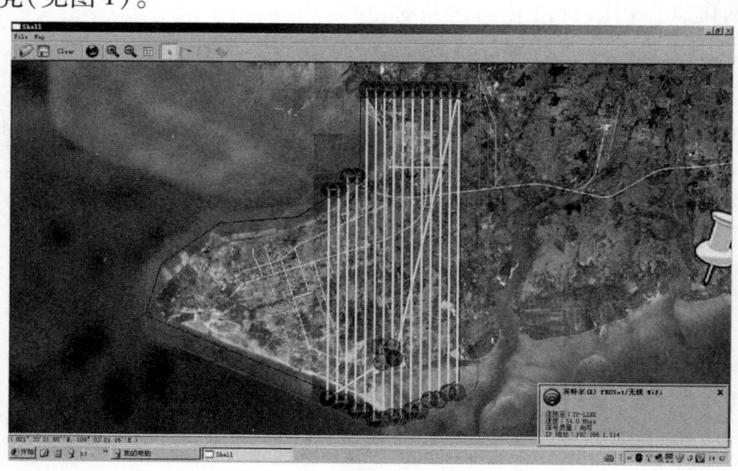

图1

2012年6月19日进行了第二个架次的飞行，完成了某市B区的拍摄任务，总共用时2 h50 min，拍摄面积约120 km^2。起飞、飞行、降落均正常，航拍期间天空能见度不是太好，不时出乌云，天色较暗，所拍图片清晰度不太好、色彩较暗，有少量区域被云层遮挡(见图2)。

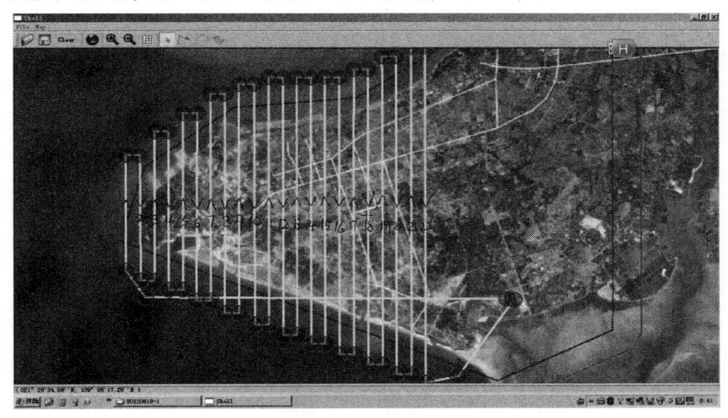

图2

本次航拍的航线规划合理，能以最少的架次拍摄最大的面积，照片也达到后期处理要求。

3 航片检查

航片的检查为使用专业软件自动检查，软件为 MapFound Flighting - Check 模块。

3.1 MapFound Flighting - Check

MapFound Flighting - Check 模块如图3所示。

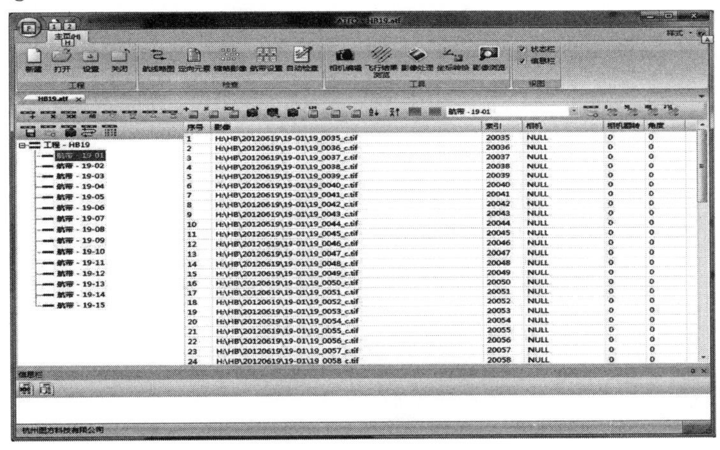

图3

3.2 航带内检查

航带内检查如图4所示。

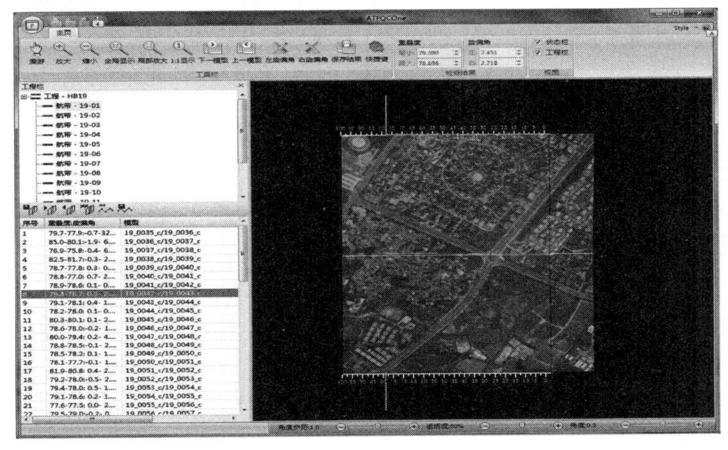

图4

3.3 航带间检查

航带间检查如图5所示。

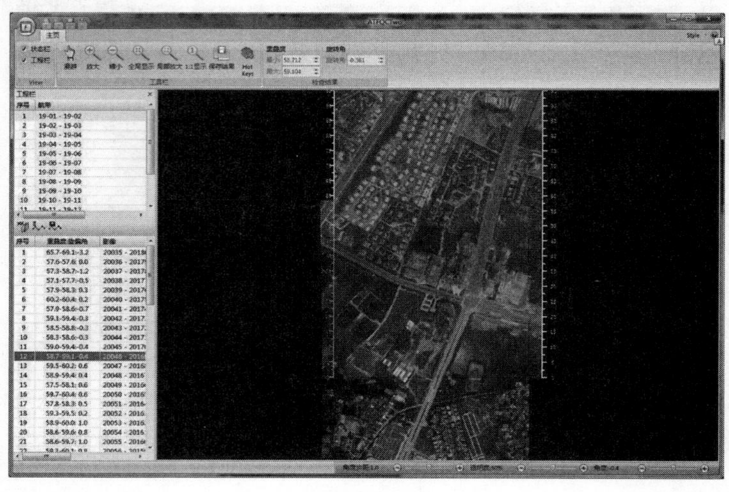

图5

3.4 两个架次间的检查

两个架次间重叠的航带为18－19和19－01,航带间重叠满足拼图要求。检查曲线见图6。

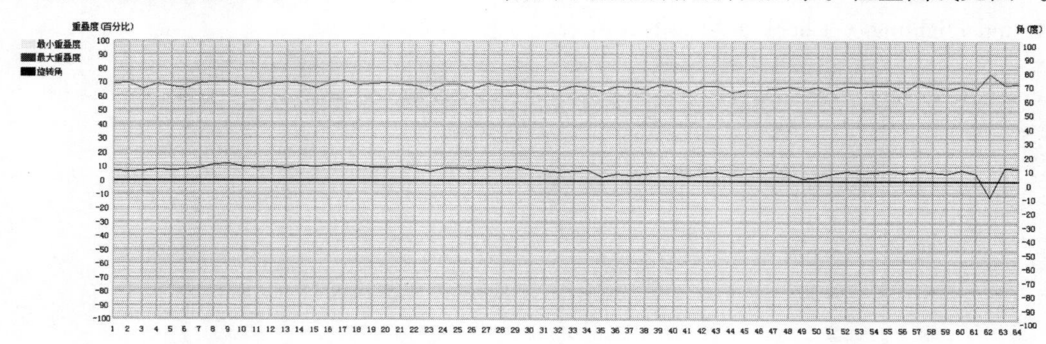

图6

检查结论:影像源数据满足航空影像图拼接要求。

4 无人机航拍图像的拼接

4.1 SIFT特征匹配算法描述

SIFT算法最早是由David. G. Lowe于1999年提出的,当时主要用于对象识别。2004年他对该算法做了全面的总结及更深入的发展和完善,正式提出了一种基于尺度空间的、对图像缩放、旋转甚至仿射变换保持不变性的图像局部特征描述算法——SIFT(Scale Invariant Feature Transform)算法,即尺度不变特征变换。

利用SIFT算法可以处理两幅图像之间发生平移、旋转、仿射变换情况下的匹配问题,具有良好的不变性和很强的匹配能力。SIFT算法是一种提取局部特征的算法,也是一种模式识别技术,其基本思想是在尺度空间寻找极值点,提取位置、尺度和旋转不变量。

SIFT算法首先在尺度空间进行特征检测,并确定关键点(Keypoints)的位置和关键点所处的尺度,然后使用关键点邻域梯度的主方向作为该点的方向特征,以实现算子对尺度和方向的无关性。SIFT算法包括两个阶段,一个是SIFT特征的生成,即从多幅图像中提取对尺度缩放、旋转、亮度变化无关的特征向量;第二阶段是SIFT特征向量的匹配。SIFT及其扩展算法已被证实在同类算法中具有最强的健壮性,目前是业界研究的热点。

4.2 基于SIFT算法的无人机航拍图像快速拼接

这种算法的基本思想是在保证特征数量足够多的情况下,对两幅图像中的部分区域进行的特征提取,然后进行特征匹配和图像拼接。为了找到用于特征提取的部分图像区域,我们利用两幅航拍图像的重叠区域可以预测的特性,提出一个算法的约束条件。只在重叠区域中进行特征提取和特征匹配的方法,可使得计算量成倍减少,并有效地防止图像非重叠区域中的信息对算法的干扰,可提高拼接算法的精度。

4.3 无人机航拍图像的拼接流程

拼接流程分为四个部分,分别是图像几何校正、图像配准、变换矩阵计算、图像融合。图像几何校正是对成像过程中产生的一系列畸变进行校正,产生一幅符合某种地图投影或图形表达要求的新图像,并且将变形的图像进行纠正,统一到指定的坐标系中,建立地形地物的坐标信息;图像匹配是对图像间的匹配信息进行提取,在提取出的信息中寻找最佳的匹配,完成图像间的对位,图像配准是图像拼接最为关键的步骤;变换矩阵计算能够对SIFT特征点初匹配结果进行精确筛选,找出一个图像之间的投影变换对应矩阵,从而达到拼接的目的。图像融合是在配准以后对图像进行无缝处理并平滑边界,让图像过渡自然。

4.4 图像拼接实例(实际操作过程略)

整个航拍区域共2 000多张航片,用本文介绍方法进行拼接,用时10个工作日即告完成,效率令人满意。拼接图局部效果见图7。

图7

需要指出的是,在完整的拼接图中要求拼合过渡区域不能出现明显的痕迹,无人机航拍图像序列间存在一定的视角变化及光照差异。另外,受气流影响,拍摄高度有一定的不同,图像目标有时也会发生尺度变化,这些因素都会影响拼接的质量,比如在重叠区域里出现"鬼影"、模糊,或者在重叠边界处出现明显的拼缝。所以,当图像变换到同一数学基础后,还需要进行图像融合处理,使拼接达到真实舒适的视觉效果。

5 结 语

随着相关技术的发展,无人机等低空航拍技术的应用将会越来越广泛、越细分,如何快速处理海量数据，是业内人士需要研究的问题。本文介绍的项目实践情况，可为今后同类工程提供有益的经验和启示。

参 考 文 献

[1] 国家测绘局. CH/Z 3005—2010 低空数字航空摄影规范[S]. 北京：测绘出版社，2010.
[2] 国家测绘局. CH/Z 3003—2010 低空数字航空摄影测量内业规范[S]. 北京：测绘出版社，2010.

智慧城市:地理信息的美好时代

方　辉　谭　波

(桂林市测绘研究院,广西桂林 541002)

【摘　要】综述了地理信息在信息化、数字城市建设中的发展脉络,地理信息在智慧城市建设中的着力点及发展方向。地理信息必将在智慧城市建设中发挥更积极、更重要的作用。

【关键词】地理信息;智慧城市;GIS

1　地理信息在路上

地理信息产业是以地理信息开发利用为核心内容的高新技术产业。20 世纪 80 年代以来,我国随着测绘、信息技术的发展和国民经济与社会信息化进程的加快,经济社会发展对地理信息资源的需求不断增长,地理信息产业迅速兴起。

发展地理信息产业是信息化建设的迫切需要。加快发展地理信息产业,丰富地理信息产品,提升地理信息服务水平,有利于加快数字国土、数字林业、数字省区、数字城市等各领域、各行业的信息化建设,更好地满足经济社会发展、特别是社会大众对地理信息服务的迫切需要,对于促进信息共享、避免数字鸿沟等具有不可替代的重要作用。

发展地理信息产业是提升综合国力的迫切要求。加快发展地理信息产业,突破若干卫星导航定位、航空航天遥感、地理信息系统等领域的关键技术,造就一批拥有自主知识产权和品牌、形成地理信息产业集群,实现地理信息产业的跨越式发展,对于加快科技进步、科技创新,提升综合国力具有十分重要的意义。

2　那一年我们一起追求过的 GIS

时光倒流,回到 20 世纪 90 年代中后期开始,我们在开展测绘数字化进而向信息化测绘进军的旅途中,对地理信息这一朝阳产业充满了信心。慢慢地,GIS 也飞入了寻常百姓家。一夜之间,我们的生活周边充满了地理信息服务,从政府、企业到社会,各种实用型的、服务型的综合地理信息系统、多媒体地理信息系统层出不穷,GIS 让我们的生活更便利、更舒适、更美好。

我们买房,有房产 GIS 系统为我们导引,足不出户便可放心买房。房产管理信息综合系统,利用基础地形图和 GIS 技术,以房产交易产权登记管理为核心,集产权交易、市场管理、房产测绘、拆迁管理、档案管理等业务处理子系统于一体。通过房产 GIS 系统,以人为本的科学发展观在房产服务上得到了体现。对广大的购房者来说,只要点击网上办事窗口,即可申办交易产权、物业监管、房改、物业资金管理、市场管理、拆迁管理等业务,免除了来回奔波之苦。

我们出游,有 GPS 系统为我们指路,借助旅游 GIS,食住行游购娱,信息的获取变成了一种休闲活动。旅游与地理信息相关性极强,GIS 中如图形、区域景观资源信息、交通路线等诸多要素与旅游密切相关。随着旅游业的迅速发展,传统的旅游地图已远不能满足人们的需要,旅游业日趋朝信息化、网络化、自动化的方向发展。以空间信息处理为核心的地理信息系统技术,其具有强大的空间信息管理、空间信息分析、空间信息查询及三维虚拟漫游等功能,成为了旅游信息化的首选。

旅游 GIS 的推广使用,让我们更加体味到地图的力量,地理信息的魅力。

3　智慧城市生活呼唤更高质量的地理信息服务

忽如一夜春风来，在信息化海洋中享受数字生活的我们又迎来了智慧城市生活的诱惑。

智慧城市最重要的检验标准，就是“能否让老百姓获得更高质量的生活，感受到城市更有智慧”。借助现代信息技术，特别是地理信息技术对城市资源、环境、经济、社会等系统进行数字化、网络化、智能化管理，使城市公共服务更便捷。

随着互联网地理信息服务、手机地图服务、车载导航以及位置服务（LBS）的发展，使地理信息产品成为大众消费商品，地理信息的用户群呈现几何级的增长，导航、遥感、电子地图、地理信息等对公众不再是陌生的名词。

智慧城市不是空中楼阁，必须建立在海量的、精确的、动态的地理信息数据基础上。换言之，智慧城市是城市信息化的高级阶段，离开测绘地理信息就无法建成智慧城市。

测绘地理信息工作者的努力方向是促进开发利用，着力拓宽产业发展新领域，大力开发地理信息公共产品，形成地理信息网络化服务；建设地理信息公共服务平台，推进地理信息资源的共建共享，促进地理信息资源的增值开发；支持创业创新，增强产业综合竞争力，不断拓展在智能交通、现代物流、车载导航、手机定位、互联网服务等新兴领域的服务；大力开发和提供便捷、灵活、实用的地理信息产品与服务，让更多的地理信息产品进入寻常百姓家。

那么，借助地理信息服务，我们的智慧城市生活会如何呢？

（1）道路出行：基于 GIS 的城市交通系统联网，动态掌握实时客流情况，精确预判车流从何来，车辆导航系统将自动引导疏导车辆运行，这将大大提升通行效率，使交通设施效能最大化，有效减少拥堵等待时间，减少汽车尾气排放。

（2）智能医疗：各家医院分门别类地显示在地图上，只要在家登录智能医疗系统，任意点击一家医院，该医院的专业特色、坐诊医生，甚至当前床位数立刻呈现在眼前。患者可以根据自身需求，在网上预约就诊时间和医生。如果病情紧急需要马上到医院就诊，还可以利用路线导航，选择最近的一条线路到达医院，或者联系查询周边可调用的医护车去医院就诊。

（3）城市管理更智能：“智慧城市”利用智能传感网实现公共设施在线监测，公共设施从位置到数量、从尺寸到形状，都将获得自己的“身份证”，如果井盖丢失了、护栏损坏了、路灯不亮了、垃圾乱堆乱放了等，都会在最短的时间内得到有效处置。

（4）城市更安全：通过智能化的城市安全与减灾系统，可以随时掌握灾害发生的位置、区域、类型，并通过地理信息技术确定、研判灾害现状及其影响范围，确保报警、灾害信息传递和有效利用。建立高科技的智能监控和预警系统，罪犯无处遁形。

（5）“智慧养老”：建立起包括一键式养老服务热线、一键式紧急救助呼叫系统等在内的养老综合信息服务平台——老年人只需佩戴一个有按钮的贴身传感器，需要时按下按钮，即可快速传递诉求及所在的实时位置（如求助、精神慰藉、娱乐诉求等），这些信息将及时传递给家人或社区服务工作人员。

4　地理信息对智慧城市建设的意义

目前，国内“智慧城市”的建设正处于概念落地和实践探索阶段，智慧时代悄然来临，地理信息技术和地理信息服务在“智慧城市”建设中的重要作用已得到公认。地理信息是智慧时代重要的基础信息，而 GIS 技术则是智慧时代重要的支撑技术。智慧时代需要关注 GIS 技术、移动 GIS 技术和二三维一体化 GIS 技术的应用。

以桂林为例。根据《“智慧桂林”总体规划》要求，桂林市将以智慧旅游为智慧城市建设的突破口和信息产业增长点，带动智慧农业、智慧交通等一系列智慧产业发展，逐步达成桂林整体智慧城市的信息化建设，形成社会安定、全民受益的和谐发展新格局。

近年来，桂林市信息化建设取得大量成果，为“智慧桂林”建设奠定了坚实基础，但在整体上信息化建设和应用相对滞后，信息服务产业规模相对较小，对全市经济发展的贡献率有限。规划指出，今后 3

年,桂林市将立足于“创建桂林特色智慧城市”的总体定位,进一步加快网络基础设施建设步伐,促进电信网、计算机网和广电网融合;构建统一的“智慧桂林”电子政务网络,为建设网上“一体化”政府和“一站式”服务奠定基础;强化信息资源管理和应用,建设桂林云计算中心,完善基础信息数据库,构建地理信息共享平台,建设桂林市信息资源中心;完善信息安全保障体系等。预计到2017年,“智慧桂林”基本框架初步形成,为中西部地区旅游型城市建设智慧城市提供示范经验。

智慧桂林在地理信息建设方面的着重点,主要体现在以下几点:①完成空间地理和自然资源数据库(全市1∶1万全覆盖,1∶2 000主城区覆盖,DEM数据全覆盖,行政地名地址全覆盖,门楼牌、兴趣点主城区和临桂新区覆盖,0.5 m影像数据全覆盖),完成城区3D GIS基础数据库建设。②以公用基础数据整合各领域的业务数据,形成基于GIS的“一张图”信息资源整合与共享模式。③结合基础软硬件和云计算,形成全市数据中心。④完成基于GIS的数字化城市管理系统及数字化市政公用管理平台、天网工程、智能交通工程等。⑤GIS共享平台,形成统一的地理空间信息资源数据库;建立桂林国际旅游胜地地理信息公共平台,并基于平台建设三维城市信息系统;基于城市三维模型,实现真实城市和虚拟城市同步交互。

智慧城市并非一个空泛的概念,而是之前数字城市、城市信息化的延伸,目前各地如火如荼的开展智慧城市建设,将对地理信息产业带来井喷式的发展机遇。

5 小时代到大数据

大数据是实现智慧城市的核心要素。智慧城市的建设带来数据量的爆发式增长,而大数据就像血液一样遍布智慧交通、智慧医疗、智慧生活等智慧城市建设的各个方面,城市管理正在从“经验治理”转向“科学治理”。

大数据为智慧城市的各个领域提供强大的决策支持。在城市规划方面,通过对城市地理、气象等自然信息和经济、社会、文化、人口等人文社会信息的挖掘,可以为城市规划提供强大的决策支持,强化城市管理服务的科学性和前瞻性。在交通管理方面,通过对道路交通信息的实时挖掘,能有效缓解交通拥堵,并快速响应突发状况,为城市交通的良性运转提供科学的决策依据。在舆情监控方面,通过网络关键词搜索及语义智能分析,能提高舆情分析的及时性、全面性,全面掌握社情民意,提高公共服务能力,应对网络突发的公共事件,打击违法犯罪。在安防与防灾领域,通过大数据的挖掘,可以及时发现人为或自然灾害、恐怖事件,提高应急处理能力和安全防范能力。

由此可见,大数据是智慧城市各个领域都能够实现“智慧化”的关键性支撑技术,智慧城市的建设离不开大数据。建设智慧城市,是城市发展的新范式和新战略。大数据将遍布智慧城市的方方面面,从政府决策与服务,到人们衣食住行的生活方式,再到城市的产业布局和规划,直到城市的运营和管理方式,都将在大数据支撑下走向“智慧化”,大数据成为智慧城市的智慧引擎。

地理信息数据是智慧城市大数据的最基础数据。测绘地理信息是信息化建设的重要基础和内容,在数字城市建设中发挥了重要的作用。数字城市是智慧城市建设的基础和前身,信息化是智慧城市建设的技术支撑和必要条件,测绘地理信息必将在智慧城市建设中发挥重要的作用。

笔者在美国圣地亚哥体验的智能公交系统。城市智能公交系统,公交车信息在运行电子地图及站台LED显示屏上显示出来。通过智能手机,你可以获知,最近的一辆公交车还有5 min到站,满员;下一辆公交车还有8 min到站,有空座,你可以选择乘坐,时间非常精确。你从楼上走下来,需要2 min,走到站台1 min,余下5 min的等待时间,你还可以喝杯星巴克咖啡。

在广州,智能消防系统。拨打119,消防GIS系统立刻定位报警人当前位置,并调用位置所在区域监控摄像头,确定灾情地点和火势情况。

在智慧城市建设中,利用地理信息系统空间信息技术,可以帮助城市规划和管理的决策者,在做出决定之前利用大量的地理信息和相关业务信息的分析,对其要做出的决策将产生的结果进行动态的模拟、预测和修正反馈,从而评估该决策是否科学合理。这将大大提高决策的智慧程度。地理信息作为智慧城市发展的基础设施,地理信息系统将在城市全面数字化的基础上,建立起可视化、可量测、可分析决策的智能化时空信息云平台,为智慧城市提供有力的技术支撑。

6 智慧城市:地理信息的美好时代

在数字化测绘时期,测绘地理信息工作者一般扮演数据提供者的角色,近年来在信息化测绘为数字城市建设服务时期,我们的角色定位往往是服务者,我们与数据使用者和服务对象少有互动,产生的是"单向动作"。然而,揭开智慧城市的神秘面纱,我们不难发现,智慧城市几乎是为测绘地理信息工作"量身定做"。测绘地理信息工作参与智慧城市建设的角色定位可能要发生深层次的变化,远非"服务者"这么简单,而是更进一步,成为重要的"参与者"、"实施者",相互关系也由"单向动作"转变为双向互动、相互交融、相互渗透。

智慧城市是数字城市与物联网、云计算相结合的产物。智慧城市建设将有赖于测绘地理信息工作提供地理空间框架支持,更重要的是,智慧城市为测绘地理信息提供了难以估量的发展潜能。深入参与智慧城市建设能够推动测绘地理信息和物联网、云计算的深度融合,能够在城市云计算平台布局和物联网建设中更好的体现测绘地理信息应用需求,在测绘地理信息生产服务体系之外更广泛的获得数据获取、处理、管理和服务能力。如果不能认识到这一点,在智慧城市建设中仍然仅仅扮演"数据提供者"、"服务者"角色,测绘地理信息将会错失难得的发展机遇。

因此,这是地理信息行业发展最好的时代。智慧城市的建设,将地理信息事业以及地理信息工作者带进了美好时代。

参考文献

[1] 国家测绘地理信息局. 关于开展智慧城市时空信息云平台建设试点的通知. 2012.

[2] 中华人民共和国住房和城乡建设部. 国家智慧城市(区、镇)试点指标体系(试行). 2012.

[3] 中华人民共和国住房和城乡建设部. 智慧城市公共信息平台建设指南(试行). 2013.

湖 南 篇

益阳市 GPS E 级基础控制测量的布设和数据分析

鲁英俊

（益阳市国土资源规划设计测绘院，湖南益阳 413000）

【摘　要】为了实现建立“数字益阳”的目标，建立益阳数字地理空间框架，实施益阳市“电子政务”工程，满足第二次土地调查的需要，在益阳市城市规划区约 200 km^2 范围内全面布设、建立 E 级 GPS 控制网，为益阳市的基础测绘和“数字益阳”提供测量依据。

【关键词】GPS；基础控制测量；数据分析

1　引　言

益阳市地处湘中，位于资水下游，平均海拔 34 m。益阳市中心城区是一个新发展的综合性中小型城市，是益阳市政治、经济、文化的中心。益阳紧密对接长株潭城市群，具备典型的后发区位优势。益阳交通便利，水陆交通发达，作为国家中部崛起战略的重点地区，益阳将成为连接东西部的轴心，是沿海企业向中西部转移的战略要地，是中部地区辐射全国的重要物流集散地。为了满足社会发展的需要，我们对益阳中心城区和周遍面积约 200 km^2 进行了 E 级基础控制测量，范围东起天成垸乡、宁家铺；西至谢林港镇、黄泥湖乡；南至石笋乡、新市渡、沧水铺；北到李昌港乡、长春镇。面积约 200 km^2，行政隶属益阳市。

2　网的布设和观察方法

为了保证成果的精度要求，在 200 km^2 规划区范围内每 4 km^2 布设一对 E 级 GPS 点，全网共 103 个点，按边连式均匀分布在测区范围内，在三等水准线路上的 E 级 GPS 点要求联测三等水准，且能满足采用常规方法进行下级控制加密及满足精度要求。其中，观音寨（Ⅱ等）、白鹿铺（Ⅲ等）、南道矿（Ⅲ等）、寨子仑北（Ⅲ等）、长仑山（Ⅲ等）、三塘砍（Ⅲ等）、B 级 GPS 点 1918（资阳），C 级 GPS 点 u166（迎丰桥）、u167（益阳）、u173（谢林港）、u177（沧水铺）、u205（八字哨）、u162（张家塞）具有 1980 西安坐标系且精度均匀、可靠。

外业观测使用 4 台（套）美国产 Ashtech Locus 型 GPS 接收机和 6 台（套）国产中海达 HD－2800 型 GPS 接收机，观测前编制 GPS 卫星可见性预报和 PDOP 变化预报表，根据预报制订每天的工作计划，观测组严格按照规定的时间进行作业，保证同步观测同一组卫星。每个同步环观测一个时段，每个时段超过 60 mim，卫星高度角 $\geqslant 15°$，有效卫星个数 $\geqslant 4$，GEOP <6，数据采样率 $10'' \sim 30''$，天线设置误差 $\leqslant 3$ mm。

3　数据处理

3.1　基线处理

外业数据采用中海达公司提供的 GPS 数据处理软件包“HDS2003”进行 GPS 网平差。每条基线都采用固定双差解的最优成果，方差比 >3。根据网中 GPS 基线向量构成的异步环闭合差对观测结果进行精度评定。

相邻点弦长中误差：

$$\sigma = \sqrt{a^2 + (bd)^2}$$

式中，σ 为标准差，mm；a 为固定误差，mm；b 为比例误差系数，1×10^{-6}；d 为相邻点间的距离，km。

GPS 网外业基线预处理结果，其独立闭合环或附合路线坐标闭合差应满足：

$$W_X \leqslant 3\sqrt{n}\cdot\sigma, W_Y \leqslant 3\sqrt{n}\cdot\sigma, W_X \leqslant 3\sqrt{n}\cdot\sigma, W_s \leqslant 3\sqrt{3n}\cdot\sigma$$

式中，n 为闭合环边数；σ 为相应级别规定的精度（按实际平均边长计算）。

环闭合差按下式计算：

$$W_s = \sqrt{W_X^2 + W_Y^2 + W_Z^2}$$

计算时先使用随机处理软件解求独立基线，在 WGS－84 坐标系中进行无约束平差，再利用无约束平差的可靠成果，在 1980 西安坐标系中进行三维约束平差，对认为可靠的、固定不变的点，可以强制约束，也可以加权约束。

3.2　平差计算及精度统计

GPS 测量采用 HDS2003 GPS 数据处理软件包进行网平差。

3.2.1　E 级 GPS 网三维无约束平差

为了检查 GPS 控制网的内符合精度，将 GPS 基线向量在 WGS－84 坐标系中进行三维无约束平差，平差结果表明：基线向量残差都较小，弦长相对精度较高。三维无约束平差精度统计表如表 1 所示。

表 1　三维无约束平差精度统计表

网名	三维基线残差最大值			绝对误差最大值（cm）	最大相对误差	最弱点位中误差（cm）
	X(cm)	Y(cm)	Z(cm)			
E 级 GPS 网	－3.49	－6.77	＋5.55	1.92	1/ 51 922	1.74

从表 1 中成果可以说明该 GPS 网的内符合精度较高，能满足规范及设计书的要求。

3.2.2　E 级 GPS 网二维约束平差

（1）采用 1980 西安坐标系，任意带高斯正形投影，中央子午线为 112°30′00″。本测区以 4 个 C 级点和 1 个 B 级点作为平面起算点；经平差前的起算点兼容性检查，确认它们之间的精度较好且能相互兼容，能满足作为本 GPS 测量起算点的要求。

（2）二维约束平差。本 E 级 GPS 网的外部精度能满足要求，从二维约束平差的结果可以看出：网的外部精度较好，可以满足下级控制测量要求。二维约束平差精度统计表如表 2 所示。

表 2　二维约束平差精度统计表

网名	最大二维基线残差		最大绝对误差（cm）	最大相对误差	最大点位误差（cm）
	X(cm)	Y(cm)			
E 级 GPS 网	0.87	0.66	1.08	1/ 69 606	1.06

4　结　语

本测区 E 级 GPS 网形采用边联式的方法，几何强度较高，具有良好的自检能力，能较好地发现测量中的粗差，有较高的可靠性，为以后的地形图测量、工程施工放样提供了高精度的测绘基础和依据，有着很重要的工程实际价值和经济意义。

参 考 文 献

[1] 李征航，黄劲松. GPS 测量与数据处理[M]. 武汉：武汉大学出版社，2005.
[2] 徐绍铨，张华海，杨志强，等. GPS 卫星测量原理与应用[M]. 武汉：武汉大学出版社，2001.
[3] 蔺生祥，李伟英. RTK 在城市控制测量中的应用[J]. 黑龙江科技信息，2008(2)：33.
[4] 魏二虎，黄劲松. GPS 测量操作与数据处理[M]. 武汉：武汉大学出版社，2007.

数字城市地理框架 DLG 数据整合及数据库建设探讨

——以数字湘乡为例

王玲玲 唐国礼

（湖南省第一测绘院，湖南衡阳 421001）

【摘 要】数字城市地理框架 DLG 数据库和地名地址数据库建设是数字城市的基础地理信息数据建设中重要一环，笔者介绍了 DLG 数据和地名地址数据库建设的流程和方法，与同行进行交流探讨。

【关键词】DLG；数据整合；地名地址；数据库建设

1 引 言

国家测绘地理信息局于 2006 年启动了“数字城市地理空间框架建设示范工程”项目，通过在全国选择若干具备条件的城市试点开展数字城市地理空间框架建设，总结经验，推动数字中国、数字省区的建设。作为湖南省首批县级市数字城市建设试点的“数字湘乡”，已经通过省级验收。其建设内容丰富，包括 DLG、DOM、DEM 数据生产、数据库建设、三维立体景观、专题数据应用等。笔者在此就数字城市地理框架 DLG 数据整合及数据库建设，与同行交流探讨。

2 DLG 数据整合及数据库建设任务

数字湘乡地理空间框架是一个“信息内容丰富、更新维护及时、共享交换便捷”的公共基础平台，是以数字化的基础测绘资料为主要内容、以完善的基础地理空间数据管理体系和数据服务体系为结构的地理信息数据管理服务平台，是湘乡市自然、社会和经济信息的载体。如果说地理空间框架是一个人的骨架，那么数据则是人的血肉。DLG（数字线划图）是数字城市的基础地理信息数据建设中重要一环。DLG 数据获取有三种方式：一是依靠原有矢量数据，在修补测的基础上加工处理；二是完全实地测绘；三是航测成图。数字湘乡的数据多源、多比例尺（1∶500，1∶2 000，1∶10 000），且数据获取方式不同，1∶500 DLG 数据是采用修补测的方式获取，1∶2 000 DLG 数据是采用航测成图的方式获取，而 1∶10 000 DLG 数据则利用已有基础测绘数据。DLG 数据整合及数据库建设的主要任务：一是对已有矢量数据进行标准化整理，形成基础专业级矢量数据，并建立数据库。在专业级矢量数据的基础上提取、整合和重组，建立政务应用级、影像标记级矢量数据库。二是建设地名地址数据库。

3 方案设计

3.1 作业流程

作业实施包括资料收集、分析以及数据整合处理、矢量数据建库和地名地址数据库建设等。具体作业流程如图 1 所示。

3.2 矢量数据集

矢量数据集生产包括 1∶500、1∶2 000、1∶10 000 DLG 数据，为了应对电子地图数据网络化服务所针对的不同用户群体，需要对构成电子地图的矢量数据集进行分级，以不同的服务发布给平台用户，分别为基础专业级、政务应用级、影像标记级。基础专业级包括相应比例尺基础矢量地形要素数据的全部要素，主要面向对基础地理信息要求较高的专业用户。政务应用级主要由相应比例尺基础矢量地形要素数据中水系、居民地及设施、交通、境界与政区等构成，主要面向政府用户。政务应用级数据经过脱密处

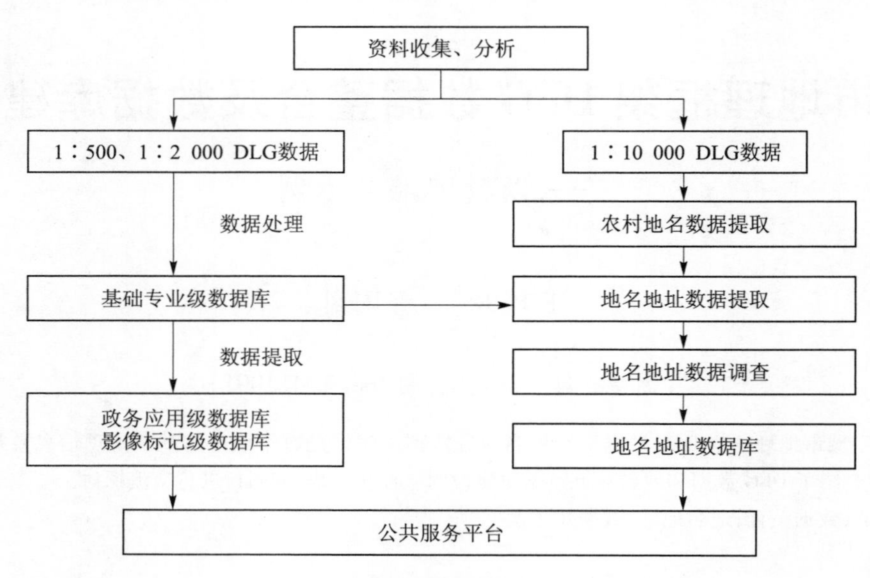

图1 作业流程

理后，形成面向公众用户的公众服务级数据，通过非涉密网络提供服务。影像标记级是为与影像叠加形成影像地图而选取的矢量要素。对影像标记级矢量数据进行经过脱密处理后，形成面向公众用户的公众影像标记级数据，通过非涉密网络提供服务。

矢量分级数据集命名方式见表1。

表1 矢量分级数据集命名方式

源数据比例尺	代码	1级	2级	3级
		基础专业级	政务应用级	影像标记级
1:10 000	G	G1	G2	G3
1:2 000	I	I1	I2	I3
1:500	K	K1	K2	K3

矢量分级数据集的要素选取见表2。

表2 矢量分级数据集的要素选取

要素大类、中类		基础专业级	政务应用级	影像标记级
定位基础	测量控制点、数学基础	全部选取	不选取	不选取
水系	河流、沟渠、湖泊、水库、海洋要素、其他水系要素、水利及附属设施	全部选取	全部选取	主要名称
居民地及设施	居民地、工矿及其设施、农业及其设施、公共服务及其设施、名胜古迹、宗教设施、科学观测站、其他建筑物及设施	全部选取	全部选取	主要名称
交通	铁路、城际公路、城市道路、乡村道路、道路构造物及附属设施、水运设施、航道、空运设施、其他交通设施	全部选取	全部选取	主要名称
管线	输电线、通信线、油、气、水输送主管道、城市管线	全部选取	不选取	不选取
境界与政区	国外地区、国家行政区、省级行政区、地级行政区、县级行政区、其他区域	全部选取	全部选取	境界

续表 2

要素大类、中类		基础专业级	政务应用级	影像标记级
地貌	等高线、高程注记点、水域等值线、水下注记点、自然地貌、人工地貌	全部选取	不选取	不选取
植被与土质	农林用地、城市绿地、土质	全部选取	部分选取（选取城市绿地）	不选取

4 数据整合及数据库建设

4.1 数据整合

数据整合主要是把多源、多比例尺数据集合在同一软件平台下，通过坐标转换和投影变换，以及数据接边处理等步骤，最终达到各级数据能够在同一平台下对接。以 1∶500 和 1∶2 000 DLG 数据为例说明。首先，对收集到的 DLG 数据分析、检查，包括数学基础、现势性、图面、属性、数学精度和可用性等。其次，根据技术设计书要求，应提供两套坐标系的数据，包括 1980 西安坐标系和 2000 国家大地坐标系，所以需要把 DLG 数据采用统一转换参数进行坐标转换。先统一转换成 1980 西安坐标系的数据进行处理，待处理完成，形成最终成果后，再转换一套 2000 国家大地坐标系的数据。再次，采用同一软件平台对接数据。采用的平台是南方 CASS 软件。把 DLG 数据统一转换成 AutoCAD 格式数据。最后，对 1∶500和 1∶2 000 DLG 接边处理。以上每一步数据处理都需要经过严格检查，在符合要求的情况下才能使用数据。

4.2 数据库建设

数据库建设主要包括 DLG 数据库建设和地名地址数据库建设。

4.2.1 DLG 数据库建设

DLG 数据库建设包括 1∶500 和 1∶2 000 两种比例尺，其建库流程主要包括数据分层、构面处理、数据属性处理、标准化处理、检查修改、数据建库等。技术流程如图 2 所示。

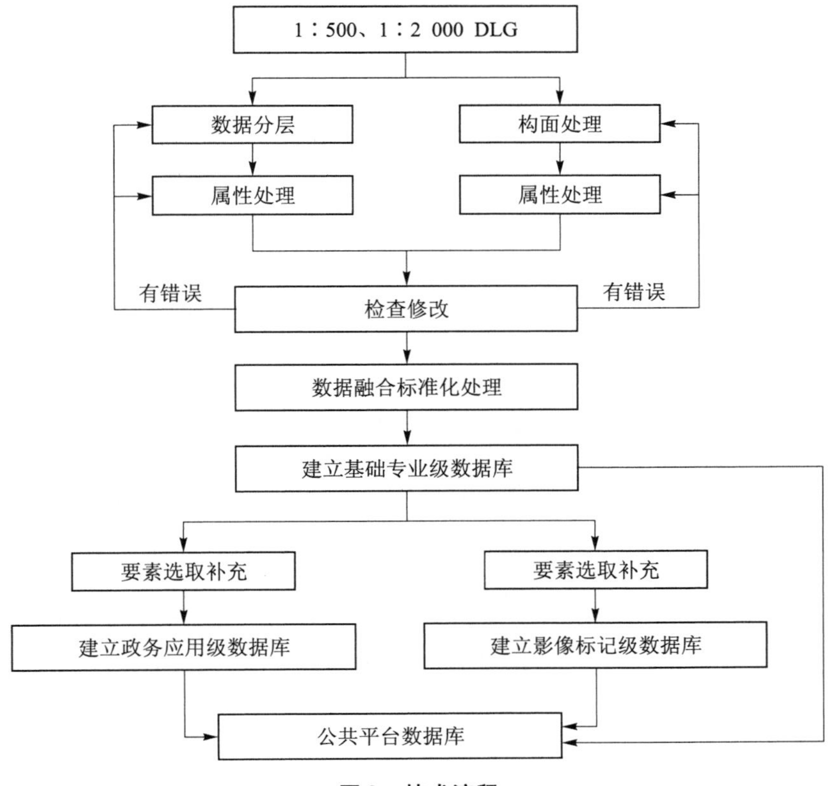

图 2 技术流程

(1)构面处理。构面主要是对DLG各地理要素分层中的面要素进行处理。由于收集的源数据有些未构面,有些未按规范标准构面,所以应按分层要求,对未构面的地理要素逐一构面。构面主要是利用原有地物边线,如果原有地物未封闭,则依据合理的方式补充构面线,进行强制封闭;如果原有地物线能够形成封闭面,则利用即可。

(2)属性处理。建库数据中不但包括图形数据,还包括属性数据。首先对原有属性结构按规范要求处理,再补充新的属性结构,根据图形数据、外业调查数据等补充完善属性数据。

(3)检查修改。其实,在数据库建设过程中,每一步都需要进行细致严格的检查,检查方式可以是计算机自动检查,也可以是人工检查。计算机检查主要是检查有一定规则性的要素,包括图形和属性数据。例如,检查等高线的高程值是否合理、相交、重复等。人工检查主要是检查图形,也可针对一项属性值检查。例如,检查道路名称是否错漏等。

(4)数据融合标准化处理。在检查修改完善后,把分层处理的数据和构面的数据进行融合,再根据规范要求,分别处理各层要素的分类代码。

(5)建立基础专业级数据库。数据处理完成,经过检查合格后,用自编程序导出SHAPE格式的分层矢量数据,然后在ArcGIS中建立数据库。

(6)建立政务应用级数据库。在基础专业级数据库的基础上,经过数据选取,删除测绘专业要素,进行数据扩充,增加各级行政管理界线、教育、医疗、卫生、商场、宾馆、酒店、风景名胜、银行、交通等重要社会经济信息,通过分层处理、拓扑处理、实体化处理等数据重组,来满足众多政府部门的应用需求,为业务管理和决策分析提供支撑。

数据选取是重点,首先编写程序自动提取一部分公共要素,然后手工选取数据,通过整合、检查、接边等处理,形成政务应用级基础地理数据。

选取内容主要是从基础专业级数据库选取水系、居民地及设施、交通、境界与政区、植被与土质数据(只选取城市绿地)和地名地址数据等。

(7)建立影像标记级数据库。在政务应用级数据基础上,选取境界线;水系、居民地及设施、交通等要素的主要名称注记;交通要素提取铁路、城际公路、城市道路部分中心线要素,添加正射影像图建立影像标记级数据库。

4.2.2 地名地址数据库建设

地名地址数据来源有三个方面:一是从1:500、1:2 000、1:10 000 DLG数据中提取;二是实地调查城镇地区的地名地址;三是利用数字湘潭中的部分地名地址。

地名地址数据包含标准地址(地理实体所在地理位置的结构化描述)、地址代码、地址位置、地址时态等信息,还包括与其相关的地理实体的标准名称(根据国家有关法规经标准化处理,并由有关政府机构按法定的程序和权限批准予以公布使用的地名)、地理实体标识码等信息,是以地理位置标识点来表达的。

地名地址数据主要包括行政区域名、街巷名、小区名、标志物和兴趣点名、门(楼)址5种,每种地名都有其相应的地理编码和分类代码。

地名数据提取整合,主要内容是从多比例尺DLG和数字湘乡地名地址数据中提取有用的数据,然后把数据整合到南方CASS软件平台下作业。提取方法采用自编程序和人工选取。

地名标准化处理,主要是把无用、多余或过时的地名删除掉,把不标准地名改为标准名称。

根据地名的分类代码和方法及地名选取原则,对每个地名进行属性赋值处理。处理完成后,就可以将地名分层归类,把属性结构中"中类"相同属性值的地名提取出来,单独组成一个地名图层,并且把"大类"相同属性值的地名提取出来,组成由同类型"中类"集聚的地名图层。

由于后期的公众服务级数据要利用地名地址在互联网上显示,所以需要对地名地址分级选取。

地名地址数据处理完后,经检查修改,转换为SHAPE格式数据,在ArcGIS中进行数据库建设。

5 结 语

数字城市地理空间框架DLG数据根据项目不同,制作要求也略有不同,但作为基础地理信息数据,应该严格按照国家标准和行业标准生产。由于一般是多种比例尺数据,且数据库种类多,又相互关联,所以需要有一套完善的作业流程,还应编写一些相应功能的程序来提高工作效率。

参考文献

[1]“数字湘乡”地理空间框架建设工程设计书. 2012.
[2] GB/T 21139 基础地理信息标准数据基本规定[S].
[3] CH/T 9004—2009 地理信息公共平台基本规定[S].
[4] CH/T 9005—2009 基础地理信息数据库基本规定[S].
[5] GB/T 20257.1—2007 国家基本比例尺地图图式 第1部分:1∶500 1∶1 000 1∶2 000 地形图图式[S].
[6] GB/T 13923—2006 基础地理信息要素分类与代码[S].
[7] GB/T 18521—2001 地名分类与类型代码编制规则[S].
[8] CH/Z 9002—2007 数字城市地理空间信息公共平台地名/地址分类、描述及编码规则[S].

人防指挥地理信息系统的框架设计与实现

黄　平

（湖南省地图院，湖南长沙 410007）

【摘　要】人防工程信息与地理位置信息是密切关联的，基于两者的结合是人防指挥地理信息系统大胆的尝试。其目的是有效地组织融合软件、网络、计算机等技术，构建一个集查询、统计与分析于一体的综合业务系统，从而提高工作效率，消除在人防办公过程中人防工程信息存储、管理、检索、统计和分析的障碍，提高日常办公管理水平，为各级领导进行宏观管理提供高效便利的服务及为决策提供有效参考依据。

【关键词】人防指挥；地理信息系统；决策分析；工程管理

1　引　言

城市人民防空一直以来就是我国人防工作的重点。由于人防建设在我国有较长的历史，随着城市规模和建设的不断发展，人防设施如人防工程、警报器等数量不断增加，相关图纸、分布、工程状况等信息量更呈指数增加。为了达到快速反应、移动办公及现场即时处理等战时指挥自动化的要求，必须建设人防指挥地理信息系统。本文以长沙市人防指挥地理信息系统为例，探讨了系统总的框架设计与实现技术。

系统启动界面如图 1 所示，系统主界面如图 2 所示。

图1　系统启动界面

2　系统框架结构

本系统涵盖范围广、数据量大、数据类型多，安全保密性高是人防信息系统的特点。针对这个特点，并考虑到以后的升级扩展，系统分为三层：数据层、业务逻辑层、界面层（见图3）。

2.1　数据层

人防数据包括地理信息基础数据、人防专题数据、多媒体数据。其中，地理信息基础数据由长沙市

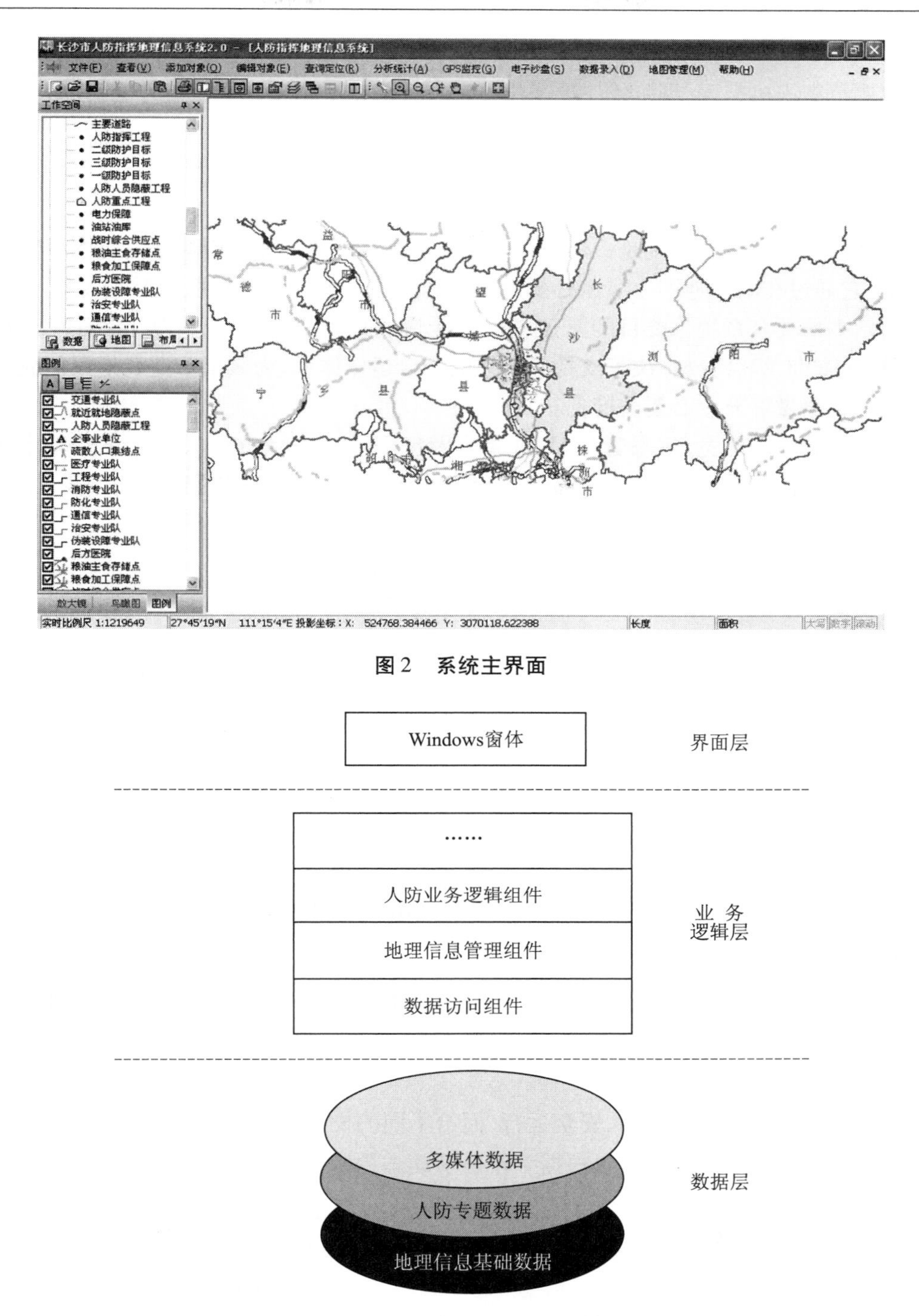

图2　系统主界面

图3　长沙市人防指挥地理信息系统框架结构

1∶1万地形图数据编辑所得；人防专题数据包括人防指挥所、专业队、人防工程、人防地下物资库等人防设施的空间信息和属性信息；多媒体数据包括人防设施的文本、音频、视频等多媒体资料。

2.2　业务逻辑层

业务逻辑层是介于数据层和界面层之间的表达人防管理业务逻辑组件层。按照功能不同，可分为数据访问组件、地理信息管理组件和人防业务逻辑组件等。其中，数据访问组件为基础，主要负责数据层数据操作，如增、删、改等；地理信息管理组件主要负责地理信息相关的操作，如地图图层管理、地理信息查询、地理信息分析、地图打印等；人防业务逻辑组件主要与人防办日常业务流程相关。其他组件包括一些辅助分析的函数库如计算几何库等。

2.3　界面层

界面层主要负责人机交互，现阶段主要采用 Windows 窗体。由于独立于业务逻辑层，以后可根据需要进行网络甚至是移动终端扩展。

3　系统功能

长沙市人防指挥地理信息系统是一个以人防设施资源信息为主要管理对象的应用型辅助分析决策指挥信息系统，它通过在电子地图上显示必要的静态和动态信息，从而直观、清楚地了解城市当前人防设施和预案的基本情况。系统主要目的是建立一个能快速提供实时性强，真实、准确反映人防资源信息，并能实现快速查询、综合分析、决策支持等操作的综合运作体系，为城市防空袭指挥部战时组织全市人民开展防空袭斗争做好充分必要的准备。

系统功能主要有地图浏览、权限管理、数据录入及编辑、人防设施查询定位、分析统计、地图打印、GPS 监控、电子沙盘等（见图 4）。其中，分析统计包括最佳路径分析、条件路径分析、邻近对象分析、覆盖范围分析（动态计算警报器等人防设施的覆盖范围）和统计专题图的制作等。

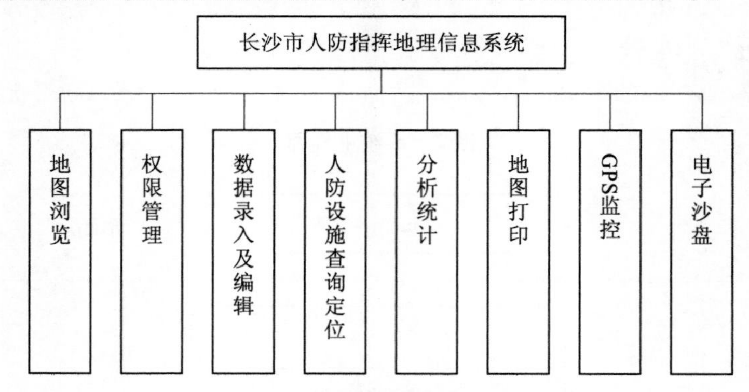

图 4　长沙市人防指挥地理信息系统功能模块

3.1　地图浏览

地图浏览功能是任何电子地图或地理信息系统的基本功能之一，它主要包括地图的放大、缩小、漫游、鹰眼、放大镜等。

3.2　权限管理

权限管理是为了确保系统的准确、安全运行，而给不同的操作员赋予不同的权限，它包括设置用户和设置用户权限两个部分。管理员可以根据工作要求动态控制每个人能浏览的数据及使用的功能（见图 5）。

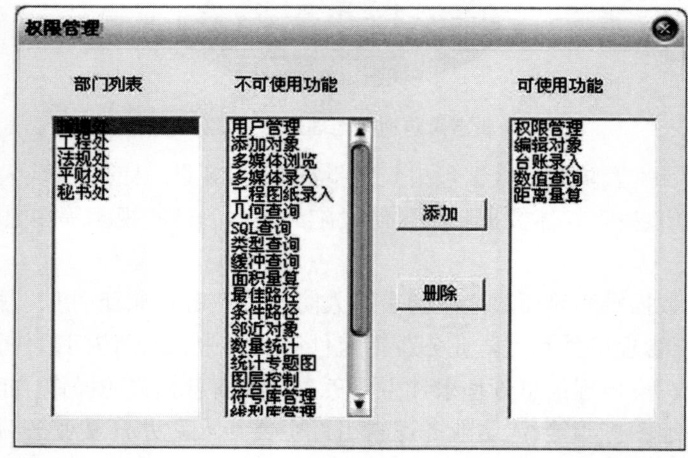

图 5　用户权限设置对话框

3.3　数据录入及编辑

数据录入包括资源录入、图形数据录入和台账数据录入。其中,资源录入包括符号库、线型库和填充库的录入。数据的编辑包括空间位置的编辑和属性的编辑。台账数据录入能对所添加对象添加或修改相关参数信息。

3.4　人防设施查询定位

地理信息项目中大部分的日常任务都与查询有关,有通过几何对象的属性条件来进行查询的SQL查询,还有涉及通过几何对象的空间条件来进行查询分析的空间查询,以及更复杂的空间条件、属性条件跨图层联合查询。人防设施查询定位包括几何查询、SQL查询、模糊查询、缓冲查询等。其中,几何查询包括单点查询、矩形查询、圆形查询和多边形查询;SQL查询是指基于SQL条件语句的查询;模糊查询是指通过名称的模糊匹配来查询某个设施;缓冲查询是一种联合查询,它把查询的区域限定在某个地理目标的缓冲区内。

3.5　分析统计

空间分析功能是地理信息系统的特色之一。系统提供了多种空间分析功能,包括最佳路径分析、条件路径分析、邻近对象分析和覆盖范围分析等。其中,最佳路径分析是指分析两点间的最短路径,如求某居民点到疏散地域的最短路径;条件路径分析是指分析两点间的条件最短路径,条件包括道路的阻塞系数、通行情况等;邻近对象分析是指分析某个地理目标的邻近对象的分布情况;覆盖范围分析是指动态计算警报器等人防设施的覆盖范围。另外,关于统计,系统提供了数量统计和制作统计专题图的功能。

3.6　地图打印

地图打印包括地图布局和打印,即控制所输出地图按照常规地图进行整饰。

3.7　GPS监控

GPS与电子地图结合是地理信息系统的重要应用之一。系统提供了对警报车、消防车、医疗救护车、工程抢修车等移动目标的动态监控功能。

3.8　电子沙盘

电子沙盘配套了1∶1万电子地图、DEM、DOM数据,建立了二、三维同步的虚拟三维系统(见图6),并在此系统中实现军事标绘、工程土方、道路设计、灾害评估等众多分析决策的工具辅助指挥决策。

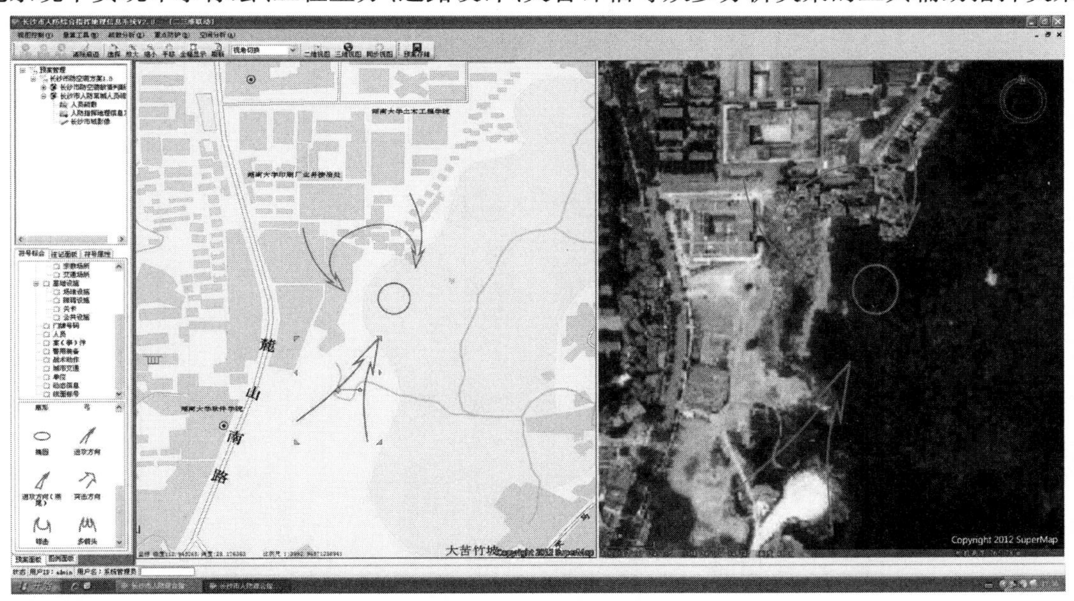

图6　二、三维一体化军事标绘

4　结　语

目前,系统已在长沙市人民防空办公室投入使用,系统运行稳定,软件功能完整,各部门新数据正源源不断地录入，并通过系统功能多次完成重大工作部署，显著提高了人防设施管理和人防指挥的效率，全面实现了数字人防的建设目的，同时得到了湖南省人防办领导和长沙市人防办的一致好评。

参考文献

[1] 刘建忠，张晶，吴功和，等. 城市人防工程信息管理系统的设计与实现[J]. 测绘学院学报，2001，18(3)：232-234.
[2] 陈朝辉. 城市人民防空指挥自动化系统建设与管理[D]. 中国人民解放军通信指挥学院，2002.
[3] 郭庆胜，王晓延. 地理信息系统工程设计与管理[M]. 武汉：武汉大学出版社，2003.
[4] 胡鹏，等. 地理信息系统教程[M]. 武汉：武汉大学出版社，2002.

浅析测绘与土地开发整理

向莺燕　李建荣　龚伯云

(湖南省益阳市安化县土地开发整理中心,湖南益阳 413000)

【摘　要】通过浅析测绘在土地开发整理中所发挥的基础作用、测绘服务土地开发整理的全过程,为土地开发整理提供测绘保障措施。通过测绘,土地整理项目才能发挥良好的经济效益和社会效益,促进土地开发整理事业的发展。

【关键词】土地开发整理;测绘服务;测绘保障措施;技术要求

1　测绘服务土地开发整理的全过程

按照测绘内容的不同及测量的时间阶段性,大致可分为地籍测绘和工程测绘。

地籍测绘主要用于土地整理工程的前期和后期。土地开发整理需进行统一规划开发,具有一定的规模性、统一性、整体性,对一些不规则的界线进行裁弯取直,难免要打破原有的土地权属界线。为便于整理后土地重新确权定界工作的顺利进行,要求在项目前期进行详细的地籍测量,为土地登记、土地统计提供准确的权属界线和各种地类界线(包括地块界)的平面位置和面积。同时,地籍测绘也是对土地利用现状调查的补充。目前,土地利用现状图是在国家测绘部门提供的大、中比例尺地形图的基础上,利用航片、调绘片通过土地利用现状调查编绘而成的,而在土地开发整理全过程中所需要的能反映更为详细而准确内容的专用地图——地籍图,是在土地利用现状凋查成果的基础上,进行补充调查和补测、修测后编绘的。成果图为满足土地开发整理后重新划分权属界线和面积的需要,必须进行一次详细的地籍调查和地籍测绘,必须让土地所有者和土地使用者及四邻参加,取得他们的确认、签字,以免日后产生土地权属纠纷。

土地开发整理是一项综合工程。前期的决策、设计,中期的实施控制,后期的竣工验收等各个阶段都离不开测绘技术。不同的阶段对测绘数据的要求各不相同,各阶段的测绘数据都是非常重要的。

工程项目前期决策、设计阶段。在这一阶段,对项目区地形地貌、拆村并点复垦、旧城改造涉及的搬迁人口及损失评估,土地开发整理中涉及的一些破碎地形地貌的详细数据描述,其范围内的农业基础设施、林地、特殊用地的分布、面积等方面的信息,在准确性、现势性上有较高的判断,工程详细设计、工程概(预)算的准确性、工程的经济指标的对比分析、土地开发整理控制、不同部门之间的协调等,分别为规划、工程设计、土地资源、农业、林业、水利、电力等管理部门提供不同的属性信息,供其决策、设计、协调,作出最迅速准确和监督实施的可行性决策,控制预测项目区域社会经济的发展。

工程项目实施阶段。这一阶段的工程测量数据主要提供给工程监理、施工单位及主管部门。随着土地开发整理制度的日渐规范,工程质量监督工作一般由工程监理部门完成。工程施工单位要根据专业测绘单位提供的前期测量成果及设置的专门控制点(界)和通过审批的设计方案进行施工测量,对测量的专业技术要求并不很高,除施工过程中牵扯到较复杂的如沉降、变形观测等有时需要专业队伍施测外,一般施工单位靠自有力量来完成。

工程项目竣工验收阶段。这一阶段的测绘数据用于编制工程项目竣工成果图,最终将反映项目的竣工现状,其测量成果一般作为工程项目及各管理部门的存档及管理资料,较中期而言,必须达到较高的测量精度,有较全面的内容要求。

在土地开发整理项目的测绘中,根据湖南省国土资源厅土地开发整理储备中心编制的《土地开发整理项目现状图测绘技术要求》规定的技术要求施测工程项目成果图，对测绘成果的要求如下：

(1)测图比例尺 1∶2 000。

(2)采用 1980 西安坐标系、1985 国家高程基准。

(3)采用技术标准：①GB 50026—98《工程测量规范》；②GB/T 7929—1995《地形图图式》；③GH 5002—94《地籍图测绘规范》及说明；④《土地利用现状调查技术规程》。

(4)测绘内容：地类(田块)图斑、道路、排水沟、灌溉渠、电力线、蓄水池、生产路、房屋等的形状，在图上分别量算其面积。

(5)线状地物每隔 50 ~ 100 m 量测其宽度。

(6)村级及村级以上权属界线。

(7)基本等高距平地为 1.0 m，丘山区为 1.0 ~ 2.5 m。

(8)提交成果：①MapGIS 或 AutCAD 格式图形文件光盘(或软盘)；②聚酯薄膜底图(规格为 50 cm × 50 cm)1 套；③蓝晒图 4 套。

2　土地开发整理项目工程测绘的特点

可以看出，在土地开发整理中，对测量提出最高要求的是在工程项目的前期决策、设计阶段，而这一阶段对数据精度要求最高、对数据所反映的内容要求最全面的主要是工程设计部门，牵涉到设计方案的制订、设计概预算的准确编制、为各方提供合理准确的投资计算、对项目方案的经济性进行分析比较。下面以该阶段为重点分析测量的特点。

特征点的测量不可少。地形测量一般是先整体、后局部式的测量，为了追求效率，一般是绘成网格式测量，根据不同的比例要求布置高程点，由整体到局部展开，测量预先绘定的点，其他的点基本采用内插的方式确定。在成图后，依据测点，勾绘出等高线，要求点与点之间的变化必须是平缓的，不能有较大的起伏。但实际中这种情况很少，为了追求精度，往往采取绘密网格的措施。土地开发整理前期准备工作中的测量也采取这种方式，主要测量特征点，不事先画定网格。特征点指的是高程趋势的变化点，如坡顶、边坎。实施复垦的测量特征点极为重要。

坎上坎下均应量测。在地形测绘中，往往只测量坎的平面位置，不测量坎下的位置和坎高，难以给土地开发整理项目以后的设计及概(预)算提供准确的数据。笔者特别强调对各种土坎要细测，注明坎顶、坎脚线的位置和坎高，特别对缓坡坎，应注明坎位置和坎高，这尤为重要，因为其直接影响土方计算的准确性。

细部测量注记。这里的细部测量注记与平常所说的细部测量不同。平常的细部测量是指局部区域中详细的测量，仅仅是为了提高测量精度，而土地整理中的细部测量更为详细，包括树木、房屋的面积及新旧程度、建筑密度、人口密度、容积率，这些都关系到以后拆迁、征地补偿费的计算。细部测量在旧村复垦、旧城镇改造中显得非常重要，具体表现有以下几点：①准确记录树木包括果树的种类、坟、房屋的位置与面积、建筑密度、人口密度、容积率等；②准确记录水塔、管线的长度及使用年限；③对拆村并点要作详细记录，以利于以后设计方案的选择。

湖南省安化县土地开发整理项目地处湘中山区，属丘山区地类型，测绘技术要求成图比例尺为 1∶2 000，采用 1980 西安坐标系，1985 国家高程基准。所测出来的地形图坐标和高程基本上与万分之一基本地形相近，同时在技术上要求测绘出方格网高程点，考虑设计概(预)算精度，按 1∶2 000 测图比例尺要求点与点的间距不得大于 50 m，方格网内不少于 20 个点。但在实际测绘过程中我们发现，由于实地地貌破碎，而且通视困难，按照原来的技术要求无法反映实地地貌特征，会对以后的规划、设计造成很大的困难，甚至无法准确地编制工程项目概(预)算书，给管理部门及投资方的正确决策造成困难，所以在实际测量作业中，既按照技术要求，又注重工程项目的特点，进行了合理的施测，其具体做法如下：

(1)地形较平坦、通视良好的地区，仍按方格形测绘高程点；

(2)地貌破碎地区应加测高程点；

(3)沟、陡、坎均应量注比高；

(4)测区内1:2 000比例尺的首级控制点全部埋设标石,解析控制点每幅图(50 cm×50 cm)为15个;

(5)考虑以后规划和施工的方便,在图面上表示出了居民地和其他地物,同时适当表示了现有的主要道路和相关的房屋及永久性建筑物;

(6)界址点及其范围的确定是根据万分之一土地利用现状图,结合地形图所标范围实地判读施测,有的界址点因落在沟底实地无法施测,就将其移至沟沿。

3 工程测绘是土地开发整理的基础

测绘为决策科学化提供基础信息数据。决策科学化的根本依据和支持条件就是资源、环境、公共设施、基础设施、经济、统计等基础信息数据的获取和共享。理想的测绘成果上应该附加这些要素,反映土地开发整理区域的地形、地物、交通、水系、境界、房屋、人口等现状数据,面向不同决策部门提供不同的基础信息数据。

测绘为工程项目节约投资。土地开发整理是一项大投资,工程施工过程应严格按照以概算控制预算、以预算控制决算的步骤进行,从一开始就为资金的节约、控制打下坚实的基础。这就要求有科学合理的规划设计方案。要做到这点,必须有一套精确、详细的工程项目测绘成果,必须具有现势性,充分反映开发区域内的一切现状,它的准确与否,直接关系到设计方案的优化选择、投资的合理计算、效益的准确分析、概(预)算的精确计算等。

规范工程测绘行为。俗话说:没有规矩,不成方圆。土地开发整理中的规矩就是各种施工验收规范,而这些规范所执行的先决条件是有科学可行的工程设计。施工必须严格按照工程设计进行,要做好符合实际的设计,测绘资料就必须翔实,能反映设计所需要的一切数据。

4 规范工程测绘,为土地开发整理各项工程建设提供测绘保障

规范工程测绘工作固然会提高后期工作的精度,但并非越详细越好,因为这会增加测绘的费用。不同的工程项目有着各自的特点,对测绘工作也有着不同的要求,我们应该本着总费用最小的原则,在测绘精度和费用最小之间找到平衡点。根据工程测绘实践,我们就规范项目工程测绘、做好土地开发整理保障服务提出以下几点浅见,仅供参考。

4.1 坚持规范标准,注重工程项目特点的测绘

(1)因地制宜,合理确定测图比例尺。地形起伏变化小、地势较平坦地区的土地开发整理项目一般采用1:2 000比例尺即可符合各方要求;而地形起伏变化大、地貌破碎、通视困难的区域必须采用1:1 000比例尺。

(2)合理布设高程点。1:2 000比例尺平坦地区一般可以100 m为网格间距施测,地貌破碎、地形变化复杂地区施测高程点网格间距不能大于50 m。

(3)特征点测量必不可少。要加测高程趋势变化点、坎顶、坎脚线的位置和坎高,沟应量注其比高。

(4)图上元素应标注详细具体。测绘成果图上除反映居民地、林地、园地、沟、渠、水系、电力等现状地物及其使用年限外,对于拆村并点复垦、旧城改造的地方,还应计算出每户的房屋面积、新旧程度、建筑密度、人口密度、容积率,园地、林地树木的种类,特殊用地的位置、数量等。

(5)测区应埋设足够的测量标石,注记坐标和高程,以利于进行工程施工控制。

4.2 强化统一基础信息平台,实施数字化测绘,服务各项工程建设

(1)根据国土资源部提出的数字国土计划,利用先进软件、全野外数字化测量系统和机助成图系统等进行实地数据采集和进行必要的现场属性调查,更新测量、更新资料,基础信息的现势性和可用性将会大大提高。

(2)强化统一基础信息平台,统一成图规范标准,提高信息资源的利用率,提供公益性、基础性、权威性和准确性的公共地理空间信息平台和信息服务环境,为相关应用部门提供准确及时的用于决策支持的基础信息,将会使各部门、各行业的专题数据更加快捷、直观、准确地提供给使用者、决策者,以利于

科学化决策，保障各项工程项目实施。

(3)采用高新测绘技术方法，为土地开发整理提供测绘保障。测绘高新技术的飞速发展，地理空间信息技术、空间虚拟模型显示技术的应用，对土地开发整理中设计和计划决策十分有用。从测绘成果中同时可获得地物的位置、方向、坐标、高程、面积、形状及其他属性等数据，使信息的检索与应用更加方便、快捷。逐步实施高新测绘技术方法，为土地开发整理各项工程建设提供可靠的测绘保障服务，土地整理项目才能发挥良好的经济效益和社会效益，促进土地开发整理事业的发展。

浅谈航空摄影像片控制测量的几点技术革新

王长虹

（湖南省第三测绘院，湖南长沙 410007）

【摘　要】像控点测量的效率和精度直接决定航摄成图的生产进度和最终成果的质量。随着卫星定位技术、测绘技术、网络技术的高速发展，像控点的布设和测量工作也发生了重大变化，野外像控点的数量大幅度减少，使像控点测量及成果整理简单化、智能化。

【关键词】像控点测量；新技术的应用；革新

1　引　言

航空摄影像片控制点（像控点）是航测内业空三加密的基础数据和重要依据，像控点测量是指依据已知的大地点、水准点，借助外业测量仪器实地测定所布设的像控点的平面坐标和高程值，并且正确标示出像控点像点位置的工作。像控点测量的效率和精度直接决定航摄成图的生产进度和最终成果的质量，因此像控点测量是整个航测流程中最关键的环节。其主要工作流程为像控点布设、像控点测量、像控点成果的整理及提交等。

21世纪以来，测绘技术和计算机技术飞速发展。随着高新技术的应用，像控点测量发生了质的飞跃。本文主要针对像控点测量的工作流程，结合实际项目，重点阐述几点新技术在像控点测量中的应用。

2　新技术在像控点测量中的应用

2.1　在POS数据辅助下采用Inpho软件进行空三加密，给像控点布设带来的技术革新

POS（Positioning and Orientation System）系统是高精度定向定位系统，集全球定位系统（GPS）与惯性导航系统（INS）于一体，可以实时获取运动载体的空间位置和姿态信息，也就是可以获取摄影瞬间航摄像片曝光点的空间位置和摄影主光轴空间姿态数据。在开展数码航空摄影工作时，通过GPS载波相位差分定位获取航摄仪的位置参数，通过惯性测量单元IMU测定航摄仪的姿态参数，经GPS、IMU数据的联合平差处理，直接获取航空摄影瞬间航摄像片的6个外方位元素。将这些外方位元素直接引入解析空中三角测量进行区域网联合平差计算，此时仅结合一个地面控制点作为基准，就可获得与常规电算加密方法相当精度的加密点坐标。

POS系统的问世不但给传统的航测内业带来了革命性的变化，也给传统的航测外业带来了全新的作业方法。经多次试验证明，POS数据辅助下采用Inpho软件进行空三加密，不但可以有效地减少地面控制点的数量，而且误差模型变化平稳，仍能保持很高的精度。例如：湖南省第三测绘院参与生产的洞庭湖测区1:1万地形图的航空摄影测量（如图1所示），测区总面积18 904 km^2，地形以洞庭湖冲积平原为主，东部及西南部为丘陵山区，按传统方法均匀布设像控点需要约380个，在POS数据辅助下采用Inpho软件进行空三加密，像控点的数量减少到约150个，减少了60%的像控点，同时保证了精度，极大地减少了外业测量的工作量，缩短了生产时间，提高了生产效率。

2.2　HNCORS的建立，给像控点测量带来的技术革新

湖南省卫星定位连续运行基准站（HNCORS）是湖南省“十一五”规划的重点项目，是实现湖南省域现代化地球空间信息服务的重要基础设施，是“数字湖南”地理空间框架“一网一库一平台”的重要组成

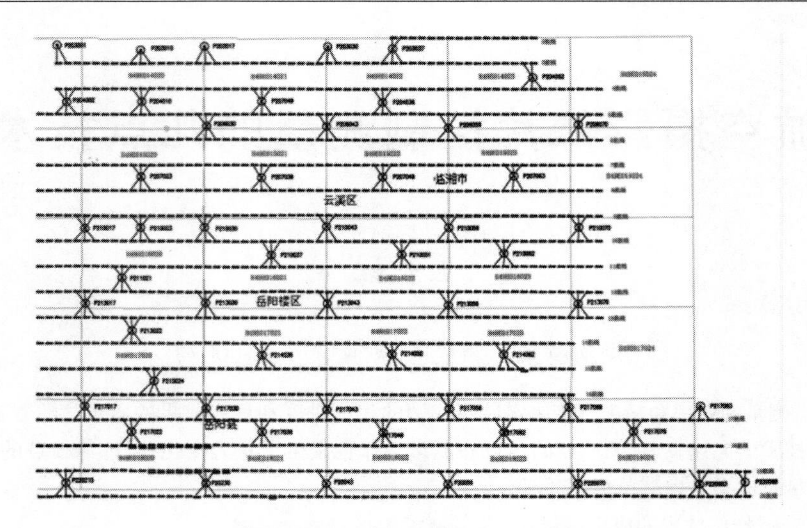

图 1　洞庭湖测区 1∶1万航测像控点结合图(局部)

部分。HNCORS 系统组成:基准站子系统(RSS)、系统控制中心(SMC)、数据通信子系统(DCS)、数据中心(UDC)、用户应用子系统(UAS)。全省一共 93 个基准站,全网站点平均距离 53 km,可有效满足全省大地测量、工程测量、气象预报、地震监测、精确导航、国土管理和公共安全等方面的地理信息需求,为"数字湖南"提供坚实的地理空间框架信息服务。

HNCORS 与单基站 GPS RTK 相比,有以下几点优势:

(1)节省精力:用户不需要自己建立临时基准站,省去野外工作中的值守人员和架设基准站的时间,无需考虑基准站的架设位置是否合理。

(2)扩大了有效工作的范围;单基站的作业半径一般为 15 km,HNCORS 的作业范围实现了湖南省内全覆盖。

(3)精度保障:改进了初始化时间,在网络覆盖范围内,用户能在较短时间内得到稳定的固定解,精度均匀可靠。

(4)支持静态和动态后处理:在偏远山区或其他网络信号盲区,由于通信网络问题导致的长时间得不到固定解时,用户无需寻找其他已知点进行静态联测,只需在测点记录 1 s 采样率不少于 5 min 的原始观测数据,进行静态或动态后处理的方法来进行补救。

目前大部分项目的航飞已采用数码航摄仪,在 POS 数据辅助下,像控点的数量大量减少,这也给像控点的测量带来了极大的挑战。同样以上述项目为例(如图 1 所示),平均一幅 1∶5万的地形图内仅两个像控点,相邻像控点之间的直线距离最近 15 km,最远 24 km,传统的测量方法根本无法进行测量。HNCORS 的建立,实现了湖南省由传统控制测量向新一代的、动态的、高精度的、实时的、无级别区分的测量方式的变革,也为测绘作业方式、作业时效等带来了全面升级。

2.3　Google Earth 的应用,给像控点导航带来的技术革新

谷歌地球(Google Earth)是 Google 公司开发的一款虚拟地球仪软件,它把卫星照片、航空照相和 GIS 布置在一个地球的三维模型上。用户可以通过一个下载到自己电脑、手机等智能设备上的客户端软件,免费浏览全球各地的高清晰度卫星图片。目前因其卫星影像图解析度高、更新快、免费等特点,已引起国内各行业的广泛关注。

Google Earth 本身是架构在 WGS－84 坐标框架下所定义的经纬度坐标,在 Google Earth 影像中通过添加一些目标地物点,就可以在属性中得到该点的经纬度坐标。用户可以通过代码读取地标文件的内部信息,还可以通过程序自动生成 KML 文件。使用 KML 格式的地标文件非常利于在 Google Earth 应用程序内实现数据的导入、导出(见图 2)。

其具体操作步骤如下:

(1)在出外业之前,可先在室内将像控点所在的数码航摄像片的像主点经纬度坐标(POS 数据)编

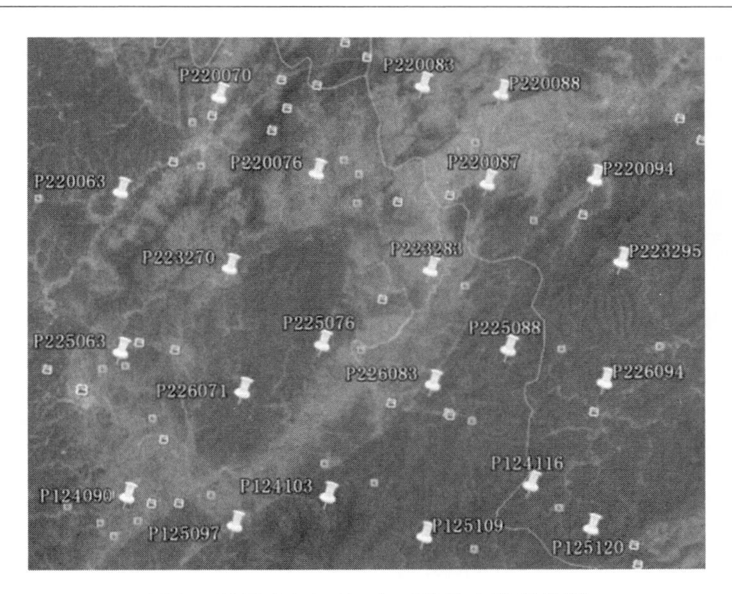

图2　利用 Google Earth 对像控点进行分析

辑文档，通过程序转换为 KML 格式的文件，再将 KML 文件批量展绘在 Google Earth 上，在 Google Earth 上得到像控点的大概位置。

(2)根据航摄像片上圈定的像控点选刺目标，调整 Google Earth 上的目标点至准确位置。如果不是数码航片或没有 POS 数据，可直接对照像片上的选刺目标在 Google Earth 上标注像控点的位置。

(3)结合 Google Earth 卫星影像对测区实地地形、交通等情况进行分析，合理安排好外业测量路线和工作计划。

(4)利用 Google Earth 所具备的目标影像坐标提取功能，获得目标点的 WGS－84 经纬度坐标的 KML 文件。

(5)将目标点的 KML 文件导入至平板电脑或智能手机的 OruxMaps 等导航软件内，在野外测量时进行导航。

Google Earth 导航与传统方法相比具有很大的优越性。

导航技术普及之前，测量人员主要借助小比例尺地形图和航测像片来规划测量路线和寻找像控点点位。测量人员每次外出前要收集整个测区的 1∶1万或者 1∶5万的地形图作为参考资料，并打印一大堆的航测像片，要将布设的像控点转标至地形图上，要把多幅地形图进行拼接，用不同颜色的笔在地形图上标注路线，在野外时眼睛还要时刻盯着图纸和像片查看，避免走错路。这种作业方法费工费时，效率极低，人力资源消耗也比较大。

利用 Google Earth 清晰的卫星影像以及智能导航设备，可以轻松地导航至像控点点位处，节省了大量的内业分析和外业判图、问路的时间。通过在洞庭湖测区的实际应用，取得了很好的效果：一组作业人员使用传统方法每天只能完成 10 个左右的像控点测量，现在每天可以完成 15 个以上，测量效率提升了 50%。

2.4　便携式计算机的普及，给像控点成果整理带来的技术革新

目前，像控点选刺主要是通过测量人员拿着航摄像片与实地进行对照，并按照规范和设计要求，在规定的区域内选择合适的地面目标点，然后在航摄像片上相对应的影像处，用刺点针刺上小圆孔并做好整饰，画好点位略图，为内业加密工作做准备。因为航测摄影比例较小，非熟练的专业人员很难在野外利用航片配立体，选择理想的刺点目标。这种方法对作业人员素质要求较高，且效率低下，稍有不慎就会有像控点刺错位置的情况发生。

将数码航摄像片拷贝至便携式笔记本或平板电脑内，在野外选点时可直接在电脑上标记。这样影像可以放大很多倍，清晰度很高，非常利于目标点的选择，并且可以方便地调用同一像控点涉及的多张像片，避免了在野外使用立体镜来配立体，降低了对作业人员专业水平的要求，使刺点工作简单化。同

时,也节省了画点位略图的时间,避免了因为点位略图画得不合理或者错误,造成内业加密人员的理解错误。成果整理时,利用 AutoCAD 等图形编辑软件,直接截取放大的局部影像图,附加文字注记作为点位略图,如图 3 所示。

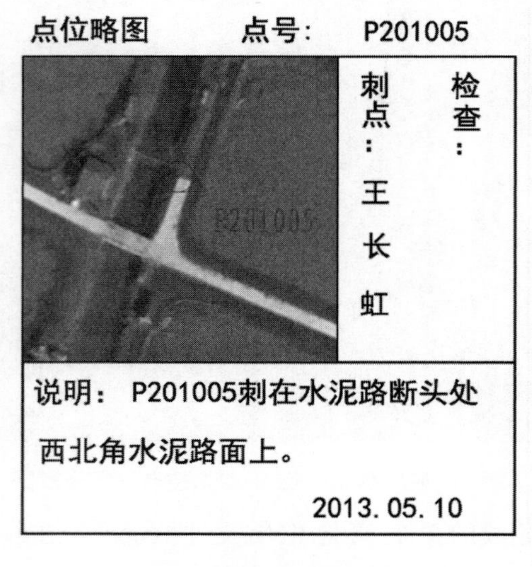

图 3　像控点点位略图

3　结　语

卫星定位技术、测绘技术、网络技术的高速发展,促使航空摄影像控点的布设和测量工作发生了重大变化。新技术的广泛应用,大幅度减少了野外像控点的数量,使像控点测量及成果整理简单化、智能化,减少了像控点测量工作中人力、物力的投入,提高了工作效率,缩短了航测成图的周期,实现了地理信息数据的快速更新,带动了测绘地理信息事业的快速发展。

参 考 文 献

[1] 王佩军, 徐亚明. 摄影测量学[M]. 武汉:武汉大学出版社, 2005.
[2] 曾庆伟,吴战克. GPS 手持机 + Google Earth 联合进行像控点选刺的探索与应用[J]. 铁道勘察,2009(3):57-58.
[3] 郭大海,王建超,郑雄伟. 机载 POS 系统直接地理定位技术理论与实践[M]. 北京:地质出版社,2009.

浅谈 GNSS RTK 技术在公路勘测中的应用

杨新乾

（中国有色金属长沙勘察设计研究院有限公司，湖南长沙 410011）

【摘　要】阐述 RTK 测量的优点及其在公路勘测中的应用情况，并对应用中存在的问题提出相应措施。

【关键词】GNSS RTK；公路勘测

1 引　言

近年来，随着经济的发展与技术的进步，GNSS 精密定位技术在我国得到蓬勃发展。GNSS 技术在公路勘测的应用，前几年主要体现为采用静态或快速静态作业模式建立沿线 GNSS 公路控制网，近几年主要体现在采用实时动态（RTK）作业模式用于加密控制点、测图数据采集、纵横断面测量以及营运管理等方面。

2 GNSS RTK 技术的优点

（1）作业效率高。在一般的地形条件下，高质量的 RTK 设站一次即可测完 4 km 半径的测区，大大减少了传统测量所需的控制点数量和测量仪器的搬站次数，在一般的电磁波环境下能较快地得到一点坐标，作业速度快，劳动强度低，节省了外业费用，提高了作业效率。

（2）定位精度高，没有累计误差。在满足 RTK 的基本工作条件下，一定的作业半径内，RTK 的平面精度和高程精度都能达到厘米级[1]。

（3）操作简便，数据处理能力强。只要在设站时进行简单的设置，就可以获得测量结果坐标或进行坐标放样。数据输入、存储、处理、转换方便，输出能力强，能方便快捷地与计算机及其他测量仪器通信。

（4）降低了作业条件要求。RTK 技术不要求两点间满足光学通视，与传统测量相比，RTK 技术受通视条件、能见度、气候、季节等因素的影响和限制较小，即使在传统测量看来地形复杂、地物障碍而造成的难通视地区，也能轻松地进行快速的高精度定位作业。这使得测量工作变得更加轻松。

（5）RTK 作业自动化、集成化程度高。流动站利用内装式软件控制系统，无需人工干预便可自动实现多种测绘功能，使辅助测量工作大量减少，减小了人为误差，保证了作业质量[2]。

3 GNSS RTK 用于公路勘测的可行性

（1）外部条件。随着 GNSS 技术进一步的开发应用，GNSS 实时载波相位差分技术（RTK）日渐成熟。仪器体积逐渐变小、野外携带操作方便、不要求站间通视、不受时间气象条件限制等优点，使其比常规方法进行公路勘测更加优越[3]。

（2）精度指标。公路勘测主要应用了 GNSS 的两大功能：静态功能和动态功能，但无论是静态测量还是动态测量都具有厘米级精度，因此完全可以满足大比例尺公路勘测的精度要求。

（3）数据形式。GNSS 采集的数据是统一坐标系下的三维数据，测量结果可很容易地和其他应用软件接口，并利用软件直接成图或建立数字地面模型（DTM），为公路勘测提供重要数据。而且，信息数据的自动接收、自动存储，内外业结合紧密，减少了中间环节，使路线测设一体化、自动化成为可能[4]。

4 公路 RTK 测量的作业方法

4.1 不同起算条件下的 RTK 作业方式

在进行公路 RTK 测量时,已有起算点的坐标数据情况往往不尽相同。有的已知点可能同时具有 WGS-84 大地坐标和 1980 西安坐标系坐标(简称 80 坐标)或 1954 北京坐标系坐标(简称 54 坐标),可以求解两系统坐标转换参数;而大多数的已知点可能只具有 80 坐标或 54 坐标,还不能直接求解坐标转换参数。因此,在具体作业方式上会有所不同[5]。

对于已知点同时具有 WGS-84 坐标和 80 坐标或 54 坐标的公路项目,可以在 RTK 系统中直接输入已知点的两套坐标,选用合适的坐标转换模型,通过公共点匹配求解坐标转换参数,检验合格后保存采用。此时基准站必须安置在已知点上,且应输入已有的 WGS-84 坐标,以保证 WGS-84 坐标的一致性;流动站比较灵活,可以先到个别已知点或已测点上进行检核测量,以核对坐标转换参数的正确性,也可以直接到待定点上流动观测。按此方式进行的一般是已经布设 GPS 控制网的公路项目。

对于已知点仅具有 80 坐标或 54 坐标的公路项目,为求解坐标转换参数,必须先测定已知点的 WGS-84 坐标。此时基准站可以安置在已知点上,也可以安置在待定点上,甚至可以安置在临时点上,但都必须先进行单点定位,测定基准站的 WGS-84 坐标。而为获取所有已知点的 WGS-84 坐标,流动站必须先到已知点进行流动观测,然后在 RTK 系统内通过公共点匹配求解坐标转换参数。有了转换参数,就可以到待定点上依次观测了。对于没有布设 GNSS 控制网的公路项目,一般都需要按此种作业方式进行。

4.2 不同坐标系统下的 RTK 作业方式

(1)在国家坐标系统下的 RTK 作业方式。即上述所介绍的两种情形。这种作业方式可真正意义上地实时提供国家坐标系统下的点位坐标,主要工作也是外业完成的。它要求测区具有坐标转换参数或能够实时求定转换参数。该作业方式主要用于真正需要实时提供点位坐标的公路项目,如施工放样等。

(2)在 WGS-84 坐标系统下的 RTK 作业方式。即指 RTK 外业测量中无需考虑坐标转换参数而直接实时提供 WGS-84 坐标,通过内业后处理提供国家坐标的一种作业方式。这种作业方式的最大特点是:不必为求定坐标转换参数而必须提前进行已知点联测,只需在测定待定点时顺便联测已知点。尤其是对于线路较长的公路 RTK 测量,无需实时提供国家坐标成果时,按此作业方式可以大大减少外业工作量[5]。

5 公路 RTK 技术的应用

GNSS 静态定位、准动态定位等定位模式,由于数据处理滞后,所以无法实时解算出定位结果,同时无法及时对观测数据进行检核,这就难以保证观测数据的质量,在实际工作中经常需要返工来重测不合格观测成果。虽然可通过延长观测时间来保证测量数据的可靠性,但这样就降低了 GNSS 测量的工作效率。实时动态定位(RTK)系统可以实时监测点的数据质量和基线解算结果的收敛情况,根据待测点的精度指标,确定观测时间,从而减少冗余观测,提高工作效率。

动态定位模式在公路勘测阶段,可以完成地形测绘、中桩测量、横断面测量、纵断面地面线测量等工作。整个测量过程在不需通视的条件下,采用快速测量,精度就可以达到 10~30 mm,有着常规测量仪器不可比拟的优点。

5.1 地形测绘

高等级公路选线多是在 1:2 000 带状地形图上进行。用传统方法测图,先要建立控制点,然后进行碎部测量,绘制成地形图。这种方法工作量大,速度慢,花费时间长。用 GNSS RTK 测量可以完全克服这个缺点,只需在沿线每个碎部点上停留一两分钟,即可获得每点的坐标、高程。结合输入的点特征编码及属性信息,构成带状碎部点的数据,在室内即可用绘图软件成图。因此,减少了测图工序,既省时又省力,非常实用。

5.2 横断面测量

路线横断面测量是指测定横断面方向上的相邻变坡点间的水平距离和高差,以供路基设计、挡墙、防护工程及计算土石方量等使用。横断面测量的质量直接影响工程量的准确度。用 RTK 进行横断面测量应首先计算出待测横断面两端点的坐标并由 RTK 实时测得,从而标定出横断面的方向线,然后在标定出的横断面方向线上测出各特征点的三维坐标,由坐标计算出两相邻特征点的水平距离和高差,绘出横断面线。

6 RTK 技术存在的问题及解决方法

(1)受卫星状况限制。在高山峡谷及密集森林区、城市高楼密布区,卫星信号被遮挡时间较长,使一天中可作业时间受限制,且容易产生假值。作业时间受限可由选择合适作业时间来解决;产生假值问题,采用 RTK 测量成果的质量控制方法可以发现。

(2)环境影响。中午,受电离层干扰大,共用卫星数少,常接收不到 5 颗卫星的信号,使得初始化时间长甚至不能初始化。因此,选择合适的作业时段至关重要。

(3)初始化能力和所需时间问题。在山区、林区、城镇密集楼区等地作业时,GNSS 卫星信号被阻挡的机会较多,容易造成失锁,采用 RTK 作业时有时需要经常重新初始化。这样测量的精度和效率都受影响。选用初始化能力强、所需时间短的 RTK 机型可解决这类问题。

(4)数据链传输受干扰和限制、作业半径比标称距离小的问题。当受到障碍物如高大山体、高大建筑物和各种高频信号源的干扰时,RTK 数据链在传输过程中衰减严重,严重影响作业精度和作业半径。解决这类问题的有效办法是把基准站布设在测区中央的最高点上。

(5)电量不足问题。RTK 耗电量较大,在电力供应缺乏的偏远作业区受到限制,需要多个大容量电池或电瓶才能保证连续作业。

参考文献

[1] 侯士强. 基于 GPS RTK 技术的分析与应用[J]. 新疆电力,2006,228(4):68-69.
[2] 催永春. 浅谈 GPS 系统中 RTK 技术在公路测设中的应用[J]. 黑龙江科技信息,2009,24(22).
[3] 杨应坤. GPS RTK 技术在公路测量中关键技术的研究[J]. 科技信息,2007,24(15):53-54.
[4] 李仕东. GPS RTK 技术在高等级公路横断面测量中的应用[J]. 测绘工程,2005(1):38-39.
[5] 毛迎丹. 公路测量中 RTK 作业方式的探讨[J]. 工程科学,2008,19(14):1-2.

基于物联网技术的柏加镇智慧型城镇研究

曾玉龙

(湖南省浏阳市城乡规划局，湖南浏阳 410300)

【摘　要】智慧城镇是在物联网、云计算等信息技术支撑下形成的新型信息化的城镇形态。它是贯彻落实党中央、国务院城镇化战略部署的具体任务，是扩大内需、启动投资、促进产业升级和转型的新要求。但在传统规划设计中物联网技术并未引起重视。本文通过对首批国家智慧城镇试点镇——浏阳市柏加镇分析，结合该镇自身特点，创建基于物联网技术的智慧城镇，倡导创新与发展更加关注民生、注重以人为本，为各方面提供智能化的地理信息服务，成为智慧城市科学建设与发展的基础支撑。打造公共信息平台建设，探索新型城镇化的道路，为柏加镇智慧型城镇建设提供技术路径。

【关键词】物联网；智慧型城镇；公共信息平台

1　引　言

住房和城乡建设部于 2013 年 1 月 29 日公布智慧型城镇名单，浏阳市柏加镇通过遴选、审核成为首批国家智慧城市三个试点镇之一。智慧城镇是在物联网、云计算等新一代信息技术的支撑下，形成的一种新型信息化的城镇形态。由于国家尚未出台智慧城镇标准，作为一种全新城镇化模式，如何建设智慧城镇来解决城镇实际问题，如何智慧地规划和管理城镇，智慧地配置城镇资源，如何优化城镇宜居环境，增强市民的幸福感和城镇的可持续发展能力，是我们面临的新问题。作为规划部门，如何引导和服务好柏加镇智慧型城镇建设，是当前和今后一段时期的重要研究课题。本文从物联网概念入手，结合柏加镇现状，启动智慧城市时空信息云平台建设试点，为智慧城市的建设和发展提供统一、权威的时空信息定位基础，搭建起智慧城市所需要的智能化的时空信息运行载体，利用物联网技术整合资源，加快城乡一体化进程，为各方面提供智能化的地理信息服务，成为智慧城市科学建设与发展的基础支撑，为柏加镇智慧型城镇建设提供技术路径，构建智慧、环保、可持续发展的“美丽中国梦”。

2　物联网及其关键技术

物联网最早可以追溯到 1990 年施乐公司的 Networked Coke Machine。此后比尔 · 盖茨在华盛顿湖畔的智能化豪宅，国内外运营商推出的手机支付、路灯监控等 M2M 应用都是物联网的雏形。2009 年 8 月，温家宝总理在中科院无锡高新微纳传感网工程技术研发中心考察时提出，尽快建立“感知中国”中心。目前，已将“物联网”明确列入《国家中长期科学技术发展规划(2006—2020 年)》和 2050 年国家产业路线图。

2.1　物联网定义

物联网是以互联网为基础的新一代信息技术的重要组成部分，其英文名称是“Internet of Things”，顾名思义，“物联网就是物物相连的互联网”(见图 1)。国际电信联盟(ITU)对物联网做了如下定义：通过二维码识读设备、射频识别(RFID) 装置、红外感应器、全球定位系统和激光扫描器等信息传感设备，按约定的协议，把任何物品与互联网相连接，进行信息交换和通信，以实现智能化识别、定位、跟踪、监控和管理的一种网络。物联网通过智能感知、识别技术与

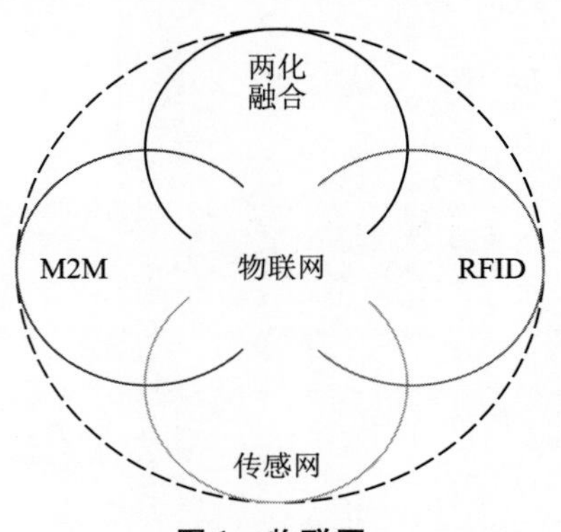

图 1　物联网

普适计算、泛在网络的融合应用,被称为继计算机、互联网之后世界信息产业发展的第三次浪潮。

2.2 物联网关键技术

物联网的关键技术有体系架构、物体标识、网络和通信、安全和隐私、服务搜索和发现、软硬件、能量获取和存储、设备微型小型化。物联网有四个关键性的应用技术——RFID、传感器、智能技术以及纳米技术。

物联网主要解决物品与物品(T2T)、人与物品(H2T)、人与人(H2H)、人到机器(H2M)、机器到机器之间(M2M)的互连。物联网架构可分为三层:感知层、网络层和应用层。感知层由各种传感器构成,包括二维码标签、温湿度传感器、RFID 标签和读写器、GPS、摄像头等感知终端。感知层是物联网识别物体、采集信息的来源。目前终端上 RFID 传感技术已经成熟,产业链上有新兴产业的推动,潜在的应用也非常大。网络层由各种网络,包括互联网、广电网、网络管理系统和云计算平台等组成,是整个物联网的中枢,负责传递和处理感知层获取的信息。应用层是物联网和用户的接口,它与行业需求结合,实现物联网的智能应用。物联网要解决的最大问题是实现对物体的智能识别、跟踪、定位、管理和监控。

3 柏加镇现状分析及智慧型城镇物联网的意义

3.1 现状分析

“花木之乡”柏加镇地处湖南省长沙、株洲的交界位置(见图 2),总面积 87.5 km^2,人口 2.6 万,其中有 2.3 万人专门从事花卉苗木产业工作,遍布全国有 7 000 多个营销经济人,花木年交易额达 30 亿元。互联网、电信网、广播电视网等基础设施较好,电话普及率 100%,宽带安装率达 95%。2008 年 12 月,柏加镇被纳入长株潭国家“两型”社会综合配套改革试验区,是长株潭城市群的中央绿心,承担省域中心的生态保障功能、近郊居住功能和旅游休闲功能。长沙南横线直连长浏高速,长株高速、沪昆客运专线在柏加穿境而过,距长沙黄花国际机场仅 25 km,距武广高铁长沙站仅 12 km,交通十分便利。

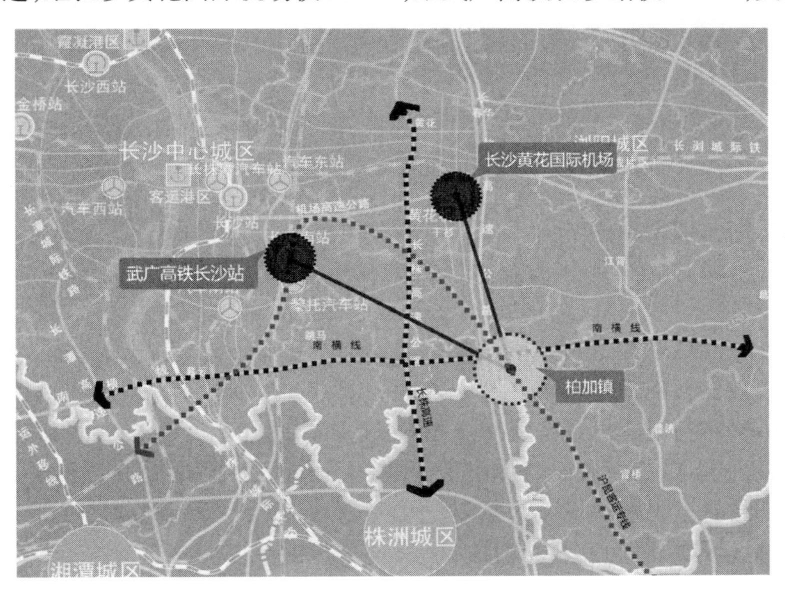

图 2 柏加镇区位图

3.2 基于物联网智慧城镇的现实意义

智慧城镇是城镇高度信息化、智能化、虚拟化和敏捷化的具体体现,对政府、企业、公众及城市的发展有很大的作用。基于物联网智慧城镇的建设,利用信息化手段加快产业发展,使柏加花木在保持中南领先的基础上,实现国内领先,推动全球争先;通过信息化技术打造智慧城镇,可以最大限度地实现公平公正,让每一个公民享受均等的服务。同时,花木产业快速发展后,相应会催生第三产业的发展,可以提供大量的就业岗位和创业商机;通过平台农民足不出户就可以掌握全国市场行情,甚至是世界市场行情,既节约外出考察成本,又能精准地把握商机,更好地开展花木生产和经营,提升产业升级,让环境更美、青山绿水更多、农民生产更简单、百姓办事更方便、群众生活更舒适,实现人与自然的和谐发展。

4　柏加镇智慧型城镇物联网技术路线

4.1　物联网必备条件

“物”要满足具有数据传输通路、存储功能、CPU、操作系统、应用程序、物联网通信协议、网络唯一可识别的ID,才能够被纳入“物联网”的范围。

4.2　物联网技术模型

根据物联网层次架构体系结合柏加实际情况,通过 T2T、H2T、H2H、H2M、M2M,从感知层、网络层和应用层构成典型物联网模型,如图3所示。

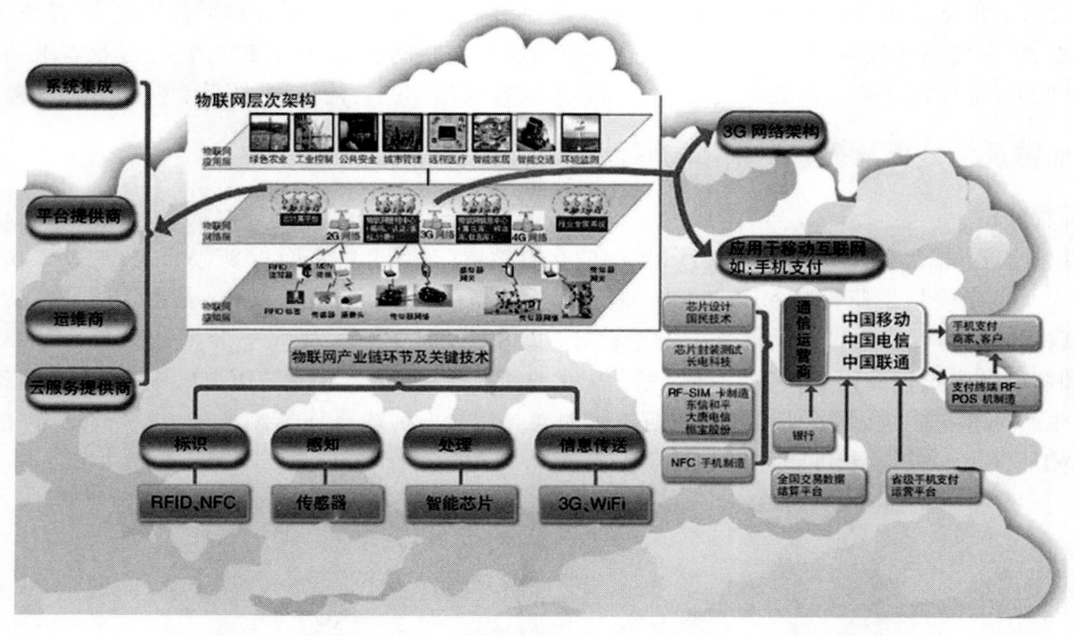

图3　物联网层次架构体系

柏加镇物联网层次架构体系网络层采用互联网、电信网、广播电视网等为主要网络,在目前现有网络基础上通过广电网络整合和双向化改造,3G网络基本实现全覆盖;WiFi接入基本覆盖重点公共场所、重点商业场所。4G网络开始推进,主要起网络信息数据交流承载作用。感知层通过RFID、NFC标识,传感器感知,智能芯片处理和3G、WiFi信息传送,采用GPS、飞机、专用设备和人感知,构成物联网产业链环节及关键技术。物联网将传感器和智能处理相结合,利用云计算、模式识别等各种智能技术,扩充其应用领域。从传感器获得的海量信息中分析、加工和处理出有意义的数据,以适应不同用户的不同需求,发现新的应用领域和应用模式。应用层主要通过系统集成、公共信息平台建设、云服务,来实现智能家庭、智慧城镇,公共信息平台建设尤为重要。

4.3　公共信息平台建设是物联网实现的载体

结合物联网技术模型,柏加镇公共信息平台建设方案顶层架构在遵循住建部验收标准的基础上进行设计,主要包括城镇公共信息平台基础设施、城镇公共信息资源数据中心和城镇公共信息应用服务平台三大部分(见图4)。

4.3.1　城镇公共信息平台基础设施

柏加镇城镇公共信息平台基础设施包括网络资源、服务器、存储资源、计算资源、虚拟化资源管理系统、安全设施等,是物联网运行的物理基础。特别是完善城镇和农村的3G和WiFi网络建设,率先开展TD-LTE试商用和4G移动通信网的试验网建设,2015年实现校园、酒店、商业集中区、公共活动中心等各个区域的热点全覆盖。通过广电网络整合和双向化改造,到2014年达到接入网入户实现广播下行带宽2Gbps、窄播下行带宽1Gbps,宽带接入能力达到100Mbps。基础设施设计应满足黄花机场航线净空

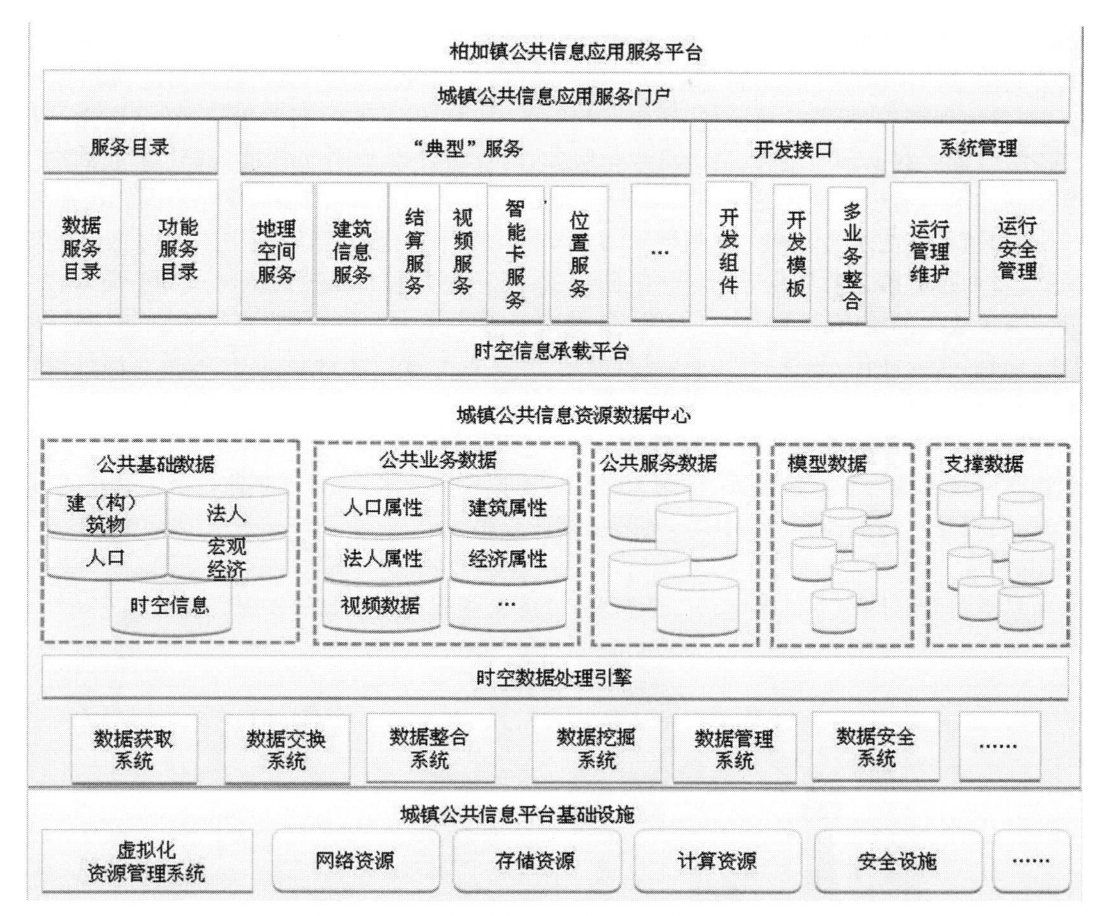

图4 柏加镇公共信息平台

限高及无线发射要求，纳入地下综合管网专项规划和建设，结合生态环境设计，构建低碳节能街区。

4.3.2 城镇公共信息资源数据中心

柏加镇城镇公共信息资源数据以“六库”为基础（见表1），即空间地理信息数据库、地下综合管网数据库、规划成果数据库、产业信息数据库、人口基础数据库、宏观经济库；采用Oracle数据库，通过GIS系统（如ArcInfo的SDE引擎）的空间数据引擎方式将图形数据也存入到关系数据库系统管理，动态管理维护数据库，增加了空间数据管理能力。虚拟服务中的用户根据统计模式进行多级划分，分级管理，实现了数据“物理集中、逻辑独立”。对系统信息安全评级，并实行异地备份，加强容灾备份中心等建设。

表1 柏加镇城镇公共信息资源数据

	名称	内容
公共信息资源数据库	空间地理信息数据库	多比例尺地形图、栅格地图数据库、矢量地形要素数据库、数字高程模型数据库、地名数据库和正射影像数据库等
	地下综合管网数据库	给水、排水（雨水、污水）、燃气（煤气、天然气）、电力、电信、国防线、热力、工业管道等
	规划成果数据库	规划成果（区域规划、总体规划、控制性规划、详细规划）、城镇规划项目、土地利用规划
	产业信息数据库	名贵花木、苗圃、苗木原材料、园艺设计、环境设计、生态旅游、三产配套（宾馆、商业等）、智能物流
	人口基础数据库	人口基本信息、家庭信息、纳税信息、社会保障信息、医疗信息、婚姻信息、企业法人
	宏观经济数据库	经济类、公司情况、股票市场、基金市场、债券市场、期货市场、外汇市场、黄金市场、高频交易、市场资料、香港数据、海外市场等

4.3.3 城镇公共信息应用服务平台

城镇公共信息应用服务平台是智慧城镇实现的关键,包括电子商务交易、智慧物流、城市运营、智慧政务办公、智慧规划管理、绿色建筑监控、智慧医疗服务、智慧社区服务、智能教育、智慧应急、智慧环保等系统。该平台提供数据获取服务、三维可视化服务、网查询服务、拓扑分析服务等,通过数据挖掘实现智能决策控制技术。通过建设智慧城镇来解决城镇实际问题,通过平台建设,整合全国的花卉苗木存量信息,实现柏加镇花卉苗木实时网络视频展示和苗木网上数字交易业务,打造中国最大的花卉苗木电子商务交易平台;通过城市运营集成应用与体制创新,实施一种全新的能达到精确、敏捷、高效、全时段监控和全方位覆盖效果的城市管理模式,使政府的城市管理水平大幅度提高,真正实现城镇管理的精细化、网格化、信息化、人性化,智慧地规划和管理城镇,智慧地配置城镇资源,优化城镇宜居环境,增强市民的幸福感和城镇的可持续发展能力,提高政府决策水平。

4.4 智能家庭和名贵苗木的物联网服务例举

基于物联网技术的智慧城镇建设,运用3S技术、虚拟现实技术,结合视频监控及传感技术开办柏加镇智能家庭、名贵花木网上体验中心,以示范带动推广应用。

4.4.1 智能家庭

公共信息平台物联网服务的末端是智能家庭,智能家庭的物联网服务如图5所示。

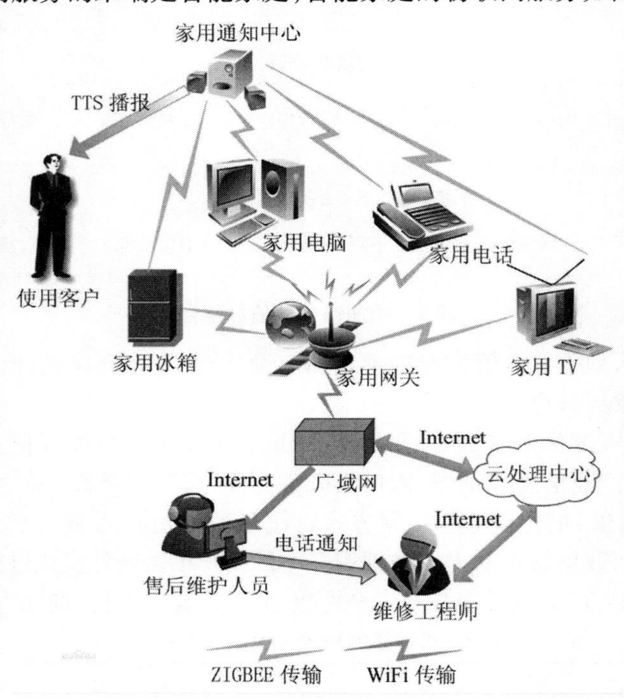

图5 智能家庭

家庭保健:通过传感器可自助体检,并把数据自动连接到医院,医生诊断后电话回访或自动传输体检结果和医生建议到家庭终端设备。

老人或残疾人的紧急按钮:当摁下的时候医院将收到报警,并自动接通视频。

智能设备:“可以说话”的设备在某些指标处于安全水准以下时发送警报(例如,水、电、煤气量小于某一值时自动报警;冰箱提醒你饮料需要补充或者肉品快要过期等;衣服会“告诉”洗衣机对颜色和水温的要求。)

火警或医院连接:家庭防火器直接与消防119通信,救护数据也被实时传输到最近医院。

防盗系统及远程控制:家中无人时门被打开,门磁侦测到有人闯入,则将闯入报警通过无线网关发送给主人手机,手机收到信息后发出震动铃声提示,主人确认后发出控制指令,电磁门锁自动落锁并触发无线声光报警器发出报警。

智能计量:对能源消耗(如冰箱、照明、空调系统)进行远程控制和管理,智能计算启动节能技术。

4.4.2 名贵苗木网上体验

以柏加、镇头为中心的长沙市百里花木走廊,覆盖周边其他乡镇,种植面积达 17 万亩;以柏加为基础,整合杭州萧山、广东陈村、江苏夏溪、成都温江等其他苗乡资源。构建一套对名贵苗木、精品园林的实时监控、安全预警系统。对每一颗苗木植入多功能芯片,芯片编号唯一,将该苗木的生长、运输、种植、养护全过程的信息详细记录并接入平台,实现对苗木的跟踪管理。将这个系统接入电子商务交易平台,花农和客户都可以通过平台随时查看标的物的具体情况。通过芯片和技术手段监测苗木的土壤、水分、温度、湿度、地理坐标等生长环境,自动浇水、施肥,当苗木出现生长异常或位置移动时自动报警。通过平台对苗木的死亡概率、被偷盗破坏概率、市场行情等多方面进行分析,自动生成报表,出具风险投资报告。

5 柏加镇智慧型城镇物联网技术的难点

政府如何建立管理机构和构建共享机制,协调整合信息资源,涉及各行业、部门资源和利益,属于法律、政策和体制问题,本文不作深入探讨。仅从技术角度来看,柏加镇物联网实现技术难点集中在以下三个方面。

5.1 标准不统一问题

物联网建设是一项内容丰富、涉及广泛而复杂庞大的系统工程,数据牵涉到省、市、县级国土、建设、规划、测绘、水利、电力、公路、环保、旅游等行业和部门,数据建库面宽量大,成为物联网信息建设的门槛。而从事开发的中小型企业按照不同的标准设计生产;大型企业的标准虽然逐渐成为该领域行业标准,但是依然难以带动所有物联网领域标准的统一。由于各企业软件平台和相关技术没有形成行业认同和推广的标准,造成产业链平台各异、数据集成困难,形成许多信息孤岛,造成大量重复性劳动,商业运营模式存在挑战,后续的运营需要主体企业的积极配合。

5.2 技术不统一问题

物联网的迅速发展和广泛应用导致了空间数据的多源性。各实施单位数据源获取能力、数据加工处理水平、地理空间数据管理集成化以及采用的软件平台不同,不同手段获得的数据其存储格式及提取和处理手段都各不相同,造成目前数据格式的多样性。而这些数据并不具有兼容性,即无法与其他领域的产品进行集成。多数据格式是多源空间数据集成的瓶颈,为数据综合利用和数据共享带来不便。此外,终端技术有待提升,云安全标准问题仍是重点要解决的问题,技术人才相对短缺,无法为产业提供足够的支撑,从而阻碍了物联网系统的建立与扩展。

5.3 市场不统一问题

目前,物联网行业市场庞大,但很多智能开发、生产企业缺少核心技术,东拼西凑,组成一个系统后就推广,或是在不同领域进行简单相加。例如传感器、RFID、生物识别、互联网等产品虽然市场巨大,但是这个巨大的物联网市场是被打散的。各种物联网硬件不断更新、频繁升级,缺乏行业统一规划和监管,各厂商自行其事,使物联网产品规格五花八门,互不兼容,与以后统一构建的标准格格不入,必将造成巨大的人力、物力与财力上的浪费。政府和有关部门应及早重视,下大力气整顿和规范目前已经混乱的物联网硬件市场,使物联网步入健康发展的正确轨道。

6 结 语

物联网不是科技的狂想,而是又一场科技革命。2013 年,国家测绘地理信息局已确保全国 333 个地级市全部启动数字城市建设,累计建成 230 个数字城市并投入使用,进一步加快县级市的数字城市建设,开展智慧城市时空信息云平台试点。物联网使物品和服务发生了质的飞跃,给用户带来进一步的效率、便利和安全,由此形成基于这项功能的新兴产业。政府要加强引导和政策支持,在智慧型城镇规划编制过程中纳入基础配套设计和建设。通过开展时空数据建设、时空信息云平台开发、支撑环境完善和典型应用示范等试点工作,探索智慧城市时空信息云平台的建设模式、共享模式和服务模式,为全国数字城市地理空间框架升级转型,以及后续大规模的智慧城市时空信息云平台建设提供依据,为智慧城市、智慧区域和智慧中国建设奠定基础。推动城市向集约、智能、绿色、低碳方向发展,加快数字中国向智慧中国迈进。柏加镇通过倡导创新与发展,更加关注民生,注重以人为本,鼓励用户广泛参与,形成新型城镇化应用示范,让更多的传统行业感受到物联网的价值。但物联网也是一个长期的系统工程,建设发展要经历从基础建立、试点运行,到集成优化、逐层递进、全面推广的过程,不可急于求成,要稳步推进。随着物联网技术的逐渐成熟推进和体系完善,物联网时代的智能生活正渐行渐近。物联网将给柏加镇智慧城镇开启一个全新生活的智能时代。

参 考 文 献

[1] 曾玉龙,刘斌. 社会主义新农村规划建设信息资源整合中的相关 GIS 技术[J]. 测绘与空间地理信息,2008(3).
[2] 马宇健. 基于电子标签的签名系统设计与实现[D]. 北京:北方工业大学,2009.
[3] 田美花. 基于 RFID 技术的生产执行系统关键技术研究[D]. 青岛:中国海洋大学,2007.
[4] 柏加镇人民政府. 浏阳市柏加镇智慧城镇情况介绍. 2013.
[5] Bo Yan. Supply Chain Information Transmission based on RFID and Internet of Things. 2009.

数字湘西州地理空间框架推广应用探析

李生岩　莫秀玉　张　奎

（湘西自治州国土资源局，湖南湘西 416000）

【摘　要】地理空间框架是数字城市建设的重要基础，其推广应用的好坏直接关系到平台能否长效运行。本文针对数字城市建设的现状，简述了数字湘西州地理空间框架（简称"数字湘西州"）建设情况，分析了框架建设与应用中存在的问题，并提出了相应的对策，为国内其他数字城市建设的推广应用提供可借鉴的思路。

【关键词】数字城市；地理空间框架；数字湘西州；推广应用

1　引　言

数字城市以可视化、网络化、智能化的表达方式对城市实现数字化的再现与升华，形成统一、共享的信息管理与服务系统，为政府提供决策支持、为民众提供信息服务[1]。数字城市建设的核心是构建数字城市地理空间框架，2006 年，国家启动了数字城市地理空间框架建设试点工作。2010 年，国家测绘地理信息局颁布了《关于进一步加快推进数字城市建设的通知》（国测国发〔2010〕48 号）。2013 年初，全国已有 31 个省、自治区、直辖市的 310 余个城市开展了数字城市建设，其中 150 多个城市已建设完成并全面投入应用[2]。而后国家测绘地理信息局下发了《关于加快数字城市地理空间框架建设全面推广应用的通知》（国测国发〔2013〕27 号），指出数字城市建设工作已进入应用与发展的关键时期，但是有些地方仍存在长效机制落实不到位、更新欠及时、应用推广深度与广度不够等问题。本文以"数字湘西州"建设为例研究其推广与应用，为国内其他数字城市建设的进一步推广与应用提供可借鉴的思路。

2　数字湘西州建设概况

数字湘西州地理空间框架建设项目于 2011 年 7 月获国家测绘地理信息局批准立项，并被列为 2011 年国家数字城市建设推广项目，湘西州正式成为全国数字城市建设推广城市之一。2011 年 10 月，项目建设工程设计书通过专家评审，湘西州人民政府与湖南省国土资源厅签订《数字湘西州地理空间框架建设合作协议书》，项目正式启动建设，项目总预算 1 790 万元。2014 年 1 月 7 日，项目顺利通过省厅专家组验收，并在技术上实现了多项创新[4]。项目建设成果主要包括三大类。

2.1　数据成果

形成了覆盖全州的大地测量控制点和地名地址、7 县 1 市城区约 800 km^2 的高清航拍影像，吉首和凤凰 550 km^2 精细数字高程模型和 280 km^2 地形图、吉首和凤凰约 30 km^2 的城市三维景观模型等基础数据，以及路网、土地利用现状、矿产规划、地质环境、旅游等专题数据在内的一系列数据库成果。

2.2　共享平台

建立了具备数据管理、共享服务和运维管理的公共服务平台。该平台以面向服务的产品数据集为核心，依托局域网、电子政务网和互联网分别部署了基础版、政务版和公众版三个版本，向政府、企业和公众提供权威的、统一的地理信息服务，为政府科学决策、推进部门信息化、便捷公众生活奠定良好基础。

2.3　支持环境

制定了《数字湘西州地理空间框架建设项目数据标准》，出台了《数字湘西州地理信息公共服务平台使用管理办法》；与公安、旅游、规划等部门签订了共建共享合作协议，初步形成了地理信息资源共建共享体系;同时,配备了操作系统、数据库软件、服务器、数据存储备份、安全等软硬件设备。

3 存在的问题

3.1 基础地理数据现势性较差

地理信息公共服务平台的生命力在于数据的现势性。由于经费及项目周期较长,框架建设时没有对吉首和凤凰城区进行地形图进行更新,直接采用了2009年城镇地籍测量成果,致使当前吉首市和凤凰县核心城区的数据显得比较陈旧。近年来,吉首市和凤凰县主城区地物变化较大,因此可以利用0.2 m分辨率航摄成果对核心区1:2 000地形图的核心要素进行全面更新,以保证平台的生命力。

3.2 地理信息资源覆盖不全

数字湘西州虽然已建立了一系列数据库成果,但是基础地理数据只覆盖到县城区,且1:2 000比例尺地形图仅覆盖了吉首和凤凰城区,高清分辨率影像数据也只覆盖各县市中心城区。其余6县市无大比例尺地形图,中心城区外也无高分辨率影像数据。在专题数据方面仅整合了国土资源、旅游、规划部门的部分数据。地理信息数据覆盖范围不全,严重制约了地理空间框架的推广与应用。

3.3 标准政策机制不够完善

《数字湘西州地理空间框架建设项目数据标准》仅对平台中各类基础数据的生产技术要求进行了规定;《数字湘西州地理信息公共服务平台使用管理办法》虽然明确了平台的统一性和权威性,也规定了各类数据更新维护经费纳入财政预算,但湘西州财政承受能力有限,仅靠政府财政投入,必然造成数据因缺乏足够资金和生产标准不统一而得不到及时更新、共享,导致无法提供实时、准确的信息服务,影响其进一步推广与应用。

3.4 部门协调工作难度大

数字湘西州建设涉及城市的各个部门、各个层次,组织协调难度大。湘西地处云贵高原武陵山区,是武陵山片区区域发展与扶贫攻坚试点核心区域,很多人的思想意识滞后于形势发展。由于历史和现实的种种原因,还有大部分人对数字湘西州建设的意义存在不同认识,对数字湘西州建设工作的支持与配合力度存在差异,有的甚至直接产生抵触情绪,给框架平台在各部门的推广应用带来了一定的难度。

4 建议及对策

4.1 统筹规划,加强监督与管理

数字城市建设不可能一蹴而就,一般情况下完成地理空间框架建设需要1~2年,要达到比较完善的水平则需要更长时间[5]。数字湘西州建设是一项复杂的系统工程,也是"一把手"工程,涉及政府各个职能部门,必须按照"总体规划、分步实施"的原则,根据湘西州自身特点和现有条件科学合理地制订计划。优化网络环境,加强电子政务内外网建设,为"数字湘西州"的进一步推广应用提供网络支撑。同时,突出政府的监管职能,将各部门相关工作纳入本部门(行业)综合考评范畴,统筹整合各部门的信息资源,充分利用现有的工作成果,避免重复建设和盲目投资。

4.2 以点带面,充分发挥专题应用示范作用

要充分发挥数字湘西州地理空间框架已建的矿产、地灾、规划、旅游等专题应用的示范作用,做好应用管理常态化,真正达到"能用、好用、管用"。制定统一的专题数据生产标准和规范,全面整合经济社会、人文历史和自然环境等数据,不断深化地理信息服务的深度与广度。加大框架应用的推介力度,宣传数字湘西州建设的意义,使各部门的"一把手"能够充分认识到数字湘西州建设的重要性和紧迫性,从而实现由示范应用向全面应用的跨越。同时,湘西州政府应分期分批地将所有部门纳入数字湘西系统,全面推动数字湘西州的建设。

4.3 科学谋划,开展数字县域建设

"数字湘西州"从应用地域范围来看,目前还只局限于吉首和凤凰中心城区,面积约800 km^2,仅占湘西州域的5.33%,覆盖范围十分有限。开展"数字县域"建设,拓宽地理信息覆盖范围,为县域经济发展、规划建设、城市管理提供地理信息支撑保障服务,是数字湘西州地理空间框架推广与应用的一个主

要方向。基于湘西州各县市建设经费困难、技术力量薄弱的实际，首先可以选择基础条件较好的一两个县开展数字县域建设，逐步实现数字城市建设从州到县的纵向贯通。

4.4 双管齐下，破解人才“瓶颈”难题

数字城市地理空间框架的长久高效运行必须以高素质的人才作为人力支撑。落后地区人才保障是困扰数字城市建设的大难题，应“引才”和“育才”双管齐下，通过公开招考和“筑巢”的方式吸引人才[6]。同时，打破行政体制的枷锁，积极采取引进人才的政策措施，全面育才，提高专业技术队伍人员素质，实现数字湘西州建设的“高科技”和信息化人才建设的“高素质”对接。只有突破了人才“瓶颈”，才能更好地管理与维护公共服务平台，保证数字湘西州的正常运转，为各应用系统提供及时、高效、优质的地理信息服务。

5 结 语

数字湘西州建设是一项长期而艰巨的工作，湘西州应把数字湘西州地理空间框架建设的推广与应用，作为数字湘西州建设中的一项重要工作，逐步将全州范围内基于地理信息的应用统一纳入到数字湘西州地理空间框架中来，进一步推动湘西州信息化工作向深度和广度发展。

参 考 文 献

[1] 李丽琴. 中国数字城市发展研究[D]. 重庆：重庆大学，2007.
[2] 喻贵银. 扎实推动数字城市建设向智慧城市发展——国家测绘地理信息局副局长李维森答记者问[N]. 中国测绘报. 2013-03-15(1).
[3] 湖南省国土资源厅. 数字湘西州地理空间框架建设工程设计书. 2011.
[4] 张奎. 数字湘西实现六大创新[N]. 中国测绘报. 2014-01-21(2).
[5] 吕长广，王公友，范新成. 关于数字城市建设的若干思考[J]. 城市勘测，2011(6)：9-11.
[6] 杨正存，李生岩，曹娜. 武陵山片区“数字框架”建设的几个问题[J]. 国土资源导刊，2012(1)：61-62.

电力配网地理信息系统的设计与开发

黄　平

（湖南省地图院，湖南长沙 410007）

【摘　要】随着城市经济建设的迅速发展，城市规模的扩大，特别是城乡电网改造工程的广泛开展，对输配送电网的综合服务和管理水平提出了更高的要求，传统的管理模式已不能适应快速发展的电力行业的需要。输配送电网 GIS 主要针对输变电主干网（220 kV、110 kV 为辅助）及子干网（35 kV、10 kV 为主）输配电网设备设施空间分布数据、生产运行数据、电网运行状态等信息进行集中管理。因此，利用现代计算机网络技术和地理信息技术对电网生产运行进行管理已成为迫在眉睫的任务。电力配网信息系统的建设目标是对电网的网络关系进行分析，集成已有的信息管理系统，开发出基于地理信息技术的电网管理系统，形成以地理位置为查询主线索的多层次、多方式的信息管理系统。本文结合长沙市电业局的输配送管网建设现状，结合实际工作需求，为全面提高电缆管理所的综合服务和管理水平，解决工作中的问题，对电力配网地理信息系统的功能和框架结构等进行全面描述和开发。

【关键词】电力配网信息系统；地理信息系统；信息化

1　系统概述

随着城市电力系统向高度信息化、自动化的方向发展，电网规模的日益扩大，需要管理庞大的电力设备设施数据、用户数据、规划数据、现场数据、历史台账和资料等。而科学的决策在某种程度上依赖于决策者所掌握的信息量的多少及精准程度。输电系统是一个包含大量信息的复杂系统，而 GIS 可以最大限度地将有关信息集成起来，从而为电力系统决策人员提供一个多元化的决策依据。电网互联技术的发展，导致电力系统地域的扩大，在规划选址、经济运行中涉及诸多关联因素，如资源、人口、经济发展、社会活动等，它们都与地理系统有关，将地理信息作为电力系统管理的主线，能够形象地描述系统，有效地组织数据信息。长沙市电业局电缆管理所电力配网 GIS 系统登录界面如图 1 所示。

图 1　系统登录界面

2 开发目的

目前,电力管网面临着严峻的问题:如何将最终用户的复杂需求提炼为 GIS 系统能够识别的“语言”,进而转化为系统中的一部分。目前国际上 GIS 技术市场的发展趋势,也已经完全走出“技术推动应用”发展的昨天,而进入了“应用牵引技术”进步的崭新时代。我们采用北京慧图公司的国产 GIS 软件平台,由于国内厂商拥有自主版权的底层技术,可以采取平台软件的内核调整等手段来满足我们的特殊应用需求,从而使开发出的配网 GIS 系统具有较高的性能和效率,并可满足迫在眉睫的工作需求,具有全面的功能模块。开发系统平台前,必须根据电力管网的具体需求,进行了全面而深刻的调研,了解电力行业的运行模式、操作规程、工作流程、业务范围等,否则,用户的合理需求得不到满足,开发工作就无法继续开展。因此,最理想的配网 GIS 软件,应能最大限度地满足实际生产的需求,从底层平台到上层应用都应采取面向应用需求的发展策略。

系统主界面如图 2 所示。

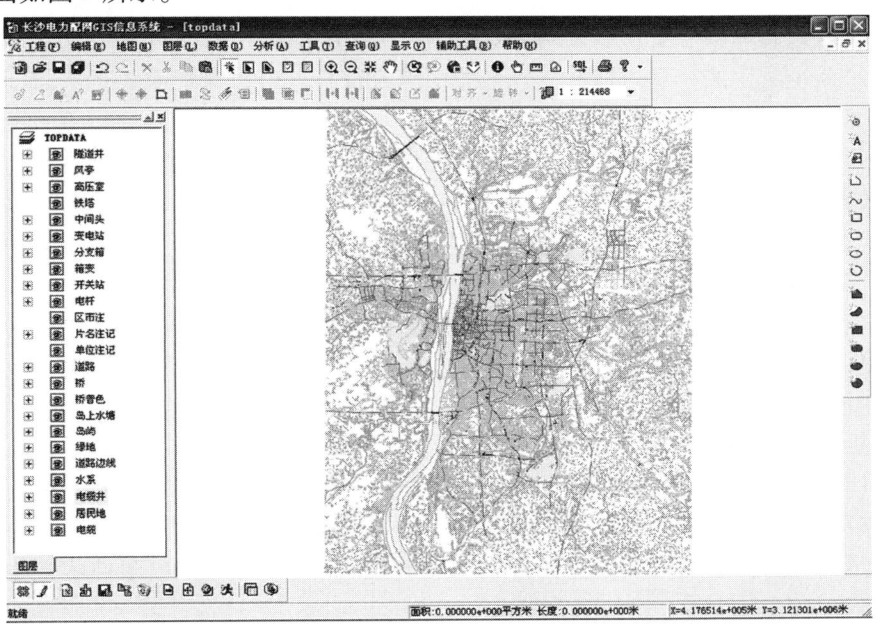

图 2 系统主界面

3 系统设计

目前管网 GIS 软件比较多,用于电力行业的 GIS 软件主要有 ESRI 系列产品、Mapinfo 系列产品、SmallWorld、SICAD 以及国内的 Grow、TopMap 等。考虑到规模与成本的关系,并且很好地达到系统设计的技术要求,本文采用的是国产 TopMap GIS 软件平台。TopMap ActiveX 6 为全组件式的地理信息系统开发平台,包括 TopMap ActiveX 6 主控件、全图浏览定位的鸟瞰图控件、属性列表编辑控件、地图图层列表及管理控件等,适用于单机及局域网、客户端/服务器模式的地理信息系统应用开发。用户可以在面向对象的可视化编程语言中,方便地插入 TopMap ActiveX 6,轻松实现地理信息系统功能,包括 GIS 交换格式数据导入导出、地图精美表现、丰富的标注设置、投影设置及转换、矢量编辑、矢量校准、属性数据操作、多媒体支持、专题分析、空间分析、拓扑分析、网络分析、插值分析、大幅面矢量打印及自动分页打印、图像输出等,能很好地胜任本系统的需求。

4 系统架构

考虑到本系统是服务于城市管网的软件,必须全面顾及其开放性和兼容性,同时要拥有稳定的核心组件,因此系统充分利用了 TopMap 的已有特性,构建系统架构,其特点主要体现在:利用 TopMap SDP

空间数据引擎,针对不同的数据库类型、空间数据组织形式进行封装,提供基于关系型数据库的空间数据和属性数据的统一的二次开发函数接口。通过 TopMap SDP 6,用户不必了解数据库中复杂的空间数据组织形式,即可在 TopMap ActiveX 6、TopMap World 6、TopMap Desktop 6 或者其他应用程序中高效地访问和管理数据库中的空间数据和属性数据。同时,SDP 可通过 ESRI 公司的 ArcSDE 引擎,访问 ArcGIS 的空间数据库。其空间数据引擎架构为本系统的兼容、稳定及扩展提了很好的技术基础。

5　功能实现

本系统作为服务于电力行业的一个专业系统,必须有广泛的实用性,应符合电力部门管理要求及满足业务工作的需要,真正实现办公自动化、管理科学化。同时,根据系统的应用环境,其可靠性与准确性也是不可忽略的环节,数据库中的所有资料应是准确可靠的,系统应有很强的容错能力和处理突发事件的能力。

系统所提供的数据及图表都是决策依据,因此系统的各项功能及管理的各种数据应是最新的、全面的、完整的。平台搭建后一部分工作由软件系统完成,软件内部则是按软件工程的思想和方法来建立的,因此必须力求系统结构的科学、合理,并且各方面都应符合电力管网管理的要求,信息编码遵循行业或地方规范。

在保证各项功能完满实现的基础上,以最好的性能价格比配置系统的软、硬件,使系统尽快发挥经济效益与社会效益。同时,系统应具备可扩展性和开放性,具有良好的接口和方便的二次开发工具,以便系统不断地扩充、求精和完善;系统在输入输出方面应具有较强的兼容性,能进行各种不同资料格式的转换。本系统应有良好的用户接口,用户易学易懂,操作简便、灵活。

系统全面实现配电网信息管理的自动化,即系统的功能要涵盖配网运行管理有关的业务,利用供电企业的网络环境,系统能实现电网信息资源的共享和部门间的信息交换,系统具有较高的实用性。

系统全面完整地管理电网资源各种信息,具有海量数据管理的能力,空间信息精度高,图形管理处理能力强,信息更新方便,系统安全可靠。

系统不但具有快速、方便地对电网进行空间查询、业务信息检索、业务统计等功能,还应该能够随着供电企业的管理水平的提高,逐步实现输配电网负荷动态计算、模拟停电分析、模拟供电分析、分析供电范围和事故预想等功能,使输配电网信息由静态 GIS 转变为动态 GIS 管理,最终实现电网信息的实时 GIS 管理,使系统达到国内外同类软件的先进水平。

系统保持很好的集成性,提供集成更多的供电企业现有应用系统的能力,保证 GIS 数据关联度广,提供的辅助分析数据量大、类别多。如图 3 所示为线路台账信息。

	电缆编号	敷设方式	电缆回数
446	电信I回-01/电信II回-01/东方线-01/车I回-01/万家丽线-01...	电缆沟	20
447	电信I回-01/电信II回-01/东方线-01/车I回-01/万家丽线-01...	电缆支架沟	20
448	电信I回-01/电信II回-01/东方线-01/车I回-01/万家丽线-01...	电缆支架沟	20
449	电信I回-01/电信II回-01/东方线-01/车I回-01/万家丽线-01...	电缆沟	20
450	中江线-02/友谊线-02/自然线-01	沟埋	3
451	中江线-02/友谊线-02/自然线-01	沟埋	3
453	中江线-02/友谊线-02/自然线-01	沟埋	2
454	中江线-02/友谊线-02/自然线-01	沟埋	3
455	中江线-01/友谊线-01/中江线-02/友谊线-02	沟埋	4
456	中江线-01/友谊线-01/中江线-02/友谊线-02	沟埋	4
457	中江线-01/友谊线-01/中江线-02/友谊线-02	沟埋	4
461	0918/0919	沟埋	2
462	0918/0919	沟埋	2
463	0918/0919	沟埋	2
464	0918/0919	沟埋	2
465	0918/0919	沟埋	2
466	0918/0919	沟埋	2
467	0918/0919	沟埋	2
468	圭塘线-01/汽制线-01/曲塘线-01/铝材线-01	电缆沟	
469	圭塘线-01/汽制线-01/曲塘线-01/铝材线-01	电缆沟	

图 3　线路台账信息

6 系统开发

长沙市电力配网地理信息系统是一个以电力局管网资源信息为主要管理对象的应用型辅助分析决策系统,它通过在电子地图上显示相应的静态和动态电力管网信息,从而直观、清楚地了解城市当前电力管网设施布置及运行的基本情况。系统的主要目的是建立一个能快速提供实时性强,真实、准确反映电力管网资源信息,并能实现快速查询、综合分析、决策支持等操作的综合运作体系,使电力局电力管网的工作数字化、信息化、移动化、网络化,展示于点击之下,决策在有据之中。

6.1 系统功能

主要有地图操作功能,包括地图缩放、地图漫游、鹰眼功能、对象编辑、分层管理、地图量算、地图图像输出等子功能;查询功能,包括点查询、圆查询、拓扑相接查询、SQL 查询等;分析统计功能,包括数理统计、统计专题图制作等;权限管理功能,包括用户及密码管理、用户权限分配等子功能;设备运行管理,包括台账管理和维护管理等。系统有关功能图示如图 4 ~ 图 6 所示。

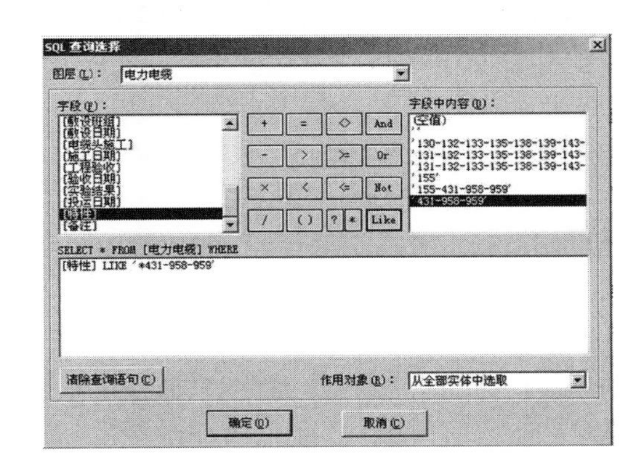

图 4　台账数据库 SQL 查询

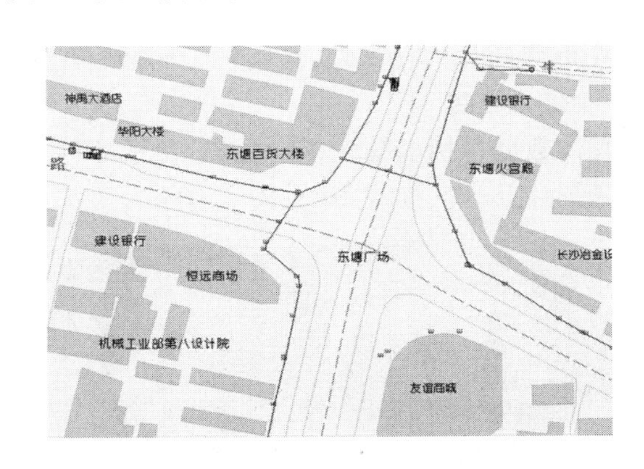

图 5　地下电力主干网及相关设备分布

实体信息

y-400-654

线路名称	神禹一回
设计单位	长沙市电力设
电缆编号	SY-201-35
电压等级	10KV
施工单位	长沙市勘测设
验收单位	长沙市电业局
敷设方式	埋管
电缆型号	300
电缆长度	500
电缆回数	30
电缆厂家	西湖电缆厂
终端型号	NJJH-23
附件厂家	省电力附件厂
终端数量	5
中间头型号	江苏电力设备
中间头厂家	公司
接头数量	3
敷设班组	维护一班
敷设日期	2002-05

实体信息

a-55-854

名称	东塘 T 接箱
编号	TJ-300-5
施工单位	长沙市电业局
井盖厂家	湘阴东升井盖
井盖页数	3
中间头编号	ZJT-562-4
中间头施工	维护一班
施工日期	2003-05-23
验收单位	长沙市电业局
验收日期	2003-06-14
实验结果	合格
投运日期	2003-11-26
负责人	文蕾
特性	金属
备注	

图 6　设备台账

6.2　数据组织

电力配网数据包括地理信息基础数据、电力专题数据、多媒体数据等。

6.2.1　地理信息基础数据

地理信息基础数据由长沙市 1:1万地形图数据编辑所得，全面体现市、乡二级境界，包含长沙市电业局电缆管理所管辖范围；行政区划驻地标示至村，地标单位位置及名称，地名采用省地名办最新资料；涵盖区域范围内的相关河流、渠道、水库、池塘等水系内容；道路交通包括高速公路（含建设中的）、国道、省道、县道、乡道、街巷、铁路、大型桥梁、隧道等；对相关的重要专题地物还进行精确的 GPS 定位，明确每一个地物的坐标及高程。

6.2.2　电力专题数据

电力专题数据主要包含以下内容：

（1）长沙市电业局电缆管理所概况。

（2）管辖区的区划分区。

（3）辖区内的所有电力有关的设备，包括 10 kV 及以下配网所有的设备种类，如变电站、电缆井、杆塔、开关（负荷开关）、分支箱、环网柜、开关站等，采用动态 GPS 及全站仪进行精确定位。

6.2.3　多媒体数据

多媒体数据包括电缆设施的文本、音频、照片、图纸、视频等多媒体资料，如分支箱、环网柜、开关站等有现场图片及一次接线图（见图 7、图 8）。

图 7　T 接箱现场图片

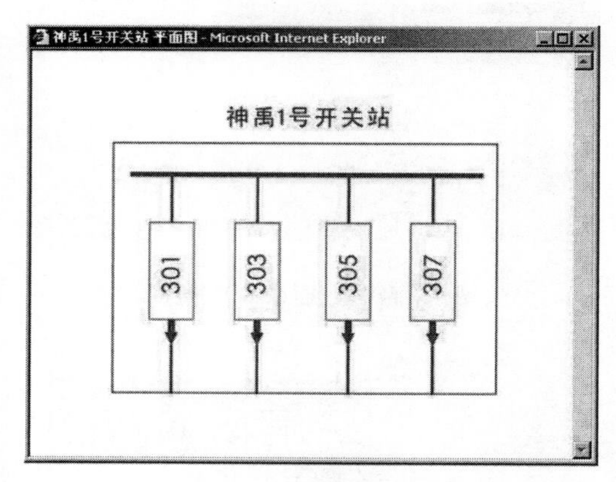

图 8　开关站接线图

7　结　语

电力 GIS 平台应用是直接融入现代电力生产经营活动之中的全新的生产经营信息数字化的管理工具，从应用的角度上，从底层的软件平台结构到高级实用功能，都会因实际的电网生产运行及经营管理方式的不同有较大的差别。目前，商用 GIS 平台不是缺乏网络高级分析就是投入的资金太多，不能满足实际应用的需要。电力企业选择 GIS 平台时，要考虑实现设备设施的管理，还要能够实现电网网络的高级分析，同时还要考虑电力部门用户多，资金配置、开发工作量问题，真正做到电力 GIS 的实用化。

系统完整地引入了大比例尺地形图，具有准确的地理要素表达；支持多种媒体、信息描述全面；很好的数据引擎技术支持海量存储，编辑更新容易，并能永久保存等特点。系统为有效演示、查询、统计及决策提供有力保障，从而为电力管网的常规建设、策划、部署、施工、验收等提供重要依据，使电力局电力管网的工作数字化、信息化、移动化、网络化成为可能。目前，此系统已经投入使用，显著提高了电缆管理所的效率和管理水平。

参 考 文 献

[1] 龚健雅. 当代 GIS 地理信息系统工程设计与管理[M]. 武汉：武汉大学出版社，2004.

[2] 孙才新，等. 电力地理信息系统及其在配电网中的应用[M]. 北京：科学出版社，2003.

[3] 崔巍,王本德. 配电地理信息系统与用电营销管理系统接口的实现[D]. 大连:大连理工大学,2004.
[4] 覃松,冯庆东. 地理信息技术在电力信息化过程中的应用[J]. 电力信息化,2004(3):57-59.
[5] 王永福. 电力企业信息集成的研究与实践[J]. 电力信息化,2006(6):85-88.
[6] 中地公司. 城市地下管线信息管理系统建设中几个问题的讨论.
[7] 北京慧图科技公司. TopMap 使用手册.
[8] 杨成月,李沛川,吴梦泉,等. 基于组件技术的配电 AM/FM/GIS 设计与实现.

关于地理信息分类知识的探讨

张龙其　丁美青

（长沙理工大学交通运输工程学院测绘工程系，湖南长沙 410004）

【摘　要】当前的地理信息分类知识主要依靠地理信息分类编码标准体系来管理、维护和应用，在智能化程度上还有待进一步的发展。本文依据地理信息分类的基本原理，分析了地理信息分类知识的基本内容、结构化存储方案及和现有空间数据库的融合方法，并对其在自动分类、分类结果推理验证、扩展查询方式等方面的应用方法进行了探讨，将为地理信息分类知识库系统提供理论支撑，推动地理信息分类技术的发展，促进现有的地理信息分类理论的完善。

【关键词】GIS；分类；知识库；系统

1　引　言

地理信息分类体系是地理数据标准化建设、地理信息系统开发，以及地理信息系统数据共享与互操作的共同基础[1,2]。为了实现地理信息在地理信息系统中的存储、检索、管理、应用分析、集成与共享等功能，必须按照一定的分类原则和方法，将地理信息按照内容、性质与管理者的使用要求进行分类与编码，建立通用或专用的地理信息分类体系[1]。我国制定的基础地理信息分类标准主要有：《国土基础信息数据分类与代码》（GB /T 13923—2006）、《1∶500、1∶1 000、1∶2 000 地形图要素分类与代码》（GB 14804—1993）、《1∶5 000、1∶10 000、1∶25 000、1∶50 000、1∶100 000 地形图要素分类与代码》（GB/T 15660—1995）、《基础地理信息要素分类与代码》（GB/T 13923—2006），以及《城市基础地理信息系统 1∶500、1∶1 000、1∶2 000 地形图要素分类与代码》。当前这些标准分类体系基本上是以电子文档、书籍、网页等形式存储管理的，对每个地物类别的描述以语言文字为主，缺乏对地物对象属性指标及不同类别的对象之间相互关系的描述，给数据生产和应用带了很大的不便。首先，当前地理数据生产过程中的分类与编码都是由手工完成的，自动化程度低，更新维护困难。这与现行分类体系缺乏关于分类对象的关键属性指标条件的描述及分类标准的存储管理方式有很大的关系。效率低下的分类编码方法与高度发达的空间数据获取技术已成为制约地理数据生产发展的主要矛盾。其次，用户碰到不熟悉的分类编码时只能通过临时查阅现有的分类编码标准，效率低、效果差。

现有的空间数据库一般采用分类编码方法，但是并未融合分类编码知识。当前的分类编码标准一般作为独立的文件供数据生产者和用户参照使用，要素的属性表结构没有统一的命名规则。这造成了当前的 GIS 无法应用分类编码知识来解析查询语句、分析验证和自动辅助分类等。随着信息主体的分类和编码体系的不断完善，缺乏分类编码知识的空间数据难以随着空间信息分类和编码系统的改变而自动更新。总之，地理信息分类编码知识是空间数据库的必要组成部分。

本文依据地理信息分类的基本原理和现有的地理信息分类编码标准体系，探讨地理信息分类知识的框架、结构化存储方案及与空间数据库的融合方法，分析其在自动分类、分类结果推理验证、扩展查询方式等方面的应用方法，为实现地理信息分类知识库系统提供理论支撑。

2　相关的研究成果

地理信息分类一直是地理学研究方法论的重要组成部分[3]，涉及分类对象的本质特征、现有 GIS 数据组织管理、地理信息分类的理论与方法等。Rosch 等从认知的角度出发，要求分类时从物体的垂直和水平结构出发,依据基本层、上一层和下一层的属性分类标准对物体进行分类。Guarino 等在对概念分类深入研究的基础上,从概念的本体出发,归纳出概念的元属性,并以公式形式给出元属性的严格定义,在此基础上,又讨论了元属性之间的关系和约束,最终将研究结果作为概念分类的基本理论工具并提出一套完整的概念分类体系结构[4]。陈常松分析了当前地理信息分类体系在语义模型设计应用中的缺陷[3]。张雪英和闾国年等提出了一种基于字面相似度的地理信息分类体系自动转换方法[5]。刘若梅等分析了修订国家标准《基础地理信息数据分类与代码》应当遵循的原则[6]。王红等提出了基于本体的基础地理信息分类方法[7]。A. U. Franket 等描述了利用地理信息分类方法合理组织 GIS 数据库的方法[3]。廖书标等提出了一种在国家统一标准的基础上同时具有军事特征的编码方法,再加入对象的时空属性,丰富了军事地理信息的内容,更有利于军事决策、指挥[8]。张雪英等在参照大量相关分类体系的基础上,采用独特的主分表和复分表相结合的编码方式,根据大量文本标注试验结果,设计了一个地理命名实体分类体系,并应用于中文文本中地理命名实体解析及地图服务研究[4]。地理信息分类学的发展亟需加强对地理信息分类方法、分类依据、类别关系等分类知识的综合管理与应用,丰富现有的相关标准,克服当前分类体系的不足。

由于信息分类知识的重要性,国内外很多学者开展了大量的研究工作,取得了丰硕的研究成果。吴起立利用人工智能方法自动分类,研发了信息分类知识库系统[9]。向桂林以数学学科为例提出利用学科知识库来对网络资源进行自动分类,讨论知识库中的规则体系,提出统计规则、上下文规则和经验规则,以及这些规则在分类中的作用[10]。李萌等提出一种基于多 Agent 协作架构的自动分类知识库更新思路,通过多 Agent 协作新文档与已有训练规则的匹配,有效地进行新类别的自动扩展和新分类规则的自动生成,同时为训练集的频繁维护问题提出了新的解决方案[11]。侯汉清等[12]根据分类语言、主题语言、自然语言三者兼容互换的原理,以众多标引员的主题标引和分类标引的经验,即文献数据库实体中大量存在的文献分类号和主题词双重标引数据为基础,建立一个以《中图法》为基础的分类知识库——分类法与主题词表对照数据库。这些研究成果基本上基于主题词进行分类和检索,既没有对对象集合的本质特征进行分析,也没有涉及空间关系问题,将为 GIS 信息分类知识库的建设提供理论与技术支撑。

3 地理信息分类知识框架

地理信息分类知识涵盖了待分类对象、分类方法、分类结果及各类别相互关系等,主要有以下 4 个组成部分:

(1)分类系统:抽象描述分类的结果(分类编码体系),主要由相互关联的、层次嵌套结构的类别对象集合组成。其相关描述性信息主要有名称、版本号、待分类对象、分类方法、层次结构、适用范围等。类别对象抽象表达分类目录某一类的相关信息,如名称、编码、描述、父类等。它是分类系统基本组成要素。如我国的土地利用分类体系对应一个分类系统,耕地、林地等类别属于类别对象。分类系统之间一般不存在关系,分类系统应能够动态更新。

(2)指标知识:用来抽象表达待分类对象的本质属性信息,一般指那些特有的、可作为分类依据的属性信息。该对象主要的描述信息包括名称、含义描述、数据类型、取值范围等。

(3)关系知识:用来抽象表达不同类别的地物实体存在的关系准则。如山脊线一般起源于山顶点;山谷线一般是山坡的边界线等。本文只抽象一种类别对一另外一种类别的关系,其描述信息包括关系名称、代码、描述信息、对应的判别函数及参数信息等。这里的关系名称一般对应于常用的空间关系;判别函数用于判断关系是否存在,其值域一般为布尔型,表示满足关系或不满足关系。

(4)规则知识:用来描述具体地物类别的属性值在分类指标上或和其他类别对象相互关系上应满足的条件。规则对象一般由一个或多个指标值条件或关系条件组合而成,主要的描述信息内容包括规则名称、类别(充分、必要、充要)、模糊度、创建信息等。充分条件和必要条件反映了条件与类别的因果推理关系,分别在分类过程应用和推理验证过程中应用。指标值条件 = {对应规则,指标名称,取值范围,组合关系};关系条件 = {关系名称,目标类别,参数值,组合关系}。其中,取值范围为最大值和最小值。组合关系包括与、或、非。每个类别对象可能对应一个或多个规则对象,同一类别对象对应的规则不能重复出现。

数据融合知识主要用于建立空间数据库和地理信息分类知识库的对应关系,如数据库采用的分类编码系统、编码字段名称、各属性字段名称和各指标的对应关系等。该部分知识在不改变原有空间数据库的基础上,辅助实现数据向语义知识的转变,是数据验证、逻辑分类、语义查询等功能实现的基础。

综上所述,本文设计了地理信息分类知识数据库实体关系(如图1所示)。该结构体系的地理信息分类知识应用系统实现了现有地理信息分类编码标准的功能,其指标、关系和规则知识为智能化发展奠定基础,丰富了现有地理信息分类标准内容体系,可在地理信息数据库设计、建立、维护、数据共享及应用等方面提供更加完善的支持。

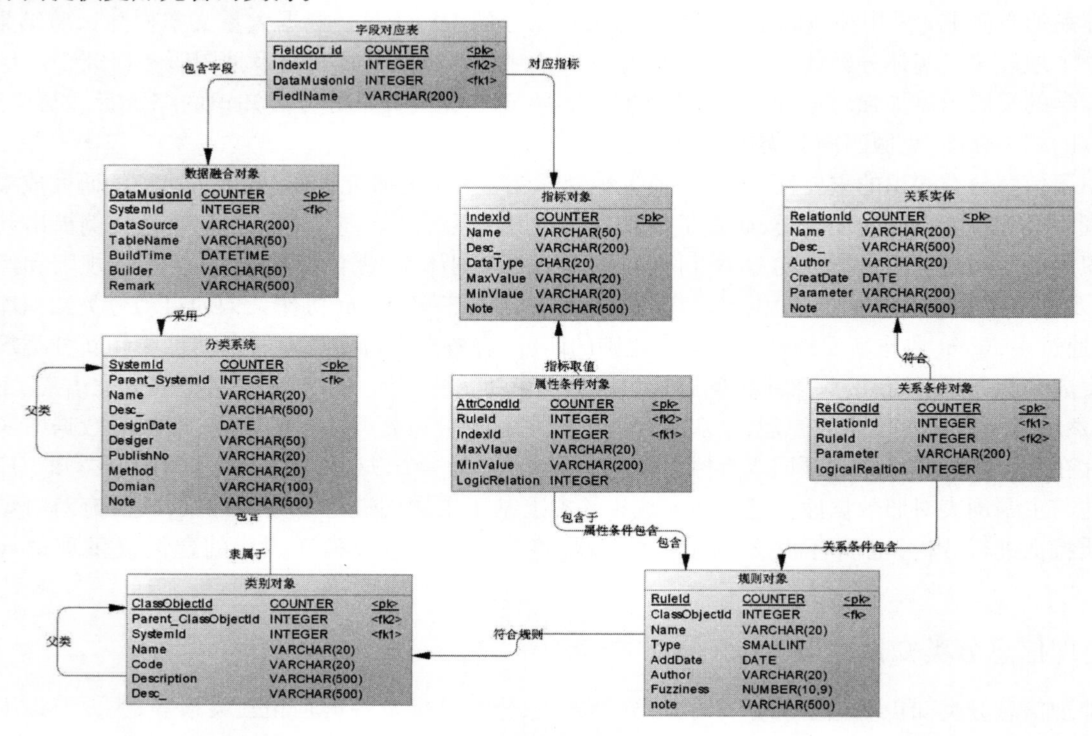

图1　地理信息分类知识数据库实体关系

4　分类知识的管理与应用

由于地理信息分类知识的复杂性与多样性,有必要研发专用的知识库系统对其进行管理和维护。其和数据库的融合是其应用发展的前提,因此该系统的功能结构及相互关系应如图2所示。

分类知识管理:主要辅助用户对分类系统、类别对象、指标体系、关系体系及规则体系等知识对象进行管理和维护,促进分类知识的积累、共享应用及动态发展。

数据融合:是指建立分类知识与空间要素数据的联系,基本内容包括:在原有的要素数据集中注明采用的分类系统、编码字段,并建立属性字段和指标的一一对应关系等。融合后的数据库具有一定的类别语义信息,称为语义空间数据库。

数据验证:应用各类别对象的规则条件对数据集分类结果的合理性进行推理验证,标出不能满足的逻辑规则。该功能本质上实现了规则知识到数据操作的转换,考虑到部分关系条件的验证需要空间分析功能的支撑,该功能最好基于现有的GIS平台软件进行二次开发,关系知识的构建要充分参照现有GIS软件空间分析功能。

辅助分类:利用分类知识库中各类别的规则集合和分类指标与数据集的字段之间的对应关系,判断具体实体的所属类别,实现数据的自动化分类。该功能需要借助类别树中的各类别对象的规则集合指

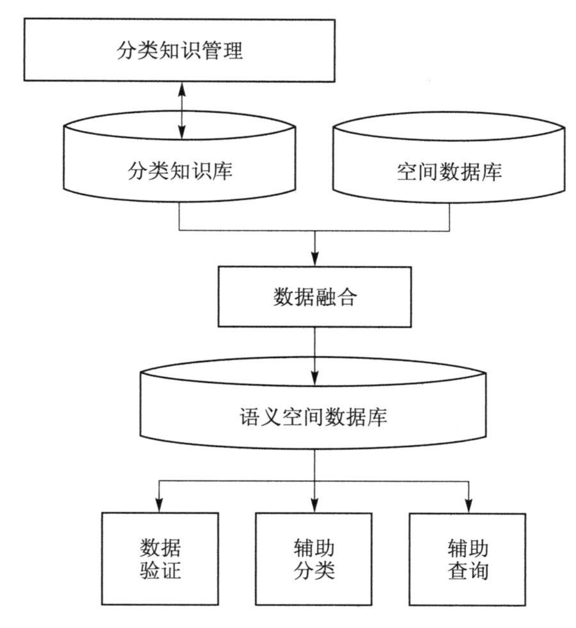

图2 系统功能结构及相互关系

标条件生成初步的自动分类程序,对数据进行初步分类;然后针对初步分类结果,调用上述的数据验证功能,并酌情修改不符合关系规则的情况,最终实现知识支撑的辅助分类。

辅助查询:借助分类知识库,把用户对某些指标的查询条件解析成对编码或分类名称的查询条件,再执行一般的属性查询。实现步骤如图3所示。

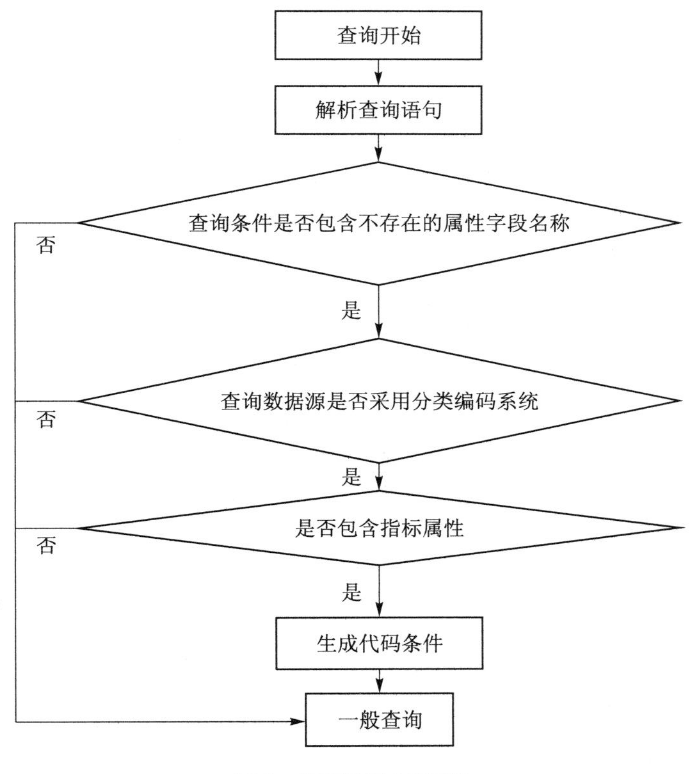

图3 扩展查询流程图

由于相关功能模块需要空间分析、数据库操作等功能的支持,建议该系统基于GIS进行二次开发完成,作为一个模块集成到现有的GIS中;分类知识数据库可作为GIS数据的一部分集成到现有的GIS中。

5 结 语

本文探讨的地理信息分类知识框架应用分类系统实现了现有地理信息分类编码标准的功能，其指标、关系和规则知识为智能化发展奠定基础，丰富了现有地理信息分类标准内容体系，可在地理信息数据库设计、建立、维护、数据共享及应用等方面提供更加完善的支持。在此基础上探讨的基本应用功能，为分类知识功能部件的开发提供了基本理论支撑，具有一定的理论指导意义。但是，本文探讨的成果还需要实践验证，知识的丰富程度对数据验证、语义查询结果的影响还需进一步的量化研究。

参 考 文 献

[1] 张雪英，闾国年. 基于语义的地理信息分类体系对比分析[J]. 遥感学报，2008(1)：9-14.
[2] 何建邦，李新通. 对地理信息分类编码的认识与思考[J]. 地理学与国土研究，2002(3)：1-7.
[3] 陈常松. 地理信息分类体系在 GIS 语义数据模型设计中的作用[J]. 测绘通报，1998(8)：16-19.
[4] 张雪英，张春菊，闾国年. 地理命名实体分类体系的设计与应用分析[J]. 地球信息科学学报，2010(2)：2220-2227.
[5] 张雪英，闾国年. 基于字面相似度的地理信息分类体系自动转换方法[J]. 遥感学报，2008(3)：433-441.
[6] 刘若梅，蒋景瞳. 地理信息的分类原则与方法研究——以基础地理信息数据分类为例[J]. 测绘科学，2004(S1)：84-87.
[7] 王红，李霖，王振峰. 基于本体的基础地理信息分类层次研究[J]. 地理信息世界，2005(5)：27-30.
[8] 廖书标，陈正阳. 军事地理信息分类与编码探讨[J]. 西部探矿工程，2010，22(3)：139-142.
[9] 吴起立. 科技论文自动分类知识库的构建[J]. 图书情报工作，2003(5)：38-39.
[10] 向桂林. 学科分类知识库的构建及其在网络资源分类中的作用[J]. 图书情报工作，2003(2)：61-66.
[11] 李萌，孙济庆. 基于多 Agent 协作的自动分类知识库研究[J]. 情报探索，2009(5)：89-91.
[12] 侯汉清，薛鹏军. 中文信息自动分类用知识库的设计与构建[J]. 中国索引，2003(2)：27-33.

城镇基础设施建设项目道路管道工程施工测量浅析

龚彦宇

（湖南省益阳市建筑设计院，湖南益阳 413000）

【摘　要】城镇基础设施建设项目道路管道工程主要包括城镇道路、给水、排水、电力、电信、天燃气和各种工业管道以及涵洞等工程。道路管道工程施工放线测量，是按照规划设计要求在施工前测设平面和高程控制点，作为施工放线测量的依据。城镇道路管道工程在施工中放线测量是一项很重要的技术工作，贯穿于施工的全过程。施工前的测量技术交底，施工时的中线复测和边线放样、护桩和里程桩的施测，施工中水准点的检核，纵横断面及施工测量等是城镇道路管道工程施工质量和进度的保障措施。

【关键词】城镇道路管道；施工放线测量；保障措施

1　引　言

城镇道路管道施工测量，作为工程测量的一个重要组成部分，其目的为城镇道路管道整体位置和地表化；通过图形和数据展现出来，为道路管道施工提供保障，将图纸上城镇道路管道规划设计中的建筑物在实地现场标示出来，使其成为道路管道施工的重要依据。城镇道路管道的施工测量对保障整个城镇工程设计规划等方面的质量和安全起到了重要的作用。

基础设施建设中的道路管道工程都是根据规划设计部门统一设计的，其中线位置在设计阶段中均已测定，但施工以后中线桩即被毁掉。因此，在线路施工测量中，做好中线的保护和恢复工作是非常重要的。尤其是城区新建规划道路工程时，各种线路的中线和高程位置均应以统一的平面和高程（水准网）作为控制依据，以保障道路与管道线路工程的平面和高程控制相关位置准确。笔者参与了城南西段基础设施工程的施工测量，城镇道路工程 8 条、长 6 390.8 m，雨水管道 8 条、长 5 985.0 m、井孔 160 个，污水管道 7 条、长 5 617.0 m、井孔 148 个，自来水管 6 895.0 m 以及土石方工程等。工程施工测量依据《工程测量规范》精度要求，在实施的项目区施测了首级平面高程控制点，平高控制网的布设遵循先整体、后局部、高精度控制低精度的原则，测设了 23 个 D 级 GPS 点，19 个 D 级埋石点。

城镇建设的发展对道路与管道工程的要求越来越高，而施工测量则是城镇道路与管道施工的一个重要环节。由于城区基础设施建设场地相对狭小、车多人多、管线较多，施工单位大都实行交叉作业，所以工程测量是城镇道路管道工程建设中的一项极其重要的工作，必须做到标准化、制度化，平面和高程控制数据准确无误，以确保道路管道工程质量。

2　城镇道路管道施工放线测量的重要性

城镇道路管道建设工程测量的施测就是我们平常所说的施工放线测量，施工放线测量虽然很简单，但却是十分严谨的工作，因为它是道路管道施工的根本依据，直接决定了道路的形状、路幅的宽度、线形的美观，更重要的是高程控制测量直接影响到道路管道的结构和工程的成本，也直接影响到施工的质量。它是其他所有后续工序的基础，在工程中起着决定性的作用。它直接影响到工程的质量、成本及工期。这就要求每一个施工测量员必须有认真负责的求知精神、勤恳的工作态度、踏实的工作作风，要求从事城镇道路管道施工放线测量人员不仅有良好的施工技术，而且熟练掌握道路管道施工图纸的应用，用施工图纸指导现场施工。利用施工图纸，按照道路管道的艺术造型、结构构造、各种管线配套设施、地理环境以及其他施工要求，准确而详尽地制订各阶段施工计划，而且利用图纸了解道路管道工程的工程量及施工放线工序。这样就对工程的基本情况有了充分理解，为后续的工序打下了良好的基础。

3　城镇道路管道工程施工放线测量的保障措施

3.1　施工放线测量前的准备

工程测量放线施工是城镇道路管道工程很重要的一项技术工作，贯穿于施工的全过程，从施工前的准备阶段，到施工阶段及施工结束的竣工验收阶段，都离不开工程测量。应做好工程施工放线测量前的准备工作：一是检查测量仪器的精度是否满足道路管道测量的精度要求，如精度要求低于工程测量精度要求，要增加符合精度要求的测量仪器；二是要对所使用全站仪、经纬仪、水准仪等仪器进行检测，仪器安置在三脚架后，检验三脚架是否牢固，架腿伸缩是否灵活，各种制动螺旋、微调螺旋、对光螺旋以及脚螺旋是否有效，并检验全站仪、经纬仪、水准仪的望远镜及读数显微镜成像是否清晰，照准部水准管轴是否垂直于仪器竖轴，十字丝是否垂直于仪器横轴，视准轴是否垂直于横轴，横轴是否垂直于仪器竖轴。仪器检校合格后才可进行工程施工放线测量。

3.2　城镇道路管道工程测量中线复测和边线放样

城镇道路管道工程中线测量是在定线测量的基础上，将道路中线的平面位置在地面上标示出来。它与定线测量的区别在于：在定线测量中，只是将道路交点和直线段的必要点标示出来，而在中线测量中，要根据交点和转点用木桩将道路的直线段和曲线段在地面上详细标定出来。定线测量一般由勘测设计单位实施，然后把有关桩位和测量坐标、高程成果交给施工单位，由施工单位进行中线及施工测量。路基开工前应全面恢复各线，根据恢复路线中桩和有关规定钉出路基边桩。关于中线复测和边线放样，应注意以下几点：

（1）检查道路管道工程的各交点之间的距离、方向是否与图纸相符：如一个工程项目有几个标段，应注意与相邻标段的中心是否闭合一致，中线测量应深入相邻标段 50 ~ 100 m；应注意与桥涵等结构物的中心是否闭合一致；应注意与房屋等建筑物的相对位置是否与图纸相符。如果发现问题，应及时联系设计单位查明原因，进行现场处理。

（2）护桩的设置：道路中线桩护桩的设置，是路基施工的重要依据，但是在施工中这些桩又容易被破坏，所以在路基施工过程中经常要进行中线桩的恢复和测设工作。为了能迅速而又准确地把中线桩恢复在原来的位置上，必须在施工前对道路上起控制作用的主要桩点如交点、转点、曲线控制点等设置护桩。

（3）里程桩的布设：中线桩实地标定出以后，可以在此基础上做好里程桩的控制布设。里程桩的布设原则是：在直线段，一般布设在每隔 100 m 的整桩号的横断面上，类似于公路施工常见的百米桩的布设；在曲线段桩位要适当加密，在曲线段起讫点、中点的里程桩位必须布设；里程桩可采用大木桩，上面用油漆标上里程桩号，打入道路两侧施工范围以外的地上，最好每侧各打一个。在保证施工中不易被破坏的情况下，离路基边线应尽量近一些，以方便使用，一般为 1 ~ 2 m。关于里程桩的布设，在大部分施工手册的测量放线章节中没有论述，在施工工地上不太重视。笔者在施工现场发现，有些施工技术人员在进行施工放线测量时，里程桩号的确定是从很远距离排过来的，既浪费时间，又容易出现累积误差。如果里程桩号定不准，那么标高、坡度的质量控制也无从谈起。

3.3　道路管道工程施工测量中高程控制点（水准点）的检测

施工测量中，使用设计单位设置的水准点之前应仔细校核，闭合差不得超过限差标准，如超过允许限差应查明原因并及时报有关部门，重新施测后方可使用。设计单位交付的水准点一般是几个月前设置的，这些点位处于野外，很容易被人为撞动或因地面自然沉陷而发生变化，所以使用之前一定要认真检查核对。施工测量中水准点的增设原则是：每隔 150 ~ 200 m 增设 1 个水准点，以施测高程点不加转站为原则。增设水准点应与设计单位移交的水准点闭合，如一个工程项目分为几个标段，还要与相邻标段的水准点闭合，闭合差不得超限。水准点应设于坚实、不下沉、不碰动的地物上或永久性建筑物的牢固处，亦可设置于外加保护的深埋木桩或混凝土桩上，并做出明显标志。水准点应每月复核一次，对怀疑被移动的水准点应在复测校核后方可使用。

3.4 道路管道工程纵横断面测量

道路管道经过中线复测、边桩放线和水准点的布设,就可进行纵横断面的测量。纵横断面测量的主要目的是进行土方量的计算,所以纵横断面测量结束以后,测量结果应与设计图纸核对。凡是与原来的成果在允许偏差之内时,一律以原有成果为准。只有当与原有成果有较大差异时,才能报监理工程师验证后改动。需要说明的是,该项检测工作必须在施工前进行,如果实测土方量与设计不符,需报请监理核准,也应在施工前进行复测。有些工地路基开挖以后才向监理提出实际土方量与设计不符,要求增加签证,监理往往会拒签。所以,一定要注意该项工作的时效性。

3.5 道路管道工程施工测量

道路管道工程测量中做好上述工作以后,就为道路管道施工中测量打下了良好的基础。关于施工测量的具体方法,应注意以下几点:

(1)根据施工工序和施工工艺的要求及时将中线、边线撒灰线放出来,如果被破坏要及时恢复,应使施工始终能有“线”可依。道路的结构层均为大放脚式,每层结构层的宽度、边线与中线的距离不同,放出线以后又很容易被施工材料覆盖或被施工机械碾压破坏,所以每道工序施工前应放出石灰线,如果被破坏应及时恢复。

(2)道路管道工程每层结构层的标高在施工前应根据设计图纸推算出来以方便施测。实践证明:这样做会大大提高工作效率,可有效避免测量错误。查看施工图纸一定要细致,推算的结果要注意复核。笔者在施工场地上看到有些施工测量技术人员一边推算高程一边进行测量,工地上很多机械、人员、材料都在等着,在这种比较急的情况下,很容易忙中出错。所以,标高应提前推算,要尽量把能够做的工作在施工前就要做好。要勤测、勤量、勤校核,才能保证工程质量。

4 结 语

在城镇道路管道施工建设中,道路管道施工测量环节贯穿整个建设全过程。为确保道路管道施工的顺利进行,要提高道路管道施工测量精度,对测量数据要进行仔细检查核对,提高施工测量人员的专业素质,减少施工测量中的人为差错,并在发现测量数据有误时,及时进行复查和调整。施工放线测量在城镇道路管道建设中要求测量技术较高,贯穿整个施工和竣工阶段,每个阶段都离不开施工控制测量保障措施,在整个过程中提高施工测量的精度,对完善城镇建设有着重要的作用。

湖　北　篇

地理国情普查综合统计分析流程和预期成果初探

史晓明　汪　洋

（湖北省航测遥感院，湖北武汉 430074）

【摘　要】介绍了地理国情普查综合统计分析的目标和内容，探索性地描述了综合指标计算、地理国情指数构建、综合分析这三个环节，并对预期的图件成果、报告成果、系统成果作了展望，总结了地理国情普查综合统计分析的重点和思路。

【关键词】地理国情普查；综合统计分析；预期成果

1 引　言

根据《关于下达2013年地理国情普查试点生产计划的通知》（国测国发〔2013〕18号）文件要求，湖北省正式开始地理国情普查试点工作。后根据《关于进一步深入开展地理国情普查试点工作的通知》（国地普办〔2013〕14号）文件要求，在地理国情普查试点中“利用基本统计成果，结合试点区域特点、政府部门实际需要和各部门专业资料、经济社会发展统计数据，深入开展综合统计分析试验，加强普查试点成果的深度开发”。湖北省基于地理国情普查试点的数据成果和基本统计成果，结合收集到的部门专业资料、统计年鉴和其他已公开发布的数据，开展了综合统计分析试验，试验内容包括综合统计分析流程和预期成果的研究。

2 综合统计分析的目标与任务

综合统计分析的目标是综合反映各类要素的空间分布、空间结构、空间关系、地域差异等特征，揭示经济社会发展和自然资源环境的空间分布规律，为制定和实施发展战略与规划、优化国土空间开发格局和各类资源配置、推进生态环境保护等提供重要参考。

综合统计分析的任务是以地理国情普查数据成果和基本统计分析成果为基础，结合规划部门、国土部门、统计部门、交通部门、水利部门等相关部门收集到的专题资料，基于统计单元，运用综合统计分析模型和方法，对地理国情普查各要素的空间关系及差异特性等进行综合统计和分析，反映地理国情普查要素的分布格局、相关性、通达性、景观格局等，形成综合统计图、统计报告和发布系统等成果。

3 统计分析单元

统计分析单元，是数据组织的基本单元，对统计成果的分析和展示起着重要作用。由基本统计分析，推理得到综合统计分析可参照使用的四种单元：①规则地理格网单元，即10 km×10 km、1 km×1 km、100 m×100 m等格网单元；②行政区划单元，即省级行政区划单元、地市级行政区划单元、县级行政区划单元、乡级行政区划单元、城市中心城区、其他特殊行政管理区；③社会经济区域单元，即主体功能区、开发区、保税区、自然文化保护区、自然文化遗产区、风景名胜区、森林公园、地质公园、行蓄滞洪区等；④自然地理单元，即地形单元、地貌单元、流域单元、湿地保护区、沼泽区等。

依据“边普查、边监测、边应用”的原则，综合统计分析单元可不局限于上述四种单元，还可根据相关部门具体应用需求，新增必要的统计分析单元。

4　综合统计分析流程

如图1所示,我们将综合统计分析流程概括为三个环节:综合指标计算、综合统计指数构建、综合分析。

4.1　综合指标计算

基于地理国情普查数据、基本统计成果,结合社会经济等专题数据,对地理国情要素的空间分布格局、地表覆盖格局、通达性、基础设施配置水平等方面进行综合指标计算。

通过计算区域范围内居民地、交通网络和植被覆盖的空间分布,居民地、交通路网以及文化、教育、医疗等设施在空间上的聚集、离散程度,反映其空间聚集、离散和差异性等特征。基于植被覆盖,以及学校、医院等居民地设施的普查信息,利用空间聚类、离散分析、层次分析等统计分析模型和方法,计算水平分布、垂直分布、聚集度、离散度等综合型指标,最终形成空间分布格局的指标。

通过计算大小、形状、属性不一的地表空间单元(斑块)在空间上的分布与组合规律,包括地表组成单元的类型、数目及空间分布与配置,得到地表覆盖格局指标。

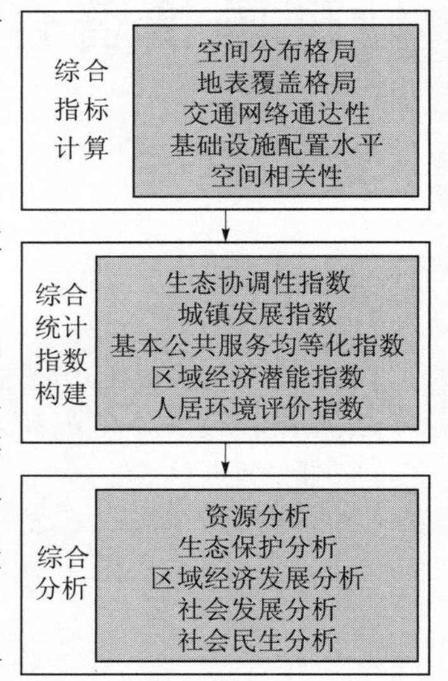

图1　综合统计分析流程图

为反映区域范围内交通网络的通行能力、辐射和便利程度,以及交通网络的辐射和覆盖、运输和便捷能力,基于居民地、交通网络、植被覆盖等国情要素普查信息,利用网络分析等模型和方法,计算交通网络通达程度指数、交通网络通达能力指数,表征交通网络的通达程度和能力。

对重要公共基础设施(学校、医院、交通)在区域的配置情况,以及农村居民地、学校、重要交通线等与周边地理状态的关系,即基础设施配置水平,通过指标的形式进行统计,综合反映居民在入学、就医、出行等方面的便利性。

描述区域范围内水体、植被覆盖、居民地及设施、交通、地形地貌等要素之间的外部、自身空间相关程度,通过空间相关性统计来反映区域内上述要素之间的相关关系,居民地空间结构的集聚、扩散以及城镇化演进的格局与过程。

4.2　综合统计指数构建

基于综合指标计算结果,构建综合统计指数。

为科学统计、分析,从定性或定量的角度描述特定生态系统自身的协调程度,构建生态协调性指数,从而反映在一定时空尺度上特定生态系统抵御外部干扰的灵敏程度和自我恢复能力;对于城镇土地集约利用程度、城镇绿化程度、城镇扩展、公共服务设施配置等问题,通过城镇发展指数的构建,描述城镇地表自然和人文地理要素发展能力的大小;政府为社会人员提供基本的、与经济社会发展水平相适应的、能够体现公平正义原则的大致均等的公共产品和服务,是人们生存和发展最基本的条件,构建基本公共服务均等化指数,反映区域内教育、医疗、休闲娱乐、社会保障和居民等基本公共服务的均等化程度;从交通优势度、资源保障、人口聚集度、土地开发强度、区域经济发展水平等地理国情出发,构建区域经济潜能指数,反映区域经济发展潜力和能力大小,该指数是衡量一个区域经济发展基础、未来经济发展水平高低的重要指标。

4.3　综合分析

基于基本统计、综合统计和指数构建结果,结合社会、经济等专题数据,定量与定性分析相结合,从资源分布、生态保护、区域经济发展、社会发展、社会民生等角度,综合分析自然和人文地理国情要素的现状,反映国家重大战略、重要工程实施状况和效果,揭示经济社会发展和自然资源环境的空间分布、相互作用、相互影响的内在关系。

资源分布分析是从不同统计单元，对水资源、土地（耕地、林地、草地、园地、房屋用地）等资源的空间分布特征、区域分布差异、景观格局、区域覆盖特征进行分析；生态保护分析是对国家自然保护区、国家重点生态功能区、湿地与生态示范建设区等重点生态区域的空间分布、景观格局、区域差异、生态协调性等进行综合分析评价；基于不同主体功能区、经济区（圈、带）、城市群、国家开发区、保税区等空间单元，分析区域经济发展在空间格局、土地开发状况、交通优势程度，以及重要农产品产区的地理空间状况，西气东输、南水北调等重大工程的周边地理状况，资源枯竭型城市的植被覆盖、水资源、交通承载力状况；从城市化、小城镇建设、新农村建设和贫困县分布等社会发展方面，分析城市空间分布特征、综合地理优势度、植被覆盖影响、交通畅通程度；从各类型铁（公）路网络空间覆盖，车站、机场、港口等设施的空间布局，分析交通的覆盖能力、交通枢纽承载力；从防洪和调水工程、城乡水利等方面，分析水利设施的空间分布布局、利用状况、覆盖程度；从城乡学校、医院、社会福利机构等资源的空间、服务覆盖及配置情况、区域差异特征，反映社会民生相关内容的区域发展状况、配置水平及地区差异。

5 综合统计分析预期成果

5.1 图件成果

基于综合统计结果，以图件形式充分展示普查成果数据与专题资料的空间分布，并配置图例反映对应关系。例如，植被覆盖度统计图、土地开发强度统计图、景观格局分布统计图、生产力布局统计图、人居环境评价统计图、公共设施分布统计图，以及各专题地类面积统计图等。

5.2 报告成果

基于综合分析结果，以文档报告形式分析总结普查成果数据与相关部门的相互联系。例如，自然地表资源空间分析报告、区域经济地理空间发展报告、公共基础设施布局发展报告等。

5.3 系统成果

以普查数据为基础，整合、集成社会经济数据和统计分析成果数据，基于分布式网络环境，实现地理国情信息的分布式管理、基于不同地理单元的统计分析，以及面向社会公众、专业部门和政府部门的地理国情信息发布服务。

6 结 语

地理国情普查与传统基础测绘最大的区别就是动态监测与分析报告，是测绘工作从背后向前台、从地理信息的初始采集向动态监测、从地理信息的生产向综合分析、从提供测绘成果向报告监测信息的转移。对于地理国情普查成果数据，如何深度开发、揭示规律，关键在统计分析，特别是综合统计分析。

通过综合统计分析试验，我们不难看出，统计方法和流程需要顾及科学性、完整性、层次性等要求；需要建立一套全面、综合、可靠的统计分析技术方法体系和丰富多样的成果体系；需要分析并挖掘地理国情监测对象的内在空间特性、相互关系、分布规律和发展趋势，以从海量普查数据中分析总结出同国计民生密切关联的地理国情信息，从而揭示经济社会发展和自然资源环境的空间分布、相互作用、相互影响的内在关系。

参考文献

[1] 李建松，洪亮，史晓明，等. 对地理国情监测若干问题的认识[J]. 地理空间信息，2013，11(5)：1-3.
[2] 罗明海. 武汉市地理国情普查的基本思路[J]. 地理空间信息，2013，11(6)：1-8.
[3] 陈江平，韩青，胡晶，等. 顾及小波变换的土地利用变化与经济因子的多尺度相关性分析[J]. 武汉大学学报：信息科学版，2013，38(9)：1118-1121.
[4] 杜小娟，吴华义，龚健雅. 基于 GIS 的湖北省区域经济差异空间统计分析[J]. 测绘信息与工程，2010，35(1)：23-25.
[5] 刘荧. 交通网络空间形态定量分析方法研究与应用[D]. 泰安：山东农业大学，2014.
[6] 武汉大学发展研究院. 湖北发展研究报告[M]. 武汉：武汉大学出版社，2009.
[7] 钟新桥. 湖北产业与县域经济发展研究[M]. 武汉：湖北人民出版社，2009.

监测地理国情普查文化遗址考古调查

王少华[1]　史晓明[2]

(1.武汉大学国际软件学院,湖北武汉 430079;2.湖北省航测遥感院,湖北武汉 430074)

【摘　要】本文介绍了国内外利用遥感进行文化遗址考古调查的现状和问题,描述了机载激光雷达技术的特点,分析了更适合地理国情普查文化遗址考古调查的技术流程,总结了该技术流程的预期成果。

【关键词】地理国情普查;文化遗址;考古

1　引　言

中华民族拥有五千多年的历史文明,留存下丰富的历史文化遗产。党中央、国务院高度重视这些文物的保护工作,文物保护是各级政府的重要职责。在“十二五”规划期间,就文物保护工作方面的目标和现存问题,制定了详细的规划内容——《国家文物保护科学和技术发展“十二五”规划(2011—2015年)》,在发展目标中明确指出“重点提升高新技术对考古调查、勘探和发掘的技术支撑能力”。根据湖北省考古遗址保护管理规划,实现考古遗址的全面调查是摸清文物家底,弄清湖北省地理国情储备资源的重要工作之一,也是对湖北省文物资源保护的一项有力保护措施,在摸清家底的基础上,因地制宜,对不同类型的遗址制定有针对性的保护规划。

依据《保护世界文化和自然遗产公约》,文化遗产是指从历史、艺术或科学角度看,具有突出的普遍价值的建筑物、文物、遗址。《地理国情普查内容与指标》(GDPJ－01)中也明确要求,“自然、文化遗产(CC码1125)”需作为地理国情要素进行采集。因此,文化遗址是地理国情普查和监测的一项重要内容,而采取什么技术手段有效地、全面不遗漏地采集这些重要的国情要素,成为摆在地理国情普查工作者面前的一道难题。

2　研究现状与存在问题

2.1　国内外研究现状

遥感考古使得传统考古学的发展获得了一个全新的考古平台,现在已经成为国内外考古研究的重点。挪威学者利用IKONOS卫星拍摄的多谱段照片在挪威南部农田发现古代聚落遗迹。西班牙学者利用遥感技术,并结合孢粉学、地形学在俄罗斯奥伦堡地区发现了史前欧亚大陆规模最大的古代铜矿遗址。剑桥大学运用卫星遥感技术在埃及中部的和德耳塔地区发现了古代遗迹等。中国遥感考古出现较晚,但发展迅速。中国科学院遥感应用研究所邓飚、对地观测与数字地球科学中心郭华东院士分别就航空相片、机载与星载传感器、合成孔径雷达、高分辨率卫星影像、高光谱遥感等技术在考古方面的应用进行了阐述。陕西师范大学、陕西省考古研究所等提出了高光谱遥感考古技术方法,并以秦始皇陵为对象验证了高光谱遥感用于考古是可行的。国防科技大学郁文贤在“新型对地观测技术与古遗址信息提取”的报告中,对高光谱遥感、全色遥感、彩红外遥感、热红外遥感在考古中的成效作了论证分析。河南省科学院地理研究所杨瑞霞则对不同时期、不同类型古文化遗存遥感影像解译标志进行了分类研究。

2.2　当前方法存在的问题

目前国际国内的遥感考古主要集中在可见光遥感、高光谱技术、红外遥感技术、地磁雷达等技术,在遗址考古中取得一定的成效,但仍存在着各自弱点,如光学遥感不能解决有遮挡的地表遗址识别调查的问题、难达到微地形要素对高程精度的要求等成为当前遥感考古中的一个难点。突破现有的光学遥感技术手段,解决有遮挡的地表遗址弱信息识别问题是当前遥感考古领域的重要课题。

3 机载激光雷达技术的特点

机载激光雷达技术是实现空间三维坐标和影像数据同步,快速、高精度获取的国际领先空间技术,在采集地表数据方面具有传统光学遥感技术手段无法比拟的巨大优势。它是三维激光雷达技术高精度逆向三维建模及重构技术的革命,是进行大区域空间监测的利器,为我国文化遗存的及早发现与保护提供技术支撑。机载激光雷达技术的发展为地表植被、农作物等要素覆盖下的文化遗迹揭露提供了良好的手段和可能。与传统的被动式摄影测量技术相比,机载 LiDAR 扫描是一种主动式、逐点采样的测量方法,可以直接获取地面三维坐标,能够识别比激光斑点小的物体。

将机载激光扫描应用于文化遗址遥感识别、调查测绘与监测的工作,实现对隐藏在密集植被区域的遗址群的发现、识别、定位、测量,在此基础上对遗址群大小、规模、形状、朝向、分布及周边地形环境进行了调查、测量与可视化表达,为遗址考古研究、保护规划和文化遗产传播提供支撑。图 1 为滤波前后对比。

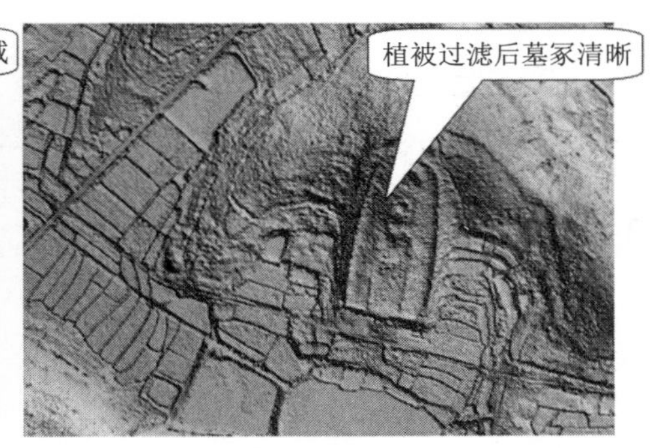

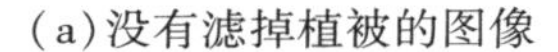
(a)没有滤掉植被的图像　　(b)滤掉植被后的图像

图 1　滤波前后对比

4 基于机载激光雷达技术的文化遗址调查流程

在进行地理国情普查时,首先通过影像解译和外业核查,发现遗址疑似区。其次通过高科技的机载三维激光扫描仪对遗址进行勘测和激光点云处理,获取遗址地表信息。然后由文物管理部门进行技术确认,通过人工挖掘来获取地下遗址分布情况。最后构建大遗址片区真实三维场景数据库,提供全区域的立体三维景观,实现古文化遗址漫游及信息查询。总体技术路线图如图 2 所示。

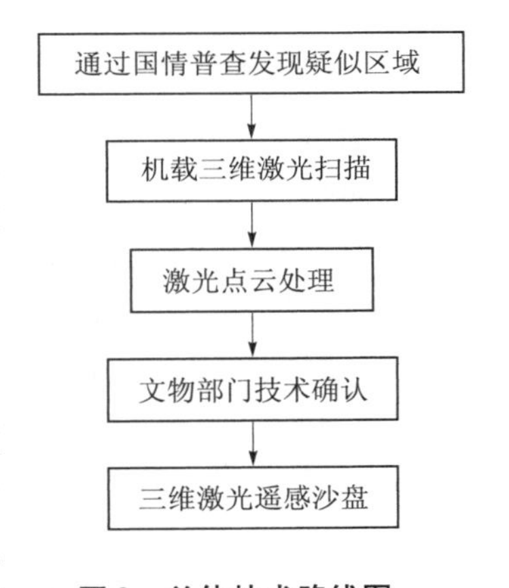

图 2　总体技术路线图

4.1 通过国情普查发现遗址疑似区

基于地理国情普查遥感影像发现遗址疑似区,遥感考古是利用地面植被的生长和分布规律,如土壤类型、微地貌特征等物理属性及由此产生的电磁波波谱特征差异,运用摄影机、摄像机、扫描仪、雷达等设备,从航天飞机、卫星等不同的遥感平台上获取有关古遗址的电磁波数据或图像等信息,对这些信息进行光学或计算机图像处理,使摄像的反差适合,特征明显,色彩丰富,再对影像的色调、图案、纹理及其时间变化与空间分布规律进行识别和解释,从而提供了古代遗存的位置、形状、分布构成类型等情况。

4.2 机载激光 LiDAR 进行遗址勘测

基于机载激光扫描进行墓冢遥感识别的基础就是要将覆盖在地表上的植被、构造物等滤除。地表物点云数据的准确过滤制作精准地面模型以及对地物分类等对墓冢识别至关重要。目前,已有的各种算法具有自己独特的应用特点,针对不同地形各种算法具有不同优缺点,还没有一种算法可以实现全自动地进行滤波剔除地表物,大多还是基于人工干预过滤。其获取数字地面模型精度在较平坦区域可达到 20 cm 左右。但是,在综合较复杂区域,其过滤所得的数字地面模型尚没有实际工程数据验证其精度。基于机载激光扫描采用剖面切割滤波算法的点云滤波方法,从机载激光点云中过滤掉植被,从而获得数字地表模型,该数字地表模型上可以清晰地看到封土堆,在此基础上准确识别遗址。

图 3 为机载三维激光数据处理流程。图 4 为激光点云遥感考古解译方法技术路线图。

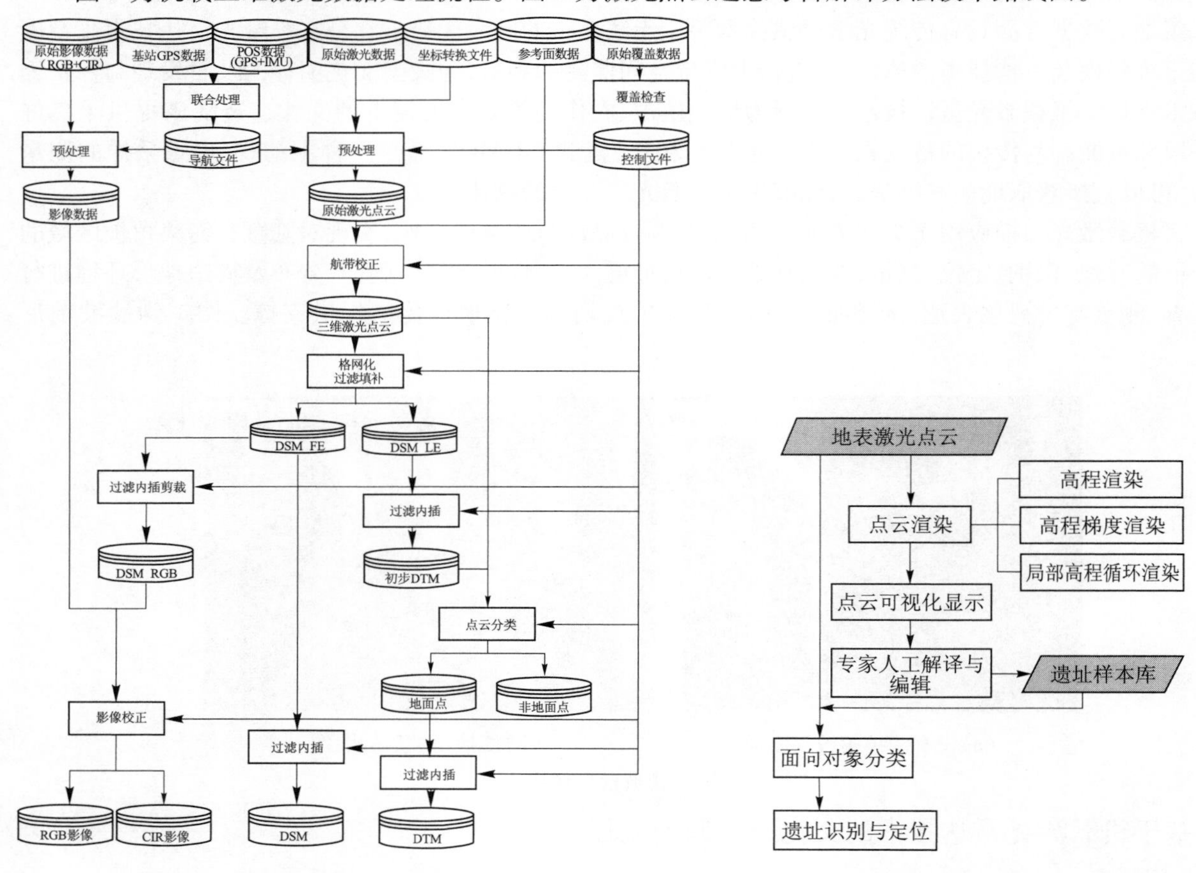

图 3　机载三维激光数据处理流程　　　　图 4　激光点云遥感考古解译方法技术路线图

4.3　通过人工进行遗址调查与挖掘

在机载激光雷达获取的数据基础上,对遗址进行人工调查与挖掘。一般多层遗址的探方发掘是以垂直发掘为主,以横向发掘为辅。堆积层次极为简单的聚落址、陶窑场、制石场及大型建筑址群则往往采用横向发掘为主、垂直发掘为辅的方法。

4.4　三维激光遥感沙盘

利用激光遥感技术所采集的空间数据,来构建大遗址片区真实三维场景数据库,为用户提供全区域的立体三维景观。该系统主要提供大遗址区域虚拟三维地形的漫游、古遗址漫游及信息查询(见图 5)。

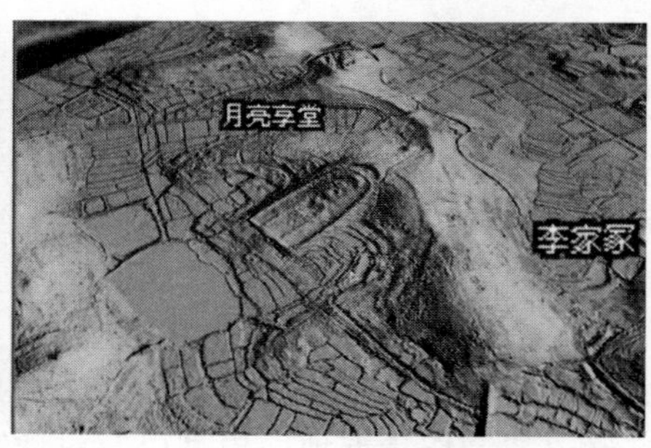

图 5　遗址三维展示示例

5 结 语

基于机载激光雷达技术的文化遗址考古调查,预期成果可有:①文化遗产范围界线适量数据;②文化遗址图集成果;③文化遗址数字表面模型;④文化遗产普查展示系统。

第一次全国地理国情普查对文化遗址普查作出了明确的要求,开展相关研究,形成试验成果,能够完善今后地理国情监测应用服务体系,进一步推动考古技术水平,有利于深化相关部门的专业化应用,实现对已知文化遗址的保护和管理,对未知化遗址的探测、勘察和确认,进而进行全面保护、恢复与应用,更好地造福国家与人民。同时,研究结果将形成地理国情监测文化遗址示范样板,加强技术成果的复用、转换、共享,有利于推动我国地理国情监测相关技术的快速发展。

参考文献

[1] 周晓明,马秋禾,许晓亮,等. LIDAR 点云滤波算法分析——以 ISPRS 测试实验为参考[J]. 测绘工程,2011,20(5):36-39.

[2] 刘树人. 我国遥感考古回顾及展望[J]. 国土资源遥感,1998,36(2):18-23.

[3] 梁欣廉. 激光雷达数据特点[J]. 遥感信息,2005,78(3):71-76.

[4] 周淑芳,李增元,范文义,等. 基于机载激光雷达数据的 DEM 获取及应用[J]. 遥感技术与应用,2007,22(3):101-102.

[5] 国务院第一次全国地理国情普查领导小组办公室. GDPJ 01—2013 地理国情普查内容与指标. 2014.

坐标反算在地理国情普查遥感解译样本采集中的应用

苏勤龙　黄国清　孙海燕

（湖北省航测遥感院，湖北武汉 430074）

【摘　要】依据地理国情普查试点生产，使用吉威时代软件公司外业调绘核查系统，进行遥感解译样本采集，样本结果检查发现距离、方位角不准确，导致样本数据库成果质量问题。为弥补作业中的不足，引入坐标反算，解决距离、方位角问题。

【关键词】方位角；距离；坐标反算

1　问题提出

地理国情普查采集遥感解译样本数据，包含两类：一是地面照片，二是遥感影像实例数据。两类数据分别从不同侧面反映地物形态特征，起到相互印证作用，帮助解译人员更高效地认知遥感影像蕴含的信息。

地面照片包含18项属性内容，如拍摄点经纬度、拍摄时间、照片方位角、照片方位角参照方向、拍摄距离等。遥感解译样本数据采集完成后，提供给内业解译人员参照使用。在试点生产中，解译样本数据照片方位角、拍摄距离不准确，导致所采集的地面照片同遥感影像实例不一致，影响内业解译工作。经对地面照片属性项的分析，发现是照片方位角与真实方位角差异很大且方位角差异没有规律。

2　问题分析

遥感影像解译样本采集工作使用的是内外业一体化采集设备，照片方位角通过内置的电子罗盘来测定磁北方位角。下面以使用吉威时代软件公司外业调绘核查系统来进行分析。

平板电脑相关参数：

平板类型：Getac E100 - A；

操作系统：Win7 32 位；

处理器：Intel Atom 双核 1.66 GHz；

内存：DDR2；

电子罗盘：LP3400。

LP3400 电子罗盘传感器相关参数见表1。

LP3400 电子罗盘传感器在使用一段时间后或重新安装时，会出现零点偏移，用户可利用零点校准功能对倾角进行零点校准。

LP3400 电子罗盘可在任意方位上，将当前测量方位设置为0方位。

在野外作业过程中，发现每台仪器的零点偏移或方位置零都有一定的差异。若多种设备或不同型号设备在一个测区进行作业，需进行几台设备的校准，使其参照标准一致。这样，给初次入门进行地理国情普查样本采集人员提出了更高的要求。同时，也给时刻关注“精度”的测绘人员提出了挑战。

表 1 LP3400 电子罗盘传感器相关参数

方位	磁场范围	周围磁场环境	-2		2	Gauss
	精度	测量温度 25 ℃、用户软磁标定后、倾斜角度小于 5°		±1	±1.5	°
		测量温度 25 ℃、用户软磁标定后、倾斜角度小于 30°		±2.5	±3.5	°
	分辨率	测量温度 25 ℃		±0.2		°
	线性	测量温度 25 ℃		±0.7	±1	%
	重复性	测量温度 25 ℃		±0.4		°
	稳定性	测量温度 25 ℃、时间间隔 24 h		±0.8		°
	热零点漂移	温度范围：-20～70 ℃		±0.04	±0.08	°/℃
	最大干扰磁场				20	Gauss

3 坐标反算原理

为使“精度”在地理国情普查遥感影像解译样本中得以体现，给内业解译人员准确的信息，在湖北省地理国情普查试点时，把坐标反算引入到地理国情普查遥感影像解译样本数据采集中，进行实践。

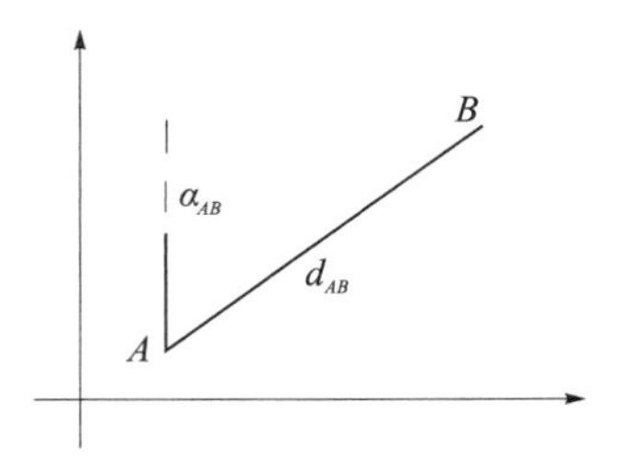

图 1 坐标反算原理

坐标反算的原理为：已知两点的直角坐标关系。求它们的极坐标关系。坐标反算得到的是两点的坐标方位角、距离，如图 1 所示。相关计算公式如下：

$$\Delta x_{AB} = x_B - x_A$$

$$\Delta y_{AB} = y_B - y_A$$

$$d_{AB} = \sqrt{\Delta x_{AB}^2 + \Delta y_{AB}^2}$$

$$\alpha_{AB} = \arctan \frac{\Delta y_{AB}}{\Delta x_{AB}}$$

4 坐标反算在样本数据采集阶段的应用

针对电子罗盘磁方位角在地理国情普查遥感解译样本采集中的问题，结合坐标反算原理，提出在地理国情普查外业样本采集中，引入坐标反算来弥补磁方位角精度问题。具体执行如下：

(1)启动 GPS，确定采样点位置的 CGCS2000 直角坐标。

(2)依据工作底图，确定地表覆盖采样地块，点击采样地块中心位置，软件自动计算并记录采样地块中心位置 CGCS2000 直角坐标。

(3)依据坐标反算原理，计算采样点、采样地块中心位置连线的方位角、距离，记录在遥感影像解译样本采集地面照片属性中。

(4)根据预设置磁坐偏角，在拍照时，电子罗盘依据磁方位角，实时显示坐标北方向，方便拍照时进行参考。

(5)在拍照的同时，实时检核地面照片方向、磁方位角、坐标北方位角之间关系的一致性。

5 结 语

坐标反算在地理国情普查遥感影像解译样本采集中的应用，可以解决如下问题：电子罗盘磁方位角不准确，多台设备同时作业时，磁方位角起始方位角不一致。

遥感影像解译影像实例，其裁切中心为外业现场判读地块中心，增加影像实例的准确性。同时，指向地块更准确，方便内业解译。

建议在后续软件更新中，增加依据工作底图，修正 GPS 位置，解决在大山峡谷中，GPS 信号不足、定位不准对拍摄点精度的影响。

参考文献

[1] 国务院第一次全国地理国情普查领导小组办公室. GDPJ 06—2013 遥感影像解译样本数据技术规定. 2014.
[2] 陆国胜. 测量学[M]. 3 版. 北京:测绘出版社,2009.
[3] 徐绍铨,张华海,杨志强,等. GPS 测量原理及应用[M]. 3 版. 武汉:武汉大学出版社,2008.

新一代 1∶5万出版名称注记方法探讨

王永秋　李　江

（61175 部队，湖北武汉 430074）

【摘　要】新一代 1∶5万地形图出版任务中有相当一部分数据来源于国标矢量数据。由于在成图要求和表示方法上的差别，数据需要按照图示规范要求进行修改。本文仅就名称注记部分应注意的地方和应遵循的相关要求进行分析探讨。

【关键词】国标数据；地图出版；名称注记

新一代 1∶5万地形图出版工作中有相当一部分数据来源于国标矢量数据，由于在成图要求和表示方法上的差别，数据转换后需要按照相关图示规范要求进行修改。具体就名称注记而言，由于取舍要求不同以及在转换过程中地名指针丢失，加上其他人为原因，故成果存在名称注记错注、取舍不合理、指向不明确等情况。下面就上述现象进行分析探讨。

1　新一代 1∶5万出版名称注记的资料依据

（1）本次任务最基本的注记数据来源于矢量数据中自带的地名库。地名库是当地民政部门根据大比例尺地图调查确认制成的。它的特点是比较详细、全面，对于同音字的写法、生僻字的简化写法、现势性等方面要比上一代地形图更为可行，对行政村的调注也更为详细。

（2）另一来源就是原有 1∶5万地形图，第一代地形图上的名称都是外业人员到实地调查核实，经当地村负责人签字确认的；相对于地名指针转丢和总名、分名为同一编码的数据而言，它的名称指向非常明确，名称的逻辑性更为合理。

（3）行政区划资料及其他现势性资料是名称注记的第三个参考来源。各级行政区划合并、拆分、变更的最新数据，各级政府官方网站都是名称注记的重要参考依据。

2　名称注记应当遵循的几个要求

2.1　确保名称注记内容的正确

在新 1∶5万出版编辑原始资料中，有个别名称有明显错误，如在某区域有 2 个农场二十三队，而没有二十二队，经与其他资料对照发现其中一处为错误的；或农场、养殖场名称错注为“某厂”，这类明显错误应该予以改正。对于有明显疑问又确实没办法判断的应该予以舍去，宁缺勿错。

2.2　专有名称简注要合理

一是简注后要保留必要的元素。从语言学角度讲，一个完整的名称必须由主语和修饰它的定语构成，主语如“局、厂、公司、场、政府、水库、支队”等。定语是对以上主语加以限定，解决是什么局、厂、水库等问题。没有主语的注记如中国海关、武汉消防、洪山税务等，没有定语的注记如公安局、中医院、水闸等类似于说明注记的注记，都不能作为名称注记使用。

二是简化后不能随便冠以“市、县(区)”等修饰定语。保留这种修饰定语必须是本单位和市、县有密切的从属关系且符合日常语言习惯。如“湖北省武汉市公安局洪山区分局”可以简注为“区公安分局”，“武汉市第十五中学”可以简注为“市十五中”。但如“湖北省武汉市洪山区沙湾村红旗砖厂”只能简注为“红旗砖厂”，绝对不能简注为“省红旗砖厂”或“市红旗砖厂”。

三是地方字在地名库中有简化写法一般以简化写法为准。地名库的现势性要好于上一代地形图，为书写更加方便，以前是生僻字的现在好多都逐渐改为简化字，而相反的改变基本上不可能出现，因此当地名库中出现简化字的我们要坚定地采纳。名称的改变和替代有一个适用过程，在一定时间范围内，简化写法与非简化写法同时出现是合理的现象，比如村名已用了简化字，附近根据村名命名的山名、桥名、学校名可能还沿用生僻字。

2.3　名称注记取舍要适当

地理名称过密时可以取舍，取舍的原则是：取居民地名，舍其他名称；取总名，舍分名；取行政村所在地名，舍一般自然村名。

自然村名的形成一般有悠久的历史渊源和现实意义，是当地老百姓约定俗成的叫法，它一般不会轻易改变。尤其是作为总名的自然村名更是如此。行政村名大多数都是依照辖区内比较著名的总名（俗称大地名）或比较大的自然村名而确定，根据行政区划的变更是会经常性变化的。而居民地内部的学校、旁边的不依比例尺桥梁的名称也大都是依附于村名而存在，在不缺名称的情况下一般可以舍去不注记，如图 1 所示。

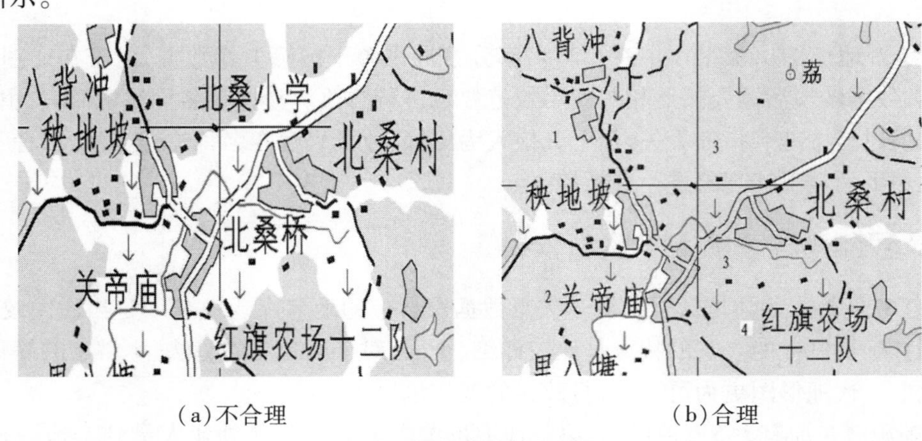

（a）不合理　　（b）合理

图 1　名称注记取舍对比

说明：

1 表示在不影响指向的情况下注记应尽量均匀。

2 表示不能仅凭注记中的个别之确定注记的属性。

3 表示名称过密时应优先取注自然村名，舍弃专有名称。

4 表示过长注记影响指向时应该分行注记，让指向明确无歧义，图面更加美观。

2.4　注记要主次分明

地图上的主要和次要注记应按图式规定的字体与字级相区别。

（1）行政名称按相应的编码注记即可，一般不会出问题，要注意的是，行政名称的副名是以比该名称小两级的同字体加括号注出，而不按该副名原有的等级和字体注出。

（2）一般专有名的注记等级和该单位行政级别无关，而仅和该单位的实际占地面积有关，如武汉市政府与沙湾村委会都是用细等线 8 级注出，而一个武汉钢铁公司就要分多段拉开注记。道路名称也要根据其宽度采用不同等级的注记，较长的道路名要采取分段注记的方式多处注记。

（3）农场、林场等名称一般分为三级，最小的一级一般用于分场、渔牧点及村属农、林场；最大一级用于国营大型农场，国营农场下面一般都有分场；中间一级用于下面有分场的非国营农场总场的注记。

（4）自然村名一般分两级，即分名和总名。分名分为有实体对应的分名和无实体对应的分名两种，无实体对应自然村分名即我们常说的小地名；总名即常说的大地名，底下一般要有分名，总名拉开注记尽量包括其所指范围。总名底下如果有一个自然村名与总名是完全一样的，这种情况是正常的，两者都要按各自要求注记。有的总名底下还包含总名，则将最上层总名再放大 2 级注出（如图 2 所示）。在较早军事地形图中有一种名称，它比自然村名大两级但没拉开注记而指向一个自然村居民地，这是因为当时规定远近闻名的自然村名要放大两级注出,这种情况现在要将它改为 10 级注出。

图 2　自然村名的分名和总名

(5)在海域水系名称注记中,要根据指向用不同的字级和有序的排放位置,最少在一幅图内要有明显的反应。如南海、北部湾、钦洲湾、钦洲港等名称,应该由大到小、由外到内依次注记,如图 3 所示。

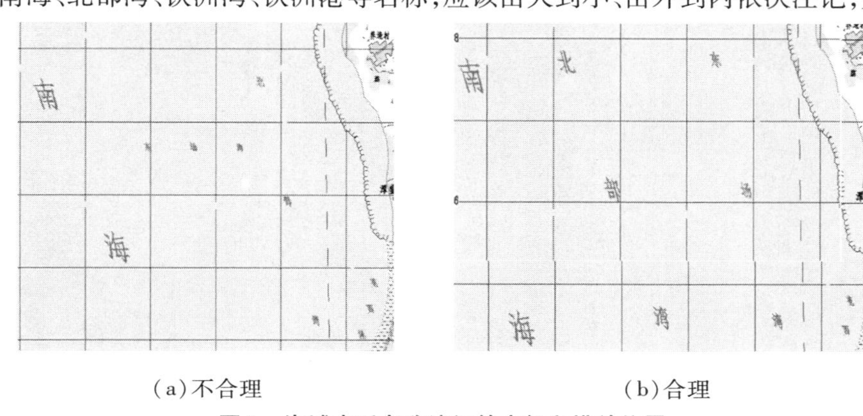

(a)不合理　　(b)合理

图 3　海域水系名称注记的字级和排放位置

2.5　注记位置要合适,指向要明确

(1)名称注记要指向明确,相关位置绝对不能错误,且不能产生歧义。如道路左右两边的名称绝对不能对调,比较长的名称有时要分段注记,名称比较密集的应尽量注外围,在不影响指向的情况下分布尽量均匀(如图 1 所示)。

(2)总名和较大范围内的专有名称注记要在保证字距合适的情况下尽量反映出其指向范围,专有名称还要根据其范围调整字号等级。

2.6　字体正规,字体字形与其性质的逻辑关系要正确

名称的内容、性质和字体、字号、字形、注记颜色必须有逻辑上和表示方法上的一致性。

(1)名称的内容来源一般有其历史或地理依据,名称本身内容就有一定反映。如某某峰、顶、尖、脑、嶂、山、头、髻、峒等一般是山头名;某某凹、坳一般是山口名,指有道路经过的鞍部;某某冲、沟等一般指分水线形成的长形地域,根据底下是否有更小的分名确定注分名还是总名,总名下的某某沟口、某某沟肚、某某沟尾则分指该沟的出口、中间、起始部位等。

(2)名称属性不能仅根据其中的一个字来确定,要结合所指向地物性质情况和其他资料综合确定。如名称中含有“镇”的可能不是行政镇,而是村名;原来是工厂、庙宇,后来以此命名了村庄的,则名称应该演变成自然村名,而不注专有名称。

(3)名称注记逻辑关系上需完整。如山名一般要与控制点或高程点相配,总名一般要拉开;行政村名拉开或注在村委会所在的居民地;寺庙、桥梁,古塔、亭等名称作专有名称注记时一定要有相应的独立符号,否则可能已经演变成了自然村名。

3 结 语

名称注记是地图的一个非常重要的组成要素,在外业调绘过程中,若一幅图有两处名称错误,则该图必须判为返工图。在利用国标数据编辑时,由于开篇讲到的原因,名称注记可能存在较大的问题。所以,我们必须对此引起高度重视,采取多重资料多方核实,仔细斟酌,妥善处理,确保成图以后成果能满足正常使用的要求。

武汉市农村宅基地使用权确权登记发证工作的实施及物权意义

余　磊　张　鹏　张巧利

（武汉市房产测绘中心，湖北武汉 430015）

【摘　要】农村宅基地使用权是我国特有的一种用益物权，是农民安身立命之本。自我国农村政社合一的人民公社体制建立后，农村宅基地作为一种集体公共产品和保障性产品，不具有商品属性，也不具有完全财产权利的资本属性。通过地籍调查工作，实施确权登记发证，将证书发放到农民手中，从而在机制上将依法合理利用土地变成农民的自觉行动，而且实现宅基地由资源属性向财产属性转变。这将对打破城乡二元化结构产生深远意义。

【关键词】农村宅基地；确权登记发证；物权意义

根据国土资源部、财政部、农业部《关于加快推进农村集体土地确权登记发证工作的通知》（国土资发〔2011〕60号）的要求，武汉市实施的农村宅基地使用权确权登记发证工作，充分有效地利用现有的土地调查成果和登记成果资料，以及航天航空遥感、地理信息系统、卫星定位和数据库等技术，采用土地总登记模式，通过外业调查、复核审查、内业建库相结合的办法，完成农村宅基地使用权、集体建设用地使用权的地籍调查、宗地编码、土地确权、争议调处、登记发证等各项工作，有效理清、解决了农村集体土地权属纠纷，促进了社会经济发展。

农村宅基地使用权是我国特有的一种用益物权。我国实施的《物权法》是由所有权、用益物权和担保物权构成的物权体系，体现了对不同物权主体实行平等保护的原则，既尊重国有财产，又保障城市居民和农村农民的财产利益，产权归属和依法保护也成为广大人民群众最关心、最现实的利益问题。因此，通过本项工作的实施不仅完善地建立了统一的土地登记制度，在全面的数字化地籍管理平台上实现了宅基地数字化管理模式，而且在“物权”范畴上具有重要的现实意义。

1　我国农村宅基地产权制度的沿革

新中国成立后的《土地改革法》规定“由人民政府发给土地所有证，并承认一切土地所有者自有经营、买卖及出租其土地的权利”，将旧时代的土地所有制改变为农民的土地所有制，使广大农民分得了土地，基本实现了土地所有权的平均化。1956年我国农村具有社会主义特征的农业合作社普遍建立，土地等主要生产资料归集体所有，实行统一经营、统一分配。但农民的宅基地及其房屋仍归农民个人所有。

1962年党的八届十中全会通过的《人民公社六十条》规定：“生产队范围的土地，都归生产队所有。生产队所有的土地包括……宅基地……一律不准出租和买卖。”这时农民对宅基地已没有所有权，只是“社员的房屋，永远归社员所有”。1963又规定“社员的宅基地……都归生产队集体所有，一律不准出租和买卖。房屋出卖后宅基地的使用权即随之转移给房主，但宅基地的所有权仍归生产队所有”。从这时开始在法律上有了“宅基地使用权”的概念，农民原有的宅基地所有权转变为“宅基地使用权”。

《土地管理法》也明确规定“宅基地和自留地、自留山，属于农民集体所有”。从以上表示可以看出，我国农村农民宅基地的占有和使用是从农民宅基地所有权转变为宅基地归集体所有，个人享有宅基地使用权，农民住房由房地合一的所有者主体转变为所有者主体分离，形成延续至今的房屋所有权主体与土地所有权主体相分离的模式。

2 农村宅基地使用权地籍调查的实施

地籍调查是土地登记发证的基础工作，农村宅基地使用权确权登记发证工作存在的难点是政策性强，工作量大，流程多，协调关系复杂，数据处理烦琐等。武汉市农村宅基地确权登记发证工作，包括准备工作、通告、地籍调查、土地登记、数据库与管理系统建设、建成验收与资料归档等项。

2.1 宅基地使用权调查的基本原则

宅基地使用权是农村土地调查的重要组成部分，在工程项目实施中应该严格遵守实事求是原则，要防止和排除来自行政、技术等各方面的干扰，做到数据、图件、实地三者一致，尽可能借助现代信息技术，从调查到最终的成果成图全面实现数字化，对以往调查成果经核实的可以继承使用，对已有的成果应发掘它们的应有作用，这样既提高了工作效率，又保持了成果延续性。

2.2 宅基地使用权地籍采用的两种方法

2.2.1 采用数字正射影像解析与实地勘丈相结合的调查方法

实地勘丈宗地内建（构）筑物及界址线的边长，制作宗地内建（构）筑物及界址点、线的勘丈图，选定数字正射影像上影像清晰的建（构）筑物的底部边线为基准套合勘丈图，制作数字线划地籍图，导出各宗地界址点坐标，计算宗地面积，编制宗地图。

2.2.2 采用航测数字立体测图与实地勘丈相结合的方法

利用最新数字航测摄影资料。采用航测数字立体测图方法，测制农村集体建设用地和宅基地数字线划图（DLG），实地勘丈界址边长，制作宗地界址点、线的勘丈图，套合数字线划图，制作数字线划地籍图，导出各宗地界址点坐标，计算宗地面积，编制宗地图。

2.3 宅基地使用权调查

以自然村（湾）或农村居民点为单位，对照工作底图，逐栋丈量宅基地边长及相邻宅基地的相对位置，绘制宗地草图，收集宅基地批准文件及农户主资料，填写“地籍调查表”完成指界签字手续。对于宅基地的主体建筑物与附属设施完全相连在一起，或其滴水线之间小于1 m的应单独设立宗地；滴水线相距1 m以上的应分别设立宗地，宅基地使用权宗地图比例尺根据地块大小合理选定。

2.4 宅基地使用权的内业数据处理

根据实地调查和实地勘丈宗地内建（构）筑物及界址线的边长，利用AutoCAD中的几何作图功能，制作宗地内建（构）筑物及界址点、线的勘丈图，套合数字正摄影图或数字线划图，制作地籍图，导出界址点坐标，计算宗地面积，编制集体建设用地或宅基地宗地图，利用现场丈量的与相邻宗地界址点的栓距进行校核。

3 工程实施的物权意义

《物权法》依据宪法以专章规定了“土地承包经营权”和“宅基地使用权”，确权登记发证工作的实施是基于物权意义的重要表现，也是全面落实《土地管理法》和宣传有关土地政策的重要措施。

（1）作为一种社会福利，农村宅基地使用权是基于农村集体经济成员资格取得的，而非通过市场行为交易所得，农村宅基地使用权确权登记发证工作是一项涉及面广、工作量大、政策性强、技术复杂的基础性工作，承担着稳定农村社会的基本功能，通过确权发证从法律上对权利主体及权利内容加以明确，这对建设和完善农村集体土地产权制度，维护农民与集体的土地财产权益有积极的促进作用。

（2）当前我国农村土地产权制度建设相对滞后，保护和合理利用土地，必须依靠以土地为生存之本的农民，将证书发放到农民手中，必将使农民重视自身权益，增强其学习，掌握有关土地法律和政策知识的积极性，从而在机制上将依法合理利用土地变成农民的自觉行动。

（3）集体土地所有权和农村宅基地使用权是当前我国农村土地产权制度的核心，通过本项发证工作将给基于集体等各类用地纳入到统一的登记体系中，避免各类用地的权属纠纷，保证土地登记的统一性，为城乡地政统一管理奠定坚实的基础。

4 结 语

农村宅基地使用权是从农村集体土地的使用权中派生出来的一种用益物权，宅基地使用权的确权登记发证将使农民宅基地实现由资源属性向财产属性转变，从而可以进行农村宅基地产权制度的改革，进而对打破城乡二元化结构具有深远意义。

参 考 文 献

[1] 王辛之，等.农村集体土地地籍调查的实践与探索[J].地理空间信息，2012(6).
[2] 本书编委会．中华人民共和国物权法注解与配套[M].北京：中国法制出版社，2008.
[3] 苏恒，等.武汉市农村集体土地所有权地籍调查经验探讨[J].城市勘测，2013.
[4] 高延利.土地登记实务[M].北京：中国农业出版社，2008.
[5] 高延利.地籍调查[M].北京：中国农业出版社，2008.

有关城市独立坐标系的思考

陈智尧[1]　李　楠[2]

(1. 湖北省测绘成果档案馆,湖北武汉 430071;2. 湖北省基础地理信息中心,湖北武汉 430071)

【摘　要】充分利用空间数据库与 GIS 功能,从大比例尺标准分带、分幅及统一编号入手,围绕当前因城市膨胀,一个独立坐标系不能满足整个城市测量与施工放样需求进行分析与探讨。

【关键词】独立坐标系;高斯投影;工程测量

1　引　言

数字城市建设推动城市基础测绘设施的完善,2000 国家大地坐标系的启用,加快了城市平面独立坐标系(后称城市独立坐标系)的建设与改造。

建立相对独立的平面坐标系的依据是:当国家标准分带(3°带)投影不能满足在局部地区大比例尺测图和工程测量的需要,以任意点和方向进行中央子午线投影变换以及平移、旋转等而建立的平面坐标系统。

在城市独立坐标系建设过程中,因城市快速膨胀及城乡一体化建设的需要,局部、小区域大比例尺测图已成过去,面对新形势下建设城市独立坐标系出现的问题而引出我们一些思考。

2　城市独立坐标系建立的理论依据

城市独立坐标系主要用于城市测量与工程放样过程中,地面长度归算到椭球面长度,再投影到高斯平面长度变形限差问题。工程测量规范将此差值(ΔS)限制在 2.5 cm/km,用相对误差表示为1:40 000。这样的长度变形,目的是满足大部分建设工程施工放样测量精度不低于 1:20 000 的要求。长度变形差值按下式计算:

$$\Delta S = \Delta S_1 + \Delta S_2 \tag{1}$$

式中,ΔS_1 为地面长度归算到椭球面长度改正量;ΔS_2 为地球面长度投影到高斯平面的改正量。

2.1　地面长度归算到椭球面长度改正计算

地面长度归算到椭球面长度按下式计算:

$$\Delta S_1 = S - D = -\frac{H_m}{R_m}D \tag{2}$$

式中,S 为椭球面长度;D 为地面长度;H_m 为平均大地高;R_m 为平均曲率半径。

地面长度归算到椭球面长度改正量见表 1。

表 1　地面长度归算到椭球面长度改正量(R_m = 6 371 km, D = 1 km)

H_m(m)	10	50	100	140	160	200	300
$-\Delta S_1$(cm)	0.157	0.785	1.570	2.197	2.511	3.139	4.709
比例误差分母	637 100	127 420	63 710	45 507	39 819	31 855	21 237
H_m(m)	400	500	600	700	800	900	1 000
$-\Delta S_1$(cm)	6.278	7.848	9.418	10.987	12.557	14.127	15.696
比例误差分母	15 928	12 742	10 618	9 101	7 964	7 079	6 371

由表1看出,归算改正量的绝对值与大地高成正比,160 m 归算高程就会造成2.5 cm/km的归算差。

2.2 地球面长度投影到高斯平面的改正计算

地球面长度投影到高斯平面按下式计算其改正量:

$$\Delta S_2 = d - S = \frac{Y_m^2}{2R_m^2}D \tag{3}$$

地球面长度投影到高斯平面改正量见表2。

表2 地球面长度投影到高斯平面改正量(R_m =6 371 km,D =1 km)

Y(km)	±5	±25	±45	±65	±85	±105	±125	±145
ΔS_2(cm)	0.03	0.77	2.49	5.20	8.90	13.58	19.25	25.90

由表2可以看出,2.5 cm/km限值将城市区域偏离城市中央子午线最大值限定在±45 km内。

3 城市独立坐标系建立的方法

如何建立城市独立坐标系,无非是根据城市自身地理条件,围绕 $\Delta S(=|\Delta S_1+\Delta S_2|)$ 小于2.5 cm/km来做文章。

方法一:当城市平均大地归算高较低,且城市东西跨度小于90 km时,直接将城市平均子午线作为中央子午线。

方法二:当城市东西跨度在90~110 km时,可利用大地归算呈负值、投影改正值的呈正值的特点,满足 $|\Delta S_1+\Delta S_2|$ 小于2.5 cm/km的要求,即高程补偿的方法。

方法三:对高海拔城市,一般大地归算高程值均较大,这就要靠改变高程归算面来实现了。

4 现实城市独立坐标系存在的问题

4.1 大城市的概念

随着我国城镇化建设发展,特别是在经济发展地区,拆地(区)建市格局已形成。加之农村人口向大城市流动,推动了城市区域膨胀。将一个城市东西跨度局限在90 km已成过去时。以前被我们忽视偏离城市中心较远区域,随着小城镇建设与经济建设的需要,同样也需要进行高精度、小变形的测量与工程施工。过去我们针对城市的主城区(小城市)建立独立坐标系方法。大城市的概念给那些建设城市独立坐标系的设计者们带来了苦恼。

以湖北省黄冈市为例(见图1),东西跨度约180 km。南低北高相差约1 700 m。一个中央投影经线及一个归算高程面显然是不够的。

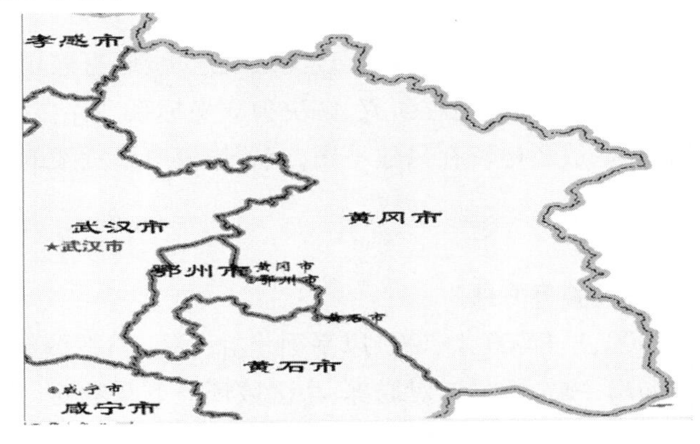

图1 湖北省黄冈市图

4.2 城市独立坐标系中分区(带)投影的质疑

为解决城市东西的大跨度与山区城市大高差的问题,城市独立坐标系设计者们通常采用,以多中央经线、多高程归算面方法予以解决。以重庆市为例(参见文献[2])东西跨度230 km,海拔高在160 ~ 1 300 m。"选择三个任意投影带",其"中带以海拔300 m高程面为投影面"。

根据独立坐标系的概念,如果一个城市独立坐标系采用三个任意投影带,它还能理解为一个独立坐标系吗? 还是称之为一个城市独立坐标系下的三个子独立坐标系?

由此说来,像重庆市这样的独立坐标系,虽然满足了我国《建立相对独立的平面坐标系统管理办法》)(简称《办法》)中第四条"一个城市只能建立一个相对独立的平面坐标系统"的规定,但与《办法》第二条相左,不免引起我们对建立城市独立坐标系初衷的质疑。

4.3 阻碍了城市之间的资料共享

抛开同一城市多任意带投影的争议,但城市之间的协作也是当今社会发展的必然。如邻市之间要形成资料的共享,就会存在不同独立坐标系之间的拼接。再来看湖北省的黄冈市,在湖北省与孝感、武汉、鄂州、黄石等市相邻。特别是它的主城区与鄂州主城区仅一江之隔。这种各自以我为中心建立的独立坐标系,在"基础测绘成果资料"共享过程中也必然受到阻碍。

当前多城之间经济协作模式已形成,以武汉市为中心的"8 + 1(个城市)"——"武汉城市圈"就是一例。为避免重复劳动,跨城市之间测绘成果的共享也成了必然,消除或削弱城市之间资料共享障碍是当前不可回避的问题。

5 对独立坐标系存在的思考

5.1 传统测绘的回顾

笔者认为传统测绘与现代测绘有一个最大的区别,反映在测绘成果的载体上。为满足纸质为载体的基本测绘资料(地形图)多行业共享,测绘人花费苦心,用城市独立坐标系方法,削弱地面地物、地貌经椭球归算与高斯投影对施工带来的影响。另外,传统城市独立坐标系定义的对象是局部小区域的主城区。

5.2 现代测绘技术运用

反映测绘现代技术是计算机技术的运用。当前基础测绘从采集到存储、设计、施工放样,都可借助计算机来完成。在空间数据存储上GIS技术又扮演了重要角色。

如今基础测绘成果的存储,不再局限在平面坐标系。以地心三维或大地坐标形式存储模式不仅更适合大型空间数据的管理,而且不存在椭球归算与高斯投影变形的问题。

在存储与应用之间,GIS技术能实现不同坐标系(大地坐标系与平面坐标系、国家坐标系与独立坐标系)、任意带投影及任意高程归算面间的快速转换。

5.3 观念的更新

解决当前城市独立坐标系的问题,其根本是要实现测绘观念更新,打破用现代测绘技术去模拟传统测绘方法生产流程与方法。目前我们还停留在研究、解决独立坐标系中存在多任意投影带的问题。

当前空间地理信息数据库,一般还停留在只建不用,或者扮演电子货架的作用。

6 未来平面坐标系使用的构想

6.1 更新大比例尺地形图分幅与编号方法

我国现行大比例尺(1∶2 000、1∶1 000、1∶500)以平面坐标分幅,并按图幅西南角坐标予以编号,此标准与现行独立坐标系规定如出一辙,都是针对局部、小区域环境下制定的。同一编号可有三种不同比例尺图幅,且每100 km × 100 km还会出现重复编号。这种多幅、多比例尺编号不唯一现象,非常不利于当前对大比例尺图幅的管理。又由于大比例尺分幅是建立在平面坐标基础上,也不利于跨投影带图幅的拼接。

就此,有必要针对大比例尺地形图如何实现更科学的分幅并统一编号问题进行研究。假若大比例尺分幅不再以平面坐标为依据,编号与地理坐标之间有着严格的数学关系。这一模式是否更适合当前基础测绘发展?

6.2 拓展高需求下标准分带

所谓高需求,就是在高斯投影平面下,长度变形总和优于2.5 cm/km。当前国家6°、3°带分带显然是不够的。假若对大比例尺测量与施工放样中,不再使用任意带投影的概念,而以经差45′或30′作标准分带,那么同一投影带内高斯投影改正量会分别小于0.8 cm/km、2.0 cm/km。建立更细化标准分带,不仅能满足大比例尺地形图测绘与施工放样高精度的需求,也能破解城市发展再需建独立坐标系问题。

6.3 探讨非高斯平面下数据采集模式

探讨数据采集新模式,其目的是:基础测绘部门应将重心放在数据采集精度上,将投影变形问题交于项目或用户去处理。现代数据的采集已基本实现数字化,非高斯平面坐标系生产模式是否也就值得我们去探讨。如真三维的空间作业流程,割圆锥或割圆柱投影平面下的数据采集作业流程等。基础测绘部门仅只要保证最终成果的标准化即可。

6.4 构建个性化的基础测绘成果服务

充分利用大型空间数据库能存储空间坐标的特征及GIS功能。打破当前同一城市基础测绘成果提供过程中"固化"投影模式,实现空间数据与项目个性化需求相互对接。要构建这一个性化服务,就当前的技术条件而言,已不是问题。问题是如何打造一个测绘成果在提供过程中的升级版。

7 结 语

城市在扩大,技术在进步,当大比例尺测图与高精度的施工放样不再局限在局部小城区的时候,对于已有的独立坐标系数据,应研究、制定一套相邻独立坐标系之间拼接、资料共享规则。建立一套新的测量模式,需要众多的测绘人,利用多学科的知识,不断地进行探讨。当现行的城市独立坐标系构建模式在阻碍国民经济发展的时候,我们应毫不犹豫地去打破它。传统的、静态的、固化的生产作业方式与流程虽然安全,但它束缚了现代技术发挥。

参 考 文 献

[1] 陈仕银. 建立独立坐标系的方法[J]. 测绘通报,1997(10):5-7.

[2] 谢征海,张泽烈. 城市独立坐标系平面控制网之扩建及改造[J]. 北京测绘,2000(4):20-26.

[3] 畅开狮. 建立城市独立坐标系相关问题的探讨[J]. 2008(1):86-89.

[4] 孔祥元,郭际明,刘宗全. 大地测量学基础[M]. 武汉:武汉大学出版社.

[5] GB 50026—2007 工程测量规范[S].

竖版《世界地势图》与竖版《中国地势图》的适配关系*

张寒梅[1] 佘世建[2] 徐汉卿[1] 薛怀平[3]

(1. 湖北省地图院,湖北武汉 430071;2. 湖南地图出版社,湖南长沙 410007;
3. 中国科学院测量与地球物理研究所,湖北武汉 430077)

【摘 要】本文通过对竖版《中国地势图》与竖版《世界地势图》适配关系进行初步分析,比较了竖版图与横版图的各自特点,从国民教育性、中国版图的相似性、表示内容的异同性、地图比例尺的规整性、表现风格的统一协调性等诸多方面,阐明两图的对称使用,构成最佳适配效果,达到了地图作品的视觉美。其对加强我国南海地区的主权宣示、进一步丰富地图科普教育的形式与内容发挥了重要作用。

【关键词】中国地势图;世界地势图;竖版;适配关系

1 引 言

随着2011年国务院批准在海南省设立地级三沙市,国家于2013年推出了竖版《中华人民共和国全图》,首次将南海诸岛同比例展示出来,全景展示了我国的陆海疆域,为我国维护海洋权益提供了更直观有力的保障。

2013年9月,湖北省地图院根据《系列世界地图》南半球版改编的1:3 100万大全开幅竖版《世界地势图》,由湖南地图出版社公开出版发行,同时出版发行的还有1:670万大全开幅竖版《中国地势图》,形成竖版中国与世界地图的姊妹篇。本文对竖版《中国地势图》和竖版《世界地势图》的适配关系进行了初步的分析。

2 竖版中国地图和竖版世界地图

2.1 横版中国地图和竖版中国地图

从民国十六年(1927年)起,就已经有了横版中国地图。横版中国地图把"南海诸岛"给"切割"下来,作为插图放置在中国地图的右下角,其比例尺只有主图的一半,很大一部分岛屿岛礁没有被标记出来。横版中国地图不是完整的"中国全图",而是两个"局部图"[1],不能整体显示中国疆域的范围,这也是造成许多人误认为中国版图为"雄鸡"形状的原因。中国宣布成立三沙市,在一个平面上全景同比例尺展示中国的陆海疆域就显得更为迫切。

竖版中国地图采用相同比例尺、相同的投影方式,将一个完整的中国陆海疆域展示出来,中国整个海陆一体的版图就像一支巨大的熊熊燃烧的火炬形状,直观地显示了我国疆域东西短、南北长的特点。竖版中国地图打破了近90年的习惯思维模式,更真实、更完整地显示了我国的版图特征,对提高全民的国家版图意识,维护我国的海洋权益,彰显我国的政治立场,具有十分重大的意义。

2.2 横版世界地图和竖版世界地图

传统的横版世界地图于明朝万历十二年由西方传教士在肇庆绘制,并从此传入我国,距今已有400

* 国家自然科学基金(41374029)资助。

多年的历史。横版世界地图的投影方法采用经线分割地球仪,是一种“经向世界地图”,适用于表达东、西半球的地理关系,这种经向世界地图南北地区变形较大[2],如南极大陆实际形状像美丽的孔雀,而在横版世界地图上,南极被切开拉伸成长条状;现实中的南极大陆被南美洲、非洲和大洋洲三块大陆“环绕”,但在横版世界地图上却与三块大陆平行。同样,在横版世界地图上,北极地区的俄罗斯北部、加拿大北部和格陵兰北部,均产生了形状和面积的巨大变形,北冰洋成了长条状;现实中的北冰洋以北极为中心,形成了被亚、欧、北美三大洲环绕的“地中海”态势。横版世界地图需要借助附图正确反映南极和北极区域的地理分布。

与传统的“经向世界地图”相对应的是武汉专家创编的“纬向世界地图”,其投影方法采用纬线分割地球仪,适用于表达南、北半球的地理关系。2002 年,湖北省地图院编制完成了《系列世界地图》,其中东半球版和西半球版为“经向世界地图”,北半球版和南半球版为“纬向世界地图”;一套四种世界地图,以东、西、南、北四个视角,从经度、纬度两种方向,将中国与世界的地理关系准确和完整地展现在读者面前[3,4]。

《系列世界地图》的版式是“三横一竖”,即三个横版、一个竖版。《系列世界地图》南半球版为竖版世界地图,该图克服了横版世界地图南北两极地区变形较大的缺陷,南极和北极被真实地表示为一个点,其与周边国家的相关位置非常明确,竖版世界地图不仅完整表达了环南极洲、环北冰洋的地理关系,还完整表达了与各大洲、各大洋和世界各国的地理关系[5]。例如,南北极地科学考察线路及科学考察站位置在该图上能清晰、直观地表达,中国与南北极的地理关系一目了然(见图 1)。

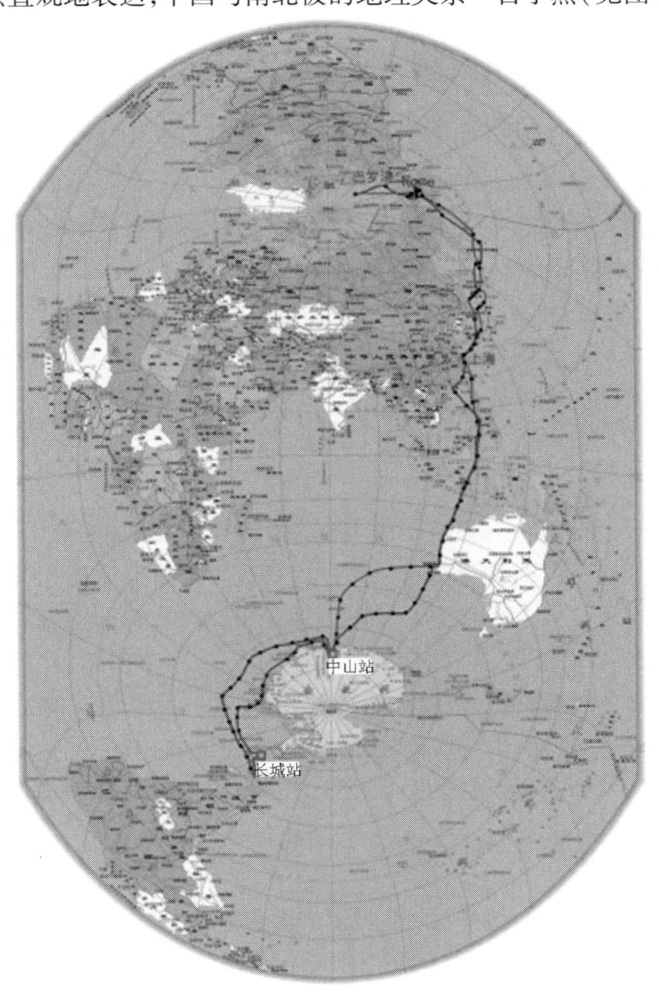

图 1　南北极科考航迹图

3　竖版《中国地势图》和竖版《世界地势图》的适配性

近期，湖南地图出版社公开出版发行大全开幅竖版《中国地势图》和竖版《世界地势图》（见图 2 和图 3），其中的竖版《世界地势图》就是在《系列世界地图》南半球版的基础上编制而成的，当年的设计思路取得了异曲同工的效果，实现了质的跨越。

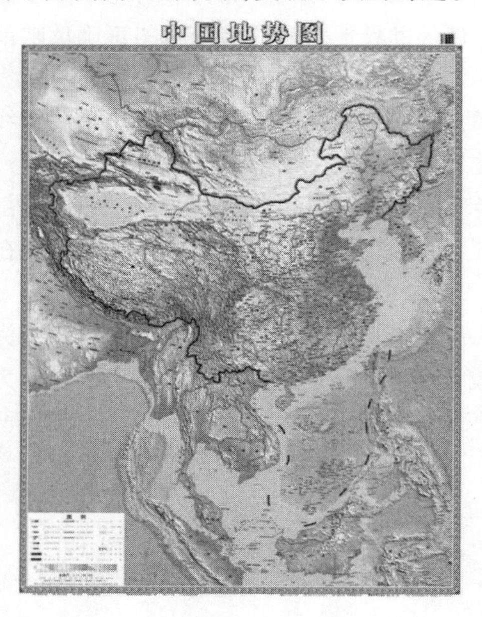

图 2　中国地势图

图 3　世界地势图

3.1　国民教育性

在许多公共场所、宾馆大厅、办公室、会议室、学校等地方，经常可以看到张挂、张贴着传统横版中国地图和世界地图，这既是地图文化的展示，也是国民教育的需要。

竖版《中国地势图》和竖版《世界地势图》，与横版世界地图相比，更具直观性，海域展现得更完整，一览性更强。两图对称使用，让人们在了解中国地大物博、地形地势分布的同时，也能通过相配合的世界地势图，清楚地知道中国地势在世界地势中的特点、分布和位置，效果更佳，弘扬了"胸怀祖国、放眼世界"的国民教育理念。

3.2　中国版图的相似性

竖版《中国地势图》采用与横版中国地图相同的投影，中国地图通常采用"双标准纬线正轴等面积割圆锥投影"，该投影面积没有变形、两条标准纬线上不变形，在图上保持正确的面积对比。纬线为同心圆圆弧，经线为放射直线，双标准纬线之间纬线缩短而经线加长，双标准纬线之外纬线加长而经线缩短，适用于中纬度地区的大区域地图[6]。竖版《世界地势图》采用与横版世界地图相同的"等差分纬线多圆锥投影"[7]，所用变形参数都一样，该投影的特点有三：其一是经纬网的图形有球形感；其二是我国被配置在地图中接近中央的位置，面积变形小，图形形状比较正确；其三是显示了我国与邻近国家的水陆联系。由《中国地势图》和《世界地势图》两竖版图比较可以看出，中国国土的形状在两图上的变形均较小，中国的大陆版图均为雄鸡报晓形，中国整个的陆海疆域均为火炬形。

3.3　表示内容的异同性

竖版《中国地势图》和竖版《世界地势图》上表示的内容既有相同之处，又突出各自图幅的特色。它们均表示了读者最关心的河流、居民地、境界线、山脉、山峰等内容；《中国地势图》还表示了与地形相关的要素，如高原、丘陵、平原、盆地的分布，中国近海的海底地貌等内容；《世界地势图》表示了南北两极极点、国际日期变更线、海底地貌（含海丘、海岭、海盆、海沟）等内容。两种图表示内容选择密度指标相似,保持了图面载负量一致。

竖版《中国地势图》的要素内容是充满内图廓的,而竖版《世界地势图》的内图廓是一个椭圆形似田径场的形状,在内、外图廓之间的左、右上方,分别配置了与地势专题相关的南极洲最高点位置图和珠穆朗玛峰位置图。南极洲最高点 Dome - A 是中国科学考察首次在人类历史上找到并登上的南极内陆最高点,是中国极地考察史上的一个重要里程碑;珠穆朗玛峰为世界第一高峰,是中国最美的、令人震撼的十大名山之一。这两个位置图凸显了中国地势的特点和中国元素与世界的交融。在内外图廓之间的左、右两侧,分别加载了世界之最、世界主要山峰、世界主要河流等文字版块,既丰富了图面,也强化了知识性和科普性。

3.4 地图比例尺的规整性

竖版《中国地势图》和竖版《世界地势图》为大全开幅面,均为小比例尺图,笔者设计比例尺时,规定中国图取整到十万,世界图取整到百万。按照此设计方案,竖版《中国地势图》比例尺为 1∶670 万,竖版《世界地势图》比例尺为 1∶3 100 万。配置到统一的竖版图框中后,南北方向局部超出了图廓范围,为了保持地图比例尺的规整性,笔者采取图幅南北两边破图廓的方式表示世界全图,效果很好。

3.5 表现风格的统一协调性

竖版《中国地势图》和竖版《世界地势图》在图框、图名、花边、图例等整体设计尺寸和风格上都保持了一致性。尤其是两竖版图的地势这一重要的专题要素,作为整幅图的背景层,通过分层设色方法,采用相同的色彩和相近的色层,作晕渲衬底,达到了高度的统一协调[8]。

竖版《中国地势图》分层设色高度表分级级数为 21 层(见图 4),竖版《世界地势图》分层设色高度表分级级数为 22 层(见图 5),两种图分级级数相近,但级数代表的陆地高度却不同,以此反映中国与世界地势分布的不同特征;在晕渲背景的色彩运用上则保持了两图的一致性。

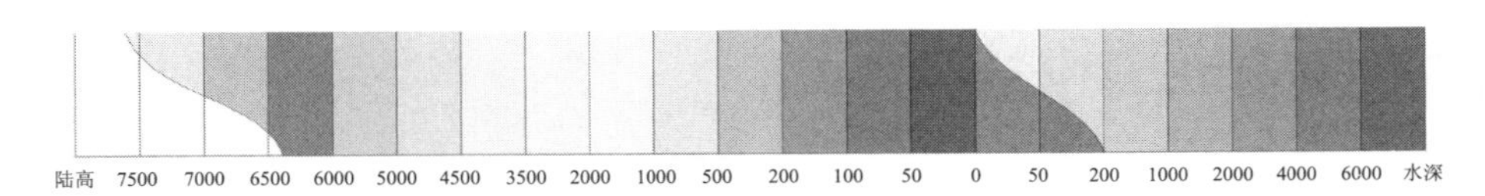

图 4 《中国地势图》高度表

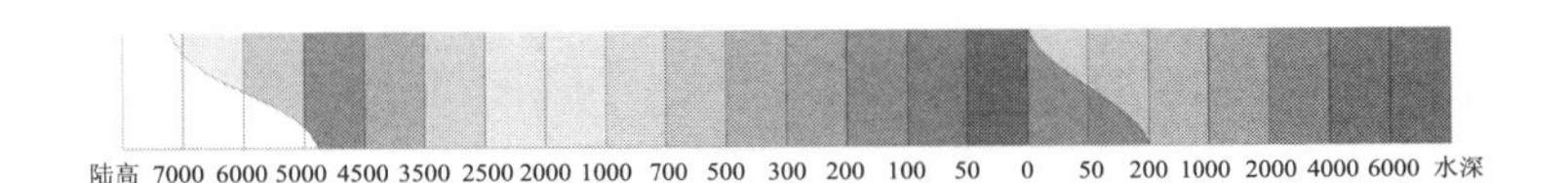

图 5 《世界地势图》高度表

竖版《中国地势图》和竖版《世界地势图》,用分层设色的方法,真实地把中国与世界陆地和海洋的地势起伏逼真地表现出来,高原、山地、丘陵、平原、盆地等分布的区域特点突出,海丘、海岭、海盆、海沟等海洋地貌的纹理清晰直观,构成了中国和世界生动的立体景观图。

4 结 语

综上所述,竖版《中国地势图》与竖版《世界地势图》在中国首次公开出版发行,对加强我国南海地区的主权宣示,发挥了不可替代的作用。两图的配合使用,构成最佳适配效果,达到了地图作品的视觉美。综观两图,视野由了解中国到放眼世界,是国民教育的好题材,在给人们带来崭新的科学理念、启迪青少年的科学兴趣的同时,进一步丰富了地图科普教育的形式与内容。

参 考 文 献

[1] 单之蔷. 中国的版图因何"竖"了起来[J]. 中国国家地理,2013(2):16-17.

[2] 郝晓光, 徐汉卿, 刘根友, 等. 系列世界地图[J]. 大地测量与地球动力学,2003,23(2):111-116.

[3] 郝晓光. 换个角度看世界[C]// 郝晓光,徐汉卿. 经纬跨越四百年——《系列世界地图》文集. 北京:测绘出版社,2010.

[4] 徐卓人. 四个角度看世界[J]. 新华文摘,2004,22:115-117.

[5] 徐汉卿.《系列世界地图》上的极点符号[C]// 郝晓光,徐汉卿. 经纬跨越四百年——《系列世界地图》文集. 北京:测绘出版社,2010.

[6] 吴忠性. 地图投影[M]. 北京:测绘出版社,1980.

[7] 郝晓光, 薛怀平. 纬线世界地图[J]. 地壳形变与地震,2001,21(1):95-98.

[8] 祝国瑞. 地图学[M]. 武汉:武汉大学出版社,2004.

三维一体化展示系统的设计与实现

张　丹[1]　何碧波[2]　黄冠宇[3]　陈慧萍[4]

(1. 湖北省航测遥感院,湖北武汉 430074;2. 湖北省测绘局测绘保障中心,湖北武汉 430074;
3. 湖北省测绘工程院,湖北武汉 430074;4. 湖北省地图院,湖北武汉 430074)

【摘　要】地理信息数据作为智慧城市的基础设施,即将进入多源的大数据时代。智慧城市要求大数据消除“孤岛”,实现天上、地面、地下等全方位海量的地理空间数据共享。本文主要介绍了三维一体化展示系统的设计与实现。该系统集成多源海量地理空间数据,提供了多源多时空数据三维可视化浏览、查询、分析及应用功能。

【关键词】三维一体化;数据集成;系统集成

1　引　言

在智慧城市时代,地理信息数据是智慧城市整体框架中不可缺少的基础设施,为政府机构、各行各业和市民提供基于位置的信息服务[1]。目前,智慧城市面临各行各业的海量数据,大数据将遍布城市各个角落,不管是人们的衣食住行,还是城市的运营管理,都将在大数据支撑下走向“智慧化”,大数据将为智慧城市提供“智慧引擎”[2]。作为智慧城市基础设施,地理信息数据建设也将进入多源的大数据时代,以直观、可视化方式表达所有事物天然具备的位置特征,丰富智慧城市地理信息数据服务。

智慧城市要求大数据消除“孤岛”,实现天上、地面、地下等全方位海量的地理空间数据共享。由于获取技术的差异,其表现形式不同、表现方法也不同,不同的地理空间数据服务提供者以其专有服务方式为智慧城市提供空间服务。在数字城市地理空间框架下实现多源海量的空间数据共享服务,需要地理空间数据服务提供者共同协助完成,需要在数据标注、空间服务形式标准化共建来为智慧城市提供标准地理空间信息服务。

本文探索多源海量地理空间数据(基础地理信息数据、机载多角度倾斜影像、车载可量测三维影像、360°全景影像、地下管线数据)三维一体化集成展示技术,从地上、地下多角度对城市进行三维展示及应用开发,探索城市三维产品新的应用领域。

2　国内外技术发展现状

现有国内很多城市建设三维地理数据是基于已有的测绘成果数据,通过电脑建成模型,最后生成城市的立体图像。这种建模方法周期长、真实性差、精度低,应用效果有很大的局限性,并且极大地违背了智慧城市的空间信息服务平台对三维空间数据精确性的要求,从而阻碍了各职能部门决策的准确性以及实效性[3]。

随着智慧城市对高精真三维空间数据的需求加深以及业界技术的突飞猛进,近年来倾斜摄影技术和机载激光扫描技术等高新技术纷纷异军突起,极大地促进了全景真三维技术的研究和发展。美国Pictometry公司[4]、荷兰Track Air公司、国内四维远见公司和上海航遥等公司都先后推出了机载倾斜摄影设备[5],莱卡公司也宣布推出最新多角度倾斜相机RCD30相机[6],硬件设备的创新升级激发了业界对真三维空间数据可行性的研发与创新。全景真三维技术的突破已经成为三维地理信息系统发展的主要方向[7]。

同时,随着测绘技术和移动测量技术的发展,实景三维地理信息应运而生,它是在传统二维地理信息的基础之上,增加了连续的地面可量测影像库作为新的数据源,并通过专门的数据开发平台与地理信息行业应用软件无缝集成,从而给用户提供更直观易用的实景可视化环境。实景三维技术突破多元数据获取、融合集成服务及平台顶层设计技术瓶颈,形成架构统一的城市三维平台高效组织管理与服务能力,对政府、企业和公众提供三维数据应用服务,提升城市规划、建设、管理和服务水平,对智慧城市发展发挥数据和技术支撑作用[8]。

今后,智慧地球、物联网等将迎来更大的现实发展,地理空间信息将与各种移动终端,如手机、相机、探头、监控头、电视机、定位仪等集成应用,将掌上世界转变成为现实,让生活更加精彩。

3　三维一体化展示系统设计与实现

3.1　概述

三维一体化展示系统主界面如图 1 所示。

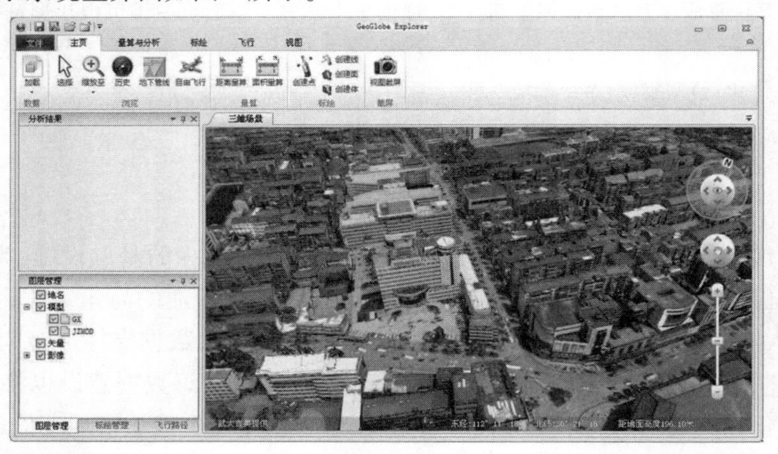

图 1　三维一体化展示系统主界面

三维一体化展示系统集成地理信息平台 GeoGlobe 5.0 和 TruemapExplorer 空间街景模式,提供多源多时空数据三维可视化浏览、查询、分析及应用功能。平面坐标系统采用 CGCS2000 坐标系,高斯 - 克吕格投影,3°分带,中央经线为 112°30′。高程基准采用 1985 国家高程基准。

原始数据包括基础地理信息数据、机载多角度倾斜影像、车载可量测三维影像、360°全景影像、地下管线数据等。其中,基础地理信息数据、机载多角度倾斜影像、车载可量测三维影像、地下管线数据在 GeoGlobe 5.0 平台展示,360°全景影像在 TruemapExplorer 平台展示。

3.2　设计与实现

3.2.1　数据集成

数据集成方案如图 2 所示。

如图 2 所示,在本系统中,提供的数据包含影像原始数据(TIF 格式)、地形原始数据(TIF 格式)、模型数据(.x、.3ds、.3dmax)等数据格式,通过对原始数据进行生产、处理,输出满足系统支持的成果数据,保存为工作空间,进行统一加载,所有数据采用统一坐标系统,即 CGCS2000。

3.2.1.1　正射影像制作

对 0.2 m 和 0.5 m 的正射影像原始数据(TIF 格式)进行生产集成,将原始数据转换为可加入系统中的本地影像瓦片数据集(.tile),具体步骤如下:

(1)将提供的 TIF 格式的影像数据进行坐标系变换,使用工具为 GeoGlobeDataExchanger;

(2)将原始数据的高斯坐标系变换后坐标系为 CGCS2000 的 TIF 格式数据使用 GeoGlobe Desktop

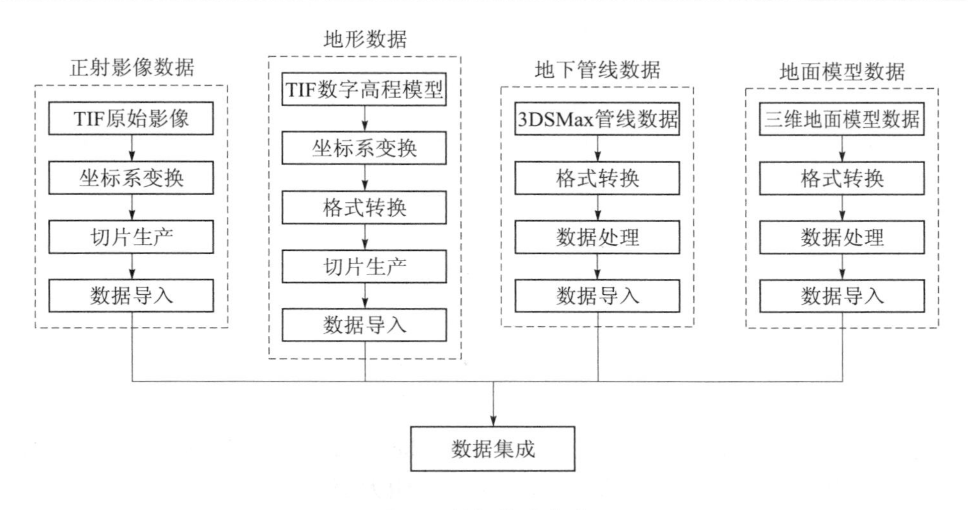

图2 数据集成方案

进行切片生产；

(3)使用本系统选择本地数据加入生产完成后的影像数据，可以在系统中浏览。

3.2.1.2 地形数据制作

对0.1 m的地形数据(TIF格式)、配合三维模型数据的地形数据(TIF格式)进行生产集成，将原始数据转换为可加入系统中的本地三维地形瓦片数据集(.tile)，具体步骤如下：

(1)将提供的TIF格式的影像数据进行坐标变换和数据格式转换，使用工具为GeoGlobeDataExchanger；

(2)将原始数据由高斯坐标系变换为CGCS2000坐标系，将TIF格式转换为DEM格式，处理完成后，使用GeoGlobe Desktop进行切片生产；

(3)使用本系统选择本地数据加入生产完成后的三维地形数据，可以在系统中浏览。

3.2.1.3 模型数据制作

对地下管线数据(.3dmax格式)、三维地面模型数据(.x和.3ds格式)进行处理，将原始数据转换为可加入系统中的本地模型文件(.gmdx)，具体步骤如下。

.3dmax格式处理步骤：

(1)使用Autodesk 3DSMax 2009 32位打开.3dmax格式数据，导出成.obj格式数据；

(2)使用GeoGlobeSceneBuilder，将导出的.obj格式的数据处理，继续导出成.prj格式数据；

(3)使用GeoGlobe Desktop进行数据处理，生产成本地模型文件；

(4)使用本系统选择本地数据加入生产完成后的本地模型数据，可以在系统中浏览。

.x和.3ds格式处理步骤：

(1)使用GeoGlobeSceneBuilder，.x或.3ds格式的数据导出成.prj格式数据；

(2)使用GeoGlobe Desktop进行数据处理，生产成本地模型文件；

(3)使用本系统选择本地数据加入生产完成后的本地模型数据，可以在系统中浏览。

3.2.2 功能集成

功能集成方案如图3所示。

如图3所示，三维展示系统分为查询分析、场景切换、地下浏览三大块功能点。

(1)查询分析：由框架本身提供的能力，包括高程查询、坡向查询、坡度查询、距离量算、面积量算、高度量算；

(2)场景切换：提供第一人称和第三人称的浏览场景切换，当从第三人称下漫游至一定高度时，自动切换为第一人称场景，默认显示地平面视图，同时可以进行街景视图和地平面视图的切换；

(3)地下浏览：提供地下模型浏览。

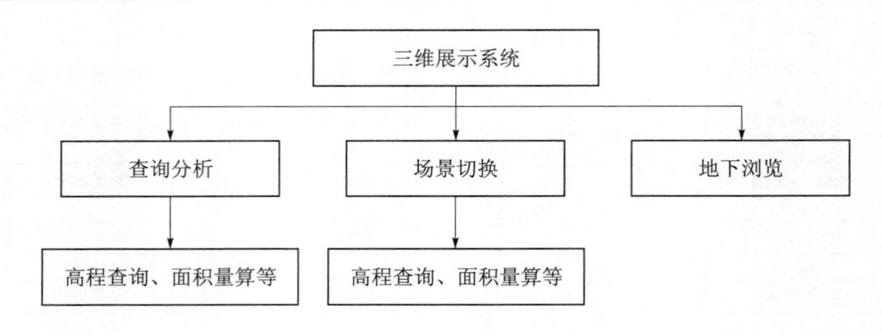

图 3 功能集成方案

3.2.3 系统集成

三维一体化展示平台集成了 TruemapServer 和 GeoGlobe 两大平台。TruemapServer 系统包含大文件数据、TWS 服务、属性数据库、浏览前端(TruemapExplorer)四大部分。TruemapServer 系统是基于 B/S 模式开发,其不能作为组件的方式直接添加到 GeoGlobe 程序的引用中,所以在与 C/S 程序集成中,采用的是 WebBrowser + ActiveX + TruemapExplorer 的方式,使用 C/S 具有网页浏览功能的控件,通过浏览器组件的 ActiveX 技术的消息传递机制,实现了 TruemapExplorer 与 WebBrowser 进行交互,由 WebBrowser 作为媒介与 GeoGlobe 主程序进行消息交互,最终实现展示平台实景影像搜索、浏览、量测和标注等功能。

4 技术创新点

4.1 实现多源多时空信息数据的整合

整合了多源多时空信息数据,实现了基础地理信息数据(如数字正射影像、数字线化图、数字高程模型等)、机载多角度倾斜影像、车载可量测三维影像、360°全景影像、三维地下管线数据等多源多时空信息数据的集成。

4.2 集成 GeoGlobe 和 TruemapExplorer 两大平台软件,实现三维一体化展示

采用地理信息共享服务平台软件 GeoGlobe 展示基础地理信息数据、真三维模型数据及地下管线数据等数据,同时集成 TruemapExplorer 展示全景街景影像,实现三维数据一体化展示。

4.3 可用作智慧城市区域、部门、行业智能一体化应用支撑平台

三维一体化展示系统作为一个多源三维空间支撑平台,可以作为智慧城市建设的基础底图,广泛应用于规划、国土、城管、公安、消防等多行业多部门的智能应用,为城市管理、政府管理等提供了大量的空间基础信息;与现有的北斗导航产业可深入结合,为北斗导航产业发展提供一体化智慧平台;以多源地理信息数据为基础,为智慧城市区域、部门、行业智能一体化应用提供支撑平台。

5 结 语

系统涉及基础地理信息数据、机载倾斜摄影真三维可量测影像、地面车载可量测实景三维影像、360°全景街景影像、地下管线数据等多源数据。其中,模型数据大小为 8 GB,影像数据大小为 22 GB。面对如此复杂的多源海量空间数据,如何有效地对它们进行存储、管理和发布显得格外重要。同时,三维场景中三维地形模型和建筑模型等结构复杂,纹理丰富,给三维场景在浏览器中的快速加载与显示增加了难度,系统展示结果并不十分理想。

目前,Skyline、Google Earth、Virtual Earth 3D 等三维城市地图网站出现给网络三维可视化提供了新的技术平台。它能建立三维地理信息数据库,为在网络环境下实现三维景观提供了一个良好的数据规范平台。尝试将其与实践项目结合,是地理数据网络发布、实现地理信息的广泛共享、最终构建面向全民的地理信息服务的有效途径。

参 考 文 献

[1] 焦煦,朱文英,黄瑞峰. 基础地理数据在智慧城市建设中的分析与应用[J]. 国土资源信息化, 2012(2):55-61.

[2] 韩耀强. 大数据:智慧城市的智慧引擎[J]. 通信世界, 2013(3):17.
[3] 田野,向宇,高峰,等. 利用 Pictometry 倾斜摄影技术进行全自动快速三维实景城市生产——以常州市三维实景城市生产为例[J]. 测绘通报, 2013(2):59-62.
[4] 王伟, 黄雯雯, 镇姣. Pictometry 倾斜摄影技术及其在三维城市建模中的应用[J]. 测绘与空间地理信息, 2011, 34(3):181-183.
[5] 刘先林. 四维远见的装备创新[N]. 中国测绘报, 2012-09-14(002).
[6] 余海坤, 李鹏, 吕水生,等. ALS70 机载激光扫描系统在基础测绘中的应用[J]. 测绘通报, 2011(8):88-89.
[7] 秦国防. 基于虚拟现实的数字三维全景技术的研究与实现[D]. 成都:电子科技大学, 2011.
[8] 郭晟. 影像城市:智慧城市发展的捷径[J]. 中国信息界, 2013:81-86.

省级控制点影像库建设技术初探

王海涛　张露林　向　浩　石婷婷

（湖北省航测遥感院，湖北武汉 430074）

【摘　要】本文结合实际项目，介绍省级控制点影像数据库系统的建设。空三加密点以立体像对存储方式加入控制点影像库中，将大大提高控制点影像库的利用效率。

【关键词】控制点；影像；数据库；立体像对

在测绘事业发展的过程中，基础测绘、数字城市建设和土地确权等项目获取了大量的控制点资料，却没有得到有效的管理和利用，控制点重复利用率低[1]。

因此，研究建立大范围的控制点影像库，对于提高控制点数据的利用效率，为今后日益增长的测绘产品需求提供控制点资料，具有很重要的意义。本文结合实际项目，介绍省级控制点影像数据库系统的建设，供参考。

1　现　状

1.1　空间数据更新

控制点影像数据是空间数据更新必不可少的信息，是遥感影像纠正过程中不可或缺的资料。一方面，测绘生产过程中积累了大量的控制点成果；另一方面，诸如地理国情普查等重要项目急需控制点成果完成遥感影像的纠正。如何将多源控制点资料统一建库，科学地管理起来以供后续再利用，是值得研究的问题。

1.2　技术成果

早在1998年，中国测绘科学研究院的张继贤和山东矿业学院的马瑞金[2]已经开始研究控制点影像库的建设。此后，越来越多的学者投入到控制点影像库建设的研究。在这些研究中，普遍存在的问题是影像数据和属性数据的存储方式问题。最初的方法是把控制点的影像数据存储于文件系统中，而把控制点的属性数据存储于数据库中。这种方式的优点是开发简单，读取速度快；缺点是安全性差。另一种方法是把控制点影像作为控制点表的一个字段存储在数据库中，以二进制的形式保存。最新研究成果往往采用这种方法。

2　建设思路

2.1　多源数据处理

控制点影像数据是从航空影像上采集得到的。已有的野外控制点资料和空三加密资料来源于不同的航摄仪，这些数据采用的色彩模式不同，成像方式不同。根据数据源的不同，这些控制点影像的色彩模式也不同。针对不同数据源，控制点色彩存储模式的选择如表1所示。

控制点属性数据中最重要的信息是控制点的点位信息。野外控制点的点位信息为单点坐标，存储方式简单；空三加密点的定位信息更为复杂，为了囊括立体像对中任意点的坐标，需存储左片和右片的外方位元素。对于不同的数据源，其外方位元素的表现形式也不相同，因而需要设计不同的存储方式，这是多源数据处理的重点。根据数据源的不同，立体像对的存储方式如表2所示。

表 1　控制点影像采用的色彩模式

影像来源	可用的色彩模式	控制点色彩模式
DMC 数字航摄仪	全色波段;红、绿、蓝、近红外波段	全色光谱模式
SWDC 数字航摄仪	Bayer 彩色	RGB 真彩色模式
UltraCAM - D 数字航摄仪	全色波段;红、绿、蓝、近红外波段	全色光谱模式
UltraCamXp 数字航摄仪	全色波段;红、绿、蓝、近红外波段	全色光谱模式
A3 数字航摄仪	Bayer 彩色	RGB 真彩色模式
ADS80 数字航摄仪	全色波段;红、绿、蓝、近红外波段	全色光谱模式

表 2　立体像对定位信息存储内容

数据源		存储信息	内容
面阵影像	左片	外方位元素 1 组	Xl、Yl、Zl、φl、ωl、κl
		坐标偏移值	ΔXl、ΔYl
		焦距	Fl
	右片	外方位元素 1 组	Xr、Yr、Zr、φr、ωr、κr
		坐标偏移值	ΔXr、ΔYr
		焦距	Fr
线阵影像	左片	外方位元素 1 023 组	Xl1、Yl1、Zl1、φl1、ωl1、κl1 Xl2、Yl2、Zl2、φl2、ωl2、κl2 …… Xl1023、Yl1023、Zl1023、φl1023、ωl1023、κl1023
		偏离值	dl
		焦距	Fl
	右片	外方位元素 1 023 组	Xr1、Yr1、Zr1、φr1、ωr1、κr1 Xr2、Yr2、Zr2、φr2、ωr2、κr2 …… Xr1023、Yr1023、Zr1023、φr1023、ωr1023、κr1023
		偏离值	dr
		焦距	Fr

2.2　尺度一致处理

为了方便控制点影像数据的管理,使待入库的控制点影像尺寸保持一致是很有必要的。控制点影像数据来源众多,比例尺也各不相同。这就导致从不同比例尺的原始影像中截取的影像在实地代表的面积各不相同。为了方便识图,同时压缩数据量,有必要商定一个可接受的最佳尺寸。

结合人眼的识别度,以 1:500 至 1:10 000 的比例尺跨度为例,为了使控制点影像能够满足 1:10 000 比例尺成图要求,该控制点影像在 1:10 000 比例尺影像中对应的图斑最小尺寸为 32 像素 ×32 像素。表 3 列举了原始影像比例尺和控制点影像最小尺寸之间的关系。

表 3 原始影像比例尺与控制点影像最小尺寸的关系

原始影像比例尺	控制点影像最小尺寸
1∶10 000	32 像素 ×32 像素
1∶5 000	64 像素 ×64 像素
1∶2 500	128 像素 ×128 像素
1∶1 000	320 像素 ×320 像素
1∶500	640 像素 ×640 像素

为了保证尺度一致,控制点影像尺寸的高宽必须大于 640 像素,才能满足不同比例尺的识图要求。结合地理国情普查的需要,规定待入库的控制点影像尺寸为 1 023 像素 ×1 023 像素,这样不仅能够满足识图要求,同时兼容地理国情普查的需求,可避免重复工作。

2.3 海量数据处理

本文探究省级控制点影像建库,待入库的控制点影像的数据量将直接影响系统的设计。

参照《地理国情普查数字正射影像生产技术规定》[3] 的要求,以 1∶50 000 图幅为单位进行整理,按均匀分布的原则选取不超过 100 个加密点。在当前测绘技术的基础上,按照作业经验,一幅 1∶50 000 图幅中采集的野外控制点约为 10 个,不妨按照每幅 1∶50 000 图幅中采集 10 个野外控制点和 90 对立体像对来计算,完全覆盖湖北省 18.59 万 km^2 的范围需 446 幅 1∶50 000 图幅。按照每幅1∶50 000图幅选取 10 个野外控制点和 90 对立体像对计算,则湖北省控制点影像库需存储 4 460 个野外控制点和 40 140 对立体像对。

按照野外控制点和加密点立体像对的存储要求,一个野外控制点的储存空间约为 5.80 MB,一个加密点立体像对所占的存储空间约为 5.98 MB。则湖北省内 4 460 个野外控制点影像和 40 140 对立体像对数据量合计约 259.676 GB,如表 4 所示。

表 4 湖北省控制点影像数据量列表

野外控制点		立体像对	
野外控制点数	4 460 点	立体像对数	40 140 对
单个点数据量	5.80 MB	单个像对数据量	5.98 MB
影像数据量	25.265 GB	影像数据量	234.411 GB
影像数据量合计:259.676 GB			

3 数据库建设

建立控制点影像库的目的在于有效地组织和管理控制点[4]。在数据库设计的过程中,将影像数据作为控制点表中的一个字段存储在关系数据库中。选用 SQL Server 为控制点影像库提供数据库服务。SQL Server 中提供二进制大对象数据类型,可用于存储数据量较大的影像数据。

控制点影像数据库包含四个功能模块,分别为控制点整理、控制点入库、数据库更新与管理、数据库应用,如图 1 所示。

3.1 控制点整理

控制点整理功能是独立于数据库的工具,用于采集控制点影像及其属性,并整理成统一的格式以供入库,包括野外控制点采集和立体像对采集及数据检查三部分。

3.1.1 野外控制点采集

野外控制点采集功能用于从原始影像中采集控制点点位索引主图、点之记影像和属性数据。其中,

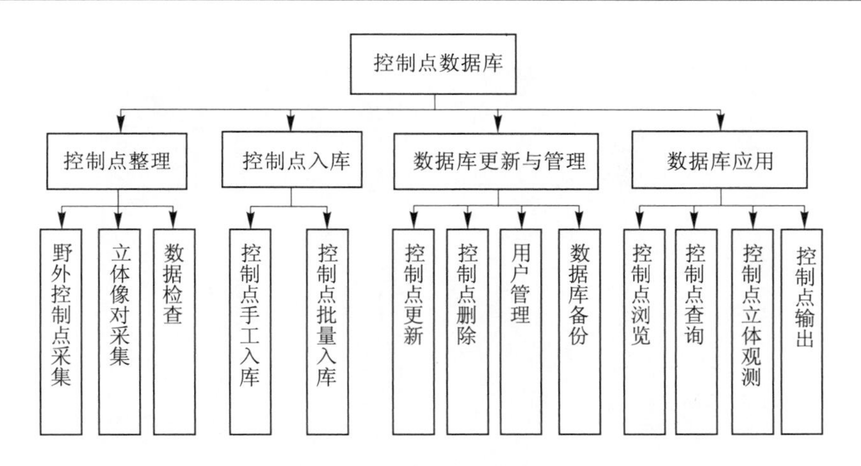

图1 控制点影像库系统功能

控制点点位索引主图从原始航空影像上采集,以控制点点位所在的像素为中心,向上下左右四个方向各外扩 511 个像素后得到高宽均为 1 023 个像素的影像,超出原始影像边界的像素以背景色(灰度值为 0)填充。文件采用 JPEG 压缩格式存储,彩色模式。控制点点位索引主图规格如图 2 所示,中央红色像素为控制点的点位,红色矩形表示野外控制点影像范围。

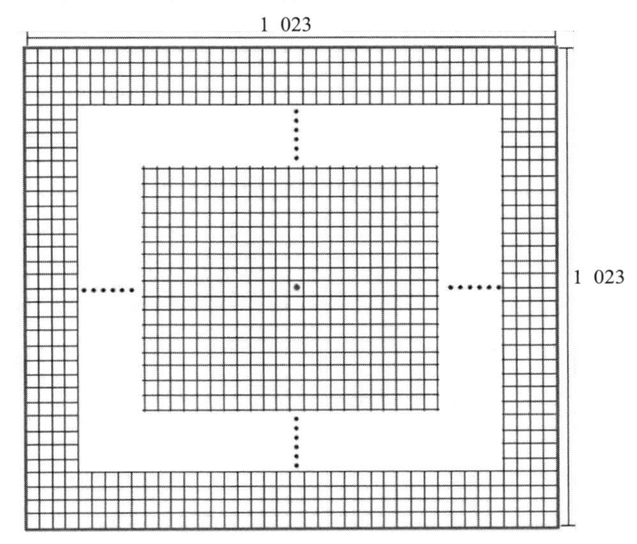

图2 控制点点位索引影像规格示意图

点之记影像用于补充说明该控制点所处的位置,方便内业刺点。

3.1.2 立体像对采集

立体像对采集的对象是空三加密点。空三加密点是通过空三处理得到的。加密点采用立体像对的方式存储。每对立体像对对应具有重叠区域的左片和右片各一张、属性数据一套。

立体像对包括左片和右片各一张,从两张不同的原始航空影像上采集得到。左片和右片的影像高宽均为 1 023 个像素,超出原始影像边界的像素以背景色(灰度值为 0)填充。文件采用 JPEG 压缩格式存储,彩色模式。从理论上来说,一对立体像对中包含了约 1 023 个加密点信息,从而大大增加了控制点影像库中的控制信息。

在控制点影像库应用平台中提供立体像对观测功能,将用户感兴趣的立体像对以红绿立体或偏振光立体等模式展示,供用户从中选择满足自己要求的加密点,如图 3 所示。

3.2 控制点查询

为了使控制点影像库得到更高效的利用,需要设计多种不同的查询方案,以满足不同情况下用户对

图 3　立体像对显示模式

控制点的查询需求。控制点的查询功能可分为按行政区域、控制点类型、测量年份、坐标范围等条件来查询。其中,按控制点类型查询的功能只针对野外控制点数据,其余查询功能为野外控制点和空三加密点所共有。

4　结　语

随着社会的高速发展,城镇化建设的步伐逐渐加快,城市的面貌无时无刻不在发生变化。随着城市面貌的变化,已经入库的部分控制点数据会失去现势性。为了提高控制点的利用效率,顺应地理国情普查控制点影像入库的要求,在控制点影像库中加入空三加密点。由于加密点数量庞大,且质量良莠不齐,无法实现高质量加密点的自动选取,本文创新性地提出采用立体像对存储加密点的方法,一对立体像对可提供“多”个控制点,用户可根据自己的需要从中选择。因此,在控制点影像库中增加基于立体像对的加密点影像能大大提高控制点影像库的使用效率。

参 考 文 献

[1] 贾萍,刘聚海. 控制点图形图像数据库建设及应用[J]. 国土资源信息化,2006(5):16-18.
[2] 张继贤,马瑞金. 图形图像控制点库及应用[J]. 测绘通报,2000(1):15-17.
[3] 国家测绘地理信息局. 地理国情普查数字正射影像生产技术规定. 2013.
[4] 齐文章,沈洪泉,曹永娜,等. 控制点影像库的计算机管理及应用. 2006.

全站仪自由设站测设精密轴线的应用探讨

王 军 何红玲

（中国一冶集团有限公司，湖北武汉 430080）

【摘 要】在对全站仪自由设站放样点位的精度进行理论分析的基础上，对自由设站测设精密轴线的直线度进行了推算，并结合工程实例进行分析验证，得出了该方法在实际应用中的具体方案。

【关键词】自由设站；精密轴线测量；精度分析

1 引 言

在工业建筑施工测量中，经常需要测设大型设备轴线，这些轴线距离长，精度要求高，直线度偏差一般要求小于2 mm。传统精密轴线测设方法是将高精度经纬仪架设在轴线上，逐点投测轴线点，这样所测设的轴线直线度受方向偏差影响小，易达到要求的精度。随着全站仪在施工测量中的广泛应用和施工进度的加快，传统的精密轴线测设方法已被全站仪自由设站法替代。而自由设站测设直线，产生的点位误差不会影响精密轴线的直线度精度。本文在对全站仪自由设站放样点位的精度进行理论分析的基础上，对自由设站测设精密轴线的直线度进行了推算，并结合工程实例进行分析验证，得出了该方法在实际应用中的具体方案。

2 自由设站测设轴线点精度分析

2.1 自由设站站点误差分析

全站仪自由设站即在未知点架设仪器，对附近的多个（2个或2个以上）已知点进行观测，获得站点信息，从而测量其他未知点信息的方法。如图1所示，A、B、…、N为已知控制点，P点为站点（待定点）。假设施工现场有两已知控制点A、B，P点为自由设站点，将全站仪架设在P点，分别照准控制点A、B，测出AP、BP的距离S_{AP}、S_{BP}和交会角β，则站点P的坐标X_P、Y_P为

$$\begin{aligned} X_P &= X_A + S_{AP}\cos\alpha_{AP} \\ Y_P &= Y_A + S_{AP}\sin\alpha_{AP} \end{aligned} \tag{1}$$

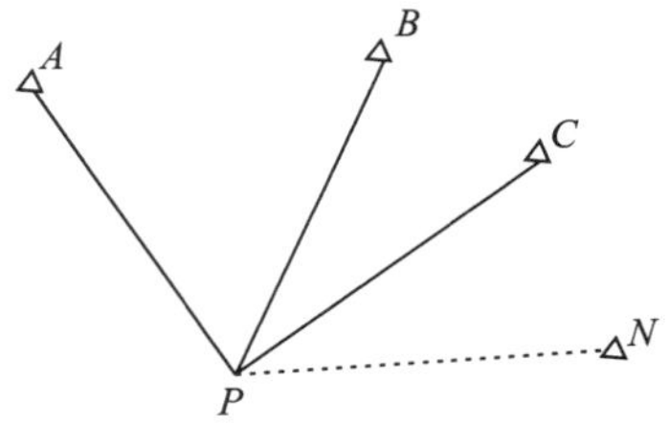

P的点位中误差为：

$$m_P = \frac{1}{\sin\beta}\sqrt{m_{S_{AP}}^2 + m_{S_{BP}}^2} \tag{2}$$

图1 自由设站示意图

由式（2）分析得出：

对于双边单角后方交会站点的点位中误差与站点和已知控制点相对位置有关。

（1）当测距固定误差m_0和测角中误差m_β一定时，距离越远，m_p越大；

（2）当后方交会角$\beta=90°$时，m_p有最小值；

（3）站点在已知边中垂线上时即$S_{AP}=S_{BP}$时，m_p较小，站点的点位精度较高。

2.2 测设轴线点误差分析

全站仪自由设站完成后，进行轴线点测设。轴线点点位误差除与测站点的点位误差m_p和标定误差

τ 有关外，主要与放样点与站点间的极角和极距有关。

如图 2 所示，利用全站仪使用自由设站后方交会方法设置仪器，MN 为待测主轴线，其设计坐标为已知，测设 MN 直线上的轴线点 t_1、t_2、t_3、…、t_n 步骤如下：

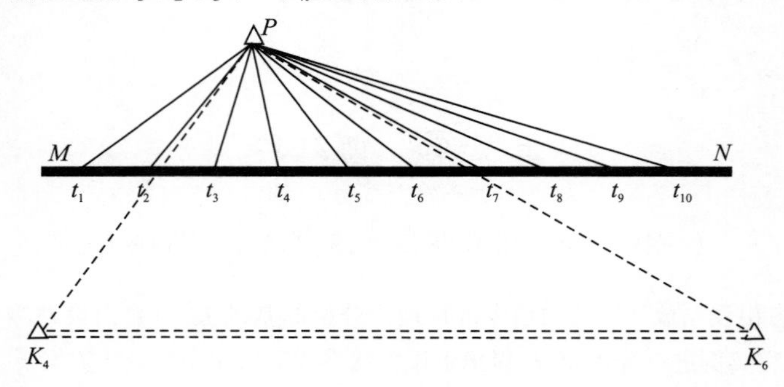

图 2　全站仪自由设站测量轴线示意图

(1) 根据已知控制点 K_4 和 K_5 的位置和现场条件，选择最合理位置 P 点安置仪器，进行整平；

(2) 分别瞄准已知控制点 K_4 点和 K_5 点完成后方交会；

(3) 根据轴线点设计坐标，分别施测主轴线上点 t_1、t_2、t_3、…、t_n；

(4) 在地面上标定轴线点。

以上各项工作都会产生误差，主要有自由设站点点位误差 m_p、角度误差 m_β、距离误差 m_s 和标定误差 τ。

以上各项工作都是独立的，根据误差传播律，自由设站测设轴线点点位中误差为：

$$m^2 = m_p^2 + \left(\frac{S}{P}m_\beta\right)^2 + m_s^2 + \tau^2 \tag{3}$$

2.3　自由设站测设直线的精度分析

在工业建筑中，通常设备主轴线是与施工坐标系的 Y 轴（或 X 轴）平行，如图 3 所示，MN 为需要测设的主轴线，t_1、t_2、…、t_n 为设计轴线 MN 上的直线点，使用自由设站实际测设标定的轴线点为 t'_1、t'_2、…、t'_n，实地测设轴线点产生的点位误差依次为 m_1、m_2、m_3、…、m_n。为了分析轴线点的误差对轴线直线度产生的影响，将点位误差 m 分解为 m_x、m_y。由图 3 可知，横向误差 m_x 是影响直线 MN 直线度的主要因素。纵向误差 m_y 只对轴线点的间距产生影响，而对轴线直线度没有影响。根据误差理论

$$m = \sqrt{m_x^2 + m_y^2} \tag{4}$$

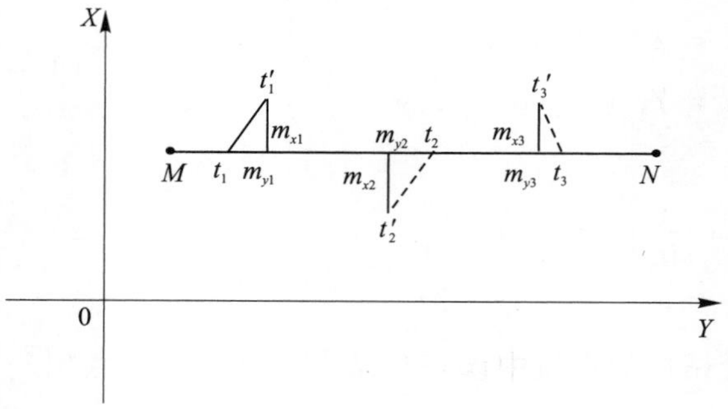

图 3　轴线点位误差示意图

若按等影响原则，即 $m_x = m_y$，则有

$$m = \sqrt{m_x^2 + m_y^2} = \pm\sqrt{2}m_x \tag{5}$$

$$m_x = \pm\frac{1}{\sqrt{2}}\sqrt{m_p^2 + \left(\frac{S}{P}m_\beta\right)^2 + m_s^2 + \tau^2} \tag{6}$$

从式(6)可知:影响直线 MN 的直线度主要是站点误差 m_p、极距长 S、测角精度 m_β 和测距精度 m_s,在同一仪器、同一测站测设直线点时,站点误差 m_p 相同,标定点点位误差 τ 相近,直线点在 X 轴方向的误差 m_x 随着测设点至站点间的距离 S 增加而增大,测量的距离越长,误差越大。

现分别以徕卡 TC1800 全站仪(仪器测角精度为 $m_\beta=1''$,测距精度为 $m_s=1$ mm + 2 ppm)和 TCR1200 全站仪(仪器测角精度为 $m_\beta=2''$,测距精度为 $m_s=2$ mm + 2 ppm)自由设站的方法测设 MN 轴线为例,由于同一站点 m_p 相同,那么对直线度的影响相同,为分析同一站点不同极距测设轴线点的相对偏差影响取 $m_p=0$,根据式(6)对不同极距测设的轴线点的横向误差 m_x 进行估算。估算数据如表 1、表 2 所示。

表 1 TC1800 全站仪自由设站测设点位误差估算值

点号	极距长 (m)	$(m_\beta S/P)^2$ (mm^2)	m_s^2 (mm^2)	τ^2 (mm^2)	m^2 (mm^2)	m (mm)	m_x (mm)
t_1	50	0.06	1.21	0.25	1.52	±1.23	±0.9
t_2	100	0.24	1.44	0.25	1.93	±1.39	±1.0
t_3	150	0.53	1.69	0.25	2.47	±1.57	±1.1
t_4	200	0.94	1.96	0.25	3.15	±1.77	±1.3
t_5	250	1.47	2.25	0.25	3.97	±1.99	±1.4
t_6	300	2.12	2.56	0.25	4.93	±2.22	±1.6
t_7	350	2.88	2.89	0.25	6.02	±2.45	±1.7
t_8	400	3.76	3.24	0.25	7.25	±2.69	±1.9
t_9	450	4.76	3.61	0.25	8.62	±2.94	±2.1

表 2 TCR1200 全站仪自由设站测设点位误差估算值

点号	极距长 (m)	$(m_\beta S/P)^2$ (mm^2)	m_s^2 (mm^2)	τ^2 (mm^2)	m^2 (mm^2)	m (mm)	m_x (mm)
t_1	50	0.24	4.41	0.25	4.90	2.21	1.6
t_2	100	0.94	4.84	0.25	6.03	2.46	1.7
t_3	150	2.12	5.29	0.25	7.66	2.77	2.0
t_4	200	3.76	5.76	0.25	9.77	3.13	2.2
t_5	250	5.88	6.25	0.25	12.38	3.52	2.5
t_6	300	8.46	6.76	0.25	15.47	3.93	2.8
t_7	350	11.52	7.29	0.25	19.06	4.37	3.1
t_8	400	15.04	7.84	0.25	23.13	4.81	3.4
t_9	450	19.04	8.41	0.25	27.70	5.26	3.7

据数据估算值可知:

(1)当采用 $m_\beta=1''$, $m_s=1$ mm + 2 ppm 的全站仪,同一测站测设轴线点,极距为 100 m 时,$m_x=1.0$ mm,极距为 250 m 时,$m_x=1.4$ mm,当极距为 400 m 时,$m_x=1.9$ mm,极距大于 400 m 时,m_x 会超出 2 mm。

(2)当采用 $m_\beta=2''$, $m_s=2$ mm + 2 ppm 的全站仪,同一测站测设轴线点,极距为 150 m 时,$m_x=2.0$ mm,极距大于 150 m 时,m_x 会超出 2 mm。

因此，在采用自由设站测设精密轴线时，应选择精度较高的全站仪，除设站的站点要符合后方交会的合理位置外，还应严格控制极距，以保证精密轴线的直线度满足精度要求。

3 应用实例

在某钢厂扩建热轧带钢工程中，其生产工艺是从推钢机把钢坯推入加热炉开始，经过大立辊、粗轧机、精轧机到卷取机，整个生产线长480 m，如图4所示，*MN* 为轧机中心线，其方向与现场施工坐标系的 *Y* 轴平行。设备安装对轧机中心线上的点位相对偏差不超过2 mm。附近有场区一级建筑方格网控制点2个，控制点起始数据如表3所示。

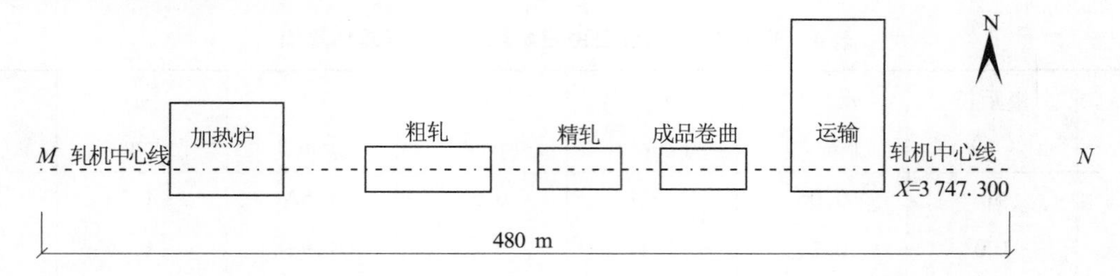

图4 某钢厂热轧带钢生产线示意图

表3 平面控制点成果表

点号	X(m)	Y(m)	说明
K_4	3 636. 326	5 080. 308	一级建筑方格网点
K_6	3 636. 326	5 580. 308	一级建筑方格网点

注：已知点数据由项目经理部提供，以上平面坐标系统为该钢厂的独立坐标系坐标。

由于整条生产线在厂房内部施工，且设备安装和土建施工正在同时进行，施工区域部分建筑材料、安装设备堆放杂乱，使轴线两端的控制点无法通视，不能采取直接在轧制中心线端点架设仪器投测中间轴线点，拟采取徕卡 TC1800 全站仪自由设站方法进行精密轴线测设。拟测设的轴线点为 t_1、t_2、…、t_{10}，坐标如表4所示。

表4 轴线点点位设计坐标

点 号	X(m)	Y(m)	说明
t_1	3 747. 300	5 086. 253	轴线点
t_2	3 747. 300	5 137. 535	
t_3	3 747. 300	5 186. 329	
t_4	3 747. 300	5 236. 854	
t_5	3 747. 300	5 284. 207	
t_6	3 747. 300	5 336. 716	
t_7	3 747. 300	5 375. 335	
t_8	3 747. 300	5 459. 620	
t_9	3 747. 300	5 512. 145	
t_{10}	3 747. 300	5 567. 278	

测设步骤如下：

(1)对拟测设的轴线点误差进行估算，确定最大极距，表5为拟投测轴线点横向误差估算值，本项目轧机中心线上的点位相对偏差不得超过2 mm，即 $m_x \leqslant \frac{2}{\sqrt{2}}$ mm，为保证达到直线度要求，极距应控制

在 240 m 以内;

(2)根据方格网点 K_4、K_6 和拟投测的轴线点 t_1、t_2、…、t_{10} 位置,选择方便合理的点位架设仪器;

(3)采用精密支架棱镜,按照极坐标法按表 5 中轴线点设计坐标依次放样出 t_1、t_2、…、t_{10};

(4)按照测角和测边的方法,对已放样的点进行高精度观测,各观测 2 个测回,计算放样点坐标,分别按设计对轴线点进行归化改正;

(5)移站进行下一段轴线点的测设,移站对前一站的站点和相邻轴线点进行联测,检查轴线直线度。

表 5 轴线点 t_1、t_2、…、t_{10} 点位误差估算值

点号	极距长 (m)	$(m_\beta S/P)^2$ (mm^2)	m_s^2 (mm^2)	τ^2 (mm^2)	m^2 (mm^2)	m (mm)	m_x (mm)
t_1	199.623	0.94	1.96	0.25	3.14	±1.77	±1.3
t_2	150.251	0.53	1.69	0.25	2.47	±1.57	±1.1
t_3	104.99	0.26	1.46	0.25	1.97	±1.40	±1.0
t_4	63.864	0.10	1.27	0.25	1.62	±1.27	±0.9
t_5	46.958	0.05	1.20	0.25	1.50	±1.22	±0.9
t_6	73.288	0.13	1.31	0.25	1.69	±1.30	±0.9
t_7	105.92	0.26	1.47	0.25	1.98	±1.41	±1.0
t_8	185.313	0.81	1.88	0.25	2.94	±1.71	±1.2
t_9	236.508	1.31	2.17	0.25	3.73	±1.93	±1.4
t_{10}	290.756	1.99	2.50	0.25	4.74	±2.18	±1.5

4 结 语

自由设站放样测量因其站点选取灵活,测量便捷,在一定条件下完全可以自由建站进行直线测设,解决了传统方法中必须直线通视,费时对点架设仪器等问题,大大提高了施工测量的效率。但是由于精密轴线特别是大型设备长轴线,其精度要求高、距离长,而自由设站放样点误差受站点位置、后视距离、放样距离等影响,因此在采用自由设站测设精密轴线时必须注意如下事项:

(1)自由设站测设精密轴线应尽可能地采用高精度的测量仪器;

(2)站点选择应符合后方交会条件,尽量选择到已知控制点的距离相近,且后视距离大于测设轴线点的距离;

(3)测设前需根据仪器精度、轴线精度对最大投测距离进行计算,放样极距控制在最大投测距离之内;

(4)当超过有效距离时应移站,并对已测设的邻近轴线点和前一站点进行联测,进行点位归化改正,以保证直线度精度。

参 考 文 献

[1] 李青岳. 工程测量学[M]. 北京:测绘出版社,1997.

[2] 陶奔星. 极坐标放样精度分析[J]. 西部勘探工程,2002(3).

[3] 李全信. 边角后方交会的精度分析及布设方案选择[J]. 测绘工程,2000(11).

[4] 周西振,尹任祥. 测边后方交会精度研究及其应用[J]. 西南交通大学学报,2006,41(3).

[5] 孔祥元,梅是义. 控制测量学(上册)[M]. 武汉:武汉大学出版社, 2001.

[6] GB 5006—2007 工程测量规范[S].

浅议地理国情监测与基础测绘

张田凤[1] 毕 凯[2]

（1. 湖北省航测遥感院，湖北武汉 430074；2. 国家基础地理信息中心，北京 100830）

【摘 要】地理国情监测是我国首次从地理的角度分析、研究和描述国情，对测绘地理信息行业的转型升级具有重大作用。弄清地理国情监测与基础测绘的联系，准确区分两者，是当前做好地理国情普查、监测工作的重要前提。本文分析了地理国情监测与基础测绘之间的联系与区别，从思想认识上为顺利实施地理国情监测提供了重要保障。

【关键词】地理国情监测；基础测绘；联系；区别

1 引 言

随着我国经济社会的发展和测绘地理信息技术手段的提升，党中央、国务院适时提出了监测地理国情的重要任务。2010 年 12 月至 2012 年 12 月的两年时间里，李克强总理四次对“开展、加强地理国情监测”工作提出明确要求；国家测绘地理信息局将地理国情监测列为与“数字城市”、“天地图”并列的“三大平台”之一，徐德明局长多次强调地理国情监测是测绘地理信息行业转型发展的重要支撑，具有极高的地位和意义。在实施地理国情普查、监测的前期，部分生产单位在意义内涵、组织方式、功能作用、工作任务、工艺流程、主要成果、应用服务以及技术装备等方面上易与基础测绘混淆，甚至无法准确区分。弄清地理国情监测与基础测绘的联系，准确区分两者，是当前做好国情普查、监测工作的重要前提。

2 地理国情监测与基础测绘的联系

监测地理国情，是新时期经济社会发展对测绘地理信息工作的新需求、新要求，是测绘地理信息部门主动服务科学发展的重要职责和战略任务，是我国国情研究中新的重要组成部分。历史地看我国经济社会发展，地理国情监测既是加强国情研究，改善宏观调控，服务科学发展和转变经济发展方式的客观要求，也是测绘地理信息部门长期求变、求新、求是，顺应需求和技术进步的转型发展战略重点。多年来，基础测绘的快速发展，为地理国情监测提供了良好的数据资源、技术装备、发展环境，奠定了坚实基础。

3 地理国情监测与基础测绘的区别

地理国情监测和基础测绘虽然同属测绘工作，但地理国情监测具有不同于基础测绘的诸多特征。

3.1 定义

由于对基础测绘认识的角度不同，基础测绘的定义也各有不同。2002 年 12 月 1 日起施行的《中华人民共和国测绘法》以法律的形式明确了基础测绘的定义：“基础测绘是指建立全国统一的测绘基准和测绘系统，进行基础航空摄影，获取基础地理信息的遥感资料，测制和更新国家基本比例尺地图、影像图和数字化产品，建立、更新基础地理信息系统。”基础测绘是在我国国土（包括陆地国土和海洋国土）进行的具有基础性和普遍适用性的测绘活动的总称。国家对基础测绘实行分级管理，我国基础测绘包含国家(级)基础测绘、省级基础测绘、市级基础测绘和县级基础测绘。

目前,国家对地理国情监测虽未有法定定义,但国务院2013年2月28日印发的《国务院关于开展第一次全国地理国情普查的通知》(国发〔2013〕9号)对地理国情进行了定义:地理国情主要是指地表自然和人文地理要素的空间分布、特征及其相互关系。地理国情是重要的基本国情。而基本国情是一个国家历史、自然和现实国情的概括和提炼,对中国基本国情的深入认识是中国特色社会主义发展过程的重要内容。

3.2 组织方式

国家基础测绘的生产组织采用计划下达的方式,具体任务组织交由各个承担任务的生产单位负责,按照基础测绘管理办法、经费管理办法、质检管理办法、归档管理办法等有关规章制度完成有关项目任务。其中的影像获取工作,采用政府采购的方式,通过招投标确定航空摄影任务执行单位。因此,国家基础测绘的生产组织相对简单,遵循制度和规定即可。

按照监测范围,地理国情监测内容分为国家、区域两个层次。按照第一次全国地理国情普查工作"全国统一领导、部门分工协作、地方分级负责、各方共同参与"的组织实施原则,逐步形成网格化的地理国情监测工作模式,充分发挥中央、地方测绘地理信息部门积极性,以省级行政区域界线为界,将我国陆地国土划分为若干网格。国务院测绘地理信息行政主管部门负责全国地理国情监测工作的总体安排、设计,建立监测的技术和标准体系,做好技术指导、培训、质量控制、信息汇总和统计分析,帮助中西部贫困地区完成监测工作,充分利用各地监测成果,汇总形成全国地理国情监测报告。各省级测绘地理信息行政主管部门国家统一安排部署,结合当地实际,充分整合区域内的人力、信息、装备等资源,组织开展本地区内地理国情要素的监测工作,并将监测成果上报国家测绘地理信息部门。

3.3 功能作用

基础测绘是国民经济社会发展的基础性工作,为各个行业和领域提供重要的保障服务,基础测绘成果广泛应用于国防军事、宏观决策、自然资源开发利用、灾害监测、交通运输、公共安全和公共卫生、基础设施建设等各个行业和领域。随着我国经济社会的高速发展和信息化进程的不断加快,各行业、各领域对基础测绘工作的要求越来越高。

地理国情监测工作,是从地理空间的视角、从第三方的角度来开展国情研究。其功能定位是"辅助支持、校正纠偏、监管检验",其中,"辅助支持"是现阶段的基本功能,"校正纠偏"是中期过渡性功能,"监管检验"是最终功能定位和价值取向。

3.4 工作任务

我国现行法律制度对基础测绘的任务作出了明确规定,《中华人民共和国测绘法》和2009年国务院颁布的《基础测绘条例》确定了基础测绘的主要任务:建立全国统一的测绘基准和测绘系统,进行基础航空摄影,获取基础地理信息的遥感资料,测制和更新国家基本比例尺地图、影像图和数字化产品,建立、更新基础地理信息系统。从日常工作实践角度,基础测绘的任务主要围绕两大工作展开:一是国家基础地理信息数据库及国家基本比例尺地图的维护、更新。国家基础地理信息数据库包括大地数据库和不同尺度的系列数据库,这一数据库重点反映了我国国土的基本自然状况及其变化情况,是我国各有关部门从事经济研究和政策制定、自然资源和环境监测等工作的本底数据库。对其维护和更新工作的主要任务包括:①维护其正常运行和服务,保证数据库的安全和有效;②按照《基础测绘条例》的要求,对其进行定期更新;③根据需要,不断丰富数据库内容。二是公益性测绘服务。根据经济建设各部门和社会的需要,提供各类基础测绘服务,包括开展按需测绘工作。

虽然,我国现行法律制度对地理国情监测的任务尚未给出明确规定,综合国务院2013年2月28日印发的《国务院关于开展第一次全国地理国情普查的通知》(国发〔2013〕9号)及相关资料,地理国情监测的核心业务主要可划分为普查、综合监测、专题监测三部分,其组成见图1。

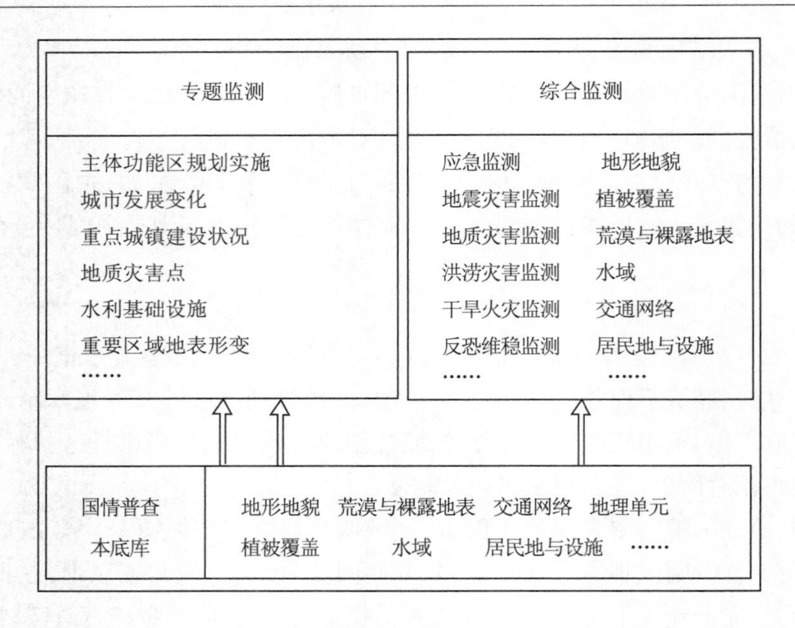

图1 地理国情监测核心业务组成

3.5 工艺流程

基础测绘注重标准化、规范化、规模化。一般包括航空航天影像获取、外业控制、正射纠正、内业采编、外业调绘、数据建库、编绘成图等工序。主要分为数据获取、数据处理、数据管理以及数据集成与分发服务四个环节。

地理国情监测注重个性化需求与标准化、规范化生产之间的融合,在加强数据获取、数据处理、数据服务环节的基础上,突出数据分析环节。一是要求地理国情信息获取更加准确、客观、规范、全面和实时;二是对多种地理国情信息的综合集成、分析处理更加快速、深入;三是要求地理国情信息服务更加灵活、便捷。具体包括地理信息与专题信息整合、重要地理国情信息普查、地理国情信息动态监测、地理国情信息统计与分析和地理国情信息服务环节。

基础测绘以及地理国情监测工艺流程分别如图2和图3所示。

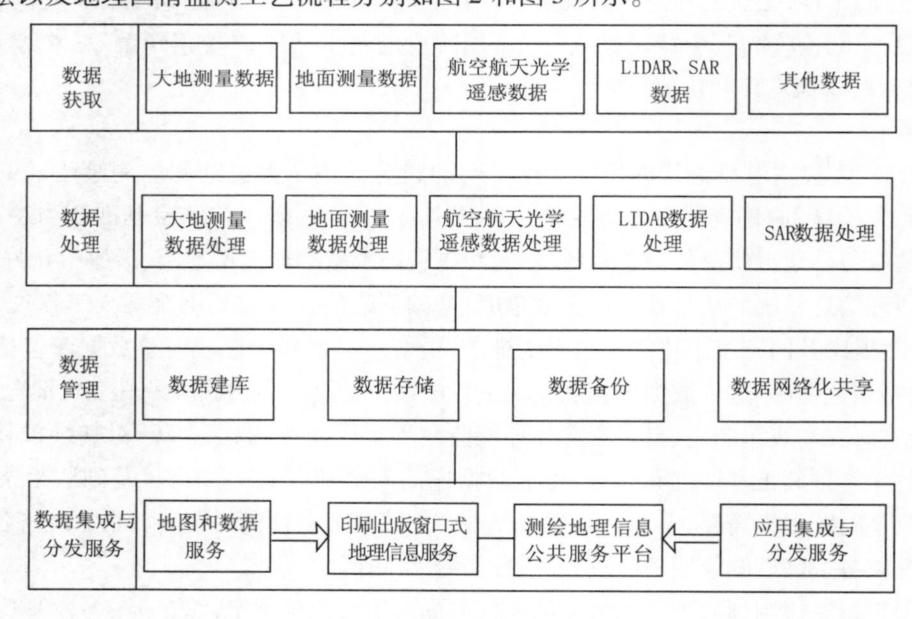

图2 基础测绘生产工艺流程

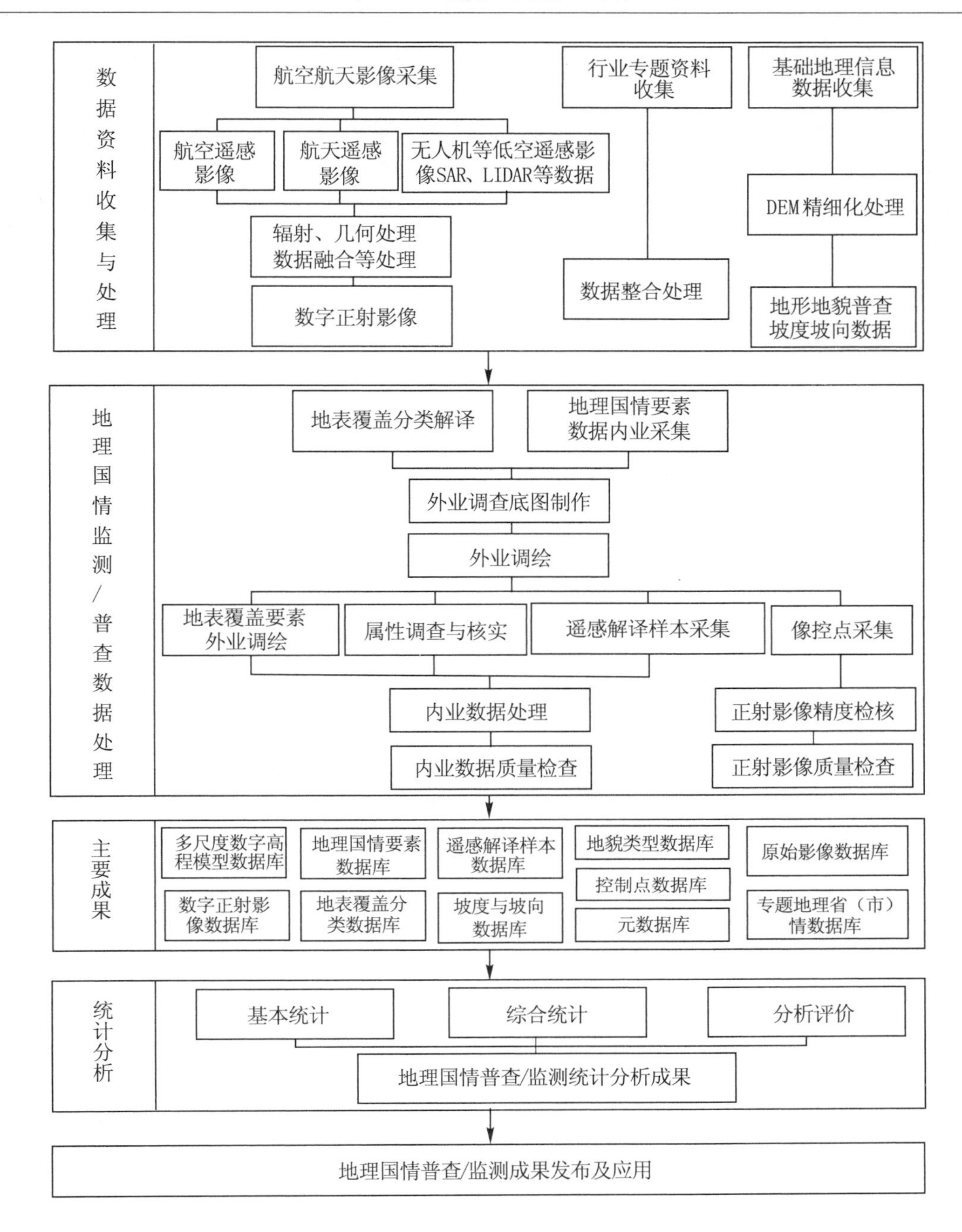

图3 地理国情监测工艺流程框架图

4 结 语

基础测绘是地理国情监测的基础,地理国情监测是基础测绘的拓展。基础测绘与地理国情监测两者之间存在相互联系又相互促进的辩证关系。只有提高对两者的认识水平,理顺两者的关系,才能更好地发挥基础测绘的作用,更好地保障地理国情监测的实施。

参考文献

[1] 刘若梅.对地理国情监测的再认识[J].地理信息世界,2013(2):27-30.

[2] 中国测绘宣传中心.地理国情监测研究与探索[M].北京:测绘出版社,2011.

[3] 陈俊勇.地理国情监测的学习札记[J].测绘学报,2012,41(5):633-635.

[4] 国务院第一次全国地理国情领导小组办公室.第一次全国地理国情普查实施方案.2013.

[5] 国务院第一次全国地理国情普查领导小组办公室. 第一次全国地理国情普查培训教材之地理国情普查内容与指标. 2013.
[6] 国务院第一次全国地理国情普查领导小组办公室. 第一次全国地理国情普查培训教材之地理国情普查数据采集技术方法. 2013.
[7] 国务院第一次全国地理国情普查领导小组办公室. 第一次全国地理国情普查培训教材之地理国情普查基本统计技术规定与方法. 2013.

三维规划辅助决策系统设计与实现

陈金文 张 丹 聂小波 徐 锋

(湖北省基础地理信息中心,湖北武汉 430071)

【摘 要】三维规划辅助决策系统是借助于三维 GIS、遥感等信息技术,通过建立空间数据库,将城市赖以生存和发展的各种基础设施以数字化、网络化的形式进行综合集成管理,从而实现城市规划过程中的三维可视化管理等功能的信息系统。本文描述了基于 Skyline 的三维规划辅助决策系统的设计与实现,从而满足现代城市精细管理的要求,实现城市规划管理辅助规划决策支持。

【关键词】三维规划;辅助决策系统;Skyline

1 引 言

城市规划是对城市未来发展的预见和安排。要科学地预见城市的未来,就要求城市规划尊重客观规律以适应未来的形势变化。从另一方面看,城市规划的正确、合理与否,需要在建设实践中得到检验。但建设有一个过程,有的过程还相当漫长,必然滞后于规划方案的编制和确定。因此,我们需要用前瞻的眼光来认识城市规划,三维规划辅助决策系统正是为了满足这种需求而产生的。

一个完整的三维城市规划信息系统的建立不但能够对各种城市空间信息进行有效地管理与集成,而且能够以动态的、形象的、多视角的、多层次的方式模拟城市的现实状况,为城市空间形态研究、城市设计和城市管理提供具有真实感和空间参考的决策支持信息。建设三维仿真及三维城市规划辅助决策系统,对改变传统城市规划模式、促进城市合理规划、实现城市可持续性发展具有重要的意义。

2 系统设计

2.1 系统结构设计

三维规划辅助决策系统采用 C/S 模式的三层架构模式,包括数据层、逻辑层和应用层,系统总体架构图如图 1 所示。

数据层是整个系统的基础,系统数据种类繁多,经过整理大体上归类为规划二维数据、三维基本场景 MPT 文件、三维模型数据和建筑及规划方案属性数据。每类数据都按照一定的标准进行整理与存储,然后通过逻辑层提供的对数据层的访问接口,为逻辑层的功能实现提供数据支撑。

逻辑层的存在有两个方面的意义:首先,直接实现系统某些功能或为系统某些功能的实现提供接口支撑。其次,逻辑层作为整个系统架构的中间层,向下提供对数据层数据读取或写入的数据操作接口,向上提供系统对外功能的接口,避免系统应用层直接与数据发生关系,系统功能需求改变时只需修改逻辑层即可,使系统具有良好的扩展性。

应用层是系统与外界沟通的渠道。通过界面功能按钮对逻辑层的调用使逻辑层与应用层发生关联;通过功能按钮响应用户操作,帮助系统理解用户需求,并返回系统对用户需求执行的结果。

2.2 系统界面设计

本系统的界面设计是通过 Microsoft Visual Studio 2010 平台结合 DevExpress 控件完成的,这种方式设计的界面不仅能呈现需要的界面样式,而且设计的成果能直接绑定系统功能成为最终产品。根据系统功能设计的界面图如图 2 所示,包括菜单栏、功能按钮、信息树、导航窗口、三维窗口、功能窗口(自动

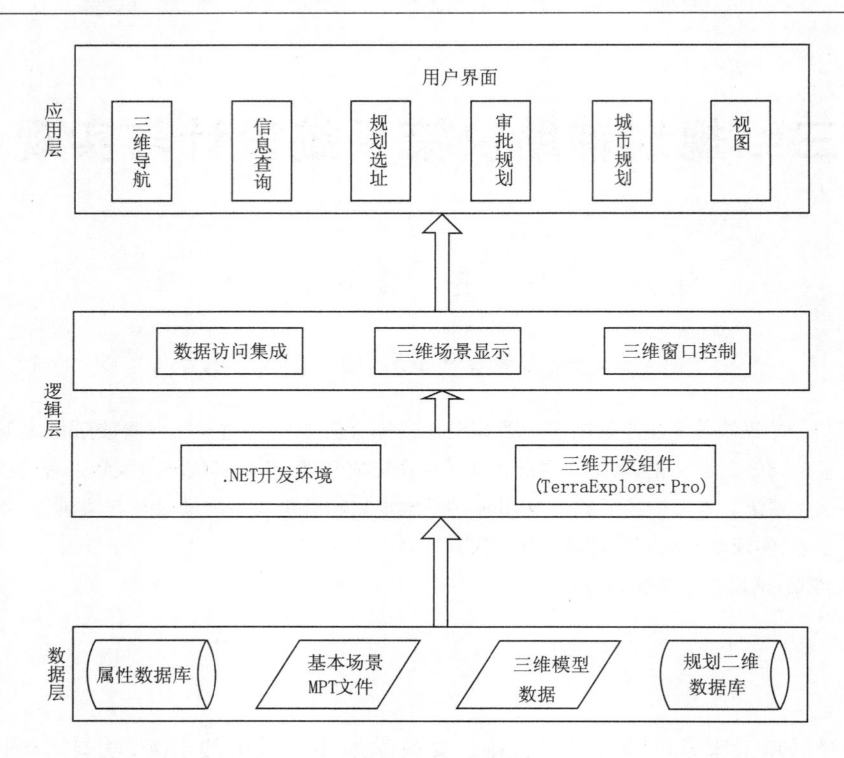

图1　系统总体架构图

隐藏)和输出窗口(自动隐藏)等。

图2　系统界面图

其中,菜单栏用来显示功能模块,即三维导航、信息查询、规划选址、审批规划、城市规划和视图六大功能菜单。功能按钮是用来实现不同功能模块下的具体功能命令的按钮,如漫游、缩放、选择对象等。功能窗口则是显示某些复杂功能的操作页面,如规划选址中的3D视线分析、城市规划中的生成电力线等。三维窗口选用Skyline的TE3DWindow Class控件,用来加载三维场景的fly文件。信息树选用Skyline 的 TEInformationWindow Class 控件,用来控制加载的 fly 文件的信息显示情况,可执行删除等操作。导航窗口选用 Skyline 的 TENavigationMap Class 控件,用来显示导航信息。输出窗口则是用列表的形式显示信息查询结果,如建筑物信息查询。

3 系统功能实现

三维城市规划辅助决策系统主要包括六大功能模块:三维导航模块、信息查询模块、规划选址模块、审批规划模块、城市规划模块和视图模块。各模块功能具体如下。

3.1 三维导航

三维导航模块包括漫游、旋转、缩放、选择对象和区域等基本功能,还可根据需要调整场景透明度、隐藏地形、显示地下模式,进行坐标定位等。

3.2 信息查询

信息查询模块包括地名查询、建筑物信息查询、片区信息查询和单点查询等功能,从而获得需要的信息,并在输出窗口中以列表的形式显示出来。

3.3 规划选址

规划选址模块中有量测分析、地形分析、视线分析和光照分析等多种分析方法,可以对三维场景进行水平测量、垂直测量、空间测量、地面面积测量、3D 面积测量等测量分析,和等高线分析、坡度分析、剖面分析、淹没分析、地形修改、坡度查询、控高分析、拆迁分析等地形分析,以及视线分析、2D 视域分析、3D 视域分析、空间影响区分析等视线分析。另外,还可以进行场景时间、光照和阴影调整。

3.4 审批规划

审批规划模块包括方案对比和方案修改。方案对比功能可实现分屏显示不同的三维规划设计方案和二三维联动两种方式,在对比的同时可对规划设计方案进行修改,如移动、旋转、缩放和添加模型、编辑模型等动态调整。这样使得规划评审专家和决策者可以从多视角直观地对比多个规划设计方案,帮助规划决策者更加清楚、直观地确认合理方案,进一步提高规划决策的科学性。

3.5 城市规划

城市规划模块中有演示输出、模拟规划和规划信息显示等功能。演示输出包括快照和演示工具,快照是对场景进行拍照并以 JPG 格式输出,演示工具可以记录场景的飞行路径并以 AVI 格式输出。模拟规划包括绘图、批量复制模型、生成电力线和生成栅栏与围墙。规划信息显示功能可以显示总规、控规和控高等信息。

3.6 视图

视图模块主要控制部分界面窗口的显示,即显示/隐藏信息树、导航窗口、功能窗口和输出窗口,从而让用户更加方便地使用本系统软件。

4 结 语

本文重点研究了三维规划辅助决策系统的总体设计方法,采用 Skyline 软件作为二次开发平台,实现的系统具有界面友好,操作简单,功能强大,真实直观等特点。本系统属于 C/S 架构,后期将改成 B/S 架构,使系统由软件向平台转变,实现通过 Web 浏览器访问,对公众提供适度的三维城市的查看和浏览等功能,对规划建设单位提供网络报建的功能,从而扩大系统的服务范围。随着系统进一步的完善和改进,以本系统为依托的城市信息化水平定能得到提升。

参 考 文 献

[1] 罗帅伟. 基于 Skyline 的城市三维地理信息系统的设计与实现[D]. 西安:西安科技大学,2012.
[2] 唐桢,张新长,曹凯滨. 基于 Skyline 的三维技术在城市规划中的应用研究[J]. 测绘通报,2010(4).
[3] 董淼,三维城市规划辅助决策支持系统的研究与实现[D]. 长沙:中南大学,2013.
[4] 李志伟. 基于 Skyline 的土地资源可视化系统的设计与实现[D]. 西安:西安科技大学,2012.
[5] 柳玲,汪学兵. 基于 SuperMap 组件的城市规划辅助决策支持系统的实现[J]. 计算机工程与应用,2005(7).

浅析地理国情普查成果与其他普查(或调查)成果的对比分析

方　艳　刘文斌　熊　涛　高淑芬

(湖北省航测遥感院,湖北武汉 430074)

【摘　要】本文选取某区域地理国情普查成果、第一次水利普查成果、第二次土地调查成果,通过可比性分析,提取对比指标,进而建立对接关系,并从数值差异和空间分布差异两个方面进行了对比分析。对比分析结果可为政府决策提供更加科学、准确、实用的服务,也为地理国情普查成果以及后期监测运用提供参考。

【关键词】地理国情普查;对比分析;空间分析

1　引　言

为了掌握我国自然资源、生态环境及人类活动基本情况,查清我国地形地貌以及地表覆盖状况,我国于2013年开展了第一次全国地理国情普查,为制定和实施国家发展战略与规划、优化国土空间开发格局和各类资源配置、推进生态环境保护、建设资源节约型和环境友好型社会,提供重要的参考信息。

地理国情普查数据内容丰富多样,与土地、林业、水利等相关业务部门已有的调查成果存在一定的相关性。因此,在已开展的地理国情普查工作基础上,将地理国情普查成果与其他普查(或调查)成果进行深入、系统地对比分析具有极其重要的意义。

2　资料分析

2.1　可比性分析

经过初步对比发现,第一次水利普查数据中河流、干渠、水库与地理国情普查的河流、水渠、水库对应,可从这三部分进行对比分析;第二次土地调查数据在耕地、园地、林地、水域及水利设施用地等内容上,均与地理国情普查成果有相关内容。

2.2　提取对比分析指标

根据《第一次全国地理国情普查内容与指标》《第一次全国水利普查实施方案》《第一次全国水利普查空间数据采集与处理实施方案》和《第二次全国土地调查技术规程》的具体内容,细化分析后,找出地理国情普查与水利普查、二调的对接关系,提取对比分析指标。

2.3　建立对接关系

对第一次水利普查数据、第二次土地调查数据、地理国情普查数据进行细化分析后,分别找出地理国情普查数据与第一次水利普查数据、地理国情普查数据与二调数据的内容指标的对接关系,如表1、表2所示。

表1　水利普查数据与地理国情普查要素对应关系分析

水利数据类型	对应关系	地理国情普查要素类型
水库	对应	水库
河流	对应	河流
干渠	对应	水渠
湖泊	对应	湖泊

表 2　二调与地理国情普查数据对应关系分析

二调数据类型	对应关系	地理国情普查数据类型
水田	对应	水田
水浇地 + 旱地	对应	旱地 + 大棚
果园	对应	果园
茶园	对应	茶园
其他园地	对应	其他园地
有林地	对应	乔木林 + 竹林
灌木林	对应	灌木林地 + 乔灌混合林
其他林地	对应	疏林 + 苗圃 + 人工幼林
采矿用地	对应	露天采掘场 + 尾矿堆放物
河流水面	对应	河流
沟渠	对应	水渠
水库水面	对应	水库
坑塘水面	对应	坑塘

从表 1、表 2 可以看出,水利普查数据与地理国情普查数据内容存在一对一的对应关系,二调与地理国情普查内容存在一对一、一对多、多对多的对应关系。总的来看,二调的指标涵盖的内容相对要广泛,地理国情普查指标分类更细化。在指标分类对接的基础上再进行相应数据的对比分析,其结果更具科学性、准确性。

3　对比分析

3.1　普查成果数值的对比

对于具备对应关系的成果内容,分别将地理国情普查数据与第一次水利普查数据、地理国情普查数据与二调数据进行对比,再从数值差异和空间分布差异两个方面对地理国情普查数据与第一次水利普查数据、地理国情普查数据与二调数据进行差异分析。

3.2　数值差异分析

通过数据对比得到差异结果,分析其存在差异的原因,可从以下几个方面展开分析:

(1)分类体系不同。分类体系的不同可造成数值的差异,如二调的林地由有林地、灌木林、其他林地三部分组成,而地理国情普查的林地由乔木林、灌木林、乔灌混合林、竹林、疏林、绿化林地、人工幼林、稀疏灌丛几部分组成,需对内容指标定义进行详细分析,才能得出正确的对应关系。

(2)采集要求有差异。内容指标采集的差异也会形成对比结果的差异,如地理国情要素采集中,河流要求采集实地长度大于 500 m 的所有时令河、常年河、水渠,以及实地长度大于 1 000 m 的干涸河;水渠采集实地宽度大于 3 m,长度大于 500 m 的固定水渠,不含毛渠;水库要求采集 5 000 m^2 以上的最高蓄水位线构面;坑塘采集 1 000 m^2 以上坑塘的岸线构面。

在水利普查中,采集河流和重要区间流域(河段)线状形态、50 km^2 及以上河流的流域水系、常年水面面积在 1 km^2 及以上湖泊的面状形态,总库容为 10 万 m^3 及以上水库工程。

二调成果中,河流水面采集河流常水位岸线之间的水面,不包括被堤坝拦截后形成的水库水面;沟渠指人工修建,宽度≥1.0 m 用于引、排、灌的渠道,包括渠槽、渠堤、取土坑、护堤林;坑塘采集蓄水量 < 10 万 m^3 的坑塘常水位岸线所围成的水面;水库采集总库容≥10 万 m^3 的水库正常蓄水位岸线所围成的水面。

(3)数据源时相不同。普查数据源时相的不同,也会产生较大的数据差异。在普查时间上,用作对比分析的地理国情普查成果时间截至 2014 年，而本文中所涉及的水利普查成果数据的基准年为 2011 年，二调的普查成果基准年为 2009 年。三者时间不同，其间可能发生水域侵占、河流改道、发展水产养殖等情况，使水域分布及面积产生变化；也可能使植被覆盖、土地功用发生变化。

（4）成果精度的不确定性。在数据采集中，地理国情普查数据、二调数据、水利普查数据等也会出现误判、错判的情况，成果精度的不确定性，同样会对成果产生影响。

3.3　空间分布差异分析

运用 ArcGIS 的空间关系分析技术，对具备对应关系的数据进行分析，得出其空间分布差异。

3.3.1　水域

图 1 中，水利普查与地理国情普查相对应的指标在空间分布上有差异，地理国情普查的水渠比水利普查中的干渠多。

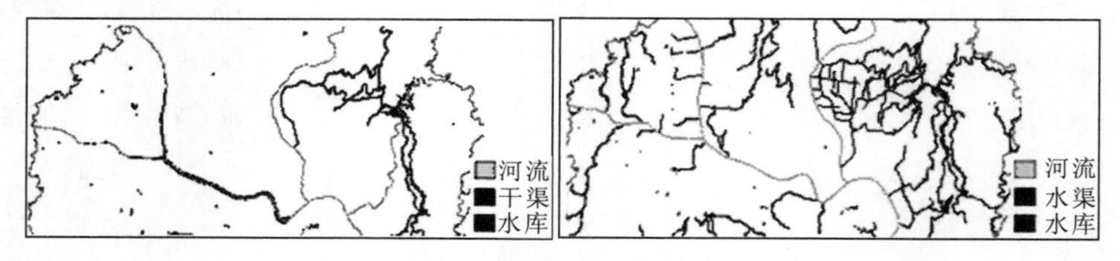

图 1　水域空间分布差异

（左为水利普查部分数据，右为地理国情普查要素部分数据）

3.3.2　耕地

图 2 中，二调的①、③处以水田分布为主，间杂少许旱地、水浇地，而地理国情普查中①、③处水田、旱地夹杂分布；二调的②处水田、旱地夹杂分布，而地理国情普查中②处以水田分布为主，间杂少许旱地。

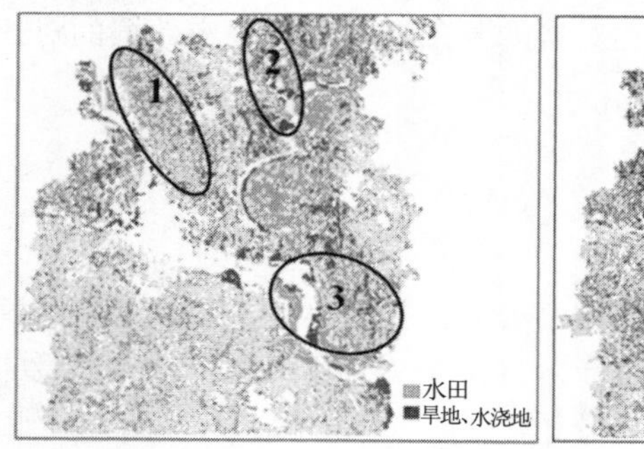

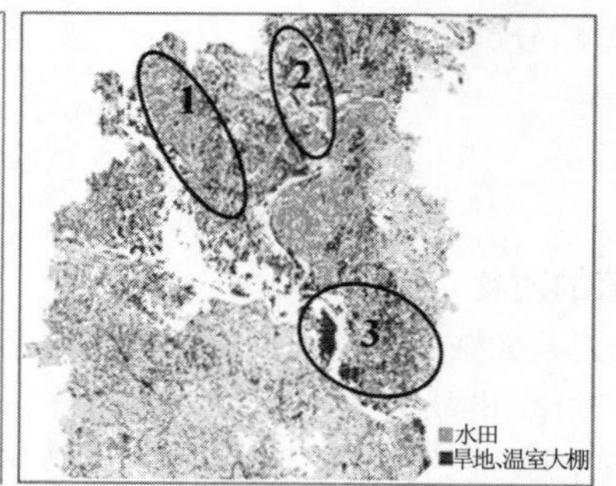

图 2　耕地空间分布差异

（左为二调部分耕地分布，右为地理国情普查对应区域的耕地分布）

3.3.3　园地

图 3 中，国情普查中①、②、③处分布为果园，在二调中①、②、③处对应区域为有林地。

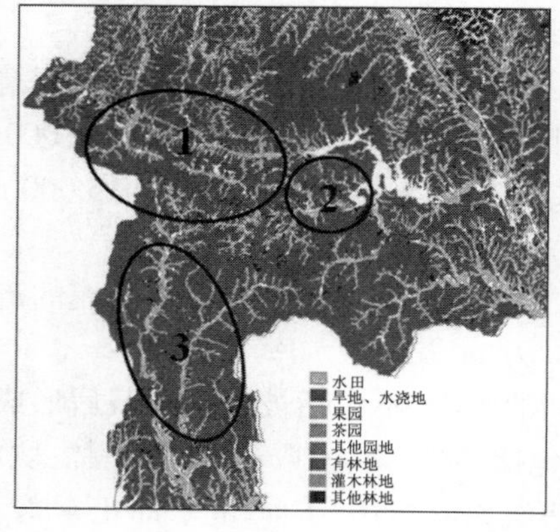

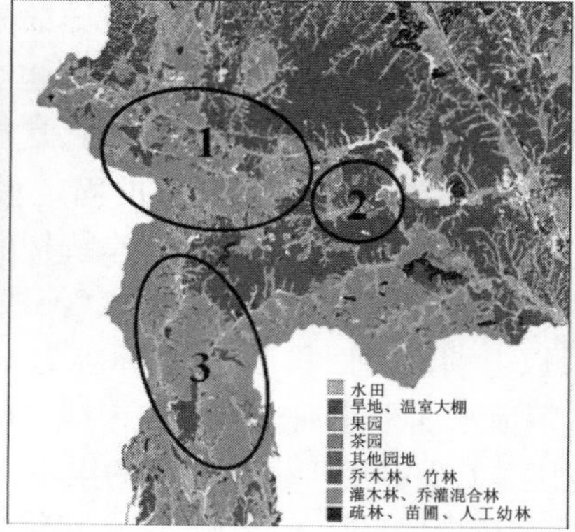

图 3　果园分布差异

（左为二调对应区域的植被分布，右为地理国情普查果园分布）

3.3.4 林地

图4中,二调中①、②处分布为大面积的有林地,在国情普查对应的①、②处区域为灌木林、乔灌混合林,夹杂少量的果园。

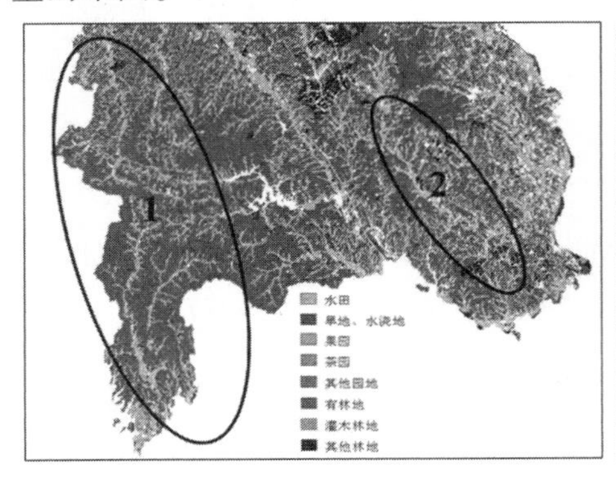

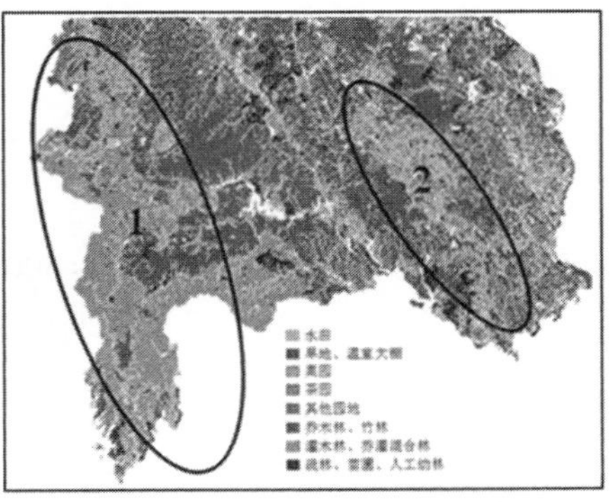

图4 林地分布差异

(左为二调有林地,右为地理国情普查对应区域的植被分布)

图5中,二调①、②处分布为大面积的其他林地,而国情普查的对应区域大面积的分布为其他园地、灌木林、乔灌混合林地、乔木林等。

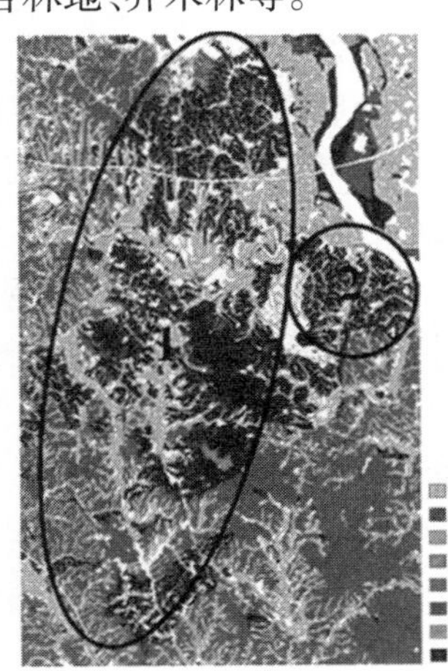

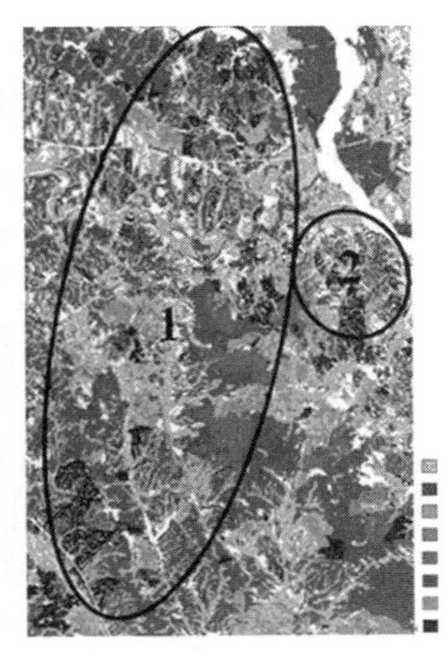

图5 林地分布差异

(左为二调其他林地,右为地理国情普查对应区域的植被分布)

4 结 语

本文选取了第一次水利普查成果、第二次全国土地调查成果,与地理国情普查某区域成果进行对比分析。从数值差异和空间分布差异两个方面对地理国情普查成果与该区域的土地利用现状、水域普查数据之间的差异进行了分析研究,总结了造成差异的主要原因。分类体系的不同、采集要求的差异、数据源时相的不同以及成果精度的不确定性等都会对普查成果产生一定的影响。从另一个角度不难发现,地理国情普查显著的时效性反映出开展地理国情监测的迫切性。

参考文献

[1] GDPJ 01—2013 第一次全国地理国情普查内容与指标.

[2] TD/T 1014—2007 第二次全国土地调查技术规程[S].

[3] 国务院第一次全国水利普查领导小组办公室.第一次全国水利普查实施方案.

[4] 国务院第一次全国水利普查领导小组办公室.第一次全国水利普查空间数据采集与处理实施方案.

浅谈现行世界地图上比例尺的变化*

徐汉卿[1]　徐之俊[1]　邱香平[2]　张寒梅[1]

(1.湖北省地图院,湖北武汉 430071;2.中国地图出版社,北京 100054;
3.中国科学院测量与地球物理研究所,湖北武汉 430077)

【摘　要】通过对我国现行世界地图上比例尺的差异化与地图投影的关系分析和研究,总结了比例尺在世界地图上的一些变化规律。地图比例尺差异与比例尺的大小成反比、与地图投影变形成正比,比例尺差异化问题与地图选择的投影方式、地图的逐级缩编等因素有着直接的关系。

【关键词】世界地图;比例尺;地图投影;差异化问题

1　引　言

地图是地球表面各种自然、经济、人文等现象和物体在平面上的缩小表象,是浓缩的世界。地图的分类有按内容、比例尺、区域和其他标志分类,如按区域分类的有世界地图、区域地图、全国地图、省(区、市)地图等,按比例尺分类的有大比例尺地图、中比例尺地图、小比例尺地图[1]。无论地图如何分类,地图上的比例尺都是不可少的,它反映了地表缩小的尺度。但有人对地图上的比例尺尤其是世界地图比例尺产生质疑:用不同投影的地图互相换算比例尺,量算长度和面积,结论都不一样,是何原因? 的确如此,例如在现行世界地图上,南极洲的形状和面积变形很大,它与南美洲、非洲和大洋洲的关系呈直线分布;而地球仪上南极洲的面积比大洋洲略大一点,它的形状像一只孔雀,与南美洲、非洲和大洋洲的关系呈等腰三角形分布。在北极地区,现行世界地图上的俄罗斯北部、加拿大北部和格陵兰北部,均产生了形状和面积的巨大变形,北冰洋成了长条状;而地球仪上,北冰洋以北极为中心,形成了被亚、欧、北美三大洲环绕的"地中海"态势,其与周边国家的相关位置清晰、直观[2]。

本文通过对我国现行世界地图上比例尺的差异化与地图投影的关系进行初步分析和研究,总结了比例尺在世界地图上的一些变化规律,供探讨。

2　世界地图投影

地球的椭球形状是一个不可展平的曲面,将地球上的要素反映到地球仪上,可直接按比例缩小。而将地球表面的要素转绘到平面上,如同把地球仪上的图纸揭下来,是不可能平铺成一张完整的图纸,而是出现了许多裂纹和褶皱。任何新的世界地图的形成,都要经过一系列的编制过程,而最先面临的就是投影变形问题。将球面要素通过数学方法转到平面图纸上的绘制规则,以使歪曲、失真、差异的程度减到最小,这就是地图投影[3]。

地图投影种类很多,比如圆锥投影、圆柱投影等[4],一般是根据不同的用途选择不同的投影方式。各种投影都有各自的优势,也存在各自的局限,但都存在不同类型的变形,其变形规律是:图幅的中心变形较小,离中心越远,变形越大。

我国现行世界地图(见图1)是采用"等差分纬线多圆锥投影"[5],这是根据我国形状和位置、指定变形分布,于1963年设计的,一直沿用至今。该投影的特点有三:其一是经纬网的图形有球形感;其二是我国被配置在地图中接近中央的位置,面积变形小,图形形状比较正确;其三是显示了我国与邻近国

* 国家自然科学基金(41374029)资助。

家的水陆联系。

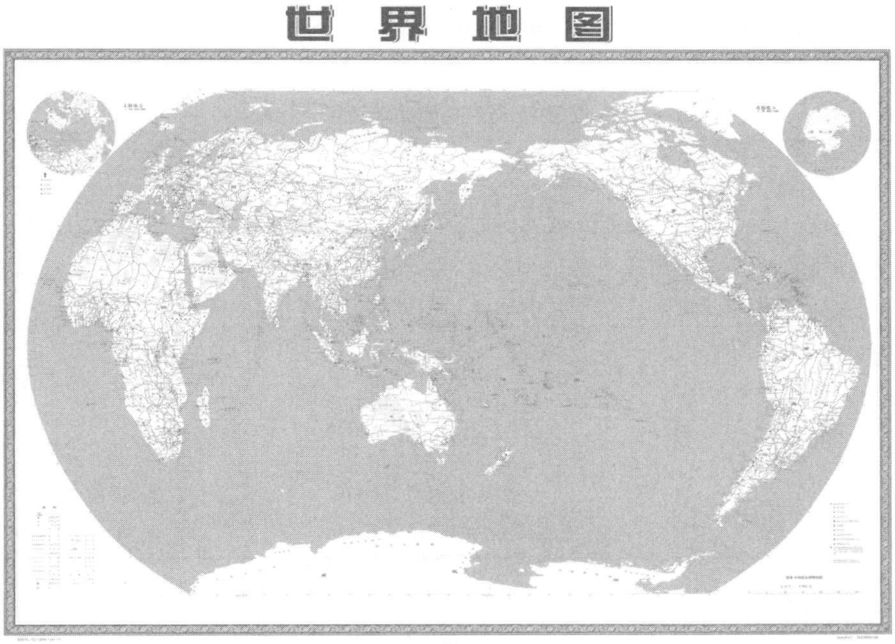

世 界 地 图

图1 现行1∶3 500万世界地图缩略图(地图审图号:GS(2006)2417号)

3 世界地图比例尺

同样是世界地图,有的小如手掌,有的大得占了一面墙,做到大小不一又形状不变的关键在于地图比例尺的作用。地图比例尺的大小,直接反映了它所承载的地球信息量的大小,比例尺越小,地理内容的表现越受到限制,有些内容只能被省略,有的则更加简化、概括。地表要素从大比例尺图逐渐过渡到小比例尺图的缩编过程,形象地说,就仿佛由近及远地观察某个部位,细节逐渐消失。世界地图的比例尺大小与开幅(纸张规格)成正比,开幅大,比例尺大,承载的信息量大;开幅小,比例尺小,承载的信息量小。较常见的世界地图开幅及对应的比例尺有:九全开——1∶1 400万,四全开——1∶1 800万,双全开——1∶2 400万,单全开——1∶3 300万、1∶3 500万,对开——1∶5 000万、1∶4 400万,四开——1∶6 000万、1∶6 666万,八开——1∶9 520万。

计算地图投影或制作地图时,必须将地球要素按一定比率缩小表示在平面上,这个比率称为地图的主比例尺。实际上,由于投影中必定存在着某种变形,地图仅能在某些点或线上保持着这个比例尺,而图幅上其余位置的比例尺都与主比例尺有差异,即大于或小于主比例尺,因而一幅地图上注明的比例尺实际上仅是该图的主比例尺。地图上除保持主比例尺的点或线外其他部分的比例尺称作局部比例尺,它们依投影的性质不同常常是随线段的方向和位置发生比较复杂的变化,世界地图上的主比例尺和局部比例尺之间的关系就更为复杂。

4 世界地图比例尺变化规律

笔者重点针对我国现行的世界地图(以下简称现行世界地图)上比例尺的变化进行分析和研究。选择中国地图出版社网站上发布的1∶3 500万比例尺的全开现行世界地图,该图以整15°经纬网线分割图面,以东经150°经线为中央经线,中央经线为一直线,其他经线为对称于中央经线的曲线;纬线为对称于赤道的同轴圆圆弧,圆心位于中央经线上。在现行世界地图上,量取的赤道图上长度为732.8 mm,量取的北纬75°—南纬75°段的中央经线图上长度为375.2 mm,根据1∶3 500万比例尺换算得出赤道实际长度为 25 648 km,换算得出北纬 75°—南纬 75°段的中央经线实际长度为 13 132 km,而地球上赤道周长为 40 075.7 km,中央经线周长为 40 008.08 km,由此换算得出地球上北纬 75°—南纬 75°段的中央经线长度为 16 670 km。图上换算得出的赤道、中央经线实际长度与地球上赤道、中央经线实地长度存在很大差异(见表 1)。

表 1　赤道线及中央经线几种尺寸比较

尺寸获取途径	选择的纵横特征线	
	0°纬线(赤道线)尺寸	北纬 75°—南纬 75°中央经线尺寸
现行 1:3 500 万世界地图(全开)上量取的图上尺寸(mm)	732.8	375.2
按比例尺 1:3 500 万换算的实际尺寸(km)	25 648.0	13 132.0
地球上的实地尺寸(km)	40 075.7	16 670.0
数据比较结果	实地尺寸比换算的实际尺寸大 14 427.7 km	实地尺寸比换算的实际尺寸大 3 538.0 km

从表 1 可以看出,赤道上的实际长度与实地长度的差异率更大于中央经线上的实际长度与实地长度的差异率,导致这些差异的原因很多,首先,1:3 500 万这种小比例尺现行世界地图并不是经过实地测绘或是航空遥感技术直接成图,而是通过多个比例尺的转换,逐级缩编成图[6],其中间绘制过程必然出现误差累积;而由投影变形引起的误差是主要原因。

在现行世界地图赤道线(0°纬线)上量取各经线间隔图上尺寸,在中央经线上量取各纬线间隔图上尺寸,通过 1:3 500 万比例尺换算得出各经、纬线间隔实际尺寸。假设经纬网是均匀地附着在地壳上的,将地球上的赤道周长和中央经线周长分解换算到各经纬网间隔中,得到地球上各经、纬线间隔实地尺寸,将通过比例尺换算得到的各经、纬线间隔实际尺寸与地球上各经、纬线间隔实地尺寸进行对比(见表 2、表 3)。

表 2　赤道线上经线间隔几种尺寸比较

尺寸获取途径	←—东经　西经—→											
	150°	165°	180°	165°	150°	135°	120°	105°	90°	75°	60°	45° 30°
现行 1:3 500 万世界地图(全开)上量取的 0°纬线(赤道线)上经线间隔图上尺寸(mm)	33.1	32.8	32.6	31.7	31.6	30.5	30.3	29.7	29.4	29.3	28.1	27.4
按比例尺 1:3 500 万换算的实际尺寸(km)	1 158.5	1 148.0	1 141.0	1 109.5	1 106.0	1 067.5	1 060.5	1 039.5	1 029.0	1 025.5	983.5	959.0
地球上的实地尺寸	赤道周长 40 075.7 km,每 15°经线间隔实地尺寸 1 669.82 km											

从表 2 可以看出,离中央经线越远,其经线间隔尺寸逐渐递减,离开中央经线的各经线实际间隔,均小于地球上各经线实地间隔,并且离中央经线越远误差越大,实际尺寸越来越小于实地尺寸。从表 3 可以看出,离赤道越远,其纬线间隔尺寸逐渐递增,离开赤道的各纬线实际间隔同样均小于地球上各纬线实地间隔,并且离赤道线越远误差越小,实际尺寸与实地尺寸相差越来越小。由此得出现行世界地图上

比例尺的变化规律：现行世界地图的比例尺只有赤道线与中央经线的交点是主比例尺 1∶3 500 万，其余地方的比例尺都存在差异，均小于主比例尺；从经向看，离中央经线越远，实际尺寸越来越远离实地尺寸；从纬向看，离赤道线越远，实际尺寸越来越靠近实地尺寸；从变形比率看，经向（横向）比纬向（纵向）变形更大。

表3 中央经线上纬线间隔几种尺寸比较

尺寸获取途径	←南纬 75°～60°	60°～45°	45°～30°	30°～15°	15°～0°（赤道）	0°～15° 北纬→	15°～30°	30°～45°	45°～60°	60°～75°
现行 1∶3 500 万世界地图（全开）上量取的中央经线上纬线间隔图上尺寸（mm）	38.7	38.0	37.1	37.1	36.7	36.7	37.1	37.1	38.0	38.7
按比例尺 1∶3 500 万换算的实际尺寸（km）	1 354.5	1 330.0	1 298.5	1 298.5	1 284.5	1 284.5	1 298.5	1 298.5	1 330.0	1 354.5
地球上的实地尺寸	中央经线周长 40 008.08 km，每 15°纬线间隔实地尺寸 1 667.00 km									

5 世界地图比例尺与地图投影的关系

地图比例尺是个相对的概念，在地图上各处的比例尺度存在着差异。这些差异与比例尺的大小成反比，大比例尺图，比例尺的差异小，小比例尺图，比例尺的差异大，尤其是中、小比例尺的世界地图，图上不同的地方比例尺的差异显而易见；这些差异与地图投影变形成正比，投影变形大的地方，比例尺的差异大，投影变形小的地方，比例尺的差异小。比例尺的差异并不影响读图，若要精确量算一般都选择在大比例尺图上进行，而小比例尺地图主要是供读者了解地理信息和社会信息的宏观分布，其上呈现的比例尺，给读者一种概念上的提示和参考，反映地表信息与地图相对的缩率关系。真正需要在小比例尺地图上进行量测时，可采用一定的方式表示出局部比例尺，如大区域小比例尺地图上使用较复杂的图解比例尺等。

6 结 语

世界地图上的比例尺差异化问题很复杂，与地图选择的投影方式、地图的逐级缩编等因素有着直接的关系。目前笔者只是作了表象的分析和初步的研究，要彻底弄清比例尺差异化问题，还有许多工作要做，比如各经纬网格的比例尺变化规律，靠近东西南北图廓处的比例尺变化规律，如何将图幅上的局部比例尺转化为图解比例尺，各种比例尺差异化特点比较等，有待作更深层次的研究、进行大量的数据分析等。这项研究工作对理解世界地图上的比例尺变化及其与地图投影的关系大有帮助[7]。

参 考 文 献

[1] 祝国瑞，郭礼珍，尹贡白，等. 地图设计与编绘[M]. 2 版. 武汉：武汉大学出版社，2010.
[2] 郝晓光，徐汉卿.《系列世界地图》文集[M]. 北京：测绘出版社，2011.
[3] 宁津生，陈俊勇，李德仁，等. 测绘学概论[M]. 武汉：武汉大学出版社，2004.
[4] 胡毓钜，龚剑文. 地图投影[M]. 2 版. 北京：测绘出版社，1992.
[5] 祝国瑞. 地图学[M]. 武汉：武汉大学出版社，2004.
[6] 廖克. 现代地图学[M]. 北京：科学出版社，2003.
[7] 徐汉卿，郝晓光. 编制世界地图应注意的若干事项[J]. 测绘科学，2010（增刊）：225-226.

浅析地理国情普查监测与测绘

孙婷婷　李　卫　刘俊峰

（湖北省地图院，湖北武汉 430071）

【摘　要】地理国情普查监测是对我国国情国力的全面普查，对经济社会发展具有重要的意义。本文介绍了地理国情普查与测绘的关系，并着重论述了地理国情普查监测与测绘发展的机遇与挑战。

【关键词】地理国情普查；测绘发展；测绘技术；测绘产业

1　引　言

2013 年 2 月 28 日，国务院下发《关于开展第一次全国地理国情普查的通知》，决定于 2013 年至 2015 年开展第一次全国地理国情普查工作，全面掌握我国地理国情现状，经济社会发展和生态文明建设提供保障需要。通过全国地理国情普查，可以系统掌握权威、客观、准确的地理国情信息，作为制定和实施国家发展战略与规划、优化国土空间开发格局和各类资源配置的重要依据，同时也是推进生态环境保护、建设资源节约型和环境友好型社会的重要支撑，是做好防灾减灾工作和应急保障服务的重要保障，也是相关行业开展调查统计工作的重要数据基础。

2　地理国情演变与测绘延伸

毛泽东指出："认清中国社会的性质，就是说，认清中国的国情，乃是认清一切革命问题的基本的根据。"如今，认清中国的国情，准确把握中国的国情，亦是改革发展的重要依据。以往的国情信息源以文字和图表的形式进行展现，需要人们花不少精力去判断阅读、记忆、分析。测绘的出现、发展则让人们从烦琐的文档解放出来，更专注于分析决策。因为大多数国情信息具有地理位置属性，测绘将这些信息抽象化、空间化，直观地展现出来。地理国情是国情概念的延伸，是从地理的角度对国情进行分析、研究和描述，是空间化、可视化的国情信息[1]。

人们普遍认为目前是第一次全国地理国情普查，事实上，测绘的每一次发展，每一次延伸，都是一定程度上的对国情进行调查；国情调查也是测绘业务的拓展与延伸。我国曾于 1984 年至 1996 年完成了第一次全国土地利用现状调查，基本查清了当时我国的土地利用类型、面积、分布、权属和利用状况，摸清了我国的土地资源家底[2]。耗时不可谓不久，这是因为第一次全国土地调查的技术手段落后。不仅如此，第一次调查的信息化程度不高，准确度不高，基础资料保存方法原始，不利于变更后的修改和使用，更谈不上信息的交流与共享。因此，第二次全国土地调查于 2007 年 7 月 1 日全面启动，计划于 2009 年完成。调查的主要任务包括农村土地调查、城镇土地调查、基本农田调查、建立土地利用数据库和地籍信息系统，实现调查信息的互联共享。在调查的基础上，建立土地资源变化信息的统计、监测与快速更新机制。第二次调查正处在"3S"技术广泛应用的时期，测绘技术飞速发展，逐步成熟，很大程度上提高了普查的速度及结果的可靠性。

前两次调查倾向于土地利用状况，测绘从基础测绘服务于土地国情。数字城市的全面发展进一步夯实了基础测绘的软硬件基础，提高了测绘技术水平。第一次全国地理国情普查工作的开展，对基础测绘业务的深化与拓展，更进一步拓宽了测绘的服务范围，实现全面国情的地理空间化。

3 地理国情监测与测绘使命

《测绘法》中明确“测绘事业是经济建设、国防建设、社会发展的基础性事业”,为各行业的发展提供测绘保障服务。测绘已渗透到经济社会发展的各个领域,对其的要求也愈来愈高。

测绘是指对自然地理要素或者地表人工设施的形状、大小、空间位置及其属性等进行测定、采集、表述以及对获取的数据、信息、成果进行处理和提供的活动。而地理国情主要是指地表自然和人文地理要素的空间分布、特征及其相互关系。测绘以其独特的表达方式进行国情信息的展现,在对现实世界进行形象化抽象后,通过严谨的数学法则进行精准定位形成一个模型,让我们站在不同的高度从而“登高望远”,有一个更宽更高的视野去看待我们关心的东西,去分析、去决策。

数字地球、数字城市等的发展,赋予测绘要实现现实世界数字化、信息化的使命,然而由于资金技术政策以及信息孤岛等原因无法完成,只能进行基础测绘方面的工作。第一次全国地理国情普查的开展,给测绘的发展带了一次难得的机遇,标志着我国测绘地理信息事业将进入一个新的发展时期,必将创造新的历史辉煌。

普查工作要按照“全国统一领导、部门分工协作、地方分级负责、各方共同参与”的原则组织实施。这一组织实施原则使得国情普查可以调动各方面的力量和资源,推动了信息共享,让测绘承载的内涵更丰富,更加“海纳百川”。测绘行业和测绘人要紧紧抓住地理国情普查的重要契机,把测绘地理信息工作深度融入到国家“五位一体”总体布局、“四化”同步推进之中,大幅度提高测绘地理信息服务保障能力[3]。

4 地理国情监测与测绘发展

第一次全国地理国情普查给测绘发展带来了机遇,同时带来不少挑战。

4.1 测绘地理信息事业转型与产业发展

张高丽副总理在第一次全国地理国情普查电视电话会上指出:“地理国情普查,是对测绘地理信息部门的全面检验,也是推动测绘地理信息事业转型升级的一次重大机遇。”第一次全国地理国情将是对传统测绘地理信息事业的深刻变革,将实现从静态测绘服务向动态地理国情服务转变、从被动服务向主动服务、从后台服务到前台服务、从测绘数据生产向国情信息服务的转变[4]。

地理国情普查,时间紧、任务重,对生产方式有着很高的要求,促进地理信息产业的发展。地理国情普查工序复杂,内外业一体化的实现,灵活的生产方式,需要新的生产方法、辅助生产软件、硬件,这些需求必将刺激测绘相关行业的发展,对人才需求会有新的变化,促进产业的进一步升级。

4.2 测绘技术的发展

地理国情监测的实施需要利用空天地一体化遥感技术和全球卫星导航定位技术等实现地理国情信息一体化的采集和快速更新;利用地理空间信息网格技术、多维时空数据挖掘技术、空间信息云计算技术等实现地理国情信息的自动化挖掘和定量化分析;利用网络地理信息系统技术等进行地理国情的实时发布与交互式服务[5]。这些技术的运用实现,需要多学科联合,充分利用已有技术去拓展、实现、研究,积极为地理国情普查的实施提供强有力的技术支撑。

4.3 地理国情普查成果的运用与监测的长期性

我国的地理国情监测正处于起步阶段,其监测的成果内容和形式也在广泛的探索当中。目前成果形式主要包含基础数据、分析数据和专题数据等不同类型的内容,今后地理国情监测数据库建设的研究和实践是地理国情监测成果体系构建的核心内容。此外,统计技术的应用和统计成果也是地理国情监测成果的重要组成部分[6]。

地理国情普查监测的重要意义在于应用。这就要求:①要严格控制普查质量,提高普查成果的权威性;②做好宣传,拓宽应用渠道;③不断更新完善普查成果的表现形式,建立合理的地理国情监测数据库建设,提供便利的地理普查成果服务以利于各行业的运用。

地理国情普查监测是一个长期的系统工程,需要我们持续性地动态监测进行不断维护。

5 结 语

开展地理国情普查监测是时代赋予测绘地理信息部门的新使命。测绘人员要努力实现"构建数字中国、监测地理国情,发展壮大产业、建设测绘强国"的测绘发展战略,为测绘事业的发展添砖加瓦。

参考文献

[1] 刘若梅. 对地理国情监测的再认识[J]. 地理信息世界,2013,20(1).
[2] 仇大海. 3S技术在第二次全国土地调查中的应用[D]. 北京:中国地质大学,2009.
[3] 徐德明. 开展地理国情普查服务经济社会发展[N]. 中国测绘报,2013-02-12.
[4] 李维森. 地理国情监测与测绘地理信息事业的转型升级[J]. 地理信息世界, 2013,20(5).
[5] 李德仁. 论地理国情监测的技术支撑[J]. 武汉大学学报:信息科学版,2012,37(5).
[6] 张勤. 测绘与地理国情监测[J]. 测绘通报, 2012(4).

浅谈湖北省第一次全国地理国情普查水域采集

徐之俊[1] 何丽华[2] 廖广宇[1] 张寒梅[1]

(1. 湖北省地图院,湖北武汉 430074;2. 湖北省测绘宣传中心,湖北武汉 430071)

【摘 要】介绍了地理国情普查的内容和水域采集要求,从选取指标、综合指标及范围定位标准等几个方面对地理国情普查水域采集与1∶1万地形图水系要素的采集进行了比较。

【关键词】地理国情;水域采集;地形图

地理国情以地球表层自然、生物和人文现象的空间变化和它们之间的相互关系、特征等为基本内容,对构成国家物质基础的各种条件因素作出宏观性、整体性、综合性的调查、分析和描述,是空间化和可视化的国情信息[1]。地理国情是重要的基本国情,是搞好宏观调控、促进可持续发展的重要的决策依据,也是建设责任政府、服务政府的重要支撑[2]。开展地理国情普查,全面掌握湖北省的省情省力,建立省级地理国情本底数据库,能够为推进生态环境保护、建设资源节约型和环境友好型社会提供重要支撑,为防灾减灾和应急服务提供重要保障,为湖北省地理国情监测的开展打下坚实基础[3]。

1 普查内容

地理国情普查主要包括地表形态、地表覆盖和重要地理国情要素三个方面。地表形态数据反映地表的地形及地势特征,也间接反映了地貌形态;数字高程模型是反映地表形态常用的计算机表示方法。地表覆盖分类信息反映地表自然营造物和人工建造物的自然属性或状况。重要地理国情要素信息反映与社会生活密切相关、具有较为稳定的空间范围或边界、具有或可以明确标志、有独立监测和统计分析意义的重要地物及其属性。如城市、道路、设施和管理区域等人文要素实体,湖泊、河流、沼泽、沙漠等自然要素实体,以及高程带、平原、盆地等自然地理单元[1]。

湖北省第一次全国地理国情普查内容包含《地理国情普查内容与指标》中定义的12个一级类,其中按照地表覆盖分类方式采集的内容包括耕地、园地、林地、草地、房屋建筑(区)、道路、构筑物、人工堆掘地、荒漠与裸露地表、水域10类,按照实体要素方式采集的地理国情要素内容包括道路、构筑物、人工堆掘地、水域、地理单元5类。此外,普查中地表形态主要包括利用多尺度数字高程模型数据计算获取的坡度、坡向数据。由此可以看出,在湖北省第一次全国地理国情普查内容中,水域是地表覆盖和地理国情要素两部分的主要要素之一,主要分为河渠、湖泊、库塘3类。

2 水域采集要求

水系是地理环境中最基本的要素之一,对自然环境及社会经济活动有很大影响[4]。水系是地图的重要表示内容;在制图作业中,水系是重要的地性线,常被看成是地形的"骨架",对其他要素有一定的制约作用[5];同时,水系也是空中和地面判定方位的重要目标[4]。在湖北省第一次全国地理国情普查内容中,水域也是最重要的要素之一。

2.1 地表覆盖分类中水域采集要求

地表覆盖是以土地表面覆盖物的自然属性为主要依据分类提取的要素,相当于全要素图斑,即面图斑。地表覆盖中的水域指较长时期内消长和存在液态水的空间范围。河渠、湖泊、库塘均指采集400 m^2 以上的水面范围,其属性仅分为常年有水和临时有水(或无水)两类;其中河流不采集河床,水渠内水面宽度小于 3 m 的可视为无水渠道。

2.2 地理国情要素中水域采集要求

地理国情要素数据是指除按照地表覆盖要求分类外,必须以地理实体(或地理对象、地理要素)形式采集的道路、水系、构筑物以及地理单元数据。

地理国情要素中河流的范围以河道范围为准,有堤防的河道,包括两岸堤防之间的水域、沙洲、滩地(包括可耕地)、行洪区,两岸堤防及护堤地;无堤防的河道,包括常年雨季形成的高水位岸线,即高水界之间的范围。实地长度大于500 m 的所有时令河与常年河、实地长度大于 1 000 m 的干涸河均需采集;河渠实地宽度大于 20 m 的采集河渠范围线构面,同时采集结构线,小于 20 m 的采集中心线。5 000 m^2 以上湖泊、水库、1 000 m^2 以上坑塘采集岸线,并构面。

3 与地形图的区别

地图是根据一定的数学法则,将地球(或其他星体)上的自然和人文现象,使用地图语言,通过制图综合,缩小反映在平面上,反映各种现象的空间分布、组合、联系、数量和质量特征及其在时间中的发展变化[4]。各要素反映在地图上均有缩小编绘过程,根据地图比例尺的大小和实地密度情况,受载负量的限制,水域要素的表达无论是在地理国情普查,还是在 1∶1万地形图中,均需要进行取舍,两者在选取指标和综合指标及相关要素的表达等方面存在较大差别。

3.1 选取指标不同

地表覆盖中水域选取指标对应的地面实地面积为 400 m^2。其中,宽度 3 m 以下的线状河流水面可归入相邻类型,宽度小于 3 m 的水渠可视为无水渠道。

地理国情要素中水域采集河道范围实地长度大于 500 m 的所有时令河与常年河、实地长度大于 1 000 m的干涸河;河道实地宽度大于 20 m 的采集河道范围线构面,同时采集结构线;小于 20 m 的采集中心线。

1∶1万地形图中河流宽度在图上大于 0.5 mm(实地宽度 5 m)的用双线依比例尺表示,小于 0.5 mm(实地宽度 5 m)的用 0.1 ~0.5 mm 的单线表示;干渠宽度 5 m 以上用双线依比例尺表示,宽度介于 3 ~ 5 m 用 0.5 mm 的单线表示,宽度小于 3 m 的支渠用 0.2 mm 的单线表示。

3.2 综合指标不同

地表覆盖中库塘等连片区域内部地块之间的田埂、小路、水渠、林带等狭长条带,如果宽度在 5 m(含)以下,或者连片达不到相应类型的采集要求的,可以就近归并到相邻的耕地、库塘类型中[6]。

地形图中湖泊(水库及其他水体)通常只取舍不合并[5]。在 1∶1万地形图中池塘一般只取舍,不综合,但在大面积的基塘区或只有土埂相隔的池塘,可适当综合,不论取舍或综合,均应保持其原有的形状特征与其他地物、地貌的相关位置[7]。

3.3 河渠旁边行树表示方法不同

道路和河渠旁边成行排列的树木如果达不到乔木林定义的标准,即行数在两行以下或林冠冠幅垂直投影宽度在 10 m 以下的,不单独归类,按照“就近就大”的原则归入相邻主要地类[6]。

1∶1万地形图中沿道路、沟渠和其他线状地物一侧或两侧成行种植的树木或灌木表示成行树。

3.4 范围定位标准不同

地表覆盖要求采集河道范围内的水面,地理国情要素中河流的范围以河道范围为准,有堤防的河道,包括两岸堤防之间的水域、沙洲、滩地(包括可耕地)、行洪区,两岸堤防及护堤地,无堤防的河道,包括常年雨季形成的高水位岸线,即河流以堤防和高水界为界,见图 1。

1∶1万地形图通常以常水位(常年中大部分时间的平稳水位)岸线测定水涯线[7]。岸线是水面与陆地的交界线,河流、湖泊和水库的岸线,成图一般按正常水位测定表示,若测图时间为枯水或洪水,所测定的水位与常水位(常年中大部分时间的平稳水平)相差很大时,应按常水位岸线测定,见图 2。

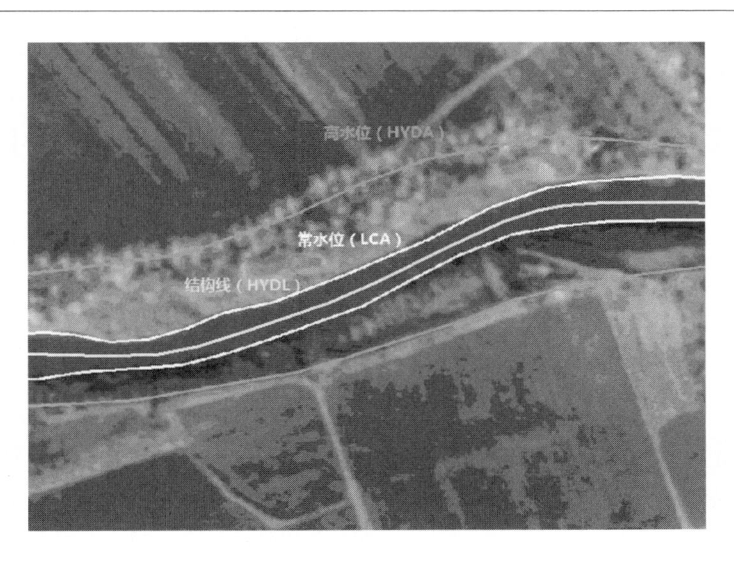

图1 高水位与常水位示意图

高水位岸线系常年雨季的高水面与陆地的交界线，又称高水界。高水界与岸线之间的距离在图上大于3 mm时应表示高水界，单线表示的河流高水界不表示，池塘、水库和实地界线不明显的高水界也不表示。当高水界与陡岸重合时，则省略高水界，表示陡岸符号。

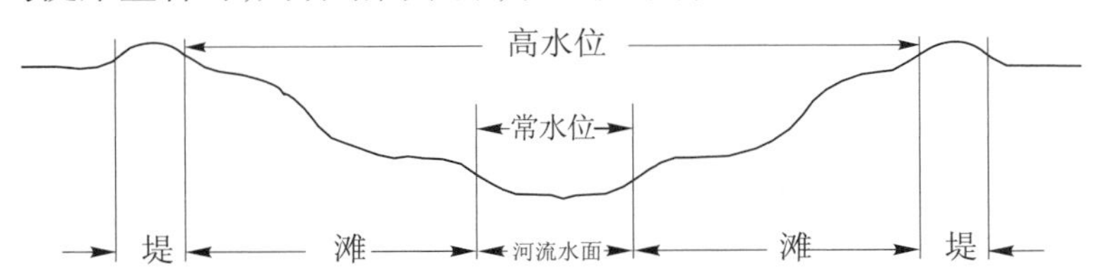

图2 河流水面、河滩、河堤剖面示意图

4 结 语

地理国情普查和1:1万地形图两者的目标、用途与侧重点均不相同。地形图用相对平衡的详细程度表示地表自然地理要素和社会人文要素的一般特征；地理国情普查在客观反映地表覆盖物理特性的同时，着重地理国情要素的属性获取。两者对水系要素的采集方式、信息承载不尽相同，但也存在一定的内在联系，比如地理国情信息分类码与基础地理信息分类码以及数据分层等方面既存在一定的对应关系，又不能达到有效一致。

无论是地理国情普查中的地表覆盖或者重要地理国情要素，还是1:1万地形图，水域都是很重要的自然要素之一，对水域要素包括其附属设施的表达还有很多方面需要进一步探索。

参 考 文 献

[1] GDPJ 01—2013 第一次全国地理国情普查内容与指标.
[2] 第一次全国地理国情普查实施方案.
[3] 洪亮，张凯，车风，等. 浅析湖北省第一次全国地理国情普查实施方案[J]. 地理空间信息，2013，11(5)：10-13.
[4] 祝国瑞. 地图学[M]. 武汉：武汉大学出版社，2004.
[5] 王家耀，等. 普通地图制图综合原理[M]. 北京：测绘出版社，1993.
[6] GDPJ 03—2013 第一次全国地理国情普查数据规定与采集要求.
[7] GB/T 20257.2—2006 国家基本比例尺地图图式 第2部分：1:5 000 1:10 000地形图图式[S].

浅谈地理信息系统在城市管理中的应用

刘恩海

（随州市国土规划勘测院，湖北随州 441300）

地理信息系统（GIS）作为获取、存储、分析和管理地理空间数据的重要工具、技术和学科，近年来得到了广泛关注和迅猛发展。由于信息技术的发展，数字时代的来临，从理论上来说，GIS 可以运用于现阶段任何行业。从技术和应用的角度来说，GIS 是解决空间问题的工具、方法和技术；从学科的角度来说，GIS 是在地理学、地图学、测量学和计算机科学等学科基础上发展起来的一门学科，具有独立的学科体系；从功能上来说，GIS 具有空间数据的获取、存储、显示、编辑、处理、分析、输出和应用等功能；从系统学的角度来说，GIS 具有一定结构和功能，是一个完整的系统。简而言之，GIS 是一个基于数据库管理系统的分析和管理空间对象的信息系统，以地理空间数据为操作对象是地理信息系统与其他信息系统的根本区别。

地理信息系统经过多年的发展，到今天已经逐渐成为一门相当成熟的技术，并且得到了极广泛的应用。尤其是近些年，GIS 以其强大的地理信息空间分析功能，在 GPS 及路径优化中发挥着越来越重要的作用。GIS 是以地理空间数据库为基础，在计算机软硬件的支持下，运用系统工程和信息科学的理论，科学管理和综合分析具有空间内涵的地理数据，以提供管理、决策等所需信息的技术系统。简单地说，地理信息系统就是综合处理和分析地理空间数据的一种技术系统。

GIS 与测绘学和地理学有着密切的关系。大地测量、工程测量、矿山测量、地籍测量、航空摄影测量和遥感技术为 GIS 中的空间实体提供各种不同比例尺和精度的源数据；电子速测仪、GPS 全球定位技术、解析或数字摄影测量工作站、遥感图像处理系统等现代测绘技术的使用，可直接、快速和自动地获取空间目标的数字信息产品，为 GIS 提供丰富和实时的数据源，并促使 GIS 向更高层次发展。

随着 GIS 在各个专业领域的应用深入，空间关系的建立和空间分析、管理、规划与决策成为 GIS 发展的主流。地图制图和 GIS 逐渐分离，前者强调地图表达和地图制图规范，后者更关注地理空间分析。在 GIS 中，借助于计算机系统环境，地理空间信息的显示不再受到制图图式规范的限制，更趋于灵活、方便。GIS 地理空间分析强调地理空间数据的目标完整性，强调其独立的地理意义。与之相反，地图制图为了符合制图规范和读图者视觉的要求，往往无法保持完整的地理意义。最直接简单的一体化解决方法是对地图图式规范进行变革，降低制图要求，以适应 GIS 分析应用的需要。然而现有的地图图式规范是长期研究和经验积累的结果，并且结合心理感受、信息传输和美学等诸多领域的应用探讨，被人们广泛接受，具有极好的直观性、协调性和艺术性等多重特点。在现代 GIS 快速发展的情况下，变革的目标是抛弃传统地图制图中不合理的成分，在保证地理分析质量的前提下提高地图制图的效果，以确保地理信息表达的协调、统一。GIS 在城市管理中的具体应用归纳为以下几点：

（1）资源管理。

主要应用于农业和林业领域，解决农业和林业领域各种资源（如土地、森林、草场）分布、分级、统计、制图等问题。主要回答“定位”和“模式”两类问题。

（2）资源配置。

主要解决在城市中各种公用设施、救灾减灾中物资的分配、全国范围内能源保障、粮食供应等涉及资源配置问题。GIS 在这类应用中能实现资源的最合理配置和发挥最大效益。

（3）城市规划和管理。

空间规划是 GIS 的一个重要应用领域,城市规划和管理是其中的主要内容。例如,在大规模城市基础设施建设中如何保证绿地的比例和合理分布,如何保证学校、公共设施、运动场所、服务设施等能够有最大的覆盖面(城市资源配置问题)等。

(4)土地信息系统和地籍管理。

土地和地籍管理涉及土地使用性质变化、地块轮廓变化、地籍权属关系变化等许多内容,借助 GIS 技术可以高效、高质量地完成这些工作。

(5)生态、环境管理与模拟。

可以应用于区域生态规划、环境现状评价、环境影响评价、污染物削减分配的决策支持、环境与区域可持续发展的决策支持、环保设施的管理、环境规划等方面。

(6)应急响应。

解决在发生洪水、战争、核事故等重大自然或人为灾害时,如何选择最佳的人员撤离路线并配备相应的运输和保障设施的问题。

(7)地学研究与应用。

地形分析、流域分析、土地利用研究、经济地理研究、空间决策支持、空间统计分析、制图等都可以借助地理信息系统工具完成。

(8)商业与市场。

商业设施的建立充分考虑其市场潜力。例如,大型商场的建立如果不考虑其他商场的分布、待建区周围居民区的分布和人数,建成之后就可能无法达到预期的市场和服务面。有时甚至商场销售的品种和市场定位都必须与待建区的人口结构(年龄构成、性别构成、文化水平)、消费水平等结合起来考虑。地理信息系统的空间分析和数据库功能可以解决这些问题。房地产开发和销售过程中也可以利用 GIS 功能进行决策和分析。

(9)基础设施管理。

城市的地上地下基础设施(电信、自来水、道路交通、天然气管线、排污设施、电力设施等)广泛分布于城市的各个角落,且这些设施明显具有地理参照特征。它们的管理、统计、汇总都可以借助 GIS 完成,而且可以大大提高工作效率。

(10)选址分析。

根据区域地理环境的特点,综合考虑资源配置、市场潜力、交通条件、地形特征、环境影响等因素,在区域范围内选择最佳位置,是 GIS 的一个典型应用领域,充分体现了 GIS 的空间分析功能。

(11)网络分析。

建立交通网络、地下管线网络等的计算机模型,研究交通流量、制定交通规则、处理地下管线突发事件(爆管、断路)等应急处理。警务和医疗救护的路径优选、车辆导航等也是 GIS 网络分析应用的实例。

(12)可视化应用。

以数字地形模型为基础,建立城市、区域或大型建筑工程、著名风景名胜区的三维可视化模型,实现多角度浏览,可广泛应用于宣传、城市和区域规划、大型工程管理和仿真、旅游等领域。

(13)分布式地理信息应用。

随着网络和 Internet 技术的发展,运行于 Intranet 或 Internet 环境下的地理信息系统应用类型,其目标是实现地理信息的分布式存储和信息共享,以及远程空间导航等。

从目前的情况来看,GIS 技术主要应用于我国城市规划管理、测绘勘探、房地产、银行、铁路交通、自然资源管理等领域,而在其他领域的应用尚处于萌芽(或者只停留在理论阶段),其主要原因在于数据共享机制落后。当下,掌握数据的部门各自为阵,给数据共享造成极大困难。各部门根据自己需要获取数据,重数据生产轻应用,数据采集的重复建设问题严重。据相关部门统计:GIS 相关项目数据占整个项目额的 60% 以上,GIS 应用占整个项目额不足 40%。数据是 GIS 的血液,为 GIS 提供现势性强、精度高的源数据,是 GIS 应用的核心。数字城市、智慧城市的建立实现了基础数据共享,随着数据共享机制的逐步完善,未来数据共建共享是必然趋势。那时,便是 GIS 应用遍地开花、硕果累累的丰收季节。

浅谈如何做好 GIS 软件研发中的测试工作

洪　亮[1]　聂小波[1]　齐　昊[2]　张　丹[1]

(1. 湖北省基础地理信息中心,湖北武汉 430071;
2. 湖北地信科技股份有限公司,湖北武汉 430071)

【摘　要】近年来,GIS 行业蓬勃发展,越来越多的软件需求提上议程,各类 GIS 软件层出不穷,对软件质量的要求也日益增高。如何做好测试工作,特别是 GIS 领域专业软件的测试,将是本文讨论的要点。

【关键词】GIS 软件;软件测试;有效性;信息数据;性能需求

1　引　言

随着软件规模的不断扩大,软件设计的复杂程度不断提高,软件开发中出现错误或缺陷的机会越来越多。同时,由于人们对软件质量的重视程度越来越高,因此测试在软件开发中的地位越来越重要。测试是目前用来验证软件是否能够完成所期望的功能的唯一有效方法。所以,软件测试在软件项目实施过程中的重要性日益突出。

本文结合数年工作实践与研究成果,从五个方面阐述如何更好地完成 GIS 专业软件的测试工作,从而提高测试的有效性。

2　GIS 软件测试要点

2.1　测试基本技能

要做好 GIS 软件的测试工作,首先就要具有一般软件测试的基本技能,包括以下几点:

第一,熟练掌握主流操作系统的应用,以及一些基础网络知识。具备快速进行应用系统部署和测试环境搭建的能力。

第二,目前大部分应用软件都离不开数据库,熟练掌握 Oracle、SQL Server 等一种或多种数据库系统的使用。

第三,理解和掌握软件测试基础理论与技术。一是各种黑盒测试技术,能够进行测试用例设计、测试执行、编写缺陷报告;二是熟悉软件测试流程,能够编写测试计划,具备组织测试工作的能力。

第四,掌握信息安全基本知识,这也是必要的基本功,特别是在 GIS 行业里,信息安全至关重要。

2.2　GIS 行业知识

与其他行业软件不同的是,使用 GIS 专业软件必须掌握 GIS 行业知识。对测试人员而言,如果不具备扎实的专业知识基础,许多功能都无法看懂或理解,输入与结果检查更是束手无策,无法实现在软件中检测功能缺陷、保证软件质量等目的。

鉴于以上,对于 GIS 行业的测试人员来说,某些方面的 GIS 基础知识是必须掌握的,主要指 GIS 各方面的基本知识与概念,例如:空间参照与投影、空间数据、地图 GIS 基本概念、GIS 基础知识、空间元数据等。其中,每个领域如 GIS 基础知识又包含空间分析、4D 数据模型等,内容就不在这里一一介绍了。

掌握这些基本知识,是进行 GIS 专业软件测试的门槛,是可以开展 GIS 专业软件测试的前提,也是为提高测试工作质量的一个努力方向。

2.3 熟悉软硬件

对大多数人而言,他们理解的测试就是一群"鼠标点击者",整天在电脑前按照文档机械性重复着枯燥的操作,但是要真正做好测试工作,在其他方面下的苦功是必不可少的,其中最主要的一条就是:熟悉软硬件。

对同一款软件的同一个功能来说,在不同的软硬件环境下,很可能会产生不同的结果。一个资深的测试人员必定会对这些影响功能质量的因素了若指掌,以此来提高对产品缺陷的敏锐程度,提高缺陷检出量,保证产品质量,甚至可以协助开发人员定位、修改问题。所以,想要做好测试,这方面所需要下的功夫是必不可少的。

以近年来应用剧增的信息服务系统为例,由于此系统是架设在服务器上提供信息共享服务的,那么在运行环境方面就会有诸多考虑:

(1)在硬件方面,需考虑采用DELL还是HP品牌的服务器,采用双通道还是多通道,硬盘需要什么类型的选择,才能以最优化的姿态给用户提供最高效的功能。

(2)在软件方面,需考虑使用Windows Server还是Linux操作系统,数据库使用Oracle还是SQL Server,是否要采用集群,中间件如何选择,在不同的环境下都可能对某些功能产生影响。

到这里,大家就不难看出来,对一个优秀的测试人员来说,熟悉主流的软硬件知识是必不可少的。在测试过程中,必须不断考虑软硬件环境可能会对被测系统造成的影响,并有针对性地制订测试计划,才能将产品质量提升到一个新的高度。

2.4 数据规范

对于GIS软件来说,数据输入是最重要的一环,同一个功能使用不同的数据进行验证,结果很可能大相径庭。测试人员往往要在开始就考虑使用实际的数据进行测试以尽量模拟真实的用户场景,这恰恰是做好GIS专业软件测试的一个重点和难点。

使用GIS软件进行数据处理时,一个数据输入是可以有很多不同之处的,例如数据结构、坐标系统、字段限制等,其中很小的出入都可以造成测试结果偏差,而导致测试人员无法找到真实的缺陷所在:一个功能使用数据A是好的,使用数据B又出错了,这是许多GIS专业软件测试员头疼的问题。

所以说,要想做好GIS专业软件的测试工作,对测试数据的关注就必不可少。在验证功能时,都需要考虑不同的数据输入是否会影响最后的结果,最好能完全模拟真实的用户场景以及使用数据,而恰恰数据保密性又是制约我们进行数据收集的最大障碍。为了更好地完成测试工作,我们在平时就应该密切注意数据输入,形成长期关注和收集的习惯,才能一点一滴地积累这个方面的资源,以提高测试准确性。

2.5 性能需求

近年来,GIS行业迅猛发展,地理信息资源逐渐从局域传播转变成了网络共享,WebGIS所占的比例也越来越大。而对测试人员来说,软件性能这个概念进入了我们的视野。

2011年正式颁布的天地图共享服务平台,平台上线后每天接收来自全国各地的地理信息服务请求,每天以数千万计,平台的响应效率、健壮性、持久性也成了测试工作关注的重点。要想在这些方面把好质量关,测试人员就必须具备性能测试的专业知识。通过相应的性能测试工具,测试系统在负载逐渐增加时,系统各项性能指标的变化情况以及系统所能提供的最大服务级别。

通过专业的性能测试,我们可以给用户提供系统的运行和响应参数、最大负载量以及警戒线,以协助用户良好的管理平台系统的运行和维护工作。如果辅以专业的软硬件以及网络知识,还可以给用户提供瓶颈诊断,将平台的性能问题的原因暴露出来,协助用户或者开发人员改变软硬件运行环境,以达到有效提高系统运行性能的作用。

3 结　语

随着市场对软件质量要求的不断提高,软件测试将会变得越来越重要。作为软件质量的主要把控人员,测试工程师的能力直接关系到产品质量好坏。所以,在日常工作中,应多注意收集测试需求、研究测试缺陷、提高测试有效性,在各方面不断完善。做好软件测试,意义重大。本文通过对多年GIS测试经验进行总结,归纳整理了地理信息系统软件测试工作要点,对于测绘行业更好地开展数字区域、数字城市、智慧城市中的GIS研发工作,确保软件质量具有借鉴意义。

参考文献

[1] 郑人杰. 实用软件工程[M].3版.北京:清华大学出版社,2010.
[2] Glenford J Myers. 软件测试的艺术[M].北京:机械工业出版社,2012.
[3] 龚健雅.地理信息系统基础[M].北京:科学出版社,2012.

浅谈测绘在新农村建设中的作用

焦 健

（湖北省地图院，湖北武汉 430071）

【摘 要】建设社会主义新农村是我国现代化进程中的一项重大历史任务，测绘事业是国民经济建设、国防建设和社会发展的基础性事业，测绘在社会主义新农村建设中具有基础性作用。

【关键词】测绘；新农村建设；作用；建议

中共中央、国务院《关于推进社会主义新农村建设的若干意见》中明确提出，全面贯彻落实科学发展观，统筹城乡经济社会发展，实行工业反哺农业、城市支持农村和“多予少取放活”的方针，按照“生产发展、生活宽裕、乡风文明、村容整洁、管理民主”的要求，协调推进农村经济建设、政治建设、文化建设、社会建设和党的建设。我国是一个农业大国，农业、农村和农民问题已经构成国家工业化、城镇化进程中重大而艰巨的历史任务，解决好“三农”问题是全国、全党工作的重中之重。习近平总书记指出，各地开展新农村建设，应坚持因地制宜、分类指导，规划先行、完善机制，突出重点、统筹协调，通过长期艰苦努力，全面改善农村生产生活条件。

农业基础设施薄弱是当前推进新农村建设中的一大难题。党的十八大报告明确指出：“坚持把国家基础设施建设和社会事业发展重点放在农村，深入推进新农村建设和扶贫开发，全面改善农村生产生活条件。”农村基础设施是农村经济社会发展和农民生产生活改善的重要物质基础，包括水利设施建设、农村公路建设、电力设施建设、生态环境建设、公共设施建设等多个方面。保证新农村建设的科学布局与合理规划，充分满足新农村建设和农民生产生活需要，都离不开测绘工作的支持和保障。

1 测绘在新农村建设中的作用及主要任务

建设社会主义新农村是我国现代化进程中的一项重大历史任务。测绘事业是国民经济建设、国防建设和社会发展的基础性事业，测绘获取的空间地理信息是人们认识、表达、描述、分析和改造世界的重要基础，是社会主义新农村建设的重要平台和保障。地理信息作为国家基础性、战略性的信息资源，在整合农村自然、经济、文化和社会统计信息，实施新农村建设规划和水利工程，加强农村电网改造、沼气利用、电信工程、防灾减灾、公路交通、生态工程建设等方面，都具有十分重要的作用。多年来，测绘部门通过组织实施基础测绘和重大测绘工程，获取了大量的满足经济建设和社会发展需要的基础地理信息。但以城市为中心，以国家和省区重点项目建设为依托，覆盖广大农村的基于大比例尺的地理信息基本上处于空白。广大农村地区地理信息的缺失，不仅形成国家地理空间信息资源的战略性短缺，而且已经对社会主义新农村建设形成了制约。

测绘在社会主义新农村建设中的基础性作用，主要涉及方面有村镇规划、公路建设、水利工程、电网改造、土地利用、地籍管理、防灾减灾、旅游推介、饮水设施、林地勘界、矿产普查、沼气规划、海域管理、环境治理、生态工程、精准农业、治安联防、分析决策等。“生产发展、生活宽裕、乡风文明、村容整洁、管理民主”是党中央为社会主义新农村描绘出的宏伟蓝图。要把这幅宏伟蓝图变为现实，科学规划是前提，各项基础设施建设是保障，这些都离不开测绘工作，测绘成果在新农村建设的各个领域中都大有作为。

一是大比例尺地形图是新农村规划建设的必要基础数据。村庄建设与环境整治工程等需要利用地理信息辅助进行环境的评价、建设的规划以及辅助决策等。另外，村镇政府和各应用部门迫切需要纵览全貌的村镇地图和影像图，为村镇发展布局、招商引资、生态保护、推广展示等提供良好的平台。

二是农业信息化需要全球卫星定位系统、地理信息系统、遥感系统等技术在农业生产经营中的应用。中小比例尺地理信息是农业规划和布局宏观管理的重要支撑，大比例尺、高分辨率的地理信息是建设精准农业的基础。

三是高精度的地理信息数据是提高农业自然灾害预测和预警水平，加强对突发事件的监控、决策和应急处理能力的重要基础。

四是在生态与环境建设中，高分辨率的遥感影像可以对地表状况进行客观、细致的反映，对生态和环境的变化进行动态、持续的监测；基于影像提取的信息可以方便、快捷地进行统计、分析。基础地理信息是规划、开发、利用农业资源的基础，也是天然林保护、退耕还林还草和湿地保护等生态工程不可或缺的保障。

五是农田水利建设是新农村建设的重要基础保障，包括大、中、小型水利设施的建设，大、中、小型病险水库除险加固工程，以及涉及人畜饮水安全的工程建设。这些建设需要大比例尺地理信息数据作为基础支持，对工程的合理选址、工程量准确估算及科学施工起到关键作用。

六是基础地理信息数据是公路规划、设计、施工的重要基础资料，对于地形起伏较明显的农村地区尤其重要。通过高精度地理信息的使用，可以方便、准确地计算工程的填挖方量，选择工程的最优路径，有效节约工程投资，提高施工效率。

七是在电力设施的设计和规划中，基于地理信息可以科学规划电力线的架设选址，减少不必要的布设点，提高工程的效率和效益。另外，通过测绘高新技术手段可以对已建成的电力设施和电力线进行动态监测，对潜在问题进行分析和及时修正，避免事故发生。

八是农村特色信息以地理信息为基础表现更为出色。农家乐、农村旅游、农村现代物流等是农村经济发展的重要内容。利用内容、形式丰富的地图产品和专题地理信息服务系统，以公众喜闻乐见的表现形式提供信息服务，促进信息的获取、交流和共享，促进农村发展。

2　新农村建设中开展测绘工作的基本原则

2.1　突出农村发展主题，科学谋划农村测绘的未来

围绕全面实现小康目标建设社会主义新农村，是今后农村发展的主旋律，是测绘工作的立足点和出发点。根据新农村建设的要求，一是要把解决人民群众最直接、最现实的问题放在工作首位，统筹区域、城乡、农村测绘发展；二是继续加强测绘基础设施建设，努力提高测绘在资源配置宏观决策中的保障作用；三是以基础测绘为中心，不断提高测绘信息资源的利用效率和效益；四是以地理信息建设为手段，努力提高测绘保障能力和服务水平；五是注重新农村各种比例尺地形图的测绘，逐步提高各项规划的科学性、合理性；六是加强农村测绘事务管理，规范社会各类测绘行为。

2.2　建设基础测绘工程，促进农村生产发展

要着眼于提高农村测绘的能力和测绘公共资源保障能力，加快重点测绘工程建设，加强基础测绘建设，为改善农村生产条件，提高农业综合生产能力提供地理信息支撑。特别是围绕新农村规划工作，大力开展测绘基础设施建设，改善和提高测绘保障能力，继续推进地震灾区测绘工作，抓好农业综合开发区基础测绘。

2.3　突出测绘重点，促进新农村建设顺畅

在新农村建设规划区域、生态建设领域、农村整治区域，为保障测绘急需，测绘单位要积极配合有关部门加大测绘工作力度，为新农村建设提供及时、便利、可靠的测绘产品，为各种专题信息的提取提供及时保障和服务。

2.4　拓展测绘投入渠道，切实减轻农民负担

建立稳定的投入保障机制，是测绘发展的关键。解决测绘建设投入不足问题，必须采取政府投入与

市场机制相结合的多元化投入的措施。一是切实增加政府投入;二是充分调动社区投入的积极性;三是积极鼓励社会资金投入。测绘既是公益事业,也具有经营性特点,对具有一定经营性质的测绘项目,要通过政策组合、市场引导、鼓励和吸纳社会资金,让社会各界更加关心测绘、理解测绘、支持测绘。

3 目前测绘工作在新农村建设中遇到的主要问题

3.1 测绘与规划的经费问题

主要体现在国家拨款到落实在具体乡镇测绘规划建设中的经费不到位问题。

3.2 现有测绘资料不能满足实际的需求

在新农村建设中,急需的1:5 000、1:2 000、1:1 000及更大比例尺的地形图,只是基本覆盖了全国的城市和县城建成区,在广大的农村还是空白。长期以来,农村测绘的资金不足,农村测绘工作未纳入基础测绘年度计划,资金投入没有保障。农村测绘工作中也缺乏统一的技术指导,测绘产品模式标准化程度不高。这使得农村的测绘成果相对短缺,现势性较差,现有测绘资料不能满足实际需求的问题。

3.3 组织机构的问题

现阶段全国相当一部分县的测绘管理机构不健全、职能不到位。

4 测绘在新农村建设中的几点建议

为新农村建设提供可靠、适用、及时的测绘保障是一项长期的工程,也是今后一个时期测绘部门的重要任务。因此,面对加快社会主义新农村建设和构建和谐社会的新形势,测绘行政主管部门应当充分认识和理解中央关于新农村建设的重大意义,按照国家测绘局《关于做好社会主义新农村建设测绘保障服务的意见》要求,转变观念,更新思路,结合本地区实际,充分发挥积极性、主动性和创造性,采取有力措施,力争取得实效。

4.1 加强统一规划

测绘部门要加强为新农村建设提供测绘保障服务的组织领导,积极与各级政府部门进行沟通,主动深入农村地区了解各部门服务新农村建设以及农村发展和农民对测绘的需求,把为新农村建设提供测绘保障服务作为今后一个时期基础测绘的重点工作,及时研究制订科学合理的技术实施方案,并列入当地政府基础测绘规划。

4.2 加大资金投入

各级测绘行政主管部门要根据新农村建设对测绘的实际需求,加大资金投入力度。国家、省级测绘行政主管部门应当安排专门用于保障新农村建设的测绘经费,用于支持新农村建设。市、县级基础测绘工作要与做好新农村建设测绘保障工作紧密结合起来,积极争取发展改革、财政等部门支持,加大对农村地区基础测绘工作的投入,争取列入当地政府年度计划和财政预算。

4.3 做好示范工程

省、市级测绘行政主管部门要结合本地的实际,开展新农村建设测绘保障服务的综合试点工作,充分发挥新农村建设测绘保障服务示范工程的带动作用。通过综合试点,提炼出包括成本分析、技术路线和产品模式等一些基本指标,在取得经验的基础上,在县、乡推广。

4.4 研究推广实用测绘技术

我国是一个农业大国,广大农村地区范围广、面积大,测绘保障任务十分繁重。因此,测绘行政主管部门应根据本地的实际需求,及时研究制订新农村建设测绘保障工作技术方案,加紧研究高效率、低成本采集制作农村地区大比例尺、高分辨率基础地理信息数据的技术,建立一套专门针对新农村建设测绘保障的技术体系、标准体系和系列产品模式,满足新农村建设的需要。

总之,新农村建设测绘保障服务要以科学发展观为指导,紧密结合新农村建设急需,编制测绘保障服务规划并组织实施。充分利用现有的测绘成果资料和技术手段,快速获取基础地理信息,加快开展县、乡、村地图的测绘。建设县域基础地理信息平台，通过共享合作等方式开发独具特色的农村专题地图和涉农地理信息服务系统等，使新农村建设测绘保障能力和服务水平全面提升，为农村社会发展提供可靠、适用、及时的测绘保障。

参考文献

[1] 蒋和平，朱晓峰. 社会主义新农村建设的理论与实践[M]. 北京：人民出版社，2007.

[2] 郝亚东，孙小金，聂保锋，等. 谈社会主义新农村建设中的测绘保障[J]. 测绘与空间地理信息，2010(12).

[3] 朱云锋，杨丽. 浅谈测绘与新农村规划建设[J]. 中国西部科技，2010(4).

浅谈 ADS80 在农村集体土地确权登记工作中的处理

任 杨 答 星 文 琳

（武汉市测绘研究院，湖北武汉 430022）

【摘 要】以武汉市农村集体土地确权登记工作为背景，详细阐述了基于 ADS80 影像的航空摄影测量系统在该登记工作中的数据处理方法，并对生产流程中的关键环节进行了优化和思考。通过利用 ADS80 数码航空影像制作调查底图，能极大地减少外业工作量，有效提高土地确权工作的效率。

【关键词】集体土地确权登记；ADS80；立体测图；正射影像；实地地籍调查

1 引 言

农村集体土地确权登记发证工作是国家的明确要求，其目的是确认农民集体、农民与土地长期稳定的产权关系，明确农民的土地权利主体地位，维护农民合法权益，实现凭证管地用地[1]。该项工程对统筹城乡发展、夯实农业农村发展基础，推进农村土地管理制度改革，促进节约集约用地等均具有十分重要的意义。

武汉市测绘研究院充分利用现有技术及各类土地调查和基础测绘成果资料，有效推进农村集体土地确权登记发证工作的实施，完成调查底图制作、地籍调查、数据库建设等工作，为武汉市经济可持续发展提供基础性服务。本文将摄影测量技术应用于武汉市农村集体土地确权登记工作，介绍并探讨利用 ADS80 影像制作调查底图的技术流程和关键技术。

2 调查地图制作现状

登记工作中所使用的调查底图是外业进行实地调查的必要基础图件，其质量好坏、数学精度是否能满足外业地籍调查要求将直接关系到最终成果数据的准确性与可靠性[2]。传统制图方法是通过数字化仪将已有的基础图件进行矢量化，建立图形数据库，但该方法更新周期长，数字化工作量大，在一定程度上影响了地籍调查进度。同时，城市的快速发展也要求相应的图件实时更新，传统的制图方法已跟不上城市建设发展的要求。因此，将摄影测量技术应用于土地确认权登记工作已成为必然需要。

与卫星遥感数据相比，航空影像具有较高的空间分辨率，特别是彩红外航片具有影像直观、形象逼真、信息量丰富等优点，能较易识辨航片上的道路、河流、建筑物等地图物体。武汉市测绘研究院遥感中心使用的 ADS80 航片具有高重叠度、高基高比等特点，能有效减少空三加密环节，极大地减轻了外业工作量。

3 农村集体土地确权登记工作流程

武汉市农村集体土地面积为 5 724 km^2，中心城区主要分布在江岸、硚口、汉阳和洪山等区，新城区主要分布在蔡甸、江夏、黄陂和新洲等区，全市村集体经济组织为 2 080 个，农村农业户约为 104.85 万户。其中，中心城区村和新城区村数据见表 1。

表 1　中心城区村和新城区村概况

类别	中心城区村	新城区村
集体经济组织(个)	203	1 877
农村农业户(万户)	12.95	91.9
农村集体土地面积(km^2)	428	5 296
集体建设用地土地面积(含宅基地)(km^2)	126	821
集体农用土地面积(km^2)	298	4 208
集体未利用土地面积(km^2)	4	267

依照国家及省国土资源厅的法律、法规及技术规程,结合武汉市实际情况,按照土地登记的模式,武汉市测绘研究院充分利用各类土地调查和基础测绘成果,采用数字航空摄影测量与实地调查相结合的方法,完成武汉市农村集体土地所有权、宅基地和集体建设用地使用权地籍调查工作,以便依法进行确权登记发证,并按照构建城乡一体化地籍管理“一张图”的思路,建设成果数据库,其工作流程图如图 1 所示。

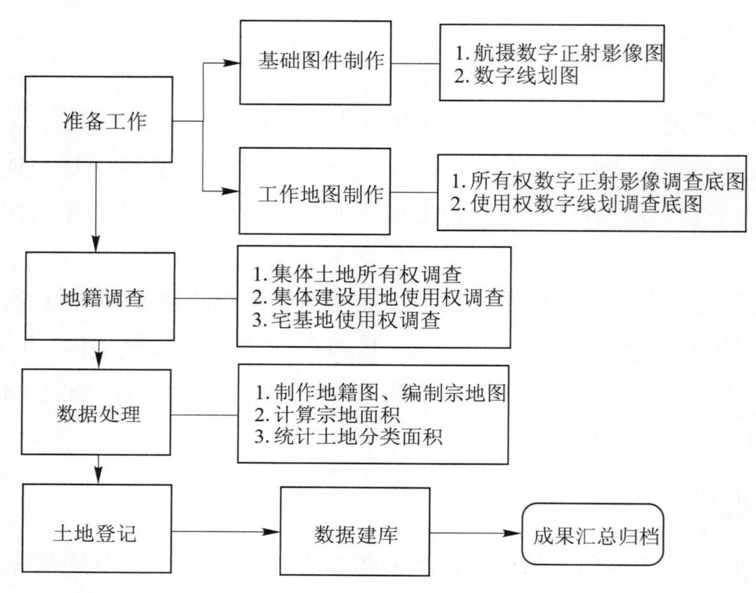

图 1　农村集体土地确认权登记工作流程图

3.1　农村集体土地所有权调查技术路线

对于农村集体土地所有权调查,利用最新 ADS80 数码影像资料制作 1∶10 000 数字正射影像图,将第二次农村土地调查中工作界线、年度土地变更调查成果、历史土地登记、土地征收资料叠加到 1∶10 000数字正射影像图上,形成调查工作底图。对农村集体土地所有权权属状况、范围、界线进行实地调查核实后,制作数字正射影像地籍图和数字线划地籍图,计算宗地面积,编制宗地图。此次调查有效衔接了第二次土地调查成果,使其成果延伸细化,进一步保持了成果的现势性。

3.2　宅基地和集体建设用地使用权确权方法

对于宅基地和集体建设用地使用权,采用航测立体测图与实地勘丈相结合的调查方法。利用最新航摄资料,采用航测内业立体测图方法,测制农村宅基地和集体建设用地的数字线划图,并叠加日常土地管理信息作为外业调查的工作底图。以此为依据实地调查宅基地使用权,集体建设用地权属状况,宗地的位置、坐落、界址、用途,现场勘丈宗地界址线边长等信息,进一步制作数字线划地籍图,计算宗地面积并编制宗地图。

4 ADS80 数码航空影像在农村集体土地确权登记工作的经验总结

4.1 影像优势和技术流程

本项目工作时间紧、任务重,因此根据工作性质和内容,选择合适的调查底图,可以有效减少工作量和提高调查效率。Leica ADS80 机载数字航空摄影测量系统是由德国徕卡公司推出的一套先进的三线阵推扫式航摄系统。相较于传统胶片相机和框幅式数码相机而言,ADS80 传感器集成了 POS 系统,能直接获取曝光时刻传感器的位置、姿态参数,直接解算外方位元素,因此仅需要少量控制点,甚至不需要像控点即可进行空三加密,可大大减少外业像控工作量[3]。通过一次飞行能同时对前视(14°)、底点(0°)和后视(27°)三个方向进行推扫,得到具有 100% 三度重叠、连续无缝的、有较高地面分辨率和辐射分辨率的全色立体影像及彩色影像和彩红外影像。其推扫式条带影像变形小,变形方向一致,相较于传统的框幅式数码航摄相机的多镜头共中心或虚拟中心投影方式更适合于立体测图。同时,其推扫式影像获取方式减少了航线和航带间的立体模型拼接数量,避免了接边过程中造成的误差,提高了地形图的成图精度[4]。

4.2 ADS80 的立体测图技巧

利用 ADS80 前视(14°)和后视(27°)夹角成图能获得接近 1∶1的基高比,可精确获取界址点、线的三维坐标,直接利用立体测图获取界址点线数据,能有效减少外业工作量。宅基地和集体建设用地使用权确认工作对居民地及其附属设施的测图细节有较高精度要求,居民地的各类建筑物、构筑物及主要附属设施应准确测绘实地外围轮廓和如实反映建筑结构特征。以房屋为例,应以墙基外角为准逐个实测表示,简单房屋(以土、木、竹为材料)按简单房屋符号表示,并可适当综合取舍,建筑物和围墙及永久性的栅栏、栏杆、铁丝网等均应实测,测区内由围墙、栅栏分隔的单位需要在图上表示出来。对实体要素进行图形采集的同时,应按照设定的属性表赋相应的要素代码及属性信息。具体制作调查底图的技术流程如图 2 所示。

4.3 ADS80 影像底图快速生产的技术思路

ADS80 采用整条带作业模式,减少了大比例尺航空摄影摄区划分的数量,节省了正射影像拼接的时间,但同时带来海量数据处理问题。针对后期的影像匀色处理工作,若采用整航带直方图基准匀色模式,则无法兼顾到所有地物,难以获得满意的匀色效果。针对这一问题,将带状的影像数据进行网格为 3 km×3 km 的分块处理,制作带有 0.5 km 重叠度的分块数据[5]。裁切后的分块影像数据再导入到 OrthoVista软件进行镶嵌线编辑及初步匀色等工作。

在匀色工作中,为了尽可能保持地物信息的完整性,可利用 GPRO 软件先输出 16 bit 正射影像,借助大型遥感处理软件 ERDAS 或者 PCI 剔出掉灰度值 0 或者 255 对匀色过程的干扰,再进行 8 bit 数据通道的非线性转换。通过测试,这样的处理相对于直接输出 8 bit 影像数据,能够更好地保留原图的地物光谱信息,获得较好的匀色效果。

5 实地地籍调查与建库工作的开展

5.1 实地地籍调查

为了便于开展调查工作,调查前熟悉了解像片的野外实际地理位置,查明本片行走的最佳路线及显著地理名称,以便准确到达目的地。将整个调查区逐级细划成若干个小区域,采用街道—街坊—宗地三级划分,依据工作底图,按照规程要求逐一对每个图斑进行现场核实,填好外业手簿,做到“走到、看到、记到”[6]。界址调查是权属调查的核心,也是地籍调查的核心工作。实践证明,土地纠纷中,大多数是

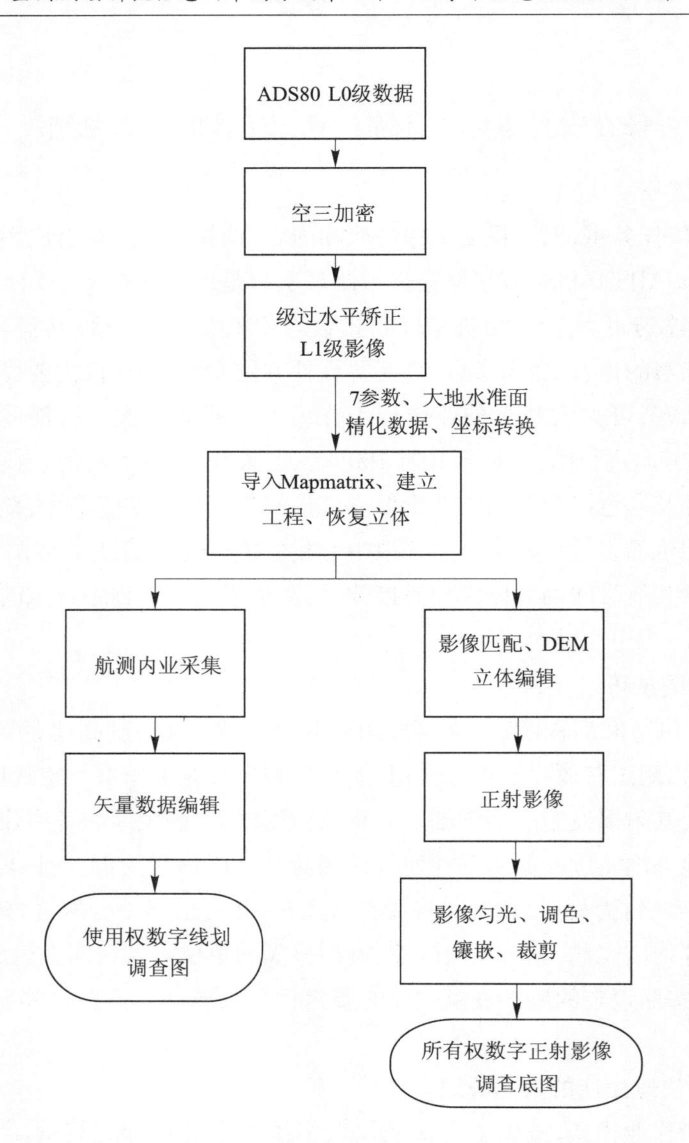

图2　ADS80 数码航空影像制作调查底图的技术流程

界址纠纷,土地使用者最关心的是权属界址认证[7]。若产生争议,调查人员应通过掌握的相关用地政策和地方民情,站在公正的立场上进行调解。调解成功后,通过签署界址认定书,确认权属界线。

实践证明,房屋间距精度超限,大多由房檐改正不准确导致。因此,外业房檐宽度的量取要保证其准确性。调绘中先核实内业房顶边缘线是否采集正确,再进行实地房檐量测。房檐宽度一般不能直接量取,只能采用目测方法确定房檐水平投影位置以得到房檐改正。地面有屋顶"滴水线"时,可参考"滴水线"测得,若没有则反复目测量取,取平均值作为房檐宽度,必要时可通过量取房屋宽度、房屋间距、房屋与周边明显地物的距离来检验房檐宽度的正确性。

5.2　数据库建设

在充分利用已建成的基础测绘数据库、二次调查数据库、地籍日常土地登记发证数据库、年度变更调查数据库等数据库成果的基础上,进行农村集体土地确权登记发证成果数据库的建设。整个建库过程采用统一的坐标系统,将同一时点、不同尺度的农村集体土地所有权、宅基地使用权、集体建设用地使用权等数据集成,在地理信息系统软件支持下,进行图形和属性数据的输入、处理、存储、统计、分析、检索、输出及更新等统一管理。由我院研发的"地籍调查图库一体数据处理平台"已通过试点应用及专家评审,正在积极推广使用,为农村集体土地确权登记发证工作提供信息管理服务,从而更好地服务于武汉市国土资源管理和城市建设管理。

6 结 语

调查底图制作是进行地籍调查的先决条件,直接影响最终成果的质量和精度。实践证明,使用大比例尺航空遥感影像可快速获得质量高、精度可靠、成本较低、效益可观的调查底图。遥感技术为农村集体土地确认权登记工作提供了一种较好的技术手段,并将在以后的更多领域中发挥越来越重要的作用。

参 考 文 献

[1] 王辛之,张美旺,吕俐,等. 农村集体土地地籍调查的实践和探索[J]. 地理空间信息,2012,10(3):139-147.

[2] 赵淑玲. 基于遥感技术的第二次土地调查研究[J]. 测绘与空间地理信息,2010,33(3):90-92.

[3] Hinsken L, Miller S, Tempelmann U, et al. Triangulation of LH System' ADS40 Imagery Using ORI MA GPS/IMU[J]. IAPRS,2002,34(A3):7.

[4] 文琳,聂赞,傅晓俊,等. 基于 ADS80 武汉市区域影像图的设计与研制[J]. 地理空间信息,2013,11(5):158-160.

[5] 李琼,刘亚虹,张义明. 利用 ADS80 数据制作大比例尺正射影像的技术探讨[J]. 测绘地理信息,2013,38(3):46-48.

[6] 陆卫东,周华明,洪春晓,等. 浅谈 1:10 000 调绘内外业一体化作业[J]. 地理空间信息,2012,10(3):78-80.

[7] 詹长根,唐祥云,刘丽. 地籍测量学[M]. 武汉:武汉大学出版社,2011.

浅谈地理国情普查外业核查

熊　涛　史晓明

（湖北省航测遥感院，湖北武汉 430074）

【摘　要】本文介绍了地理国情外业核查的内容，通过对外业核查不同方式的比较和遥感解译样本采集信息的描述，分析了更适合外业作业人员的核查方式，总结了合理有效的地理国情普查外业核查的作业思路。

【关键词】地理国情；外业核查；解译样本

1　引　言

地理国情主要是指地表自然和人文地理要素的空间分布、特征及其相互关系，是基本国情的重要组成部分。地理国情普查是一项重大的国情国力调查，是全面获取地理国情信息的重要手段，是掌握地表自然、生态以及人类活动基本情况的基础性工作。地理国情普查的总体技术路线是以覆盖全国陆地国土的分辨率优于 1 m 的多源航空航天遥感影像数据为主要数据源，辅以我国资源 3 号、天绘系列和高分 1 号等卫星影像数据，收集、整合基础地理信息数据及多行业专题数据，采用自动与人机交互影像处理、多源信息辅助判读解译、外业调查、空间数据库建模、统计数据空间化、多源数据融合、空间量算、地理计算、空间统计等技术与方法，运用高新技术和装备，内外业相结合，开展全国地形地貌、地表覆盖、重要地理国情要素的普查与建库，搭建地理国情普查统计分析专用平台，开展全国地理国情信息统计分析，通过地理国情信息发布与服务系统、管理系统、地理国情监测平台等技术体系建设，实现第一次全国地理国情普查成果的管理、发布和应用。

2　地理国情外业核查的内容

地理国情普查的外业核查的主要内容是依据《GDPJ－01 地理国情普查内容与指标》所规定的除地形、地貌、流域和各级行政境界类之外的所有内容；依据《GDPJ－11 地理国情普查外业调查技术规定》利用外业核查工作底图，将内业分类与判读采集中无法定性的地理国情要素或地表覆盖分类的类型、边界和属性进行标注、修改；对内业分类和判译的地理国情要素进行实地抽样核查[1]，并进行统计；按照《GDPJ－06 遥感影像解译样本数据技术规定》要求采集解译样本数据，样本分布应基本均匀合理，并具有一定的典型性和代表性。

地理国情外业调查主要有两方面：一是地表覆盖分类和地理国情要素的调查核查，二是遥感影像解译样本数据的采集。

3　地表覆盖分类和地理国情要素的外业调绘核查

地表覆盖分类图斑的核查主要调绘内业解译时的疑问图斑、按比例抽样核查内业解译图斑的正确性、以比对的方法对无法到达的图斑进行核查，最终确定整个区域解译成果的正确性。地理国情要素的核查主要依据专题资料和收集资料的整理，外业按比例抽样实地核查、补调，完成地理国情要素的核查。

在内业完成解译数据后，外业根据内业标注的疑问图斑及按比例抽样进行地表覆盖分类图斑和地理国情要素的核查，并事先设计外业核查路线，充分利用区域内交通路网，合理计划核查任务。对于交通不方便、难于到达的疑问图斑或抽样图斑，采用综合比对的方法，先核查路边易到达的相近图斑的属性，从而比对出难于到达的相近图斑的属性。

外业核查可采用的方式有三种：

（1）纸质调查底图配合便携式电脑的方式。纸质底图配合便携式电脑的方式，是传统的测绘外业调绘的方式，其特点和功能不再赘述。

（2）纸质调查底图外业标绘内业整理的方式。纸质底图外业核查的方式，即将地表覆盖分类解译数据和地理国情要素数据与 DOM 套合再喷绘制图，然后在这两幅底图上分别对地表覆盖分类和地理国情要素进行核查（见图 1）。

（3）数字调查系统的方式。将内业解译完成地表覆盖分类数据、地理国情要素数据、疑问标注层，直接导入调查系统，并按《GDPJ－10 地理国情普查底图制作技术规定》进行属性标注，形成外业核查工作底图。在数字核查系统工作底图进行外业调绘过程中，当发现某一对象的现实属性与实现属性数据不符时，可选择该对象，然后进行属性编辑[2]，采用涂鸦、标注，或直接修改，将外业核查中与底图不相同的图斑属性或边界和地理国情要素属性分层表示出来，导出数据直接给回内业进行解译数据整理（见图 2）。

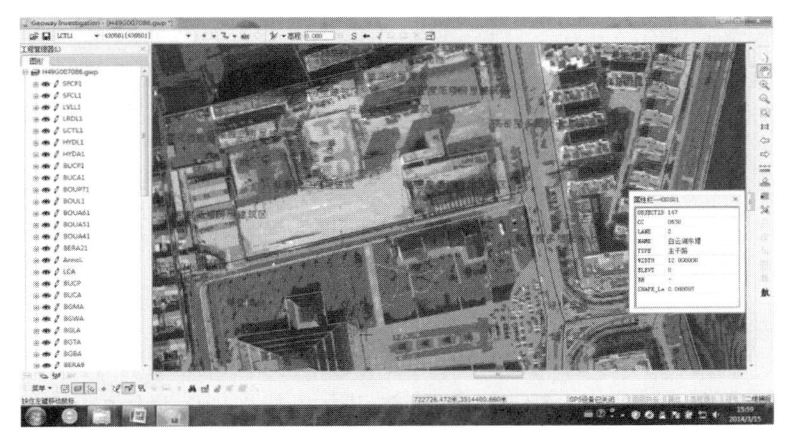

图 1　数字调查系统工作底图示例

图 2　数字调查系统工作中

上述（2）和（3）两种作业方式比对如表 1 所示。

表 1　两种作业方式比对示意表

外业核查方式	外业核查底图	定位方法	成果数据	外业核查轨迹
纸质底图外业标绘	地表覆盖底图、地理要素底图	外携 GPS 定位	整理纸质核查底图内业编辑	手持 GPS 测定轨迹
数字调查系统	数字底图（全要素）	平板自带 GPS 定位	导出外业调绘数据、内业数据整理	平板自带 GPS 测定轨迹

通过表 1 不难看出，采用数字调查系统更方便外业人员作业，可以满足内外业数据的无缝衔接，更

方便成果整理。

4　遥感影像解译样本数据采集

地理国情普查外业调查的另一个重要方面是遥感影像解译样本数据的采集，它是普查的重要基础数据，用于辅助遥感影像解译。遥感影像解译样本数据包含两类：一是地面照片，二是遥感影像实例数据。两类数据分别从不同的侧面反映地物影像形态特征，起到相互印证的作用，可以帮助解译人员更高效地认知遥感影像所蕴含的信息。

4.1　地面照片及其属性采集

遥感影像解译样本数据的地面照片采集，是用数码相机在实地拍摄能较全面清晰反映一定范围内地物特征的照片，最低像素要求不低于200万像素。覆盖类型每景采点数量不少于15个或每景总计不少于100个，且每一个图斑内部相邻采集点之间间距一般不小于1 km[3]。按《GDPJ－06 遥感影像解译样本数据技术规定》的要求，为了建立地面照片和遥感影像实例的对应关系，便于后期利用，每一张地面照片需要记录拍摄时的相机姿态参数、拍摄距离、拍摄时间、拍摄者，以及由相机在照片中自动记录的拍摄时的35 mm等效焦距等信息。此外，需说明照片主体内容所属的地理国情信息类型，并尽可能对地面照片反映的内容提供文字说明。姿态参数中包含经纬度、高程、方位角、横滚角、俯仰角。此外，还需要尽可能记录影响获得这些姿态参数精度水平的属性，包括定位方法、采用卫星定位时观测到的卫星数量、平面定位精度，方位角的测量精度范围等。

采集地面照片属性的环节，传统的作业方法要很准确地表述每张相片的属性比较困难，特别是地面照片的姿态信息，而采用数字核查系统基本上可以全部正确填写。数字核查系统都集成了GPS定位、电子陀螺仪、照相机和核查软件，可以完成地面照片的采集和属性数据录入。

4.2　遥感影像实例及其属性采集

遥感影像实例的裁切就是对应地面照片，根据其姿态信息，从经过正射处理的可用遥感数据源中裁切最小长宽511×511像素大小的高分辨率遥感影像，并尽可能把地面照片拍摄的主体地物置于影像的中间部分，同时保证拍摄点也位于遥感影像实例范围内。当拍摄的主体地物和拍摄点不能在有效范围内表示时，裁切长宽可为1 023×1 023像素；若还不能满足，还可以裁切更大像素(见图3)。

拍摄点的坐标通过GPS定位解决。《GDPJ－06 遥感影像解译样本数据技术规定》中规定拍摄距离尽量近，基本上可以估测距离来满足裁切范围的需要。方位角采用陀螺仪来测定，但笔者在试点中采用了多种电子陀螺仪测定了多张相片的方位角，发现其中有许多无法解释、无法避免、无法预知的粗差值，这直接导致数据源的裁切方向错误，以致不满足规范中遥感影像实例的裁切要求(见图4)。

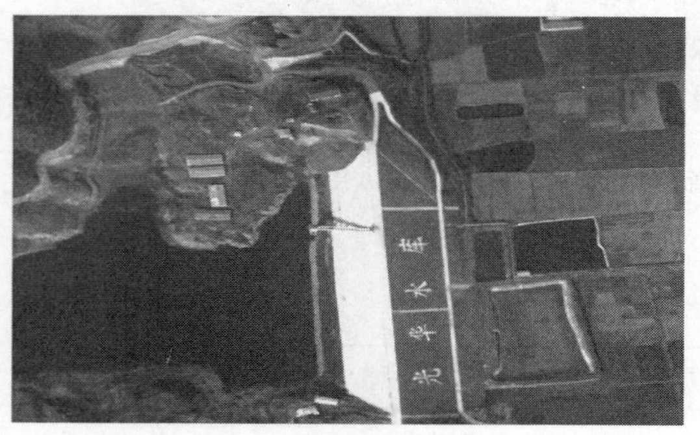

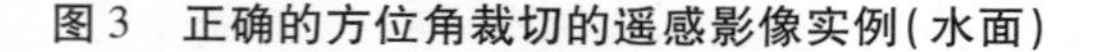

图3　正确的方位角裁切的遥感影像实例(水面)

图4　错误的方位角裁切的遥感影像实例(水面)

由图4可以看出，当方位角出现粗差，地面照片拍摄的主体地物不能置于遥感影像实例影像的中间部分，甚至不在影像范围内。通过多种设备的试验，均发现类似的粗差出现，只是出错的概率大小不一样。由于地理国情的数据负载量大，质量要求高，要在短时间内完成粗差的检查，必须借助计算机辅助作业，尽可能地用计算机程序去检查粗差[4]。因此，我们在拍摄地面照片的同时进行影像相关，即在确定拍摄点后在核查底图上标注被拍摄的主体地物,根据核查底图同时确定了被拍摄的主体地物的位置,然后根据拍摄点和被拍摄的主体地物位置的坐标信息自动计算得到准确的地面照片的方位角及拍摄距离,可满足《GDPJ-06 遥感影像解译样本数据技术规定》的要求。

5 结 语

地理国情普查外业核查即对内业解译数据的正确率的评价及调查核查,并完成遥感影像解译样本数据库的建立。外业核查提供的核查数据及遥感影像解译样本数据库可为使用成果用户提供判断数据质量情况的客观依据,为相关统计分析、专题图件制作提供素材。

综上所述,地理国情外业核查是保证地理国情普查数据质量的关键环节,是地理国情普查工作中重要的工序。

参 考 文 献

[1] 吴满意,王占宏,杨新海. 地理国情外业核查数码调绘系统的模块设计研究[J]. 测绘技术装备,2013,15(3):16-18.
[2] 林贤斌,杨树松,张丽,等. 基于高精度工业平板的地理国情普查外业调绘解决方案[J]. 测绘通报,2013(9):132-133.
[3] 刘跃,王天明,姜丽莉. 小析地理国情普查遥感解译[J]. 测绘与空间地理信息,2013,36(11):162-164.
[4] 王宝山,张力仁,张俊. 浅谈地理国情普查项目成果的质量控制关键点[J]. 测绘与空间地理信息,2013,36(9):224-226.
[5] 国务院第一次全国地理国情普查领导小组办公室. GDPJ 01—2013 地理国情普查内容与指标. 2014.
[6] 国务院第一次全国地理国情普查领导小组办公室. GDPJ 06—2013 遥感影像解译样本数据技术规定. 2014.
[7] 国务院第一次全国地理国情普查领导小组办公室. GDPJ 10—2013 地理国情普查底图制作技术规定. 2013.
[8] 国务院第一次全国地理国情普查领导小组办公室. GDPJ 11—2013 地理国情普查外业调查技术规定. 2013.

跨区域地图集设计意义与内容的探讨

——《三峡库区地图集》

李　晶　曹定基　曾　真

（湖北省地图院，湖北武汉 430074）

【摘　要】通过《三峡库区地图集》的设计与制作为例，结合国内外的研究现状，简要介绍了跨区域地图集的设计意义和作用，探讨了跨区域地图集内容选题的设计、专题资料的分析、收集和处理方法及沟通协调、分工合作等方面的工作经验，对以后同类地图集的编制具有一定的借鉴作用。

【关键词】跨区域；地图集；三峡库区

1　引　言

为了更好地支持三峡库区[1]建设发展、可实现库区的科学发展、可持续发展，配合国家测绘局、重庆市人民政府、湖北省人民政府共同建设“三峡库区综合信息空间集成平台”，特提出编制《三峡库区地图集》，目的是使该图集与正在建设的“三峡库区综合信息空间集成平台”配合使用，互为补充、相得益彰，其应用更加广泛，效率更加明显突出。而且，“三峡库区综合信息空间集成平台”建设积累了大量的图集所需要的多种专题数据资料，为图集编制工作做了很好的铺垫，能够做到出好图、快出图。

2　研究对行业进步的重要意义和作用

目前，在我国编制的跨区域的地图集还不多，该研究建设是国家测绘地理信息局支持国家和地方的重大建设项目，具有开创性和典范性。该研究的运作，可总结出编制该类型地图集诸多方面的工作经验，包括组织领导形式、资料的收集、数据汇总、沟通协调等系列工作经验。“三峡库区综合信息空间集成平台”已先期启动运作，地图集后期编制，可总结两个项目如何运作更有利于开展、资金节约、内容互补、方便快捷等方面的技术工作经验。

《三峡库区地图集》在内容的表达上可能与其他地图集存在一定差别，这是由三峡库区特殊的地理位置、环境及编制目的决定的，它将会是一部有着特殊个性的地图集，希望它能对全国地图集的编制工作起到示范工程作用。

3　国内外研究现状

在 2010 年 4 月到 6 月期间进行了为期 2 个月的调研，调研的内容包含两个方面：一是目前与库区相关的图集的编制与出版情况，二是政府行业部门以及普通大众最关注的内容。

调研情况表明，目前能够反映三峡库区的综合性地图集仅为 2000 年由长江水利委员会编制的《中国长江三峡库区地图集》，16 开、186 页，制图范围为三峡库区范围，图集包含 9 个图组，主要反映了三峡地区经济开发、环境整治、产业布局、移民安置等相关资料，即使市县图组，也主要以经济社会统计数据为内容单元。另外一本是 1999 年水利部长江水利委员会编制的《长江流域地图集》，6 开、286 页，制图范围为长江大流域范围，共包含 7 个图组：序图组、历史图组、自然条件图组、社会经济图组、环境保护图组、水资源开发利用图组、干支流图组，该图集突出长江流域特点，反映其特殊的自然条件、资源状况、经济优势、环境问题、水利电力工程等，尤其是反映新中国成立以来长江流域的治江成就，水资源综合利用开发,流域内水土流失、水质污染、生态环境变化等情况,偏重于水资源的开发与利用。

此外,咨询了一些政府行业部门以及普通社会大众,了解库区最关注的几个基本点:一为库区基本的情况,包括范围、交通、地貌、库区概貌等情况;二为三峡工程相关的内容,比如三峡工程从提出、设计到建设的历史过程,三峡工程的综合效益以及移民、对口帮扶的情况;三是库区的历史地理、旅游以及文物古迹等方面的情况;四是库区各区县的综合现状。

由此可见,经过10年的变化发展,在历经三峡工程竣工投用、百万移民历迁发展、库区产业经济转型等重大事件后,三峡库区没有一部能够反映当前经济社会发展成就的综合性图集,而政府行业部门和普通社会大众,对三峡工程的历史、建设成就、地理、旅游、文物以及区县现状都有了解的需求,因此编制库区图集,全面反映库区行政区划、历史沿革、自然地理、交通旅游、三峡工程建设、百万移民历迁、库区各区县建设发展现状、山水风情及未来发展蓝图,其意义重大。这不仅是中国第二本关于三峡库区的地图集,更将为各级政府与部门科学管理、宏观决策、规划编制、资源开发以及库区的生态环境保护、产业发展等提供权威的信息依据,促进三峡库区科学、可持续发展。

4 研究内容

4.1 对于图集的需求分析和内容选题的设计

对涉及库区重大建设领域进行全面的调查,调查领域有移民、农业、林业、国土、环境保护、水利、卫生等诸多方面,调查的单位有市移民局、规划局、国土局、水利局、农业局、环保局等16个委办局。着重分析库区建设对地理信息、专题信息、需求经济社会信息的需求情况,从而确定图集的具体表示内容,着重表示了人们关注的热点问题,彰显图集独特的个性[2]。

4.2 专题资料的分析、收集和处理

专题数据内容涵盖重庆、湖北两地自然条件、自然资源、社会经济、土地利用、生态环境、灾害灾难等6大类,21中类,79小类,其专题数据共涉及48个行业部门、142个专题图层、204个属性表(6万多条记录)、5 087幅各类专题图、144个多媒体图片视频。

研究工作的重点是,如何做到重庆、湖北两地在时间进度上的协调一致,数据资源收集上的口径一致,制图表达上的统一兼顾等沟通协调与统筹同步,确保了研究顺利实施。

4.3 图集整饰与图面配置的设计

图集整饰与图面配置主要包括封面封底设计(见图1)、扉页、序、编委、编辑说明、目录以及引导页设计(见图2)、图面配置设计、不同比例尺地图底图的设计与制作以及各图幅的符号色彩设计进行协调统一[3]。研究工作的重点是:通过图集的整饰设计,力争整个图集达到用色风格、用色原则上的协调一致,线划、符号设计上的协调一致,图面配置风格上的协调一致。

图1 封面封底效果图

图2 三峡工程引导页

4.4 专题图的设计

研究专题图中不同比例尺底图内容的平衡,地理底图内容的选取,既要明确其空间分布位置,又要

考虑到地图的易读性[4]。研究如何针对专题图组每一幅面的内容和制图表达,以求专题组在具体编制过程中在用色、符号设计以及制图表达中尽量达到协调与统一,使专题信息美观协调,具有时代感与艺术性[5],如图 3 所示。

图 3　专题图设计

4.5　普通图的设计

研究如何设计区县详图的政区图和城区图的表示方法以及相应的制图标准,使影像地图与线划地图色彩协调一致,使区县详图的表现形式与色彩设计实现科学性与艺术性的完好结合[6,7],如图 4 所示。

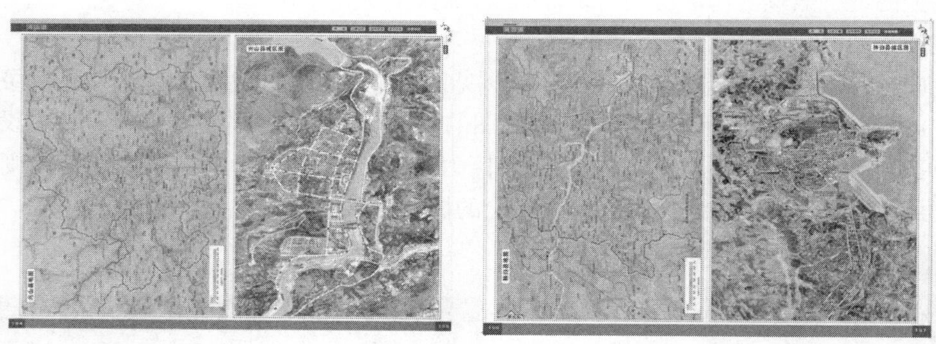

图 4　影像地图与线划地图色彩协调一致

5　实施方案的探讨

《三峡库区地图集》实施涉及国家测绘地理信息局、重庆市规划局、湖北省测绘地理信息局三方,且研究数据资源涉及面广、数据量大、编制时间紧,因此研究实施必须科学规范,合理安排,主要步骤包含:研究策划,设计书编写及评审(包括调研、咨询)→制图版式确定、编制技术标准与美工设计→资料收集、整合与处理→编辑制图→质检审查→印装出版→验收发布。

《三峡库区地图集》是跨省市行政区域编制的地图集,重庆、湖北两地在实施过程中随时汇总问题,加强过程沟通,相互了解资料收集进展、定期交换、互通进度和存在问题,寻求解决方案,调整工作计划,开展中期总结。在意见分歧的时候,将两方不同之处重点提出形成两个方案,和编辑委员会及相关专家一起讨论决定。

《三峡库区地图集》编制过程涉及众多单位的资料收集,借鉴库区平台建设数据收集经验,克服各种困难,收集到了大部分需要的专题资料。部分专题在资料统稿时发现两个地区的口径不一致,双方定期交流沟通资料的收集情况,按照统一的指标参数对设计内容进行调整完善,有效保证《三峡库区地图集》内容及制图表现的一致性。

6 结 语

本研究建设开创了跨区域合作的新模式,它是国内少有的跨区域的编制地图集的成功合作项目,涉及两个行政区域内容,是没有经验可借鉴的,具有一定的开创性。本图集从制图的分工、资料的协调、地图编绘水平、地图色彩、符号和整饰设计的同一,与传统综合性地图集项目相比要求比较高。

在"三峡库区综合信息空间集成平台"的基础上,编制该图集,既节省了成本,又做到了又好又快。通过图集的编制工作,积累了一系列合作编制图集工作的经验,包括制图资料、管理、沟通协调、分工合作等方面的工作经验,在全国将具有借鉴作用。

参 考 文 献

[1] 三峡库区百度百科：baike. baidu. com/view/787783. htm. 中国行政区划. 2013.
[2] 高俊. 地图的空间认知与认知地图学//中国地图学年鉴. 北京:中国地图出版社,1991.
[3] 俞连笙,王涛. 地图整饰[M]. 2 版. 北京:测绘出版社,1995.
[4] 欧竹斌,等. 专题地图编制[M]. 哈尔滨:哈尔滨地图出版社,1995.
[5] 李伟,周勇前. 专题制图符号库的设计与实现[J]. 武汉测绘科技大学学报,1997,22(3):263-265.
[6] 祝国瑞,尹贡白. 普通地图编制[M]. 北京:测绘出版社,1984.
[7] 王家耀. 普通地图制图综合原理[M]. 北京:测绘出版社,1993.

基于商用 GIS 软件实现数字线划图的多需求坐标变换

陈智尧[1]　李　楠[2]　孙续锦[1]

(1. 湖北省测绘成果档案馆,湖北武汉 430071;
2. 湖北省基础地理信息中心,湖北武汉 430071)

【摘　要】利用商用软件,配合一定密度的纠正点和控制点,就能一次性完成需多步骤才能实现的数字线划图坐标(系)转换,避免复杂的高斯投影、新旧大地坐标系间的互换及抵偿高程面的计算,且两坐标(系)互逆转换也无概念性差异。

【关键词】数字线划图;大地坐标系;高斯投影;抵偿高程面;坐标转换

1　概　述

我国现有的测绘地理信息成果(地形图、控制点)采用的坐标系有:1954 北京坐标系(简称 54 系)、1980 西安坐标系(简称 80 系)、2000 国家大地坐标系(简称 2000 系)及城市勘测中所采用地方坐标系。自 80 系启用后,国家大地坐标系之间、国家大地坐标系与地方大地坐标系之间的相互转换,就日渐频繁;同时,为满足中、高海拔地区工程测绘的需求,控制地面长度经高斯投影后变形在一定范围内,抵偿高程面与标准投影面之间的转换也日益增多。

自 20 世纪 90 年代起,坐标转换大多都是单一的,一般是大地坐标系成果之间的转换,或者是标准坐标系向地方坐标系或抵偿高程面的转换。但随着测绘事业的发展和经济建设的需要,坐标转换工作也日渐复杂,如某工程单位需将一幅已拼接,长约 75 km 的大比例尺带状数字线划图,由标准中央 111°经线 80 系转换为 112°30′经线 2000 系并提高抵偿面 100 m。按传统方式,首先将 80 系转换为 2000 系;随后采用高斯投影方式,将 2000 系 111°经线转换为 112°30′经线;最后再进行抵偿面坐标转换。

这种三步走的方法,思路清晰,方法可行。但也存在明显的缺陷:一是转换工作量大;二是在多次转换过程中稍有不慎就易出错;三是转换后的最终成果精度难以评估。

目前情况下,需转换的地理信息成果主要有数字线划图、数字高程模型、数字影像地图、控制点成果及地名数据等,本文仅讨论数字线划图的坐标转换。

2　常见的坐标转换

2.1　国家大地坐标系间的转换

数字线划图国家标准大地坐标系间的转换,目前有两种:一是借助商用软件(本文指 ArcGIS 与 AutoCAD),对每一个操作对象(一般为单幅数字线划图)赋一对坐标改正量进行平移来实现,或者用多对坐标改正量进行纠正校准来实现。此方法不适合跨带或大区域数字线划图的转换。二是自主开发相关小软件,直接对底层数据文件操作,即对每一个构成数字线划图的点元赋一对坐标改正量来实际。坐标改正量的计算,视控制成果而异,格网型控制成果一般采用线性或非线性内插获得;离散型控制成果一般采用参数法计算获得,常包括有四参数法、七参数法或二元多项式法等。

2.2　投影带变换的坐标转换

高斯投影带变换的坐标转换,一般采用商用 GIS 软件来完成,具体操作方法参见商用软件的高斯投影变换。

2.3 与抵偿高程面间的坐标转换

抵偿高程面间的坐标转换,同样可借助商用GIS软件来完成,与高斯投影变换一样,仅需在投影转换文件中修改相关椭球参数即可。

2.4 与地方坐标系的转换

国家大地坐标系与地方坐标系间的转换依具体任务而定。如果不涉及椭球定位问题,那么地方坐标系仅与平移、旋转、投影带及抵偿高程面相关,均可借助商用GIS软件来完成。

3 多需求坐标转换

将高斯投影换带转换、大地坐标系间的转换及抵偿高程面转换在一次坐标转换中完成定义为多需求坐标转换。多需求坐标转换,可借助商用软件或自开发软件分步实现。分步实现有其优点,也有不足。如商用GIS软件必须具有相应的功能;对操作员在软件、测绘专业技能要求较高;增加了各工序间质检工作量。为此,尝试对多需求坐标转换在商用GIS软件下一次性完成的方法。

3.1 多需求坐标转换的基理

设数字线划图某点元坐标(X,Y),经多需求坐标转换后其点元坐标为(X',Y'),则有:

$$\begin{aligned} dX &= X - X' = dX_1 + dX_2 + dX_3 + \cdots \\ dY &= Y - Y' = dY_1 + dY_2 + dY_3 + \cdots \end{aligned} \tag{1}$$

式中,(dX,dY)、(dX_i,dY_i)分别为某点元一次性、分步坐标转换的坐标改正量。前者是后者之和。

3.2 实施步骤

3.2.1 项目分析

对项目进行分析是实施第一步,拆分多需求坐标转换每一分步所需的相关转换的参数与转换模型等。

3.2.2 计算分步坐标改正量

某点元分步坐标改正量(dX_i,dY_i)的个数,视转换模型而定。(dX_i,dY_i)可以是该点元在两大地坐标系中的坐标差,或是不同高斯投影带的坐标差,或是标准投影面与抵偿投影面的坐标差,或是经平移、旋转后的坐标差。分步坐标改正量(dX_i,dY_i)的计算在一个项目中可能是一至两项,或多项(有关大地坐标系、高斯投影、抵偿高程面的转换计算请参见相关资料)。

分步改正量计算完成后再按式(1)计算一次性坐标改正量(dX,dY)。

3.2.3 控制纠正文件

由式(1)计算出一组(X,Y)及(X',Y'),生成控制纠正数据文件(其格式参见对应的商用软件说明)。

3.2.4 利用商用软件实现坐标转换

在商用软件环境下,打开待转换的数字线划图文件,再利用商用软件多点(逐格网)纠正功能,导入控制纠正文件,实现数字线划图的不同坐标(系)之间一次性的转换。

4 精度控制

4.1 控制点密度

控制点的密度决定不同坐标(系)转换精度。原则上,转换变形较大时控制点应多(密)一些。一般来说,高斯投影换带转换时两坐标系中央经线经差越大或者带旋转的地方坐标系偏离中心点越远坐标变形就越大。那么控制点密度相对要大一些。带平移的地方坐标系及抵偿高程面变换,基本上是在作相似变换变形,相对控制点的密要小一些。实际证明,一个标准图幅控制点数不得少于5×5点。带状数字线划图转换,大片空白区域,可适当减少控制点数,但应保证非空白区四周向外扩一排点的密度。

4.2 精度评估

数字线划图的转换与其他测绘生产环节一样,离不开精度评估。只有误差在允许范围内测绘成果才是可靠的。精度评估采用外部检核点方式,其步骤如下。

4.2.1 选择一组外部检核点

选择的外部检核点应选择在纠正控制最弱的地方。一般说来,纠正最弱的地方均出现在离纠正控制点最远的地方。检核点一般大于4点。

4.2.2 生成外部检核点文件

利用纠正软件自身功能,将外部检核点导入生成一个点(形)文件。

4.2.3 外部检核点文件的转换

外部检核点文件的转换有两种途径:一是利用控制纠正文件,类同独立进行转换;二是将外部检核点(形)文件先叠入待转换的数字线划图中,与数字线划图一同转换。

4.2.4 精度评估

导出已转换后外部检核点(形)文件,并命名点元坐标为(X'',Y''),其残差$(\Delta X,\Delta Y)$计算见下式:

$$\begin{cases}\Delta X = X'' - X' \\ \Delta Y = Y'' - Y'\end{cases} \tag{2}$$

式中,(X',Y')的计算方法参见3.2.2、3.2.3部分内容。

外部检核点残差中误差为:

$$M_x = \pm\sqrt{\frac{[\Delta X\Delta X]}{n-1}}\ ,\ M_y \pm\sqrt{\frac{[\Delta Y\Delta Y]}{n-1}}$$

残差$(\Delta X,\Delta Y)$的限差均应小于$0.1\times M$(比例尺分母)mm,否则就要增加纠正控制点的密度,直至合乎限差为止。

5 结 语

利用商用软件,一次性完成数字线划图需多步骤完成的坐标转换问题,其技术关键在于纠正控制数据新旧两套坐标的计算。当某地方坐标系与国家坐标系需要转换时,纠正控制文件可以一劳永逸地解决两坐标系的互相转换问题。当转换区域较小,或者转换精度放宽时,纠正控制数据文件的计算,可采用拟合算法替代严密的分步计算,以减少工作量。

参考文献

[1] 张浩华. AutoCAD 2008 中文版入门与提高[M]. 北京:清华大学出版社,2008.

[2] ESRI中国(北京)有限公司. ArcMAP 编辑手册.

浅论信息革命对地缘政治的影响

刘润涛　邓锦春

(61175部队,湖北武汉430074)

【摘　要】信息空间改变了综合国力的构成和衡量标准,推动全球化与区域深入发展,深刻影响着全球地缘政治格局。地缘政治受信息革命影响所发生的各种变化还在迅速深化发展之中。本文试图分析信息革命对地缘政治空间关系和地缘政治权利要素的影响,提出了在信息化时代下关于中国地缘政治的思考。

【关键词】信息革命;地缘政治;第五空间;信息权

随着信息革命成为科技进步的最新表现形式,当今世界在高科技推动下开始从工业时代向信息时代过渡。信息时代是人类历史空前的创新时代。在信息化、全球化交织发展的条件下,地缘政治出现了空前深刻的全方位变化,全球地缘政治空间被改造成陆地、海洋、天空、太空和信息空间复合构成的"五维空间",传统的地缘政治权利结构、资源分配、力量格局、竞争态势都受到了广泛冲击。

1　信息革命及其全球性影响

所谓信息革命,是指信息技术迅速发展带来的一系列经济和社会变革。以往的科技革命都是对人类感官和肢体能力的加强,而信息革命则是在继续这一趋势的同时,推动了信息全球化进程,其影响不断向人类社会、经济、政治、军事、文化等领域全面渗透,对人类的思想意识、生产生活方式乃至社会形态产生了巨大反作用,已经并将继续对人类社会产生强烈冲击。

1.1　现代信息及信息技术的特性

现代信息技术,即"以计算机和远距离通信工具为手段,采集、加工、存储、传递任何口头、文字、图像、数据的技术",是具有划时代意义的高新科技。具有标志性的现代信息传播方式是互联网。在以互联网为载体的信息时代,信息传播也表现出划时代的特点:第一,共享性。信息可以脱离原事物相对独立的存在并负载与其他载体,可以被无限制进行复制、传播或分配给众多用户,为大家所共享。第二,开放性和跨国界交流。现代信息技术可以进行远距离交流,提供了冲破传统地域限制的信息交换手段。第三,信息传播的交互性和不平衡性。交互性是指在信息跨国界传播中,信息源和信息宿都不是单一的,方向也是反馈型的。不平衡性是指由于信息技术手段不平衡,信息源和信息宿之间的信息传播不平衡,信息多的一方得到的信息越多,信息少的一方得到的信息越少,从而形成了信息富有阵营(比如美国等发达国家)和信息贫穷阵营(比如广大发展中国家)。

1.2　信息空间及全局意义

互联网在人类原有的公共活动范围之外缔造了一个全新的公共空间——信息空间。这是继陆地、海洋、天空、太空之后的人类社会第五维空间,也是第一个人造的地域空间。

政府有疆域,网络无国界。传统的地理因素上叠加了新的信息空间,变得更加复杂而难以控制。在更广泛的空间关系背景下,后工业社会的到来极大地改变了边界的意义,而改变的基础是前所未有的信息流动。随着人类社会进步和经济发展,各国社会经济发展对信息空间的依赖程度越来越高,对信息空间的利用与掌握越来越多。同时,随着当代战争的科技含量和信息分量越来越大,世界主要强国的军队信息化程度不断提高,网络战争和信息化战争正在模糊军民视野。

1.3 信息革命改变国家政治生态

随着信息化,网络化的迅速发展,以信息技术为代表的科学技术向当今社会政治文化全面渗透,推动社会政治文化演化发展,使国家主权、政治权利、政府管理等发生了很大变化。

(1)信息网络改变国际权利分配。在相当长的历史阶段,国际权利分配是不均衡的,发达国家比不发达国家占据明显优势。信息时代的权利呈知识化发展。正如以往农业社会和工业社会对武力和财富的占有会造成不平等,对知识的占有也会造成不平等,并造成国际权利的差异。

(2)信息革命改变国家的主权内涵。信息空间的出现,使得国家主权概念出现复杂化态势,其内涵和外延进一步丰富和扩大。特别是国家主权在网络环境下自然延伸出"网络主权",使得网络主权成为国家主权的新的重要组成部分。一般认为,网络主权是指传统国家主权在网络空间的延伸,主要体现为国家对其境内的网络活动主体、网络事件及基础设施行使管辖,在一些情况下也包括对影响本国安全和利益的境外网络活动管辖。

(3)信息革命更新了政治运作模式。电子通信系统、卫星信息服务业等信息技术的发展大幅提高了国家的地理信息采集、处理能力,极大提高了人类对自然地理,尤其是人文地理的认识能力,这对各国把握本国的地缘环境、制定地缘战略政策影响深远。遥感器和卫星技术把大多数国家具有战略意义和部分具有战术意义的目标置于全天时、全天候的监控之下,视频和多媒体技术、信息高速公路和卫星通信技术使图文即时传输变为现实。在这种情况下,从国家的重大战略举措到领导的个人隐私,都不可避免地被公布于世。一个国家的政府随时处于民众和其他国家政府、非政府组织的监督之下,内政与外交政策的透明度越来越高。信息革命带来的这种国际政治、经济和军事活动的透明化,正在推动国家政治的公开性和民主化。各国越来越依赖信息控制权和多维时空的认识与控制能力,越来越需要立足国际社会和科技背景来通盘考虑经济,政治发展和军事安全,也越来越需要在制定政策时充分考虑国内社会反应和国际影响。

同时,网络政治成为信息发达国家的重要政治内容。网络已成为政要竞选和民众参选时获取信息和媒体资源的重要手段。政治家之间、政治家和部门、政治家和选民之间的电子联系很容易建立起来。从20世纪末开始,许多发达国家的政治家已经有了电子信箱、专门的网址和网页,甚至创办了自己专用的网络杂志,通过因特网广为宣传自己的主张。

(4)信息安全导致国家安全问题更为复杂。在信息时代,现实社会和网络虚拟社会的结合创造了新的社会形态。由于信息技术的发展规模空前扩大,电子商务、电子银行、网络学校等网络应用方兴未艾,信息技术在安全性、保密性、信息专门处理、网络责任主体控制等方面先天不足,现有法律很难有效严密规范。伴随高科技对经济增长的推动,信息空间的无序性表现得越来越突出,网络病毒的传播、黑客实施网络攻击、各种形式的网络监听比比皆是。信息安全及相关的国家经济社会安全受到高度重视,但解决之道仍在探索磨合之中。

(5)非政府组织和个人在国家经济生活中的作用和影响空前上升。信息网络为广大民众和非政府组织参与政治提供了最新的方式和手段。在互联网上,所有的上网者都有平等使用发布信息的权利。各种政治活动的参与范围扩大,普通民众越来越具有参政意识,网络问政和网络民意日益获得重要的政治意义。此外,互联网也正在成为各种利益集团的主要舆论宣传工具之一,有关集团借助互联网在民众中扩大影响力,向政府施加压力。世界各国的无政府主义者、环保主义者和人权主义者等也是通过互联网进行联络,表达意愿,扩散影响。网络世界正在强力挑战现存的社会秩序,媒体及个人参与塑造公共议题的能力空前上升。

2 信息革命改变地缘政治空间关系

2.1 信息空间成为地缘政治新空间

地理空间是人类活动的领域，也是承载地缘政治权力争夺与格局转换的舞台。从科技发展引发人类社会活动空间变化的轨迹来看，科技革命及生产力的大发展往往创造新的地缘政治空间，扩大地缘政治的活动范围。而信息革命带来的“信息空间”，构成了信息社会的一种新的空间关系，超越了传统的地理空间，改变了全球地缘政治既有的空间关系，并深刻影响着传统地理空间中的地缘政治。

(1)信息空间缔造了“数字地球”和“智慧地球”，将地球的空间关系引入一个全新阶段。以往旨在控制物资和思想流动的国家边界，在不受时空限制的现代信息传播技术的冲击下作用不断降低，从而使世界上任何地区发生的任何政治、经济、生态事件都可能迅速产生国际影响，信息技术优势与国际事务主导权之间的关联越来越紧密。

(2)信息空间衍生的“信息边疆”具有战略重要性。“信息边疆”成为继陆疆、海疆、空疆、天疆之后的“第五边疆”。信息边疆是一个典型的非地理概念，指为了适应无形的信息对抗，抢占信息空间和争夺信息资源以有效获得制信息权，而在国与国之间所建立的信息安全屏障。信息疆域不是以传统的地缘、领土、领海乃至领天来划分的，而是以信息辐射空间来划分的。它冲击了传统的国家疆域观念，随着信息网络触角的迅速扩展而不断延伸向更广阔的战略范畴。从国家安全角度看，信息空间导致传统的国家间地理界限的模糊与弱化，信息边疆安全相应成为国家安全的重要组成部分。

(3)信息空间具有全球性战略意义。信息空间改变了传统地缘政治的空间形态，也改变了各国的地缘政治时空观。在信息时代的地缘政治环境里，一方面是国家的发展无处不在国际网络之中，无处不与其他国家密切相关——越是在国际格局中占据核心地位的国家，国力辐射面越大，其信息技术与安全水平越是对国家综合安全产生战略影响，其维护和争取信息主导权的战略意图也就越强烈；另一方面，先进的信息手段也促进了全球化和相互依赖的发展，促进了全球范围内各国之间的竞争和合作。

2.2 信息空间涵盖下的五维空间多元统一

信息革命所带来的信息空间，不仅自身构成了全新的地缘政治空间，而且改造了旧有的各地缘政治空间之间的关系，改变了以自然地理空间为依托的传统地缘政治思维。这种没有固定的地理实体内涵的虚拟空间，通过对其他领域的联结与互动，把地缘政治的作用空间扩展到几乎无边无际的程度。在新的地缘政治空间里，传统的距离已不能充分解释地缘战略活动，国际秩序更多表现为一种以时间为成本的政治形式。“速度的力量已经超过了空间的价值。因此，速度正在取代领土成为地理划分的根据”。

2.3 正在变小、变平的全球舞台

在信息革命的深刻影响下，世界正在变成“地球村”。全球化不断深入发展，打开了世界上所有的封闭空间，各种文明的联系更加密切，交流合作更加广泛，世界的共同性和融合性更加突出。在全球性的通讯网络中，政治、经济与社会文化交流都拓展到更广阔的领域，因民族与国家边界而受到的限制越来越少。

3 信息革命改变地缘政治权利要素

在全球性电子信息网络迅速发展的影响下，传统地缘政治权利受到空前冲击。信息时代的地缘政治不仅增加了新的权利要素，还建立了更为丰富多元的权利结构(见表1)。在信息革命所营造的五维地缘政治空间中，信息空间在空前广阔的范围内重新分配资源，改变了地缘政治权利的重心。如果说传统权利在于一国有能力影响或控制具有战略意义的地区，那么在信息时代的权利则成为“最充分、最迅速地移动货物、服务和信息的能力”。这对传统的地缘政治权利基础提出了广泛而深刻的挑战。

随着科技对地缘政治的作用越来越直接而有力，地缘政治历史进程的演进也不断加快，这种发展变

化在信息时代达到了空前的广度和深度。

表 1　地缘政治空间与权利内涵的演变

时期	地缘政治空间	地缘政治权利内涵			
信息时代	陆 + 海 + 空 + 太空 + 信息空间(五维)	资源控制	军事威慑	经济主导权 人文影响力	信息主导权 规则制定权
工业时代后期(冷战时期)	陆 + 海 + 空 + 太空(四维)	资源占有	军事威慑	经济主导权 意识形态影响力	
工业时代	陆 + 海 + 空(三维)	人口、资源(殖民)	军事占领		
农业时代	陆 + 海(二维)	人口(抢掠)	军事占领		

4　信息时代关于中国地缘政治的思考

信息时代的地缘政治环境纷繁复杂,中国的和平发展凸显战略性和全局性。在信息化、全球化条件下,中国最基本的地缘政治目标仍应是保证本国的生存与发展,参与国际体系中的合作与竞争,维护和拓展本国的主权、安全与发展利益。鉴于此,必须树立长远的历史眼光和全球性战略思维,在战略上着眼于信息时代的最新特点与发展规律,立足信息时代的多维地缘空间,更深刻、全面认识当代中国和外部世界的关系,全面发展综合国力并稳妥运用对外政策,参与信息时代的地缘政治合作与竞争,内修实力,外塑体系,保证和平发展大业顺利进行。

参考文献

[1] 程广中. 地缘战略论[M]. 北京:国防大学出版社,1999.
[2] 刘雪莲. 地缘政治学[M]. 长春:吉林大学出版社,2002.
[3] 崔宏伟. 数字地球[M]. 北京:中国环境科学出版社,1999.
[4] 黄立军. 无影无形的“第五边疆”:信息边疆[M]. 北京:新华出版社,2003.
[5] 刘文富. 网络政治——网络社会与国家治理[M]. 上海:商务印书馆,2002.

基于改进贝叶斯判别分析的地图修改检测

包贺先　李莎莎

（61175 部队，湖北武汉 430074）

【摘　要】为规避制图生产中人的主观因素的影响及随之而来的错误，可以通过对修改前后的地图进行比较分析，辅助制图人员在地图修改过程中及时、有效地发现错修改或漏修改地方；本文研究比较了在传统的最大后验概率准则和基于模糊集的改进贝叶斯判别分析方法，验证了基于模糊集的改进贝叶斯判别分析方法更为有效。

【关键词】地图修改检测；最大后验概率；改进型贝叶斯

1　引　言

在地图生产任务中，经常会遇到地图在审校修改过程中，由于制图人员的疏忽和误操作将原地图数据中正确的、不需修改的地方进行了改动（误删或者误移等）问题，严重影响了地图生产成果的质量。地图的整个生产过程无论过去、现在以至不久的将来都将无法也不可能摆脱人的主观因素的影响，错误的发生是不随人的主观意志而转移的，制图生产单位只能采取有效的层层把关措施严格限制这种错误，但无法完全、彻底地避免错误发生。因此，如何利用现有的技术提供或编制对地图修改前后进行对比分析的工具，从而辅助制图人员在地图修改过程中及时、有效地发现错修改或漏修改地方显得尤为重要。

本文首先对传统的最大后验概率准则进行了介绍，然后提出了基于模糊集的改进贝叶斯判别分析方法，最后将此方法应用于实际生产过程中的地图修改的前后对比。实际地图数据的修改检测试验结果验证了本文所提出的基于模糊集的改进贝叶斯判别分析方法的有效性和可行性。

2　改进贝叶斯判别分析

2.1　最大后验概率准则

设有 k 个类 $\pi_1,\pi_2,\cdots,\pi_k$，且类 π_i 的概率密度函数为 $P(x|\pi_i)$，样品 x 来自类 π_i 的先验概率为 $p_i(i=1,2,\cdots,k)$，满足 $p_1+p_2+\cdots+p_k=1$。利用贝叶斯理论，则可认为变量 x 服从一个包含各类密度成份的混合密度分布，其概率密度函数为：

$$P(x)=\sum_{i=1}^{k}p_iP(x|\pi_i) \tag{1}$$

x 属于 π_i 的后验概率（当样品 x 已知时，它属于 π_i 的概率）为：

$$P(\pi_i|x)=\frac{p_iP(x|\pi_i)}{\sum_{i=1}^{k}p_iP(x|\pi_i)},i=1,2,\cdots,k \tag{2}$$

最大后验概率准则采用如下的判别规则：

$$x\in\pi_l,\text{若 }P(\pi_l|x)=\max_{1\leqslant i\leqslant k}P(\pi_i|x|) \tag{3}$$

2.2　基于模糊集的贝叶斯判别分析

先验概率可以根据类的大小、历史资料及经验等加以确定，常常带有一定的主观性。利用先验信息来进行判别是贝叶斯判别的一大特点。根据先验信息获取各类 $\pi_1,\pi_2,\cdots,\pi_k$ 的模糊集 $S_i(i=1,2,\cdots,k)$，计算先验概率、均值和方差公式如下：

$$p_i=\frac{\|S_i\|}{N},\ i=1,2,\cdots,k \tag{4}$$

$$\mu_i = \frac{\sum_{x \in S_i} xh(x)}{\sum_{x \in S_i} h(x)} \tag{5}$$

$$\sigma_i^2 = \sum_{x \in S_i} (x - \mu_i)^2 h(x) \tag{6}$$

其中，$\| S_i \|$ 为模糊集 S_i 中包含元素 i 的个数；N 为总的元素个数；$h(x)$ 为样本 x 的个数在整个集合所包含的元素个数中所占的比率。

在判别分析过程中，每判断一个未标识样本，根据式(4)～式(6)相应地对各模糊集参数进行更新，在获得各模糊集先验概率 p_i 和概率密度函数 $P(x|S_i)$ 后运用式(2)计算相应模糊集的后验概率函数 $P(S_i|x)$，$(i = 1,2,\cdots,k)$，将后验概率函数转化为相应的模糊隶属函数，即：

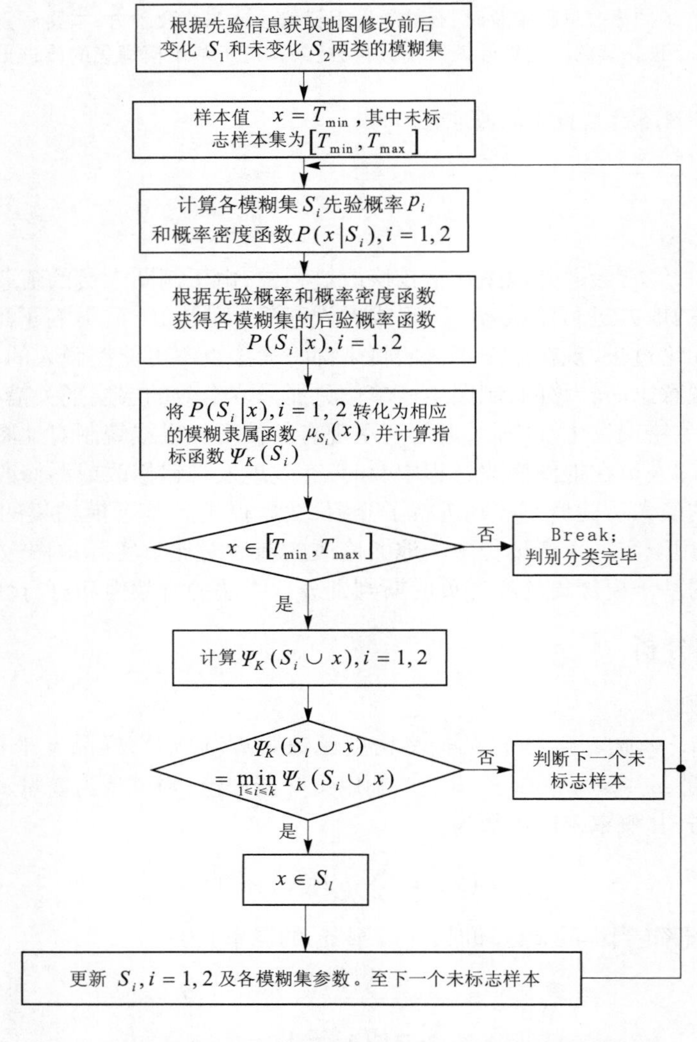

图1　利用改进贝叶斯判别分析进行地图修改检测流程

$$\mu_{S_i}(x) = P(S_i|x),\ i = 1,2,\cdots,k \tag{7}$$

各模糊集 S_i 的指标函数即为 S_i 和与之相对应的集合 $\underline{S_i}$ 之间的距离计算，其中 $\underline{S_i}$ 的特征函数定义如下：

$$\mu_{\underline{S_i}}(x_j) = \begin{cases} 0, & \text{if } \mu_{S_i}(x_j) < 0.5 \\ 1, & \text{if } \mu_{S_i}(x_j) \geqslant 0.5 \end{cases} \tag{8}$$

则模糊集 S_i 的指标函数为：

$$\Psi_K(S_i) = \frac{2}{n^{1/K}} d_K(S_i, \underline{S_i}) \tag{9}$$

其中,$d_K(S_i,\underline{S_i})$为 S_i 与与之相对应的平凡集$\underline{S_i}$之间的距离;n 为模糊集 S_i 中包含的元素个数。

在本文中,取 $K=1$,即采用线性的模糊指标函数。距离公式定义如下:

$$d_K(S_i,\underline{S_i}) = \{\sum_{j=1}^{n}[\mu_{S_i}(x_j) - \mu_{\underline{S_i}}(x_j)]^K\}^{1/K} \tag{10}$$

模糊集指标函数采用如下的判别规则,即模糊指标值越小,则相应的模糊集中的元素越相似,样本属于所计算的各类模糊指标函数值最小的一类。

$$x \in S_l,\ 若\ \Psi_K(S_l \cup x) = \min_{1\leq i\leq k}\Psi_K(S_i \cup x) \tag{11}$$

3 改进贝叶斯判别分析进行地图修改检测

在实际的地图生产过程中,利用改进贝叶斯判别分析进行地图修改检测的方法流程如图 1 所示。地图修改检测问题的实质就是要将同一幅地图数据修改前后的差异图像中的像元分为两类——变化像元类 π_c 和未变化像元 π_n ,判断每个像元属于哪一类并标上相应的类别标记,从而生成一幅将变化区域与未变化区域区分开来的地图修改检测结果图。因此,修改区域提取实际上可以理解为典型的两类判别分析问题。

4 试验分析

选取两幅某地区的地图数据,将修改前后的数据分别生成 eps 或其他图像数据格式的图像(如 jpg、bmp 等),如图 2 和图 3 所示。

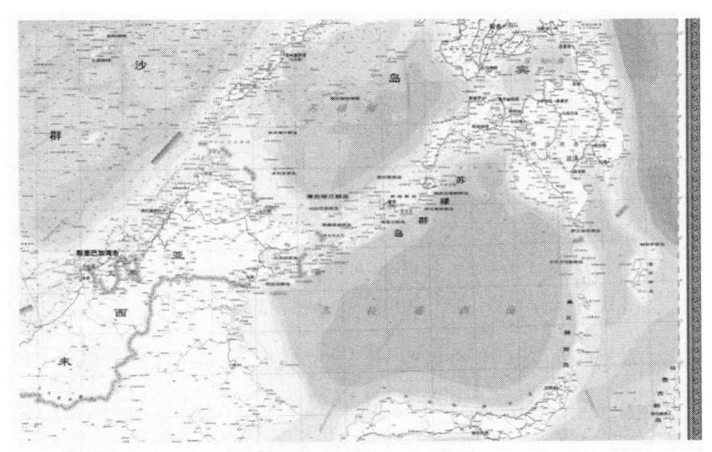

(a)地图要素修改前

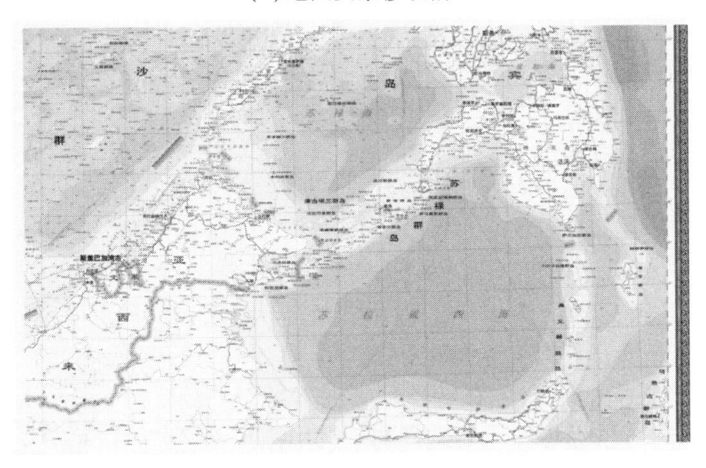

(b)地图要素修改后上交数据

图 2 试验数据(地图要素)

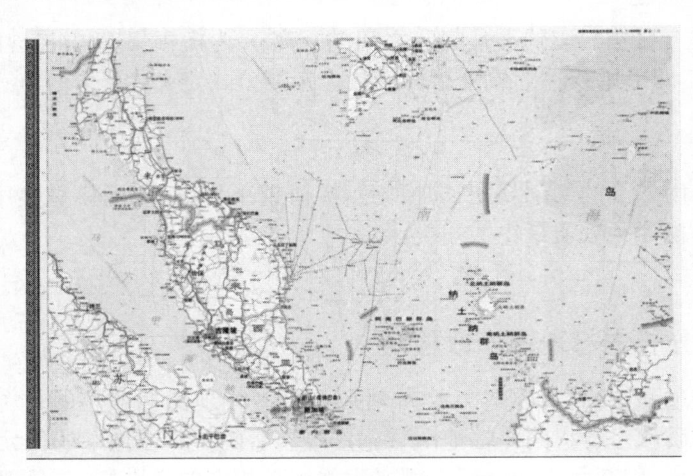

(a)地图要素修改前

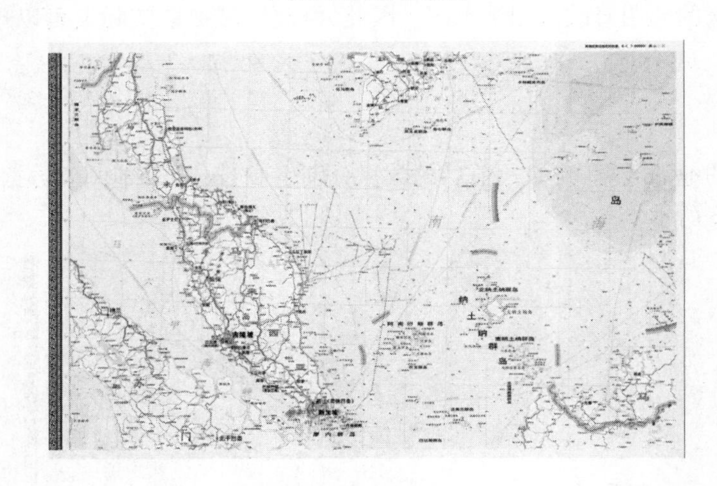

(b)地图要素修改后上交数据

图 3　试验数据(地图色彩)

由于地图修改前后的 eps 图像的差异图像主要分为变化和未变化两部分,因此差异图像的直方图中将存在两个波峰。由于变化部分相对于未变化部分要少得多,故一个波峰明显,另一个波峰则相对很隐蔽。由于未变化类别的像元值较小,将主要集中在直方图的左边界附近,而变化类别的像元值较大,分布在靠近直方图右边界的范围上。基于这一特点,我们可以选取两个阈值 T_n, T_c,选取方法如下:

$$T_n = M_D(1 - \alpha), T_c = M_D(1 + \alpha) \tag{12}$$

式中,M_D 为地图修改前后差异图像中像元的中值,$M_D = (\max\{X_D\} - \min\{X_D\})/2$;$\alpha$ 为权重调节因子,$\alpha \in (0,1)$。

分别以两个像元子集:

$$S_n = \{X(i,j) \mid X(i,j) < T_n\},\ S_c = \{X(i,j) \mid X(i,j) > T_c\} \tag{13}$$

作为未变化类和变化类两类像元的初始模糊样本集,而没有被这两个子集所包含的像元则被标记为无标志样本,如图 4 所示,其中,$X(i,j)$ 表示差异影像上第 i 行第 j 列的像元值。

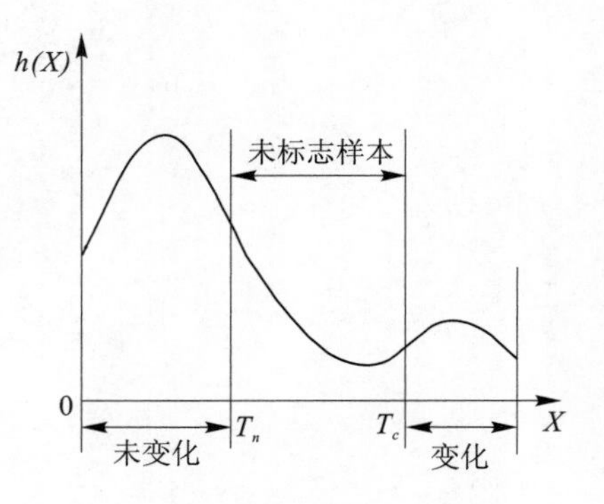

图 4　两类像元初始子集的确定

根据变化和未变化像元类的正态分布特性估计其参数值,从而获得初始模糊集指标函数,对未标志像元值进行判别、循环、更新、再判别,直至所有未标志像元值判别完毕。利用改进贝叶斯判别分析方法针对图 2 中境界要素勿删和图 3 中面域谱色勿改进行地图修改检测的结果分别如图 5 和图 6 所示。可以看出,利用本文提出的改进贝叶斯判别分析方法能够有效地进行地图要素或者色彩的修改检测。

图5 利用改进贝叶斯判别分析进行地图要素勿删检测结果

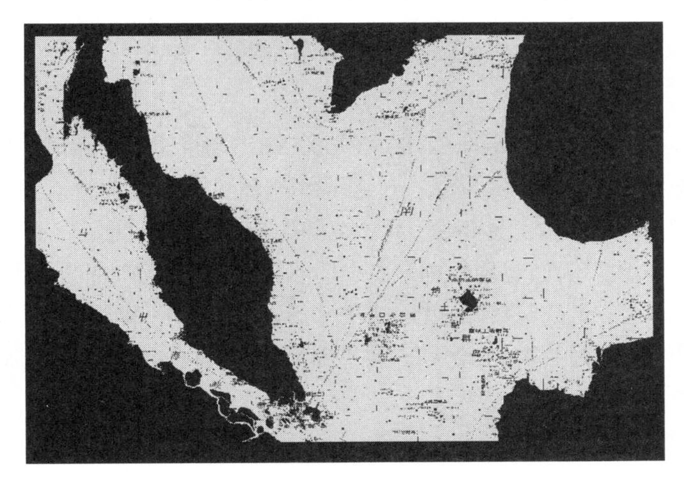

图6 利用改进贝叶斯判别分析进行地图色彩勿改检测结果

5 结 语

本文将地图制图过程中对要素进行修改时是否存在要素的误删、误移等问题转化为对修改前后地图数据生成的eps或其他数据格式的图像的变化检测问题,提出了基于模糊集的改进贝叶斯判别分析方法,并将改进方法应用于对地图数据的修改检测中,通过对实际地图数据的修改检测试验验证了本文所提出的改进贝叶斯判别分析方法的有效性和在地图制图过程中使用的可行性。

基于 Skyline 的三维 GIS 演示系统

程　蕾　闵梦然　梅懿芳　黄冠宇

（湖北省基础地理信息中心，湖北武汉 430070）

【摘　要】本文以 Skyline 二次开发接口为基础，设计开发了一个三维 GIS 演示系统，经过运行和实践证明，此系统具有一定的可行性和实用性。文章详细介绍了系统的开发思路和功能实现，既能表现出三维强大的空间展示直观性，也具备一定二维分析功能，可为具体的规划辅助决策提供依据。

【关键词】Skyline；三维 GIS；二三维联动；演示；决策

1　引　言

近年来，随着 Skyline 推出万众期待的 Skyline Globe V6.5 系列产品，并增加倾斜摄影测量批量自动全景三维建模功能，发布移动互联网终端产品，三维 GIS 产品更加备受关注。三维 GIS 不仅具有空间展示的直观性，突破二维的单调束缚，还具备强大的多维度空间分析功能。然而相比三维 GIS、二维 GIS 具有很强的二维分析查询功能，例如规划数据分析、上会审批、报表生产等。因此，开发三维 GIS 演示系统，基于全球领先的 Skyline 三维 GIS 系统，采用二维 GIS 和三维 GIS 相结合，不仅能实现真三维的可视化功能，二三维联动操作，还能是弥补二维 GIS 和三维 GIS 各自的不足，为具体的规划辅助决策提供依据。

2　开发设计思路

基于 Skyline 的三维 GIS 演示系统，在前期数据处理和建模过程中，均采用现有成熟技术，如倾斜摄影技术，在后期以 Skyline 开发包组件 Terra Explorer Pro API 为开发平台，进行三维 GIS 演示系统的开发。具体技术架构如图 1 所示。

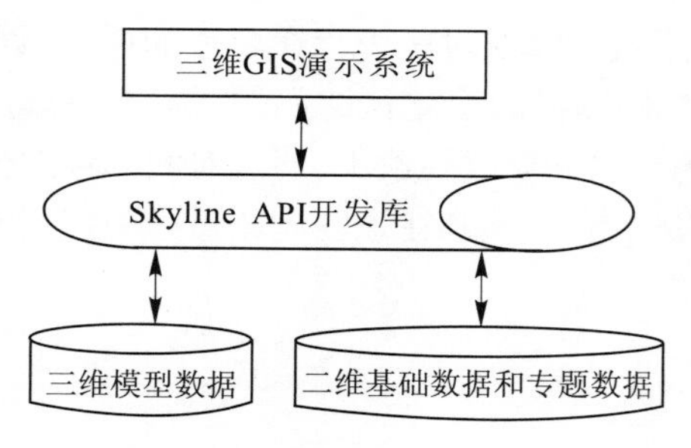

图 1　系统技术架构

三维 GIS 演示系统开发思路如下：

（1）获取和整合基础地理信息数据，主要包括 DEM、DOM、DLG 数据，以及三维建模数据的采集与处理。

（2）将整理的数据导入 Skyline 三维建模工具，设计并生产三维模型，以供演示使用。

（3）演示系统除具有三维浏览基本浏览、漫游、缩放功能外，增加一些规划辅助决策的简单分析功能，如控高分析、路网设计等，以增加系统复杂性与实用性。

（4）采用 C#语言，基于 Skyline API 开发接口为三维 GIS 演示系统进行开发。

三维 GIS 演示系统开发涉及方面很多,遇到问题与关键技术颇多,以上不能面面俱到,只能简明介绍系统开发思路。

3 数据准备

三维 GIS 演示系统的数据来源分为三类:一是三维地形数据,由 DEM(数字高程模型)与 DOM(数字正射影像图)融合而成;二是三维模型数据,包括地形模型、建筑物模型、地物模型等;三是二维数据,以 shp 文件加载。

数据需求见表 1。

表 1 数据需求

数据类型	内容	要求	支持格式或标准接口
矢量数据	基础地理信息数据:鄂州市行政区划范围内境界、地名等; 规划专题信息数据:总规数据、控规数据、分规数据、控制线数据等	地名注记数据按类别不同分类存储为不同文件,可分为医院、学校、政府机构、社区、公共设施、交通等; 境界包括国界、省界、行政区划、镇界等	shp/WMTS 格式瓦片
影像数据	TM:行政区划全境; SPOT:行政区划全境; DOM:中心城区及三维模型区域外扩 4 km	数据应影像清晰,色彩均衡,无明显像片拼接痕迹	WMTS 格式瓦片
高程数据	鄂州市行政区划全境:格网间距 25 m; 三维模型区域外扩 4 km:格网间距不小于 2 m	无高程异常点	shp 格式
三维模型数据	60 km^2 模型数据,包括模型文件、位置,以及相关模型建筑物信息等数据	一栋独立建筑物(如一栋楼房)为一个模型,不允许一个模型中有多个建筑物(如一个小区所有楼栋为一个模型); 一个模型对应一个. x 文件。每个. x 文件均可在 Skyline Pro 中正常加载,纹理及空间位置显示正常; 模型定位原点的坐标必须进行归中归零处理,即模型的定位原点为模型外接最小长方体底面矩形的几何中心,然后模型文件归零输出为. x 文件; 所有模型要有外部经纬度坐标信息,存储于 shp 表中; 模型其他要求参见模型提交标准	srwm 格式
其他数据	一个现实规划项目的图片、视频、音频、文案等文件		

TerraBuilder 把影像数据和高程融合成一个高精度带有地理坐标信息的地形数据文件(*. MPT)。利用 TerraExplorer Pro,通过纹理拍摄、图片处理和贴图建立模型。TerraExplorer Pro 把矢量数据、三维模型数据和地形数据融合成一个具有高三维仿真的最终文件(*. FLY)。

4 系统功能实现

三维 GIS 演示系统采用 Skyline 的 TerraExplorer Pro 6.5.0 提供的二次开发接口,定义三维界面,实现基本三维操作功能。利用 Pro 提供的 com 组件,将其直接加载使用。

系统主界面如图 2 所示。

图 2　系统主界面

主要功能模块介绍如下。

4.1 三维地图浏览

以工具栏按钮形式,提供漫游、缩放、旋转等浏览功能。用户点击漫游按钮,左键按下拖动,进行位置漫游。用户按下鼠标滚轮,调整场景视角,实现旋转浏览;用户选中场景中的某个模型,视角可围绕其进行 360°的旋转浏览。用户滑动鼠标滚轮,进行缩放浏览(见图 3)。

图 3　三维浏览

4.2 二三维联动

以工具栏按钮形式,提供二三维联动功能,支持分屏显示,二维部分基于 ArcGIS Engine 实现。用户点击按钮,主显示区域分为两部分,一部分显示三维场景,一部分显示二维数据。两部分窗口之间漫游、定位、缩放等操作相互关联(见图 4)。

4.3 信息查询

以工具栏按钮形式,提供地名查询功能。用户点击按钮,弹出地名查询窗口,输入地名关键字,并显

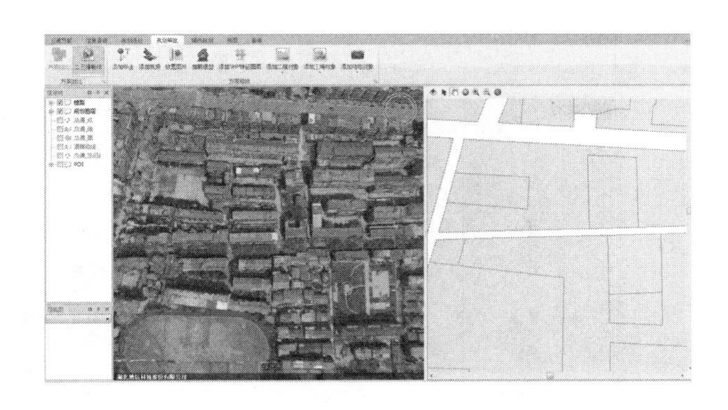

图 4　二三维联动

示查询结果,实现地名查询。

以工具栏按钮形式,提供建筑物信息查询功能。用户点击按钮,在主显示区域选择建筑物对象,主显示区域提供反馈,并弹出建筑物属性显示窗口。

以工具栏按钮形式,提供片区信息查询功能。用户点击按钮,在主显示区域选择片区对象,主显示区域提供反馈,并弹出片区属性显示窗口(见图 5)。

图 5　片区信息查询

4.4　控高分析

以工具栏按钮形式,提供控高分析功能。用户点击工具栏按钮,弹出控高分析属性窗口,设置高度等相关参数,在主显示区域中选择分析范围,并在主显示区域中对分析结果进行显示(见图 6)。

图 6　控高分析

4.5　量测工具

以工具栏按钮形式,提供空间量测功能,包括水平距离量测、空间距离量测、垂直距离量测、地面面积量测。用户点击按钮,选择相应功能,在主显示界面中进行线选择或面选择,主显示区域中实时对测量结果进行显示和反馈(见图 7)。

图 7　3D 面积量测

4.6　路网规划

以工具栏按钮形式，提供路网规划功能。用户点击按钮，选择道路、电力线等模型，在主显示区域添加模型（见图 8）。

图 8　路网设计

5　结　语

三维 GIS 演示系统以湖北省基础地理信息中心现有数据为基础，补充整合基础地理信息数据、三维模型数据、规划专题信息数据等，综合运用计算机技术、倾斜摄影技术、网络技术、遥感技术、虚拟仿真技术等技术，实现城市规划成果与三维场景的浏览分析、信息查询等操作，可为重大项目论证和重要问题的解决提供决策支持，从而提高规划管理工作决策的科学化。

参 考 文 献

[1] 吕志勇，王佩，朱奇. GIS 空间分析在三维城市景观系统建设中的应用探讨[C]//第八届 ESRI 中国用户大会论文集，2009.
[2]江昕，秦奋. 基于 SKYLINE 的二三维 GIS 互动系统设计与实现. 2009.
[3]肖乐斌，钟耳顺等. 三维 GIS 的基本问题探讨[J]. 中国图像图形学报 A 辑，2001，6(9)：842-847.
[4]李佼. 基于 TerraExplorer Pro 的三维城市浏览系统开发[J]. 计算机技术与发展，2009，19(6)：240-242.
[5]侯妙乐. 基于 Skyline 的三维数字校园[J]. 北京建筑工程学院学报，2008，24(4).

基于均值漂移算法的高分辨率遥感图像分割方法研究

沈佳洁　容　茜

（湖北省航测遥感院，湖北武汉 430074）

【摘　要】高分辨率遥感图像的自动分割是遥感图像处理的研究重点和难点，至今仍然没有一个适用于所有图像的通用算法。均值漂移（Mean shift）算法是一种基于梯度分析的非参数优化算法，广泛应用于图像平滑、分割和目标跟踪等领域。本文介绍了 Mean shift 算法的基本原理，并研究了 Mean shift 算法在高分辨率遥感图像分割的应用和算法流程，最后通过试验表明该算法具有较好的分割精度。

【关键词】高分辨率遥感图像；图像分割；均值漂移

1　概　述

图像分割是指把图像分成各具特性的区域或提取感兴趣目标的技术和过程[1]。图像分割是图像处理中的一项关键技术，其应用领域非常广泛，是图像分析、模式识别和计算机视觉中的一个基本问题。

早期的图像分割方法以像素为基本单位，以单一阈值将图像中的目标和背景分离开来，常用的阈值选择方法有利用灰度直方图的峰谷法、最大类间方差法[2]、最大熵法[3]等。另外一种方法是将聚类算法引入到分割方法当中，如贝叶斯准则[4]、模糊 C 均值[5]、支持向量机[6]等，将像素表示为对应的特征空间点并进行聚类，将聚类结果作为分割结果。另一种类型的分割方法，考虑到像素点间邻域关系，如区域生长、区域分裂 - 合并等[7,8]。在区域分割的基础上，马尔科夫随机场[9]被许多研究者用来表示图像纹理信息并作为分割准则，而图像的边缘信息也被广泛应用到分割当中，分水岭算法[10,11]是其中最典型的应用。

对于遥感图像处理而言，图像分割同样也是不可缺少的关键步骤，遥感图像分析、目标识别和变化检测等工作都依赖于图像分割的结果。然而，虽然迄今为止提出的各种类型分割算法已有上千种，但是由于高分辨率遥感图像的地物种类繁多、纹理信息丰富、噪声含量大等特殊性，并不是每种分割算法都适合于高分辨率遥感图像。

均值漂移（Mean shift）算法[12-14]是一种基于梯度分析的非参数优化算法，由于 Mean shift 算法依靠特征空间中样本点进行分析，不需要聚类数目等先验知识，并且考虑到像素点的位置特征，因此在图像平滑、分割和目标跟踪等计算机视觉领域都得到广泛应用[15-17]。

本文使用 Mean shift 算法对高分辨率遥感影像进行自动分割，并将分割结果与区域生长方法得到的分割结果进行了对比分析，表明使用 Mean shift 算法比传统的区域生长方法能够得到更好的分割结果。

2　相关理论

2.1　Mean shift 原理

Mean shift 这个概念最早是由 Fukunaga 等[12]于 1975 年提出来的，Cheng[13]对基本的 Mean shift 算

法进行了推广，Comaniciu 等[14]把 Mean shift 算法运用到特征空间的分析中，并实现图像的平滑和分割。

Mean shift 算法是一种基于非参数概率密度梯度估计的迭代聚类算法，其核心是对特征空间的样本点进行聚类，样本点沿着梯度上升方法收敛至密度梯度为零的点。设$\{x_i\}$$(i=1,2,\cdots n)$为 d 维欧氏空间 R^d 中的 n 个样本点，概率密度函数在样本点 x 处的核函数估计为：

$$\hat{f}_K(x) = \frac{C}{nh^d}\sum_{i=1}^{n} k\left(\left\| \frac{x_i - x}{h} \right\|^2\right) \tag{1}$$

其中，$k(x)$为核函数；h 为带宽；C 为归一化常数。

Mean shift 向量定义为：

$$M(x) = \frac{\sum_{i=1}^{n} g\left(\left\| \frac{x_i - x}{h} \right\|^2\right) x_i}{\sum_{i=1}^{n} g\left(\left\| \frac{x_i - x}{h} \right\|^2\right)} - x \tag{2}$$

从式(2)中可知，Mean shift 向量是落入 x 带宽 h 邻域内的所有样本的加权平均与中心样本 x 的差值，当 $g(x) = -k'(x)$时，Mean shift 向量的方向与概率密度梯度的方向一致。

Mean shift 的迭代过程是样本点 x 向样本均值移动的迭代过程，用$\{y_j\}$$(i=1,2,\cdots)$表示迭代过程中移动点的轨迹：

$$y_{j+1} = \frac{\sum_{i=1}^{n} g\left(\left\| \frac{x_i - y_j}{h} \right\|^2\right) x_i}{\sum_{i=1}^{n} g\left(\left\| \frac{x_i - y_j}{h} \right\|^2\right)} \tag{3}$$

Mean shift 算法是一种自适应快速上升算法，由于 Mean shift 向量的方向总是指向具有最大局部密度的地方，并在密度函数极大值处，漂移量趋于零，因此具有很好的算法收敛性。

2.2 基于 Mean shift 的高分辨率遥感图像分割

遥感图像可以表示成一个二维网格点上 p 维向量(p 为波段数)，每一个网格点代表一个像素，网格点的坐标表示图像的空间信息。统一考虑图像的空间信息和光谱信息，可以组成一个 $p+2$ 维的向量 $x=(x^s,x^r)$，其中 x^s表示网格点的坐标，x^r表示该网格点上 p 维光谱特征。

由于空间特征和光谱特征具有不同的量纲，因此用 K_{h_s,h_r} 表示 x 的分布：

$$K_{h_s,h_r} = \frac{C}{h_s^2 h_r^p} k\left(\left\| \frac{x^s}{h_s} \right\|^2\right) k\left(\left\| \frac{x^r}{h_r} \right\|^2\right) \tag{4}$$

其中，h_s，h_r分别为空间带宽和色度带宽，是 Mean shift 分割过程中的重要参数，不同 h_s，h_r会对最终的平滑结果有一定的影响。

设$\{x_i\}$$(i=1,2,\cdots,n)$为输入影像，$\{z_i\}$$(i=1,2,\cdots,n)$为滤波影像。基于 Mean shift 的图像分割的具体步骤为：

(1)将图像从 RGB 色彩空间转换到 LUV 色彩空间，因为 RGB 色彩空间是非线性的，不具备较好的空间统计性和尺度对应关系，而 LUV 可以更好地应用分割过程中的光谱信息进行统计；

(2)对每个像素点 x_i，初始化 $j=1$，使 $y_{i,1}=x_i$；

(3)根据式(3)计算 $y_{i,j}$直到收敛，记收敛后的值为 $y_{i,c}$；

(4)赋值 $z_i = (x_i^s, y_{i,c}^r)$；

(5)对滤波后的影像进行区域标记，并对于连续空间域小于合并尺度 M 个像素的区域进行合并。

3 试验和结果分析

为了验证 Mean shift 算法在高分辨率遥感图像分割方面的应用效果，本文选择了两幅地面分辨率均为 0.5 m 的遥感图像作为试验数据，并针对城市人工地物的分割结果进行对比分析。

图 1 为 Geoeye－1 于 2011 年获取的珍珠港影像，分辨率为 0.5 m。其中，图 1(a) 为原始图像，图 1(b) 为使用 Mean shift 算法的分割结果，分割参数分别为 $h_s=9$，$h_r=7$，M＝50，图 1(c) 为自适应区域生长算法[18]的分割结果，选择初始种子点时，计算准则 1 的阈值采用大津法[2]，准则 2 的阈值为 0.1。

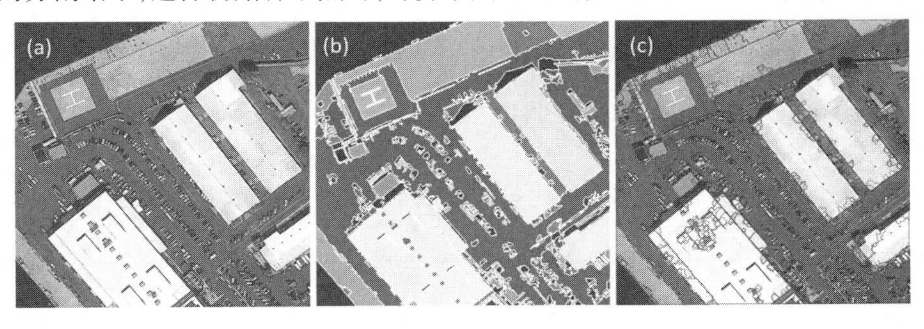

图 1　珍珠港影像

图 2 为 Worldview－2 于 2009 年获取的美国达拉斯机场影像，分辨率为 0.5 m。其中，图 2(a) 为原始图像，图 2(b) 为使用 Mean shift 算法的分割结果，分割参数分别为 $h_s=9$，$h_r=7$，M＝50，图 2(c) 为自适应区域生长算法的分割结果，选择初始种子点的阈值同图 1。

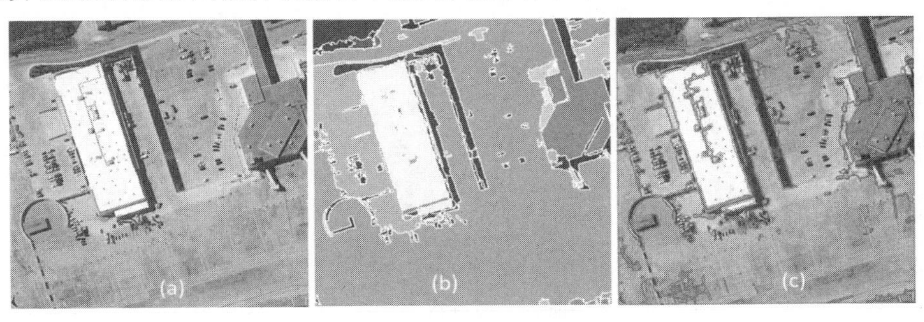

图 2　美国达拉斯机场影像

从图 1(b) 和图 2(b) 可以看出，Mean shift 算法可以得到更加平滑的边缘，房屋的外部形状没有发生明显改变，并且在分离不同地块的同时可以保持地块的相对完整性。图 2(b) 中，Mean shift 算法的分割结果获得相对连续的道路分割结果。而相比之下，区域生长算法的结果更容易受到噪声干扰，分割得到的房屋边界往往存在锯齿状，并且过分割程度更高，分割区域更加破碎，尤其在地物边缘附近过分割情况更加严重，因而导致分割结果不理想。另外，还有部分阴影因为与道路的颜色相近而未被提取出来。

对比试验结果可知，Mean shift 算法得到的分割结果更加准确，分割区域更加完整，分割后图像区域的轮廓和边界也更加清晰。

试验中 Mean shift 算法的两个参数 h_s，h_r的选取是由经验确定的，为了验证 h_s，h_r对分割结果的影响，采用不同的 h_s，h_r组合对图 1 的原始图像进行分割，得到如图 3 的结果。

图 3 是对图 1 的原始图像选择不同参数进行 Mean shift 分割得到的试验结果，并用分割边界进行表示。其中，图 3(a) 选择的分割参数分别为 $h_s=7$，$h_r=7$，图 3(b) 的分割参数分别为 $h_s=9$，$h_r=7$，图 3(c) 为 $h_s=11$，$h_r=7$，图 3(d) 为 $h_s=9$，$h_r=5$，图 3(e) 为 $h_s=9$，$h_r=9$，图 3(f) 为 $h_s=9$，$h_r=11$，以上所有分割的 M 都等于 50。

可以看出，图 3(a)、(d) 中的房屋阴影、道路边缘、海岸线附近存在明显过分割现象，图 3(d)、(e)、(f) 中的部分房屋也被过度分割，此外图 3(f) 中的道路和直升机停机坪出现欠分割，而图 3(d) 与 (e) 相比在海岸线附近也存在少部分的过分割，道路边缘受路边停靠车辆影响而导致不完整，但是图 3(d) 对停机坪上“H”形标志的分割更加准确。

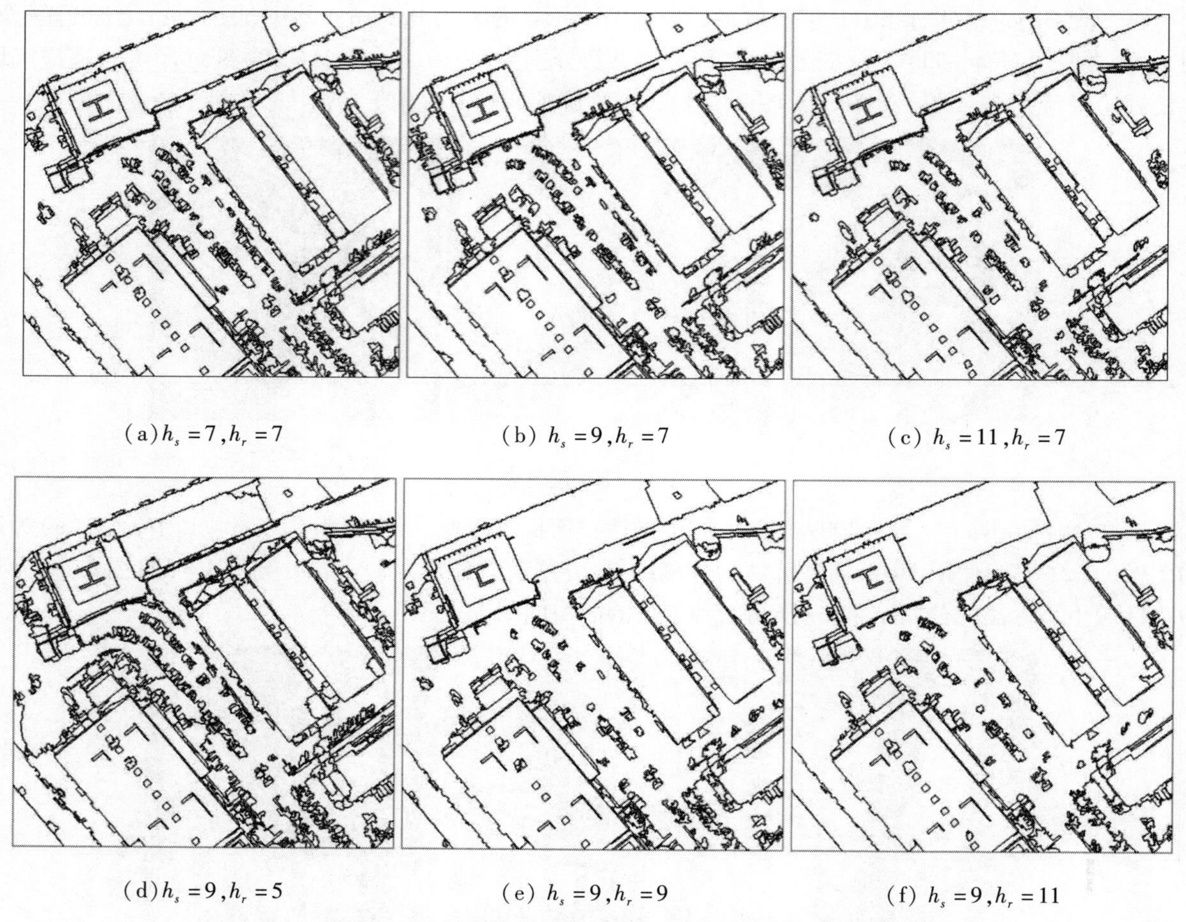

(a) $h_s=7, h_r=7$　(b) $h_s=9, h_r=7$　(c) $h_s=11, h_r=7$

(d) $h_s=9, h_r=5$　(e) $h_s=9, h_r=9$　(f) $h_s=9, h_r=11$

图 3　对图 1 的原始图像进行 Mean shift 分割的结果

4 结　语

Mean shift 分割算法具有很好的适应性和算法稳健性,可应用于高分辨率遥感图像的分割过程。本文通过分析 Mean shift 算法的基本原理,并研究 Mean shift 算法在高分辨率遥感图像分割的流程,最后通过对比试验对其分割精度作出了分析,结果表明 Mean shift 算法在高分辨率遥感图像分割方面具有较好的分割精度。

由于参数设定对 Mean shift 分割结果存在一定影响,如何根据图像本身光谱信息自动选择参数,并获得最佳的分割结果,仍有待进一步研究。

参 考 文 献

[1] 章毓晋. 图像分割[M]. 北京: 科学出版社, 2001.

[2] NOBUYUKI OTSU. A Threshold Selection Method from Gray-level Histograms[J]. IEEE TRANSACTIONS ON SYSTREMS, MAN, AND CYBERNETICS, 1979, 9(1):62-66.

[3] Prasanna Sahdo, Carrye Wilkins, Jerry Yeager. Threshold selection using Renyi's Entropy[J]. Pattern Recognition Society, 1997, 30(1):71-84.

[4] Ali-Akbar Abkar, Mohammed Ali Sharif, Nanno J Mulder. Likelihood-based image segmentation and classification: a framework for the integration of expert knowledge in image classification procedures[J]. Journal of Algebraic Geometry, 2000, 2(2):104-119.

[5] 徐月芳. 基于遗传模糊 C 均值聚类算法的图像分割[J]. 西北工业大学学报, 2002, 20(4):549-553.

[6] Hong-Ying Yang, Xiang Yang Wang, Qin Yan Wang, Xian Jin Zhang. LS-SVM based image segmentation using color and texture information[J]. Journal of Visual Communication and Image Representation, 2012, 23(7):1095-1112.

[7]A. Tremeau, N. Bolel. A region growing and merging algorithm to color segmentation[J]. Pattern Recognition, 1997, 30(7):1191-1203.

[8]S. A. Hojjatoleslami, J. Kittler. Region growing: a new approach[J]. IEEE Transactions on Image Processing, 1998, 7(7):1079-1084.

[9]Feng Li, Jiaxiong Peng. Double random field models for remote sensing image segmentation[J]. Pattern Recognition Letters, 2004, 25:129-139.

[10]杨卫莉，郭雷，赵天云，等. 基于分水岭变换和蚁群聚类的图像分割[J]. 量子电子学报，2008，25(1):19-24.

[11]Linhai Jing, Baoxin Hu, Thomas Noland, Jili Li. An individual tree crown delineation method based on multi-scale segmentation of imagery[J]. ISPRS Journal of Photogrammetry and Remote Sensing, 2012, 70:88-98.

[12]K. Fukunaga, L. Hostetler. The Estimation of the Gradient of a Density Function, with Applications in Pattern Recognition[J]. IEEE Transactions on Information Theory, 1975, 1:32-40.

[13]Cheng Y. Mean shift, mode seeking, and clustering[J]. IEEE Transactions on Pattern Analysis and Machine Intelligence, 1995, 17(8):790-799.

[14]Comaniciu D, Meer P. Mean Shift: a robust approach toward feature space analysis[J]. IEEE Transactions on Pattern Analysis and Machine Intelligence, 2002, 24(5):603-619.

[15]Hong Yiping, Yi Jianqiang, Zhao Dongbin. Improved Meanshift Segmentation Approach for Natural Image[J]. Applied Mathematics and Computation, 2007, 185:940-952.

[16]Comaniciu D, Ramesh V, Meer P. Real-time tracking of non-rigid objects using mean shift[C]. Computer Vision and Pattern Recognition, 2000. Proceedings. IEEE Conference on. IEEE, 2000, 2: 142-149.

[17]周家香，朱建军，梅小明，等. 多维特征自适应 Meanshift 遥感图像分割方法[J]. 武汉大学学报：信息科学版，2012，37(4):419-422.

[18]Frank Y Shih, Shouxian Cheng. Automatic seeded region growing for color image segmentation[J]. Image and Vision Computing, 2005, 23:877-886.

基于ADS80数据无控制点空三测量的大面积1:2 000 DOM生产方法与精度分析

闵　天　厉芳婷

（湖北省航测遥感，湖北武汉 400074）

【摘　要】本文介绍在湖北省农村土地确权登记发证DOM基础影像制作项目中，采用ASD80数据基于无地面控制点的空中三角测量方法，以及ADS80数据制作大比例尺DOM正射影像的生产方法和关键步骤。对测区范围的空三及DOM进行精度检查和统计分析，总结无地面控制点ADS80数据空中三角测量在大比例尺DOM生产中的高效应用。

【关键词】ADS80；地面控制点；大比例尺；DOM；精度

1　引　言

随着农业和农村经济发展工作的不断推进，为满足湖北省农村土地确权登记发证工作的需要，湖北省国土资源厅需制作全省基础影像。目前，湖北省在全省农村土地确权登记发证1:2 000基础影像数据（DOM）制作项目中约有1.63万km^2的ADS80数据，该数据覆盖湖北省京山市、钟祥市、荆门市、沙市等地区，大部分为平原丘陵地区，少量为山地地貌，具有覆盖范围广、数据量大的特点。按照传统的影像生产流程需要大量的外业控制测量工作，投入较多的人力、财力并且消耗大量的时间。所以，决定利用ADS80推扫影像的特点，尝试少量或者无地面控制点作业，减少生产成本，提高效率。ADS80航摄系统采用三线阵方式摄影，一次飞行就可同时获取有相同地面分辨率连续无缝的彩色、全色、红外立体影像，并且采用多角度摄影，在数据采集过程中可以通过多像对间数据相互补充，减少影像遮挡范围。它集成了高精度的POS系统，能直接获取影像的外方位元素，一般来说，可在布设少量控制点，甚至没有外业控制点的情况下完成空三加密。

2　无控制点空中三角测量

2.1　测区概况

如图1所示，该测区按东西方向布设共85条航线，覆盖范围约1.63万km^2，测区除东北角和西北角为山地，大部分地形为平地丘陵。按照航线及地形的分布，空三加密过程中将该测区划分为11个加密分区。

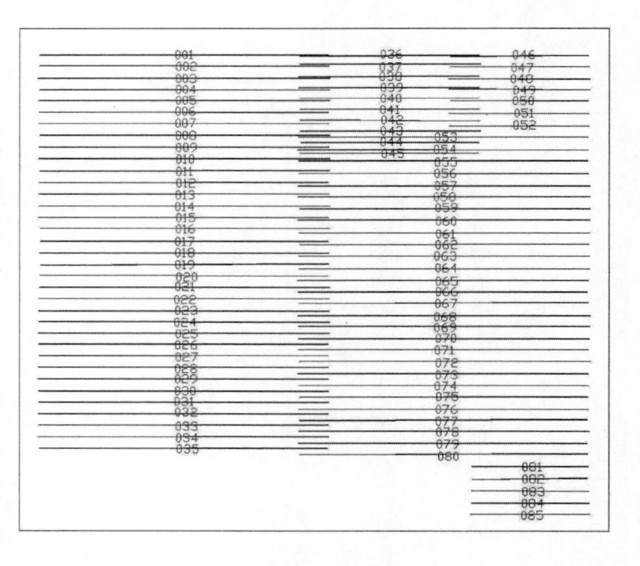

图1　测区航线分布图

2.2　空三测量流程

传统框幅式影像的空三加密工作包括影像内定向、相对定向、绝对定向等工作，需要大量的外业工作和人工干预。三线阵ADS80数据由于其长条带影像的特点，在后期处理时大幅减少了航带内连接的工作量，并且自动化程度极高，在空三数据处理方面有较大的效率优势，结合高精度的GPS和

IMU 数据,可以在无地面控制点的条件下,获得较好的空三精度。本测区采用无地面控制点的空中三角测量方法,具体流程如图 2 所示。

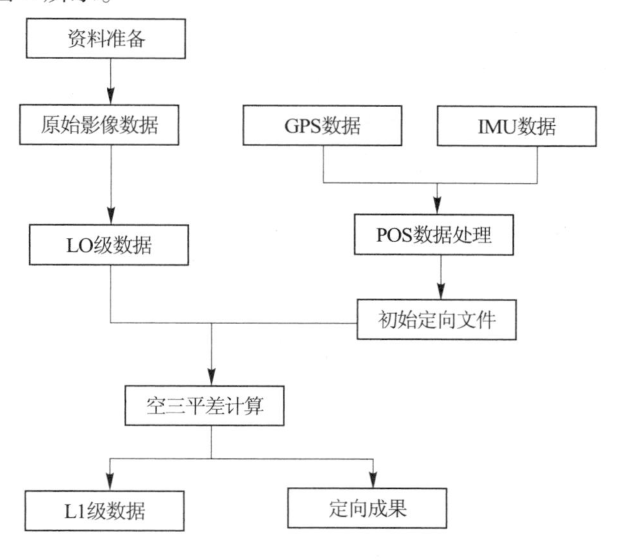

图 2 ADS80 数据无控制空三流程

由流程图可以看出,ADS80 数据的空三处理主要包括原始数据资料预处理、POS 解算、同名点匹配、空三平差解算等步骤。该测区利用徕卡公司提供的 Leica XPro 平台,进行地面数据处理。首先采用 GPS 解算软件,解算符合相差精度要求的 GPS 数据,再用 IPASPRO 进行 GPS 和 IMU 数据的融合。利用初始定向参数和原始影像生成 L0 级影像,对 L0 级影像进行人工同名点选取,在 ORIMA 软件中进行平差计算,获得 L1 级影像和定向成果。

无地面控制点的空三处理中,无需外业像控工作,节省了大量的人力、财力和工作时间,并且内业计算主要依靠软硬件设备,人工干预较少,自动化程度高。

3 DOM 生产

在获得空三定向成果后,需进行 DEM 自动匹配,该测区中主要使用的匹配软件包括 Leica XPro 的 DSM Extraction 模块和 Inpho 软件的 MATCH－T 模块。两种软件前者匹配时间较短,后者匹配效果更好,实际生产中依照生产进度的安排可以合理配合使用。

匹配得到的 DEM,通过 Inpho 软件的滤波模块,可获得较好的滤波效果,必要时也使用 SCOP＋＋精确滤波。滤波后的 DEM,进行少量的特征点、特征线的编辑,可用于正射纠正。

利用 DEM 成果和空三定向成果,对 RGBN00A(下视)数据进行正射纠正处理,获得条带正射影像,在 Easydomer 软件中进行匀色处理,各航带之间镶嵌接边精度均小于 2 个像元。满足接边要求后,镶嵌分幅输出。经过检查后获得最终 DOM 成果。具体流程如图 3 所示。

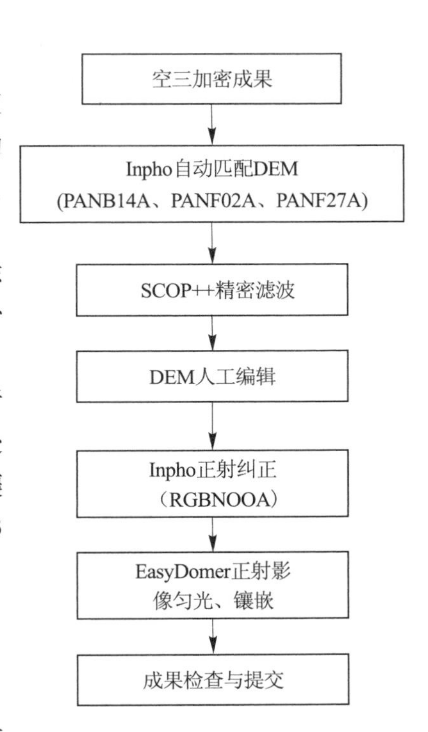

图 3 DOM 处理流程

4 精度检查与统计分析

4.1 空三精度检查

本测区生产 1:2 000 大比例尺影像数据,按照设计书和技术规范要求,空三测量精度见表 1。

表 1　空三精度要求

类别	平面位置较差(m)				高程较差(m)			
	平地	丘陵	山地	高山	平地	丘陵	山地	高山
基本定向点	0.6	0.6	0.8	0.8	0.4	0.4	0.9	1.3
检查点	1.0	1.0	1.4	1.4	0.8	0.8	1.5	2.2
公共点	1.6	1.6	2.2	2.2	1.0	1.0	2.4	3.6

为检查 ADS80 数据在无地面控制点条件下空三测量的精度，本测区采用野外采集检查点，统计检查点精度的方法。11 个加密分区，每个分区采集不少于 20 个的外业检查点，检查点均匀分布，且保障相邻分区间有公共检查点。

对这些检查点在空三测量中立体检查，得到检查点较差。各个分区检查点最大误差和中误差统计见表 2。

表 2　检查点精度统计　　（单位：m）

加密分区	最大误差			中误差		
	X	Y	Z	X	Y	Z
1	-0.63	-1.33	2.19	0.23	0.82	0.98
2	0.25	-0.50	0.20	0.18	0.35	0.12
3	0.55	-0.53	2.01	0.25	0.26	1.43
4	0.37	-0.48	1.88	0.20	0.42	1.47
5	-0.39	-0.62	2.11	0.27	0.62	1.68
6	0.52	-0.80	2.08	0.38	0.55	1.70
7	0.51	-0.64	1.88	0.45	0.51	2.00
8	0.62	-0.58	2.00	0.62	0.55	1.77
9	-1.12	-1.09	2.02	0.30	0.35	1.37
10	-0.89	-0.72	-0.55	0.37	0.29	0.19
11	-0.52	1.02	2.08	0.15	0.33	1.62

从表 2 可以看出，11 个加密分区中平面最大误差为 -1.33 m，高程最大误差为 2.19 m。平面中误差均小于 0.82 m。

4.2　DOM 精度检查

为检查 1∶2 000 DOM 成图的数学精度，依据《数字测绘成果质量检查与验收》(GB/T 18316—2008)规定，本测区 16 285.8 km^2 的数字正射影像图，根据随即抽样的原则分 44 个区共抽取 1 242.7 km^2 正射影像图作为样本进行内外业检查。44 个样本区平面中误差分布如图 4 所示。

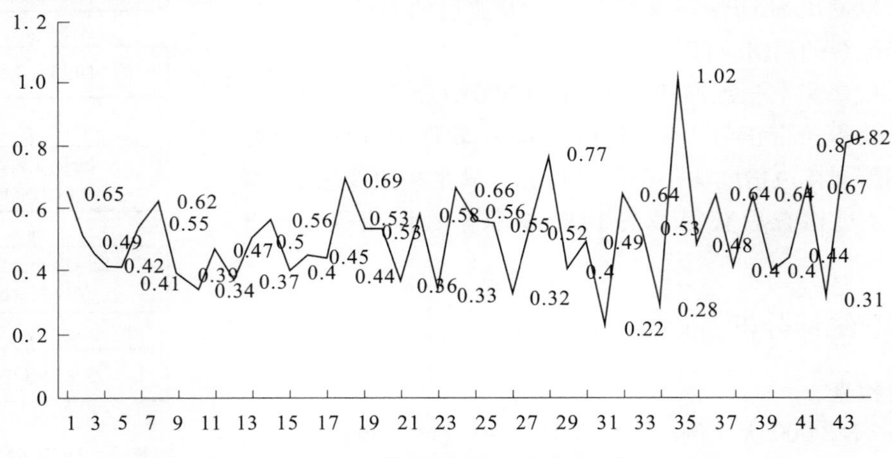

图 4　DOM 44 个样本区平面中误差　（单位：m）

44 个样本区地形分布如图 5 所示。

地形类别	数量	平面中误差
平地	11	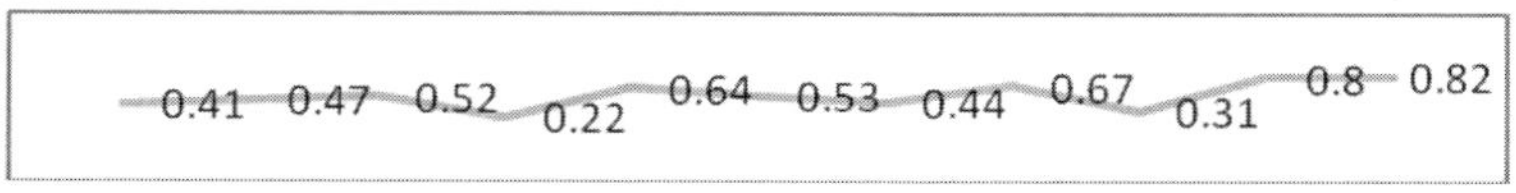 0.41 0.47 0.52 0.22 0.64 0.53 0.44 0.67 0.31 0.8 0.82
丘陵	23	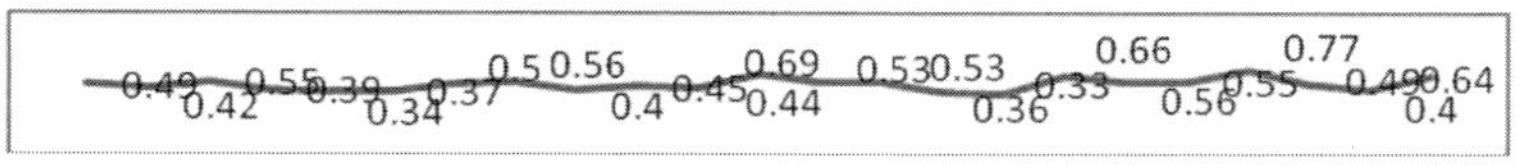 0.49 0.42 0.55 0.39 0.34 0.37 0.5 0.56 0.4 0.45 0.69 0.44 0.53 0.53 0.36 0.33 0.66 0.56 0.55 0.77 0.49 0.4 0.64
山地	10	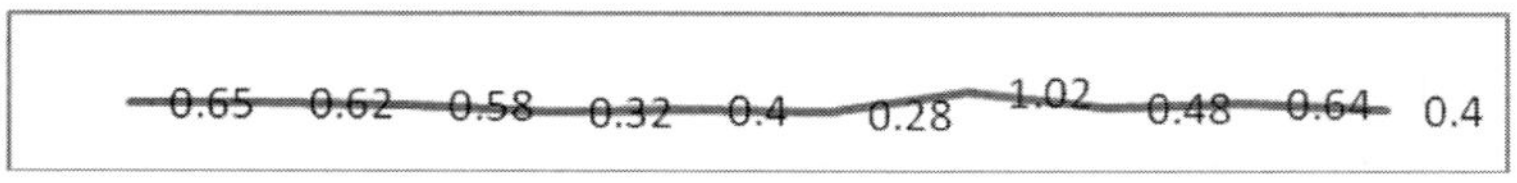 0.65 0.62 0.58 0.32 0.4 0.28 1.02 0.48 0.64 0.4

图 5　不同地形样本区平面中误差　（单位：m）

依据《基础地理信息数字成果 1:500、1:1 000、1:2 000 数字正射影像图》(CH/T 9008.3—2010)要求，数字正射影像图明显地物点的平面位置中误差不大于表 3 的规定，平面位置中误差的两倍为其最大误差。

表 3　平面位置中误差　（单位：mm）

比例尺	平地、丘陵	山地、高山地
1:500、1:1 000、1:2 000	0.6	0.8

由图 5 看出，抽样的 44 个区中平地平面中误差最大不超过 0.82 m，丘陵最大中误差不超过 0.77 m，山地最大中误差不超过 1.02 m，均满足 1:2 000 DOM 精度要求。

5　结　语

通过抽样检测数据表明，ADS80 数据经无地面控制点空三加密可以满足 1:2 000 比例尺的 DOM 制作。在大面积 DOM 生产项目中可以减除大量外业控制测量的工作量，减少了生产成本的同时，也缩短了项目周期。并且，对于高山密林等难以进行外业控制测量的地区，无控空三测量会很大程度地降低整个工程的难度，提高项目的可行性，所以具有很大的实际意义。

参考文献

[1] 陈建斌，王明孝，张萍，等. 利用 ADS80 影像测制西部地区大比例尺地形图的快速流程[J]. 测绘通报，2012(8)：43-46.
[2] 曹正响. ADS80 数码影像空三加密流程介绍及问题讨论[J]. 地理空间信息，2012(8)：26-28.
[3] 郭鹏飞. ADS80 在“数字城市”测绘工程中的应用[J]. 城市勘测，2012(4)：86-88.
[4] 朱巧云，李琼，傅晓俊. 航空三线阵 ADS80 正射影像快速生成方法研究[J]. 测绘地理信息，2013(2)：51-53.
[5] 王江，武吉军. 徕卡 ADS80 数字航空相机空三精度分析[J]. 测绘与空间地理信息，2011(5)：231-233.

基于3G的武汉市国土资源远程视频监控系统

朱 波 童秋英 余 健 汪如民

（武汉市国土资源和规划信息中心，湖北武汉 430013）

【摘 要】针对当前土地违法违规面临的突出问题，迫切需要引入高新技术从源头上预防和遏制违法用地行为。本文论述了基于3G的武汉市国土资源远程视频监控系统的总体框架和系统功能设计，介绍了系统主要特点和视频监控基站布设原则，并对下一步需要开展的工作作了阐述。

【关键词】国土资源；视频技术；监控基站

1 引 言

近年来，随着武汉市城镇化、工业化进程的加快和经济社会的快速发展，各区加大供地力度、服务工业倍增计划，随之而来的违法用地、滥占乱用耕地现象也屡禁不止。目前，土地执法主要面临着违法发现慢、全天候监控难、巡查覆盖面窄等方面的问题，特别是对于基本农田保护，需耗费大量人力、物力进行日常巡查，给土地执法部门带来繁重的工作量。为解决上述问题，武汉市于2012年启动了国土资源远程视频监控系统建设工作，该系统以基本农田保护区和违法用地易发区为监控重点，通过组建执法视频监控网，实现各个监控现场和监测中心之间的远程视频、音频数据传输。本文着重介绍了国土资源远程视频监控系统架构及其技术特点，重点阐述了软件功能设计和下一步研究的重点。

2 系统的架构及主要特点

2.1 系统总体框架设计

武汉市国土资源远程视频监控系统采用光能供电和网络传输，通过视频监控基站实时将监控现场画面清晰地传回监控中心，执法人员通过互联网终端设备，连接视频监控软件，实时查看被监控区域用地变化情况，及时发现和预防违法用地行为，实现对违法用地易发区和基本农田保护区的可视化、网络化、智能化监管。整个系统建设的总体框架如图1所示。

2.1.1 数据采集层

数据采集层建设包括系统稳定运行和提供高效监管服务所需的硬件设备和网络环境，是武汉市国土资源远程视频监控系统运行的基础。远程在线监控硬件设备主要由塔杆、云台摄像机、供电设备、光能转换控制器、网络通信设备等组成，不仅具有安全可靠、灵活实用、监控方便等特点，而且根据违法用地监管的特性，具有监管范围广阔、可以拆移重复利用等功能。其中，云台摄像机主要用于清晰拍摄监控现场画面，并且具有能够水平360°、垂直90°旋转功能，同时可实现焦距的放大、缩小；供电设备主要是太阳能电池板和蓄电池，保障电源供电不间断使用；光能转换控制器主要是将光能转换成电能，对蓄电池进行限流恒压式充电，延长蓄电池使用寿命；网络通信设备主要基于网络技术，实现监控现场的视频、音频的实时传输。

2.1.2 信号传输层

武汉市国土资源远程视频监控软件是整个系统运行的核心，主要是通过构建国土资源远程视频监控基站网，调用服务器接收各个监控现场的数据，实现各个监控现场和监控中心之间的远程控制和网络化视频、音频数据传输、调用，并且还实现与武汉市已建成的数字执法车之间的互联互通、融为一体，为

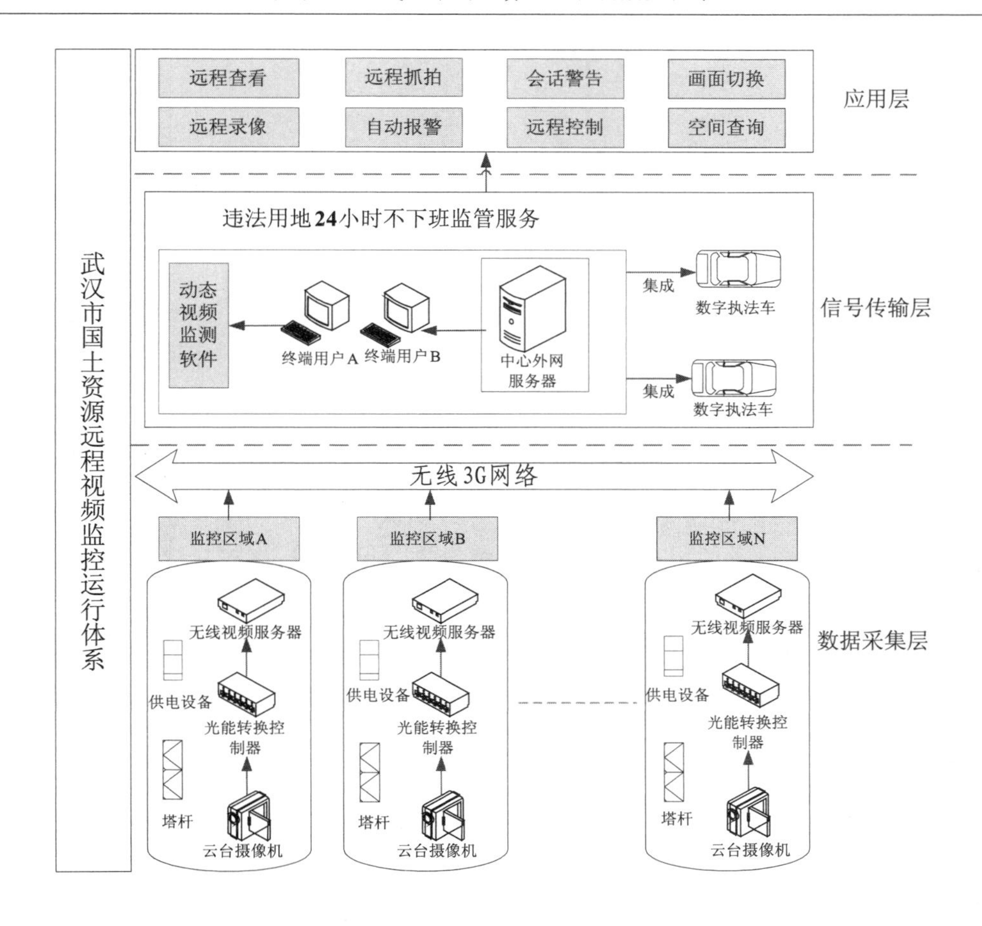

图1 系统建设总体框架

违法用地监管提供可靠的远程在线服务。

2.1.3 应用层

应用层是直接面对武汉市执法人员的层面。其采用高新技术,为武汉市土地执法部门提供智能决策、动态监管的应用服务。其不仅支持远程查看、远程控制、远程录像和图像抓拍,还支持多用户同时在线查看、多画面随意切换、多画面同时显示,并且,在云台摄像机发现违法用地行为时,系统自动识别违法信息,发出警告。

2.2 系统主要特点

武汉市国土资源远程视频监控系统是高科技手段在国土资源管理中的具体应用,也是违法用地管理手段和监管方式的一大创新。系统的主要特点如下。

2.2.1 杆体多重防盗,迁移维修方便

全部视频设备安装在杆体内,外观简洁,抗风力强,柔韧性好;采用异型螺栓紧固检修门,内置触发感应器,只要拆卸仓门,杆体喇叭就发出语音警告,客户端同步记录时间并报警;定制的桩基结构独立,方便运输拆移,可重复利用。

2.2.2 灵活硬件选型,因地制宜控制建设成本

系统建设可根据实地情况进行硬件选型,保证视频监控设备可以在烈日、雷电、暴雨等恶劣气候下正常工作。同时,针对不同的施工区域,可兼容不同的网络传输方式和供电方式,既可支持无线3G视频传输,也可支持有线光纤视频传输,还支持市电接入或者太阳能自供电源。

2.2.3 软件功能实用,融合土地执法管理业务

国土资源远程视频监控系统突破了传统安防产品特性,在软件操控方式上,融合了土地执法管理业务,开发了实景操控浏览影像、违法证据实时捕捉、地理信息叠加和快速搜索引擎等行业功能,解决了取

证难、监控难的困扰。

3 系统功能设计

武汉市国土资源远程视频监控信息系统根据土地执法业务实际需求,主要开发了系统管理与维护、远程控制、违法线索采集、多模式显示、音频警告、智能监控响应、地理信息展示、自动报警等功能模块。

3.1 系统管理与维护模块

(1)安全通信:视频信号在传输过程中由设备自动压缩加密,且通信可采用VPN专线,这样确保通信的安全性。

(2)权限管理:系统具有多级管理功能,系统管理人员可根据实际情况设置不同人员的操作管理权限,例如:普通用户只有观看监控网点的权限,而高级用户有对云台控制、拍照、调取录像以及播放警示音的权限,更高级的管理员则拥有所有的功能权限,可以对其他用户的权限进行修改。该功能可以使土地执法监察人员分工明确、管理清晰,防止越级操作。

(3)设备管理:可以对全市范围内的远程视频监控基站的空间和属性信息进行综合管理,方便用户掌握所有视频监控基站设备的情况。

(4)视频解码、视频渲染:将视频信号由H.264编码转换成标准的YUV图像格式,对解码的YUV数据进行再次处理。其低网络带宽占用、双码流设计,在实现远程观看实时图像的同时,前端基站可以高清晰度录像。

3.2 远程控制模块

(1)远程查看:土地执法人员可以通过监视器实时查看全市范围内各个视频监控基站网点传回来的视频信息。

(2)远程云台控制:土地执法人员可以对各个视频监控定点基站上的云台摄像机进行远程控制操作(包括摄像机镜头的光圈、焦距、景深距离),实现云台摄像机水平360°、垂直90°全方位旋转,全面掌控监控现场情况。

(3)远程点播功能:视频监控基站平常处于待机状态以节省流量,在需要观看视频图像时远程批量发送点播信号,设备开始进入工作状态。

(4)远程温度、湿度监测:具备远程监测塔杆设备内部温度、湿度变化情况,有效保障系统正常运行。

3.3 违法线索采集模块

(1)违法图片采集:当发现违法用地行为时,可及时对违法用地现场进行抓拍取证。

(2)违法图片浏览:对及时抓拍的违法用地图片进行浏览。

(3)违法视频采集:当发现违法用地行为时,可及时对违法用地现场进行视频采集取证。

(4)违法视频浏览:对及时采集的视频信息进行浏览。

(5)违法线索查询:对采集的违法用地行为的图片信息和视频信息进行查询。

3.4 多模式显示模块

软件支持全屏、单屏、四分屏、六分屏、九分屏及主辅图等多种分屏模式,方便对视频监控基站传输回来的视频数据按照需要进行综合展示。

3.5 音频警告模块

(1)实现语音上传:将土地执法部门录制好的警示音上传到各个视频监控基站网点。

(2)实现现场语音警告:当土地执法人员通过视频监控发现违法用地行为时,可及时通过监控现场预置的扬声器对违法行为进行告诫、劝阻,将违法行为扼杀在萌芽状态。

3.6 智能监控响应模块

(1)自动巡查功能:可对单个或者多个视频监控基站预先设置巡视路线和转动速度,方便土地执法工作人员观看并搜索违法线索。

(2)自动识别违法用地功能:根据图像识别技术,可对视频监控基站不同时刻传回的视频信息进行智能判别,自动锁定违法用地建筑,同时系统自动弹出警告信息提示给土地执法监察人员。

(3)自动记忆功能:将需要重点监控的基站网点保存到本地(可以别名形式保存),下次使用时从记忆模块中选择别名,快速调阅监控基站网点,提高执法工作效率。

3.7 地理信息展示模块

(1)地理信息显示:将全市范围内的视频监控基站网点信息综合显示在全市遥感影像图上。

(2)监控实景与地理信息叠加:在点击地图中的各个监控基站网点标识时,可以出现此监控基站的实景图像。

3.8 防盗和提醒功能模块

(1)风险监控提醒功能:根据视频监控基站网点风险等级,当超过规定时间内没有调阅过该基站视频,软件会自动提示该视频监控基站会存在违法行为的风险。

(2)杆体防盗功能:当杆体门被打开时,监控现场会自动有警告提示,同时报警短信将会发送给土地执法监察人员,软件将自动开始录像,记录当时现场的画面。

(3)温度报警功能:实时监控设备主机温度,根据设定的温度报警上限值,对主机进行风扇降温,直至达到温度下限。

4 视频监控基站布设原则

武汉市国土资源远程视频监控点位布设是以违法用地易发区和基本农田保护区以及地质灾害隐患点为监控重点,同时结合武汉市实际地域特征来布设点位。监控点位布设应遵守以下几个原则:

(1)监控基站点位应选择在视野开阔、监控范围广的区域,尽量避免出现树木、山体或者其他障碍物遮挡的情况;

(2)监控基站选址的区域3G传输信号要保持稳定,需要采用专用设备对选择点位区域进行信号测试,确保网络传输通畅、稳定;

(3)监控基站点位布置必须位于违法用地易发区或者基本农田保护区等需要重点监控区域附近;

(4)监控基站点位选址需要考虑杆体运输的问题,避免杆体过高或者过长损坏道路基础设施,所选基站需要尽量靠近适合大型吊车、水泥搅拌车运输的道路;

(5)监控基站点位位置应事先核查规划条件,避免杆体刚装好因修路等其他因素又要迁移。

5 应用与展望

5.1 系统应用情况

目前,武汉市国土资源远程视频监控系统已在6个远城区及中心城区分别架设了30个具有代表性的视频监控基站,实现了各个监控视频信号的传输和接入,执法工作人员在监测中心通过LED大屏幕便可对所有监控现场实施全方位监控,发现违法用地行为采用远程抓拍取证和语音警告等手段,及时从源头上预防和遏制违法用地行为,同时已建成的视频监控基站对所在区域的群众也起到了很好的宣传警示作用。

5.2 展望

下一步,武汉市国土资源远程视频监控系统主要开展以下几方面工作。

5.2.1 组建成片、成规模的执法视频监控网

在全市范围内对基本农田保护区、违法用地易发区、重点区域储备用地以及地质灾害隐患点实施定点监控,组建成片、成规模的执法视频监控网,在现有试点视频监控网的基础上,进一步扩大视频监控覆盖面。

5.2.2　完善视频数据对比与预警功能

采用计算机图像处理技术和人工智能算法自动从图像序列中检测出近期变化图像,将监控图像中出现较大变化的筛选出来,并用显著标志标示在出现变化的区域,减轻执法工作人员的监控工作量。同时,为满足快速查处违法违规行为需要,研究系统短信预警功能,当系统监测到近期某个基站视频数据出现异常时,服务器端将自动向执法工作人员发出短信预警,执法工作人员接收到短信后迅速处理。

5.2.3　探索视频监控点的综合利用问题

考虑与多部门协商,建立“联合共建、信息共享、多方应用”的模式,在节省投入成本同时,扩大视频监控点的综合利用范围。

参考文献

[1] 陈先伟,徐柱,陈涛,等.成都市土地执法三级联网全程监管平台的建设与应用[J].测绘通报,2011(2).
[2]蒋文娟,王继尧,阴江涛,等.批供一体化土地批后监管系统研建[J].地理空间信息,2010(3).
[3]欧阳光,王小明,杨惠安,等.3S技术在土地执法监察中的应用[J].测绘通报,2009(11).
[4]易映辉,李友丰,朱雪辉,等.基于GIS的土地执法监察管理信息系统设计与研究[J].2009(10).

基于 AutoCAD 的智能分摊技术的研究

尹 磊 郭阿兰

（武汉市房产测绘中心，湖北武汉 430015）

【摘 要】共有面积的分摊是房产项目测绘的核心问题。本文通过开发模式选择、分摊顺序、指定方式、类比库的设计，提出了实现共有面积智能分摊的方法。

【关键词】房产测绘；智能分摊；AutoCAD

1 引 言

房产测绘是运用测绘仪器和技术测定房屋的位置、数量、结构等自然状况以及权属、用途、性质、利用状况等社会属性的专业测绘。随着房地产市场的发展，房屋的建筑形式日趋成熟稳定，不断更新的测绘软件已基本能满足各类房屋的测绘要求，但随着“智慧房产”的提出，如何快速、科学、智能化地完成房产项目测绘已成为新的要求，而在房产项目测绘中智能化的进行房产共有共用面积的分摊计算是房产测绘系统开发的一个核心问题。本文的分摊技术的研究是围绕武汉房产制图软件的设计开发展开的。

2 两类软件的比较

目前的房产项目测绘软件主要分两类：一类是基于 AutoCAD 平台的，如南方数码科技有限公司开发的房产之友 BMF，另一类是基于 GIS 平台的，如北京超图软件股份有限公司开发的 SuperMap Floor。

2.1 房产之友 BMF

房测之友 BMF 是以具有强大图形编辑处理功能的 AutoCAD 作为底层平台，以大型数据库 SQL Server（或 Oracle）进行数据管理，利用 Visual C + + 集成开发环境和 ObjectARX2002 SDK 作为开发工具的一套集房产测绘工程管理、房产信息采集、房产图形绘制、房屋面积分摊计算及相关统计查询和报表制作等功能于一体的专业房产测绘软件。

其作业流程为：①建立项目及幢；②绘制（导入）图形；③添加面积线属性；④分摊区划分；⑤分摊关系指定；⑥分摊计算；⑦成果输出。

2.2 SuperMap Floor

SuperMap Floor 是基于 SuperMap GIS 基础类库开发的专业房产测绘系统，是房产项目测绘作业生产工具。它是一套独立的产品，无需其他第三方软件支持，采用了基于 GIS 的房产智能分摊技术，具有幢、功能区、层、户室四级分摊和层比分摊的自动建立以及任意级复杂交叉分摊的半自动建立的功能，实现了房产测绘和房产 GIS 的一体化集成，测绘图形和房产属性数据一体化存储，避免了信息系统在使用测绘数据时所需的二次加工与处理。

其作业流程为：①建立项目及幢；②绘制（导入）图形；③拓扑构面；④编辑面积层；⑤设定分摊类型；⑥生成外半墙；⑦归层定区；⑧户室编号和归属；⑨建立分摊模型；⑩生成面积计算公式；⑪分摊计算；⑫成果输出。

其中设定分摊类型、外半墙生成、归层定区、户室编号和归属是设定房屋各类面对象的各种属性，软件是在这些属性的基础上自动构建分摊模型。在这些属性的测定与录入时，需要对这四步的操作设置有一定的认识,如知道图形是哪种功能区、哪一层,知道哪些面是户室面、知道哪些面是共用面等。较简单的房屋可以采用自动分摊,复杂的房屋还是需要进行自定义分摊、自选分摊、层比分摊等。

2.3 两者比较

基于 CAD 的优点:图形处理功能强,可以处理较复杂的图形;面积计算的精确度较高。缺点:图形与属性数据的一致性维护比较困难;难以构建相应的拓扑关系。

基于 GIS 的优点:GIS 软件属性数据管理能力较强,易于图形与属性数据的一致性维护;有利于拓扑关系的建立与维护。缺点:图形编辑处理等功能的开发工作量比较大;当存在弧线时,面积计算较复杂;图形编辑操作性较差。

两个软件的相同点:BMF 在添加面积线属性环节完成了 SuperMap Floor 拓扑构面、生产外半墙、归层定区、户室编号及归属的功能,BMF 分摊区划分及分摊关系指定的功能完成 SuperMap Floor 中设定分摊类型、建立分摊模型的功能。主要不同点:两者的分摊模型不同,而且 SuperMap Floor 在设定房屋各种属性的时候加入了分摊类型,可以实现 SuperMap Floor 分摊计算的半自动化及自动化,而 BMF 不具备这种功能。

3 分摊模型

3.1 开发模式选择

现阶段房产测绘单位进行房产项目测绘普遍采用 AutoCAD 制作分层分户图,而且 AutoCAD 进行图形编辑功能较强,灵活性较高,容易尽快掌握使用,基于以上比较分析我们采用了基于 AutoCAD 的开发方式来实现房产测绘分摊计算的智能化。

3.2 分摊顺序选择

现在普遍将层分摊改为子功能区,有利于计算机程序的实现。对于多级分摊又分为从上往下和从下往上两种顺序。

从上往下的分摊顺序分摊时,首先将区内房产共有面积分摊到子功能区,作为子功能区的一部分,当子功能区分摊时,又将这一部分面积分摊到了它的下一级子功能区,所以该级的子功能区可以看作是概念性的功能区,依此类推,每一级功能区都可以通过所包含的最底层的功能区来表示,区内的房产共有面积在分摊过程中分摊掉了。

从下往上的分摊方法是整个分摊过程从最低级功能区的区间房产共有面积分摊开始,首先将最低级功能区的区间房产共有面积分摊到参与分摊的各个功能区,成为各个功能区的区内房产共有面积的一部分,再向上分摊上一级的概念性功能区,分摊时仍使用最低级的功能区进行,这时最低级功能区的区内面积已经变化了,分摊到顶后就可以将最低级功能区的区内房产共有面积分摊到套了。

房产之友 BMF 软件采用的是从上往下的分摊顺序,这种分摊顺序需要重复指定套内面积,不利于智能化分摊的实现。基于此,我们采用从下往上的分摊,采用这种方式各套内及共有面积一般情况下只需指定一次,提高了效率,减小了出错概率。

3.3 分摊指定方式设计

多数的基于 AutoCAD 的房产测绘软件如房产之友 BMF 都是先添加面积线属性,然后进行分摊区划分、分摊关系指定,而一幢房屋如何进行分摊,在添加面积线属性之前就可以确定。基于此,我们首先对功能区进行划分,设定分摊关系,通过增加面积线的属性值的方式,在面积线提取时就对户室指定其所属功能区,对共有面积指定其分摊功能区。通过这种方式的改变,减少了分摊指定这个环节,这个功能可以大大提高建立分摊模型的效率,一般的住宅楼或商住楼几乎不用手工修改,直接可以分摊计算,提高了智能化分摊的水平。

3.4 类比库设计

绝大部分的建筑形式为住宅楼、办公楼、商住楼、厂房、综合楼等几种。通过建立一套类比体系,把可以进行类比的建筑形式逐一进行比较，找出它们的共同点和不同点，如果没有本质上的区别，在理论上应把它们归为一类。通过这种方法在软件中建立类比库，让软件自动进行建筑形式的识别并进行相应的分摊计算。如在类比库中建立纯住宅楼的特征为户室均为住宅，商住楼的特征为 1 至 n 层为商业、n 至顶层为住宅，计算机通过将一幢楼所有房屋的用途属性（在提取面积时指定为住宅）与类比库进行比较，如符合纯住宅楼，即选择整栋分摊模型进行分摊计算。类比库中参考模型的设计至关重要，影响软件识别的效率。通过建立类比库的方式让软件在分摊方面更加的智能化，减少了人为的干预和操作。

4 结 语

房产共有面积的分摊是房产项目测绘工作的关键，是房产测绘智能化的必经之路。本文从“智慧房产”的要求出发，通过对分摊顺序、指定方式、类比库的设计，研究了实现智能分摊的方法途径。

参考文献

[1] 郑举汉，陈镇，李琳慧. 基于“智慧房产”的房产测绘技术发展及思考[J]. 地理空间信息，2013(4).
[2] 肖淑红，喻贵才，周晖东. 关于多功能房屋共有建筑面积分摊计算模型的探讨[J]. 测绘科学，2009(11).
[3] 张鑫，李若林，张宏，等. 房产共有建筑面积分摊计算模型[J]. 南京师范大学学报：工程技术版，2004(4).
[4] 赵海云. 房产面积识别技术与应用研究[D]. 武汉：武汉大学，2009.
[5] 张俊平. 基于 AutoCAD 的房产共有面积分摊模型的设计与实现[D]. 西安：西安科技大学，2009.
[6] 广东南方数码科技有限公司. 武汉房产测绘数据生产系统(BMF)用户手册. 2010.
[7] 北京超图软件股份有限公司. SuperMap Floor 用户手册. 2011.

湖北省测绘数字成果档案整理组卷的实施

李 楠[1] 陈智尧[2]

(1. 湖北省基础地理信息中心,湖北武汉 430071;2. 湖北省测绘成果档案馆,湖北武汉 430071)

【摘 要】结合湖北省测绘数字成果档案情况,阐述了数字测绘成果档案的分类、整理组卷的主要工作内容、技术流程和标准。

【关键词】测绘;档案;档案整理

1 引 言

馆藏测绘数字成果档案是所有以光(磁)为载体、以数字形式存储的测绘成果,同样代表湖北省发展过程中从传统生产模式向现代的数字化生产模式的转轨。测绘数字成果包括的数字成果及与之相对应的其他载体的文档资料等。数字成果包括数字遥感影像、数字地图、大地控制成果数据以及其他数字文档等;文档资料包括专业设计书、技术总结、验收报告、文档薄、索引图等,它们是测绘数字档案的重要组成部分。按照档案专业的要求进行系统的整理、组卷、著录、标引,是实现测绘档案规范化、自动化管理的需要,也是开展“测绘档案数字化工程”项目的一项重要的基础性工作。为了进一步完善测绘档案系统化、标准化、规范化管理,保障“测绘档案数字化工程”项目的顺利实施,将馆藏数字成果档案的整理、组卷、著录、标引工作按照规范化、现代化管理的要求进行系统的、全面的补充、调整、完善。

测绘数字成果是20世纪90年代后开始形成的,由于测绘档案分类标准的滞后,专业档案人员的缺乏,在整个测绘数字档案分类、整理过程中,遇到不少困难,我们通过走出去,引进来的交流,通过不断努力,使测绘数字成果档案分类整理、归档备份形成了统一的模式,为湖北省未来测绘数字档案管理提供利用上奠定了基础。

2 湖北省测绘数字成果档案馆馆藏概况

从“八五”以来,入关成果由当初几类到多类、数量由几件载体到数件载体,按馆藏依次为数字遥感影像、数字地图、大地控制成果、其他数字文档等。数字遥感影像包括卫星遥感影像数据和航空遥感影像数据。数字地图包括数字栅格地图(DRG)、数字线划地图(DLG)、数字正射影像图(DOM)、数字高程模型(DEM)、文档、专题地图数据。大地控制成果指三角成果、水准成果、GPS 成果。其他数字文档包括科技、文书等(见表1)。

表1 成果档案馆藏情况列表

类别			载体形式	数量	图幅数
数字遥感影像	航空遥感影像数据		光盘	1 221	
	卫星遥感影像数据	TM 影像	光盘	15	
		SPOT 影像	光盘	99	
		IKNOS 影像	光盘	1	

续表 1

类别		载体形式	数量	图幅数
数字地图	数字栅格地图(DRG)	光盘	387	约 6 500
	数字线划地图(DLG)	光盘	102	约 3 500
	数字正射影像图(DOM)	光盘	389	约 3 500
	数字高程模型(DEM)	光盘	64	约 3 200
	文档	纸质	约 14 800	约 14 700
	专题地图数据	光盘	10	800
大地控制成果	三角成果		1	
	水准成果		1	
	GPS 成果		1	
其他数字档案		光盘		只备份,暂不归档

3 工作内容与流程

归档工作是针对馆藏所有测绘数字档案进行分析、整理、组卷备份及著录项的编制与录入,其工作流程如图 1 所示。

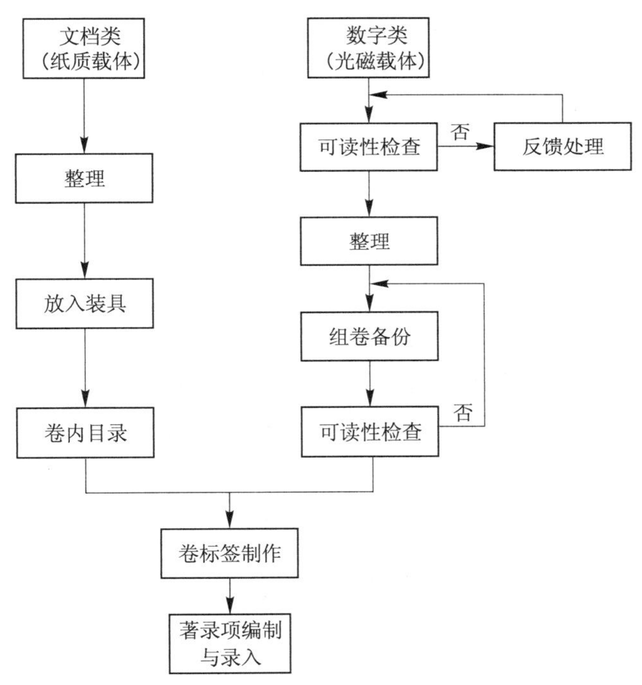

图 1 工作流程

3.1 可读性检查

可读性检查是光磁载体档案在整个档案整理过程中一项十分重要的环节,也是其他载体(如纸质)所具有的。此项工作贯穿整个数字档案的工作中,包括入馆、整理前、整理中及后期维护过程。在文件不可读的情况下,反馈处理是将意见反馈给生产单位重新补交。

可读性检查分一般性可读性与专业软件可读性。前者是对载体内数据读取后存入其他可存储的设备上。后者则利用专业软件对载体内数据逐一进行读(打开文件)操作。

3.2　文档类整理

文档类分综合文档与(地图类)文档薄文档。

综合文档是一般数字档案都具有的,如设计书、技术或工作总结、检验报告、说明书等。在此类文档整理的过程中,一般都针对入库清单一一核对清点。由于此类文档在一个项目中多为一至两件,故在组卷进程中均组合在一个装具(案卷)内。

文档薄文档是地图类数字成果独具有的。在一个项目中,一般为几件至数百件不等。

4　数据检查、整理及备份

4.1　DRG 及地形图扫描数据

此类数据检查主要是对光(硬)盘数据进行可读性、完整性检查,首先要保证数据能进行拷贝,其次要检查 DRG 和地形图扫描数据图像文件及元数据文件是否齐全。利用 Photoshop、记事本软件分别打开 DRG 数据和元数据,检查数据的可读性;比对图像文件、元数据文件名与图幅号的一致性和正确性;浏览检查图像的图面完整性、图廓整饰的规范性。

目前湖北省 1:1万和 1:5万 DRG 数据和部分邻省地形图扫描数据在今后基本不可能再生产,不存在更新数据添加的问题,因此将这类数据全部拷贝到硬盘里,按新图号顺序排列整理,行在前、列在后。

此类数据备份根据 DVD 容量的 80% 进行每张光盘的备份图幅数测算,不同比例尺应分别备份,DRG 和地形图扫描数据应分别备份,对于 1:1万 DRG 的备份,应尽量将一个百万的数据组织在一张 DVD 盘中。

4.2　3D 数据及遥感影像数据

3D 数据系指 4D 数据除 DRG 数据外的 DLG、DOM、DEM。数据检查是对光(硬)盘数据进行可读性、完整性检查,首先要保证数据能进行拷贝,其次检查 3D 数据、元数据、遥感影像数据文件是否齐全。对 DLG 和 DEM 数据暂不利用软件进行检查,但对 3D 数据应利用记事本软件打开元数据检查。同时,对 DOM 及遥感影像数据可以使用 Photoshop 软件检查数据的可读性;比对图像文件、元数据文件名与图幅号的一直性和正确性;浏览检查图像的图面完整性、图廓整饰的规范性。

随着我国测绘新技术的不断发展,DLG、DOM、DEM 的更新较快,因此存在不同年代同一地区数据添加的问题,同时随着遥感影像数据获取手段的丰富,相同的问题也将出现。基于此,这几类数据的整理以测(摄)区为主。

此类数据备份根据 DVD 容量的 80% 进行每张光盘的备份图幅数测算,以测(摄)区为备份单元。

4.3　专题地图数据及其他数字档案

此类数据系指局指令性任务下达的非 4D 数据、各种科研项目成果、湖北省测绘成果档案馆归档数据等。数据检查主要是对光(硬)盘数据进行可读性、完整性检查,首先要保证数据能进行拷贝,有归档清单的应根据归档清单检查数据文件是否齐全;对可以使用常用软件打开检查的数据,尽量使用软件进行可读性和完整性检查。

此类数据品种多、内容繁杂、数据量差异极大,因此在数据整理过程中要根据具体数据内容进行合理规划。

此类数据备份应根据数据量大小合理选择备份介质,数据量小的可以使用 CD 进行备份,数据量大的可以使用 DVD 进行备份,一般以一个专题为备份单元。

4.4　大地控制成果

大地控制成果包括三角成果、水准成果以及 GPS 成果数据等。需对磁(光)盘中的数据进行可读性、完整性检查,要保证数据能进行拷贝,有归档清单的应根据归档清单检查数据文件是否齐全。

大地控制成果按不同成果类型、根据数据量大小合理选择备份介质,数据量小的可以使用 CD 进行备份,数据量大的可以使用 DVD 进行备份。

5　备份数据检查

备份数据检查主要针对备份后的光盘进行数据可读性和完整性检查并填写检查记录,防止备份数据的丢失或读盘障碍,检查不合格的应重新进行备份。

6 归档组卷

6.1 采取分类及组织保管单位原则

以数字遥感影像数据为例，馆藏数字遥感影像数据成果档案依据测绘科技档案实体分类原则，主要以二级属相类目进行管理（见图2）。

TD	测绘科技档案	基本大类目
TD3	摄影测量、遥感测绘及其他方法地形测量	基本类目
TD31	摄影与遥感	属相类目（一级）
TD312	摄影与遥感底片	属相类目（二级）

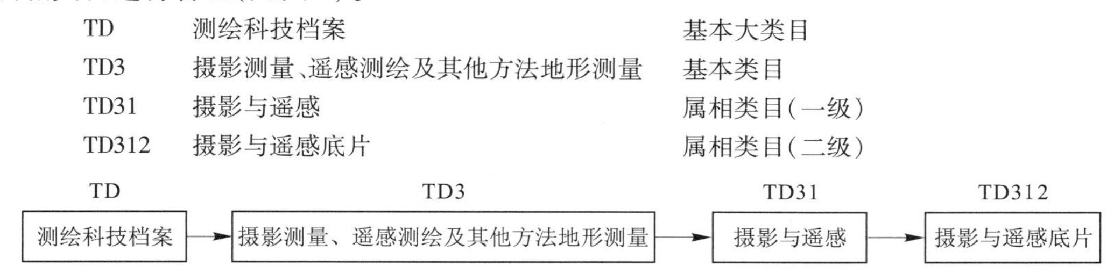

图2 分类示例

数据文档、技术文档、成果文档应同时组卷。在卷号的编制过程中原则上应一一对应。同一项目由多个生产单位完成时，原则上应分开组卷。卷号连续，总承包单位在前，分包单位在后。但对数据量较少由一卷组成的，应在责任者中加以说明。

组卷原则：数字档案按照不同的类别、摄区（比例尺）、密级、更新代次，分别组卷。数字档案以不同介质（磁盘、磁带、硬盘、光盘等）为一卷；文档资料以一个基本装具（档案盒）为一卷。

（1）4D数据分不同数据类型、比例尺组卷，同一比例尺可以有多卷；

（2）航摄影像数据按摄区组卷，一个摄区可以有多卷；

（3）卫星影像数据按年代组卷，一年可以有多卷；

（4）相关技术设计书、图历簿等文档以测（摄）区组卷，同一测（摄）区的计划书、设计书、验收报告、结合表等相关文件可以存放在同一卷内，但不可与图历簿混合组卷。

件：光磁载体内的每一"完整"的数据文件为一件。所谓"完整"，是指在基础地理信息数据中基本上是以一个完整的图幅数据文件为一件。如图幅的图廓文件、元数据文件、定位文件、检查文件等都属于一个完整文件的附属文件，不另设件区分；同理，如DEM数据以bil格式存放、DLG数据采用E00格式存放时，均由多个数据文件构成一个完整图幅数据文件内容，称之为一件。多个文件构成的数据文件以文件夹形式存放。

文档类卷内每一独立实体单位为一件。一卷内有多件时用件流水予以区分，视件数的多寡确定件流水为三位或两位阿拉伯数字，由001或01起编。

档号编制需唯一、合理、稳定。一个实体大类中不应有相同的分类号，一个立档单位中不应有相同的案卷号，一个案卷中不应有相同的件号，流水顺序号不应有空号。

档号由"实体分类号+案卷号+件号"三部分组成。由于数字档案以各类磁介质为组卷单位，件为其中的单个数据文件，故件号不表示。

实体分类号：测绘科技档案专业代码+实体分类号+载体代码符。

案卷号：数据属性代码+比例尺代码+项目名称+卷流水号（或"卷"备份识别码）。

件号：件流水号。

6.2 档号编制

以航摄影像数据为例。

（1）成果数据档号编制，见图3。

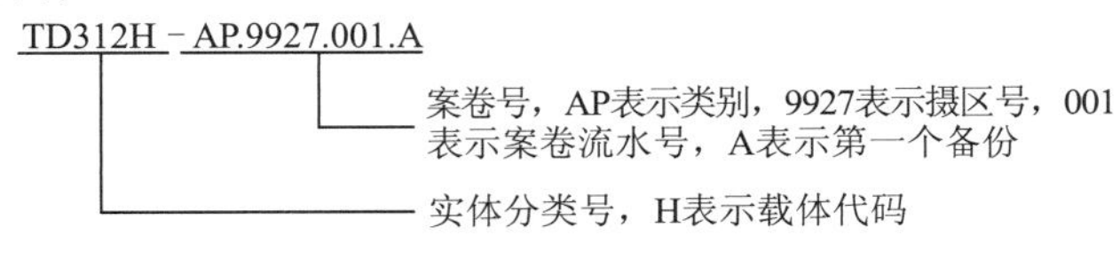

图3 成果数据档号编制

(2)技术文档档号编制,见图4。

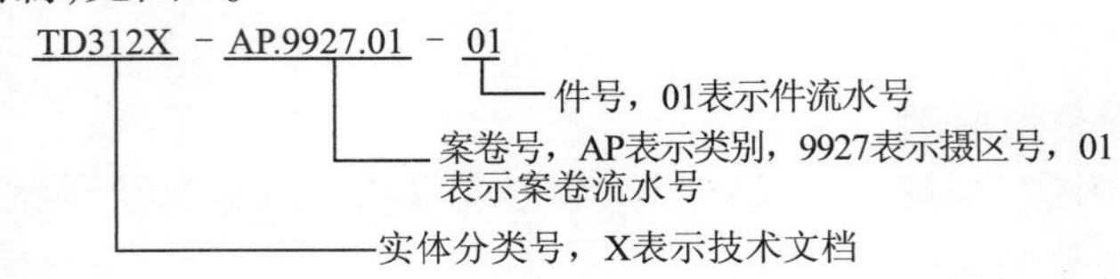

图4　技术文档档号编制

7　整理组卷要求

(1)一个案卷内,应是同一类型、比例尺、代次、地域位置的档案,并按照图幅编号(年代)由小到大的顺序排列。一个案卷内的文件号不能重复。

(2)每一个纸质文档案卷内均需建立一套《卷内目录》《卷内备考表》。

(3)每一个案卷需有案卷号和案卷题名(标签)。

(4)图历簿统一采用4 cm厚的档案盒收纳。技术文档统一采用2 cm厚的档案盒收纳。

(5)将组卷完成的案卷依次上柜,并在柜架上张贴标签或标志。

(6)整理组卷后仍需向卷内增补档案内容时,应同时增加《卷内目录》《卷内备考表》中相关内容。

8　标签制作

以4D类光盘标签为例,见图5。

湖北省测绘成果档案馆			
档号:	TD32H - DLG. C. HB1. 01	密级:	秘
题名:	湖北省1:25万数字线划图		
比例尺:	1:250 000	数据格式:	COVERAGE
责任者:	河南省测绘局	形成日期:	2002 - 06
大地基准:	1980西安坐标系	高程基准:	1985国家高程基准
数据目录:			
I49C003003 I49C004004 计2幅			

湖北省测绘数字档案

秘密馆藏

组卷日期：2009-3-23

档号：TD32H-DLG. C. HBL. 01 001

图5　标签制作示例

9 结 语

测绘档案是许多测绘工作者长期艰苦奋斗的结果，是国家经济建设和国防建设不可缺少的基础性资料，由于涉及国家主权以及国防安全，大部分测绘档案的密级都在秘密以上，且属于长期保存，具有很高的应用价值和历史价值。在整理、检查、备份和归档过程中，不仅要保证档案不被损毁(包括污染、划伤、撕裂等)，而且不得随意摆放档案，使用完后应及时将档案送回相应柜架存放，以免造成遗失等失泄密事件发生。

基于集群环境下的地理国情普查 DOM 生产

厉芳婷

（湖北省航测遥感院，湖北武汉 430074）

【摘　要】利用多源航摄影像数据制作 DOM 是地理国情普查工作的重要技术手段，本文以湖北省地理国情普查项目为例，介绍在集群环境下，对海量数据的数字摄影测量处理，研究利用集群对海量数据的计算效率，分析任务调度和远程监控在海量数据生产中的意义，同时比较单线程处理、多线程处理和集群环境的效率。结论证明，基于集群环境下的 DOM 生产在地理国情普查中能有效地提高生产效率，保障数据的现势性和更新效率。

【关键词】地理国情普查；海量数据；集群；数字摄影测量

1　引　言

随着航空摄影平台的不断进步，航摄获取影像能力的不断提高，越来越多的影像数据被获取，海量影像数据的存储成为一大挑战。目前，利用新的数据库技术、网络技术、计算机技术来满足海量数据存储、管理、访问、发布，已经日渐成熟。

然而，随着地理信息数据在各行各业的需求日益加大，数字城市建设、农村土地确权、地理国情监测、快速应急保障等国家重大项目对数据的快速更新处理要求越来越高。如何高效处理是数字摄影测量发展现阶段的一大挑战。

湖北省第一次地理国情普查项目需要制作覆盖全省范围的 DOM 影像，具有数据源多样化、数据量大的显著特点、为保障国情普查进度，本文介绍借助高性能集群处理，实现多源海量遥感影像快速、高效处理。在湖北省地理国情普查项目为中集群计算环境使得高效的计算处理和有效的任务调度成为可能。

2　DOM 生产方案

湖北省地理信息局 2013 年组织完成了覆盖全省大部分地区的优于 0.5 m 分辨率的航空影像。主要利用该数码航空影像数据，辅以 QuickBird 和 WorldView 等卫星数据，制作湖北省国情普查 DOM。

具体流程如图 1 所示。

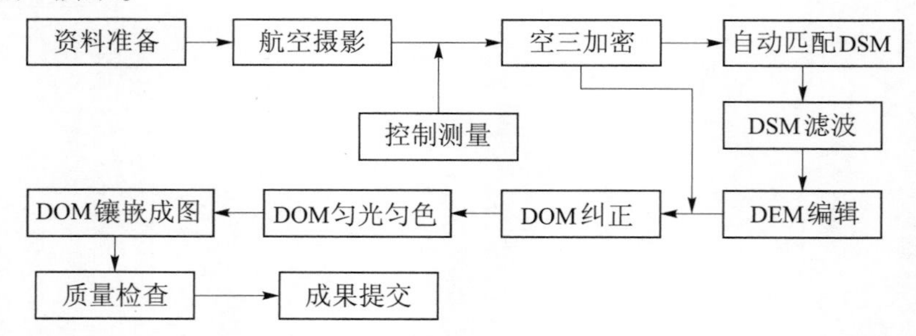

图 1　数据处理流程

利用传统摄影测量工作站制作 DOM，在海量影像的处理上花费时间过多，并且用传统的 PC 机处理中，数据的管理、分发以及项目的调度都只能依靠局域网来管理，产生管理上的局限性。

利用集群环境下的摄影测量系统，可以在高性能的集群环境下极大地提高影像处理效率，并且能够进一步实现处理过程的流程化和自动化，在项目管理和任务调度上也更加的智能。

3 集群环境下的软硬件部署

3.1 硬件环境

本项目中，集群硬件环境的部署主要包含：一个集群计算环境，由一个管理节点和多个计算节点构成，负责并行计算，支持高性能服务器、刀片机；存储设备，支持 NAS、集群 NAS、SAN，负责数据的读取与存储；作业端，由多台 PC 机组成，主要完成任务管理和编辑作业工作，这些 PC 机包括支持立体观测的设备；网络设备，支持千兆、万兆交换机，负责硬件设备的连接和通信。集群硬件环境配置如图 2 所示。

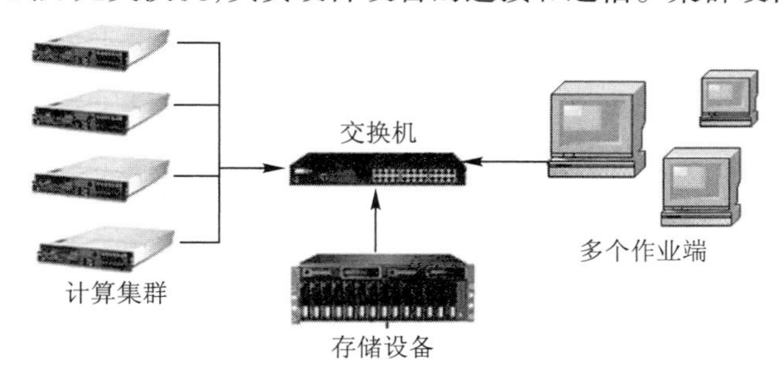

图 2 集群硬件环境

3.2 软件环境

本项目软件环境的部署如图 3 所示。在数据库支撑下，通过任务管控中心，对集群处理和人工编辑进行统一管理和调度；专业处理采用插件式组织，可以自定义生产流程，并针对业务需求进行快速扩展；算法级采用并行计算，极大地提高了影像的处理速度。

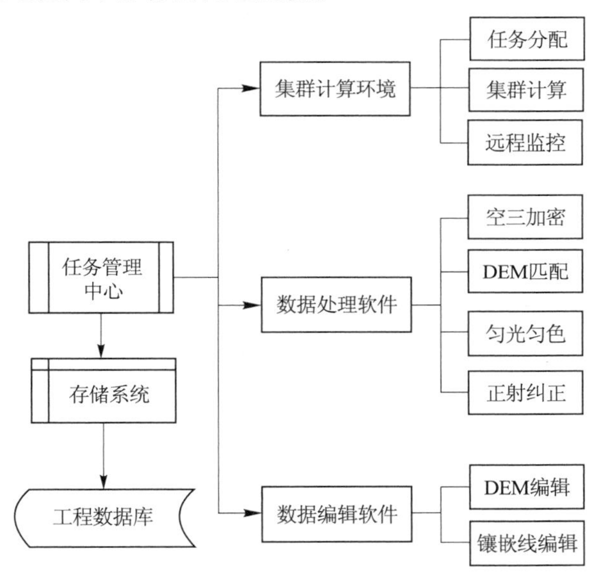

图 3 集群部署软件环境

集群环境主要实现任务分配、集群自动化计算和远程监控等功能。集群计算主要完成生产过程中的“自动化”生产的部分，包括空三加密过程中航带内、航带间连接点的自动匹配，自动 DSM 匹配、DEM 滤波，自动正射纠正、匀色、镶嵌等处理流程。集群计算这些生产流程均为全自动化处理、智能化的生产流处理大大减少了人工干预量。

集群任务分配主要实现对多个作业终端的任务调度功能。在 DEM 编辑、镶嵌线编辑等主要为人工作业的阶段，实现智能化高效的任务分发和回收，提高协同作业能力，避免重复作业的情况发生。同时，在监控终端,提供远程监控功能,从而简化了生产管理人员的工作。

4　集群环境下生产效率分析

本项目包括全省约 18 万 km^2 的数字摄影测量任务,生产 1∶2 000 DOM 正射影像。以下以神龙架实验区为例,对集群环境下的生产效率进行分析。

实验区共有 788 张 ucxp 相机数码航空影像,地面分辨率为 0.35 m,影像数据量约 431G。系统携带初始 POS 数据,同时完成外业像片控制测量。

按照空三加密、DEM 编辑、DOM 制作的生产流程,对该实验区数据进行处理,最终获得空三定向成果,5×5 m 格网 DEM 成果,以及 0.4 m 分辨率的 DOM 成果。

为分析集群环境下的生产效率,对实验区的数据分别用不同软件进行处理,比较其自动化程度以及花费的时间。

表 1 和表 2 为对该实验区数据生产的时间对比,其中,表 1 是 DEM 自动化处理耗时,表 2 是 DOM 生产中自动化处理的耗时。

表 1　DEM 生产自动化处理效率比较

项目	传统单线程处理 MapMatrix	8 核多线程处理 Inpho	集群处理 CIPS
自动匹配 DSM	>5 d	8 h	2.5 h
自动滤波 DSM	2.5 h	2.5 h	0.5 h
自动平滑 DEM	0.5 h	0.5 h	0.5 h

表 2　DOM 生产自动化处理效率比较

项目	传统单线程处理 MapMatrix	8 核多线程处理 Inpho、easydomer	集群处理 CIPS
自动正射纠正	>2 d	6 h	2 h
自动匀光	>1 d	3 h	1 h
自动镶嵌	>8 h	2 h	<0.5 h

比较吉威时代公司的集群式摄影测量系统 CIPS 和单线程处理摄影测量系统 MapMatrix 以及支持多核处理的 Inpho、Easydomer 的三种处理系统的生产效率,由表 1 和 2 可以看出,集群式处理系统效率明显高于其他方式。

5　结　语

在湖北省地理国情普查项目中,实验区利用 CIPS 集群式摄影测量系统进行生产,从生产结果和与其他软件的比较上看:

(1)CIPS 采用 8 个刀片机的集群处理,能够自动匹配 DSM,快速生产粗格网 DEM,满足正射影像图制作的需要。从匹配精度上看,DSM 匹配采用多视匹配算法,整体效果较好,局部有错点,通过滤波和少量人工编辑,能够达到较好的效果。

(2)集群处理海量数据的正射纠正,相对于传统单线程和多核处理在效率上体现出了极大的优势。在处理精度和可靠性上,也达到了生产的要求。

(3)集群管理下的 DEM 编辑和 DOM 编辑,实现了人工和软硬件资源的合理分配,从生产管理角度提高了生产效率。

全国第一次地理国情普查对摄影测量工作提出了更高的要求,为完成普查工作,实现地理国情可持续监测,就需要提高数据处理的生产效率,提高其时效性。集群式摄影测量系统很好地满足了这一需求,并在湖北省地理国情普查中成功实践。

参 考 文 献

[1] 洪亮,张凯,车风,等. 浅析湖北省第一次全国地理国情普查实施方案[J]. 地理空间信息,2013,11(5):10-13.

[2] 厉芳婷,熊敬平,闵天,等. Inpho 软件在利用 ADS80 数据制作大比例尺正射影像中的高效应[J]. 测绘地理信息,2013,38(6):76-77,81.

[3] 朱晓东,刘思宇,鲁铁定,等. 集群式影像处理系统的技术研究[J]. 湖北农业科学,2012,51(11):76-77,81.

基础地理数据库更新研究初探

李松平　丁海燕

（61175 部队，湖北武汉 430074）

【摘　要】本文分析了基础地理数据库更新的研究现状，指出其持续更新过程中一系列与“初始建库”不同的理论、方法和关键技术问题，提出应加强对主数据库增量数据建模方法、多源遥感影像与矢量化地图数据的自动配准、重要基础地理要素变化信息的提取、多尺度地图数据库级联更新的自动综合方法等的研究。

【关键词】更新；增量；变化；配准；基础地理信息

1　引　言

基础地理数据库为各类 GIS 应用工程提供了多比例尺的地理空间数据，在信息化进程中发挥着重要的基础作用。《国家科技基础数据库建设与发展的研究报告》指出：“持续更新和业务化运行是一个科学数据库存在的根本。目前许多科技数据库是按项目方式一次性建立的，缺乏持续的数据来源，或有效的数据更新机制，很容易变成死库，或逐步地失去应用价值。”

2　基础地理数据库更新的现状

由于我国经济建设和社会发展速度很快，地形地物等要素不断变化，基础地理数据具有鲜明的现势特性，直接制约着其使用价值和使用范围。随着基础地理数据“原始积累”的逐步完成和共享应用，其现势性问题已成为广大用户关注的热点问题。目前我国基础地理数据库更新的基本任务是，综合利用各种来源的现势资料（如最新航空航天影像、行政勘界资料、地面实测数据等），确定和测定基础地理要素（如居民地、道路、水系、地貌、地名、政区境界等）的位置变化及属性变化，对原有数据库的要素进行增删、替换、关系协调等修改处理，生成新版数据体和记录变化信息，并更新用户数据库。

目前虽然我国对基础地理数据库更新进行了研究与实践，但在总体上仍处于初期的探索阶段，主要表现为以下几点。

2.1　基础地理数据库更新的理论研究相对滞后于生产实践

尽管近年来基础地理数据库更新已成为我国测绘与地理信息部门关注的热点，但由于理论研究相对薄弱，至今还没有形成成熟的基础地理数据库更新理论模型，难以指导基础地理数据更新工程设计和实施、数据更新技术系统研发、基础地理时空数据组织与版本管理以及用户增量服务等。

2.2　基于影像的更新模型、算法研究亟待突破

目前更新生产中主要是通过目视判读、手工编辑等完成影像配准、变化测定、关系协调等数据处理工作，其耗时费力，生产效率不高。为了提高基础地理数据库更新的生产效率，应该大力加强其有关自动处理模型、算法的研究，发展基于遥感与 GIS 的专用更新技术系统，提高变化发现、信息提取和数据库更新操作的自动化程度与可靠性。

2.3　用于地图数据库更新的自动综合模型、算法尚待发展

近些年来，国际学术界在数字地图自动综合方面做了大量的研究工作，取得了可喜的进展，但还存在着一系列有待解决的问题，如各种算法的研制相对孤立，尚未形成综合算法体系，实用化软件系统仍有待开发。

3 基础地理数据库更新面临的问题

基础地理数据库的持续更新不仅是一项长期、复杂的系统工程，而且向我们提出了一系列与“初始建库”不同的理论、方法和关键技术问题，其中包括以下几个方面。

3.1 数据模型演化与动态建模问题

基础地理数据库更新的一个基本特点是：对现有数据体进行交互式操作和处理，改变原有的部分几何、属性数据、元数据以及拓扑等空间关系，甚至提高数据的精度，丰富数据的类型。在这种持续的“数据再造工程”中，基础地理数据库的数据模型将随之演化，以表达基础地理要素的时空变化、精度变化、元信息变化等。因此，要研究其数据模型随数据更新操作和数据版本增加而不断演化的基本问题，建立基础地理数据库的时空数据模型，实现基础地理数据库更新的动态建模。

3.2 基础地理要素变化的及时发现与自动提取问题

利用最新的航空航天影像及其他现势资料，分析地表变化的频率与幅度，确定更新范围与对象，提取变化信息，是基础地理数据库更新的必由之路。这涉及不同类型的遥感影像与现有基础地理数据精确配准、从高分辨率影像提取地物变化信息、不同来源数据的融合与集成等诸多关键技术问题。为了缩短数据更新的周期和提高其生产效率，需要不断设计或改进相关的数据处理模型、算法，发展数据更新的技术系统（或工具），提高变化发现与信息提取的自动化程度及可靠性。

3.3 主数据库更新的方法问题

基础地理信息生产和提供者根据直接测定或间接获得的变化信息，对已有的基础地理信息数据库，即主数据库进行更新处理，包括添加新增目标、删除不再存在的目标、生成新的数据库版本、保存历史数据等。其中存在主数据库增量更新模式、要素间空间关系协调与一致性处理、用最新大比例尺数据更新小比例尺数据的综合方法、并发控制机制、历史数据的存储方法、版本制作等诸多问题。

3.4 多比例尺数据的协同更新问题

在不同尺度背景下，地球空间现象或实体往往具有不同的空间形态、结构和细节。为了满足宏观、中观和微观层次的空间建模和分析应用的需要，人们对地球表层各种自然和人文现象的空间形态结构进行了不同尺度的抽象表达，形成了不同比例尺的系列地形图，建立了多种比例尺数字地图数据库。虽然这些多尺度地图数据库为宏观到微观的规划、决策和管理提供了内容逐步详尽的基础地理信息，但其建立和维护费时费力，耗资巨大，不仅存在着同一实体的多重表达间一致性问题，也给多比例尺数据的协同更新带来了不少困难。因此，对最新的较大比例尺数字地图进行自动综合，派生出较小比例尺的数字地图，或更新较小比例尺的数字地图，成为当前又一大难题。

4 基础地理数据库更新的研究方向

为了切实解决好我国基础地理信息数据库持续更新的关键科技问题，在今后一段时期内应重点加强以下几方面的研究。

4.1 主数据库增量数据建模研究

分析基础地理数据库数据模型演化的主要影响要素，研究基础地理要素随时间变化的类型、因果关系及其表达问题，设计基础地理数据库的时空数据模型；分析数据更新操作的基本类型，研究更新过程中要素间空间关系协调、一致性处理和质量控制等问题，构造数据更新的动态算子，发展（半）自动更新操作方法；研究主数据库更新信息和历史数据组织及版本化问题，设计增量存储模式，发展版本生成与时空检索功能。

4.2 多源遥感影像与矢量化地图数据的自动配准研究

利用遥感影像更新基础地理数据库矢量地图数据的常规做法是：①对照影像与地图，人工选取控制点；②对影像与地图作相对纠正；③对照叠合的影像与地图，添加“新地物”，删除或修改老（已拆除或变更的)地物。由于矢量化地图是经过加工及符号化的结果,而影像是地物的“写真”,两者具有不小的差别,比如矢量化地图上的铁路宽度(往往是中心线)与影像的宽度不同,矢量化地图上一些地物、地貌可能已发生变化,中心投影的遥感影像上地物与地图相比存在着“移位”(正射影像上高出地面的建筑物等仍保留着中心投影的特性),因此人工往往难以选取足够数量的控制点,无法保证影像与地图相对配准精度。为了实现“新影像”与“老地图”之间的精确、自动“配准”,拟根据遥感影像与矢量地图的“差异”,研究影像特征与矢量化地图目标配准的数学模型及辅助算法,包括具有“强抗噪声”能力的影像特征提取算法、影像的特征与矢量化的地图目标配准的统一数学模型、顾及地图变迁程度的同名地物目标“人机协同”匹配方法、影像残余几何变形与符号化差异相容的精确配准方法等。

4.3　GIS 集成环境下的重要基础地理要素变化信息提取研究

研究几何方法与统计方法及成因分析方法相结合的影像信息提取模式、以摄影测量与遥感信息集成为基础的信息提取能力与方法及 GIS 信息与影像信息融合的信息提取。针对道路、水系、居民地等主要基础地理要素,研究从精确配准后的遥感影像和矢量化地图数据中提取变化信息的智能化方法。其中,包括基于概率模型和顾及上下文约束的感知编组、基于树结构的道路特征判别提取道路网的自动化方法、基于多源信息融合和约束条件的居民地信息提取及城市变化检测与信息提取的智能化方法、计算几何与信息模型相结合的水系信息提取与变化检测方法、变化信息的检验与评价方法等。

4.4　多尺度地图数据库级联更新的自动综合方法研究

应根据我国多尺度地图数据库更新的实际需求,研究多尺度地图数据库自动综合的若干关键问题,包括不同比例尺地图要素的自动匹配、各种综合操作的几何转换算法、用于控制综合操作的高层规则的形式化表达、用于综合操作成功执行约束条件的空间关系模型、质量控制标准等。

高精度北斗终端校车监管方案探讨

方 芳 王海涛

（湖北省航测遥感院，湖北武汉 430074）

【摘 要】本文讨论了采用高精度北斗终端校车监管方案，并分析了采用此技术的监控盲点及难点问题。特别是在车道级的监控实现后，使得我国《校车安全管理条例（草案）》的部分要求可以真正落到实处。

【关键词】高精度；北斗终端；校车监管

1 引 言

校车作为孩子的交通工具，其安全问题不容忽视。

长江教育研究院的《中国教育黄皮书》（2013）长江教育舆情报告中，校车安全问题被列在2012年网络舆情中涉及中国教育热点的首位。据有关资料记载，2011年，全国49起影响较大的校园安全类舆情事件中，校车事故就有26起，占整体校车安全类舆情事件的53.1%[1]。据不完全统计，仅2012年9~11月，全国就发生了26起校车事故[2]，导致该问题成为媒体及社会舆论持续关注的焦点。如何有效地对校车进行监管，已经成为整个社会的需要。

北斗导航系统的高精度应用是北斗导航应用的一个重要领域。2013年3月22日，全国首个省级北斗地基增强系统湖北示范项目在武汉通过验收，采用北斗单频差分导航技术，实时定位精度达1.5 m，可为北斗导航产品提供高精度定位服务，开启了北斗卫星高精度应用新时代[4]。加入北斗高精度车载终端，可以更有效地对校车及社会车辆进行监管，使《校车安全管理条例》得以更有效的实施。

2 校车监管的重点内容

根据我国《校车安全管理条例（草案）》的要求，结合我国校车监管的实际情况，校车监管包括针对车、人以及安全运行监管三个方面。

2.1 对车的监管

对车的监管，不仅包括对校车的监管，也包括对其他社会车辆的监管。对校车的监管，首先需要建立校车信息档案，包括车牌号码、品牌型号、荷载人数和车辆所有人、驾驶人、发证单位、有效期等。其次要严格限制车辆行驶路线、行驶时间、行驶速度（限速60 km/h），杜绝超速、超载等现象，特别是对人为原因造成的车辆违规行驶（比如逆行、违规停靠、调头等）应重点监管，并及时提醒和报警。

对社会车辆的监督，主要是预防社会车辆占用校车专用道行驶、校车在道路上停车上下学生、后方车辆没有按规定停车等待等违规事件。传统GPS校车监管方案中，更加注重对校车自身行驶状态的监管，对其他社会车辆的监管难以落到实处。在现有条件下，利用高精度北斗车载终端加上城市视频监控系统，可以有效实现对其他社会车辆的监管。

2.2 对人的监管

对人的监管，主要包括对司机、随车照管人员和学生的监管。重点是对车辆行驶时司机状态的监管，可以通过车辆高精度定位、车内视频监控、3G网络传输等来实现。

对随车照管人员和学生的监管，可以通过车内视频监控和人工智能分析来实现。系统以影像或视频的形式记录车内情况、学生信息、突发事件处理情况，并实时将相关信息以3G网络形式传送回监控中心进行存档。

2.3 对安全运行的监管

根据我国《校车安全管理条例(草案)》第五章校车通行安全的要求,通过高精度车载终端定位,可以有效地对校车是否实现安全运行进行监管。

3 北斗高精度终端校车监管方案

依据实际状况,北斗高精度终端校车监管系统可由中心监控系统(分两级,由主控制中心(车辆主管部门)、分控制中心(校区管理中心))、北斗终端设备、其他车载设备、3G 通信网络等部分组成一个全天候、全范围的校车车辆管理和车辆跟踪的综合平台。该系统以高精度影像图作为基础,以高精度定位数据和视频影像信息为依据,并根据需要调用城市视频监控系统的视频资料进行辅助决策,有效实现校车及社会车辆的监管。

3.1 中心监控系统

北斗高精度终端校车监管系统采用二级中心监控系统的模式进行:一级监控中心设在教育或交通监管部门,完成全网内车辆监控、调度及管理功能;二级监控中心设在各个学校,通过系统授权,可实现部分或特定车辆的监控、调度及管理功能。

一级监控中心实现全网车载终端的信息交互,并完成各种信息的分类、记录和转发以及分中心之间业务信息的流转,并对整个网络状况进行监控管理。

中心监控系统能有效实现车辆的监控、实时位置查询、双向通话、监听、轨迹回放、车辆调度、车辆报警、实时视频调用、视频查询、TTS 语音播报、分级管理等多种功能,并能在紧急情况下直接向公安、消防、卫生等部门系统发送支援请求,并向其同步传输相关数据。

中心监控系统采用的底图数据是由测绘或规划部门提供的高精度影像及地理实体平台数据,或由相关部门提供地理信息公共服务平台数据接入,并考虑接入城市视频监控系统,为车辆监控提供及时有效的信息。

3.2 3G/4G 通信网络

无线通信网络是车载终端与监控中心信息交互的通道。系统采用无线 3G/4G 网络与 Internet 网络完成定位信息在车载终端与监控调度管理中心间传输。车载终端及视频图像信息利用无线 3G/4G 网进行信息收发,并利用 Internet 网络将信息传输到监控中心。

3.3 北斗卫星导航及北斗地基增强系统

北斗卫星导航系统是中国自行研制的全球卫星定位与通信系统(BDS),是继美国全球定位系统(GPS)和俄罗斯 GLONASS 之后第三个成熟的卫星导航系统。系统由空间端、地面端和用户端组成,可在全球范围内全天候、全天时为各类用户提供高精度、高可靠定位、导航、授时服务,并具短报文通信能力,已经初步具备区域导航、定位和授时能力,定位精度优于 20 m,授时精度优于 100 ns。2012 年 12 月 27 日,北斗系统空间信号接口控制文件正式版公布,北斗导航业务正式对亚太地区提供无源定位、导航、授时服务。

北斗地基增强系统是通过建设一定数量连续运行的基于北斗系统的参考站,利用卫星定位技术、计算机网络技术、通信技术,向各行业提供精确定位、实时定位和移动目标导航等空间位置信息的服务系统,是实现现代化、大众化、集约化、高质量的地球空间信息服务的重要基础设施。利用北斗地基增强系统提供的差分信号,可以大幅度地提高车载终端的定位精度。

3.4 车载终端产品

车载终端可以采用北斗 3G 高精度车载终端系统。与传统 GPS +3G 组合的监控终端相比,这种类型的车载终端采用的 BDS 模块可以在进行伪距差分后达到 2 m 定位精度,真正达到车道级的监控目的。

4 和传统校车监管方案对比的优势

4.1 高精度定位终端可进行车道级监管

随着中国首个北斗卫星导航地面增强网——北斗地基增强系统湖北示范项目建成试运行，中国北斗卫星导航也开启了高精度应用的新时代。方案中使用的北斗导航终端定位精度从“马路级”提升到“车道级”以后，可以更有效地对车辆的运行车道、运行状态进行监管。比如可以辅助监测当前校车处于哪一车道、离校车停靠站点多远、行进车道变道、车速、是否靠边停车、是否逆行、是否违规等具体情况，也可以让监管成果更有说服力。

4.2 调用城市视频监控，可更有效地对其他车辆进行监管

根据我国《校车安全管理条例(草案)》第五章第三十三条规定，校车在同方向只有一条机动车道的道路上停靠时，后方车辆应当停车等待，不得超越。校车在同方向有两条以上机动车道的道路上停靠时，校车停靠车道后方和相邻机动车道上的机动车应当停车等待，其他机动车道上的机动车应当减速通过。校车后方停车等待的机动车不得鸣喇叭或者使用灯光催促校车。传统的监测方法只能依靠车辆自身的行车记录仪进行记录，再进行调用查看。如果能直接调用城市监控视频，利用校车停靠时的视频信息，可以更容易实现对社会车辆的监控，有效分清事故时的车辆责任。

4.3 米级定位对校车路线调控更科学

本方案采用高精度定位终端作为校车位置监控源，配套使用的高精度影像底图，实现校车米级定位展示，来保证校车在影像上显示的轨迹更加真实可靠，用于辅助监控工作更有说服力。

4.4 采用平台数据更新模式，保证监管平台生命力更长久

本方案中，采用由测绘或规划部门提供的高精度影像及地理实体平台数据作为底图，在平台数据之上叠加其他专题数据共同组成监控平台上的底层数据。由这些专业部门提供平台数据或平台服务能保证底图数据的定期更新与维护，使监管平台的基础数据现势性更强，拥有更长久的生命力。

5 北斗产品在校车监管方面的发展

我国目前正处在一个校车安全管理模式探讨阶段，如何开展当前校车的安全管理工作，各地政府部门都在花心思、想办法。北斗监控产品的应用，可以更精确、更实时地解决车在哪儿、在怎么运行、是否需要进行调整的问题，配合高精度的空间位置底图以及大数据分析技术等，可以更安全、准确、有效地对校车进行有效监管，更好地把控智慧校园中的校车一环。

参考文献

[1] 中国青年报. 舆情报告：校车安全位于三大教育热点问题之首[EB/OL]. http://news.xinhuanet.com/edu/2013-03/05/c_124415265.htm.

[2] 百度文库. 开题报告——关于校车安全管理的缺失与思考5000字[DB]. http://wenku.baidu.com/link? url = LN-RuR0ncQGnhqjHesPYSPHezH3631GVkXpEPp3n9eujcTzxETrYYh2J7ZdQZ4HyP8 - B99ljoeRR6l6L8gaEDnJhCthLGIW hh-swdfs7xg6ga.

[3] 百度百科. 北斗卫星导航系统[DB]. http://baike.baidu.com/link? url = fBOI9iTBKNPNP2fA7CK7fLGlhSm4a43 Sn-HOKNY4ep29dU9ZcjC8_HfupQ0kc60F4.

[4] 新华网. 北斗地基增强系统首个示范项目建成 精密定位可至厘米级[EB/OL]. http://news.xinhuanet.com/tech/2013-03/22/c_115129021.htm.

[5] 百度百科. 校车安全管理条例[DB]. http://baike.baidu.com/view/8248418.htm? fr = aladdin.

[6] 王迅. 车联网技术在校车安全监管中的应用探讨[J]. 电脑知识与技术，2012，5(8-13)：3035-3037.

[7] 丁芝华. 我国校车安全管理的现状、问题与完善对策[J]. 智能交通，2014(4)：93-96.

[8] 杨静. 关注校车运营，提升车辆智能化水平[J]. 客车长廊，2014(1)：64.

[9] 王建，朱致富，田大新，等. 基于车联网的校车实时监控系统[C]//第七届中国智能交通年会优秀论文集. 2012.

对完善测绘导航保障机制的一点思考

阚世家　李松平

（61175部队，湖北武汉 430074）

【摘　要】对当前我国测绘导航保障机制的现状与不足进行分析，从健全测绘法律法规、完善测绘行政管理体制、完善地理空间信息标准体系与维护更新机制等方面，对完善测绘导航保障机制进行了初步探讨，为我国信息化条件下测绘导航保障机制的建立完善提供了借鉴。

【关键词】测绘；测绘导航保障；地理空间信息

1　测绘导航保障机制的内涵

测绘导航保障机制，是指以测绘保障需求为牵引，组织军地测绘、导航、气象、水文力量，在任务合作、资料成果共享、技术交流、科研协作、应急保障等方面进行的一系列联合保障行动。当前，军地基础测绘成果已开始走向信息互动、成果共享的正确轨道，在国民经济建设和军事行动中，测绘导航保障机制已发挥着越来越重要的作用。

2　当前测绘导航保障机制中存在的不足

在现实情况下，测绘导航应急保障机制还存在一些不足，这主要体现在以下几个方面：

一是测绘导航应急保障的法律法规还不完善。尽管国家和军队都意识到测绘导航应急保障的重要性，并且开始着手进行基础性的准备工作，但从宏观上看，目前测绘导航领域的立法工作仍显滞后，特别是对测绘导航的重要环节、关键技术领域，还缺乏统一的技术标准和操作性详尽的法律法规。

二是测绘导航行政管理体制滞后于社会发展。由于历史、地域、部门职能与现实利益等的限制，测绘导航部门的技术指导、行政管理、质量监督等职能混杂，测绘行政部门既当“裁判员”又当“运动员”的问题普遍存在，导致地区封闭、行业垄断，测绘导航成果难以共享，直接制约了测绘导航应急保障机制的建立和发展。

三是测绘导航共享机制还不完善。主要表现在国家空间数据共享方面的管理和协调机制与当前社会的迅速发展不适应，地理空间信息资料利用率低，成果共享与二次利用率很低，远不能满足信息化条件下国家和军队发展的需要。

3　完善测绘导航保障机制的对策

3.1　进一步健全测绘法律法规

目前，我国已有1部测绘法律，4部测绘行政法规，35部地方性测绘法规，6部部门规章，近百部地方政府规章，以《中华人民共和国测绘法》为核心的测绘法律法规体系初步形成。但在细节上，还有不少地方需要完善，主要体现在测绘信息资源的建设和管理体制上。从法律法规上明确各部门在地理空间信息采集、处理、存储、分析、公开、共享方面的职责和分工，建立和完善各类空间数据汇交管理制度，以保护信息产品知识产权和相关隐私权。对国家投资生产的基础性、公益性数据资源，特别是档案类基础地理、地质和资源环境原始数据采集、抢救和存储，以立法形式给予保护监督，为测绘导航保障机制规范化、法制化奠定基础。

3.2 完善测绘行政管理体制

以《中华人民共和国测绘法》为依据，对全国的测绘工作实行统一监管，改进管理方式，推行电子政务，提高行政效率，按照行政、事业单位分开原则，切实维护测绘市场的秩序和良好竞争氛围，主动从市场参与者向市场秩序维护者转变。测绘行政管理的重点应向政策制定、标准研制、市场维护、共享协调等方向转变，从而建立起一个责权明确、行为规范、监督有效、保障有力的测绘执法和监督体系。

3.3 完善地理空间信息标准体系与维护更新机制

在测绘发展过程中，由于缺乏地理空间信息统一规划，军队和地方之间、地方各部门之间地理信息的数据模式各有不同，在地理空间信息的表述上，原有的地形图图示规范也难以满足信息化空间地理信息发展的需要，标准体系建设已成为地理空间信息应用与发展的瓶颈，也给测绘导航保障带来额外的困难。因此，应从地理空间信息建设全局出发，建立一套从信息交换网络到数据采集、交换、共享服务等的标准规范，建立与信息化社会相适应的地理空间信息标准体系，以解决地理空间信息利用率差、效率低下、沟通困难、共享程度低等问题，使之更好地为地理空间信息多层次使用，并成为保障信息系统安全可靠的手段。

对信息中属于国家法定更新义务的基础测绘成果信息的更新工作，应严格按照法律的规定，按照区域、分级的不同，由各级人民政府安排，形成与基础信息更新周期、经费投入、计划管理、生产能力等相匹配的基础地理信息更新机制，从根本上改变基础测绘成果信息滞后的问题。同时，根据我国基础地理信息更新工作的实际需要，建立起中央、地方、军队稳定的基础测绘投入机制，规范基础测绘专项经费的管理与使用，形成与社会主义市场经济体制要求相一致的管理模式。

3.4 做好地理空间信息的安全和保护工作

“斯诺登事件”已经给我国信息安全敲响了警钟，地理空间信息涉及国家安全和地理空间信息所有者的利益。由于地理空间信息交换共享网络，是一个覆盖全国，由各机构的网站互联，进行空间信息获取、处理、共享、应用，结构复杂的信息网络，涉及各行业、多部门，其安全问题十分复杂。做好地理空间信息的安全和保护工作，既是完善测绘导航保障机制必不可少的重要内容，又是提高测绘导航保障质量的必然要求。为避免地理空间信息泄露，必须加强地理空间信息的安全和保护工作，以保证国家空间信息基础设施为国家经济和军队建设服务。

3.5 完善地理空间信息共享机制

信息共享是指信息的社会化应用，信息采集部门、信息用户和信息经销部门之间的一种规范化、稳定、合理的关系，以及共同使用信息及相关服务的机制。目前，我国空间信息及应用主要集中于一些行业部门，各部门间已建立相应的空间信息管理及应用管理机构，但还无法满足空间信息的跨部门共享的各种需求。特别是对于军事需求来说，地理空间信息还有相当大的潜力可发掘。在国家整体规划和布局下协调和组织各类地理空间信息的共享建设，实现最大限度的地理空间信息共享，一方面可以吸纳更多的用户，降低投入成本和费用，使地理空间信息所有者获得收益，另一方面可以避免因重复建设带来的资金浪费。在国家测绘局的管理与协调下，从 2014 年开始，地方和军队开始共享基础地理空间数据，可以说是一个极其成功的尝试，给军队建设和地方发展带来了双赢，也为完善测绘导航保障机制提供了借鉴。

总之，完善测绘导航保障机制是一项系统工程，不仅需要制度创新、技术完善、法律保障，还需要各部门通力协作。只有各个环节都加强了，测绘导航保障的能力才能得到真正的提高。

房产测量中的面积计算问题的研究

丁　亮

（武汉市房产测绘中心，湖北武汉 430015）

【摘　要】商品房面积与广大人民群众的经济利益有着直接的关系，同时面积测绘也是技术性、专业性很强的工作。通过合理有效的建议确保房产面积测算的统一性，最大程度地维护了人民群众的根本利益。本文依据具体实际，对提高商品房面积测算方式方法进行了分析，以促使商品房面积测算成果更具合理性。

【关键词】房产测绘；面积计算

1　引　言

随着城市化日新月异的发展，城市中建筑物的造型出现了颠覆性的变化，国家2000年出台的房产测量规范已经不能满足现代房产测绘的要求，于是各地出台了房产面积测绘细则。由于我国南北跨度大，地理位置不同，不同地域的房屋建筑外观和内在结构的差异十分明显。各地的房产实施细则存在着一定的求同存异的现象，相同部位面积的计算方式也不尽相同。随着社会经济发展和技术手段进步，房地产行业的发展也促进了房产测量手段的进一步发展。房产测量的基本内容有房产调查、房产图绘制、房产面积测算以及房产用地的产权面积测算等。房产测量具有一定的法律意义，即是进行房产产权登记和产权转移的重要依据，也是处理房产产权纠纷的重要法律凭证。基于这一背景，本文分析了房产测量中出现的若干问题及相应的一些处理，这一研究对于加强房产测量的认识具有一定的意义。

2　房产测量中面积计算的争议

2.1　阳台面积计算中所存在的问题

北方气候寒冷，商品房建筑的阳台都采用了封闭式处理。而且随着时代发展和审美观念的不断进步，阳台的外观和设计理念不断发生着变化。在这一背景下，很多阳台的界定成为难点，一般认为阳台分为封闭与未封闭两种形式，封闭的阳台按其水平投影面积计算，而未封闭阳台按其水平投影面积的一半计算。虽然形式上很好区分，但开发商为了提高楼盘的销售量，方便业主，往往会在规划验收前将规划审批未封闭的阳台自行封闭。这种现象是大量存在的。在处理这类问题时测绘人员左右为难。笔者认为，未封闭阳台与封闭阳台在建筑形式上都属于建造在房屋主体结构以外的附属结构，建筑成本相差不大，且规划部门在验收过程中也将阳台（无论封闭与否）计算一半面积，为了管理的统一性，凡规划图中已审批过的阳台，无论封闭与否都按其水平投影面积的一半计算。

2.2　柱廊计算中所存在的问题

在国家的相关规定上明确要求，对有柱走廊的测算应当按照柱外围的投影面积进行测算，有柱与无柱的分类应当按照以下的标准来进行区别：首先，剪力墙是否定义为柱，装饰柱是否定义为柱；其次，独立柱是否视为有柱，单排柱是否视为有柱。只有规定好柱的定义，才能够区分有柱走廊及无柱走廊。笔者认为，作为一名现场测绘人员，现场有柱有墙视为有柱走廊，现场无柱无墙视为无柱走廊，有柱走廊计算全建筑面积，无柱走廊不计算建筑面积。至于墙与柱承重与否不是房产测绘应该考虑的因素。

2.3　室外楼梯面积定义与存在问题

根据国家出台的规定，永久性结构的室外楼梯，应当考虑每一楼层的水平投影面积进行计算，而无顶盖的室外楼梯的建筑面积应取各层楼梯面积的一半计算。在实际使用之中,经常采取的处理方法是只在最顶的一层取一半面积,其他楼层均采用全部面积。而房地产市场中的数据是对室外楼梯的计算,并没有严格遵守国家的相关规定。根据相关规定,楼梯间的面积测算应当基于实际自然层面积进行计算。但是对于什么属于楼梯间,国家并没有明确的规定。因此,就造成了在实际使用中十分混乱,影响了房地产行业的测算,也导致了纠纷。在当前的建筑中,很多楼层的一楼和二楼之间没有楼梯间,只有电梯通道,这个中空的部分应不应当算作房产测量的部分,在实际使用中经常引发争议。在《房产测量规范》中有一个明确的规定,即"楼梯间应当形成房间一样的空间才能够按此规定执行"。但是这个规定在实际中经常被歪曲,因此房地产行业需要一个明确的规定以更好地进行面积测量,从而得到相对精确的数据,更好地保护消费者和建筑商的合法权益。在浙江省统一的意见中,将有顶盖室外楼梯计算为 $N-1$ 的面积;无顶盖的室外楼梯计算为 $N-1-1/2$ 的面积。然而,上述规定的理解存在很大的分歧,很多房地产建筑商没有严格遵守国家的相关规定,因此造成了不少问题,对建筑商和消费者的利益维护都很不利。所以,这些面积的计算方法应得到简单有效的统一。笔者认为,楼梯只要行使了楼梯的功能,不管有盖与否都应按其到达的自然层数计算其水平投影的全面积。

2.4 电梯计算存在的问题

电梯面积的计算往往也是有争议的地方之一。例如,随着建筑物功能的不断丰富,电梯的服务对象也有着很大变化,对某一层不开门的电梯是否计算建筑面积;电梯通过某一夹层且对此夹层开门的是否计算建筑面积;地下一层电梯基坑与基坑下方地面高度不足 2.20 m,此基坑是否计算建筑面积;屋面上通过钢爬梯才能到达的电梯机房是否计算建筑面积。这些争议都是各说各有理,但笔者认为只有简单统一的标准才能有利于房产事业的快速发展,所以只要是电梯配套的面积都应按其自然层的水平投影计算其面积。这样既简单,又便于理解。

2.5 房屋层高问题

房屋层高指房屋上下两层楼面或楼面至屋顶面的垂直距离。如果地面和楼面的装修面厚度不同,对房屋层高进行测量则不应该包括装修面的厚度,如石材板料、地砖、木地板等装修层的厚度,这样房屋层高的测量成果才能更为准确。测量房屋层高的过程中,屋顶面上隔热层的高度不应包括在内。部分房屋顶面存在坡度,卫生间、厨房地面以及技术层地面也存在坡度,所以测量层高的两个参照面不是平行的,具有较多层高值,在测量过程中,必须注重观测与分析,并对最低层高值和层高不低于 2.20 m 的房屋面积进行测量。误差累积容易对房屋层高的测量产生影响,所以必须对限差标准进行规定,使测量结果的合法性得以确保。依据建筑质量、测量手段、技术条件,房屋层高测量的限差标准可取值为 ±0.05 m,而房屋净高测量的限差标准可取值为 ±0.03 m。当原规划审批图纸中高度大于等于 2.20 m 时,其高度测量限差在 ±0.05 m 内的可视为其高度已经达到了 2.20 m,其限差在施工误差之内,可计算其全面积;而当原规划审批图纸中高度小于 2.20 m 时,其高度测量限差在 ±0.05 m 内的可视为其高度未达到 2.20 m,不计算其面积。对 2.20 m 的房屋层高进行测量,需要谨慎地进行观测,所选测量参照点不应少于 4 对,同时设置上下 4 对参照点形成四边形,以此保证测量成果的准确和可靠。因国标中明确规定房屋层高不足 2.20 m 不计算其建筑面积,而算与不算建筑面积对其经济利益有着决定性的影响,所以测绘人员在判定时需要特别的谨慎。

2.6 共有面积分摊问题

楼房建筑不可避免地存在不同住户之间的共有面积,因此如何分摊这部分共有面积也是房产测量中的重要部分之一。对普通住宅楼而言,应当在计算出准确的建筑内面积的基础上,进而求出共同分摊的面积。面积的分摊是一个需要重点考察的内容。而如何进行面积的分摊,需要遵循一定的原则。分摊系数的意义就在于,它能够表示出每一住户应当分摊多少建筑面积,从而避免住户的利益受到损害。单一功能的建筑物采用整体分摊法;对那些较为复杂的建筑或者功能较多的建筑,则采用多级分摊。多级分摊的原则是谁使用、谁分摊。但在实际计算中,有时无法对使用的多少进行具体全面的测度,甚至忽视了部分消费者的权益。造成这一现象的原因：一是测度的标准没有明文规定，因此房产测量部门在测量的时候往往各自为政；二是住宅建筑内结构复杂，无法进行完全准确的测算，因此造成不好的后果也无法避免。现在普遍实行谁使用谁分摊的原则，但往往某些公用面积使用情况非常复杂，造成了相同房屋不同地区分摊方式不一致的现象。笔者认为，既然分摊只有相对的公平，没有绝对的公平，那么就采用整体分摊的形式，非公用面积分摊公用面积。这样既减少了老百姓的疑惑，也降低了每套房屋面积的可操纵性，杜绝了开发商与测绘单位可能存在的相互勾结，让百姓也能清楚地明白房屋面积的由来，有效地减少了房产纠纷。

3　结　语

当前房地产行业发展迅速，因此提高房产测量技术，进而保护建筑商和消费者的合法权益显得十分重要。在本文中笔者重点分析了当前房产测量存在的几个问题，分析了常用方法的优势和弊端，进而提出了解决方案。在房地产市场的发展中，房产测量十分重要，目前虽然有很多发展不完善之处，但相信随着社会经济的发展和时代的进步会逐渐完善。

参考文献

[1] 戴钢良. 基于房产测量中的若干问题的研究[J]. 中国房地产业，2013(1).

[2] 邹衍. 提高商品房面积测算准确性方法论[J]. 城市建设，2013(9).

东南亚地名译写与查询方法探索

李松平　阚世家

（61175部队，湖北武汉 430074）

【摘　要】当前现有的东南亚地区地名资料十分有限，无法满足地图更新的需要，地名的更新显得尤为重要，本文为规范地名更新需要，通过对东南亚各国地图资料分析，结合国外地名翻译《译音表》进行研究，探索针对东南亚地区的地名译写与查询方法。

【关键词】东南亚；地名译写；地名查询

1　东南亚地名译写现状

东南亚所含国家众多，地区差异较大，语言方言繁杂，语言文字的多样性造成了各国、地区地名拼写的多样性。泰国、老挝、柬埔寨、印度尼西亚等东南亚国家都使用本国语言编写地图资料，使得地图资料通用性不强，使用不便。

新中国成立以来，中国地名委员会在外语地名汉字的译写统一与规范方面做了大量的工作，尤其是我国前些年陆续出版的世界分国图，在统一外国地名汉字译写方面就发挥了很好的作用。但20世纪80年代中期，由于种种原因，大面积的地名翻译工作举步不前，原有的地名翻译已经很难满足现实需要。随着全球百万数据生产的任务逐步开展，各种最新的罗马化及本国语言文字地图需要更新规范地图译名，地名译写工作显得尤为重要。编写适合自己工作需要的标准地名图，对进一步促进百万数据生产任务有重要作用。进入21世纪，随着东南亚各国经济的发展，国家间交往日益频繁，加之东南亚诸国对南海资源的窥视，国家间冲突一触即发，制作现势、准确、规范的东南亚地图，地名翻译工作举足轻重。

2　地名译写与查询实现思路

2.1　地名译写原则

（1）“名从主人”，即是说译名要从原名所属的语种来译，不从其他语种来转译。“名从主人”是各国翻译和转写外国地名所必须遵循的最高原则，即翻译外国地名必须根据各国主权范围内所定标准地名的标准名称及其罗马字母拼写。不应采用第二手资料或其他国家书写形式。

（2）“约定俗成”，是指有些从历史上沿用下来已被人们熟悉并广为使用的译名，只要没有原则性和政治错误，即使译写不准确或与现行的译写标准不相符合，也应予以沿用，这也称为译名的“习惯译法”。

（3）平等对待，即当一个地名同时有两种以上的名称或拼写时，应分别译写，平等相待。

（4）译写汉字要规范，地名译写通常必须使用国家规定的标准简化字，不能使用自造字、方言字，应严格按照《译音表》中的汉字译写。

2.2　查询译写功能实现方法

2.2.1　查询功能的实现

地名译写遵循的方法是先查后译的原则，先查找现有的地名资料，通过对现有的地名资料库进行查找，查找到的进行转写，查找不到的进行译写。这里我们所用的地名资料共有五种，即中图社东南亚各国《世界分国地图》《21 世纪地名录》《东南亚常用地理通名》《世界地名常用词翻译手册》《东南亚地名译名手册》,还有一部分来源于行政区划网等。这些数据通过 Access 软件整理入库,查询通过 Access 软件 VBA 编程实现,登录、查询界面如图 1 和图 2 所示。

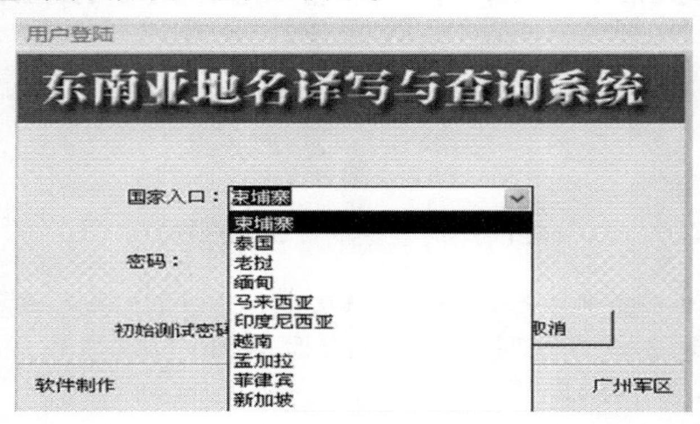

图 1　用户登录界面

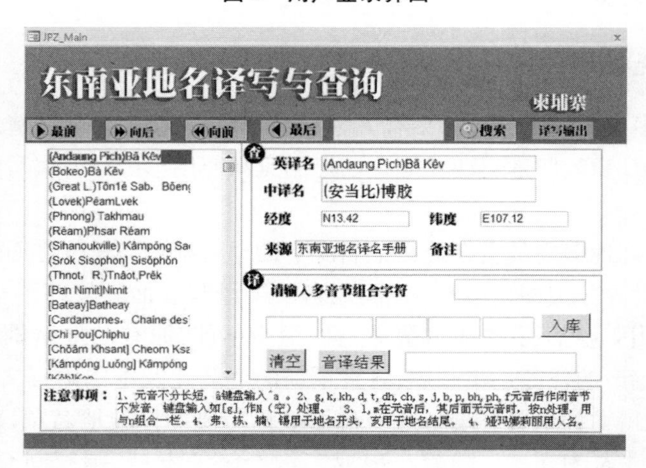

图 2　译写查询界面

查询主要相关代码如下：

```
Me. DMSub1. SetFocus    //获取焦点
If Nz( Me. srch6) < > "" Then
If IsNull( DLookup( "YYM", "JPZ_DMB", "YYM Like '*" & Me. srch6 & "*'")) Then
MsgBox "找不到符合的条件" Me. srch6 = ""    Exit Sub  //查询条件设定
End If  //条件查询设定 YYM 字段,JPZ_DMB 地名表
Me. RecordSource = "select * from JPZ_DMB where YYM like '*" & Me. srch6 & "*'"
//存储符合条件的查询结果
Else   Me. RecordSource = "JPZ_DMB"
End If   //查找不到时输入框清零,重获焦点
Me. srch6 = ""
Set Me. DMSub1. Form. Recordset = Me. Recordset
Me. Requery
Me. DMSub1. SetFocus
Me. DMSub1. Form. YYM. SelLength = 0
```

2.2.2　译写功能的实现

译写功能依据东南亚各国《译音表》实现,我们定义地名单词由多音节单元组成,每一音节单元组

成为辅音+元音,译音表由纵横列表组成,横列为辅音,纵列为元音,辅音+元音组合即为《译音表》中所对应的汉字。《译音表》译写时应遵循附注说明来进行适当的变通,不同的音译元辅音本地字母(ǎ、ê、â 等)依据不同国家设定不同的键盘输入方法。

译写主要相关代码如下:

```
On Error Resume Next
If Nz(Me.srch) <> "" Then //检查字段是否为空
If IsNull(DLookup("EN","JPZ_YYM","EN LIKE '*" & Me.srch & "*'")) Then
MsgBox "找不到包含[" & Me.srch & "]的词"   Me.srch = ""   Exit Sub //对译音表执行条件查询语句
End If
Me.CN.Value = DLookup("[CN]","JPZ_YYM","[EN]=srch"   string1 = Me.CN.Value   Else
//将查询结果输出给字段 string1
End If
```

2.2.3 入库输出功能的实现

为规范化东南亚地名译写标准,对于用《译音表》译写的非罗马化英文地名,应建立地名译名成果表进行统一入库,方便查询与使用。这里我们通过译写查询界面入库功能来实现,入库功能主要界面如图 3 所示。

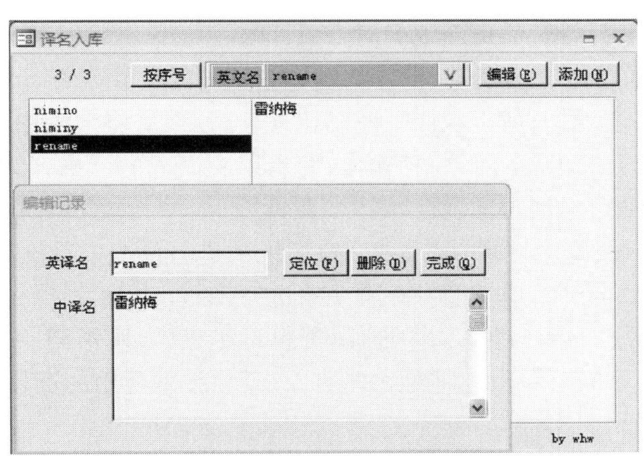

图 3 译名译写入库实现窗口

入库功能相关代码如下:

```
  Private Sub 添加_Click()
  Dim wz2 As Long
      If Me.添加.Caption = "添加(&N)" Then
      Forms!查询.标题 = Me.标题
      Forms!查询.内容 = Me.内容
      Forms!查询!编辑.Enabled = True
      Me.AllowAdditions = True
      DoCmd.GoToRecord , , acNewRec
      Me.英译名.SetFocus
      ElseIf Me.添加.Caption = "定位(&F)" Then
      If wz = 0 Then    wz = 1
      searchstr = InputBox("请输入想要查找的文字", , searchstr)    End If
```

```
    Me.中译名.SetFocus        wz2 = wz
    wz = InStr(wz, Me.内容.Value, searchstr)
    If wz = 0 Then        If wz2 = 1 Then
Me.中译名.SelLength = 0
MsgBox "没有找到指定的文字" searchstr = ""        Exit Sub    End If
MsgBox "已搜索至文章结尾"
Me.中译名.SelStart = wz2 - IIf(Len(searchstr) = 1, 2, Len(searchstr))
Me.中译名.SelLength = Len(searchstr)    Exit Sub
End If    Me.中译名.SelStart = wz - 1
Me.中译名.SelLength = Len(searchstr)
wz = wz + Len(searchstr) - IIf(Len(searchstr) = 1, 0, 1)
End If
End Sub
```

(由于篇幅有限,其他功能代码略)

3 几点注意事项

(1)由于东南亚多语言地图资料繁杂,资料在使用时应严格遵循先查后译的原则,地图参考资料按照优先级进行查找,若无资料依据,需更新地名时方可译写。

(2)地名译写功能依据《译音表》实现,仅作为地名参考译法。由于各个国家、语言、方言习惯各不相同,不同的词常用译法各不相同,所以在译写罗马化地名时,要先将地名中常用音节词在查询模块中做初步查询,再将其他非常用音节词在译写栏输入,两者组合而成的结果即为实际译写结果,这样译写才能尽可能保证地名译写的可靠性与准确性。

(3)地名译写应严格参照每个国家《译音表》补充说明进行译写。补充说明对特殊译写进行了规范,在地名译写遇到有特殊问题时,应按照补充说明来进行译写。

(4)由于东南亚各国所用的罗马化及本国地图资料不尽相同,所指同一地名对应的罗马化音节词组可能仅具有一定相似性,所以在译写这些地名时,应该严格按照所用的资料优先级,认真比对分析,以保证地名翻译的准确性。

地理信息数据坐标系统转换软件测试策略

王雪艳　邱儒琼　陈金文　胡　挺

（湖北省基础地理信息中心，湖北武汉 430071）

【摘　要】国务院要求用8～10年的时间，完成现行国家大地坐标系向2000国家大地坐标系的过渡。为保证成果转换顺利进行，并确保转换成果的质量，需对所使用的坐标转换软件进行全面测试。本文首先介绍了各坐标系之间坐标转换的方法，然后研究了对坐标转换软件进行测试的主要方法和策略。

【关键词】坐标转换；功能测试；二维四参数；布尔沙模型

1　引　言

随着测绘事业的迅速发展和全球一体化的形成，越来越多地要求全球测绘资料形成统一规范，尤其是坐标系统的统一。国务院批准自2008年7月1日启用我国的地心坐标系——2000国家大地坐标系（CGCS2000），同时要求用8～10年的时间，完成现行国家大地坐标系向2000国家大地坐标系的过渡和转换。2013年2月20日，国家测绘地理信息局印发《关于加快2000国家大地坐标系推广使用的通知》（国测国发〔2013〕11号），对地方测绘地理信息行政主管部门提出了相关要求。特别提出要加快完成省级成果转换，同时要推动市、县一级成果转换工作，要求成果转换工作应在2014年底前完成。为保证成果转换顺利进行，并确保转换成果的质量，需对所使用的坐标转换软件进行全面测试。

2　基本概念

2.1　控制点坐标转换模型

2.1.1　布尔沙模型

不同地球椭球基准下的空间直角大地坐标系统间点位坐标转换，公式为布尔沙模型。涉及七个参数，即三个平移参数、三个旋转参数和一个尺度变化参数。转换公式为：

$$\begin{bmatrix} X_2 \\ Y_2 \\ Z_2 \end{bmatrix} = \begin{bmatrix} X_1 \\ Y_1 \\ Z_1 \end{bmatrix} + \begin{bmatrix} T_x \\ T_y \\ T_z \end{bmatrix} + \begin{bmatrix} D & R_z & -R_y \\ -R_z & D & R_x \\ R_y & -R_x & D \end{bmatrix} \begin{bmatrix} X_1 \\ Y_1 \\ Z_1 \end{bmatrix}$$

式中，X_1, Y_1, Z_1 为原坐标系坐标；X_2, Y_2, Z_2 为目标坐标系坐标；$T_x, T_y, T_z, D, R_x, R_y, R_z$ 为七参数。

2.1.2　二维七参数转换模型

用于不同地球椭球基准下的大地坐标系统间点位坐标转换。对于1954北京坐标系、1980西安坐标系向2000国家大地坐标系的转换，由于这两个参心系下的大地高的精度较低，建议采用二维七参数转换。转换公式为：

$$\begin{bmatrix} \Delta L \\ \Delta B \end{bmatrix} = \begin{bmatrix} -\dfrac{\sin L}{N\cos B}\rho'' & \dfrac{\cos L}{N\cos B}\rho'' & 0 \\ -\dfrac{\sin B\cos L}{M}\rho'' & -\dfrac{\sin B\sin L}{M}\rho'' & \dfrac{\cos B}{M}\rho'' \end{bmatrix} \begin{bmatrix} T_x \\ T_y \\ T_z \end{bmatrix} + \begin{bmatrix} \mathrm{tg}B\cos L & \mathrm{tg}B\sin L & -1 \\ -\sin L & \cos L & 0 \end{bmatrix} \begin{bmatrix} R_x \\ R_y \\ R_z \end{bmatrix} +$$

$$\begin{bmatrix} 0 \\ -\dfrac{N}{M}e^2\sin B\cos B\rho'' \end{bmatrix} \cdot D + \begin{bmatrix} 0 & 0 \\ \dfrac{N}{Ma}e^2\sin B\cos B\rho'' & \dfrac{2-e^2\sin^2 B}{1-f}\sin B\cos B\rho'' \end{bmatrix} \begin{bmatrix} \Delta a \\ \Delta f \end{bmatrix}$$

式中，e^2 为第一偏心率平方，无量纲；M,N 为地球椭球基本元素，即子午线曲率和卯酉圈曲率半径，m；$B,L,\Delta B,\Delta L$ 分别为点位纬度、经度及其在两个坐标系下的纬度差、经度差，经纬度单位为 rad，其差值单位为(″)；$\rho=180\times3\ 600/\pi$，(″)；$a,\Delta a$ 分别为椭球长半轴和长半轴差，m；$f,\Delta f$ 分别为椭球扁率和扁率差，无量纲；T_x,T_y,T_z 为平移参数，m；R_x,R_y,R_z 为旋转参数，(″)；D 为尺度参数，无量纲。

2.1.3　三维四参数转换模型

用于局部 1954 北京坐标系或 1980 西安坐标系向 2000 国家大地坐标系间的点位坐标转换。采用 T_x,T_y,T_z3 个坐标平移量和 1 个控制网水平定向旋转量 α 作为参数，α 是以区域中心 P_0点法线为旋转轴的控制网水平定向旋转量，顾及 1954 北京坐标系或 1980 西安坐标系平面坐标，由于起始定向与 2000 国家大地坐标系的差异引起的坐标变化。

$$\begin{bmatrix}X_G\\Y_G\\Z_G\end{bmatrix}=\begin{bmatrix}X_C\\Y_C\\Z_C\end{bmatrix}+\begin{bmatrix}T_x\\T_y\\T_z\end{bmatrix}+\begin{bmatrix}Z_C\cos B_0\sin L_0-Y_C\sin B_0\\-Z_C\cos B_0\cos L_0+X_C\sin B_0\\Y_C\cos B_0\cos L_0-X_C\cos B_0\sin L_0\end{bmatrix}\cdot\alpha$$

式中，B_0,L_0 分别为区域中心 P_0点的大地经、纬度，rad；X_G,Y_G,Z_G 分别为 2000 国家大地坐标系下的坐标，m；X_C,Y_C,Z_C 分别为参心坐标系(1954 北京坐标系或 1980 西安坐标系)坐标，m；待定参数：T_x,T_y,T_z 为坐标平移量，m；α 为旋转参数，rad。

2.1.4　二维四参数转换模型

用于范围较小的不同高斯投影平面坐标转换。转换公式为：

$$\begin{bmatrix}x_2\\y_2\end{bmatrix}=\begin{bmatrix}\Delta x\\\Delta y\end{bmatrix}+(1+m)\begin{bmatrix}\cos\alpha&-\sin\alpha\\\sin\alpha&\cos\alpha\end{bmatrix}\begin{bmatrix}x_1\\y_1\end{bmatrix}$$

式中，x_1,y_1 为原坐标系下平面直角坐标，m；x_2,y_2 为 2000 国家大地坐标系下的平面直角坐标，m；$\Delta x,\Delta y$ 为平移参数，m；α 为旋转参数，rad；m 为尺度参数，无量纲。

2.2　软件测试过程

为了保证软件产品的最终质量，在软件开发的过程中，需对软件产品进行质量控制。测试过程按 4 个步骤进行，即单元测试、集成测试、系统测试及验收测试。

单元测试是集中对用源代码实现的每一个程序单元进行测试，检查各个程序模块是否正确地实现了规定的功能。

集成测试是把已测试过的模块组装起来，主要对与设计相关的软件体系结构的构造进行测试。

系统测试是把已经经过确认的软件纳入实际运行环境中，与其他系统成分组合在一起进行测试。

在通过了系统的有效性测试及软件配置审查之后，就应开始系统的验收测试。验收测试是以用户为主的测试。软件开发人员和 QA(质量保证)人员也应参加。

2.3　精度评定

坐标转换精度可采用内符合和外符合精度评价，依据计算转换参数的重合点残差中误差评估坐标转换精度，残差小于 3 倍点位中误差的点位精度满足要求。

(1)重合点残差 V：

V = 重合点转换坐标值 − 重合点已知坐标值

(2)点位中误差 M_P：

$$M_P=\pm\sqrt{M_X^2+M_Y^2+M_Z^2}$$

式中，空间直角坐标 X 残差中误差 $M_X=\pm\sqrt{\frac{[vv]_X}{n-1}}$；空间直角坐标 Y 残差中误差 $M_Y=\pm\sqrt{\frac{[vv]_Y}{n-1}}$；空间直角坐标 Z 残差中误差 $M_Z=\pm\sqrt{\frac{[vv]_Z}{n-1}}$；$n$ 为点位个数。

(3)平面点位中误差 M'_P：

$$M'_P = \pm \sqrt{M_x^2 + M_y^2}$$

式中,平面坐标 x 残差中误差 $M_x = \pm \sqrt{\frac{[vv]_x}{n-1}}$;平面坐标 y 残差中误差 $M_y = \pm \sqrt{\frac{[vv]_y}{n-1}}$;$n$ 为点位个数。

外部符合精度检核方法如下:①利用未参与计算转换参数的重合点作为外部检核点,其点数不少于6个且均匀分布;②选择由转换参数计算的点位坐标与其已知点位坐标进行比较与外部检核。

3 坐标系统转换软件测试策略

3.1 控制点坐标转换测试

软件可实现控制点的参数计算、参数转换以及邻近点的转换功能。测试用例设计时要注意涵盖所有的功能,并包含不同坐标系之间的转换。软件需测试的功能如图1所示。

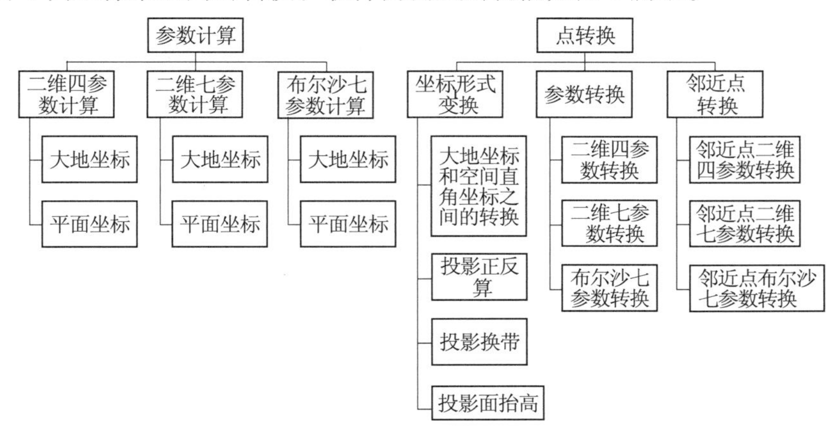

图1 软件需测试的功能

确保软件的所有功能可以正确运行之后,还需测试软件在面对错误时,是否进行了正常的处理:①输入非法数据,比如不输入数据,或者输入任何被认为是非法的数据类型、范围超限的数值等;②输入错误的文件,比如输入被破坏的数据文件;③在系统不支持的环境下运行等。

3.2 矢量数据坐标转换测试

矢量数据的转换功能包括投影换带、投影正反算、二维四参数和二维七参数转换等,设计测试用例时应针对每个功能设计相应的测试用例。同时,由于矢量数据有不同的格式,应对每种数据格式都进行详尽的测试,以确保程序可以正确处理每一种支持的数据格式。

转换用例执行后,应对矢量数据坐标转换的结果进行验证,首先检查转换后的矢量图像属性信息是否完整,有无要素丢失;其次检查要素的坐标,确认转换结果是否正确。另外,对于一些特殊的要素格式,如含有高程的点、线,以及不符合制图规范的弧线等,或者是空间参考信息与程序设定不一致的数据,测试时要尤其注意程序处理时是否正确处理,或者给出的错误提示是否符合实际数据情况。

3.3 影像数据坐标转换测试

影像数据的转换功能包括投影换带、投影正反算、二维四参数和二维七参数转换等,设计测试用例时应针对每个功能设计相应的测试用例。同时,对不同的影像数据格式,进行详尽的测试,以确保程序可以正确处理每一种支持的数据格式。

转换用例执行后,应对影像数据坐标转换的结果进行验证,首先检查转换后的影像在纠正后有无扭曲、变形、拉花等现象,影像质量是否有明显损失,空间参考信息是否正确;其次检查特征点的坐标,确认转换结果是否正确。另外,处理完图像后,要检查操作目录中产生的过程文件是否被正确清除。

4 结 语

坐标转换软件可实现不同格式、不同坐标形式、比例尺及坐标系统的地理空间数据之间的空间坐标转换，实现地理空间数据成果（如单点、矢量数据、影像数据等）在现行国家大地坐标系、地方独立坐标系、常见坐标系统之间的转换及参数解算。本文研究了对坐标转换软件进行软件测试的主要方法和策略，并做好坐标转换软件的质量控制，以顺利推进测绘成果从现行常用的 1954 北京坐标系、1980 西安坐标系到 2000 国家大地坐标的转换，并进一步推动地方坐标系数据转换为 2000 国家大地坐标系。

参考文献

[1] 张广梅. 软件测试与可靠性评估[D]. 北京:中国科学院研究生院(计算技术研究所),2006.
[2] 赵瑞莲. 软件测试方法研究[D]. 北京:中国科学院研究生院(计算技术研究所),2001.
[3] 展召英. 浅析如何提升软件测试质量[J]. 科技创新与应用,2014(6):52.
[4] 李岳. 坐标转换系统的设计与实现[D]. 北京:中国地质大学,2010.
[5] 姜楠. 坐标转换算法研究与软件实现[D]. 合肥:安徽理工大学,2013.
[6] Borkowski K M. Transformation of geocentric to geodetic coordinates without approximations [J]. Astron Space Sci. ,1987.

对 DXF 进行坐标转换的分析与设计

闵梦然　程　蕾　沈凤娇　王雪艳

（湖北省基础地理信息中心，湖北武汉 430000）

【摘　要】在常用 CAD 文件处理中，对 DXF 文件编辑需要安装 AutoCAD 软件。本文通过研究 DXF 文件组织结构，直接对 DXF 文件文本进行编辑，在已有坐标转换模型情况下，实现对 DXF 格式文件坐标的转换操作。

【关键词】DXF；坐标转换

1　引　言

AutoCAD 由于其丰富的指令、强大的功能，已被各种工程测量使用，而 DXF 作为 AutoCAD 的公开矢量交换格式，分为 ASCII 和二进制两类，其中 ASCII 编码由于其易于编辑和分析，被广泛应用，成为了一种事实上的标准。因此，掌握 DXF 格式的解析工作对地理信息程序设计人员至关重要。

测绘工作常会遇到不同坐标系下的转换，如 1954 北京坐标系到 2000 国家大地坐标系的转换。在常用的矢量中间成果数据格式中，DXF 由于其相对易于解析、可以不依赖 AutoCAD 编辑，被众多用户所采用。因此，本文对 DXF 格式矢量文件坐标转换进行分析与设计。

2　DXF 格式分析

2.1　基本结构

DXF 文件从根本上来说，可以看作是由组码和关联值组成的矢量文件。组码标志了之后的关联值所对应的类型，而关联值确定了其值（Value）。为了清晰显示，DXF 文件的每一个组码和关联值都各占一行。每一段开头为 SECTION 0，第二段为组码 2 和该段的名称，中间内容为定义各个要素的组码和关联值，最后为表示结束的 ENDSEC 0。DXF 基本结构如图 1 所示。

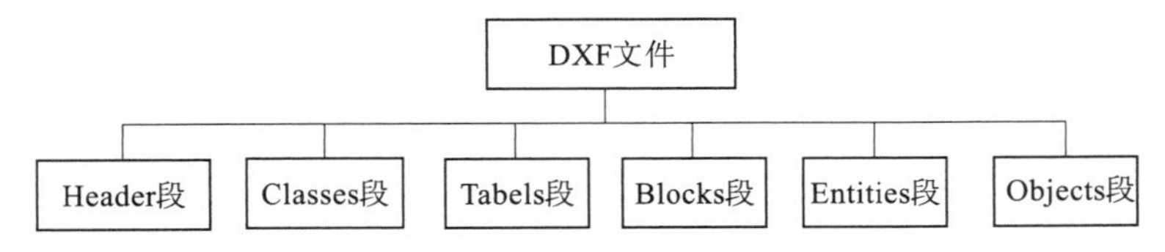

图 1　DXF 基本结构

标题段（Header）主要用于记录所有标题变量的当前状态和当前值。表段（Tables）用于有线型表、图层表、字体表和视图表。块段（Blocks）记录了块名、块种类、插入基点及组成块的成员等。实体段（Entities）记录了实体的名称、所在图层及其名字、线型、颜色。

由于 DXF 的组织结构非常复杂，而在坐标转换中，常用的要素其实并不是很多，因此并不需要完整地读取整个 DXF 文件，而可以提取部分图形的实体信息，忽略 DXF 文件中的大部分数据，只需要获取实际的层表、块段和实体段，就可以获取相应的图形的坐标信息。在层表中说明每一层的颜色、线型，这些内容并不需要更改,因此可以直接跳过。

坐标转换常用的基本组码定义为:

9:变量名称标志符(仅使用于 Header 段);

10、20、30:主要点 x、y、z 值;

11 ~ 18,21 ~ 28,31 ~ 37:其他点的 x、y、z 值;

40 ~ 48:双精度浮点值(如缩放比例等);

50:角度。

2.2　转换分析

2.2.1　主要 CAD 要素

在坐标转换处理中,部分 CAD 要素由于其定义相对单一、易懂,可以对其直接修改而无需过多处理。主要为 AcDbPolyline、AcDbPoint、AcDbText、AcDbLine、AcDb2dPolyline、AcDbVector、AcDbSpline、AcDbMText、AcDbCircle 等。对单点直接转换,直线及多段线处理其各个顶点,圆对其圆心进行转换。组码 10 ~ 29 为双精度二维点值,因此应对其关联值直接使用转换函数处理。

2.2.2　块要素分析

块(Blocks)是 DXF 文件中相当重要的一种要素,在实际生产中,块被用于各种符号、复杂图元等构建中。块因为其组织结构的特殊性,因此需要专门进行处理。Blocks 段包含所有块定义,块定义不能嵌套包含块定义。

标志块本身的字符串为"AcDbBlockBegin",结束字符串为"AcDbBlockEnd"。由于同一块可由多个块参照引用,因此在转换前应先遍历所有块要素,获取其中的块名和块偏移。本文定义一个块的结构体:

```
Private Struct Block
{
  Public string strName;
  Public double x
  Public double y;
}
```

由于块存储的是与块参照(AcDbBlockReference)的相对位置,所以直接转换块的坐标或转换相对位置都是不正确的。需要利用获取的 x、y 偏移值,x、y 缩放因子和旋转角度,对块求出其真正的绝对位置。对绝对位置进行转换后,再反向计算修改块参照的相应坐标值。其伪代码为:

```
//获取块参照的 xy 值
GetXY(out xpart,out ypart);
//获取块 xy 坐标值
GetXY(out x,out y);
//获取 xy 偏移值
GetdXdY(out dx,out dy);
//获取块旋转参数
GetAngle(out angle);
//计算 xy 临时变量
CaculateBlock(angle,dx,dy,x,y,xpart,ypart,out xTemp,out yTemp)
{
  xTemp = dx * cos(angle) * xpart - dy * sin(angle) * ypart + x;
  yTemp =  dx * sin(angle) * xpart + dy * cos(angle) * ypart + y;
```

```
}
//对 xy 临时变量进行转换
Transform( ref xTemp, ref yTemp)
//反向计算 xy 坐标
CaculateBlockResult( angle, dx, dy, x, y, xpart, ypart, xTemp, yTemp, out x, out y)
{
  x = xTemp - dx * cos( angle) * xpart + dy * sin( angle) * ypart;
  y = yTemp - dx * sin( angle) * xpart - dy * cos( angle) * ypart;}
}
```

2.2.3 其他图元处理

“$EXTMIN”、“$EXTAX”存储 DXF 文件图元的边界,如果直接对其转换显然不正确,本文采用方法为统计所有转换后的坐标值,比较其大小后修改原始边界值。

在普遍的地理数据处理中,一般将圆弧(Arc)拟合曲线,而不直接使用。如果要转换圆弧,则先分析其构成。组码 10、20、30 对应圆弧圆心坐标,40 对应圆弧半径长度,50 代表圆弧开始角度,51 代表圆弧结束角度。因此,要转换圆弧就不仅要转换圆心坐标,其半径角度等都可能改变。可以根据圆参数方程计算起点与终点坐标,对圆心、起点、终点进行转换后,再反求半径与开始角度和结束角度。椭圆(Ellipse)转换原理与其相似。

DXF 转换流程如图 2 所示。

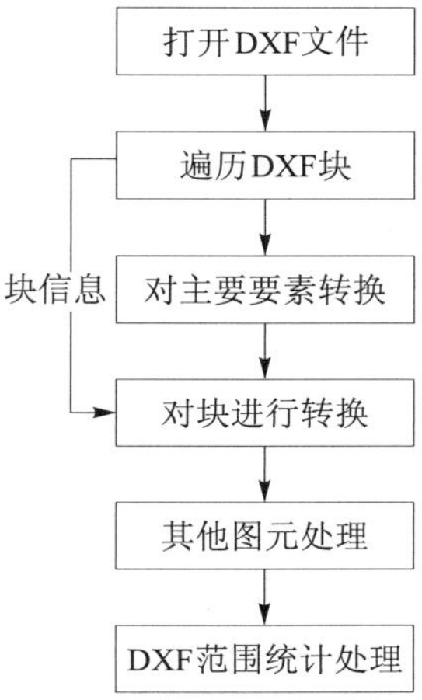

图 2 DXF 转换流程

3 转换模型

3.1 二维四参数转换

二维四参数转换模型通常用于范围较小的不同高斯投影平面转换、相对独立的平面坐标系统与 2000 国家大地坐标系的联系,包括两个平移参数、一个旋转参数和一个尺度参数。因为 DXF 坐标为平面坐标,所以可以直接使用二维四参数转换模型进行转换。

3.2 二维七参数转换

二维七参数转换模型通常用于不同地球椭球基准下的椭球面上的点位坐标转换,包括三个平移参数、三个旋转参数和一个尺度参数。因为 DXF 坐标为平面坐标,而二维七参数输入坐标为经纬度坐标,因此需要先将 DXF 中坐标经过高斯投影变换得到经纬度坐标,对其进行二维七参数转换,然后再对其经过高斯投影变换得到平面坐标。

4 结 语

4.1 改进

在对圆弧进行处理时,如果两个坐标系存在较为复杂的转换关系,圆弧变换之后可能不再是圆弧,因此可以不对圆心直接进行转换,而通过对起点、终点两点进行坐标转换。可以利用起点、终点和圆心对应的相似关系,进行相似变换求解圆心,这样可以保证圆弧的形状保持一致性。

在坐标转换中,主要计算为矩阵计算,由于图元要素较多,计算速度受到影响,因此可以采用多种方法加速计算:一是可以采用 SIMD 指令执行并行计算,提高 CPU 利用率加速矩阵计算。二是可以采用 GPU 加速,利用显卡更强的并行计算能力提高运算速度。三是可以利用四元数代替矩阵计算转换中的旋转部分,降低对内存的需求。

4.2 展望

由于 DXF 数据在矢量数据处理中的广泛应用,对其坐标转换有广阔的应用前景。不依赖其他函数库进行转换，对程序编写人员提出了较高要求。只有对 DXF 数据格式进行研究，并对坐标转换原理有了一定的认识，才能更好地对其进行坐标转换处理。虽然其处理效率还有待提高，但如何更精确地实现更复杂的转换功能，值得研究。

参考文献

[1] 2000 国家大地坐标系推广使用技术指南[S].
[2] 大地测量控制点坐标转换技术规程[S].
[3] AutoCAD2006 DXF 参考手册.
[4] 欧朝敏，黄梦龙. 地方坐标到 2000 国家大地坐标转换方法研究[J]. 测绘通报，2010(9).

省级地理国情普查正射影像制作

陈晓茜[1] 张露林[1] 刘 惠[2] 郑 妍[3]

(1. 湖北省航测遥感院,湖北武汉 430070;2. 湖北省地图院,湖北武汉 430070;
3. 湖北龟山广播电视发射台,湖北武汉 430050)

【摘 要】本文结合湖北省地理国情普查实际情况给出了正射影像制作的流程、关键技术点和质量检查的标准,并介绍了集群分布式正射影像制作的技术方法。

【关键词】地理国情普查;正射影像;像控点布设;集群分布式处理;

1 概 述

为全面掌握我国地理国情现状,满足经济社会发展和生态文明建设的需要,国务院印发《关于开展第一次全国地理国情普查工作的通知》[1]。普查标准时点为 2015 年 6 月 30 日,要求完成普查底图制作、数据采集与处理、外业调查与核查、数据集建设等工作[2]。数字正射影像数据是地理国情普查中主要的调查数据源,同时也是普查成果数据的重要组成部分[3]。湖北省地理国情普查是全国地理国情普查的重要组成部分,为保障湖北省地理国情普查工作顺利开展,拟在湖北省范围内,采用时相为 2011 年 1 月 1 日以后的、分辨率优于 0.5 m 的航空遥感影像为主要数据源,进行正射影像的制作,为全面获取地理国情信息打下基础。

2 作业流程

正射影像的制作主要有两种方法:一是基于航空影像和可构成立体模型的卫星影像自动匹配生成数字高程模型(DEM)数据,并采用微分纠正生成正射影像,再对 DOM 进行匀光匀色、镶嵌、裁切等操作来获取正射影像成果;二是对于单景卫星,采用已有的 DEM 数据进行数字微分纠正,生成正射影像,并进行匀光匀色、镶嵌、裁切等操作来获取正射影像成果。正射影像制作的总体流程包括资料收集、技术设计、影像获取、像片控制测量、空三加密、DEM 编辑、DOM 生产,结合元数据生产和已有 DOM 转换,最终进行检查验收,其流程图如图 1 所示。

3 正射影像制作

3.1 影像获取

湖北省全省面积约为 18.59 万 km^2,其中京山测区采用推扫式航空数码相机(徕卡 ADS80)获取的航空影像,面积约 1.63 万 km^2;其余测区多采用 UCXP 数码航摄相机获取航空影像;此外,部分测区采用 SWDC 数码航摄相机获取航空影像,面积约 13 万 km^2;摄影困难区域拟采用购买卫星影像的方式。

3.1.1 航空摄影

航空摄影包括面阵航空摄影和线阵航空摄影。

进行面阵航空摄影时,同一摄区内地形高差不应大于六分之一航高[4]。航向覆盖超出摄区边界不少于一条基线,旁向覆盖超出摄区边界一般不少于像幅的 50%,最少不少于像幅的 30%。航摄影像应清晰、层次丰富、反差适中、色调柔和,能辨别出地面上最暗的影像细节,不得有色斑、大面积坏点等情

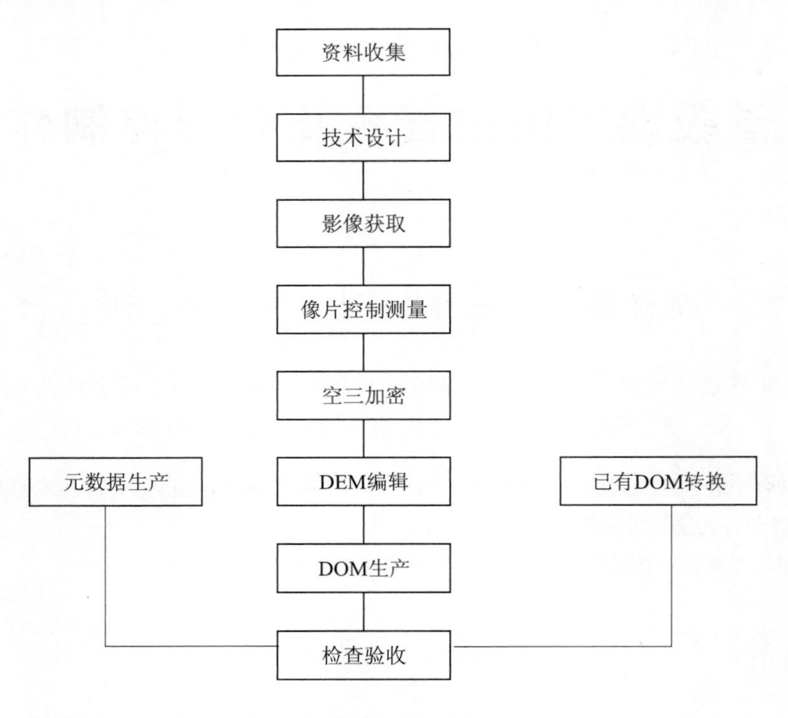

图 1 作业流程图

况。影像出现大面积反光,造成无法进行立体模型连接和正射影像图制作时,应予补摄。除数字影像数据质量合格外,每架次(或区域)附属记录数据也应齐全、准确。

进行线阵航空摄影时,同一摄区内地形高差不应大于六分之一航高。航向覆盖应超出摄区边界不少于 1.5 条基线,旁向超出摄区边界一般不少于像幅的 50%。单条航线最长飞行时间一般不得超过 25 min,困难地区不得超过 30 min。此外,每架次在进入第一条航线前和出最后一条航线后都必须进行 IMU/GPS 初始化。同一航线上最大航高与最小航高之差不得大于 50 m,当相对航高小于 1 000 m 时,实际航高与设计航高之差不得大于 5 m;当相对航高大于 1 000 m 时,实际航高与设计航高之差不得超过航高的 5%。

3.1.2 卫星影像

对于摄影困难地区,可采取购买高分辨率遥感卫星影像的方式获取影像。为使正射影像制作满足地理国情普查的要求,应尽量购买卫星立体影像;部分困难区域可采购单景影像。原始卫星影像数据应参数完整,影像清晰,无大面积噪声、条纹、云和积雪[5]。此外,为保证影像的现势性,应尽量购买获取时间在 2010 年以后的卫星影像。卫星影像的云影覆盖范围应小于 20%,并在云影覆盖区域采用其他影像进行补充,以保证不影响正射影像的制作精度。

3.2 像片控制测量

3.2.1 像控点布设方案

湖北省全境范围约 18.59 万 km^2,山地约占全省总面积的 55.5%,丘陵和岗地占 24.5%,平原湖区占 20%。鉴于山区获取控制点困难度较高,在湖北省地理国情普查遥感影像获取的过程中,多采用机载 POS 系统辅助摄影,极大地减轻了野外控制点测量的压力,因而在像控点布设时采取稀疏布点的原则。基于面阵航空影像布设像控点时,采用周边布点法,在区域网四个角点处布设平高控制点,此外,在区域中间布设 1 个平高控制点作为检查点。线阵航空影像充分利用 ADS80 的 GPS/IMU 摄影技术的优势,辅以 HBCORS 基站数据进行 GNSS/IMU 解算,最大程度上减少了像控点的布设。

基于卫星立体像对影像布设像控点时,应以卫星影像立体模型为单位布设像片控制点,在每个立体模型的四角及中央各布设一个平高控制点,在立体模型内布设 1 个检查点,相邻模型间控制点应尽量公用。基于卫星单景影像布设像控点时,应在影像的四周布设 4 个像控点,并在影像区域内布设 1 个检查点。

3.2.2 像控点测量

像控点坐标测量采用 HBCORS 系统网络 RTK 技术为主,困难地区辅以静态 GPS 定位技术的方式。若像控点在 HBCORS 有效覆盖范围内,优先采用 HBCORS 网络 RTK 测量像控点坐标,且每个作业区域应联测 3 个 C 级以上 GPS 控制点或国家等级控制点作为检核。若像控点不在 HBCORS 有效覆盖范围内,使用静态 GPS 定位技术,采用多台接收机同步观测,以点连式、边连式、混连式构成 GPS 网,亦可基于 HBCORS 参考站进行单台仪器观测,构成菱形网进行像控点测量。

3.3 集群分布式正射影像制作

湖北省地理国情普查任务繁重、工期紧张、人员紧缺、成果要求高,为了提高正射影像的制作效率,拟采用基于集群分布式计算的海量航天航空影像快速处理系统制作正射影像,以显著提高正射影像的制作效率。集群分布式计算是组合多个高性能计算服务器,通过高吞吐量存储设备解决 I/O 抢占和数据存储的问题,利用智能任务调度和负载均衡技术实现多任务并行计算。该系统支持多源数据处理,包括航天卫星影像、面阵航空影像、线阵航空影像和无人机航空影像等数据,对生产流程中的空三加密、DSM 自动匹配、正射影像纠正、正射影像匀光、正射影像投影变换等流程采用分布式快速数据处理模式,实现正射影像的高效制作。5 个内业作业人员,每月约可完成地面分辨率优于 0.5 m 的航空影像 10 000 km^2的生产任务。

集群分布式正射影像制作采用“1 + *N*”的作业模式,即利用 1 个集群系统集中密集完成自动化处理环节的工作量,*N* 个作业员分布式交互作业相结合的作业新模式。将自动化处理与人机交互编辑有效分离开来,充分利用晚上空闲时间进行自动化处理,利用白天上班时间进行分布式编辑,起到了“人机合一”的生产作用,从生产工艺上提高了作业效率,也降低了作业员等待自动化成果的时间。

4 质量检查

湖北省地理国情普查正射影像成果实行两级检查、一级验收制度。各工序对完成的首个成果(首幅图)要组织评议、检查、讨论,作出标准图,以供后续作业参考。对不满足要求的,应查明原因,进行处理后才可进行下一道工序。作业员必须认真自查自校,确认无误后方可上交室检查;室检查人员应采取过程检查与最终成果检查相结合的方法,对成果进行 100% 的全面检查[6],确保质量可靠后方可交院级检查。经检查合格后,报湖北省测绘产品质量监督检验站验收。

验收的指标包括空间参考系、位置精度、逻辑一致性、时间精度、影像质量、表征质量和附件质量等[7],采用内、外业相结合的方式进行检查。外业使用 GPS RTK 接收机对明显地物点进行散点检测,分区进行外业检查,每个区检测点数量为 20 ~ 50 个点。内业检查包括对采集的监测点进行精度统计,以确定相应被检测区域的平面位置精度;使用专业软件检查 DOM 的分辨率、裁切范围是否正确,影像色彩是否真实,纹理是否准确,影像是否有拉花、扭曲变形、云影遮盖和纹理损失等现象;利用专业软件检查影像接边是否有影像错位、纹理不接等现象;检查数据命名、数据格式是否正确;检查成果的附件质量,包括检查报告、技术总结、成果资料的齐全性和规范性、附件资料的规整性和正确性等。

5 结 语

本文结合湖北省地理国情普查的实际情况,介绍了省级地理国情普查正射影像制作的流程,并就制作流程中的关键技术进行了详细介绍,包括原始遥感影像获取的方案、像片控制测量的关键技术、集群分布式正射影像制作的方法和要点,以及正射影像质量检查的标准。这些举措能够在正射影像制作的过程中降低制作成本,提高制作效率,保障制作精度。然而,地理国情普查正射影像在制作时仍面临范围大、数据源种类多、影像时相不一致等问题,导致正射影像匀色匀光效果不佳等问题,有待后续探索解决。

参 考 文 献

[1] 国务院第一次全国地理国情普查领导小组办公室. 地理国情普查内容与指标. 2013.
[2] 中华人民共和国国务院. 国务院关于开展第一次全国地理国情普查的通知. 2013.
[3] 国务院第一次全国地理国情普查领导小组办公室. 数字正射影像生产技术规定. 2013.
[4] 1∶500 1∶1 000 1∶2 000 比例尺地形图航空摄影规范[S].
[5] 国家测绘地理信息局. 地理国情普查数字正射影像生产技术规定. 2013.
[6] 国务院第一次全国地理国情普查领导小组办公室. 地理国情普查底图制作技术规定. 2013.
[7] 国务院第一次全国地理国情普查领导小组办公室. 地理国情普查内业编辑与整理技术规定. 2013.

基于历史文化保护的房屋资源调查测绘及三维建模

——以原汉口英租界为例

田 伟 张巧利 陈久锐

(武汉市房产测绘中心,湖北武汉 430015)

【摘 要】城市历史文化风貌街区和优秀历史建筑是城市历史文化资源的重要组成部分。通过对其实施房屋资源调查测绘及实景三维建模,以准确翔实的图数资料对历史街区沿革、建筑空间环境等方面进行分析研究,探索其所蕴涵的历史文脉是城市历史文化风貌街区和优秀历史建筑保护工作的重要技术基础。通过对优秀历史建筑的保护留住城市之根,延续城市文脉,提高城市品位,弘扬城市个性魅力。

【关键词】历史文化风貌街区;优秀历史建筑;房屋调查测绘;三维建模

1 引 言

武汉市城市的优秀历史建筑主要由1861年汉口开埠后至20世纪50年代这一时期的历史建筑组成,是近代中西文化交流、碰撞、融合的重要历史地段,历史遗存丰富,融西方建筑的古典浪漫和民族建筑的含蓄典雅于一身,汇金融、商业、居住、宗教和教育、外交、工业建筑为一体,集中体现了中外不同的地域文化、建筑艺术,以及武汉市的城市经济发展和社会历史演变,是不可多得的艺术瑰宝。武汉市将优秀历史建筑保护作为贯彻“文化强市”发展战略的重要举措,通过对优秀历史建筑的保护留住城市之根,延续城市文脉,提高城市品位,弘扬城市个性魅力。

2012年底《武汉市历史文化风貌街区和优秀历史建筑保护条例》(简称条例)的颁布为保护工作提供了法律支撑。按照关于“加大汉口老租界、武昌古城等历史文化风貌街区保护改造力度”的要求,从2013年初开始武汉市房产测绘中心会同有关单位开展武汉市原汉口英、法、俄、德、日五国租界房屋建筑资源调查和测绘工作,以不断提高优秀历史建筑保护的行政管理水平,探索在城市建设中正确处理发展与保护关系的方法和途径。先期启动原汉口英租界区内的调查测绘工作,为后续全面展开的城市优秀历史建筑保护工作提供经验借鉴和基础技术支撑。

2 原汉口英租界的历史概况

在出现殖民主义租界之前,汉口城区主要建设在汉江边,那时长江边还是无人居住的荒芜野地。1861年英国殖民主义者按《汉口租界条约》在今天的天津路所在位置建房舍作为英国驻汉领事馆,开启了汉口殖民租界的历史。随后自1895年由俄、法、德、日等国家沿汉口长江边一字排开强设租界区,南起汉口江汉路,北到汉口黄浦路,西至中山大道,长达七八千米,面积达数千亩。由于五个租界区东临长江岸边,汉口城区也开始由汉水边转向长江沿岸发展,从而形成了一条宽敞的沿江大道。

殖民主义者带来的商贸发展,极大地推动了汉口城市建设。因为这一段历史,汉口便有了众多的西洋建筑和中西合璧的现代建筑。这些建筑有着西方人的设计,更有着中国建筑商的智慧,还有着西方建筑在中国氛围中的转化特点。当初殖民主义者对租界的市政建设也作了较好的规划,街道分与长江平行走向和与长江垂直走向,平行的走向称“街”,垂直的走向称“路”,其间建筑与房屋零乱、低矮,大多是木结构的一二层房屋的汉正街等地方形成鲜明对照。

原汉口英租界在1861年创建后,英政府又强行根据《汉口新增租界条款》将租界占地面积扩充,它是原五国租界中设立最早、建设时间最长、规模最大的租界区,至1927年3月收回前后,历时66年。

3　房屋资源调查及房产测绘

原汉口英租界西至现今中山大道,东至沿江大道,南自江汉路,北至合作路。根据 1∶2 000 房产管理图量算,总占地面积约 852 亩。

3.1　历史房屋资源调查及分类

常规的房地产调查作为房屋和房屋用地有关信息采集的重要手段,是房产测绘的主要任务之一。本项房屋资源调查是在常规方式的基础上,根据促进城市建设与历史文化保护协调发展的原则,对历史房屋用地的位置、权属、权界、数量、质量及利用状况等基本情况进行调查。

我们今天所看到的原英租界房屋建筑,它们绝大部分建造于 20 世纪的最初 30 年里,反映了那个时期汉口城市发展状况。经调查统计,原英租界内重要历史建筑属国家、省、市级文物 22 处,市级优秀历史保护建筑 23 处;拟保护历史建筑 44 处;另有反映汉口历史时期民居里份 10 处。

3.2　历史房屋的文化内涵

通过对城市历史文化风貌街区和优秀历史建筑进行资源性调查测绘及分析研究,进而对其进行保护和再利用,正是为激起人们对城市历史文化的认同感和归属感,并促进其成为城市发展源源不绝的动力。通过调查分析,原英租界内历史房屋建筑蕴涵以下几种文化元素。

3.2.1　宗教文化

鸦片战争前后外国宗教渗入武汉,开始文化殖民,其中最主要的是天主教和基督教。这些教会以教堂为传教基地,对武汉市宗教文化氛围的形成起了深刻的影响,是当时武汉市城市社会历史进程的重要组成内容。其代表建筑为具有拜占廷式建筑风格的汉口东正教堂和以古罗马耶稣会教堂为蓝本的建筑主面系古罗马巴西利卡式风格的汉口上海路天主教堂。“文革”中该教堂封闭,1980 年重新开堂,现为武汉市天主教会教务活动中心。

3.2.2　建筑文化

原汉口英租界保存有最好的近代建筑,这些建筑具有较高的建筑艺术价值,其造型或华美,或典雅,或清丽,或拙朴,经历百年时光的侵蚀,仍然不失当年的神采和风韵,在今日城市里,以其精致的建筑艺术展示着它们的存在。

江汉关大楼是原汉口英租界内的第二代海关办公楼,由英国工程师辛普生仿伦敦国会大厦样式,设计了这幢希腊古典与欧洲文艺复兴混合的包含钟楼、共 8 层、总高 46.3 m 的大楼。无论是站在沿江大道与之正面相望,还是处于江汉路与之侧对,它都是一幅宏伟图景。

日本横滨正金银行大楼,是一幢比欧洲还欧洲的新古典主义建筑,它将主入口处设在转角处,其中的正面柱廊采用爱奥尼柱式双柱排列,内部装饰显现一些日本元素。

由英国工程师派纳设计的汇丰银行大楼,是汉口最早使用钢筋水泥的建筑。大楼的外墙以麻石砌到顶,正面有 10 根圆形大柱,柱头为爱奥尼式,墙面和檐部有花篮吊穗、火焰球等装饰浮雕,无论近瞧还远观,整体建筑均呈现一种高大的气势。

3.2.3　人文胜景名人故居

西方的神职人员在传教布道中设计了一些宗教式建筑。原英租界内的鲁兹故居建筑与鲁兹的主教身份十分贴切。其建筑轮廓造型简单,横平竖直的立方体风格符合新教徒节俭清淡的传统。鲁兹是美籍传教士,中文名吴德施,1896 年受美国基督教圣公会派遣到中国布道,在中国生活了 25 年,1938 年 4 月获准退休。

3.2.4　里份文化市井气息

在旧时汉口将城市居住的巷、坊称为“里份”。武汉城市居住里份大部分坐落在原英租界内,是城市里份建筑的优秀代表,在中国近代城市建筑历史上占有十分重要的地位,其现存的大陆坊、汉润里、洞庭村极具城市市井气息。

另外,属民国早期里坊式住宅建筑的咸安坊是汉口有代表性的高级里份住宅区,坊内交通分为里巷、次巷和支巷,规模大、结构整齐,房屋前后设有天井,内部采用木质装饰,单元结构为石库门式住宅。

3.2.5 历史风貌街区

江汉路是近代汉口城区作为商业都市发展起来的,也是武汉最繁华、最有名气的街道,两旁房子精致漂亮,显现出异国情趣。特别是海关建造以后,因为这条路的位置优越,逐渐成为一条商业繁华之地。在轮船为主要交通工具的时代,人们都要乘船从这里奔赴各地。

3.3 历史房屋现状平面图测量

以1:2 000房产管理图为基础,与武汉市第二次土地调查(城镇)1:500地籍图相叠加形成工作底图,采用WHCORS系统结合全站仪野外数字采集方式进行旨在满足本项工程要求的房产要素测量和整个租界区房屋现状1:500平面图的测绘,并缩编成1:2 000房屋现状平面图。

4 三维建模及图数一体化空间数据库的建设

以1:2 000房产管理图和前述房产图及有关分层图中房屋边线数据为基础资料,在3DSMax及AutoCAD、Photoshop等平台上,以精细建筑模型规格,采用基于矢量数据的建模方法,根据不同房屋建筑形态,分别采用平面图拉伸或使用分层分户图等方法构建模型框架。

将外业调查所获得的建筑物原名称、现名称、建筑结构及面积、栋数、地址、建造年代、产权人、使用人等属性与图形关联,在房产管理图数据库上,利用GIS技术建设图数一体化的空间数据库,形成二、三维一体化查询分析及视频展示功能。

5 成果整理及分析

根据以上调查与测量成果进行分类整理,最后形成"原汉口英租界风貌区房屋资源现状调查及测绘成果资料",为后续英租界区专项街区保护规划和历史建筑保护规划方案提供准确的基础资料。

6 结论与建议

城市历史文化风貌街区和优秀历史建筑保护与利用规划需要有详细的现状调查资料及图数资料的分析。我们所实施的调查测绘及三维建模正是其工作的起点。

(1)全面开展原汉口五国租界历史风貌街区和优秀历史建筑保护规划编制和实施,借鉴天津、上海等其他城市成功经验编制完成利用保护图则,建立完备管理机制。

(2)利用保护应坚持"统一规划,整体保护,合理利用,利用促保护"的原则。历史街区要保存,但也要发展,发展是为了更好的保护,只有赋予历史街区新的内涵,激发其老的活力,保护才能得以实现。

(3)我国现已形成以"文物保护法"为核心的历史街区保护法规体系,但缺乏对历史街区规划技术的专门研究,因而要从法律层面上完整全面的规划历史街区保护利用的具体内容,形成极具操作性的相关技术规程,使其利用保护可持续发展。

参考文献

[1] 武汉市国土资源和规划局. 规划武汉文集[M]. 北京:中国建筑工业出版社,2010.
[2] 彭建新. 武汉的老街巷[M]. 武汉:武汉出版社,2008.
[3] 朱明石. 汉口老房子[M]. 武汉:湖北科学技术出版社,2008.
[4] 郑举汉,等. 武汉市1:2 000房产管理图数字化测绘与建库工程及成果应用[J]. 测绘通报,2012(8):89-91.
[5] 陈镇,等. 武汉市城市景观大道房屋三维建模及整治测绘[J]. 地理空间信息,2013(2):130-132.
[6] 郑举汉,等. 物业管理区域图测绘及实景三维建模[J]. 测绘通报,2013(12):85-87.
[7] 陈镇,等. 房产基础测绘和GIS在武汉市存量房计税价格评估中的应用[J]. 测绘通报,2012(8).
[8] 郑举汉,等. 物权法的实施对武汉市房产测绘的影响及应对策略[J]. 测绘通报,2011(6).
[9]《武汉房产年鉴》编委会. 武汉房产年鉴2005[M]. 武汉:武汉出版社,2006.

城市管理服务平台的建设

阚晓云

（咸宁市勘察测绘院，湖北咸宁 437100）

1 引 言

1.1 建设目的

建设目的是为了基础数据库资源的分级分类共享，实现与城市规划建设管理系统和三维影像系统资源共享与系统对接，促进公共基础数据中心的建设，形成以服务为主、居民为主的城市管理体系。

根据政府管理业务分为事件型和事务型两种类型的特点，以城市管理服务平台和行政审批信息系统为龙头，通过城市管理服务平台和行政审批信息系统建立政府业务管理的任务驱动模式，形成由一个基础资源中心、两个龙头信息采集系统和多个职能部门信息系统构成的政府信息系统体系，通过城市管理服务平台的建设带动部门信息系统的建设和信息资源的共享，从而促进数字城市的建设。

同时，系统向上承接管委会各职能部门与城市综合管理相关的业务，尤其是建设局和环境局的业务，如城市规划监察、建设工程监管、违法用地查处、环境卫生管理、水源污染防治等；提供网上办事大厅，市民可在网上办理城管类、住房类的相关业务；根据部件管理的需要指挥投资公司相关的管理部门对城市基础设施的维护工作，与社区居委会的社区管理系统和小区物业管理系统进行数据共享，加强生态细胞内部的管理。因此，系统的建设和运行将在数字城市中发挥着重要的作用[1,2]。

如果把政府业务划分为事件型业务（如城市管理业务）和事务型业务（如行政审批），那么城市管理服务平台（见图1）将是管委会常规事件的推进器，通过行政审批系统（OA系统），形成城市两大龙头信息系统，同时，城市管理服务平台通过与投资公司的联动带动企业的信息化发展，通过城市管理服务网站带动社会信息化的发展[3,4]。

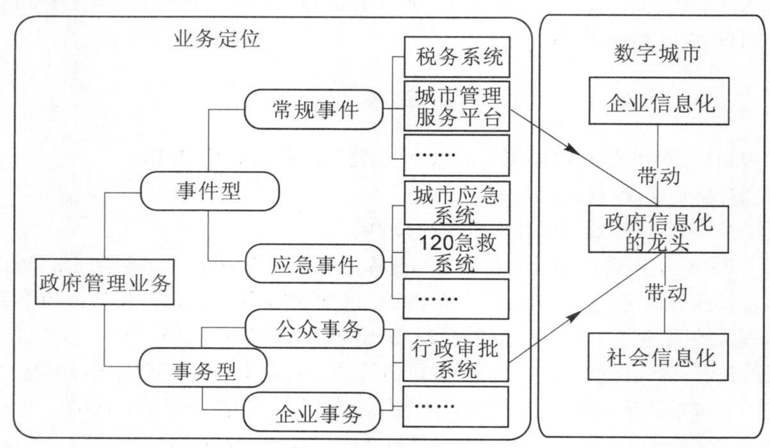

图1 城市管理服务平台

1.2 建设思路

根据生态城的实际情况，项目建设确定以“顶层设计，分步实施；理念创新，服务居民”作为系统建设总体指导思想。

所谓“顶层设计,分布实施”,是指自上而下,从政府层面统一考虑跨部门信息化应用,充分消化和吸收全国兄弟城市建设数字城管的先进经验[5-7],充分考虑“数字生态城”和“大城管”建设的全局和整体性的需求[8,9],进行系统的总体设计,面向共享,预留接口,做好系统建设前期的规划设计工作。系统建设以“小城管”建设作为切入点,首先满足执法大队的业务需求,为大城管运行积累经验,时机成熟时再逐步扩展到其他单位,充分发挥系统的综合效益。

所谓“理念创新,服务居民”,是指系统的建设要结合生态城的特色,做到两点创新:一是创新服务式城管模式,利用生态细胞中的服务功能,建设服务式的城管系统;二是通过系统的趣味性吸引全民参与,使居住在生态城的居民积极地参与到城市管理实务中来,政府引导并辅以奖励机制,力争用最小的投入做到“城市美丽、百姓舒心、政府满意”。

1.3 与其他系统关系

城管服务平台的建设,需充分利用和整合现有的信息化资源。系统在总体设计中充分考虑规划建设管理系统以及三维可视化系统的对接,包括其功能性的整合与对接以及数据层面上,特别是空间数据层面上的共享、交换。由于城管服务平台的建设可促进数字城市的建设,所以在与规划建设管理系统和三维可视化系统对接时需将城市基础公共数据向下沉淀,形成区域数据中心的部分数据,在信息化不断发展的过程中逐渐填充基础数据库,最终形成数据中心。这就要求城管服务平台的设计、开发过程中,采取一系列技术手段,例如元数据技术,在本期项目建成后就形成小规模的数据中心雏形,将基础空间数据、视频监控数据等沉淀为公共基础数据库,如图2所示。

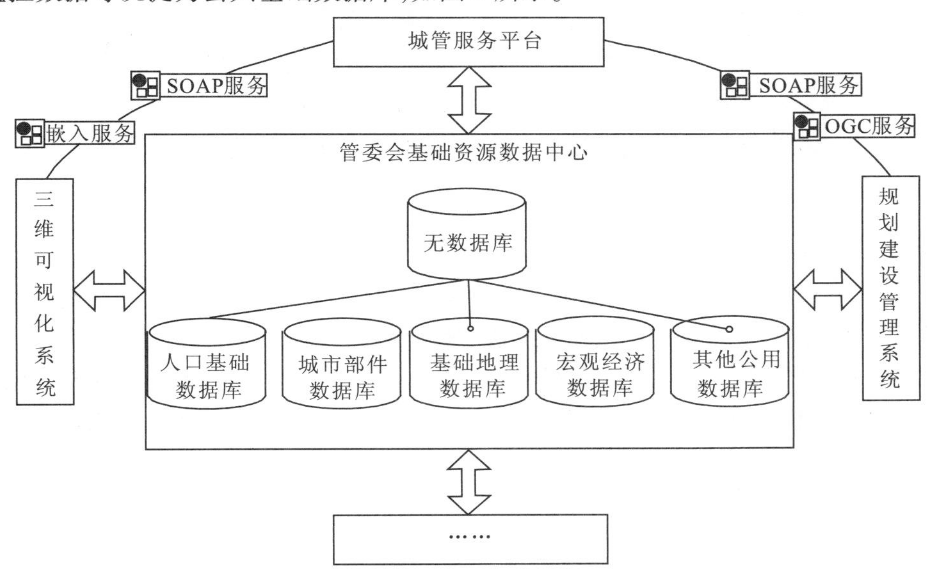

图2 城管服务平台与其他系统的共享交换

2 关键技术

2.1 信息资源的共享

随着电子政务系统的不断建设,政府许多部门都需要数据资源的支持,数据资源共享服务成为部门的共同需求。城管服务平台的建设,要立足于资源的横向整合,通过不断地扩充,采用元数据库技术,实现公共资源的集中管理;采取数据交换技术分发到符合权限的委办局信息化系统中,实现数字城市的信息资源平台。

城管服务平台涉及多个政府部门的数据,也涉及多个政府部门的协作,有利于政府部门的数据整合与集成,可以为数字城市的建设奠定数据基础。同时,通过应用驱动带动数字城市的建设,系统最终可以升级为城市综合管理中心,成为数字城市的核心组成部分。

城管服务平台、三维系统、规划系统的公共数据向下沉淀，逐步形成管委会基础数据资源中心，提供给所有信息化系统服务；同时，城管平台通过 Web 服务、OGC 服务等技术手段，与规划系统、三维系统做到系统互连、数据互通。

2.2 市民互动内容的趣味性

通过外网网站，实现与市民的良性互动。城市管理服务网站，要区别于传统的城市管理网站，不单单是列一些新闻、列一些法规、开通一个市民举报的论坛等，除此之外，需通过网站达到宣传、全民参与等目的。而吸引市民的参与，就需要在网站的建设中充分吸纳三维场景、动漫的思想，吸引市民的访问，通过增加访问量提高网站的知名度，而网站知名度的提高又会让更多的市民访问网站，形成良性循环。

所以，城管服务网站系统的建设，应使用 3D、视频、动画、网游等技术实现网页的美观和互动性，一改过去政府网站的严肃性，提升市民的用户体验（见图 3）。

图 3　趣味贴条

2.3 智能视频与移动视频相结合

智能视频源自计算机视觉技术。计算机视觉技术是人工智能研究的分支之一，它能够在图像及图像描述之间建立映射关系，从而使计算能够通过数字图像处理和分析来理解视频画面中的内容。在监控垃圾渣土、群发性事件方面，系统采取智能视频技术，自动分析、记录、报警。例如对车辆的外形进行判断，符合“渣土车”外形特征的车辆经过时，触发一个告警并且录下前后 10 s 的影像，如图 4 所示。

除智能视频外，还需建设“移动视频”。“移动视频”是指通过 3G 网络和手机的摄像功能，将手机拍摄的视频实时地传送到城管服务系统中来，操作人员通过系统查看手机当前的实际情况。

3 系统设计

3.1 接入层

接入层包含系统的服务对象、系统用户，以及需要与系统进行业务整合及数据交换的其他信息系统。总体来说，业务层可以分成以下几类。

3.1.1 信息采集

信息采集层是系统任务的起点和终点。城市管理信息采集模式采用创新的采集模式，引导广大市民利用手机、电话、互联网等工具参与到城市管理活动中来，利用“市民通”、城市管理服务网站、短信平台等信息采集手段，快速地发现和定位问题，并将问题上报至城市管理监督中心。

图 4　智能视频

3.1.2 信息受理

信息受理层由城市管理监督中心人员组成，是信息上报的受理登记中心，负责对整个信息流程的登记和管理。

3.1.3 监督指挥

监督指挥部分由城市管理专业人员、相关指挥领导、各级领导和人事部门组成。信息采集上报的问题，经过受理人员的确认后，进行正式立案，进入工作流程处理。任务反馈核查后，进行结案、销案和归档。

监督指挥层对信息处理层登记立案的事件进行分析，调度、指挥和协调各个专业部门。主要负责监督案卷的处理流程，通过工作流系统对案件进行督办、催办。通过对系统信息处理层登记的案件进行统计分析，给各个专业部门和城市管理执法队员进行综合评价和考核。

3.1.4 任务处理

任务处理层由各街道和专业部门组成，主要接受指挥监督层的相应执行指令进行工作，并将工作处理结果反馈给信息受理层进行登记。

3.1.5 决策分析

决策分析层由各级领导组成，对城市管理监督中心、城市管理指挥中心、各专业部门进行工作催办；对城市管理执法队员进行考核，对整个系统进行考核、统计分析、综合评价。

3.2 应用服务层

应用服务层包含了整个城管服务平台的主要子系统及网站部分。应用服务层主要分为三大部分：城管应用系统、扩展子系统、城市管理服务网站。

3.2.1 城管应用系统

城管应用系统包含了九大标准子系统，包括无线数据采集子系统、呼叫中心受理子系统、协同工作子系统、构建与维护子系统、地理编码子系统、综合评价子系统、大屏幕监督指挥子系统、基础数据资源管理子系统、数据交换子系统。

3.2.2 扩展子系统

扩展子系统包括视频监控子系统、垃圾渣土清运子系统、语音提示子系统、实景影像子系统、移动督办子系统、城市电子档案子系统。

3.2.3 城市管理服务网站

城市管理服务网站是生态城城管系统的重要组成部分，主要承担生态城城市管理的宣传、全民参与、节能减排等。

3.3 组件服务层

组件服务层主要由 WebGIS 组件、工作流组件、地理编码组件等构成。组件服务层构成了整个城市管理服务平台的公用平台部分，是整个系统的核心和基础。

3.4 数据层

数据是 GIS 系统的灵魂，数据库建设要本着“边建设、边管理”的原则，在城市建设过程中将会产生海量数据，因此数据层的设计考虑了海量数据管理方案。

3.5 基础支撑层

基础软件层主要包括操作系统、数据库软件、中间件及 GIS 平台等。基础软件层为整个系统提供基础软件支撑。硬件及网络是系统的硬件基础，稳定可靠的硬件设备及网络链路能够保障系统的高效运行。硬件与网络层主要包括无线通信网络、千兆局域网及互联网等网络以及服务器、磁盘阵列等硬件设备。

4 功能模块

4.1 呼叫中心受理子系统

该子系统主要实现与 CTI 服务器软件和座席客户端软件集成、公众举报事件登记受理、热线事件登记受理、执法队员事件登记受理、市级交换事件登记受理、街道事件登记受理。座席是通过统一的服务接口与呼叫中心交互，完成多种业务的功能实体的统称。

4.2 协同工作子系统

协同工作子系统实现城管服务平台办公自动化，图、文、表、业务管理一体化，实现基于工作流的呼叫中心、监督中心、指挥中心、各专业部门之间协同工作，具有良好的自适应性、良好的可扩展性和免维护性。工作流引擎应可以灵活、自由地进行配置，同时还可以对包括主流程及各流程环节的权限进行设置，保证流程在复杂应用中的可用性和适应性，工作流调整要图形化、可视化。系统具备浏览器方式下的信息提醒机制。当有新的信息到来时，以文字或声音的方式对用户进行提示。可根据岗位职责和职务划分成不同用户群，从业务需求和使用权限上进行分类。

4.3 构建与维护子系统

构建与维护子系统是系统管理员使用的工作平台，通过该平台，可以快速搭建、维护城市管理业务，定制业务工作流程，设置组织机构，并能够方便快捷地完成工作表单内容样式调整、业务流程修改、人员权限变动等日常维护工作。利用构建与维护子系统，系统管理人员可以方便地调整系统，使之适应用户变化的需求。

工作流管理系统分为三个部分，如图 5 所示。

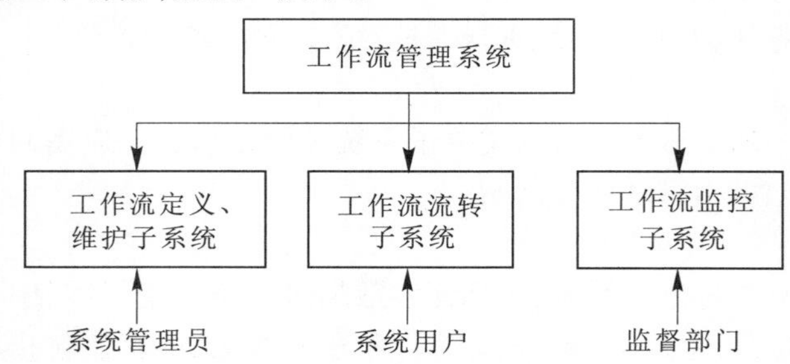

图 5 工作流管理系统框架

4.4 大屏幕监督指挥子系统

大屏幕监督指挥子系统设在监督、指挥中心，实现信息实时监控，便于监督中心、指挥中心和各级领导更加清楚地了解城市管理的状况。可通过大屏幕直观地掌握各个区域的城市部件（事件）信息、业务办理信息、综合评价信息等全局情况，还可以对每个生态细胞、信息采集员、部件等个体的情况进行查询。

结合城市管理系统的特点和要求，大屏幕系统的显示区域可分为三个部分，具体包括地图显示区、案卷滚动信息区和详细信息显示区。其中，地图显示区主要显示全区整体地图，具体包括行政区划图、单元网格图、部件分布图、城市管理事件分布图、城市监督管理人员位置分布图，以及当前办理的城市管理事件处理情况和评价信息。案卷滚动信息区能够实时统计反映所有在办案卷数；滚动显示正在办理的每个案卷基本信息。详细信息区是指单个问题、生态细胞的详细信息，包括执法队员位置、案卷办理情况、综合评价结果等。

4.5 综合评价子系统

综合评价子系统包括评价数据采集、评价规则设定、评价对象设置、评价模型建立、部门评价、岗位评价、区域评价、考评管理、评价结果统计输出、考评结果发布、案卷综合分析等功能模块[10]。

5 结论与展望

城市管理要以服务为轴心，系统建设目的在于全面提升居民幸福感与满意度，主要服务对象为公众。

公众对自身生活环境有着本能的关心，让公众也参与到城市管理中来，既能扩大城市管理问题的信息采集面，使问题能够更快更早地发现，又能体现公众的城市主人翁地位，促进社会和谐，还可以对城市管理部门与工作人员的工作起到监督作用。所以,在建设城管系统同时要建立起城市管理部门与公众互动的渠道,开发面向公众的数字城管城市管理服务网站,城市管理工作情况要及时地、透明地向公众披露,公众可以通过多种渠道上报城市管理问题以及对政府部门的工作进行评价。

通过城市管理服务平台的建设,形成市民、政府、环境良好共存的局面。市民关心和享受城市环境,政府监管、服务城市居民,从而实现人与环境和谐共存。

参考文献

[1] 程结晶. 公共服务管理平台中档案信息传播服务体系研究[J]. 北京档案, 2010(5):9-11.

[2] 卢丹, 宋庭新. 公共服务信息门户中服务管理平台的研究[J]. 软件导刊, 2010(2):85-87.

[3] 林俞先, 李琦. 基于 Web 服务的数字城市空间数据资源共享研究[J]. 测绘科学, 2008(4):209-211.

[4] 汤明, 淦净, 陶春元,等. 数字生态城内涵及其特征要素研究[J]. 生态经济, 2012(12):158-160.

[5] 程锋. “数字城管”基础数据普查关键技术研究[J]. 测绘与空间地理信息, 2011(2):159-161.

[6] 陈观林, 李圣权, 周鲁耀. 杭州市“数字城管”现状及发展对策研究[J]. 情报杂志, 2009(S2):43-45.

[7] 朱大明, 黄丽虹, 蒲荣昆. 基于 Ajax 技术的 WebGIS 在数字城管系统中的应用研究[J]. 地矿测绘, 2007(2):9-11.

[8] 杨期勇, 陶春元, 汤明, 等. 基于排列成对比较法的城市生态适宜度评价与分析——以共青数字生态城为例[J]. 生态经济, 2012(12):161-164.

[9] 黄伟, 邹成武. 基于云计算技术的数字生态城市平台设计[J]. 科技广场, 2012(9):35-37.

[10] 侯至群. “数字城管”系统中城管部件数据采集方法研究[J]. 城市勘测, 2006(1):3-5.

MapStar 系统在数据融合处理中的应用

裴国英　王永秋

(61175 部队,湖北武汉 430074)

【摘　要】在非标准分幅格式数据转换、多源数据融合处理过程中,存在因图幅参数信息设置错误造成数据移位、地理格式矢量数据与影像数据套合等问题。本文在对 MapStar 系统数据转换过程分析的基础上,通过灵活运用系统提供的功能,较好实现了上述数据的融合处理。

【关键词】MapStar 系统;数据转换;多源数据融合

1　引　言

利用 MapStar 系统进行作业过程中,经常需要将非标准分幅或地理格式的数据转换为 MapStar 格式数据,进行多源数据的融合处理,还存在部分因图幅参数信息设置错误造成数据移位、地理格式矢量数据与影像数据套合等数据融合方面的问题,MapStar 系统没有提供针对此类问题的直接应用。本文在对 MapStar 系统数据转换过程分析的基础上,通过灵活运用系统提供的功能,较好地实现了上述数据的融合处理。

2　MapStar 系统数据转换过程分析

完整格式的数据包括分层数据文件、注记文件和元数据文件,分层数据文件至少包括属性文件和坐标文件,其中坐标文件中坐标值记录形式主要有两种:一种是采用相对坐标,一种是采用绝对坐标。一般情况下,高斯格式的数据采用相对坐标,地理格式的数据采用绝对坐标。在元数据文件中,记录了相对原点坐标的坐标值,采用相对坐标时,该坐标值一般为图廓左下角点纵横坐标;采用绝对坐标时,该坐标值纵横坐标均为 0。其他系统在使用该格式数据时,必须通过元数据文件中记录的相对原点坐标和其他信息,才能将数据恢复到正确位置。同样,在输出数据时,也需要按此标准对坐标文件进行处理。

MapStar 系统进行数据转换时采用了与其他系统不完全相同的处理过程,其相对原点坐标是以系统设置的左下角图廓点坐标为基础计算获取的,而不是从元数据文件或通过图幅编号计算获取的,所以原始数据与 MapStar 格式数据相互转换时,不需要元数据文件,但需要正确设置左下角图廓点坐标。对于标准分幅的数据,该坐标值为图廓左下角点坐标,MapStar 系统可以通过图号计算得到;对于非标准分幅的数据,该坐标值为元数据文件中记录的相对原点坐标值;对于采用绝对坐标的数据,该坐标值为 0。同时,在将数据转换为 MapStar 格式数据过程中,需要正确设置坐标缩放系数和偏移量。

3　非标准分幅格式数据转换

非标准分幅格式数据一般采用自由分幅,在进行数据转换时,无法通过图幅编号获取数据的相对原点坐标,但在元数据文件中记录了相对原点坐标。此类数据主要包括以区域为单位保存的军标数据、部分专题数据,如国界带状图数据、数字判绘系统单片数据等。通过上述对 MapStar 系统数据转换过程分析可知,只需要手工设置正确的图幅左下角点坐标,就可以实现数据的转换。具体转换过程如下:

(1)新建图幅数据并打开。在新建图幅对话框中可以只设置左下角图廓点坐标和投影方式,横坐标不加带号,如果数据是交换格式,还需要执行属性表替换操作。

(2)执行 MapStar 格式转换。在平移缩放参数对话框中,将纵横坐标偏移量设置为 0。因为在设置左下角图廓点坐标时使用的是相对原点坐标,已将偏移量计算在内,所以此处设置为 0。

(3)转换完成后,在图幅信息对话框中填写完整的图幅信息,包括图号、比例尺、投影方式、坐标系、分带标准等,并执行按图号计算操作,完成数据格式转换。

4 地理格式数据转换

地理格式的数据,一般采用绝对坐标,坐标单位为度(°),如部分 GPS 工程成果等。为了将地理格式的数据转换为高斯格式的 MapStar 数据,需要使用 MapStar 的坐标换算功能。首先将地理格式数据按照高斯坐标转换为 MapStar 格式数据,然后设置数据投影方式为地理坐标,最后执行坐标换算,将地理坐标转换为高斯坐标。MapStar 系统支持的地理坐标格式数据单位为$\frac{1}{4}''$,所以在将数据转换为 MapStar 格式数据时,应进行缩放处理,缩放倍数为 1 400 倍。具体转换过程如下:

(1)新建图幅数据并打开。在新建图幅设置对话框中,设置投影方式为高斯投影,左下角图廓点坐标为 0。

(2)执行格式转换。在平移缩放参数对话框中,将坐标偏移量设置为 0,缩放系数设置为 1 400。

(3)转换完成后,在图幅信息对话框中,将投影方式改为地理坐标,执行常用坐标换算操作,设置中央经线,完成地理坐标到高斯坐标的投影转换。

(4)在图幅信息对话框中填写完整的图幅信息,投影方式为高斯投影,并执行按图号计算操作,完成数据格式转换。

5 根据左下角图廓点坐标进行数据移位处理

在作业过程中,存在部分作业员因图幅信息设置错误,导致转换后数据发生偏移,这类问题大部分只有在数据接边时才能发现。其实在将数据转换为 MapSatr 数据的过程中,只是将坐标文件中记录的相对坐标值与元数据文件中记录的相对原点坐标值进行简单的加法运算,不存在数据的旋转和变形,所以通过计算正确坐标与错误坐标之间的偏移量,然后进行平移处理,就可以纠正此类问题。详细处理过程如下:

(1)计算坐标偏移量。

设错误的图廓点坐标为(X_0, Y_0),正确的图廓点坐标为(X_1, Y_1),平移量为(x, y),则 $x = X_1 - X_0$;$y = Y_1 - Y_0$。

(2)执行坐标平移操作。在纵横坐标平移量框中输入平移值 x,y。

(3)填写正确的图幅信息,执行按图号计算操作,恢复正确的图廓信息。

6 地理格式矢量数据与影像套合技巧

MapStar 系统在进行矢量数据与正射影像叠加时,一般通过 tfw 文件实现影像的定位和定向。对于高斯坐标的矢量数据和影像来说,因为数据单位一致,可以直接使用 tfw 文件,但地理坐标的矢量数据与影像数据因坐标单位不一致,直接叠加时,无法正确套合。解决的办法是将正射影像的坐标单位改正为与 MapStar 系统一致。正射影像的起始点坐标和每像素度量标准是通过 tfw 文件规定的,该文件格式如下:

0.000010000000

0.000000000000

0.000000000000

-0.000010000000

111.749670000000

24.001890000000

其中,第 1、4 行记录每像素的长度,第 5、6 行记录起始点坐标,单位均为度(°)。MapStar 系统数据单位为$\frac{1}{4}''$，所以需要将 tfw 文件第 1、4、5、6 行的值乘 1 400，将度转换为$\frac{1}{4}''$，利用改正后的 tfw 文件就可以实现矢量数据与影像的准确套合。

上述方法和技巧在新一代 1:5万地形图建库与出版工程中得到广泛应用，解决了多源数据融合处理等方面的问题，大大提高了数据资料的利用率，提高了作业生产效率。

MapMatrix 系统下的武汉市 1:2 000 DEM 制作

文　琳　朱传勇　沈　莹　答　星

（武汉市测绘研究院，湖北武汉 430024）

【摘　要】DEM 是以数字的形式按一定结构组织在一起来表示实际地形特征的一种空间数据模型。本文以武汉市 1:2 000 DEM 生产为例，探讨了在 MapMatrix 平台下制作 DEM 的多种方法及操作技巧，总结出一套简捷有效的 DEM 快速生成方案。

【关键词】MapMatrix；ADS80；DEM

1　引　言

数字高程模型（Digital Elevation Model，简称 DEM）是在高斯投影平面上规则格网点平面坐标（X,Y）及高程（Z）的数据集。DEM 最主要的 3 种表示模型是规则格网模型、等高线模型和不规则三角网模型，其间距水平可随地貌类型不同而改变，依照不同的精度，可分为不同等级产品。根据城市基础地理信息系统技术规范（CJJ 100—2004）要求，城市 DEM 数据的基本格网尺寸为 5 m×5 m，采用 5 km×5 km分幅存储，存储单元的起始点为整千米数。武汉市域 1:2 000 DEM 制作以东西向铺设条带，采用 ADS80 数码影像数据，经 IPAS 软件对空中 IMU、GPS 数据进行数据预处理，解算出飞机（相机）的位置和姿态数据。结合解得的定位定姿参数和 GPRO 软件，对原始 L0 级影像作定向定位纠正，得到 WGS－84 坐标系统下的 L1 级影像[1]。利用 MapMatrix 系统完成本地坐标系统转换及恢复立体模型采集等工序，使用量测得出的特征点、线构 TIN 及影像匹配多种方式，生成区域 DEM。其具体生产流程如图 1 所示。

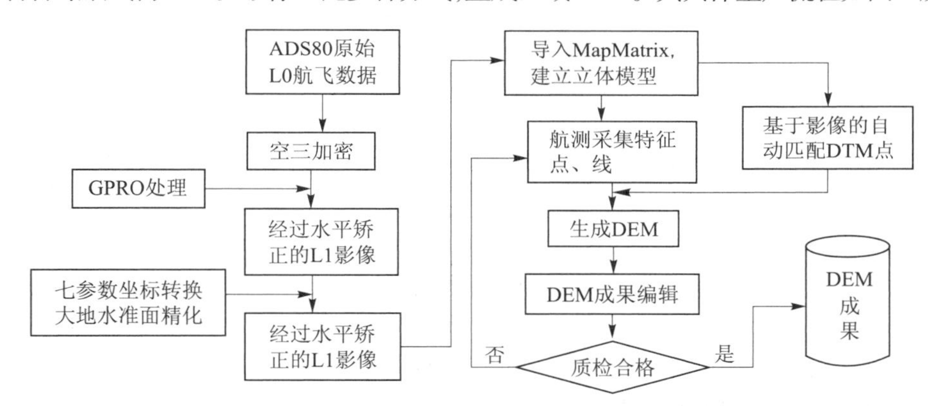

图 1　利于 ADS80 影像在 MapMatrix 系统下 DEM 的制作流程

2　基于 ADS80 影像下的数据采集

2.1　ADS80 工作原理

ADS80 是徕卡公司于 2008 年在 ADS40 的基础上开发的采用多线阵 CCD 成像技术机载线阵摄影系统，其集成的 POS 系统（GPS/IMU），可在少量地面控制点甚至无控制点的情况下进行空三解算。相对于传统胶片相机和框幅式数码相机而言，ADS80 可直接得到影像的外方位元素，大大缩短外业相控、空三加密解算等人工干预时间，并同时获取同一地面的前视（27°）、中视（2°）及后视（14°）三个高分辨率无缝连续重叠的地面立体影像条带，因而减少了相片扫描和拼接环节。ADS80 多余观测的增加提高了影像匹配的可靠性，形成0.87的基高比（$b/f=\tan41°$），根据空间前方交会得到的高程精度公式：

$$M_Z = GSD/(k \times b/f)$$

可见，提高高程精度的因素有三点：一是提高基高比 b/f；二是提高像点坐标的量测精度即 k 值；三是提高GSD地面分辨率（分辨率越高，GSD值越小）。高精度数码航摄相机能够通过更小的传感像元，降低航飞高度，提高地面分辨率，获得较高的高程精度。ADS80传感器，提供了近1的基高比（前后视41°），弥补了以往框幅式像对的立体采集中高程精度不足的缺陷，其整体性能使数字摄影测量立体采集工作更为简便精确[2,3]。

2.2 基于MapMatrix系统的ADS80的立体测图原理

MapMatrix系统是基于卫星遥感、航空、外业等数据进行多源空间信息综合处理的平台。利用MapMatrix进行ADS80影像的建模过程较框幅式相机而言相对简化，无需进行内定向、相对定向、绝对定向及核线重采样等工序。用户在该系统中可由原始影像出发，由相机参数文件（*.cam）、影像头文件（*.sup）及金字塔影像（*.tif）、姿态定向参数（*.odf）生成立体模型，经过特征点、线采编及基于影像的自动匹配，最终生成处理后的DEM产品。

MapMatrix系统涵盖几个重要的模块：ATMatrix空三加密模块、DEMMatrix高程模型处理模块、DOMMatrix正射影像处理模块、FeatureMatrix立体测编模块等[4]。其中，DEMMatrix支持多种DEM数据格式转换及DEM数据的立体环境实时编辑，特别是使用量测出的特征点线面数据创建TIN，通过内插修整DEM格网点高程，实时显示设定间距的等高线，实现对复杂地形区域的高效、高精度编辑。

3 DEM的制作方法及技术

3.1 DEM多种制作方法及技术

DEM的数据采集方法主要包括三种：地形测量获取、航空摄影测量、利用Lidar点云分类提取[5]。地形测量获取方法如用GPS、全站仪野外测量采集等，则外业强度大、效率低、成本高，且对于生产产品级别的DEM数据而言，明显高程点密度不足，精度质量欠佳。航空摄影测量方法即全数字摄影测量系统获取DEM，能利用核线影像自动匹配生成DEM后再人工编辑，还能在立体环境下通过采集特征点线面后创建TIN，生成DEM，该方法效率较高，成本投入少，且能够满足产品级DEM的生产精度要求。利用Lidar点云进行滤波分类提取DEM方法，其数据精度高、生产效率最快，但需要额外配置专业软件对海量点云数据进行滤波处理，由于三维点云数据在三维建模等领域应用较广，如仅从获取DEM产品角度而言，航摄成本相对较高。

利用全数字摄影测量方式进行DEM制作又可以分为基于利用TIN直接内插DEM和物方相关原理生成DEM两种。TIN的创建，主要依据于基础数据的采集，即由向量数据转换成的特征点、线，按照物方DEM间隔规定内插规则正方形格网DEM，得到DEM数据。利用物方相关原理生成DEM需进行影像相关处理，进行影像匹配后，MapMatrix系统自动生成DTM，但对于大比例尺（特别平坦地区），由于匹配点大量在树木和建筑物上，由此自动生成的像方DEM效果很差，往往需要进行大量人为的干预，即在生成像方DEM后逐块编辑，最终生成基于物方的DEM[6]。

3.2 基于MapMatrix系统的DEM的具体制作方法

数据采集是DEM生成的关键问题，任何一种DEM内插方法均是基于采样数据进行的，而无法弥补取样不当所造成的信息损失。数据点太稀会降低DEM的精度；数据点过密，又会增大数据量、处理的工作量和存储量。因而，在DEM数据采集之前，需要按照成果的精度要求确定合理的取样密度，并在DEM数据采集过程中可根据地形复杂程度动态调整采样点密度。

武汉是中国中部地区最大都市及国家区域中心城市，现代化程度高，区域房屋密集，地势平坦，高架桥梁交通设施发达，采用影像匹配后MapMatrix系统自动生成DTM，由于房屋、树木、高架较多，其自动匹配结果相当混乱，因此，在本次DEM生产中不进行像方相关（不生成像方DEM），而是通过特征点和特征线，直接创建物方DEM，可大大减少编辑工作量。对于地貌交代清晰、易于表现区域，可采用线编辑模式，选择缺省线属性对能表达地形变化区域进行立体采集。特征线具有单一立体效果，不遮盖影像,能对地形细腻表示,检查出各种小粗差。对于地貌凌乱、无法清晰表达区域,可采用点编辑模式。根据 CJJ 100—2004 的规定,城市 DEM 数据的基本格网尺寸应为 5 m×5 m,利用 MapMatrix 系统中 FeatureOne 立体采集模块设置自动采集高程点选项,以水平方向为行,顺序从上至下,以垂直方向为列,顺序从左至右,每隔 5 m 自动跳转至下个格网,量测高程点。该方法操作简单易行,但工作量较大,一般作为杂乱区域描述较好,步距及断面线上点的间隔都可根据地形的复杂程度而改变。具体要素采集遵循如下采集原则:

(1)水域高程:对于静止水面,测量水位高程并按此高程采集水岸线,整个水域范围据此高程构建平三角形,并按此高程对 DEM 格网赋值。双线河流水岸线的高程应依据上下游水位高程进行分段内插赋值,DEM 高程值应自上而下平缓过渡,并且与周围地形高程之间的关系正确、合理。

(2)森林区域:在林区,在生成 DEM 格网时应减去平均树高获取地面高程。

(3)特殊区域:山头、凹地或垭口等处应内插高程特征点,狭长而缓坡的沟谷或山脊应内插特征线,避免出现不合理的平三角形;陡岩、斜坡、双线冲沟等地貌应合理反映地形特征。

(4)空白区域:空白区域是指数据源出现局部中断等原因无法获取高程的区域,位于空白区域的格网高程值赋予 -9999。

3.3 基于 MapMatrix 系统 DEM 的编辑

DEM 点应切准地面,等高线真实地反映地貌形态。为提高效率,在 MapMatrix 系统中一般采用面编辑的方式,使用系统提供的平滑、内插、拟合、定值及平均高程赋值等算法,逐块编辑;对于道路等线状要素也可以采用线编辑方式进行操作。

3.4 DEM 的接边

像对间 DEM 设置 10 个格网间距的重叠区域以便于接边。系统自动对重叠区域内的格网点进行高程较差的统计分析,在 2 ~3 倍高程接边误差的点位应控制在 4% 以内,不得出现 3 倍以上中误差的点[7]。一旦发现需进行修测,符合限差要求后应进行像对 DEM 接边,取平均数作为重叠区域内的数据值。

4 DEM 的质量控制

DEM 产品质量的最终检查是根据野外高程点的平面坐标,在已建立的 DEM 中内插出检测点位置的高程,利用航摄像控点库以及外业 RTK 采集的高程检查散点,在 ArcGIS 软件中,检查内插等高程点与原始高程点之间的偏离量是否在规定范围内;相邻存储单元的 DEM 数据应平滑衔接;对于水域需检查静止水域内的 DEM 格网点高程是否保持一致,流动水域上下游 DEM 格网点高程是否呈梯度下降,并对高程较差进行统计分析。对较差较大部分需返回到立体模型上进行上机检查,实时观察生成的 DEM 点位是否全部切准地面。如果 DEM 与地面模型的高程差在 2 倍中误差以上,则需进行重测。DEM 成果精度用格网点的高程中误差 M_Z 表示:

$$M_Z = \pm \sqrt{\frac{[vv]z}{n-1}}$$

式中,v 为高程较差;n 为检测点个数。

其精度要求根据 CJJ 100—2004 的规定,见表 1。高大林木覆盖区、高层建筑阴影遮盖区等困难地区的平面和高程中误差可放宽 50% 。数字高程模型(DEM)高程值应取位至 0.1 m,高程值存储时采用浮点型。

表 1 DEM 数据的规格、代号及格网点高程精度要求

数据代号	格网尺寸	精度等级	格网点高程中误差(m)			
			平地	丘陵	山地	高山地
DEM - A2	5 m×5 m	二级精度	0.7	1.7	3.3	6.7

此外,DEM 的质量检查还包括进行数据文件及数据完备性检查。数据文件检查包括检查 DEM 数

据文件命名、数据格式、数据分幅、数据格网尺寸是否符合要求；数据完备性检查包括检查 DEM 数据覆盖范围有无不满幅、数据有无遗漏等问题，相邻存储单元之间应数据完整，不得出现漏洞，DEM 数据应覆盖整个区域范围，接边范围数据应有一定的重叠。

5　试验数据

本项目利用武汉市测绘研究院同源 DLG 数据外业高程检查散点，对 DEM 成果高程坐标值进行检核。本次核查初次抽查 10 幅图，共核查点 2 269 个，符合精度的点为 98.5%。利用公式求得高程坐标中误差，经测算 DEM 成果精度优于 5 m 格网城市基础地理信息系统规范要求的平地 0.7 m，高大林木覆盖区、高层建筑阴影遮盖区等困难地区的平面和高程中误差可放宽 50%，最大不超过 1 m，丘陵 1.7 m 的中误差要求。DEM 较差及各图幅中误差分布情况如图 2 所示。

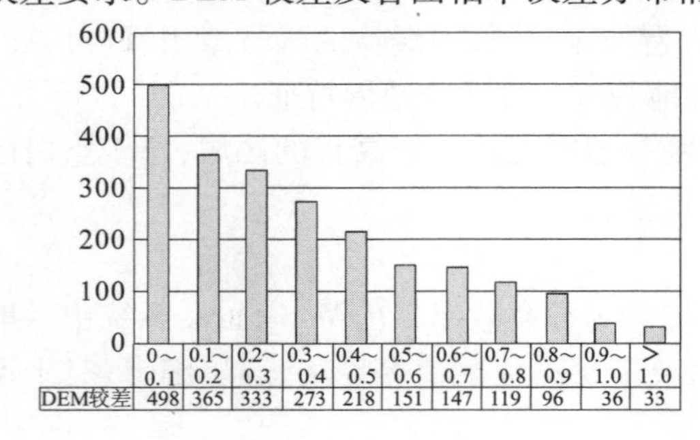

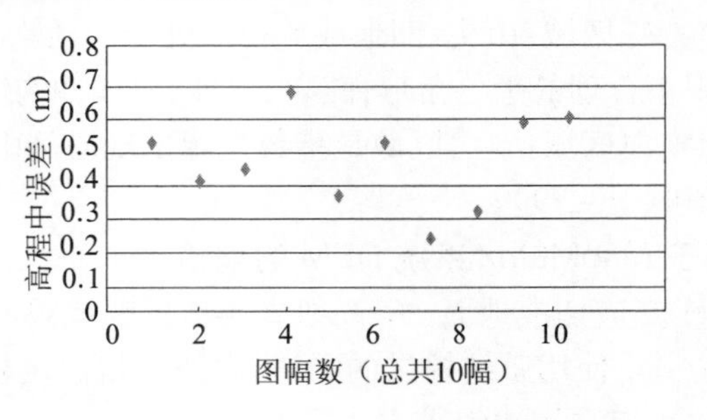

图 2　DEM 较差及各图幅中误差分布情况

6　结　语

在已批准的“十二五”规划中，武汉市将 ADS80 为今后五年内主要航测手段。本文总结了 ADS80 数码影像在 MapMatrix 系统下的武汉市 1∶2 000 DEM 数据生产流程，探讨多种 DEM 快速生成的方式，成果通过精度评定与质量检查，表明其具有良好可行的运用前景。

参 考 文 献

[1] 胡文元. 基于 ADS40 的数字摄影测量生产体系研究与应用[J]. 测绘通报，2009(1)：37-39.
[2] 周军元，高凌，等. ADS40 数据处理方法[J]. 地理空间信息，2011，9(5)：39-40.
[3] 张剑华. ADS40 数码航摄影像在 DTM 立体测图中的应用[J]. 测绘与空间地理信息，2008(5)：166-167.
[4] 航天远景公司. MapMatrix 多源空间信息综合处理平台用户手册. 2007.
[5] 赵红梅，王伟丽，等. 基于 MapMatrix 系统的西部 1∶50 000 DEM 的制作[J]. 测绘标准化，2011，27(1)：27-28.
[6] 郭建东，屈明生，等. DEM、DOM 的生产和质量控制[J]. 地矿测绘，2006，22(2)：7-1.
[7] 许存玲，王伟丽，等. DEM 和 DOM 生产的基本环节及质量控制[J]. 测绘标准化，2010，26(1)：34-36.

测绘成果数据的可视化管理

徐少坤 郭 敏 丁海燕 王海葳

(61175部队,湖北武汉 430074)

1 引 言

当前的测绘成果数据一般采用文件夹的形式存储,为便于快速检索,更高效的措施是建立数据库来存储基本信息。但这种模式存在以下不足:只能提供简单的查询服务,检索结果一般采用列表的形式显示,用户需逐一浏览才能找到所需的数据,缺乏对数据的整体认识[1]。

信息化条件下的测绘成果管理应更高效,特别是测绘导航应急保障对当前的数据管理提出了更高的要求。如汶川地震时需要映秀镇的数据,传统的检索方式不能及时查找所有精确的、较新的资源。如果建立可视化的数据管理体系,映秀镇所在范围的不同比例尺数据,相关的周边数据、各种影像数据、DEM数据等都可分类、形象地表示出来,为指挥决策提供快速有效的保障。

2 测绘成果数据的可视化管理

2.1 可视化形式

可视化形式可分为简单图形和复杂图形,简单图形有饼状图、柱状图、折线图等形式[2];复杂图形有平行坐标和双曲线树等。测绘成果数据的可视化管理中,如果要表达单个数据的检索结果,可采用简单图形,多个数据的检索结果则采用复杂图形来表示[3]。图1和图2所示的是关键词为“北京”的检索结果,对“数据生产日期”分别用饼状图和柱状图表示的效果。

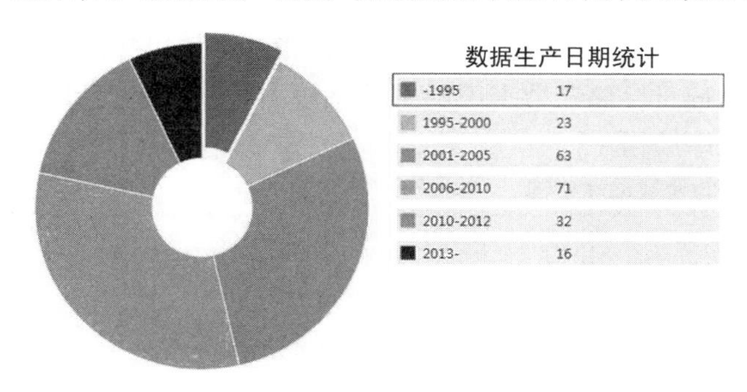

图1 饼状图

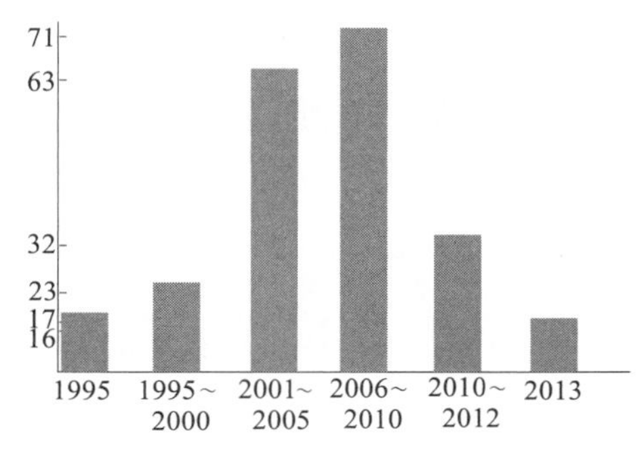

图2 柱状图

复杂图形常用来表达多个条件的复合检索,其中平行坐标和双曲线树的表示效果如图3和图4所示。图3是对图名含有关键词“黄岩岛”的检索结果,按照“生产单位”、“生产日期”、“高程基准”等多个条件组合显示。双曲线树表示的效果如图4所示,对关键词为“北京”的检索数据按照“生产单位”、“坐标系”、“生产日期”等几个条件来组合表示。

2.2 可视化管理系统的设计

可视化管理系统的设计包括元数据库建立、数据组织及界面设计三个方面,其中最关键的是元数据库建立。

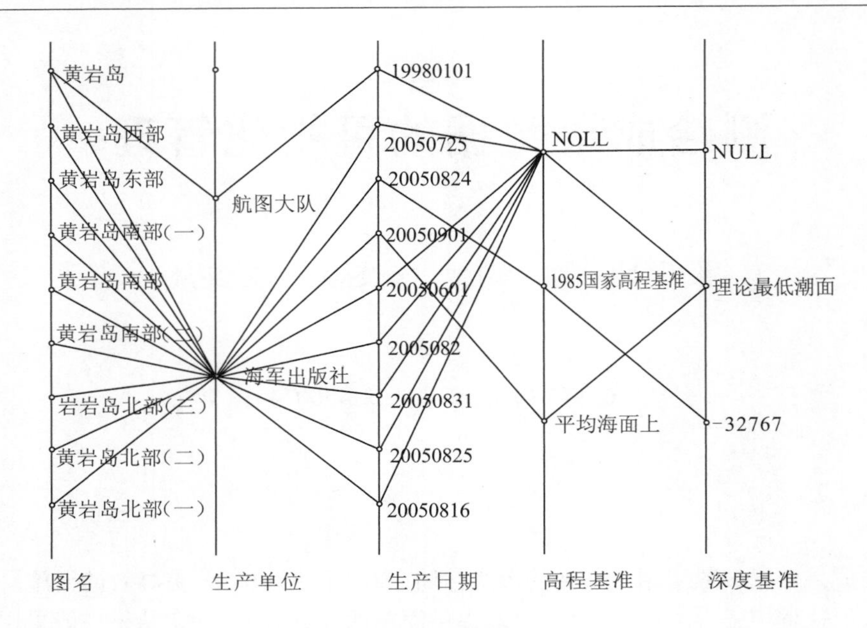

图 3　平行坐标

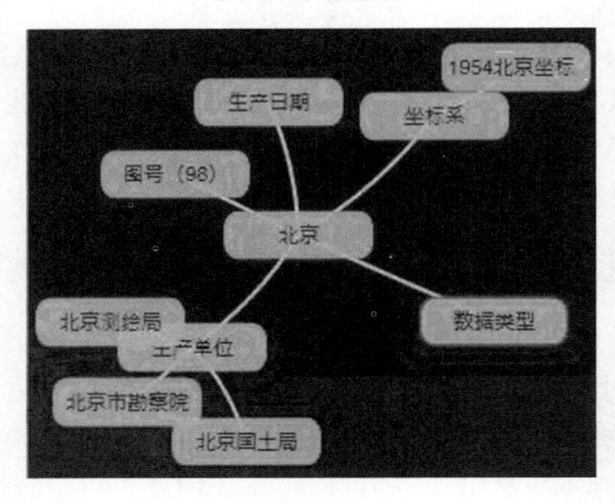

图 4　双曲线树

(1)元数据库建立。各种测绘成果数据如矢量地图数据、影像数据,DEM 数据等,都可以按照相应的元数据标准进行建库。其中可将用户常用的检索信息存储在数据库的主要字段中,不常用信息用关键词表示在附注字段里。表 1 是矢量数据的元数据库结构。

表 1　矢量数据的元数据库结构

元数据要素	数据库字段	数据类型	范例
图名	MapName	字符型	重庆市
图号	MapNum	字符型	N084812
生产日期	ProducedDate	整型	20040813
参考坐标系	ReferenceFrame	字符型	2000 坐标系
…	…	…	…
附注	Annotation	字符型	Landsat7、GPS

(2)数据组织。数据组织包括数据检索、数据过滤以及数据分类等[4]。数据检索可采用常用的 SQL 语句以及更高级别的语义检索等;数据过滤是先用关键词进行初步检索,在检索结果中进行筛选;数据分类是按照不同的条件,如生产日期等来统计排列。

(3)界面设计。包括使用说明、操作提示以及各种图形的绘制。

2.3 测绘成果数据可视化管理平台

测绘成果数据可视化管理平台由四个部分(见图5)组成:数据检索、可视化要素、可视化技术以及显示页面。下面以用户对黄岩岛相关数据检索为例来说明操作流程,其中用户需要查找由海军出版社2005年间生产的比例尺大于1:50万、高程基准为“平均海平面”、深度基准为“理论最低潮面”的数据。

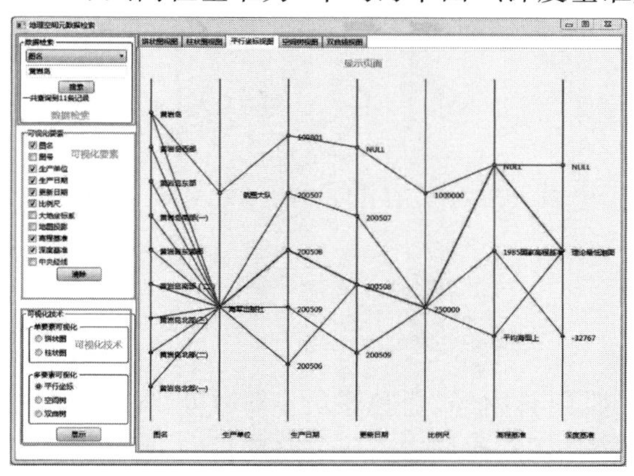

图5 测绘成果数据的可视化平台

(1)“数据检索”部分。用户首先在检索框里输入“黄岩岛”,在下拉菜单中选择“图名”,点击“搜索”按钮,系统完成搜索并显示“一共查询到11条记录”。

(2)“可视化要素”部分。用户接着选择以下选项:“图名”“生产日期”“更新日期”“比例尺”“高程基准”“深度基准”。

(3)“可视化技术”和“显示页面”部分。用户选择“可视化技术”下的“多要素可视化”中的“平行坐标”,点击“显示”按钮,相应的“平行坐标视图”显示可视化结果。

(4)用户对视图进行交互操作来获取数据,包括调换坐标轴顺序、局部细节缩放等。图6中用户分别点击了“图名”中“黄岩岛”“高程基准”中“平均海平面”和“深度基准”中“理论最低潮面”,三个坐标轴点高亮显示,自动获取满足上述条件的数据,并用红色的粗线高亮显示。如果没有合适数据,系统会自动提醒。

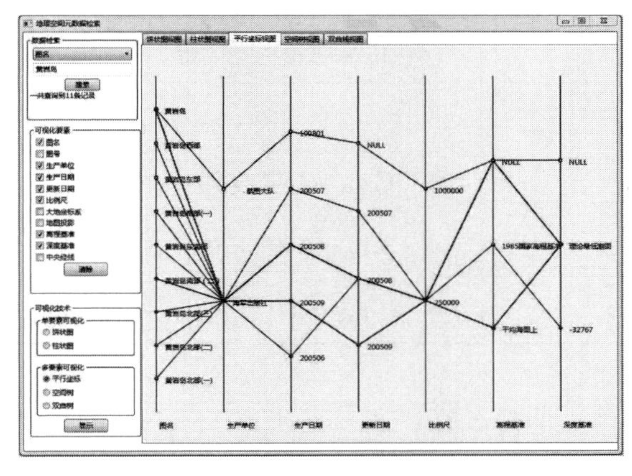

图6 检索结果(红线标志)

3 结 语

当前的测绘成果数据具有数据量大、来源复杂等特点,高效简捷的管理是发展的必然趋势。可视化的数据管理手段能将数据以形象、可视的图形展示给用户,可为突发事件的应急测绘保障提供高效、精准的信息保证,也利于测绘数据的共享和融合。

Excel 函数进行测量坐标批量计算的编程应用

陈　兵　何红玲

（中国一冶集团有限公司，湖北武汉 430080）

1 引　言

Excel 电子表格在办公管理、统计财经、金融等众多领域可以进行各种数据的处理、统计分析和辅助决策操作，在测量行业也能发挥作用。比如在高速公路项目中，要花费大量时间对线路放样坐标进行逐桩计算和校核，采用传统的方法计算费时费力，而且效率不高，而运用 Excel 电子表格中的函数功能编辑公式，实现逐桩坐标批量计算，可提高工作效率，减少计算错误，实现便捷化工作模式。

2 测量坐标计算依据

2.1 方位角与象限角的关系

由坐标纵轴的北端或南端起，沿顺时针或逆时针方向量至直线的锐角，称为该直线的象限角，用 R 表示，其角值范围为 0°～90°。如图 1 所示，直线 01、02、03 和 04 的象限角分别为北东 R_{01}、南东 R_{02}、南西 R_{03} 和北西 R_{04}，则直线方位角和象限角的位置关系如图 2 所示，坐标方位角与象限角的换算关系见表 1。

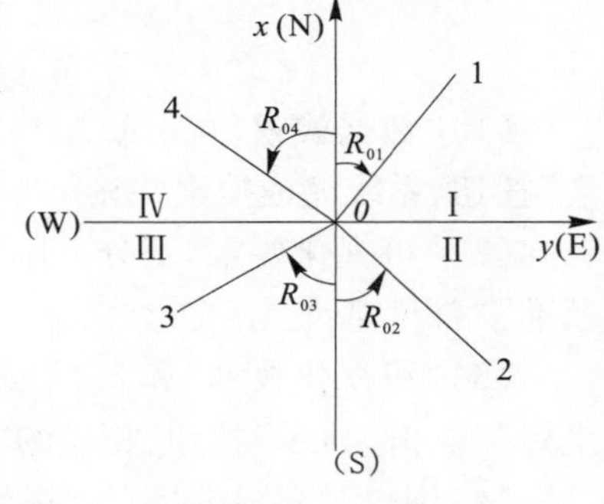

图 1　象限角

表 1　方位角与象限角的换算关系

象限	坐标增量	由象限角求方位角	由方位角求象限角
Ⅰ	$\Delta x>0,\Delta y>0$	$\alpha_{01}=R_{01}$	$R_{01}=\alpha_{01}$
Ⅱ	$\Delta x<0,\Delta y>0$	$\alpha_{02}=180°-R_{02}$	$R_{02}=180°-\alpha_{02}$
Ⅲ	$\Delta x<0,\Delta y<0$	$\alpha_{03}=180°+R_{03}$	$R_{03}=\alpha_{03}-180°$
Ⅳ	$\Delta x>0,\Delta y<0$	$\alpha_{04}=360°-R_{04}$	$R_{04}=360°-\alpha_{04}$

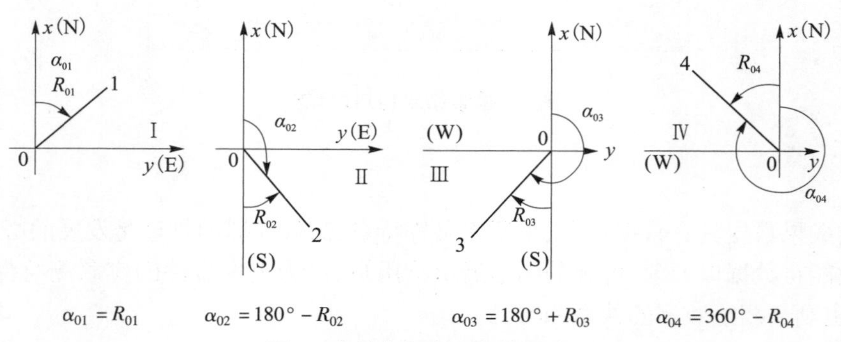

图 2　方位角与象限角的关系

2.2 坐标正算和反算

2.2.1 坐标正算

根据已知点的坐标，已知边长及该边的坐标方位角，计算未知点的坐标的方法，称为坐标正算。

如图 3 所示，A 点为已知点，坐标为 X_A、Y_A，已知 AB 边长 D_{AB}，坐标方位角为 α_{AB}，要求 B 点坐标 X_B、Y_B。由图 3 可知：

$$X_B = X_A + \Delta X_{AB}$$

$$Y_B = Y_A + \Delta Y_{AB}$$

其中

$$\Delta X_{AB} = D_{AB}\cos\alpha_{AB}$$

$$\Delta Y_{AB} = D_{AB}\sin\alpha_{AB}$$

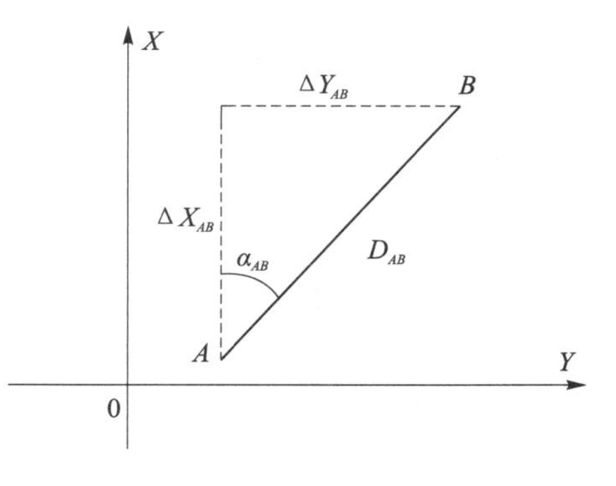

图 3 坐标正算和反算

上面式中 sin 和 cos 的函数值随着 α 所在象限的不同有正、负之分，因此坐标增量同样具有正、负号。其符号与 α 角值的关系如表 2 所示。

表 2 坐标增量的正负号

象限	方向角 α	$\cos\alpha$	$\sin\alpha$	ΔX	ΔY
Ⅰ	0° ~ 90°	+	+	+	+
Ⅱ	90° ~ 180°	−	+	−	+
Ⅲ	180° ~ 270°	−	−	−	−
Ⅳ	270° ~ 360°	+	−	+	−

2.2.2 坐标反算

根据两个已知点的坐标求算出两点间的边长、方位角，称为坐标反算。

由图 3 可知：

$$D_{AB} = \sqrt{(\Delta X_{AB}^2 + \Delta Y_{AB}^2)} = \sqrt{(X_B - X_A)^2 + (Y_B - Y_A)^2}$$

$$R_{AB} = \arctan|(\Delta Y_{AB}/\Delta X_{AB})|$$

此时得出的角值只是象限角，还必须根据坐标增量的正负，结合表 1 和表 2 将象限角换算成坐标方位角。

例如：已知两控制点，A 点（X_A = 20 980.827，Y_A = 27 462.952），B 点（X_B = 20 965.160，Y_B = 27 442.833），求两点坐标间水平距离及 A 点到 B 点的坐标方位角。

第一步，求 X、Y 坐标增量（ΔX_{AB}，ΔY_{AB}）。

$$\Delta X_{AB} = X_B - X_A = -15.667, \qquad \Delta Y_{AB} = Y_B - Y_A = -20.119$$

第二步，求两点间的水平距离（D_{AB}）。

$$D_{AB} = \sqrt{(\Delta X_{AB}^2 + \Delta Y_{AB}^2)} = 25.500$$

第三步，求 AB 直线边的象限角（R_{AB}）。

$$R_{AB} = \arctan|(\Delta Y_{AB}/\Delta X_{AB})| = 52°05'29.45''$$

第四步，判别求出的象限角 R_{AB} 在哪个象限，得出真正的坐标方位角。

因为 $\Delta X_{AB} = -15.667 < 0$，$\Delta Y_{AB} = -20.119 < 0$，所以 AB 边方向位于第Ⅲ象限，得出 $\alpha_{AB} = 180° + R_{AB} = 232°05'29.45''$。

方位角计算步骤并不复杂，但是如果需要计算的数量多，用传统的计算方法来一一计算，工作量也就很大，而且在判断象限时很容易出错，即使使用编程计算器，也要一一输入已知数据，对应一一记录计算结果，仍是较慢。如果利用 Excel 中的函数编写程式来进行批量计算方位角就很方便，而且便于结果数据集成及拓展应用。

3 Excel 电子表进行坐标计算的公式编辑

3.1 Excel 编辑公式进行方位角计算

如表 3 所示 ,是 Excel 编辑公式进行方位角计算的一个电子表。

表 3 坐标方位角计算 Excel 电子表

	A	B	C	D	E	F	G	H	I	J	K	L
1	Excel 方位角计算											
2	项目及部位	A点		B点		增量X′(m)	增量Y′(m)	两点间的距离(m)	弧度	弧度转换成角度(°)	坐标方位角	
3		X_A(m)	Y_A(m)	X_B(m)	Y_B(m)						十进制(°)	(° ′ ″)
9	α_{AB}	20960.827	27462.952	20965.160	27472.833	4.333	9.881	10.789	1.157531443	66.32166634	66.32166634	66° 19′ 18.00″
10	α_{AB}	388326.791	516136.975	388305.501	516403.529	-21.290	266.554	267.403	1.491094278	85.43340899	94.56659101	94° 33′ 59.73″
11	α_{AB}	20980.827	27462.952	20965.160	27442.833	-15.667	-20.119	25.500	0.909168443	52.09151466	232.0915147	232° 05′ 29.45″
12	α_{AB}	245	789	257	654	12.000	-135.000	135.532	1.482140445	84.92039214	275.0796079	275° 04′ 46.59″
13	α_{AB}	259	654	871	654	612.000	0.000	612.000	0	0	0	0° 00′ 0.00″
14	α_{AB}	258	60	258	125	0.000	65.000	65.000	0	0	90	90° 00′ 0.00″
15	α_{AB}	20995.160	27462.952	20980.827	27462.952	-14.333	0.000	14.333	0	0	180	180° 00′ 0.00″
16	α_{AB}	388192.972	517403.812	388192.972	517366.648	0.000	-37.164	37.164	0	0	270	270° 00′ 0.00″
17	α_{AB}	0	0	0	0	0.000	0.000	0.000	0	0	A、B为同一点	#VALUE!

利用 Excel 电子表中的函数公式,编辑时依次在单元格中输入以下公式:

B4 = X_A, C4 = Y_A, D4 = X_B, E4 = Y_B;

F4 = D4 - B4;

G4 = E4 - C4;

H4 = SQRT(POWER(F4,2) + POWER(G4,2));

I4 = ATAN(ABS(IF(OR(F4 = 0,G4 = 0),0,G4/F4)));

K4 = IF(F4 > = 0,IF(F4 = 0,IF(G4 = 0,"A、B 为同一点",IF(G4 > 0,90,270)),IF(G4 = 0,0, IF(G4 > 0,J4,360 - J4))),IF(G4 = 0,180,IF(G4 > 0,180 - J4,180 + J4)));

L4 = TEXT(K4/24,"[h]°mm′s.00″")。

说明:

(1)以上式中 ATAN()为反正切值,ABS()为数值的绝对值,POWER()为数值的乘幂。

(2)I4 单元格中加入了一个判断选择项,当增量 ΔX、ΔY 均为 0 或某一项为 0 时,结果都会显示为 0 值,不然 $\Delta X = 0$ 时会显示“被零除”错误,但都不会影响最后方位角象限的判断和计算结果。此时 I4 单元格计算的结果是弧度制,不能显示成常用的“度分秒”格式,再用 DEGREES()函数把弧度转换成十进制“度分秒”格式。

(3)K4 单元格中是一组判断象限角所在象限的程式,当 F4 > 0,G4 > 0 时,程式会自动定为第Ⅰ象限;当 F4 < 0,G4 > 0 时,程式会自动判定为第Ⅱ象限;当 F4 < 0,G4 < 0 时,程式自动判定为第Ⅲ象限;当 F4 > 0,G4 < 0 时,程式自动判定为第Ⅳ象限。当 F4 > 0,G4 = 0 时,此时程式会自动判定并显示角度为 0;当 F4 = 0,G4 > 0 时,程式自动判定并显示角度为 90 度;当 F4 < 0,G4 = 0 时,程式自动判定并显示角度为 180 度;当 F4 = 0,G4 < 0 时,程式自动判定并显示角度为 270 度;当 F4 = 0,G4 = 0 时,结果会显示“A、B 为同一点”。式中 IF()函数是判断是否满足某个条件,如果满足一条件返回一个值,如果不满足则返回另一个值。

(4)L4 单元格中的“ = TEXT(K4/24,"[h]°mm′s.00″")”程式是把十进制“度分秒”格式转换成度、分、秒格式显示。函数 TEXT()是根据指定的数值格式将数字转成文本, "[h]°mm′s.00″" 是度分秒的显示格式。在设置 Excel 电子表格的取位时需考虑角度转换精度,如要转换成度、分、秒格式,弧度单元格至少要保留小数后 6 位。

Excel 中方位角计算公式编写好后,当光标移至该单元格右下方,出现加粗十字光标时,左键按住往下拖拉,就能把当前单元格中的公式程序自动加载,实现批量计算,达到一劳永逸的目的。

3.2 Excel 编辑公式进行直线桩点坐标计算

如表 4 所示，为 Excel 编辑公式进行直线标点坐标计算的电子表。

表 4　直线标点坐标计算 Excel 电子表

	A	B	C	D	E	F	G	H	I
1	Excel 直 线 坐 标 计 算								
2	桩号或部位	距起点的距离 (m)	中桩及左、右边桩距离 (m)	所 求 坐 标		起 点 坐 标		起点方位角	起点桩号
3				X (m)	Y (m)	X (m)	Y (m)	(°)	(m)
4	K1+000	0.000	0	20965.160	27442.833	20965.160	27442.833	52.09151470	K1+000
5	K1+010	10.000	0	20971.304	27450.723				
6	K1+010	10.000	10	20963.414	27456.867				
7	K1+010	10.000	-10	20979.194	27444.579				
8	K1+025.500	25.500	0.000	20980.827	27462.952				

已知一直线起点桩号 K1 +000（X = 20 965. 160，Y = 27 442. 833）、终点桩号 K1 +025. 5（X = 20 980. 827，Y = 27 462. 952），求 K1 +010 中桩坐标和左、右各 10 m 的坐标。

第一步，求出 K1 +010 与起点桩号的距离（L）。

$$L = 1\ 010 - 1\ 000 = 10$$

第二步，求出 K1 +000 到 K1 +025.5 的坐标方位角（α）。

$$\Delta X = 15.667, \qquad \Delta Y = 20.119$$

$R = \arctan|(\Delta Y_{AB}/\Delta X_{AB})| = 52°05'29.45''$

因为 $\Delta X = 15.667 > 0$，$\Delta Y = 20.119 > 0$，所以 AB 边方向在第一象限，$\alpha = R = 52°05'29.45''$。

第三步，求桩号 K1 +010 中桩坐标。

$X' = X_{起} + L\cos\alpha = 20\ 965.160 + 10 \times \cos(52°05'29.45'') = 20\ 971.304$

$Y' = Y_{起} + L\sin\alpha = 27\ 442.833 + 10 \times \sin(52°05'29.45'') = 27\ 450.723$

第四步，求出桩号 K1 +010 左边的 10 m 处坐标。

$X_{左} = X' + L\cos(\alpha - 90°) = 20\ 965.160 + 10 \times \cos(52°05'29.45'' - 90°) = 20\ 979.194$

$Y_{左} = Y' + L\sin(\alpha - 90°) = 27\ 442.833 + 10 \times \sin(52°05'29.45'' - 90°) = 27\ 444.579$

第五步，求出桩号 K1 +010 右边的 10 m 处坐标。

$X_{右} = X' + L\cos(\alpha + 90°) = 20\ 965.160 + 10 \times \cos(52°05'29.45'' + 90°) = 20\ 963.414$

$Y_{右} = Y' + L\sin(\alpha + 90°) = 27\ 442.833 + 10 \times \sin(52°05'29.45'' + 90°) = 27\ 456.867$

直线坐标计算在 Excel 中编写起来也比较简单，如表 4 中“桩号或部位”、“起点坐标”、“起点方位角”、“起点桩号”等单元格填写已知数据，其中“起点方位角”填写“度分秒”角度，则其他单元格中函数公式编辑方法如下：

A4 输入所求坐标点的桩号；

C4 输入中桩及左、右边桩到中桩的距离；

F4、G4 分别输入起点 X、Y 坐标值；

H4 输入起始线段的坐标方位角，此单元格中输入十进制角度；

I4 输入起始点桩号；

B4 = A4 - I4；

D4 = F4 + COS(H4 * PI()/180) * B4 + COS((H4 + 90) * PI()/180) * C4；

E4 = G4 + SIN(H4 * PI()/180) * B4 + SIN((H4 + 90) * PI()/180) * C4。

说明：

（1）“中桩及左、右边桩号距离”单元格中数值是判别中桩、左边桩还是右边桩距离；当单元格输入 0 值时，所求数值为桩号的中桩点坐标；当单元格输入负数值时，所求坐标为该桩号中桩到左边桩相应值的坐标。同理，输入正数值时，为该桩号中桩到右边桩相应值的坐标，左右边桩均与该点切线方位角正交。

（2）因为 Excel 中要把角度转换成弧度才能计算，所以会用到函数 PI()，PI() = 3. 141592654，当然也可以直接输入 3. 141592654 数值。编写完成后，按住 D4、E4 单元格右下角的小十字光标往下拖，就能批量计算出各桩号的坐标。

(3)公式中 F4 为 F4 单元格的绝对引用,不会因单元格光标拖动时而变换 F4 单元格中的数值。

4 结 语

应用 Excel 电子表编辑函数公式,进行测量数据的批量计算简便快捷、准确,而且还可延伸到更深入更复杂的测量计算应用中,甚至还可以在智能手机等电子设备上运行 Excel 电子表格程序。在工作中,只要把编写好程序公式的 Excel 计算表格拷贝到手机或支持 Excel 电子表格的设备中运行,就可以实现批量坐标计算及校核,大大减轻测量人员的脑力劳动,提高内业计算的速度和施工测量放样的准确性,起到事半功倍的效果。

参 考 文 献

[1] 王国辉. 土木工程测量[M]. 北京:中国建筑工业出版社,2012.
[2] 韩山农. 公路工程施工测量[M]. 北京:人民交通出版社,2004.

DOM 快速更新方法

李勇超 丁 宁 肖 聪 彭 昀

(湖北省测绘工程院,湖北武汉 430074)

【摘 要】本文以十堰地区为例,简单介绍了正射影像快速更新的方法,从五个方面讲述基于航空影像的 DOM 快速更新措施,为以后更好的 DOM 快速更新方案提供思路和借鉴。

【关键词】DOM;航测;快速更新;DEM

1 概 述

DOM 作为基础测绘“4D”产品之一,具有精度高、信息丰富、直观逼真等优点,可作为地图分析背景控制信息,也可以从中提取自然资源和社会经济发展的历史信息或最新信息,在灾害防治、国土资源调查及公共设施建设规划等方面发挥着重要作用。随着航摄仪器的不断发展和技术手段的不断更新,影像数据的获取周期大为缩短,如何实现正射影像的快速更新是亟待解决的问题。本文结合十堰测区 DOM 生产过程,提出一种 DOM 快速更新的方法[1]。

2 测区环境及生产流程

十堰测区地形以丘陵和山地为主,类别较复杂。影像为 UCXP 像机获取的航空影像数据,格式为.tif,像元大小 6 μm,带 GPS/IMU 数据。航向重叠度约为 65%,旁向重叠度约为 35%。共 230 张影像,总面积约为 2 000 km²,测区及像片控制点分布如图 1 所示。DOM 更新总体流程如图 2 所示。

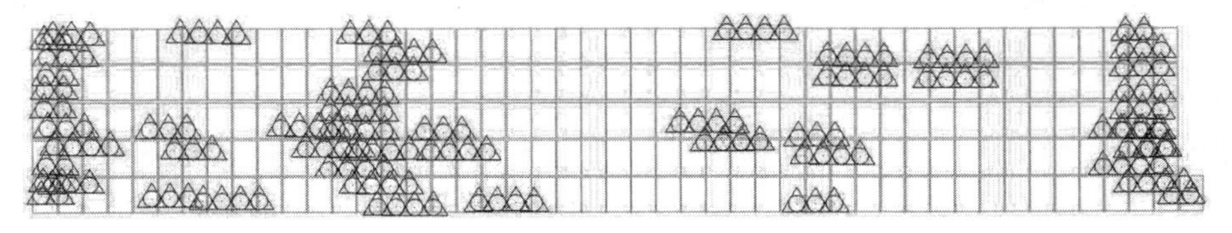

图 1 测区及像片控制点分布图

生产过程中所用到的软件主要包括 PixelGrid、EasyDomer、PhotoShop 等。其中,PixelGrid 主要用于空三加密及 DEM 匹配编辑,EasyDomer 和 PhotoShop 主要用于 DOM 纠正及编辑。

3 DOM 更新的改进措施

依据图 2 所示流程,在 DOM 生产过程中有五个方面可以提高生产效率,达到快速更新 DOM 的目的。

3.1 像片控制点的选用

传统 DOM 生产方法中,都是根据测区影像实际情况结合区域网布点方案确定像片控制点的布设方案,然后进行全野外像控点采集。

以前,湖北省进行了多个测绘项目,包括 1∶1万基础测绘项目和多个数字城市建设项目,每个项目均布设了大量像控点。现在,可以在待测项目范围内,收集以往像片控制点成果。在这些点的基础上,若仍不能满足测区需求,则必须在野外补测相应的像片控制点。此种方案,相对于传统布点、野外观测的方法,将可以节省大量的时间及人力、物力,缩短成图周期,有利于快速 DOM 生产更新。在本测区所使用的 33 个像片控制点中,26 个为以往像片控制点成果,7 个为野外补测像片控制点。

同时,该方法也提供了一个建立全省控制点数据库的思路引导,若数据库建成,则可为以后各航测项目野外像控点采集节省人力、物力,提高生产效率。

3.2　DEM 的编辑

传统的 DEM 编辑是对每个立体模型 DEM 数据进行逐个编辑。然而一般的航片航带内影像重叠度为 65%,航带间重叠度为 35%,因此立体像对模型之间也有 10% 的重叠度。若用传统方法编辑处理 DEM,则相邻两个模型重叠区域的 DEM 编辑工作是重复的,这不仅会产生大量的重复编辑工作量,而且在重叠区的 DEM 拼接会产生一定的接边误差[2]。

本测区采用的是整体 DEM 编辑方法。先合并生成整体测区的总 DEM,然后在立体模式下对其进行编辑,不仅避免重复区域 DEM 编辑工作,提高效率,而且还能对整个 DEM 的数据进行相应滤波、水面置平以及整体 DEM 滤波平滑等操作,有利于减少后期生产 DOM 的编辑工作量,如减少影像局部扭曲、拉花等情况。

以十堰测区为例,用传统 DEM 编辑方法处理该测区面积的 DEM 需要 21 d,其中接边所占用的时间为 3 d。而采用该方法,编辑 DEM 所用时间为 7 d,并且不需要进行接边处理。相比于传统 DEM 编辑方法,该方案大大地节约了作业时间,提高了生产效率。

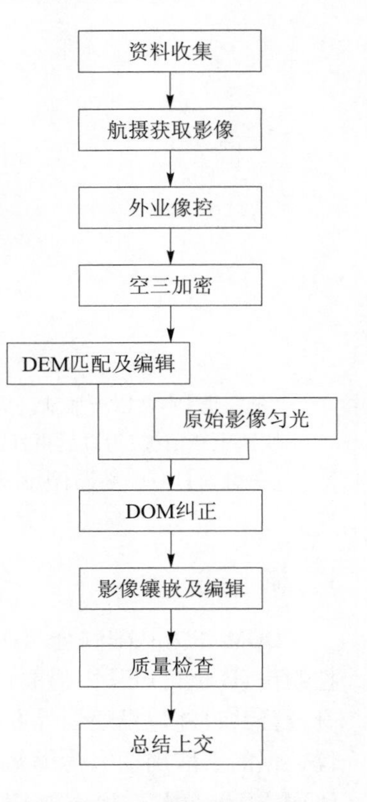

图 2　DOM 更新总体流程图

3.3　房屋扭曲处理

在 DOM 编辑过程中,由于使用的 DEM 数据,难以确保在每个房屋基脚处高程 100% 置平至地面,所以会产生房屋扭曲的问题。若每遇到一处房屋扭曲就返回 DEM 重新编辑,则过于烦琐耗时。本测区采用的是 EASYDOMER 软件编辑 DOM,可以实现 DOM 与 DEM 联动编辑。在房屋区域直接编辑处理 DEM,对该处 DEM 数据进行过滤、拟合以及平滑处理,之后利用该 DEM 对原始影像重采样,即可得到正确的 DOM 成果。

这种 DOM 与 DEM 联动的编辑方式,不仅可以处理房屋扭曲问题,而且能解决在 DOM 编辑中由于 DEM 不准确而产生的问题。

3.4　桥梁变形处理

大型桥梁的影像在 DOM 生产过程中较容易产生变形问题,并且处理起来较为烦琐,尤其是立交桥,这是由桥梁分为桥面上及桥下两层高程,悬空层与桥上桥下难以统一造成的。在此提供两种方法,可以较快速地处理桥梁变形问题:

(1)通过 DEM:该方法类似于房屋扭曲拉伸的处理,对桥梁 DEM 拟合平滑之后进行原始影像重采样。但值得注意的是,此时所选取的 DEM 拟合范围要适当大于桥梁范围,并沿桥下线型地物或有明显分界地物处选取边界。若只沿桥梁边缘框选 DEM 处理范围,则不能直接进行 DEM 拟合,需将选取范围内高度赋值为桥梁面高度,进行 DEM 置平处理,然后与两侧相邻地物一起平滑滤波,再进行原始影像重采样,这样得到的 DOM 才能保证桥梁边缘影像没有扭曲现象。

(2)通过 Photoshop:该方法分为两个步骤,首先对桥梁的 DEM 和桥下地物的 DEM 分别进行编辑重采样。将桥面范围内的 DEM 在立体模式下抬高置平到桥梁表面高度,重采样后得到正确的桥梁面 DOM,桥下地物同理得到正确的 DOM。然后通过 Photoshop 将其拼接贴合到一起,得到桥梁范围的整体正射影像,即为该区域正确 DOM。

3.5　水系

水系在 DOM 生产过程中的主要问题是存在色差,色调不一致。小片水域通过编辑镶嵌线使其沿水系边缘,即可消除水系色差。对于较大范围的水域,通常采用 Photoshop 处理会更方便快捷。

在 EASYDOMER 软件编辑界面下,框选相应区域,调用 Photoshop。在色调不一致的地方使用图章功能使其色调一致,使用羽化功能使其色调变化趋于平和自然。将这两种功能结合起来即可使水系色调过渡自然。回到 EASYDOMER 软件编辑界面,就可直接取回编辑影像结果。

4 质量检测

DOM 生产完成后按项目要求整理为成果,交予质检单位进行质量检查,检查内容包括空间参考系、位置精度、逻辑一致性、时间精度、影像质量、表征质量和附件质量等。检查采用内外业结合的方式,外业使用 GPS RTK 对明显地物特征点进行全野外数据采集,检测平面精度;内业检查 DOM 的分辨率、色彩、纹理、拉花、扭曲变形、云影遮盖和影像接边等[6]。

质检单位检查采用抽检方式进行,抽检率为 10%。本测区 1∶2 000 标准分幅成果为 1 943 幅,抽检 216 幅图,沿交通干道分布于 9 个区域,如图 3 所示。其中抽检区域 4 的质检统计情况如表 1 所示,其他区域质检统计相当。

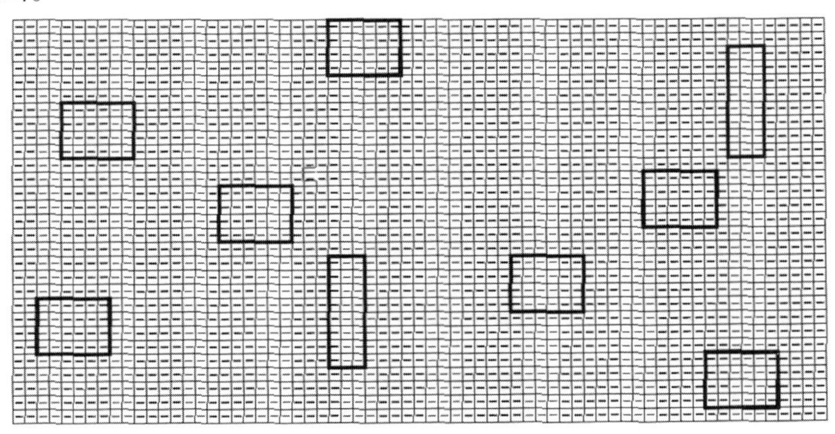

图 3 抽检范围分布图

表 1 抽检区域 4 的质检统计情况

序号	ΔS	序号	ΔS	序号	ΔS	序号	ΔS
1	0.68	19	1.01	37	0.49	55	0.85
2	1.05	20	1.07	38	0.89	56	1.04
3	1.01	21	0.83	39	0.45	57	1.03
4	1.06	22	0.74	40	0.48	58	1.07
5	1.02	23	0.90	41	0.81	59	0.91
6	0.58	24	0.82	42	0.61	60	1.61
7	0.94	25	0.95	43	0.62	61	0.72
8	0.84	26	0.71	44	0.55	62	0.79
9	0.96	27	0.88	45	0.83	63	0.81
10	0.66	28	0.31	46	0.99	64	0.74
11	0.97	29	0.84	47	0.74	65	1.05
12	0.83	30	0.76	48	0.89	66	0.74
13	0.79	31	0.92	49	0.85	67	1.22
14	1.07	32	0.81	50	1.06	68	0.72
15	0.86	33	0.85	51	1.05	69	1.23
16	0.87	34	0.51	52	1.14	误差 $M = \pm 0.89$	
17	0.96	35	0.79	53	0.75		
18	1.07	36	0.62	54	1.13		

质检统计结果表明，按照《测绘成果质量检查与验收》（GB/T 24356—2009）丘陵及山地 1:2 000 DOM 平面精度要求标准中误差为丘陵 1.2 m、山地 1.6 m，而本测区检测的 DOM 平面中误差为 0.89 m，完全满足规范要求。

5 结　语

随着航摄技术的不断发展，正射影像的快速更新已经是大势所趋。传统的 DOM 生产更新过程耗时耗力，因此本文从五个方面提出了改进措施。这些措施提高了 DOM 的更新效率，为以后更好更快地更新 DOM 数据提供了参考。

参 考 文 献

[1] 王彦敏，卢刚. 基于 PixelGrid 实现 DOM 的快速更新[C]//. 地理信息与物联网论坛暨江苏省测绘学会 2010 年学术年会，2010.
[2]周军元，戴腾，邹松柏，等. 大范围正射影像图快速生产[J]. 地理空间信息，2012，10(2)：54-55.
[3]王国明，吕德凤，吴淑清. 基于 VirtuoZo 数字摄影测量系统的正射影像制作[J]. 测绘工程，2000(4)49-51.
[4]赵海，高文峰，张丽. HELAVA 和 ERDAS IMAGING ARCGIS 制作正射影像地图的工艺过程[J]. 铁道勘察，2005，31(2)：27-28.
[5]王富强，凌兵. 数字正射影像图的原理及生产流程[J]. 黑龙江科技信息，2004(4)：130.
[6]GB/T 24356—2009　测绘成果质量检查与验收[S].
[7]张祖勋，张剑清. 数字摄影测量学[M]. 武汉：武汉测绘科技大学出版社，1996.

FreeScan k9 制作专题图方法研究

吴　希　包贺先

（61175 部队，湖北武汉 430074）

【摘　要】随着我军信息化建设的不断深入，部队建设、训练、参加应急作战与非战争军事行动任务等对军事专题信息的需求也不断加大，可以毫不夸张地说，未来军事专题图的需求将是军事测绘导航保障最重要的一个方面，这就要求军事专题图的制作能够达到准确、翔实、及时、快速。而要达到这些要求，必须有一套功能强大、操作灵活、使用方便的大型 GIS 软件系统来支撑。全军新配发的 FreeScan k9 正是满足这些需求的 GIS 软件系统。本文在介绍 FreeScan k9 软件的基础上，重点探讨了该软件在快速制作军事专题图方面的一些应用。

【关键词】GIS；FreeScan k9；专题图

1　FreeScan k9 软件简介

FreeScan k9 是随着军事测绘地图制图任务的不断拓展，结合现有制图软件的现状，综合考虑各种因素，将老版 FreeScan 软件与商用软件 MapGIS k9 进行集成改造的方案。集成改造在继承和优化 FreeScan 软件已有功能的基础上，结合“十一五”期间彩色地图数字化和遥感影像地理信息提取方面取得的科研成果，融合 MapGIS k9 在数据管理、地图编辑出版、专题图制作、DEM 生成等方面的优势，形成一套通用、完整、灵活、高效的地图数据采集处理软件。FreeScan k9 主要完成地理信息数据的采集、更新、处理和专题地图制作任务，生产各种数字地图数据和专题图制图数据。它将地图扫描矢量化、遥感影像判绘采集、GPS 野外测量、专题地图制作等多种地理信息采集、更新、处理、制图手段融为一体，为快速完成多尺度、多分辨率地理信息数据的生产和专题图的制作，提高地理信息处理的自动化水平，以及各类军事用户进行各种军事行动提供了地理空间信息保障。

2　FreeScan k9 系统架构

FreeScan k9 由地理信息采集处理子系统和地图制图子系统两部分共同构成。该软件采用基于数据中心的插件式平台架构，使得系统具有高度的开放性和灵活的扩展性。系统底层采用中间件技术，通过空间数据引擎对军标所需各类异构数据源进行统一高效的存储和调度。系统框架层采用最新的数据中心思想，将系统所需要的各个功能模块以插件的方式有机地组织在一起，并且系统中的每个插件模块可动态插拔，以实现系统的灵活配置。其组成和总体结构如图 1、图 2 所示。

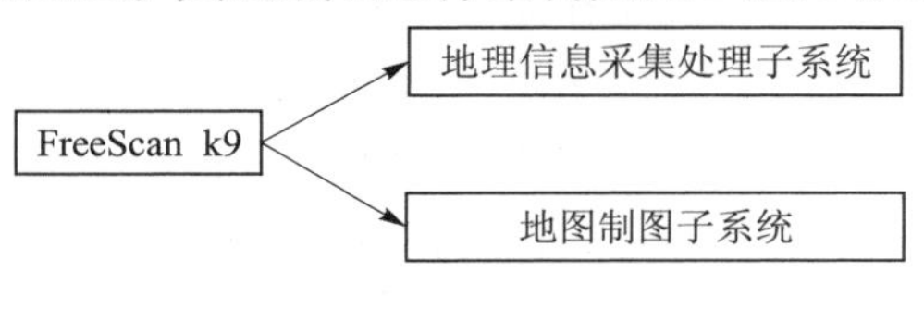

图 1　系统组成部分

3　FreeScan k9 制作军事专题图流程

常规的军事专题图制作主要依靠 MapGIS 6.7 软件和辅助生产系统进行处理，虽然可以解决一般专题图的制作，但是软件的交互性不强，而且在数据管理上也不够严谨，当数据文件较多时，无法有效管

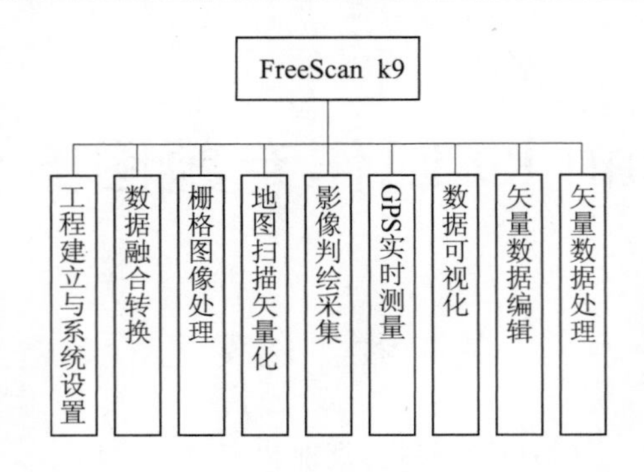

图 2　系统总体结构

理,尤其是文件数多于 100 时,多余的文件便无法进行管理。FreeScan k9 在集成 MapGIS 系列软件功能的基础上,融合了数据采集与处理系统,拓展增加了制图综合、出版自动化处理等功能,数据管理模式有了较大变化,生产军事专题地图的流程也更加衔接。FreeScan k9 制作军事专题图流程如图 3 所示。

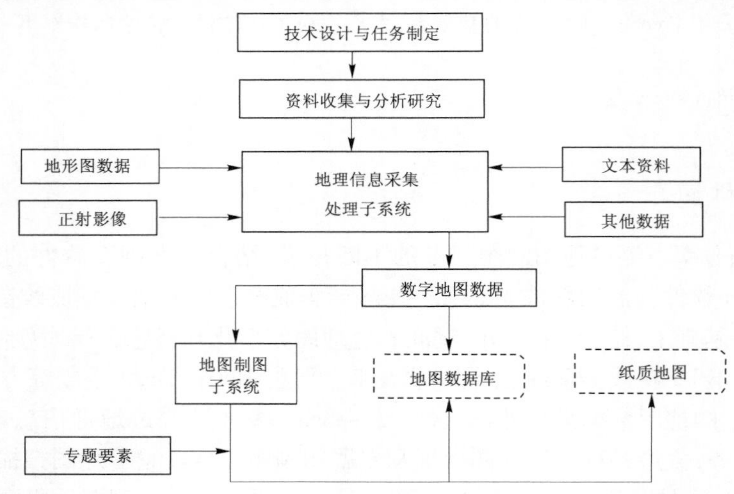

图 3　FreeScan k9 制作专题图流程

4　FreeScan k9 制作军事专题图的方法

4.1　基础数据准备

专题图基础数据的准备是制作专题图的首要条件,结合近年来完成专题图任务的情况,一般是以系列比例尺地图为基础数据,通过数据格式转换软件将其他格式数据转换为 MapGIS 格式的点(WT)、线(WL)、面(WP)文件,然后根据需要进行投影变换、编辑处理,得到需要的基础数据。然而这样生成的文件数往往较多,而且排序随意,对数据的管理比较混乱,需要制图人员根据要求逐个进行选择,耗时费力。FreeScan k9 软件在数据的管理上增加了作业登记和元数据编辑等功能,对数据进行约束条件下的树形管理,更加规范和方便操作,针对不同排序要求的专题图可以通过编辑 LayerOrder. xml 文件,统一文件排序,以满足不同专题图的排序要求,避免了多个人完成同一个任务时,文件命名不统一的问题。在数据转换上,能将军标、e00、shp 等多种格式文件与 FreeScan k9 文件进行快速的相互转换,并将转换后的数据件封装于一个相应数据集 HDF 文件中。数据使用者可以对 HDF 数据文件进行投影变换、数据裁剪、组合、拷贝、导出、附加等操作,以达到获取、分发专题图基础数据的目的,保证了数据在传递过程中的安全性。

4.2　符号库、图例板制作

专题图符号库与图例板设计制作的好坏是关系专题图成图效果与质量的关键。FreeScan k9 软件提供了符号库的管理、合并、升级、编辑、拷贝等功能模块。在进行专题图符号库设计时,使用者既可以对软件自带的符号库进行修改，也可以根据专题图要求自行设计符号。软件还提供了更多的辅助工作，用于辅助绘制图形符号。对于符号图元的操作、色彩的管理、符号的大小等操作更为方便，做到了精确绘制、迅速设计，如图4所示。

图4　符号编辑修改

在对符号的分类管理上，FreeScan k9既提供了传统的点、线、面符号的分类管理，也提供了符号的类型添加功能。设计符号时，可以根据需求进行多样化分类管理，为符号的使用、归类和管理提供了快捷的管理途径。

图例板是符号库的图形化显示，包含图幅的全部图形信息，是图幅设计好坏的直接体现。FreeScan k9增加了按照图例板符号化地图基础数据的功能，可以通过调整图例板参数对专题图进行效果的整体设计编辑。设计图例板时，只要将要素编码信息与图例板符号的描述信息一致，执行符号化功能后，即可以将图例板符号的参数赋予相对应编码的数据要素，达到符号化数据的效果，相对于以往利用辅助软件符号化数据来说，工作量大大减少了，并且该项功能还可以在地图制图子系统和地理信息采集处理子系统中相互移植。图5、图6为参数更新前后的数据比较。

图5　图例板更新参数前

4.3　专题要素影像纠正

专题要素是专题图重点突出和表示的要素，而在现有专题要素的获取过程中，多数情况下需要利用

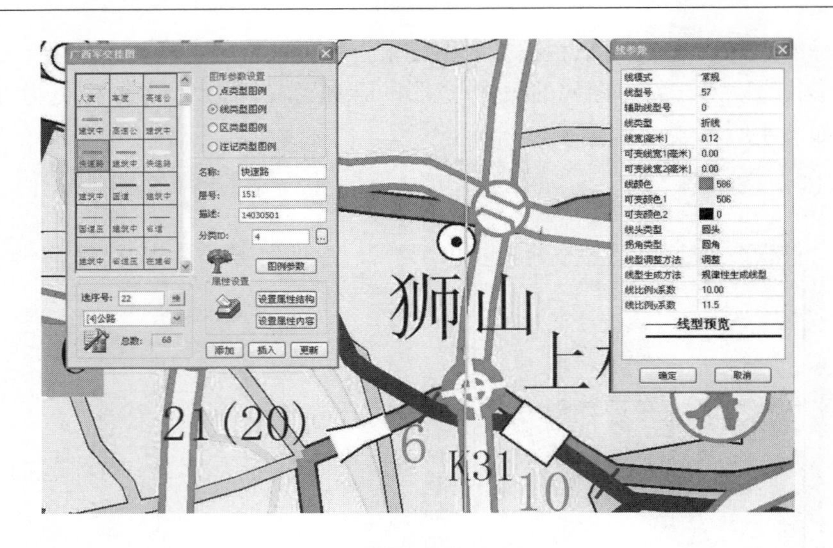

图 6　图例板更新参数后

已有影像、图像等,通过投影变换、镶嵌融合纠正、进行采集等方法获取数据。FreeScan k9 继承了 MapGIS 6.7 图像分析等原有功能,并将其融入到地理信息采集处理子系统中,而且支持的数据格式扩展到了 49 种,作业人员处理数据的同时,可以随时将各种格式的专题要素影像导入采集数据处理系统,利用四点纠正或多点纠正等方法对影像进行纠正融合。当已有资料分辨率过低、噪声较大而不符合使用要求时,可以利用影像裁剪、影像滤波、去除沙砾地等功能对资料进行预处理,达到使用效果后,再进行影像的纠正。FreeScan k9 对影像做到了实时处理,为专题图资料的分析、专题要素的收集提供了高效率的处理方法。

4.4　数据编辑处理

专题图数据编辑处理是专题图制作的中心环节,而地图制图综合又是专题图数据编辑的核心步骤。以往数据编辑软件在地图制图综合中只能根据规范和要求对点、线、面等要素进行手动选取,对于要素的化简与取舍也只能通过人为主观的判断或者一个一个要素按规定尺寸量算,对于海量数据,这种方法费时费力,而且成果质量不能保证。FreeScan k9 在继承原有要素编辑功能的基础上,增加了制图综合等模块,运用一幅交通挂图数据进行测试,通过设置综合参数,分别对居民地选取、合并、化简综合,多边形自动综合合并、毗邻,双线河流的降维综合,道路中心线、街区中轴线提取,等高线自动选取、化简,街区综合的协调处理,一般线要素化简,线转点、面转点综合等功能的检测。处理效果显示,FreeScan k9 不仅处理速度快,而且较好地达到了预期的效果,解决了以往纯手工进行制图综合耗费大量人力、物力的的问题,提高了数据编辑效率,大大缩短了专题图成图的时间周期。

4.5　整饰制作与出版

地图整饰是地图的重要组成部分,是地图使用者正确识别、使用地图的重要依据。目前在完成专题图整饰制作方面,一般情况下是根据专题图的数学基础、图幅大小等要求,利用 MapGIS 6.7 地图投影模块,设置好投影参数等,生成相应的整饰点、线、面文件,然后作为单独文件添加到专题图数据中。在地图整饰制作的整个过程中,需要制图人员一点一滴地完成,制作时间长,而且一旦整饰有些许改动,整个整饰文件都要进行改动,后期整理不确定因素较大。FreeScan k9 则提供了一整套半自动化的制作地图整饰的功能,制作图框模块可以根据需要人工设定整饰的参数,也可以获得数据投影变换参数,从而生成与数据对应的专题图整饰、提取专题图图例等文件。后期对整饰等进行修改、删除、重新生成等操作也较为方便,不会影响专题图数据编辑的整体进度。

5　结　语

FreeScan k9 在专题图的制作上较以往软件有了较大的改进,尤其在数据的组织管理上更加科学,在对数据的采集、编辑、处理上更加自动化、智能化。FreeScan k9 极大地提高了专题图制作的质量和效率。但是作为刚刚配发的软件,FreeScan k9 也存在一些问题,软件整体的反应时间较长,及时刷新功能不够完善,在制图综合模块中,针对不同要素层的综合需要多次进行综合参数设置,操作步骤稍显冗余。尽管如此,FreeScan k9 在专题图的制作中还是解决了以往存在的很多问题,尤其在处理海量数据、进行快速成图等紧急任务中表现出了其特有的优势,今后必将在测绘导航领域发挥更加重要的作用。

现代化的GPS新民用信号L2C对测码伪距绝对单点定位精度的影响

邱儒琼[1]　刘　哲[2]　聂小波[1]　张露林[1]

（1. 湖北省基础地理信息中心，湖北武汉 430071；2. 湖北地信科技股份有限公司，湖北武汉 430071）

【摘　要】L2C信号是GPS现代化进程中发布的第一个新民用信号，也是在L2载波频率上调制的第一个民用信号。正是这个特性，使得通过双频观测消除电离层延迟，从而使提高测码伪距观测精度成为可能。本文讨论分析了L2C信号对测码伪距绝对单点定位精度的影响。

【关键词】GPS；L2C；测码伪距；单点定位；精度分析

1　引　言

L2C信号是GPS现代化BlockIIR－M卫星发射的调制在L2载波上的一个新民用信号。自2005年以来，随着BlockIIR－M系列8颗卫星的逐步升空组网，通过L2C信号进行测码伪距单点定位成为可能，这也为讨论对比加载于L1载波频率上的C/A码测码伪距定位精度与L2C测码伪距定位精度提供了基础。在L2C信号出现之前，非授权用户只能通过半无码跟踪技术利用L2载波上的加密信号来实现双频观测，现在不需要通过复杂的跟踪技术就能实现双频测码伪距的解算，其精度在本文中也将进行讨论。

2　L2C新民用信号

2.1　GPS现代化进程

在对GPS系统进行现代化之前，该系统存在的一个最严重问题之一，就是GPS的“双用途政策”，既遭到包括美国在内全世界民间用户的强烈反对，也因为影响美国国家安全利益而得不到军方的支持。GPS现代化的提法是1999年1月25日美国副总统以文告形式发表的，GPS执委会、GPS顾问会和导航学会（ION）于1997年8月26日、1997年11月6日、1998年1月20日和1998年2月20日先后召开四次国际会议，讨论GPS现代化的问题。这四次会议的一项主要内容就是GPS第二、三个民用频率和第二种民用码的选择，以期彻底解决军、民两用的矛盾。为了克服无法申请新的工作频率的困难，会议决定采取“现有频率再利用”的折中方案。L2C信号就是在这个方案指导之下，第一种加载在L2频率上的新民用信号。

2.2　L2C码信号

L2C码信号采用了特殊的民用中等长度码（CM）和民用长码（CL）时分复用的方式，使得L2C能够实现在室内、林荫路上等有遮挡的环境以微弱的信号条件捕获。同时，对于日益增长的双频用户来说，可以利用两个频率的民用信号消除电离层误差和快速解决相位模糊度。另外，采用更为紧凑的导航电文帧格式以及分离的有数据通道和无数据通道使得L2C码信号比传统的C/A码信号理论上具有更多的优势（见图1）。

2.3　信噪比分析

进行信噪比分析以及单点定位所使用的测量数据都由一台位于德国斯图加特大学测站的天宝（Trimble）netR8接收机获取，之所以选择netR8，是因为该接收机可以兼容多种GNSS频道和信号，其中就包括新的L2C和L5载波上的信号。该测站的WGS－84坐标经多种精确测量手段确定，可作为正确值使用（见表1）。

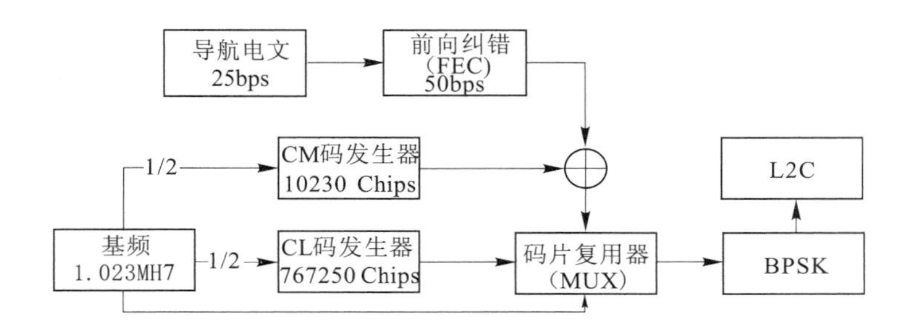

图 1 L2C 信号调制

表 1 测站坐标(WGS-84)

站名	*X*	*Y*	*Z*
INSA	4 157 188.880	671 202.221	4 774 769.491

接收机所接收的原始二进制数据经自带的软件处理后输出为标准 RINEX v3.0 格式文件,所有测量值类型如表 2 所示。

表 2 有效测量值

C1C	C2W	C2X	C5X	D1C	D2W	D2C	D5X
L1C	L2W	L2X	L5X	S1C	S2W	S2X	S5X

表 2 中 C 代表码伪距,L 代表载波相位伪距,D 代表多普勒测量值,S 代表信噪比;数字代表载波频率;最后一位字母则代表测量值属性,即 C 代表 C/A 码,W 代表 P 码,X 代表 L2C 码。S 类测量值可以直接使用来进行信噪比分析。根据测量时的卫星星座,择优选取两颗 GPS 卫星(PRN05 和 PRN31),将其 S 类测量值读入 Matlab 并作图,如图 2 所示。

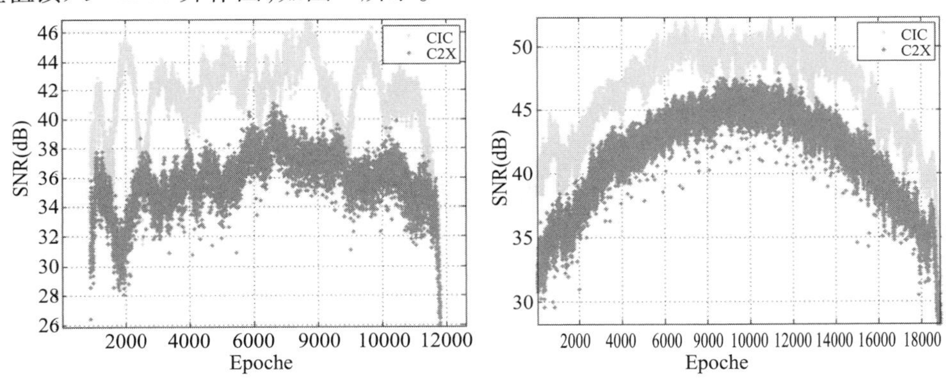

图 2 信噪比分析

从图 2 中可以看出 C/A 码信号(C1C)的信噪比平均比 L2C 码信号(C2X)的信噪比高 3~4 dB,处于比较接近的水平。造成这一结果的主要原因:一是 L2C 的功率略低于 C/A 信号(低 6dBW),二是相对于成熟的 C/A 信号捕获跟踪技术,接收机对 L2C 信号的处理技术没有达到最优化。但是这个结果也从另一方面说明 L2C 信号可以工作在更低的信噪比条件下。从图 2 中也能看出两者的捕获没有相对延迟,接收机在同一时刻完成了对两种信号的捕获。

为了比较 C/A 码信号和加密 P(Y)码信号的信噪比情况,选取两颗"旧"卫星(PRN23 和 PRN30)的观测值作比较,如图 3 所示。

从图 3 中可以看出,通过半无码跟踪技术获取的加密码信号测量值(C2W)的信噪比比 C/A 码信号低 10~20 dB,即相对于 L2C 码信号低 5~15 dB,充分体现了民用 L2C 码信号的优越性。

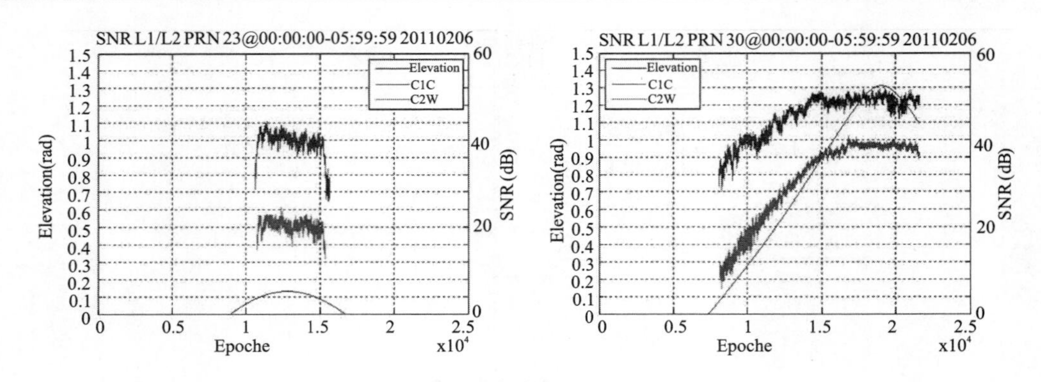

图 3　信噪比分析

3　单点定位及其精度分析

为了比较新信号对定位精度的影响，笔者编写了基于 Matlab 的单点定位程序作为工具，对只使用 C/A信号、只使用 L2C 信号、同时使用 C/A 和 L2C 信号三种情况的单点定位质量进行了对比分析。

3.1　单点定位程序

笔者的单点定位程序是利用 IGS(International GNSS Service). sp3 格式精密星历的后处理测码伪距单点定位程序。最高精度的 IGS 精密星历以 15 min 为间隔提供卫星的精确坐标和钟差，在使用之前必须经过插值。综合计算复杂度和精度的考量，笔者选用了比较成熟的拉格朗日插值法。

拉格朗日多项式：

$$\ell_i(x) = \prod_{j=0,j\neq i}^{n} \frac{x-x_j}{x_i-x_j} = \frac{x-x_0}{x_i-x_0}\cdots\frac{x-x_{i-1}}{x_i-x_{i-1}}\cdot\frac{x-x_{i+1}}{x_i-x_{i+1}}\cdots\frac{x-x_n}{x_i-x_n}$$

且有

$$\ell_i(x_k) = \begin{cases}1, & i=k\\ 0, & i\neq k\end{cases}$$

插值问题的解即为

$$P(x) = \sum_{i=0}^{n} f_i \ell_i(x)$$

其中，$f_i = f(x_i)$ 为原始方程。

GPS 测码观测方程经过泰勒级数展开线性化，并以高斯马尔科夫模型作为平差模型，得到定位程序的核心数学模型如下：

$$\begin{aligned} R_i^j(t) - \rho_{i0}^j(t) + c\delta^j(t) &= \frac{X^j(t)-X_{i0}}{\rho_{i0}^j(t)}\Delta X_i - \frac{Y^j(t)-Y_{i0}}{\rho_{i0}^j}\Delta Y_i - \\ &\quad \frac{Z^j(t)-Z_{i0}}{\rho_{i0}^j(t)}\Delta Z_i + c\delta_i(t) \\ &= -a_i\Delta X_i - b_i\Delta Y_i - c_i\Delta Z_i + c\delta_i(t) \end{aligned}$$

其中，R 为伪距测量值；ρ 为基于初始测站近似坐标计算得到的星站距离；X^j 为卫星坐标；X_{i0} 为测站近似坐标；Δx_i 为测站坐标修正值；δ 为钟差；c 为光速。

除钟差外的其他误差不做模型化和消除，输出的测站坐标结果为观测值所反映的真实情况。在下文解算过程中，使用的卫星和观测时段都是完全相同的，并且所使用的都是具有 L2C 信号发射能力的“新”卫星观测值。

3.2　单频观测值解算结果

图4所示为只使用C/A码解算的坐标结果与测站坐标正确值之差，即误差，因为可用卫星数量较少，在某些观测时段，解算结果有中断和跳跃，因此笔者选取一段观测连续稳定的时间段。考虑到未作任何误差消除和观测值平滑处理，在这段时间中误差水平处于测码伪距解算误差的典型范围(- 10 ~ 10 m)。

在同一时间段内的 L2C 解算结果曲线形状与 C/A 结果接近，精度略差于 C/A 结果，整体仍处于测

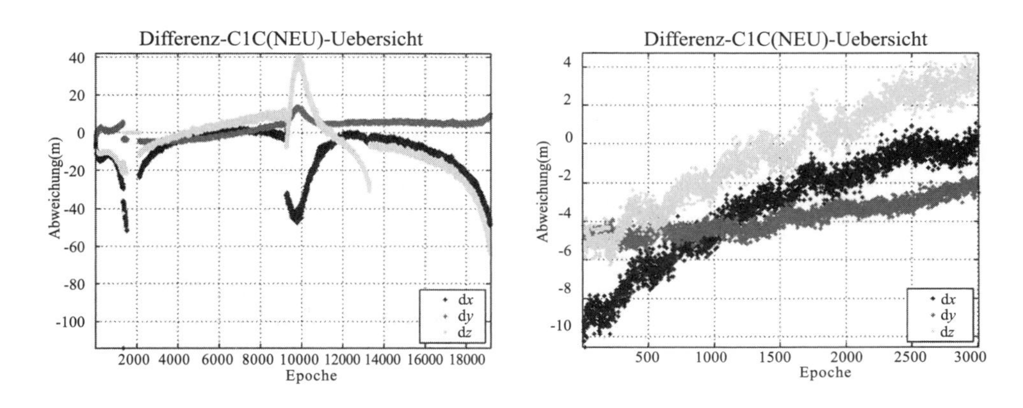

图 4　C/A 码解算

码伪距误差的正常范围(见图 5)。两者之所以出现一定的偏移,主要原因在于不同频率载波受电离层影响,延迟不同。

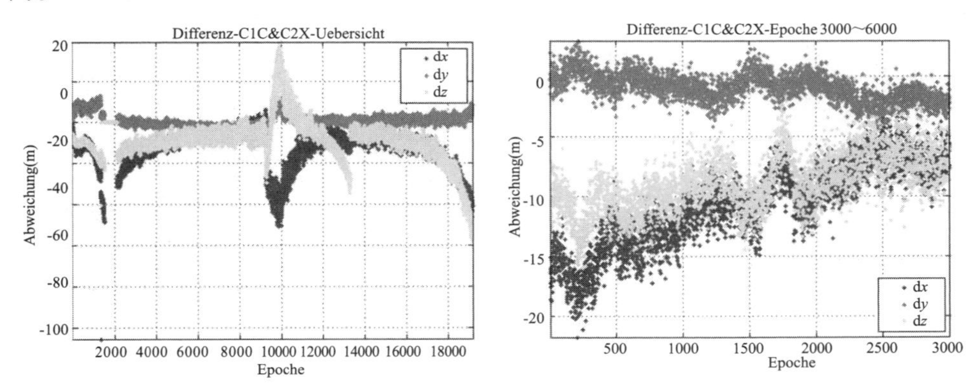

图 5　L2C 码解算

3.3　双频解算

利用双频观测值我们可以消除电离层延迟误差,其修正模型为:

$$R_3 = \frac{(f_1)^2 \cdot R_1 - (f_2)^2 R_2}{(f_1)^2 - (f_2)^2}$$

式中,R_3 为修正后的伪距;R_1 为 C/A 码伪距; R_2 为 L2C 码伪距;f_1 为 L1 载波频率;f_2 为 L2 载波频率;将修正后的伪距作为测量值输入解算程序,误差如图 6 所示。

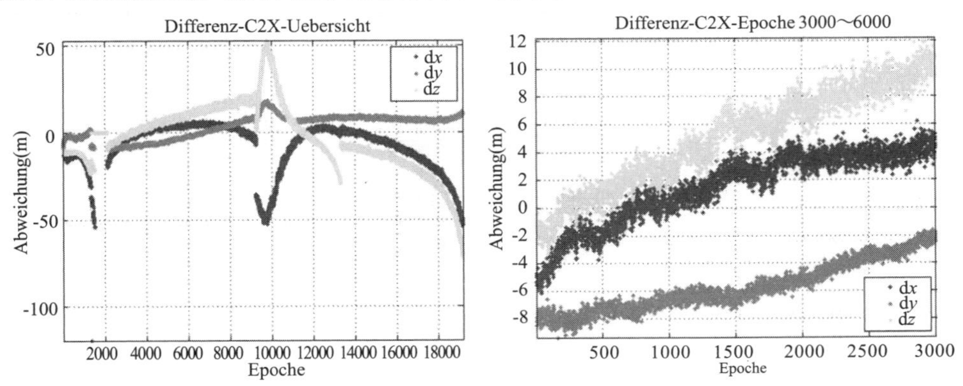

图 6　双频解算

从图6中可以看出误差相比单频解算方案,误差值 y 方向得到了较好的修正,但是在 x 和 z 方向上变得更加发散,但是误差曲线整体变得较为平整,偏移趋势得到较好的控制。

3.4　对比分析

为了更好地比较各种方案的误差情况，笔者将所有误差进行了集中对比，效果如图 7 所示。

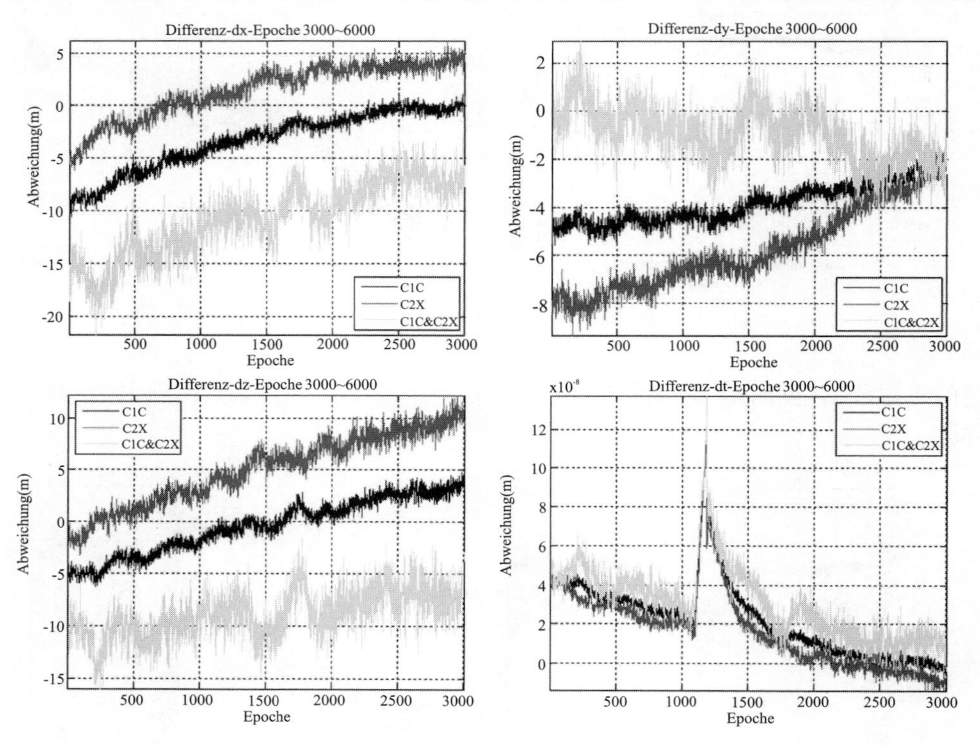

图 7　对比分析

从图 7 中不难发现，双频解算方案的误差离散度相对较大，但是误差曲线更为水平，单频解算方案中，C/A 码和 L2C 码解算结果并无绝对优劣，误差范围基本处于同一水平。

4　结　语

从以上试验对比分析中可以看出，在现阶段 L2C 码观测值已经达到可用水平，但是由于“新”卫星数量有限，只使用 L2C 码进行定位仍然有很大的精度局限性，如果作为 C/A 码观测值的补充，或者利用其对 L2 载波相位观测值进行协同处理，比如模糊度解算、周跳修复，可能具有更重要的意义。由于电离层延迟在码伪距误差中所占比例有限，双频观测对伪距的修正没有起到决定性作用，如果能利用其他误差修正模型，如对流层延迟修正、相对论效应修正等作为补充，应能在单点定位中获得更好的结果。此外，随着接收机捕获跟踪新信号的技术不断完善和优化，L2C 信号必将能发挥其理论设计优势，为定位解算提供更高的精度和更广泛的应用。

参考文献

[1] A. Kleusberg. Satellite Navigation Script. 斯图加特大学，2012.
[2] W. Keller. Grundlagen der Satellitengeodäsie. 斯图加特大学，2010.
[3] Liliána Sükeová, Marcelo C Santos, Richard B Langley, Rodrigo F. Leandro, Okwuchi Nnani, Felipe Nievinski. GPS L2C Signal Quality Analysis. 纽布伦斯威克大学，2007.
[4] Edmond T Norse. Die neuen L2C – Signale – GPS Modernisierung and Trimble R – Track – Technologie. Trimble Integrated Surveying Group, 2010.
[5] Manfred Bauer. Vermessung and Ortung mit Satelliten, Wichmann, 2002.
[6] B. Hofmann – Wellenhof, H. Lichtenegger, J. Collins. [J]. Global Positioning System Theory and Practice, Springer, 2001.
[7] 任迎华. IGS 精密星历内插 GPS 卫星位置研究[J]. 矿山测量，2010(4).
[8] Anja Heßelbarth. GNSS – Auswertung mittels Precise Point Positioning. 德雷斯顿工业大学，2010.
[9] 李成军，陆明泉，冯振明，等. GPS L2C 捕获算法研究及性能分析[J]. 电子与信息学报，2010(10).

河　南　篇

"一张图"基础地理数据库在国土资源系统中的应用

张国峰　毛莉莉　常会娟

（河南省寰宇测绘科技发展有限公司，河南郑州 450001）

【摘　要】随着国土资源信息化的快速发展，土地信息的共享和网络办公自动化也成为一种必然趋势。"一张图"管理系统就是将多源地理信息数据与各种业务专题数据有效集成，实现国土资源信息之间办公简单化、数据准确化，对国土资源信息的共享提供了有效的管理模式。

【关键词】一张图；核心数据库；国土资源

1　概　述

近年来，我国的国土资源信息化工作取得了明显的进展和成效。但面临国土资源新形势和新要求，当前的信息化发展水平与国土资源管理方式的创新以及努力探索保障科学发展新机制对信息化的迫切需求相比还存在不足。数据支撑能力比较薄弱，数据准确性、现势性、完整性亟待提高，数据获取、更新渠道还不顺畅，这些都是阻碍国土资源信息化发展的瓶颈问题。

开展全国国土资源"一张图"建设，形成国土资源核心数据库，是落实中央领导、部领导和全国国土资源信息化工作会议精神的重要行动和步骤；是解决当前国土资源数据汇交、采集、更新、积累、整合、开发、利用尚不能满足国土资源监测监管和社会化服务需求的信息化瓶颈问题的重要途径。通过对汇交、采集、更新、积累的各类土地、矿产和地质等数据资源进行整合、分析和挖掘，建立一个集中管理、安全规范、充分共享、全面服务的核心数据库，充分发挥其在国土资源形势分析、资源监测监管、地质灾害防治、参与宏观调控、辅助决策支持及社会化服务方面的重要作用。这是国土资源信息化建设的核心任务之一，对国土资源管理工作和社会服务具有重大意义。

2　建设内容

2.1　"一张图"核心数据库建设

在基础设施支撑下，按"一张图"建设的有关技术标准规范对不同类别、不同专业的海量、多源、异构数据进行梳理、整理、重组、合并等，利用提取、转换和加载工具以及必要的手段，将处理、加工好的数据按照统一的建库标准进行入库，数据按分层分类管理，形成国土资源核心数据库。

2.2　开发核心数据库管理系统

按照"一张图"管理维护和应用服务的要求，开发核心数据库管理系统，实现对全国土地、矿产及地质数据的集中管理与维护。数据库管理系统具备数据检查、入库、编辑与处理、更新、交换（输入输出）、元数据管理以及数据备份、系统监控、数据迁移、日志管理等较为完备的功能。

2.3　开展全国"一张图"的应用服务

在国土资源核心数据库及其管理系统的基础上，开发应用服务接口，将地理信息服务（图形浏览、定位查询、空间分析等）、属性数据查询与浏览、统计与分析、专题图制作等功能封装，开发对"一张图"调用和操作的应用接口，为以电子政务平台为基础的用地预审、建设用地、采矿权、探矿权等多项行政许可事项审批业务系统、国土资源综合监管平台、共享服务平台和其他应用系统提供数据支撑、应用与服务。

2.4　建立并完善"一张图"核心数据库运行环境

国土资源"一张图"及核心数据库主要在数据中心管理、维护，考虑到包含涉密数据，主要部署在涉密内网。对于非涉密公共服务信息(核心数据库的数据子集)可迁移到外网运行。充分利用现有基础,对数据中心的存储系统和主机系统进行必要的扩容,更新相关网络设备和展示环境,采取有效的安全管理和技术措施,不断完善管理制度。

2.5　逐步建立和完善全国国土资源“一张图”及核心数据库数据汇交和更新机制

信息资源共享是国土资源信息化建设的关键问题,它涉及到管理体制、机制与技术等方面的一系列问题。就全国“一张图”建设而言,不可能从根本上完全解决这些问题。然而,逐步建立和完善数据汇交、数据更新的机制对全国“一张图”建设则是必要的前提。

2.6　编制相关的技术标准规范

开展全国国土资源“一张图”及核心数据库建设,在技术上需要制定数据库建设、管理和应用等一系列技术标准和规范,确保建设过程中按照统一的空间数据数学基础,统一的数据分类代码、数据格式、命名规则和统计口径等。

3　总体构架

开展国土资源“一张图”及核心数据库建设,需要统筹规划,集成整合各类国土资源数据,实现分层叠加显示、查询与浏览、分析与挖掘,并与以电子政务平台为基础的审批系统、综合信息监管平台以及各有关应用系统对接,支撑国土资源全面、全程监管和辅助决策,提供对外服务。同时,建立数据汇交、数据更新的长效机制和有关技术标准规范,进一步完善数据中心基础设施。它是一系列政策、机制、数据及其管理、技术、标准、应用和服务的总和。总体构架如图1所示。

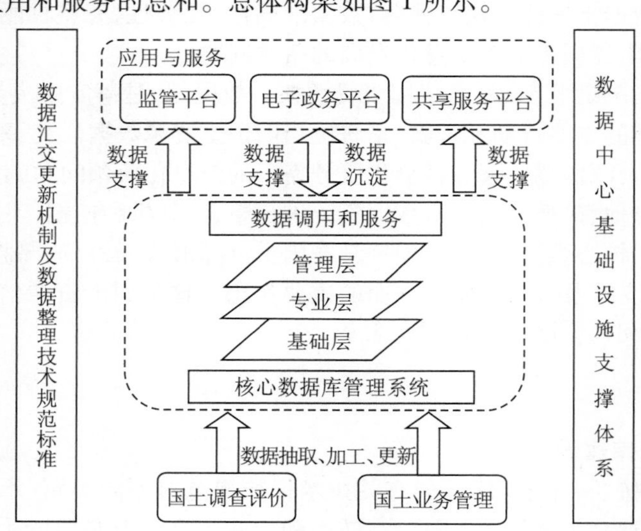

图1　总体构架

全国国土资源“一张图”主要由以下几个部分组成。

(1)数据构架,即核心数据库及其管理系统。包括数据实体、数据整理建库管理的一系列技术规范标准等以及核心数据库管理系统。

(2)服务构架,应用服务是数据实体之上的管理和应用服务系统(或接口)。包括数据浏览查询展示和数据调用等服务。

(3)运行环境,即国土资源部数据中心基础设施支撑体系。它支撑着“一张图”、核心数据库及其应用系统管理、运行和维护的数据中心软硬件运行环境及有关的管理制度。

(4)政策构架,包括数据汇交更新管理制度及机制和有关技术标准规范。

4　关键技术

从技术层面来看,“一张图”建设面临着巨大的和前所未有的挑战,需要对一些关键技术进行攻关研究。

(1)海量空间数据的存储与管理。“一张图”建设涉及的数据量巨大,并且随着数据更新,数据量将不断增长。研究海量空间数据存储管理关键技术,采取有效策略和方法,对数据物理存储、数据索引、数据压缩、空间数据引擎、数据提取、数据缓存以及显示等一系列关键技术进行优化创新,提高海量空间数据的查询、浏览和调用速度。探索海量空间数据应用与服务模式,提供灵活、便利的数据检索和浏览、数据分析和数据定制等一系列服务工具,以此提高空间数据的应用服务能力。

(2)各类数据的整合与整理。国土资源数据的多源、异构、多态和海量等特征表明了数据高度的复杂性,决定了数据的整合与整理是一项巨大、艰巨而又繁重的工作任务。从数据来源、业务内容、空间参数、存储格式、数学基础、标准化程度、数据规模、存储介质、应用需求、工作程度、数据更新等方面调研分析各类数据源的现状。在此基础上,选择和开发有关数据整理软件,对数据进行完整性检查、标准化处理,数据项补充、数据格式转换、坐标转换、拓扑重建、数据入库、构建数据索引等工作。

5 系统功能

5.1 基本功能

(1)数据导入导出。支持将各类“一张图”核心数据库数据入库、迁移、导出等功能,支持数据检查功能,支持 VCT 与 ArcGIS 系列数据格式的导入与导出,支持西安 80 与 WGS - 84 等坐标系之间的相互转换等。

(2)查询浏览。支持海量空间数据的查询浏览,实现管理数据的无缝浏览和漫游;支持比例尺控制、目录树导航;支持多种查询方式,包括通过点查询、行政区、拉框查询、缓冲区查询、多边形查询等多种空间查询方式;支持用户进行特殊查询条件自定义;支持多种类型数据的叠加展示。

(3)编辑与处理。提供各类数据编辑与处理工具,包括支持点、线、面等空间对象的增、删、改编辑功能,支持相邻图幅的自动接边和手动接边;可进行矢量数据的拓扑生成、拓扑检查、拓扑错误修改;支持对矢量数据的导出和删除;对矢量数据的编辑可实现基于规则的批量处理,支持属性字段增加、删除;支持基于规则的属性数据编辑批量处理等。

(4)制图。支持符号库编辑制作与管理、制图模板定制与管理、专题图制作、空间数据制图、打印等功能;支持制图结果保存为 PDF、JPG 等格式,也可直接打印输出。

5.2 其他功能

(1)综合分析。对土地资源状况、规划实施、建设用地审批、建设占用耕地、耕地补充、土地供应、行业用地、开发利用、违法用地、土地登记等信息进行关联整合,约束互动,统一管理,进行总量、结构、布局、时序分析,判断土地利用形势,分析可能存在的问题,为管理决策服务。

(2)批后跟踪。对批、供、用、补、查等土地管理全过程进行跟踪管理,判断土地利用各个环节的合理性,及后续环节的及时性,为促进节约集约利用土地服务。

(3)比对核查。通过与土地利用现状、规划以及批供用补查等信息、遥感发现土地利用变化图斑之间的叠加分析,从而发现批而未用、未批先用、批少用多、违反规划用地等违规现象。

(4)其他分析。包括分析指标管理、分析模型与参数管理、趋势分析、环比分析、同比分析、基比分析、聚类分析、空间分析、地理统计分析、缓冲区分析等功能。

6 结 语

国土资源“一张图”系统具有使国土资源系统内各类复杂数据资源实现数字化、网络化、实时可视化和优化决策支持等强大功能。在这张图上,我们可以完成从土地征收转用到权属变更,从地类用途管治到用地审批、从土地供应到合同签署、从土地初始登记到商品房预售和在建工程抵押转让、从房地合一,证后监管到颁发房地权属证书,实现业务应用系统基础数据的实时更新和统一标准下的信息共享,它将成为国土信息化管理的主导方式,使信息化融入国土系统的日常业务中,大幅度提高国土资源管理与服务信息化水平和工作效率。

参考文献

[1] 国土资源部. 国土资源部办公厅关于加快推进国土资源遥感监测“一张图”和综合监管平台建设与应用的通知. 2012.
[2] 罗建平. 浅谈第二次全国土地调查成果与一张图工程[J]. 南方国土资源,2009(12).
[3] 李满春,任建武,等. GIS 的设计与实现[M]. 北京:科学出版社,2004.
[4] 国土资源部. 2009 年全国“一张图”工程建设方案. 2008.
[5] 国土资源部. 关于加强建设用地动态监督管理的通知. 2018.

SSW 移动测量系统在集体土地地籍测量中的应用

邓　格[1]　楚　田[2]

（1. 河南省测绘工程院，河南郑州 450003；
2. 周口市国土资源局，河南周口 466000）

1　引　言

河南省正在全省范围内开展集体土地地籍调查工作。按照国土资源部门的工作计划，该项工作分两个阶段进行。第一阶段是集体土地所有权调查，调查比例尺为 1∶1 万，采用综合调绘法开展调查，目前，该项工作基本完成；第二阶段是在完成集体土地所有权调查的基础上，开展集体土地使用权调查，该项工作基本上是以农村宅基地调查为主，调查采用 1∶500 比例尺。对于农村宅基地调查，尤其是农村宅基地的地籍测量工作，一直以来，都被认为是一个比较困惑的问题，其主要原因在于农村宅基地测量精度要求比较高，一级界址点点位中误差为 ±5 cm，二级界址点点位中误差为 ±7.5 cm，再加上农村宅基地高度分散，每个村庄面积相对较小，每宗地面积也比较小，采用无人机小范围的航测技术，一般精度难以满足要求；采用常规航空摄影测量技术，投入成本比较大；采用全野外数字测图技术，在人员投入和工程进度上，都存在一定的困难。基于此，我们利用 SSW 车载移动测量系统，在驻马店市驿城区集体土地使用权测量中，进行了尝试，取得了较好的效果。本文以 SSW 车载移动测量系统为例，对移动测量技术在集体土地使用权测量中的应用技术和方法进行探讨和分析，对取得的经验做简单的总结，供大家在类似的测量工作中共同研究，扩展移动测量系统的应用领域，为解决农村宅基地测量中的困惑寻找秘钥。

2　SSW 车载移动测量系统

SSW 系统由激光扫描仪、IMU、GPS、里程计、线阵相机、面阵相机、电动转台、供电和控制系统（笔记本电脑）、车载升降平台构成。

其标称技术参数如下：

测量距离范围：2.2 ~ 300 m；

激光扫描点频率：50 ~ 200 kHz；

扫描角度：360°；

测距精度：2 cm/100 m；

测角精度：0.1 mrad；

激光扫描线频率：30 ~ 50 scans/s。

3　SSW 车载移动测量系统数据采集的技术流程与方法

3.1　控制点的布设

控制点的布设包括布设控制点的位置要求、设备要求、如何与移动测量车建立的联系（或者参数转换）。为了确保基站和扫描车之间通信畅通，控制点宜布设在海拔相对较高，周围较开阔，远离较强反射源和高压电线，便于架设仪器的地方，控制点的等级一般不低于三级导线控制点的精度要求；使用 GPS 设备应具备与扫描车良好的通讯设置，能保证扫描车在工作期间通信连续畅通。

3.2　设计扫描路线及实地扫描数据

针对河南南部农村居民地的分布特点，对宅基地的扫描中，分别采用 SSW 车载移动测量系统和三轮车为载体的测量系统,沿居民地街道开展宅基地扫描。车载移动扫描主要是村庄的外围和可供汽车通行的街道;三轮车载体测量系统主要扫描汽车不能通行的街道和一些半截通道。为了使扫描工作有序开展,开展工作前应对扫描对象进行实地查看,在已有工作底图(一般为二调时的影像图)上标注好基站架设位置、适合汽车扫描的路线、适合三轮车扫描的路线,并对扫描中的障碍点进行评估和预处理,确保扫描工作顺利开展。

架设基站,开通 GPS 接收机;对扫描设备进行预处理,使处于良好工作状态。基站覆盖半径约 5 km。为了使数据更加精确,可以每千米做一个控制点,架设一个对中杆,来检校数据的精度。在作业时候,车速约为 15 km/h,需要 2 名作业人员:一人负责驾驶车辆,另一人负责架设对中杆、操作设置控制平台。

系统通过 GPS 定位,使激光扫描仪、IMU、相机和里程计统一为同一时间系统——GPS 时间系统,使得系统每时刻数据协同一致;里程计、GPS 和 IMU 采集的数据用来进行组合导航,获取系统每时刻的姿态和位置数据。激光扫描仪和相机用来获取目标地物的坐标和影像数据,结合姿态数据融合生成带有绝对坐标的彩色点云数据;各模块通过机械结构集成为一体,以 GPS 时间为主线保证时间的同步和协调,通过相互间结构关系解求所测目标点绝对坐标。

3.3 数据处理

将点云数据赋予 RGB 值,对点云数据的解译、分类和一些细节特征的表达都有非常大的帮助。SSW 系统在点云数据采集的同时采集了目标物的影像数据,利用 POS 系统获取的姿态数据可以直接或间接地计算出相机曝光时刻的姿态数据,影像数据和点云数据的坐标系统就统一起来了,利用共线条件式使点云数据与影像数据准确融合。

系统数据后处理使用 SSW - DY 工作站对点云数据进行处理,得到黑白点云、彩色点云、彩色模型。在模型上对数据进行采集, 点云数据是依时间顺序进行采集的,数据只是一些离散的坐标值,与目标物的特征、结构、属性没有任何关联且数据量很大,点云数据的使用和深层信息的挖掘需要一套强大的点云数据处理、浏览等功能的软件来实现。

使用 SSW - DY 数据后处理软件对点云数据进行处理,得到黑白点云、彩色点云、彩色模型。在模型上进行手工矢量测图,转到 CAD 数据格式,形成具有地物特征的点、线初步信息文件。

4 1:500 地籍图生产

外业按照内业处理后的图形数据,实地调绘属性信息,补充遗漏地物要素数据,规范和完善地籍图需要的要素信息。

(1)实地扫描时,只是沿道路进行扫描,测量距离范围在 2.2 ~ 300 m,有的要素无法测量到,尤其是农村街巷比较狭窄,遮挡比较严重,一般只能扫描到沿街道的地物要素,也就是房屋的临街的房角点,还需要采用其他手段完善测量内容,补充地籍要素。

(2)外业完善地籍测量内容,通过专业软件,按照地籍测量的要求,编制地籍图。

5 精度分析

在无遮挡,信号比较好的情况下,平面精度和高程精度可以达到 3 cm 以内;高程精度可以达到 5 cm 以内。

如果树木,高楼遮挡严重,GPS 信号死锁的情况下,精度不是太高。在实际应用中,应充分考虑采集区域信号的遮挡情况,这是确保扫描效率的主要因素之一。

6 结 语

目前,河南省正在全面开展农村集体土地使用权的调查工作,该项工作的主要内容为农村宅基地的地籍调查。分布区域广,面积相对较小是其主要特点。解决地籍要素、地物要素的采集是困扰各生产单位的难题,采用车载移动测量系统无疑较好地解决了这个问题。需要指出的是,目前由于农村居民地内的地物复杂，树木较多，对信号的遮挡较严重，采用车载移动测量系统还不能完全采集需要的各类要素，还需要辅助其他测量手段解决问题。解决地物扫描率不高的问题，是移动测量系统在应用中亟待解决的问题，本次扫描中，地物采集率（以村庄为单位）最高为 46%，最低为 23%。如何提高地物采集率，将决定移动测量系统在农村集体土地使用权调查的应用前景。

参考文献

[1] 国土资源部. TD/T 1001—2012 地籍调查规程[S]. 北京：中国标准出版社，2012.
[2] 李德仁. 移动测量技术及其应用[J]. 地理空间信息，2006，4(4)：1-5.

巧用 LGO 软件解决长线型工程独立坐标系的建立问题

许永朋

（郑州测绘学校，河南郑州 450015）

【摘　要】长线型工程线路长、跨度大，甚至跨过好几个带区，为了解决长度变形问题，沿线往往需要建立很多工程独立坐标系，同时邻带之间还需要经常进行换带计算，所以我们在处理时，往往显得力不从心。但是，LGO 数据处理软件因为具有友好的界面，非常清晰的解决问题思路和丰富的处理工具，为我们解决类似此类问题提供了有益的帮助。

【关键词】LGO；长度变形；独立坐标；投影；抵偿；因子

1　引　言

近年来，随着我国经济的快速发展，各种像铁路、公路、输油管道、输气管道等长线型工程的建设正如火如荼的进行着，为了满足各种大型线型工程建设的需要，必须进行线路工程的控制测量，以满足工程建设的需要。当然，工程控制网作为各项工程建设施工放样测设数据的依据，为了便于施工放样工作的顺利进行，要求由控制点坐标直接反算的边长与实地量得的边长，在数值上应尽量相等，这就要求在投影时长度综合变形越小越好。但因为长线型工程一般跨度较大，长度少则几十千米，多则上千千米，形成了狭窄的条形带状区域，甚至跨越几个投影带，所以不可避免的存在投影长度变形。如果线路工程沿线地区高程较大，地势起伏变化大，也会增加投影变形，因此我们必须采取一些措施来使长度变形减弱，将长度变形根据施测的精度要求控制在允许的范围之内。那么针对该问题最有效的解决措施就是建立与测区相适应的工程独立坐标系统。

对于建立工程独立坐标的理论和方法，目前国内测绘工作人员已通过深入的研究和大量的工程实践总结出了许多种，并在实践中取得了良好效果，为地区地理信息系统建设和各项工程建设提供了保障。基于此，本文不再对理论和方法详细赘述，仅对如何利用工具软件快速实现工程独立坐标的建立予以描述和分析，以解决工程实际，并和其他方法予以对比分析，作为工程实践的重要参照和依据。

2　工程独立坐标系建立的重要意义及其内容

国家坐标系统为了控制长度变形，采用了分带投影的方式，以满足测图的基本要求，但长度变形依然存在，尤其是在离中央子午线越远的地区变形越大。如果不考虑长度变形的影响，将不能满足大范围工程项目勘测和施工放样的要求。长度投影的变形与测区所在的地理位置有关，即与测区偏离中央子午线的远近和测区的平均高程面有关。因此根据实际情况来合理确定测区中央子午线、变换投影基准面，以建立符合工程需要的独立平面直角坐标系统就显得异常重要。

建立工程独立坐标系，主要是解决长度变形问题，而长度变形主要取决于投影面和中央子午线的选择。因此，建立工程独立坐标系，实际上就是根据实际情况重新确定这些元素，从而形成新的坐标系。国内主要采用椭球膨胀法、椭球平移法和椭球变形法，并结合中央子午线的平移来解决工程长度变形问题，从而形成了各具特色的工程独立坐标系。

为了便于工程独立坐标系和国家统一坐标系的成果互相转换和利用，地方参考椭球一般都是在国家统一坐标系所用的参考椭球基础上，进行某些变换而形成的，这样能充分利用已有椭球的参数，大大减少了工作量，而且新椭球和国家参考椭球具有明确的数学关系，能进行互逆变换。为了保证图纸上的图形与实地对应的地物的相似关系，工程独立坐标系通常选择等角投影方式，而中央子午线往往可以根据测区的实际情况来进行移动，建立在测区的中央或中央的某一侧。

3 控制网的长度综合变形影响及解决方案

在控制网计算中，地面观测的边长长度，先要投影到参考椭球面，成为椭球面边长；然后再把椭球面边长投影到高斯平面，这才成为控制网的平面边长。这两项投影都将引起边长的变形。

（1）将实测的地面边长归化到国家统一的参考椭球的椭球面上时，应该加上改正数ΔS_1：

$$\Delta S_1 = -\frac{H_m}{R_A + H_m}S_0$$

式中，R_A 为测线方向的椭球曲率半径；H_m 为测线两端点大地高平均值，$H_m = \frac{1}{2}(H_1 + H_2)$；$S_0$为实测水平距离。

一般工程中常将上式近似为

$$\Delta S_1 = -\frac{H_m}{R}S_0$$

式中，R 为测区椭球平均曲率半径。

（2）再将椭球面上的长度投影至高斯平面，需加入如下改正数 ΔS_2：

$$\Delta S_2 = (\frac{y_m^2}{2R^2} + \frac{(\Delta y)^2}{24R^2} + \frac{y_m^4}{24R^4})S$$

一般工程中常取第一项：

$$\Delta S_2 = \frac{y_m^2}{2R^2}S$$

式中，y_m 为两点 y 坐标平均值；R 为测区椭球平均曲率半径；S 为大地线长。

综合以上两种变形，最后得到的长度综合变形 ΔS 为：

$$\Delta S = \Delta S_1 + \Delta S_2 = -\frac{H_m}{R}S_0 + \frac{y_m^2}{2R^2}S$$

建立工程测量坐标系时，由于缩小长度变形的需要，有时投影基准面不是参考椭球面，而是选用某个高程为 H_0 的面为投影基准面，由于 S_0、S 相对于 R 为小值，且 $S_0 \approx S$，这时：

$$\Delta S = (-\frac{H_m - H_0}{R} + \frac{y_m^2}{2R^2})S$$

其相对长度变形为

$$\frac{\Delta S}{S} = \frac{y_m^2}{2R^2} - \frac{H_m - H_0}{R}$$

当要求长度变形为0时，则要求：

$$\frac{\Delta S}{S} = \frac{y_m^2}{2R^2} - \frac{H_m - H_0}{R} = 0$$

对此式做不同处理，可导出工程独立坐标系的不同做法。

4 建立长线型工程独立坐标系的解决方法

长线型工程由于线路长，甚至跨越几个投影带，因此建立独立坐标系就比其他工程更加频繁。根据《工程测量规范》中的规定：平面控制网的坐标系统应满足在测区内投影长度变形值不大2.5 cm/km。根据以上的精度要求，控制网的长度综合变形（$\Delta S = \Delta S_1 + \Delta S_2$）应该限制在一定数值之内，不得超过施工放样的精度要求。否则就要根据需要重新选择合适的坐标系。根据工程地理位置和平均高程的大小,结合长线型工程的特点,工程控制网可以采用下述三种坐标系统方案

(1)在满足变形值不大2.5 cm/km的前提下,直接采用国家统一6°或3°带高斯平面直角坐标系。

(2)当长度变形值大于2.5 cm/km,可采用:①通过改变 H_m 来选择合适的高程参考面,以建立投影于抵偿高程面的3°带高斯平面直角坐标系统;②通过改变 Y_m,对中央子午线作适当的移动,以建立基于参考椭球面上的高斯正形投影任意带平面直角坐标系统;③通过既改变 H_m(选择高程参考面)又改变 Y_m(移动中央子午线),以建立投影于高程抵偿面的任意带高斯正形投影平面直角坐标系统。

(3)面积小于25 km^2 的小测区工程项目,可不经投影采用平面直角系统在平面上直接计算。

总而言之,建立工程独立坐标系的根本目的是为了便于施工测设,保证投影变形不超限,并在此前提上尽量减少整个工程设立独立坐标系的个数,以减少坐标转换的工作量。

5 巧用LGO软件建立工程独立坐标系的工程应用

LGO(Leica Geo Office Combined)是瑞士徕卡公司开发的免狗GPS数据处理系统,除有很好的GPS基线处理、网平差功能外,还有很多其他的功能不断被大家开发使用,比如测量数据导入导出、数据转化、投影正反算、换带计算等很多功能,本人通过对其使用和研究,发现可以利用其强大的功能实现工程独立坐标系的建立,巧妙地解决工程中的长度变形问题,为测量工程提供满足需要的工程独立坐标。

5.1 案例

某测区的15个控制点的平面坐标采用1954北京坐标系,高程为1985国家高程基准,其坐标见表1。测区中央子午线为102°。测区距中央子午线 -35.8 ~ -24.8 km,测区平均高程在2 000 m左右,两项综合相对长度变形约为1/2 900,远大于规范规定的1/40 000的要求,请提供满足要求的解决方案。

表1 控制点1954北京坐标系坐标

点标识	东坐标	北坐标	椭球高	点标识	东坐标	北坐标	椭球高
G01	468 817.116	3 777 888.187	2 073.471	G09	472 356.582	3 778 250.237	2 108.200
G02	468 970.410	3 777 476.604	2 074.874	G10	472 497.134	3 777 900.531	2 063.207
G03	469 198.962	3 777 475.552	2 026.339	G11	473 305.391	3 777 735.952	2 013.100
G04	470 041.523	3 777 767.730	2 008.185	G12	464 234.657	3 775 539.191	2 133.538
G05	470 453.134	3 777 843.580	2 150.226	G13	464 600.855	3 775 629.853	2 139.957
G06	471 048.559	3 778 220.923	2 015.687	G14	475 212.040	3 776 909.158	2 109.738
G07	471 089.396	3 778 498.872	2 002.656	G15	470 186.128	3 777 895.456	1 989.308
G08	471 697.253	3 778 460.833	1 998.245				

注:1954北京坐标系,1985国家高程基准,中央子午线经度102°,带宽3°。

5.2 分析

在LGO视图窗口(见图1),我们看到距离中央子午线102°最远的点是G12,约 -35.8 km;最近的点是G14,约 -24.8 km。

经过LGO平均联合因子计算功能得到其平均投影比例因子为1.000 011 665 78,经计算其高斯投影长度相对变形量约为1/85 000,而平均高度角因子为0.999 676 762 22,经计算其高程投影长度相对变形量约为1/3 000,二者综合长度相对变形量约为1/3 000。看来,长度变形主要是测区高程引起的,几乎和中央子午线位置无关,因此针对此问题的解决方案,我们可以采用通过改变 H_m 来选择合适的高程参考面,以建立投影于抵偿高程面的3°带高斯平面直角坐标系统。本测区平均高程约2 000 m,故取 H_m = 2 000 m作为高程抵偿投影面。

5.3 LGO处理策略

按照椭球膨胀法理论,以北京1954坐标系椭球为参考椭球,保持中心、扁率不变,长轴增加2 000

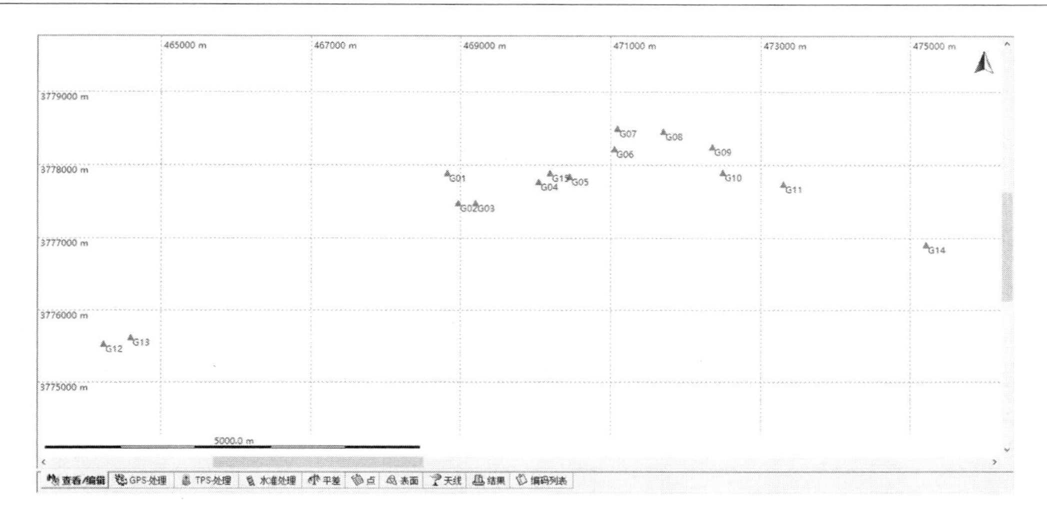

图1 控制点分布图

m,得工程独立椭球参数:$a=6\ 380\ 245$ m,$\alpha=1/298.3$;TM 投影参数:假定东向坐标 500 000 m,中央子午线经度 102°,带宽 3°,比例因子 1。基准原点选在测区中央附近的 G07。

首先新建项目一,坐标系统采用国家北京 1954 标准坐标系(参考椭球采用 1954 北京坐标系 Krassowski 椭球,投影中央子午线经度 102°,假定东坐标 500 000 m,3°带宽,原点比例因子 1),将已知的 15 个控制点坐标导入该项目,并通过 LGO 软件的格网坐标与空间直角坐标快速转换工具,将 15 个点的格网坐标转换为空间直角坐标并导出。

接下来再新建项目二,坐标系统采用工程独立坐标系(参考椭球采用 1954 北京坐标系 Krassowski 椭球的变异椭球,即膨胀后椭球,椭球参数为:$a=6\ 380\ 245$ m,$\alpha=1/298.3$;投影中央子午线经度 102°,假定东坐标 500 000 m,3°带宽,原点比例因子 1),将项目一中导出的空间直角坐标导入到项目二中来,并通过 LGO 软件的空间直角坐标与格网坐标快速转换工具,将 15 个点的空间直角坐标转换为工程独立坐标系坐标,这就是我们获得的满足工程要求的坐标,见表 2。

表2 控制点的工程独立坐标系坐标

点标识	东坐标	北坐标	椭球高	点标识	东坐标	北坐标	椭球高
G01	468 807.359	3 779 079.028	75.579	G09	472 347.932	3 779 441.191	110.308
G02	468 960.701	3 778 667.315	76.982	G10	472 488.528	3 779 091.375	65.315
G03	469 189.324	3 778 666.263	28.447	G11	473 297.038	3 778 926.745	15.208
G04	470 032.149	3 778 958.533	10.293	G12	464 223.466	3 776 729.293	135.644
G05	470 443.889	3 779 034.406	152.334	G13	464 589.778	3 776 819.984	142.063
G06	471 039.500	3 779 411.868	17.795	G14	475 204.284	3 778 099.691	111.845
G07	471 080.350	3 779 689.905	4.765	G15	470 176.799	3 779 086.299	-8.584
G08	471 688.397	3 779 651.854	0.354				

注:工程独立坐标系,椭球参数:$a=6\ 380\ 245$ m,$\alpha=1/298.3$;中央子午线经度 102°,带宽 3°。

5.4 验证

新的坐标是否可以满足工程需要,下面就需要对其进行验证。

在项目二查看/编辑视图窗口,经过 LGO 平均联合因子计算功能得到其平均投影比例因子为 1.000 011 665 770,经计算其高斯投影长度相对变形量约为 1/85 000,而平均高度角因子为 0.999 999 252 310,经计算其高程投影长度相对变形量约为 1/1 337 000,二者综合长度相对变形量约为 1/80 000。看来,经过这样处理,长度变形已完全满足 1/40 000 的限差要求,并且我们也同时得到了工程独立坐标系的坐标,直接用于工程施工放样。

5.5 拓展

对于既需要改变 H_m（选择高程参考面）又需要改变 Y_m（移动中央子午线），建立投影于高程抵偿面的任意带高斯正形投影平面直角坐标系统的处理方法、步骤与上述完全相同，唯一需要改变的是在项目二中将坐标系统的投影中央子午线经度换为测区的中心经度。

6 结　语

长线型工程线路长，跨度大，甚至涉及好几个带区，为了解决长度变形问题，沿线往往需要建立很多类似的工程独立坐标系，同时邻带之间还需要经常进行换带计算，所以我们在处理时，往往显得力不从心。但是，LGO 数据处理软件因为具有友好的界面，非常清晰的解决问题思路和丰富的处理工具，为我们解决类似问题提供了有益的帮助和指导。

参考文献

[1] 杨国清. 控制测量学[M]. 郑州：黄河水利出版社，2010.

数字化测绘技术在工程测量中的应用

刘靖晔　郑显鹏　王军霞

（河南省啄木鸟地下管线检测有限公司，河南新乡 433000）

【摘　要】工程测量对于建筑等工程来说非常重要，它起到一个基础性的作用。本文就现代测绘技术的基本情况进行研究，分析其特点并展望现代测绘技术在工程测量领域未来的发展。

【关键词】工程测量；测绘；新技术

1　引　言

在现代化工程测量中，数字化测绘技术得到了普遍的使用，为提高测绘工作的效率和准确度发挥了十分重要的作用。随着我国工程测量领域的不断开拓和发展，测量数据收集与处理工作的实时化、智能化以及数字化已经成为了不可避免的趋势。

2　测绘技术发展沿革

测绘技术其实在古代就有一定的发展。在四大文明古国时期，每个国家的天文学家都通过观测天文现象而制定立法。17 世纪之前，测绘学开始发展到用精密的仪器去测绘的阶段。17 世纪左右，西方科学家已经开始注意测绘技术，创造出等高线、投影学说、三角测量法等理论去描绘我们所生活的地球的地理状况，并且用光学知识发明光学测绘仪器。20 世纪中期，电子计算机的发明和飞速发展带动了现代测绘技术的发展，一些先进的物理仪器的发明和应用大大推动了测量领域的发展。随后，包括数学等自然科学的发展，使得测绘学的理论得以充实。新世纪以来，各种新型测绘理念出现使各种新型技术层出不穷并经过实践，广泛应用于社会中。

3　数字化技术概述

数字化技术为工程测量开辟新的道路和方向，提高信息处理能力，为工程建设需要提供各种类型的地形图，给人直观的感受。由于现代化建设进程的加快，许多新兴数字化测图软件被开发出来，在工程测量中发挥重大作用，且测量结果的精度也在不断提高，为工程测量带来高精度的测量结果。数字化技术是智能技术的基础，它能有效实现数据的自动化处理，将相关的测量数据输入到测图软件中，就可以迅速进行自动化绘图，计算机软件迅速完成图形的绘制工作，提高工作效率，为工程建设带来便利，自动化处理能有效减少人为误差，为工程建设提供准确的资料，促使工程建设的顺利进行。与传统测量技术相比，数字化技术能实现内外作业一体化，而传统测量经常需要工作人员到实地进行详细的测量，收集完整的资料后再开始进行图形等的绘制，这样不仅降低了工作效率，且劳动强度大，而数字化技术实现内外作业一体化，提高工作效率，减小误差，运用数字化技术实现自动成图，劳动强度低。最后，作为应用最广泛的新技术之一，数字化技术具有优良的储存功能，测绘人员可将绘制的图纸存储在软盘中，永久保存，出现相关变化时调用出来进行修改，减少图纸的浪费，也无需重新绘图，减少劳动量。

4　数字化测绘技术的特点和优势

与过去的人工制图相比，数字化测绘技术能够成倍的提升工程图的精准度。在对外业采集数据时，运用数字化测绘技术能够智能生成所测绘地形点的三维坐标，对测绘工作所需要的数据信息进行自动储存,而且在处理内业数据时,由于其可以智能完成数据信息的存储、处理、传输和成图,降低了由于人工失误导致数据失真的可能性,从而外业的测量精度也不会受到丝毫的影响。而且,由于数字化测绘技术的智能化、自动化,省却了过去人工制图中识别、计算以及展点制图等诸多复杂的步骤,使得数字化测绘技术不但可以提升测绘的准确度,同时也极大程度地降低了人工作业的负担,解放了人力资源,显著地提升了测绘工作的效率。此外,数字化测绘技术的图形资源更加丰富,从而方便了数据信息的检索过程,提供了更好的用户体验。最后,数字化测绘技术除了可以高精度地标识地形点坐标等基础信息,也附带了更加详尽的相关数据,能够利用地形点的编码信息,通过适当的符号显示成图。

5 数字化测绘技术在工程测量中的应用

在现代工程测量工作中,数字化测绘技术已经成为了一项必要的技术手段,在各个方面都能够发挥重要的作用,尤其是在原图和地面图的数字化处理以及数字地球领域得到了广泛的应用。

5.1 Mapscan 软件在原图数字化上的应用

先用扫描仪将地形原图扫描成栅格图像,然后再对图像进行旋转校准,进行矢量化、编辑和整饰,最终形成数字化原图。简单来说,这就是将地形图扫描成数字化地图,将原图扫描成. cal 格式的图像文件会出现偏移和旋转现象,通过软件进行校准,而校准中可能出现误差,同时,矢量化地形、地物的过程中也有人为因素的影响,故而其精度不高,它与后来的内外作业一体化数字化测图技术相比,精度较低,但是,其充分利用了原有的图纸,它是原有的测量结果转化成数字化成果的关键。

5.2 捷创力 600 全站仪,实现自动化的野外数据采集

捷创力 600 全站仪具有内部存储器,可存储相关的原始数据、点信息,存储空间可实现自我管理,无需连接外部设备。其中,存储空间一般分成区域文化和工作文件,根据野外采集的数据在全站仪上启动自定义用户程序 P2,该程序可进行野外数据采集,完成工作后将存储的数据自动传输到计算机上进行地图的绘制。与前文所提的两种软件相比,捷创力 600 全站仪能利用内存存储数据,具有多层保护,安全性高,不会造成数据的丢失,且能实现自动化数据传输,非常方便。

5.3 地面数字测图

地面数字化测图技术主要被普遍应用在大比例尺地图和工程图的测量工作中,其测量的精度比较高,因而是应用的最为广泛的一种技术。地面数字化测图技术运用空间数据的采集存储、图形绘制、成图输出的一体化测绘模式,能够生成精确度相当高的数字图,利用一定的测量措施进行辅助,能够把所测绘的地表及地物数据信息的误差控制在 5 cm 以下。

5.4 数字化摄影技术在工程测量中的应用

数字化摄影技术可以说是今后数字化测量的一个重要发展方向。从摄影测量本身来说,它是利用影像来完成测量工作的科学与技术;从信息技术和计算机视觉科学角度来说,它是利用影像重构三维表面模型的科学与技术。换言之,在室内构建地形的三维表面模型,在模型上进行具体的测绘。从这两个意义层面来看,数字化摄影测量技术与传统的摄影测量没有本质区别,虽然说生产流程和作业方式差别不大,但数字化摄影测量技术为传统摄影测量带来新的变革。这种方法将大量的外业测量转移到室内完成,受自然环境的影像小,非常适合于人口密集地区的大面积成图。该方法在初期投入大,当测区较小时,成本较高。

数字化摄影测量技术经常应用于地籍图和大型工程的测绘中,它无需接触被测物体,且工作效率高,结合 IMU、GDPS 等辅助手段,使得外业测量控制点连接少,测量效率高,逐渐走向全数字化和自动化方向。近景摄影测量技术一般作为地面测量的辅助工具,最初由专业测量相机发展而来,后来逐渐成为数字化领域的专业近景摄影测量工具,最终成为数码非专业的近景摄影测量相机,在土石方量计算、三维图重建、地形勘察、滑坡测量等方面有广泛应用,能获得较为精准的数据资料。数字化技术在工程测量中的应用为纸质地图的处理带来便利,利用软件将纸质地图转化成数字地图,随时根据变化和缺陷修改数字化地图,为工程建设提供准确的资料。

6 工程测量领域现代测绘技术未来发展建议

首先,要提升测绘信息的反馈速度,及时地给出测量数据,这样对工程测量的效率,对整个工程的效率都有所提升。其次,测绘行业并没有相关的标准,当前并没有因此出现混乱,但是随着测绘技术的广泛应用,而工程测量对建筑质量起到的作用很大,未来可能会出现一些问题,必须尽快建立相关的标准和规范,确保测绘行业健康发展。再次,现代测绘技术对于地表或者水面的测量比较精确,但是对于地下或者是水下的测量技术并不成熟,要对这方面重视起来,多方位、多层次地研究技术进步,将工程测量技术提升到整个地球的维度。最后,由于现代先进的测绘技术成本比较高,还不能普及,例如在一块地址不太好的地区建筑高层住房,施工单位不愿意花费较大开支去引用先进的测绘技术,所以未来随着科技的发展,现代测绘技术应当研究如何降低使用成本,普及到民用领域。

7 结 语

综上所述,在现代工程测量中,数字化测绘技术已经成为了一项不可或缺的技术措施之一,全面地融入到了工程测量工作的方方面面,尤其是在工程测图内容以及数字地球方面都发挥了重要的作用,极大程度地提高了测量工作的质量和效率。广大工程测绘技术人员需要进一步对数字化测绘技术的应用进行探究,以更好地满足工程测量的需求。

参 考 文 献

[1] 刘浩. 数字化测绘技术在工程测量中应用初探[J]. 中华建设,2011,06(11):159-160.
[2] 于丽媛. 浅析数字化技术在工程测量中的应用[J]. 科技致富向导,2013(7):377.

遥感影像解译样本采集关键技术分析

张丽娜[1]　周　强[2]

（1. 陆通测绘系统工程有限公司，河南郑州 450052；
2. 河南省测绘工程院，河南郑州 450003）

1　引　言

目前，第一次全国地理国情普查工作正在全国范围内开展。在本次普查中，从遥感影像上获取地表覆盖和国情要素信息是一项重要工作，确保遥感影像解译的准确性，是关系到项目顺利开展的一项关键技术。遥感影像解译时，对地理环境的正确认知是保证解译结果正确的基本前提。因此，按照本次普查的规程要求，在普查的外业核查阶段，要进行遥感影像解译样本的采集工作，并建立样本库，利用具有对照关系的地面照片和遥感影像为主的解译样本数据，为遥感影像解译者建立对相关地域的正确认识提供重要支持，并可在解译结果的质量控制方面发挥重要作用。其实在实际作业中，对于外业核查人员来说，完全掌握解译样本的采集，尤其是掌握地面照片的采集技术，也不是一件很容易的事。因为在地面照片的拍摄中，很多地方涉及摄影专业知识，对于大多数普查人员来说，并不是熟悉的领域。为此，本文参照有关规程，结合一些专业知识，对样本采集的关键技术问题进行分析和探讨。

2　遥感影像解译样本采集要求

2.1　遥感影像样本数据的内容

遥感影像样本数据的内容包括用于辅助遥感影像解译的地面实景照片数据和对应遥感影像实例数据。

2.2　解译样本采集的范围

具体要求是：①内业解译较确定的图斑，选取典型区域按照要求进行核查并采集样本；②内业解译有疑问及分类错误的图斑，原则上都需要采集对应的解译样本；③核查时准确率不达标的图斑，应扩大抽样比例和地域范围进行核查并采集样本。

2.3　解译样本采集工作安排

样本采集是外业调查与核查的目标之一，可以与外业核查工作同步进行。内业采集识别困难时，也可以先拍摄地面照片样本。

2.4　数量要求

影像数据源类型、时相比较一致（属同一个季节）且连片、地理环境差异不大的区域，超过 1 000 km^2 的区域范围，各覆盖类型（最细）平均采样点应≥15 个；小于 1 000 km^2 的区域范围，各覆盖类型平均采样点应≥10 个；样点的分布应尽可能与图斑的分布相一致且均匀；大范围内为同一类图斑，应沿核查路线每 2 km 到 3 km 采样点；难以到达的特殊困难地区，各覆盖类型平均采样点数应不少于 3 个。

对于图斑数很少（100 个以下）且图斑总面积很小的覆盖类型，若具有典型性，也必须至少采集 1 个样点。

2.5　数据记录格式

地面照片记录格式：* . jpg。

遥感影像实例文件格式：采用无损无压缩的 TIFF 格式记录遥感影像，后缀为. tif；采用 TIFF World 文档，记录影像的坐标信息，后缀为. tfw；采用后缀为. prj 的投影信息文件，记录影像的投影信息。

2.6 地面照片拍摄要求

拍摄时应尽可能水平持握相机,使保持正常姿态,避免照片信息失真误导使用者。特殊情况下,相机俯仰角或横滚角大于10°以上时,并记录其值;应尽可能拍摄离相机200 m范围以内的景物,避免照片与遥感影像实例之间的空间对应关系失真;难以到达只能通过远距离拍摄的,拍摄距离大于200 m时,应估测拍摄距离并记录;可以现场估测,也可以内业确定拍摄对象位置后测算其与相机位置之间的距离得到。地面照片尽可能使用精细模式保存,总像素数量应在200万像素以上。由于数据量原因,总像素数量不宜过大,一般控制在1 000万像素以下

地面照片的长宽尺寸不做限定,可根据相机情况合理设置。

2.7 遥感实例数据裁切要求

从经过正射处理的可用遥感数据源中,对应地面照片裁切511×511像素大小的高分辨率遥感影像。裁切范围:根据其姿态信息,并尽可能把地面照片拍摄的主体地物置于影像的中间部分,如果拍摄点和拍摄的主体地物距离较远,可以将遥感影像实例的中心点沿着拍摄方位移动,以保证拍摄点也位于遥感影像实例范围内。如不能保证都在实例范围内,可扩展至1023×1023,航摄正射影像还可以进一步扩展。

3 样本采集关键技术分析

3.1 地面照片采集

3.1.1 拍摄方法

(1)使用支持自动记录相机姿态参数和相机成像参数信息的一体化外业调绘核查系统,其他信息通过人工输入并同步记录入库。

(2)使用支持在照片EXIF信息中自动记录相机姿态参数和相机成像参数信息的特殊照相机,其他属性信息由人工记录到手簿上。

(3)普通相机加GPS接收机,事先校准时差,GPS记录行走轨迹,拍摄照片同时在手簿上记录其他属性信息。事后内业读取GPS记录和地面照片EXIF信息中的拍摄时间,通过时间同步,把相应的位置信息挂接到地面照片上。

实际作业中,采用(1)作业方法比较普遍,这种方法是基于专业化的调绘核查系统,并置入GPS定位功能,使其具备自动记录采集轨迹,自动生成照片表示符,自动裁切遥感影像实例,并自动把相应的生成信息存放到影像记录文件、影像的坐标信息文件、投影信息文件中,形成符合数据库要求的库前数据文件;采用(2)方法时,大部分信息由照片EXIF自动完成,但系统无GPS定位功能或精度不够,照片的标识信息记录不完整,需要事后完善,因此,需要现场记录定位点位置和拍摄点位置,标绘核查路线,室内计算照片方位角,遥感实例数据需要人工裁切,调查路线需要矢量化编辑处理,并整理成符合数据库需要的数据文件;采用(3)方法和(2)方法基本差不多,不同的是该方法配套使用了GPS设备,自动采集了行走轨迹和样点的位置,但拍摄物点的位置需要手工记录,同时需要把相机的时间系统和GPS的时间系统调一致,以便数据整理时进行对照,其他的处理方法与(2)方法一致。

3.1.2 拍摄技巧

(1)相机设置。时间设为北京时间,用GPS定位误差应调校在1″之内;模式选择时间不要显示在照片上;采用JPG格式,选择“极精致/超精细”设置;白平衡设置选“自动”;ISO感光度:宜采用数码相机最低感光度,专业单反数码相机宜≤400,业余数码相机宜≤100,以确保影像清晰度。

(2)拍摄模式。大场景:应选用风景模式/或选光圈优先模式,设定小光圈;近景、独立要素:直接对焦于拍摄对象,选光圈优先模式,设定大光圈;运动中:应选用运动模式/或选速度优先模式,设定高速快门(宜采用≥1/400 s);全景:尝试近距、中距和远距分别拍摄。

(3)摄影构图基本要求。确定拍摄对象后,应适当扩大取景范围,宜扩大20%,便于后期重新构图等编辑处理。应保持拍摄主体构图平衡;若对象有明显的朝向,则朝向空间宜略大于背向空间;采集对象特征应避免与背景特征线重叠;必要时,通过大光圈淡化背景内容。

(4)特殊环境。阴天等光线不足等情况下(快门速度低于1/60 s时),应采用角架,并通过快门线或自拍模式来拍摄;逆光拍摄对象:根据主体对象与背景光线的反差,增大曝光补偿指数;太阳光过强:当太阳光正射被摄对象时,根据主体对象与背景光线的反差情况,减小曝光补偿指数;闪光灯补偿:根据被摄对象距离远近,相应增加或减少闪光灯曝光补偿指数。

3.2 遥感影像实例拍摄点位置标绘

根据照片拍摄点经纬度坐标信息,用与影像颜色反差较大的颜色(蓝色、黄色、黑色或白色)表示的十字丝标明其位置;十字丝横竖长度均为15个像素,宽度为1个像素;一幅遥感影像实例中存在样点组时,应在十字丝旁同时标注地面照片的标识符(此处的标识符只表达第11～16位字符,即拍摄时间的HHMMSS部分),颜色与十字丝保持一致,每个字符长宽均为7个像素。

4 结　语

开展地理国情普查,系统掌握权威、客观、准确的地理国情信息,是制定和实施国家发展战略与规划、优化国土空间开发格局和各类资源配置的重要依据,是相关行业开展开展调查统计工作的重要数据基础,必须确保数字准确。做好遥感影像样本采集工作,对提保证查数据质量,确保普查进度具有重要意义。

参考文献

[1] 国务院第一次全国地理国情普查领导小组办公室.遥感影像解译样本数据技术规定.2003.

三维激光扫描技术在古建筑文物保护中的应用研究

袁　慧[1]　宋晓红[2]

(1. 河南省测绘地理信息局信息中心,河南郑州 450003;
2. 河南科普信息技术工程有限公司,河南郑州 450001)

【摘　要】本文采用三维激光扫描技术获取空间信息数据,以解决古建筑文物保护方面设计图纸丢失、修缮困难、采用传统测绘技术进行相关档案资料制作精度和工作效率不能满足实际需求的问题。在点云数据缺失条件下,基于点云数据建筑物特征面自动提取建模技术等关键技术进行点云数据处理,三维建模,高效高精度的完成古建筑档案资料的生成和整理,以达到保护古建筑文物的目的。

【关键词】三维激光扫描技术;古建筑;保护;应用

1　引　言

三维激光扫描技术,作为20世纪90年代中期开始出现的一项高新技术,具有速度快、效益高、实时性强等特点,有效解决了目前空间信息技术发展实时性与准确性的颈瓶。因此,它很快成为空间数据获取的一种重要技术手段。国内21世纪初,三维激光开始被应用于古建筑测绘领域,如用于故宫修复测绘、和数码相机相结合对古建筑物进行快速三维重建等,实现古建的数字化存档,为研究中国古建筑史和建筑理论提供重要资料[1],也对发扬古建筑文化具有重要的社会意义[2]。从研究成果中可以看出,与其他技术手段集成使用,三维激光在古建筑保护中相对于传统测绘手段而言更显示出其独特的、无法取代的优越性。然而,由于建筑本身的特性以及技术本身的局限性,也使得三维激光用于古建筑测绘存在一定的缺陷,因此我们有必要在前人的基础上,进一步研究三维激光用于古建筑测绘的特点,及其存在的问题,并提出初步的改进方法。

2　三维激光扫描与数据处理

2.1　三维激光扫描数学原理

地面三维激光扫描测量系统是由地面三维激光扫描测量仪、后处理软件、电源以及附属设备构成。测量时,按激光脉冲所测的空间距离,再根据水平向和垂直向的步进角距值,计算出扫描点的三维坐标。通过传动装置的扫描运动,根据设定的扫描范围,完成对物体的全方位扫描;然后进行数据整理,再通过一系列处理获取目标表面的点云数据。

同时,彩色CCD相机拍摄被测物体的彩色照片,记录物体的颜色信息,采用贴图技术将所摄取的物体的颜色信息匹配到各个被测点上,得到物体的彩色三维信息。三维激光扫描点云坐标原理如图1所示。

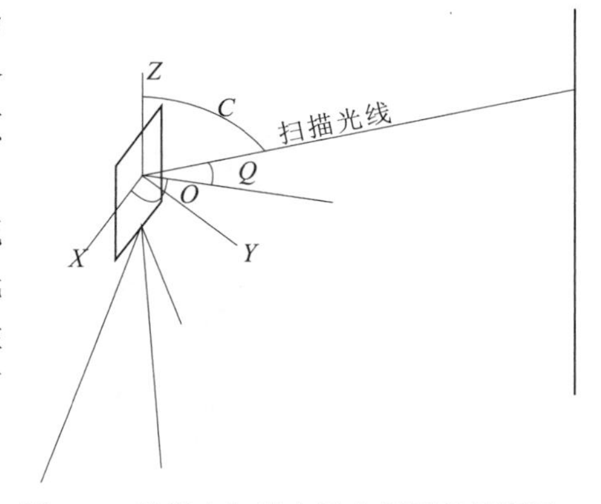

图1　三维激光扫描点云坐标原理示意图

三维激光扫描技术通过对激光照射目标获取点云,使得传统的外业测量更多的以数字化的方式转移到室内来进行,明显降低了测量工作的难度和工作量。所得数据的可挖掘性好,多用性好,大大减少了现场测量的时间和次数[3],使得三维激光技术可方便、准确和迅速的用于建筑物信息的获取。

2.2　扫描数据处理

古建筑保护与现代建筑修葺和改造是一直以来受到国家和社会关注的热点问题,因此如何实现建筑物的精细测量和完整修葺成为学界研究的重点。建筑物修复与复建的传统方法是借助钢尺、皮尺测量,或者使用拍照摄影、GPS 与全站仪测量相结合的测量方式。

地面三维激光扫描仪在扫描时,激光器发射出单点的激光,同时记录激光的回波信号,通过计算激光的飞行时间,来计算和目标点与扫描仪之间的距离。扫描所得到的数据称为点云数据(pointscloud),它记录的是目标物体表面上离散点的空间坐标和某些物理参量。其点云的表示形式为(x,y,z,intensity,R,G,B),数据中包含了点的空间位置关系,还包括点的强度信息和颜色灰度信息。三维激光扫描仪的主要构造包括一台高速精确的激光测距仪、一组可以引导激光并以均匀角速度扫描的反射棱镜与内置的数码相机。它通过传动装置的扫描运动,对物体进行全方位(360°×270°)扫描,从而获取目标表面的点云数据。

采用徕卡三维激光扫描仪获取点云数据,利用其配套的后处理软件 Cyclone,采用边界曲面自动拟合技术进行规则物体的自动建模,不规则曲面将其导入到不规则曲面建模软件中,不规则曲面建模软件运用逆向工程技术对曲面进行建模。逆向工程原理:是一种产品设计技术再现过程,即对一项目标产品进行逆向分析及研究,从而演绎并得出该产品的处理流程、组织结构、功能特性及技术规格等设计要素,以制作出功能相近,但又不完全一样的产品。逆向工程源于商业及军事领域中的硬件分析,其主要目的是在不能轻易获得必要的生产信息的情况下,直接从成品分析,推导出产品的设计原理。

3　三维激光技术应用于古建筑保护实例

3.1　古建筑的结构特征

古建筑是历史政治经济文化的凝聚物,不同时代的建筑见证了不同的政治、文化和审美,不同的民族其建筑也有其独特的风格。中国古建筑在外型上主要由屋顶、屋身和台基三部分组成;建筑的结构有石块和木质,其中 80% 以上是木质结构。细部台基、立柱、斗拱和屋顶结构繁杂;门窗天花板形式多种多样,图案栩栩如生。其建筑物内涵极为丰富,因而对保护建筑物这些特征所要求的技术非常高。

用三维激光扫描古建筑,其单点向扫描精度达毫米级,且扫描间距可达亚毫米级,因而能将复杂、不规则的古建筑数据完整的采集到电脑中;同时,非接触的测量方式不会对古建筑造成损伤,在技术层面上加强了古建筑的保护力度。因此,三维激光扫描技术用于古建筑保护具有适用性和可靠性。

3.2　三维激光扫描在古建筑保护中应用

古建筑保护最基础的工作——古建筑测绘,实际是通过三维激光测量取得实地实物的尺寸和数据[4],绘制出一套完整的古建筑三维图,保护由历史建筑、环境要素等构成的物质空间和社会生活等所传达的各种信息的真实性[5],传递其历史、文化、科学和情感。

用三维激光测量古建筑,其步骤如下。

第一步,古建筑表面数据采集。

主要内容有:确定测绘方案,三维激光实地扫描。本实验以徕卡激光扫描系统测量古建筑文物为例,进行了扫描测量。扫描数据如图 2 所示。

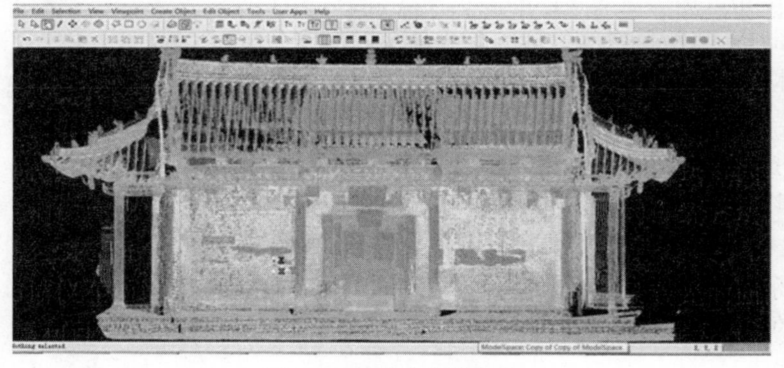

图 2　三维激光扫描数据

第二步,内业数据处理。

建筑物的线画图作是传统建筑测绘的成果之一,是建筑物的测绘图件,包括平面图、立面图和剖面图。这些二维的图件可以表示房屋内部的结构或构造形式、分层情况,说明建筑物的长、宽、高的尺寸,地面标高,层顶的形式,门窗洞口的位置和形式,外墙装饰的设计形式和各部位的联系、材料及其高度等(见图3)。

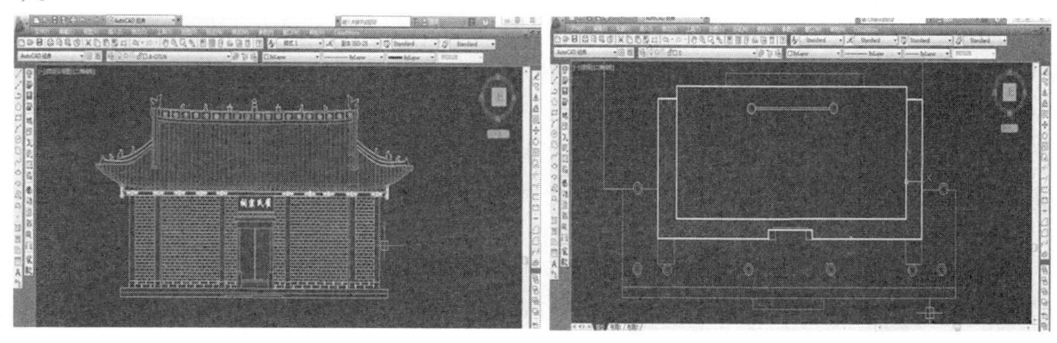

图3 平面图和立面图

第三步,彩色点云数据应用。

扫描的彩色点云可以发布在互联网上,让远方的人可以通过互联网有如置身于真实的建筑物之中(见图4)。发布的点云不但可以网上浏览,还可以实现基于互联网的量测、标注等,有利于数据共享和现有文物、建筑物的网上展示、宣传。尤其是对于一些不宜长期向公众开放的文物景点,通过网上发布的彩色点云数据,可以满足公众的网上虚拟浏览的需求,也有利于文物保护工作的开展。

图4 彩色点云数据图

第四步,三维建模。

可以利用三维激光扫描仪配套软件自带的模型库快速建模。针对非标准几何构件的物体,如佛像,中国古典建筑中的各种复杂部件等,可以通过其他第三方软件不规则曲面建模逆向工程软件进行建模,构建格网模型,再通过纹理映射或是导入到3D Max 中进行贴图(见图5)。

图5 三维模型

存储后，数据可用于档案记录、三维可视化及逆向重建[6]等方面，实现三维激光扫描技术在古建筑保护中的应用。

3.3 三维激光扫描用于古建筑测绘解决的关键问题

能自动识别点云数据中的建筑物特征，并提取特征面，自动拟合成建筑三维模型，根据采集的物体的空间点云数据，能够提取建筑物的平面图、立面图和剖面图等线划图，解决古建筑设计图纸丢失，古建筑无法修补的问题。

根据点云数据重建的三维模型和提取的线划图，能够将古建筑或文物还原其本来面貌，能够使文物数据永久保存。

与传统测绘相比，基于三维激光扫描技术的空间信息获取具有如下优点。

(1)能够快速全方位地获取实体的空间信息。利用传统的测绘技术测绘实体的长宽高等参数，需要进行对无数个点进行测量，而采用三维激光扫描技术，能够直接获取实体的三维空间信息，可直接在获取的点云数据上进行量算。

(2)全自动的空间信息获取。传统的全站仪等仪器的测绘，全程需要人工干预，而三维激光扫描技术仅需在开始时选好地点，设置好仪器起即可自动获取所需的空间信息。

(3)空间信息获取效率高。三维激光扫描获取的点云数据，十几分钟即可获取实体的上十万个点的信息，对于不规则的古建筑文物，这一特点是采集古建筑文物空间数据信息不可或缺的手段。而采用传统的测绘技术，获取这么多点的工作时间将会相当长，将测绘的点绘制到图上更是一件无法想象的事情。

(4)非接触式扫描，更好地保护了文物的完整性。

综上所述，在古建筑文物保护中，三维激光扫描技术能够解决传统测绘所不能解决的问题。

4 结论和展望

从三维激光扫描技术在古建筑文物保护的应用实例方面可以看出，三维激光技术由于其测量时间短、测量精度高、处理数据自动化以及其点云可用于深层次的模型重建被广泛应用于古建筑的保护中。但是由于三维激光技术本身的缺陷以及数学处理模型的不完善，使得在古建筑保护中其适用性和可靠性并不能达到最佳。这就要求我们继续深入研究和改进三维激光测量和处理技术，期待三维激光技术更深入应用于古建筑方面，并应用于其他领域。

参考文献

[1] 余明，丁辰，过静珺. 激光三维扫描技术用于古建筑测绘的研究[J]. 测绘科学，2004(10)：69-70.
[2] 林观土，罗鸿辉，李红伟. 全站仪在古建筑测绘中的应用研究[J]. 广东水利电力职业技术学院学报，2009：65-67.
[3] 李长春，薛华柱，徐克科. 三维激光扫描在建筑物模型构建中的研究与实现[J]. 河南理工大学学报：自然科学版，2008(4)：193-199.
[4] 廖小辉，李燕，胡云世，等. 古建筑保护测绘方法的研究[J]. 测绘通报，2008(12)：45-46.
[5] 何玮. 古建筑的保护与修复[J]. 工程建设，2008(6)：33-35.
[6] 丁宁，王倩，陈明九. 基于三维激光扫描技术的古建筑保护分析与展望[J]. 山东建筑大学学报，2010(3)：274-276.

浅析 GIS 在土地管理中的应用

巴 勇[1] 袁 慧[1] 张丽娜[2]

(1. 河南科普信息技术工程有限公司,河南郑州 450001;
2. 陆通测绘系统工程有限公司,河南郑州 450052)

【摘 要】随着地理信息系统的迅速发展,其应用领域也在不断扩大。基于 GIS 的土地管理信息系统将在现代化的土地管理工作中起到重要的作用。本文首先阐述了 GIS 技术的定义与优势,然后探讨了 GIS 技术大范围应用于土地资源管理多方面,最后对 GIS 技术应用提出展望。

【关键词】GIS;土地管理;系统集成;应用

1 引 言

土地是人类生存、发展的基础,查清土地资源状况,并做出科学的评价,对加强国土资源的规划、管理、保护与合理利用,保障整个国民经济的持续、快速和健康发展,具有十分重要的意义。随着我国经济的快速发展,人们对土地的需求也是与日俱增。如何利用现代化的技术手段及时、准确地获取土地利用现状数据,将是进入信息化社会所面临的技术上和管理上的改革。利用 GIS 技术进行土地资源利用调查和动态监测已为人们所熟知。

2 地理信息系统概述

地理信息系统(Geographic Information Systems,简称 GIS) 是一种采集、存储、管理、分析、显示与应用地理信息的计算机系统,是分析和处理海量地理数据的通用技术。一个完整的地理信息系统主要由计算机硬件系统、计算机软件系统、地理数据(或空间数据) 和系统操作人员 4 个部分组成。计算机硬件系统是计算机系统中实际物理设备的总称,包括计算机、输入设备(如数字化仪、扫描仪、解析测图仪、数字摄影测量仪器、遥感图像处理系统、机助制图系统、图形处理系统等)、输出设备(如图形终端显示设备、绘图仪、打印机等)等。计算机软件系统包括计算机系统软件、地理信息系统软件和其他支持软件、应用分析程序。

而 GIS 技术可以作为土地资源数据的管理、更新、评价的有力手段。GIS 技术对土地资源管理工作具有十分重要意义,在土地调查中得到了广泛的应用。GIS 技术的进步及其相关软件的成熟为管理土地调查数据、建设数据库提供了良好的技术平台,目前我国 GIS 软件有 ArcGIS、MapGIS 和 MapInfo 等。随着 GIS 向多功能、高精度、现势性强的时态地理信息系统方向发展,向与计算机空间信息可视化技术及虚拟现实技术相结合的方向发展,向基于网络的 WebGIS 方向发展,其在土地调查中的应用具有很大的空间。

3 土地资源的重要性

土地资源对人类是至关重要的。土地是人类赖以生存和发展的物质基础,是社会生产的劳动资料,是农业生产的基本生产资料,是一切生产和一切存在的源泉,是不能出让的存在条件和再生产条件。

3.1 土地的承载功能

土地为人类的生存和发展提供了客观的、基础性的物质条件,人类从土地中得到赖以生存的衣食住行的基本条件。土地由于其物理特性,具有承载万物的功能,因而成为人类进行一切生活和生产活动的场所和空间。

3.2　土地的生产功能

国民经济各行业的发展离不开土地。充足的、优质的、合理分布的土地是顺利发展国民经济的必备条件之一。在土地的一定深度和高度内,附着许多滋生万物的生产能力,如土壤中含有各种营养物质以及水分、空气,还可以接受太阳光照射的光、热等,这些都是地球上一切生物生长、繁殖的基本条件。没有这些环境与条件,地球上的生物也不能生长发育,人类就无法生存和发展。

可见,大自然为人类提供了多种多样的可利用的土地资源,为人类的栖息、繁衍、生活、生产等活动提供了条件;另一方面,也要求人类因地制宜、充分而合理地利用不同位置、不同质量的土地,以取得更大的经济、社会、生态效益的任务。

3.3　资源功能

人类要进行物质资料的生产,除需要生物资源外,还需要大量的非物质资源,如建筑材料、矿产资源和动力资源(石油、煤炭、天然气、地热)等,这些自然资源蕴藏在土地中。没有这些,也就不能生产各种机械设备,不能进行各种房屋、道路建设,不能生产人民生活需要的各种工业品。国民经济各行业的发展也将无法进行。因此,因地制宜、充分而合理地利用和管理好不同位置、不同质量的土地,已成为影响人类可持续发展的重大问题。

3.4　土地是人类生产关系中的核心关系

在人类经济生活中,土地的所有制决定了以土地所有制为基础的生产关系,即在生产过程中人们之间的相互关系和分配关系。具体地说,它决定了土地使用制度,决定了级差地租、绝对地租、地价的存在与否及其水平,并且与土地产品的成本、生产价格、市场价格存在与否及其水平发生密切关系。同时,土地的重要性还决定了在一切社会中,由国家或社会的其他代表对土地实行社会化管理的必要性。要处理不同社会中人与人之间的关系问题,在相当大的程度上都要涉及土地关系问题。

4　GIS 技术的集成应用

4.1　土地资源管理中的应用

各级土地利用总体规划和土地整治规划的编制、审批和实施涉及大量图件、指标等空间数据。对规划成果质量和管理的时效性要求都很高,运用 GIS 等现代技术进行管理十分必要,可以提高管理的科学性、管理质量和管理效率。扩展来说,是“3S”的整体应用。而“3S”技术在土地利用规划管理中的应用,主要是利用遥感和全球定位系统获取空间数据。在此基础上建立土地利用动态遥感监测系统和土地利用规划管理信息系统,以辅助规划的编制和修改、土地利用年度计划编制、建设项目用地预审、报批用地规划审查、土地开发整理项目的管理、规划实施情况监测和执法检查等方面。

4.2　土地资源调查中应用

GIS 技术为西部大开发土地资源综合开发利用提供了科学、可靠的土地资源基础成果,为编制规划提供了科学、现势的基础数据和图件资料。应用 GIS 技术大大提高了国土资源调查的效率和精度,充分认识土地利用和土地覆盖变化的规律,能极大地提高制定土地利用规划的科学性和合理性。近年来,GIS 技术在国土资源管理中的应用逐步走向成熟,在土地执法监察、土地利用动态监测、土地变更调查数据复核等方面发挥了巨大作用,已经成为土地资源管理的重要手段。

4.3　土地资源动态监测中的应用

采用“3S”技术对土地资源利用现状进行动态监测,主要是利用已有的全国土地详查数据和网件及最新的卫星遥感信息。在全球定位系统和地理信息系统的支持下,对土地资源利用现状进行动态监测。而其中遥感和全球定位系统都是信息获取的手段,而地理信息系统是对信息进行管理和分析的手段。地理信息系统是在特定硬件和软件支持下,对土地利用图进行数字化,建立空间数据库,经过编辑、空间分析和信息表达,从而为咨询、决策提供服务。

5　展　望

(1)基于 GIS 技术的土地管理信息系统的建立是一项复杂的工作,必须对管理的内容进行详尽的分析,总结其对象的关系。系统要实现模块化,同时要以国家颁布的各项技术规范为基础,使系统做到规范化和标准化。

(2)利用关系数据库管理 GIS 数据是 GIS 发展的趋势,这种方法可以充分利用关系数据库管理数据的功能,是空间数据与非空间数据实现一体化的集成,并能够利用 SQL 语句快速地实现空间数据和非空间数据的双向检索。

(3)GIS 具有反映地理空间关系及综合、统计各种空间和属性信息能力的特性,为地理自然资源与环境的开发、建设、管理、规划及决策提供了先进技术手段。将 GIS 应用到土地管理必将提高土地管理水平,GIS 技术将促进土地管理的科学化、信息化。

(4)随着国土大面积调查工作的全面展开和城镇地籍管理工作得以日趋细化,各种野外调查数据,不同比例尺图件资料急剧增加。特别是城市建设的空前发展以及土地有偿使用法规的实施,使得地籍变更日益频繁、地籍信息量也越来越大,对城镇地籍管理提出了更高的要求,迫切要求各级国土部门为国家提供准确的数量、质量和土地利用现状等信息。

参考文献

[1] 陈述彭. 地理信息系统导论[M]. 北京:科学出版社,1999.
[2] 毕宝德. 土地经济学[M]. 北京:中国人民大学出版社,2002.
[3] 濮励杰,彭补拙. 土地资源管理[M]. 南京:南京大学出版社,2002.
[4] 孙九林. 国土资源信息系统的研究与[M]. 北京:能源出版社,1986.
[5] 黄杏元,汤勤. 地理信息系统概论[M]. 北京:高等教育出版社,1989.

试论测绘新技术在工程测量中的实施要点

李江斌　王进怀

（登封市矿山技术研究服务中心，河南登封 452470）

【摘　要】本文对测绘新技术进行了简单介绍，阐明了工程测量及新技术应用的重要性，具体分析了测绘新技术在工程测量中的实施要点，以供参考。

【关键词】测绘新技术；工程测量；实施要点

科学技术的迅猛发展推动了测绘技术的创新，目前，信息化的测绘新技术不断应用于工程建设项目之中，取得了显著的效果。工程测量技术可以服务于建筑、交通、水利等多种行业领域，测绘新技术是我国工程建设科技水平进步的良好体现，将现代定位技术、信息技术和先进的计算机技术不断应用于工程测量中，能够为我国工程建设提供强有力的科学支撑，有效推动了工程建设项目的长远发展。

1　测绘新技术概述

近几年，计算机技术、现代信息技术、电子科技和遥感技术得到深化发展和创新，三角测量、几何测量等传统测绘技术已经逐步被测绘新技术所取代。测绘新技术包括数字化技术、地理信息技术、遥感技术、全球定位技术等。其中遥感技术和定位技术以及数字测量技术能够获取丰富的工程地理信息，而地理信息技术则进一步采集有效数据并进行分析，为工程决策提供科学依据；数字化技术由地图数字化技术和数字化成图技术组成，能够输入、编辑工程设计图纸并自动生产数字地图，成图技术利用收集到的信息，通过电子平板生产图纸。基于电磁波理论的遥感技术，使用传感仪收集物体反射的电磁波数据生产图像，主要用于地图测绘；数字化的摄影测量技术，利用影像匹配处理系统和计算机，将摄像对象以直观的数字形式表现出来；地理信息技术能够采集并分析数据，具备预测功能，可以将测量结果形成三维模拟图像。

2　工程测量的重要性

工程测量指的是在工程建设项目中对建筑设计、地理勘察、工程施工和全方位检测进行科学准确的测绘，在我国的交通建设、水利工程、桥梁隧道、城市公交基础建筑等多项建设项目中发挥了重要作用。工程测量是建设工程施工安全和质量的可靠保障，其精确度是检测建设工程技术水平的重要指标。在现代工程测量工作中应用和推广新的测绘技术是促进建设工程朝信息化、自动化方向发展的有效措施，能够减少施工中不必要的损失，确保施工质量和效率，提高建设工程的经济效益。

3　测绘新技术在工程测量中的实施要点

3.1　数字化技术在工程测量中的实施要点

3.1.1　数字化地图技术

在建立建设工程的地理信息数据库时，要对工程地图实施数字化处理，这项工作较为复杂且工作量大，需要花费较大的人力、财力。在原有地图及其比例尺满足精确度和实用性要求的基础上，利用数字化设备将其输入至计算机中并通过修补、编辑形成数字地图，是获取工程矢量空间信息的有效技术手段。在应用数字化地图技术时，首先要扫描地图，这是一项复杂的工作，包括扫描、配准、剪裁、拼接、跟踪采集图像要素、添加属性文字、录入数据等环节，每个环节都对空间数据的精确度产生直接影响，因此必须要求图纸平整，扫描分辨率宜选择 300 ~ 500 dpi。其次要进行栅格配准，即选取控制点，对扫描的栅格数据进行几何校正和坐标匹配，其精确度对数字地图的实际应用效果具有决定性影响，是绘制数字化地图的关键环节，在地图尺寸规则的前提下，进行线性配准，如果出现较大的计算误差，需要重新配。再次，要对图像进行捕捉和编辑。在进行图像要素采集时，要对采集数据进行空间关系捕捉，设置较小的捕捉容限；进行编辑时要重点把握编辑对象节点、连接线，河流、道路的标注和多边形的编辑。最后，要对采集数据进行拓扑处理和属性赋值，去除多余和重复的线条，检查多边形的准确性，识别节点类型，合并假节点，延长悬线等，并对空间对象进行属性描述。对相应图形要素进行属性赋值是数字化地图技术的重要内容，保证了数据和图形的一致性，是高效数字化地图技术的良好体现。

3.1.2 数字化成图技术

对工程图和大比例尺地形图的测绘是工程测量工作的重要内容。传统的测绘技术在野外建设工程成图方面程序复杂、工作量大，要进行烦琐的数据处理和绘图工作，成图花费时间长，内容单一，已经无法满足现代建设工程的测绘需求。数字化成图技术具备增加、修改、删除等图像编辑功能，工作量小、更新方便快捷、便于存储、易于发布和远程传输，实现了数字地图的信息化管理。在应用数字化成图技术时，要确保工程地理资料的完整准确，进行数字化录入是保证原图清晰，线划质量符合测量规范，合理选择测量点。

3.2 地理信息技术（GIS）在工程测量中的实施要点

在建设工程测量中，需要利用地理信息技术设计开发地理信息系统，是通过计算机技术对工程测量数据进行收集、存储、分析、计算、管理和显示的先进技术系统。该系统具备极强的综合空间分析能力和动态预测功能，能够形成高层次的地理信息，为建设工程提供有效的空间决策支持。在应用地理信息技术时，首先，要确定源数据的变量位置，将不是地图形式的数字信息转化为可识别的形式；其次，在系统中输入数据，并进行处理和编辑，消除错误，可以利用拓扑处理等高级分析功能；再次，系统会进行空间分析，这是地理信息技术的主要功能，空间分析需要复杂的数学工具，分析并描述空间构成，需要获取、认知空间数据，对空间过程进行预测和模拟；最后，建立空间模型，将地理数据进行可视化三维显示。目前，我国对地理信息技术的研究较为成熟，推动了该技术在建设工程中的广泛应用。

3.3 遥感技术（RS）在工程测量中的实施要点

遥感技术即不直接接触物体，通过传感器从远处探测和接收目标物体的电磁波信息，对信息技术传输和分析处理，从而识别物体分布及属性特征的技术，具有测量范围大、信息量大、获取信息快、更新速度快、动态监测的技术优势，提高了工程测量的经济性、时效性和综合性。在利用遥感技术时，要明确遥感影像的判读要素，包括大小、形状、图案、阴影、位置等信息，将不同的物体以不同颜色展示出来。通常，道路显示色调由浅灰到深灰，展示公路路面材料为砂石或沥青；河流色调的深浅则反映其清澈程度；建筑物的色调深浅反映结构材质。

3.4 全球定位技术（GPS）在工程测量中的实施要点

在工程测量中应用全球定位技术，能够建立准确的平面坐标系，在线性工程中得到广泛应用。根据该技术绘制的渐变坐标系，能够建立虚拟观测值，分析得出模拟导线平面控制网，进行精确度分析，为建设工程提供了科学的勘测数据。在应用该技术时，需要根据实际测量区域的需要和交通情况设计测绘网，保证 GPS 接收器的稳定运行，在使用前对接收设备进行严格检验，对测量时的气象要素也要进行记录，测量结束后，技术将数据存入计算机。

3.5 数字化摄影技术在工程测量中的实施要点

数字化摄影测量技术是在摄影测量和数字化图像的基础上，综合利用计算机技术、数字图像处理技术、模式识别技术等形成的工程测量技术，能够形成线划、数字或影像等多种地图显示形式。摄影测量技术将野外测量工作转移到了室内，成图速度快，精确度高，在人口密集地区利用该技术，可以实现高效的大面积成图功能，在城市建设中测绘和更新大比例尺地形图时应用较多，为城市科学规划提供了可靠支持。在利用该技术时，要选择晴朗少云的天气，根据设计的航向和高度保持直线飞行，保证航线平行，依次进行摄影；在处理底片时，详细检查重叠度、色调和航线弯曲；严格按照技术要求和图式规范，对获取元素进行综合分析取舍，保证地形元素没有错误和疏漏，做到重点突出、位置准确、主次分明、图面清晰。

4 结 语

综上所述，先进的测绘新技术为工程测量提供准确的勘测信息，提高了工程测量的工作效率，有效促进了建设工程的发展。相关技术人员还需要对测绘技术进行不断的探索和创新，为我国社会经济建设做出贡献。

参 考 文 献

[1] 姜丹丹. 测绘新技术在测绘工程测量中的应用[J]. 科学与财富，2014，32(4)：393-393.
[2] 许月琴. 浅析测绘新技术在工程测量中的应用与实践[J]. 无线互联科技，2012，15(3)：126-126.
[3] 朱红波. 论测绘新技术在工程测量中的应用与研究[J]. 科技致富向导，2013，20(2)：192-192.

浅谈集体所有权确权内外业一体化应用技术

张 冬[1] 孙玉华[2]

(1. 驻马店市国土资源局,河南驻马店 463000;
2. 周口市山川测绘工程有限公司,河南周口 466000)

【摘 要】传统农村集体土地所有确权工作中外业调查、内业编辑、建库工作中工作流程长、重复劳动较多,解决问题沟通不便。笔者提出的内外业一体化作业流程,并编写了配套的作业软件,解决了诸多问题。
【关键词】所有权确权;内外业一体化

1 所有权确权工作简介

为了有效规范农村住宅建设,防止乱占滥用耕地,切实维护农民的权益,从而更好地推进社会主义新农村建设,维护社会的和谐稳定,湖南省在 2011 年全面启动全省农村集体土地确权登记发证工作。目前主要进行的是农村集体土地所有权确权(以下简称“所有权确权”),采用的工作模式为依据实地调查位置,在工作底图上标定权属界线。

所有权确权登记发证工作,主要利用正射影像图(DOM),套合最新土地利用现状图数据,制作成权属调查工作底图,在此基础上进行权属调查、界址点采集,然后经内业上图、编辑、裁切,编制成农村集体土地所有权地籍图和宗地图,利用 GIS 软件进行权属资料建库、分类面积统计和汇总。

2 作业单位的传统工作流程

(1)内业部门从 MapGIS 数据中提取村界、图斑线、地类符号、线状地物,根据村界计算要用到的图幅号,根据图幅号从 DOM 数据中挑出要用到的数据,套合后将整个村的外业工作底图打印成纸质图。

(2)外业调查员接收纸质外业工作底图后,下到村里,由村里通知指界人带路指界,调查员按指界人所指位置在工作底图上标注出权属单位和界线位置,并调注权属界线两侧地名。调查完成后上交外业工作底图。

(3)内业编辑员接收调查完成的外业工作底图后,调出电子底图,按外业工作底图把权属单位、界线、地名等外业调查内容标记到电子底图,完成后对界址点、界线、宗地等权属要素进行编号,但是均为文字注记。最后根据模板在 Word 中编写权属界线协议书,通过截屏的方式编制权属界线协议书附图。

(4)建库处理员接收内业编辑成果后,必须先把界线数据转入建库软件,构建拓扑,生成宗地面,再把权属信息录入到各权属要素,形成建库数据。如果建库中发现问题再反馈内业作业员、外业调查员进行解决。

3 问题分析

经笔者仔细分析,传统工作流程有如下问题:

(1)底图制作工作量大,人工处理费时费力,打印的工作底图数量巨大,如果每个村一张外业工作底图,图幅可能非常大,携带、保存不便,如果分成多幅图,则存在外业拼接不便。

(2)工作底图比例尺固定,如果比例尺大,则图幅大,携带不便,如果比例尺小,则图面信息负荷量少,当宗地破碎、权属情况复杂时,不能进行高效记录。

(3)外业判图难度高,受地形复杂、地物特征不明显、调查员业务水平等主客观因素影响,调查员难以准确记录指界人意图。

(4)每个作业部门都要重复录入权属信息,外业调查员部门、内业编辑员、建库处理员都要进行重复的工作,需要花费巨量的检查时间来保证数据一致性、正确性和唯一性。

(5)由于外业调查员、内业编辑员均未对权属数据进行几何、属性等全面检查,由建库处理员发现问题后需要依次反馈,进行处理,环节多、易出错。

4 解决方法

为解决以上问题,笔者开发了一套所有权确权数据处理软件,基于 AutoCAD 2007 基础上进行二次开发而成,PC 端使用 Windows 操作系统,外业调查平板电脑采用 Windows 系统。软件主要有三个功能模块:工作底图制作、外业调查、内业编辑。工作底图的制作只需要项目负责人一次生成,然后分发给作业员。外业调查和内业编辑由同一个作业员完成,省去了传统作业的外业调查员→内业编辑员→建库处理者三者沟通成本,权属调查信息外调时一次录入,避免了传统作业过程中的重复劳动,提升工作效率,保证成果质量。

4.1 工作底图制作

先用 MapGIS 把整个县的 DLTB. WP、XZDW. WL、XZQ. WP 转化为同名的 SHP 文件,再把 FUHAO. WT 以“部分图形方式输出 DXF”转换为“FUHAO. DXF”文件,把以上四个文件放入同一目录下。本县所有 DOM 放入一个目录,影像文件名为“图幅号. TIF”,对应的坐标信息文件名为“图幅号. TFW”。

程序按照村名、村代码建立全县的目录树,结构为“县—乡—村”三级,每个村目录下建立一个图形“界址线调查成果图. DWG”,把村界以及村界内地类图斑、线状地物、地类符号保存下来。然后依据村界计算需要的图幅号,按图幅号把 DOM 复制到村目录。程序可以自动识别 1∶5 000、1∶2 000、1∶1 000、1∶500四种比例尺的图幅号,整个过程无需人工干预。程序生成的 DWG 图形直接引用原始 DOM,不进行拼接、重采样等处理,保证影像精度不变。

4.2 外业调查

外业编辑软件在平板电脑上运行,平板内置重力传感器、陀螺仪和电子罗盘三种传感器,可以实现指南针功能。定位装置使用外置高精度定位 GPS,标称平面精度为 2.5 m,通过蓝牙与平板电脑相连。

调查员只需要把工作底图目录复制到平板电脑,就完成数据准备工作。软件可以对工作底图实现任意缩放、平移,解决了携带纸质外业底图的诸多不便。

开始外业时启动 GPS 模块,并连接到平板,GPS 模块可以在一分钟内定位成功。启动程序后,点击定位按钮,程序实现当前位置居中,再配合指南针功能,调查员可以快速知道自己所处位置,以及所站立的方位,准确率 100% 。在跟随指界人指界时,调查员实时把界线在平板上描绘下来。外业调查时还可以在工作底图记录下权属单位信息和界线两侧地名、地物,记录这些信息有两种方式:一是涂鸦模式,调查员直接在平板上使用手写笔写字,类似传统纸质工作底图调查;二是直接输入文字模式。前者与传统作业方法类似,方便、快捷,但是内业编辑时需要按涂鸦重新录入文字,后者外业调查时会稍微多花费一定时间,但是内业无需再次录入。具体作业时采用何种模式,由调查员选择。

4.3 内业编辑

调查员白天完成外业后,晚上就可以开始整理内业。先把数据复制到电脑,就可以开始编辑工作,工作的主要内容是检查界线是否有几何问题,确定界址点位置,录入权属界线协议书,如果外业采用涂鸦模式,先按涂鸦录入文字注记。软件把权属界线协议书内容记录在界线内,不需要手工添加相关权属单位信息,录入完成后生成权属界线协议书文档。

当完成一个村的外业调查后,就可以进行完全的内业整理。首先进行拓扑检查,保证界址点、权属界线、宗地面等拓扑结构无误,对界线进行机助编号,保证编号不重不漏,完善宗地信息,对宗地进行自动编号。地籍调查信息编辑完成后,对各项权属信息进行属性检查、逻辑检查,成果不漏属性。

地籍调查初步成果检查合格后输出权属界线协议书以及附图、线状地物记录手簿、零星宗地记录手簿、确权结果公示图,供权属单位签字盖章确认。还要生成地籍调查成果的 SHP 文件,建库软件可以直接利用 SHP 文件建库,无需进行额外的数据转换。

5 结 语

软件推出后,在多个项目中进行了实践应用。相比未使用软件的其他项目,项目进度快、成果质量也得到了有效控制,各项目成果均得到检查组的高度评价。

传统流程中内业编辑过程烦琐,作业时间长,作业单位往往需要配备比外业调查员数量更多的内业编辑员,遇到问题是需要更多沟通成本。本软件大幅减少了作业员的重复劳动,提高了作业效率,降低了工作难度,大大缩短了内业编辑时间,当天的外业、内业可按时完成,一个村调查完成后,只需要花费很短时间数据进行整理,就能上交可直接建库的调查成果。

浅谈城市地下管线测量工作方法

杨富民　肖天豪

（河南省测绘工程院，河南郑州 450000）

【摘　要】地下管线测量工作在城市发展和工业厂区建设中占有很重要的地位。在数字信息化的时代，建立城市地下管线信息系统，实现管线资料的数字化和信息化管理，是现代化城市的规划、建设和管理的迫切要求。本文结合某城市地下管线实际测量工作，从地下管线探查到地下管线测量以及内业成图等过程中的一些工作方法进行了研究、比较和分析，得出了最有效的工作方法，对以后的工作具有参考意义。

【关键词】地下管线；地下管线探查；管线点测量

1　引　言

城市地下管线是维持城市正常运转的大动脉，是城市的重要地下资源。城市地下管线测量是城市规划、建设和管理的一项重要基础性工作。随着计算机技术的发展，各行各业都在逐步进入数字化信息化时代。为实现城市地下管线动态管理，以便为现代化城市的发展规划、建设管理提供更合理有效地依据，开展城市地下管线测量，建立城市地下管线动态更新管理系统至关重要。

2　项目概况

2.1　测区概况

测区内道路密集、地势平坦。测区总占地面积约 16 km^2，主要分布在城区各大主次干道，以及生活区和开发区部分道路。主要管线有给水、排水、燃气等各种管道以及电力（含路灯）、通信等电缆类管线，以金属管线为主。测区大部分区域管线密集，较为复杂，交通流量较大，并且部分管线材质为非金属管线。

2.2　测区地下管线分布状况

测区内的主要管线有排水（P、W、Y）、给水（J）、燃气（Q）、电信（X）、信号灯（H）、电力（L）、路灯（D）等。管线主要分布在道路两侧，各专业地下管线概况如下。

（1）给水管线：主给水管线管径为 600 ~ 800 mm，为钢管和混凝土管，呈单条或多条沿道路平行布设，埋深一般在 0.6 ~ 1.50 m；

（2）排水管线：排水（雨水、污水、雨污合流）管线多为混凝土管，管径在 200 ~ 1 500 mm，埋深多在 1.0 ~ 4.0 m，主要分布在快车道；

（3）燃气管线：多埋设较深，材质为 PE 管，但其埋设有规律，且实地有明显标志，埋深一般在 0.5 ~ 2.0 m，管径在 90 ~ 250 mm；

（4）电力管线：以管埋、管块为主，多分布在人行道上，埋深在 0.6 ~ 1.5 m；

（5）路灯管线：以管埋为主，主要沿绿化带和人行道分布，电缆埋设较浅，埋深多在 0.1 ~ 0.5 m；

（6）通信管线：主要分布在人行道或慢车道上，多以管块或管埋方式埋设，埋深在 1.0 m 左右。除中国电信管线外，其他管线存在同沟不同井的并行敷设情况；

（7）热力管线：在测区内敷设较少，材质均为钢管，外有隔热层保护，埋深一般在 0.5 ~ 2.0 m。

2.3　地下管线探测的工作原理

管线探测的基本原理就是电磁感应。电磁感应法的物理实质是将地下导电体看成由无限多的环状闭合导电回路或线圈叠加在一起所组成的。在一次场的作用下，这些回路或线圈因感应而产生涡流随导线回路流动,与此同时,这些涡流之间因互感而产生感应电流。当频率较高时,呈现涡流的趋肤效应使感应电流趋向导体外沿。也就是说,在一定条件下,可以把地下管线体看成是电阻、电感串联的闭合回路,在交变一次场激发下,该回路中感应电流在管线体外沿流动。

2.4 本测区所采用的探测方法

管线点分为明显管线点和隐蔽管线点。对于明显管线点采用经过校验的钢卷尺直接量取管线埋深和其特征点在地面的投影位置,对于隐蔽管线点采用仪器进行探测,以确定地下管线的平面位置及埋深。在本测区对于金属管线主要采用低频磁偶极法(感应法)、直连法和夹钳法。

2.5 具体方法技术在实际工作中的应用

通过野外工作,依据地下管线的敷设状态和地下管线体周围的介质条件,工作时采用以下几种方法。

(1)直接法(直连法):该种方法是向地下金属管线目标体直接施加一次场,由于金属管线与周围介质有明显的电性差异,使得地下金属管线体内产生足够强的线电流,较强的一次场易被接收机捕捉,提高探测精度。该方法本区主要用于给水铸铁管线方面。

(2)夹钳法:夹钳法适用于无法用直连法且有分支出漏金属管线和电缆类,将仪器发射的一次场信号直接感应于目标体之上,通过追踪其在地下金属管线上产生的二次场分布方向和范围,达到探测目的。此种方法也是行之有效的工作方法。如本区的上杆、沟(井)内有出露的电缆和出露的小管径的金属管线(如燃气)。

(3)感应法:在管线无漏头的地方,可用感应法向地下金属管线施加一次场信号,根据接收机接收的二次场信号来确定地下金属管线的走向,达到定深定位的目的。在追踪长距离(大于 70 m)无出露时应用,像本区的给水、直埋电力等管类。

(4)P、R 模式:在盲区探测时,通过对某区段的地毯式搜捕,可根据 P、R 模式的异常反映情况,确定该区内是否有供电电缆(钢材质燃气管道)和电信电缆敷设及分布情况。本次工程主要用于电力类管线的搜捕,同时由于钢材质燃气管道外表有一绝缘的防腐层,与大地构成电容体,故此在“P”模式搜捕时同样有异常反映,在了解周边地下管线总体分布的情况下予以区分,但该方法不能用于平面定位和定深。

通过以上可以看出,在地下管线探测时,首选的工作方法为直接法(允许直连的金属管线体),其次是夹钳法、感应法。但在复杂地段,为提高信噪比、分辨率,易选择用几种有效的特殊方法。

3 地下管线测绘

地下管线测绘包括地下管线控制测量、管线点测量(也称管线点的采集)和计算机内业管线成图及管线图的编绘。

3.1 地下管线控制测量

(1)控制点的加密。在 D 级 GPS 大地控制网的基础上,为满足管线的测量又布设了一级加密控制网,但由于主城区道路管线点密集、通视困难,需要加密图根导线点,以保证管线点测量。测区共布设图根导线(网)18 条,布设导线点 283 个。所有图根控制点和支导线点在实地一律以水泥钉做标志,并在实地用红油漆书写点号,点号以 T 加自然顺序号表示。

(2)观测方法。图根导线点的平面位置测量正倒镜观测一个测回,高程采用三角高程测量,与导线测量同时进行,垂直角观测一测回,仪器高、镜高用经过比较的钢尺进行量度,取至 0.001 m,观测记录由全站仪自动记录。

(3)技术要求。图根导线网计算使用清华山维测量平差软件,各项指标按《城市测量规范》(CJJ/T 8—2011)和《杭州市地下管线探测技术规程》要求标准。各项技术要求和指标见表 1 和表 2。

表 1 导线测量技术指标

符合导线长度(m)	平均边长(m)	测角中误差(″)	测回数	方位角闭合差(″)	导线相对闭合差
1 000	100	±20	1	$\pm 40\sqrt{n}$	1/4 000

表 2　三角高程测量的主要技术要求

项目	线路长度(km)	测距长度(m)	高程闭合差(mm)
限差	4	100	$\pm 10\sqrt{n}$

注:n 为测站数,垂直角指标差不超过 ±15″,互差不超过 ±25″。

(4)质量检查。图根导线的质量检查为三级检查,检查方式为随机设站,检查距离和角度观测值,和原始观测记录比较,计算中误差。检查统计数据见表 3。

表 3　质量检查统计表

检查级别	检查站数	测角中误差(″)	边长中误差(cm)	高程中误差(cm)
台组自检	17	±5.6	±0.26	±0.44
台组互检	16	±3.8	±0.26	±0.76
项目检查	11	±4.7	±0.45	±0.42

3.2　管线点测量

本测区共采集管线点 28 596 个。管线点的测量采用极坐标法采集平面坐标和高程,定向边一般采用长边,测距边不大于 100 m。管线点的高程测量采用三角高程,与平面测量同时进行。采集数据为角度和距离,通过计算软件算得管线点坐标。

地下管线特征点和探测点的高程,用仪器直接采用三角高程测量,对消防栓、通信箱、各电力、通信上杆点等高程测至地面。为确保高程精度,观测时要实时检查仪器高和棱镜高。对于对消防栓、通信箱、各电力、通信上杆点等采用合适的偏心观测方法,如角度偏心、距离偏心等。

管线点坐标采集工作同样实行三级质量检查,各级检查均按 5% 的比例执行,采用随机设站,均匀分布的原则。平面中误差和高程中误差分别按下式进行计算。

平面中误差:

$$M_{cs} = \pm \sqrt{\frac{\sum \Delta s_c^{\ 2}}{2n_c}}$$

高程中误差:

$$M_{ch} = \pm \sqrt{\frac{\sum \Delta h_c^{\ 2}}{2n_c}}$$

式中,ΔS_c 为重复测量的点位平面位置较差;Δh_c 为重复测量的点位高程较差;n_c 为重复测量的点数。

要求管线点的解析坐标中误差(指测点相对于邻近解析控制点)不超过 ±5 cm;高程中误差(指测点相对于邻近高程控制点)不超过 ±3 cm。检查统计数据见表 4。

表 4　管线点检查精度统计表

检查级别	检查点数	比率(%)	管线点平面中误差(cm)		管线点高程中误差(cm)	
			中误差	允许中误差	中误差	允许中误差
台组自检	2 633	5.58	±1.7	±5.0	±1.2	±3.0
台组互检	2 685	5.69	±2.5	±5.0	±1.7	±3.0
项目检查	2 410	5.11	±1.8	±5.0	±1.2	±3.0

3.3　计算机内业管线成图及管线图的编绘

需录入计算机的地下管线信息包括空间信息和属性信息两大部分。地下管线属性数据由地下管线探查所得数据以表格形式表示,需把记录表格中的数据录入计算机;空间数据由管线点测量采集而来,由全站仪测量后自动记录,经检查处理后传输到计算机内。管线探查原始数据的录入采用在 Visual

FoxPro 软件下进行整理,并通过在此软件上自行开发的程序进行逻辑检查和人工修改。

经过处理的原始数据通过利用开发人员在计算机软件 AutCAD 平台上二次开发的 CASS9.1 软件进行管线图的绘制。经过简单的检查处理,将地下管线草图交由管线探测人员并由管线测量人员配合进行反复检查,直至检查无误绘制出与实际探测相符合的地下管线图。

管线图编绘时以 1:500 图幅为单位进行,分为综合地下管线图和专业管线图。综合管线图包含所有管线及其相关属性信息,专业地下管线图在综合图的基础上进行编绘,将各类专业管线分别从不同的图层提取出来,增加图名和专业信息注记。专业管线图按管线一级分类编辑,分为给水、排水、电力、通信、燃气和热力六种。

4 结 语

通过本次地下管线测量项目施工,对管线测量有了如下体会。

(1)在地下管线探查工作中,隐蔽管线点的探查是至关重要的。探测仪器微弱的信号变化都会影响到探测的准确性,甚至其他非管线金属也会对仪器的信号产生影响。因此在实际工作中,根据实际情况选择适当的探测方法尤其重要,特别是在管线密集复杂的区域,个别情况下还要采用不同的探测方法进行合理验证及判别分析。

(2)管线点测量中,由于控制测量现在基本都采用 GPS 技术,精度都能得到保证,进行碎步测量即管线点采集时,要采用一定的措施,保证管线点的平面测量精度和高程精度(比如本测区采用实时检查仪器高和棱镜标高的方法)。

(3)在实地作业中,要保证野外标记的点位和点号要与野外草图和野外探测记录相一致,同时要确保野外记录与实地探测的数据相一致,以及管线点测量的编号与实地相一致,在数据录入过程中也要保证记录表格与数据库数据的一致性,还要尽量把野外管线草图绘制的清晰明了,以便内业资料整理及管线成图参照。

(4)由于本测区存在煤气的 PE 管和给水的砼管,采用常规的探测方法,很难获取其各项属性数据,尽管采用了探地雷达,也不能完全达到理想的效果。建议管线建设单位能够在此类管线以后的铺设中利用示踪线,或者示踪标志的方法,以便管线更新及调查。

参 考 文 献

[1] 刘传逢.浅议城市地下管线探查方法[J].地下管线管理,2007(2).
[2] 张扬.高新技术在地下管线测量中的应用[J].工程建设与档案,2002(1).
[3] 区福邦.城市地下管线普查技术研究应用[M].南京:东南大学出版社,2003.
[4] 李黎,李剑.基于管理的地下管线数据结构探讨[J].地理空间信息,2004(4).
[5] 张四新,周岩.地下管线动态更新管理体系探讨[J].地下管线管理,2007(2).
[6] CJJ 61—2003 城市地下管线探测技术规程[S].
[7] 吴克友,严小平,刘传逢.城市地下管线工程测量中若干问题的探讨[J].城市勘测,2008(2):102-104.

浅析集体土地所有权中地籍区与地籍子区的划分

魏浩林　程难难

（河南省寰宇测绘科技发展有限公司，河南郑州 450001）

【摘　要】全国宗地统一编码编制工作是国土资源部在新时期、新形势下对土地管理基础工作的巩固和完善，是实现国土资源规范化管理的重要支撑和保障，也是社会管理的重要基础。而正确地划分地籍区、地籍子区是实施宗地统一编码的难点和关键点。地籍区、地籍子区的划分不仅直接与宗地的编码相关，而且是影响宗地编码稳定性最重要的因素之一。因此，根据地籍管理的相关内容，本文从地籍区划分的意义、原则、技术方法、主要内容、编码规则等方面进行阐述。

【关键词】地籍区；地籍子区；宗地；街道；街坊

1　引　言

随着我国地籍管理信息化水平的不断提高，通过第二次全国土地调查工作的开展，建立覆盖全国的土地调查数据库及管理系统。随着城镇地籍调查工作的深入推进，很多地区建立了以产权信息为主导的城镇地籍数据库和管理系统，通过信息化技术在地籍管理工作中的应用，使地籍数据的社会化、产业化成为可能，但由于全国城乡宗地编码工作相对滞后，不同系统、不同区域编码规则和方法不尽一致，系统整合难度很大，对宗地的汇总统计和查询不具备唯一性，延缓了地籍管理信息化推进的步伐，阻碍了地籍成果查询、统计及应用的发展。因此，需要开展全国宗地统一编码工作，其中地籍区与地籍子区的划分是宗地统一编码编制工作的前提和基础。

在 2013 年的集体土地所有权检查验收工作中，无论是在郑州市局的检查验收报告还是省级检查验收报告中，都着重提出了地籍区、地籍子区的划分问题，都说明了在项目报告中作业方法描述不够详细的情况，并要求把这项工作作为后期项目整改中的一项重要问题来处理。通过对几个县市报告的翻阅，发现在报告整改后这个问题依然存在，并没有实质性的改动，并且在《河南省农村集体土地所有权确权登记发证实施细则》和《地籍调查规程》中关于地籍区、地籍子区的划分内容也没有详细说明，所以今天在这里跟大家讨论一下地籍区、地籍子区的划分问题。

地籍区、地籍子区的划分是宗地代码编制中的一部分，这个宗地代码是全国统一的，所以这个划分模式既要适合城镇，还要适合农村，既要适合土地所有权，还要适合土地使用权，最后还要保证使已经建立了地籍信息管理系统的地区能使原有代码向宗地统一代码进行转换。

2　地籍区、地籍子区的划分要求

在地籍区、地籍子区的划分过程中，首先应尽量保持原城镇地籍数据库中街道、街坊的完整性，尽量保持一个街道完整地位于新划定的一个地籍区内、一个地籍街坊完整地位于新划定的一个地籍子区内。其次应充分考虑该地区的现状和未来发展，充分利用已有资料、结合城乡发展、土地利用规划和城乡规划等图件，综合考虑该地籍区的未来发展和城镇规划。再次应遵守稳定性优先原则，选取较为稳定的自然分界线，优先保证地籍区、地籍子区的稳定性。最后应尽量保证同一权利主体不因地籍区、地籍子区的划分人为分割宗地的现象，保证地籍子区完整地覆盖地籍区，保证无缝、不重、不漏。

如果行政村或街坊的面积范围过大或者行政村、街坊的宗地数量过多，不方便日常地籍管理工作，则可以结合社区、村小组界线将居委会、行政村划分为多个地籍子区。

地籍区、地籍子区的界线仅作为土地登记的工作界线,不作为划分行政区以及权属界线的依据。

3 地籍区的划分方法

地籍区主要按照以下步骤划分:

(1)在ArcGIS软件平台下加载从年度土地利用数据库中提取的乡镇界线、从城镇地籍数据库中提取的街道界线和遥感监测DOM。

(2)检查街道界线与乡镇界线关系所表示的范围是否有重叠,如果范围重叠,以街道界线为准调整乡镇界线,使其不出现重叠,这样处理的原因是为了最大限度地减少现有城镇地籍调查成果资料的修改工作,保证一个街道完整地位于新划定的一个地籍区内,最大限度地保证城镇地籍调查成果地籍号与新编制的宗地代码的简单对应关系,利用地籍管理工作的连续性实现宗地代码的平稳过渡。

(3)在行政辖区内,以提取并经过检查的乡、镇、街道办事处所在区域初步确定为地籍区的范围。

(4)根据地形地貌及规划资料,分析初步确定的边界的稳定性,主要表现为:所确定的界线在可预见的时间里是否会被改变;所确定的界线位置在可预见的时间里是否存在地形地貌发生重要改变的可能;所确定的界线是否跨越同一土地使用者宗地;所确定的界线是否保证线状地物的相对完整。

(5)根据以上分析结合地形地貌及规划资料,本着界线相对稳定性原则,调整地籍区界线或重新划分地籍区。

(6)推算、预测划定的各地籍区范围内土地所有权宗地和土地使用权宗地的数量及其分布状况,如确定宗地的稀疏区、稠密区、面积等,对划定的地籍区范围过大、预测的宗地数量过多或范围过小、预测的宗地数量过少的,则调整地籍区界线,使划定的地籍区大小适中,方便管理。

(7)完成地籍子区划分后,应对线状地物等宗地进行划分。

4 地籍区、地籍子区的编码方法

在2011年5~7月国家进行了地籍区、地籍子区划分的编码实验,最终确定将地籍区、地籍子区的编码位数设置为3位,与行政区划编码的位数保持一致,这样就可以使用行政区划编码直接作为测区编码使用,更加易于与已有宗地成果数据衔接。具体编码方法有以下几种:

(1)已全部编制街道、街坊号的区域,考虑到这部分区域大部分宗地在日常发证工作中已经编码,为减少转换的工作量,同时保持宗地代码的延续性,地籍区、地籍子区代码可沿用原已划分好的3位街道街坊代码,当原街道街坊位数不足3位的,在原街坊编号前加0,便于追溯原有街道、街坊编号。新增加的地籍区、地籍子区,按已有的最大顺序往后续编,其中当原街坊由于地籍子区划分或其他原因,被分割调整为2个以上地籍子区的,其中范围较大、宗地数量较多的一个地籍子区保留原编号,其余分割街坊按照新增加的地籍子区处置,即在地籍子区的最大流水号后按顺序往后编。

(2)未全部或尚未编制街道街坊号的区域,地籍区代码可选择两种方式:一是以统计部门编制的街道办事处、乡镇的3位行政代码为地籍区代码;二是按3位自然顺序号,从001号开始,按从左至右、从上至下的顺序进行编码。

(3)线状地物宗地的地籍区、地籍子区划分及编码。跨地籍区的铁路、公路、河流等线状地物宗地,可以按照其中一条权属界线划分地籍区、地籍子区界线,并分段编码,也可以将其设置为特殊地籍区、地籍子区,不在图上标注地籍区、地籍子区范围。例如以登封市所有跨地籍区的铁路、公路、河流等线状地物宗地,可以设定一个地籍区,地籍区编码为999,地籍子区编码分别为001,002等。

(4)跨县级行政区"飞地"宗地的地籍区、地籍子区划分与编码原则上以权属管辖范围界线为准,即按照"飞入地"的权属单位单独划分地籍区、地籍子区。

(5)对于没有独立的行政代码的行政管理区域,可以采用相邻行政区的行政代码,其地籍区编号统一在相邻行政区内进行编制,避免地籍区代码出现重复的情况。为便于对高新区、开发区内的土地面积、用途等信息进行统计,可采取设置特定号码段的方式进行地籍区编码。例如郑东新区采用了金水区的行政代码,对于涉及郑东新区的宗地,其地籍区编码统一配置为901~920号段。

5 结 语

地籍区、地籍子区的界线是受当时的自然地理和社会经济条件限定,随着社会经济的发展,需要根据实际情况适时、适当给予调整,以符合最新情况,同时应建立地籍区、地籍子区调整规则,保证宗地代码的连续性。

正确认识和落实地籍区划分工作是事关全国宗地编码至关重要的步骤,其成果资料是保护土地所有者和土地使用者合法权益、解决土地产权纠纷的重要凭证。同时,通过地籍区划分可全面掌握土地在不同的自然条件下的区域划分情况,从而为建立科学的土地管理体系,建立更为完善、全面的宗地代码数据库,满足宗地代码统一管理和城乡地籍一体化管理的要求,为合理利用和保护土地,制定土地利用规划、计划及有关政策、规范土地市场等提供信息保障。因此,在坚持地籍调查规程下做好地籍区、地籍子区划分工作,使得我国土地管理体系更为科学、有效。

参考文献

[1] 国土资源部.全国宗地统一代码编制工作技术方案.2012.
[2] 国土资源部.全国宗地统一代码编制工作实施方案.2012.
[3] 国土资源部.宗地代码编制规则(试行).2011.
[4] 国土资源部.宗地代码编制规则编制说明.2011.

简析测绘技术在建筑施工实施中的关键问题

王进怀　李江斌

（登封市矿山技术研究服务中心，河南登封 452470）

【摘　要】随着社会的发展，对建筑工程的要求也越来越高。建筑工程是关系民生生活的大工程，因此要不断地提高建筑施工的效率和建筑工程的质量。工程测绘技术是指在工程建设的勘测设计、施工和管理阶段中运用的各种测量理论、方法和技术的总称。工程测绘技术在建筑施工中有着重要的意义，在建筑工程施工的过程中利用工程测绘技术进行建筑工程的测绘和测量，可以减少在施工工作中地势、地理、天气等自然条件的影响，节省了建筑施工工作的人力、物力资源，实现建筑工程施工的自动化和智能化，提高建筑施工的工作效率。本文介绍了工程测绘技术，分析了在建筑工程中运用工程测绘技术的关键问题，探讨了测绘技术在建筑施工各个阶段的具体运用。

【关键词】工程测绘技术；建筑施工；关键问题；具体运用

1　工程测绘技术的概念

工程测绘通常是指在工程建设的勘测设计、施工和管理阶段中运用的各种测量理论、方法和技术的总称。传统工程测量技术的服务领域包括建筑、水利、交通、矿山等部门，其基本内容有测图和放样两部分。现代工程测量已经远远突破了仅仅为工程建设服务的概念，它不仅涉及工程的静态、动态几何与物理量测定，而且包括对测量结果的分析，甚至对物体发展变化的趋势预报。随着传统测绘技术向数字化测绘技术转化，我国工程测量的发展可以概括为“四化”和“十六字”，所谓“四化”，是指工程测量内外业作业的一体化，数据获取及其处理的自动化，测量过程控制和系统行为的智能化，测量成果和产品的数字化。“十六字”是：连续、动态、遥测、实时、精确、可靠、快速、简便。工程测绘技术在建筑施工中有着重要的意义，在建筑工程施工的过程中利用工程测绘技术进行建筑工程的测绘和测量，可以减少在施工工作中受地势、地理、天气等自然条件的影响限制，节省建筑施工工作的人力、物力资源，实现建筑工程施工的自动化和智能化，提高建筑施工的工作效率。

2　建筑工程施工测绘的主要内容

（1）建筑工程施工前的测绘工作。在建筑工程施工之前首先要建立一个完善的施工测绘控制网，以便指导建筑工程在各个阶段施工中的测绘工作。此外，还要有科学合理的设计图纸，并结合施工测绘控制网来完成具体的建筑工程施工工作。

（2）建筑工程施工期间的测绘工作。在建筑工程施工期间要严格地按照之前设计好的建筑工程施工图纸上的要求在施工地面上进行施工，并在建筑物或地面等地方设置明显的标志，以方便后面的施工测绘工作。

（3）建筑工程检查和验收阶段的测绘工作。工程建筑基本落成之后要根据之前设置的标记对各个工程部位进行测量，检查其是否满足设计的要求。要把测量的数据和之前在施工中的测量数据进行对比并一一记录下来，以便在建筑工程完工之后的维修、扩建等工作中有标准的测绘数据资料进行参考。

（4）建筑工程完工之后的测绘工作。任何建筑都是有一定的使用年限的，受特殊的自然条件的限制，建筑工程在使用的过程中可能会出现之前没有预料到的问题，所以要在建筑工程完工之后定期的对其进行检查、测量、维修。要对建筑物的水平位置、垂直位置、建筑墙壁等各个建筑部位进行定期的测量测绘，保证工程建筑的正常使用。

3　建筑施工测绘的精度

3.1　施工控制网的精度

施工控制网是为工程建设施工而布设的测量(主要指坐标)控制网。不同的建筑工程对放样精度的要求不同,施工现场的地形条件以及建筑物的分布和施工布置的情况也不一样,所以各种施工控制网的形式、精度以及点位分布都不相同。在建筑工程的测绘施工中,施工控制网的精度十分重要。用施工控制网来布置测绘系统工程各组成单元的中心线,以及各组成单元的链接建筑物的中心线。对于那些单元工程内部精度要求较高的大量的中心线的测设可以单独建立局部的单元工程施工控制网。

3.2　建筑物中心轴的测设精度

建筑物中心轴的测设精度包括建筑物与控制网、建筑红线或周围原有建筑物的精度测设。这些地区的精度要求相对于建筑物中心和各组成单元的链接建筑物的中心线来说较低。

3.3　建筑物细部的放样精度

建筑物细部的放样精度指的是建筑物各部分相对于主要轴线的放样精度。建筑物的材料、用途及施工方法都会对建筑物细部放样精度的高低造成影响。要严格按照工程的性质和设计的要求对建筑物细部测设的精度进行确定。

4　施工控制网的主要形式和基本特点

施工控制网的主要形式有三角网、导线网、建筑基线或建筑方格网。三角网测量主要应用在地形起伏较大的丘陵山区;导线网主要用在地形平坦而通视比较困难的地区;建筑基线测量可以用在地面平坦而简单的小型建筑场地;建筑方格网可以用在地形平坦、建筑物众多且分布比较规则和密集的工业场地。

施工控制网是为工程建设施工而布设的测量(主要指坐标)控制网。施工控制网具有以下两个基本特点:第一,因为施工点密度较大,并且具有较高的精度,运用频繁,容易受到施工点干扰的因素较多,这就要求控制点的位置要分布在合理而稳定的地方,要严格按照施工方案、现场布置对控制点的选择、测定及桩点的保护进行确定。第二,在施工过程中进行测量控制时,局部控制网的精度相对较高。局部控制网是通过大范围的整体控制网对起始点及起始方位角进行传递,而局部控制网能够构成自由网的形式。

5　工程测绘技术在建筑施工中具体要点

5.1　建筑三维数据的采集

利用工程测绘技术对建筑物的结构进行数据采集。第一,要对承重墙进行测量,保证墙体有足够的荷载能力。第二,要对建筑物的主体进行测定,在绘制建筑物设计图的时候要对建筑物的重要部件的三维坐标进行测定。第三,要对建筑物的内部结构,例如墙壁、门窗、台阶、楼板、建筑装饰等特征点的数据进行采集测定。第四,要对数据进行采集之后要建立一个完善的施工测绘控制网,指导建筑工程具体施工中的测绘工作。

5.2　建筑工程施工前测绘技术的运用

在建筑工程施工前利用全球定位技术和遥感技术对建筑工程进行整体的观测,并制定建筑工程设计图。然后工程测量人员再对建筑工程设计总图进行测量,并根据设计图对施工工地进行勘察,把设计图上的测绘要点标注在实际的工程建筑上。

5.3　建筑物定位放线中测绘技术的运用

在进行定位放线的时候要严格按照相关的标准对其进行测绘,并做好记录;然后利用借线法和经纬仪进行测量,建立相对轴线控制网和高程控制网;最后要对相关的数据进行复核。

5.4　基础的施工测量

在施工的传递工作中可以利用悬挂钢尺的方法进行传递,保证标高控制桩的间距在 3 ~ 5 m。在地基垫层之前要利用线坐标的方式将各轴线点吊到基坑的底部,把基垫层的消防水线、外边线、集水坑边坡线等都标记出来,以便基垫层的测量。在对基垫层进行测量的时候可以利用经纬仪对基坑边的轴线桩进行测量。对于顶板的测量可以采用放线的方法,也可以采用经纬仪进行测量。

5.5 主体施工的测量

主体施工之前必须对建筑物的控制网线进行全面的检测,检测合格之后才能开始主体建筑的施工工作。建筑物的控制网线检测合格之后利用经纬仪对首层投的相关轴线进行测量,并对其尺寸进行复核。此外,还要对主体楼层的竖向和高程进行相关的投测。

5.6 装饰施工的测量

主体建筑物完工之后还要对建筑物进行装饰,这种装饰包括建筑物墙壁的装饰、楼层内部的装饰、庭院的装饰等。对于这些建筑装饰的施工要按照设计的图纸和施工测绘控制网的要求进行施工。

6 结 语

综上所述,在建筑工程施工的过程中利用工程测绘技术对建筑工程进行测绘和测量,减少在施工工作中受地势、地理、天气等自然条件的影响限制,节省了建筑施工工作的人力、物力资源,实现了建筑工程施工的自动化和智能化,提高了建筑施工的工作效率。

参 考 文 献

[1] 刘洋. 测绘技术在建筑工程中的运用探究[J]. 大观周刊,2012(8).
[2] 赵军辉,姬高峰. 建筑施工中测绘技术的应用[J]. 技术与市场,2013(9).
[3] 李明燕. 测绘技术在建筑施工中的应用分析[J]. 城市建设理论研究,2013(21).
[4] 石保华. 浅谈建筑施工中的测绘技术[J]. 城市建设理论研究,2014(9).
[5] 黄清正. 建筑施工中的测绘技术探讨[J]. 城市建设理论研究,2013(35).

基于 Google Earth 的制图应用研究

鲍燕辉　谭晨辉　李淑彬

（河南中化地质测绘院有限公司，河南郑州 450011）

【摘　要】本文研究了如何利用 Google Earth 制作调查用工作底图的方法和步骤，并将制作的工作底图与实地测量结果进行了对比分析，最终得出了利用 Google Earth 制作的工作底图在精度上能够满足农村集体土地确权登记发证调查工作需要的结论，并对其存在的图像纠正、与实测界址点之间的误差等问题进行了分析说明。

【关键词】Google Earth；制图；土地确权；AutoCAD

1　Google Earth 概述

1.1　Google Earth 简介

Google Earth（GE）是 Google 公司推出的一项新型的地理信息服务项目[1]，它利用卫星影像、三维模型等以虚拟现实的方式展现微缩的地球景观。Google Earth 的卫星影像并非单一数据来源，它是将卫星照片、航空照片整合后布置在一个地球的三维模型上[2]，它能够提供最高分辨率为 0.5 m 的高精度影像；其全球地貌影像的有效分辨率至少为 100 m，通常为 30 m，视角海拔高度为 15 km 左右，但是针对大城市、著名风景区、建筑物区域和矿区等重要区域会提供分辨率为 1 m 和 0.5 m 左右的高精度影像，视角高度分别约为 500 m 和 350 m[3]。

Google Earth 的主要功能有：可以结合卫星影像、地图以及强大的 Google 搜索技术将全球地理信息展现在眼前；可以实现目的地的输入，然后直接放大显示；可以直观地搜索学校、公园、餐馆和酒店等；可以方便地获取到路线导航；可以实现 3D 地形和建筑物的倾斜或者旋转浏览；利用 Google Earth 自己的工具可以实现自己感兴趣的地标的标注和添加工作。

1.2　Google Earth 研究现状

Google Earth 免费、开放、简单易用等特点，使得基于 Google Earth 的 GIS 在各领域中的应用更加的方便和快捷。由于 Google Earth 将卫星影像、航空照相和 GIS 布置在一个地球三维模型上，提供了高程数据，并且有大量的应用程序开发接口供用户调用，使得基于 GIS 的中小比例尺高程图的绘制成为可能[4]。地形图测绘需要耗费较多的人力、财力，周期也长，尤其是在山区，地形图的测绘工作更加困难。可以把 Google Earth 上直观、现势性强的影像应用到地形图测绘工作中来，以节约时间，提高工作效率。

2　Google Earth 制图在土地确权中的应用

2.1　土地确权的目的及意义

随着城市建设和国民经济的发展，传统的管理方式已经难以满足现代农村发展对土地管理的要求，同时社会科学水平的进步和信息时代的来临，也要求土地管理更进一步向力度、深度和广度方向发展。农村集体土地确权登记发证为保证土地管理登记结果的完整清晰、信息系统的互通互联可交换、信息及时更新机制的形成提供了可能。

农村集体土地确权登记发证工作是夯实农业农村发展的基础、促进城乡统筹发展的迫切需要，也是依法确认和保障农民的土地物权，进而通过深化改革，还权赋能，最终实现城乡统筹的动力源泉。

2.2　项目区简介

博爱县位于河南省西北部，地处北纬 35°02′～35°22′，东径 112°56′～113°12′。东与焦作、修武、武陟接壤;西与沁阳相连;南隔沁河与温县相望;北与山西省晋城市毗邻;全县境域呈南部较宽,北部较窄的狭长状。

博爱县地势北高南低,地貌类型自北而南依次为山地、浅山丘陵和平原。北部山区山势陡峻,最高海拔 950 m,中部浅山倾斜地带低丘连绵,南部为冲积平原,如图 1 所示。

图 1 博爱县地势图

2.3 Google Earth 在土地确权登记发证工作中的应用

由于博爱县北部为太行山系,村与村之间都是以山脊、山沟等为分界线,有些界址点人根本走不到跟前,所以在北部山区我们采取综合法即实测加调绘的方法来进行集体土地确权登记工作,这就要求我们有非常精确、清晰和直观的工作底图。Google Earth 由于其较高的分辨率和免费获取的特点,为我们这次工作的开展提供了便利。

在获取到 Google Earth 地形图以后,我们通过部分实测界址点坐标对影像图进行配准,使得整幅影像图都赋有坐标,我们就可以根据村法人代表或者村民小组代表在工作底图上面标记出相应的位置,然后再进行坐标的提取,来获取相应的界址点,从而确定相应的权属界线。

图 2 Google Earth 影像叠加矢量图

3　影像获取和底图制作

3.1　影像图的截取

Get screen 软件是与 Google Earth 配套的截图软件,该软件可以实现自定义视点高度,我们主要是采用了 Get screen 软件来获取影像。打开 Google Earth,在主界面搜索"博爱县"或者输入博爱县的经纬度,回车后自动定位到目标位置,然后采用两点定位的方法来进行影像图的裁剪。

在影像图的左上、右下两个点进行定位。这时地球屏幕的鼠标会叠加一个十字按钮,选择合适的两点定位屏幕,然后按鼠标右键获得坐标,为下一步计算截图数量做准备。在计算完成后,也可以通过左边工具栏里面的上移、下移、放大、缩小等工具对裁剪框进行适当的调整。在选择图片文件的存放位置和格式后开始自动截屏拼图,该软件支持 JPG 和 BMP 两种各式。

除两点定位截图的方式外,还有网格截图、邻接截图等多种截图方式。截图完成以后我们可以对裁剪好的影像图进行查看,例如谢庄村裁剪好的一幅影像图如图 3 所示。

图 3　裁剪好的影像图

3.2　影像纠正

影像裁剪完成以后,要对影像进行校正,我们在南方 Cass 软件中的图像纠正,对影像进行校正。首先在南方 Cass 软件中打开影像,选择"工具"下的"光栅图像"然后选择"图像校正"。在对 Google Earth 影像进行图像纠正的时候,我们采用 RTK 测量得到的一些比较明显的特征点的方式来进行。在我们影像所涉及到的村庄,利用实测方法获取到影像上几个比较明显的地物的坐标,一般选择的是新盖建筑物的明显拐角,然后在影像上拾取这些相应的地物点,然后对影像进行纠正,我们选择了分布于整幅影像图不同位置的五个村庄的五个标地物来进行图像纠正,标记物的选择如图 4 所示。

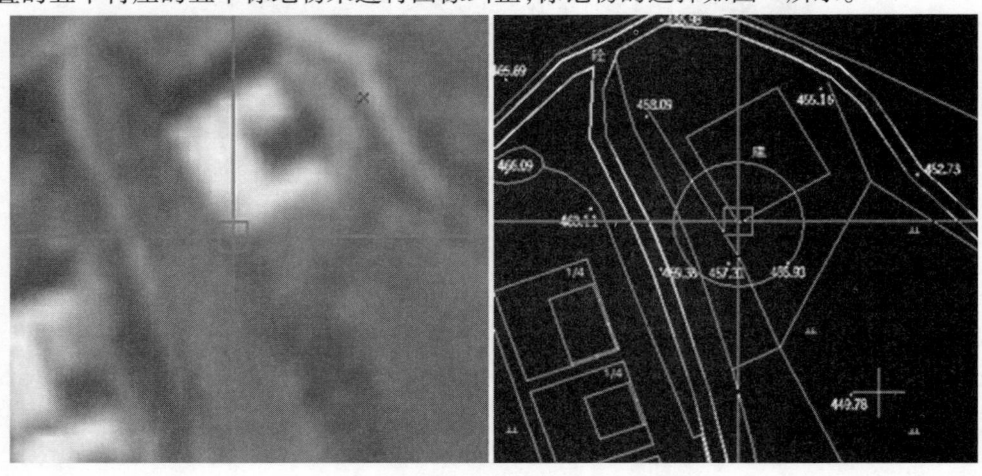

图 4　影像图特征点与实测点坐标的提取

采取上述取点的办法我们共拾取五对尽可能均匀分布在影像上的特征点，来对影像进行图像纠正，从而保证影像纠正的精确度，并且可以对其误差进行相应的计算，如图 5 所示。

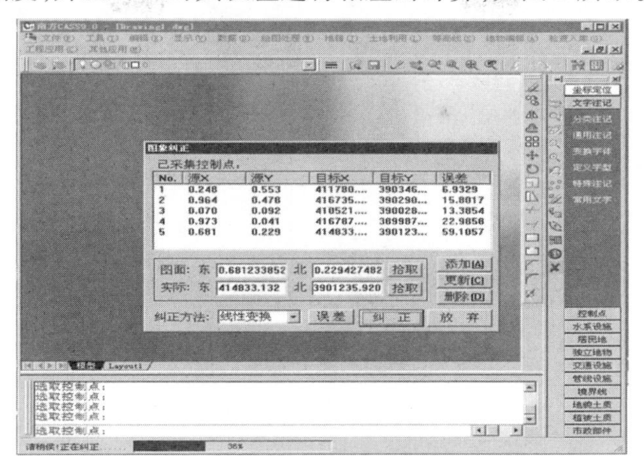

图 5 特征点的提取和误差的计算

4 精度检校与对比分析

在对影像进行纠正过以后，可以将对应村庄的影像图给打印出来，作为外业调绘的工作底图。

4.1 Google Earth 工作底图的应用

在工作底图上进行指界确认以后，要对其指界结果进行矢量化，我们采用在南方 Cass9.0 软件中套合影像图的方式进行界址点和界址线的矢量化。在南方 Cass9.0 软件中打开纠正过的 Google Earth 影像图，对比外业调绘的工作底图，进行界址点线的矢量化如图 6 所示。

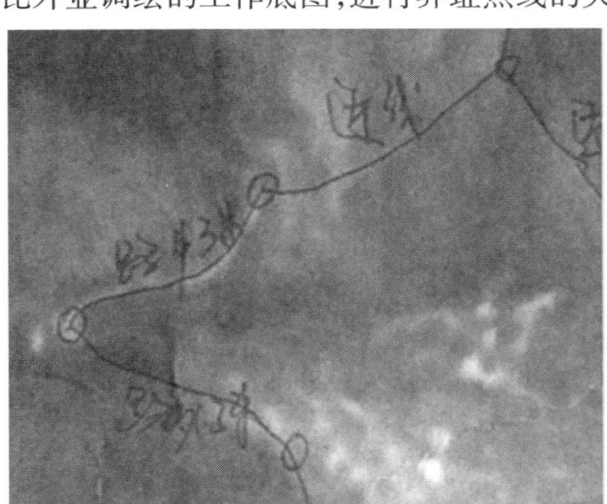 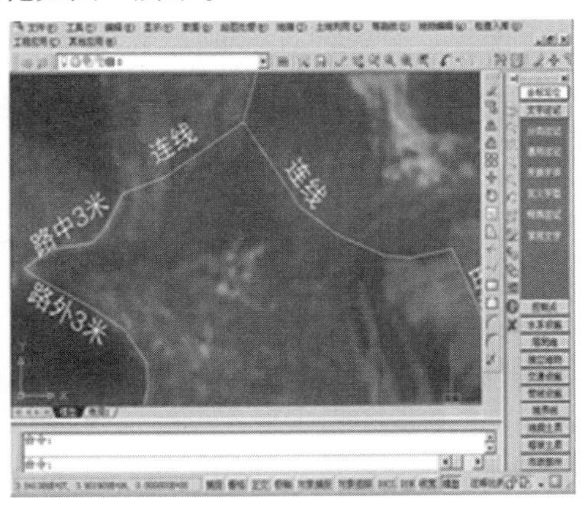

图 6 在南方 Cass 中进行矢量化

4.2 精度检校与分析

4.2.1 图上界址点与实测界址点精度比较

由于我们在本次土地确权登记发证工作中采用的是综合法，所以在工作的过程中不能走到的界址点采用的是图上调绘，还有一部分采用的是实测界址点，可以通过对图上实测界址点坐标的提取，来与实际测量的界址点坐标的精度对比分析，更直观地反映出我们工作底图的适用范围。对比分析图示见图 7，分析结果见表 1。

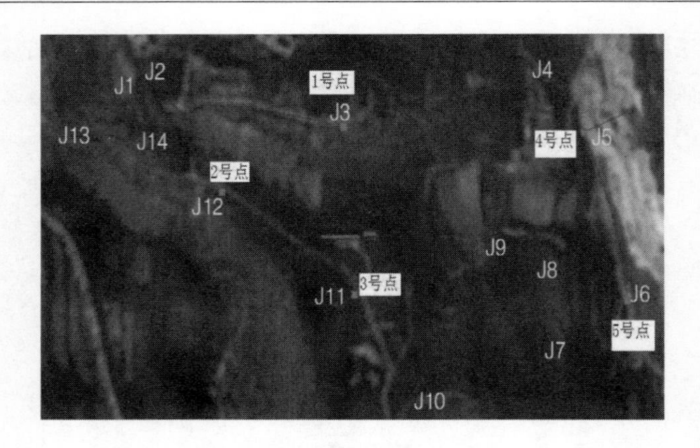

图 7 图上实测界址点的提取

表 1 图上界址点提取坐标与实测结果对比

点号	图上 X 坐标	图上 Y 坐标	图上 X 坐标	图上 Y 坐标	误差(m)
1	* * * *378.552	* * *131.402	* * * *334.551	* * *109.402	38.105 1
2	* * * *320.874	* * *000.147	* * * *329.874	* * *014.147	10.723 8
3	* * * *230.048	* * *142.750	* * * *247.048	* * *123.750	8.485 3
4	* * * *372.845	* * *388.699	* * * *387.845	* * *345.699	40.298 8
5	* * * *223.852	* * *435.601	* * * *232.852	* * *465.601	28.618 1

通过对比分析我们可以发现,在图上提取的界址点坐标和实际测量的界址点坐标没有一个重合,而且有的误差还非常的大,这就说明我们的工作底图只能用于调绘法和作为全实测工作的参考,而不能替代实测的界址点。

4.2.2 实地放样情况对比分析

为了验证我们调绘法确定的界址线与现场真实情况之间的差别,我们选取了四处界址线与实地情况进行对比见表 2。

表 2 图上界址线类别与实地界址线类别对比

点号	图上界线类型	图上界线位置	界址线宽度	实际界线位置	与实际界址线距离(m)
1	沟	沟外	3	沟中	2
2	地边	田地中	—	边	1.5
3	道路	路内	3	路中	2
4	田坎	坎下	—	坎上	1
5	脊沟	山坡	—	沟中	—

通过以上分析可以看出,图上所调绘的界址线位置与实际的相差情况并不是很大,由于有些地方,例如山脊和山沟本来就没有很确切的界线,所以图上调绘的位置与实际测量的位置还是基本一致的,所以基于 Google Earth 所制作的影像图还是可以在确权登记发证工作中作为工作底图来使用的。

5 结 语

Google Earth 以其免费、开放、简单易用和高分辨率等特点,为在农村集体土地确权登记发证工作中采用基于 Google Earth 工作底图制作的方法进行参考工作底图的制作提供了可能;而且通过对其调绘精度和实地放样精度的对比分析认为该方法能够满足调查工作中的需要,可以为调查工作提供方便,从而提高工作效率,节约成本。

参 考 文 献

[1] Google Inc. Google Earth[DB/OL].[2007-09-14]. Google Web Site. http://earth. google. com.

[2] 任宏权,陈华,张海青. Google Earth 软件在带状地形图测绘中的应用[J]. 测绘技术装备,2011(3):36-37.

[3] 宋春玉,刘新平. 基于 Google Earth 绘制中小比例尺高程图可行性研究[J]. 测绘与空间地理信息,2013,36(6):89-91.

[4] 彭和强,张有能. 基于 Google Earth 的地形图制作技术[J]. 测绘通报,2009(10):56-58.

基于 GIS 的河南省公益林分布图研制

刘一凡[1]　宋晓红[2]　郭秀丽[3]

（1. 河南省地图院，河南郑州 450008；
2. 河南省测绘地理信息局信息中心，河南郑州 450003；
3. 河南省基础地理信息中心，河南郑州 450003）

【摘　要】运用地理信息系统（GIS）研制了河南省公益林分布图，总结了公益林分布图制作的原理、方法、技术路线和特点，为河南省公益林进行信息化管理奠定了基础，为其他地图制作提供了一定的经验。

【关键词】地理信息系统；专题要素；公益林分布图

1　引　言

地理信息系统（GIS）是一门介于信息科学、空间科学与地球科学之间的交叉学科和新兴技术。它将地学空间数据处理与计算机技术相结合，通过建立系统、操作及模型分析产生对资源环境、区域规划、管理决策等方面有用的信息。运用 GIS 技术将林业调查数据、基本地理要素、小班区划界线、专业调查数据等有机地结合起来，应用在森林资源调查、资源分析及林业经营管理等各项林业活动中，将会产生巨大的效益。本文利用 GIS 技术制作河南公益林分布图，可为其他传统地图设计与制作提供经验。

2　地理信息系统辅助制图原理与方法

计算机辅助制图，是利用计算机及其辅助系统以及特定的输入、输出设备，通过应用图形、图像数据库技术和图形、图像的数字处理技术，实现最佳地解决地图信息的获取、变换、传输、存储、处理以及显示，最后以自动或人机结合的方式输出地图。一切地图图形都可以分解为点、线、面三种基本图形要素，并且以点（＊.wt）、线（＊.wl）、面（＊.wp）三种文件和属性数据库文件（＊.dbf）的形式存储于计算机中，地图图形制作就是按照一定的数学法则和特有的符号系统及制图综合原则，将地球表面的自然物和社会经济现象缩小表示于平面上的图形。

3　公益林分布图制作技术流程

由于林业专题图是林业生产中不可缺少的图面直观材料，从一定意义上讲，林业资源的调查规划设计是从地图开始，它们必须随时需要展现给人们以新的图件。而用传统手工方法绘制林业专题图存在很多缺陷，如工艺粗糙、精度差、制图周期长等，每绘一幅专题图，都要经过重新排版，不能系统化和及时更新，造成制图成图效率低。而采用 GIS 技术制作林业专题图则克服了以上缺陷，并由此产生了很好的效果。

3.1　软件和信息源

使用的软件为 MapGIS、ArcInfo、AutoCAD 2000、Tellux Imager 等。使用的数据和资料为 1∶25 万 MapGIS数据、1∶5 万 DRG 数据和最新的 1∶25 万 ArcInfo 数据以及专题要素资料。

3.2　主要技术流程

3.2.1　比例尺设计

根据实际需要，需要对已有资料分析和软件情况，把 1∶25 万 MapGIS 数据按 0.714 285 714 3 的比例进行变换。

3.2.2 数据转换

把1:25万ArcInfo数据，即roalk、railk、bount、hydnt、respt 5层数据进行拼接，最后转换成中央经线为114°的直角坐标输出E00文件，转换成MapGIS数据。

3.2.3 专题要素的采集和处理

先对1:5万DRG数据进行纠正，以此为工作平台，按照专题要素资料以县为单位进行转标采集。所有县、市的专题要素要边采集边检查，全部采集完以后，把19°带和20°带的专题要素分别拼接成2个文件，x坐标平移－19 000 000 m，y坐标不平移，输出DXF文件，转换成ArcInfo数据，把19°带数据(中央经线111°)转换成中央经线为114°的数据，把20°带数据(中央经线117)也转换成中央经线为114°的数据，最后把两个数据进行拼接成一个文件，输出E00，把E00数据转换成MapGIS数据。

3.2.4 数据的整合与变换

(1)把转换的专题要素与1:25万ArcInfo数据进行整合，而后按0.002 857 143的比例进行变换。

(2)利用MapGIS软件，选铁路的交叉点、河流与河流、河流与道路的交叉点，一幅图选2个点，取2个点x、y的平均值进行平移，要以原来1:25万MapGIS数据为基础，把转换的专题要素与1:25万ArcInfo数据进行整合的数据进行平移，为减少误差及保证数学精度，要单幅单幅的进行平移整合。

3.2.5 整合数据的修改

把单幅整合的数据进行修改，包括境界、国道、省道、高速公路、南水北调、乡镇级以上居民地的位置和名称。省级以上的道路全部表示，平原地区的县乡道要进行取舍，山区的县乡道要保留，但取舍后要保持原稀密度的对比，县乡级以下的道路不表示。乡镇级及其以上的居民地全部表示，自然村进行取舍，取舍的原则是一个经纬格内保留10～12个，山区的保留10个左右。河流的取舍原则是有名称的全部表示，成图长度小于2 cm的不表示，宽度小于0.5 mm的改为单线表示，面积小于3 mm^2的水库改为符号表示。原图上的景点可取舍。字体、字号、线型和符号的大小均同原1:25万GIS数据。面色：河流C30、省内Y30M10、省外C2K5、专题要素C30Y40。

4 质量控制

实行两级检查一级验收制度。对单幅修改后的数据先进检查，而后每幅进行接边，接边处误差较大的要两幅图同时修改且保持原来各要素之间的关系，按设计的颜色造区，输出时点、线透明，区覆盖，最后生成PS进行发排前的检查，检查无误后发排、印刷。

5 结论与建议

通过公益林分布图制作，发现GIS制图优点很多。首先是信息多层化，图面的所有信息都可分门别类分层管理，各个图层也可以单个或任意组合进行输出；其次是能够动态跟踪，公益林分布图的所有信息都以点、线、面形式存储于计算机中，因此当分布图图面的任何信息发生变化时，只要将图形文件调入计算机中及时进行相应的修改、编辑处理，即可将最新信息反映到公益林分布图图面中，实现对图面信息的动态跟踪管理；第三是精度高，利用先进的GIS技术进行管理，能够布局合理、准确，真实地反映公益林分布的最新现状信息，精度优于传统手工制图；第四是内容丰富，应用GIS制作的公益林分布图，除公益林分布的信息都直接形象地反映到了图面上外，同时兼有行政区划、交通设施、水系状况等信息，图面信息非常丰富。总之，利用GIS技术制作地图，可以提升地图管理和地图分发服务的水平，值得思考。

参考文献

[1] 吴信才.地理信息系统原理与方法[M].北京：电子工业出版社，2004.
[2] 李旭祥.GIS在环境科学与工程中的应用[M].北京：电子工业出版社，2003.
[3] 龙新毛，刘放光.地理信息系统应用于森林分布图制作的初步分析研究[J].林业资源管理，2000(6)：57-62.

基于 HTML5 及 WebService 的综合市情平台的设计与实现

李　峰　周雪飞

（河南省爱普尔信息科技有限公司，河南郑州 450008）

【摘　要】长久以来，政府部门对于城市建设的掌握长期侧重于描述性的统计年鉴等资料，这些资料在服务政府决策上具有很大的局限性。因此，有必要建立一个融合政治、经济、社会、文化、自然于一体的综合展示平台及动态城市建设进程信息采集系统来辅助政府决策，提高政府决策的科学化、规范化水平。本文提出了利用 HTML5 技术及 WebServic 技术，结合视频、多媒体，多层次、多角度、全方位展示城市的综合市情、新型社区、产业集聚区、城镇规划等信息的综合市情平台的设计与实现。平台通过运用先进的测绘地理信息技术和网络服务技术，在标准地图和卫星遥感影像图上，叠加展示城市建设各个方面的成果及规划情况，能够准确及时地反映城市建设各方面的发展状况，为市委、市政府、各县（市、区）领导提供决策依据。

【关键词】HTML5；WebService；综合市情平台

1　引　言

目前，大部分城市的地理空间框架已经建设完成，地理空间框架的建成促进了地理信息系统在城市各管理部门、行业及社会公众的广泛使用，但是以空间信息数据为载体的集成市、县、乡的社会经济统计数据，为公众及各委、办、局提供形象直观的市情电子地图仍是空白。

为全面、客观地反映城市的新型城镇化进程，为党委、政府制定有关的政策提供依据，为了给政府系统地了解掌握城市建设数据，以及科学决策和规划提供方便快捷的查询工具，迫切需要一个有效直观的城镇化建设信息服务平台。

基于 HTML5 和 WebService 的综合市情平台通过运用先进的测绘地理信息技术和网络服务技术，在标准地图和卫星遥感影像图上，将城市新型城镇化建设各个方面的成果及规划等情况叠加显示。同时平台采用了最新的 HTML5 技术，可以快速实现客户端的 GIS 数据加载以及市情信息查询页面的快速更新，同时结合视频、多媒体，多层次、多角度、全方位展示城市及下辖各县乡的综合市情、新型社区、产业集聚区、城镇规划、发展历程、领导用图、旅游资源等信息，从而能够准确及时地反映出城市的新城镇、新产业、新社区等各方面的发展状况，为市委、市政府，各县（市、区）领导提供决策依据。

2　平台设计

2.1　平台架构

考虑平台用户分散后期维护工作量大，以及开发成本的问题，平台采用了 B/S 架构（Browser/Server，浏览器/服务器模式），该架构作为网络兴起后被广泛采用的网络结构模式，它摈弃了以往重客户端的程序模式，将系统功能实现的核心集中到服务器程序，而在客户端，Web 浏览器即是客户端的核心应用程序。通过 B/S 架构模式统一了客户端，简化了系统的开发、后期维护以及用户使用。

在该种模式下，平台的开发维护工作将集中于服务器端程序的开发，客户端的用户只要安装了 IE

或其他浏览器,通过系统指定的用户名和密码即可登录使用系统。而在服务器端将安装 Oracle、SQL Server 等数据库以及应用程序服务器程序,浏览器通过 WebServer 同数据库进行数据交互(见图 1)。该种模式最大的优点就是可以在任何地方进行操作而不用安装任何专门的软件,只要有一台能上网的电脑就能使用,客户端零安装、零维护,系统的扩展非常容易。

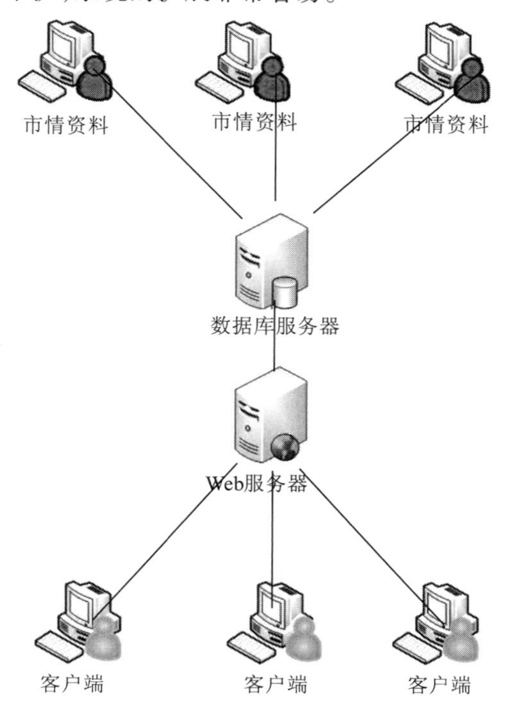

图 1 平台网络架构图

2.2 平台数据的动态更新

市情数据涉及城市的社会经济、人口、金融、规划、农业、林业等方方面面,而这些数据又分布于不同的职能部门,基于这种数据种类多、分布及交叉使用面广的特点,综合市情平台的数据共享以及更新模式,采用“中心集中存储,基础地理信息数据集中更新,部门数据责任部门维护更新”的模式进行,数据更新流程图如图 2 所示。

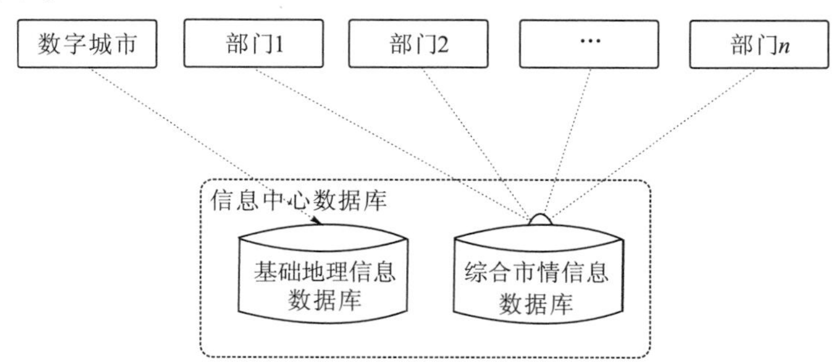

图 2 综合市情数据动态更新流程

(1)将基础地理信息数据以及社会经济、人口、金融等市情数据集中存放于信息中心数据库服务器;

(2)由信息中心管理员按照各部门的业务需求分配数据使用及更新权限,各部门在登录系统后即可使用或更新权限范围内的数据;

(3)基础地理信息数据由信息中心管理员通过城市地理空间框架的接口进行更新。

2.3 平台功能设计

通过用户走访以及多个部门的调研，结合全面反映城市市情数据、了解城市概况等需求，系统的功能模块划分如图3所示。

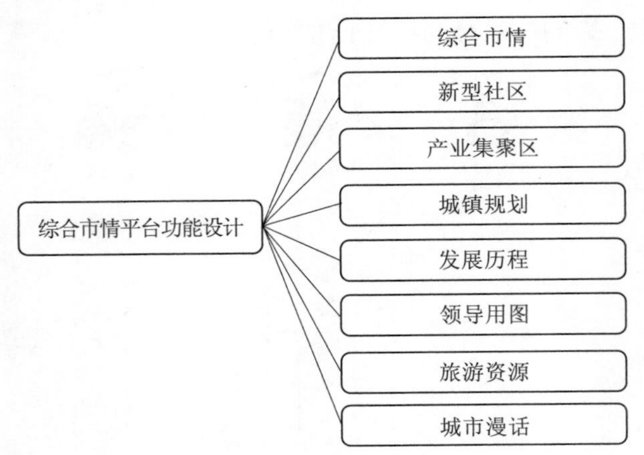

图3　综合市情平台功能组成

综合市情主要是从城市概况、地理环境、行政区划、历史沿革、经济发展、人文资源等6个方面，通过影像、文字、视频等方式，多方面、多角度地展示平顶山的综合市情。

新型社区以地图+文字的方式展示城市新型社区的建设情况，并可以通过点击或搜索的方式具体地了解新型社区的详细信息，以图片结合文字、视频等综合展示方式展示新型社区包括效果、规划、展示以及对比等信息。

产业集聚区以幻灯片、图表、图片等模式多角度展示各产业集聚区的综合情况，并以地图模式展示产业集聚区分布，点击地图上的产业集聚区名称，查询其详细信息，包括产业集聚区简介、规划、发展以及展示等信息。

城镇规划功能以各类规划图结合图片的方式综合展示城市的城镇规划信息，包括市域城镇体系规划、主城区生态与景观规划、主城区设施规划、主城区用地布局规划。

发展历程功能模块提供城市历年变化的动画以及年代影像图查询及不同年代影像图对比等功能。

领导用图模块作为领导了解城市各类社会经济数据的窗口平台，将城市的行政区划和自然资源、综合、人口、从业人员和职工资源、固定资产投资、物价、人民生活、城市概况、农林牧渔业、工业、能源、建筑业、运输和邮电、国内贸易、对外经济贸易、财政金融和保险、教育科技和文化、体育卫生社会福利、基本单位清查主要统计数据共计19个大类的统计数据结合地图以领导工作用图的方式集中展示，方便领导查看。

旅游资源模块以地图+文字的形式介绍形式展现城市旅游资源分布及相关信息。

城市漫话主要是从城市之最、著名历史人物等方面展示城市的相关信息。

3　系统实例——平顶山市新型城镇化地理信息平台

3.1 系统概述

基于综合市情平台建设完成了平顶山市新型城镇化地理信息平台建设，该平台在标准地图和卫星遥感影像图上，全面展示了平顶山市新型城镇化建设各个方面的成果及规划等情况，多层次、多角度、全方位展示平顶山的综合市情、新型社区、产业集聚区、城镇规划等信息，准确反映出平顶山市的新城镇、新产业、新社区等各方面的发展状况，为市委、市政府、各县（市、区）领导提供决策依据。

3.2 系统运行结果

系统运行结果如图4～图9所示。

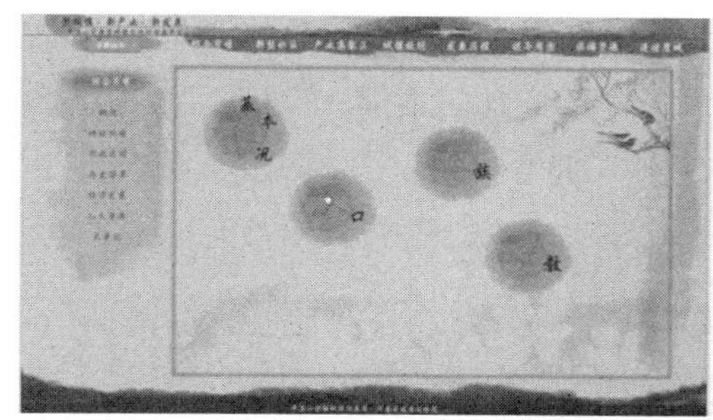

图 4 综合市情查询

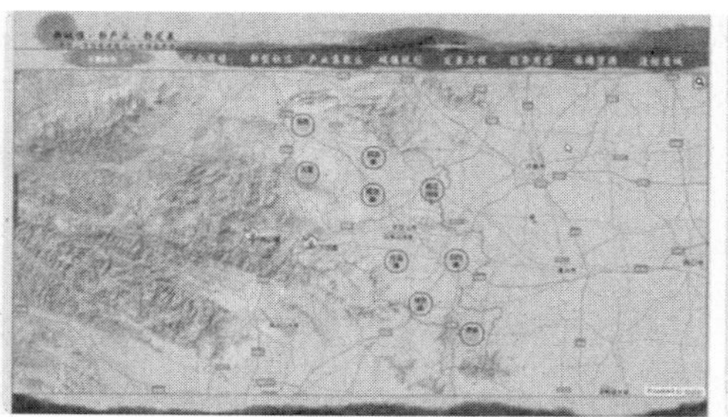

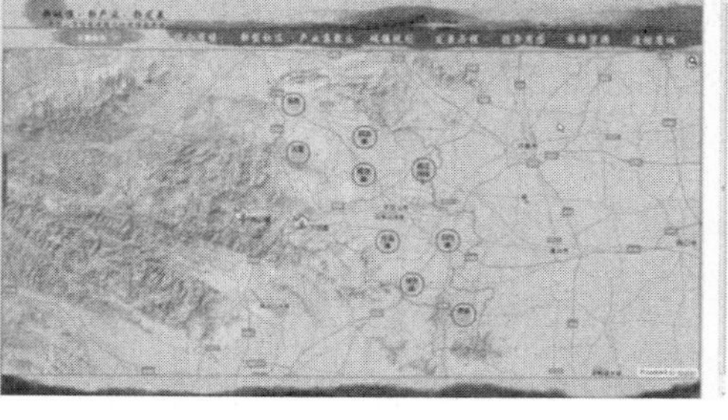

图 5 新型社区查询

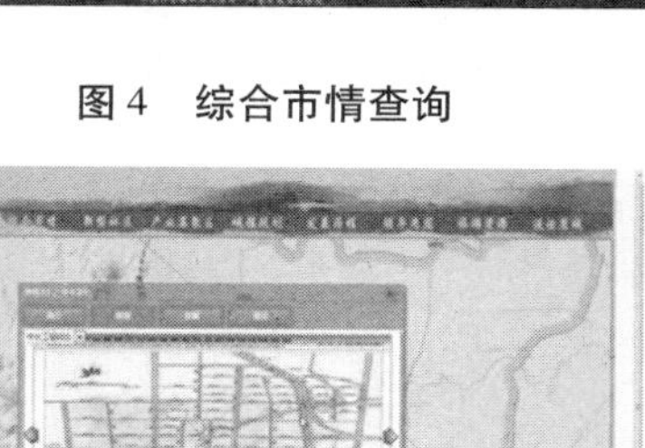

图 6 产业集聚区查询结果

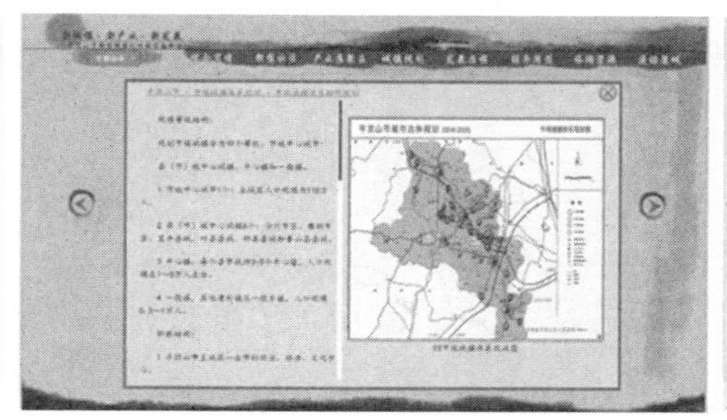

图 7 城镇规划查询结果

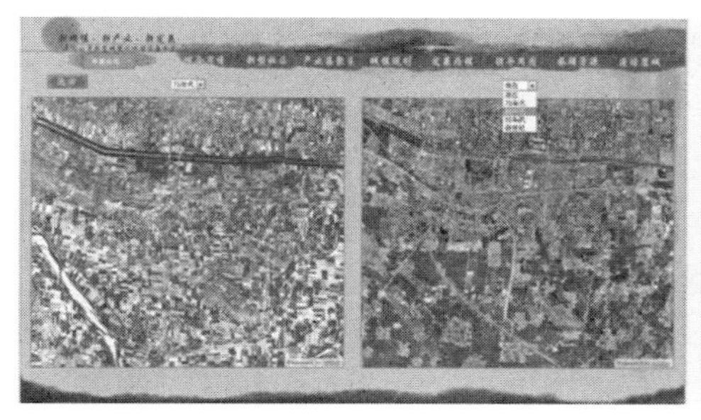

图 8 影像图对比查询结果

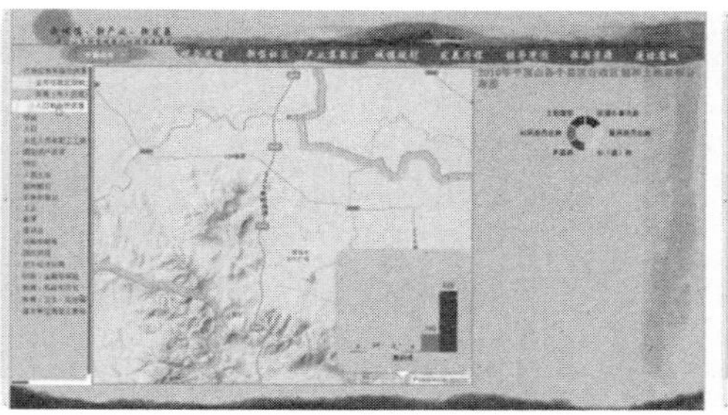

图 9 领导用图查询

3.3 实现技术指标

(1)查询类响应时间:简单的查询和报表生成平均响应时间≤2 s,最大响应时间≤10 s;复杂报表生成和一般统计分析响应时间≤8 s,最大响应时间≤15 s;复杂的分析应用响应时间≤25 s,最大响应时间≤50 s。

(2)数据处理性能指标:系统数据抽取、转换、加载的性能在源数据类 200 G 左右的条件下不小于 10 G/h。

(3)随着数据量和并发用户数的不断增长,系统能够通过硬件扩容或增加节点达到系统的性能指标要求。

(4)系统支持 7×24 h 不间断的工作,应用系统中的任一构件更新、加载时,在不更新上下构件的接口的前提下,不影响应用系统的运转和服务。

4 结论与展望

本文结合平顶山市新型城镇化地理信息平台的建设实例,分析了基于 B/S 结构下的综合市情平台的建设背景及建设思路,探讨了系统实现的技术路线与设计方案。目前,平顶山市新型城镇化地理信息平台 PC 版已经建设完成并投入运行,动态的数据更新模式进行及时掌握第一手的经济发展数据,进行宏观决策，对平顶山市深入实践科学发展观，全面、稳定、快速开展新型社区和产业集聚区的建设工作，建设和谐小康社会起到了重要作用。在未来两年，平台将以其优越的性能、方便灵活的接口可与各数字城市的数据接口快速对接，同时其实用性强、使用便捷的功能也为其广泛的推广应用提供强有力的保障。

参考文献

[1] 路文娟，田宏红，王继周．地理信息服务的城市综合市情系统[J]．测绘科学，2011(6)．
[2] 郭淑芬，于志刚，李成名，等．基于 Flex 开发综合市情系统的研究与应用[J]．测绘通报，2012(10)．
[3] 罗名海．地理市情监测研究[J]．地理空间信息，2012(10)．
[4] 邵金修．基于多软件联合的地理市情监测报告制作研究[J]．测绘与空间地理信息，2013(10)．

方格网法计算土方量原理及其精度与格网大小关系

将　达　田祥红　吕明威

（河南省测绘工程院，河南郑州 450003）

【摘　要】土方量的计算是建筑工程施工过程中的一个重要步骤，尤其是施工前的设计阶段必须对土方量进行预算，它直接关系到工程费用的概算和方案选优。方格法计算土方量，操作简单，图面直观，可增强测量计算的透明度，因此被广泛地应用。本文探讨方格网计算土方量原理及其精度与格网大小的关系。

【关键词】土方量计算；方格网；精度

1　引　言

土方量的计算是建筑工程施工过程中的一个重要步骤，尤其是施工前的设计阶段必须对土方量进行预算，它直接关系到工程费用的概算和方案选优。在一些工程项目中，因土方量的精确性而产生纠纷也是经常遇到的。如何利用测量单位现场测出的地形数据或者原有的数字地形数据快速准确地计算土方量就成了人们日益关心的问题。比较常用的计算方法有：方格网法、断面法、等高线法、DTM 法、区域土方量平衡法等。而方格法计算土方量，操作简单，图面直观，可增强测量计算的透明度，因此被广泛地应用。本文探讨方格网计算土方量原理及其精度与格网大小的关系。

2　方格网法计算土方量原理

用于地形较平缓或台阶宽度较大的地段。计算方法较为复杂，但精度较高，其计算步骤和方法如下。

2.1　划分方格网

根据已有地形图（一般用 1∶500 的地形图）将欲计算场地划分成若干个方格网，尽量与测量的纵、横坐标网对应，方格一般采用 20 m×20 m 或 40 m×40 m，将相应设计标高和自然地面标高分别标注在方格点的右上角和右下角。将自然地面标高与设计地面标高的差值，即各角点的施工高度（挖或填），填在方格网的左上角，挖方为（－），填方为（＋）。

2.2　计算零点位置

在一个方格网内同时有填方或挖方时，应先算出方格网边上的零点的位置，并标注于方格网上，连接零点即得填方区与挖方区的分界线（零线）。

零点的位置（见图 1、图 2）按下式计算：

$$x_1 = \frac{h_1}{h_1 + h_2} \times a \text{，} x_2 = \frac{h_2}{h_1 + h_2} \times a$$

式中，x_1、x_2为角点至零点的距离，m；h_1、h_2为相邻两角点的施工高度，m，均用绝对值；a 为方格网的边长，m。

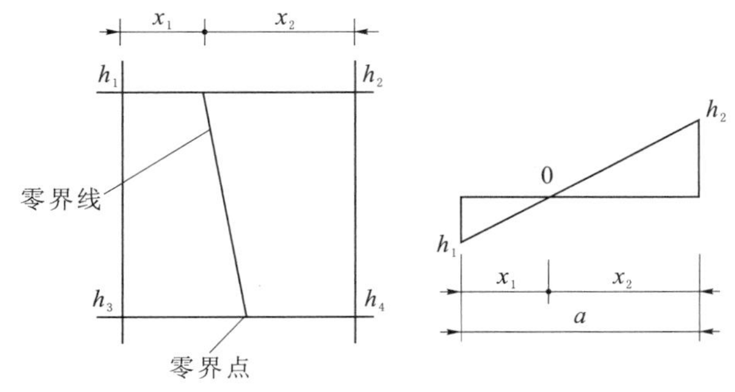

图 1　零点位置计算示意图

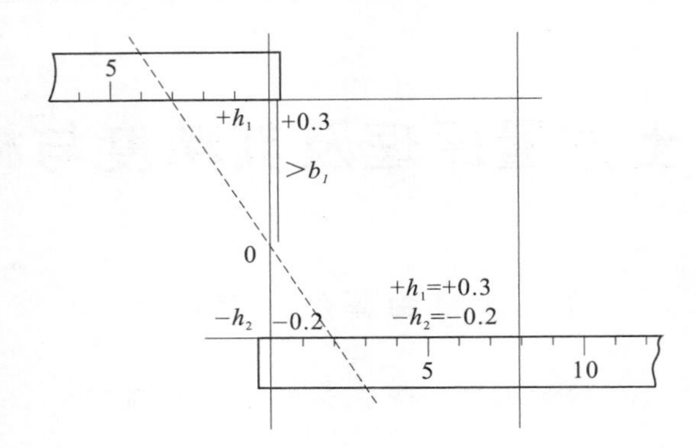

图 2　零点位置图解法

为省略计算，亦可采用图解法直接求出零点位置，如图 2 所示，方法是用尺在各角上标出相应比例，用尺相接，与方格相交点即为零点位置。这种方法可避免计算（或查表）出现的错误。

2.3　计算土方工程量

按方格网底面积图形和表 1 所列体积计算公式计算每个方格内的挖方或填方量，或用查表法计算。

表 1　常用方格网点计算公式

项目	图式	计算公式
一点填方或挖方（三角形）		$V=\frac{1}{2}bc\frac{\sum h}{4}=\frac{bch_3}{6}$ 当 $b=c=a$ 时，$V=\frac{a^2h_3}{6}$
二点填方或挖方（梯形）		$V_+=\frac{b+c}{2}a\frac{\sum h}{4}=\frac{a}{8}(b+c)(h_1+h_3)$ $V_-=\frac{d+e}{2}a\frac{\sum h}{4}=\frac{a}{8}(d+e)(h_2+h_4)$
三点填方或挖方（五角形）		$V=\left(a^2-\frac{bc}{2}\right)\frac{\sum h}{5}=\left(a^2-\frac{bc}{2}\right)\frac{h_1+h_2+h_4}{5}$
四点填方或挖方（正方形）		$V=\frac{a^2}{4}\sum h=\frac{a^2}{4}(h_1+h_2+h_3+h_4)$

注：1. a 为方格网的边长，m；b、c 为零点到一角的边长，m；h_1、h_2、h_3、h_4 为方格网四角点的施工高程，m，用绝对值代入；$\sum h$ 为填方或挖方施工高程的总和，m，用绝对值代入；V 为挖方或填方体积，m^3。

2. 本表公式是按各计算图形底面积乘以平均施工高程而得出的。

2.4　计算土方总量

将挖方区（或填方区）所有方格计算土方量汇总，即得该场地挖方和填方的总土方量。

3 方格网计算土方相对误差计算

方格网法计算土方量的精度与格网边长成反比，格网边长越小，计算的精度就越高。对不同的场平面积、不同的地形图比例尺、不同的地形坡度、不同的施工高度，方格网边长究竟怎样取才能满足土方计算精度要求，计算才经济合理，且计算量又不大，这是采用方格网法计算土方量一个关键的问题。下面就这一问题进行讨论。

土方量计算精度公式：

$$V = Ah_{均} = N^2 h_{均} = A\sum Ph/\sum P \tag{1}$$

对式(1)微分得：

$$\Delta V = h_{均}\Delta A + A\sum Ph/\sum P \tag{2}$$

对式(2)应用误差传播定律得：

$$m_v^2 = h_{均}^2 m_A^2 + A^2 \sum P^2/(\sum P)^2 m_h^2 \tag{3}$$

从简化问题的角度出发，设整个方格网为正方形，因此，$A = L^2$，应用误差传播定律可得 $m_A = 2Lm_A$。整个方格网无拐点的时候，$L = \sqrt{N}S$，从而 $m_A = 2\sqrt{N}Sm_L$，将此结果带入式(3)，并进一步整理得：

$$m_v^2 = h_{均}^2(2\sqrt{A}Sm_L)^2 + A^2 \sum P^2/(\sum P)^2 m_h^2 \tag{4}$$

则土方量计算的相对中误差为：

$$\frac{m_v^2}{V^2} = \left(\frac{2}{\sqrt{A}}\right)^2 m_L^2 + \frac{\sum P^2 m_h^2}{(\sum P)^2 h_{均}^2} \tag{5}$$

式中，N 为小方格总数；S 为小方格网边长，m；$h_{均}$为场地平均施工高度，$h_{均} = \sum Ph/\sum P$，m；h_l 为小方格顶点的施工高程，m；p_l 为小方格网顶点施工高度的权，$\sum P = 4N$；m_f 为方格网边长的量测中误差，m；m_d 为内插方格网顶点高程时图上长度量测中误差，m；m_h 为施工高度中误差，m；A 为场平总面积，m^2；m_0 为等高线高程中误差，m；h_0 为地形图等高距，m；L 为方格网边长，m；V 为挖(填)土石方总量，m^3；m_v 为土石方总量的中误差，m^3；H_bH_c 为位于等高线上的高程，m；d_1d_2 为内插方格网顶点的高程时，内差点分别至相邻两条等高线的垂直距离，mm；d 为内插点的高程时，过内插点与相邻两条等高线正交的图上线段长度，mm。

4 格网计算土方与格网大小关系分析

方格网实例计算：基于 CASS9.1 软件以及软件自带 DEMO 数据 DGX.dat，采用格网大小不同对同一场平区域进行计算填挖方量。假设区域由 1 号点(31 521.632,53 357.640)，2 号点(31 519.630,53 538.63)，3 号点(31 349.342,53 539.640)，4 号点(31 347.620,53 335.73)围成，场地面积为 33 131.7 m^2，设计标高为 30 m，采用格网为 5 ~ 20 m 格网，每隔 2.5 m 单独进行方格网法计算该场地的土方量大小。计算结果表格见表 1。

表 1 土方量计算结果

格网大小(m)	场地面积(m^2)	填方量(m^3)	挖方量(m^3)	填(挖)方量总和(m^3)
5	33 131.7	8 767.3	170 549.8	179 317.1
7.5	33 131.7	8 741.6	170 263.1	179 004.7
10	33 131.7	8 724.1	170 006.1	178 730.2
12.5	33 131.7	8 549.2	169 583.5	178 132.7
15	33 131.7	8 546.3	168 649.8	177 196.1
17.5	33 131.7	8 515.3	168 543	177 058.3
20	33 131.7	8 500	166 984	175 484

从表格数据分析，在场地大小和外业采集数据相同的情况下，方格网法计算土方量的大小和格网大小有很大的关系，精度与格网边长成反比，格网边长越小，计算的精度就越高。由公式(4)也可以直观看出，土方量精度与方格网大小的反比例关系。

5 结 语

方格法计算土方量，操作简单，图面直观，可增强测量计算的透明度，被广泛地应用。在进行土方量计算的过程中，影响结果的因素很多，比如采集数据仪器精度，数据密度，高程点内插精度，地形特征点采集，格网绘制精度等。所以，对于格网法土方量的计算，格网的大小是不容忽视的，如何在特定的区域选定合适的格网大小来计算，既能够达到精度要求，又能够在成本和计算强度上得到降低，一直是土方量计算过程中不可忽视的问题。

参考文献

[1] 李青岳，陈永奇. 工程测量学[M]. 北京：测绘出版社，2002.
[2] 邓越，邢应太，张大江. 方格网在特定条件下土石方量计算中的应用[J]. 江西测绘，2010(3).
[3] 倪晓东，刘宇轩，陈一舞. 数字化地形地籍成图系统 CASS9.1 参考手册. 2011.

断面法计算冲淤量的数学基础及实际应用中的局限性

姜　朝

(黄河水文勘察测绘局,河南郑州 450008)

【摘　要】本文依据严密的积分学理论,对断面法计算河道冲淤量(或线性工程土石方挖填量)的数学基础进行了详细的论述,给出了易于编程计算的实用公式;同时,对公式的适用条件及实际应用中存在的问题也进行了较为详细的论述。

【关键词】冲淤量;二重积分近似计算;梯形公式

1　引　言

天文学家开普勒曾用以下方法计算过一个酒桶的体积:把酒桶设想成是由许许多多的薄圆柱叠加而成,逐个量取每个薄圆柱的周长 C 和高度 h,计算出每个薄圆柱的体积($C^2/4\pi\times h$),然后再将所有薄圆柱的体积相加得到酒桶的体积。开普勒计算酒桶体积的这种方法就是断面法,按照后来微积分学的观点体现的是一种近似积分法。实际上,公元前3世纪古希腊的阿基米德在研究解决有关物体的面积与体积、中国三国时期的数学家刘徽在运用“割圆术”计算圆的面积中,都蕴含着近代微积分的思想。不过,自阿基米德至开普勒的一千多年中,微积分的思想并没有得到进一步的发展。真正开始引起人们重视的,是开普勒运用近似积分的方法计算并发现了他的第二定律(连接行星与太阳之间的焦半径在相等的时间内扫过的面积相等)。之后,解析几何学的开创者之一费马和其他许多人都对近似积分这门学科的发展做出了贡献。在牛顿之前,对积分学提出的最好想法是门戈里,他将那些不规则的面积看作为许多矩形之和的“极限”,从而为“积分”找到了一个理论性定义。

牛顿-莱布尼茨创立微积分学之后,被积函数的原函数能够用初等函数表示的,都可以运用定积分公式精确而方便地计算。不过,现实中绝大多数的物理量并不能用公式表示,而只能用一些离散的采样点或一些采样曲线表示;有时被积函数虽然能用公式表示,但计算原函数极其困难或其原函数根本就不能用初等函数表示。所以,在实际应用中人们还是要依靠定积分的近似计算来解决问题。

近似积分的发展促成了微积分学的产生,而微积分学的产生又为近似积分的计算提供了一套严密的规则,下面我们就依据积分学的规则来讨论断面法计算河道冲淤量的问题。

2　断面法模型推导

设想沿测验河段的测验边界垂直环切一周,环切深度至大地水准面,再用与大地水准面重合的平面(在限定区域内视大地水准面为一平面)对测验河段进行水平切割,得到一个测验河段的曲顶柱体(下文所称的“测验河段”与“曲顶柱体”为同一概念)。以与大地水准面重合的平面作为 XOY 平面,Z 轴正向与海拔正向相同,建立三维直角坐标系,测算该测验河段的体积。显然,两次测验计算的测验河段的体积之差,即为两次测验之间的河道冲淤量。

设该测验河段的底面区域 D 由测验河段的上游界线 $y=c$,下游界线 $y=d$,及左、右岸界线 $y=d$,及左、右岸界线

$$x=\varphi_1(y),c\leqslant y\leqslant d$$
$$x=\varphi_2(y),c\leqslant y\leqslant d$$

(这里的 $x=\varphi_1(y)\leqslant x=\varphi_2(y)$)所围成的,顶面为连续函数 $z=f(x,y)$ 所代表的曲面(见图1),则测验河段的体积为 $z=f(x,y)$ 在 D 上的二重积分:

$$V=\iint_D f(x,y)\,\mathrm{d}\sigma$$

理论上已经证明：

$$\iint_D f(x,y)\,\mathrm{d}\sigma=\int_c^d\left[\int_{\varphi_1(y)}^{\varphi_2(y)} f(x,y)\,\mathrm{d}x\right]\mathrm{d}y$$

即二重积分可以采取先对 x 进行积分，再对 y 进行积分的办法进行计算。当在 x 的变化区间 $\varphi_1(y)\leqslant x\leqslant\varphi_2(y)$ 上对 x 积分时，y 被暂时视为常数；经过对 x 的积分后，再回复 y 的变量属性，在 y 的变化期间 $c\leqslant y\leqslant d$ 上对 y 积分。

下面我们就先对 x 进行积分。

如图1所示，我们用垂直于 Y 轴的平面(即平行于 ZOX 的平面)，将测验河段切分为许多小薄片，切面(断面)与 Y 轴的交点为 $y=y_j(j=0,1,2,\cdots,k)$，其中 $y_0=c,y_k=d$。对于某一切面而言，这里的变量 y 暂时就成了常数 y_j，$z=f(x,y)$ 变成了关于 x 的一元函数 $z=f(x,y_j)$，其图像退化成了一条平行于 ZOX 平面的曲线(断面线)。

将任一断面投影至 ZOX 平面上(见图2)，它的面积显然等于由曲线 $z=f(x,y_j)$，直线 $x=\varphi_1(y_j)$ 和 $x=\varphi_2(y_j)$，以及 X 轴所围成的曲边梯形的面积。

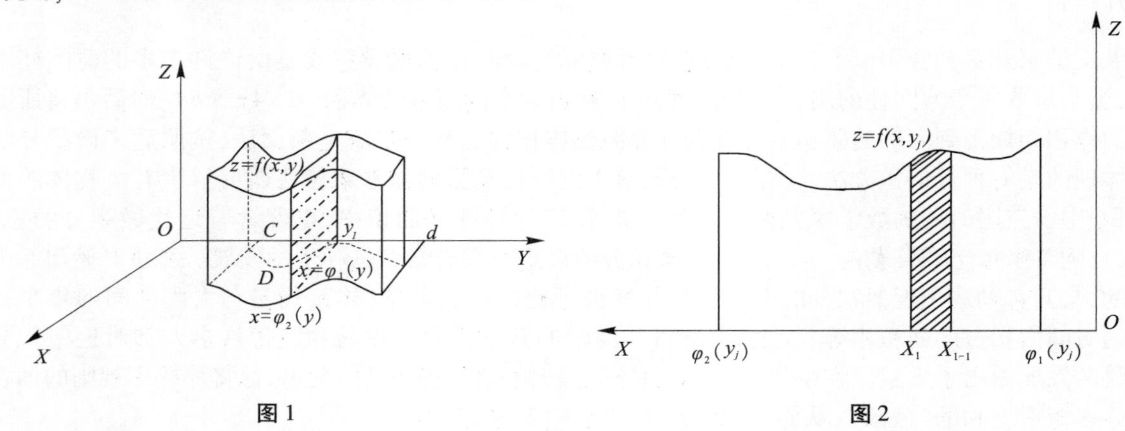

图1　　　　　　　　　　　图2

假设我们在断面线 $z=f(x,y_j)$ 上采集了一系列的地形点，把闭区间 $[\varphi_1(y_j),\varphi_2(y_j)]$ 分成 n 个子区间 $[x_0,x_1],[x_1,x_2],\cdots,[x_{n-1},x_n]$。其中 $x_0=\varphi_1(y_j),x_n=\varphi_2(y_j)$，直线 $x=x_0$、$x=x_1$、$x=x_2$、$\cdots$、$x=x_n$ 把曲边梯形分割成 n 个小曲边梯形，令 $\Delta x_i=x_i-x_{i-1}(i=1,2,\cdots,n)$，$\mu=\max\{\Delta x_i\}$，当 $\mu\to0$ 时，则曲边梯形的面积为：

$$\begin{aligned}S_j&=\int_{\varphi_1(y_j)}^{\varphi_2(y_j)} f(x,y_j)\,\mathrm{d}x\\&=\lim_{\mu\to0}\sum_{i=1}^{n}f(\xi_i,y_j)\Delta x_i\\&\approx\sum_{i=1}^{n}f(\xi_i,y_j)\Delta x_i\qquad \xi_i\in[x_{i-1},x_i]\end{aligned}\tag{1}$$

式(1)就是对 x 进行积分后的，各断面面积的精确计算公式及近似计算公式。

如图3所示，小薄片的厚度(断面间距)是 $\Delta y_j=y_j-y_{j-1}$，所以小薄片的体积可近似地表示为

$$y_j=\Delta y_j\int_{\varphi_1(\eta_j)}^{\varphi_2(\eta_j)} f(x,\eta_j)\,\mathrm{d}x\qquad \eta_j\in[y_{j-1},y_j]$$

回复 y 的变量属性，令 $F(y)=\int_{\varphi_1(y)}^{\varphi_2(y)} f(x,y)\,\mathrm{d}x$，则测验河道的体积为

$$\begin{aligned}V&=\int_c^d F(y)\,\mathrm{d}y=\lim_{k\to\infty}\sum_{j=1}^{k}\int_{\varphi_1(\eta_j)}^{\varphi_2(\eta_j)} f(x,\eta_j)\,\mathrm{d}x\\&=\lim_{k\to\infty}\sum_{j=1}^{k}F(\eta_j)\Delta y_j\approx\sum_{j=1}^{k}F(\eta_j)\Delta y_j\quad \eta_j\in[y_{j-1},y_j]\end{aligned}\tag{2}$$

式(2)是先对 x 进行积分再对 y 进行积分后的,测验河道体积的精确计算公式及近似计算公式。

由于函数 $z=f(x,y)$ 是未知的,断面及采样点的数量也不可能做到无限多,所以,实际上我们无法计算出测验河道体积的精确值。但是,我们可以根据式(1)和式(2)的近似方法计算出测验河道体积的近似值。

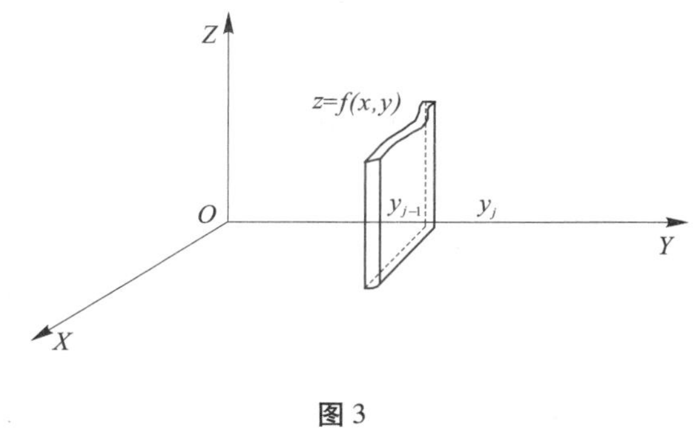

图 3

在对 x 进行积分时,区间$[x_{i-1},x_i]$内的小曲边梯形的面积是以高为 $f(\xi_i,y_i)$,宽为 Δx_i 的矩形的面积 $f(\xi_i,y_i)\Delta x_i$ 近似地表示的(见式(1))。现在,如果我们以左右边长分别为 z_{i-1} 和 z_i、宽为 Δx_i 的小直边梯形的面积近似地表示小曲边梯形的面积,一般来说,会得到更好的近似结果,故各断面的面积

$$S_j \approx \frac{1}{2}\sum_{i=1}^{n}(z_{i-1}+z_i)\Delta x_i$$

由于断面与 X 轴平行,相邻两个地形点的起点距之差显然等于它们的 X 坐标之差,即 $d_i-d_{i-1}=x_i-x_{i-1}$,而地形点的 Z 坐标又正好是其高程 h,所以,各断面的面积公式最终可表示为如下形式:

$$S_j \approx \frac{1}{2}\sum_{i=1}^{n}(h_{i-1}+h_i)(d_i-d_{i-1}) \tag{3}$$

式(3)为断面面积计算的实用公式,可称之为关于面积的梯形公式。

在对 y 进行积分时,我们是取过区间内$[y_{j-1},y_j]$任意一点 η_j 的断面的面积 $F(\eta_j)$ 作为小薄片的截面积来近似地计算小薄片的体积的(见式(2))。现在,如果我们采用 S_j 和 S_{j-1} 的平均值作为小薄片的截面积来近似地计算小薄片的体积,一般来说,同样会得到更好的近似结果。故区间为$[y_{j-1},y_j]$的小薄片的体积

$$V_j \approx \frac{1}{2}(S_j+S_{j-1})\Delta y_j$$

以 L_j 替代 Δy_j 表示断面间距,则测验河段的体积

$$V \approx \frac{1}{2}\sum_{j=1}^{k}(S_j+S_{j-1})L_j \tag{4}$$

式(4)可称之为关于体积的梯形公式。式(3)和式(4)为断面法计算冲淤量的核心公式。两个测次之间的冲淤量即等于两次测算的测验河段的体积之差 $\Delta V=V_2-V_1$。

3 断面法在黄河下游河道冲淤量应用中的局限性

黄河下游河道冲淤量的计算,实际中采用的是"面积差法"和"空间体积差法"[1]。面积差法为2 000年前采用的方法,由于在采用面积差法的截锥公式时往往出现计算结果超出实数集的现象,故2 000年后改用空间体积差法。两种算法均需在各断面图上设置辅助等高线,断面面积采用图解法(求积仪)或计算法求得。本文给出的计算方法可称为解析法,其优点是:①无需设置辅助等高线,计算过程简练;②完全采用原始观测数据,避免了图解法求取断面面积的精度减损。

从上述计算公式的推导过程可以看出,断面法计算河道冲淤量(或线性工程土石方挖填量)的数学基础实质上为二重积分的近似计算,故公式的运用必须满足二重积分的一般条件,这些条件是:

(1)观测体(测验河道或线性工程)的左右边界应当满足 $x=\varphi_1(y)\leqslant x=x=\varphi_2(y)$。这是保证面积函数 $F(y)=\int_{\varphi_1(y)}^{\varphi_2(y)}f(x,y)\mathrm{d}x$ 在区间$[c,d]$上连续可积的必要条件。如果测验河道或线性工程的局部或整体过于弯曲,出现 $x=\varphi_1(y)>x=\varphi_2(y)$ 的现象,上述公式(2)便不再成立,公式(4)也就失去了成立的基础。

(2)各断面之间应当相互平行。只有各断面相互平行,断面间距 $L_j(\Delta y_j)$ 才能够确定;同时,只有各

断面相互平行，随着断面数的增加（k 增大），各小段的近似体积之和$\sum_{j=1}^{k}F(\eta_j)\Delta y_j$ 或$\frac{1}{2}\sum_{j=1}^{k}(S_j+S_{j-1})L_j$ 才会越来越接近观测体的真实体积。如果断面之间存在较大的夹角（见图4），断面间距便难以确定，即使加密断面也不一定能够提高计算结果的可靠度。

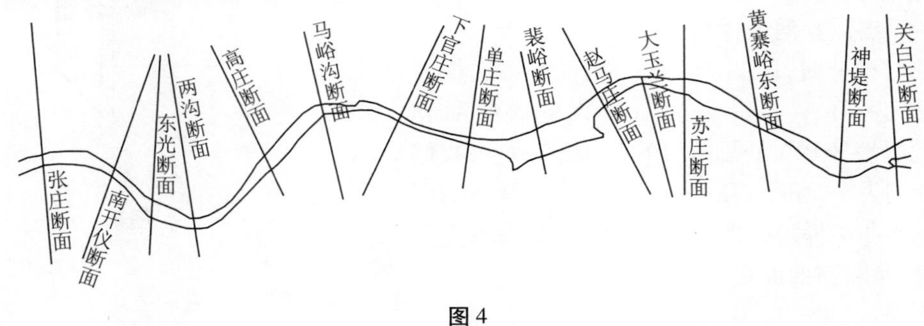

图4

4 结 语

断面法的优点是简单、方便，没有复杂的运算，因而被广泛地应用于河道冲淤量及线性工程土石方挖填量的测算。但是，现实中的观测对象及其断面的布设往往并不符合断面法计算公式的适用条件，勉强运用断面法的计算公式，势必会发生计算方量与实际方量的不符。

为了解决断面不平行问题，黄河下游河道冲淤计算分别采用了多种确定断面间距的方案，如主槽中心曲线间距、加权曲线间距、滩地直线间距及双垂线间距等。这些变通方案对于保证计算结果的可靠性均有一定的帮助，但由于难以给出严谨的理论证明，本身所存在的问题也是显而易见的。所以，依据当前相关的科技水平及其发展趋势，探求一种新的测验方案是十分必要的。

参考文献

[1] 张原锋，张留柱，梁国亭，等. 黄河下游断面法冲淤量分析与评价[M]. 郑州：黄河水利出版社，2005.

关于地理国情普查外业调查若干问题的探讨

李 伟[1] 吕宝奇[2]

（1. 安阳县国土资源局，河南安阳 455000；
2. 河南省测绘工程院，河南郑州 450003）

【摘 要】本文就地理国情普查中的内业解译成果，进行外业调绘核查的过程及相关问题进行了总结和探讨，并提出了几点看法，得出了一些有效的作业方法，对以后的工作具有参考意义。

【关键词】地理国情；地理国情外业调查；遥感影像；GPS

1 引 言

地理国情普查主要包括与人类活动相关的交通网络、居民地与设施、地理单元等国情要素的普查和与自然资源环境相关的地形地貌、植被覆盖、水域、荒漠与裸露地等地表覆盖信息的普查。普查的总体技术路线是利用高分辨率影像资料，结合当地的基础地理信息成果和各行业的专题数据，充分利用遥感和地理信息系统技术，以图幅为单位，整体采用“内业—外业—再内业”的技术路线，即采用内业自动与人机交互解译、外业调绘核查、核查成果内业整理的方法开展普查信息的采集。

地理国情外业调查是地理国情普查工作中十分重要的工作内容，是保证地理国情普查数据质量的关键环节。外业调查对采集的地理国情要素和解译的地表覆盖分类成果以及内业无法定性的类型、边界和属性进行实地调查，同时进行遥感影像样本数据的采集，为最终形成地理国情要素数据、地表覆盖分类数据成果和遥感影像解译样本数据库提供基础。

2 地理国情外业调查技术路线分析

由于此次国情普查所采用的基础数据资料有高分辨率影像，基础地理信息数据资料和其他专业部门的资料。高分辨率影像是进行地理国情普查的基本工作底图，要对国家下发的卫片资料进行正射纠正。如果生产区域内存在多源影像数据，正射影像生产优先选用空间分辨率和光谱分辨率更高、时相更靠近生长季、现势性更新的影像。对基础地理信息数据、专业部门的资料进行坐标转换，图形和属性对照，为地理国情要素、地表覆盖分类影像判读和属性录入提供重要参考。

基于高分影像的遥感技术室内判读是一种很好的方法。内业预判解译成果直接影响外业核查的工作量和核查后内业整理的工作量。内业解译时，要对确实判读不准确的地物进行标识，以便于外业进行重点核查。

外业调绘核查是对内业判读分类成果的核准，发现判读过程中的误判，指导修正判读数据，又是对新增变化图斑进行外业采集的过程。外业调绘核查是确保我们地理国情普查成果准确程度的关键方法。调绘核查前要规划好核查路线，避免走冤枉路，还要保证不漏掉任何核查的地物。调绘核查要做到“四到”，即走到、看到、问到、画到，确保调查质量。

2.1 外业调绘底图的制作

在融合后的正射影像上，叠加内业判读解译成果，对解译矢量成果数据进行简单的符号配置，并有选择的对部分名称、属性进行标注，用于地表覆盖、地理国情要素的外业调查与核查。

核查底图中的地表覆盖分类应采用地理国情分类编码表示相应的地表覆盖类型，但是由于编码给人的感觉不是很直观，可以对其编码进行汉字对照，将其编码转换为直观的文字简称进行标注。对于地理国情要素,采用相应比例尺地形图符号表示相应的国情要素,可对其主要要素属性进行图面标注。核查底图的比例尺根据图幅的信息负载量进行确定,合适比例尺的选择也是保证外业核查效率的关键。外业调查底图应将地表覆盖解译数据均以 CC 码加 TAG 属性值返出注记标注到底图上;对地理国情要素和地表覆盖底图进行图廓整饰,外业底图打印。将地理国情要素数据、地表覆盖数据、外业核查标注信息和正射影像数据分别叠加、套合。前期工作做好,这样更能保证调绘针对性和准确性,大大提高外业调绘核查的效率。

2.2　外业调查方法

外业调绘核查是基于调查底图,按照规划好的核查路线对疑问要素、疑问图斑和解译样点进行重点核查和样本数据的采集,并沿规划路线对内业解译的信息分类要素、属性及图斑进行抽样核查。采用图上标绘和填写调查表相结合形式开展实地调查与核查,形成外业调查核查成果。

外业调查核查方式应根据任务区特点、核查内容以及实际可用的技术手段来确定。可选择的方法包括:

(1)采用调绘片外业勾绘内业整理的方式;

(2)采用纸质调查底图配合笔记本电脑方式;

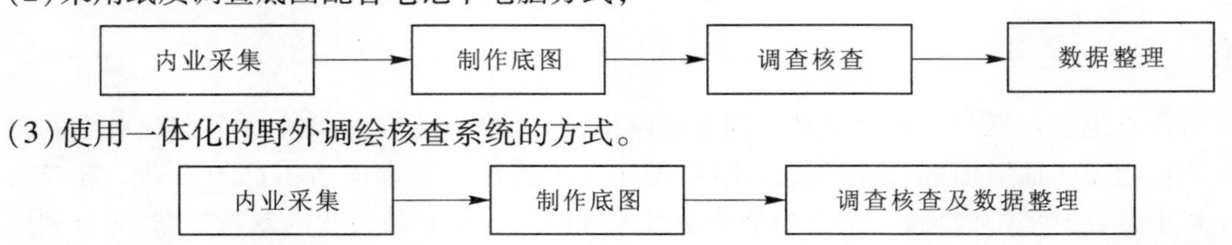

(3)使用一体化的野外调绘核查系统的方式。

内业根据外业核查结果及解译样本,对分类和解译结果进行整理修改,最终形成地理国情基本要素数据、地表覆盖分类数据。

2. 3　调绘核查的内容

(1)外业调绘、核查涵盖所有地表覆盖分类和地理国情要素内容。

(2)对内业分类与解译工作中通过专业资料无法确定属性的地理要素实体进行核查,对其属性内容进行补充。

(3)内业标注的影像上无法准确确定类型的图斑(如园地和林地,灌木林与幼林等)为重点核查对象,通过核查对其进行定性。

(4)对比影像实地新增或变化的地方,由外业补测,如果在影像上可以直接定位的,在影像上标绘,当无法确定其准确位置时,可采用手持 GPS 采集;如果变化情况较严重,外业采集工作量太大时,可以在普查时点核准时利用普查时点的影像再进行补充。

(5)地理国情普查中重点要求的城镇综合功能单元进行调绘、补充。

(6)采集解译样本数据,利用具有对照关系的地面照片和遥感影像为主的解译样本数据,可以为遥感影像解译者建立对相关地域的正确认识提供重要支持,并可在解译结果的质量控制方面发挥重要作用。

2.4　外业核查成果的内业整理

外业调绘核查成果的整理汇交应满足《地理国情普查成果资料汇交与归档基本要求》的有关规定。成果整理以县域为单位,成果汇交以任务区为单位进行汇交。采用数字调查系统进行外业调查的,核查成果按照《地理国情普查底图制作技术规定》中相关数据组织要求和命名规定进行整理。采用纸质外业调查底图的,需经扫描后进行数据汇交(纸质成果不提交),扫描分辨率不低于 300 dpi(每英寸长度里有 300 个像素),数据格式为 *. jpg。收集的纸质专题资料经扫描后进行整理汇交,扫描分辨率不低于 300 dpi,数据格式为 *. jpg;收集的电子文档及数据资料按原数据格式整理汇交。汇交资料时需提供资料清单。按照《地理国情普查数据生产元数据规定》的要求整理并提交相关元数据层(后期将与其他元数据层集成汇交)。

对外业调绘核查成果进行整理,根据核查成果对相应的地理国情要素和地表覆盖分类数据进行编辑、修改。这是一个比较重要的过程,直接关系到采集成果的质量,对后期统计分析也有一定影响。对于分类有误的图斑应当引起内业人员的注意,逐渐积累出分类经验,提高内业地表覆盖分类的正确率,这反过来会减少外业核查的工作量,它们相互促进,有利于提高生产效率和成果质量。

3 外业调查的质量要求与保证措施

3.1 外业调查的质量要求

对外业调查成果的过程检查和最终检查包括以下内容:

(1)专业资料的收集是否充分。

(2)外业调查覆盖范围、路线规划是否合理。

(3)外业调查成果资料是否完整,文件组织是否符合要求。

(4)外业补充调查的属性信息是否完整、准确,补测数据是否满足精度要求。

(5)对地表覆盖分类图斑、地理国情要素的核查比例是否满足质量要求。

(6)外业调查的轨迹记录是否完整,核查统计表填写是否完整、符合要求。

(7)解译样本采集的总体数量、样点的分布、数据的整理等是否符合《遥感影像解译样本数据技术规定》的要求。

(8)纸质普查底图的图面整饰是否清晰、规整、易读,扫描分辨率是否满足要求;数字调查数据的组织、记录是否符合相关要求。

(9)技术总结的编写是否相关符合要求。

3.2 建立可靠的质量保证体系

首先,要对参加普查的外业核查人员进行培训,提高生产人员的整体素质和作业水平;其次,作业单位要建立自检、互检、部门检查和单位验收制度;最后,上级主管部门要对阶段性成果进行质量控制、最终成果的验收。

3.3 建立流畅的问题汇总和回复体系

针对各参加普查的外业核查作业部门,在外业调查阶段出现的技术问题要及时汇总、向上级主管技术部门反映。相关技术部门应及时做好相关问题的备案、查询、处理及答复工作,建立流畅的问题汇总和回复体系,统一作业标准,保证外业调查汇交结果的一致性。

4 结 语

根据拥有的基础数据和专业资料情况,选择合适的分类解译技术方法,尽可能充分发挥内业的作用,以减少外业调查的工作量,提高外业调绘核查的效率,确保外业调查成果完整、准确、符合相关要求。

根据影像图幅范围内地表覆盖的复杂性与变化程度,合理安排外业的工作量和投入的比例,既保证相关精度,也节省时间。

统一的作业标准是保证任务顺利完成的技术基础,按照统一的标准对作业人员进行集中培训,统一认识,提高水平,保证提取结果的一致性和准确性。

参 考 文 献

[1] 李俊峰. 关于地理国情监测的探讨[J]. 北京测绘,2012(2):68-70.

[2] 马万钟,杜清运. 地理国情监测的体系框架研究[J]. 国土资源科技管理,2011,28(6):104-111.

[3] 马平华,刘永宏. 浅谈遥感技术在第二次土地调查中的应用[J]. 中国科技信息,2010(17).

[4] 国务院第一次全国地理国情普查领导小组办公室. 地理国情普查外业调查技术规定. 2013.

地图晒版中 PS 版不上墨原因分析处理

张留记　张向民

（河南省地图院，河南郑州 450008）

在地图印刷过程中出现阳图 PS 版不上墨现象，造成成本浪费，影响成图质量。本文想对此现象产生的原因从如下几方面进行分析处理，供大家参考。

1　PS 版方面

1.1　PS 版的定义

PS 版是印刷用的铝版，具体的说就是在 PS 版上晒菲林。PS 版是从英文“Presensitized Plate”的缩写，中文意思是预涂感光版，1950 年，由美国 3M 公司（Minisota Mining & Manufacturing Company）首先开发。PS 版分为光聚合型和光分解型两种。光聚合型用阴图原版晒版，图文部分的重氮感光膜见光硬化，留在版上，非图文部分的重氮感光膜见不到光，不硬化，被显影液溶解除去。光分解型用阳图原版晒版，非图文部分的重氮化合物见光分解，被显影液溶解除去，留在版上的仍然是没有见光的重氮化合物。PS 版的亲油部分是高出版基平面约 3 μm 的重氮感光树脂，是良好的亲油疏水膜，油墨很容易在上面铺展，而水却很难在上面铺展。重氮感光树脂还有良好的耐磨性和耐酸性。若经 230 ~ 240 ℃的温度烘烤 5 ~ 8 min，使感光膜珐琅化，还可提高印版的硬度，印版的耐印率可达 20 万 ~ 30 万张。PS 版的亲水部分是三氧化二铝薄膜，高出版基平面0.2 ~ 1 μm，亲水性、耐磨性、化学稳定性都比较好，因而印版的耐印率也比较高。PS 版的砂目细密，分辨率高，形成的网点光洁完整，故色调再现性好，图像清晰度高；PS 版的空白部分具有较高的含水分的能力，印刷时印版的耗水量大，水、墨平衡容易控制。

1.2　PS 版的特性

（1）采用独特的挤压铺流涂布工艺，涂层平整，厚度均匀，适用于高、精、细产品印刷。①毛面导气层，涂布毛面颗粒的作用：一是提高真空密合性，二是抽气时间比没有毛面的快一倍左右，三是减少图像晒虚；②表面涂有导气毛面层，提高与晒版胶片的密着性，缩短抽真空时间，避免光晕现象发生；③改版曝光后有明显的色差，显影宽容度大，分辨率高；④氧化膜致密坚硬，耐印力高；⑤适于机显、槽显和手显。

（2）基本构造。由毛面导气层、感光层、铝基、砂目四部分构成的多层砂目结构。

（3）专用板材。根据纹路，可以将 PS 版分为竖纹版和横纹版两种。

2　PS 版存放环境及保存期

印刷版在生产销售中存在存放 PS 版的仓库或晒版车间不适合 PS 版的存放要求的现象，例如：室内过于潮湿，光线过强，温度偏高，有酸碱侵蚀等，这些情况都会造成 PS 版失去应有的效能，使曝光显影不正常，亲墨性能极差，上机印刷必然不易上墨或不上墨。还有在运输搬运过程中，踩踏、折痕使 PS 版平面出现凹凸，使原版图文与 PS 版接触不紧密，网线丢失，造成不上墨。

3　PS 版砂目状况与感光层质量

有些 PS 版存放期不长，存放和使用环境也合乎要求，但也会出现不上墨的情况，分析其原因，主要是 PS 版电解砂目形状与感光层质量不良造成的，具体原因如下：

（1）PS 版在涂布感光层前需经过对铝版基表面处理的生产流程，其中电解砂目工艺很重要，若处理不好,对下道工序及晒版、印刷质量都有影响。版基的砂目由无数的凸峰和凹谷组成,砂目的凹谷较深,谷底大多处在同一个平面上,从峰至谷的侧壁则比较陡峭。这样的结构,能使版面储存足够水分,印刷时印版的空白部分不易上脏,但若凸峰过高,凹谷过深,侧壁过陡,则不容易将感光液涂布均匀。PS版经曝光显影后,砂目凸出的峰尖常因无感光层覆盖致使上墨困难。

(2)感光液中的感光剂用量少,使合成树脂的耐碱性能和亲墨性能极差,和感光剂等材料配制成的感光胶耐碱性差,造成显影后在显影液侵蚀下图文部分的细小网点、纤细文字、细线条则首先被溶解而缩小。如果延长显影时间,不仅高调区域、中间调区域的网点面积也要缩小,而且导致PS版的吸墨性能及耐印力降低。

(3)涂布用的感光液存放地点温度高,空气湿度大,存放期过长,若用其涂布感光层,则亲墨性能极差。

(4)感光液熟度太低,感光涂层过薄,各种原因造成的涂层表面太光滑,晒版显影后又未涂保护胶,这样的PS版上机印刷也不易上墨。

4 晒版方面

除PS版质量和保存方面的原因外,晒版和印刷工作中操作不当,不按操作规范执行,也会造成着墨不良或不着墨现象。

(1)原版图文部分密度过低,晒版时原版与玻璃密合不紧,气压不足,易造成曝光显影后图文部分发虚耐碱性差,感光层损失。

(2)曝光过度,显影过度,显影液中的氢氧化钠浓度较高,均会使显影后的图文部分感光层减薄。

(3)PS版曝光、显影后未擦保护胶,见光放置时间过长,使图文部分感光层发生分解,颜色变浅蓝色。

(4)原版图文不干净,在干燥气候时静电常吸附灰尘,使原版图文与PS版之间有灰尘小颗粒,图文部分曝光后在PS版上显影后出现虚影或露白。

(5)烤版第二次显影时,未能将版面上的保护剂彻底清除。由于保护剂中含有乳化剂,如果留在版面上就会引起油墨乳化,降低图文部分的吸墨性能,严重时会不吸附油。

5 印刷方面

(1)由于冬天室温低,油墨发稠,必须加调墨油调稀,这样,版面水量也需增大。特别是校版初期掌握不好,水量易偏大。水大墨稀,造成油墨乳化,降低图文部分的吸墨性能,若图文部分感光层过薄、密度差,还会造成不吸附油墨现象。

(2)由于晒版或停印封版用的保护胶变质,使印刷前表面胶膜去除不净,上墨时出现不上墨现象。

(3)落机但还可用的印版一般都要保留,以防补数用。但由于落机后版面未洗干净就封胶或胶水擦不均匀,再用时版面擦不干净会不着墨或起脏。

(4)印版的图文部分在着水辊、着墨辊、橡皮滚筒以及纸粉、纸毛的反复摩擦下,感光层逐渐被破坏,亲油性减弱,亲水性增强,当给印版的润湿液过量时,润版液就附着在图文部分,形成一层保水膜,导致无法着墨。

(5)修饰PS版时,修版膏落在图文部分,腐蚀网线,使版面无法着墨。

(6)修机注油时不注意,使机油滴落在橡皮布上,从而纸张上有不上墨现象。

6 阳图PS版不上墨现象处理办法

(1)在阳图PS版的采购时要注意PS版的生产厂家、生产日期。尽量选择大厂家的产品,这样质量有保证。在保存时要有常温库房(恒温22 ℃左右)暗光,无浮尘,无酸碱,不与化学药品放在一起。

(2)在晒版时,操作间要干净,密闭性要好。工作时首先要擦洗晒版机玻璃和机器无尘、无脏点,其次用酒精或丙酮擦洗阳图文原版,保证机器原版和PS版的干净。

(3)在其他条件不变的前提下,显影速度与显影液浓度成正比关系,即显影液浓度越大,显影速度越快。当显影液浓度过大时,往往因显影速度过快而使显影操作不易控制,特别是它对图文基础的腐蚀性增强,容易造成网点缩小、残损、亮调小网点丢失及减薄涂层,从而造成耐印力下降等弊病。同时空白部位的氧化膜和封孔层也会受到腐蚀和破坏,版面出现发白现象,使印版的亲水性和耐磨性变差。显影液浓度大,还易有结晶析出。

当显影液的浓度偏低时,碱性弱,显影速度慢,易出现显影不净、版面起脏、暗调小白点糊死等现象。

显影液的正常浓度可通过网点梯尺测试,在正常曝光条件下显影 30 ~ 100 s 时,若出现小黑点丢失较多时说明显影液浓度过大;若出现小白点糊死较多时说明显影液浓度偏低,所以最好在厂家指定的浓度范围内使用显影液。

(4)在阳图 PS 版显影后要及时擦胶,擦胶时要均匀,不要露白。

(5)在印刷上印前仔细处理 PS 版面,清洗干净版面,擦净版面封胶。

(6)正确调校水棍、墨棍、棍筒之间的压力,减少阳图 PS 版的摩擦,使之印出的网点实,不虚、不糊。

(7)印刷时在印刷机上用修版膏修版时,注意对非修部分的保护,用废纸遮挡,以防修版膏腐蚀图文部分。

(8)印刷时机修,要注意对 PS 版和橡皮布保护,不要把机油滴落在 PS 版和橡皮布上。

以上这些是笔者在长期生产中积累的一些经验,还需要继续探索,同时也存在着不足,请诸位同志指正。

测量技术在水源工程中的应用

马 腾[1] 王 辉[2]

(1. 黄河水文勘察测绘局,河南郑州 450004;
2. 河南省义马市诚信房地产测绘有限公司,河南义马 472300)

【摘 要】水源工程是指国家局批准补贴在烟区范围内建设的水库、拦河坝等骨干水源及相配套的输引水项目。测量工作在水源工程建设中起到决定性作用。本文以河南省宝丰县烟草水源工程为背景,介绍测量技术在水源工程中的运用。

【关键词】水源工程;测量技术;运用

1 引 言

水源工程是指国家局批准补贴在烟区范围内建设的水库、拦河坝等骨干水源及相配套的输引水项目,开展水源工程建设促进烟草行业发展,提高烟叶综合生产能力和抵御自然灾害能力的重要举措,是现代烟草农业建设的重要内容。测量工作在水源工程建设中,起到决定性作用。本文以河南省宝丰县烟草水源工程为背景,介绍测量技术在水源工程中的运用。

2 技 术

2.1 平面控制

平面控制测量采用E级布设,采用河南省郏县赵寨线路工程E级GPS平面控制网成果。在此基础上以各分水干渠为单元,进行E级GPS网加密。

2.1.1 标石选埋

E级GPS网点布设以满足发展1∶1 000带状地形图及后续测量为原则进行布设,每隔5 km左右布设一对通视的E级GPS标石,每对点最小间距300 m。

标石埋设采用平面控制和高程控制相结合的方式。为确保控制点不被破坏,达到长期保存的目的,点位选在不受施工干扰、交通方便、通视良好且质地坚硬的地方,且满足GPS静态观测要求。在中心线外50 m范围内,有条件时利用原有标石。

2.1.2 平面测量

E级GPS网,采用6台(5 mm+1 ppm)测地型双频GPS接收机,按边连布网。联测3个控制点。

2.1.2.1 数据采集技术要求

(1)E级GPS网观测时间≥40 min;

(2)数据采样间隔15 s;

(3)有效卫星观测总数≥4颗;

(4)卫星截止高度角15°;

(5)观测时段数≥1.6;

(6)天线对中精度≤3 mm;

(7)观测前后由三个方向量测天线高两次之差≤2 mm;

(8)天线定向误差≤5°。

2.1.2.2 观测

(1)严格遵守观测计划和生产的调度命令,按规定的时间进行同步观测作业,测站之间密切配合。

记错应注明原因，严禁连环涂改。

(2)到达点位以后，按要求架设好接收机天线，做到精确对中、严格整平，并做好仪器、天线、电源的正确连接。

(3)接收机开始记录数据后，观测员应经常查看测站信息及其变化情况，如发现异常情况应及时通报工地现场指挥员。

(4)天线高量取三个方向，量取两次取平均值且不大大于 3 mm，取位到 1 mm 记录于观测记录手簿中。

(5)观测人员要细心操作，静置和观测期间，应防止接收设备震动，更不得移动，要防止人或其他物品碰动天线或阻挡信号。

(6)观测时段结束时，应认真检查。当测量记录项目齐全，并符合要求后方可迁站。

(7)GPS 采用边连接的方法布网和观测。

2.1.2.3 基线解算

基线解算采用经过鉴定的随机软件完成，卫星星历采用广播星历。为检验 GPS 外业基线观测质量，进行基线矢量重复性检验、同步环闭合差检验，异步环闭合差检验。

在基线的解算过程中，为确保基线的质量，提高成果的精度，剔除残差大、观测时间短、周跳严重的卫星，分析比率、参考变量及 RMS 值，个别基线进行了重测，以取得基线的最优解。

2.2 高程控制

2.2.1 布网方案

高程控制网采用南水北调中线北汝河渠倒虹吸施工控制网二等水准点成果和郏县赵寨线路 E 级控制网成果，沿总干渠和其他分干线路布设四等水准网，作为基本高程控制。受已知点的限制将布设一条闭合路线和一条符合线路。

2.2.2 水准观测

各等级水准测量采用 DNA10 电子水准仪(0.9 mm/km、铟钢尺)进行测量，其仪器设备检验、观测方法、外业记录、测量精度和成果输出格式符合《国家一、二等水准测量规范》(GB/T 12897—2006)、《国家三、四等水准测量规范》(GB/T 12898—2009)的有关要求。

2.2.3 平差计算

四等水准测量平差计算，仅进行闭合差改正。水准路线单一，采用条件近似平差计算，线路较少，没有计算每公里偶然中误差。

2.3 地形图测量

2.3.1 基本作业要求及作业方法

线路地形图成图比例尺 1/1 000，基本等高距 0.5 m，采用 50 cm × 50 cm 规格分幅，带状地形图图名以“河南省宝丰县烟草水源工程 × × × 渠道地形图”命名。建筑物地形图成图比例尺 1/500，基本等高距 0.5 m，采用 50 cm × 50 cm 规格分幅，地形图图名以“河南省宝丰县烟草水源工程 × × × 场地地形图”命名。

采用全野外数字成图，数据采集采用全站仪和 GPS RTK 技术，使用 CASS8.0 编辑成图。

2.3.2 带状地形图测绘

带状地形图应采用 50 cm × 50 cm 的矩形分幅；相邻图幅错开拼接，管道中心线大致位于图幅中央；图号除按西南角图廓坐标编号外，还按不同的渠线路分测区。带状地形图图名以“河南省宝丰县烟草水源工程 × × × 渠地形图”命名。

带状地形测量采用 GPS RTK 进行数据采集的全野外数字测图方式进行。选用 E 级以上 GPS 点作为校正点，校正点包含测区范围，流动站距基准站不大于 7 km。

带状地形图测绘时，与管道设计、施工相关的要素详测，注重与渠(管)道交叉和渠(管)线上的地物、地貌、水系、道路、电力线、通信线、地下管线、油气管道、机井、占压房屋的表达除符合 SL 197—97 中有关规定外，还遵守下列规定：

(1)居民地、工矿企业等标注全称。

(2)河流、较大水渠、池塘的底部适当测注高程。

(3)铁路和公路应在图内加注名称,测图范围外注记通达地名。

(4)铁路和路基、公路路面测注高程点。

地貌测绘注重地形特征点的测量,地形点数量以能反映地貌特征为原则,等高线的绘制(生成)和编辑能表达出地形地貌的特征。京广铁路封闭,有专题测量、设计,没有测量铁轨轨顶高程。

地形图注记图上每 100 cm^2 注记 10~20 点,地形注记点选在地形特征点或明显地物上,分布均匀。

地形图上区分荒地、旱地、苗圃、果园、经济林等土质植被的范围;准确绘出墓地的范围并注明了坟头数量,旱地不再注记符号。

地形图的图形文件格式为.DWG。

2.3.3 建筑物场地地形图测绘

建筑物包括渠(管)线路附属建筑物、交叉建筑物和控制性建筑物。

平面坐标系统为 1954 北京坐标系。高程系统为 1985 国家高程基准。建筑物场地地形的测图比例尺根据设计需要,地形图测图比例尺 1:500,基本等高距均为 0.5 m。

建筑物场地地形测量资料均应写明"河南省宝丰县烟草水源工程×××渠道×××场地地形测量"的总标题。

2.4 纵横断面测量

2.4.1 纵断面测量

纵断面测量采用 GPS RTK 进行,测量精度遵照 1:1 000 地形图的施测精度执行。

纵断面桩一律以里程编号,各输水渠道中心线纵断里程起始点以其与总干渠(或分干渠)的交点作为 0+000。

中线桩不能正确反映地形变化时,在地形变化处应加测纵断点,在渠道穿越公路、铁路、沟渠等地形变化处实测并加以标注。

纵断面数据文件格式为.XLS,图形文件格式为.DWG。

纵断面测量及纵断面图绘制符合 SL 197—97 中的有关规定。

2.4.2 横断面测量

横断面测量采用 GPS RTK 进行。

横断面间距,丘陵地一般为 50 m,平地一般为 200 m,不能反映地形时,局部适当加密。横断面宽度为管道中心线两侧各 50 m。

横断面按 1:1 000 精度测量。横断面点的密度以能充分反映地形变化为原则,最大点距不大于 30 m。

横断面点的平面位置对中心线桩平面位置中误差不超过 ±1.5 m,高程对邻近基本高程控制点的高程中误差不大于 0.3 m。

横断面数据文件格式为.XLS,图形文件格式为.DWG。横断面成果中包括横断面位置成果。

横断面测量及横断面图绘制的其他要求符合 SL 197—97 中的有关规定。

3 精度统计

3.1 WGS-84 坐标系下三维无约束平差

坐标系统采用 WGS-84 坐标系。

在基线向量检验符合要求后,以三维基线向量及其相应方差-协方差阵作为观测信息,以一个点的 WGS-84 系三维坐标作为起算数据,进行三维无约束平差,以评定网的内附合精度。

E 级 GPS 网内业解算及精度统计:WGS-84 下无约束平差,本网内部附和性很高,其中最弱边相对中误差为 1/490 346,满足技术设计书 1/40 000 的要求。

3.2　1954 北京坐标系约束平差

坐标系统采用 1954 年北京坐标系,114°带,高斯正形投影。

首先将 E 级已知点坐标进行二维约束平差,计算各点的当地坐标。

1954 北京坐标系下二维约束平差,本网内部附和性很高,其中最弱边相对中误差为 1/65 599,满足技术设计书 1/40 000 的要求。

3.3　带状地形图的精度:

(1)地形图地物点平面位置中误差应不超过图上 ±0.6 mm;图幅等高线高程中误差应不超过 ±0.16 m。

(2)地形图高程注记点相对于临近图根点高程中误差不大于 0.12 m。

3.4　建筑物场地地形图的精度

(1)地形图地物点平面位置中误差应不超过图上 ±0.6 mm;图幅等高线高程中误差应不超过 ±0.16 m。

(2)地形图高程注记点相对于临近图根点高程中误差不大于 0.12 m。

4　结　语

严格按照设计书及相关规范作业,按照 ISO 及我单位的质量管理体系控制成果质量,安排专人对作业过程、成果检查,所提供的成果满足设计书和相关规范要求及客户的需求,项目设计方案和实际作业方法科学合理,精度和各项限差均小于规范规定限差值,成果质量完全可靠,满足水源工程的需要,为后期的水源工程奠定坚实的基础。

参考文献

[1] 孟玲奎. 网络地理信息系统原理与技术[M]. 北京:科学出版社,2005.
[2] 任建武. GIS 关键技术研究[D]. 南京:南京师范大学,2003.
[3] 中国有色金属工业西安勘察设计研究院,等. GB 50026—2007 工程测量规范[S]. 北京:中国计划出版社,2008.

地下管线信息系统中空间数据库的建立

赵亚蓓[1] 李培君[2] 时建新[3]

(1. 郑州测绘学校,河南郑州 450015;2. 徐州空军学院,安徽徐州 221000;
3. 中铁七局一公司,河南洛阳 417000)

【摘 要】空间数据是GIS的核心内容之一,空间数据库的设计与实现直接关系到整个GIS系统的功能和效率。本文主要讨论了地下管线信息系统中空间数据库的建立方法,并实现了空间数据和属性数据的统一存储和管理,使地下管线的管理达到了科学化和自动化。

【关键词】地下管线信息系统;空间数据库;ArcSDE;ArcIMS

地下管网信息系统是以地下管网的空间信息和属性信息为核心,利用地理信息系统技术、计算机图形学技术、数据库管理技术和信息可视化技术对城市地下管网进行综合管理,并通过进行各种统计分析和空间分析,为领导部门进行管网规划、管网改造等提供辅助决策功能,实现了地下管线管理的科学化和自动化。

地下管线空间数据库的建立是构建地下管线信息系统的核心内容,用户可通过网络快捷获取地下管线空间数据,并能够对所获得的空间数据进行操作,为管理、设计、决策快速准确地提供各种所需的图、文、声、像并茂的资料,保证城市生命线工程的有序化运行,对于提高城市人民的生活质量、保护国家财产和人民生命安全等都具有极其重要的意义。

1 空间数据库概念模型的设计

1.1 管线数据的特点

首先,管线数据是一种基本网络数据,满足网络的一般特性,其基本构成包括管线段和结点。管线段由相邻结点间的直线段表示,而结点是指管线网络中的点状实体和三类特征点:管径变化点、埋深变化点和管线交点。

其次,管线数据又具有区别于一般网络数据的特殊性。管线基本上以树状和环状两种形式分布。树状分布的管线大多是重力管线,其管线段都是单向管线段,方向取决于起始节点的高程值,如排水管线就属于这类管线;而燃气管线、给水管线等压力管线在设计时为了尽可能减少事故造成的影响,大多采用环状设计。

1.2 管线数据概念模型的设计

根据GIS中的分层概念和管网数据的特点,可以抽象出管线信息系统的概念模型,如图1所示。在图1所示的管线数据概念模型图中,反映了所包含的数据以及数据之间的关系。在管线信息

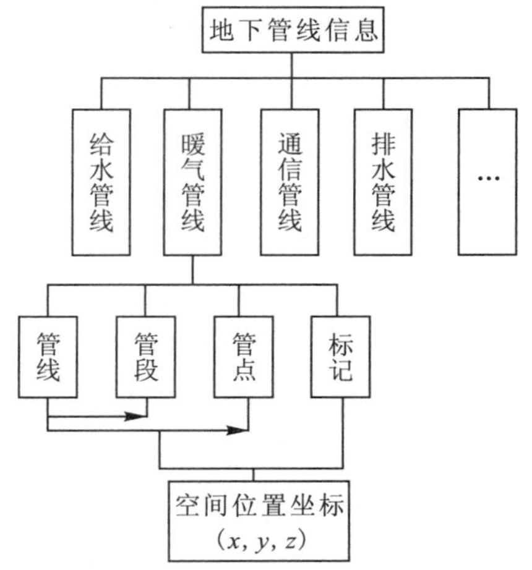

图1 管线数据概念模型

系统中,管线信息包含给水管线层、燃气管线层、供热管线层、排水管线层、电力管线层、排污管线层、工业管线层和电信管线层等多个管线层。每图层都包含点状实体(管点及附属物特征点)、线状实体(管线)两类空间数据。点状实体及特征点由结点和指明结点特征的标记组成,点由空间几何坐标定位;而线状实体则由管线段和指明管线段特征的标记组成,管线段由一系列空间坐标点描述。

2　空间数据库的建立

2.1　数据模型的建立

在管线数据的管理过程中,空间数据包括管线、管段、管点的空间位置信息及相互之间的空间位置关系,是地理信息系统的核心。属性数据是指空间对象的类型归属和对目标对象的定义,如管段的编号、管段的最大流量和最小流量等。空间数据和属性数据是相互关联而不是孤立的。对于地下管网而言,数据主要分为地形图数据和管线数据,每类数据又分为图形数据和属性数据两部分。因此,必须合理组织数据,满足系统建立多种功能的需要。

在建立管线信息数据库时,可按管线数据类型划分为不同的数据层,这样有利于对地理数据进行分类和组织,也方便对管线各个要素的检索和灵活调用。同时,管线的数据近似树形结构,因此在建库时采用层次数据模型[1],如图 2 所示。

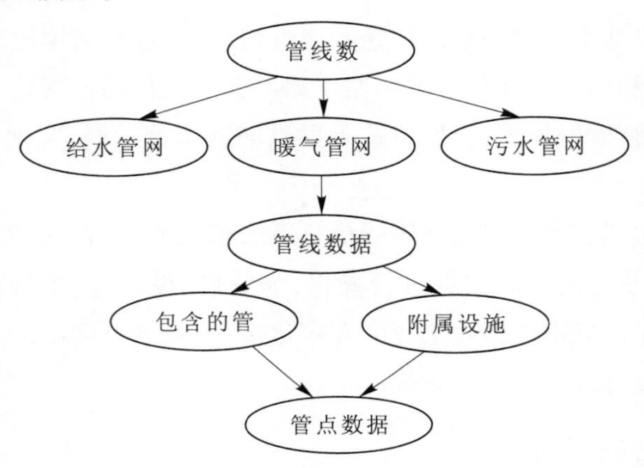

图 2　管线数据的层次模型

2.2　空间数据的处理

所获得的资料经矢量化后,最终以. shp 矢量格式存放。为便于管理和方便多用户并发访问,必须把这些文件数据存放到空间数据库中去。ArcSDE 提供了两种方法实现该功能:GIS Tool 方法和 SDE Administrator Command 方法。SDE Administrator Command 方法是以命令的方式经过以下步骤来实现的:

(1)在数据库中创建属性表;

(2)加入要素表信息到 SDE 系统表;

(3)切换表状态 load - only - io 模式;

(4)创建要素表,将文件中的记录插入到数据库属性表与要素表中;

(5)切换表状态到 normal - io 模式,并计算几何要素的空间索引,创建空间索引表;

(6)对数据进行版本化(version) 处理;

(7)将数据的访问权限授予用户。

GIS Tool 方法是通过 ArcGIS DeskTop 中的 ArcCatalog 组件来实现的。其原理与 SDE Administrator Command 相同,但是它提供了图形化用户工作界面(Geographic User Interface ,GUI),更加便于用户操

作。启动 ArcCatalog 后,该模块提供了 DataBase Connection 选项,通过输入正确的用户名和密码可以连接整合了 SDE 的 SQLServer 数据库。这样在 ArcCatalog 下,可以很方便地将相应数据导入或导出空间数据库,同时对于存储于空间数据库中的数据,可以在服务器端做修改、删除等操作。此外,该模块还提供了批量(batch) 的数据导入功能和网络数据录入功能,可以一次对多个文件进行 SDE 数据库导入。而目标数据库可以是本地数据库,也可以是具有管理权限的网络数据库。

2.3 属性数据的组织

由于管线一般分为给水、排水、电力、电信、有线电视、热力、煤气、工业 8 种管线,管线大体上由管段和特征点组成,因此数据库中表基本上由管线表、管段表和管点表构成,每个表都定义唯一的主键,通过主键来约束各表之间的关系,同时对各表进行维护。

管线点成果表:管线按图的分层分为给水表、排水表、电力表,给水管线按图形对象的组成分为给水管线表、给水管段表、给水管点表、排水管线表、排水管段表、排水管点表。图层类相同的表建立连接,不同层类的表相互独立。以给水层为例,三个表的表结构描述[2]如下。

2.3.1 给水管线表结构

给水管线表结构见表 1。

表 1 给水管线表结构

序号	数据项名	标识符	数据类型	说明
1	管线类型码	GWJ – LXM	文本	
2	管线编码	GWJ – GXBM	文本	
3	管径	GWJ – WIDTH	数字	
4	材质	GWJ – MATIE	文本	
5	组成管段数	GWJ – GDNUM	数字	
6	起始端点编号	GWJ – GDBM	文本	
7	终止端点编号	GWJ – GDBM	文本	
8	前连管线编码	GWJ – GXBM	文本	0—前连
9	后连管线编码	GWJ – GXBM	文本	1—后连
10	权属单位	GWJ – QS	文本	
11	埋设日期	GWJ – MSRQ	数字	
12	所在道路	GWJ – DL	文本	

2.3.2 给水管段表结构

给水管段表结构见表 2。

2.3.3 给水管点表结构

给水管点的类型比较复杂,大体上可以分为以下几种:

(1)内点(管段与管段交点);

(2)特征点(依管线种类不同而异,如弯头、三通、四通等);

表2　给水管段表结构

序号	数据项名	标识符	数据类型	说明
1	管段类型码	GWJ - LXM	文本	
2	管段编码	GWJ - GDBM	文本	
3	管径	GWJ - WIDTH	数字	
4	材质	GWJ - MATIE	文本	
5	前连管段编码	GWJ - GDBM	文本	0—前连
6	后连管段编码	GWJ - GDBM	文本	1—后连
7	起点编码	GWJ - GPBM	文本	
8	终点编码	GWJ - GPBM	文本	
9	权属单位	GWJ - MDBM	文本	
10	埋设日期	GWJ - MSRQ	数字	
11	所在道路	GWJ - DL	文本	

(3)附属物点(依管线种类不同而异,如窑井、消防栓、阀门等)。

给水管点表结构见表3。

表3　给水管点表结构

序号	数据项名	标识符	数据类型	说明
1	管点类型码	GWJ - LXM	文本	
2	管点编码	GWJ - GPBM	文本	
3	X坐标	X - COORD	数字	
4	Y坐标	Y - COORD	数字	
5	前连管点编码	GWJ - GPBM	文本	0—前连
6	后连管点编码	GWJ - GPBM	文本	1—后连
7	所在管段	GWJ - GDBM	文本	
8	地面标高	DMBG	数字	管点高程
9	埋深	MS	数字	管点高程
10	权属单位	GWJ - MDBM	文本	
11	埋设日期	GWJ - MSRQ	数字	
12	所在道路	GWJ - DL	文本	

2.4　数据的分类编码

地下管线涉及多种数据,为了进行有效的管理和分析,在建立空间数据库时,必须按照统一的规则对空间对象进行有效的编码,来表达图层之间和空间对象之间的关系。编码时,除应做到对地物唯一性标志外,而且应用最简洁的方法表示出地物之间的关系。对于管线图形要素来讲,即要求管线要素的编码不仅能反映出具体管线要素的种类特征,而且能反映出该要素与周围地物和环境之间的关系。可以用《建设部管线测量分类标准》中描述的管线分类的方法对管线要素进行定性的编码,而管线要素与周围地物的关系,则可以采用将管线要素与管线所处的地理环境,如管线所处的道路、管线所在的城市方位等关系来建立。因此,管线要素的编码,就可以由道路编码或城市方位等方位码再加上管线的分类编码和序号来组成。

2.4.1 地下管线类型标识码

地下管线类型标识码可根据表 4 确定。

表 4 地下管线类型标识码

序号	地下管线类型	管线标识码
1	给水	JS
2	污水	WS
3	雨水	YS
4	雨污合流	PS
5	电力	DL
6	热力	RL
7	电信	DX
8	有线电视	DS
9	煤气	MQ
10	工业	GY

2.4.2 城市道路的编码

作为管线分类编码的准备,管线信息系统的设计者、实施者在系统设计之初,应对城市内的各条主次道路进行统一的排序和编码。由于各个城市的具体情况不一样,所以各城市应根据本市的实际情况来进行编码工作。

首先是确定城市道路编码采用的位数。根据大、中、小城市和处理的管线业务范围来确定道路编码的取位。例如,对于一般的规划管理部门,道路编码的取位只要满足城市内主要一、二级干道的编码即可,与此同时,考虑到城市的发展需要,3 ~ 5 位就可以满足需要。

其次是道路编码的具体方法的确定。道路编码可采用的方法有:根据道路主次干道分别进行编码,根据道路的走向进行编码的方法等。对于大型城市,道路编码可由方位码、分类码、走向码、序号构成。

2.4.3 管线要素的编码[3]

管线的编码由所在的道路编码和管线的类型标识码构成,其中管线的标识码如表 4 所示,管线的编码组成为:

[XXXXX] + [XX] + [XX]
(道路编码) (管线类型标识码) (管线的序号 0 ~ 99)

2.4.4 管段要素的编码

管段的编码由所在的管线的编码和在管线内部按一定的顺序进行编号的管段编码构成,管段的编码组成为:

[XXXXX] + [XX] + [XX] + [XX]
(道路编码) (管线类型标识码) (管线的序号 0 ~ 99) (管段的序号 1 ~ 10)

2.4.5 管线点特征及附属物编码原则

为了减少管线点数据的输入工作量和人为出错,以便于从数据库中自动生成管线点号和管线图,有必要对管线特征及附属物进行编码。

综合各类管线的管线点特征点及附属物不超过 10 种,故可取 1 位码,从 0 到 9,如果有增加,可采用十六进制进行扩充,并将所属管段 + 特征码来表示数据库中管线点符号的唯一性。管线点符号特征码如表 5 所示。

表 5　管线点符号特征码

管线种类	特征点名称	特征码	符号
给水 JS	探测点	1	
	窑井	2	
	消防栓	3	
	阀门	4	
	预留口	5	
	进出水口	6	
雨水 YS	探测点	1	
	窑井	2	
污水 WS	探测点	1	
	窑井	2	
煤气 MQ	探测点	1	
	窑井	2	
	阀门	3	
	预留口	4	
电信 DX	探测点	1	
	人孔	2	
	手孔	3	
	分线箱	4	
电力 DL	探测点	1	
	窑井	2	
	分线箱	3	
	上杆	4	
工业 GY	探测点	1	
	窑井	2	
	阀门	3	
有线电视 DS	探测点	1	
	分线箱	2	
	上杆	3	

管线点特征及附属物状要素的具体编码由所属管段的编码、管线点符号的特征码加顺序号构成，具体编码如下：

[XXXXX] + … + [XX] + [X] + [X]
（道路编码）（管段的序号1～10）（管线点符号特征码）（顺序号）
所属管段的编码

2.5 空间数据和属性数据集成

在地下管线信息数据库中除了空间数据，还包含一些属性数据。这些属性数据或者是空间数据的相关属性，或者与空间数据存在某种关系。在数据库设计中，需要对它们进行集成或者说建立连接。因此，我们对数据进行了分类编码，数据的分类编码是对数据资料进行有效管理的重要依据。编码的主要目的是节省计算机内部空间，便于用户理解使用。只有进行正确的编码，空间数据库与属性数据库才能实现正确的连接。

属性表和空间数据表中都有一列属于相同编码的属性字段，通过这个属性字段可以将空间数据和属性数据联系起来，这样就实现了空间数据和属性数据的集成。ArcSDE 是 ESRI 推出的空间数据库解决方案，它在现有的关系或对象关系型数据库管理系统的基础上进行空间扩展，可以将空间数据和非空间数据集成在目前绝大多数的商用 DBMS 中。本空间数据库采用 ArcSDE + SQL Server 来统一集中管理所有数据包括空间数据和属性数据，从而对海量的空间、非空间数据进行高效率操作。

3 数据库的安全性设置

3.1 用户权限设置的实现

为了保证数据的安全和系统的正常运行，对用户进行了分级，并设置了相应的操作权限。将访问系统的用户分为四种：系统管理员、高级用户、一般用户和客人。系统管理员是最高级用户，负责整个系统的管理和维护，可以浏览、增加、删除其余类型用户及其权限，可以浏览、增加、删除系统所有数据库及表、字段；高级用户负责系统数据库的维护及更新工作，根据其权限不同，可以浏览、增加、删除系统中有相应权限的数据库及表、字段，不可以浏览、增加、删除其余类型用户及其权限；一般用户只能浏览各种资料数据库及表、字段，但无权修改任何信息；客人没有权限登录系统。用户登录流程如图 3 所示。

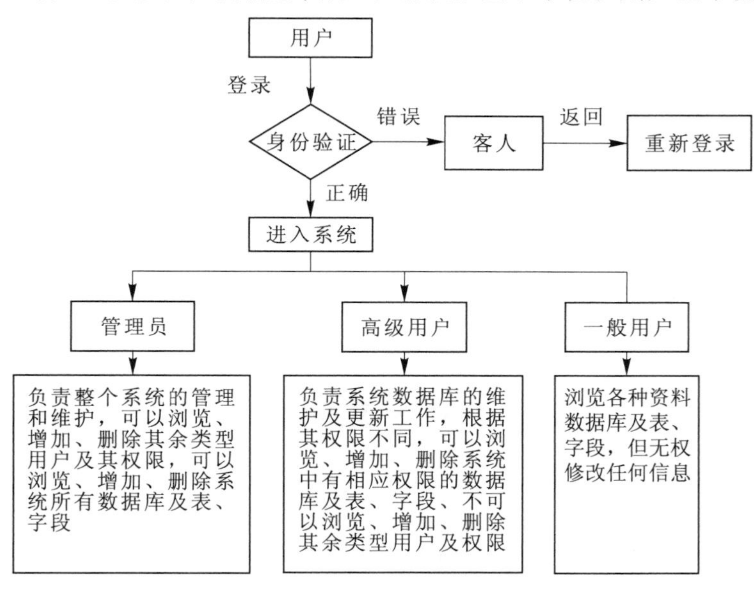

图 3 用户登录流程

3.2 网络安全方案

防火墙技术是建立在现代通信网络技术和信息安全技术基础上的应用性安全技术，越来越多地应用于专用网络与公用网络的互连环境之中，尤以 Internet 网络应用最广。所有来自 Internet 的传输信息或发出的信息都必须经过防火墙。防火墙起到了保护电子邮件、文件传输、远程登录、在特定的系统间进行信息交换等安全的作用。实际上，防火墙是加强 Intranet（内部网）之间安全防御的一个或一组系统，它由一组硬件设备（包括路由器、服务器）及相应软件构成。通过防火墙技术可以控制和监测网络之间的信息交换与访问行为，从而实现对网络安全的有效管理。

4　地下管线信息系统空间数据库实现的功能

4.1　空间数据查询

客户端根据初始化的情况或用户对地图的某一操作，转换为一个具体的 ArcXML 请求，以表单的形式发送给 Web 服务器，发送到 Web 服务器的请求再通过 ArcIMS[4] 连接器提交给 ArcIMS 应用服务器处理，应用服务器根据客户端的具体请求和客户端的类型、配置，提交给空间服务器去读取数据集，进行具体的处理。处理的结果再按照相反的顺序返回到客户端，由客户端进行显示或其他操作。整个操作的请求/应答，无论是操作指令还是操作结果，全部为 ArcXML 格式。ArcXML 是通过对可扩展标记语言（XML）进行扩展和修订而衍生出来的，每一个地图服务对应于一个. AXL 文件，用于初始化地图服务。ArcXML 包括一系列对服务器的请求指令和服务器的应答，一套完整的空间对象描述，它在 ArcIMS 整个运作过程中占有相当重要的作用。

4.2　属性数据查询

远程用户通过 Internet Explorer 或者 Netscape 浏览器，登录系统 ASP 页面进行地下管线属性数据的浏览、查询、修改和及时更新。实现的方法是 ASP 数据访问组件用 ActiveX 数据对象（简称 ADO）操作一个数据库内保存的信息。ADO 是一个 ASP 内置 ActiveX 数据库服务组件，ADO 通过在 Web 服务器上设定 ODBC，可建立与多种数据库，如 SQL Server、Oracle、Infomix、Access、VFP 等的连接。用它可以方便地集成数据库和 Web 站点，可以和 ASP 结合起来，利用 ASP 的三种对象 Connection 对象、Command 对象和 Recordset 对象的属性、方法实现对远程数据库的高级访问，完成复杂的数据访问操作。

4.3　空间数据和属性数据互查询

在用户提交请求并将响应的 ArcXML 语句以字符串的形式传回 Web 服务器后，将响应字符串中要素的 ID 信息取出，通过 ASP 的 Form 表单再次交给服务器，服务器将对属性数据库进行操作并将与图形相关联的属性查询结果返回到客户端。

5　结　语

计算机网络是城市信息化的发展趋势，地下管线空间数据库的建立将为“数字城市”的建设奠定一定的基础，使地下管线信息系统有更大的发展。

参考文献

[1] 李清泉. 地下管线的三维可视化研究[J]. 武汉大学学报：信息科学版，2003，28（3）：277-282.
[2] 王万顺. 高分辨率地下管线探测技术研究与信息系统[M]. 北京：中国大地出版社，2005.
[3] 李爱民. 工程专题信息系统[D]. 郑州：解放军信息工程大学测绘学院，2003.
[4] 刘南，刘仁义. WebGIS 原理及其应用[M] 北京：科学出版社，2002.
[5] 谢榕. 地理信息系统中空间数据库建立的关键技术[J]. 北京测绘，1998（4）：2-5.
[6] 吴波. 城市地下管网信息系统的设计与实现[D]. 西安：西北工业大学，2002.
[7] 向南平. 三维 GIS 空间 – 属性信息交互查询的设计与实现[J]. 测绘工程，2005，14（2）：47-49.

Visual Basic 和 Visual Lisp 在勘探线剖面测量内业处理中的应用

齐磊刚　常怡然

（河南中化地质测绘院有限公司，河南郑州 450011）

【摘　要】本文以实际案例为基础，从勘探线剖面测量最终的剖面图成果着手，探讨分析了以 Visual Basic 和 Visual Lisp 两种程序开发语言为工具来代替传统人工作业的方法。

【关键词】Visual Basic；Visual Lisp；剖面图

1　概　述

在地质勘查测量项目中，工作量较大的测量任务是"勘探线剖面测量"，即工程测量中的"断面测量"。随着测量仪器的不断更新，其外业测量部分相对简单，但其内业工作相对烦琐，且南方 CASS 软件中的"绘断面图"功能只能设置固定的采样点间距，这样便不能把地形起伏情况真实地反映出来。基于此，笔者以河南省栾川县石灰窑沟硫铁矿生产勘探项目为例，来具体分析如何利用 Visual Basic 和 Visual Lisp两种编程语言来实现断面测量内业断面图生成的自动化。

2　利用 Visual Basic 和 Visual Lisp 进行编程

下面以该项目其中一个剖面为例进行分析。以下是该剖面的测量数据：

南端，，543875.488，3754787.125，1338.328
18－1，，543886.880，3754797.593，1338.890
18－2，，543910.506，3754819.295，1367.208
18－3，，543947.941，3754853.684，1345.803
18－4，，543955.334，3754860.476，1350.999
18－5，，543967.321，3754871.488，1353.864
18－6，，544015.147，3754915.424，1356.562
18－7，，544048.904，3754946.435，1354.318
18－8，，544148.056，3755038.440，1351.092
北端，，544184.017，3755070.558，1371.141

其中，第一、三、四、五列数据为相应点的点号、X 坐标、Y 坐标及高程。如果直接以上述原始数据来自动生成剖面图会比较麻烦，所以可以考虑先用 Visual Basic 编程以对原始数据进行整理，之后再以整理后数据为基础，利用 Visual Lisp 直接在 AutoCAD 下生成剖面图。下面具体分析两种编程语言各自所实现功能的具体思路，并给出关键代码供读者研讨。

2.1　Visual Basic 对原始数据进行整理

原始数据中每行的数据其实就是该点的三维坐标。剖面图是对剖面的一个直观的图形反映，因此可以考虑将原始数据整理成里程数据格式，即整理后的每行数据由相应点至起始点的距离和该点高程组成，这样就方便后续 Visual Lisp 编程语言直接对里程数据进行处理以快速生成剖面图。下面给出操作步骤、关键代码以及解析：

首先打开 Visual Basic 集成开发环境，在弹出的新建工程对话框窗口中直接打开标准 EXE 工程。下面是 Form1 代码窗口中的相应代码：

gcjz = InputBox("请输入基准高程:" & Chr(10) & "注:为了使剖面图的横向和纵向比例协调,需要选择一个合适的基准高程,以拉伸(压缩)纵向尺寸。", "基准高程(单位:m)", 0, Form1.Left, Form1.top + Form1.Height / 2)

```
Open lj For Input As #1   '以读方式打开原始数据,lj 为原始数据的路径
ljmc = Left(lj, Len(lj) - Len(dir(lj)))   '提取原始数据的路径名称
Open ljmc & "里程数据.dmt" For Output As #2   '以写方式新建里程数据文件
```

下面代码用以求出原始数据的行数:

```
j = 0
Do While Not EOF(1)
    Line Input #1, a
    If a < > "" Then
        j = j + 1
    Else: End If
Loop
ReDim jl(j, 5)   '重新声明用以储存原始数据的数组
```

以下代码可将原始数据存入数组:

```
j = 1
Do While Not EOF(1)
    Line Input #1, a
        If a < > "" Then
            b = Split(a, ",")
            For k = 1 To 5
                jl(j, k) = b(k - 1)
            Next
            j = j + 1
        End If
Loop
```

实际在测勘探线时,有时断面点的测量顺序并非按照从勘探线一端到另一端的顺序进行,考虑到程序的实用性,就要对这种情况进行处理,使得处理后断面点的顺序是按照勘探线一端到另一端的顺序排列的,以得到正确的里程数据。下面为该段代码:

```
ddlh = 1   '将 1 赋给端点列号
ldjl = (jl(1, 3) - jl(2, 3)) ^2 + (jl(1, 4) - jl(2, 4)) ^2   '给两点距离赋初值
For j = 1 To UBound(jl, 1) - 1   '查找点相互之间距离最长的点的列号即端点列号
    For k = j + 1 To UBound(jl, 1)
        If ldjl < (jl(j, 3) - jl(k, 3)) ^2 + (jl(j, 4) - jl(k, 4)) ^2 Then
            ldjl = (jl(j, 3) - jl(k, 3)) ^2 + (jl(j, 4) - jl(k, 4)) ^2
            ddlh = j
            llll = Sqr((jl(j, 3) - jl(k, 3)) ^2 + (jl(j, 4) - jl(k, 4)) ^2)
            kkkk = k
        End If
    Next
Next
If ddlh < > 1 Then   '将端点那一行数据同第一行数据调换
    gd1 = jl(1, 1): gd2 = jl(1, 2): gd3 = jl(1, 3): gd4 = jl(1, 4): gd5 = jl(1, 5)
```

```
        jl(1,1) = jl(ddlh,1):jl(1,2) = jl(ddlh,2):jl(1,3) = jl(ddlh,3):jl(1,4) = jl(ddlh,4):jl(1,5) = jl(ddlh,5)
        jl(ddlh, 1) = gd1: jl(ddlh, 2) = gd2: jl(ddlh, 3) = gd3: jl(ddlh, 4) = gd4: jl(ddlh, 5) = gd5
    End If
    For j = 1 To UBound(jl, 1) - 2  '将点号按顺序排列
        For k = j + 1 To UBound(jl, 1) - 1
            If (jl(1, 3) - jl(j + 1, 3)) ^ 2 + (jl(1, 4) - jl(j + 1, 4)) ^ 2 > (jl(1, 3) - jl(k +1, 3)) ^ 2 + (jl(1, 4) - jl(k + 1, 4)) ^ 2 Then
                gd1 = jl(j + 1, 1): gd2 = jl(j + 1, 2): gd3 = jl(j + 1, 3): gd4 = jl(j + 1, 4): gd5 = jl(j + 1, 5)
                jl(j + 1, 1) = jl(k + 1, 1): jl(j + 1, 2) = jl(k + 1, 2): jl(j + 1, 3) = jl(k + 1, 3): jl(j + 1, 4) = jl(k + 1, 4): jl(j + 1, 5) = jl(k + 1, 5)
                jl(k + 1, 1) = gd1: jl(k + 1, 2) = gd2: jl(k + 1, 3) = gd3: jl(k + 1, 4) = gd4: jl(k + 1, 5) = gd5
            End If
        Next
    Next
```

根据整理后的断面点来生成里程距离：

```
    lcjl(1) = 0
    For j = 1 To UBound(lcjl) - 1  '计算里程距离
        lcjl(j + 1) = lcjl(j) + Round(Sqr((jl(j + 1, 3) - jl(j, 3)) ^ 2 + (jl(j + 1, 4) -jl(j, 4)) ^ 2), 3)
    Next
```

将里程数据输入到里程文件：

```
    For j = 1 To UBound(lcjl)
        Print #2, lcjl(j) & "," & jl(j, 5) - gcjz
    Next
```

经过处理后的里程数据如下：

0,138.328
15.471,138.89
47.552,167.208
98.385,145.803
108.424,150.999
124.701,153.864
189.645,156.562
235.484,154.318
370.747,151.092
418.963,171.141

注意：为使剖面图的纵横比例尺协调，本例基准高程为 1 200 m。

2.2 Visual Lisp 根据整理后数据直接生成剖面图

下面分析如何用 Visual Lisp 来以整理后的里程数据为基础自动生成剖面图。里程数据的特点是：每一行的数据都是由相应点至起始点的距离以及该点高程组成的，其本质可以看做反映地形起伏的一组坐标值，如果将勘探线视为一多段线，那么每组数据便是该条多段线的顶点坐标。同样，在将每组数据中的高程视为 0 的情况下就可将每组数据视为里程多段线的顶点坐标。这样，一个完整的剖面图就

形成了。

在 AutoCAD2004 命令栏中输入 Vlisp 后确定，打开 Visual Lisp 开发环境。选择文件—新建文件，在打开的空白窗口中开始编写代码。下面是关键代码及解释：

```
(setvar"dimzin"0)； 保留小数位数时如果位数不足可以补零
(setq f(getfiled"请选择数据文件""""dmt"0))； 交互操作选择文件并将路径赋给 f
(setq f1(open f "r")n 0)； 将文件指针赋给 f1
(setq lcb'()gcb'()jzgc 0)； 变量赋初值
(setq lcgcb(read(strcat("(VL-STRING-TRANSLATE",""" lcgc)")")))； 获得里程高程表
(setq ygcz(cadr lcgcb))； 保存原高程表
(setq lcgcb(list (car lcgcb)( + (cadr lcgcb)jzgc 60)))； 获得增加基准高程后的里程高程表
(entmake(list'(0 . "line")(list 10 (car lcgcb)( + 60 jzgc))(list 11 (car lcgcb)(cadr lcgcb))))；
生成竖线
(entmake(list'(0 . "text")(cons 1 (rtos ygcz 2 3))'(40 . 2)'(10 1 2)(list 11 (car lcgcb)( + 70
jzgc))'(72 . 1)))； 高程值注记
(entmake(list'(0 . "text")(cons 1 (rtos (car lcgcb) 2 3))'(40 . 2)'(10 1 2)(list 11 (car lcgcb)
( + jzgc 50))'(72 . 1)))； 里程点注记
(setq lcb(cons(list 10(car lcgcb)( + 60 jzgc))lcb))
(setq gcb(cons (cons 10 lcgcb) gcb))
(setq gcz(cons (cadr lcgcb)gcz))
(setq n(1 + n))； 计算里程点数
(setq el1(append(list'(0 . "LWPOLYLINE")'(100 . "AcDbEntity")'(100 . "AcDbPolyline"))
(list(cons 90 n)) lcb ))； 里程图元表
(setq el2(append(list'(0 . "LWPOLYLINE")'(100 . "AcDbEntity")'(100 . "AcDbPolyline"))
(list(cons 90 n)) gcb ))； 高程图元表
(setq el3(append(list'(0 . "text")(cons 1 wjm)'(40 . 10)'(10 1 2)(list 11 (/ (cadr(car lcb))
2)( + jzgc 30))'(72 . 1))))； 剖面线名图元表
(entmake el1)； 生成里程线
(entmake el2)； 生成高程线
(entmake el3)； 生成剖面线名
(close f1)
```

根据程序自动生成的剖面图如图 1 所示。

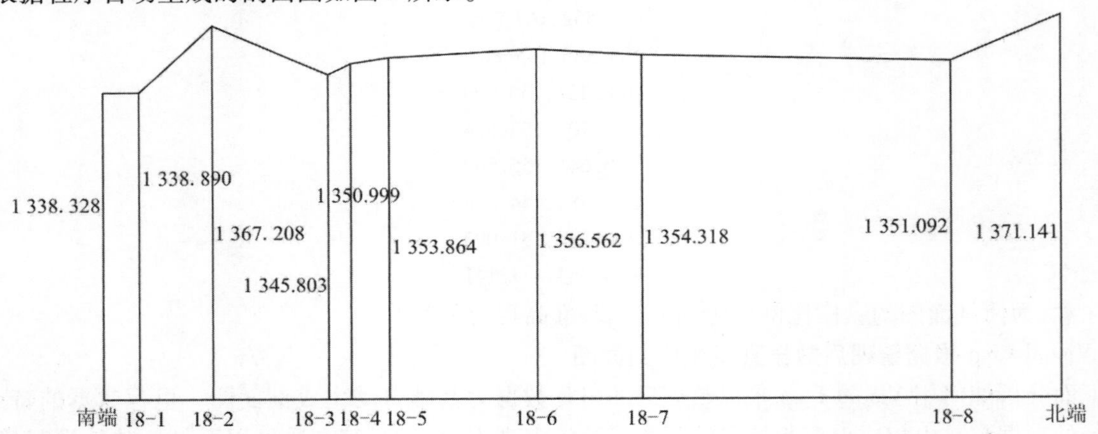

图 1　根据程序自动生成的剖面图

3 结 语

通过以上案例不难看出,本来一项烦琐且极易出错的工作,就这样通过编程语言准确而迅速地解决了。Visual Basic 和 Visual Lisp 两种编程语言简单易学,在复杂的数据处理中有着良好的应用空间。只要掌握了编程思想,再辅以相应的专业知识,在进行数据处理时我们的工作效率就会得到极大的提高。另外,剖面图成果表也可以通过 Visual Basic 语言来生成,实现起来也很简单,限于篇幅,这里不再赘述,读者可自行研究。

参考文献

[1] 李青岳,陈永奇.工程测量学[M].3 版.北京:测绘出版社,2008.
[2] 林卓然.VB 语言程序设计[M].2 版.北京:电子工业出版社,2009.
[3] 李学志,方戈亮,孙力红,等.Visual Lisp 程序设计(AutoCAD 2006)[M].北京:清华大学出版社,2006.
[4] GB/T 18341—2001 地质矿产勘查测量规范[S].

LiDAR 地貌曲线与 DLG 融合技术的研究

吕宝奇[1]　李　晓[2]

(1. 河南省测绘工程院,河南郑州 450003;
2. 驻马店市国土资源局,河南驻马店 463000)

【摘　要】机载激光扫描测量技术一个很重要的产品就是全地貌曲线,大批量的全地貌曲线与 DLG 的融合工作是一个烦琐复杂的工作,手工处理起来相当困难,比较适合使用程序来自动融合处理。本文主要进行 LiDAR地貌曲线与 DLG 自动融合的研究,并以 AutoCAD 为平台,采用 ObjectARX 二次开发技术,开发了相关的自动融合的程序,取得了比较好实际效果。

【关键词】LiDAR;地貌曲线;融合技术;AutoCAD

1　引　言

机载激光扫描(简称 LiDAR)是一种新型测量技术,并在实际生产中已经得到广泛应用,LiDAR 可快速获取高密度、高精度的地表点云数据,地表点云数据经过滤波处理后得到地面点。由于点云数据的密度非常高,经过滤波后依然有足够的密度,即使滤波后空洞的地方也用内插的方法予以填补,所以相比较传统的方法生产的地貌曲线,LiDAR 生产的地貌曲线全覆盖地表。

由于 LiDAR 的海量特性和全覆盖特性,如果采用传统的方式来解决地貌曲线与 DLG 的融合,工作量将非常大,这就需要研究 LiDAR 的全地貌曲线与 DLG 中地物要素自动融合问题。本文以 AutoCAD 为平台,对 LiDAR 全地貌曲线与 DLG 自动融合进行了比较深入的研究,并且采用 AutoCAD 开发技术完成了相应程序的开发工作,取得了较好的生产效果。

2　问题研究

2.1　思路

要解决 LiDAR 全地貌曲线与 DLG 的自动融合,主要是解决等高线与地物的相交断开的问题。为解决问题的需要,我们可以把 DLG 中的地物分为两类:线状地物如单线路等、面状地物如居民地等。根据它们之间的交点情况进行打断、选择删除等处理,从而达到自动融合的目的。

2.2　算法

(1)将 DLG 中的地物分为两类:线状地物和面状地物。

(2)线状地物和面状地物分别与等高线求交计算得到交点,并将等高线在交点处断开。

(3)判断等高线的各部分是否在封闭的面状地物内,将包含在面状地物内的部分删除。

(4)判断所有的等高线的长度是否小于某个固定值,删除所有小于该固定值的等高线。

2.3　流程图

流程图如图 1 所示。

3　程序的设计

由于国内 DLG 成图大部分都是 DWG 格式,所以本程序采用 VC + + 2005 和 ObjectARX SDK 开发环境,在 AutoCAD 平台下进行二次开发。采用上述的算法思路进行编程,部分代码如下:

```
//交点处打断
```

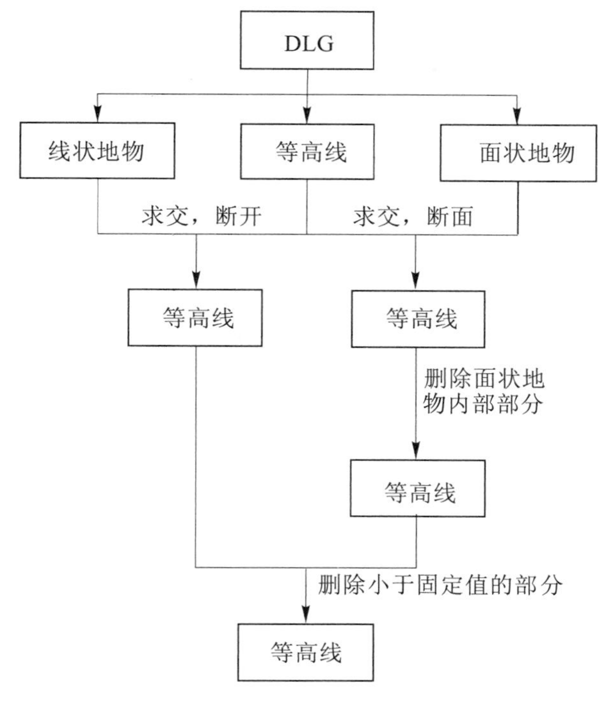

图 1 流程图

```
if (pDgx->getSplitCurves(ptsintersect,pDgxCurveSegments) == Acad::eOk)
{
    for (int m=0; m<pDgxCurveSegments.length(); m++)
    {
        pTmpCurve = static_cast<AcDbCurve*>(pDgxCurveSegments[m]);
        pTmpCurve->getEndParam(dEndParam);
        pTmpCurve->getPointAtParam(dEndParam/2,ptMidPoint);
        //判断该段等高线是否在封闭地物内部,如果在就删除
        if (CLbqGeUtil::IsPtInPolygon(pCurve,ptMidPoint)){
            pTmpCurve->erase();}
        //否则再判断长度是否小于100,小于100的删除,大于等于100的加入到数据库
        else {
        double dLength(100);
        pTmpCurve->getDistAtParam(dEndParam,dLength);
        if (dLength < 100){
            TmpCurve->erase();}
        else {
        CLbqDbUtil::PostToModelSpace(pTmpCurve,FALSE);
        pTmpCurve->close();}}}}
```

4 实例验证

为验证上述思路,我们在 AutoCAD 2008 平台上,选择一块 1:1 000 地形图,图中包含道路、水渠、居民地等设施。程序运行结果如图 2 所示。

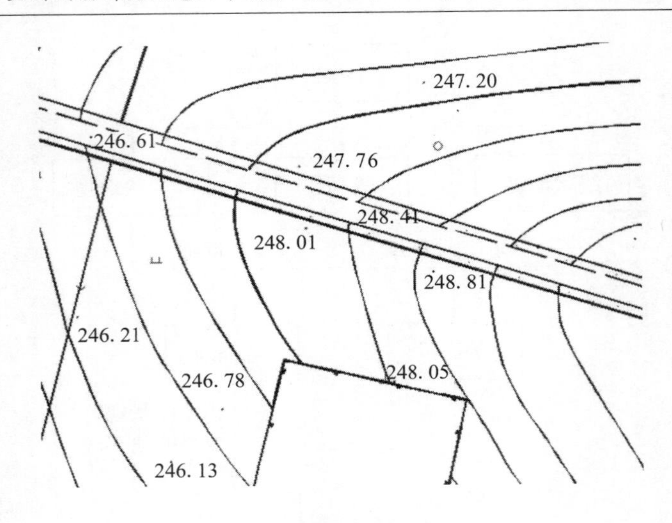

图 2　程序运行结果

5 结　语

通过对实例结果分析,表明该程序运行性能良好,结果正确。实现了 LiDAR 地貌曲线与 DLG 的自动融合,大大减少了人机交互工作,提高了工作效率。

参 考 文 献

[1] 谢纯良,吴立新,金学林. 基于 CAD 的等高线遇地物自动断开新方法研究 [J]. 矿山测量,1997(3).
[2] 王宗跃,马洪超,等. 基于 LiDAR 数据生成光滑等高线[J]. 武汉大学学报:信息科学版,2010(11).
[3] 周卿,李能国. 基于机载激光雷达技术的地形图成图的探讨 [J]. 城市勘测,2010(1).
[4] 高莹忠. 立体视觉和 LiDAR 的数据融合 [D]. 南京:南京理工大学,2009.
[5] 李英成,文沃根,王伟. 快速获取地面三维数据的 LiDAR 技术系统 [J]. 测绘科学,2002(4).
[6] 陈峥,徐祖舰. 融合影像的 LiDAR 点云数据分类方法[J]. 微型计算机,2011(5).

博爱县抵偿坐标系的建立

鲍燕辉　齐磊刚　李修闯

（河南中化地质测绘院有限公司，河南郑州 450011）

【摘　要】在城市坐标系统的选择中，可以根据城市中心距离中央子午线的距离和城市的平均高程来进行选择，当长度变形大于2.5 cm/km时，采用投影于抵偿高程面上的高斯正射投影3°带平面直角坐标系统。本文以博爱县农村集体土地确权登记发证工作为例，给出了博爱县抵偿高程面的确定方法及抵偿高程面的坐标计算方法。

【关键词】博爱县；高斯平面直角坐标系统；抵偿高程面

1　概　述

国家有关规范规定，在大、中型工程测量中，其控制网必须与国家控制点联测，或采用国家坐标系统，以达到测量资源共享、成果共用的目的。国家坐标系统是采用高斯－克吕格正形投影（简称高斯投影），即先由大地面投影到参考椭球面，再由参考椭球面投影到高斯平面；而高程面则是投影到大地水准面上。定义国家大地坐标系的椭球面是一个凸起的、不可展平的曲面，当采用高斯正形投影将这个曲面上的元素投影到平面上时，投影后就会发生长度变形的问题[1]。虽然长度变形是一个不可避免的问题，但我们可以采取一些措施来使长度变形减弱，将长度变形根据施测的精度要求和测区所处的精度范围控制在允许的范围之内。最有效的措施就是建立与测区相适应的坐标系，本文就以博爱县农村集体土地确权登记发证工作为例，建立博爱县基于抵偿高程面的抵偿高程坐标系。

2　投影变形的计算

城市平面控制网坐标系统的选择取决于网中投影长度变形。地面上控制网中的观测边长要归化至参考椭球面时，其长度将缩短 ΔD，设地球平均曲率为 R，两端点高出椭球体面为 H，则有下列近似关系：

$$\Delta D/D = -H/R \tag{1}$$

若有边上两端点的平均横坐标为 y_m（以下同），椭球体上的边长投影至高斯平面，其长度将放长 ΔS，有如下近似关系式：

$$\Delta S/S = {y_m}^2/2R^2 \tag{2}$$

以上两项长度变化的共同影响称为投影的长度变形，即：

$$V_s/S = {y_m}^2/2R^2 - H/R \tag{3}$$

博爱县城区中心位置位于北纬35°10′17″、东经113°04′01″，在中央子午线为114°的3°带中的80西安坐标为 $x=3\ 894\ 000$ m，$y=415\ 000$ m，中心城区平均高程为125 m，根据投影变形计算公式（3），式中 Y_m 为测区中心位置横坐标，此处为－85 km，R 为平均曲率半径，取6 371 km，H 为测区平均高程，此处取125 m，计算得长度变形值为6.9 cm/km。

《城市测量规范》（CJJ/T 8—2011）明确指出：当长度变形值不大于2.5 cm/km时，应采用高斯正形投影统一3°带平面直角坐标系统。当长度变形值大于2.5 cm/km时，可采用投影于抵偿高程面上的高斯正形投影3°带平面直角坐标系统。可见，采用80西安坐标系，博爱县投影变形长度远大于规范要求的不超过2.5 cm/km的规定，因此不能直接采用80西安坐标系。

3　抵偿高程面的选择

为保证本次农村集体土地确权项目工作底图的整体精度，本次拟采用抵偿高程面的高斯投影平面坐标系统，而不改变统一3°带中央子午线(114°)。

利用高程归化和高斯投影改化对于长度变形的影响前者缩短和后者伸长的特点，用人为改变归化高程使高程归化与高斯投影改化的长度改正相抵偿[2]，可以使长度变形控制在规范要求的2.5 cm/km要求范围之内，而且也不改变统一3°带中央子午线(114°)。设该区域存在着两者抵偿的地带，其抵偿面的高程为H_b。

其高程归化值为：

$$H/(H_b + R) \approx H/R \tag{4}$$

高斯改化值为：

$$y_m{}^2/(R + H_b)^2 \approx y_m{}^2/2R^2 \tag{5}$$

由公式(4)、公式(5)，则：

$$y_m{}^2/2R^2 = H/R \tag{6}$$

即：

$$y_m{}^2/2R = H \tag{7}$$

又有：

$$H = H_m - H_b = y_m{}^2/2R \tag{8}$$

其中H_m为城市平均高程；H_b为抵偿面高程。

则有：

$$H_b = - y_m{}^2/2R + H_m \tag{9}$$

以博爱县为例，进行抵偿高程面的计算：博爱县中心城区平均高程为125 m，根据抵偿高计算公式(9)，式中y_m为测区中心位置横坐标，此处为－85 km，R为平均曲率半径，取6 371 km，H_m为测区平均高程，此处取125 m，则：

$$H_b = - y_m{}^2/2R + H_m = -85\,000 \times 85\,000/(2 \times 6\,371\,000) + 125 = -567 + 125 = -442(\mathrm{m})$$

综上可以得出博爱县的抵偿面高程为－442 m。因此拟采用的坐标系统为投影于－442 m抵偿高程面上的高斯正形投影3°带坐标系统，中央子午线为114°。

4　抵偿坐标系的建立

在得到抵偿高以后，可以根据抵偿高建立基于抵偿高坐标系，平面控制网采用抵偿坐标系的实质是将统一3°带的坐标系统中的长度元素按一定比例进行缩放，因此抵偿坐标系与统一3°带的坐标系的坐标转换是不难实现的[3]。

设S为统一3°带的坐标系中的长度元素，S_c为抵偿坐标系中的长度元素，两种坐标系中的长度元素之比为：

$$S_c/S = (R + H_b)/R \tag{10}$$

设缩放系数q，则有：

$$q = H_b/R \tag{11}$$

式中，H_b为抵偿高程面高程；R为城市中心的参考椭球曲率半径。

由公式(10)和公式(11)得出：

$$S_c/S = 1 + q \tag{12}$$

设中心城区坐标为(x_0, y_0)，保持城区中心位置在3°带80西安坐标系中的坐标不变，利用该点作为原点，其他控制点化算到新建立的抵偿面坐标系统中。化算公式为：

$$\begin{aligned} x_c &= x_i + q(x_i - x_0) \\ y_c &= y_i + q(y_i - y_0) \end{aligned} \tag{13}$$

以博爱县为例，可以根据公式(13)计算得出各控制点坐标基于抵偿高程系的坐标。博爱县城区中心位置位于北纬35°10′17″、东经113°04′01″，在中央子午线为114°的3°带中的80西安坐标为x = 3 894 000 m，y = 415 000 m，中心城区平均高程为125 m，设Y_m为测区中心位置横坐标，此处

为 −85 km，R 为平均曲率半径，取 6 371 km，H_m 为测区平均高程，此处取 125 m，抵偿面高程为 H_b，此处为 −442 m，将控制点坐标按照公式（13）可以化算博爱县 1:500 地籍调查国家 80 坐标到抵偿坐标，计算表如表 1 所示。

表 1　博爱县 1:500 地籍调查国家 80 坐标到抵偿坐标计算表

起算数据	x_0 = 3 894 000	L = 113°04′01″	H_m = 125	
	y_0 = 415 000	B = 35°10′17″	R_m = 6 371 km	

点名	80 坐标		抵偿坐标		缩放系数计算
1	x	$x-x_0$	$q(x-x_0)$	$x_c=x+q(x-x_0)$	$H_c=y_m{}^2/2R_m$
	y	$y-y_0$	$q(y-y_0)$	$y_c=y+q(y-y_0)$	$=-85^2/(2\times 6\ 371)$
	* * * *504.487	−9 495.513	0.659 0	* * * *505.146	$=-0.567\times 1\ 000$
	* * *103.037	3 103.037	−0.215 4	* * *102.822	$=-567(\mathrm{m})$
2	* * * *193.757	1 193.757	−0.082 8	* * * *193.674	$H_b=H_c+H_m$ $=-567+125$
	* * *405.700	3 405.700	−0.236 4	* * *405.464	$=-442(\mathrm{m})$
3	* * * *642.986	5 642.986	−0.391 6	* * * *642.594	$q=H_b/R=-0.442/6\ 371$
	* * *688.394	−2 311.606	0.160 4	* * *688.554	$=-0.000\ 069\ 4$
……					

5　结　语

博爱县基于抵偿高坐标系统的建立克服了国家统一 3°带坐标系的局限性，有效地实现了两种长度变形的相互抵消，满足了规范要求的长度变形控制在 2.5 cm/km 以内的要求，为博爱县农村集体土地确权登记发证工作中地籍调查县级平面直角坐标系统提供了支持。

参 考 文 献

[1] 全玉山. 具有抵偿高程面的任意带坐标系[J]. 铁道勘查，2005(4):25-26.
[2] 杨元兴. 抵偿高程面的选择与计算[J]. 城市勘测，2008(2):72-74.
[3] 王艳华，龚文才. 抵偿高程面的选择与计算[J]. 黑龙江科技信息，2010(18):19.

HeNCORS 技术在工程放样中的应用

李存文[1]　张留民[1]　李　峰[2]

(1. 河南省测绘工程院,河南郑州 450003;
2. 河南省爱普尔信息科技有限公司,河南郑州 450008)

【摘　要】HeNCORS 技术在测量等工程中的使用,大大简化了工程的作业过程,提高了作业效率,完善了工程的质量。其使得现代化的工程放样能够更加快捷、便利、准确地进行。
【关键词】HeNCORS 技术;CORS;工程放样

1　引　言

本文主要通过对 HeNCORS 技术进行简单介绍,使读者能够对该技术有一定的初步了解,进而通过介绍其系统结构和技术优势等加深读者对其的认识,最后通过阐述该技术的实际应用以引起更多用户的注意,使其能够应用到更多的领域。

2　HeNCORS 技术简介

2.1　HeNCORS 项目背景和内容

CORS,即连续运行参考站系统,全名为 Continuously Operating Reference Stations,是目前 GNSS 定位技术应用的热点之一。其系统可以定义为一个或若干个固定的、连续运行的 GPS 参考站,利用现代计算机、数据通信和互联网(LAN/WAN)技术组成的网络,实时地向不同类型的用户自动地提供经过检验的不同类型的 GPS 观测值、改正数、状态信息以及其他有关 GPS 服务项目的系统。

HeNCORS 是河南省连续运行参考站系统,该系统建设是根据国家测绘局“十一五”规划以及河南省测绘发展规划的要求,由河南测绘局组织实施的。建立了覆盖全河南省的连续运行参考站网,站平均间距在 50 ~ 80 km,确定一个省级高精度的三维空间控制网,维持河南省三维空间基准。建立了与国家测绘基准相一致的、高精度的、综合性的空间地理数据基准框架。HeNCORS 为“数字河南”提供坚实的技术服务,它是“数字河南”地理空间基础框架工程的重要组成部分,也是其地理空间基础框架数据的基础。

2.2　HeNCORS 系统结构

HeNCORS 系统结构见表 1。

表 1　HeNCORS 系统结构

结构序号	子系统名称	主要工作内容	设备构成	技术实现
1	参考站系统(RSS)	卫星信号的捕获、跟踪、采集与传输;设备完好性监测	单个参考站(含 GNSS 接收机、计算机、UPS 等)	各地市站点 GNSS 及附属设备
2	系统控制中心(SMC)	数据分流与处理;系统管理与维护;服务生成与用户管理	计算机、网络设备、数据通信设备、电源设备	一个中心
3	数据分发系统(DDC)	管理各播发站、差分信息编码、形成差分信息队列	计算机、软件	软件实现
4	数据通信系统(DCS)	把参考站 GPS 观测数据传输至系统控制中心	气象专网、SDH 等	有线网络
		把系统差分信息传输至用户	公众移动通信网	GSM、GPRS 等
5	用户服务系统(USS)	按照用户需求进行不同精度定位	GPS 接收设备、数据通信终端、软件系统	适于 RTD、RTK 等

2.3 HeNCORS 技术优势

(1)常规 RTK 定位技术虽然可以满足很多应用的要求,但是具有不少的局限性和不足,如作业需要的设备比较多、流动站与基准站的距离不能太长。网络 RTK 技术与常规 RTK 技术相比,扩大了覆盖范围,降低了作业成本,提高了定位精度、减少了用户定位的初始化时间。

(2)HeNCORS 站网可作为永久控制网,省去测量标志保护与修复的费用,降低测绘劳动强度和成本,节省各项测绘工程实施过程中约 30% 的控制测量费用。

(3)连续运行参考站系统能够全年 365 天,每天 24 小时连续不断地运行,全面取代常规大地测量控制网。用户只需 1 台 GNSS 接收机即可进行毫米级、厘米级、分米级、米级的实时、准实时的快速定位、事后定位。

(4)全天候地支持各种类型的 GNSS 测量、定位、变形监测和放样作业。能及时满足城市规划、国土测绘、地籍管理、城乡建设、环境监测、防灾减灾、交通监控、矿山测量等多种现代化信息化管理的社会要求。

3 工程测量中应用 HeNCORS 定位技术要注意的几个问题

HeNCORS 定位技术由于具有精度较高、作业方式较灵活、获取数据较可靠等优势,广泛地应用于各种工程的测量工作中。但是,该技术的使用还存在一些缺陷,因而在其使用中要注意以下几个问题。

3.1 常见问题与处理方法

(1)网络中断:由于在网络运行过程中 RJ45 接口松动造成网络中断,或者是路由器及交换机等网络设备故障原因造成网络中断。

处理方法:通过网络测线器测试确定后更换 RJ45 接口并通过本地网络对接收机 IP 地址测通即可。

(2)GPS 接收机故障:由于断电或其他原因造成 GPS 接收机关机或无法正常工作。

处理方法:首先恢复正常供电,其次复位 GPS 接收机,查看接收机状态灯的显示情况。

(3)不能获得固定解:用户长时间不能获得固定解,多因为联通 APN 平台通信状况不好、附近参考站数据不稳定或流动站所在解算单元解算情况不理想,可将现场情况向反映给 HeNCORS 管理中心。

处理方法:首先断开通信链接,重启接收机,再次进行初始化操作。重试次数超过 3 次仍不能获得固定解时应取消本次测量,对现场观测环境和通信链接进行分析,可选择现场附近观测和通信条件较好的位置重新进行初始化操作。

3.2 等级点的测量

(1)原则:测量时要整平对中,控制点测量时采用摆设脚架,基座对中整平,碎部点可以采用对中杆对中整平;每个点至少采用 1 个测回的测量次数;每个测回应进行独立初始化,每测回的历元观测数不少于 10 个,且取其平均值作为该测回的观测值;测回间的平面坐标分量较差小于等于 2 cm,垂直坐标分量较差小于等于 3 cm。

(2)一、二级控制点观测要求:采用脚架对中的方式;天线高的量测应精确到毫米,开始作业前天线高应重复量测两次,两次较差应小于等于 3 mm,取其平均值。测后应再次量测天线高,量测值与测前平均值较差应小于等于 3 mm;所有的观测均应在 RTK 固定解稳定后进行。每点应观测 4 个测回,每测回需重新初始化,每次至少采集数据 30 个历元;内业应对各测回结果进行粗差剔除,观测点的最终成果为剔除粗差后各测回的平均值。

(3)图根控制点观测要求:可采用脚架对中、对中杆对中的方式;采用脚架对中时,天线高量取同一、二级控制点观测;所有的观测均应在 RTK 固定解稳定后进行。每点应观测 3 个测回,每测回需重新初始化,每次至少采集数据 20 个历元;内业应对各测回结果进行粗差剔除,观测点的最终成果为剔除粗差后各测回的平均值。

(4)碎部点观测要求:采用对中杆对中,圆气泡必须稳定居中。所有的观测均应在 RTK 固定解稳定收敛后进行。每点需观测 2 个测回,每次至少采集数据 10 个历元。

(5)数据检查:初始化卫星数、PDOP 值的检查;天线高输入的正确性检查(天线类型、天线高量取方式以及天线高量取位置输入的检查、测前、测后天线高较差检查）。

4　HENCORS 技术在工程放样中的具体应用

4.1　测区概况

测区位于高速公路旁，且该地的地形以丘陵为主，其地形条件较为复杂，该区域内包括河流、水塘、果园、树林等区域，且该区域的山上树木茂盛，视野较为不开阔。

4.2　准备工作

HeNCORS 网络 RTK 在作业前需要做准备工作有：

（1）在作业前要检查仪器本身的状态、通信模块的工作状态；

（2）检查软硬件的设置，检查配置集；

（3）检查用户名的状态、SIM 卡的状态；

（4）查看作业区域的星历预报成果等；

（5）对于长时间未使用网络 RTK 的，需要进行实测检查。

开机后进行必要的系统设置，在确认其运行无误后，进行传输系统和接受系统的调试，在调试后输入必要的数据转换参数。这些准备工作完成后就可认为初始化工作已经成功，进而就可以开始作业了。

4.3　工程放样

在该过程中要注意：在树木较为茂密的地方，GPS 的信号可能很差，这样就会干扰工程放样的进行，因此这些点只有采用与全站仪相结合的方法放样。有时测量得到的数据质量较差，当测区周边有较大的电磁场干扰源，通信信号弱或卫星分布情况很差时，网络 RTK 可能会偶尔出现“伪固定”的现象，即出现三维特别是高程方向上较大的偏差，此种情况下用户务必须多测几次来进行成果检核。

最后将所采集的具体坐标数据以文件的形式进行整理并输出，以使数据使用者能够对该书库直接进行使用。除此之外，还需将所采集的点位坐标和设计坐标进行对比，从而可以避免点位放样错误的人为误差。

5　结　语

HeNCORS 系统建立用户中心，通过互联网，向用户提供数据下载，实现事后定位；利用 GSM 或 GPRS、CDMA 等，向用户提供实时厘米级定位、米级精度的导航服务。流动站在作业的时候，先发送概略坐标给系统数据处理和控制中心，系统数据处理和控制中心根据概略坐标生成虚拟参考站观测值，并回传给流动站；流动站对数据进行差分，通过流动站对收到的信息进行处理与翻译，得到高精度定位结果。通过本文对该系统的介绍与分析，相信会有越来越多的用户加入到该系统的使用行列中来，并且通过该系统的使用，大大提高其施工的质量与效率。

参考文献

[1] 过静珺，王丽，张鹏. 国内外连续运行基准站网新进展和应用展望[J]. 全球定位系统，2012(3).

[2] 刘经南，刘晖. 连续运行参考站网络——城市空间数据的基础设施[J]. 武汉大学学报，2008(4).

[3] CJJ/T 73—2010 卫星定位城市测量技术规范[S].

[4] 刘基余. GPS 卫星导航定位原理与方法[M]. 北京：科学出版社，2007.

GPS 在工程测绘中的应用效果研究

陶永志　马　鹏　张保峰

（河南省啄木鸟地下管线检测有限公司）

【摘　要】在工程测量中测量基准传递和轴线垂直度高程控制是建筑物施工质量控制的重点内容之一。科学、快速、精确的测量手段是保证工程质量和施工工期要求，提高测量定位工效和观测精度的基础。GPS 作为工程测量领域一种新型的测量方法，具有许多传统测量方法不具备的优势。本文阐述了 GPS 的基本定位原理及优势，从大坝变形监测、机场轴线定位、桥梁施工、线路勘测及隧道贯通测量、高层建筑施工等角度总结了当前 GPS 技术在我国工程测量领域中的应用。

【关键词】GPS 测绘技术；工程测绘；RTK 技术

1　引　言

GPS 测量技术目前已经在各个行业内得到了广泛的应用，这主要是由于其能够准确地对目标进行定位，随后提供导航，以此提高工程质量。此外，其还能够为工程作业提供测绘技术支持。虽然在工程施工中有多种测绘方法，但 GPS 测绘技术是其中效率最高的技术。由于工程测绘工作对精度的要求较高，运用 GPS 技术能够有效地满足工程测绘的需求，有效地提升工作效率。

2　GPS 技术及其优势

2.1　定义

GPS 技术兴起于 20 世纪 70 年代，由空间 GPS 卫星星座、地面监控系统和 GPS 信号接收机三部分组成。在地面监控系统的控制下，空间 24 颗卫星可实时获取地面任何地点的三维信息，然后向用户传输；用户接收后经过计算，可求出所需信息。

2.2　优势

测量效率高，只需 15 min 便可完成 20 km 范围内静态目标的定位工作；精度高，相对定位在 1 000 km 时，精确度在 9 ~ 10 m；相对定位在 50 km 时，精确度为 6 ~ 10 m；如果是 300 ~ 1 500 m 范围内的高精度定位，观察 1 h 以上，测量误差不会超过 1 mm；全天候，可 24 h 不间断地开展测量工作，而且测站之间无需通视；操作简便，因采用现代自动化技术，通过控制系统及相关软件可自动完成测量分析工作，节省了大量人力；可提供三维坐标，准确地反映测点平面状况及高度。

3　GPS 定位基本原理

测绘学中确定点位的一般原理是测距交会法。无线电导航定位系统、卫星激光测距定位系统及全球卫星导航定位系统均采用测距交会原理确定点位。GPS 卫星发射测距信号和导航电文，导航电文中含有卫星的位置信息。用户用 GPS 接收机在某一时刻同时接收 3 颗以上的 GPS 卫星信号，测量出测站点（接收机天线中心）P 至 3 颗以上 GPS 卫星的距离并解算出该时刻 GPS 卫星的空间坐标，据此利用距离交会法解算出测站点 P 的位置，如图 1 所示。设在时刻 t_i 在 P 点用 GPS 接收机同时测得 P 点至 3 颗 GPS 卫星 S_1, S_2, S_3 的距离 μ_1, μ_2, μ_3，通过 GPS 电文解译出该时刻 3 颗 GPS 卫星的三维坐标分别为 (X_j, Y_j, Z_j)，$j = 1, 2, 3$。用距离交会的方法求解 P 点的三维坐标 (X, Y, Z) 的观测方程为：

$$\begin{cases}\mu_1{}^2=(X-X_1)^2+(Y-Y_1)^2+(Z-Z_1)^2\\ \mu_2{}^2=(X-X_2)^2+(Y-Y_2)^2+(Z-Z_2)^2\\ \mu_3{}^2=(X-X_3)^2+(Y-Y_3)^2+(Z-Z_3)^2\end{cases}$$

在 GPS 定位,随着 GPS 卫星的高速运动,其坐标值随时间也在快速变化。需要实时地由 GPS 卫星信号测量出测站至卫星之间的距离,实时地由 GPS 卫星的导航电文解算出卫星的坐标值,并进行测站点的定位。依据测距的原理,其定位原理与方法主要有伪距法定位、载波相位测量定位、差分 GPS 定位等。对于待定点来说,根据其运动状态可以将 GPS 定位分为静态定位和动态定位。静态定位又叫绝对定位,是指对于固定不动的待定点将 GPS 接收机安置其上,观测数分钟乃至更长的时间,以确定该点的三维坐标。若以两台 GPS 接收机分别置于两个固定不变的待定点上,通过一定时间的观测后可以确定两个待定点之间的相对位置,此方法称为相对定位。而动态定位则至少有一台接收机处于运动状态,测定的是各观测时刻(观测单元)运动中的接收机的点位(绝对点位或相对点位)。

利用接收到的卫星信号(测距码)或载波相位,均可进行静态定位。实际应用中,为了减小卫星的轨道误差、卫星钟差、接收机钟差以及电离层和对流层的折射误差的影响,常采用载波相位观测值的各种线性组合(差分值)作为观测值,获得两点之间高精度的 GPS 基线向量(坐标差)(见图 1)。

4 GPS 测绘技术在工程测绘中的实际应用

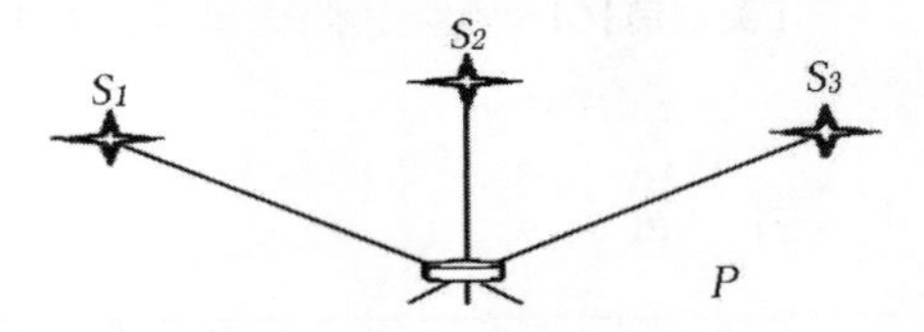

图 1 GPS 卫星定位原理

4.1 RTK 技术

GPS 在测绘领域不断发展中,经历了静态、快速静态、动态等阶段,但这些测量方法需要解算后才能进一步精确化。为实现人们对快速高精度定位的需求,必须采用载波相位观测值,而 RTK 技术则是将一种实时动态差分法,它通过对 GPS 载波相位观测量以及参考站、移动站间观测误差的空间相关性的使用,在野外勘测时就可将误差去除,完成厘米级精确定位。该方法使得外业作业效率大幅提升,在实际应用时,基准站在采集相关信息后,连带测站信息通过数据链输送至流动站;流动站在接收这些数据的同时,也采集 GPS 观测数据,然后对观测值进行实时处理,给出精确结果。

4.2 实际应用

4.2.1 在大地控制中的应用

在以往的大地控制测量中,建立大地控制网常依靠常规的测角、测距方法实现,效率和精确度都较低。而 GPS 凭借自身快速、高精度、操作方便、成本低等优势很快就取代了传统方法。利用 GPS 卫星定位技术建立的控制网叫 GPS 网。GPS 网可分为两类:一是全国范围或全球范围内的高精度 GPS 网,其范围较广,相邻点之间可能有着上千千米或上万千米的距离。此类网多作为全国性或全球性高精度坐标框架,为人类科学提供必要的服务,如用于地球动力、板块运动、空间科学等研究。二是区域性的 GPS 网,如城市 GPS 网、GPS 工程网等,其范围相对较小,相邻点之间的距离保持在几千米到几十千米范围内,主要是为国民经济建设服务。日本拓普康公司、美国天宝导航公司,以及国内的华测、南方测绘等在 GPS 技术的开发应用方面成绩较为显著。

4.2.2 测量水下工程

在水下作业一般难度较大,需要考虑到水下压强以及流体力学等方面的问题。但随着资源的开发,这些资源对国民经济的影响逐渐增加,进行水下工程测绘目前已经是测绘领域中必不可少的环节。GPS 定位测量技术包括了三维测量技术,能够从纵向或者横向两个角度进行水下测量,同时还能够将测量的结果通过计算机分析软件与制图软件等直接呈现出来。例如,在进行水下作业时,进行横线测量时应当选择差分 GPS 技术,如此便可有效地减少对环境的影响,简化操作流程。而进行纵向测量时则应当选用探测仪,运用超声测量的方式得出具体的深度。

4.2.3 测量矿井工程

目前我国已经将 GPS 定位测量技术运用于矿井工程的测量中,并通过 GPS 技术进行了测量演练,及时地对测量中存在的问题进行了分析。常规形式的测绘工作通常是由工作人员自行操作的,人为操作较容易出现误差,影响测绘工作的精准度。此外,在地质条件复杂的地段进行测绘工作,较容易出现安全事故,因此需要在矿井工程中运用 GPS 定位测量技术。采用 GPS 定位测量技术就能够高效地实现工程测绘中交互定位,且能够显示出最精确的测绘结果,同时还能够了解工程测绘工作的流程。为了保证测量技术在工程测绘中达到最佳效果,可在测量前运用计算机技术对需要测定的位置进行分析,及时发现测量中可能会出现的问题,并做好防治措施,以此保证测量人员的安全,提高测量的精确度。

4.2.4 在公路工程设计中的应用

公路选线时,应减少农田占用量、减少房屋拆迁量,依据勘测设计规范的要求行事。为使中线的选用达到要求,保障道路中线的精确性,可采用 RTK 技术,以 RTK 接收机为流动站,隔一定的距离收集相关数据,以另一个已知点作为参考,准确定位重要物体,把得到的数据输入接收机后,就可以利用 CAD 软件选线。传统的放样方法很多,如全站仪边角放样、经纬仪交会放样等,效率不高,难度偏大。如果采用 GPS RTK 放样技术。只需输入点位坐标,靠接收机的提醒能到达任一放样点,不但快捷方便,而且精确度也高。在进行纵断面放样时,先在电子手簿中输入变坡点桩号、竖曲线半径和直线正负坡度值等放样数据,并将其生成的文件保存。横断面放样,先确定横断面的形式是填是挖还是半填半挖,然后在电子手簿中输入边坡坡度、路幅宽度、路肩宽度等数据信息,将其生成的文件保存。与此同时,要做好"戴帽"工作,可利用相关软件和地面线自动连接,并运用断面法计算土方量。利用绘图软件画出各点的横断面和沿线的纵断面,这些数据都是已知的,因此大大减少了工作量。

5 结 语

通过以上的描述可知,GPS 测绘技术集众多优势于一身,被广泛应用到各个领域。笔者在文中着重介绍了 GPS 技术的发展现状和工作原理,为了促进其更好的发展做好铺垫和基础。今后要不断对 GPS 技术进行不断的改进,提高它的性能,拓展它的功能,使其更好地服务于工程测绘工作。

参 考 文 献

[1] 黄珏靖. GPS 测绘技术在工程测绘中的应用分析[J]. 科技创新与应用,2014,23(11):168-170.
[2] 武晓龙,许斌锋,徐爱霞,等. 应用 GPS 测量技术建构物动态监测思路探讨[J]. 科技资讯,2010(7).

GPS 高程拟合方法对比分析

王石岩　李　旭

（河南省基础地理信息中心，河南郑州 450003）

【摘　要】本文主要讨论了如何利用曲面拟合及最小二乘配置法进行 GPS 高程拟合，并通过具体案例分析得出在高程拟合中最小二乘配置法理论先进，实践可靠。

【关键词】GPS 高程；最小二乘配置；曲面拟合；高程异常

1　概　述

当前随着空间技术的飞速发展，GPS 以其精确、快捷、高效的特点在测绘领域的用途越来越广泛，像控制测量、水准测量、碎步测量等都经常使用。但是 GPS 测量直接求得的高程是 WGS-84 大地坐标系下以大地水准面为基准的大地高 H_0，而我国实际应用的高程系统是似大地水准面为基准的正常高系统 H，高程基准的不一致导致了 GPS 在高程测量应用方面受到一定的限制。地面上一点 P 的大地高 H_0 与正常高 H 之间的关系如图 1 所示。

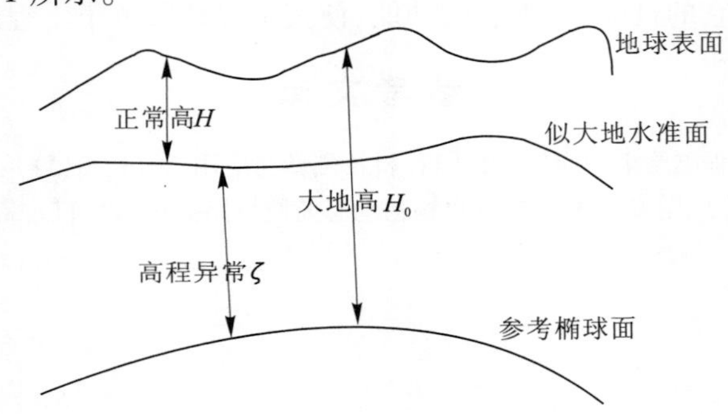

图 1　大地高与正常高之间的关系

由图 1 可清晰地看出大地高与正常高间的计算公式：

$$H_0 = H + \zeta \tag{1}$$

由式(1)可以看出，若精确求出地面点的高程异常值 ζ，就可将 GPS 所测得的大地高 H_0 转换成正常高 H。因此，如何精确地确定高程异常值 ζ，就成了 GPS 应用于高程测量的关键问题。在测量工作中，高程异常主要是靠拟合法求得的。

2　曲面拟合法

曲面拟合法的思想是将 GPS 控制网控制区域的似大地水准面看作曲面或者是平面，然后通过多项式拟合的方法去逼近。区域内某点的高程异常 ζ 表示为该点平面坐标(x,y)的函数，记为 $\zeta = f(x,y)$，然后通过区域内水准联测高程异常控制点拟合出测区的似大地水准面模型，这样所有 GPS 点的高程异常都可以由其平面坐标通过该模型计算出来，进而推导出点的正常高。

曲面拟合函数如式(2)所示：

$$\zeta = a_0 + a_1 x + a_2 y + a_3 xy + a_4 x^2 + a_5 y^2 + a_6 xy^2 + a_7 x^2 y + \cdots \tag{2}$$

在式(2)中,取二次项,即为二次多项式曲面拟合。

若已经通过水准联测了 n 个高程异常控制点,则根据式(2)(若取一次项,则 $n\geqslant3$;若取二次项,则 $n\geqslant6$)可得到下面的误差方程:

$$V = AX - L \tag{3}$$

式中:

$$V=\begin{bmatrix} v_0 \\ v_1 \\ v_2 \\ \cdots \\ v_n \end{bmatrix}, A=\begin{bmatrix} 1 & x_0 & y_0 & x_0y_0 & \cdots \\ 1 & x_1 & y_1 & x_1y_1 & \cdots \\ 1 & x_2 & y_2 & x_2y_2 & \cdots \\ 1 & \cdots & \cdots & \cdots & \cdots \\ 1 & x_n & y_n & x_ny_n & \cdots \end{bmatrix}, X=\begin{bmatrix} a_0 \\ a_1 \\ a_2 \\ \cdots \\ a_n \end{bmatrix}, L=\begin{bmatrix} \zeta_0 \\ \zeta_1 \\ \zeta_2 \\ \cdots \\ \zeta_n \end{bmatrix}$$

将联测点的高程异常及其平面坐标(x,y)代入式(3),列出误差方程,根据最小二乘原理 $V^{\mathrm{T}}PV=\min$,求出未知数 X 的解:

$$X = (A^{\mathrm{T}}PA)^{-1}A^{\mathrm{T}}PL$$

把 X 值代入式(2)中,就可以得到该测区的曲面拟合模型。

3 最小二乘配置法

曲面拟合法只是拟合出与高程异常相似的趋势面来代替拟合区域的似大地水准面,实际上,由于地壳的不均衡和地形起伏的影响,似大地水准面是一个非常复杂且不规则的曲面,任何拟合方法总与之有一定的差异。这种差异可以解释为由拟合模型的不严密造成,因此高程异常点的误差实际上包含两部分:测量误差和选取的模型与实际似大地水准面的差异。显然,常规的最小二乘曲面拟合只考虑了测量误差,而忽视了拟合模型与实际似大地水准面间的差异,理论上不太严密,最终的结果必然也受到模型选择的影响。因此,GPS 高程拟合过程中必须顾及这种差异的影响,这正是最小二乘配置法的思想,该法将这种选取的模型与实际似大地水准面的差值 S 看作随机函数,即所谓的信号,其数学模型为:

$$L = AX + S + \Delta \tag{4}$$

式中, L 为已测点高程异常的观测值;X 为拟合函数的未知数;A 与所选择的拟合函数有关;S 为观测信号;Δ 为观测信号的噪声。

将未测点高程异常观测信号用 S'表示,那么式(4)可表示为:

$$L = AX + BY + \Delta \tag{5}$$

式中,$B=[E \quad 0]$;$Y=[S \quad S']^{\mathrm{T}}$。

设 X 的估值为 $\hat{X}$,Y 的估值为 $\hat{Y}$,观测值 L 的改正数向量为 V,则式(5)的误差方差为:

$$V = A\hat{X} + B\hat{Y} - L \tag{6}$$

$$\hat{Y} = [\hat{S} \quad \hat{S}']^{\mathrm{T}} \tag{7}$$

利用广义二乘原理有:

$$V^{\mathrm{T}}P_{\Delta}V + V_Y^{\mathrm{T}}P_YV_Y = \min \tag{8}$$

最后可求得未测点高程异常平差值:

$$\hat{L}' = A'\hat{X} + \hat{S}' \tag{9}$$

4 试验分析

本试验选取某一 4 km^2 范围内的 16 个 GPS 点分别进行曲面拟合和最小二乘配置拟合计算,GPS 试验数据见表 1,拟合结果分别见表 2 和表 3。

表1　GPS 试验数据

点号	*X* 坐标(m)	*Y* 坐标(m)	高程异常(m)
G01	3 898 355.158	503 545.680	-9.889
G02	3 897 853.977	503 127.228	-9.909
G03	3 897 430.090	502 766.579	-9.867
G04	3 897 108.797	502 474.698	-9.885
G05	3 896 787.254	502 196.288	-9.891
G06	3 896 762.544	504 972.870	-9.905
G07	3 896 809.491	504 234.074	-9.968
G08	3 896 648.477	503 835.243	-9.986
G09	3 896 374.216	503 364.758	-10.013
G10	3 895 917.833	503 242.197	-10.081
G11	3 896 265.768	502 757.228	-10.046
G12	3 896 436.015	502 411.624	-9.865
G13	3 896 489.951	502 721.508	-9.920
G14	3 897 504.722	503 382.053	-9.904
G15	3 898 421.693	504 078.446	-9.812
G16	3 896 942.654	503 224.419	-9.797

表2　曲面拟合结果

点号	残差(m)	点号	残差(m)
G01	0.050	G09	0.031
G02	0.042	G10	0.069
G03	-0.022	G11	0.071
G04	-0.021	G12	-0.089
G05	-0.032	G13	-0.01
G06	-0.086	G14	0.006
G07	-0.002	G15	-0.035
G08	0.013	G16	-0.139
拟合中误差	0.057m		

表3　最小二乘配置拟合结果

点号	信号 *S*(m)	残差(m)	点号	信号 *S*(m)	残差(m)
G01	-0.048	0.001	G09	-0.03	0.001
G02	-0.041	0.001	G10	-0.067	0.002
G03	0.022	-0.001	G11	-0.069	0.002
G04	0.021	-0.001	G12	0.087	-0.003
G05	0.031	-0.001	G13	0.009	-0.000 3
G06	0.084	-0.003	G14	-0.005	0.000 2
G07	0.002	0.000 2	G15	0.034	-0.001
G08	-0.013	0.000 4	G16	0.135	-0.004
拟合中误差	0.001 76 m				

5 结 语

将表2与表3对比,可以清晰地看到在高程异常拟合中采用最小二乘配置方法,既考虑了高程拟合趋势面的非随机性,又考虑了拟合过程中的随机性,在理论上合理,实践中也可靠。另外,在试验中也发现在利用最小二乘配置过程中,协方差函数的选择对最终结果有着很大的影响。

参考文献

[1] 黄维彬. 近代平差理论及其应用[M]. 北京:解放军出版社,1992.
[2] 张勤,张菊清,岳东杰. 近代测量数据处理与应用[M]. 北京:测绘出版社,2011.
[3] 李成仁,岳东杰,金保平. 协方差函数的选择对 GPS 高程拟合精度的影响[J]. 大地测量学与地球动力学,2012(2):82-85.
[4] 姚道荣,等. 最小二乘配置与普通 Kriging 法的比较[J]. 大地测量与地球动力学,2008(3):77-82.

简述 GIS 在土地整治项目中的应用

李志斌　巴　勇

（河南科普信息技术工程有限公司，河南郑州 450001）

【摘　要】地理信息系统（GIS）是分析和处理海量地理数据的通用技术。土地整治是提高粮食产量的有效手段，粮食是国家的根本，对于一个大国来说，粮食充足至关重要，积极开展土地整治工作，是我国社会经济发展和土地利用战略的必然选择。本文从土地整治项目管理的应用方面做出一些初步研究。

【关键词】GIS；土地整治项目管理；应用

1　引　言

地理信息系统（ Geographic Information System ，简称 GIS ）是一种采集、存储、管理、分析、显示与应用地理信息的计算机系统，是分析和处理海量地理数据的技术，是一项以计算机为基础的管理和研究空间数据的新兴技术系统。地理信息系统萌芽于 20 世纪 60 年代的加拿大和美国。

GIS 首先产生和应用于土地管理中。这是因为：一方面，土地管理本身是一项既重要又复杂的系统。土地是人类最宝贵的非可再生的自然资源之一，从古至今人类一直重视对土地的管理和利用。土地的管理工作包含多方面的内容，比如土地资源调查、土地利用规划、地籍管理等，是一门非常复杂的系统，迫切需要采用信息化的手段来进行科学、高效的管理；另一方面，土地管理中存在大量的空间数据，需要采用空间技术来进行管理。传统的关系数据库技术对属性数据的管理已相当成熟，但对空间信息的管理显得力不从心。地理信息系统技术不仅可以管理属性信息和空间信息，而且还可以实现空间信息和属性信息间关系的管理。因此，土地是 GIS 最古老、最广泛的应用领域之一，GIS 的概念是由于计算机在土地管理中的应用而产生的。

2　GIS 的功能

（1）数据采集、检验与编辑。GIS 主要用于获取数据，保证地理信息系统数据库中的数据在内容与空间上的完整性、数据值逻辑一致、无错等。

（2）数据格式化、转换等，通常称为数据操作。数据的格式化是指不同数据结构的数据间变换。

（3）数据的存储与组织。

（4）查询、检索、统计、计算。查询、统计、计算是 GIS 以及其他自动化地理数据处理系统应具备的最基本的分析功能。

（5）空间分析和模型分析。空间分析是地理信息系统的核心功能，也是 GIS 与其他计算机系统的根本区别。模型分析是在 GIS 支持下，分析和解决问题的方法体现，它是 GIS 应用深化的重要标志。

GIS 的空间分析功能可用于分析和解释地理特征间的相互关系及空间模型。GIS 的空间分析可分为三个不同的层次。一是空间检索，包括从空间位置检索空间物体及其属性和从属性条件检索空间物体。二是空间拓扑叠加分析，空间拓扑叠加实现了输入特征的属性的合并以及特征属性在空间上的连接。三是空间模拟分析，空间模拟分析的研究工作目前着重于如何将 GIS 与空间模型分析相结合。

（6）显示。GIS 为用户提供了许多用于显示地理数据的工具，其表达形式既可以是计算机屏幕显示，也可以是诸如报告、表格、地图等硬拷贝图件。

3 GIS 技术在土地整治基础图件制作的应用

使用 GIS 制图技术建立土地整治数字化图件，可以和相关的数据资料形成动态联系，方便管理空间数据和属性数据。利用 GIS 技术对地理空间数据输入、管理、操作、分析、显示，能够快速获取土地资源相关信息，可以实现对空间目标的自动统计和量算，使得大量抽象的、孤立的数据变得生动，易于观察和分析。而土地整治中大部分成果与数据，如土地利用现状图、总体规划图等，都要以图形方式表示。其要求速度快、精度高，使传统的手工制作、印刷出版难以完成，GIS 强大的图形处理功能却能很好地解决难题。

由于 GIS 的发展是从地图制图开始的，因而 GIS 的主要功能之一用于地图制图，建立地图数据库。与传统的手工制图方式相比，利用 GIS 建立起地图数据库，可以达到一次投入、多次产出的效果。它不仅可以为用户输出全要素地形图，而且可以根据用户需要分层输出各种专题，如行政区划图、土地利用图、土地整治规划图、道路交通图等。更重要的是，由于 GIS 是一种空间信息系统，它所制作的图也能够反映一种空间关系，这样就可以利用数据基础建立数字高程模型制作多种立体图形。

基于 GIS 技术的土地整治图件制作，其优势主要体现在：

（1）实现对土地整治相关数据的有效管理。通过 GIS 技术支持下的土地整治相关空间数据和属性数据的有机结合，有利于更好地储存、查询、分析、显示，改变了单一属性数据分析的缺陷，便于生成相关专题图件，使决策方案更加合理。

（2）从图件上统计和量算土地整治相关数据。应用 GIS 的空间量算功能，可以实现土地整治相关数据如水工建筑数量、分区地块面积、渠道和道路长度的自动统计和量算。

（3）有利于节约成本和提高工作效率。通过 GIS 技术制图充分利用现有资料和数据，简化制图步骤，快速打印输出，减轻了制图人员工作负担，节约了工作经费，提高了工作效率。

（4）为土地整治辅助规划设计提供数据基础。GIS 数字化图件的生成和空间、属性数据库的建立是 GIS 空间分析的基础，为基于 GIS 的土地整治辅助规划设计提供了数据基础。

4 在土地整治规划设计、辅助决策方面的应用

在进行土地整治规划中，制作数据地图是关键性的一步。从绘制土地利用现状图开始到编制土地整治规划图，每一步中都存在大量的多时态土地资源数据，如果用传统的纸质地图进行规划设计，不仅使成本增加，设计时间延长，更严重的是会出现较大的数据偏差，规划与现实相去甚远，没有可行性，无法达到预期目的。正是由于土地整治规划设计中存在大量的多时态土地资源数据，应用 GIS 技术处理各种数据和信息，能够快速获取土地整治规划因子中的土地分类数量、质量、空间分布和利用状况；能够对土地整治规划数据进行更新、管理、分析；能够输出各种查询、统计和分析结果。在土地整治规划设计的实际应用中，通过 GIS 技术建立数据地图，可使规划设计人员获取到准确可靠的信息。在进行整理规划过程中，传统方法根据土地统计手簿和面积量算表进行人工统计，在项目面积较大或地形复杂的情况下费时费力，误差较大；而利用 GIS 技术建立的土地利用数据库进行数据处理，可以将各种地类和各线状地物面积直观地统计出来，利用 GIS 系统所具备的查询功能、统计分析功能、变更编辑功能、图形显示功能为土地整治的规划设计、辅助决策方面提供科学依据。

目前，已经有许多学者对在土地整治中应用 GIS 技术进行土地整治的规划设计、辅助决策等方面作了广泛探讨。

5 结 语

GIS 技术为人类由客观世界到信息世界的认识以及由信息世界返回客观世界的利用改造过程的发展和转化，创造了空前良好的条件。目前，GIS 技术已经被应用到环境模型建立、城市规划与管理、社会经济统计与分析、土地管理、地理测绘与管理、交通与管道管理等与空间信息密切相关的各个方面。在土地整治工作中，GIS 同样为我们提供了直观的设计平台，使规划设计从抽象、臆想回归到真实、准确。

相信随着 GIS 技术的不断完善,其在土地整治中将发挥越来越重要的作用。

参 考 文 献

[1] 陈述彭. 地理信息系统导论[M]. 北京:科学出版社,2000.
[2] 王庆华. 地理信息系统的发展趋势[J]. 资源开发与市场,2005(4).
[3] 赵华甫. MapGIS 在编制土地开发整理规划成果图中的应用[J]. 国土与自然资源研究,2004(3).
[4] 齐清文,刘岳. GIS 环境下向地理特征的制图概括的理论和方法[J]. 地理学报,1998(3).
[5] 刘秀华. 土地整理研究综述. 西南地区土地开发整理学术论坛,2004.
[6] 李养兵. 土地整理中的 GIS 技术应用[N]. 滁州学院学报,2007(9).

AutoCAD Map 在 GIS 数据库建设中的应用

吕宝奇　张留民　周　强

（河南省测绘工程院，河南郑州 450003）

【摘　要】AutoCAD Map 软件是创建和管理空间数据的领先设计平台，在 CAD 和 GIS 之间架起了一座桥梁。强大的图形编辑和空间分析功能使地图制作更加方便快捷，开源的 FDO 数据访问技术使其能够直接无缝地访问存储于关系数据库、文件和基于 Web 的空间数据。本文主要讨论 AutoCAD Map 的功能和特点以及它在 GIS 数据库建设中的应用。

【关键词】AutoCAD Map；测绘；GIS；数据库建设

1　引　言

随着数字测绘和信息化测绘的发展，数据库建设已成为测绘地理信息项目必不可少的成果之一，这就对数字成图软件在空间拓扑处理和数据库连接技术方面提出了要求。作为数字成图软件在测绘行业深受喜爱的 AutoCAD 逐渐不能满足需要，AutoCAD Map 是 Autodesk 公司在 AutoCAD 的基础上推出的地图制作与管理工具。AutoCAD Map 具有 AutoCAD 的所有功能与特性，增加了地理信息和地图管理的功能，支持空间拓扑和数据库连接，尤其是采用了开源的要素数据对象（FDO）技术，支持用户直接访问设计和地理信息系统（GIS）中广泛应用的领先数据格式，并支持用户使用 AutoCAD 软件的工具来维护各种空间信息。因此，AutoCAD Map 在测绘行业应用前景相当广泛，笔者将 AutoCAD Map 2008 应用在驻马店城镇地籍数据库建设项目中，取得了良好的效果。

2　AutoCAD Map 的应用

2.1　数据的输入

驻马店城镇地籍前期的数据是用 CASS7.0 生产的，CASS 是在 AutoCAD 平台上二次开发的，因此数据输入到 AutoCAD Map 是完全无损的。在图形数据方面，AutoCAD Map 和 AutoCAD 是完全相同的。在属性数据方面，AutoCAD Map 采用的是对象数据（OData），而 CASS 采用的是扩展数据（XData），因此属性数据需要将 XData 转换成 OData。AutoCAD Map 并没有提供将 XData 转换成 OData 的工具，但是提供了二次开发的 API 接口，通过二次开发可以实现转换，具体实现的原理和方法如下：

```
pEnt - > xData( sAppName) ; //获取 XData
int ade_oddefinetab( struct resbuf * tab_defn) ;    //创建 OData 表
//给实体附着 OData 表
int ade_odaddrecord( ads_name ename, char * table) ;
//给实体添加指定 OData 表制定字段的值
int ade_odsetfield( ads_name ename, char * table, char * field, int recnum, struct resbuf * value) ;
```

通过上述程序代码就完成了从 XData 到 OData 的属性数据格式的转换，从而完成从数据的输入的工作。

2.2　数据的编辑

在数据编辑功能方面，AutoCAD Map 继承了 AutoCAD 的强大的编辑功能，另外 AutoCAD Map 还有具有强大的图形清理、拓扑处理功能，可更方便快捷地处理库前数据。采用 AutoCAD Map 处理地籍数据一般的步骤有创建质心、图形清理、创建拓扑、拓扑转多边形等，以 ZD 图层为例介绍 AutoCAD Map 处理城镇地籍库前数据的步骤。

2.2.1　创建质心

程序会为选择的每个多边形创建一个质心点，并且会把多边形的对象数据属性赋值到质心上(见图1)。创建的质心在以后创建拓扑时使用。

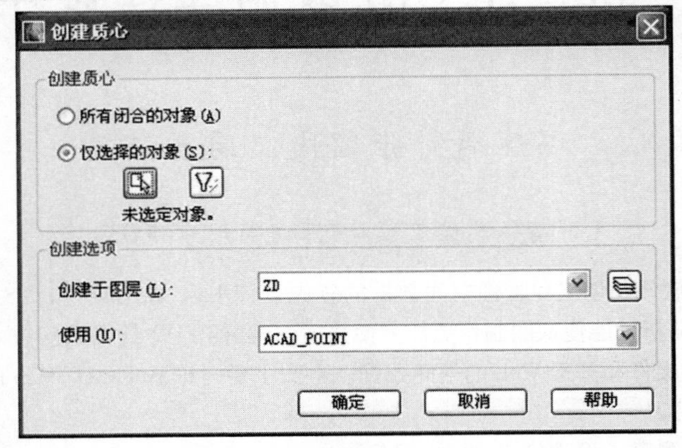

图1　创建质心

2.2.2　图形清理

图形清理可以执行下列操作：延伸未及点、打断交叉对象、捕捉聚合节点、融合伪节点、删除悬挂对象、删除重复项、零长度对象、简化对象、删除短对象、清理多段线等(见图2)，执行上述清理动作是有先后顺序的，根据不同的需求选择合适的清理顺序。执行完图形清理可以消除图形数据的大部分拓扑错误。以城镇地籍的宗地为例，执行了上述清理操作，就不会出现宗地之间有缝隙和交叉的错误。多个图层一起清理可以消除层间的拓扑错误，比如城镇地籍的宗地层和房屋层之间就有房屋跨宗地或者说宗地切割房屋的拓扑错误，我们把宗地层和房屋层一起清理，就不会存在这种错误。

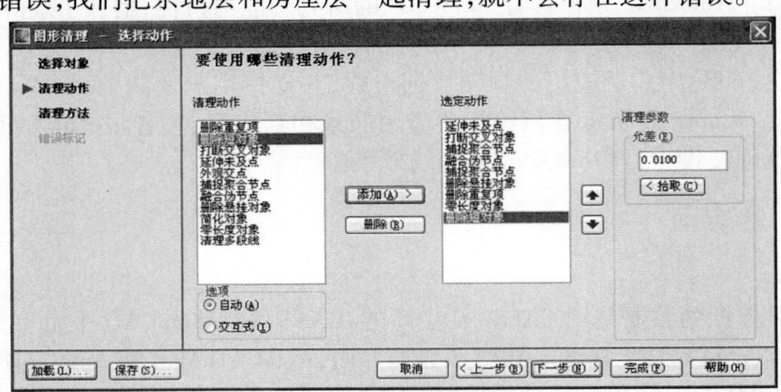

图2　图形清理

2.2.3　创建拓扑

图形清理之后，图形中只有点和线，通过创建拓扑，记录点和线的位置关系、线与线的连通关系来构成面(见图3)。创建拓扑的过程中可能会出现错误，有错误就不会完成拓扑创建，AutoCAD Map 会根据不同的错误类型在错误的地方做不同的标记，根据标记修改完重新创建拓扑。

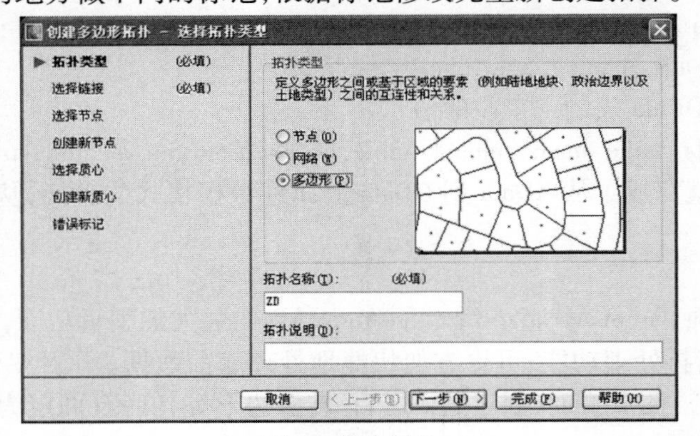

图3　创建拓扑

2.3 数据的输出

AutoCAD Map 支持输出多种 GIS 数据格式，有 Coverage 格式、ShapeFile 格式、E00 格式、Mif 格式、Tab 格式等主流的 GIS 数据格式。以选择 ShapeFile 格式为例，选择对象类型，选择要输出的对象，选择拓扑名称，选择属性数据输出即可，如图 4 所示。

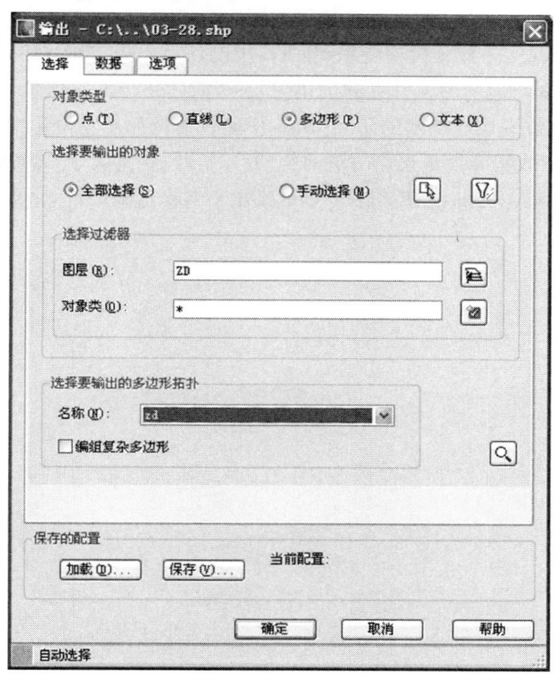

图 4 数据输出

2.4 数据库连接

AutoCAD Map 支持大部分主流的数据库连接，由于采用了开源 FDO 数据访问技术，AutoCAD Map 无需进行格式转换即可直接访问存储在文件、关系数据库中的空间数据，并连接到 Web 服务(见图 5)。

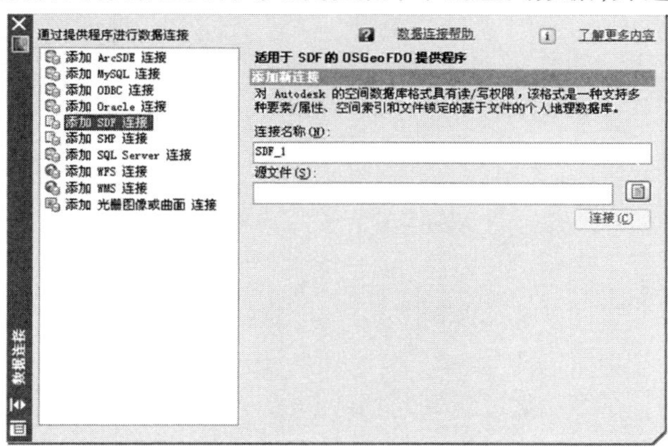

图 5 数据库连接

3 结 语

AutoCAD Map 继承了 AutoCAD 强大的编辑功能和二次开发功能，还有强大的数据处理和数据库连接功能。虽然目前 AutoCAD Map 在测绘行业的应用还没有 AutoCAD 广泛，但是笔者相信在不久的将来，在测绘行业 AutoCAD Map 将全面取代 AutoCAD 成为广大测绘工作者的首选。毕竟随着信息化测绘的发展，数据库建设肯定是数字成图的目标，这就是我们选择 AutoCAD Map 的理由。

参考文献

[1] 陆宇红,张利平,刘秀峰. 浅谈 AutoCAD Map 在国家 1:50 000 数据库更新工程中的应用[J]. 测绘与空间地理信息, 2007(5).
[2] 刘善勇,章力博. 基于 AutoDesk Map 3D 的标准化数字制图生产研究[J]. 测绘通报,2007 (2).
[3] 贾文涛,朱德海. AutoCAD Map 的拓扑分析功能综述[N]. 中国计算机报,2000-07-17.
[4] 顾志民. 用 AutoCAD Map 实现对地形图文件量的优化[J]. 智能建筑与城市信息, 2003(10).
[5] 马兴林. 城镇变更地籍调查与数据处理技术的研究[D]. 中国优秀博硕士学位论文全文数据库. 2005.
[6] 周晓光. 基于拓扑关系的地籍数据库增量更新方法研究[D]. 长沙:中南大学, 2005 .
[7] 李世国,潘建忠,平雪良. AutoCAD ObjectARX 2000 ObjectARX 编程指南[M]. 北京:机械工业出版社,2000.

“数字城市”地方坐标系的建立

李存文[1]　朱国领[2]

（1. 河南省测绘工程院，河南郑州 450003；
2. 驻马店市驿城区国土资源局，河南驻马店 463000）

【摘　要】本文对城市地方平面基准系统建立的几种技术手段作了详尽描述，并通过实际案例分析，得出城市地方平面基准系统建立的工作思路。

【关键词】抵偿高程面基准；抵偿带基准；平均高程面基准；抵偿面坐标系

1　引　言

河南省 C 级 GPS 三维空间大地基础控制网和 HeNCORS 系统的建立，为“数字城市”建设提供了高精度国家空间大地基准。城市的地理位置、测绘范围及平均高程的差异，导致在许多城市，按照国家标准建立的城市平面坐标系统所测成果，受高程归化改正和高斯投影改正的影响，坐标反算边长与实测边长偏差超过 2.5 cm/km，不能满足城市测量的设计要求。因此，对城市平均大地高较高或城市中心远离标准中央子午线的城市，必须选择合适的地方基准，这将对“数字城市”建设起着至关重要的作用。

2　城市抵偿高程面建立

在地方基准中，保持国家标准中央子午线经度，选择一高程归化面 H，使地面长度的高程归化改正与高斯投影改正相互抵偿，使地面长度变形控制在 2.5 cm/km 以下。图 1 为测距边长归算到参考面原理图。

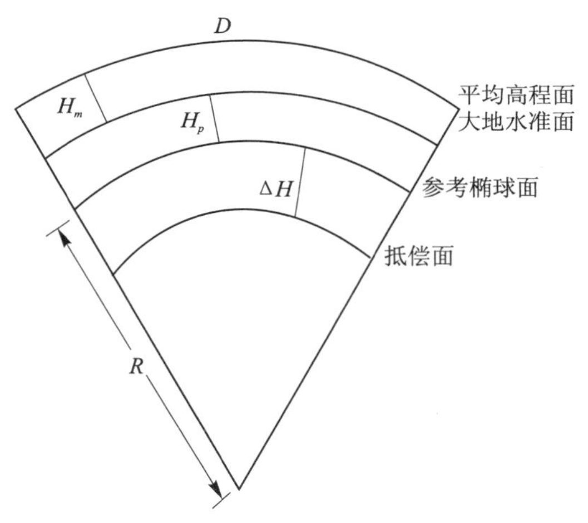

图 1　测距边长归算到参考面原理图

2.1　高程归化

设椭球平均曲率半径为 R，地面边长为 D，平均高度为 H_m，高程异常为 H_p，抵偿面高程为 H，边长归化到参考椭球面近似公式：

$$S_1 = -(H_m + H_p)\ D/R$$

只要地面高于投影面，边长长度的高程归化改正值就为负。

2.2　高斯投影改正

投影面上基线长度 D 投影至高斯平面，设该基线两端点平均横坐标为 Y_m，其差值为 ΔY，

$$\Delta D = D(\frac{Y_m^2}{2R^2} + \frac{\Delta Y^2}{24R^2}), \Delta D \approx \frac{Y_m^2}{2R^2}D$$

2.3　选择抵偿基准投影面的条件

选择抵偿基准投影面的条件是地面基准高程归化改正（负）和高斯投影改正的代数（正）和为零，即

$$\frac{-H}{R} + \frac{y^2}{2R^2} = 0, H = \frac{Y_m^2}{2R}$$

式中，H 为城市平均高程面相对于抵偿面的高程；R 为城市平均地球曲率半径；Y_m 为城市中心横坐标。相关参数计算公式如下：

$$R = a\sqrt{(1-e^2)}/(1-e^2\sin^2 B_m), \Delta H = Y_m^2/2R$$

式中，a 为国家参考椭球长半轴；e 为国家参考椭球扁率；B_m 为城市中心的纬度。

抵偿面高程的计算公式如下：

$$H = H_m + H_p - \Delta H$$

2.4　国家基准坐标与抵偿面坐标的转换

（1）抵偿系换算系数。

由于该基准仍按国家统一中央子午线进行高斯投影的方向和距离改化，因此该系统中的坐标值和按真正高程进行归化的高斯投影的坐标换算仅是简单的缩放比例关系。缩放系数计算公式为：

$$K = H/R$$

（2）使城市中心点的抵偿坐标与该点在国家基准的坐标保持一致，其他点的坐标满足：

$$X_c = X + K(X - X_0), Y_c = Y + K(Y - Y_0)$$

式中，X_0，Y_0 为城市中心点在国家基准的坐标；X，Y 为国家基准坐标；X_c，Y_c 为抵偿面坐标；K 为缩放系数。

2.5　城市抵偿面地方基准的局限性

城市抵偿面基准只能使城市中心 Y_0 线上的长度变形接近于零。离 Y_0 越远，抵偿能力就越差。按照规范对长度变形的要求，Y_0 线两侧在一个抵低偿带。（没考虑城市地形起伏的影响）。

抵偿跨度的计算：　$Y_m = \sqrt{2RH \pm \frac{1}{2}R^2 \times 10^{-5}}$

Y_0 向东西跨度：　$Y_m - Y_0 = \sqrt{2RH + \frac{1}{2}R^2 \times 10^{-5}} - Y_0$

Y_0 向东中跨度：　$Y_0 - Y_m = Y_0 - \sqrt{2RH + \frac{1}{2}R^2 \times 10^{-5}}$

3　城市抵偿带基准建立

在测区中心选择一条适当子午线为高斯投影的中央子午线，使城市的基线投影改正与高程归化改正数相互抵偿，从而使城市基线长度变形满足规范要求。

3.1　新中央子午线的计算

该基准与国家基准唯一不同的是中央子午线，建立抵偿带基准的主要工作是计算中央子午线。先假定该坐标的中央子午线经度为 L，城市中心在该基准横坐标为 Y_m，则：

$$Y_m = \pm 2R(H_m + H_P)$$

在利用 Y_m 算出城市中心与中央子午线的经差：

$$l = \frac{1}{N_f \cos B_f} \cdot Y_m - \frac{1}{6N_f^3 \cos B_f}(1 + 2\tau_f^2 + \eta_f^2) Y_m^3 + \cdots$$

$$l \approx \frac{1}{N_f \cos B_f} Y_m, \quad N_f = \frac{a}{\sqrt{1 - e^2 \sin^2 B_f}}$$

式中，B_f 为城市中心纬度；a 为参考椭球长半轴长；e 为参考椭球第一扁率。

测区中心经度、纬度在老图内插所得 L、B。

该抵偿带坐标系的中央子午线：

$$L_0 = L \pm l$$

$$L_0 = L \pm \sqrt{2R(H_m + H_P)(1 - e^2 \sin B_f)} / (a \cos B_f)$$

坐标转换利用换带计算公式把本城市内大地点的坐标转化为地方基准内的坐标。

3.2 城市抵偿带地方基准的局限性

在抵偿带基准中，在城市中心长度变形为零，而其附近有一个长度变形小于 1/40 000 的横坐标区间，即

$$\frac{V_D}{D} = \frac{Y_m^2 - 2R_m(H_m + h_m)}{2R_m^2}$$

$$Y_m = \sqrt{2R_m(H_m + h_m) + 2R_m^2 \frac{V_D}{D}}$$

取：

$$\frac{V_D}{D} = \pm \frac{1}{40\ 000}$$

则：

$$Y_m = \sqrt{2R_m(H_m + h_m) \pm \frac{R_m^2}{20\ 000}}$$

对于某一城市，地球平均曲率半径 R_m 与平均大地高 $(H_m + h_m)$ 已知，存在一个满足规范要求的 Y_m 区间，并且随 $(H_m + h_m)$ 增大，Y_m 区间越小。

4 城市平均高程面基准建立

利用椭球膨胀法原理建立新的参考椭球，把国家基准参考椭球保持扁率不变扩张至城市平均高程面，形成一个新的地方椭球体。

4.1 新椭球参数的计算

新椭球扁率：

$$e_{新} = e$$

新椭球平均曲率半径：

$$R_{新} = R_m + H_m = a\sqrt{(1 - e^2)} / (1 - e^2 \sin^2 B_m) + H_m$$

新椭球的长半轴：

$$a_{新} = R_{新} \cdot \frac{1 - e^2 \sin^2 B_m}{\sqrt{1 - e^2}}$$

式中，B_m 为城市平均纬度；H_m 为城市平均大地高；a 为原参考椭球长半径轴；e 为原参考椭球的扁率。

4.2 国家大地坐标成果的转化

在国家统一基准中，利用高斯投影反算公式把平面坐标转换为大地坐标，即 X 、$Y \rightarrow B$、L。

新椭球体与国家参考椭球体有共同中心和扁率，所以大地点在新旧基准大地经度不会发生变化，大地纬度则由于投影面指高有微小的变化。

$$L_{新} = L, B_{新} = B + \mathrm{d}B$$

$$\mathrm{d}B = \frac{1}{M}\left(\frac{e^2}{W}\Delta a\right) \sin B \cos B$$

$$W = \sqrt{1 - e^2 \sin^2 B}$$

$$M=\frac{a(1-e^2)}{W^3}$$

式中，Δa 为新旧椭球长半轴之差；e 为国家参考椭球第一扁心率，利用新的椭球参数，按高斯投影正算公式，把大地坐标转换成平面坐标，即 $B_{新}$、$L_{新}\rightarrow X$、Y。

5　应用示例

为了满足南阳市方城县数字城市建设规划的需要，根据测区地理位置，建立城市当地大地基准，测区地理位置位于东经 112°38′～113°24′与北纬 33°04′～33°37′之间，东西宽度约 72 km，南北长约 61 km，测区平均高程 158 m，测区地球平均曲率半径 $R=6\ 369.6$ km。

在国家标准参考椭球面上，根据高程归化和高斯改化公式求得测区中心（县城中心）长度变形为：

$$\Delta S=-H/R+Y_m^2/2R_m^2=8.0(\text{cm/km})$$

注：测区中央子午线经度为 114°，测区中心距中央子午线距离 $Y_m=92.33$ km（测区中心坐标 $Y_0=407\ 670$ m），地球平均曲率半径 $R=6\ 369.6$ km。

根据上述计算分析，数字方城县测区如按照国家基准建立坐标系，坐标反算边长与实测边长偏差超过 2.5 cm/km 的技术要求，需要选定新的基准建立方城县城市坐标系。

方案 1：选定城市抵偿面基准建立坐标系。

不改变中央主子午线，投影于抵偿高程面的高斯正形投影。

高程修正值：$\Delta H=Y_m^2/2R=669$ m（测区中心距中央子午线距离 $Y_m=92.33$ km）。

抵偿面高程：$H=H_m-\Delta H=158-669=-511$(m)。

当投影长度限制为 1/40 000 时，东西边缘横坐标值，依 $Y_e=\sqrt{2\ 029+Y_m^2}$ 公式计算，东边抵偿范围为 $Y_e=102.7$ km，依 $Y_w=\sqrt{Y_m^2-2\ 029}$ 公式计算，西边抵偿范围为 $Y_w=80.6$ km（$Y_m\geqslant 45$ km）。

此时虽建立了抵偿面坐标系，但东西宽度为 22 km，即横坐标值为 102.7～80.6 km，东西边缘的长度变形大于规定的要求。

方案 2：选定城市抵偿带基准建立坐标系。

高斯投影在任意带的平面直角坐标系统，选用测区中心中央子午线经度为 113°，投影面为参考椭球面。

$$\Delta S=-H/R+Y_m^2/2R_m^2=-2.48(\text{cm/km})$$

注：测区中央子午线经度为 113°，测区中心距中央子午线距离 $Y_m=0.46$ km（测区中心坐标 $Y_0=500\ 460$ m），地球平均曲率半径 $R=6\ 369.6$ km。

测区虽然采用抵偿带基准，但东西边缘的长度变形大于 2.5 cm/km。

方案 3：选定城市抵偿带加城市平均投影面基准建立坐标系。

选定城市平均高程 158 m 为投影面，中央子午线经度为 113°，建立平面直角坐标系统。

西部最大变形：$\Delta S_1=-H/R+Y_m^2/2R_m^2=-0.8$ cm/km（$Y_m=36$ km）。

东部最大变形：$\Delta S_2=-H/R+Y_m^2/2R_m^2=-0.8$ cm/km（$Y_m=36$km）。

经计算分析，测区选定城市抵偿带加城市平均投影面为基准，测区东西跨度均为 45 km，东西边缘的长度变形满足规定的要求。

6　结　语

“数字城市”基准的科学建立，将对城市的建设、定位以及可持续发展至关重要。这就要求我们测绘信息工作者利用好自身的学科优势，结合每个城市地理位置和规划远景，科学分析。在优选考虑国家统一坐标基准不能满足相关技术要求下，来选择合适的地方基准建设来满足“数字城市”发展的需求。

参考文献

[1] CJJ/T 8—2011 城面测量规范[S].
[2] 刘经南.基准统的建立和变换.
[3] 孔祥元.控制测量学[M].3版.武汉:武汉大学出版社,2005.
[4] 周忠谟,等.GPS卫星测量原理与应用[M].北京:测绘出版社,1997.

GPS RTK 技术在像片控制测量中的应用

程安娜　魏庆峰

（河南省寰宇测绘科技发展有限公司，河南郑州 450001）

【摘　要】本文通过与传统像控点测量方法的对比分析，论述了 GPS RTK 技术不仅可以满足像控点测量的精度要求，而且比常规方法具有更大的优越性，展示了 RTK 技术在航测中的应用前景。

【关键词】GPS RTK；像控点测量

1　概　述

根据河南省政府及省国土资源厅《关于全面开展第二次土地调查的通知》要求，为了进一步查清巩义市 14 个建制镇和 1 个街道办事处约 24 km^2 土地权属及利用的详细状况，掌握城镇土地利用状况及专项用地情况，有效地实现土地利用资源的动态管理，建立健全地籍管理制度及监测与快速更新机制，更好地保护土地使用者的合法权益，科学利用土地资源，巩义市国土资源局计划开展各建制镇所在地的土地利用调查工作，最终建立城镇土地利用现状数据库。受巩义市国土资源局（甲方）的委托，河南省寰宇测绘科技发展有限公司承担了此项任务。

巩义市地势自西南向东北呈阶梯状降低。最高点是嵩山玉柱峰，海拔 1 440 m；最低点为河洛镇的黄河滩，海拔 104 m，相对高差 1 336 m。丘陵地形和山地地形较为常见，属暖温带大陆性季风气候，平均气温 14.6 ℃，各乡镇所在地地形结构均比较复杂。

像控点采用华测 x－90 型仪器进行测定，从测量结果来看，RTK 技术不仅可以满足像控点的精度要求，而且可以大量节省测量时间，与传统像控点测量方法相比有较大的优越性。

2　像控点传统测量方法

测定像片控制点的平面坐标，通常采用以下方法：①导线法。较长路线采用附合导线，短距离通常采用支导线法。②线形锁。③交会法。当已知点为两个时，采用前方交会或侧方交会；已知点为三个时可以采用后方交会。④引点法。在通视条件受到限制时，可以采用引点的方法，在通视较好的地方作一个过渡点。

高程控制点的测量根据地形条件可以采用：①水准路线；②三角高程测量。

上述传统的像控点测量方法在该市的实际测量中受到了诸多限制：

（1）高等级的控制点成果很少，采用传统测量方法实施困难极大；

（2）由于像控点大多都位于房顶和明显地物折角顶点等影像清晰的明显地物上，往往这些点的通视条件较差，施测中需要进行大量的辅助性工作，成本高；

（3）工程时间要求紧，采用上述方法，一天只能测量 5～6 个点（依据在该市实际进行实测的情况），在困难地区有时只能测量 3～4 个点，根本无法如期完成测量任务；

（4）应用传统的测定方法，内业计算工作量较大，且出错率高，返工现象较严重。

由于在该测区应用传统的像控点测定方法很难实施，因此本项目中所有的像控点测量采用了 RTK 技术，采用两台 x－90 双频 GPS 接收机实时动态测量模式进行。

3　RTK 原理

GPS 实时动态测量（Real Time Kinematic，简称 RTK），传统作业方法是在已知点上设置一台 GPS 接收机作为基准站,并将一些必要的数据如基准站的坐标、高程、坐标转换参数等输入 GPS 控制手簿,一至多台 GPS 接收机设置为流动站。基准站和流动站同时接收卫星信号,基准站将接收到的卫星信号通过基准站电台发送到流动站,流动站将接收到的卫星信号与基准站发来的信号传输到控制手簿进行实时差分及平差处理,实时得到本站的坐标和高程及其实测精度,并随时将实测精度和预设精度指标进行比较。一旦实测精度达到预设精度指标,手簿将提示测量人员是否接收该成果,接收后手簿将测得的坐标、高程及精度同时记录进手簿。

本项目采用的是河南省 CORS 系统,其基本工作原理是利用 GNSS 导航定位技术,在一个城市、一个地区或一个国家,根据需求按一定距离建立长年连续运行的一个或若干个固定 GPS 参考站,利用计算机、数据通信和互联网技术将各个参考站与数据中心组成网络,由数据中心从参考站采集数据,利用参考站网络软件进行处理,然后向各种用户自动发布不同类型的 GPS 原始数据、各种类型 RTK 改正数据等。用户只需一台 GPS 接收机,即可根据需要实现不同等级的快速定位与导航服务。

4 CORS 的技术特点

4.1 网络化

早期的 CORS 是以单参考站模式工作的,各个参考站独立发送差分信息,互不关联。随着 GPS 差分计算技术的发展,并与网络通信技术相结合,参考站之间实现了互联和统一控制,逐级实现了 CORS 网络化。网络化的 CORS 中,参考站不是独立体,而是通过系统的数据中心形成一个高度网络化群体。参考站作为网络的节点,通过网络链路实现 GPS 数据的传输、处理和存储。

4.2 精度高

与常规参考站 RTK 测量相比,CORS 提供的网络 RTK 测量精度得到了显著的提高。由于网络 RTK 测量采用多个参考站联合解算的数学模型,其测量精度和可靠性远高于常规参考站。RTK 测量精度,有效服务范围更大。

4.3 快速定位服务

静态 GPS 测量模式是先进行外业联合观测,再由内业数据处理的作业方式获得高精度的静态测量成果。CORS 出现后,在系统服务范围内可以实时获取高精度的三维坐标成果,实现 GPS 快速定位测量。

4.4 可靠性高

CORS 的可靠性主要体现在以下三个方面:

(1)CORS 采用多站联合组网的方法。当 CORS 组网内的一个或少数几个参考站出现问题不能正常工作时,可以采用其他参考站进行解算,不影响用户正常使用,极大地提高了系统的可靠性。

(2)网络 RTK 流动站采用固定的通信数据链(CPRS\CDMA),减少了无线电噪声干扰,增强了数据链路可靠性。

(3)拥有完善的数据监控系统,可以有效地消除系统误差和周跳,增强差分作业的可靠性。

4.5 自动化和智能化

自动化和智能化是 CORS 建设的主要目标之一。其特征是在系统服务体系下把工作人员从某些工作中解脱出来,实现工作的自动化。例如,实现了自动差分解算、记录和坐标转换等功能,与专业控制系统连接,实现了自动化、智能化作业。

4.6 基准统一

无论是测量还是测绘,都应按照国家指定的测绘规程,采用国家统一的坐标系统和高程系统,以实现测量和测绘成果空间坐标框架的统一,以便实现数据通用共享和检查。CORS 不但提供实时差分解算数据服务,还提供数据下载以及数据差分服务。在 CORS 进行实时定位或者后差分解算的范围内,其差分解算的基准起算值都是 CORS 参考站基准坐标,其最终成果也就实现了与基准站的统一。

4.7 多元化服务

CORS 实现了多元化服务模式,广泛地应用于与空间定位有关的各行各业中。

5　CORS的主要优势

5.1　提高系统的可靠性、缩短初始化时间

在CORS系统中,用参考站网络代替单参考站,从而可以对一个地区的系统误差进行模型化,更好地削弱误差的影响,增强系统的可靠性,减少初始化的时间,并使得RTK精度在网内始终均匀一致。

5.2　作业距离大幅度提高

在常规RTK作业中,流动用户与基准站的距离受到严格限制,在通信良好的情况下最多不超过10 km,在城市中作业常常不能超过5 km,且作业精度随距离的增长而下降。而在CORS系统中,RTK作用距离只受CORS网覆盖范围的限制,而与基准站距离无关。同时,采用公用网络(GSM/GPRS/CDMA)作为通信平台,从而使作业距离大幅度提高,消除了作业盲区,实现了跨区域测量。

5.3　节约投资、提高工作效率

用户不再架设自己的基准站,不再需要一个工作组,现在只需要一个人即可开展测量工作,节约了用户的硬件设备投资和基准站工作费用,并消除了基准站坐标不准确带来的系统误差,从而节约了投资,减少了工作量,提高了工作效率。

6　技术要点

6.1　VRS(虚拟参考站)技术

VRS技术主要利用网络内所有参考站的观测数据,结合参考站的精确坐标以及流动站的概略坐标,在流动站附近产生一个虚拟参考站。由于虚拟参考站和流动站距离较近,因此建立了虚拟参考站以后,流动站就可结合虚拟参考站利用常规RTK技术进行实时相位差分定位,以获得较高精度的定位结果。从用户角度分析,上述原理相当于用户接收一个没有实际架设的“虚拟参考站”发出的虚拟参考数据(包括参考站载波相位观测值和参考站精确坐标),并进行实时RTK解算。

6.2　坐标转换参数的求解

在像控点测量中,要求采用巩义市独立坐标系,因此在RTK作业时,流动站所得到的坐标应为高斯平面坐标。求取转换参数的方法主要有:①在有控制点的WGS－84坐标和巩义市独立坐标系时,根据两套坐标系统建立关系求得转换参数;②在测区已经进行了GPS控制测量,应用已求得的转换参数人工输入转换参数,从而进行两种坐标的转换;③采用地图投影的方式,即使用已知的投影方式来确定转换参数。在使用②和③方法进行求取转换参数时,基准站的坐标必须放在已知点上,而且基准站的WGS－84坐标必须是已知的。巩义市独立坐标系坐标通过已知的转换参数和投影方式反算得到。

应用控制点求解转换参数时,有不同的作业方式:

(1)基准站位于已知点上,该点的WGS－84坐标的获得可以采用已有的静态数据,将控制点的WGS－84坐标和巩义市独立坐标系坐标输入手簿直接求取,也可以点采集的方式获取,此法是在无WGS－84坐标成果的情况下使用的一种方法。基准站的WGS－84坐标通过单点定位得到,再用流动站到控制点上去采集WGS－84坐标,然后应用采集的数据进行转换参数的求取。

(2)采用虚拟参考站,即虚拟一个基准站的巩义市独立坐标系坐标,基准站的WGS－84坐标直接测量从手簿读取,然后流动站再到各个控制点上去采集WGS－84坐标。由于基准站的巩义市独立坐标系是一个虚拟坐标,所以在求解转换参数时基准站不得参与转换参数的求解。

在求解转换参数时,要求控制点的个数在3个以上。此外,通过实际作业发现,利用远离作业区的控制点求解的转换参数,误差较大。所以,在求解转换参数时,最好使用作业区附近的控制点来求解转换参数。

6.3　RTK作业前的检验

RTK测量的可靠性取决于数据链传输质量和流动站的观测环境。虽然RTK技术使用了较好的数据处理方法,但毕竟RTK利用非常有限的数据量,而且实时处理难以消除由于卫星信号暂时遮掩、无线电传输错误所造成的误差。对于每日施工前、接收机都要已知点进行复测检核。通过检验,可以检验

RTK 作业的精度情况是否满足像控点的精度指标。

在作业中 RTK 的检验可以采用测区内的高等级控制点,即在设置好流动站后,将流动站放置到已有的未参与参数转换的控制点上进行比较,然后将测定坐标与已有的成果进行比较。在控制点成果较少的情况下,也可以使用前一次测定的结果与本次测量结果进行比较,以达到检验的目的。

通过在测定过程中的实际检验情况,与已有的高等级控制点的检验较差最大为 2.49 cm,高程较差最大值为 7.2 cm,均可以满足对像控点的精度要求。

6.4 RTK 作业中注意的问题

在应用 RTK 测量中,要注意以下几个问题:

(1)减少信号的干扰。对于流动站而言,要避开在测站周围 100 ~ 500 m 范围的 UHF、VHF、TV 和 BP 机发射台,避开用于航空导航的雷达装置等强电磁波辐射源。

(2)在进行 RTK 测量前,要登录相关网站查看太阳的活动信息,避开太阳黑子爆发活动期。在太阳活动平静期,其影响小于 5 ppm,当太阳黑子爆发时,其影响可达到 50 ppm。实践证明,在太阳黑子爆发期,不但 RTK 测量无法进行,即使静态 GPS 测量也会受到严重影响。

(3)作业前,使用随机软件做好卫星星历的预报,应选择在 PDOP 值小于 5 的情况下进行 RTK 测量,否则在野外测量中很难得到固定解。

7 结 语

通过 120 余天的实际测量结果来看,RTK 技术用于像控点的测量,操作简便,灵活方便,不但可以大幅度提高测量速度,而且能够大大减小作业人员的劳动强度。与传统像片控制测量手段相比,RTK 技术不仅能达到像控点测量的精度要求,而且误差分布均匀,不存在误差的积累,完全可以满足 1:500、1:1 000 航测成图的要求。

参 考 文 献

[1] CHT 2009—2010 全球定位系统实时动态测量(RTK)技术规范[S].

[2] 林斌,邱荣乐,张国喜. 工程 GPS 控制网测量有关问题的探讨[J]. 福建地质,2001(3).

基于 LiDAR 的 1:1万地貌更新技术探讨

张留民[1]　李　伟[2]

(1. 河南省测绘工程院,河南郑州 450003;2. 安阳县国土资源局,河南安阳 455000)

1　引　言

目前,河南省 1:1万基础地理信息数据更新基本实现了常态化,尤其是"人 · 县 · 年"快速更新实施以来,有效解决了基础地理信息的高效、快速获取问题,是全省基础测绘更新技术上的一次重大突破。但是,地貌的全面更新一直没有同步开展。"人 · 县 · 年"快速更新连同地貌一起更新,困难很多;对于地貌的变化人工不易判断,尤其是地貌变化后,植被得到了恢复,就更难判断,如果单靠外业测量完成地貌更新,无论是财力、物力、人力还是时间都是不允许的。解决好这一问题,关系到"人 · 县 · 年"快速更新是否可以顺利开展。为此,把地貌更新进行了分离,具体做法:一是对于影像容易判断的外业投入少量工作可以解决的地貌要素,如陡崖、陡坎(自然坎)、梯田坎(人工陡坎)等,在"人 · 县 · 年"快速更新时,同时进行;二是对于高程点、等高线的更新,采用 LiDAR 技术,结合点云数据处理软件及专业数字测图软件,生成地貌图,实现地貌更新。本文主要就采用 LiDAR 点云数据进行 1:1万地貌更新的技术方法进行探讨研究。

2　利用 LiDAR 点云进行 1:1万地貌更新的技术思路

基于 TerraSolid 激光雷达点云处理技术,利用激光点云进行高程值和等高线生产,结合地物空间信息编辑处理,最后内业成图,技术方法概述如下:

(1)对条带点云按照 1:1万梯形分幅的最大外接矩形外扩 100 m 进行自动分幅,然后以分幅点云为对象,进行自动粗分类;

(2)自动提取粗分类后的地面点内插 DEM,利用相机检校文件和航摄方提供的外方位元素,在数字摄影测量平台上进行内方位元素和外方位元素的定制,引入产生的粗 DEM,进行单片正射校正,然后镶嵌分幅,形成点云精细分类参照底图;

(3)面向分幅粗分类成果,在 TERRA 系列软件环境中,按照相关技术设计和要求进行人工干预精细分类,形成分幅精细分类成果;

(4)利用上一步得到的最终的精细分类点云成果,生成分幅的高程注记点、比高点和等高线成果,并生成最终的分幅 DEM 和 DSM 成果;

(5)将上一步得到的成果和 DLG 套合,进行整理编辑,形成更新成果。

3　1:1万分幅精细分类点云(*.las)制作

3.1　使用软件

使用软件为 Terrascan,是芬兰 TerraSolid 公司的一套专门处理激光点数据的软件,具有如下功能:可以显示三维点数据;用户可任意定义点的类型,例如地面、植被、建筑物或者电力线;手动或者自动分类点;抽稀激光点,保留关键点;在激光点上数字化特征地物;探测出输电线或铁路;输出分类后的激光点和高程模型;与摄影测量数据相融合,能随时调用影像帮助判断激光点的类型。

3.2　自动粗分类

原始点云数据没有归类,全在 default 层,要根据点云数据的不同特性,分析归类到不同的 class(类)

中。具体做法是:根据航迹线数据,先分析出冗余点,过滤出冗余后,对 default 点分类出噪点、地面点和缺省点。再对过滤噪点后的缺省点进行分类,分类出低植被、中植被、高植被。最后,分别对高植被和地面点进行分析,从高植被中提取出建筑物,从地面点中分离出特征点,完成基本粗分类工作。分类顺序为从低到高,逐级分析出各种不同类的点。通过点云数据的迭代关系建立一个三角面模型。通过参数设置来控制初始点的选择。为了保证未分类数据的准确性,操作之前先把所有的点归到 default 层。点击 Terrascan 对话框 classify 下拉菜单中的 routine,选择 by class,把所有类归到缺省类中。

3.3 手动精细分类

完成正射影像的生成后,可根据粗分类后的点云数据生成地表模型,通过地表模型和正射影像的辅助,进行手动精细分类,步骤如下。

3.3.1 建立地表模型

退出色点编辑及拼接线建立窗口,在视图中整齐排列四个窗口,激活 view1,点击 terrascan 模块中的 creat editable model,设置地表模型。设置完成后,可实现等 TIN、DEM、高线等生成功能。

3.3.2 在 view2 中添加图片信息

调出 tphoto 模块中的 general 工具栏,单击 manage raster references 按钮,在 file 里新建列表,把做好的正射影像导入。把 view1 与 view2 同步在一起,在一个窗口移动鼠标时,其他窗口同时移动到相同位置。

3.3.3 精细分类

检查生成的地表模型,对系统分类不正确的地方进行手动分类,分类时需根据影像和经验判断,先建立剖面图,再对剖面上的点进行手动分类。单击 view laser 工具栏中的 draw section,在 view1 或者 view2 中取切面,设置 apply to view3,都可在视图 3 中得到剖面图(见图 1)。

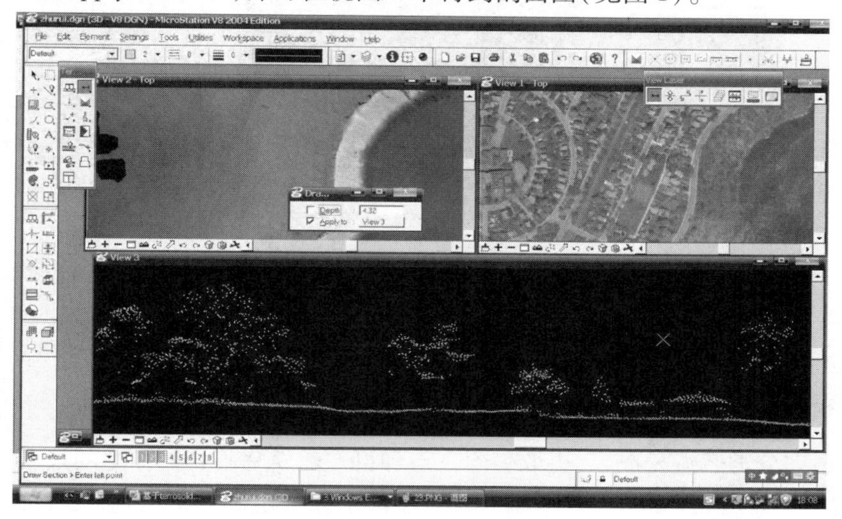

图 1 剖面图

从图中可以清晰地看到地面及植被的剖面情况,很多时候系统会对点云进行错分。如图 2 所示,对正射影像中的房屋进行剖面切分,在对应的 view3 中,得到的结果却是房屋都被错分到植被层了。

工具栏中各种不同的功能可以对点云进行有效的分类,如设置为从所有可见的点分层到建筑物层,再进行数据分类。图 3 中已把分层错误的点云数据从植被层(绿色)分到了建筑物层(红色)。

分层错误的情况有多种,需根据具体情况进行分析纠正。

3.4 分幅精细分类点云成果(*.las)成果描述

成果名为 1:1万标准图幅号(字母大写)+.las。Las 版本为 1.2 版本,文件头长度为 38 个字节。Las 文件的分类类别名字以及类别的颜色,均以 TerraSolid 软件的默认设置为准。为保证按图幅分开作业的接边精度,分幅精细分类点云的最终成果坐标范围为:标准梯形分幅的最大外接矩形外扩 100 m。

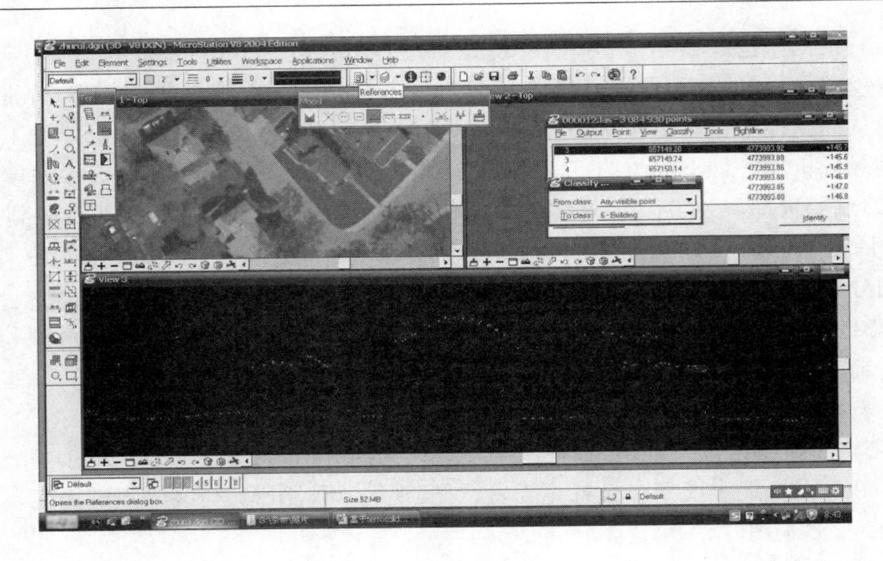

图 2　错误分层

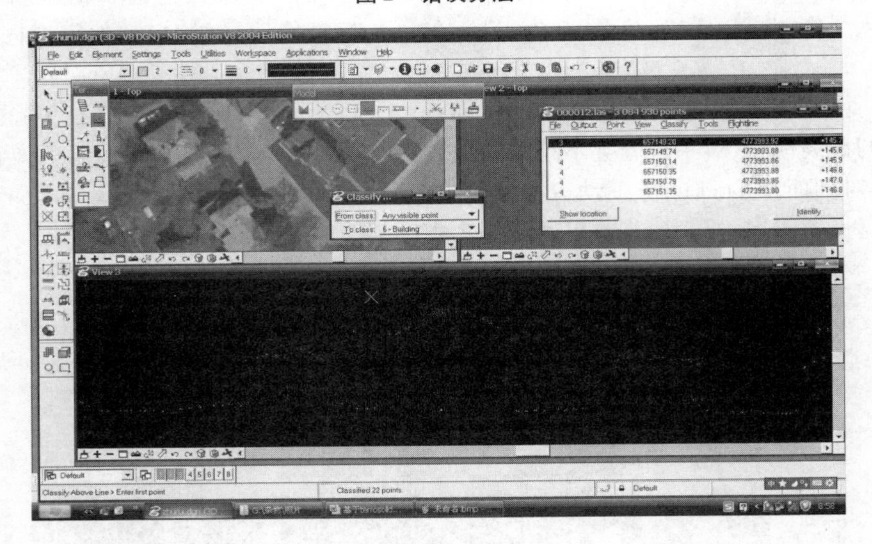

图 3　纠正错误分层

4　1∶1万数字表面模型(* . img)制作

将上述分幅精细分类后点云成果，提取去除飞点和打在建筑物垂直侧面上的点云后，按照一定的间隔，利用内插算法，得到 * . img 格式分幅影像 DSM，经过全区域镶嵌分幅，得到整个域区的数字表面模型成果。DSM 的间隔依据原始点云的平均密度确定。

利用点云对象进行内插 DSM 时，可以选择在 Terramodel 下实现，也可以选择其他软件进行 DSM 的内插。

成果名为 1∶1万标准图幅号(字母大写) + . img，类型为双精度 Double 型。DSM 为标准格网模型，DSM 的间隔依据原始点云的平均密度确定。原则上，DSM 格网间隔稍大于原始点云的平均密度，暂定为 1 m×1 m。DSM 图幅拼接处的同名点高程必须一致。DSM 的质量控制可以在 ArsGIS 下生成真彩色晕渲图进行直观的效果检查。

5　1∶1万 DEM 数字高程模型(* . dem)制作

将分幅精细分类后点云成果，只提取地面点，将地面点进行格式转换，映射到立体像对模型中构造 TIN，在立体模型中进行编辑，补测得到质量较高 DEM 成果。

可以采用将地面点成果转换成 * . Dxf,作为地形特征点导入数字摄影测量平台,构造 TIN 在立体模型上进行编辑处理。最后输出 * . dem 成果。

成果名为 1∶1万标准图幅号(字母大写) + . dem,DEM 成果为规则格网点的高程数据集。DEM 图幅裁切范围符合要求。相邻图幅 DEM 的公共格网点高程须一致。

测区封闭水域(面积超过 25 mm^2 的水库、湖泊等),构 TIN 时应该形成合理的“平三角形”。由于分类或者回波信号缺失造成的地面点空洞,应结合立体和 TIN 补测出来,以三角网合理为原则。

6 高程注记点的选取及等高线的生成

按品字型和设计要求的密度选取精细分类后的点云的地面点作为高程注记点,参照立体影像选取路口高程、重要人工构筑物必要高程点位,坎上、坎下和地貌特征高程点位,并利用点云数据更新这部分高程值,形成合理完整的高程注记点要素层(见图 4)。

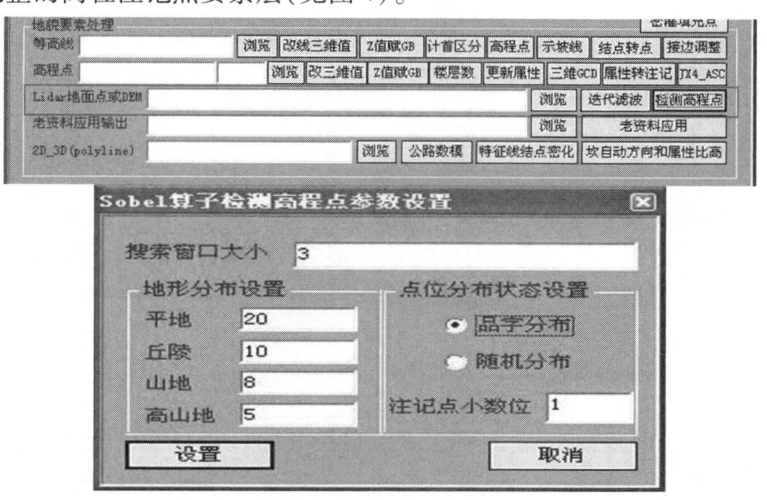

图 4 高程注记点的选取和设置

以分幅 DEM 为对象,以图幅为单位反生平滑等高线并解决图幅间的接边问题。等高线接边可以在 CAD 下或者 Geoway3. 5 软件上完成。

7 地貌与地物套合更新地貌

利用分幅形成的高程和等高线地貌图,套合已经形成的地物线划图,对高程点和等高线与地物之间、地貌要素之间的关系进行编辑处理,对压盖、等高线不合理等问题进行编辑修改,使其符合 1∶1万地形图的要求。

8 结 语

基于 LiDAR 数据的地貌更新技术,有效解决了 1∶1万基础地理信息数据地貌更新难的瓶颈,很好地推动了更新技术的提升,实现了基础测绘更新技术创新,取得了丰硕研究成果,并在河南省1∶1万基础地理信息数据更新生产中应用,为满足河南经济社会快速发展对测绘成果的需求做出了贡献,受到了各方的称赞。

参 考 文 献

[1] 黄金浪. 基于 TerraScan 的 LiDAR 数据处理[J]. 测绘通报,2007(10):14-16.

濮阳地理市情分析系统设计与实现

李　旭[1]　段晓玲[2]

（1. 河南基础地理信息中心，河南郑州 450003；
2. 河南省测绘发展研究中心，河南郑州 450003）

【摘　要】市情是国情和省情的重要组成部分，是城市经济、政治、文化、社会等基本情况的综合概括和反映。市情分析系统结合地理信息技术，实现基于地图的统计分析，直观展现一个城市的发展状况，有助于领导把握城市经济社会发展的阶段和不同指标，对于辅助分析决策具有重要意义。

【关键词】市情；GIS；统计；辅助决策

1　引　言

随着城镇化的不断推进，城市在我国经济社会发展中的作用日益突出。吃透市情，把政策与城市实际结合起来，创造性地开展工作，推动城市的可持续发展，成为各级干部的一项重大任务[1]。将地理信息系统引入到市情分析中，可以在地图上直观地展示各种社会、经济数据，为辅助决策提供支持。

2　系统总体设计

2.1　建设目标

将统计数据与地理信息系统相结合，直观展现城市现状和各行业发展趋势，实现纵向对比——不同年份相同地区的发展状况，以及横向对比——相同年份不同地区指标数据，是公众了解城市发展状态的窗口，也为领导制定城市发展策略提供一个直观的参考平台。

2.2　系统结构

系统采用 B/S 开发模式，以 ArcGIS Server 为 GIS 服务器，IIS 为 Web 服务器，利用 Flex 为前端开发语言[3]，通过 ASP 与服务端数据库交互，采用 Flash Builder 和 Visual Studio 为平台进行开发，该系统运行于互联网上，可以方便各类用户访问。

市情分析系统以服务器、网络等各种硬件环境为依托，调用发布在濮阳地理信息公共服务平台的地理空间数据为底图数据，以各行业专题数据为展现数据，以 Web 服务器、GIS 服务器等平台软件为支撑，实现了地图基础功能、地名搜索、专题统计等功能，构建了面向领导、公众、企业的市情分析系统。系统结构如图 1 所示。

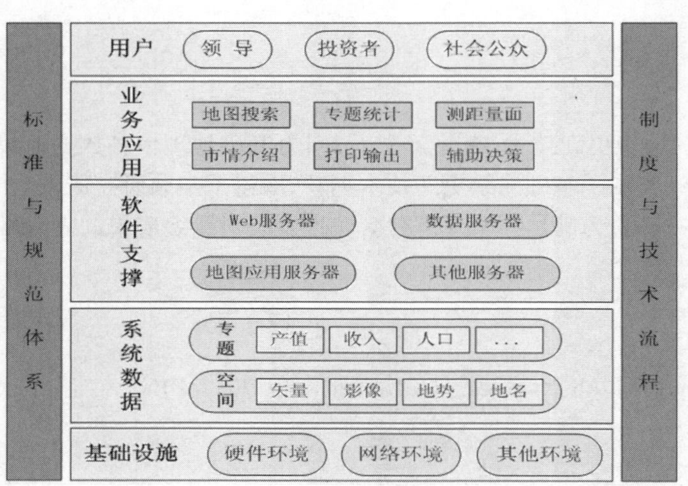

图 1　系统结构

3 系统数据库设计

数据是系统的核心，该系统依托成熟的数据库和 GIS 软件，设计空间数据和统计数据相关联的一体化数据库，为系统的运行和统计数据的展示提供保障。系数数据库结构如图 2 所示。

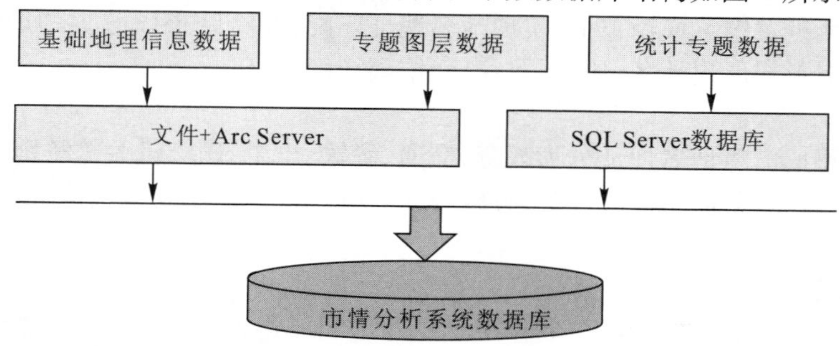

图 2 系统数据库结构

3.1 基础地理信息数据库

基础地理信息数据提供了基础的空间参考和定位框架，为叠加专题统计数据提供了底图(见表 1)。系统的基础空间通过互联网直接调用数字濮阳公众版地图服务，提供了濮阳市域基础的矢量地图、影像地图、地名地址，包括道路、居民地、水系等基础地物。

表 1 基础地理信息数据

数据类型	数据内容
矢量数据	基础矢量地图文件
影像数据	基础影像地图文件
地名地址数据	矢量点数据文件

专题图层数据展示了公众比较关心的专题数据区位分布，让市民和对濮阳感兴趣的人，直观了解濮阳这座城市的特点。以基础地理信息数据为空间定位框架，展示濮阳市的专题数据。图层数据包括产业集聚区分布、生态保护区分布、水利设施分布、农业种植分布、旅游景点分布等。

3.2 市情分析专题数据库

濮阳市情分析数据从市统计年鉴中提取，包含了主要的经济指标数据，主要有农业消耗、农业机械化水平、农产品、能源消耗、生产总值、人口、工业增长等数据。市情专题表格包括以下信息表格：

(1)农业消耗表，包含化肥、薄膜、柴油、农药、用电量等信息，用来统计农业相关消耗，侧面表达了各县区农业发展水平与粮食产量，也可与农业产量表对比，以发现各县区农业的发展与种植规律。

(2)农业机械化水平表，包含农用机械总动力、机引犁、机引耙、水泵、脱粒机、运输车等农用机械信息，可用来表示各县农业机械化水平，也可表现各县农业的生产方式，通过直观比较可以发现生产方式是否需要调整，以利于当地农业发展。

(3)农业产量表，包含粮食、油料、药材、瓜果、牲畜的面积和产量数据，直观表示各县区面积产量的绝对值和不同县区比较的相对值。

(4)农业水量消耗表，包含总灌溉、有效灌溉、节水灌溉面积，以及林地、果园等不同农产品的灌溉面积，以统计濮阳市灌溉情况。

(5)生产总值表，包含三大产业的生产值，统计产业比例和发展状况。

(6)工业增长表，包含个体产值、工业增加值、规模以上产值与增加值，反映工业发展数据。

(7)人口统计表，包含出生率、死亡率、自然增长率，表现了濮阳人口发展的时期规律。

(8)交通信息表，包括各级公路里程、货运令、客运量、邮电和电话业务量，来表现交通发展水平和状况。

4 系统功能设计

4.1 地图操作模块

系统实现了地图的基本操作，包括地图漫游、放大、缩小、鹰眼地图、空间量算等功能。

4.2　地图查询模块

4.2.1　区县定位

可以根据不同县区,在地图上快速定位,并缩放到相应的县区,查看不同区域地图详情。

4.2.2　模糊搜索

输入地名地址,实现关键字模糊查询,实现地名地址匹配,并将结果以分页的形式展现在地图和结果列表中,以弹出窗口形式展现地名、地址、照片、介绍等详细信息。

4.2.3　分类查询

对地名地址进行分类,将地名地址分为教育、交通、餐饮、出游、国家机关等类别,对每个类别均有更细级别的划分,针对用户日常需求实现分类、分级查找,并以查询、展示其详细信息。

4.3　辅助分析模块

4.3.1　统计专题地图

结合基础地理信息数据和统计数据,制作统计专题地图。将各行业中各种指标数据以统计图的方式展现在地图中,将统计图表直接绘制在地图的相应区域上,与传统单一图表形式相比,各县区的统计指标数据更加直观,方便用户对比分析,如图 3 所示。

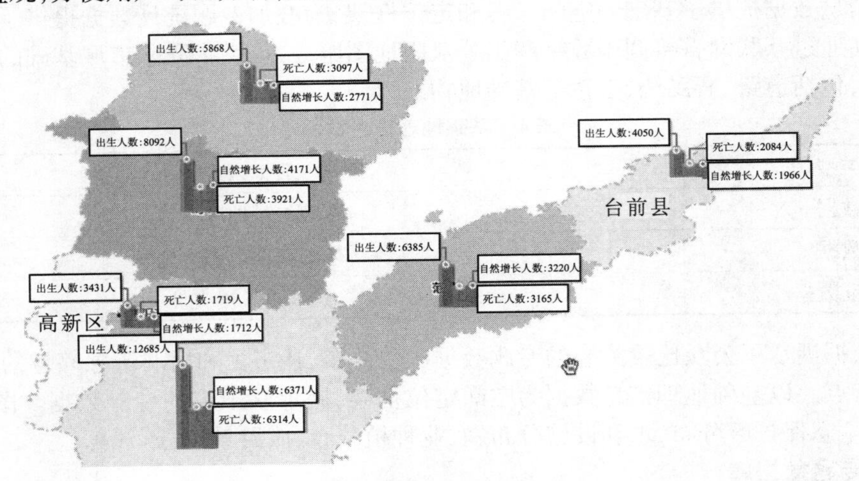

图 3　统计专题地图

地图统计可以选择不同年份和不同县区,来生成相应的统计专题地图,可以查看不同地区的本年度和以前的历史数据,用来对比分析并通过地图直观展现。

4.3.2　数据图表分析

以表格和统计的形式来展现不同年份的数据,实现相同地区不同年份不同专题的数据展示,表现了统计数据的发展趋势,有助于了解该市近年来各行业的发展状况,如图 4 所示。

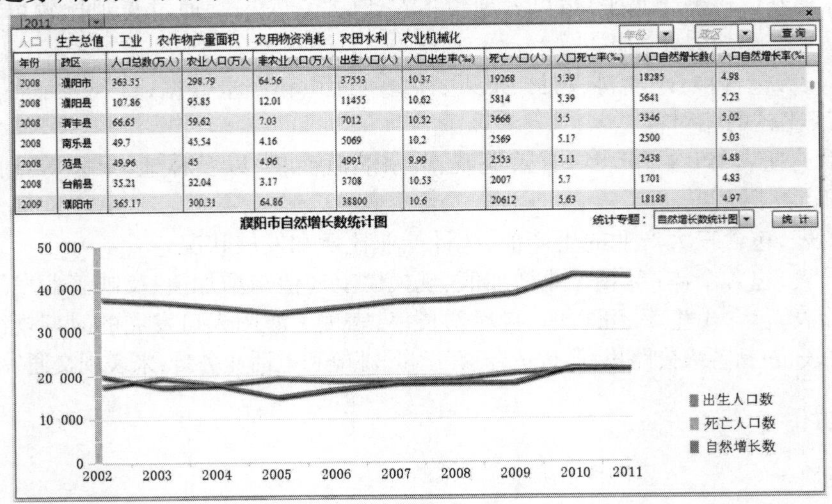

年份	政区	人口总数(万人)	农业人口(万人	非农业人口(万人	出生人口(人)	人口出生率(‰)	死亡人口(人)	人口死亡率(‰)	人口自然增长数(	人口自然增长率(‰
2008	濮阳市	363.35	298.79	64.56	37553	10.37	19268	5.39	18285	4.98
2008	濮阳县	107.86	95.85	12.01	11455	10.62	5814	5.39	5641	5.23
2008	清丰县	66.65	59.62	7.03	7012	10.52	3666	5.5	3346	5.02
2008	南乐县	49.7	45.54	4.16	5069	10.2	2569	5.17	2500	5.03
2008	范县	49.96	45	4.96	4991	9.99	2553	5.11	2438	4.88
2008	台前县	35.21	32.04	3.17	3708	10.53	2007	5.7	1701	4.83
2009	濮阳市	365.17	300.31	64.86	38800	10.6	20612	5.63	18188	4.97

图 4　数据图表统计

图表统计,可以使用年份、县区以及行业专题作为过滤条件,查看不同时间、不同县区和不同专题的统计数据,并且绘制柱状图和折线图,来表现不同行业不同指标的发展趋势。

5 结 语

本系统将 GIS 技术应用于统计数据的表达与分析,解决了传统工作中对文字和表格的依赖问题,直观展现数据,提高了工作效率[3]。系统涵盖城市专题数据图层,实现统计数据横向(不同地区)和纵向(不同年份)对比,提供多种数据表达和统计方式,为公众了解城市发展提供一个便捷的方式,为领导制定发展政策提供参考。

参考文献

[1] 路文娟,田宏红,王继周. 地理信息服务的城市综合市情系统[J]. 测绘科学,2011,36(6):98-100.
[2] 马华山,汪伟,史廷玉,等. 天津市地理市情监测的技术框架研究[J]. 测绘科学,2014,39(3):45-47.
[3] 郭淑芬,于志刚,李成名,等. 基于 Flex 开发综合市情系统的研究与应用[J]. 测绘通报,2012,36(10):88-90.

无人机在 1∶500 测图中的实践与分析

张　东　常会娟　毛莉莉

（河南省寰宇测绘科技发展有限公司，河南郑州 450001）

【摘　要】本文以巩义市高新区作为试验区，进行 1∶500 地形图航空摄影测量。介绍了无人机低空摄影测量在 1∶500 航测成图中的应用，对本次试验精度进行分析，有效地解决了无人机航测在大比例尺成图中的关键问题，说明该技术可应用在大比例尺地形图测绘中。

【关键词】无人机；低空摄影测量；精度；分辨率；大比例尺地形图

1　引　言

测绘工作是国家建设的一项基础性工作，获取更快、更有效的基础数据是一个很重要的问题。随着技术的不断发展，无人机技术受到测绘行业的关注，基于无人机平台的航空摄影技术体现出独特的优势。无人机结构简单、携带方便、成本较低，飞行空域不需要审批，不受起飞条件限制，分辨率高，信息采集精度一般为 0.1～0.4 m；平台可重复使用，而且不存在时间间隔，便于信息的连续获取；灵活性高，可执行无人区和高危区空间信息采集任务等优势。本次试验采用河南省寰宇测绘科技发展有限公司自主研发的寰宇 2 号无人机，飞行姿态稳定，航拍时间较长，作业面积大，影像质量清晰，对后期的空三加密有很大的优势。本测区以 1∶500 地形图为例，结合测区的特殊性，介绍了无人机低空摄影测量应用于 1∶500测图的实践过程，并对实践过程中精度进行了分析。

2　无人机系统组成

2.1　无人机平台

本测区的无人机采用寰宇 2 号无人机（见图 1），具体参数见表 1、表 2。

图 1　机体外观

2.2　传感器参数

本测区航飞采用宾得 645D 相机。宾得 645D 是一款中画幅级别的数码相机，采用最新的 PRIME II 影像处理器，有效像素高达 4 000 万，经测试畸变精度更标准。具体参数见表 3。

表 1 作业参数

项目	参数
最大空速	160 km/h
最大飞行高度	海拔 4 000 m
最大海平面爬升速率	8 m/s
航程	300 km
燃油消耗率	58 mL/min
发动机巡航转速	5 800 ~ 6 400 r/min
发动机最高转速	7 000 r/min
巡航空速	108 km/h
最大过载	3.5 kg
航时	2 h 40 min
标准作业航程	310 km
巡航抗风能力	13 m/s
起降抗风能力	5 级
控制半径	80 km

表 2 无人机配置硬件参数

项目	参数
气动外形	前拉式
机长	2.15 m
翼展	2.88 m
升力面积	1.15 m^2
机高	735 mm
载荷仓容积	12.04 dm^3
空重	16 kg
适用相机	Canon EOS 5D Mark Ⅱ、宾得 645D
最大燃油储量	8 L
最大起飞重量	28 kg
最大任务载荷	5 kg

表 3 相机参数

项目	参数
图像分辨率	7 264 × 5 440
最高分辨率	7 264 × 5 440
最大像素数	4 010 万
有效像素	4 000 万
传感器类型	CCD
传感器尺寸	44 mm × 33 mm

3 无人机低空航摄

本测区位于巩义市高新区农村居民区域，高层建筑占 1/2，总面积约 7 km^2，分辨率为 0.04 m，地势相对平坦。无人机通过滑跑升空，滑跑降落回收。

3.1　技术设计方案

为了满足测绘市场对无人机精度的需求，检验无人机低空摄影对地形图测绘的精度要求，特选择巩义市高新区作为试验区，进行 1∶500 地形图航空摄影测量。为确保影像质量满足要求，按《1∶500　1∶1 000　1∶2 000 地形图航空摄影规范》（GB/T 6962—2005）要求设计技术方案。地面分辨率为 0.05 m，本测区按 0.04 m 进行设计，确保获取更高的影像质量。航线按常规方法设计，平行于测区边界线的首末航线一般设计在摄区边界线上或边界线外，确保测区边界实际覆盖不少于像幅的 30%。在便于施测像片控制点及不影响内业正常加密时，旁向超出测区边界线不少于像幅的 15%，可视为合格。考虑飞行中航线及姿态的保持情况，要相应地增加旁向重叠率。

3.2　航线规划

根据测区实际情况，航线设计相机焦距为 35 mm，相对航高为 288 m，分辨率为 0.04 m，航带间隔为 240 m，相机拍摄间隔为 131 m，见图 2。

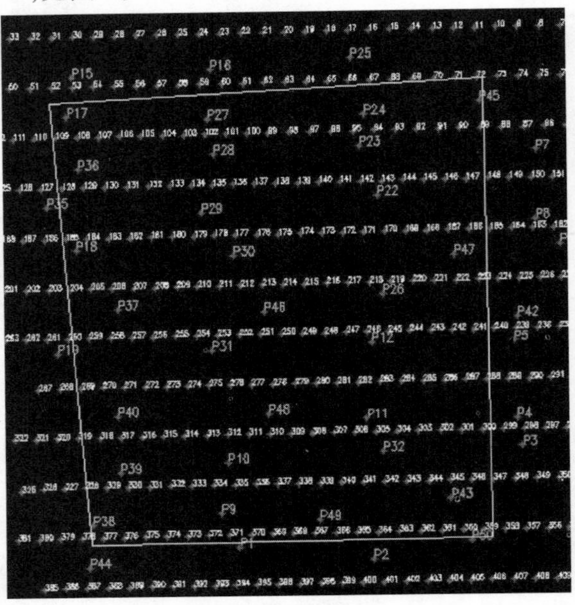

图 2　航线规划图

4　像片控制点布设

本测区利用无人机航空摄影技术，采用区域网像控布点。为满足《1∶500　1∶1 000　1∶2 000 地形图航空摄影测量外业规范》（GB/T 7931—2008）要求，像片平面控制点和高程控制点相对邻近基础控制点的平面位置中误差不应超过地物点平面位置的 1/2。高程控制点和平面控制点相对邻近基础控制点的高程中误差不应超过基本等高距的 1/10。区域网的大小为 12 条航线和 140 条基线，像片控制点采用 GPS RTK 技术进行测量。整个测区布设 110 个像控点，24 个检查点。1、3、5 航线上下刺像控点，2、4、6 航线左右刺控制点。像控点一般应布设在航向及旁向六片或五片重叠范围内，使布设的像控点尽量公用。

5　空三加密

本项目的空三加密作业流程图见图 3。

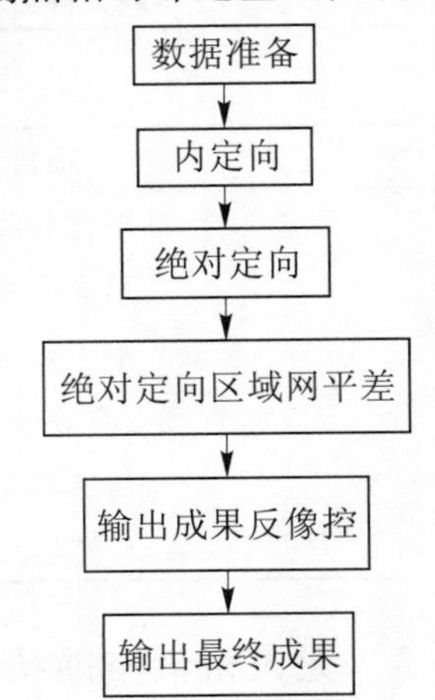

图 3　空三作业流程图

空中三角测量采用 JX4 数字摄影测量工作站进行空三加密，限差设定值是按照《1∶500　1∶1 000　1∶2 000地形图航空摄影测量内业规范》（GB/T 7930—2008）中关于内定向、绝对定向的限差的一半来要求的；采用半自动作业直接选取标准点位（测图定向点，也叫人工点），然后用数字影像匹配技术产生大量的同名点(自动点),最后人工点、自动点一起平差计算,通过光束法区域网整体平差得到加密点成果。空三加密成果导入立体测图,对像控点进行检查(见表4)。

表4 中误差统计表

(单位:m)

巩义试验区1:500航空数字化地形图立体反像控中误差统计表

点号	实测坐标		航测坐标		Δx	Δy	ΔL	地物点
	x	y	x	y				
P1	3 846 699.656	409 692.907	3 846 699.668	409 692.898	-0.012	0.009	0.015	房角
P2	3 847 240.061	409 704.372	3 847 240.082	409 704.381	-0.021	-0.009	0.023	房角
P3	3 846 861.082	409 856.752	3 846 861.104	409 856.767	-0.022	-0.015	0.027	房角
P5	3 846 693.646	409 701.984	3 846 693.622	409701.963	0.024	0.021	0.032	房角
P7	3 846 837.296	409 869.914	3 846 837.331	409 869.922	-0.035	-0.008	0.036	路边
P10	3 847 256.147	409 316.406	3 847 256.109	409 316.392	0.038	0.014	0.040	房角
P12	3 847 256.124	409 338.020	3 847 256.159	409 337.998	-0.035	0.022	0.041	房角
P15	3 847 255.079	409 345.946	3 847 255.059	409 345.990	0.020	-0.044	0.048	房角
P16	3 846 680.496	409 771.739	3 846 680.459	409 771.705	0.037	0.034	0.050	水池
P17	3 847 169.608	409 429.417	3 847 169.643	409 429.457	-0.035	-0.040	0.053	房角
P18	3 847 256.071	409 362.887	3 847 256.089	409 362.836	-0.018	0.051	0.054	房角
P19	3 846 812.086	409 852.742	3 846 812.033	409 852.753	0.053	-0.011	0.054	房角
P22	3 846 861.116	409 852.727	3 846 861.170	409 852.708	-0.054	0.019	0.057	房角
P23	3 847 262.135	409 324.351	3 847 262.095	409 324.396	0.040	-0.045	0.060	房角
P24	3 846 690.324	409 728.228	3 846 690.275	409 728.193	0.049	0.035	0.060	房角
P25	3 847 256.142	409 319.415	3 847 256.123	409 319.356	0.019	0.059	0.062	房角
P27	3 847 255.055	409 370.939	3 847 255.057	409 371.001	-0.002	-0.062	0.062	房角
P28	3 847 256.125	409 359.895	3 847 256.076	409 359.937	0.049	-0.042	0.065	房角
P29	3 846 664.839	409 679.697	3 846 664.777	409 679.677	0.062	0.020	0.065	房角
P30	3 847 268.593	409 443.677	3 847 268.576	409 443.740	0.017	-0.063	0.065	房角
P37	3 847 256.108	409 340.970	3 847 256.173	409 340.961	-0.065	0.009	0.066	房角
P39	3 847 171.124	409 399.267	3 847 171.111	409 399.334	0.013	-0.067	0.068	房角
P44	3 846 772.449	409 868.240	3 846 772.380	409 868.257	0.069	-0.017	0.071	房角
P45	3 846 594.701	409 878.998	3 846 594.744	409 879.056	-0.043	-0.058	0.072	房角
P49	3 847 240.079	409 444.953	3 847 240.127	409 445.011	-0.048	-0.058	0.075	房角

$$m = \pm\sqrt{\sum\Delta^2/2n} = \pm 0.026\,0$$

通过立体反像控,对误差较大的点进行原始像控核对,空三再对粗差点较大的点进行立体核对,满足规范要求输出成果(见表5)。

表5　像控点平差精度检测报告

像控点平差精度检测报告

像控点	x(m)	y(m)	z(m)	dx(m)	dy(m)	dz(m)
P1	3 836 171.746	403 922.849	263.677	-0.004	-0.093	0.014
P2	3 835 959.415	403 908.647	251.266	0.012	0.019	-0.012
P3	3 835 622.630	403 991.410	257.387	-0.006	0.009	-0.005
P5	3 835 387.888	403 954.702	267.079	-0.003	0.007	0.003
P7	3 835 094.766	404 008.660	269.091	-0.009	0.007	0.001
P10	3 835 063.236	404 419.952	272.220	-0.020	-0.018	0.006
P12	3 835 409.667	404 384.716	282.935	0.019	0.034	0.001
P15	3 835 650.307	404 368.788	274.135	0.091	0.014	-0.014
P16	3 835 959.558	404 338.885	270.934	-0.009	0.088	0.001
P17	3 836 167.607	404 802.176	261.816	-0.017	-0.000	0.002
P18	3 835 958.941	404 817.199	260.807	0.013	-0.040	-0.006
P19	3 835 639.652	404 912.189	268.991	0.032	0.028	0.005
P22	3 835 362.562	404 915.696	281.476	-0.099	-0.050	-0.004
P23	3 835 037.990	404 992.713	291.992	-0.029	-0.006	0.004
P24	3 836 243.323	405 306.512	299.993	-0.067	-0.006	-0.011
P25	3 835 940.465	405 404.805	263.677	-0.005	0.042	0.025
P27	3 835 623.318	405 445.496	278.708	0.053	0.014	0.002
P28	3 835 424.236	405 452.137	289.531	0.012	-0.017	-0.010
P29	3 835 053.960	405 497.680	303.783	-0.013	-0.016	-0.003
P30	3 836 267.817	404 251.920	321.743	-0.028	-0.015	0.002
P37	3 836 171.746	403 922.849	249.625	-0.003	-0.097 3	0.012 4
P39	3 835 931.089	404 644.701	267.733	0.021	-0.078	0.049
P44	3 836 297.589	406 254.976	263.152	0.129	0.026	-0.245
P45	3 835 047.990	405 002.712	261.942	-0.024	-0.006	0.002
P49	3 836 157.607	404 801.176	241.816	-0.013	-0.001	0.003

6　地形图数据采集

本项目采用在全数字摄影测量软件JX4系统上进行地形图要素数据采集，在全数字摄影测量工作站上进行立体采集地形要素数据时，要求在相对定向中将加密后的像控成果直接导入测图工作站。内业测绘时应根据影像上地物的构像所形成的各自的几何特性和物理特性，如形状、大小、色调、阴影和相互关系等，来识别地物内容和实质，确定所有地物的轮廓特征。对立体判读有疑问的影像要加注说明，尽量为下一工序提供准确、可靠、完整的数据。要求在最后提交的采集初编图中，测定的点状地物要在其几何位置中心，线状地物要连续，面状地物的外围边线要求连续且使图斑封闭。

由于本测区处于平原地区，高层建筑占1/2，为保证检测成果的可靠性，在测区不同区域采集明显的地物点进行精度统计(见表6)。

表6 外业精度检查

巩义试验区1:500航空数字化地形图野外检查点精度表			
点号	x(m)	y(m)	z(m)
1	0.011	0.045	0.015
2	0.102	-0.220	-0.023
3	0.077	0.113	0.121
4	0.008	-0.109	-0.012
5	0.095	0.132	0.036
6	0.001	0.019	-0.040
7	0.022	-0.019	-0.041
8	0.032	0.007	-0.048
9	0.055	0.058	0.050
10	0.171	-0.046	0.053
11	0.111	-0.040	-0.054
12	0.073	-0.088	0.054
13	0.009	-0.018	0.057
14	-0.009	-0.063	-0.040
15	-0.015	-0.009	-0.060
16	0.021	-0.051	0.062
17	-0.008	-0.033	-0.032
18	0.014	-0.018	0.061
19	0.022	-0.066	-0.035
20	-0.044	0.100	-0.065
21	0.034	0.012	-0.020
22	-0.040	-0.082	0.067
23	0.051	-0.076	0.071
24	-0.011	0.001	-0.072
25	0.019	0.067	-0.055
26	-0.045	-0.002	0.015
27	0.035	-0.013	-0.023
28	0.059	-0.109	0.027
29	-0.062	-0.051	0.032
30	-0.042	0.130	0.036
31	0.020	0.111	0.040
32	-0.063	-0.064	-0.041
33	0.009	-0.016	0.018
34	-0.067	0.060	-0.050
35	-0.017	0.045	0.053
36	-0.058	-0.120	0.134
37	-0.058	0.013	-0.054
38	0.009	-0.009	0.057
39	-0.009	0.145	-0.060
40	-0.015	0.019	0.060

7　影响无人机航测精度分析

通过对这个测区的试验,无人机航测成图存在众多因素,主要有以下几点:

(1)外界因素:由于天气状况对飞行器姿态和成像质量的影响产生的误差。

(2)人为误差:由于人的感官鉴别能力、技术水平和工作态度因素带来的误差,以及外业像控和像控识别、空三加密、立体采集产生的人为误差。

(3)无人机航摄误差:随着无人机技术的成熟、航摄仪的不断更新,相机的检校是影响精度的主要原因。目前选用中幅面 CCD 作为传感器的感光单元,其经过加固和电路改装以后,成为具有稳定内方位元素的数码相机。随着航飞架次的增多,相机感光单元的偏移会越来越大,从而造成精度误差更大,畸变差的存在使测量成果无法满足精度要求。

(4)内业数据采集误差分析:内业数据采集分为空三加密与立体量测。像控点识别与判读均会与外业实际位置产生一定的误差,空三加密时也会有一定的误差,另外还有立体采集量测时的切准误差等。

8　结　语

本文介绍了无人机应用于农村居民区大比例尺地形图中的作业流程和精度,利用无人机机动、快速航摄等特点,使无人机获取高分辨率的影像,通过多方后期技术处理,进行地形图测量,本次的试验精度完全满足了规范要求。随着国家对低空空域的开放,无人机低空摄影测量技术是近年来地理信息产业快速获取数据的一种新技术,随着无人机技术的完善,相机的分辨率越来越高,精度越来越有保证,应用领域更广泛,在各领域中会有更好的应用。

参 考 文 献

[1] 李小雁,康鑫.无人机低空摄影在大比例尺测图的实践与分析[R].2012.

[2] GB/T 7931—2008　1:500　1:1 000　1:2 000 地形图航空摄影测量外业规范[S].

[3] GB/T 7930—2008　1:500　1:1 000　1:2 000 地形图航空摄影测量内业规范[S].

[4] GB/T 6962—2005　1:500　1:1 000　1:2 000 地形图航空摄影规范[S].

GNSS技术在农村集体土地确权测量中的应用

张排伟　王　燕

（上蔡县宏图房地产有限责任公司，河南上蔡 463800）

1　概　述

由于历史原因，河南省农村集体土地权属长期以来混乱不清，随着社会的发展与进步，如今已严重阻碍了农村经济社会发展，并且对农村社会的稳定带来了隐患。大规模开展农村集体土地确权发证工作，可以有效解决这一历史遗留问题，并是明晰农村集体土地产权，提高土地管理和利用水平，夯实农村发展基础，促进城乡统筹发展的迫切需要。全球定位系统GNSS等现代测绘新技术的快速发展和普及应用，特别是GNSS新技术已经广泛应用于地籍测量中，是土地管理工作中的一项重大技术革命，为高效率、高精度、高质量地完成农村集体土地所有权登记发证工作奠定了坚实的基础。

现以河南省某区域农村集体土地所有权登记发证工作为例，就全球定位系统GNSS新技术在农村集体土地所有权登记发证测量中的应用进行探讨。

2　测量方法的选择

随着社会的发展、科技的进步，全球定位系统GNSS（由GPS系统、格洛纳斯系统、北斗系统和伽利略系统组成）测量新技术也在不断发展和改进，它的高技术测量方法也越来越多且方便可靠，在各行业的应用也越来越广泛和紧密。目前在我国GNSS产品中越来越多地使用了GPS系统和格洛纳斯系统的兼容并用的双星系统，GPS系统、格洛纳斯系统和北斗系统等多个系统兼容并用的GNSS产品也已出现，随着多个卫星系统的兼容并用，测量的可用卫星数越来越多，分布的PDOP值越来越好，对测量外部观测条件的要求越来越低。

在农村集体土地确权测量工作中，对于相当部分村组界线界址走向在树林边、居民地内等观测条件较差的界址点，都可以使用GNSS技术来测量，可以基本上不再使用常规的导线测量等方法，大大提高了工作效率。

在农村集体土地所有权登记发证测量中，应用GNSS新技术测量界址点，主要有静态、RTK、网络RTK三种测量方法。现在由于静态工作效率低（精度高），一般用于高精度等级点的测量上，随着RTK技术的发展，并逐步方便，在本次土地确权测量中，一般应用RTK和网络RTK技术测量。随着河南CORS的运行和成熟，在本次河南农村集体土地确权测量中，使用网络RTK（HNCORS）技术测量显得越来越方便了，也大大提高了工作效率。

3　地方坐标系的建立

全球定位GNSS测量技术观测的原始数据为WGS－84坐标，而我们在河南某区域农村集体土地所有权登记发证工作中实际应用的是西安80高斯平面直角坐标，在实际测量工作中需要建立地方坐标系，进行坐标转换。现在就建立地方坐标系简单地介绍以下几种方法，根据测区面积的大小，可以选择坐标转换的方法如下：第一种是在测区面积较大如一个正常大小的地级市的范围，可以通过求解7参数进行坐标转换，第二种是在测区面积如一个正常大小的县的范围，可以通过求解4参数进行坐标转换，这两种方法操作时较为复杂，但对一个测区参数的统一、数据成果的兼容非常有利，在这里对上述两种方法不做过多阐述。第三种是可以直接在GNSS测量仪器的手簿上进行点校正。点校正时,可以是外业点校正,也可以是内业点校正,但必须有3个或3个以上的已知点既有地方坐标,又有WGS-84坐标,且需均匀分布,覆盖整个测区。河南省目前已完成的D级GPS控制网,点位分布均匀且密度较大,布局合理,可作为本次坐标转换的已知控制点。当测区内已知控制点只有地方坐标,没有相对精确的WGS-84坐标时,需要到外业进行点校正;当测区内已知控制点既有地方坐标,又有精确的WGS-84坐标时,进行内业点校正即可。外业点校正在使用网络RTK(CORS)技术上,效果以及精度要略高于内业点校正(对一般控制测量没有影响),不过对土地确权界址点测量精度没有任何影响,在这里不再对点校正方法细节做详细叙述了。转换参数求解的过程实际上就是将以WGS-84坐标表示的控制点相对网形拟合到相应地方坐标的过程。点校正方法相对简单、方便、易操作,在进行RTK技术测量时,点校正方法应用较为广泛。在新蔡测区本次农村集体土地所有权登记发证测量中,是采用点校正方法进行坐标转换的。本测区采用点校正的已知控制点点位分布均匀合理,点校正精度较高,完全满足界址点精度要求。

4 GNSS新技术在工作实施中的应用

接下来以网络RTK(HNCORS)技术在本次河南农村集体土地确权测量中的应用为例,进行探讨。本次测量选用的GNSS仪器设备都是双星系统,即GPS系统和格洛纳斯系统兼容并用的天宝GNSS仪器,它们的使用对测量外部观测外部条件的要求越来越低。在土地确权调查工作中,对于大量村组界线的走向在树下、沟内等测量条件很差的条件下,有了双星系统的兼容并用GNSS仪器,测量的可用卫星数越来越多,分布的PPOP值越来越好,都可以使用GPS来观测,不再使用常规的导线测量,大大提高了工作效率。出测前先要检查一下GNSS仪器设备配备是否齐全,电池充电是否完成,坐标转换参数是否设置建立完善,GNSS仪器设备网络RTK(HNCORS)能否正常建立连接,同时要选择经检验合格的带有水准气泡的测量导杆,长度一般为2 m。各项检查准备工作完成后,在测量界址点前事先要检测1~2个已知点,比较成果的精度是否正确可靠,经检测的已知点成果没问题,就可以出测作业了。一个调查小组以3~4人为宜,1名技术人员带工作底图,在当地村组长或指界代表人的带领下,现场调查指界,技术人员在工作底图上对相关的地籍要素进行标绘,1名技术人员埋设相应界桩(比如灰桩、水泥桩),1~2名技术人员对埋设好的界桩进行现场测量。测量时测量人员一定要把测量导杆放置在界址点正中心,并把水准气泡搁置在水准管的正中心,再实施测量,一般情况下最好是GNSS仪器设备处在固定状态下实施测量。对于部分界址点在较密的树林里,GNSS仪器设备难以产生固定解时,可以采用浮动解来测量,但一定要增加观测时间,使观测精度达到河南农村集体土地所有权确权登记发证实施细则要求的界址点要求的精度,细则对实测界址点的精度要求见表1。

表1 界址点精度指标及适用范围

类别	界址点点位误差(cm)		界址点间距允许误差(cm)	界址点与邻近地物点关系距离允许误差(cm)	适用范围
	中误差	允许误差			
一	≤±5.0	≤±10.0	≤±10.0	≤±10.0	城镇村及工矿用地外的界址点
二	≤±7.5	≤±15.0	≤±15.0	≤±15.0	城镇村及工矿用地内的界址点

注:界址点的精度与地籍图比例尺无关,不论采用何种测量方法,均需达到表中的要求。对于重要的界址点,在观测条件极差(村庄内)的情况下,可以采用全站仪进行测量。同时对测区已布设测量完成的界址点进行抽查检测,抽查检测时最好调换使用不同的GNSS仪器观测,检测成果与原来的测量成果进行精度比较,各项误差不得大于表中的精度指标。只要严格按照规范的作业要求进行作业,各项误差不会超验。

5 结 语

总之,农村集体土地所有权调查确权比较复杂,也不容易处理,而全球定位系统 GNSS 测绘新技术的应用,使操作简便,特别是对界址点的测量提供了高精度、高效率的便利,同时对农村集体土地所有权调查确权成果质量奠定了良好的基础和保障。全球定位系统 GNSS 测绘新技术在农村集体土地所有权调查确权工作中的成功应用,对于今后开展国土资源调查、农业普查等项目的测量工作具有广泛的推广应用价值。

测绘技术在土地开发整理中的应用

辛文静　李永威

（郑州华程测绘有限公司，河南郑州 450006）

在落实科学发展观、构建和谐社会、共创中国梦的今天，社会和经济建设迅速发展，测绘技术也日益成熟并逐步被广泛应用于社会各个领域。在土地开发整理中，测绘技术也具有基础性的作用。对于土地开发整理的项目管理，测绘技术的应用也可以在一定程度上缓解其压力。土地开发整理测绘工作贯穿于土地开发整理的全过程，但又不同于平常所指的地形、地籍、工程测量等专业测绘，比这些测绘工作更细致、更具体、更特色，同时更讲究方法。可以说，现代测绘技术在土地开发整理活动中起到技术支撑作用，如何充分利用测绘技术，全面提高土地开发整理的工作水平，如何理解土地开发整理活动的阶段性规律及其内涵，有必要作进一步探讨。

1　土地开发整理及其测绘概述

从一定程度上说，土地开发整理是对资源的合理管理。土地开发整理是以增加有效耕地面积并提高耕地质量为中心，通过对未利用土地、废弃地、中低产田、闲置地等实行田、水、路、林、村及乡镇企业的综合整治开发，改善农业生产条件、居住环境和生态环境。近年来，土地开发整理作为促进土地资源合理利用、实现耕地总量动态平衡的重要手段，在实现土地资源的节约集约利用、保障经济建设用地、改善生态环境、增加农民收入、促进社会进步等方面发挥了重要作用。测绘技术应用贯穿于土地开发整理工程的各个时期，土地开发整理工程的前期要对整个整理区域内的地形地貌进行测绘，最终形成一张地形图，为规划设计提供准确的底图，保证规划决策的准确性。同时，为土地登记、土地统计提供准确的权属界线和各种地类界线的平面位置和面积。在中间施工过程中，需要提供准确的水准网与导线网，提供施工依据。土地开发整理工程后期，在土地利用现状调查成果的基础上，对现场进行补充调查和补测，进行详细的地籍调查和地籍测绘，进行面积权属等变更，让土地所有者、土地使用者签字确认。

2　测绘技术在土地开发整理中的应用

测绘工作贯穿于土地开发整理的全过程，比地形测量工作更细致、更具体，同时它更讲究方法，直接关系到工程项目概（预）算的准确性，在科学决策、节约投资、规范工程行为等方面有着不可低估的作用。土地开发整理是一项大工程，前期决策、设计，中期施工控制，后期竣工验收备案等各个阶段都离不开测绘技术的支持。不同的阶段对测绘数据的要求各不相同。

在土地开发整理中，对测量提出最高要求的是在工程项目的前期决策阶段，而这一阶段对数据精度要求最高、对数据所反映的内容要求最全面的主要是工程设计部门。牵涉到设计方案的制订、设计概预算的准确编制、为各方提供合理准确的投资计算、对项目方案的经济性进行分析比较。下面以该阶段为重点分析测量的特点：

（1）关键点的测量不可少。通常地形测量中，一般是先整体、后局部式的测量，为了追求效率，一般是画成网格式测量，根据不同的比例要求布置高程测点，由整体到局部展开，测量预先画定的点，其他的点基本采用内插的方式。在成图后，依据测点，勾绘出等高线，在这中间，就已经存在了一个假设，就是点与点之间的变化必须是平缓的，不能有较大的起伏，但实际中这种情况很少，为了追求精度，往往可取的措施是画密网格。土地开发整理前期准备工作中的测量也采取这种方式，它主要是测量关键点，不事先画定网格。关键点指的是高程趋势的变化点,如坡顶、边坎。旧村复垦的测量关键点尤为重要。

(2)坎上坎下均测。在地形测绘中,往往只测量坎的平面位置,不测量坎下的位置和标高,这在土地开发整理中,难以给以后的设计及概(预)算提供准确的数据。笔者特别强调对各种土坎要细分,注明坎顶、坎脚线的位置和标高,特别对于缓坡坎,注明坎顶线与坎底线的位置和标高,有时特别重要,因为这影响土方计算的准确性。

(3)细部测量注明。所谓的细部测量注明与平常所说的细部测量不同。平常的细部测量是指局部区域中详细的测量,仅仅是为了提高测量精度,而土地整理中的细部测量更为详细,包括坟穴、树木、房层的面积及新旧程度、建筑密度、人口密度、容积率,这些都关系到以后拆迁、征地补偿费的计算。细部测量在旧村复垦、旧城改造中显得非常重要,具体表现有以下几点:①准确记录树木包括果树的种类、年龄,坟穴、房屋的位置与面积、建筑密度、人口密度、容积率等;②准确记录水塔、管线的长度及使用年限;③特别是对学校、庙宇及旧村委会等要作详细记录,这有利于以后的设计方案的选择。

3 在土地开发整理中对测绘工作的几点体会

精细的测绘工作固然会提高后期工作的精度,但并不是越详细越好,因为这会增加测绘的费用。不同的工程项目有着各自的特点,对测绘工作也有着不同的要求,我们应该本着总费用最小的原则,在测绘精度和费用最小之间找到平衡点。根据工程实践,对土地开发整理中测绘工作我们有下面几点体会:

(1)合理确定测图比例尺。起伏变化少、地势较平坦地区的土地开发整理项目一般要求1∶2 000即可符合各方要求;而起伏变化多、地貌破碎、通视困难的区域应该达到1∶1 000。对于泵站修建或改造、房屋拆迁处需达到1∶500。并不是比例尺测得越详细越好,只要能满足要求即可,精度太高会形成不必要的浪费。

(2)合理布设高程网点。平坦地区一般可以60 m为网格施测,地貌破碎、地形变化复杂地区施测高程点网格间距不能大于40 m。

(3)关键点测量必不可少。要加测高程趋势变化点、坎顶、坎脚线的位置和标高,沟、渠等面积及坡比。这样有利于工程量计算、水系高程设计等。

(4)图上元素应充分具体。测绘成果图上除反映居民地、林地、园地、沟、渠、水系、电等现状地物及其使用年限外,对于旧村复垦、旧城改造的地方,还应统计出每户的房屋面积、新旧程度、建筑密度、人口密度、容积率,园地、林地树木的种类、年龄、面积,坟穴的位置、数量等。为规划设计、概预算提供充分条件。

(5)测区应埋设足够的标石,注记高程和坐标,以利进行工程施工控制。

4 结 语

随着经济社会的发展,在土地整理中对测绘的技术要求越来越高。精细的测绘工作固然会提高后期工作的精度,但并不是越详细越好,因为这会增加测绘的时间和费用。不同的工程有不同的特点,对测绘工作也有着不同的要求,鉴于我国土地开发整理测绘工作起步较晚,应积极开展土地开发整理测绘技术的相关问题研究与探讨。在具体实践中,本着总成本最低原则,在满足规划单位用图的前提下,在精度和成本之间找到一个合理的平衡点。随着人口增长与经济发展对土地资源的压力越来越大,并导致了不同程度的土地退化和耕地的持续减少,人们越来越关注土地资源质量的状况与耕地的保护及管理。土地整理在增加耕地面积、提高土地收益和改善生态环境方面发挥了重要作用。所以,把成熟的测绘技术及土地整理测绘方法合理地应用到实际的土地整理工作中去,能够更准确、更迅速地推进土地整理的实现与发展。

关于城镇地籍调查数据入库的探讨

王　燕　张排伟

（上蔡县宏图房地产有限责任公司，河南上蔡 463800）

1　引　言

地籍在中国有着悠久的历史，它最初是被用来做为历代政府征收田赋税的依据。随着社会的发展，地籍的内涵也在不断地扩大，先后经历了税收地籍、产权地籍和多用途地籍三个阶段。随着科技的发展，特别是计算机、航测遥感、地理信息系统及卫星定位等技术的发展与广泛应用，数字地籍也随之应运而生，使得地籍进入数字地籍时代，其特征主要体现在技术手段的革新上，以 GIS、GPS、RS 为主要技术手段，实现地籍数据采集处理存储及管理应用全过程的数字化。

目前我国许多城市已经建立城镇地籍信息系统，并被广泛应用于城镇土地资源的日常管理，为城市建设和发展提供了基础保障。

2　地籍数据的基础存储结构

2.1　空间数据分类存储结构

整个空间数据分两个大类，一类是背景地形信息，一类是地籍信息。前者的分类采用国标 1:500～1:2 000 分类编码规范，并进行了一定的扩充。后者的编码规范采用国土资源部的试用标准。由于 GeoMedia将所有数据存储在数据库中，每类要素采用一个表来存储，因此对地形要素进行了综合，除常用且数据量较大的要素如房屋、高程点、等高线等采用独立要素表来存储外，其他所有数据基本上归纳为点状 XX 要素、线状 XX 要素、面状 XX 要素和复合 XX 要素，注记基本上归纳为说明注记、行政区注记和性质注记。以下是基本的要素数据的分类说明以及存储要素表的对应结构。同时为了能够和每类要素区分，所有数据采用表都包含一个“编码”字段用来存储要素编码，以便区分。

2.2　权属数据存储结构

权属数据主要由以下几个部分构成：

宗地编码、面积、四至、用途、权属性质、分类，存储在“宗地表”中；

界址点属性，包括点号、坐标、类别存储在“界址点表”中。

宗地界址点关系，存储在“宗地界址点关系表”中。

“权利人表”，用来存储所有权利人的信息。

“权利限制表”，用来存储因法院查封、银行申请等引起的权利限制情况。

“他项权利表”，用来有他项权利的审核、审批以及他项权利类型、抵押（出租）人 ID、权利人 ID、他项权利的其他数据。

3　地籍数据库的基本要求

（1）数据结构完整：数据库的空间数据层、属性表及外部文档内容完整、格式合法、存放正确。数据库的内容和结构必须符合国家规范的有关规定。数据库中的矢量数据必须符合国家规定的测量精度要求和逻辑一致性要求。

（2）空间数据正确：空间参考正确、图形要素的拓扑关系正确、精度满足要求、接边正确。矢量数据必须能转换成 E00 和 VCT 格式。栅格数据、非空间数据和元数据三者原则上均由管理矢量数据的同一

ORDBMS 实施统一管理。

（3）属性数据完整：属性填写完整、属性填写正确、属性符合逻辑。

（4）汇总表格完整：统计报表、扫描文件。为实现对数据库的逐日更新和回溯查询。各关系表中一般须添加数据“获取日期”字段。数据库必须至少有双重备份，异地妥善保管。

4 建库前的数据检查

4.1 图面检查

对整个测区的图纸进行100%的图面检查，这个过程主要在处理好地形、地籍图以后进行，检查图面的表达是否完备、图面是否美观、数据承载是否合理、数据表达是否完备等内容，并且检查是否进行接边，图幅边角是否有注记等内容。

4.2 拓扑检查

（1）图形拓扑关系正确；

（2）保证地籍要素图形与地形图关联的一致性；

（3）图形与属性数据相吻合；

（4）图形要素注记的准确性；

（5）图形清理，把不必要的垃圾清除，做到图形的整洁性，并使用正确的要素代码；

（6）对图形进行全面检查，确保图形无误才行。

4.3 代码检查

（1）要素代码检查：检查图形要素的代码是否为标准的代码。

（2）要素分层检查：检查要素所在图层是否放置正确。

（3）要素类型检查：检查图元（图形要素）的代码和其几何类型是否对应。

4.4 几何结构检查

（1）重叠性检查：检查各类需要构建的要素之间是否存在重叠、交叉的误差。误差小于阈值的自动修正，误差在报警阈值报错，供检查修正。

（2）悬挂点检查：有些需要构面的要素是否由不同层的不同类型的线要素组合表达，这些线要素的端点应该严格地互相捕捉、邻接，保证图面的几何精度和构面效果。

（3）面要素闭合性检查：检查自闭合线状要素的 close 属性都为 yes，未封闭的要予以检查修正。

（4）线要素封闭性处理：线状要素即使其自身形成一个闭合区域，其 close 属性都为 no，封闭的线要素要予以检查修正。

5 数据库入库流程

5.1 图层转换、属性表转换

图层转换是利用标准版 CASS 导出 SHP 文件，利用转换工具与 CMS 系统中的 GeoDatabase（mdb）库中的图层进行对应，列出了部分图层的对应。属性表转换是利用标准版 CASS 导出 SHP 文件，并使用转换工具与 CMS 系统中的 GeoDatabase（mdb）库中的属性表进行对应转换。

5.2 编码转换

利用标准版 CASS 导出 SHP 文件，利用转换工具对原有地形要素、地籍要素、土地利用要素编码与城镇地籍数据库标准中规定的编码进行对应。如宗地的特征码为 212110，而城镇地籍数据库标准中规定总地的编码为 200610100，通过以下的对应，就实现了编码的转换。

5.3 地籍号转换

原有的地籍号为：省市编码 4 位（省略）+区、县（市）片区编码 1 位+街区号（乡、镇）2 位+宗地号（图斑号）4 位+支宗地号 4 位。城镇地籍数据库标准中规定的地籍号为：地籍号为 19 位数字顺序码，组成包括县级以上（含县级）行政区划代码为 6 位数字顺序码，街道乡（镇）行政区划代码为 3 位数字顺序码，街坊村为 3 位数字顺序码，宗地号为 7 位数字顺序码。其中，宗地号由“基本宗地号（4 位数字顺序码）+宗地支号（3 位数字顺序码）”组成，宗地支号从“001”开始顺序编号，若无宗地支号，则使用“000”补齐。

6　入库后的数据检查

（1）符号代码检查：在 CMS 中对图形元素的符号代码和要素代码进行检查，检查是否有未在数据标准中定义的代码。

（2）属性检查：在 CMS 中对图形的属性字段进行检查，检查字段值是否在数据标准规定的值域中。

（3）调查表数据检查：在 CMS 中对调查表数据进行检查，检查必填字段是否填写完毕，勘占边长与反算边长之差是否超限。

（4）拓扑检查：在 CMS 中对标准数据集进行拓扑检查，利用工具对图形进行拓扑检查，并生成错误报告。

（5）生成成果：通过数据检查后，生成数据库成果、表格成果等提交检查验收。

7　结　语

科学技术的巨大进步，尤其是信息技术的快速发展，把人类从工业经济时代带入信息经济时代。地籍系统作为向社会提供与土地有关的各种数据的基础数据库，在信息社会中的基础作用将会愈来愈重要。地籍信息管理系统作为维护国家土地制度的工具，在现代地籍管理中将得到更加广泛的应用。